U0211137

科技部科技基础性工作专项（2013FY113000）系列成果

国家科学技术学术著作出版基金资助出版

中国泥盆纪牙形刺

Devonian Conodonts in China

王成源　著

图书在版编目(CIP)数据

中国泥盆纪牙形刺 / 王成源著. —杭州：浙江大学出版社，2019. 12

ISBN 978-7-308-19684-0

Ⅰ. ①中… Ⅱ. ①王… Ⅲ. ①泥盆纪—牙形刺—研究—中国 Ⅳ. ①Q913.644

中国版本图书馆 CIP 数据核字（2019）第 249703 号

中国泥盆纪牙形刺

王成源　著

策划编辑　徐有智　许佳颖
责任编辑　伍秀芳(wxfwt@zju.edu.cn)　张　鸽
责任校对　潘晶晶
特邀校对　虞　悦
封面设计　俞亚彤
出版发行　浙江大学出版社
（杭州市天目山路 148 号　邮政编码 310007）
（网址：http://www.zjupress.com）
排　　版　杭州林智广告有限公司
印　　刷　浙江海虹彩色印务有限公司
开　　本　787mm×1092mm　1/16
印　　张　45.75
字　　数　1084 千
版 印 次　2019 年 12 月第 1 版　2019 年 12 月第 1 次印刷
书　　号　ISBN 978-7-308-19684-0
定　　价　168.00 元

浙江大学出版社市场运营中心联系方式：(0571) 88925591; http://zjdxcbs.tmall.com

前　言

Conodonts 的中译名很混乱，至少有 8 种不同的译法（牙形虫、牙形石、牙形刺、牙形类、牙形石类、牙形骨、锥齿、锥齿类）。有的字典上记载有 10 种译名，但没有一一列出。古生物学家们早已认识到，每个牙形刺分子只是牙形动物体内的一块小骨头，并不代表一个生物体。因此，Conodonts 在中国最早被译为“牙形虫”并不恰当；译为“牙形石”也不妥，因为古生物学中的笔石、箭石、锥石、菊石都代表一个生物体，而不是生物体的一部分；译为“牙形类”则易与虫牙、低等鱼牙相混，并且“类”字在中文里没有分类等级的概念，也没有专属性。按 Conodonts 的原意，日本将其译为“锥齿”或“锥齿类”是对的，但中国人对“牙形 X”中的“牙形”二字已经叫惯了，不宜大改其名。考虑到当 Pander（1856）发现 Conodonts 时，其多数为单锥型牙形刺，国际上一些著名的牙形刺专家在讨论 Conodonts 的分类地位时，常常将单锥型 Conodonts 与现代毛颚类的扑捉刺（Grasping spine）相对比，两者形态、功能、大小极为相似，如果不分析它们的成分，古生物学家都难以区分。笔者将 Conodonts 译为“牙形刺”，保留了传统的“牙形”二字，体现了其与现代生物器官的可比性，也体现了它是生物体的一部分，具有很强的专属性。现在，Conodonts 的中译名“牙形刺”已被全国科学技术名词审定委员会（2009）公布出版的《古生物学名词》正式确认。

带有牙形刺的动物被称为牙形动物（Conodont animal）。自 Pander（1856）发现牙形刺以来，人们就对它的分类地位争论不休，至少有 18 种不同的假说。在牙形刺的研究历史上，牙形刺齿串（Cluster）和牙形动物标本的发现是非常关键的。经过 100 多年的研究，现在绝大多数牙形刺专家已经认识到，牙形动物是最早的脊椎动物，属于脊索动物门脊椎动物亚门牙形纲。牙形刺是牙形动物进食器官的骨骼，进食器官的功能包括对食物的扑捉、咬切、咀嚼、吞咽和过滤，不同牙形刺分子在器官中所起的作用不同。单锥型牙形刺分子可能具有毒牙的功能，用于捕食；一般台型牙形刺分子可能发挥牙齿的作用，用于咀嚼；纤细的枝形分子由软体包围，多为过滤管。牙形刺是动物体内最为活跃的部分，因为动物要不断地进食。按照拉马克“用进废退”的学说，随着食物链的变化，牙形动物器官的进化也是最快的。现在牙形刺已经成为国际上公认的古生代和三叠纪海相生物地层的主导化石门类。特别是在泥盆系，牙形刺更是第一主导化石门类，泥盆系的 3 统 7 阶都是根据牙形刺确定的，泥盆系 15 个亚阶的定义也是根据牙形刺确定的。可以说，牙形刺是泥盆纪生物地层的“主帅”，研究泥盆纪地层是绝对离不开牙形刺的。

中国泥盆纪牙形刺的研究起步较晚，但进展迅速。中国泥盆纪牙形刺文献首先见于内刊（1975），1978 年见于正式刊物，如今已确立了 58 个化石带，建立了较完整的牙形刺生物地层序列。中国泥盆纪牙形刺的研究已经取得了如下重大成就。①认识到中国传统的锡矿山阶并不代表整个法门阶的沉积，上界只到法门阶的中部。②珊瑚 *Cystophrentis* 带的时代，不是早石炭世早期，而是法门期的；邵东组、孟公坳组归入上泥盆统法门阶，改变了半个多世纪以来中国地质工作者的传统观念。③华南 *Dentrostella trigemme*—*Borhardtina* 的层位不属于“东岗岭阶”下部，应全部归于艾菲尔阶；艾菲尔阶的地层分布比人们以前认识的广得多。④广西桂林南边村剖面被确认为国际泥盆系—石炭系界线层型的辅助层型；广西德保四红山剖面被确认为东亚下/中泥盆统和中/上泥盆统两条界线的区域参考剖面。⑤用牙形刺解决了很多地层的时代问题，全国泥盆纪地层的清理取得了重大进展，泥盆纪地层的划分与对比已走向电子化和国际化。

如今，牙形刺在生物地层上的知名度很高，但牙形刺鉴定上的要求也很高。由于鉴定错误导致地层时代确定和对比上的错误，这样的事例在中国已经多次发生，应当引起牙形刺工作者的重视。对牙形刺的鉴定一定要精准，不能损害牙形刺的声誉。这也是本书出版的目的之一。

牙形动物是像鱼一样在不同深度的海水中游泳的，凡是海相地层，不论是砂岩、页岩、灰岩，还是黏土岩、硅质岩，都有可能发现牙形刺，只是处理方法不同。笔者曾处理过黏土岩、层状硅质岩，都获得了牙形刺。笔者经常大量处理的是灰岩样品。但要注意，真正的变质大理岩是处理不出牙形刺的，就是大理岩化的灰岩一般也没有牙形刺。资料显示，岩石变质温度超过580℃就没有化石了。从手标本上，人们很难判断岩石的变质温度。虽然大理岩化的样品很少有牙形刺，但也要认真处理，期望发现牙形刺。

关于牙形刺的形态构造，在笔者编著的《牙形刺》（王成源，1987）、《广西常见化石图鉴》（下册）（邝国敦，2014）和《中国牙形刺生物地层》（王成源和王志浩，2016）三本书中都有介绍，本书从略。

早泥盆世牙形刺，以 *Caudicriodus*，*Pedavis*，*Eognathodus*，*Ancyrodelloides*，*Masaraella*，*Flajsella*，*Polygnathus* 等属最为重要，中泥盆世以 *Tortodus*，*Bipennatus*，*Bispathodus*，*Polygnathus*，*Icriodus* 等属最为重要，而晚泥盆世以 *Palmatolepis*，*Siphonodella*，*Icriodus*，*Ancyrognathus* 等属最为重要。早泥盆世牙形刺，特别是洛霍考夫期和布拉格期的牙形刺，地理分区性较强，世界性对比较困难；自埃姆斯期到法门期，泥盆纪牙形刺的地理分区性很弱，有世界统一的牙形刺分带，具有极高的地层对比意义。

牙形刺的分类早已从形式分类走向器官分类，本书尽量采用器官分类，但目前器官分类并不是很完善，也不是很成熟。有相当多的作者用器官分类的概念来建立新种，但在进行新种定义时只给出P分子的特征，没有其他分子的特征，看似器官分类，实际上仍是形式分类的做法。这种现象在当前还是普遍存在的。本书在器官分类的章节中也不例外，只是本书将明显的形式分类属种单独列出，这完全是从实用的角度来考虑的，并不代表作者认为形式分类是可取的。

本书的编写先后得到中国科学院南京地质古生物研究所四届所领导的支持，笔者特别感谢沙金庚（两届）所长和杨群（两届）所长的支持。

本书是笔者多年来的工作成果总结。本书的编写曾得到多位牙形刺学者的支持和帮助，比如白顺良、季强、王志浩、王平、郎嘉彬、熊剑飞、董致中等，恕作者没有一一列出他们各自的贡献。

本书在编写过程中先后得到中华人民共和国科学技术部科技基础性工作专项资助基金（Nos. 2013FY113000、2006FY120400、120300-5、2006CB806402）、国家自然科学基金联合资助重点项目（No. 40839910）、国家自然科学基金面上项目（Nos. 41072008、41221001、41290260）以及中国科学院战略性先导科技专项（B类）（No. XDB10010100）的支持。

笔者在工作中得到了胡晓春、《中国微体古生物志》编委会穆西南、中国科学院南京地质古生物研究所期刊编辑部张允白和张梨的帮助，也得到了照相室樊晓羿、汤晶晶的帮助，在此一并致谢！

目　　录

CONTENTS

第1章　概　论

1.1　中国泥盆纪牙形刺研究的历史

中国泥盆纪牙形刺最早是由杨敬之教授发现的。20世纪50年代，杨敬之教授曾在贵州的蒙山砂岩中见到牙形刺，但没有正式描述发表，也无文字记载。中国第一篇泥盆纪牙形刺论文是1974年在华南泥盆纪会议上提交的，此论文正式发表于1978年（王成源和王志浩，1978a）（1975年，王成源和王志浩在内刊上发表了论文《广西六景早泥盆世牙形刺》）。

40年来，中国泥盆纪牙形刺的研究取得了丰硕的成果，很多同行都做了不少的工作。其中北京大学白顺良等（1982）发表的《广西及邻区泥盆纪生物地层》，王成源（1989a）发表的《广西泥盆纪牙形刺》，以及Ji和Ziegler（1993）发表的"The Lali section: an excellent reference section for Upper Devonian in South China"，都是中国泥盆纪牙形刺的代表性专著或论文。其他的牙形刺论文就更多了，几乎散见在我国各种有关地层和古生物的杂志或论文集中。

中国早泥盆世牙形刺的研究始于1975年（王成源和王志浩，1975），如今中国泥盆纪牙形刺带可与国外牙形刺带逐一对比，研究程度已很高。早泥盆世洛霍考夫期（Lochkonian）的牙形刺是由王成源和王志浩（1978a）首先在四川若尔盖下普通沟组发现的，从而确立了泥盆系最底部第一个牙形刺带，即*C. woschmidti*带，此带化石后来在云南剑川挂榜山也同样被发现。*eurekaensis*带可能存在于滇西（白顺良等，1982），而*delta*带的化石存在于西藏（Wang和Ziegler，1982）和新疆库车河地区（王成源和张守安，1988；Wang，2001c）及乌恰地区（王成源，2000b）。洛霍考夫阶最上部的*pesavis*带存在于新疆塔里木盆地东部（夏凤生，1997），但并未发现带化石，而仅发现此带中的其他一些分子。泥盆纪牙形刺在分类上分歧相对较小，而其世界对比性很强，应特别注重带化石的发现。内蒙古早泥盆世牙形刺最早发现于1985年（王成源，1985），并依据牙形刺首先在巴特敖包地区确立了下泥盆统的存在，建立了阿鲁共组（李文国等，1985）。

从早泥盆世埃姆斯期早期开始，中国泥盆纪牙形刺的分布非常广泛，特别是在华南、华中和西南地区，可以在连续的剖面上发现很多牙形刺带。其中，广西德保都安四红山一个剖面就包括了29个牙形刺带（Ziegler和Wang，1985）；重要的是，都安剖面是我国目前所知的唯一一个有完整艾菲尔阶牙形刺序列的剖面。有完整的吉维特阶和上泥盆统牙形刺序列的剖面在华南很多，如广西宜山拉力剖面、贵州尧化和独山剖面、四川龙门山剖面等。这些剖面上的牙形刺带都可以与国际上的牙形刺带进行精确的对比。

以前对北方"槽区"牙形刺的研究很少，有些地质工作者认为北方"槽区"罕见生物浮游，对能否在北方“槽区”找到牙形刺表示怀疑，因此对该区域牙形刺样品的采集也未能充分重视。20世纪80年代，内蒙古第一区域地质调查队和中国科学院南京地质古生物研究所在内蒙古达尔罕茂明安联合旗和牙克石市（喜桂图旗）发现了牙形刺，证明了北方志留纪、泥盆纪牙形刺同样是丰富的，可用作地层对比。依据李文国、戎嘉余等的采样，王成源（1985）首先在达茂旗的阿鲁共组发现了早泥盆世牙形刺，李文国等（1985）依此建立了阿鲁共组。同时，在西别河组、巴特敖包组也发现了牙形刺。

泥盆纪牙形刺带，特别是中、晚泥盆世牙形刺带，每个带又常常分为早晚或早中晚等不同的“亚带”，但是几乎所有这些“亚带”在国际上都被作为带，每个带都以某个牙形刺种或亚种的首次出现为其底界。按这样计算，目前泥盆纪牙形刺已划分出58个化石带，这是显生宙任何地质时代或任何其他化石门类所不及的。

1979年，中国古生物学会第十二届学术年会（苏州）时，中国泥盆纪牙形刺带可识别出21带（王成源和王志浩，1981）；1982年，欧洲第三届牙形刺国际会议时，中国泥盆纪牙形刺带可区分出26带（王成源和王志浩，1983）；1989年，中国泥盆纪牙形刺带达28带（王成源，1989b）；2001年，中国泥盆纪牙形刺带达53带（王成源，2001）；依据笔者目前的统计，中国泥盆纪牙形刺带可达58带。

泥盆纪牙形刺已成为泥盆纪生物地层的主导化石门类，它解决了许多底栖生物多年来所解决不了的地层时代问题，如郁江组、四排组、黑台组、阿鲁共组的时代，以及不同相区的对比。

广西、湖南、广东中泥盆世牙形刺的研究修正了中国学者长期以来有关“吉维特阶”的概念，其将被中国学者长期以来归入到吉维特阶的 *Bornhardtina* 的层位划归艾菲尔阶，识别出我国艾菲尔阶的广泛存在，对中国中泥盆统的对比起到了重要的作用（王成源和殷保安，1985b）。

湖南晚泥盆世牙形刺的研究修正了传统的锡矿山阶的概念，认为马牯脑灰岩只达法门阶中部（王成源，1979），邵东段只相当于下 *Bispathodus costatus* 带（Wang 和 Ziegler，1983b），而产有珊瑚 *Cystophrentis* 带的孟公坳组和革老河组也归泥盆系法门阶（王成源，1985，1987c；季强，1987a）。这是中国浅水相区泥盆系—石炭系界线研究的最重大的突破，是一项突出的生物地层学研究成果，改变了半个多世纪的传统观念。

中国泥盆纪牙形刺序列主要建立在深水浮游相区，而浅水相区的牙形刺序列还有待深入研究，目前仅建立了法门期的几个牙形刺组合，组合带的划分也很粗略。

国际泥盆纪牙形刺的研究仍在发展中。Bardashev 等（2002）对早泥盆世布拉格期和埃姆斯期的台型牙形刺提出了新的分类，建立了2个新科、7个新属和49个新种，早泥盆世的牙形刺带也大量增加，仅埃姆斯期就划分出7个化石带。对于 Bardashev 等（2002）的分类，学界有不同的意见（Mawson 等，2003），笔者并没有采用，但他们的分类仍有很多值得重视和研究的地方，不能全盘否定。这同时意味着，泥盆纪牙形刺分带仍有可能继续增加。如果采用 Bardashev 等（2002）的分类原则，中、晚泥盆世的台型牙形刺也要增加大量的属种。

中国泥盆纪牙形刺的系统分类描述亟须总结和深入研究。本书的目的就是要系统总结中国泥盆纪的牙形刺，对某些属种进行修正，系统且全面地体现中国泥盆纪牙形刺研究的全貌，为中国地质工作者提供一本全面而翔实的参考书。

1.2 中国泥盆系各阶的生物地层定义与界线

泥盆系的年代地层可分为3统7阶，阶的底界定义与层型剖面见表1所示。

表1 泥盆系统、阶的标准序列、各阶的定义及界线层型剖面（据王成源，1994）

Table 1 Devonian Series and Stages, definitions of Stages and Stratotype sections (after Wang, 1994, revised)

统	阶	界线定义（牙形刺种的首次出现）	层型剖面点（GSSP）位置
下石炭统	杜内阶	*Siphonodella sulcata*	法国 Montagne Noire 的 La Serre 探槽剖面 E 第 90 层底。中国桂林南边村剖面和德国 Hasselbachtal 剖面为辅助层型
上泥盆统	法门阶	*Palmatolepis triangularis*	法国 Montagne Noire 地区 Coumiac 的 Upper Quarry 剖面第 32 层底
	弗拉阶	*Ancyrodella r. rotundiloba*	法国 Montagne Noire 东南方 Col du Poech de la Suque 剖面 E 的第 42a 层底
中泥盆统	吉维特阶	*Polygnathus hemiansatus*	摩洛哥 Tafilalt 地区 Jebel Mech Irdane 剖面第 123 层底
	艾菲尔阶	*Polygnathus costatus partitus*	德国艾菲尔山 Schonecken-Wetteldorf 镇 Wetteldorf Richtschnitt 剖面第 30 层底。捷克布拉格 Prastav 采石场剖面为辅助层型
下泥盆统	埃姆斯阶	*Polygnathus kitabicus*	乌兹别克斯坦 Zinzilban 峡谷剖面第 9 段第 5 层底
	布拉格阶	*Eognathodus s. sulcatus*	捷克布拉格西南部 Velka Chuchle 的 Homolka 采石场剖面第 12 层底
	洛霍考夫阶	笔石 *Monograptus uniformis*	捷克 Klonk 剖面第 20 层底

注：埃姆斯阶底界定义已修改为 *Polygnathus kitabicus* 的首次出现。

1.2.1 上泥盆统

1.2.1.1 法门阶

上界定义： *Siphonodella sulcata*（Huddle，1934）的首次出现。

下界定义： *Palmatolepis triangularis* Sannemann，1955 的首次出现。

注： 石炭系与泥盆系的界线或法门阶的顶界是于 1979 年由国际地层委员会泥盆系—石炭系界线工作组确定的。其界线的定义是：从牙形刺 *Siphonodella praesulcata* 至 *S. sulcata* 连续演化系列中 *S. sulcata* 的首次出现（插图 1）。1988 年，在爱尔兰的界线工作组会议上，以微弱多数通过，选定以法国 Montagne Noire 的 La Serre 剖面作为泥盆系—石炭系界线的全球界线层型剖面点（GSSP，俗称“金钉子”），以中国桂林南边村剖面和德国 Hasselbachtal 剖面作为辅助层型剖面（俗称“银钉子”）。这一揽子方案已被国际地层委员会接受和批准。然而，这一决定是很不理想的，因为法国的 La Serre 剖面在构造上位于一个推覆体之上，在岩相上是鲕粒白云岩，露头是人工探槽，牙形刺多数是再沉积的，而且牙形刺的鉴定也有严重错误，但工作组受地缘政治的影响，还是把层型剖面选在了法国。实际上，中国的南边村剖面和大坡上剖面都比法国的 La Serre 剖面好。

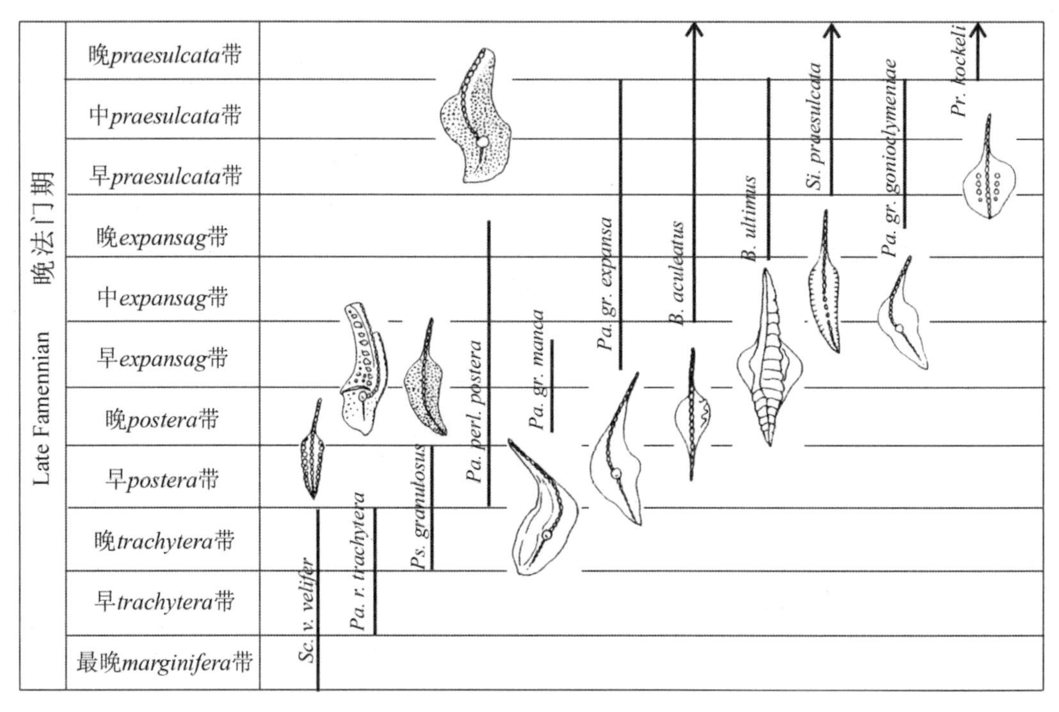

插图1 晚法门期的牙形刺带（据季强，1995，49页，图8）

Text-fig. 1 Late Famennian conodont zonation (after Ji, 1995, p. 49, fig. 8)

传统的斯图年阶（Strunian）或艾特隆阶（Etroeungtian）被包括在法门阶内，不再单独使用。同样，中国上泥盆统的佘田桥阶、锡矿山阶和邵东阶等阶名均不宜再用，应当废弃。

法国 La Serre 剖面作为泥盆系—石炭系界线的全球界线层型剖面点，从建立时就遭到不少选举委员的反对。1988 年 8 月，Sandberg 等在会上曾发表了紧急提案，建议重新考虑泥盆系—石炭系界线层型并推迟表决，但没有被采纳。这一提案直到 1996 年才正式发表。王成源（1998c）也发表论文反对将法国的 La Serre 剖面作为泥盆系—石炭系的界线层型。重要的是，Kaiser（2005）系统研究了 La Serre 剖面，提出改变界线层型的点位或改变泥盆系—石炭系界线的定义。2008 年，在第 33 届国际地质大会期间，在泥盆系分会主席 Becker 的提议下，由泥盆系分会和石炭系分会各出 10 位委员，组成 20 人的泥盆系—石炭系界线任务组，重新审定界线定义和选择界线层型剖面点。中国的季强、王成源和袁金良是这个任务组的成员。

国际地层委员会泥盆系分会（SDS）在 1988 年就已经决定以牙形刺 *Palmatolepis triangularis* 带的底界作为法门阶的底界，但当时并没有选定层型剖面。经过几年的选择，最后在 1991 年 12 月摩洛哥的 SDS 工作会议上，法国 Coumiac 剖面被 SDS 接受为层型剖面，法门阶的底界在 Coumiac 的 Upper Quarry 剖面第 32 层之底。这一界线位置就在 F/F 灭绝事件（The Kellwasser 事件）的上部。

值得提及的是，在 *linguiformis* 带和 *triangularis* 带之间有一段地层，既没有 *linguiformis*，也没有 *triangularis*，这段地层仍属 *linguiformis* 带。法门阶就是以 *triangularis* 的首次出现为准（插图2）。

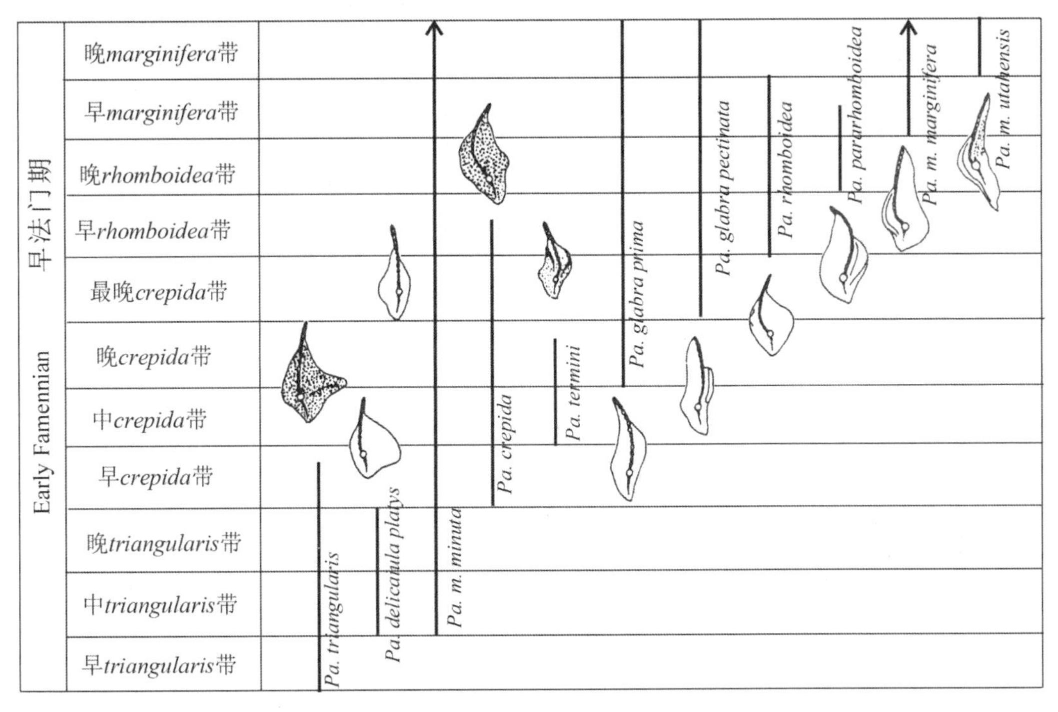

插图2　早法门期的牙形刺带（据季强，1995）

Text-fig. 2　Early Famennian conodont zonation (after Ji, 1995)

1.2.1.2　弗拉阶

上界定义： *Palmatolepis triangularis* Sannemann，1955 的首次出现。

下界定义： *Ancyrodella rotundiloba rotundiloba* 的首次出现或 *Mesotaxis falsiovalis* 带的中间或 *Mesotaxis costalliformis* 的首次出现（中 *falsiovalis* 带的底）。

注： 上泥盆统的底界或弗拉阶的底界定义是有很大争议的。在 1982 年的 SDS 工作会议上，以 *Palmatolepis disparilis* 的出现为底界和以 *Ancyrodella rotundiloba rotundiloba* 的出现为底界，这两种意见僵持不下。比利时学派力主后一方案，以便将层型剖面建立在比利时的浅水相区。由于该方案得到微弱多数选举委员的支持，会议通过了用早 *Polygnathus asymmetricus* 带的底界作为上泥盆统和弗拉阶的底界。早 *P. asymmetricus* 带的底界定义是以 *Ancyrodella rotundiloba rotundiloba* 的首次出现为准的。但会议同时通过决议，这一界线的层型剖面将不会选在浅水相区。这就意味着比利时剖面不可能成为层型剖面。早 *P. asymmetricus* 带的底界接近比利时传统的吉维特阶—弗拉阶的界线。弗拉阶底界的层型剖面选在法国 Montagne Noire 东南方 Col du Poech de la Suque 剖面 E 的第 42a 层底。该剖面属典型浮游灰岩相，产有大量的菊石和牙形刺。此界线与传统的 *Manticoceras* 菊石带的底界也非常接近。值得注意的是，按 Ziegler 和 Sandberg (1990) 对弗拉阶牙形刺的新的分带，*asymmetricus* 带已不再使用。按他们的定义，弗拉阶的底界在 *Mesotaxis falsiovalis* 带的中间，比传统的早 *asymmetricus* 带要低一些。Ji 和 Ziegler (1993) 建立了中 *falsiovalis* 带，并提出以 *Mesotaxis costalliformis* 的首次出现为弗拉阶的底界（插图3）。

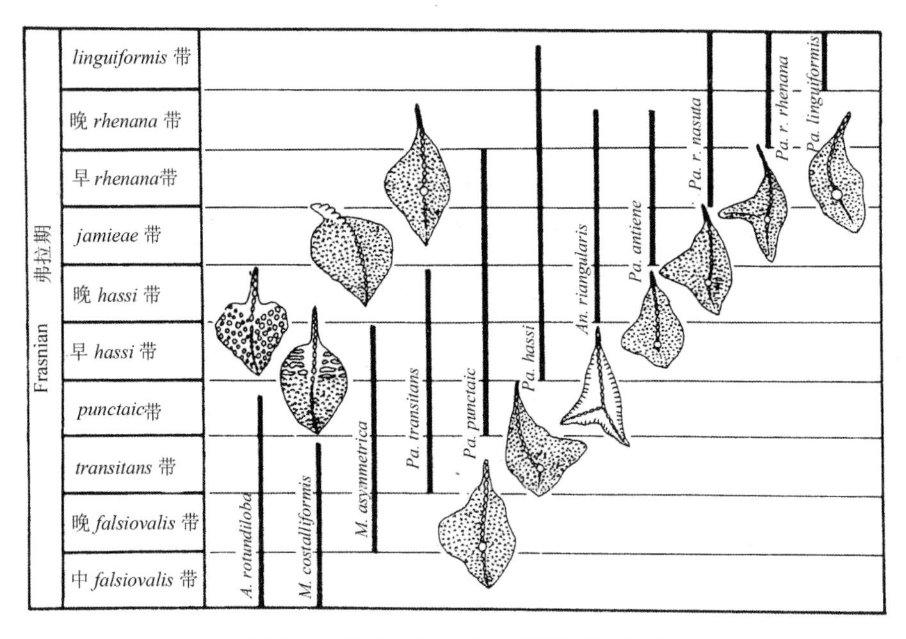

插图 3　弗拉期的牙形刺带（据季强，1995）

Text-fig. 3　Frasnian conodont zonation（after Ji, 1995）

1.2.2　中泥盆统

1.2.2.1　吉维特阶

上界定义：*Ancyrodella rotundiloba rotundiloba* 的首次出现或 *Mesotaxis falsiovalis* 带的中间或 *Mesotaxis costalliformis* 的首次出现（中 *falsiovalis* 带的底）。

下界定义：*Polygnathus hemiansatus* Bultynck, 1987 的首次出现。

注：吉维特阶的底界是泥盆系界线中确立最晚的一条界线。1992 年的摩洛哥工作会议上，SDS 几乎一致通过以摩洛哥 Tafilalt 地区 Rissani 西南方的 Jebel Mech Irdane 剖面为界线层型剖面，界线在该剖面的第 123 层底，界线定义以 *Polygnathus hemiansatus* 的首次出现为准（插图 4）。这条界线与 *Icriodus obliquimarginatus* 带的底界可以对比，

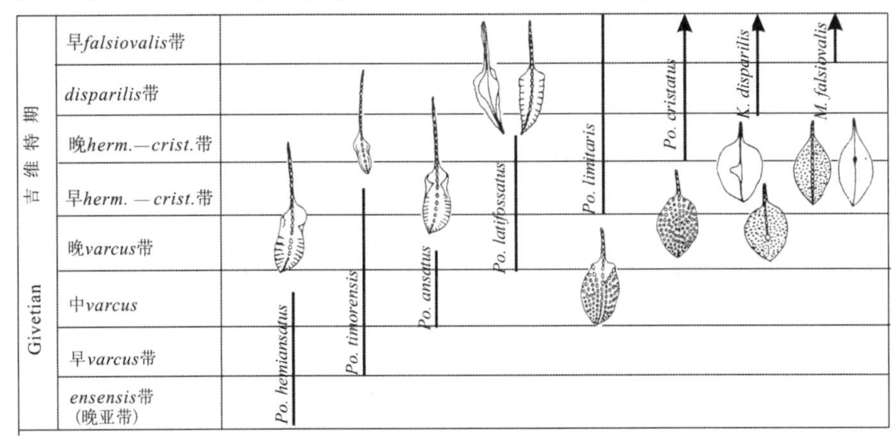

插图 4　吉维特期的牙形刺带（据季强，1995）（笔者注：艾菲尔阶和吉维特阶的分界在 *hemiansatus* 带的底，即 *ensensis* 晚亚带的底）

Text-fig. 4　Givetian conodont zonation（after Ji, 1995）

它与传统的 Gevet 灰岩的底界几乎一致。*Po. hemiansatus* 已在广西德保都安四红山剖面发现，在广西六景和那艺也有发现（Bai 等，1994），但在华南其他地区还没有发现。

1.2.2.2 艾菲尔阶

上界定义： *Polygnathus hemiansatus* Bultynck，1987 的首次出现。

下界定义： *Polygnathus costatus partitus* Klapper，Ziegler and Mashkova，1978 的首次出现。

注： 中泥盆统或艾菲尔阶的底界定义以牙形刺 *Polygnathus costatus partitus* 的首次出现为准（插图5），界线层型剖面选在德国的艾菲尔山 Schonecken-Wetteldorf 镇附近的 Wetteldorf Richtschnitt 牧场的人工探槽剖面的第30层。这一界线比传统的埃姆斯阶—艾菲尔阶界线低1.9m。这一剖面属近岸浅水相，虽已得到国际地层委员会的批准，但 SDS 认为再选一个浮游灰岩相的辅助层型剖面是完全有必要的。辅助层型剖面选在捷克布拉格附近的 Prastav 采石场，界线在 Trebotov 灰岩上部之内。这一界线标准在中国被广泛采用，已在华南多处发现牙形刺 *P. c. partitus*，但仅在广西德保四红山剖面保存有完整的艾菲尔阶的5个牙形刺带，在中国的其他地区还没有发现这样完整的艾菲尔阶海相沉积。在世界范围内，艾菲尔阶内普遍存在一个大间断，因为有大的海退事件发生。

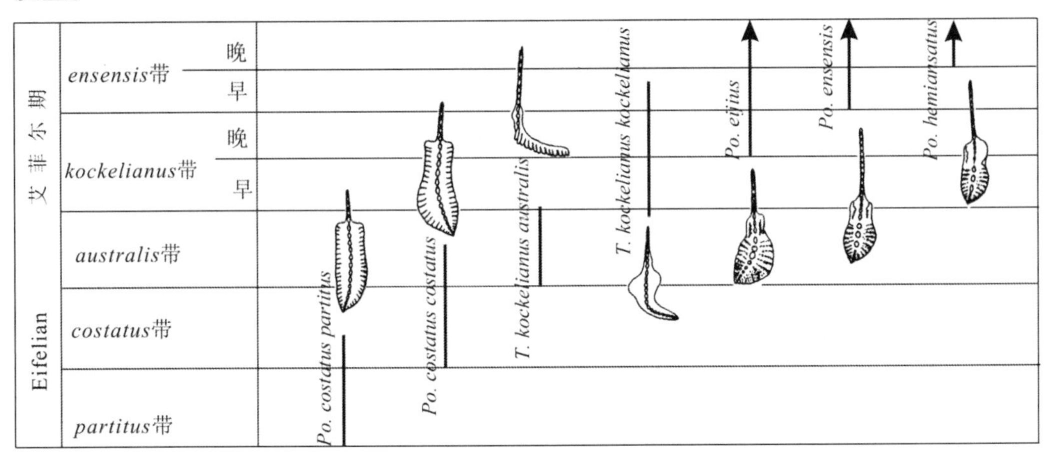

插图5 艾菲尔期的牙形刺带（据季强，1995）

Text-fig. 5 Eifelian conodont zonation (after Ji, 1995)

1.2.3 下泥盆统

1.2.3.1 埃姆斯阶

上界定义： *Polygnathus costatus partitus* Klapper，Ziegler and Mashkova，1978 的首次出现。

下界定义： *Polygnathus kitabicus* Yolkin，Weddige，Isokh and Erina，1994 的首次出现。

注： SDS 已经决定以牙形刺 *Polygnathus dehiscens* 的首次出现作为埃姆斯阶的底界，界线层型剖面选在乌兹别克斯坦 Zinzilban 峡谷剖面第9段第5层之底。有关界线层型剖面的描述已出版（Yolkin 等，1989）。但 Yolkin 等（1997）5位著名学者共同提出，已经被确认的布拉格阶—埃姆斯阶的底界定义（*Polygnathus dehiscens* 的首次出现）应改为 *Polygnathus kitabicus* 的首次出现，*P. dehiscens* 的正模标本实际应归入 *Polygnathus excavata*。这样，埃姆斯阶的底界定义就是 *Polygnathus kitabicus* 的首次出现（插图6）。

但至今在中国并没有找到真正的 *Polygnathus kitabicus*。中国科学院南京地质古生物研究所研究生卢建锋等曾声称在广西六景剖面石洲段找到 *Polygnathus kitabicus*，但笔者在审阅原稿时发现，被卢建锋等归属到 *Polygnathus kitabicus* 的标本，其口面齿台平，没有近脊沟，是较典型的 *Polygnathus pireneae*，不应归入 *Polygnathus kitabicus*，因此，在广西六景剖面并不存在 *Polygnathus kitabicus*。至今，在中国仍没有真正的 *Polygnathus kitabicus* 的化石记录。

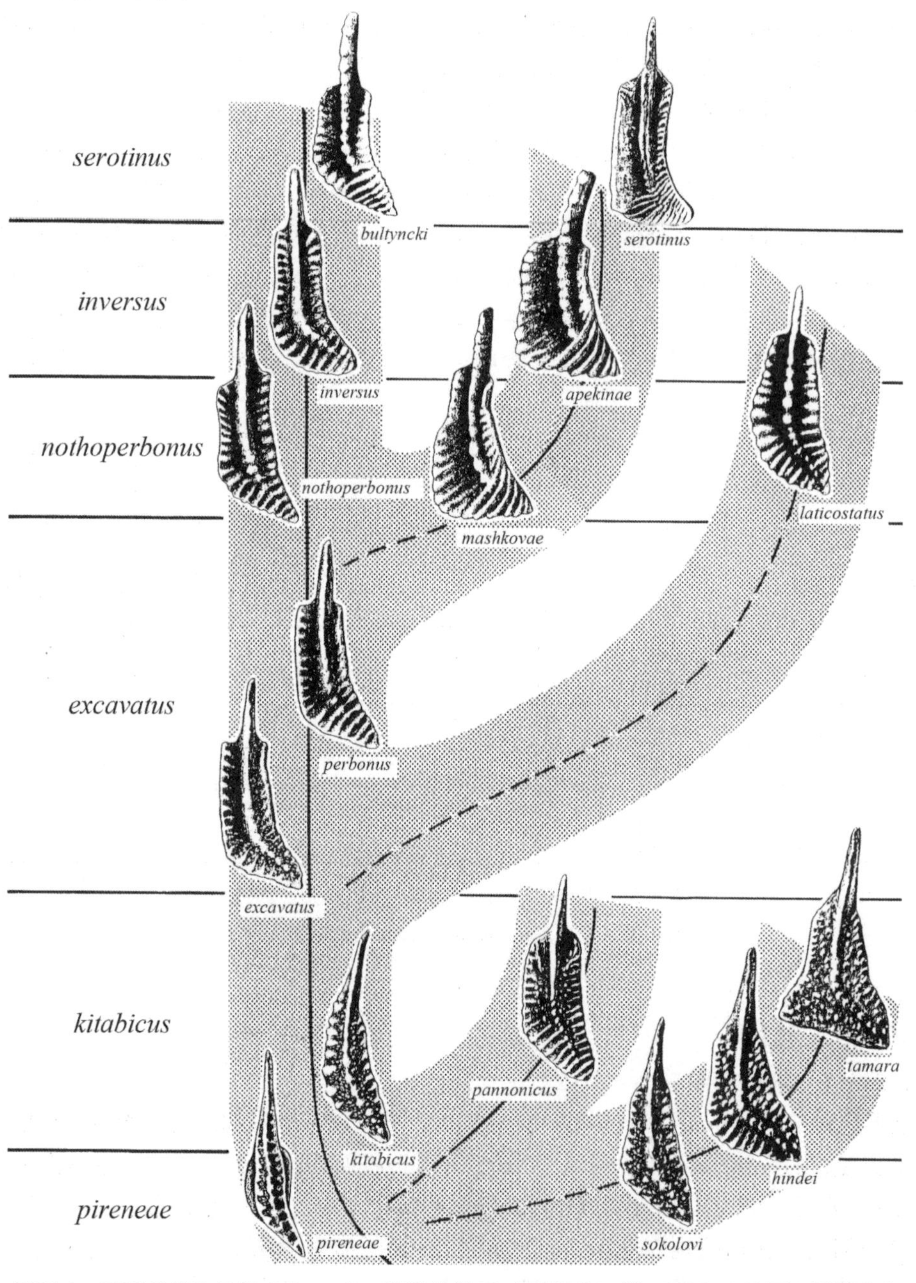

插图 6　牙形刺带和早期 *Polygnathus* 的演化关系（据 Yolkin 等，1994，146 页，插图 4a）
(笔者注：此图中没有包括埃姆斯期最晚期的 *patulus* 带，埃姆斯阶最底部不用 *dehiscens* 带而用 *kitabicus* 带）

Text-fig. 6　Conodont zonation and phylomorphogenetic pattern of early *Polygnathus*
(after Yolkin *et al.*, 1994, p. 146, text-fig. 4a)

1.2.3.2 布拉格阶

上界定义：*Polygnathus kitabicus* Yolkin，Weddige，Isokh and Erina，1994 的首次出现。

下界定义：*Eognathodus sulcatus sulcatus* Philip，1965 的首次出现（?）；或 *Latericriodus steinachensis*（Al-Rawi，1977）η morphotype Klapper and Johnson，1980 的首次出现。

注：必须指出，布拉格阶没有世界统一的牙形刺分带方案。布拉格期牙形刺的地方性较强，各大区间的对比也有问题。依据 Weddige（1987）的研究，布拉格阶底界定义是以牙形刺 *Eognathodus sulcatus sulcatus* 的首次出现为准。界线层型剖面选在捷克首都布拉格西南部 Velka Chuchle 的 Homolka 小山采石场剖面的第12层之底，已由 SDS 决定并由国际地层委员会认可（1988，1989）。这一界线与传统的西根阶（Siegenian）的底界非常接近，在层型剖面上，它比传统的以大化石确定的界线低 0.1m。目前我国还没有发现有完整的布拉格阶的牙形刺序列的剖面。广西六景那高岭剖面存在 *Eognathodus sulcatus*，其亚种的确定还有不同意见。

Bardashev 等（2002）强调基腔位置和形状的重要性，为布拉格阶建立了两个新属：*Gondwania* 和 *Pseudogondwania*。

Murphy（2005）对美国内华达州的布拉格阶的牙形刺进行了系统研究，建立了新属 *Masaraella*。重要的是，他为布拉格阶建立了四个带：

④*Pedavis mariannae—Polygnathus lenzi* 带；

③*Pedavis brevicauda—Pedavis mariannae* 带；

②*Gondwania profunda—Pedavis brevicauda* 带；

①*Eognathodus irregularis—Gondwania profunda* 带。

Murphy（2005）同时认为，捷克的洛霍考夫阶—布拉格阶界线层型并不好，SDS 的布拉格阶内部界线的划分也不适用，就连 Murphy（2005）自己建立的4个带也不理想，仅适合北美，不能全球对比；*Eognathodus sulcatus* 不宜作为布拉格阶底部的带化石，它出现得较晚，地理分布有限；*Pseudogondwania kindlei* 也不宜作为带化石，它的时限太长；*Polygnathus pireneae* 也不宜作为带化石，此种的成熟个体的形态和时限都不清楚。因此，可进行世界性对比的布拉格阶的牙形刺带仍然没有建立。始颚齿类（Eognathodontids）对于大区之间的对比可能是有用的。

Slavik（2004）依据对捷克 Barrandian 地区布拉格阶层型剖面的研究提出布拉格阶的三分方案（表2）。布拉格阶底界定义为 *Latericriodus steinachensis*（Al-Rawi，1977）η morphotype Klapper and Johnson，1980 的首次出现。中布拉格期时限最长，以 *Pelekysgnathus serratus* group 的最早出现和消失为底界和顶界，可能相当于北美的 *sulcata* 带的上部和 *kindlei* 带的中上部；但它的时限也有例外，在 Guadarrama，它最早出现在晚洛霍考夫期的早期，而在 Moroccan Meseta，它穿过布拉格阶/埃姆斯阶的界线。这个带内的常见分子有 *Lanea omoalpha*，*Ozarkodina steinornensis miae*，*Ozarkodina excavata excavata*，*Caudicriodus celtibericus* 等牙形刺。晚布拉格期是 *Caudicriodus celtibericus*（Carls and Gandle）带，此带时限短，牙形刺不丰富。Slavik（2004）提出的这个 Barrandian 地区布拉格阶的三分方案能否被接受仍是个问题。

表 2　Slavik (2004) 提出的布拉格阶的牙形刺带与“标准”牙形刺带的对比

Table 2　Correlation of Pragian conodont zonation proposed by Slavik (2004) with “standard” conodont zonation

阶	划分	标准分带	现代方案
埃姆斯阶	底部	*dehiscens/kitabicus*	*gracilis/dehiscens*
布拉格阶	上部	*pireneae*	*celtibericus*
	中部	*kindlei*	*serratus*
	下部	*sulcatus*	*steinachensis*

中国布拉格阶的牙形刺的完整序列至今仍没有建立。近年来在广西南宁附近大沙田剖面发现的那高岭组含有较多的布拉格期牙形刺，特别是 *Eognathodus* 的分子较多，但目前系统研究仍未完成。但广西六景剖面布拉格期晚期的 *Polygnathus pirenae* 是存在的，中期的 *kindlei* 和早期的 *sulcatus* 也都存在（插图 7），仅具体界线位置目前还难以精确确定。

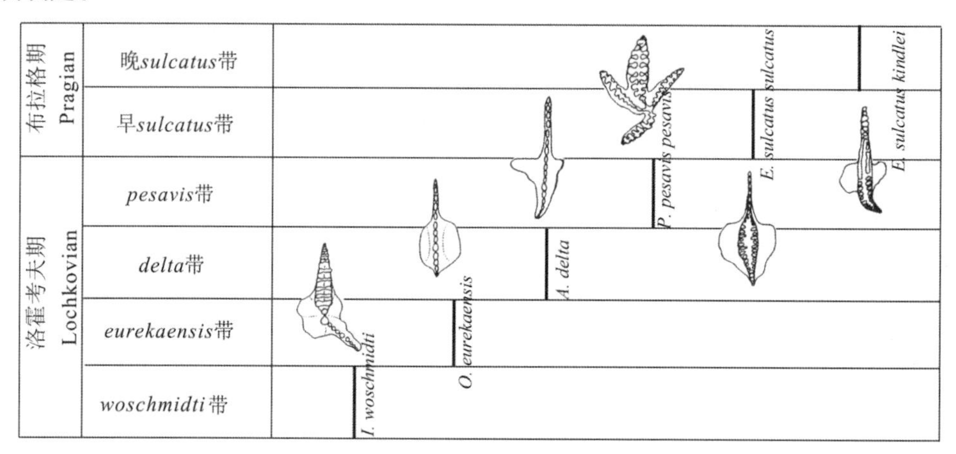

插图 7　洛霍考夫期和布拉格期（部分）的牙形刺带（据季强，1995，37 页，插图 1）
（笔者注：布拉格期尚包括 *pireneae* 带）

Text-fig. 7　Lochkovian and Pragian (part) conodont zonation (after Ji, 1995, p. 37, text-fig. 1)

1.2.3.3　洛霍考夫阶

上界定义： *Eognathodus sulcatus sulcatus* Philip, 1965 的首次出现（?），或 *Latericriodus steinachensis*（Al-Rawi，1977）η morphotype Klapper and Johnson，1980 的首次出现。

下界定义： *Caudicriodus woschmidti*（Ziegler, 1960）的首次出现，或 *C. hesperius* 的首次出现，或 *C. hesperius*—*P. optima* 的出现（Slavik 等，2012）。

附注： 泥盆系的底界，也就是下泥盆统或洛霍考夫阶的底界定义已由国际地层委员会志留系—泥盆系界线工作组确定。最初的定义是以笔石 *Monograptus uniformis*、三叶虫 *Warburgella rugulosa rugulosa* 和牙形刺 *Caudicriodus woschmidti woschmidti* 的首次出现为准，界线层型剖面选在捷克 Barrandian 地区 Suchomasty 附近的 Klonk 剖面第 20 层底（1972）。但牙形刺的研究表明，在 Klonk 剖面上，*Caudicriodus woschimidti woschimidti*

的首次出现比 *Monograptus uniformis* 的首次出现低 2.2m（Jeppsson，1988），因此，实际上只能以 *Monograptus uniformis* 的首次出现为准。界线定义不宜以两个种或三个种的“同时”出现为准，因为两个以上的种不可能“同时”出现，而应当以一个种的首现为准。*Caudicriodus woschmidti woschmidti* 已在我国川北、川西、滇西、内蒙古等地发现，但没有一处与笔石 *Monograptus uniformis* 同时产出。我国至今也没有任何剖面可以作为志留系—泥盆系界线的辅助层型或区域参考剖面，也没有发现有完整的洛霍考夫阶沉积和牙形刺序列的剖面。在滇西和内蒙古存在 *eurekaensis* 带和 *pesavis* 带，而 *delta* 带的地层只在西藏南部、新疆库车和内蒙古巴特敖包地区存在。

值得一提的是，Carls 和 Valenzuela-Ríos（2002）提出，在泥盆系刚开始层位的 *Caudicriodus* 不应再被鉴定为 *Caudicriodus woschmidti*。标准层位的 *Caudicriodus woschmidti* 高于三叶虫 *Ac. elsana*，比志留系—泥盆系界线高得多。在泥盆系刚开始的层位并没有发现典型的 *Caudicriodus woschmidti*。同时，Carls 和 Valenzuela-Ríos（2002）认为，宽大的基腔和有装饰的爪突可将 *Caudicriodus postwoschmidti* 与 *C. transens* 区别开来。

因为 *C. postwoschmidti* 在 *Ac. heberti* 的时限的中部出现（标准的 *woschmidti* 出现之前），所以 *postwoschmidti* 带出现于 *woschmidti* 带之前。Carls 和 Valenzuela-Ríos（2002）的观点很重要，但还有待验证。

近年来，Slavik 等（2012）和 Slavik（2013）对捷克向斜内洛霍考夫阶的牙形刺进行了详细的研究，划分出 11 个牙形刺带和 15 个牙形刺动物群（表 3 和插图 8），这是目前划分最为详细的洛霍考夫阶牙形刺带。这些带目前在中国还没有得到完全的确认，中国的牙形刺还没有划分得如此详细。

表 3 洛霍考夫阶牙形刺带的对比（据 Slavik 等，2012，627 页，图 7）

Table 3 Correlation of the Lochkovian conodont zonation (after Slavik *et al.*, 2012, p. 627, fig. 7)

带 ⇨	科迪勒拉 (Valenzuela-Ríos 和Murphy, 1997修改)	全球带的划分 (Valenzuela-Ríos和Murphy, 1997)		捷克布拉格向科带的划分 (Slavik等，2012)	
洛霍考夫阶	*pesavis*	上	*gilberti*	上	*gilberti—steinach* β
			trigonicus—pandora β		*pandora* β*—gilberti*
	delta	中	*trigonicus—pandora* β	中	*trigonicus—pandora* β
			eleanorae—trigonicus		*eleanorae—trigonicus*
			omoalpha—eleanorae		*boucoti—transitans*
					eoeleanorae—boucoti
					carlsi—eoeleanorae
				下	*omoalpha—carlsi*
		下	未分带		*breviramus—omoalpha*
	eurekaensis				*optima—breviramus*
	hesperius				*hesperius—optima*

早布拉格期?	布拉格期 ↑ *Brunsvicensis stein.* β	洛霍考夫期动物群分期
	gilberti—*stein.* β (11)	F15
晚	*p.* β—*gil.* (10)	F14
	pandora β—*trigonicus* (9)	F13
		F12
	trigonicus—*transitans* (8)	F11
中	*transitans*—*boucoti* (7)	F10
	boucoti—*eoeleanorae* (6)	F9
	eoeleanorae—*carisi* (5)	F8
		F7
早	*omo*—*carisi* (4)	F6
	omoalpha—*breviramus* (3)	F5
		F4
	breviramus—*optima* (2)	F3
		F2
	optima—*hesperius* (1)	F1

插图 8　洛霍考夫阶牙形刺带（据 Slavik 等，2012，642 页，图 5（部分））

Text-fig. 8　Lochkovian conodont zonation (after Slavik *et al.*, 2012, p. 624, fig. 5 (part))

从以上简要的叙述中可以得知，洛霍考夫阶和布拉格阶至今没有世界统一的牙形刺分带方案，都在讨论之中；中国在这两个阶的生物地层的研究上仍相当落后。客观地讲，在中国这两个阶的地层属于灰岩相的不多，很难建立起牙形刺的生物地层序列。

1.2.4　泥盆系的亚阶

国际地层委员会泥盆纪分会在界线层型的研究上走在显生宙所有各系的前面，早已确定各阶的界线层型（王成源，1994），近年来又对泥盆系的亚阶展开了系统的研究工作（王成源，1999a，2003b，2004a）。泥盆纪分会在亚阶的研究上有两点是特别值得注意的：①亚阶一律不命名亚阶名称，只以早、中、晚（下、中、上）（三分方案）或早、中、晚、最晚（下、中、上、最上）（四分方案）相称，这与某些分会热衷于给亚阶命名很不相同。亚阶不单独命名的做法，是值得其他分会效仿的。②亚阶不再确定“金钉子”。“金钉子”的工作早已受到一些人的反对，这项工作掺入很多人为的地缘政治的因素，有人呼吁“金钉子”的游戏不要再继续下去了（Talent 等，2002）。因此，没有必要为各亚阶去选定界线层型，只要选好定义，能达到实际应用对比的目的就可以了。但是后来泥盆系分会前任主席 Thomas Becker 在布里斯班召开的第 34 届国际地质大会上，又提出了对时限大于 10Ma 的亚阶也可以建立“金钉子”的动议，这个提议已在会上由国际地层委员会表决通过，因此泥盆系分会建“金钉子”的任务尚未完成。

1.2.4.1　法门阶的亚阶

关于法门阶亚阶的划分曾有激烈的争论。德国曾成立上泥盆统亚阶划分的工作组，他们一致认为法门阶应当三分，即以早 *Palmatolepis marginifera* 带的底界为中法门阶的底界，早 *Palmatolepis expansa* 带的底界为上法门阶亚阶的底界。但比利时学者 Streel 等极力主张法门阶四分，建立最上法门阶亚阶，也就是斯图年亚阶（Strunian Substage），在法国北部浅水相区曾称为 Etroeungt 层。Streel 等认为，斯图年亚阶的底界以牙形刺晚 *Palmatolepis expansa* 带的底、菊石 *Wocklumeria* 属带的底和有孔虫 *Quasiendothyra kobeitusana* 带的底为界，有广泛的对比意义。2003 年，泥盆系分会正式投票通过了比利时学者提出的法门阶四分的方案。2004 年，在摩洛哥会议上讨论并通过了法门阶亚阶的定义：现在的法门阶的 4 个亚阶大致相当于德国的 Nehdenian 亚阶、Hembergian 亚阶、Dasbergian 亚阶和 Wocklumian 亚阶。

Hartenfels 等提议将上法门阶的底界放在 *annulata* 事件之底，接近 *Scaphignathus velifer velifer* 灭绝的层位，对于该提议还没有任何评述。Streel 又提出将最上部亚阶的底放在 *Bispathodus ultimus* 首次出现的位置，接近非正规的“斯图年阶”的底界。

1.2.4.2 弗拉阶的亚阶

对于弗拉阶亚阶的划分，一致同意为三分：中弗拉亚阶以 *Palmatolepis punctata* 的首次出现为准，上弗拉亚阶以 *Palmatolepis semichatovae* 的海进面为准，比早 *rhenana* 带稍高一点。Klapper 和 Becker（1999）认为，*jamieae* 带在德国的 Martenberg 标准剖面上并不存在。

1.2.4.3 吉维特阶的亚阶

吉维特阶划分出三个亚阶。中吉维特亚阶的底界以 *Polygnathus ansatus* 的首次出现为准，可能代表 Taghanic 事件的开始。关于上吉维特亚阶的底界是有争议的。Aboussalam 和 Becker 主张以 *hermanni* 带的底界为上吉维特亚阶的底界，但也有人主张以 *Ozarkodina semialternans* 的首现或以 *Schmidtognathus latiforsatus* 的首现（即上 *varcus* 带的底界）为准。以 *hermanni* 带的底界为上吉维特亚阶的底界的可能性较大，还需要选择层型剖面，但它很难应用于浅水相区。

1.2.4.4 艾菲尔阶的亚阶

艾菲尔阶的亚阶还没有正式划分。艾菲尔阶可能分为两个亚阶，其界线层型可能在美国的 Appalachian 盆地，即在 *costatus—australis* 带之间。这是 Desantis 和 Brett 推荐的，现仍没有定论。

1.2.4.5 埃姆斯阶的亚阶

埃姆斯阶可能二分，也可能三分，国际上还没有定论。中国埃姆斯阶的牙形刺研究仍需深入，目前还没有统一的意见。*Polygnathus kitabicus* 在中国是否存在，还有待验证。

1.2.4.6 布拉格阶的亚阶

布拉格阶可能二分，也可能三分。布拉格阶—埃姆斯阶的界线仍未确定，现在埃姆斯阶的底界将确定上布拉格阶亚阶的顶界。

1.2.4.7 洛霍考夫阶的亚阶

Slavik 等（2012）提出洛霍考夫阶三分，Corradini 和 Corriga（2012）也提出洛霍考夫阶三分，但国际地层委员会泥盆系分会仍没有最后确定。

洛霍考夫阶可能是三分的，中洛霍考夫阶亚阶的底界以 *Lanea omoalpha* 的首次出现为准，上洛霍考夫阶亚阶的底界以 *Ozarkodina pandora* Morphotype β 的首次出现为准。

问题是，对于洛霍考夫阶的底界，即泥盆系的底界，Carls 等（2002）提出一些新的看法：*Caudicriodus hesperius* 带可能是洛霍考夫阶最早的牙形刺带化石；*C. woschmidti* 带的底界比泥盆系的底界稍高，出现在三叶虫 *Acastella elsane* 之上；*C. postwoschmidti* 出现得比 *C. woschmidti* 还早。Murphy 等对志留纪最晚期和早泥盆世最早期的牙形刺分类做了重大的修改，建立了几个新属。这些分类上的变化，还有待进一步验证。

1.3 中国泥盆纪牙形刺生物带

由于海相泥盆纪地层有浅水相和深水相或浮游相之分，牙形刺带在不同相区也有不同的划分：以深水相区为主，划分详细，生物地层精度高；浅水相区为次，划分较粗，生物地层精度相对较低，但仍比一些大化石门类的划分精度高。

1.3.1 中国泥盆纪深水相牙形刺生物带

泥盆纪的牙形刺带是以深水相牙形刺的带为标准的。这里的深水相不是指大陆斜坡之下的深水大洋盆地，实际是指陆棚区水深在 30m 以下的陆表海和部分的大陆斜坡。在真正的大洋盆地的沉积物中，牙形刺并不丰富。深水相牙形刺的分布非常广泛，是洲际地层对比的重要依据。至今，泥盆纪牙形刺带已达 58 个之多，在生物地层分带的精度上，这是任何其他门类所不能比拟的。牙形刺是国际上公认的泥盆纪生物地层的主导化石门类。需要指出的是，晚泥盆世地层深水相和浅水相的牙形刺带相对较明显，而早、中泥盆世牙形刺带至今还很少能区分出深水相和浅水相，这里列出的早、中泥盆世牙形刺分带并非只限于深水相。以下由上而下列出泥盆纪的 58 个牙形刺带，包括带的定义和所包含的化石。

值得特别指出的是，下泥盆统洛霍考夫阶和布拉格阶的牙形刺有较强的地方性，至今仍没有世界统一的牙形刺分带，这两个阶的牙形刺在中国的研究基础也相对较弱。这里列出的牙形刺带没有包括最新的方案，但在第 2 章的系统分类中，所有新方案中的种都会加以介绍，虽然不少带化石种在中国仍未发现。

上泥盆统

58. 晚 *praesulcata* 带

上界定义： *Siphonodella sulcata*（Huddle，1934）的首次出现。

下界定义： *Protognathodus kockeli*（Bischoff，1957）的首次出现。

注： 此带的时限相当于以前的下 *Protognathodus* 动物群的时限。

本带中的牙形刺 *Bispathodus stabilis*，*B. aculeatus*，*Neopolygnathus communis carinus*，*Neopo. communis communis*，*Neopo. inornatus* 和 *Protognathodus kockeli* 存在于本带中，并穿过泥盆系—石炭系界线向上延伸到更高的层位。*Palmatolepis gracilis sigmoidalis* 明显在本带的顶部灭绝，但 *Palmatolepis gracilis gracilis* 可以穿过泥盆系—石炭系界线，仅有少量发现于上覆的早石炭世最早期的 *Siphonodella sulcata* 带中。*Polygnathus purus subplanus* 首次出现于本带下部。本带常见分子有 *Protognathodus kockeli*，*Pr. meischneri*，

Pr. collinsoni, *Siphonodella praesulcata*, *Bispathodus stabilis*, *B. aculeatus*, *Neopolygnathus inornatus*, *Neopo. communis communis*, *Neopo. c. carina*, *Polygnathus streeli*, *Clydagnathus gilwerneri* 和 *Clydagnathus cavusformis*。

57. 中 *praesulcata* 带

上界定义： *Protognathodus kockeli*（Bischoff, 1957）的首次出现。

下界定义： *Palmatolepis gracilis gonioclymeniae* Müller, 1956 的灭绝。

注： 中 *praesulcata* 带包括以前的全部的上 *costatus* 带（除了其最下的部分），以及以前的上 *costatus* 带之上和 *Protognathodus kockeli* 出现之前的间隔。

本带中的牙形刺 *Protognathodus collinsoni* 和 *Pr. meischneri* 存在于本带之中。以下的类别在本带之中灭绝：*Pseudopolygnathus marburgensis trigonicus*, *Bispathodus ultimus*, *B. costatus*, *B. bispathodus*, *Palmatolepis gracilis expansa*, *Branmehla suprema* 和 *Br. inornata*。本带中常见分子有 *Siphonodella praesulcata*, *Protognathodus meischneri*, *Pr. collinsoni*, *Palmatolepis gracilis gracilis*, *Pal. g. expansa*, *Pal. g. sigmoidalis*, *Polygnathus delicatulus*, *Po. inornatus*, *Po. symmetricus*, *Neopolygnathus communis communis*, *Neopo. c. carina*, *Neopo. c. collinsoni*, *Neopo. c. dentatus*, *Neopo. c. shangmiaobeiensis*, *Icriodus costatus darbyensis*, *Pelekysgnathus inclinatus*, *Pseudopolygnathus marburgensis trigonicus*, *Bispathodus costatus*, *B. aculeatus*, *B. ultimus*, *B. stabilis*, *Branmehla suprema* 和 *Br. inornata*。

56. 早 *praesulcata* 带

上界定义： *Palmatolepis gracilis gonioclymeniae* Müller, 1956 的灭绝。

下界定义： *Siphonodella praesulcata* Sandberg, 1972 的首次出现。

本带中的牙形刺 *Protognathodus meischneri* Ziegler 最早出现在本带的底部或接近本带的底部；*Pr. collinsoni* Ziegler 出现的层位稍高些；*Polygnathus znepolensis* 在本带内灭绝。上 *expansa* 带的多数分子都连续穿过本带，如 *Palmatolepis gracilis expansa*, *Pal. gracilis gracilis*, *Pal. g. sigmoidalis*, *Bispathodus costatus*, *B. ultimus*, *Pseudopolygnathus marburgensis trigonicus*, *Polygnathus delicatulus*, *Po. inornatus* 和 *Bispathodus stabilis*。本带中的常见分子还有 *Palmatolepis gracilis gonioclymeniae*, *Polygnathus symmtricus*, *Neopolygnathus communis communis*, *Neopo. c. dentatus*, *Neopo. c. carina*, *Neopo. c. shangmiaobeiensis*, *Polynodosus znepolensis*, *Protognathodus meischneri*, *Protog. collinsoni*, *Branmehla suprema* 和 *Br. inornata*。

55. 晚 *expansa* 带

上界定义： *Siphonodella praesulcata* Sandberg, 1972 的首次出现。

下界定义： *Bispathodus ultimus*（Bischoff, 1957）的首次出现。

注： 晚 *expansa* 带代表以前的下 *costatus* 带最上部分和中 *costatus* 带的下半部分（Ziegler, 1962, 1971；Klapper 和 Ziegler, 1979）。

本带中的牙形刺 *Palmatolepis gracilis gonioclymeniae*, *Pseudopolygnathus marburgensis trigonicus* 和 *Branmehla suprema* 在本带内首次出现；*Pseudopolygnathus marburgensis marburgensis* 在本带顶部灭绝；*Pseudopolygnathus brevipennatus*, *Pal. rugosa rugosa*, *Pal.*

r. ampla, *Pal. perlobata postera*, *Polygnathus extralobatus*, *Po. praehassi*, *Po. margincolutus* 和 *Po. perplexus* 在本带中部消失。本带常见分子有 *Pseudopolygnathus marburgensis marburgensis*, *Ps. m. trigonicus*, *Ps. brevipennatus*, *Polygnathus symmetricus*, *Po. inornatus*, *Po. znepolensis*, *Po. delicatulus*, *Po. extralobatus*, *Po. praehassi*, *Neopolygnathus communis communis*, *Neopo. c. carinus*, *Neopo. c. dentatus*, *Neopo. c. shangmiaobeiensis*, *Polynodosus perplexus*, *Po. experplexus*, *Po. marginvolutus*, *Po. semicostatus*, *Palmatolepis gracilis gracilis*, *Pal. g. expansa*, *Pal. g. gonioclymeniae*, *Pal. g. sigmoidalis*, *Pal. perlobata postera*, *Pal. p. schindewolfi*, *Pal. rugosa rugosa*, *Pal. r. ampla*, *Bispathodus ultimus*, *B. ziegleri*, *B. costatus*, *B. aculeatus*, *B. stabilis*, *Bipennatus bipennatus* 和 *Branmehla inornata*。

54. 中 *expansa* 带

上界定义： *Bispathodus ultimus*（Bischoff, 1957）的首次出现。

下界定义： *Bispathodus aculeatus*（Branson and Mehl, 1934）的首次出现。

注： 中 *expansa* 带只代表以前的下 *costatus* 带的中部（Ziegler, 1962, 1971；Klapper 和 Ziegler, 1979）。它的下限只比以前的下 *costatus* 带下限稍高一点，它的上限只比以前的下 *costatus* 带的上限稍低些。

本带中的牙形刺 *Bispathodus costatus* 和 *Polygnathus znepolensis* 首先出现；在本带的晚期，*Pseudopolygnathus controversus*, *Polygnathus hassi*, *Po. experplexus*, *Po. margariratus*, *Po. obliquicostatus* 和 *Po. homoirregularis* 消亡于本带的近顶部；在稍高于本带的下限，很少有 *Palmatolepis perlobata helmsi* 的最后产出。本带的常见分子有 *Bispathodus costatus*, *B. aculetus*, *B. jugosus*, *B. stabilis*, *Bispathodus bispathodus*, *Pseudopolygnathus marburgensis marburgensis*, *Ps. brevipennatus*, *Polygnathus symmetricus*, *Po. inornatus*, *Polynodosus znepolensis*, *Polygnathus delicatulus*, *Po. hassi*, *Po. parahassi*, *Po. extralobatus*, *Neopolygnathus communis communis*, *Neopo. c. carinus*, *Neopo. c. dentatus*, *Polygnathus experplexus*, *Palmatolepis gr. gracilis*, *Pal. g. sigmoidalis*, *Pal. g. expansa*, *Pal. perlobata schidewolfi*, *Pal. p. postera*, *Pal. rigosa rugosa*, *Pal. r. ampla* 和 *Branmehla inornata*。

53. 早 *expansa* 带

上界定义： *Bispathodus aculeatus*（Branson and Mehl, 1934）的首次出现。

下界定义： *Palmatolepis gracilis expansa* Sandberg and Ziegler, 1979 的首次出现。

注： 早 *expansa* 带代表以前的全部上 *styriacus* 带和以前的下 *costatus* 带的下部。

本带的牙形刺分子 *Palmatolepis rugosa rugosa*, *Pseudopolygnathus brevipennatus*, *Ps. marburgensis marburgensis*, *Polygnathus experplexus* 和 *Scaphignathus ziegleri* 在本带内首先出现并延伸穿过本带；*Palmatolepis perlobata maxima*, *Pal. gracilis manca*, *Polygnathus granulosus*, *Po. subirregularis*, *Branmehla bohlenata*, *Bispathodus stabilis* 和 *Clydagnathus ormistoni* 在本带内灭绝；*Polygnathus styriacus* 在本带接近上限时消失；*Bispathodus jugosus*, *Polygnathus communis carina*, *Po. praehassi*, *Po. extralobatus*, *Po. hassi*, *Po. inornatus* 和 *Po. delicatulus* 在本带内首次出现。本带内常见分子有 *Pseudopolygnathus brevipennatus*, *Ps. margurgensis margurgensis*, *Palmatolepis gracilis gracilis*, *Pal. g. sigmoidalis*, *Pal. g. expansa*, *Pal. g. manca*, *Pal. perlobata maxima*, *Pal. p. schindewolfi*,

Pal. p. helmsi, *Pal. p. postera*, *Pal. rugosa rugosa*, *Pal. r. ampla*, *Polygnathus styriacus*, *Po. delicatulus*, *Po. symmetricus*, *Po. inornatus*, *Po. extralobatus*, *Po. praehassi*, *Neopolygnathus communis communis*, *Neopo. c. dentatus*, *Neopo. c. carinus*, *Polygnathus obliquicostatus*, *Po. homoirregularis*, *Po. granulosus*, *Po. perplexus*, *Po. subirregularis*, *Clydagnathus ormistoni*, *Bispathodus stabilis*, *B. jugosus*, *B. bispathodus*, *Branmehla bohlenana*, *Br. inornata* 和 *Br. werneri*。

52. 晚 *postera* 带

上界定义: *Palmatolepis gracilis expansa* Sandberg and Ziegler, 1979 的首次出现。

下界定义: *Palmatolepis gracilis manca* Helms, 1959 的首次出现。

注: 本带代表以前的中 *styriacus* 带 (Ziegler, 1962, 1971; Klapper 和 Ziegler, 1979)。

本带的牙形刺分子 *Palmatolepis perlobata sigmoidea* 在本带内消失; *Scaphignathus velifera leptus* 在本带上部灭绝, 但与 *Sc. peterseni* 以及在本带内首次出现的 *Clydagnathus ormistoni* 有些叠复; *Bispathodus stabilis* Morphotype 3 在本带下部出现; *Bispathodus bispathodus* 和 *Pseudopolygnathus controversus* 首次见于本带上部。本带的常见分子有 *Palmatolepis gracilis gracilis*, *Pal. g. manca*, *Pal. g. sigmoidalis*, *Pal. rugosa ampla*, *Pal. perlobata postera*, *Pal. p. helmsi*, *Pal. p. maxima*, *Pal. p. sigmoidea*, *Pal. p. schindewolfi*, *Pal. minuta schleizia*, *Scaphignathus velifer velifer*, *Branmehla inornata*, *Br. werneri*, *Bispathodus bispathodus*, *B. stabilis*, *Clydagnathus ormistoni*, *Pseudopolygnathus controversus*, *Polygnathus margaritatus*, *Po. styriacus*, *Po. semicostatus*, *Po. obliquicostatus*, *Po. homoirregularis*, *Po. subirregularis*, *Po. perplexsus* 和 *Polynodosus granulosus*。

51. 早 *postera* 带

上界定义: *Palmatolepis gracilis manca* Helms, 1959 的首次出现。

下界定义: *Palmatolepis perlobata postera* Ziegler, 1960 的首次出现。*Polygnathus styriacus* 的早期不典型分子也可作为确定界线的标准。

注: 本带相当于以前的下 *styriacus* 带 (Ziegler, 1962, 1971; Klapper 和 Ziegler, 1979)。

本带的牙形刺分子 *Pseudopolygnathus granulosus* 在本带的上界消失; *Palmatolepis perlobata sigmoidea*, *Pal. p. maxima* 和 *Pal. p. helmsi* 继续穿过本带; *Palmatolepis rugosa ampla* 出现在本带内; *Polygnathus homoirregularis*, *Po. obliquicostatus* 和 *Po. marginivolitus* 开始在本带的下部出现; *Scaphignathus velifer leptus* Ziegler and Sandberg, 1984 穿过本带; *Scaphignathus velifer velifer* 消失于本带的底部。本带的常见分子有 *Palmatolepis rugosa ampla*, *Pal. perlobata schindewolfi*, *Pal. p. postera*, *Pal. p. helmsi*, *Pal. p. maxima*, *Pal. p. sigmoidea*, *Pal. marginifera schleizia*, *Pal. gracilis gracilis*, *Pal. g. sigmoidalis*, *Scaphignathus velifer leptus*, *Pseudopolygnathus granulosus*, *Polynodosus granulosus*, *Po. styriacus*, *Po. subirregularis*, *Po. perplexus*, *Po. homoirregularis*, *Po. obliquicostatus*, *Po. semicostatus*, *Neopolygnathus communis communis*, *Bispathodus stabilis*, *Branmehla inornata* 和 *Br. werneri*。

50. 晚 *trachytera* 带

上界定义： *Palmatolepis perlobata postera* Ziegler，1960 的首次出现。

下界定义： *Polynodosus granulosus*（Branson and Mehl，1934）的首次出现。

注： 本带相当于以前的上 *velifer* 带（Ziegler，1962，1971；Klapper 和 Ziegler，1979）。

本带的牙形刺分子 *Palmatolepis rugosa trachytera* 和 *Pal. perlobata grossi* 在本带的上部消亡；*Polygnathus perplexus* 首次出现在本带的底部；*Palmatolepis grabra lepta* 和 *Pal. minuta minuta* 在本带内终止；*Palmatolepis gracilis sigmoidalis* 首次出现在本带的最上部。本带的常见分子有 *Polynodosus granulosus*，*Palmatolepis perlobata helmsi*，*Pal. p. schindewolfi*，*Pal. p. maxima*，*Pal. p. sigmoidea*，*Pal. glabra lepta*，*Pal. minuta minuta*，*Pal. m. schleizia*，*Pal. gracilis gracilis*，*Scaphignathus velifer velifer*，*Sc. v. leptus*，*Branmehla inornata*，*Br. werneri*，*Neopolygnathus communis communis*，*Polygnathus perplexus*，*Po. subirregularis*，*Po. semicostatus*，*Po. normalis* 和 *Polynodosus granulosus*。

49. 早 *trachytera* 带

上界定义： *Polynodosus granulosus*（Branson and Mehl，1934）的首次出现。

下界定义： *Palmatolepis rugosa trachytera* Ziegler，1960 的首次出现。

注： 本带相当于以前的 *velifer* 带。

本带的牙形刺分子 *Palmatolepis perlobata sigmoidea*，*Pal. p. grossi*，*Pal. p. maxima*，*Pal. glabra lepta* 和 *Pal. minuta minuta* 穿过本带；*Palmatolepis perlobata helmsi* 在本带的下部开始出现；*Scaphignathus velifer velifer* 和 *Sc. v. leptus* 穿过本带。本带的常见分子有 *Palmatolepis rugosa trachytera*，*Pal. r. ampla*，*Pal. perlobata helmsi*，*Pal. p. maxima*，*Pal. p. grossi*，*Pal. p. schindewolfi*，*Scaphignathus velifer velifer*，*Sc. v. leptus*，*Palmatolepis glabra distorta*，*Pal. g. lepta*，*Pal. minuta minuta*，*Pal. m. schleizia*，*Pal. gracilis gracilis*，*Branmehla inornata*，*Br. werneri*，*Polygnathus normalis*，*Po. semicostatus*，*Neopolygnathus communis communis*，*Neopo. c. dentatus*，*Polynodosus granulosus* 和 *Po. subirregularis*。

48. 最晚 *marginifera* 带

上界定义： *Palmatolepis rugosa trachytera* Ziegler，1960 的首次出现。

下界定义： *Scaphignathus velifer velifer* Helms 1959 和 *Sc. v. leptus* Ziegler and Sandberg 1984 的首次出现。

注： 本带的时限与以前的下 *velifer* 带的时限完全一致（Ziegler，1962，1971；Klapper 和 Ziegler，1979；Ziegler 和 Sandberg，1984）。

本带的牙形刺分子 *Polygnathus semicostatus* 和 *Alternognathus beulensis* 首次出现在本带的底部；*Polynodosus granulosus* 和 *Branmehla bohlenana* 首次出现在本带的中部。本带的常见分子有 *Alternognathus regularis*，*Al. beulensis*，*Branmehla bohlenana*，*Br. werneri*，*Br. inornata*，*Palmatolepis glabra distorta*，*Pal. g. lepta*，*Pal. minuta minuta*，*Pal. m. scheileizia*，*Pal. gracilis gracilis*，*Pal. perlobata sigmoidea*，*Pal. p. schindewolfi*，*Pal. p. grassi*，*Pal. p. maxima*，*Pal. rugosa amplas*，*Pal. marginifera marginifera*，*Scaphignathus velifer velifer*，*Polygnathus normalis*，*Neopolygnathus communis communis*，*Neopo. c.*

dentatus, *Polygnathus glabra glabra*, *Po. nodocostatus* 和 *Po. granulosus*.

47. 晚 *marginifera* 带

上界定义： *Scaphignathus velifer velifer* Helms 1959 和 *Sc. v. leptus* Ziegler and Sandberg 1984 的首次出现，或以 *Palmatolepis marginifera utahensis* 的灭绝来确定。

下界定义： *Palmatolepis marginifera utahensis* Ziegler and Sandberg, 1984 的首次出现。

注： 本带的顶界定义同以前的定义，下界定义改为 *utahensis* 的首次出现。

本带的牙形刺分子 *Palmatolepis marginifera marginifera*, *Pal. m. utahensis* 和 *Pal. glabra distorta* 是本带的特征分子；*Palmatolepis quadrantinodosa inflexoidea*, *Pal. q. inflexa* 和 *Pal. q. quadrantinodosa* 在本带的下部灭绝；*Palmatolepis glabra acuta* 在本带内消失；*Pal. glabra pectinata* Morphotype 2 在本带的上部消失；*Palmatolepis perlobata grossi* 和 *Pal. p. maxima* 最早出现在本带；*Bispathodus stabilis* Morphotype 1 在本带的下部最早出现。本带常见分子有 *Palmatolepis perlobata grossi*, *Pal. p. schindewolfi*, *Pal. p. maxima*, *Pal. p. sigmoidea*, *Pal. rugosa ampla*, *Pal. marginifera marginifera*, *Pal. m. utahensis*, *Pal. m. duplicata*, *Pal. gracilis gracilis*, *Pal. minuta minuta*, *Pal. m. schleizia*, *Pal. glabra distorta*, *Pal. g. prima*, *Pal. g. pectinata*, *Pal. g. acuta*, *Pal. g. lepta*, *Polygnathus lagowiensis*, *Po. normalis*, *Po. glabra glabra*, *Po. g. medius* 和 *Polynodosus nodocostatus*。

46. 早 *marginifera* 带

上界定义： *Palmatolepis marginifera utahensis* Ziegler and Sandberg, 1984 的首次出现。

下界定义： *Palmatolepis marginifera marginifera* Helms, 1959 的首次出现。

注： 本带的底界定义不变（Ziegler, 1962, 1971），顶界定义修改为 *Palmatolepis marginifera utahensis* 的首次出现（Ziegler 和 Sandberg, 1984）。

本带以牙形刺分子 *Palmatolepis quadrantinodosa inflexa*, *Pal. q. quadrantinodosa* 和 *Pal. q. inflexoidea* 的组合为特征；*Palmatolepis glabra distorta*, *Pal. g. lepta* 和 *Pal. perlobata sigmoidea* 最早出现在本带的下部；*Palmatolepis marginifera duplicata* 最早出现在本带底界之上的位置；*Palmatolepis klapperi* 和 *Pal. stoppeli* 两者都见于上、下 *rhomboidea* 带，而在下 *marginifera* 带灭绝。本带常见分子有 *Palmatolepis marginifera marginifera*, *Pal. m. duplicata*, *Pal. perlobata schindewolfi*, *Pal. p. sigmoidea*, *Pal. glabra distorta*, *Pal. g. lepta*, *Pal. glabra glabra*, *Pal. g. prima*, *Pal. g. acuta*, *Pal. g. pectinata*, *Pal. stoppeli*, *Pal. klapperi*, *Pal. gracilis gracilis*, *Pal. minuta minuta*, *Pal. m. schleizia*, *Polygnathus glabra glabra*, *Po. normalis*, *Po. pennatuloideus*, *Po. planarius* 和 *Polynodosus nodocostatus*。

45. 晚 *rhomboidea* 带

上界定义： *Palmatolepis marginifera marginifera* Helms, 1959 的首次出现。

下界定义： *Palmatolepis pooli* Sandberg and Ziegler, 1973 的灭绝。

注： 本带（Ziegler 和 Sandberg, 1984）与以前的定义一致（Ziegler, 1962, 1971; Klapper 和 Ziegler, 1979）。

本带的牙形刺分子 *Palmatolepis stoppeli* 和 *Pal. quadrantinodosa inflexa* 首次出现于本带的上部；*Pal. glabra pectinata* Morphotype 1 消亡于本带的上部；*Pal. glabra prima*

Morphotype 1 灭绝于本带的顶部。本带的常见分子有 *Palmatolepis glabra prima*, *Pal. klapperi*, *Pal. glabra acuta*, *Pal. g. lepta*, *Pal. g. pectinata*, *Pal. rhomboidea*, *Pal. minuta minuta*, *Pal. m. schleizia*, *Pal. stoppeli*, *Pal. quadrantinodosa inflexsa*, *Pal. perlobata schindewolfi*, *Pal. gracilis gracilis*, *Polynodosus nodocostatus*, *Polygnathus glaber glaber*, *Po. rhomboideus*, *Polylophodonta triphyllata* 和 *Polylophodonta gyratiluneata*。

44. 早 *rhomboidea* 带

上界定义： *Palmatolepis pooli* Sandberg and Ziegler, 1973 的灭绝。

下界定义： *Palmatolepis rhomboidea* Sannemann, 1955 的首次出现。

注： 本带（Ziegler 和 Sandberg, 1984）与以前的定义一致（Ziegler, 1962, 1971; Klapper 和 Ziegler, 1979）。

本带的牙形刺分子 *Palmatolepis pooli* 和 *Pal. klapperi* 首次出现在本带的底；*Palmatolepis crepida*, *Pal. subperlobata*, *Pal.* cf. *regularis*, *Pal. quadrantinodosaobata* 和 *Pal. quadrantinodosalobata* Morphotype 1 相继消亡于本带的下部。本带的常见分子有 *Palmatolepis rhomboidea*, *Pal. klapperi*, *Pal. pooli*, *Pal. minuta loba*, *Pal. m. minuta*, *Pal. m. wolskae*, *Pal. glabra prima*, *Pal. g. prima* Morphotype 1, *Pal. g. prima* Morphotype 2, *Pal. g. pectinata*, *Pal. g. pectinata* Morphotype 1, *Pal. g. acuta* 和 *Pal. perlobata schindewolfi*。

43. 最晚 *crepida* 带

上界定义： *Palmatolepis rhomboidea* Sannemann, 1955 的首次出现。

下界定义： *Palmatolepis glabra pectinata* Ziegler, 1962 的首次出现。

注： 本带相当于以前的上 *crepida* 带的上部（Ziegler, 1962）。

帮助确定本带的牙形刺 *Palmatolepis quandrantinodosalobata* Morphotype 1 Sandberg and Ziegler 1973，主要存在于本带内，但可以上延到早 *rhomboidea* 带；*Palmatolepis glabra acuta* 首次出现在本带的开始；*Palmatolepis perlobata perlobata*, *Ancyrognathus sinelamina* 和 *Icriodus alternatus alternatus* 延续到本带的末期。

本带其他的重要牙形刺有 *Icriodus iowaensis iowaensis*, *I. cornuta*, *Palmatolepis glabra acuta*, *Pal. g. lepta*（早期类型）, *Pal. minuta minuta*, *Pal. perlobata schindewolfi*, *Pal. protorhomboidea*, *Pal. quadrantinodosalobata*, *Pal.* cf. *regularis*, *Pal. subperlobata* 和 *Pal. teniuipunctata*，它们通常见于本带内并延伸穿过本带。

42. 晚 *crepida* 带

上界定义： *Palmatolepis glabra pectinata* Ziegler, 1962 的首次出现。

下界定义： *Palmatolepis glabra prima* Ziegler and Huddle, 1969 的首次出现。

注： 本带相当于以前的上 *crepida* 带的下部（Ziegler, 1962）。

帮助确定本带的牙形刺 *Palmatolepis termini* 的末现和 *Pal. wolskajae* 的末现可能在本带内；*Palmatolepis perlobata schindewolfi* 首次出现在本带的最晚期。

本带其他的重要牙形刺有 *Ancyrognathus sinelaminus*, *Icriodus alternatus alternatus*, *I. iowaensis iowaensis*, *I. cornutus*, *Palmatolepis glabra lepta*（早期类型）, *Pal. minuta*

minuta, *Pal. perlobata perlobata*, *Pal. protorhomboidea*, *Pal. quandrantinodosalobata*, *Pal.* cf. *regularis*, *Pal. subperlobata* 和 *Pal. tenuipunctata*，它们通常见于本带内并延伸穿过此带。

41. 中 *crepida* 带

上界定义： *Palmatolepis glabra prima* Ziegler and Huddle, 1969 的首次出现。

下界定义： *Palmatolepis termini* Sannemann, 1955 的首次出现。

注： 本带就是以前的中 *crepida* 带（Ziegler, 1962）。

帮助确定本带的牙形刺 *Ancyrolepis cruciformis* 和 *Palmatolepis triangularis* 的末现就在本带内。

本带其他的重要牙形刺有 *Ancyrognathus sinelaminus*, *Icriodus alternatus alternatus*, *I. iowaensis iowaensis*, *I. cornutus*, *Palmatolepis circularis*, *Pal. minuta minuta*, *Pal. perlobata perlobata*, *Pal. protorhomboidea*, *Pal. quadrantinodosalobata*, *Pal.* cf. *regularis*, *Pal. subperlobata*, *Pal. tenuipunctata* 和 *Pal. wolskajae*，它们通常存在于本带内并延伸穿过本带。

40. 早 *crepida* 带

上界定义： *Palmatolepis termini* Sannemann, 1955 的首次出现。

下界定义： *Palmatolepis crepida* Sannemann, 1955 的首次出现。

注： 本带相当于以前的下 *crepida* 带（Ziegler, 1962）。

帮助确定本带的牙形刺 *Palmatolepis quadrantinodosalobata*, *Pal. circularis*, *Pal. wolskajae* 和 *Pelekysgnathus inclinatus* 首现在本带的开始或接近于本带的开始；*Pal. triangularis* 一般最后出现在早 *crepida* 带的末期。

本带其他的重要牙形刺有 *Ancyrognathus sinelaminus*, *Icriodus alternatus alternatus*, *I. alternatus helmsi*, *I. iowaensis ancylus*, *I. iowaensis iowaensis*, *I. cornutus*, *Palmatolepis minuta minuta*, *Pal. perlobata perlobata*, *Pal.* cf. *regularis*, *Pal. subperlobata*, *Pal. tenuipunctata* 和 *Pelekysgnathus planus*，它们通常存在于本带内并延伸穿过本带。

39. 晚 *triangularis* 带

上界定义： *Palmatolepis crepida* Sannemann, 1955 的首次出现。

下界定义： *Palmatolepis minuta minuta* Branson and Mehl, 1934 的首次出现。

注： 本带相当于以前的晚 *triangularis* 带（Ziegler, 1962），定义没有变化。

帮助确定本带的牙形刺 *Palmatolepis tenuipunctata* 同样也出现在本带的开始；*Palmatolepis subperlobata* 是 *Pal. triangularis* 与 *Pal. wolskajae* 之间的过渡类型；*Pal. quandrantinodosalobata* 和 *Pal. crepida* 首次出现在晚 *triangularis* 带；*Palmatolepis delicatula* 和 *Pal. delicatula platys* 在本带内灭绝。

本带其他的重要牙形刺有 *Ancyrognathus sinelaminus*, *Icriodus alternatus alternatus*, *I. alternatus helmsi*, *I. iowaensis ancylus*, *I. iowaensis iowaensis*, *I. cornutus*, *Palmatolepis clarki*, *Pal. protorhomboidea*, *Pelekysgnathus planus*, *Polygnathus brevilaminus* 和 *Pal. panirostratus*，它们通常存在于本带内并延伸穿过本带。

38. 中 *triangularis* 带

上界定义： *Palmatolepis minuta minuta* Branson and Mehl，1934 的首次出现。

下界定义： *Palmatolepis delicatula platys* Ziegler and Sandberg，1990 的首次出现。

注： 本带的时限范围与 Ziegler（1962）原来的概念没有大的变化，但使用了不同的分类单元的首次出现。与早 *triangularis* 带相比，中 *triangularis* 带出现了大量的台型牙形刺分子和大量的 *Icriodus*，这些分子继续繁盛。

帮助确定本带的牙形刺 *Ancyrognathus sinelaminus* 最早出现在或接近中 *triangularis* 带的开始，但是它的先驱分子在早 *triangulartis* 带就已存在；*Ancyrognathus cryptus* 普遍首先见于本带的开始，但是在一些个别的产地，本种的先驱分子在 *linguiformis* 带就已存在；*Palmatolepis clarki* 最早出现在本带开始之后的一段时间；*Palmatolepis praetriangularis* 在本带内灭绝。

本带其他的重要牙形刺有 *Icriodus alternatus alternatus*，*I. alternatus helmsi*，*I. iowaensis ancylus*，*I. iowaensis iowaensis*，*Palmatolepis delicatula delicatula*，*Pal. protorhomboidea*，*Pal. triangularis*，*Pelekysgnathus planus*，*Polygnathus brevilaminus* 和 *Po. planirostratus*，它们存在于本带内并延伸穿过本带。

37. 早 *triangularis* 带

上界定义： *Palmatolepis delicatula platys* Ziegler and Sandberg，1990 的首次出现。

下界定义： *Palmatolepis triangularis* Sannemann，1955 的首次出现。

注： 本带的时限范围与 Ziegler（1962）原来的概念一致，没有变化。

帮助确定本带的牙形刺 *Palmatolepis delicatula delicatula* 最早出现在本带的开始或接近本带的开始；*Palmatolepis protorhomboidea* 出现在本带晚期之内。

本带其他的重要牙形刺有 *Branmehla* sp.，*Icriodus alternatus alternatus*，*I. alternatus helmsi*，*I. iowaensis iowaensis*，*Polygnathus brevilaminua* 和 *Po. planirostratus*，它们存在于本带内并延伸穿过本带。

36. *linguiformis* 带

上界定义： *Palmatolepis triangularis* Sannemann，1955 的首次出现。

下界定义： *Palmatolepis linguiformis* Müller，1956 的首次出现。

注： *Palmatolepis linguiformis* 相当于 Ziegler（1971）的最上 *gigas* 带。

帮助确定本带的牙形刺 *Palmatolepis elderi* 在 *linguiformis* 带内灭绝；*Palmatolepis praetriangularis* Sandberg and Ziegler 和 *Ancyrognathus ubiguitus* Sandberg，Ziegler，and Dreesen，1988 也出现在 *linguiformis* 带内。

本带其他的重要牙形刺有 *Ancyrodella curvata*（晚期类型），*A. nodosa*，*Ancyrognathus asymmetricus*，*An. calvini*，*An. triangularis*，*An. tsiensi*，*Icriodus alternatus alternatus*，*I. alternatus helmsi*，*I. iowaensis iowaensis*，*Mehlina gradata*，*Ozarkodina brevis*，*Palmatolepis eureka*，*Pal. gigas gigas*，*Pal. gigas extensa*，*Pal. hassi*，*Pal. juntaiensis*，*Pal. rhenana nasuda*，*Pal. rhenana rhenana*，*Pal. rotunda*，*Pal. subrecta*，*Pelekysgnathus planus*，*Polygnathus brevilaminus*，*Po. brevis*，*Po. pacificus*，*Po. timanicus* 和 *Po. webbi*，它们在带

内的集群灭绝事件中都相继灭绝。王成源和 Ziegler（2004）的研究表明，这一灭绝事件可划分为四个阶段。在 *linguiformis* 灭绝之后和 *triangularis* 出现之前的 *linguiformis* 带内，有一段时间间隔既没有 *linguiformis*，也没有 *triangularis*，但仍属 *linguiformis* 带，因此 *linguiformis* 带实际仍可再划分为早、晚两个带：早 *linguiformis* 带就是从 *linguiformis* 的出现到灭绝；晚 *linguiformis* 带的时限是从 *linguiformis* 灭绝到 *triangularis* 出现。相对地说，晚 *linguiformis* 带可能时限短些。

35. 晚 *rhenana* 带

上界定义： *Palmatolepis linguiformis* Müller，1956 的首次出现。

下界定义： *Palmatolepis rhenana rhenana* Bischoff，1956 的首次出现。

注： 本带相当于以前 Ziegler（1971）的下 *gigas* 带的最高部分和以前的全部的上 *gigas* 带。

帮助确定本带的牙形刺 *Palmatolepis subrecta*，*Pal. rotunda* 和 *Icriodus alternatus alternatus* 最早出现在本带的开始或接近本带的开始；*Ancyrognathus asymmetricus* 和 *Pal. juntianensis* 在本带开始后稍晚些出现；*Palmatolepis foliacea* 进入晚 *rhenana* 带的早期；*Palmatolepis gigas extensa*，*Icriodus iowaensis iowaensis*（早期类型）和 *I. alternatus helmsi* 在本带的晚期出现；*Palmatolepis jamieae*，*Pal. rhenana brevis*，*Pal. simpla*，*Pal. plana* 和 *Ancyrognathus primus* 在本带内灭绝。

本带其他的重要牙形刺有 *Ancyrodella buckeyensis*，*A. curvata*，*A. ioides*，*A. lobata*，*A. nodosa*，*Ancyrognathus calvini*，*An. triangularis*，*An. tsiensi*，*An. uddeni*，*Icriodus* cf. *alternatus*，*I. summetricus*，*Mehlina gradata*，*Ozarkodina brevis*，*O. postera*，*Palmatolepis ederi*，*Pal. eureka*，*Pal. gigas gigas*，*Pal. gigas paragigas*，*Pal. hassi*，*Pal. rhenana nasuta*，*Pelekysgnathus planus*，*Polygnathus brevilaminus*，*P. brevis*，*P. decorosus*，*P. pacificus*，*P. timanicus* 和 *P. webbi*，它们存在于本带内并延伸穿过本带。

34. 早 *rhenana* 带

上界定义： *Palmatolepis rhenana rhenana* Bischoff，1956 的首次出现。

下界定义： *Palmatolepis rhenana nasuta* Müller，1956 的首次出现。

注： 本带相当于以前 Ziegler（1971）的全部的下 *gigas* 带（除了下 *gigas* 带的最高部分）。

帮助确定本带的牙形刺 *Palmatolepis semichatovae* 在本带开始后不久就出现并在本带结束前灭绝，所以此种在任何层位出现都可视为早 *rhenana* 带的层位；*Palmatolepis barba* 的层位也只限于本带；*Palmatolepis eureka* 和 *Pal. gigas paragigas* 在本带首次出现；*Pal. gigas gigas* 首次出现在本带结束前；*Ancyrodella ioides* 在本带很丰富，但在 *linguiformis* 带不常见；*Pal. proversa*，*Pal. punctata* 和 *Ancyrognathus bifurcatus* 在本带晚期灭绝。

本带其他的重要牙形刺有 *Ancyrodella buckeyensis*，*A. curvata*，*A. gigas*，*A. lobata*，*A. nodosa*，*Ancyrognathus irregularis*，*An. primus*，*An. triangularis*，*An. tsiensi*，*Icriodus* cf. *alternatus*，*I. subterminus*，*I. symmetricus*，*Mehlina gradata*，*Ozarkodina brevis*，*O. postera*，*Palmatolepis ederi*，*Pal. foliacea*，*Pal. hassi*，*Pal. jamieae*，*Pal. plana*，*Pal. rhenana brevis*, *Pal. simpla*, *Pelekysgnathus planus*, *Polygnathus brevilaminus*, *Po. brevis*, *Po. decorosus*, *Po. pacificus*, *Po. timanicus* 和 *Po. webbi*，它们存在于此带内并延伸穿过本带。

33. *jamieae* 带

上界定义： *Palmatolepis rhenana nasuta* Müller, 1956 的首次出现。

下界定义： *Palmatolepis jamieae* Ziegler and Sandberg, 1990 的首次出现。

注： 相当于 Ziegler（1962）的 *Ancyrognathus triangularis* 带的晚期。

帮助确定本带的牙形刺 *Palmatolepis foliacea* 和 *Ancyrodella ioides* 最早出现在本带的开始或接近本带的开始；在缺少 *Pal. jamieae* 的情况下，可以用 *Pal. foliacea* 来确定本带的开始；在本带的晚期，*Pal. proversa* 的一些先进的类型开始出现，但与 *Pal. semichatovae* 无关；具有突出齿叶的 *Ancyrodella curvata* 的先进类型首次出现；*Pal. ederi* 和 *Ancyrodella tsiensi* 的晚期类型存在于本带的晚期。

本带其他的重要牙形刺有 *Ancyrodella buckeyensis*, *A. curvata*（早期类型）, *A. gigas*, *A. lobata*, *A. nodosa*, *Ancyrognathus primus*, *A. triangularis*, *A. tsiensi*, *Icriodus* cf. *alternatus*, *I. subterminus*, *I. symmetricus*, *Mehlina gradata*, *Ozarkodina brevis*, *O. postera*, *Palmatolepis hassi*, *Pal. plana*, *Pal. punctata*, *Pal. simpla*, *Polygnathus decorosus*, *Po. pacificus*, *Po. timanicus* 和 *Po. webbi*，它们存在于本带内并延伸穿过本带。

32. 晚 *hassi* 带

上界定义： *Palmatolepis jamieae* Ziegler and Sandberg, 1990 的首次出现。

下界定义： *Ancyrognathus triangularis* Youngquist, 1945 的首次出现。

注： 晚 *hassi* 带相当于 Ziegler（1962）的 *Ancyrognathus triangularis* 带的早期。

帮助确定本带的牙形刺 *Klapperina ovalis*, *Mesotaxis falsiovalis*, *M.* sp. nov.（narrow）和 *Ozarkodina trepta* 在本带早期灭绝；*Pal. transitans* 在本带晚期灭绝；*Ancyrognathus bifurcatus* 出现在本带的开始；*Palmatolepis simpla* 出现在本带的时限内。

本带其他的重要牙形刺有 *Ancyrodella buckeyensis*, *A. curvata*（早期类型）, *A. gigas*, *A. nodosa*, *A. lobata*, *Ancyrognathus ancyrognathoides*, *An. primus*, *An. tsiensi*, *Icriodus* cf. *alternatus*, *I. subterminus*, *I. symmetricus*, *Mehlina gradata*, *Ozarkodina brevis*, *O. postera*, *Palmatolepis hassi*, *Pal. plana*, *Pal. proversa*, *Pal. punctata*, *Polygnathus decorosus*, *Po. timanicus*, *Po. pacificus* 和 *Po. webbi*，它们存在于本带内并延伸穿过本带。

31. 早 *hassi* 带

上界定义： *Ancyrognathus triangularis* Youngquist, 1945 的首次出现。

下界定义： *Palmatolepis hassi* Müller and Müller, 1957 的首次出现。

注： 早 *hassi* 带相当于以前 Ziegler（1962, 1971）的上 *asymmetricus* 带的全部，可能还更年轻些，包括以前的没有分带的时间间隔。

帮助确定本带的牙形刺中，以 *Ancyrodella gigas* sensu Ziegler 和 *Ancyrodella curvata* 只有中等大小的侧齿叶的早期类型同时出现为早 *hassi* 带的特征；*Ozarkodina trepta* 的时限在早 *hassi* 带和晚 *hassi* 带的早期；最年轻的 *Mesotaxis asymmetrica* 出现在早 *hassi* 带；*Ancyrognathus tsiensi* 的早期类型最早出现于接近此带的开始，但要比最老的

Ancyrognathus triangularis 早得多；*Palmatolepis plana* 首现于本带的晚期；由 *Ancyrognathus ancyrognathoides* 演化来的 *Ancyrognathus primus*，其侧齿叶进一步发育，在本带内很丰富，但在上一个年轻的带中不常见。

本带其他的重要牙形刺有 *Ancyrodella buckeyensis*, *A. lobata*, *Icriodus expansa*, *I. subterminus*, *I. symmetricus*, *Klapperina ovalis*, *Mehlina gradata*, *Mesotaxis asymmetrica*, *M. falsiovalis*, *M.* sp. nov.（narrow）, *Ozarkodina brevis*, *O. postera*, *Palmatolepis proversa*, *Pal. puctata*, *Pal. transitans*, *Polygnathus angustidiscus*, *Po. decorosus*, *Po. dubius*, *Po. linguiformis*, *Po. timanicus* 和 *Po. webbi*，它们存在于本带内并延伸穿过本带。

30. *punctata* 带

上界定义： *Palmatolepis hassi* Müller and Müller, 1957 的首次出现。

下界定义： *Palmatolepis punctata*（Hinde, 1879）的首次出现。

注： 本带相当于以前 Ziegler（1962）的中 *asymmetricus* 带。

帮助确定本带的牙形刺中，在缺少 *Palmatolepis punctata* 时，本带可以用 *Palmatolepis proversa* 的首次出现来确定；*Ancyrodella gigas* 也是一个有用的标志，因为它最早出现在本带的开始或比本带低一点，它与 *Ancyrodella rotundiloba* 共同产出的层位不会高于本带；*Polygnathus cristatus* 的最高时限在本带之内。

本带其他的重要牙形刺有 *Alternognathus* sp. , *Ancyrodella rugosa*, *Ancyrognathus ancyrognathoides*, *Icriodus expansus*, *I. subterminus*, *I. symmetricus*, *Klapperina ovalis*, *Mehlina adventa*, *M. gradata*, *Mesotaxis asymmetrica*, *Me. falsiovalis*, *Ozarkodina brevis*, *Palmatolepis transitans*, *Pandorinellina insita*, *Playfordia primitiva*, *Polygnathus angustidiscus*, *Po. decorosus*, *Po. dubius*, *Po. timanicus* 和 *Schimidtognathus* sp. 。

29. *transitans* 带

上界定义： *Palmatolepis punctata*（Hinde, 1879）的首次出现。

下界定义： *Palmatolepis transitans* Müller, 1956 的首次出现。

注： 相当于以前 Ziegler（1962）的全部的下 *asymmetricus* 带（除了最早期的部分）。

帮助确定本带的牙形刺中，在缺少 *Palmatolepis transitans* 时，本带可以用 *Ancyrodella* 的主要种的动物群来识别，即 *Ancyrodella rotundiloba*, *A. alata*, *A. rugosa* 和 *A. soluda* 的先进类型；*Polygnathus timanicus* 最早出现在本带内；*Polygnathus ordinatus* 的最后的时限在本带之内；最年轻的 *Mesotaxis*? *dengleri*, *Polygnathus linguiformis* 和 *Skeletognathus norris* 同样存在于本带之内。

本带其他的重要牙形刺有 *Ancyrodella pramosica*, *Icriodus expansa*, *I. subterminus*, *I. symmetricus*, *Klapperina ovalis*, *K. disparilis*, *Mehlina gradata*, *Mesotaxis asymmetrica*, *M. falsiovalis*, *Ozarkodina brevis*, *O. sannemanni*, *Pandorinellina insita*, "*Polygnathus*" *cristatus*, *P. angustidiscus*, *P. decorosus*, *P. dubius*, *P. pennatus* 和 *Schimidtognathus* sp. 。

28. 晚 *falsiovalis* 带

上界定义： *Palmatolepis transitans* Müller, 1956 的首次出现。

下界定义： *Mesotaxis asymmetrica*（Bischoff and Ziegler, 1957）的首次出现。

帮助确定本带的牙形刺 *Ancyrodella soluta* 和 *A. rugasa* 过渡型分子存在于本带内。

本带其他的重要牙形刺有 *Ancyrodella alata*, *A. rotondiloba*, *A. soluta*, *Icriodus expansa*, *I. subterminus*, *Klapperina ovalis*, *Mesotaxis*? *dengleri*, *M. falsiovalis*, *Ozarkodina brevis*, *O. sannemanni*, "*Polygnathus*" *cristatus*, *P. angustidiscus*, *P. decorosus*, *P. dubius*, *P. ordinatus* 和 *P. pennatus*。

27. 中 *falsiovalis* 带

上界定义: *Mesotaxis asymmetrica*（Bischoff and Ziegler, 1957）的首次出现。

下界定义: *Mesotaxis costalliformis*（Ji, 1986）的首次出现。

帮助确定本带的牙形刺 *Ancyrodella alata* 出现在本带的近底部。

本带其他的重要牙形刺有 *Mesotaxis falsiovalis*, *M. costalliformis*, *M.*? *dengleri*, *Polygnathus decorosus*, *P. webbi*, *P. alatus*, *P. dubius* sensu, *Ancyrodella rotundiloba*, *Nothognathellus klapperi* 和 *N. ziegleri*。

26. 早 *falsiovalis* 带

上界定义: *Mesotaxis costalliformis*（Ji, 1986）的首次出现。

下界定义: *Mesotaxis falsiovalis* Sandberg, Ziegler and Bultynck, 1989 的首次出现。

注: 对于 *falsiovalis* 带，Sandberg 和 Ziegler（1996）将其分为上、下两部分，而 Bardashev 等（2012, 16 页）将其划分为两个带，上部称 *ovalis* 带，下部称 *falsiovalis* 带。

帮助确定本带的牙形刺 *Ancyrodella binodosa* 和 *A. pristina* 最早见于本带的中部；*A. soluta* 最早见于本带的上部；*Polygnathus webbi* 和 *P. alata* 也最早见于本带的上部。

此带其他的重要牙形刺有 *Mesotaxis falsiovalis*, *M.*? *dengleri*, *Icriodus symmetricus*, *I. expansus*, *I. subterminus*, *Polygnathus decorosus*, *Po. dubius*, *Po. paradecorosus*, *Po. xylus xylus*, *Ancyrodella soluta*, *A. primitina*, *A. binodosa*, *Ozarkodina sannemanni* 和 *Skeletognathus norris*。

25. *disparilis* 带

上界定义: *Mesotaxis falsiovalis* Sandberg, Ziegler and Bultynck, 1989 的首次出现。

下界定义: *Klapperina disparilis*（Ziegler and Klapper, 1976）的首次出现。

注: Bardashev 等（2012, 16 页）将本带划分为上、下两个带，下部为 *disparilis* 带，上部为 *dengleri* 带。

本带的牙形刺 *Klapperina disparalvea* 首次出现于本带的底部；*Klapperina ovalis* 首次出现于本带的中部；*Mesotaxis*? *dengleri* 首次出现于本带的上部。本带的常见分子有 *Ancyrodella binodosa*, *Polygnathus xylus xylus*, *Po. ovatinodosus*, *Po. limitaris*, *Po. cristatus*, *Po. dubius*, *Po. ordinatus* 和 *Ozarkodina sannemanni*。

24. 晚 *hermnni—cristatus* 带

上界定义: *Klapperina disparilis*（Ziegler and Klapper, 1976）的首次出现。

下界定义: *Polygnathus cristatus* Hinde, 1879 的首次出现。

本带中的牙形刺 *Polygnathus dubius* 首次出现在本带的底部；*Schimidtognathus peraoutus*

首次出现在本带的中部。本带的常见分子有 *Polygnathus linguiformis linguiformis*, *Po. xylus xylus*, *Po. ovatinodosus*, *Po. latiforsatus*, *Po. semialternatus*, *Po. limitaris*, *Po. ordinatus*, *Ozarkodina sannemanni*, *Schmidtognathus hermanni*, *Sch. pietzneri*, *Sch. wittekindti* 和 *Icriodus difficilis*。

23. 早 *hermanni—cristatus* 带

上界定义： *Polygnathus cristatus* Hinde, 1879 的首次出现。

下界定义： *Polygnathus limitaris* Ziegler, Klapper and Johnson, 1976 的首次出现。

本带中的牙形刺 *Schmidtognathus hermanni* 和 *Sch. pietzneri* 首次出现于本带的底部；*Sch. wittekindti* 和 *Polygnathus ordinatus* 首次出现于本带的下部；*Polygnathus varcus* 和 *Po. timorensis* 灭绝于本带的中部；*Icriodus brevis* 灭绝于本带的顶部。

22. 晚 *varcus* 带

上界定义： *Polygnathus limitaris* Ziegler, Klapper and Johnson, 1976 的首次出现。

下界定义： *Polygnathus latiforsatus* Wirth, 1967 的首次出现。

本带中的牙形刺 *Polygnathus semialternatus* 和 *Ozarkodina sannemanni* 首次出现于本带的底部；*Polygnathus ovatonodosa* 首次出现于本带的下部。本带的常见分子有 *Polygnathus linguiformis linguiformis*, *Po. timorensis*, *Po. xylus xylus*, *Po. varcus*, *Po. denisbriceae*, *Icriodus brevis* 和 *I. difficilis*。

21. 中 *varcus* 带

上界定义： *Polygnathus latiforsatus* Wirth, 1967 的首次出现。

下界定义： *Polygnathus ansatus* Ziegler and Klapper, 1967 的首次出现。

本带中的牙形刺 *Polygnathus beckmanni* 首次出现于本带的底部并上延至本带的近顶部；*Polygnathus hemiansatus*, *Po. linguiformis weddigei*, *Po. rhenana* 和 *Po. mucronatus* 消亡于本带的顶部。

20. 早 *varcus* 带

上界定义： *Polygnathus ansatus* Ziegler and Klapper, 1967 的首次出现。

下界定义： *Polygnathus timorensis* Klapper, Philip and Jackson, 1970 的首次出现。

本带中的牙形刺 *Polygnathus xylus xylus*, *Po. linguiformis weddigei*, *Po. denisbriceae* 和 *Icriodus brevis* 首现于本带的下部；*Polygnathus varcus*, *Po. rhenana* 和 *Po. linguiformis mucronatus* 首次出现于本带的中部；*Icriodus difficilis* 首次出现于本带的上部；*Tortodus variabilis*, *Polygnathus eiflius* 和 *Icriodus regularicrescens* 均灭绝于本带的下部；*Polygnathus xylus ensensis*, *Bipennatus bipennatus bipennatus*, *Icriodus lindensis*, *I. obliquimarginatus* 和 *I. platyobliquimarginatus* 灭绝于本带的中部。根据 Bultynck（1987）的研究，本带可依据 *Polygnathus varcus* 或 *Po. renanus* 的首次出现划分为早、晚两个亚带。

19. *hemiansatus* 带

上界定义： *Polygnathus timorensis* Klapper, Philip and Jackson, 1970 的首次出现。

下界定义：*Polygnathus hemiansatus* Bultynck，1987 的首次出现。

本带中的牙形刺 *Tortodus intermedius*，*Ozarkodina bidentata* 和 *Polygnathus angustipennatus* 在本带的底部灭绝；*Polygnathus hemiansatus*，*Bipennatus bipennatus bipennatus* 和 *Icriodus obliquimarginatus* 在本带的底部首次出现；*Icriodus lindensis* 和 *Tortodus variabilis* 在本带的顶部首次出现。本带的常见分子有 *Polygnathus pseudofoliatus*，*Po. eiflius*，*Po. xylus ensensis*，*Icriodus regularicrescens* 和 *I. platyobliquimarginatus*。

18. *ensensis* 带

上界定义：*Polygnathus hemiansatus* Bultynck，1987 的首次出现。

下界定义：*Polygnathus xylus ensensis* Ziegler，Klapper and Johnson，1976 的首次出现。

本带中的牙形刺 *Polygnathus linguiformis klapperi* 和 *Ozarkodina bidentata* 首次出现于本带的下部。本带的常见分子有 *Tortodus intermedius*，*Polygnathus angustipennatus*，*Po. pseudofoliatus*，*Po. eiflius*，*Po. xylus ensensis*，*Po. linguiformis klapperi*，*Ozarkodina bidentata*，*Icriodus regularicrescens* 和 *I. platyobliquimarginatus*。

17. *kockelianus* 带

上界定义：*Polygnathus xylus ensensis* Ziegler，Klapper and Johnson，1976 的首次出现。

下界定义：*Tortodus kockelianus kockelianus* Bischoff and Ziegler，1957 的首次出现。

本带中的牙形刺 *Polygnathus eiflius* 首次出现于本带的中部；*Icriodus platyobliquimarginatus* 首次出现于本带的顶部。本带的常见分子有 *Polygnathus trigonicus*，*Po. linguiformis linguiformis*，*Po. angusticostatus*，*Po. angustipennatus*，*Po. pseudofoliatus*，*Po. parawebbi*，*Icriodus regularicrescens* 和 *Tortodus intermedius*。根据 Bultynck（1987）的研究，本带可依据 *Polygnathus eiflius* 的首次出现划分为早、晚两个亚带。

16. *australis* 带

上界定义：*Tortodus kockelianus kockelianus* Bischoff and Ziegler，1957 的首次出现。

下界定义：*Tortodus kockelianus australis*（Jackson，1970）的首次出现。

本带中的牙形刺 *Polygnathus parawebbi*，*Po. pseudofoliatus* 和 *Tortodus intermedius* 首次出现于本带的底部；*Polygnathus angusticostatus* 和 *Po. angustipennatus* 首次出现于本带的下部；*Polygnathus costatus costatus* 灭绝于本带的下部。

15. *costatus* 带

上界定义：*Tortodus kockelianus australis*（Jackson，1970）的首次出现。

下界定义：*Polygnathus costatus costatus* Klapper，1971 的首次出现。

本带中的牙形刺 *Ozarkodina bidentata* 首次出现于本带的底部；*Polygnathus linguiformis linguiformis* Morphotype β 首次出现于本带的上部；*Polygnathus costatus patulus* 和 *Po. serontinus* 消亡于本带的下部；*Polygnathus costatus partitus*，*Po. robusticostatus*，*Icriodus werneri* 和 *Pandorinellina expansa* 消亡于本带的中部；*Polygnathus linguiformis bultyncki* 和 *Po. linguiformis pinguis* 灭绝于本带的顶部。

14. *partitus* 带

上界定义：*Polygnathus costatus costatus* Klapper，1971 的首次出现。

下界定义：*Polygnathus costatus partitus* Klapper，Ziegler and Mashkova，1978 的首次出现。

本带中的牙形刺 *Icriodus retrodepressus* 首次出现于本带的下部；*Polygnathus linguiformis pinguis* 和 *Po. robusticostatus* 首次出现于本带的上部；*Icriodus corniger rectirostratus* 和 *I. culicellus* 消亡于本带的下部；*Polygnathus cooperi cooperi* 灭绝于本带的顶部；*Polygnathus serontinus*，*Po. costatus patulus*，*Po. linguiformis bultyncki* 等在本带较为常见。

13. *partulus* 带

上界定义：*Polygnathus costatus partitus* Klapper，Ziegler and Mashkova，1978 的首次出现。

下界定义：*Polygnathus costatus patulus* Klapper，1971 的首次出现。

本带中的牙形刺 *Icriodus werneri* 首次出现于本带的上部；*Polygnathus cooperi cooperi*，*Po. serontinus*，*Po. linguiformis bultyncki*，*Ozarkodina carinthiaca*，*Icriodus corniger rectirostratus* 和 *I. culicellus* 是本带的常见分子；*Polygnathus cooperi secus* 灭绝于本带的下部。

12. *serotinus* 带

上界定义：*Polygnathus costatus patulus* Klapper，1971 的首次出现。

下界定义：*Polygnathus serotinus* Telford，1975 的首次出现。

注：本带由 Weddige（1977）建立。Yolkin 等（1994）认为 *Polygnathus serotinus* 的演化系列是 *Polygnathus mashkovae*→*Po. apekinae*→*Po. serotinus*。

本带中的牙形刺 *Polygnathus linguiformis bultyncki* 和 *Po. cracens* 均首次出现于本带的底部；*Pandorinellina expansa* 首次出现于本带的下部；*Polygnathus cooperi cooperi* 和 *Po. quadratus* 首次出现于本带的上部；*Polygnathus inversu*，*Pandorinellina exigua exigua*，*Ozarkodina steinhoensis steinhoensis* 和 *Icriodus beckmanni sinuatus* 均消亡于本带的下部。

11. *inversu* 带

上界定义：*Polygnathus serotinus* Telford，1975 的首次出现。

下界定义：*Polygnathus inversus* Klapper and Johnson，1975 的首次出现。

注：本带由 Klapper 和 Johnson 建立（Klapper，1977）。

本带中的牙形刺 *Icriodus fusiformis* 和 *I. culicelus* 首次出现于本带的底部；*Icriodus beckmanni sinuatus* 和 *I. corniger rectirostratus* 首次出现于本带的下部；*Icriodus corniger corniger* 和 *Ozarkodina carthiaca* 首次出现于本带的上部；*Ozarkodina steinhornensis steinhorensis* 和 *Pandorinellina exigua exigua* 在本带中十分常见。依据 Bultynck（1989）的研究，本带可依据 *Polygnathus laticostatus* 的首次出现划分为早、晚两个亚带。但是，Yolkin 等（1994）认为过去对 *Polygnathus laticostatus* 的鉴定有误，*Po. laticostatus* 实际见于 *nothoperbonus* 和 *inversus* 两个带。此带化石在华南普遍存在。

10. ***nothoperbonus*** 带

上界定义： *Polygnathus inversus* Klapper and Johnson, 1975 的首次出现。

下界定义： *Polygnathus nothoperbonus* Mawson, 1987 的首次出现或 *Polygnathus gronbergi* Klapper and Johnson, 1975 的首次出现。

注： 本带由 Yolkin 和 Isokh 建立。本带的时限相当于以前作为 *P.* aff. *gronbergi*（= *Po. nothoperbonus*）的 *gronbergi* 带上部的时限。本带的带化石分子是 *Polygnathus inversu* 的先驱分子，即上一带的带化石分子的祖先。

本带中的牙形刺 *Polygnathus mashkovae*, *Po. laticostatus* 和 *Po. nothoperbonus* 出现于本带的开始并穿过本带。华南存在此带化石。

9. ***excavatus*** 带

上界定义： *Polygnathus nothoperbonus* Mawson, 1987 的首次出现。

下界定义： *Polygnathus excavatus excavatus* Carls and Gandle, 1969 的首次出现。

注： 本带相当于 Weddige（1977）的"*gronbergi*"动物群，由 Weddige 和 Ziegler（1977）正式建立成带。由于分类上的原因，Yolkin 等将其改为 *excavata* 带。

本带中的牙形刺 *Polygnathus excavata* 出现于本带的底部，消亡于 *inversus* 带的底部；*Polygnathus perbonus* 出现于本带的顶部；*Polygnathus kitabicus* 和 *Po. pannonicus* 灭绝于本带的底部。华南存在此带化石。

8. ***kitabicus*** 带

上界定义： *Polygnathus excavatus excavatus* Carls and Gandle, 1969 的首次出现或 *Polygnathus gronbergi* Klapper and Johnson, 1975 的首次出现。

下界定义： *Polygnathus kitabicus* Yolkin, Weddige, Isokh and Erina, 1994 的首次出现。

注： 本带的时限相当于以前的 *dehiscens* 带。

本带中的牙形刺 *Polygnathus pannonicus* 出现于本带的底部，灭绝于 *excavata* 带的底部；*Polygnathus hindei* 和 *Po. tamara* 在本带内出现并在本带内灭绝；*Polygnathus sokolovi* 在本带中部灭绝。此带化石在中国尚未得到确认。

7. ***pireneae*** 带

上界定义： *Polygnathus kitabicus* Yolkin, Weddige, Isokh and Erina, 1994 的首次出现。

下界定义： *Polygnathus pireneae* Boersma, 1974 的首次出现。

注： 本带只相当于以前的晚 *sulcata* 带的上部。本带由 Lane 和 Ormiston（1979）建立。

本带中的牙形刺 *Polygnathus sokolovi* 在本带的顶部出现。此带化石存在于广西六景剖面那高岭组。

6. 晚 ***sulcatus*** 带

上界定义： *Polygnathus pireneae* Boersma, 1974 的首次出现。

下界定义： *Eognathodus sulcatus kindlei* Lane and Ormiston, 1979 的首次出现。

注： 本带只相当于以前的晚 *sulcata* 带的下部。

本带中的牙形刺有 *Icriodus huddlei curvicaudus*, *Caudicriodus angustoides angustoides*, *Eognathodus sulcatus juliae* 和 *Ozarkodina pandora*。

5. 早 *sulcatus* 带

上界定义： *Eognathodus sulcatus kindlei* Lane and Ormiston, 1979 的首次出现。

下界定义： *Eognathodus sulcatus sulcatus* Philip, 1965 的首次出现。

本带中的牙形刺 *Icriodus huddlei curvicaudus* 首次出现于本带的底部；*Caudicriodus angustoides angustoides* 在本带中较为常见；*Caudicriodus angustoides curvicaudus* 和 *Cau. simulator* 消亡于本带的下部。广西六景那高岭组有此带化石。

4. *pesavis* 带

上界定义： *Eognathodus sulcatus sulcatus* Philip, 1965 的首次出现。

下界定义： *Pedavis pesavis pesavis*（Bischoff and Sannemann, 1958）的首次出现。

本带的牙形刺 *Pedavis pesavis pesavis* 和 *Eognathodus linearis* 首现于本带的最底部并消亡于本带最顶部；*Caudicriodus angustoides angustoides* 和 *Cau. simulator* 首现于本带最上部；*Caudicriodus rectangularis* 和 *Cau. vinearus* 消亡于本带中部；*Ozarkodina transitans*, *Leania stygia* 和 *Amydrotaxis johnsoni* 灭绝于本带之底部。

3. *delta* 带

上界定义： *Pedavis pesavis pesavis*（Bischoff and Sannemann, 1958）的首次出现。

下界定义： *Ancyrodelloides delta*（Klapper and Ormiston, 1979）的首次出现。

本带的牙形刺 *Caudicriodus angustoides alcoleae*, *Cau. rectangularis lotzei* 和 *Ozarkodina transitans* 首次出现于本带的底部；*Ancyrodelloides trigonicus* 仅分布于本带的中部；*Caudicriodus angustoides bidentatus*, *Pelekysgnathus serratus elongatus* 和 *Ozarkodina remschneidensis repititor* 灭绝于本带的上部。此带化石见于我国的内蒙古、新疆和西藏。

2. *eurekaensis* 带

上界定义： *Ancyrodelloides delta*（Klapper and Ormiston, 1979）的首次出现。

下界定义： *Ozarkodina eurekaensis* Klapper and Murphy, 1975 的首次出现。

本带的牙形刺中，除了 *Ozarkodina denckmanni* 和 *O. remschneidensis* 之外，还出现了大量的新生分子，常见者有 *Caudicriodus postwoschmidti*, *Cau. rectangularis rectangularis*, *Cau. angustoides bidentatus* 和 *Pelekysgnathus serratus elongatus*。此带化石见于滇西和四川。

1. *woschmidti* 带

上界定义： *Ozarkodina eurekaensis* Klapper and Murphy, 1975 的首次出现。

下界定义： *Caudicriodus woschmidti*（Ziegler, 1960）的首次出现。

本带的牙形刺分子比较简单，由 Pridoli 世延续而来，如 *Ozarkodina denckmanni* 和 *O. remschneidensis*。此带化石见于滇西、内蒙古和四川。

1.3.2 中国泥盆纪浅水相牙形刺带

中国泥盆纪浅水相牙形刺带，目前只限于晚泥盆世法门期，而且研究程度也比较低，只限于粤北、湘中、湘南和桂北等地区。依据秦国荣等（1988）和季强（2004）的总结，晚泥盆世浅水相的牙形刺由上而下分别划分如下。

1. *cavusformis—gilwernensis* 组合带

顶界定义： *Siphonodella homosimplex* 的首次出现。这是浅水相区石炭纪的开始。

底界定义： *Clydagnathus gilwernensis* 的首次出现。

此带包括的牙形刺有 *Clydagnathus gilwernensis*，*C. cavusformis*，*C. unicornis*，*Bispathodus aculeatus*，*B. stabilis*，*Neopolygnathus communis communis*，*Neopo. c. collinsoni*，*Neopo. c. shangmiaobeiensis*，*Hindeodella brevis*，*H. subtilis*，*Ligonodina beata*，*Lonchodina multidens*，*Ozarkodina rhenana*，*Neoprioniodus* sp.，*Prioniodina subequalis* 和 *Spathognathodus crassidentatus*。*Icriodus* 属的所有分子在本带的下部灭绝，而 *Clydagnathus* 属的分子多见于本带的上部。本带大致相当于深水相牙形刺的晚 *praesulcata* 带，主要分布于 *Cystophrentis—Pseudouralinia* 间隔带底部的地层中。

2. *raymondi—darbyensis* 组合带

顶界定义： *Clydagnathus gilwernensis* 的首次出现。

底界定义： *Icriodus costatus darbyensis* 的首次出现。

此带包括的牙形刺有 *Icriodus costatus*，*I. raymondi*，*I. obovatus*，*Polylophodonta* cf. *linguiformis*，*Bispathodus aculeatus*，*Neopolygnathus communis communis*，*Polynodosus semicostatus* Morphotype 3，*P.* cf. *perplexus*，*P. nodocostatoides*，*Spathognathodus planioconvexsus*，*S. strigosus*，*Pelekysgnathus* spp.，*Neoprioniodus armatus*，*Hindeodella subtilis*，*H. germana* 和 *Drepanodus* sp.。本带大致相当于深水相牙形刺的下 *expansa* 带到中 *praesulcata* 带，主要分布于珊瑚 *Caninia jielingensis* 带—*Cystophrentis* 带中上部的地层中。

3. *semicostatus—homoirregularis* 组合带

顶界定义： *Icriodus costatus darbyensis* 的首次出现。

底界定义： *Polygnathus homoirregularis* 的首次出现。

此带包括的牙形刺有 *Polygnathus semicostatus*，*P. homoirregularis*，*P. subirregularis*，*P. normalism*，*P.* cf. *obliquicostatus*，*Bispathodus stabilis*，*Neoprioniodina* sp.，*Nothognathella* sp.，*Apatognathus varians*，*Spathognathodus planioconvexus* 和 *Drepanodus* sp.。本组合带大致相当于珊瑚 *Caninia jielingensis* 带和腕足类 *Tenticospirifer—Mesoplica* 组合带。

4. *semicostatus—confluns* 组合带

顶界定义： *Polygnathus homoirregularis* 的首次出现。

底界定义： *Polygnathus semicostatus* 的首次出现。

此带包括的牙形刺有 *Polygnathus semicostatus*，*Po. nodocostatus*，*Po. confluns*，*Polylophodonta* sp.，*Icriodus* sp.，*Hindeodella stabilis*，*H. corpulenta*，*Spathognathodus* sp.，

Neoprioniodus sp.，*Ozarkodina* sp. 和 *Lonchodina* sp.。本组合带大致相当于深水相牙形刺的最上 *marginifera* 带（即原来的下 *velifer* 带）（秦国荣等，1988）。

上 *marginifera* 带之下的地层在2010年前没有建立浅水相牙形刺带。

Narkiewicz 和 Bultynck（2010）最新建立的艾菲尔阶最上部到弗拉阶最下部浅水相—深水相牙形刺带的对比关系最为重要。他们修订了 *I. subterminus* 带的定义和 *I. expansus* 种的定义，将浅水相、较深水相和深水相的牙形刺带进行了准确的对比（插图9）。在插图9中，Narkiewicz 和 Bultynck（2010）建立的浅水相三分 *I. subterminus* 带，特别值得说明。

统	阶	亚阶	牙形刺带：浅水相至较深水相			"标准"深水相		
上泥盆统	弗拉阶		*A. binodosa-A. pristina*		Sandberg和Dreesen(1984) *I. sym-metricus*	Ziegler和Sandberg(1990)	*Pa. transitans*	Klapper和Johnson(1990) MN 4
							Upper *M. falsiovalis*	MN 2/3
								MN 1
							Lower *M. falsiovalis*	*S. norrisi*
中泥盆统	吉维特阶	上	*I. subterminus*	上	*I. expansus*	Ziegler和Klapper(1982)	*K. disparilis*	上
				中				下
				下		Klapper和Johnson(1990)	*Sch. hermanni*	上
								下
		中			Bultynck和Gouwy(2008) *I. difficilis* ±	Bultynck(1987)	*P. latifossatus/semialternans*	
							P. ansatus	
							P. rhenanus/varcus	
		下			*I. brevis* ±		*P. timorensis*	
					I. obliqui-marginatus ±		*P. hemiansatus*	
	艾菲尔阶				*I. regulari-crescens*		*P. ensensis*	

插图9　艾菲尔阶最上部到弗拉阶最下部浅水相到较深水相与"标准"深水相牙形刺带的对比
（据 Narkiewicz 和 Bultynck，2010，608页，图10）

Text-fig. 9　Correlation between uppermost Eifelian to lowermost Frasnian conodont zonations for shallow-, deeper-, and deep-water environments（Narkiewicz and Bultynck，2010，p. 608，fig. 10）

subterminus 带的底界定义是 *I. subterminus* 的首次出现，而顶界定义是 *A. pristina*，*A. binodosa* 和 *A. rotundiloba* sensu Klapper，1985 的早期形态型分子的最早出现。此带又分为三个亚带。

（1）下 *subterminus* 亚带的底界定义同 *subterminus* 带的底界定义，即为 *I. subterminus* 的首次出现；下 *subterminus* 亚带的顶界定义是 *Mehlina gradate* 和/或 *Polygnathus angustidiscus* 的首次出现。

（2）中 *subterminus* 亚带的底界定义即为下 *subterminus* 亚带的顶界定义，也就是

Mehlina gradate 和/或 *Polygnathus angustidiscus* 的首次出现；中 *subterminus* 亚带的顶界定义相当于“上 *subterminus* 动物群”，即 *P. insita* 和/或 *S. norris* 的首次出现。

（3）上 *subterminus* 亚带的底界定义即为中 *subterminus* 亚带的顶界定义，也就是 *P. insita* 和/或 *S. norris* 的首次出现；上 *subterminus* 亚带的顶界定义即为 *subterminus* 带的顶界定义，也就是 *A. pristina*, *A. binodosa* 和 *A. rotundiloba* sensu Klapper, 1985 的早期形态型分子的最早出现。

Narkiewicz 和 Bultynck（2010）建立的较深水相 *I. expansus* 带同样值得重视。此带的底界定义是 *Icriodus expansus* 的首次出现。这个界线位置相当于上吉维特亚阶的底界和 *Sch. hermanni* 带的底界，而 *I. expansus* 带的顶界就是 *Icriodus symmetricus* 带的底界，即 *Icriodus symmetricus* 首次出现的位置。*I. expansus* 带上部的时限大部分与 *I. subterminus* 的时限相叠（插图 10）。

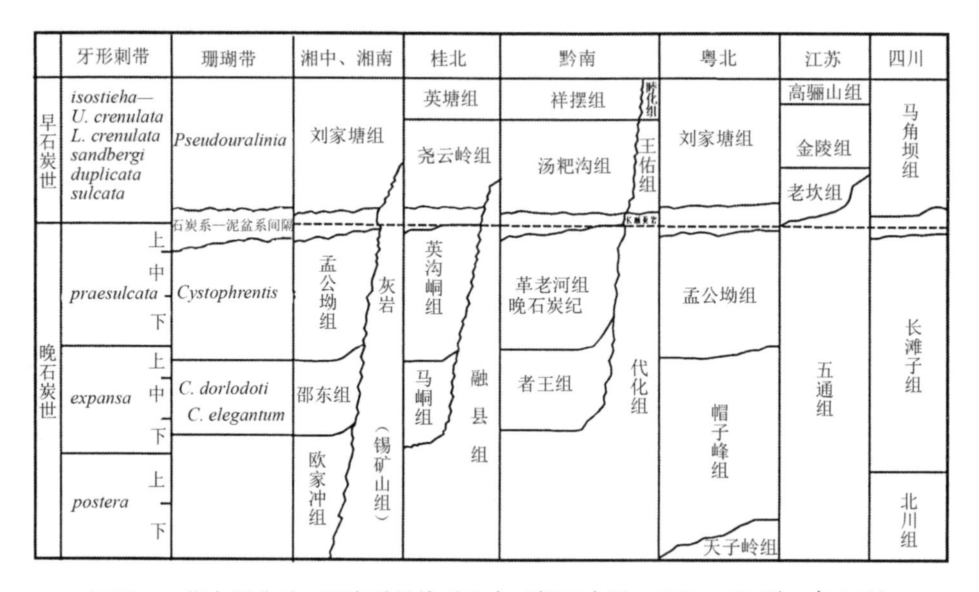

插图 10　华南泥盆系—石炭系界线对比表（据王成源，2000a，87 页，表 5-13）

Text-fig. 10　Correlation of the Devonian—Carboniferous boundaries in South China (after Wang, 2000a, p. 87, Table 5-13)

1.4　中国泥盆纪地层的对比

中国泥盆系的划分应与国际接轨，采用 3 统 7 阶，即下泥盆统的洛霍考夫阶、布拉格阶和埃姆斯阶，中泥盆统的埃菲尔阶、吉维特阶，以及上泥盆统的弗拉阶和法门阶。近 40 年来，浮游生物地层的研究，特别是以牙形刺、菊石、竹节石等为主的浮游生物地层序列的建立，使中国泥盆纪地层的划分和对比发生了重大的变化（插图 11）。

华南大部分地区为浅水相内陆棚沉积，代化组为浮游灰岩相，融县组为底栖灰岩相，含层孔虫的者王组为礁后相，马牯脑灰岩为内陆棚沉积，欧家冲组以砂岩、泥灰岩为主，邵东组以泥灰岩为主，孟公坳组为灰岩。在湖南法门期中期以后有大的海退现象，形成欧家冲组和岳麓山组砂岩；泥盆纪最晚期有一次小的海退，接着发生了全球性的泥盆纪—石炭纪事件。

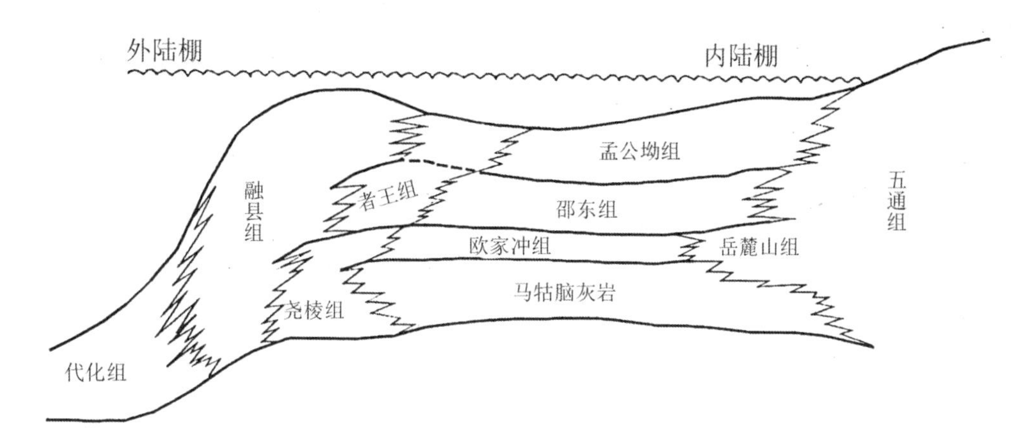

插图 11　华南晚泥盆世晚期沉积相示意图（据王成源，1987a，87 页，图 5-1）

Text-fig. 11　Depositional facies of Late Devonian strata in South China (after Wang, 1987a, p. 87, fig. 5-1)

1.4.1　邵东组、孟公坳组归入上泥盆统

自第二届全国地层会议以来，中国泥盆纪地层对比最重要的进展，当属邵东组、孟公坳组时代的改变。早在 1978 年研究湖南泥盆纪菱铁矿时，王成源就依据牙形刺指出，中国传统的“锡矿山阶”并不代表整个法门阶，最高只相当于法门阶的中部；在“锡矿山阶”的最高层位马牯脑灰岩之上，还有相当多的地层仍属泥盆系。邵东组自建立以来一直归下石炭统，吴望始等（1981）进而建立邵东阶，并建立一个珊瑚化石带。吴祥和等依据湘南 *Cystophrentis* 带和 *Pseudouralinia* 带之间的间断，主张将 *Cystophrentis* 带划归上泥盆统，但同时又把本应归入早石炭世的浮游相区的菊石 *Gattendofia*-Stufe 对比到泥盆系。1979 年，王成源等初步报道了邵东界岭邵东段的牙形刺，在邵东段的下部发现牙形刺 *Polygnathus semicostatus*，*Pelekysgnathus* sp.，*Bispathodus stabilis* 和 *Spathoganthodus strigosus*，认为邵东段底部无疑应归入泥盆系；在邵东段上部发现牙形刺 *Bispathodus aculeatus plumulus*，*B. a. aculeatus*，*Polygnathus communis*，*Clydagnathus gilwernensis* 和 *C. cavusformis*，认为相当于英国 K 带的分子，进而认为“若 K 带相当于 Etroeungt 层，邵东段上部归入泥盆系”。1982 年，王成源等依据湖南邵东组标准剖面的牙形刺特征认为邵东组属泥盆系，因为在邵东组发现了标准的泥盆纪牙形刺 *Polygnathus semicostatus*，*Icriodus costatus*，*Bispathodus aculeatus aculeatus*，*B. a. plumulus*，*Polygnathus communis communis* 和 *P. c. collinsoni*，特别是前两个化石的时代仅限于泥盆纪。1985 年，王成源等又提出孟公坳组的下部也应归入泥盆系。1986 年，季强也研究了邵东组的牙形刺，认为“界岭邵东组的牙形刺多为泥盆纪法门期晚期的分子”，也许仅相当于法门期晚期，“倾向于将湘中产有 *Caninia dorlodoti* 的邵东组的地质时代定为晚泥盆世晚期”。这个邵东组地质时代的观点，与王成源的结论完全一致，只是在与 Etroeungt 层的对比上有一些不同的看法。1987 年，王成源全面论述了 *Cystophrentis* 带的时代，将孟公坳组、革老河组全部归入上泥盆统上部，主要依据的不仅是邵东组、革老河组浅水相的泥盆纪牙形刺，而且在广西宜山剖面等地发现了与深水相泥盆纪牙形刺共生的有孔虫 *Quasiendothyra dentata*—*Q. kobeitusana* 组合。这一组合在 *Cystophrentis* 带是普遍存在的，珊瑚 *Cystophrentis* 带的顶界和有孔虫 *Quasiendothyra* 的顶界是一致的，有孔虫等化

石提供了深水相和浅水相牙形刺对比的证据。王克良（1987）和湖南省区域地质调查队也提出了同样的看法，将珊瑚化石 *Cystophrentis* 带归入泥盆系。这些对牙形刺和有孔虫的研究，打破了半个多世纪以来 *Cystophrentis* 带为华南下石炭统的传统观念，是一项重大突破，再一次证明了浮游生物在不同相区地层对比上的重要性，不同相区的对比单靠底栖生物是不能完成的。同时，这一结论对四射珊瑚的演化也提供了新的认识，过去传统的三带型四射珊瑚代表早石炭世的观点必须改变。三带型四射珊瑚在法门期就已出现，不能作为泥盆系—石炭系分界的标志。*Cystophrentis* 带归入泥盆系的结论已被国内外学者广泛接受。

1.4.2 对艾菲尔阶的认识有了重大进展

20 世纪 70 年代解决了郁江组和四排组的时代，将它们归入下泥盆统，而对中国的艾菲尔阶的归属认识很不统一。侯鸿飞和鲜思远（1964，1975）认为，*Bornhardtina* 属的层位属“基维特阶”；王钰等（1974）也坚持认为，“东岗岭阶下部生物群的主要特征是四射珊瑚 *Dentrostella trigemme* 和腕足类 *Bornhardtina unicitoides*，*Rensselandia circularis* 等属的出现”。按照这样的划分，中国的艾菲尔阶几乎不存在。王成源和殷保安（1985b）详细论述了华南艾菲尔阶的存在，指出我国学者与西欧地层对比的错误，并以牙形刺作为时代依据，指出西欧传统的基维特阶的底界不是以 *Bornhardina* 的出现为准，而是以 *Strigocephalus* 的出现为准，“东岗岭阶下部”含有 *Dentrostella trigemme*—*Bornhardtina* 的层段应全部归艾菲尔阶。他们还具体指出，广西二塘的六卓段、六景民塘组下部、北流大风门段、独山屯上段、鸡泡段、盘溪的“南盘江石灰岩”、龙门山地区的观雾山组底部、广西信都组、湖南跳马涧组的下部，都应归入艾菲尔阶。这是我国对艾菲尔阶的认识的一次重大飞跃。

1.4.3 界线层型研究取得突破

我国在泥盆系界线层型的研究上，成绩较为突出。由俞昌民为首的中国科学院南京地质古生物研究所与广西区域地质调查院合作组，经过艰苦努力，于 1987 年为我国争得第一个被国际上正式承认的泥盆系—石炭系界线层型的辅助剖面——桂林南边村剖面（王成源，1988）。由王成源和齐格勒（1985）研究的广西德保四红山剖面成为东亚下—中泥盆统和中—上泥盆统两条界线的区域参考剖面。王成源（1994，2002，2004b）研究的桂林垌村剖面和龙门剖面也被推举为弗拉阶亚阶的潜在层型剖面（王成源，1999）。

1.4.4 开创性的化学—生物地层学研究

白顺良等对我国南方泥盆纪牙形刺做了系统研究，全部引用国际牙形刺标准分带和阶的定义。他们提出的化学—生物地层方法很有开创性，为泥盆纪地层的对比提供了新的实用手段，而米兰科维奇旋回的应用，又可使牙形刺带的时限对比精确到带，为今后精确的地层对比提供了新的方法。他们提出的镍周期或镍事件观点同样颇有见地。他们的专著在方法和实践上都代表了我国近 20 年来泥盆纪地层学研究的最高成就，有着非常重要的深远意义。

1.4.5　岩石地层清理工作取得重要成绩

近 20 年来，地质矿产部门先后出版了各省区的区域地质志，做了大量的岩石地层清理工作，为我国泥盆纪地层的划分和对比提供了丰富的基础地质资料。这里列出的地层表，大部分的资料来自各省区的地质志。有些省区的泥盆纪地层的划分和对比虽与以前的变化不大，但也提供了新的资料，而有些是近年来才提出的，对全面了解我国泥盆纪地层是非常重要的。

1.4.6　泥盆系地层对比的标准化和国际化

德国学者 Weddige（1998）首先倡导泥盆纪地层划分与对比的标准化和国际化。他在泥盆系上中下三个统采用统一的比例尺，即每统为 20cm，而各门类的化石带和各岩石地层组的厚度在柱状图上标注的精确度要求达到 1/4mm。他的泥盆系对比表是采用电子版的。各个国家的泥盆系对比表都可以在网上查阅。中国泥盆系对比表①②（Devonian Correlation Table, Supplements 2001）的英文版（Wang, 2001a, 2001b）是由王成源完成的（插图 12a-c），这使得中国泥盆系的划分和对比开始走向国际化。

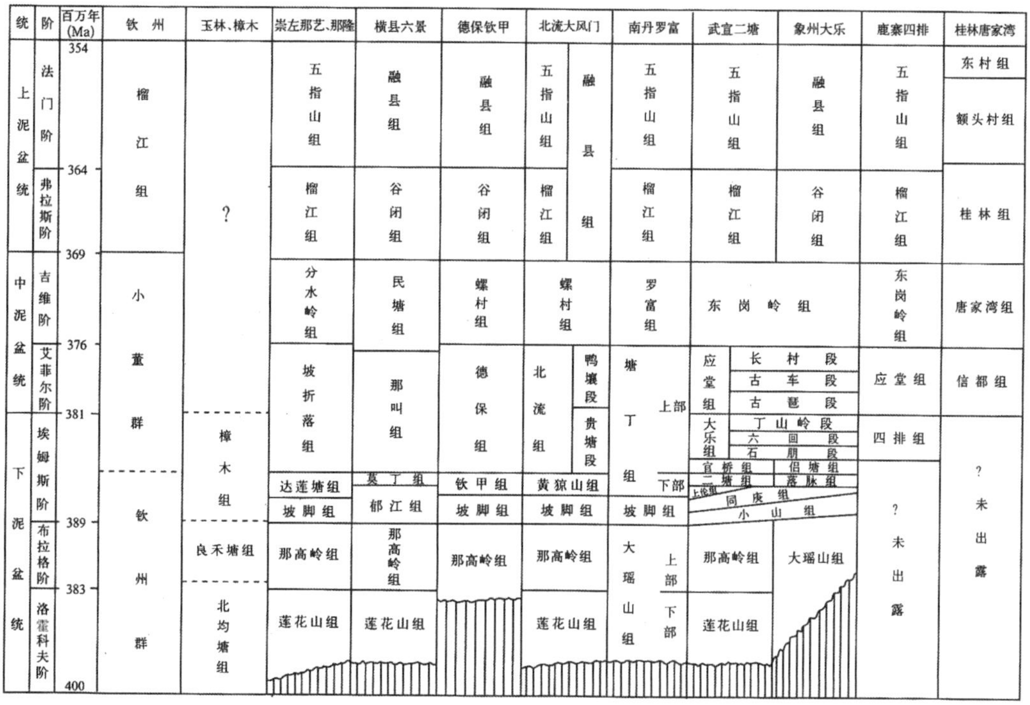

统	阶	百万年(Ma)	钦州	玉林、樟木	崇左那艺、那隆	横县六景	德保钦甲	北流大风门	南丹罗富	武宣二塘	象州大乐	鹿寨四排	桂林唐家湾
上泥盆统	法门阶	354	榴江组	?	五指山组	融县组	融县组	五指山组 融县组	五指山组	五指山组	融县组	五指山组	东村组 额头村组
上泥盆统	弗拉斯阶	364	榴江组	?	榴江组	谷闭组	谷闭组	榴江组 融县组	榴江组	榴江组	谷闭组	榴江组	桂林组
中泥盆统	吉维阶	369	小董群	?	分水岭组	民塘组	螺村组	螺村组	罗富组	东岗岭组	东岗岭组	东岗岭组	唐家湾组
中泥盆统	艾菲尔阶	376	小董群	?	坡折落组	那叫组	德保组	北流组 鸭壤段	塘丁组上部	应堂组：长村段 古车段 古琶段	长村段 古车段 古琶段	应堂组	信都组
下泥盆统	埃姆斯阶	381	小董群 钦州群	樟木组	坡折落组 达莲塘组 坡脚组	那叫组 莫丁组 郁江组	德保组 钦甲组 坡脚组	北流组 贵塘段 黄猄山组 坡脚组	塘丁组上部 塘丁组下部 坡脚组	大乐组：丁山岭段 六回段 石朋段 宫桥组 二塘组 上伦组 同庚组 小山组	丁山岭段 六回段 石朋段 倡塘组 落脉组 同庚组 小山组	四排组 ? 未出露	? 未出露
下泥盆统	布拉格阶	389	钦州群	良禾塘组	那高岭组	那高岭组	那高岭组	那高岭组	大瑶山组上部	那高岭组	大瑶山组	未出露	未出露
下泥盆统	洛霍科夫阶	383 400	钦州群	北均塘组	莲花山组	莲花山组		莲花山组	大瑶山组下部	莲花山组	大瑶山组	未出露	未出露

插图 12a　广西泥盆系对比表（据王成源，2000a）

Text-fig. 12a　Correlation of Devonian strata in Guangxi (after Wang, 2000a)

① 中国泥盆纪各门类生物地层对比表（牙形刺、菊石、笔石、竹节石等主要化石门类）(I)（请参阅王成源，2000a，表 5-8）

② 中国泥盆纪各门类生物地层对比表（脊椎微体、层孔虫、苔藓虫、古植物、孢子等）(II)（请参阅王成源，2000a，表 5-9）

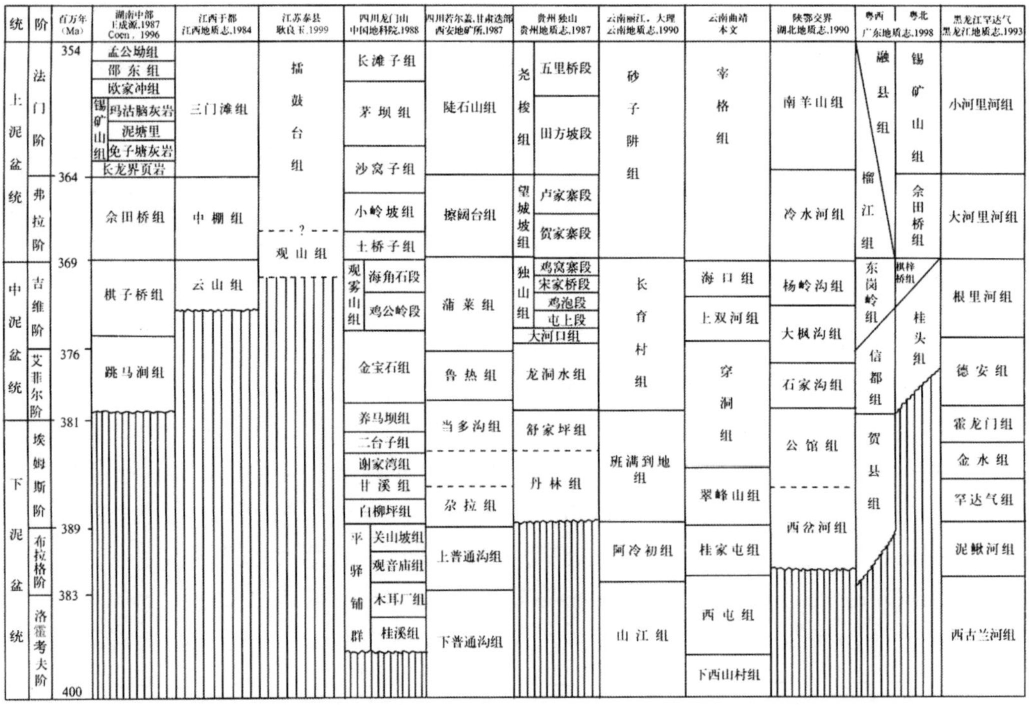

统	阶	百万年(Ma)
上泥盆统	法门阶	354
	弗拉阶	364
中泥盆统	吉维阶	369
	艾菲尔阶	376
下泥盆统	埃姆斯阶	381
	布拉格阶	389
	洛霍考夫阶	383
		400

地区及资料来源	地层单位（自上而下）
湖南中部 王成源,1987 Coen, 1996	孟公坳组；邵东组；欧家冲组；锡矿山组（玛沽脑灰岩、泥塘里、兔子塘灰岩）；长龙界页岩；佘田桥组；棋子桥组；跳马涧组
江西于都 江西地质志,1984	三门滩组；中棚组；云山组
江苏泰县 耿良玉,1999	擂鼓台组；? 观山组
四川龙门山 中国地科院,1988	长滩子组；茅坝组；沙窝子组；小岭坡组；土桥子组；观雾山组（海角石段、鸡公岭段）；金宝石组；养马坝组；二台子组；谢家湾组；甘溪组；白柳坪组；平驿铺群（关山坡组、观音庙组、木耳厂组、桂溪组）
四川若尔盖,甘肃迭部 西安地矿所,1987	陡石山组；擦阔台组；蒲莱组；鲁热组；当多沟组；尕拉组；上普通沟组；下普通沟组
贵州独山 贵州地质志,1987	尧梭组（五里桥段、田方坡段）；望城坡组（卢家寨段、贺家寨段）；独山组（鸡窝寨段、宋家桥段、鸡泡段、屯上段）；大河口组；龙洞水组；舒家坪组；丹林组
云南丽江、大理 云南地质志,1990	砂子哨组；长育村组；班满到地组；阿冷初组；山江组
云南曲靖 本文	宰格组；海口组；上双河组；穿洞组；翠峰山组；桂家屯组；西屯组；下西山村组
陕鄂交界 湖北地质志,1990	南羊山组；冷水河组；杨岭沟组；大枫沟组；石家沟组；公馆组；西岔河组
粤西 广东地质志,1998	融县组；榴江组；东岗岭组；信都组；贺县组
粤北 广东地质志,1998	锡矿山组；佘田桥组；棋梓桥组；桂头组
黑龙江罕达气 黑龙江地质志,1993	小河里河组；大河里河组；根里河组；德安组；霍龙门组；金水组；罕达气组；泥鳅河组；西古兰河组

插图 12b　中国泥盆系对比表（I）（据王成源，2000a，85 页，表 5-11）

Text-fig. 12b　Correlation of Devonian strata in China（I）（after Wang，2000a，p. 85，Table 5-11）

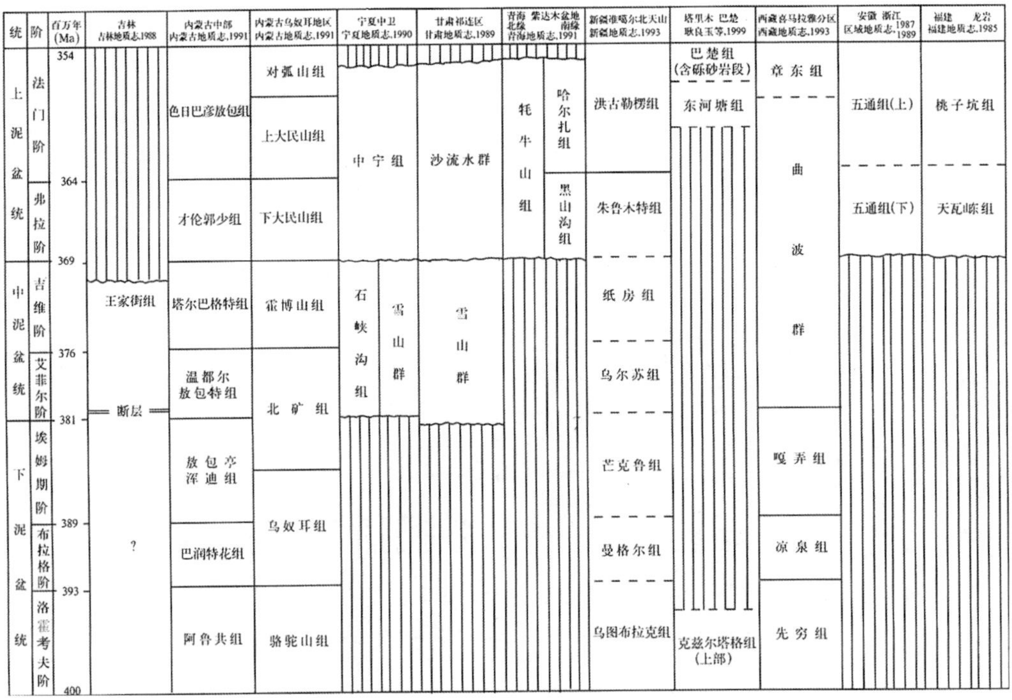

统	阶	百万年(Ma)
上泥盆统	法门阶	354
	弗拉阶	364
中泥盆统	吉维阶	369
	艾菲尔阶	376
下泥盆统	埃姆斯阶	381
	布拉格阶	389
	洛霍考夫阶	393
		400

地区及资料来源	地层单位（自上而下）
吉林 吉林地质志,1988	王家街组；断层；?
内蒙古中部 内蒙古地质志,1991	色日巴彦敖包组；才伦郭少组；塔尔巴格特组；温都尔敖包特组；敖包亭浑迪组；巴润特花组；阿鲁共组
内蒙古乌奴耳地区 内蒙古地质志,1991	对弧山组；上大民山组；下大民山组；霍博山组；北矿组；乌奴耳组；骆驼山组
宁夏中卫 宁夏地质志,1990	中宁组；石峡沟组；雪山群
甘肃祁连区 甘肃地质志,1989	沙流水群；雪山群
青海 柴达木盆地北缘、南缘 青海地质志,1991	牦牛山组；哈尔扎组；黑山沟组
新疆准噶尔北天山 新疆地质志,1993	洪古勒楞组；朱鲁木特组；纸房组；乌尔苏组；芒克鲁组；曼格尔组；乌图布拉克组
塔里木 巴楚 耿良玉等,1999	巴楚组（含砾砂岩段）；东河塘组；克兹尔塔格组（上部）
西藏喜马拉雅分区 西藏地质志,1993	章东组；曲波群；嘎弄组；凉泉组；先穷组
安徽 浙江 区域地质志,1987 1989	五通组(上)；五通组(下)
福建 龙岩 福建地质志,1985	桃子坑组；天瓦岽组

插图 12c　中国泥盆系对比表（II）（据王成源，2000a，86 页，表 5-12）

Text-fig. 12c　Correlation of Devonian strata in China（II）（after Wang，2000a，p. 86，Table 5-12）

1.5 中国泥盆纪牙形刺的分类描述

关于中国泥盆纪牙形刺分类描述部分的几点说明：

（1）中国牙形刺的分类描述以往主要是按形式属种的概念，以英文字母顺序排列的，但牙形刺的分类已逐渐走向器官分类或自然分类，这样的分类更科学。很多牙形刺属种的器官构成已搞清楚，但仍有不少牙形刺属的分类位置不清楚。有的牙形刺属的器官是清楚的，但在种一级的器官构成上仍是不清楚的。例如，*Palmatolepis* 的器官，无疑由形式分子 *Palmatolepis*（Pa），*Palmatodella*，*Falcodus*，*Scutulla*，*Bryantodus* 等组成，但 *Palmatolepis* 的绝大多数种和亚种都是依据 Pa 分子建立的，可能有 200 多个种和亚种，而其他分子如 *Palmatodella*，*Scutulla*，*Falcodus* 等的种很少，这些分子在种或亚种一级是如何匹配、构成器官种或器官亚种是无法搞清楚的，在单独发现这些形态分子时，只能给予形式属种的名称。从实用的角度，本书的分类部分采用器官分类为主和形式分类为次的方法。本书以器官分类为主，采用 Sweet（1988）的分类系统，绝大多数属种都归属到相关的目、科、属中；形式分类在后，按英文字母顺序排列。

（2）本书尽量收集了中国已出版的泥盆纪牙形刺资料，并进行了属种的订正。但有些重要的牙形刺种至今在我国尚无报道，而在地层上又十分重要，今后有可能发现，特别是个别带化石的定义种和在演化上有重要意义的种，本书也进行了少量的介绍。特别是洛霍考夫阶和布拉格阶的牙形刺带，有相当多的分子在中国尚未发现，本书都尽量加以介绍，以方便今后的研究工作。

（3）所有同一属内的种，不管是器官属还是形式属，都按英文字母顺序排列。

（4）为使篇幅不过于冗长而便于应用，在属和种的介绍中，重点是给出属和种的特征，一般没有描述，而只是对个别的、在中国近年来新建立的种才有描述。

第2章　中国泥盆纪牙形刺的系统描述

脊索动物门　**CHORDATA Bateson, 1886**

脊椎动物亚门　**VERTEBRATEA Cuvier, 1812**

牙形动物纲　**CONODONTA Pander, 1856**

空齿刺亚纲　**CAVIDONTI Sweet, 1988**

小针刺目　**BELODELLIDA Sweet, 1988**

小针刺科　BELODELLIDAE Sweet, 1988

小针刺属　*Belodella* Ethington, 1959

模式种　*Belodus devonicus* Stauffer, 1940

特征　两侧对称或不对称，侧方扁、向后弯曲的角锥状刺体。前缘及两侧可能有棱脊，后缘有一列纤细、密集、愈合成齿片状的细齿，细齿顶尖分离。基腔深，超过刺体齿轴长的一半。

附注　*Belodella* 与 *Belodus* 的区别在于 *Belodella* 的后缘细齿密集，愈合成齿片状，基腔较深；*Coelocerodontus* 的齿壁极薄，基腔直达刺体顶端，其模式种的后缘无细齿，而有细齿的种的后缘也不愈合成齿片状，而是分离的。Cooper（1974）认为 *Belodella* 的器官包括两种类型分子：透镜状分子和三角状分子，但目前泥盆纪的 *Belodella* 一般被认为是由单一分子组成的。本书描述的 *Belodella taeniocuspidata* Wang 由对称分子（相当于三角状分子）和两种左旋、右旋分子（相当透镜状分子?）组成。

本属与奥陶纪 *Ansella* 的区别在于前者缺少后者那样的膝曲状的箭刺形（oistodiform）分子。

以前认为此属仅由对称过渡系列组成（Cooper，1974，1976），但 Klapper 和 Philip（1972，104 页）认为以前归入到泥盆纪形式属 *Coelocerodontus* 的无细齿的一些分子，可能应归入到 *Belodella* 的器官种中。*Belodella* 的 S 分子后缘有细齿，不同于 *Walliserodus* 的器官。

时代分布　志留纪普里道利世到晚泥盆世早期。欧洲、北美、南美、亚洲。中国广西、云南、湖南、贵州、内蒙古等地广泛分布。

泥盆小针刺　*Belodella devonica* (Stauffer, 1940)

（图版 1，图 1—4）

1940 *Belodus devonicus* Stauffer, p. 420, pl. 59, figs. 47—48.

1956 *Belodus* sp. – Dineley and Rhodes, p. 245, text-fig. 15.

1966 *Belodella devonicus* (Stauffer). – Lange, p. 42, pl. 5, figs. 1—9.

1976 *Belodella devonica* (Stauffer). – Druce, p. 75, pl. 14, figs. 11a—b.

1982 *Belodella devonica* (Stauffer). – 王成源，438 页，图版 1，图 1。

1989 *Belodella devonica* (Stauffer). – 王成源，31 页，图版 3，图 14—18。

特征 刺体窄而高，侧方扁，顶端主齿较小，基部窄，断面双凸透镜状。前后缘锐利，后缘有一列由纤细的针状细齿愈合成的齿片，由基部延伸到顶端主齿的后缘。基腔延伸到顶端主齿弯曲点的下方。主齿向后弯，有时亦向内侧弯转。

附注 *Belodella devonica* 前缘缺少侧脊或凸棱，不同于 *Belodella resima*，此种是 *Belodella* 属的祖先。Chatterton（1974，1470 页）认为 *Belodella devonica* 和 *Belodella triangularis* 同属一个多成分器官种，Serpagli（1967）也持相同的看法。多分子器官由无细齿的 M 分子和有细齿的 S 分子组成。S 分子为对称系列，依据底部横切面形态可区分出 Sa，Sb，Sc 和 Sd 分子。Sa 分子为对称三角形，Sb 分子为不对称三角形，Sc 分子为不对称的双凸形，Sd 为对称的双凸形。所有分子下部都比较宽，并有很深的三角形基腔，基腔深达刺体高的 3/4。本书图示的是形式种。此种世界性分布，时代为中泥盆世早期。

产地层位 广西横县六景，中泥盆统民塘组 *P. varcus* 带；崇左那艺，下泥盆统那艺组；云南丽江阿冷初，下泥盆统上部班满到地组；新疆南天山东部，下泥盆统洛霍考夫阶阿尔皮什买布拉格组。

长齿小针刺 *Belodella longidentata* Wang and Wang，1978

（图版 1，图 7—9）

1978 *Belodella longidentata* Wang and Wang sp. nov. －王成源和王志浩，335 页，图版 39，图 4—6。

1983 *Belodella longidentata* Wang and Wang. －熊剑飞，303 页，图版 70，图 1。

1989 *Belodella longidentata* Wang and Wang. －王成源，31 页，图版 3，图 21。

特征 刺体后缘细齿特别长并愈合成齿片状，细齿长度大于或等于刺体本部侧面之最大宽度。基腔横断面狭长，前缘面极窄。

附注 此种以后缘细齿极长和前缘面极窄为特征，明显不同于 *Belodella devonica* 和 *B. triangularis*。刺体横断面窄，似 *B. resima*，但后缘细齿长，侧面宽，不同于 *B. resima*。此种最早见于云南下泥盆统达莲塘组。

产地层位 广西德保都安四红山，下泥盆统坡折落组 *P. serotinus* 带；云南广南，下泥盆统达莲塘组。

弯小针刺 *Belodella resima* Philip，1965

（图版 1，图 10—12）

1965 *Belodella resima* Philip. －Philip，pp. 98—99，pl. 8，figs. 15—17，19；text-figs. 2e—f.

1966 *Belodella resima* Philip. －Philip，p. 444，pl. 1，figs. 14—17.

1978 *Belodella resima* Philip. －王成源和王志浩，335—336 页，图版 9，图 3。

1983 *Belodella resima* Philip. －熊剑飞，303 页，图版 70，图 4。

1986 *Belodella resima* Philip. －季强，29 页，图版 16，图 21—24。

1989 *Belodella resima* Philip. －王成源，31—32 页，图版 4，图 2。

特征 基腔深，横断面三角形，两侧缘有明显的棱脊，后缘有很多小细齿。

附注 金善燏等（2005）描述的本种是器官种，由五种分子组成。他们将王成源（1982）鉴定的 *Belodella triangularis*（Stauffer）指定为本种的 Sa 分子，并认为本种的时限仅为 *dehiscens* 带到 *patulus* 带。这里列出的是形式种，而器官种的建立还有待验证。季强（1986）的标本的两侧缘没有棱脊，归入此种可疑。

产地层位 广西那坡三叉河，下泥盆统坡折落组 *P. perbonus* 带；象州马鞍山，中泥盆统巴漆组下部（季强，1986）；云南广南，下泥盆统达莲塘组；贵州普安，中泥盆统罐子窑组；内蒙古大兴安岭乌努尔地区，中泥盆统霍博山组。

扭齿小针刺　*Belodella taeniocuspidata* Wang, 2001

（图版 1，图 20—25）

2001 *Belodella taeniocuspidata* Wang sp. nov. －王平，44—45 页，图版 9，图 1—8。

特征　刺体横断面为三角形，两侧缘有明显的棱脊。器官由五种分子组成：两种左旋分子、两种右旋分子和一种对称分子。每种分子的后缘均有由密集的细齿组成的齿片。对称分子的顶尖左右两侧各有一颗小的细齿和较粗的主齿，两侧缘有很小的细齿。

描述　本种明显由五种分子组成：两种左旋、两种右旋和一种对称分子。五种分子的前缘两侧均有棱脊，后缘均有细齿，横断面均为三角形。

对称分子刺体前缘平，近刺体中下部有些凹，顶尖向后弯。近顶尖主齿两侧各生有 1 ~ 2 颗小的细齿，使顶尖明显变粗，主齿相对较粗。刺体后缘有密集的细齿。两侧前缘有明显的棱脊，带小的细齿，使刺体中下部的横断面为对称的三角形。基腔侧视为三角形，其深度达刺体高度的一半，齿薄。

左旋与右旋分子依据主齿顶尖有无细齿和基腔的形态可区分出两种类型。左旋一型的顶尖单一，无细齿，刺体顶尖向左旋，左侧有一明显的棱脊；基腔近等腰三角形，其深度略超过刺体高度的一半，基腔断面呈三角形；刺体后缘细齿愈合成齿片状，在近主齿上部扭曲处齿片向右侧凸，使整个齿片不在同一平面上。右旋一型与左旋一型相似，刺体顶尖向右旋，右侧有一明显的棱脊，带很微小的锯齿；基腔也为等腰三角形，其深度略超过刺体高度的一半。

左旋二型的刺体在基腔顶尖上方强烈向后弯，同时向左扭转，主齿两侧各有一颗小的细齿；左侧缘有一棱脊；基腔侧视三角形，其深度约为刺体高度的一半，基腔基部横断面呈三角形；后缘细齿齿片状，由于上部向左扭转，后缘齿片向右弯曲；刺体右侧缘亦有一棱脊。右旋二型与左旋二型分子基本呈镜像对称，但刺体有时更粗壮、低矮。

比较　本种刺体两侧均有棱脊，酷似 *Belodella resima*；基腔断面为三角形，也与 *Belodella triangularis* 相似，但本种器官至少由五种分子组成，可明显分为一种对称分子、两种左旋分子和两种右旋分子。本种刺体上端的扭转也不同于以上两个形式种。

产地层位　内蒙古包特敖包地区，下泥盆统阿鲁共组和洛霍考夫阶上部。

三角小针刺宽亚种　*Belodella triangularis lata* Wang and Wang, 1978

（图版 1，图 5—6）

1978 *Belodella triangularis lata* Wang and Wang. －王成源和王志浩，336 页，图版 39，图 20。

1989 *Belodella triangularis lata* Wang and Wang. －王成源，32 页，图版 3，图 19—20。

特征　刺体很宽的 *Belodella triangularis* 的亚种，侧视呈三角形。前缘面宽，三角形，中部有时凹，前缘面与两侧面相交处有高的棱脊。基腔深，横断面近三角形。刺体后缘有由愈合细齿构成的齿片。

比较　*B. t. lata* 刺体宽大，不同于 *B. t. triangularis*。此种见于广西六景郁江组和云南广南达莲塘组。

产地层位　广西那坡三叉河，下泥盆统坡折落组 *P. serotinus* 带。

三角小针刺三角亚种 *Belodella triangularis triangularis* (Stauffer, 1940)

(图版 1，图 13—17；插图 13)

1940 *Belodus triangularis* Stauffer sp. nov. p. 420, pl. 59, fig. 49.

1968 *Belodella triangularis* (Stauffer). – Mound, p. 475, pl. 65, fig. 32.

1970 *Belodella triangularis* (Stauffer). – Seddon, p. 84, pl. 2, fig. 16.

1975 *Belodella triangularis* (Stauffer). – Druce, p. 77, pl. 14, figs. 3a—6b.

1978 *Belodella triangularis* (Stauffer). – 王成源和王志浩，336 页，图版 39，图 1—2，21—22。

1982 *Belodella triangularis* (Stauffer). – 王成源，438 页，图版 2，图 9。

1989 *Belodella triangularis* (Stauffer). – 王成源，32 页，图版 4，图 1，3—4。

特征 单锥刺体，顶尖向后弯，侧视窄而高，基腔深，横断面近等边三角形。前缘面平，与两侧面相交处有明显的肋脊。后缘有很多愈合的细齿。

附注 *Belodella t. triangularis* 只限于前缘面平的种类，它以窄的锥体而不同于 *B. t. lata* Wang and Wang, 1978。前缘面与侧面斜交的种类归入 *B.* cf. *triangularis*。它与 *B. devonica* 可能属同一器官种。此种的时代较长，见于早泥盆世最早期至晚泥盆世早期。

产地层位 广西那坡三叉河，下泥盆统达莲塘组 *P. perbonus* 带；崇左那艺，那艺组；横县六景上泥盆统融县组；广西上泥盆统桂林组 *A. triangularis* 带到 *P. gigas* 带（季强，1986）。

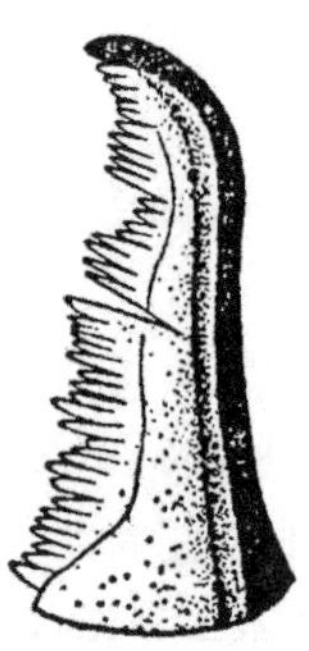

插图 13 *Belodella triangularis triangularis* (Stauffer, 1940)（据王成源，1982，438 页，图 1）

Text-fig. 13 *Belodella triangularis triangularis* (Stauffer, 1940) (after Wang, 1982, p. 438, fig. 1)

三角小针刺（比较种） *Belodella* cf. *triangularis* Stauffer, 1940

(图版 1，图 18—19)

1965 *Belodus* cf. *triangularis* Stauffer. – Philip, p. 99, pl. 8, figs. 26—28; text-figs. 2c—d.

1989 *Belodus* cf. *triangularis* Stauffer. – 王成源，32 页，图版 4，图 5—6。

特征 不对称单锥刺体，基部直立，基腔延伸到顶方主齿弯曲处。两个侧面平或微凸，前面平或中部凹并与侧面斜交，由内侧向外侧倾斜，使之内侧面较之外侧面宽。断面为不规则的三角形。内侧前缘有凸的弯曲棱脊，外侧前缘亦有棱脊。主齿向后弯，并向内扭转。刺体后缘有由纤细的细齿愈合成的齿片。

附注 *Belodella* cf. *triangularis* 与 *B. triangularis* 的区别仅在于前者的前面与其侧面斜交，三角形断面不对称，而后者的三角形断面多数是对称的，前缘面与刺体对称面垂直。*B.* cf. *triangularis* 有可能为一新种，虽然有人将其归入 *B. triangularis* 之内（Druce, 1976, 77 页）。*B.* cf. *triangularis* 最早见于早泥盆世。

产地层位　广西横县六景，中泥盆统民塘组 *P. varcus* 带。

空角齿刺属　*Coelocerodontus* Ethington, 1959

模式种　*Coelocerodontus trigonius* Ethington, 1959

特征　单锥形刺体，中空，角锥状。齿壁薄，包围一个延伸到刺体顶尖的中央腔，刺体缘脊呈龙脊状。本属以齿鞘薄、基腔深直达顶尖、后缘无细齿为特征而不同于 *Belodella*。

附注　Klapper 和 Philip（1972，104 页）认为，以前归入到泥盆纪形式属 *Coelocerodontus* 的无细齿的一些分子，可能归入到 *Belodella* 的器官种。

时代分布　晚寒武世至中泥盆世。北美、欧洲、亚洲。中国云南、黑龙江。

双凸空角齿刺　*Coelocerodontus biconvexus* Bultynck, 1970

（图版 2，图 16）

1970 *Coelocerodontus biconvexus* Bultynck, p. 94, pl. 27, figs. 13—14, 16.

1986 *Coelocerodontus biconvexus* Bultynck. –王成源等，208 页，图版 1，图 21—22。

特征　单锥刺体均匀后弯并向顶尖变尖。横断面外侧面凸，内侧面较平，其前缘内侧有一棱状肋脊，由基部延伸至顶尖处。基腔深至顶尖，后缘薄。

比较　Bultynck（1970）在描述中指出，此种标本横断面是双凸的，但有的标本外侧凸而内侧平。当前标本内侧前缘有一棱脊，正模标本同样具有这一特征。

产地层位　黑龙江省密山市虎林市珍珠后山，中泥盆统下部黑台组。

双凸空角齿刺（比较种）　*Coelocerodontus* cf. *biconvexus* Bultynck, 1970

（图版 2，图 14—15）

1970 *Coelocerodontus* cf. *biconvexus* Bultynck, p. 94, pl. 27, figs. 13—14, 16.

1986 *Coelocerodontus* cf. *biconvexus* Bultynck. –王成源等，208 页，图版 1，图 21—22。

2010 *Coelocerodontus* cf. *biconvexus* Bultynck. –郎嘉彬和王成源，18 页，图版Ⅳ，图 8。

特征　单锥刺体均匀后弯并向顶尖变尖。横断面外侧面凸，内侧面较平，其前缘内侧有一棱状肋脊，由基部延伸至顶尖处。基腔深至顶尖，后缘薄，无细齿。

比较　Bultynck（1970）在描述中指出，此种标本横断面是双凸的，但有的标本外侧凸而内侧平。当前标本内侧前缘有一棱脊，向内侧突出，基部向内侧更膨大，不同于正模标本。当前标本（WBC-04）被认为是再沉积的分子。

产地层位　黑龙江省密山市虎林市珍珠后山，中泥盆统下部黑台组；内蒙古乌努尔地区，大民山组（原霍博山组）。

克拉佩尔空角齿刺　*Coelocerodontus klapperi* Chatterton, 1974

（图版 2，图 13）

1958 *Scolopodus devonicus* Bischoff and Sannemann, p. 103, pl. 15, fig. 19.

1970 *Scolopodus devonicus* Bischoff and Sannemann. –Bultynck, p. 132, pl. 27, figs. 1—5.

1974 *Coelocerodontus klapperi* Chatterton, pp. 1471—1472, pl. 3, figs. 4, 6.

1989 *Coelocerodontus klapperi* Chatterton. –王成源，37 页，图版 5，图 1。

特征　单锥状刺体顶端向后弯，端面圆形或卵圆形，表面具有窄而长的肋脊，肋脊近基部间距宽，向上逐渐收敛，有的合并。肋脊向上可一直延伸到顶尖，向下可接近基腔边缘。基腔深，向锥体顶端延伸至少达刺体高度的2/3。肋脊在数量上有变化。

讨论 Chatterton（1974，1471 页）指出，此种为 *Coelocerodontus* 的多成分单锥器官种。这个种与 *Scolopodus devonicus* Bischoff and Sannemann 的区别是前者具较少的不对称肋脊。此种基腔较深，主齿较细，基部较窄，不明显外张。当前标本与此种的正模标本一致。此种曾见于中泥盆世艾菲尔期中期，当前标本见于吉维特期早期。

产地层位 广西横县六景，中泥盆统东岗岭组下部。

似镰刺属 *Drepanodina* Mound, 1968

模式种 *Drepanodina lachrymosa* Mound, 1968

特征 简单直立的锥体有片状的主齿和向后膨大的基腔。基腔在内侧和外侧向侧方张开，开口朝向内侧。主齿前方锐利，后方浑圆。主齿横断面为滴珠状。基部微微向后张。

比较 *Drepanodina* 与 *Drepanodus* 的区别在于前者的主齿横断面为滴珠状和反口面边缘增厚。

时代分布 晚泥盆世。北美、亚洲。中国贵州、广西等地。

泪珠似镰刺 *Drepanodina lachrymosa* Mound, 1968

（图版 2，图 4—5）

1968 *Drepanodina lachrymosa* Mound sp. nov. , pp. 480—481, pl. 65, figs. 49—50, 55.

1978 *Drepanodina lachrymosa* Mound. －王成源，60 页，图版 1，图 12。

1983 *Drepanodina lachrymosa* Mound. －熊剑飞，304 页，图版 70，图 15。

特征 主齿横断面为泪珠形，近基部有侧方纵沟，基部外张。

描述 近于直立的主齿与较膨大的基部相连。主齿前缘较锐利，但没有形成突出的脊；主齿后缘较浑圆。断面近泪珠形。基部为侧方扁、前后方向长的椭圆形，明显向后方开放。基腔四周向外张开，使底缘呈明显的凸缘状。

比较 当前标本基部没有侧方纵沟，不同于正模标本，但主齿断面泪珠状，基部外张，与正模标本一致。

产地层位 贵州惠水王佑，上泥盆统王佑组。贵州长顺代化、惠水王佑，上泥盆统代化组。

壮似镰刺 *Drepanodina robusta* Wang, 1981

（图版 2，图 1）

1981 *Drepanodina robusta* Wang sp. nov. －王成源，400—401 页，图版 1，图 6—8。

特征 刺体粗壮，主齿后弯，上部折断；前方外侧发育突出的缘脊。基腔浅，低锥状，呈前后伸长的椭圆形，向后方伸长尤为明显。

比较 此种与 *Drepanodina subcircularis* Wang, 1981 的区别仅在于前者的刺体粗壮，前侧缘脊更突出，基腔呈前后伸长的椭圆形而不是向两侧伸张。

产地层位 广西武宣二塘，下泥盆统二塘组 *P. perbonus* 带。

亚圆形似镰刺　*Drepanodina subcircularis* Wang, 1981

（图版2，图2—3）

1981 *Drepanodina subcircularis* Wang sp. nov. －王成源，p. 400，pl. 1，figs. 3—5.

1989 *Drepanodina subcircularis* Wang. －王成源，39页，图版43，图1。

比较　*Drepanodina subcircularis* 的基腔底缘圆，似 *Oneotodus circularis*，但其前方有缘脊。该种基腔膨大成圆形，不同于 *Drepanodina lachyrymosa*。

产地层位　广西武宣禄峰山，下泥盆统二塘组 *P. perbonus* 带。

德沃拉克刺属　*Dvorakia* Klapper and Barrick, 1983

模式种　*Dvorakia chattertoni* Klapper and Barrick, 1983

特征　锥体高、齿壁薄、没有细齿装饰的单锥刺体，基腔很深。按对称系列可分出M（?），Sb，Sc和Sd分子。M（?）分子直立，不对称，断面双凸或三角形。对称系列由一个几乎对称的、断面为双凸的分子（Sd），一个不对称的、断面为圆形至三角形的分子（Sb），以及一个比较扁的、强烈不对称的、断面为双凸的分子（Sc）组成（Klapper和Barrick，1983）。

比较　*Walliserodus* Serpagli 与 *Dvorakia* 的主要区别在于对称系列的组成不同。*Walliserodus* 含有一个对称的、断面为三角形的分子（Sa），而 *Dvorakia* 没有这样的分子。两个属的M（?）分子相似，但典型的 *Walliserodus* 的Sd和Sb分子的后缘是张开的，每侧有一个肋脊，而 *Dvorakia* 没有这样的特征。*Dvorakia* 的基腔只达刺体高度的3/4，而 *Coelocerodontus* 的基腔直达刺体顶尖。

附注　以下两个种在中国尚未发现：*Dvorakia chattertoni* Klapper and Barrick, 1983和 *Dvorakia klapperi*（Chatterton, 1974）。

时代分布　晚志留亚纪至中泥盆世。世界性分布。

德沃拉克刺（未定种）　*Dvorakia* sp.

（图版2，图12）

1922 *Dvorakia* sp. －Barrick and Klapper, p. 44, pl. 2, fig. 1.

附注　仅见一个标本，最大特征是其断面为三角形，内外两侧均发育有明显的前侧脊（Sa分子）。这与产于北美的Bois d'Arc组的分子一致（Bois d'Arc组属早泥盆世最早期）。此分子有可能归入 *Walliserodus*。

产地层位　内蒙古达茂旗查干合布剖面，下泥盆统查干合布组（=? 西别河组）。

瓦利塞尔刺属　*Walliserodus* Serpagli, 1967

模式种　*Paltodus debolki* Rexroad 1967（Serpagli指定）；*Acodus curvatus* Branson and Mehl, 1947（由Cooper指定，本书采用后者）

特征　由针锐刺形（acodontiform）和一组有肋脊的短矛刺形（paltodontiform）分子组成的器官属。具有肋脊是此属分子的主要特征。

器官由P，M，Sa，Sb和Sc五种分子组成。所有分子齿鞘薄；基腔深，达到刺体高的3/4。P分子为缓慢弯曲的不对称的双凸形；M分子强烈后弯，有不对称的双凸形轮廓；S 系列分子有强壮的肋脊，远端强烈弯曲。这些分子的基部横断面变化很大，包括对称的三角形（Sa）、不对称的三角形（Sb），以及不对称的双凸形（Sc）。

附注 此属的器官分子符号用法极不一致，Barrick（1977）、Amstrong（1990）以及 Zhang 和 Barnes（2002）对本属的描述采用不同的符号。

时代分布 晚奥陶世至志留纪罗德洛世。

瓦利塞尔刺（未定种） *Walliserodus* sp.

（图版 2，图 11）

特征 具有发育肋脊的单锥刺体。基部断面三角形，前缘平，后缘锐利。内侧面前方有 2 个肋脊，几乎达基部；内侧后缘只有 1 个肋脊，不达基部。外侧前缘有 1 个肋脊向基部分为 2 个肋脊，外侧后缘也有 2 ~ 3 个细的肋脊。

产地层位 内蒙古达茂旗巴特敖包剖面，罗德洛统西别河组（BT 3-4/132266）。

原潘德尔刺目 PROTOPABDERODONTIDAE Sweet, 1988

假奥尼昂塔刺科 PSEUDOONEOTODIDAE Wang and Aldridge, 2010

2010 Pseudooneotodidae Fam. nov. – Wang and Aldridge, pp. 28, 30.

附注 *Pseudooneotodus* 被 Sweet（1988）归入到 Protopanderodontidae 科，但有疑问。正如 Aldridge 和 Smith（1993）所注意到的那样，这是一个大的科群，可能包括几个演化系列，它们在 *Semiacontiodus* 内有共同的祖先。*Pseudooneotodus* 的器官不清，但是它不可能被放到这个科内。被 Sweet 包括在 Protopanderodontidae 科内的一些类别已被归到另外的科，即 Oneotodontidae Miller 科（Robison，1981），Aldridge 和 Smith（1993）认可这个科。Oneotodontidae 科，正如原来建立时的定义，包括多分子器官，器官内有一个分子缺少肋脊，其他分子具有多条侧向的或后方的肋脊。*Pseudooneotodus* 不适合这样的定义，Miller（Robison，1981）也没有将其包括在这个科内。Dzik（1991）有疑问地将这个属归入 Fryxellodontidae Miller 科（Robison，1981），但是 *Fryxellodontus* 被解释为包含有锯齿分子的多分子器官，没有证据能证明这两个属之间的相似性不是表面的。Sansom（1996）同样注意到 *Pseudooneotodus* 早期的种和 *Polonodus* Dzik 属的分子之间的大的形态相似性，但声称需要进一步的工作以便确认它们的关系。Aldridge 和 Smith（1993）将 *Pseudooneotodus* 放入未命名的科（Fam. nov. 5），此科同样可能包括 *Fungulodus* Gagiev，1979（= *Mitrellotaxis* Chauff and Price，1980）。Wang 和 Aldridge（2010）遵循这样的划分并给予新的科名，即包括有 *Pseudooneotodus* 属的 Pseudooneotodidae 科。

因为 Dzik 将 *Pseudooneotodus* 包括在了 Fryxellodontidae 科内，所以 *Pseudooneotodus* 就被归入到 Panderodontida 目，他认为它缺少对称的居中分子而不同于此目的器官。一些 *Pseudooneotodus* 的单尖的、矮壮的锥形分子的标本是两侧对称的，可能占据中间的位置。总之，Wang 和 Aldridge（2010）遵循 Sweet（1988）的 Panderodontida 目的概念，将此目的分子限定在有 panderodontid 式齿沟的类型。因为 *Pseudooneotodus* 的分子无齿沟，所以我们倾向于将 Pseudooneotodidae 科包括在 Protopanderodontida 目内。Dzik（2006）命名了新科 Jablonnodontidae 科，归入 Prioniodontida 目，包括法门期的锥形分子的属 *Mitrellotaxis* 和 *Jablonnodus* Dzik，2006。这些晚泥盆世的锥形分子可能是贝刺类

(icriodontid) 的谱系，具有萎缩的P分子，或者是奥陶纪的原牙形类的幸存者，只是被复活间断所分离。第三种可能性是Jablonnodontidae科和Pseudooneotodidae科之间有关系，但现在还没有直接的证据支持这样的联系。

假奥内昂达刺属　*Pseudooneotodus* Drygant, 1974

模式种　*Oneotodus? beckmanni* Bischoff and Sannemann, 1958

特征　刺体锥状，基部宽阔，基腔宽深，顶部有一个或几个顶尖。

附注　此属的器官组成不清，多数人将其作为单成分种，有人认为是双成分种，而Barrick (1977) 在重建*P. bicornis* Drygant, 1974和*P. tricornis* Drygant, 1974器官时，认为每个种都由三个不同的分子组成：一个双尖的或三尖的分子、一个单尖的矮壮分子以及一个单尖的细锥状分子。他同样断定此属的模式种*P. beckmanni*可能由单尖的矮壮分子和单尖的纤细分子组成。Bischoff (1986) 不接受这样的重建，因为他没有在新南威尔士的采集物中发现单尖的矮壮分子和单尖的纤细分子与双尖的或三尖的分子同时产出，他认为*Pseudooneotodus*的器官是单成分的。Armstrong依据在北格陵兰的采集认为*P. bicornis*和*P. tricornis*这两个种的器官是由三分子组成。Corradini (2008) 依据对撒丁岛和卡尼克阿尔匹斯的大量标本的研究，发现*P. bicornis*的双尖的标本并不经常与单尖的分子同时产出，纤细的锥状分子从不与矮壮的分子在一起，所以他得出结论*P. beckmanni*和*P. bicornis*的器官都是由单个形态分子组成的。如果考虑到很多样品中只有单尖的矮壮分子，那么这种解释就更加困难。通常把它归入到*P. beckmanni*。Cooper (1977, 1069页) 将他的所有中奥陶世到早泥盆世的这样的分子都归入这个种。Bischoff (1986) 重新研究了模式标本产地的材料并且报道模式种的底缘轮廓总是亚三角形的，所以他提出，具有其他基部形态轮廓的标本应当归入其他的种；他同样注意到一系列具有亚三角形基部轮廓的标本包含有左右两侧不对称的和两侧对称的类型，认为是器官内部的变异。Barrick (1977) 曾推断*P. beckmanni*的器官由单尖的矮壮分子和纤细的锥状分子组成，但Bischoff (1986) 认为没有这样的证据。Armstrong考虑到已发表的证据和他在格陵兰采集的材料认为可以支持*P. beckmanni*的器官是单成分的观点。张舜新和Barnes依据他们的魁北克Anticosti岛的材料进一步支持这一观点。Corradini (2008) 同样认可单成分结构，但在他的一个种的概念中，他所包括的标本的底缘轮廓有很大的变化，从亚圆形的到椭圆形的，甚至近矩形的。有趣的是，Purnell等 (2006) 在志留纪Eramosa化石库的页岩层面上发现一对*Pseudooneotodus*的标本，认为*Pseudooneotodus*是两侧对称的。无论如何，*Pseudooneotodus*器官分子的类型和数量都是不清楚的。这需要在页岩层面上发现自然集群，才有可能解决本属的组成成分和建筑格架。

时代分布　早志留世至早泥盆世。*Pseudooneotodus bicornis*, *Ps. tricornis*和*Ps. linguicornis*的时代仅限于志留纪。此属中只有*P. beckmanni*可存在于早泥盆世。大洋洲、欧洲、北美、亚洲均有分布。中国吉林、云南、内蒙古、西藏、四川、新疆、宁夏等地。

贝克曼假奥内昂达刺 *Pseudooneotodus beckmanni* (Bischoff and Sannemann, 1958)

(图版2，图6—9；图版3，图20—21)

1958 *Oneotodus? beckmanni* Bischoff and Sannemann, p. 98, pl. 15, figs. 22—25.

1986 *Pseudooneotodus beckmanni* (Bischoff and Sannemann, 1958). –王成源，424—425页，图版2，图5—6。

1983 *Pseudooneotodus beckmanni* (Bischoff and Sannemann). –王成源，159页，图版2，图10。

1998 *Pseudooneotodus beckmanni* (Bischoff and Sannemann). –王成源，354页，图版4，图8—9。

2008 *Pseudooneotodus beckmanni* (Bischoff and Sannemann, 1958). –Corradini, p. 142, pl. 1, figs. 1—7 (with synonymy to 2006).

2010 *Pseudooneotodus beckmanni* (Bischoff and Sannemann, 1958). –Wang and Aldridge, pp. 32, 34, pl. 2, figs. 19—26.

附注 由于对此种的概念有争议，这里没有列出全部同异名表。如同前面注意到的，Bischoff (1986) 研究了模式标本产地的材料，认为模式种应当仅限于基部为亚三角形轮廓的标本，现有的标本适合这样的定义 (Wang 和 Aldridge, 2010, 图版 2, 图 19—22, 25—26)。但是，同样发现有锥状的分子具有亚三角形的基部 (Wang 和 Aldrige, 2010, 图版 2, 图 23—24)，可能属于同一器官。这个标本很像被 Bischoff (1986, 235—237 页，图版27，图13—17) 归入到他的新种 *P. boreensis* 的分子，但缺少加厚的底缘。

产地层位 贵州石阡县雷家屯剖面，秀山组上段；陕西宁强县玉石滩剖面，宁强组杨坡湾段，*eopennatus* 生物带；四川广元宣河剖面，宁强组神宣驿组段，*Pterospathodus celloni* 生物带；吉林省中部，二道沟组。此种的时代很长，由晚奥陶世到早泥盆世埃姆斯期 *serotinus* 带 (Corradini, 2007)。

潘德尔刺目 PANDERODONTIDA Sweet, 1988

潘德尔刺科 PANDERODONTIDAE Lindström, 1970

新潘德尔刺属 *Neopanderodus* Ziegler and Lindström, 1971

1973 *Parallelocosta* Khodalevich and Lindström.

模式种 *Neopanderodus perlineatus* Ziegler and Lindström, 1971

特征 *Neopanderodus* 的种均具有细而长、简单的锥体，顶尖较尖，刺体规则弯曲，基腔向顶尖延伸超过刺体长度的一半，横断面圆；侧面有粗的纵向齿线，前面可能是光滑的；如果存在基部皱纹，则比 *Panderodus* 的发育；正面与 *Panderodus* 一样有窄而深的纵向齿槽。

比较 Ziegler 和 Lindström (1971, 633 页) 假定 *Neopanderodus* 由 *Panderodus* 演化而来，两者的主要区别是前者有相当粗的纵向齿线。基部皱纹带可能在中泥盆世消失。与 *Panderodus* 相比，*Neopanderodus* 的纵向齿槽位于更后方，一般没有肋脊，有较粗的纵向齿线和基部的皱纹带，并有较前者更圆的横断面。它可能为多成分种，但器官组成不太清楚。Cooper (1976, 213—214 页)、Barrick (1977, 54 页) 以及 Klapper 和 Barrick (1983, 1219 页) 认为的多成分器官可能由五种分子组成 (M, Sa, Sb, Sc, Sd)。所有分子都是纤细伸长的、均匀后弯的单锥型牙形刺。

时代分布 早泥盆世埃姆斯期至中泥盆世最晚期。可能最早出现于晚志留亚纪晚期。欧洲、亚洲、北美。中国广西等地。

匀称新潘德尔刺　*Neopanderodus aequabilis* Telford, 1975

（图版3，图1—19）

1975 *Neopanderodus aequabilis* Telford, pp. 30—32, pl. 2, figs. 5—6, 8—9, 12 (M element), 7 (? Sb element).

1987 *Panderodus unicostatus* (Branson and Mehl). – Mawson, pl. 41, fig. 12 (Sd element), 12 (Sa element).

1995 *Neopanderodus aequabilis* Telford. – Mawson *et al.*, p. 428, pl. 4, figs. 10, 11 (M element), 13 (Sc element), 14 (Sb element), 15—17 (Sa element), non fig. 12.

2005 *Neopanderodus aequabilis* Telford. –金善燏等，50页，图版10，图1—19。

特征　此种的M分子锥体不对称、微微弯曲，拥有深的基腔和前后膨大的基部。正面后方有明显的纵向齿沟，整个刺体表面有均匀分布的细肋脊。所有分子的正反面都有近于对称分布的肋脊，与刺体轴向大致平行，但有时与反面近后缘呈很小的锐角相交。

讨论　此种与*Neopanderodus asymmetrica* Wang易于区别。王成源和李东津（1986，423页，图版2，图17a—b）在吉林二道沟发现并命名了*Neopanderodus* sp. A（sp. nov.），被金善燏等（2005）指定为本种的Sa分子。金善燏等（2005）对本种有较详细的描述和图示，并怀疑二道沟组的时代不是普里道利世的。王成源等（2014）在总结吉林省古生代牙形刺生物地层的进展时指出，二道沟组的时代有可能为早泥盆世的。*Neopanderodus* sp. A可能代表本属的最低层位，属早泥盆世的可能性较大。Simpson和Talent（1995，123页，图版3，图23）在澳大利亚同样发现了此属的普里道利统的分子，但可疑。

产地层位　云南文山菖蒲塘，下泥盆统埃姆斯阶*P. dehiscens*带（?）至中泥盆统吉维特阶*P. varcus*带。主要见于早泥盆世埃姆斯期。

匀称新潘德尔刺（比较种）　*Neopanderodus* cf. *N. aequabilis* Telford, 1975

（图版4，图1—7）

cf. 1975 *Neopanderodus aequabilis* Telford, pp. 30—32, pl. 2, figs. 5—9, 11—12 (M element).

non 1989 *Neopanderodus aequabilis* Telford. – Wilson, pl. 1, figs. 13—16 (? Sa element).

1997 *Neopanderodus* cf. *N. aequabilis* Telford. –夏凤生，90—91页，图版Ⅱ，图4—6，9，12—13，16—17.

特征　正反面都有纵齿沟。正面齿沟深，居中，从顶尖一直延伸到基部；反面齿沟浅，仅限于中下部。正反面有近于对称分布的线纹，与齿轴大致平行，但有时与反面近后缘呈很小的锐角。

讨论与比较　Telford（1975）描述的是形式种，相当于本器官种的M分子。夏凤生（1997）确认M，Sa，Sb，Sc和Sd分子的存在。其中，M分子刺体底部向前后方明显伸展。但夏凤生（1997）图示的标本与典型标本（Telford，1975，图版2，图5—6，8—9）和Wilson（1989，图版1，图13—16）的标本均有所不同。典型的*aequabilis*标本的正反面有粗的细线纹匀称分布。

产地层位　新疆南天山东部，下泥盆统洛霍考夫阶阿尔皮什买布拉格组。

不对称新潘德尔刺　*Neopanderodus asymmetricus* Wang, 1982

（图版4，图8—18；图版5，图1）

1982 *Neopanderodus asymmetricus* Wang. –王成源，441页，图版2，图28—31。

1997 *Neopanderodus asymmetricus* Wang. –夏凤生，90页，图版Ⅰ，图14—20；图版Ⅱ，图1—3，14。

特征　正面近后缘有一纵齿沟，粗线纹与齿轴大致平行；反面近后缘亦有一齿沟，粗线纹与齿轴斜交，近前缘呈锐角状。两侧粗线纹不对称。

描述 单锥刺体，逐渐向顶端变尖，均匀后弯。正面有与齿轴平行的粗线纹，近后缘有一纵向的浅齿沟，由顶部向基部逐渐加宽；反面亦有与正面同样的粗线纹，但与齿轴不平行而以锐角与前缘相交，仅在反面近齿沟处与齿轴近于平行，近后缘有一比正面齿沟略小的纵齿沟。基腔深，底缘皱边不清。

比较 本种正面近后缘有纵向齿沟，与 *Neopanderodus perlineatus* 一致，但反面亦有纵向齿沟，粗线纹与齿轴斜交，显然不同于 *Neopanderodus perlineatus*；齿沟位置近后缘，更不同于 *N. transitans*。本种反面粗线纹与齿轴斜交，也不同于 *Neopanderodus aequabilis* Telford, 1975。

夏凤生（1997）认为此种的器官种由四种分子组成，而王成源（1982）建立的本种只是其 M 分子。

产地层位 云南丽江阿冷初，下泥盆统上部班满到地组；新疆南天山东部，下泥盆统洛霍考夫阶阿尔皮什买布拉格组。

过渡新潘德尔刺 *Neopanderodus transitans* Ziegler and Lindström, 1971

（图版 5，图 2—3）

1971 *Neopanderodus transitans* Ziegler and Lindström, p. 633, pl. 2, figs. 1—4, 6—7.

1973 *Parallelocosta carinata* Khodalevich and Tschernich, pl. 1, figs. 5—6.

1975 *Neopanderodus transitans* Ziegler and Lindström. – Ziegler, in Ziegler (ed.), *Catalogue of Conodonts*, vol. II, p. 233, *Neopanderodus* – pl. 1, figs. 5—7.

1989 *Neopanderodus transitans* Ziegler and Lindström. – 王成源，57 页，图版 16，图 10；图版 18，图 1—2。

特征 具有下列特征的属的一个种：基部皱纹带宽约 80μm，正面纵沟在中线后方，两侧有均一的齿线（Ziegler 和 Lindström，1971）。

比较 当前标本底部皱纹带不清楚，正面中线后方有纵沟，正面粗齿线向前方收敛，反面齿线也有向前方收敛的趋势。横断面前方浑圆，无装饰。后方较凸出、浑圆，或有不发育的后缘脊。存在 *Panderodus praetransitans—Neopanderodus transitans* 的过渡类型，即后缘脊不发育而前缘脊消失的类型。纵沟向上延伸，并移向后方。上方横断面呈圆形，与 *Neopanderodus perlineatus* 相似。原作者指出，此种见于晚埃姆斯期至中泥盆世晚期。广西的标本见于早埃姆斯期。

产地层位 广西那坡三叉河，达莲塘组 *P. perbonus* 带。

新潘德尔刺（未名新种） *Neopanderodus* n. sp. Klapper and Barrick, 1983

（图版 5，图 4—6）

1979 *Panderodus* (*Neopanderodus*) *perlineatus* Ziegler and Lindström. – Chatterton, pl. IX, figs. 1 (Sd element), 3 (M element).

1983 *Neopanderodus* n. sp. – Klapper and Barrick, pp. 1219—1221, figs. 7G, K—L, P—V.

1989 *Neopanderodus aequabilis* Telford. – Wilson, pl. 1, figs. 13—16 (Sb element).

1997 *Neopanderodus aequabilis* Telford. – 夏凤生，90—91 页，图版Ⅲ，图 1，4，9，12。

特征 此种的所有分子仅在正面有一条纵齿沟，正反面都有粗的细线纹，反面近前缘呈较大的锐角相交；除 Sa 和 Sd 分子的正反面有同样发育的、粗的细线纹外，其余分子正面的粗的细线纹与齿轴平行。另外，所有分子的刺体底部都有比较宽的皱纹带。

附注 Klapper 和 Barrick（1983）认为此未定名新种由五种分子（M，Sa，Sb，Sc 和

Sd）组成，并认为所有分子的正反面都有比较少的、粗的细线纹是本种的主要特征。夏凤生（1997）仅发现 M，Sa 和 Sb 分子，他认为纵齿沟和粗的细线纹的发育形式是识别种级的主要特征。他的 Sa 和 Sd 分子最接近 Klapper 和 Barrick（1983，图 7G，P—Q（Sa element），V（Sb element））以及 Wilson（1989，图版 1，图 13—16（Sb element））图示的标本，都应视为同一种。

产地层位　新疆南天山东部，下泥盆统洛霍考夫阶阿尔皮什买布拉格组。

新潘德尔刺（未名新种 A）　*Neopanderodus* sp. nov. A

（图版 5，图 7）

1986 *Neopanderodus* sp. nov. A. －王成源和李东津，423 页，图版 Ⅱ，图 7a—e。

描述　仅一个单锥刺体，均匀后弯并向顶尖变尖。刺体两侧及后面有粗的纵向齿纹。内侧面（反面视）基部上方齿纹向上并向前方斜伸，后面齿纹与齿轴方向平行。后面中部有一突出的褶脊，由锥体中部向下直至底缘，并逐渐增高，在底缘形成高的隆脊。锥体前面光滑，没有齿纹，外侧面（正面视）有与内侧面相同的齿纹。底缘断面为锁孔形，主要部分为圆形，仅后缘有小的后隆脊形成的孔。基腔深，延伸至顶尖，基腔断面在锥体上方变成圆形。基部有皱纹带，是由很细的齿纹形成的。

讨论　*Neopanderodus* 与 *Panderodus* 的最大区别是前者锥体两侧具有粗的齿纹。此外，*Neopanderodus* 基腔断面较圆，基部皱纹带的齿纹很细，锥体前面可能是光滑的，也不同于 *Panderodus*。二道沟组的标本具有 *Neopanderodus* 的典型特征：齿纹粗，基腔断面圆，前面光滑，皱纹带齿纹很细。它与已知种的区别是：内侧面缺少纵向齿沟，内侧面齿纹由基部向前斜伸，而不是向齿沟方向收敛。

仅从 *Neopanderodus* sp. nov. A 的特征来看，需要重新考虑二道沟组的时代。二道沟组的时代曾被归入 Pridolian 统，2014 年王成源等又将其归入早泥盆世早期。二道沟组的时代有可能不是洛霍考夫期早期的，而是洛霍考夫期晚期，甚至是布拉格期或埃姆斯期的。

潘德尔刺属　*Panderodus* Ethington，1959

模式种　*Paltodus unicostatus* Branson and Mehl，1933

附注　Ziegler 和 Lindström（1971）对此属的表面形态做了详细描述。Barrick（1977）将其恢复为器官属，包括多种单锥刺体。Fahraeus 和 Hunter（1986）恢复的奥陶纪 *Panderodus* 的种包括多达 30 个分子。这里描述的仍属形式种，不是器官种。

Sansom 等（1994）认为 *Panderodus* 的典型分子由 17 个分子组成，其中的 8 对分子是两侧对称的，而另外 1 个在对称面的中部。这 8 对对称分子又分为前方（q）的有肋脊的分子和后方（p）的无肋脊的分子，各类分子以不同的位置符号表示：arcuatiform（qa），graciliform（qg），truncatiform（qt）；falciliform（pf），tortiform（pt），aequaliform（ae）（Sansom 等，1994，插图 6）。graciliform（qg）分子经常有 4 对分子。

对于 *Panderodus* 各种的器官再造，Sansom 等（1994，插图 7）已做了大量的工作。种一级的器官再造必须有大量的标本。目前，中国描述的 *Panderodus* 的种基本都是形式种，很多器官种，如 *P. langkawiensis*，*P. feulneri*，*P. greenlandensis*，*P. recurvatus*，*P. staufferi* 和 *P. sulcatus* 在中国仍没有得到可靠的确认。

时代分布 奥陶纪至泥盆纪。世界性分布。

细潘德尔刺 *Panderodus gracilis* (Branson and Mehl, 1933)

(图版5，图8—11)

1933 *Paltodus gracilis* Branson and Mehl, p. 108, pl. 8, figs. 20—21.

1959 *Panderodus gracilis* (Branson and Mehl). – Ethington, p. 285, pl. 39, fig. 1.

1961 *Panderodus gracilis* (Branson and Mehl). – Wolska, p. 353, pl. 4, fig. 2.

1966 *Panderodus gracilis* (Branson and Mehl). – Spasov and Filipovic, p. 46, pl. 2, fig. 8.

1972 *Panderodus gracilis* (Branson and Mehl). – Link and Druce, p. 72, pl. 7. figs. 23—24.

1981 *Panderodus gracilis* (Branson and Mehl). – 王成源，402页，图版1，图1—2，22—23，35。

1982 *Panderodus gracilis* (Branson and Mehl). – 王成源，442页，图版1，图4—5。

1985 *Panderodus gracilis* (Branson and Mehl). – 王成源，157页，图版Ⅰ，图2。

特征 锥体纤细，长，均匀向顶尖变尖，上部逐渐向后弯，有时略扭转。两侧各有一纵向肋脊，前方浑圆，后缘脊锐利。基腔锥状，向上延伸超过刺体高度的一半。

比较 此种锥体纤细。两侧各有一肋脊，不同于 *Panderodus unicostatus*。此种时代由中奥陶世至早泥盆世。

产地层位 内蒙古达茂旗巴特敖包剖面，西别河组；云南阿冷初，下泥盆统上部班满到地组；广西武宣二塘，下泥盆统二塘组。

潘德尔潘德尔刺 *Panderodus panderi* (Stauffer, 1940)

(图版2，图10)

1940 *Paltodus panderi* Stauffer, p. 427, pl. 60, figs. 8—9.

1959 *Panderodus panderi* (Stauffer). – Ethington and Furnish, p. 541, pl. 73, fig. 9.

1965 *Panderodus panderi* (Stauffer). – Bergström and Sweet, p. 359, pl. 35, figs. 14—15.

1972 *Panderodus panderi* (Stauffer). – Link and Druce, p. 74, pl. 7, figs. 17—18; pl. 8, fig. 1; text-fig. 46.

1985 *Panderodus panderi* (Stauffer). – 王成源，157—158页，图版Ⅰ，图3，8。

特征 锥体后弯，侧方扁，前后缘脊锐利，两侧近对称。前侧纵向有凸起，凸起向基部变宽，但并不形成肋脊。基部断面锁孔状。

附注 两侧对称，无前侧肋脊，但有缓凸，基部锁孔状，这些是此种的主要特征。此种常见于中奥陶世至早泥盆世。

产地层位 内蒙古达茂旗阿鲁共剖面，下泥盆统阿鲁共组。

全齿线潘德尔刺 *Panderodus perstriatus* Wang and Ziegler, 1983

(图版6，图1—2)

1983 *Panderodus perstriatus* Wang and Ziegler, p. 88, pl. 2, fig. 16.

1989 *Panderodus perstriatus* Wang and Ziegler, 王成源，89—90页，图版17，图1—2。

特征 刺体粗壮，顶尖钝圆，正面有一宽度均一、窄而深的纵沟，反面无纵沟或肋脊，前后缘浑圆。正面（内侧）中部有一窄而深的中沟，宽度由基部到顶尖几乎不变。反面无纵沟或肋脊，前后缘浑圆。整个刺体表面具有均匀分布的平行齿纹，在基部每侧有60～70条齿纹。皱纹带上的线纹与锥体上的齿纹宽度一致。基腔深，轮廓锁孔状。

比较 *P. perstriatus* 侧方缺少纵肋，明显不同于 *Panderodus unicostatus*；它的反面浑圆，整个刺体有密集的齿纹，也不同于 *P. striatus*；它的基部轮廓锁孔状，似

P. panderi,但后者前后表面无齿纹。*P. perstriatus* 锥体粗壮，顶尖钝，正面中沟以均一的宽度直到顶尖，反面浑圆，表面齿纹密，基部锁孔状。

产地层位　广西德保都安四红山，下泥盆统坡折落组 *P. serotinus* 带；那坡三叉河，下泥盆统达莲塘组 *P. perbonus* 带。

先过渡潘德尔刺　*Panderodus praetransitans* Wang and Ziegler, 1983

（图版 6，图 3—4）

1983 *Panderodus praetransitans* Wang and Ziegler, p. 87, pl. 2, figs. 17—18.

1989 *Panderodus praetransitans* Wang and Ziegler，王成源，90 页，图版 17，图 3—4。

特征　正面中线后方有一纵沟，两侧都有均一齿纹，横断面浑圆，前后缘上均有一突出的、锐利的纵向缘脊。

描述　单锥形刺体，基部较宽，顶端尖，向后弯。基部横断面椭圆形，横断面向顶尖变为圆形。正面中线之后有一纵沟，纵沟窄而深，形成一凹槽；反面无纵沟。正反两面都有均一的齿纹。正面齿纹基本与纵沟平行，仅后方基部向纵沟收敛；反面齿纹则向后缘收敛。横断面前后缘脊基本浑圆，但有一窄而锐利的纵脊，此纵脊由基部延伸到顶尖，有时前缘脊很高。

附注　*Panderodus praetransitans* 在形态上与 *Neopanderodus transitans* 一致，区别在于前者具有前后缘脊；此外，前者正面齿纹基本与纵沟平行，齿纹细，而后者正面齿纹明显向纵沟收敛，齿纹粗。Ziegler 和 Lindström（1971）认为 *N. transitans* 由 *Panderodus semicostatus* 演化而来。*N. transitans* 可能是由于 *P. praetransitans* 纵脊消失、齿纹加粗演化而来。但金善燏等（2005）将此种归入 *Neopanderodus aequabilis* 的 M 分子和 Sb 分子，本书作者并不赞同。

产地层位　广西那坡三叉河，下泥盆统达莲塘组 *P. perbonus* 带。

半肋潘德尔刺　*Panderodus semicostatus* Ziegler and Lindström, 1971

（图版 7，图 1—4）

1971 *Panderodus semicostatus* Ziegler and Lindström, pp. 632—633; pl. 3, figs. 1—11.

1989 *Panderodus semicostatus* Ziegler and Lindström，王成源，89 页，图版 18，图 3—6。

特征　具有下列特征的 *Panderodus* 的一个种：正面后 1/3 处具有一纵沟，仅在此纵沟前方有一个细的齿纹带，而在反面，基部皱纹带上方均有相当粗的齿纹。

附注　*Panderodus semicostatus* 锥体纤细，长，顶端尖，向后弯。基部皱纹带宽为 70 ~ 100μm。在纵沟中有几条较宽的细沟。反面亦有一肋脊，且有较发育的齿纹，但个别标本反面肋脊的前方无齿纹。此标本在形态上似 *Panderodus gracilis*，但有齿纹装饰。*Panderodus gracilis* 前后缘浑圆，后缘可见清晰的齿纹。Ziegler 和 Lindström（1971，图版 3，图 4—5）描写的标本锥体前后具有较锐利的缘脊，纵沟齿纹形态也不同于正模标本，其归属尚需进一步研究。

Panderodus semicostatus 的原作者认为此种只见于埃姆斯阶上部，而当前标本见于下埃姆斯阶，与 *Polygnathus dehiscens* 共生。本种的时限为埃姆斯期。

产地层位　广西那坡三叉河，下泥盆统坡脚组至达莲塘组 *P. dehiscens* 带（?）— *P. perbonus* 带。

半肋潘德尔刺（比较种） *Panderodus* cf. *semicostatus* Ziegler and Lindström, 1971

（图版7，图5）

1989 *Panderodus* cf. *semicostatus* Ziegler and Lindström，王成源，89页，图版16，图9。

特征 锥体较粗壮，后弯。正面正中有一肋脊。其后为纵沟，纵沟间亦有小的纵脊，无细齿纹。当前标本正面纵沟前方无细齿纹，仅反面中部有一肋脊，均与典型的 *Panderodus semicostatus* 不同。同时，锥体前缘圆，反面横断面亦较圆。可能为一新种。

产地层位 广西那坡三叉河，下泥盆统坡折落组 *P. inversu* 带上部。

简单潘德尔刺 *Panderodus simplex*（Branson and Mehl, 1933）

（图版8，图1—6）

1933 *Paltodus simplex* Branson and Mehl n. sp.，p. 42，pl. 3，fig. 4.

1953 *Paltodus acostatus* Branson and Mehl. －Rhodes，p. 296，pl. 21，figs. 111—112；pl. 22，figs. 163—164；pl. 23，figs. 212—213.

1969 *Panderodus simplex*（Branson and Mehl）. －Link and Druce，p. 7，figs. 13—16，21—22；text-fig. Ic.

1985 *Panderodus simplex*（Branson and Mehl）. －王成源，158页，图版Ⅰ，图6—7。

特征 锥体侧方扁，不对称，逐渐向后弯。前后缘脊较锐利，但前缘近基部浑圆。内侧前方有一缓凸的肋，肋后为一浅而宽的纵沟，沟中有一细的线槽；外侧纵沟浅平，无线槽。

附注 内侧纵沟中有一细的线槽，而不是线脊。此种时代为晚奥陶世到早泥盆世晚期（埃姆斯期）。

产地层位 内蒙古达茂旗阿鲁共剖面，下泥盆统阿鲁共组；西别河剖面，下泥盆统阿鲁共组；巴特敖包剖面，下泥盆统西别河组。

斯帕索夫潘德尔刺（比较种） *Panderodus* cf. *spasovi* Drygant, 1974

（图版8，图7—9）

1983 *Panderodus spasovi* Drygant. －Wang and Ziegler，p. 71，fig. 3，Nos. 6，21（Sb，M elements）.

1997 *Panderodus* cf. *spasovi* Drygant. －夏凤生，93页，图版Ⅱ，图15（Sb element）。

特征 （Sb分子）锥体纤细，高而扁。锥体顶尖强烈弯曲并近水平伸展，略扭向另一侧。正反面各有一条肋脊，位于前缘1/3处，从底部皱纹带上方一直延伸到顶尖。肋脊之后为齿沟，齿沟之后有15条彼此平行的细线纹。底部皱纹带发育，底部横断面为略不对称的三角形。

产地层位 新疆南天山东部，下泥盆统洛霍考夫阶阿尔皮什买布拉格组。本种也曾见于西藏聂拉木志留纪 *Kockelella variabilis* 带，但个体较粗、较低矮。

细线潘德尔刺 *Panderodus striatus*（Stauffer, 1935）

（图版8，图10—13）

1935 *Paltodus striatus* Stauffer，p. 613，pl. 74，figs. 3，16.

1966 *Panderodus striatus*（Stauffer）. －Winder，p. 205，pl. 9，fig. 24；pl. 20，figs. 26—31.

1978 *Panderodus striatus striatus*（Stauffer）. －王成源和王志浩，339页，图版39，图13—14，19，30。

1979 *Panderodus striatus striatus*（Stauffer）. －王成源，400页，图版1，图2。

特征 细长的刺体两侧各有一明显的齿沟，后缘有一齿褶，齿褶和刺体两侧都有细线装饰。基腔断面前方宽圆，后方明显变窄。

产地层位 广西横县六景，下泥盆统郁江组；象州大乐，下泥盆统四排组；云南广南，下泥盆统坡脚组和达莲塘组。

单肋潘德尔刺 *Panderodus unicostatus* (Branson and Mehl, 1933)

(图版8，图14—16；图版9，图1—3)

1933 *Paltodus unicostatus* Branson and Mehl, p. 42, pl. 3, fig. 3.

1953 *Paltodus unicostatus* Branson and Mehl. – Rhodes, p. 290, pl. 21, figs. 84—88.

1966 *Panderodus unicostatus* (Branson and Mehl). – Philip, p. 447, pl. 1, figs. 10—12.

1968 *Panderodus unicostatus unicostatus* (Branson and Mehl). – Nicoll and Rexroad, p. 54, pl. 7, figs. 29—30.

1972 *Panderodus unicostatus unicostatus* (Branson and Mehl). – Link and Druce, p. 77, pl. 7, figs. 19—20; pl. 11, figs. 13, 15; text-fig. 49.

1982 *Panderodus unicostatus* (Branson and Mehl). – 王成源，442页，图版1，图版2—3。

1985 *Panderodus unicostatus unicostatus* (Branson and Mehl). – 王成源，158—159页，图版Ⅰ，图1，4—5。

特征 锥体逐渐后弯，两侧不对称。内侧前方有一低的纵脊，纵脊后方常有一很浅的槽；外侧较光滑，无纵脊。

附注 此种见于中奥陶世至早泥盆世晚期（埃姆斯期）。

产地层位 内蒙古达茂旗巴特敖包剖面，下泥盆统西别河组和下泥盆统阿鲁共组；西别河剖面，西别河组；云南阿冷初，下泥盆统上部班满到地组。

宽底潘德尔刺 *Panderodus valgus* (Philip, 1965)

(图版8，图17—18)

1965 *Paltodus valgus* Philip, p. 109, pl. 8, fig. 8; text-fig. 26.

1966 *Panderodus valgus* (Philip). – Philip, p. 448, pl. 1, figs. 1—3.

1975 *Panderodus valgus* (Philip). – Telford, p. 39, pl. 3, figs. 14—15.

1978 *Panderodus valgus* (Philip). – 王成源和王志浩，339—340页，图版9，图7—8。

1987 *Panderodus valgus* (Philip). – 熊剑飞，图版1，图7a—b。

1989 *Panderodus valgus* (Philip). – 王成源，90页，图版16，图1。

特征 锥体基部迅速膨大，基腔深，前后缘脊明显，刺体不对称，在一侧有低而圆的齿脊。

附注 此种均见于早泥盆世晚期。

产地层位 广西那坡三叉河，下泥盆统达莲塘组 *P. perbonus* 带；贵州普安，下—中泥盆统罐子窑组。

潘德尔刺（未定种A） *Panderodus* sp. A

(图版6，图5)

特征 锥体强烈后弯，侧方扁，上方断面呈凸透镜状。内侧近基部较凹，外侧近基部较凸，内外两侧基部均有纤细的皱边。基腔断面近锁孔状。

产地层位 内蒙古达茂旗阿鲁共剖面，下泥盆统阿鲁共组上部。

锯片刺目 PRIONIODONTIDA Dzik, 1976

小贝刺科 ICRIODELLIDAE Sweet, 1988

鸟足刺刺属 *Pedavis* Klapper and Philip, 1971

模式种 *Icriodus pesavis* Bischoff and Sannemann, 1958

特征 *Pedavis* 的器官由三种分子组成：I, S 和 M，其中 I 为贝刺形分子，S 为镞刺形分子，M 为线纹锥体。*Pedavis* 与 *Icriodella* 的区别仅在于前者的 I 分子的侧齿突有细齿，而后者的 I 分子的侧齿突无细齿。

Pedavis 的 I 分子有四个齿突，形如鸟足，而 S 分子为金字塔状（pyramidal element），M 分子为锥状分子。Murphy 和 Matti（1982）又将 M 分子分为四种不同的类型，即 M_2a，M_2b，M_2c 和 M_2d。

附注 *Pedavis* 在世界各地地层中均不丰富，产出的标本较少，对各种器官的恢复并不十分清楚，目前仅知有如下几个器官种：*Pedavis latialatus*（Walliser, 1964），*P. pesavis*（Bischoff and Sannemann, 1958），*P. biexoramus*（Murphy and Matti, 1983），*P. mariannae*（Lane and Ormiston, 1979），*P. brevicauda* Murphy and Matti, 1983，*P. breviramus* Murphy and Matti, 1983 和 *P. longicauda* Murphy, 2005。这些种的时限及地层分布见 Murphy 和 Matti（1982，48 页，插图 9）。

时代分布 晚志留世至早泥盆世。此属在中国只在内蒙古巴特敖包地区发现很少的标本，在华南尚未发现此属的分子。

短尾鸟足刺 *Pedavis brevicauda* Murphy and Matti, 1982

（图版 9，图 4—6）

1982 *Pedavis brevicauda* Murphy and Matti, pp. 50—51, pl. 6, figs. 14—17.

1991 *Pedavis brevicauda* Murphy and Matti. – Klapper *et al.*, in Ziegler (ed.), *Catalogue of Conodonts*, p. 101, *Pedavis* – pl. 1, fig. 4.

2005 *Pedavis brevicauda* Murphy and Matti. – Murphy, p. 202, fig. 7. 42.

特征 *Pedavis* 的一个种，其 I 分子以后齿突短、钉状为特征，后齿突直或向侧方锐角弯曲，反口视基腔呈圆形。

附注 本种的重要特征是后齿突短，基腔反口面边缘呈圆形。中国尚无此种的记录。

产地层位 下泥盆统布拉格阶 *E. sulcata* 带至 *E. s. kindlei* 带（Klapper 和 Johson, 1980）。

短枝鸟足刺 *Pedavis breviramus* Murphy and Matti, 1982

（图版 9，图 7—19）

1968 *Icriodus pesavis* Bischoff and Sannemann. – Schulze, pl. 6, fig. 5 (only).

1969 *Icriodus pesavis* Bischoff and Sannemann. – Klapper, pl. 1, fig. 12.

1970 *Icriodus pesavis* Bischoff and Sannemann. – Seddon, pp. 55—56, pl. 4, figs. 21, 23.

1972 *Pedavis pesavis* Bischoff and Sannemann. – Klapper and Philip, pl. 3, figs. ? 4—9 (only).

1976 *Pedavis pesavis* (Bischoff and Sannemann). – Savage, pl. 2, figs. 10—17.

1981 *Pedavis* n. sp. A. – Uyeno, pl. 7, figs. 41—48.

1982 *Pedavis breviramus* n. sp. – Murphy and Matti, pp. 55—56, pl. 7, figs. 1—6, 12.

特征　*Pedavis* 的一个种，其 I 分子有两个短的侧齿突并与主齿突呈直角；后齿突短，略呈“S”形；主齿突上有 4 ~ 6 个由细齿组成的横脊，被一纵向脊连接。

附注　当前仅有两个不完整的 I 分子：一个 I 分子仅具一个侧齿突，其上有小的瘤齿，主齿突上有六个横脊，另一个侧例突和后齿突断掉；另一个标本仅具后齿突和两个侧齿突的基部，无主齿突。

S 分子为低矮粗锥状，有粗的肋脊，而 M 分子为有细线纹的锥状体。所有分子均产于同一样品中（AL 1-2）。

从具后齿突的标本上判断，侧齿突与后齿突夹角几近直角而与 *P. breviramus* 十分相似，后齿突的特征也与 *P. breviramus* 相似。但由于没见到完整标本，当前标本归入此种仍存疑。此种在加拿大见于 *Icriodus worschmidti hesperius* 带，在美国内华达州见于 *eurekaensis* 带，但 Murphy 和 Matti（1982，插图 9）表明此种同样可见于 *delta* 带。

产地层位　内蒙古达茂旗巴特敖包地区阿鲁共剖面，下泥盆统阿鲁共组，以及洛霍考夫阶下部 *C. hesperius* 带至 *A. delta* 带。Slavik 等（2011）将此种作为早洛霍考夫期 *breviramus—optima* 组合带和 *omoappha—breviramus* 组合带中的带分子。

吉尔伯特鸟足刺　*Pedavis gilberti* Valenzuela-Ríos, 1990

（图版 10，图 5—6）

1990 *Pedavis gilberti* Valenzuela-Ríos, p. 62.

1994 *Pedavis gilberti* Valenzuela-Ríos. – Valenzuela-Ríos, figs. 4E—G.

2012 *Pedavis gilberti* Valenzuela-Ríos, 1994. – Slavik *et al.*, p. 626, fig. 6. 6.

特征　（依据 *Pedavis pedavis* γ morphotype）*Pedavis* 的一个种，其 I 分子具有以下特征：主齿台的齿式由三列规则的齿列构成，齿列由高的、侧方扁的细齿组成。中齿列的细齿比相应的侧齿列的细齿向前。所有齿突几乎都是直的。后齿突短。后齿突与内齿突几乎在一条直线上，它们的轴线夹角几乎接近 180°。侧齿突轴线夹角几乎为 90°。在主齿突与外齿突的连接点，主轴向内偏移。

附注　按后齿突的形态，此种可分为三个不同的形态型：*Pedavis gilberti* γ morphotype（包括正模）后齿突直，*Pedavis gilberti* α morphotype 后齿突弯，而 *Pedavis gilberti* β morphotype 后齿突是反曲的。

产地层位　此种是洛霍考夫阶上部的带化石（Valenzuela-Ríos，1990，1994b），与 *pesavis* 带的上部相当。在中国尚未发现此带化石。

宽翼鸟足刺　*Pedavis latialatus*（Walliser，1964）

（图版 10，图 13）

附注　此种是志留系 Ludlow 统的带化石，描述从略。参阅《中国志留纪牙形刺》（王成源，2013，103 页）。

长尾鸟足刺　*Pedavis longicauda* Murphy，2005

（图版 10，图 1—2）

2005 *Pedavis longicauda* Murphy, p. 202, figs. 6. 32—6. 34, 6. 37—6. 38, 6. 43—6. 47, ? 6. 52—6. 56; fig. 8. 39—8. 49.

特征　*Pedavis* 的一个种，其 Pa 分子后齿突很长，微弯；两个侧齿突几乎等长，与前齿突呈 45°角。

描述 Pa分子为星舟刺型分子。前齿突直，具有5~6个直的或微微起伏的横齿列，其中央细齿由明显的纵齿脊和横齿脊交汇而成。外侧齿突几乎是直的，饰有窄的纵向齿脊，与前齿突呈45°角；内侧齿突也几乎是直的，饰有窄的纵脊，但有较发育的横齿列和浑圆的外齿瘤。后齿突由齿突连接处的占齿突长的1/3部分微微向内弯，然后向外弯，饰有窄的纵向脊和横脊。侧向瘤齿发育。

比较 *Pedavis longicauda* 的Pa分子不同于 *P. pesavis* 和 *P. striatus* 的Pa分子，它有较直、较长的后齿突，前齿突相对较长且比 *P. pesavis* 的前齿突窄。它不同于 *P. brevicauda*而有比较发育的横齿列，侧齿突较长，后齿突更长；也不同于 *P. gilberti*，它的前后齿突在一条直线上。*P. robertoi* 的后齿突较短、较弯，侧齿突不等长。

附注 此种的器官中曾发现单锥型分子，器官构成可能有5~6个分子。

产地层位 Murphy（2005，图2）图示的此种时代为布拉格期 *irregularis—profunda* 带中上部到 *profunda—brevicauda* 带最下部。中国还没有此种的记录。

女神鸟足刺 *Pedavis mariannae* Lane and Ormiston，1979

（图版10，图7—10）

1979 *Pedavis mariannae* Lane and Ormiston，pp. 59—60，pl. 4，figs. 14，17，18（I分子），15，16，19，20，23，24，27（S_1分子），fig. 25（M_2分子）；pl. 5，figs. 1，7，19—22（S_1 分子），fig. 8（M_2 分子），figs. 11，12，13，14，17，18（I分子）.

1983 *Pedavis mariannae* Lane and Ormiston. – Murphy and Matti，pp. 54—55，pl. 8，figs. 1，2，4—6，9，11，12（I分子）.

特征 *Pedavis* 的一个种，其Pa（I）分子有一个短而直的后齿突，侧齿突以锐角从长的前齿突分出，刺体从前方到后方逐渐弯曲，反口面全部凹入。S_1分子发育像希腊字母λ，M_2分子后倾至反曲、多肋脊的锥状，基部有较粗的肋脊（原定义）。

比较 *Pedavis mariannae* 与 *P. breviramus* 的I分子有些相似，但后者的后齿突有些纤细，通常弯向外侧。

产地层位 北美，下泥盆统 *E. s. kindlei* 带。中国目前还没有此种的报道。

鸟足鸟足刺鸟足亚种 *Pedavis pesavis pesavis*（Bischoff and Sannemann，1958）

（图版10，图11—12）

1958 *Icriodus pesavis* Bischoff and Sannemann，pp. 96—97，pl. 12，figs. 1，4（only）.

1983 *Icriodus pesavis* Bischoff and Sannemann. – Murphy and Matti，p. 49，pl. 7，figs. 13，20（M_2分子）.

特征 刺体中后部分出两个长的、有横脊的侧齿突，指向前方，并彼此呈直角状。后齿突较小，向后侧方弯；前齿突横脊发育，似 *Icriodus* 的齿台。整个刺体呈鸡足状。

比较 此种与 *P. breviramus* 和 *P. latialata* 相似，但后两个种的内侧齿突大而宽，外侧齿突小而窄，而本种的内外齿突近于等长、等大。

产地层位 本种的时代是早泥盆世早期 *pesavis* 带至 *sulcatus* 带。在中国尚未发现此带化石。

鸟足刺（未定种） *Pedavis* sp.

（图版10，图3—4）

特征 仅两个标本，I分子为残破的齿突，口面模脊发育，横脊由中脊相连；S分子为锥状分子，具有发育的细纹脊，近基部纹脊增多。

产地层位　内蒙古达茂旗西别河剖面，阿鲁共组（洛霍考夫期早期）。

桑内曼刺属　*Sannemannia* Al-Rawi, 1977

模式种　*Sannemannia pesanseris* Al-Rawi, 1997（插图 14）

特征　台型牙形刺，由前齿突和两个前侧齿突构成，后齿突不发育。每个齿突上有一列细齿，细齿有时横向加宽。基腔大，在每个齿突下方均有一宽大的齿沟。

附注　Uyeno 和 Klapper（1980）修订了此属的定义，属内仅模式种 *Sannemannia pesanseris* 一种。Al-Rawi 曾将 *Pelekysgnathus glenisteri* 和 *P. furnishi* 包括在 *Sannemannia* 属内，但按 Uyeno 和 Klapper（1980）的修订，这两个种现在包括在 *Steptotaxis* 属内。目前中国尚无此种的报道，本书作者已在蒙古国的南戈壁发现此属。此属的器官组成不清楚，因为此属建立时仅有一个 I 分子，主齿突上仅有一列瘤齿。

时代分布　早泥盆世早期洛霍考夫期（吉丁期）。欧洲、北美洲。中国尚未发现此属。

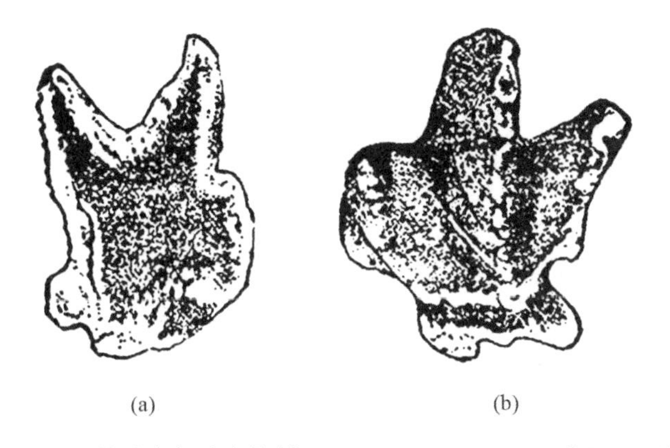

(a)　　(b)

插图 14　披桑塞尔桑内曼刺 *Sannemannia pesanseris* Al-Rawi, 1977。
（a）反口视；（b）口视，×30（据王成源，1987，379 页，图 408）

Text-fig. 14　*Sannemannia pesanseris* Al-Rawi, 1977.（a）Aboral view;（b）Oral view，×30（after Wang, 1987, p. 379, fig. 408）

冠列刺属　*Steptotaxis* Uyeno and Klapper, 1980

模式种　*Pelekysgnathus pedderi* Uyeno and Mason, 1975（插图 15）

特征　多成分牙形刺器官属，其器官的组成与 *Pelekysgnathus* 的器官一样，除了存在冠状分子（coronellan element）外，在 S_2 位置还有小针刺分子（acodinan element）。

附注　*Pelekysgnathus* Thomas（1949）的器官属基本由三种骨骼分子组成：pelekysgnathan 分子在 I 位置，小针刺分子在 S_2 位置，以及一个没有装饰或仅有微弱装饰的锥状分子（其基部的横断面为圆形到椭圆形）在 M_2 位置。相反，所有归入到 *Steptotaxis* 的分子包括冠状分子以及在 S_2 位置的小针刺分子。Uyeno 和 Klapper（1980）将有冠状分子的 *Pelekysgnathus* 的种，即 *Pelekysgnathus pedderi* Uyeno and Mason（1975），*P. uyenoi* Chatterton（1979）和 *P. glenisteri* Klapper（1969）全部归入到 *Steptotaxis*。而

Steptotaxis 包括三个待命名的新种，即 *Steptotaxis* n. sp. A，*S.* n. sp. B 和 *S.* n. sp. C。

Steptotaxis 除了具有冠状分子外，它与 *Pelekysgnathus* 的区别在于它的 I 分子，除一个种以外，都具有贝刺形分子（icriodontan element）的特征，即有三个齿列，只有 *Steptotaxis* n. sp. A 的主齿台上是单齿列。

有些 *Steptotaxis* 的 I 分子（如 *S. pedderi*，*Steptotaxis* n. sp. C）与 *Pedavis* Klapper and Philip 的 I 分子相似，但后者具有饰变的 sagittontan S_2分子和有强壮肋脊的 M_2分子。

Uyeno 和 Klapper（1980）修正了 *Sannemannia* 的定义，只包括模式种 *S. pesanseris*，它的 I 分子仅有单一的齿列。其他的种都归入到 *Steptotaxis*，包括被 Klapper（Klapper 和 Johnson，1980）归入到 *Sannemannia* 属内的 *Pelekysgnathus glenisteri* 和 *P. furnishi* Klapper，1969。

时代分布 在加拿大始于早泥盆世晚期 *P. dehiscens* 带（?）到中泥盆世大致相当于 *T. k. australis* 带的层位。

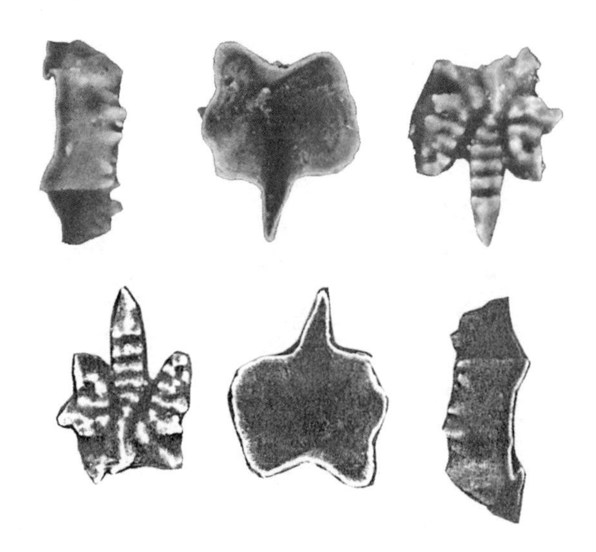

插图 15 *Steptotaxis pedderi*（Uyeno and Mason，1975，710 页，图版 1，图 40—42），正模标本之口视、反口视与侧视（×30）

Text-fig. 15 *Steptotaxis pedderi*（Uyeno and Mason，1975，p. 710，pl. 1，figs. 40—42），holotype，oral，aboral and lateral views（×30）

格列尼斯特冠列刺 *Steptotaxis glenisteri*（Klapper，1969）

（图版 11，图 10—14）

1969 *Pelekysgnathus glenisteri* Klapper，pl. 2，figs. 22—27，30—34（I element）.

1972 *Pelekysgnathus glenisteri* Klapperi. – Uyeno，in McGregor and Uyeno，pl. 5，figs. 28—29（I element）.

1972 *Pelekysgnathus glenisteri* Klapperi. – Klapper and Philip，pl. 3，figs. 18，22（M_2 element），figs. 19—21，23—32，37（S_2 element），figs. 33—35（I element）.

1975 *Pelekysgnathus glenisteri* Klapperi. – Klapper，in Ziegler（ed.），*Catalogue of Conodonts*，vol. Ⅱ，pp. 259—260，*Pelekysgnathus* – pl. 1，figs. 9—13.

1980 *Steptotaxis glenisteri*（Klapper）. – Uyeno and Klapper，pl. 8. 2，figs. 12—13.

特征 *Steptotaxis* 的一个种，以主齿列后端分出两个指向前方的、相当发育的、有细齿的侧齿突为特征。两个侧齿突长度不等。主齿之前的齿台的主要部分有一列单一的细齿列（瘤齿列），与 6 个或 6 个以上短横脊相交叉。基腔后半部强烈膨大，前半部向前收缩变窄。

讨论　按照 Klapper 和 Philip（1972）的复原，*S. glenisteri* 由 I 分子、S_2分子和 M_2分子组成。它的 S_2 分子明显不同于本属的其他种，其锥体低矮，有小侧齿；它的 I 分子有相当发育的两个侧齿突，也明显不同于 *S. furnishi*。

产地层位　此种的时限为早泥盆世埃姆斯期，在层位上高于 *Steptotaxis furnishi*，是埃姆斯期的重要化石。此种目前在中国尚未发现。

佛尼什冠列刺　*Steptotaxis furnishi*（Klapper, 1969）

（图版 11，图 9）

1969 *Pelekysgnathus furnishi* Klapper, pl. 2, figs. 12—21, 28—29（I element）.

1972 *Pelekysgnathus furnishi* Klapper. – Klapper and Philip, pl. 3, fig. 15（M_2 element）, fig. 16（S_2 element）, fig. 17（I element）.

1975 *Pelekysgnathus furnishi* Klapper. – Klapper, in Ziegler（ed.）, *Catalogue of Conodonts*, vol. Ⅱ, p. 256, *Pelekysgnathus* – pl. 1, fig. 8.

特征　（I 分子）*Steptotaxis* 的一个种，由 6 个或多于 6 个很短的横脊与从前端到主齿的薄纵脊交叉排列。主齿两侧有薄的横脊，由主齿顶尖向侧方延伸，向下几乎到反口缘。基腔后方膨大，后缘近圆形。

附注　*Steptotaxis furnishi* 与 *S. glenisteri* 的区别在于 I 和 S_2分子。见关于 *S. glenisteri* 的讨论。

产地层位　此种的时限为早泥盆世埃姆斯期，在层位上低于 *Steptotaxis glenisteri*。此种目前在中国尚未发现。

贝刺科　ICRIODONTIDAE Müller and Müller, 1957

前颚刺属　*Antognathus* Lipnjagov, 1978

模式种　*Antognathus volnovachensis* Lipnjagov, 1976

特征　主齿台有三列瘤齿列，似 *Icriodus*；主齿台后方有两个向前斜伸的侧齿突。反口面基腔发育，大致呈“T”或“L”字形。

时代分布　晚泥盆世法门期。欧洲的俄罗斯、北美洲。

沃尔诺瓦赫前颚刺　*Antognathus volnovachensis* Lipnjagov, 1978

（图版 130，图 1—6）

1978 *Antognathus volnovachensis* Lipnjagov sp. nov. – Lipnjagov, in Kozitskaja *et al.*, pp. 18—19. pl. 1, figs. 1—6.

1984 *Antognathus volnovachensis* Lipnjagov. – Sandberg and Dreesen, pp. 165—166, pl. 2, figs. 15—16; pl. 4, figs. 16—17.

特征　*Antognathus* 的一个种，其 I 分子有两个近等长的后齿突，基腔呈“T”字形。

附注　此种原文描述为俄文。此种的标本很小，长度不大于 275μm，沉积环境为高盐泻湖。

产地层位　晚泥盆世法门期中 *P. g. expansa* 带或最高为下 *P. g. expansa* 带。中国尚无此种的报道。

磨为扎前颚刺 *Antognathus mowitzaensis* (Sandberg and Ziegler, 1979)

（图版 130，图 7—10）

1979 *Icriodus? mowitzaensis* Sandberg and Ziegler, p. 189, pl. 5, figs. 14—17.

1984 *Antognathus mowitzaensis* (Sandberg and Ziegler, 1979).

特征 *Antognathus* 的一个种，其 I 分子的两个后侧齿突不等长并具有“L”字形的基腔。齿台弓曲，侧齿列细齿与中齿列细齿交替出现。后方主齿高，后倾。内侧齿突短，具有一列高的瘤齿；外侧齿突长，有矮的瘤齿。

附注 此种是 *A. volnovachensis* 的先驱种。

产地层位 法门期下 *P. p. postera* 带到下 *P. g. expansa* 带。俄罗斯、美国。中国尚无此种的报道。

鲍卡尔特刺属 *Bouchaertodus* Gagiev, 1979

模式种 *Bouchaertodus lacrima* Gagiev, 1979（插图 16）

特征 台型牙形刺，齿台明显不对称，表面装饰有大的、不太明显的、无规则的瘤齿或横脊。齿台前部有一个粗大的主齿向后倾，没有齿片或细齿。齿台最宽处在齿台中部。基腔大，呈滴珠状。

比较 不同于 *Icriodus*，此属的齿台明显不对称，齿台上缺少纵向的三个齿列，但有散乱的、不规则的瘤齿或横脊。不同于 *Pelekysgnathus*，此属有宽的齿台；不同于 *Fungulodus* Gagiev, *Neocriodus* Gagiev, *Antognathus* Lipnjagov 和 *Latericriodus* Müller，此属有伸长的、滴珠状的宽大齿台和基腔，前方有宽大的主齿，而无前齿片。

附注 此属只有两个种：*Bouchaertodus lacrima* Gagiev 和 *Bouchaertodus nodosus* Gagiev（插图 16）。

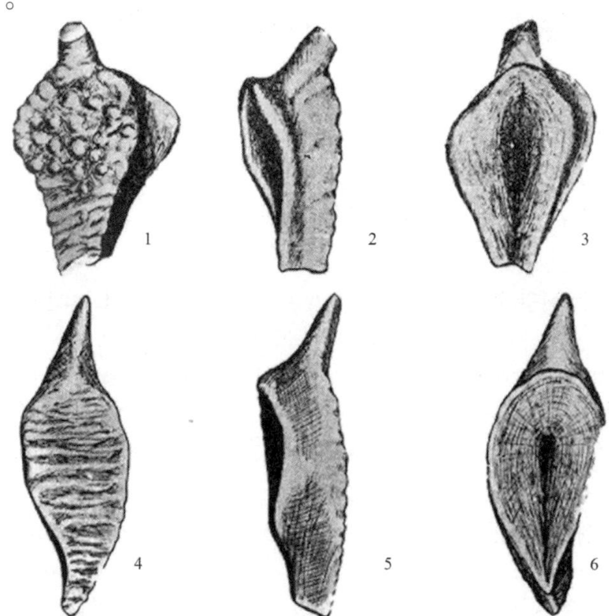

插图 16　长圆鲍卡尔特刺 *Bouchaertodus lacrima* Gagiev, 1979（图 1—3）和瘤齿鲍卡尔特刺 *Bouchaertodus nodosus* Gagiev, 1979（图 4—6）构造示意图（据 Gagiev, 1979, 图版 1）

Text-fig. 16　*Bouchaertodus lacrima* Gagiev, 1979 (figs. 1—3) and *Bouchaertodus nodosus* Gagiev, 1979 (figs. 4—6) (after Gagiev, 1979, pl. 1)

时代分布　晚泥盆世法门期晚期 *Scaphignathus velifer* 带。比利时、俄罗斯。目前中国尚未发现此属的分子。

尾贝刺属　*Caudicriodus* Bultynck, 1976

模式种　*Icriodus woschmidti* Ziegler, 1960

特征　主齿台与 *Icriodus* 的一样，其后方有向内弯的主齿突；主齿台表面有一齿脊或一列细齿，且横脊发育。

附注　*Caudicriodus* 的主齿突没有很好地分化，由主齿台中部连续地向后延伸，有时主齿突远端的细齿比主齿台上的更发育。主齿突与主齿台之间的夹角为90°～150°。

Klapper 和 Philip（1971）认为 *Icriodus* 的器官由 I 和 S_2 分子组成，I 为贝刺形分子，S_2 为小针刺形分子。但 Bultynck（1972）认为 *Icriodus* 不包括小针刺形分子。Chatterton 和 Perry（1977）在建立新种 *Icriodus handnagyi* 时（应归入 *Caudicriodus*）包括 S 和 M 分子。

Caudicriodus Bultynck 与 *Latericriodus* Müller 的区别是前者的主齿突在主齿台向后方延续，而后者的主齿突与主齿台后端的前侧方相接，主齿突上有一个或多个脊，高度分化。

Bultynck（1976）将原来早泥盆世的 *Icriodus* 分出两个属：*Caudicriodus* 和 *Praelateriodus*，并重新确认 *Latericriodus* 的成立。Klapper 和 Philip（1971）以 *Icriodus pesavis* 为模式种建立新属 *Pedavis*，这样原来归入早泥盆世的 *Icriodus* 已分出四个属：*Caudicriodus*, *Praelateriodus*, *Latcricriodus* 和 *Pedavis*，而 *Icriodus* 多见于中、晚泥盆世。*Caudicriodus* 是早泥盆世和中泥盆世早期特有的属。

Caudicriodus 在中国发现于四川若尔盖普通沟组、滇西挂榜山和内蒙古达茂旗巴特敖包地区。

在中国尚未发现下列四个种：*Caudicriodus claudiae* Klapper, 1980；*Caudicriodus curvicauda* Carls and Gandle, 1969；*Caudicriodus sigmoidalis* Carls and Gandle, 1969 和 *Caudicriodus postwoschmidti* Mashkova, 1968。

似窄尾贝刺欧抠利亚种　*Caudicriodus angustoides alcoleae* Carls, 1969

（图版12，图3—6）

1969 *Icriodus angustoides alcoleae* Carls, pp. 326—327, pl. 1, fig. 2; pl. 2, fig. 1. 2.

1985 *Icriodus angustoides angustoides* Carls and Gandle. －王成源，158页，图版Ⅱ，图21，23。

特征　主齿台上有3～6个横脊，中齿列向后延伸出后齿突，后齿突最远端有一较大的主齿，基腔较窄。

附注　此类标本曾被归入 *Icriodus angustoides angustoides*，但后者主齿特别强大，当前的标本与 *Caudicriodus angustoides alcoleae* 更相似。当前标本的横脊更发育，几乎见不到中齿脊，主齿台特征与 *C. woschmidti* 更相似，但后者有弯曲的主齿突。

C. angustoides 主要见于洛霍考夫期晚期。Ziegler（1971）认为见于 *woschmidti—postwoschmidti* 动物群至 *huddlei curvicauda—rectangularis—angustoides* 动物群。

产地层位　内蒙古达茂旗巴特敖包地区阿鲁共剖面，下泥盆统阿鲁共组。巴特敖包剖面第5层原归入上志留统，第5层上下为断层接触。此种多见于洛霍考夫期晚期，但有时也与 *C. woschmidti* 共存，即也可见于 *C. woschmidti* 带的上部。

似窄尾贝刺双齿亚种　*Caudicriodus angustoides bidentatus* Carls and Gandle, 1969

（图版12，图1—2）

1969 *Icriodus angustoides bidentatus* Carls and Gandle, p. 177, pl. 15, figs. 8—14.

1985 *Icriodus angustoides bidentatus* Carls and Gandle. －王成源，154页，图版Ⅱ，图17a—d。

特征　无侧齿突或爪突，主齿台上具有发育的横脊，由中齿列向后延伸出齿突，具两个较大的细齿。

附注　*Caudicriodus woschmidti transitans* 有向侧方弯曲的后齿突，这不同于 *C. angustoides bidentatus*；两者主齿台上均具发育的横脊，基腔不够膨大。

此亚种常见于洛霍考夫期晚期。当前标本与 *Caudicriodus woschmidti* 共存，也可见于洛霍考夫期早期（?）。

产地层位　内蒙古达茂旗巴特敖包地区阿鲁共剖面，下泥盆统阿鲁共组。

似窄尾贝刺卡斯替里恩亚种　*Caudicriodus angustoides castilianus* Carls, 1969

（图版12，图7）

1969 *Caudicriodus angustoides castilianus* Carls, pp. 327—328, pl. 3, figs. 9—12.

特征　*Caudicriodus angustoides* 的一个亚种，主齿台上全部为愈合的横脊，中脊向后延伸为后齿突。后齿突上经常有两个细齿，远端的最大。基腔后方膨大，有内爪突。

附注　当前标本与正模有两点不同：① 齿台后方基腔不仅有内爪突，也有外爪突；② 横脊更发育，无正模上常见的中脊，横脊不呈哑铃状，从而更像 *C. woschmidti* 的主齿台。

此亚种常见于洛霍考夫期晚期至布拉格期早期。

产地层位　内蒙古达茂旗巴特敖包地区阿鲁共剖面，下泥盆统阿鲁共组。

窄尾贝刺　*Caudicriodus angustus* (Stewart and Sweet, 1956)

（图版12，图10）

1956 *Icriodus angustus* Stewart and Sweet, p. 267, pl. 33, figs. 4—5, 11, 15.

1967 *Icriodus angustus* Stewart and Sweet. －Klapper and Ziegler, p. 73, pl. 10, figs. 1—3.

1975 *Icriodus angustus* Stewart and Sweet. －Klapper, in Ziegler (ed.), *Catalogue of Conodonts*, vol. Ⅱ, *Icriodus* － pl. 2, figs. 6—7.

1986 *Icriodus angustus* Stewart and Sweet. －王成源等，208页，图版Ⅰ，图6—14，20。

特征　（Ⅰ分子）齿台窄，前方尖，两个侧瘤齿列明显，但中瘤齿列不明显，被发育的横脊所代替。齿台后方中瘤齿列和主齿明显。中瘤齿列向后增高并愈合，形成大的主齿状构造。反口面窄，基腔沿全长延伸，后方膨大，不对称。

比较　*C. angustus* 与早泥盆世早期的分子有同形现象，但前者齿台后端的2～3个中瘤齿列的瘤齿较突出，基腔不对称，而后者的基腔近于对称，齿台上中瘤齿列的瘤齿较孤立。

产地层位　黑龙江省密山市虎林珍珠山，中泥盆统艾菲尔阶黑台组。

窄尾贝刺尾亚种（比较亚种）

Caudicriodus angustus cf. *cauda* Wang and Weddige, 2005

（图版 12，图 11—13）

cf. 2005 *Caudicriodus angustus cauda* Wang and Weddige, pp. 23—24, pl. 1, figs. 1—11.

cf. 2007 *Caudicriodus angustus cauda* Wang and Weddige. – Wang *et al.*, p. 4, figs. 4—6.

2010 *Caudicriodus angustus* cf. *cauda* Wang and Weddige. –郎嘉彬和王成源，19 页，图版Ⅱ，图 1—3。

特征　（Ⅰ分子）齿台窄，前方尖，两个侧瘤齿列明显，但中瘤齿列不明显，被发育的横脊所代替。齿台后方中瘤齿列和主齿明显。中瘤齿列向后增高并愈合，形成大的主齿状构造，然后向远端其高度迅速降低并向侧方弯曲。反口面窄，基腔沿全长延伸，后方膨大，不对称。

比较　*C. angustus* 与早泥盆世早期的分子有同形现象，但前者齿台后端的 2 ~ 3 个中瘤齿列的瘤齿较突出，基腔不对称，而后者的基腔近于对称，齿台上中瘤齿列的瘤齿较孤立。

当前仅有三个不完整的标本，主齿台上横脊发育，中齿列微弱，后齿突向侧方弯。符合 *Caudicriodus angustus cauda* 的基本特征。由于标本不完整，暂作比较亚种。

Caudicriodus angustus 是中泥盆世早期的标准化石。*Caudicriodus angustus cauda* 最早发现于蒙古南部 Tsakhir 剖面的艾菲尔阶 Tsagaankhaalga 组（Wang 等，2005），后来发现于乌兰巴托以东约 150km 的中泥盆统下部艾菲尔阶的 Berth Hairhan 组（Wang 等，2007），以及中国大兴安岭乌努尔地区北矿组。

此种在中国最早发现于黑龙江密山市虎林珍珠山中泥盆统艾菲尔阶黑台组（王成源等，1986）。

隐芷尾贝刺

Caudicriodus celtibericus（Carls and Gandl, 1969）

（图版 24，图 11—12）

1969 *Icriodus huddlei celtibericus* n. ssp. Carls and Gandl, pp. 182—183, pl. 16, figs. 18—20.

1976 *Caudicriodus celtibericus*（Carls and Gandl）. – Bultynck, pp. 29—31, pl. 6, figs. 7—19; pl. 7, figs. 27—29.

1979 *Caudicriodus celtibericus*（Carls and Gandl）. – Bultynck, pl. 2, fig. 18.

1990 *Icriodus celtibericus* Carls and Gandl. – Olivieri and Serpagli, p. 62, pl. 1, figs. 1—5, 19.

1995 *Caudicriodus celtibericus*（Carls and Gandl）. – Kalvoda, pp. 35—36, pl. 1, figs. 5—9, 11; pl. 2, figs. 1, 4.

2001 *Caudicriodus celtibericus*（Carls and Gandl）. – Slavík, p. 261, pl. 2, fig. 7.

2003 *Caudicriodus celtibericus*（Carls and Gandl）. – Bultynck, fig. 1, line 4; pl. 1, fig. 27.

2004a *Caudicriodus celtibericus*（Carls and Gandl）. – Slavík, pl. 1, figs. 7—8.

2004b *Caudicriodus celtibericus*（Carls and Gandl）. – Slavík, figs. 11. 1—3.

特征　齿台窄，前方尖，两个侧瘤齿列明显，与中瘤齿列分离。中瘤齿列后端的 2~3个瘤齿位于齿台后方且高于其他中瘤齿；后侧齿突发育，长度大约为齿台长度的 1/3，两者夹角为 110° ~ 130°。反口面窄，基腔沿全长延伸，后方膨大，不对称。

附注　Ziegler（1975）认为，*Caudicriodus celtibericus* 是 *I. huddlei* Klapper and Ziegler, 1967 幼年分子的同义名。然而，*I. huddlei* 的正模保存情况较差，基腔后部边缘并不完整，缺少精确的系统分类描述。

产地层位　北美阿拉斯加、纽约州、德国（哈尔茨山脉）、西班牙比利牛斯山脉、坎塔布连山脉、Celtiberia、Ossa-Morena 带、撒丁岛、Moroccan Meseta、安地亚特拉斯、卡尼克阿尔卑斯山、波希米亚、巴基斯坦、俄罗斯远东地区。该种时限为布拉格期中期 *celtibericus* 带至埃姆斯期早期 *latus* 带。

小腔尾贝刺（比较种） *Caudicriodus* cf. *culicellus*（Bultynck, 1976）

（图版12，图8—9）

cf. 1969 *Icriodus angustus* Carls and Gandle, pp. 189—190, pl. 18, figs. 7—8.

cf. 1970 *Icriodus angustus* Carls and Gandle. – Bultynck, p. 102, pl. 1, figs. 1—6, 9.

cf. 1972 *Icriodus* aff. *angustus* Carls and Gandle. – Bultynck, pp. 74—75, text-figs. 3a—c.

cf. 1976 *Caudicriodus culicellus* Bultynck, pp. 37—40, pl. 10, figs. 5, 7—14.

cf. 1977 *Icriodus culicellus*（Bultynck）. – Weddige, pp. 211—292, pl. 3, figs. 46—47; text-fig. 3（17）.

1986 *Icriodus* cf. *culicellus*（Bultynck）. – 王成源等，209页，图版1，图4—5。

描述 仅有两个不完整的标本。齿台上瘤齿发育，中瘤齿列明显，略高于侧瘤齿列，中瘤齿间有窄的脊相连。中瘤齿列与侧瘤齿列的瘤齿形成横脊，但横脊不发育而瘤齿明显。中瘤齿列向后延伸，主齿高，明显后倾。反口面不完整，基腔可能对称。

比较 由于标本不完整，虽然特征与 *Caudicriodus culicellus* 的正模标本一致，暂定为比较种。Bultynck（1976）将此种分为两种类型，长的类型多见于上埃姆斯阶上部，短的类型见于下—中泥盆统界线上下，当前的标本属短的类型，时限为晚埃姆斯期到早艾菲尔期。

产地层位 黑龙江密山市虎林珍珠山，中泥盆统艾菲尔阶黑台组。

新沃施密特尾贝刺 *Caudicriodus neowoschmidti* Wang, Weddige and Ziegler, 2005

（图版13，图6—8）

2005 *Caudicriodus neowoschmidti* Wang, Weddige and Ziegler. – Wang *et al.*, pp. 21—22, pl. I, figs. 6—7, 11—14.

特征 （I分子）*Caudicriodus* 属的一个种，齿台上有连续的、强壮的横脊，取代纵向的三个齿列。中齿脊向后延伸成弯曲的后齿突。几乎为三角形的爪突具直的前缘，与齿台轴部垂直。

附注 *Caudicriodus neowoschmidti* 与 *Caudicriodus woschmidti* 相似，特别是与 *Caudicriodus woschmidti transitans*（Carls and Gandle, 1969）更相似，都具有明显的横脊，但前者的后齿突向侧方逐渐弯曲，与齿台的中轴没有形成一个明显的角度。此种的主齿不明显；爪突三角形，有明显的直的前缘，与齿台轴部垂直。

Caudicriodus neowoschmidti 的后齿突与 *Caudicriodus curvircuda*（Carls and Gandle, 1969）的后齿突相似，但是齿台轮廓不同。*C. neowoschmidti* 的齿台与 *C. steinnachensis*（Al-Rawi, 1977）的齿台相似，但两者的后齿突和爪突完全不同。*Caudicriodus eolatericrescens*（Mashkova, 1968）的基腔较小，中齿脊的瘤齿较发育，没有明显的爪突。*Caudicriodus neowoschmidti* 的起源不清，可能来源于 *Caudicriodus woschmidti*。

产地层位 蒙古国南部 Shine Jinst 地区，下泥盆统中洛霍考夫阶。

沃施密特尾贝刺 *Caudicriodus woschmidti*（Ziegler, 1960）

1960 *Icriodus woschmidti* Ziegler, p. 185, pl. 15, figs. 16—18, 20—22.

1962 *Icriodus woschmidti* Ziegler. – Walliser, p. 284, figs. 1—2.

1964 *Icriodus woschmidti* Ziegler. – Walliser, p. 38, pl. 9, fig. 22; pl. 11, figs. 14—22.

特征 齿台中前部为发育的横脊而不是三个纵向的齿列。基腔上方的主齿发育，刺体后部侧齿突也发育，并向侧方弯曲。

比较 此种的中齿脊薄，有时连接于两个横脊之间。主齿很发育或中等发育。有横脊是其重要特征。*Icriodus* 的基腔较膨大，也有横脊，但横脊倾向并分化出三个纵向齿列。

时代分布 本种是志留系—泥盆系界线的重要标志化石，长期以来作为泥盆纪开始的标志，是早泥盆世最早期（洛霍考夫期）的第一个带化石。但它最早出现的层位比笔石 *Monograptus uniformis* 稍低些，即在志留纪普里道利世的最晚期就已出现。

沃施密特尾贝刺西方亚种
Caudicriodus woschmidti hesperius Klapper and Murphy, 1975

（图版13，图4）

1969 *Icriodus woschmidti* Ziegler. –Klapper, p. 10, pl. 2, figs. 1, 2 (only).

1975 *Icriodus woschmidti hesperius* subsp. nov. –Klapper and Murphy, p. 48, pl. 11, figs. 1—19.

1980 *Icriodus woschmidti hesperius* Klapper and Murphy. –Klapper and Johnson, p. 449, pl. 2, fig. 11.

1982 *Icriodus woschmidti hesperius* Klapper and Murphy. –Murphy and Matti, p. 61.

1991 *Icriodus woschmidti hesperius* Klapper and Murphy. –Klapper, in Ziegler (ed.), *Catalogue of Conodonts*, vol. V, pp. 71—72, *Icriodus* – pl. 9, figs. 7—8.

特征 主齿突（主齿台）窄而长，其上有4～7个发育的横脊。纵向齿列不明显，仅中齿列表现为横脊之间很薄的连结脊；外侧齿突长，有很窄的脊并有几个小的瘤齿。基腔相对膨大，有内侧与外侧齿叶，其上无脊或瘤齿。

附注 *Caudicriodus woschmidti woschmidti* 与 *C. w. hesperius* 的区别在于前者齿台相对宽而短，后者齿台相对长而窄；前者外侧齿突短，基腔不甚膨大，而后者外侧齿突长，基腔相对膨大。

Caudicriodus postwoschmidti 齿台上纵向齿列明显，基腔大，外侧齿突上瘤齿较发育。

当前标本齿台窄而长，横脊发育，与 *C. woschmidti hesperius* 正模相比，仅外齿叶不发育，外侧齿突不及正模标本的长，但 *C. w. hesperius* 的副模标本也有外侧齿突不是很长的。

此种 Klapper 和 Murphy（1979）认为仅见于 *C. woschmidti hesperius* 带，但 Murphy 和 Matti（1982, 61页）认为此种同样可上延至 *C. eurekaensis* 带的下部。

此亚种的时限，Klapper（1991）给出的是普里道利世最晚期 *C. w. hesperius* 带下部到早泥盖世 *eurekaensis* 带。

产地层位 内蒙古达茂旗巴特敖包地区包尔汉图剖面，下泥盆统洛霍考夫阶下部 *woschmidti* 带（*hesperius* 带）。

沃施密特尾贝刺沃施密特亚种 *Caudicriodus woschmidti woschmidti* (Ziegler, 1960)

（图版13，图1—3）

1960 *Icriodus woschmidti* Ziegler, p. 185, pl. 15, figs. 16—18, 20—22.

1962 *Icriodus woschmidti* Ziegler. –Walliser, p. 284, fig. 1.

1964 *Icriodus woschmidti* Ziegler. –Walliser, p. 38, pl. 9, fig. 22; pl. 11, figs. 14—22.

1967 *Icriodus woschmidti* Ziegler. –Klapper and Ziegler, pl. 8, figs. 1—2.

1969 *Icriodus woschmidti* Ziegler. –Klapper, p. 10, pl. 2, fig. 1—5.

1970 *Icriodus woschmidti* Ziegler. –Druce, pl. II, figs. 1—3（?）.
1971 *Icriodus woschmidti* Ziegler. –Mashkova, pl. 2, figs. 1—2.
1972 *Icriodus woschmidti* Ziegler. –Link and Druce, p. 39, pl. 3, figs. 10, 13—14; text-fig. 20.
1976 *Caudicriodus woschmidti*（Ziegler）. –Bultynck, p. 21, text-figs. 1—3.
1982 *Caudicriodus woschmidti*（Ziegler）. –王成源，439 页，图版 II，图 4—8（?）。
1987 *Icriodus woschmidti woschmidti* Ziegler. –李晋僧，362 页，图版 163，图 1—6。

特征　主齿台上有非常发育的横脊而无纵向脊或无明显纵向脊，主齿较大，有一明显的向侧弯的后齿突。

附注　上述为 I 分子的主要特征。主齿台明显为横脊，不见纵向瘤齿列。完整标本很少，仅幼年期标本较完整。幼年期标本齿台上横脊也很发育，后齿突较直，不向侧弯。不完整的成年期个体的主齿台横脊极明显。后齿突弯曲并有很窄的脊，具有 *C. woschmidti*的典型特征。

Caudicriodus woschmidti 为下泥盆统最底部的带化石，但在奥地利阿尔卑斯地区西隆（cellon）剖面，它比笔石 *Monograptus uniformis* 低 2.20m（Jeppsson，1988）。*C. woschmidti*可以作为洛霍考夫期最早期的标准分子，但它也与 *C. postwoschmidti* 同层。内蒙古的标本与 *Caudicriodus angustoides bidentatus* 和 *C. a. alcaleae* 同层，可能后两个亚种的时限可下延至 *C. woschmidti* 带的上部。

产地层位　内蒙古达茂旗巴特敖包地区阿鲁共剖面，下泥盆统阿鲁共组，巴特敖包剖面第 5a 层；云南剑川挂榜山；四川若尔盖，下泥盆统下普通沟组。

尾贝刺（未名新种 A）　*Caudicriodus* sp. nov. A

（图版 13，图 5）

2001 *Caudicriodus* sp. nov. A. –王平，72 页，图版 1，图 11—12.

特征　主齿台细长，具六个横脊。纵向齿列不明显，有不发育的中齿脊，中齿脊向后延伸为窄而长的后齿突。后齿突与主齿台几乎等长，具很窄的齿脊，并有三个间距很宽的瘤齿。基腔窄，可能有内爪突。

附注　仅一个标本，暂不命名，可能为新种。

产地层位　内蒙古达茂旗巴特敖包剖面第 5 层，下泥盆统洛霍考夫阶下部。

壳齿刺属　*Conchodontus* Wang and Yin, 1984

模式种　*Conchodontus ziegleri* Wang and Yin, 1984

特征　刺体贝壳状，齿台上有不明显的中齿脊和不规则的瘤齿。前端圆或有明显的“喙”状突伸。齿台强烈拱曲，口面凸。基腔近三角形，顶尖在“喙”部。壳体两侧近于对称。

比较　*Conchodontus* 与 *Fungulodus* 的区别在于前者的基腔近三角形，有明显的“喙”部，壳体两侧近于对称。

时代分布　晚泥盆世晚期，*Siphonodella praesulcata* 带或中上 *B. costatus* 带。

壳形壳齿刺　*Conchodontus conchiformis*（Wang and Yin, 1985）

（图版 14，图 9）

1985 *Conchodontus conchiformis* sp. nov. –王成源和殷保安，37 页，图版 3，图 8。

1987 *Fungulodus conchiformis* (Wang and Yin). – 王成源和 Klapper, 372 页。

特征　刺体壳形，前后方向长，两侧窄，前方向前强烈突伸。齿台中部前后方强烈隆起，其上有不规则的瘤齿。齿台口面前方向下包卷。基腔前缘呈锐角，基腔发育，基穴深入到前方突伸内。

比较　*F. conchiformis* 以发育的前方突伸、较高的中部隆起、刺体窄以及基腔前缘呈锐角而不同于 *F. ziegleri*。Ji 和 Ziegler (1992a) 认为 *F. conchiformis* 是 *F. ziegleri* 的幼年期标本。

产地层位　广西宜山峡口，上泥盆统融县组 *S. praesulcata* 带。

蕈齿刺属　*Fungulodus* Gagiev, 1979

1984 *Conchodontus* Wang and Yin gen. nov., p. 230, pl. 3, figs. 26—30.

模式种　*Fungulodus rotundus* Gagiev, 1979

特征　器官属，由三分子或六分子颗粒状或贝壳状分子组成，每分子均有不规则的瘤齿和发育的基腔，刺体较高。

讨论　Gagiev (1979) 在建立 *Fungulodus* 时，只有 *Fungulodus rotundus* 一个种，属的定义也是依据这一个种来确定的，强调的是齿台和基腔都是近三角形。该属与 *Antognathus* Lipnjagov, *Bouchaertodus* Gagiev 和 *Neocriodus* Gagiev 的区别是它的齿台和基腔都是近三角形，侧视呈蘑菇状。王士涛和特纳 (1985) 曾认为此属的分子是花鳞鱼类或软骨鱼类的鱼化石，而不是牙形刺。王成源和 Klapper (1987) 曾专门讨论 *Fungulodus*，从内部组织构造和表面特征都证明 *Fungulodus* 是牙形刺，而不是鱼化石。这是中国学者首次用切片方法研究牙形刺组织学。王成源等 (1987) 指出，Chauff 和 Price (1980) 将 *Mitrellataxis* 归入牙形刺是错误的，它是鱼化石。而熊剑飞建立的牙形刺新属 *Muhuadontus* Xiong, 1983 也不是牙形刺，而是钩齿鲨 *Harpagodeus*。*Fungulodus* 的分子常产于同一层位，无疑属于一个器官属，但对器官属的构成还不完全清楚。目前器官种的区分还有困难。本属的表面特征与晚泥盆世的 *Neocriodus* Gagiev, 1979 相似。对于本属的器官由六分子或三分子构成仍有不同意见。王成源和 Klapper (1987) 明确指出，*Fungulodus* "器官可能由三分子而不是六分子构成，即基腔对称的颗粒状分子 (如形式种 *F. centronodosus*, *F. circularis*)、基腔不对称的颗粒状分子 (如形式种 *F. rotundus*, *F. sulcatus*) 以及锥状分子 (如形式种 *F. spinatus* 和 *F. latidentatus*)"。Ji 和 Ziegler (1992a) 接受 *Fungulodus* 的器官由三分子组成的观点，用 P, M 和 S 来标定 *Fungulodus* 的分子，并试图建立 *Fungulodus* 的两个器官种：*Fungulodus rotundus* 和 *F. centronodosus*，其中 *F. rotundus* 有 S 分子，而 *F. centronodosus* 没有 S 分子。但正如 Purnell 等 (2000) 指出的那样，他们并没有讨论有关分子是否同源，不清楚这样的标定是否能反映有关分子在器官中的位置，因此，他们恢复的两个器官种是可疑的。这里记述的仍是形式分子。本书作者再次指出，*Fungulodus* 的器官可能由三分子构成，但器官种的具体组成以及各分子在相关种中的匹配仍没有可靠的依据。这里列出的形式种仅为今后建立器官种提供一些基础资料，并不表明作者认为这些形式种都是有效的器官种，它仅是器官种中的一分子。

还存在另外一种可能，*Fungulodus* 的模式种 (*F. rotundus*) 是颗粒状的，具有圆形的基腔，而 *Conchodontus* 的模式种 (*C. ziegleri*) 是贝壳状的，具有三角形的基腔，两者基腔形态差别很大。如将 *Conchodontus* 的定义限定于贝壳状的、具三角形的基腔分子，*Conchodontus* 一属仍可成立。本书仍将 *Conchodontus* 作为独立的属。Donoghue 和 Chauffe（1998）就认为 *Conchodontus*，*Mitrellataxis* 和 *Fungulodus* 都是独立的属，并依据组织学的研究，认为这三个属都属于牙形刺，而不是鱼类；他们认为，白色物质和无棱柱珐琅质是牙形刺的衍生特征（apomorphy）。

时代分布 晚泥盆世晚期，*S. velifer* 带到 *S. praesulcata* 带。广西宜山融县组；贵州长顺睦化代化组。

单齿蕈齿刺 *Fungulodus azygodeus*（Wang and Yin，1985）

（图版 14，图 6）

1974 Gen and sp. indet. – Gedik，p. 1，figs. 23a—c.

1985 *Conchodontus azygodeus* Wang and Yin. – 王成源和殷保安，36 页，图版 2，图 8；图版 3，图 7。

1987 *Fungulodus azygodeus*（Wang and Yin）. – 王成源和 Klapper，372 页。

特征 刺体高，口视呈圆形或三角形，齿台中部有一突出的、粗壮的中瘤齿，齿台边缘起伏不平，有小的不规则瘤齿，零散分布。反口面基腔强烈不对称，基腔两侧向下伸，前后方向窄。齿台近三角形，基腔两侧强烈不对称，但前后方向较宽。

比较 *F. azygodeus* 与 *F. centronodosus* 一样，均具中瘤齿，但后者基腔对称，有缺刻，而前者基腔不对称，无缺刻。*F. centronodosus* 和 *F. azygodeus* 之间的过渡类型有一不发育的缺刻。

产地层位 广西宜山峡口，上泥盆统融县组 *S. praesulcata* 带。

中瘤齿蕈齿刺 *Fungulodus centronodosus*（Wang and Yin，1985）

（图版 14，图 7—8）

1985 *Conchodontus centronodosus* Wang and Yin. – 王成源和殷保安，36 页，图版 3，图 5—6。

1987 *Fungulodus centronodosus*（Wang and Yin）. – 王成源和 Klapper，372 页。

特征 刺体高，齿台口视大致呈肾形，前后方向短，两侧方向长；齿台中部有一粗壮的中瘤齿，中瘤齿两侧齿台近对称，有不规则的瘤齿；齿台表面凹凸不平。基腔膨大，向两侧扩展，两侧对称，生长线纹清晰。基穴就在中瘤齿的下方。

产地层位 广西宜山峡口，上泥盆统融县组 *S. praesulcata* 带。

粒齿蕈齿刺 *Fungulodus chondroideus*（Wang and Yin，1985）

（图版 14，图 5；图版 24，图 19）

1984 *Conchodontus ziegleri* Wang and Yin. – 王成源和殷保安，253 页，图版 3，图 30（only）。

1985 *Conchodontus chondroideus* Wang and Yin. – 王成源和殷保安，36 页，图版 3，图 11—12。

1987 *Fungulodus chondroideus*（Wang and Yin）. – 王成源和 Klapper，372 页。

特征 齿台近三角形，表面不平，有极不规则的瘤齿，口面边缘向下包卷，基腔呈不规则的三角形。后方边缘较直，基腔向前方和一侧膨大。基穴在齿台中部或靠近前方。

比较 *F. chondroideus* 的齿台三角形，无中瘤齿，基腔不规则，不同于 *F. centronodosus*，*F. azygodeus* 和 *F. sulcatus*。Ji 和 Ziegler（1992）认为 *F. chondroideus* 是 *F. rotundus* 的同义名。

产地层位 广西宜山峡口，上泥盆统融县组 *S. praesulcata* 带。

圆蕈齿刺　*Fungulodus circularis*（**Wang and Yin, 1985**）

（图版 24，图 20—21）

1985 *Conchodontus circularis* Wang and Yin. －王成源和殷保安，37 页，图版Ⅱ，图 5—6。

1987 *Fungulodus circularis*（Wang and Yin）. －王成源和 Klapper，372 页。

特征　刺体小而高，基腔圆形或亚圆形，基穴在基腔正中。齿台圆，有不规则的瘤齿，有的齿台中部有较高的瘤齿。

比较　此种以刺体小而高、基腔圆为特征而不同于本属其他种。

产地层位　广西宜山峡口，上泥盆统融县组 *S. praesulcata* 带。

宽齿蕈齿刺　*Fungulodus latidentatus*（**Wang and Yin, 1985**）

（图版 14，图 1）

1985 *Conchodontus latidentatus* Wang and Yin. － 王成源和殷保安，37 页，图版Ⅲ，图 4。

1987 *Fungulodus latidentatus*（Wang and Yin）. －王成源和 Klapper，372 页。

1992 *Fungulodus rotundus* Gagiev, 1979. －Ji and Ziegler, text-fig. 9（S_1 element）（only）.

特征　刺体小而高，齿台强烈向后方伸，似一宽大的主齿，表面不平，有不规则的瘤齿。前方缓，后方齿台超过基腔的位置指向后方。基腔小而深，后缘较短。

比较　*F. latidentatus* 齿台舌状向后伸，基腔两侧方向长，不同于 *F. spinatus*。无中齿，齿台向后伸而与本属其他种易于区别。与 *Icriodus platys*（S_1 分子）的基腔形态不同。

产地层位　广西宜山峡口，上泥盆统融县组 *S. praesulcata* 带。

圆形蕈齿刺　*Fungulodus rotundus* **Gagiev, 1979**

（插图 17）

1979 *Fungulodus rotundus* Gagiev, pp. 18—19, pl. 2, figs. 1—3; pl. 6, figs. 6—8.

1987 *Fungulodus rotundus*（Wang and Yin）. －王成源和 Klapper，372 页。

特征　侧视刺体高，蘑菇状。齿台和基腔为不规则的但近于对称的三角形。齿台小，其上有散乱的瘤齿，前方有一列短脊。基腔深，横断面呈角锥状。

比较　此种是 Gagiev（1979）建立的 *Fungulodus* 的属型种，主要特征是齿台和基腔都是不对称的三角形。但这里的 *Fungulodus* 的定义要广泛得多。

产地层位　俄罗斯晚泥盆世法门期晚期。广西宜山峡口，上泥盆统融县组 *S. praesulcata* 带。

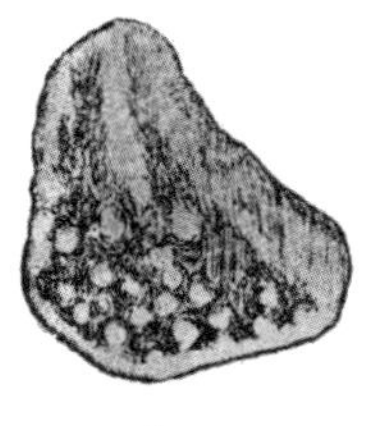

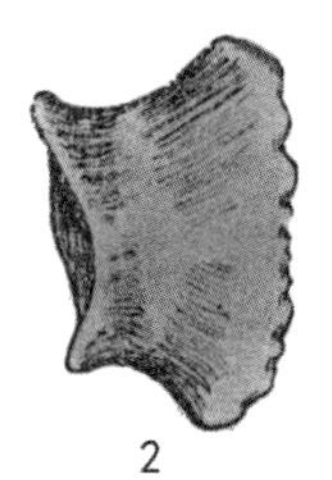

插图 17　*Fungulodus rotundus* Gagiev, 1979 构造示意图（据 Gagiev, 1979a, 图版 2, 图 1—3）

Text-fig. 17　*Fungulodus rotundus* Gagiev, 1979（after Gagiev, 1979a, pl. 2, figs. 1—3）

刺蕈齿刺 *Fungulodus spinatus*（Wang and Yin，1985）

（图版24，图18）

1985 *Conchodontus spinatus* Wang and Yin. －王成源和殷保安，37 页，图版2，图7。

1987 *Fungulodus spinatus*（Wang and Yin）．－王成源和 Klapper，372 页。

1992 *Fungulodus rotundus* Gagiev，1979. －Ji and Ziegler，text-fig. 9，S_2 element（only）．

特征 刺体小而高，有明显的主齿。主齿长而尖，后倾。主齿居刺体中部，几乎占据整个齿台。基腔高，膨大，占据整个反口面，略呈前方较宽的滴珠状。后方齿台上，在主齿下方有两个小瘤齿。主齿前缘与基腔前缘呈钝角。

比较 此种与澳大利亚晚泥盆世最晚期的 *Icriodus platys* Nicoll and Druce，1979（S_1 分子）相似，但后者基腔相对小，刺体较高，主齿前缘与基腔前缘呈一直线，齿台后方有一个大瘤齿，使得两者易于区别。此种是本属内最接近 *Icriodus* 的分子。

产地层位 广西宜山峡口，上泥盆统融县组 *S. praesulcata* 带。

中槽蕈齿刺 *Fungulodus sulcatus*（Wang and Yin，1985）

（图版14，图2—4）

1985 *Conchodontus sulcatus* Wang and Yin. －王成源和殷保安，38 页，图版3，图1—3。

1987 *Fungulodus sulcatus*（Wang and Yin）．－王成源和 Klapper，372 页。

1992 *Fungulodus centronodosus*（Wang and Yin，1985）．－Ji and Ziegler，text-fig. 10（Pa element）（only）．

特征 齿台前后方向长，中部强烈拱曲，前后端向下弯，中部齿台两侧近平行。中槽发育，宽而浅，被齿台边缘包围。齿台边缘及中槽内有不规则的瘤齿，齿台边缘向下包卷。基腔向下扩张，呈明显的、规则的三角形，后缘较直，近前端为尖端。基穴在齿台中部下方，即三角形基腔的正中，生长线纹明显。有的标本有小的缺刻，此方为后方。

比较 *F. sulcatus* 齿台有中槽，不同于本属其他种。在器官种中，它可能是 *F. centronodosus*或 *F. azygodeus* 的对应部分。

产地层位 广西宜山峡口，上泥盆统融县组 *S. praesulcata* 带。

齐格勒蕈齿刺 *Fungulodus ziegleri*（Wang and Yin，1984）

（图版14，图10—12）

1984 *Conchodontus ziegleri* Wang and Yin. －王成源和殷保安，253 页，图版3，图26—28。

1985 *Conchodontus ziegleri* Wang and Yin －王成源和殷保安，38 页，图版3，图9—10。

1987 *Fungulodus ziegleri*（Wang and Yin）．－王成源和 Klapper，372 页。

1992 *Fungulodus rotundus* Gagiev，1979. －Ji and Ziegler，text-figs. 8N，O（only）

1992 *Fungulodus centronodosus*（Wang and Yin，1985）．－Ji and Ziegler，text-fig. 9（Pa element）（only）．

特征 齿台对称或近于对称，口视略呈三角形。前方突伸，齿台口面有瘤齿。有一略明显的中脊由前端延伸到后端，由不规则的瘤齿组成。其他瘤齿分布于两侧，较零散，大致由前端向后方呈放射状排列。后方边缘较薄、宽、光滑。齿台前端突出，似腕足类的喙。口面向下包卷，似腕足类的“铰合面”。反口面基腔膨大，清楚可见同心状生长线纹；基穴位于前方，被“铰合面”包围。

比较 *F. ziegleri* Wang and Yin 与 *F. conchiformis* 相似，均有贝壳状外形，但后者的刺体窄，前后方向长，中脊较高，前方突伸长。可参见 *Fungulodus* 属的讨论。

产地层位　贵州长顺睦化，上泥盆统代化组；广西宜山峡口，上泥盆统融县组，*S. praesulcata*带。

贝刺属　*Icriodus* Branson and Mehl，1938

模式种　*Icriodus expansus* Branson and Mehl，1938

特征　（I 分子）台型牙形刺；口视齿台轮廓呈纺锤状或滴珠状，口面由三个低而尖的瘤齿列构成，前方没有自由齿片。齿台侧边高，下缘直或外张。反口面基腔沿整个长度深深凹入。

多成分 *Icriodus*：I 和 M_2，其中 I 骨骼成分是贝刺形分子（icriodontan），M_2 骨骼成分是针锐刺形分子（acodinan）。

讨论　*Icriodus* 的重要特征主要有两点：一是有明显的三列纵向齿脊（或称齿列），一般来说，中齿脊比侧齿脊延伸要长；二是基腔深，沿整个反口面的长度和宽度扩展。有发育的后侧齿突或侧齿突的类型已归入到 *Caudicriodus* 和 *Latericriodus*。

Icriodus 有三列纵向齿脊（齿列），因而不同于只有一列齿脊的 *Pelekysgnathus* 和有两列齿脊的 *Eotaphrus* Collison and Norby，也不同于口面瘤齿不规则的 *Icriodina*。虽然中奥陶世的 *Scyphiodus* Stauffer，1935 的口面也有三个齿列，但它的基腔窄，缝状，易于与 *Icriodus* 区别。早泥盆世有三个齿突的爪形分子（如 *I. pesavis*）已归入到 *Pedavis* Klapper and Philip，1971。

附注　本属中至少以下种目前在中国尚未发现：*Icriodus angustus* Steward and Sweet，1956；*I. bilatericrescens* Ziegler，1956；*I. claudiae* Klapper，1980；*I. constrictus* Thomas，1949；*I. eolatericrescens* Mashkova，1968；*I. latericrescens latericrescens* Branson and Mehl，1938；*I. l. robustus* Orr，1971；*I. lilliputensis* Bultynck，1987；*I. retrodepressus* Bultynck，1970 和 *I. sigmoidalis* Carls and Gandle，1969。

时代分布　泥盆纪。世界性分布。在我国广西、云南、湖南、贵州、黑龙江、新疆、西藏、内蒙古等地广泛分布。

交替贝刺　*Icriodus alternatus* Branson and Mehl，1934

1934 *Icriodus alternatus* Branson and Mehl，p. 225，pl. 13，figs. 4—6.

1959 *Icriodus alternatus* Branson and Mehl. – Helms，p. 642，pl. 1，fig. 1；pl. 4，fig. 7.

1967 *Icriodus alternatus* Branson and Mehl. – Wolska，pp. 379—380，pl. 2，fig. 6（non fig. 4 = *I. cornutus*）.

1968 *Icriodus alternatus* Branson and Mehl. – Mound，pp. 486—487，pl. 66，figs. 13，15，19，24.

1971 *Icriodus alternatus* Branson and Mehl. – Szulczewski，p. 21，pl. 7，fig. 2.

1975 *Icriodus alternatus* Branson and Mehl. – Klapper，in Ziegler（ed.），*Catalogue of Conodonts*，vol. Ⅱ，pp. 69—70，*Icriodus* – pl. 3，figs. 5—6.

1979 *Icriodus alternatus* Branson and Mehl. – Cygan，pp. 181—185，pl. 4，figs. 2，6—8（see synonymy）.

1989 *Icriodus alternatus* Branson and Mehl. – 王成源，48 页，图版 10，图 5—6。

特征　齿台窄，两个侧瘤齿列近于平行；中齿列瘤齿不发育，与侧瘤齿列的细齿交替出现。反口面基腔呈滴珠状。

比较　刺体侧方扁，两个侧瘤齿列近于平行，中瘤齿列不发育，这些是本种的主要特征。主齿前的中瘤齿列与 *Icriodus cornutus* 的相似，但后者的主齿比 *I. alternatus* 的明显突出。两个侧瘤齿列不平行、向外凸，中瘤齿较发育，也不同于 *I. alternatus*。

附注 Druce（1976）将本种划分出五个新亚种：*Icriodus alternatus alternatus*，*I. alternatus costatus*，*I. alternatus curvirostrata*，*I. alternatus cymbiformis*，*I. alternatus elegantulus* 和一个未命名的新亚种 *I. alternatus* subsp. nov. A。Cygan（1979）认为所有上述亚种和他鉴定的 *Icriodus arkonensis* 的三个未命名的新亚种，均为此种的同义名。本书认为 Druce（1976）亚种的划分是可取的。本种见于上泥盆统 *Ancyrognathus triangularis* 带（至 Ir）至上 *Palmatolepis marginifera* 带（至 III_{α}）。

交替贝刺交替亚种 *Icriodus alternatus alternatus* Branson and Mehl, 1934

（图版 15，图 1—6）

1934 *Icriodus alternatus* Branson and Mehl, pp. 225—226, pl. 13, figs. 4—6.

1984 *Icriodus alternatus alternatus* Branson and Mehl. – Sandberg and Dreesen, pl. 2, figs. 5, 11.

1989 *Icriodus alternatus alternatus* Branson and Mehl. – Ji, pl. 4, figs. 5—8（non fig. 4 = *Icriodus alternatus alternatus* transitional form to *Icriodus deformatus deformatus*）.

1992 *Icriodus alternatus alternatus* Branson and Mehl. – Ji *et al.*, pl. 1, figs. 3—4.

1993 *Icriodus alternatus alternatus* Branson and Mehl. – Ji and Ziegler, p. 55, pl. 5, figs. 5—8; text-fig. 6, fig. 2.

2002 *Icriodus alternatus alternatus* Branson and Mehl. – Wang and Ziegler, pl. 8, figs. 5, 7.

特征 两个侧瘤齿列发育。中瘤齿列不发育，瘤齿低矮、分离、较小。侧瘤齿列的瘤齿与中瘤齿列的瘤齿交替排列。后方主齿与中瘤齿列排在同一直线上。

附注 本亚种的主要特征是中瘤齿列的瘤齿与侧齿列的瘤齿交替排列，中瘤齿列的瘤齿在高度和直径上都明显缩小。

比较 本亚种与 *Icriodus symmetricus* 的区别主要是前者中瘤齿列的瘤齿在高度和直径上都明显缩小。

产地层位 广西宜山，香田组和五指山组晚 *P. rhenana* 带到晚 *P. crepida* 带；广西鹿寨寨沙 *S. styriacus* 带。

交替贝刺荷尔姆斯亚种 *Icriodus alternatus helmsi* Sandberg and Dreesen, 1984

（图版 15，图 7—11）

1984 *Icriodus alternatus helmsi* Sandberg and Dreesen, p. 159, pl. 2, figs. 1—4, 6—7.

1989 *Icriodus alternatus helmsi* Sandberg and Dreesen, – Ji, pl. 4, figs. 9—13.

1993 *Icriodus alternatus helmsi* Sandberg and Dreesen. – Ji and Ziegler, p. 55, pl. 4, fig. 15; pl. 5, figs. 3—4; text-fig. 6, fig. 6.

2002 *Icriodus alternatus helmsi* Sandberg and Dreesen. – Wang and Ziegler, pl. 8, figs. 6, 9, 16—17, 21.

特征 两个侧瘤齿列发育，中瘤齿列不发育，侧瘤齿列的瘤齿与中瘤齿列的瘤齿交替排列。后方主齿发育，并与侧瘤齿列排在同一直线上。

附注 本亚种的主要特征是后方主齿发育并与侧瘤齿列排在一条直线上，中瘤齿列的瘤齿在高度和大小上都缩小。

比较 本亚种与 *Icriodus alternatus alternatus* 的区别是前者的后方主齿与侧瘤齿列在一条直线上，而后者的后方主齿与中瘤齿列排在一条直线上。

产地层位 广西宜山，香田组和五指山组晚 *rhenana* 带到中 *crepida* 带。

娇美贝刺（比较种）　*Icriodus* cf. *amabilis* Bultynck and Hollard, 1980

（图版 15，图 12—13）

cf. 1977 *Icriodus* sp. nov. E. – Weddige, pp. 299—300, pl. 2, figs. 23—25.

cf. 1980 *Icriodus amabilis* sp. nov. – Bultynck and Hollard, pp. 38—39, pl. 4, figs. 19—21, 23.

1988 *Icriodus* cf. *amabilis* Bultynck and Hollard. – 熊剑飞等，321 页，图版 135，图 1—2。

特征　中齿脊由 3 ~ 4 个分离的圆瘤齿和后端 2 ~ 3 个愈合的扁瘤齿组成，两列侧齿脊由 3 ~ 4 个横向拉长的卵圆形瘤齿组成。齿台前端有两列横脊，齿台最宽处在齿台中后部。反口面基腔前部窄于齿台，在中部突然膨大成宽圆形。

讨论　当前标本口面特征与 Weddige（1977，图版 2，图 25）的标本一致，前端都具两列行距较宽的横脊，区别在于后者的两个侧齿列瘤齿较多。

产地层位　四川龙门山，中泥盆统金宝石组。

阿尔空贝刺　*Icriodus arkonensis* Stauffer, 1938

（图版 15，图 14—16）

1938 *Icriodus arkonensis* Stauffer, p. 429, pl. 52, figs. 10, 15.

1975 *Icriodus arkonensis* Stauffer. – Ziegler *et al.*, p. 77, pl. 1, figs. 3—4.

1988 *Icriodus arkonensis* Stauffer. – 熊剑飞等，321 页，图版 135，图 15。

1987 *Icriodus arkonensis* Stauffer. – 李晋僧，361 页，图版 163，图 10。

1992 *Icriodus arkonensis* Stauffer. – Ji *el al.*, pl. 1, figs. 14—15.

特征　齿台后部宽，中齿列低，细齿小；中齿列后端向内弯，侧齿列瘤齿粗大，在齿台前方与中齿列连成发育的横脊。齿台后方侧齿列瘤齿与中齿列瘤齿不在一条直线上，外侧侧齿列瘤齿向外斜。基腔强烈膨大，近于对称，前半部窄，后半部膨大。

比较　*Icriodus arkonensis* 和 *I. cxpansus* 相比，在基腔内缘后方具有明显的爪突（spur）和相应的缺刻（sinus）。*Icriodus retrodepressus* 在基腔轮廓上与 *I. arkonensis* 相似，但后方中齿列凹，最前端的中齿列也不及 *I. arkonensis* 发育；*I. arkonensis* 的中齿列窄得多，向前端延伸成薄的脊。

产地层位　甘肃迭部当多沟，中泥盆统下吾那组上部；四川龙门山，中泥盆统观雾山组。

巴楚贝刺？　*Icriodus*? *bachuensis* Wang, 2003

（图版 19，图 1）

2001 *Icriodus deformatus* Han. – 江大勇等，296 页，图 2。

2002 *Icriodus deformatus* Han Morphotype 3. – 郝维诚等，图 3a。

2003 *Icriodus bachuensis* Wang sp. nov. – 王成源，564 页，图 2（c）。

特征　中齿脊直或微微呈“S”形扭曲，由分离的瘤齿构成，直到齿台后端；齿台两侧边缘各有两个瘤齿，前齿片短。基腔膨大，居中。

附注　产于新疆巴楚的此类标本曾被江大勇等（2001）以及郝维诚等（2002）鉴定为 *Icriodus deformatus*，并据此将巴楚地区的 F/F 界线放在巴楚组中段下部。王成源（2003）认为这不是 *Icriodus deformatus*，并将其命名为 *Icriodus*? *bachuensis*，其属的归属存疑。这种类型的标本有可能归属到 *Pseudopolygnathus*。目前缺少它的侧视和反口视照片，暂时归入 *Icriodus*。泥盆系—石炭系的界线应在巴楚组中段下部（请参阅王成源，2003a）。

比较 *Icriodus*? *bachuensis* 与 *Icriodus deformatus* 易于区别，后者有发育的横脊，无中齿脊，而前者无横脊，中齿脊发育，直到齿台后端。

产地层位 新疆巴楚，上泥盆统最上部巴楚组中段下部。

短贝刺 *Icriodus brevis* Stauffer, 1940

（图版 16，图 1—6）

1940 *Icriodus brevis* Stauffer, p. 424, pl. 60, figs. 36, 43—44, 52.

1940 *Icriodus cymbiformis* Branson and Mehl. – Stauffer, p. 425, pl. 60, figs. 59, 64, 70—71 (non figs. 40, 62, 63 = *I. expansus*; non figs. 47, 48, 61 = *I. nodosus acut*; non fig. 60 = *I.* sp. indet.).

1967 *Icriodus cymbiformis* Branson and Mehl. – Wirth, p. 215, pl. 20, figs. 18—19.

1975 *Icriodus brevis* Stauffer. – Klapper, in Ziegler (ed.), *Catalogue of Conodont*, vol. Ⅱ, p. 89, *Icriodus* – pl. 3, figs. 1—3.

1986 *Icriodus brevis* Stauffer. – 季强，31 页，图版 18，图 15，20；图版 19，图 11—14。

1988 *Icriodus brevis* Stauffer. – 熊剑飞等，321　322 页，图版 136，图 16—17。

1989 *Icriodus brevis* Stauffer. – 王成源，49 页，图版 9，图 9a—c。

1995 *Icriodus brevis* Stauffer. – 沈建伟，258 页，图版 1，图 2；图版 3，图 12。

特征 刺体直，齿台细长，基腔深，中齿列后方超出侧齿列，有 3 ~ 5 个细齿，但这几个细齿并不比其他细齿高，最后一个细齿可能较大。齿台两侧各有 2 ~ 4 个分离的小细齿。

比较 *Icriodus brevis* 的后方细齿不高，易于与 *I. obliquimarginatus* 和 *I. subterminus* 区别。

产地层位 广西横县六景，上泥盆统融县组 *P. triangularis* 带；邕宁长塘，中泥盆统那叫组 *P. c. patulus* 带（?）；四川龙门山，中泥盆统观雾山组；桂林沙河，唐家湾组底部*P. hemiansatus*带顶部（沈建伟，1995）。此种一般见于中泥盆统上部 *P. varcus* 带，可延伸到上泥盆统法门阶最底部。

雪松贝刺 *Icriodus cedarensis* Narkiewicz and Bultynck, 2010

（图版 22，图 1—7）

1974 *Icriodus brevis brevis* Stauffer. – Uyeno, pl. 6, figs. 11—12.

1981 *Icriodus subterminus* Youngquist. – Uyeno, p. 25, pl. 10, figs. 4—6, 8—10, 23.

1985 *Icriodus subterminus* Youngquist. – Klapper and Lane, p. 920, figs. 1. 6, 11. 8—11. 9.

1992 *Icriodus expansus* Branson and Mehl. – Racki, p. 141, fig. 29G.

2010 *Icriodus cedarensis* Narkiewicz and Bultynck. – p. 609, figs. 7. 14—15, 7. 21—26, 11. 5—6, 11. 11—12, 11. 17—18, 14. 16—17, 15. 9—10, 15. 13, 16. 17, 17. 22—23, 19. 4—5.

特征 齿台伸长，较窄，齿台的宽长比为 0. 31 ~ 0. 40。侧视齿台前缘的第一个细齿一般是直的，并不比齿台其他细齿高。齿台的典型特征是有近于平行的侧方细齿列，但有些标本的齿台略呈三角形。侧方细齿列的细齿数目在成熟个体上是 5 ~ 6 个。侧方细齿列的细齿有明显的间距，细齿形状浑圆至横向发育。齿台前方的细齿可能不规则。齿台的中齿列由 5 个浑圆的细齿组成，一般比它的侧齿列之前的细齿小。中齿列向后的延伸由 3 个细齿组成，依次向后增高，最后一个明显最高。在一些标本中，中齿列向后延伸的第一个细齿突然增高，最后一个细齿的后缘明显倾斜。齿台前方基腔窄，向后方有中等程度的膨胀。

附注 原作者称齿台为齿锭（spindle）（Narkiewicz 和 Bultynck, 2010, 610—611 页）。

讨论　*Icriodus cedarensis* 依据齿台形状可以与 *Icriodus subterminus* 区分开来，后者齿台一般为双凸形到三角形，齿台侧齿列细齿少，有3~4个；中齿脊向后的延伸的细齿也少，仅2个。*Icriodus cedarensis* 横脊间的间距与 *Icriodus subterminus* 的一致。*Icriodus subterminus* 基腔也较膨大。

产地层位　浅水相区。加拿大、波兰等地，吉维特阶下 *I. subterminus* 带至*S. norris* 带。此种在中国尚未发现。

角贝刺　*Icriodus corniger* Wittekindt, 1966

1966 *Icriodus corniger* Wittekindt, pl. 1, figs. 9—12.

特征　基腔后侧方有一个尖的膨伸（爪突，spur）。

比较　此种的重要特征是反口面基腔后内缘斜而直，基腔后外缘半圆形，基腔后方浑圆。

产地层位　见亚种。

角贝刺角亚种　*Icriodus corniger corniger* Wittekindt, 1966

（图版18，图4）

1977 *Icriodus corniger corniger* Wittekindt. – Weddige, pl. 1, figs. 16—20.

1981 *Icriodus corniger corniger* Wittekindt. – Wang and Ziegler, pl. 1, figs. 11a—c.

1994 *Icriodus corniger corniger* Wittekindt. – Bai *et al.*, p. 163, pl. 4, fig. 1.

特征　齿台较长，有三个瘤齿列。齿台每一侧有7~8个圆瘤齿，瘤齿纵向排列紧密，并有微弱的横脊与中瘤齿列瘤齿相连。中瘤齿列后方有三个瘤齿超出侧瘤齿列，向后倾。基腔前缘较直，与齿轴垂直；基腔后方内侧缘略呈弧形，爪突不明显；外侧缘略呈方形。本亚种与 *Icriodus corniger pernodosus* Wang and Ziegler, 1981 的区别见后者的附注。

产地层位　广西大乐剖面，中泥盆统艾菲尔阶；内蒙古喜桂图旗，中泥盆统霍博山组。此种的时代为从埃姆斯期最晚期到艾菲尔期。

角贝刺全瘤齿亚种　*Icriodus corniger pernodosus* Wang and Ziegler, 1981

（图版18，图1—3）

1981 *Icriodus corniger pernodosus* Wang and Ziegler, pp. 132—133, pl. 1, figs. 8—10; pl. 2, fig. 26.

特征　在刺体基腔后侧内缘有一明显的指向侧方的爪突；齿台长而窄，比其他相关种要纤细。齿台每一侧有9~12个圆瘤齿，瘤齿纵向排列紧密，并有微弱的横脊与中齿列瘤齿相连。中齿列有2~3个瘤齿超出侧齿列末端，最后端的为主齿，它也是最大的。基腔后方外缘特别圆，无反爪突（antispur）。

附注　本亚种基腔后方内缘由主齿到爪突为一特殊的、直的斜线，接近基腔后方的边缘不是圆的，这与 *Icriodus corniger corniger* 不同。此外，本亚种齿台细长也不同于 *Icriodus corniger corniger*，中齿脊直或微微弯曲。与 *Icriodus corniger leptus* Weddige, 1977 相比，本亚种基腔后方外缘较圆，齿台较高，瘤齿也较多。与 *Icriodus difficilis* Ziegler and Klapper, 1976 相比，本亚种的爪突没有明显地指向前方，其前缘也缺少缺刻。本亚种齿台窄，似纺锤状；齿台后端也比 *Icriodus difficilis* 窄，后者齿台后端与齿台中部等宽，不呈纺锤状。本亚种在基腔后端缺少反爪突，而反爪突是 *Icriodus corniger*

corniger 和 *I. corniger* 等其他亚种的特征。

产地层位 内蒙古喜桂图旗，中泥盆统霍博山组。

角突贝刺 *Icriodus cornutus* Sannemann, 1955

（图版16，图7—13）

1955 *Icriodus cornutus* Sannemann. –p. 130, pl. 4, figs. 19—21.

1966 *Icriodus cornutus* Sannemann. –Glenister and Klapper, pp. 804—805, pl. 95, figs. 2—3.

1967 *Icriodus cornutus* Sannemann. –Wolska, p. 380, pl. 2, fig. 5.

1967 *Icriodus cornutus* Sannemann. –Olivier, pp. 79—80, pl. 14, figs. 4—5.

non 1968 *Icriodus cornutus* Sannemann. –Mound, pp. 487—488, pl. 66, figs. 32, 34—35.

non 1970 *Icriodus cornutus* Sannemann. –Seddon, pl. 12, figs. 5—6.

1975 *Icriodus cornutus* Sannemann. –Ziegler, in Ziegler (ed.), *Catalogue of Conodonts*, vol. Ⅱ, pp. 101—102, *Icriodus* –pl. 8, fig. 6.

1986 *Icriodus cornutus* Sannemann. –季强和刘南瑜，166页，图版1，图6—8。

1989 *Icriodus cornutus* Sannemann. –王成源，49页，图版9，图1—3，8；图版10，图7。

特征 主齿强大，强烈向后倾斜；中齿脊后方与主齿愈合成脊状。齿台上侧齿列细齿与主齿列细齿交替出现。后方底缘向下弯。

比较 *Icriodus cornutus* 中齿列后方齿脊愈合，口视直或弯曲，具有突出的、后倾的主齿，这些是本种的主要特征。本种口面侧齿列细齿与中齿列细齿交替，不同于 *I. costatus* 和 *I. iowaensis*，后两种无细齿交替现象。据Ziegler（1962，52页）确定此种的时限为晚泥盆世晚 *P. triangularis* 带至晚 *P. marginifera* 带。

产地层位 广西德保四红山，上泥盆统三里组 *crepida* 带；武宣三里，三里组 *rhomboidea* 带；鹿寨寨沙，上泥盆统五指山组上 *P. rhomboidea* 带。

横脊贝刺 *Icriodus costatus* (Thomas, 1949)

1949 *Pelekysgnathus costatus* Thomas, pl. 2. fig. 9.

1966 *Icriodus costatus* (Thomas). –Anderson, pl. 52, figs. 1—2 (? figs. 3—6, 10).

1975 *Icriodus costatus* (Thomas). –Klapper, in Ziegler (ed.), *Catalogue of Conodonts*, vol. Ⅱ, pp. 103—104, *Icriodus* –pl. 2, figs. 1—2.

特征 刺体拱曲，刺体两端可能内弯。主齿明显且后倾，不同于其他细齿。两个侧齿列的瘤齿与中齿列的瘤齿之间有横脊相连。基腔后方最宽，边缘外张。

比较 *Icriodus cornutus* 的I分子分离的中齿列瘤齿与侧齿列瘤齿具特征性地交替出现，这与 *I. costatus* 的I分子不同。

产地层位 本种的时代为晚泥盆世法门期。见于北美、欧洲和亚洲。已分为不同的亚种。

横脊贝刺横脊亚种 *Icriodus costatus costatus* (Thomas, 1949)

（图版16，图14—17，22—23）

1975 *Icriodus costatus* (Thomas, 1949). –Klapper, in Ziegler (ed.), *Catalogue of Conodonts*, vol, Ⅱ, *Icriodus* –pl. 2, figs. 1—2.

1982 *Icriodus costatus* (Thomas). –Wang and Ziegler, pl. 1, fig. 13.

1987 *Icriodus costatus* (Thomas). –董振常，75页，图版5，图19—20，23—24。

1994 *Icriodus costatus costatus* (Thomas). – Bai *et al.*, p. 164, pl. 6, figs. 13—15.

特征　刺体拱曲，两端向内弯；主齿粗壮、明显且后倾。侧瘤齿列的瘤齿与中瘤齿列的瘤齿之间有横脊相连。基腔后部最宽，其边缘外张。

比较　与 *I. costatus costatus* 相比，*Icriodus cornutus* 分离的中瘤齿列的瘤齿与侧瘤齿列的瘤齿交替排列，两者易于区别。

产地层位　此亚种的时代从最晚 *P. marginifera* 带到早 *P. g. expansa* 带。白顺良等（1994）在广西黄峁剖面的 *Siphonodella sulcata* 带和 *S. crenulata* 带发现此种，为再沉积的结果。湖南新邵县马栏边，上泥盆统法门阶锡矿山组、邵东组、孟公坳组。

横脊贝刺达尔焙亚种　*Icriodus costatus darbyensis* Klapper, 1958

（图版 16，图 18—21）

1958 *Icriodus darbyensis* Klapper, pl. 141, figs. 9, 11—12.

1984 "*Icriodus*" *costatus darbyensis* Klapper. – Sandberg and Dreesen, pl. 4, figs. 2—3.

1988 *Icriodus costatus darbyensis* Klapper, Morphotype 2 Sandberg and Dreesen. – 秦国荣等，62—63 页，图版 3，图 10—12。

1994 *Icriodus costatus darbyensis* Klapper. – Bai *et al.*, p. 164, pl. 6, fig. 11.

特征　齿台中等宽，平直；口面具三排瘤齿，两侧瘤齿呈圆球状；口视齿台边缘呈粗锯齿状。

附注　此种可划分为两个形态型，形态型 2 与形态型 1 的主要区别在于后者齿台口面瘤齿显得横脊很发育。

产地层位　此亚种的时限为晚泥盆世法门期 *expansa* 带。当前标本发现于广西南洞剖面，上泥盆统法门阶帽子峰组上段至孟公坳组下部 *Icriodus raymondi*—*I. costatus darbyensis* 组合带。

弯曲贝刺　*Icriodus curvatus* Branson and Mehl, 1938

（图版 17，图 11）

1938 *Icriodus curvatus* Branson and Mehl, pp. 162—163, pl. 26, figs. 23—26.

1970 *Icriodus curvatus* Branson and Mehl. – Bultynck, pp. 103—104, pl. 5, figs. 6, 8; pl. 6, fig. 2.

1988 *Icriodus curvatus* Branson and Mehl. – 熊剑飞等，322 页，图版 135，图 5。

特征　齿台轮廓狭长，两侧近平行，两侧各有 5 ~ 7 个瘤齿，中齿脊有 8 ~ 9 个瘤齿，后端两个瘤齿愈合成脊。反口面基腔前 2/3 窄于齿台，后 1/3 与齿台等宽。内侧有一圆滑而不明显的齿突。

讨论　当前标本与 Bultynck（1970，图版 5，图 6，8）的标本更接近；与正模标本（Branson 和 Mehl，1938）相比，后者个体更狭长些，向内弯曲更强烈。

产地层位　四川龙门山，上泥盆统下部土桥子组。

变形贝刺不对称亚种　*Icriodus deformatus asymmetricus* Ji, 1989

（图版 17，图 1—10）

1987 *Icriodus deformatus* n. sp., Han, figs. 11—12 (only; non figs. 13—15 = *Icriodus deformatus deformatus* Han, 1987).

1989 *Icriodus deformatus asymmetricus* Ji, pp. 290—291, pl. 4, figs. 23—24.

1992 *Icriodus deformatus asymmetricus* Ji. – Ji *et al.*, pl. 1, fig. 2.

1993 *Icriodus deformatus asymmetricus* Ji. – Ji and Ziegler, p. 55, pl. 5, figs. 1—2; text-fig. 6, fig. 7.

1994 *Icriodus deformatus* Han, Morphotype 1 (= *Icriodus deformatus asymmetricus* Ji, 1989). – Wang, pl. 8, fig. 14.

2002 *Icriodus deformatus asymmetricus* Ji. – Wang and Ziegler, pl. 8, figs. 11—15, 18.

特征 齿台上中齿列和侧齿列的瘤齿发育非常不规则。一般来说，中齿列的瘤齿发育微弱，侧齿列的瘤齿很发育、不规则，有时与中齿列的小瘤齿相连形成短的、斜的脊。后方主齿与侧齿列排在一条直线上。

比较 此亚种与 *Icriodus alternatus helmsi* 的区别主要是前者的侧齿列瘤齿与中齿列的瘤齿不规则相连而形成短的、斜的脊。

产地层位 广西桂林，上泥盆统谷闭组；宜山，上泥盆统五指山组，早 *P. triangularis*带到晚 *P. triangularis* 带。

变形贝刺变形亚种 *Icriodus deformatus deformatus* Han, 1987

（图版 15，图 17—20）

1987 *Icriodus deformatus* Han, p. 183, pl. 3, figs. 13—15 (non figs. 11—12 = *Icriodus deformatus asymmetricus* Ji).

1989 *Icriodus deformatus deformatus* Han. – Ji, p. 290, pl. 4, fig. 25.

1992 *Icriodus deformatus deformatus* Han. – Ji *et al.*, pl. 1, fig. 1.

1993 *Icriodus deformatus deformatus* Han. – Ji and Ziegler, pp. 55—56, pl. 4, figs. 11—14; text-fig. 6, fig. 3.

特征 "口面 3 排瘤齿极不规则，或缺瘤少齿，或融合成不整齐的短的横脊，后端分离的瘤齿逐渐变为愈合的齿脊，基腔后部强烈膨大"（Han，1987）。

附注 此亚种的重要特征是齿台上缺少三个纵向齿列而横脊发育，横脊规则或不规则，横脊中部连接或不连接。此种曾被韩迎建（Han，1987）以及 Ji 和 Ziegler（1993）划分出不同的形态型，但形态型的实用意义不大。此亚种与 *Icriodus deformatus asymmetricus* 的区别主要在于前者的后方主齿与中齿列在一条直线上而不是与侧齿列相连。

产地层位 本种多见于法门阶的最下部，但也可见于 *linguiformis* 带的最晚期，向上可延伸到 *expansa* 带（Han，1987；Wang 和 Ziegler，2002）。Ji 和 Ziegler（1993）给出的时限是早 *triangularis* 带到晚 *triangularis* 带。在广西永福见于早 *triangularis* 带（Ji 等，1992）。

疑难贝刺 *Icriodus difficilis* Ziegler, Klapper and Johnson, 1976

（图版 17，图 12—15）

1964 *Icriodus symmetricus* Branson and Mehl. – Orr, p. 10, pl. 2, fig. 15 (non figs. 13, 14 = *I. expansus*).

1971 *Icriodus nodosus* (Huddle). – Schumacher, p. 93, pl. 19, figs. 19—26.

1971 *Icriodus expansus* Branson and Mehl. – Orr, pl. 3, figs. 14, 17.

1976 *Icriodus difficilis* Ziegler, Klapper and Johnson, pp. 117—118, pl. 1, figs. 1—7, 17.

1986 *Icriodus difficilis* Ziegler, Klapper and Johnson. – 季强，31 页，图版 19，图 6—9。

1989 *Icriodus difficilis* Ziegler, Klapper and Johnson. – 王成源，50 页，图版 9，图 12a—c。

1994 *Icriodus difficilis* Ziegler, Klapper and Johnson. – Wang, pl. 8, fig. 7.

特征 刺体在基腔后方内缘有一明显的指向前方的爪突和相应的凹缘（sinus），在侧齿列之后的中齿列有 2～3 个细齿，最后一个最大。侧齿列细齿纵向上较密，断面圆形，与中齿列细齿以微弱的细齿相连。

附注 主齿直立或后倾，中齿列直或微反曲，爪突和凹缘明显，侧齿列细齿与中齿列细齿有横脊相连。*Icriodus brevis* 后端中齿列较长，侧方细齿较少并与中齿列细齿交替出现，与 *I. difficilis* 不同。*Icriodus expansus* 在基腔后方内缘缺少爪突和凹缘，*Icriodus arkonensis* 齿台后方横向膨大，均不同于 *I. difficilis*。此种见于中泥盆世晚期。

产地层位　广西德保四红山，上泥盆统三里组 *ensensis* 带；广西象州马鞍山，中—上泥盆统鸡德组至巴漆组下 *P. varcus* 带至上 *S. wittekindti* 带（季强，1986a）；桂林灵川县岩山圩乌龟山，中—上泥盆统付合组 *K. disparilis* 带。

疑难贝刺（比较种）　*Icriodus* cf. *difficilis* Ziegler, Klapper and Johnson, 1976

（图版 17，图 16—18）

cf. 1976 *Icriodus difficilis* Ziegler, Klapper and Johnson, p. 117, pl. 1, figs. 1—7, 17.

1988 *Icriodus* cf. *difficilis* Ziegler, Klapper and Johnson. –熊剑飞等，322 页，图版 136，图 3，5，14。

特征　齿台轮廓为圆锥形，侧齿脊由 5～6 个瘤齿组成，中齿脊有 8 个瘤齿，彼此分离。后端两个粗大的细齿融合成高的齿脊。基腔前半部窄于齿台，后半部稍膨胀，宽于齿台。具明显而圆滑的内齿突。

讨论　此比较种与 *Icriodus difficilis* 很相似，区别在于前者口面瘤齿之间无细脊相连，内齿突较后者弱而浑圆。它与 *I. expansus* 的区别是具有内齿突，与 *I. symmetricus* 的区别是齿台轮廓不同。

产地层位　四川龙门山，中泥盆统观雾山组和上泥盆统土桥子组。

凹穴贝刺　*Icriodus excavatus* Weddige, 1984

（图版 22，图 11—14）

1981 *Icriodus* cf. *subterminus* Youngquist. –Uyeno, pl. 10, figs. 20—22.

1983 *Icriodus* cf. *subterminus* Youngquist. –Uyeno, pl. 1, figs. 28—30.

1984 *Icriodus excavatus* Weddige, p. 208, pl. 1, figs. 9—12 (fig. 9 = holotype).

1987 *Icriodus* aff. *I. subterminus* Youngquist. –Garcia-Lopez, pl. 10, figs. 14—15.

2008 *Icriodus excavatus* Weddige. –Narkiewicz and Bultynck, p. 611, figs. 7. 18—20, 13. 19—24, 14. 13—15.

特征　（P 分子）基腔强烈膨大。外侧齿台膨大始于刺体前 1/3 处，内侧齿台膨大始于刺体中部，可能有一个微弱的爪突（spur）。齿台轮廓以前部齿台窄、伸长，后部齿台双凸形为特征。侧方细齿列有 5～7 对细齿，细齿横向发育。中齿列细齿断面圆，明显小于侧齿列细齿，并在齿台后部变低。与侧齿列细齿相比，中齿列细齿微微向前移，在成熟标本上可能与侧齿列细齿相连。中齿列的后部延伸由 1～2 个细齿组成，有明显的、倾斜的后方主齿。

产地层位　北美洲、欧洲，吉维特阶上部，*hermanni*—*norrisi* 带。

凹穴贝刺（比较种）　*Icriodus* cf. *excavatus* Weddige, 1984

（图版 20，图 8—9）

1992 *Icriodus* cf. *excavatus* Weddige. –Ji *et al.*, pl. 1, figs. 11—13.

特征　齿台侧瘤齿列的瘤齿发育成横脊状，中瘤齿列在齿台中部较低并向下凹。基腔膨大，近于对称。

产地层位　广西永福，中泥盆统东岗岭组中部。

膨胀贝刺　*Icriodus expansus* Branson and Mehl, 1938

（图版 18，图 8—9）

1938 *Icriodus expansus* Branson and Mehl, pl. 26, figs. 18—19.

1975 *Icriodus expansus* Branson and Mehl. –Klapper, in Ziegler (ed.), *Catalogue of Conodonts*, vol. Ⅱ, *Icriodus*–pl. 1, figs. 1—2.

1981 *Icriodus expansus* Branson and Mehl. – Wang and Ziegler, pl. 2, figs. 18—19.

1982 *Icriodus expansus* Branson and Mehl. – 白顺良等, 45 页, 图版 1, 图 4。

1992 *Icriodus expansus* Branson and Mehl. – Ji *et al.*, pl. 1, fig. 5.

1994 *Icriodus expansus* Branson and Mehl. – Bai *et al.*, p. 164, pl. 5, fig. 10.

1995 *Icriodus expansus* Branson and Mehl. – 沈建伟, 259 页, 图版 1, 图 4。

2010 *Icriodus expansus* Branson and Mehl. – Narkiewicz and Bultynck, pp. 611, 614, figs. 13. 14—18, 17. 9—10, 18. 7, 18. 9, 18. 13—16.

特征 刺体中等大小，齿台双凸，近中部最宽；两端微弯，中部直或微向内弯。三个齿列布满齿台，但向前方收敛，使之最前端的三排横脊分别为一个、两个和三个瘤齿。中齿列由分离的瘤齿组成，瘤齿为圆形，大小相近，但后方的 1 ~ 2 个瘤齿较大，有时侧方扁。中齿列比侧齿列微高。两个侧齿列由分离的瘤齿组成，瘤齿横向椭圆形或长圆形，侧瘤齿列不达齿台最后端。中瘤齿列向后延伸，有几个瘤齿超出侧瘤齿列，侧瘤齿列的瘤齿与中瘤齿列的瘤齿不连接成横脊，也不互相交替。基腔全部凹入。前端两侧向后张开，形成深沟；后半部突然张开（特别是在内侧），形成近圆形的轮廓。

比较 *Icriodus expansus* 不同于 *I. nodosus* 和 *I. arkonensis*，后两者在基腔后内侧有明显的、指向前方的爪突和缺刻。

产地层位 此种的时限是中泥盆世晚期到晚泥盆世早期。白顺良等（1994）报道的标本产于广西上林 *linguiformis* 带到 *crepida* 带，时限可疑。季强（1986b）报道此种见于象州马鞍山鸡德组至巴漆组，时限为吉维特期到弗拉期。此种见于桂林沙河，唐家湾组底部 *hemiansatus* 带顶部（沈建伟，1995）；内蒙古喜桂图旗，中泥盆统下大民山组。Narkiewicz 和 Bultynck（2010，614 页）确认此种的时限从 *hermanni* 带到 *falsiovalis* 带，常见于浅水相区 *subterminus* 带。

膨胀贝刺（比较种） *Icriodus* cf. *expansus* Branson and Mehl, 1938

（图版 18，图 11—12）

1964 *Icriodus nodosus* (Huddle, 1934). – Lindström, p. 160, fig. 56g.

1981 *Icriodus* cf. *expansus* Branson and Mehl. – Wang and Ziegler, pl. 2, figs. 21a—b, 22a—b.

cf. 1981 *Icriodus expansus* Branson and Mehl. – Wang and Ziegler, pl. 2, figs. 18—19.

cf. 1982 *Icriodus expansus* Branson and Mehl. – 白顺良等, 45 页, 图版 1, 图 4。

1989 *Icriodus* cf. *expansus* Branson and Mehl. – 王成源, 50 页, 图版 10, 图 8。

cf. 1992 *Icriodus expansus* Branson and Mehl. – Ji *et al.*, pl. 1, fig. 5.

cf. 1994 *Icriodus expansus* Branson and Mehl. – Bai *et al.*, p. 164, pl. 5, fig. 10.

cf. 1995 *Icriodus expansus* Branson and Mehl. – 沈建伟, 259 页, 图版 1, 图 4。

2010 *Icriodus* cf. *expansus* Branson and Mehl. – 郎嘉彬和王成源, 19 页, 图版 Ⅱ, 图 7。

特征 刺体中等大小，齿台近双凸，近中部最宽；两端微弯，中部微向内弯。三个齿列布满齿台，但向前方和后方收敛。中齿列由分离的瘤齿组成，瘤齿为扁圆形，大小相近，但后方的 1 ~ 2 个瘤齿较大，侧方扁。中齿列比侧齿列微高或等高。两个侧齿列由分离的瘤齿组成，瘤齿横向椭圆形或长圆形，侧瘤齿列不达齿台最后端。中瘤齿列向后延伸，有几个瘤齿超出侧瘤齿列，侧瘤齿列的瘤齿与中瘤齿列的瘤齿连接成横脊但不互相交替。基腔全部凹入，前端两侧向后张开，形成深沟；后半部突然张开（特别是在内侧），形成近圆形的轮廓。

比较　当前标本的侧瘤齿列的瘤齿与中瘤齿列的瘤齿连接成横脊，中瘤齿列比侧瘤齿列高，不同于典型的 *Icriodus expansus*，暂作比较种。*Icriodus expansus* 不同于 *I. nodosus*和 *I. arkonensis*，后两者在基腔后内侧有明显的、指向前方的爪突和缺刻。但 *Icriodus nodosus* 是一可疑的种名，正模标本已丢失。广西的标本与典型的 *I. expansus* 区别较大，*I. expansus* 具有明显的圆瘤齿，基腔近于对称，而当前标本瘤齿较小、低矮，基腔不对称，

附注　此种的时限是中泥盆世晚期到晚泥盆世早期。白顺良等（1994）报道的标本产于广西上林 *linguiformis* 带到 *crepida* 带，时限可疑。季强（1986b）报道此种见于象州马鞍山鸡德组至巴漆组，时限为吉维特期到弗拉期。此种见于桂林沙河，唐家湾组底部 *hemiansatus* 带顶部（沈建伟，1995）；内蒙古喜桂图旗，中泥盆统下大民山组。

产地层位　广西德保四红山，上泥盆统三里组 *triangularis* 带；四川龙门山，中泥盆统观雾山组；内蒙古喜桂图旗，中泥盆统下大民山组；内蒙古乌努尔，下大民山组。

内升贝刺　*Icriodus introlevatus* Bultynck, 1970

（图版 18，图 5）

1957 *Icriodus symmetricus* Branson and Mehl. – Bischoff and Ziegler, p. 64, pl. 6, figs. 1, 4.

1957 *Icriodus nodosus*（Huddle）. – Bischoff and Ziegler, p. 62, pl. 6, figs. 2—3（only）.

1970 *Icriodus symmetricus introlevatus* Bultynck, p. 113, pl. 4, figs. 7—11; pl. 5, figs. 1, 2.

1970 *Icriodus nodosus curvirostratus* Bultynck, p. 108, pl. 3, figs. 2, 8（only）.

1970 *Icriodus expansus* Branson and Mehl. – Bultynck, p. 103, pl. 6, figs. 6, 9（only）.

1975 *Icriodus introlevatus* Bultynck. – Ziegler, in Ziegler（ed.）, *Catalogue of Conodonts*, vol. Ⅱ, pp. 123—124, *Icriodus* – pl. 7, figs. 6—7.

1981 *Icriodus introlevatus* Bultynck. – Wang and Ziegler, pl. 1, figs. 6a—b.

1989 *Icriodus introlevatus* Bultynck. – 王成源，50—51 页，图版 9，图 10。

特征　基腔的膨大部分几乎是对称的，宽约占总长的一半。基腔加宽部分的外侧面是规则拱曲的，内侧面有一向上弯曲的突起。

附注　*Icriodus introlevatus* 由 *I. corniger* 演化而来，它以对称的、宽的、膨大的基腔区别于后者。同样，*I. introlevatus* 缺少 *I. corniger* 特有的后侧爪突。当前标本的中齿列细齿间有脊，而典型的分子细齿完全分离。此种时代为中泥盆世早期 *I. corniger* 带至 *T. k. kockelianus* 带。

产地层位　广西德保四红山，中泥盆统分水岭组 *T. k. kockelianus* 带；内蒙古喜桂图旗，中泥盆统霍博山组。

衣阿华贝刺　*Icriodus iowaensis* Youngquist and Peterson, 1947

1947 *Icriodus iowaensis* n. sp. – Youngquist and Peterson, pl. 37, figs. 22—24, 27—29.

1947 *Icriodus circularis* n. sp. – Youngquist and Peterson, pl. 37, fig. 15.

1947 *Icriodus inerassatus* n. sp. – Youngquist and Peterson, pl. 37, figs. 1—2, 5.

1947 *Icriodus spicatus* n. sp. – Youngquist and Peterson, pl. 37, figs. 8—9.

1966 *Icriodus spicatus* Youngquist and Peterson. – Anderson, pl. 52, figs. 8—9, 13, 17—21.

特征　刺体大而粗壮，微微内弯。瘤齿分离，呈齿脊状，排列成纵向三列。侧齿列由 6 ~ 7 个大的瘤齿组成，横向成对排列；中瘤齿列的瘤齿一般没有侧瘤齿列的瘤齿大，仅有 4 ~ 5 个瘤齿，但在中瘤齿列的前端和后端各有一个大的瘤齿。所有瘤齿都是

分离的。刺体的最前部有一个明显的横脊。主齿粗壮，由中瘤齿列后方的几个愈合的瘤齿组成。反口面全部凹入，基腔深，前窄后宽。

比较 *I. iowaensis* 的主齿比 *I. expansus* 的主齿粗壮，中瘤齿列较强，侧瘤齿列倾向与中瘤齿列连成不规则的横脊，这些特征是 *I. expansus* 所没有的。

产地层位 本种多见于晚泥盆世法门期。但 Sandberg 等（1992）指出，*Icriodus iowaensis* 并非首现在早 *triangularis* 带（Sandberg 和 Dreesen，1984），也不是首现在中 *triangularis* 带（Ji 和 Ziegler，1993），而是首现在晚 *rhenana* 带（Sandberg 等，1992）。

衣阿华贝刺弯曲亚种 *Icriodus iowaensis ancylus* Sandberg and Dreesen，1984

（图版 21，图 18）

1984 *Icriodus iowaensis ancylus* Sandberg and Dreesen，p. 160，pl. 1，figs. 12—15.

1993 *Icriodus iowaensis ancylus* Sandberg and Dreesen. – Ji and Ziegler，p. 56，text-fig. 6，fig. 5.

1994 *Icriodus iowaensis ancylus* Sandberg and Dreesen. – Bai *et al.*，p. 164，pl. 6，fig. 21.

特征 *Icriodus iowaensis* 的一个亚种，齿台窄而长，侧弯，侧视拱曲；主齿低，连接三个齿列的横脊发育；主齿与中齿列直接相连。

附注 主齿与纵向的中齿脊直接相连在一条直线上，这是本亚种的重要特征。

产地层位 此亚种的时限是中 *triangularis* 带到早 *crepida* 带。发现于广西象州巴漆剖面 *rhomboidea* 带，为再沉积结果。

衣阿华贝刺衣阿华亚种 *Icriodus iowaensis iowaensis* Youngquist and Peterson，1947

（图版 21，图 13—17）

1947 *Icriodus iowaensis* Youngquist and Peterson，p. 247，pl. 37，figs. 22—24，27—29.

1966 *Icriodus iowaensis* Youngquist and Peterson. – Anderson，p. 406，pl. 52，figs. 8—9，13，17—21.

1984 *Icriodus iowaensis* Youngquist and Peterson. – Sandberg and Dreesen，pp. 159—160，pl. 1，figs. 7—11（only）.

1993 *Icriodus iowaensis* Youngquist and Peterson. – Ji and Ziegler，p. 56，text-fig. 6，fig. 8.

1994 *Icriodus iowaensis* Youngquist and Peterson. – Bai *et al.*，pl. 6，figs. 16—20.

2002 *Icriodus iowaensis* Youngquist and Peterson. – Wang and Ziegler，pl. 8，fig. 19.

特征 *Icriodus iowaensis* 的一个亚种，齿台宽大，后方主齿低，三个齿列的细齿横向连接明显；侧视主齿和口方侧齿列的细齿等高，主齿与偏离的纵齿列的横脊或斜脊相连。

附注 本亚种与 *Icriodus iowaensis ancylus* 的区别主要是主齿与偏离的纵齿列的横脊或斜脊相连，而不是与齿台的中齿列相连。

产地层位 广西宜山，上泥盆统五指山组中 *triangularis* 带开始到晚 *crepida* 带；广西象州马鞍山、巴漆剖面，可能进入早 *rhomboidea* 带（?）。

莱佩那塞贝刺 *Icriodus lesperancei* Uyeno，1997

（图版 20，图 11—12）

1997 *Icriodus lesperancei* Uyeno，pp. 154—156，pl. 7，figs. 3—4.

2005 *Icriodus lesperancei* Uyeno. – 金善燏等，47 页，图版 7，图 3—6。

特征 （Pa 分子）齿台为直而长的纺锤形侧齿列，由 6 ~ 7 个断面为圆的分离的细齿组成；中齿列由 7 ~ 8 个分离的细齿组成，但细齿的横断面可能是圆的或侧方扁平的，并与侧方细齿交错排列。中齿列的后方向后延伸有 2 ~ 3 个侧方扁平的细齿，与其他细齿等高，这一延伸部分可能是直的，或侧方微微弯曲。刺体侧视上缘直或微微拱曲，但下缘是直的。基腔外形窄而长，向后逐渐加宽，并可能有微微发育的凸缘。后缘钝尖或窄圆。

附注　当前标本刺体窄长，有三个齿列，细齿分离，这些特征与此种的正模标本一致。

产地层位　云南文山，中泥盆统上部吉维特阶 *varcus* 带。

林德贝刺　*Icriodus lindensis* Weddige, 1977

（图版20，图5—7）

1977 *Icriodus lindensis* Weddige, pl. 2, figs. 38—39.

1992 *Icriodus lindensis* Weddige. – Ji *et al.*, pl. 1, figs. 6, 9.

1994 *Icriodus lindensis* Weddige. – Bai *et al.*, p. 164, pl. 5, fig. 11.

特征　齿台上有三个齿列，中齿列与两个侧齿列等高或比侧齿列稍低。中齿列瘤齿与侧齿列瘤齿交替出现，没有横脊相连。中齿列瘤齿间有很窄的细脊相连，但侧齿列间的瘤齿没有纵向细脊相连。中齿脊向后超越侧齿脊，有3～4个愈合瘤齿伸向后方。基腔大，在刺体中后部强烈膨大，不对称。

产地层位　广西象州大乐剖面，中泥盆统上部早 *varcus* 带；广西永福，东岗岭组中部。

零陵贝刺　*Icriodus linglingensis* Zhao and Zuo, 1983

（图版23，图16）

1983 *Icriodus linglingensis* Zhao and Zuo. – 赵锡文和左自壁，61页，图版3，图24—26。

特征　主齿台长，近楔形，由三个瘤齿列组成；中瘤齿列的瘤齿大小相近，与侧瘤齿列组成明显的横脊，每个横脊上的中瘤齿凸向前方。最前端两排仅由中瘤齿组成，最后端有两个相对较大的瘤齿超越侧瘤齿列，形成略向后倾的主齿。刺体后半部膨大成圆形，向前变为逐渐收缩的深齿沟。基腔后端有缺刻。前方无齿突。

比较　本种的重要特征是齿台楔形，横脊发育；基腔呈圆形，后方有缺刻。它与 *Icriodus expansus* 相似，但基腔后端有缺刻，而与 *I. nodosus* 和 *I. difficilis* 的区别是后两个种都有指向前方的齿突。

产地层位　湖南零陵县花桥村西，上泥盆统佘田桥组下部。

龙门山贝刺　*Icriodus longmenshanensis* Han, 1988

（图版19，图2—8）

1988 *Icriodus longmenshanensis* Han. – 熊剑飞等，323页，图版136，图1—2，9—13。

特征　齿台狭长，两侧近平行，前后两端微收缩，长度约为宽的4倍。两侧齿列各有5～6个横向拉长的瘤齿，中齿列有7～8个纵向拉长的瘤齿，其中后端两个瘤齿大而愈合，其余的瘤齿之间均无明显的细脊相连。三列齿脊在横向上一一对应，但不形成横脊。反口面基腔前半部窄于齿台，而后半部逐渐加宽，或与齿台等宽，或微宽于齿台。

讨论　本种与 Weddige（1977，图版2，图21—22）的 *Icriodus struvei* 较相似，区别在于前者基腔更窄些，口面侧齿脊的瘤齿横向拉长；本种大量出现在弗拉阶的下部，

而 *I. struvei* 出现在艾菲尔阶。本种与 *Icriodus symmetricus* 的区别在于后者齿台更细长，瘤齿数目更多。

产地层位 四川龙门山，中泥盆统观雾山组至上泥盆统土桥子组。

多脊贝刺 *Icriodus multicostatus* Ji and Ziegler, 1993

特征 本种的特征是齿台上主齿低，横脊发育而将三个齿列的细齿横向连接在一起。侧视齿台底缘直或微微拱曲。

附注 本种来源于 *Icriodus deformatus* 三个齿列的细齿进一步连接而形成明显的横脊。它与 *Icriodus iowaensis* 的区别主要是缺少中齿列。

产地层位 见亚种。

多脊贝刺侧亚种 *Icriodus multicostatus lateralis* Ji and Ziegler, 1993

（图版 19，图 16—17）

1993 *Icriodus multicostatus lateralis* Ji and Ziegler, p. 57, pl. 4, figs. 6—7; text-fig. 6, fig. 9.

特征 *Icriodus multicostatus* 的一个亚种，齿台上后方主齿低、偏向侧方并与横脊相连。

附注 本亚种来源于 *Icriodus deformatus asymmetricus*，出现于中 *triangularis* 带，三个纵齿列的细齿进一步横向连接形成很多明显的横脊。

产地层位 广西宜山，上泥盆统五指山组，中 *P. triangularis* 带内到晚 *P. crepida* 带。

多脊贝刺多脊亚种 *Icriodus multicostatus multicostatus* Ji and Ziegler, 1993

（图版 19，图 11—15）

1993 *Icriodus multicostatus multicostatus* sp. and subsp. nov., Ji and Ziegler, p. 57, pl. 4, figs. 1—5; text-fig. 6, fig. 4.

特征 *Icriodus multicostatus* 的命名亚种，齿台上后方主齿低、居中并与横脊相连。

附注 本亚种来源于 *Icriodus deformatus deformatus*，最早出现于中 *triangularis* 带。三个纵齿列进一步连接形成明显的横脊。它与 *Icriodus multicostatus lateralis* 的不同之处在于后方主齿居中，在齿台中轴的位置与横脊相连。

产地层位 广西宜山拉力，上泥盆统五指山组，中 *P. triangularis* 带内到晚 *P. crepida*带。

南宁贝刺 *Icriodus nanningensis* Bai, 1994

（图版 21，图 1—6）

1994 *Icriodus nanningensis* Bai. – Bai *et al.*, p. 165, pl. 5, figs. 1—5, 9.

特征 *Icriodus* 的一个种，以中齿列向前伸长远远超过侧齿列为特征。中齿列前端伸长部分有 3 ~ 6 个瘤齿，形成较高的底缘上翘的自由齿片。侧齿列的瘤齿与中齿列的瘤齿微呈交替排列。侧齿列的横向长圆形的瘤齿与中齿列的瘤齿之间有薄的脊相连。基腔不对称。内侧有爪突，爪突前缘较平直。主齿中等大小，微后倾。

比较 *Icriodus nanningensis* 有伸长的前部（自由齿片），而 *I. obliguimarginifera* 有伸长的后部。*I. nanningensis* 和 *I. obliguimarginifera* 都可能来源于 *I. regularicrescens*，两

者都是 *hemiansatus* 带的重要分子。

产地层位　广西横县六景，中泥盆统民塘组，*P. x. ensensis* 带最晚期到 *P. hemiansatus*带。

肥胖贝刺　*Icriodus obesus* Han，1988

（图版19，图9—10）

1988 *Icriodus obesus* Han. –熊剑飞等，323页，图版135，图3，7。

特征　齿台轮廓宽圆，侧面高。中齿列前端与侧齿列融合，中部有2～3个分离的瘤齿，后端有2～3个粗大的端齿融合成高的齿脊。两侧齿列各有两个粗大的圆锥状瘤齿。反口面基腔从前1/3处开始膨胀，呈宽圆形，内侧有一不明显的齿突。基腔壁厚。

讨论　本种与 *Icriodus brevis* Druce（1976，图版22，图10）较接近，区别在于后者齿台后部缺少由中齿列2～3个粗大瘤齿愈合成的高齿脊。本种与 *Icriodus* n. sp. Pollock（1968，图版61，图6—9，13—18）也相似。

产地层位　四川龙门山，中泥盆统观雾山组。

斜缘贝刺　*Icriodus obliquimarginatus* Bischoff and Ziegler，1957

（图版21，图7—8）

1957 *Icriodus obliquimarginatus* Bischoff and Ziegler，pp. 62—63，pl. 6，fig. 14.

1966 *Icriodus obliquimarginatus* Bischoff and Ziegler. –Wittekindt，p. 630，pl. 1，fig. 13.

1970 *Icriodus obliquimarginatus* Bischoff and Ziegler. –Bultynck，p. 109，pl. 8，figs. 1，3，5.

1972 *Icriodus obliquimarginatus* Assemblage. –Bultynck，text-fig. 13.

1975 *Icriodus obliquimarginatus* Bischoff and Ziegler. –Ziegler，in Ziegler（ed.），*Catalogue of Conodonts*，vol. Ⅱ，pp. 135—137，*Icriodus*–pl. 3，fig. 9.

1976 *Icriodus obliquimarginatus* Bischoff and Ziegler. –Ziegler *et al.*，p. 118，figs. 8—9.

1977 *Icriodus obliquimarginatus* Bischoff and Ziegler. –Wedding，pp. 294—295，pl. 2，figs. 32—35；text-fig. 3，figs. 13—14.

1989 *Icriodus obliquimarginatus* Bischoff and Ziegler. –王成源，51页，图版9，图4—5。

特征　齿台很窄，中齿列向后延伸超越侧齿列的部分较长，这一长的后端上有三个以上较高的细齿，后方缘脊倾斜。齿台上侧齿列细齿与中齿列细齿交替并通常连接在一起，齿台很窄。基腔窄而深，两侧几乎对称。

附注　中齿列后方伸长超越侧齿列，以及齿台后缘侧视倾斜，这是本种的重要特征。当前仅两个幼年期标本。齿台窄，中齿列细齿与侧齿列细齿分化不明显，长的后端部分断掉。本种见于中泥盆统 *P. x. ensensis* 带至 *P. varcus* 带，是 *P. semiansatus* 带的重要分子。

产地层位　广西德保四红山，中泥盆统分水岭组 *P. x. ensensis* 带；广西横县六景 *P. semiansatus* 带；象州马鞍山，中泥盆统鸡德组顶部至巴漆组下部。

后突贝刺　*Icriodus postprostatus* Xiong，1983

（图版21，图9）

1983 *Icriodus postprostatus* Xiong. –熊剑飞，307页，图版71，图21。

特征　刺体较长。齿台中部有一个细的齿脊，这个细齿脊本身无细齿或瘤齿，由前端延伸到后端；最前端为一个圆的瘤齿；后端为一个强大的主齿，主齿宽大，较高，向上斜伸。中部齿脊两侧具由8个瘤齿组成的侧齿列。后部三组侧方瘤齿与中齿脊相连呈横脊状，但中前部的侧方瘤齿在中部齿脊两外侧交替排列，相互错开，并与中部齿脊相连。反口面基腔长而大，沿整个齿台凹入，最宽在后部1/3处，向前则逐渐收缩变尖，呈滴珠状；两侧近于对称。

比较 本种有长而大的主齿，与 *Icriodus cornutus* Sannemann 相似，但后者口面瘤齿少，没有交替排列，易于区别。

产地层位 贵州长顺代化，上泥盆统代化组。

先交替贝刺 *Icriodus praealternatus* Sandberg, Ziegler and Dreesen, 1992

（图版21，图10—11）

1992 *Icriodus praealternatus* Sandberg, Ziegler and Dreesen, pl. 1, figs. 4—5, 8, 15—18.

1994 *Icriodus praealternatus* Sandberg, Ziegler and Dreesen. - Wang, pl. 8, fig. 1.

2002 *Icriodus praealternatus* Sandberg, Ziegler and Dreesen. - Wang and Ziegler, pl. 8, figs. 8, 10.

特征 *Icriodus* 的一个种，其I分子的纵轴几乎是直的；中齿列和侧齿列的细齿纵向交替，中齿列细齿与后方主齿排列成一线，与侧齿列细齿等高或微微高些。

比较 本种易与 *Icriodus alternatus* 相混，两个种的区别在于中齿列细齿的直径和高度，本种的细齿直径大而高。*Icriodus iowaensis* 的祖先少量见于 *linguiformis* 带和晚 *rhenanan* 带。*I. praealternatus* 和 *I. iowaensis* 的标本见于早、晚 *I. rhenana* 带。典型的 *I. alternatus* 有高的中齿列，*I. iowaensis* 可能来源于中齿列相对低的分子。

产地层位 本种的时限是晚 *P. hassi* 带开始到晚 *P. rhenana* 带。分布于北欧与北美以及亚洲。图示标本见于广西龙门剖面上泥盆统谷闭组，其中齿列细齿不够高，归入此种可疑。

蛹贝刺 *Icriodus pupus* Han, 1988

（图版20，图1—4）

1988 *Icriodus pupus* Han. - 熊剑飞等，323页，图版135，图6，8—10。

特征 侧齿列由4～6个分离的瘤齿组成，中齿列由4～5个分离的圆瘤齿和后端的高齿脊组成。反口面基腔从前端开始强烈膨胀，内齿突不明显；外侧较内侧更向外膨胀。基腔壁厚。

比较 本种与其他种的区别在于其基腔从前端开始膨胀，前后两端齿脊均高，整个齿台轮廓前后收缩近相等，刺体粗壮。

产地层位 四川龙门山，中泥盆统观雾山组。

雷蒙德贝刺 *Icriodus raymondi* Sandberg and Ziegler, 1979

（图版20，图10）

1979 *Icriodus*? *raymondi* Sandberg and Ziegler, pp. 189—190, pl. 6, figs. 1—10.

1984 "*Icriodus*" *raymondi* Sandberg and Ziegler. - Sandberg and Dreesen, p. 163, pl. 4, figs. 10, 21—22.

1988 *Icriodus raymondi* Sandberg and Ziegler. - 秦国荣等，63页，图版3，图8。

特征 齿台宽平，最大宽度位于后部，横断面呈楔形，口面具三排瘤齿。主齿位于齿台最后部，粗大且后倾。口面具一条纵脊。反口面基腔窄而浅，占据整个反口面。

比较 本种的口面特征与 *Icriodus sujiapingensis* Dong 十分相似，区别在于本种的基腔窄而浅，而 *I. sujiapingensis* 的基腔较膨大，也较深。

产地层位　粤北上泥盆统法门阶帽子峰组上段至孟公坳组下部 *Icriodus raymondi*—*I. costatus darbyensis* 组合带。

规则脊贝刺　*Icriodus regularicrescens* Bultynck, 1970

（图版18，图6—7）

1970 *Icriodus regularicrescens* Bultynck, pl. 7, figs. 1—7; pl. 8, figs. 2, 4, 7—8.

1975 *Icriodus regularicrescens* Bultynck. – Ziegler, in Ziegler (ed.), *Catalogue of Conodonts*, vol. Ⅱ, *Icriodus* – pl. 8, figs. 1—3.

1981 *Icriodus regularicrescens* Bultynck. – Wang and Ziegler, pl. 1, figs. 4—5.

1987 *Icriodus regularicrescens* Bultynck. – 李晋僧，361页，图版163，图8，13。

1994 *Icriodus regularicrescens* Bultynck. – Bai *et al.*, p. 165, pl. 4, figs. 2—10.

特征　口面较窄，前后端较尖，三个纵齿列同等发育，无横脊；侧齿列的瘤齿与中齿列的瘤齿微呈交替状。三个齿列的瘤齿在同一高度上。中齿列后部超出侧齿列的齿脊愈合并突起。基腔不对称，外缘规则膨大近半圆形，内缘有不太发育的爪突。

附注　*Icriodus regularicrescens* 以有新月形的基腔为特征。*I. obliguimarginifera* 也有相似的基腔外缘，但口方瘤齿不规则，中齿列向后伸长较长，后缘倾斜，从而与 *I. regularicrescens* 易于区分。

产地层位　此种的时限为中泥盆世 *kocklianus* 带到 *semiansatus* 带。广西横县六景，南丹大厂；甘肃迭部当多沟，中泥盆统鲁热组；内蒙古喜桂图旗，中泥盆统霍博山组。

高端贝刺　*Icriodus subterminus* Youngquist, 1947

（图版18，图10；图版23，图6—7）

1947 *Icriodus subterminus* Youngquist, p. 57, pl. 25, fig. 14.

1977 *Icriodus subterminus* Youngquist. – Weddige, pp. 287—298, pl. 3, figs. 44—45.

1980 *Icriodus subterminus* Youngquist. – Norris and Uyeno, p. 25, pl. 10, figs. 1—13, 23—27.

1981 *Icriodus subterminus* Youngquist. – Wang and Ziegler, pl. 2, fig. 20.

1984 *Icriodus subterminus* Youngquist. – Sandberg and Dreesen, p. 157, pl. 1, fig. 1.

1993 *Icriodus subterminus* Youngquist. – Ji and Ziegler, p. 57, text-fig. 6, fig. 10.

1995 *Icriodus subterminus* Youngquist. – 沈建伟，259页，图版1，图1；图版3，图11，13。

2010 *Icriodus subterminus* Youngquist. – Narkiewicz and Bultynck, figs. 7.1—13, 11.1—4, 11.7—10, 11.13—16, 11.21—22, 12.1—12, 12.14—15, 12.17—18, 13.1—8, 14.24, 15.19—22, 16.4—7, 17.20—21, 18.1—2, 18.5—6.

特征　刺体短而壮，基腔外缘外张。两个侧瘤齿列各有3～4个瘤齿，相当分离；侧视齿台前端有明显的高的细齿，其前缘几乎垂直。中瘤齿列有5～8个瘤齿，除两端的瘤齿外，中瘤齿列较低矮，两端的瘤齿大。前方瘤齿间距较宽，侧瘤齿列瘤齿间距较一致，中瘤齿列瘤齿间距不规则。反口面基腔全部凹入，前方窄，后方宽。

附注　本种以齿台相对短、宽为特征，反口缘明显外张；中齿列瘤齿圆而低；侧齿列瘤齿大，横向拉长，有1～2个特别高的后方主齿或瘤齿。它不同于 *Icriodus brevis* 主要是有1～2个特别高的后方主齿或瘤齿。*Icriodus expansus* 有相对短而宽的齿台。中瘤齿列向后延伸的第一个细齿突然升高，并与最后一个细齿几乎等大。

Narkiewicz 和 Bultynck（2010，617 页）依据标本的侧视图将此种区分出 α 型和 β 型。

产地层位 本种时限为早 *falsiovalis* 带到晚 *rhenana* 带。广西宜山拉力剖面，上泥盆统老爷坟组；内蒙古喜桂图旗，中泥盆统下大民山组；桂林沙河，唐家湾组底部，*hemiansatus* 带顶部（沈建伟，1995）。Narkiewicz 和 Bultynck（2010，617 页）确认的此种的时代为 *hermanni* 带上部到 *binodosa*—*pristina* 带之下。

高端贝刺（比较种） *Icriodus* cf. *subterminus* Youngquist, 1947

（图版 23，图 1—5）

cf. 1976 *Icriodus subterminus* Youngquist. – Ziegler, p. 149, pl. 3, fig. 4.

1982 *Icriodus expansus* Branson and Mehl. – 白顺良等，45 页，图版 1，图 4。

1988 *Icriodus* cf. *subterminus* Youngquist. – 熊剑飞等，323—324 页，图版 135，图 11—13。

2010 *Icriodus* cf. *subterminus* Youngquist. – Narkiewicz and Bultynck, figs. 11. 1—2, 11. 21—22.

特征 两个侧齿列各具 4 个分离的稀疏的瘤齿，中齿列有 3 ~ 4 个分离的矮小的瘤齿和后端 2 ~ 3 个高于其他瘤齿的愈合的齿脊。反口面基腔中等膨胀，无齿突。

比较 本比较种与正模较相似，但齿台轮廓略有差异。本比较种与 *Icriodus expansus* 的区别在于前者齿台短、瘤齿数目少及侧面高。

产地层位 四川龙门山，中泥盆统观雾山组。

苏家坪贝刺 *Icriodus sujiapingensis* Dong, 1987

（图版 19，图 18—19）

1987 *Icriodus sujiapingensis* Dong. – 董振常，75 页，图版 5，图 13—14，21—22。

特征 刺体呈箭头形，前窄后宽。中齿脊具 8 ~ 10 个瘤齿，前部 2 个较小的瘤齿突出于两侧齿脊之前，其后的瘤齿呈圆钉状，底部愈合。两个侧瘤齿列各具 8 个瘤齿，沿齿台两侧排列，前部靠近中齿脊，后部散开。侧瘤齿列与中齿脊之间为浅的近脊沟。中齿脊向后突出，形成明显的主齿。基腔浅，最大宽度在后部；基腔外张，其宽度超过齿台的宽度。

产地层位 湖南隆回县周旺铺，上泥盆统法门阶孟公坳组。

对称贝刺 *Icriodus symmetricus* Branson and Mehl, 1934

（图版 20，图 13—19）

1934 *Icriodus symmetricus* Branson and Mehl, p. 226, pl. 13, figs. 1—3.

1938 *Icriodus curvatus* n. sp. – Branson and Mehl, pp. 162—163, pl. 26, figs. 23—26.

1984 *Icriodus symmetricus* Branson and Mehl. – Sandberg and Dreesen, p. 157, pl. 1, figs. 2—6.

1989 *Icriodus symmetricus* Branson and Mehl. – Ji, pl. 4, figs. 9—17.

1989 *Icriodus symmetricus* Branson and Mehl. – 王成源，51 页，图版 10，图 9—12。

1992 *Icriodus symmetricus* Branson and Mehl. – Ji *et al.*, pl. 1, figs. 7—8.

1993 *Icriodus symmetricus* Branson and Mehl. – Ji and Ziegler, pp. 57—58, pl. 5, figs. 11—13; text-fig. 6, fig. 1.

1994 *Icriodus symmetricus* Branson and Mehl. – Wang, pl. 8, figs. 2—3, 9.

2002 *Icriodus symmetricus* Branson and Mehl. – Wang and Ziegler, pl. 8, figs. 1—4.

2010 *Icriodus symmetricus* Branson and Mehl. – 郎嘉彬和王成源，20 页，图版 Ⅱ，图 4—6，8—15。

特征 齿台直或微弯，较长，除前后两端外，两侧平行。侧齿列细齿分离，断面圆形；中齿列细齿侧方扁，有时前后方相连，形成锐利的瘤齿脊。中齿列往往比侧齿列高，向后延伸，有两个以上的细齿超出侧齿列。侧齿列细齿与中齿列细齿趋向于连成横脊，其位置不是交替出现的。反口缘窄，两侧平行，仅后方膨大，多数一侧比另一侧稍膨大些。

比较　*Icriodus symmetricus* 的齿台有的很长，它以中齿列的中后部细齿愈合成扁的中脊且比侧齿列高为特征。*Icriodus expansus* 的中齿列与侧齿列等高。*Icriodus alternatus* 的中齿列细齿与侧齿列细齿交替出现，横向上不相连，均不同于 *I. symmetricus*。本种的时限为上泥盆统下部下 *P. asymmetricus* 带至上 *P. gigas* 带。

产地层位　广西德保四红山，上泥盆统榴江组，*A. triangularis* 带；广西宜山，上泥盆统老爷坟组，中 *M. falsiovalis* 带到晚 *P. rhenana* 带；象州马鞍山，中泥盆统巴漆组至上泥盆统桂林组下部；广西永福，付合组上部；内蒙古乌努尔，中泥盆统大民山组（原霍博山组）。

塔费拉特贝刺　*Icriodus tafilaltensis* Narkiewicz and Bultynck, 2010

（图版22，图8—10）

1980 *Icriodus latecarinatus* Bultynck, 1974. – Bultynck and Holland, pl. 9, fig. 6.

1987 *Icriodus arkonensis* Stauffer, 1938. – Garcia-Lopez, pl. 9, figs. 1—4 (only).

2007 *Icriodus symmetricus*. – Aboussalam and Becker, fig. 8C.

2010 *Icriodus tafilaltensis* Narkiewicz and Bultynck, p. 619, figs. 7. 27, 15. 1—2, 16. 10—12, 17. 1—7, 17. 12—13, 18. 10—12, 19. 11—12.

特征　齿台纵轴微微侧弯，伸长，齿台轮廓由凹凸形到双凸形，一般具有7~8个横向的细齿列。齿台外侧明显比齿台内侧宽。在成熟个体标本上，齿台后方一半的外侧和内侧细齿列的细齿都是卵圆形的，并与中齿列的细齿相连。齿轴后部的外细齿列的细齿是斜的。在齿台前部，中齿列和侧齿列的细齿并非每个个体都分化得很清楚。中齿列细齿多数有纵齿脊相连，在齿台后方可能高于侧齿列细齿。中齿列向后的延伸的细齿是宽的，多数由两个愈合的细齿组成，比齿台上其他细齿高，有时有很短的侧齿突。齿台前边缘侧视相当高。基腔侧方膨胀不对称，始于齿台后半部，在内侧较短，在内边缘有微弱的爪突。

比较　*Icriodus arkonensis arkonensis* Stauffer, 1938 的齿台是双凸形的，中齿列细齿形成较明显的窄的纵齿脊，齿台上的细齿模式是几乎对称的，而 *Icriodus arkonensis walliserianus* Weddige, 1988 的齿台也是较对称的，这些都不同于 *I. tafilatensis*。前两个亚种都有比 *I. tafilatensis* 明显的爪突。

产地层位　欧洲、北美。此种在浅水相的时限为下 *I. subterminus* 带到*A. binodosa*—*A. pristina* 带，而在深水相的时限是 *S. hermanni* 带到 *P. transitans* 带。中国尚未发现此种。

特罗简贝刺　*Icriodus trojani* Johnson and Klapper, 1981

（图版21，图12）

1966 *Icriodus curvatus* Branson and Mehl. – Clark and Ethington, p. 680, pl. 83, fig. 8 (Pa element).

1981 *Icriodus trojani* Johnson and Klapper sp. nov. – Johnson and Klapper, pp. 1242—1243, figs. 8—9, 15—16, 19—29 (Pa element); text-figs. 2A, B (S element), C, D, E, H (Pb element).

1991 *Icriodus trojani* Johnson and Mehl. – Klapper (in Ziegler *et al.*, 1991), pp. 69—70, *Icriodus* – pl. 9, figs. 1, 4 (Pa element).

2005 *Icriodus trojani* Johnson and Mehl. －金善燏等，47 页，图版 7，图 1—2。

特征 （Pa 分子）齿台纺锤形，有 1～2 个高于齿脊的主齿；后齿突可能有细齿，排列成中齿脊，微微向外弯；主齿台上横脊发育；内突缘中等发育或很发育。

讨论 金善燏等（2005）图示的标本与本种的正模不同。这类标本有可能归入到 *Latericriodus* 属内。

产地层位 此种的时限为早泥盆世 *P. dehiscens* 带（？）到 *P. serotinus* 带。云南文山，下泥盆统埃姆斯阶 *P. inversus* 带。

土桥子贝刺 *Icriodus tuqiaoziensis* Han, 1988

（图版 23，图 8—9）

1988 *Icriodus tuqiaoziensis* Han sp. nov. －熊剑飞等，324 页，图版 136，图 7—8。

特征 齿台两侧近平行，前端稍收缩，长是宽的 4 倍。齿脊由圆形瘤齿组成，彼此之间无细脊相连。中齿列后端具高大齿脊或端脊。反口面的前 2/3 部分窄于齿台，后 1/3 呈圆形膨胀，并向上翻。基腔浅，其中间有一贯通的深窄裂缝。

比较 本种与 *Icriodus symmetricus* A Druce（1976，图版 36，图 8—9）有些相似，但特征明显，应为独立的种。

产地层位 四川龙门山，上泥盆统土桥子组。

维尔纳贝刺 *Icriodus werneri* Weddige, 1977

（图版 23，图 10）

1987 *Icriodus werneri* Weddige. －李晋僧，362 页，图版 163，图 15。

特征 齿台小而短，细齿分离且稀少。侧齿列瘤齿明显分开，且高于中齿列。主齿高大，向后倾斜。

产地层位 甘肃迭部当多沟，中泥盆统鲁热组。

贝刺（未名新种 A） *Icriodus* sp. nov. A

（图版 18，图 13—14）

1981 *Icriodus* n. sp. A. －Wang and Ziegler, pl. 2, figs. 23a—c, 24a—c.

特征 刺体窄而长，中后部基腔膨大。口面上有三排分离的、间距较宽的瘤齿，两个侧瘤齿列的瘤齿较圆、较明显，与中瘤齿列的瘤齿不在一条线上，也不呈交替状。最后一个瘤齿最大，即主齿，向后倾。基腔发育，齿沟深。

产地层位 内蒙古喜桂图旗，中泥盆统大民山组。

贝刺（未定种 A） *Icriodus* sp. A

（图版 23，图 11）

1989 *Icriodus* sp. A. －王成源，52 页，图版 10，图 2。

特征 刺体小，齿台两侧较直，由前端向后大致呈三角形，仅后方较浑圆；主齿不明显或缺少主齿，两个侧齿列由圆而小的瘤齿组成，中瘤齿列瘤齿较小。基腔较对称，后方膨大，但几乎与齿台宽一致。齿台最大宽度处接近齿台后方。当前标本缺少明显主齿，不同于 *Icriodus* sp. E（Weddige, 1977），但齿台形态相似。基腔后方膨大但未超过齿台，宽度亦不同于 *Icriodus amabilis* Bultynck and Hollard, 1980。

产地层位　广西那坡三叉河，下泥盆统坡折落组 *P. perbonus* 带。

贝刺（未定种 B）　*Icriodus* sp. B

（图版23，图12）

1989 *Icriodus* sp. A. －王成源，52 页，图版10，图3。

特征　个体小，两侧齿列的瘤齿横向伸长，与较小的中瘤齿列相连；中瘤齿列可达后端，与侧瘤齿列有些交错。齿台后端呈对称的半圆形。它与 *Icriodus subterminus* 的区别是后者瘤齿不横向拉长。它的瘤齿特征与 *I. arkonensis* 相似，但它的齿台后方对称并缺少凹陷，不同于 *I. arkonensis*。

产地层位　广西象州马鞍山，中泥盆统东岗岭组下部。

贝刺（未定种 C）　*Icriodus* sp. C

（图版23，图13）

1989 *Icriodus* sp. A. －王成源，52 页，图版10，图4。

特征　齿台前方有较直的三个横齿列。两个侧瘤齿列仅有 3 个瘤齿，中瘤齿列向后延伸，无主齿。齿台后方不对称，一短的内侧齿突指向前方，后方有一外侧齿突，不完整。可能为 *I. beckmanni* 的不完整个体。

产地层位　广西那坡三叉河，下泥盆统坡折落组 *P. perbonus* 带。

贝刺（未定种 D）　*Icriodus* sp. D

（图版23，图14—15）

1983 *Icriodus* sp. A. －Wang and Ziegler，p. 87，pl. 2，figs. 2—3.

1989 *Icriodus* sp. D. －王成源，52 页，图版9，图6—7。

特征　齿台直，窄而高，反口面整个膨大，口面中齿列由侧方扁的愈合的细齿构成；前后各有 2～3 个细齿高于中部的细齿；侧齿列仅有 2～3 个细齿，居齿台中部。

描述　刺体直或微微内弯。口面上，中齿列直而长，侧方扁。侧齿列仅有 2～3 个细齿，与中齿列细齿相连成脊。中齿列由 7～8 个侧方扁的细齿构成，后方有 3 个高的细齿，前方有 2 个高的细齿，细齿前后方向愈合。反口面由前端向后迅速膨大，外侧比内侧膨大更明显。

讨论　此未定种在反口面与口面特征上与 *Icriodus brevis* 极相似，唯中齿列前后端各有 2～3 个侧方扁而高的细齿，不同于后者。*I. brevis* 可能由 *I.* sp. D 随前端细齿降低演化而来。*Icriodus* sp. D 齿台很窄，亦不同于 *I. subterminus* Youngquist。*Icriodus* sp. D 仅见于 *Polygnathus costatus partitus* 带，是中泥盆世开始的重要标志，它与中泥盆世晚期的 *I. brevis* 不同。

产地层位　广西那坡三叉河，下—中泥盆统坡折落组最上部 *P. c. partitus* 带。

侧贝刺属　*Latericriodus* Müller，1962

模式种　*Icriodus latericrescens* Branson and Mehl，1938

特征　主齿台与 *Icriodus* 的主齿台相同。远端脊高度在侧齿列后端细齿之后立即降低。主齿突比远端脊个体分化好，向侧方和外侧发展，在后端的前方与主齿台相接。主齿突有一个或多个脊或细齿。在内侧，管状突伸的轴在内侧齿突的终点或前方与齿台相接。

附注 Bultynck（1976）将原来属早泥盆世的 *Icriodus* 分出两个属 *Caudicriodus* 和 *Praelatericriodus*，并重新确认 *Latericriodus* 的成立。Klapper 和 Philip（1971）以 *Icriodus pesavis* 为模式种建立 *Pedavis*。原来归入 *Icriodus* 的早泥盆世分子已分出 4 个属，而 *Icriodus* 多见于中—晚泥盆世。

Latericriodus nevadensis Johnson and Klapper, 1981 在中国尚未发现。

时代分布 早—中泥盆世。欧洲、亚洲。中国云南。

贝克曼侧贝刺 *Latericriodus beckmanni*（Ziegler, 1956）

（图版 24，图 1—2）

1956 *Icriodus latericrescens beckmanni* subsp. nov. – Ziegler, p. 102, pl. 6, figs. 3—5（non figs. 1—2 = *Pedavis* cf. *pesavis*）.

1967 *Icriodus latericrescens beckmanni* Ziegler. – Klapper and Ziegler, p. 77, pl. 8, fig. 5.

1975 *Icriodus beckmanni* Ziegler. – in Ziegler（ed.）, *Catalogue of Conodonts*, vol. Ⅱ, pp. 81—83, *Icriodus* – pl. 4, figs. 5—7.

1978 *Icriodus latericrescens beckmanni* Ziegler. – 王成源和王志浩，337—338 页，图版 41，图 18—20，29—30。

1981 *Icriodus beckmanni* Ziegler. – 熊剑飞（见鲜思远等），83 页，图版 24，图 1—4。

1983 *Icriodus beckmanni* Ziegler. – 熊剑飞，307 页，图版 69，图 8a—b。

1989 *Icriodus beckmanni* Ziegler. – 王成源，48—49 页，图版 9，图 11。

特征 具有下列特征的本属的一个种：齿台后半部强烈膨大，至少存在两个侧齿突，在内侧可能存在微弱的第三个齿突，近乎发育的内侧齿突指向前方。齿台主部为平行的齿脊。中齿脊由 6 ~ 8 个瘤齿组成，其前端超出两个侧齿脊，有 1 ~ 2 个较小的瘤齿；其后端向内弯，也有 1 ~ 2 个超过侧齿脊的瘤齿，向后倾，但没有形成后齿突。中齿脊比侧齿脊高些，中齿脊的两个瘤齿之间有一纵向的很窄的脊。侧齿脊由 4 ~ 6 个瘤齿组成，瘤齿间隔明显。中齿脊和两个侧齿脊的横向上相邻的三个瘤齿排列在垂直中脊的横线上，但横脊极微弱。外侧齿突指向侧方，略偏后，其上有 1 ~ 2 个瘤齿构成的齿脊，并与主齿台后方相连。外侧齿突与外侧齿脊的齿台向外明显膨大，光滑无饰。内侧齿突指向前方，由 2 ~ 4 个瘤齿组成齿脊。内侧齿突与主齿台的连接处比它与外侧齿突的连接处向前些。内侧齿突与内侧齿脊之间的齿台收缩，其底缘与中齿脊近于垂直。

基腔深，沿整个齿台的长度和宽度膨大，后半部膨大最明显。外侧向外张，内侧齿突下方为一明显的槽状突伸。基腔沿中齿脊下方最深，向前方收缩变尖，底缘较直，上缘拱曲。

产地层位 云南广南，下泥盆统埃姆斯阶达莲塘组；广西德保四红山，下泥盆统达莲塘组；广西天等，下泥盆统三叉河组；*Polygnathus dehiscens* 带（?）。

双列侧贝刺双列亚种 *Latericriodus bilatericrescens bilatericrescens* Ziegler, 1956

（图版 11，图 5—8）

1956 *Icriodus latericrescens bilatericrescens* Ziegler, pl. 6, figs. 6—13.

1969 *Icriodus latericrescens multicostatus*. – Carls and Gandle, pl. 17, figs. 1—8.

特征 有齿台，后端分出两个侧齿突，外齿突指向后方，内齿突指向前方，两个齿突形成180°。齿台没有向后延伸超过两个侧齿突。主齿台上有发育的横脊，由较圆的瘤齿组成。

产地层位　此种的层位为下埃姆斯阶上部至上埃姆斯阶下部。在欧洲、亚洲和非洲均有分布。中国尚缺少此种的报道。

双列侧贝刺细亚种　*Latericriodus bilatericrescens gracilis* Bultynck, 1985

（图版24，图13）

1985 *Latericriodus bilatericrescens gracilis* Bultynck, p. 269, pl. 5, fig. 1—2.

2004 *Latericriodus bilatericrescens gracilis* Bultynck. – Slavik, p. 65, pl. 1, fig. 9.

特征　*Latericriodus bilatericrescens*（Ziegler，1956）的一个亚种，具有纤细的、窄的、凹凸形的齿台，齿台上有很多瘤齿。长的后方的外侧齿突在口面有很窄的装饰带，与主齿台轴部呈110°~130°，并与主齿台后端相连。内侧齿突粗壮，略指向前方，具有锐利的脊，与中齿列最后的一个细齿相连。

附注　Slavik（2004）认为此亚种的首现在捷克Barrandian地区埃姆斯阶的开始处。

产地层位　捷克Barrandian地区，下埃姆斯阶。中国尚未发现此牙形刺分子。

斯台纳赫侧贝刺β形态型　*Latericriodus steinachensis*（Al-Rawi，1977）β morphotype Klapper and Johnson，1980

（图版24，图3—6）

1980 *Icriodus steinachensis* Al-Rawi β morphotype. – Klapper and Johnson, pl. 2, figs. 19—22.

2004 *Latericriodus steinachensis*（Al-Rawi，1977）β morphotype. – Slavik, p. 65, pl. 1, figs. 4—5.

附注　Klapper和Johnson（1980）区分并图示出*Icriodus steinachensis*的两个形态型：β形态型和η形态型。但缺少对这两个形态型的描述。Slavik（2004）和Slavik等（2007）认为β形态型的首现是捷克Barrandian地区布拉格阶底界的开始，比原来布拉格阶的底界定义*E. sulcatus*低一点，但它主要分布于与Barrandian有关的地区。布拉格阶底界的定义目前还没有形成最后的定论。此形态型目前在中国尚未发现。本书仅出示其图像及其特征。

产地层位　捷克Barrandian相关地区，布拉格阶。

斯台纳赫侧贝刺η形态型　*Latericriodus steinachensis*（Al-Rawi，1977）η morphotype Klapper and Johnson，1980

（图版24，图7—10；图版12，图14）

1980 *Latericriodus steinachensis*（Al-Rawi，1977）η morphotype. – Klapper and Johnson, pl. 2, figs. 25—27.

1984 *Icriodus steinachensis* Al-Rawi, 1977. – Murphy and Cebecioglu, *Icriodus* lineage, fig. 2.

1994 *Icriodus steinachensis* Al-Rawi, 1977. – Valenzuela-Ríos, pl. 8, figs. 1—3, 5—8, 11.

2004 *Latericriodus steinachensis*（Al-Rawi，1977）η morphotype Klapper and Johnson. – Slavik, p. 65, pl. 1, fig. 5.

特征　主齿台呈后方宽的纺锤形，横脊发育。每个横脊两侧均为粗壮的瘤齿，但无侧齿脊，中齿脊发育，横脊中部瘤齿不发育，齿台后齿突发育，与主齿台中脊几近直角。后齿突上有三个分离的发育的瘤齿。反口面基腔膨大，占据整个反口面。

附注　此种在北美（内华达、加拿大、阿拉斯加）和欧洲见于洛霍考夫阶中部*delta*带。

见 β morphotype 的附注。内蒙古发现的标本暂归入 η 形态型.

产地层位 捷克 Barrandian 相关地区，布拉格阶。内蒙古达茂旗巴特敖包剖面，下泥盆统阿鲁共组（BT 14-1）；洛霍考夫阶 *A. delta* 带。

云南侧贝刺 *Latericriodus yunnanensis* Wang, 1982

（图版 11，图 1—4；插图 18）

1982 *Latericriodus yunnanensis* Wang. －王成源，439—440 页，图版 2，图 12—21，插图 4。

特征 主齿突与主齿台以近 90°的角度相交，其齿轴与主齿台中齿列后方第二个瘤齿相接。主齿台轮廓呈明显的纺锤形，横脊很发育，两侧瘤齿不甚突出。

描述 主齿台呈典型的纺锤形，中部最宽，有 9～11 个发育的横脊，横沟宽而浅。中齿列发育，瘤齿间有几乎与横脊同样发育的纵向脊相连。主齿台两侧，即在横脊的侧方，有不甚发育的瘤齿。侧齿列无纵向齿脊相连。

主齿突发育，约为主齿台长的 1/3，其齿轴与主齿台齿轴近于垂直，在中齿列后方第二个瘤齿处与主齿台相连。主齿突上齿脊发育并分化出不规则的横脊。此种包括两种类型的标本：一类是主齿突低于主齿台，并分出与主齿突齿轴垂直或斜交的短横脊，反口面轮廓远端较窄；另一类，主齿突上齿脊不规则且与主齿台同样高，基腔近后端强烈膨大，次齿突极不发育，管状突伸不明显。

比较 此种与 *Latericriodus latericrescens* 相似，但本种主齿台呈明显的纺锤形，横脊发育，两侧瘤齿不太发育，而 *L. latericrescens* 主齿台长，向前方变尖，呈楔形或等腰三角形，无横脊或横脊很不发育，两侧瘤齿明显。此种无疑与 *Praelatericriscens simulator* 相似，区别在于：①此种主齿突在主齿台中齿列后方第二个瘤齿处与主齿台相接，而 *P. simulator* 的主齿突与主齿台后方第一个瘤齿或远端脊的末端相连；②此种主齿台上横脊发育，横沟浅，两侧瘤齿不太发育，仅在主齿台前方有几个呈瘤齿状凸起，而 *P. simulator*横脊不甚发育，两侧瘤齿明显，大而圆；③此种次齿突很不明显，而 *P. simulator*次齿突较发育。

产地层位 云南阿冷初，下泥盆统上部班满到地组。

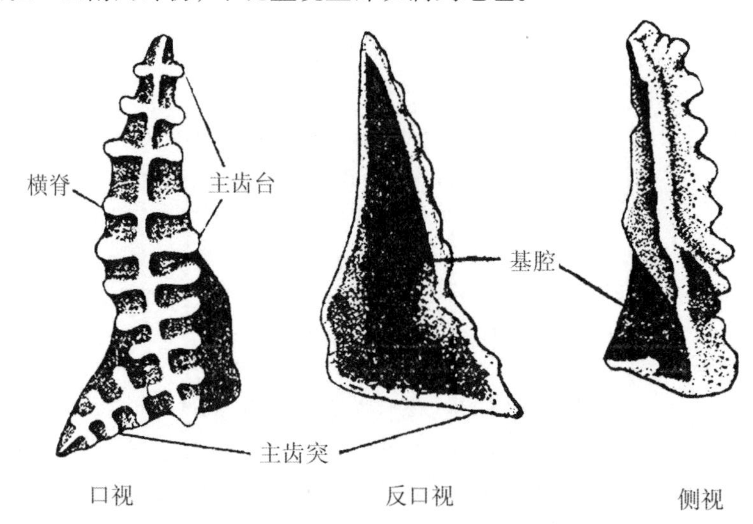

插图 18 *Latericriodus yunnanensis* Wang, 1982，正模（据王成源，1982，440 页，插图 2）

Text-fig. 18 *Latericriodus yunnanensis* Wang, 1982, holotype (after Wang, 1982, p. 440, text-fig. 2)

新贝刺属 *Neocriodus* Gagiev, 1979

模式种 *Neocriodus terminalis* Gagiev, 1979（插图 19）

特征 齿台为平的、不对称的四叶形，表面装饰有小的瘤齿，瘤齿沿四边形齿台边缘排列成行；齿台中部瘤齿不规则，向中部收敛。基腔开放，亦为四叶状，底缘为四边形。基腔深，不规则，全部凹入。

附注 本书并没采用 Gagiev（1979a）给本属的定向。本属的齿台和基腔近四边形，不同于 *Antognathus* Lipnjagov, 1978。

比较 *Neocriodus* 不同于 *Latericriodus* 之处在于它的齿台是平的，布满小的瘤齿，齿台四边形，没有中瘤齿列。它具有大的基腔而不同于 *Ancyrodella*。它与 *Fungulodus* 的区别是它的齿台和基腔底缘都是四边形。

时代分布 晚泥盆世法门期晚期。俄罗斯。中国还没有发现此属。

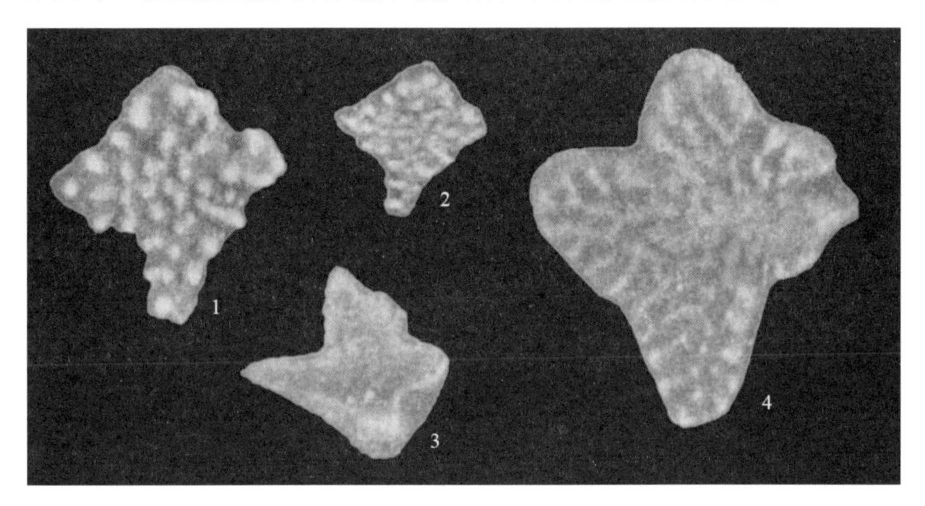

插图 19 终端新贝刺 *Neocriodus terminalis* Gagiev, 1979（据 Gagiev, 1979a, 图版 7, 图 1—4）

Text-fig. 19 *Neocriodus terminalis* Gagiev, 1979 (after Gagiev, 1979a, pl. 7, figs. 1—4)

斧颚刺属 *Pelekysgnathus* Thomas, 1949

模式种 *Pelekysgnathus inclinatus* Thomas, 1949

特征 刺体由薄而高的齿片构成，齿片直或微弯，侧视可能拱曲；齿片上为一列低的分离或愈合的瘤齿或齿脊。后方有大的常常指向后方的主齿。反口面为开放的对称的基腔，占据整个反口面。基穴深，位于主齿下方。

附注 *Pelekysgnathus* 与 *Icriodus* 的区别在于它在齿台上仅有一个细齿列。此属的多成分属由三种分子组成。见 *Sannemannia* 和 *Steptotaxis* 的讨论。Uyeno 和 Klapper (1980) 已将 *Pelekysgnathus glenisteri* Klapper, 1969 和 *P. furnishi* Klapper, 1969 归入到 *Steptotaxis* 属内。

以下几个种和亚种在中国尚未发现：*Pelekysgnathus arcticus* Uyeno, 1981; *Pelekysgnathus inclinatus* Thomas, 1949; *Pelekysgnathus index* Klapper and Murphy, 1975; *Pelekysgnathus klamathensis* Savage, 1977; *Pelekysgnathus serratus serratus* Jentzsch, 1962 和

Pelekysgnathus serratus elongata Carls and Gandle, 1969。

时代分布 晚志留世到晚泥盆世。世界性分布。

提升斧颚刺 *Pelekysgnathus elevatus* (Branson and Mehl, 1938)

（图版25，图15）

1975 *Pelekysgnathus elevatus* (Branson and Mehl). – Klapper, in Ziegler (ed.), *Catalogue of Conodonts*, vol. Ⅱ, pp. 253—254, *Pelekysgnathus* – pl. 1, fig. 1.

2002 *Pelekysgnathus elevatus* (Branson and Mehl). – Wang and Ziegler, pl. 6, fig. 14.

特征 刺体简单，齿片状，微微侧弯，高为长的一半，长为宽的8倍。具一列纵向齿列，由7个侧方扁的细齿组成。细齿大小不太规则，前端细齿较大。细齿交替地向左右斜伸如锯齿。细齿长，但大部分愈合，显得齿片较高。基腔从前端到后端全部凹入，逐渐向侧方散开，后半部张开，近半圆形，具有较尖的内边缘。

比较 此种的前端细齿排列不规则，不同于 *Pelekysgnathus planus*。

产地层位 此种的时代为中泥盆世基维特期 *P. varcus* 带（?）。当前标本见于广西桂林龙门剖面上泥盆统谷闭组上 *Ancyrognathus triangularis* 带。

贵州斧颚刺 *Pelekysgnathus guizhouensis* Wang and Wang, 1978

（图版25，图1）

1978 *Pelekysgnathus guizhouensis* nov. sp. –王成源和王志浩，75页，图版3，图7—10。

特征 底缘直，基腔膨大，口视呈梨形。

描述 口视直，前方微向内弯。较大的主齿位于后端，向后倾。齿脊细，齿端尖，分离，近三角形，最前端的细齿最小。口缘中部上拱，向前后变低。基腔位于刺体后端，明显膨大呈梨形，近于两侧对称，其长为刺体长的1/2；侧视底缘直，基腔齿叶中部边缘向上拱。基腔大，沿前后方向深，向前延伸成齿槽。

比较 底缘直，不上拱，主齿不大，是本种的特点。它与 *Pelekysgnathus planus* Sannemann 有些相似，但本种口缘上拱，基腔明显向两侧膨大呈梨形。

产地层位 贵州长顺代化剖面，上泥盆统法门阶代化组最顶部。

平斧颚刺 *Pelekysgnathus planus* Sannemann, 1955

（图版25，图2，8—10）

1955 *Pelekysgnathus planus* Sannemann, p. 149, pl. 4, figs. 22—23.

1967 *Pelekysgnathus planus* Sannemann. – Clark and Ethington, pp. 57—58, pl. 6, figs. 1, 14.

1968 *Pelekysgnathus planus* Sannemann. – Mound, p. 502, pl. 68, fig. 18.

1970 *Pelekysgnathus planus* Sannemann. – Seddon, p. 738, pl. 11, figs. 1—12 (?).

1989 *Pelekysgnathus planus* Sannemann. –王成源，95页，图版16，图2，7。

1994 *Pelekysgnathus planus* Sannemann. – Wang, pl. 8, figs. 6, 11.

2002 *Pelekysgnathus planus* Sannemann. – Wang and Ziegler, pl. 8, figs. 22—24.

特征 刺体侧视口缘直，底缘与口缘大致平行。整个刺体侧视近于矩形。齿片侧方扁，口缘有5~10个小的近于三角形的细齿。后方主齿比细齿大，直立或后倾。口视刺体直或微向内侧弯。基腔基本对称，占据整个反口面。齿片基部基腔向两侧张开，后方变宽。

比较 *Pelekysgnathus elevatus* 前方三个细齿左右交替，不在一条直线上，这不同于

P. plana；两者侧视轮廓相似。

产地层位　此种时代为晚泥盆世，*P. triangularis* 带至 *P. crepida* 带。广西德保都安四红山，上泥盆统三里组 *P. triangularis* 带。Klapper（1975）报道此种同样见于弗拉阶。

锯齿斧颚刺长亚种（比较亚种）
Pelekysgnathus serrata cf. *elongata* Carls and Gandle, 1969

（图版25，图5—7）

cf. 1969 *Pelekysgnathus serrata* cf. *elongata* Carls and Gandle, p. 191, pl. 19, figs. 15—19.

cf. 1969 *Pelekysgnathus serrata elongata* Carls and Gandle. – Carls, p. 336, pl. 2, figs. 5—10.

1989 *Pelekysgnathus serrata* cf. *elongata* Carls and Gandle. – 王成源，96页，图版16，图4—6。

特征　齿片底缘较直，侧方扁，基腔窄，主齿不太发育，口缘上有小的细齿。

附注　当前标本主齿小，不后倾，齿片较高，不同于典型的 *P. s. elongata*。它的刺体窄，基腔狭长，与正模标本一致。

产地层位　广西德保都安四红山，下—中泥盆统坡折落组和中泥盆统分水岭组 *P. costatus*带。

锯齿斧颚刺膨大亚种　*Pelekysgnathus serrata expansa* Wang and Ziegler, 1983

（图版25，图3—4）

1978 *Pelekysgnathus* sp. Chatterton, pl. 7, figs. 24—25.

1983 *Pelekysgnathus serrata expansa* Wang and Ziegler, pp. 88—89, pl. 4, figs. 20—21.

1989 *Pelekysgnathus serrata expansa* Wang and Ziegler. – 王成源，96页，图版16，图3，11。

特征　基腔在后方强烈膨大的 *Pelekysgnathus serrata* 的一个亚种，主齿小且近直立，齿片侧视呈矩形。

描述　侧视齿片呈矩形，底缘与口缘较平直，前方齿片与后方齿片的高度相近。主齿不发育，不后倾。口缘上有9～10个短的细齿。口视齿片直或向内弯。基腔在齿片后方强烈膨大，约占齿片长的2/5，并向前方齿槽逐渐收缩。

比较　*P. s. serrata* 齿片向前方倾斜，主齿向后弯。基腔较窄，不同于本亚种。*P. s. elata* Carls and Gandle 具有发育的主齿，主齿后方口缘拱曲，亦不同于 *P. s. expansa*。

产地层位　广西德保四红山，下—中泥盆统坡折落组 *P. c. costatus* 带。

锯齿斧颚刺锯齿亚种　*Pelekysgnathus serratus serratus* Jentzsch, 1962

（图版24，图14）

1962 *Pelekysgnathus serrata* Jentzsch, Taf. II, Bild. 7, 8; Taf. III, Bild. 6, 9, 15.

特征　*Pelekysgnathus serratus* 的一个亚种，其反口缘直，有7个尖的细齿。基腔窄，位于主齿下方，较深。

附注　齿片的高度为中等，最多有7个细齿，细齿侧方愈合，侧视呈三角形。主齿偏厚，比细齿厚。反口面底缘直。基腔长而窄，直到前端。主齿下方基腔深。

产地层位　正模标本见于德国早泥盆世（Jentzsch，1962）。中国尚未发现此亚种。

锯齿斧颚刺布伦斯维斯亚种 *Pelekysgnathus serratus brunsvicensis* Valenzuela-Ríos, 1994

（图版24，图15）

1994 *Pelekysgnathus serratus brunsvicensis* Valenzuela-Ríos, pl. 9, figs. 19—21, 23—26, 29.

2007 *Pelekysgnathus serratus brunsvicensis* Valenzuela-Ríos. – Slavik *et al.*, fig. 3. 7.

特征 *Pelekysgnathus serratus* 的一个亚种，其主齿近直立，特别是主齿后缘侧视直立。齿脊前端微弯，一般有7个细齿，侧视近三角形。细齿近等大，仅最后一个细齿较小。基腔膨大，对称，后方近半圆形，约占刺体长的一半多，向前方收缩。齿台后端较尖。

附注 主齿后缘直立，基腔膨大，齿片前端微弯，是本亚种区别于 *Pelekysgnathus serratus elongates*, *P. s. quadarraensis* 和 *P. s. serratus* 的重要特征。

Slavik 等（2007，图版24，图15）图示的标本与本种正模略有不同，主齿后缘后倾，但仍很直。

产地层位 此亚种产于西班牙下泥盆统洛霍考夫阶至布拉格阶下部。中国尚无此亚种的报道。

普莱福德刺属 *Playfordia* Glenister and Klapper, 1966

模式种 *Pelekysgnathus? primitiva* Bischoff and Ziegler, 1957

特征 两侧几乎对称，在微微拱曲的齿台上有一窄而高的齿脊。齿台边缘在前方窄圆，在后方则宽圆，最大宽度在中后部。齿台很薄，并且与下方大的基腔轮廓是一致的。齿台与齿脊相交呈钝角。齿脊是由特别扁的薄细齿构成，细齿几乎愈合到其顶尖。

比较 *Playfordia* 齿脊的细齿与 *Dinodus* 的细齿最相似，但后者的齿片高度拱曲，两者易于区别。*Playfordia* 的刺体表面覆有小的疹点，这同样是 *Dinodus* 的特征。

时代分布 晚泥盆世最早期。欧洲、澳大利亚、北美、亚洲。中国广西。

初始普莱福德刺 *Playfordia primitiva* (Bischoff and Ziegler, 1957)

（图版25，图11—14）

1957 *Pelekysgnathus primitiva* n. sp. – Bischoff and Ziegler, p. 83, pl. 21, figs. 5—9.

1966 *Playfordia primitiva* (Bischoff and Ziegler). – Glenister and Klapper, p. 827, pl. 95, figs. 19—20.

1985 *Playfordia primitiva* (Bischoff and Ziegler, 1957). – Ziegler and Wang, pl. 3, fig. 14a—b.

1986 *Playfordia primitiva* (Bischoff and Ziegler, 1957). – 季强，38页，图版5，图13—16；图版7，图17。

1988 *Pelekysgnathus primitiva* Bischoff and Ziegler. – 熊剑飞等，325页，图版131，图4。

1992 *Pelekysgnathus primitiva* Bischoff and Ziegler. – Ji *et al.*, pl. 4, fig. 25.

特征 齿台宽大，椭圆形。齿脊直或微微弯曲，直立并沿整个齿台长度延伸到末端。齿脊很薄，由完全愈合的细齿组成，唯末端一细齿略宽些。齿脊的细齿与齿台呈120°角相交。整个反口面为一大而浅的基腔所占据。同心生长纹明显。

产地层位 四川龙门山，中泥盆统观雾山组；广西德保四红山，上泥盆统“榴江组”；象州马鞍山，中泥盆统巴漆组顶部到上泥盆统桂林组下部。此种的时限为晚泥盆世早期（*M. asymmetricus*, late *falsiovalis*）。

锯片刺目　PRIONIODINIDA Sweet, 1988
锯片刺科　PRIONIODINIDAE Bassler, 1925
犁颚刺属　*Apatognathus* Branson and Mehl, 1934

模式种　*Apatognathus varians* Branson and Mehl, 1934

特征　刺体对称或不对称，由两个强烈拱曲的后齿耙构成。这两个后齿耙在前方顶端愈合，有分离、前倾或直立的小细齿。主齿端生，后倾，并常常向内侧弯曲。

讨论　本属的定向有不同观点，Varker（1967）认为这是因为：①刺体强烈拱曲的特点；②本属的类型中，有的对称，有的不对称；③一个或两个齿耙不同程度加粗或扭曲；④齿耙常常在不同的平面上；⑤细齿变化很大。本属定向采用 Sannemann 和 Clark 的用法，即主齿为前，齿拱凹面为后，齿耙均为后齿耙；主齿偏曲的一方为内侧，有细齿的一面为口方；两齿耙口面可能不在同一平面上。早石炭世的两个齿耙强烈不对称的类型，可能不归入本属。Varker（1967）描述的几个种可能不属于本属。

时代分布　晚泥盆世至早石炭世。北美、欧洲、亚洲、澳大利亚、非洲。中国广西、湖南、贵州等地。

大主齿犁颚刺？　*Apatognathus*？*cuspidata* Varker, 1967
（图版 26，图 4—5）

1982 *Apatognathus*? *cuspidata* Varker. – Wang and Ziegler, pl. 2, figs. 4—5.

特征　主齿强大，向后弯。两个侧齿耙不对称，在其中一个齿耙上的细齿近等大、较密集，而在另一齿耙上的细齿不等大；两齿耙上细齿朝向不同。

产地层位　湖南邵东县界岭，上泥盆统邵东组。

细长犁颚刺　*Apatognathus extenuatus* Ji, 1988
（图版 26，图 16—17）

1988 *Apatognathus extenuatus* Ji, sp. nov. – 熊剑飞等，1988，图版 139，图 9—10。

特征　两齿耙的长度相等，约以 20° ~ 25°角相交。反口脊薄而窄。口面各具一列细齿。口面细齿基部愈合，齿尖分离，横断面呈凸镜形，高度和大小逐渐朝主齿增加。主齿高大，微微内弯，横断面呈亚圆形，位于两齿耙连接端。反口面基腔小，一般不易见到。

讨论　此种与 *A. petilus* Varker 相似，区别在于后者齿耙连接端具几个大齿，无明显主齿。

产地层位　四川龙门山，上泥盆统长滩子组。

双生犁颚刺　*Apatognathus geminus* (Hinde, 1900)
（图版 26，图 18—19）

1990 *Prioniodus geminus* Hinde, pl. 10, fig. 25.

1969 *Apatognathus geminus* (Hinde). – Rhodes *et al.*, pp. 71—72, pl. 20, figs. 3a—4b, 6a—7b.

1982 *Apatognathus*? *scalenus* Varker. – Wang and Ziegler, pl. 1, figs. 7—8.

1988 *Apatognathus geminus* (Hinde). – 熊剑飞等，334 页，图版 139，图 11—12。

特征　刺体不对称，由两个齿耙组成，两齿耙夹角为 30° ~ 40°，并强烈向内扭曲。前齿耙长而直，外侧面平滑，口面有 7 ~ 9 个刺尖分离的细齿，最前部近主齿处的 3 ~ 4

个细齿明显大于其他细齿。后齿耙较短，口面具6~7个较小的细齿。主齿高大，微为内弯，位于前后齿耙之连接端。反口面基腔小而深，亚圆形，位于主齿之下方。齿槽宽而深。

讨论 此种与 *Apatognathus cuspidate* Varker 的区别在于后者主齿十分显著，前齿耙细齿较小，后齿耙细齿较大。此种与 *A. scalenus* Varker 的区别在于后者前齿耙中部发育有1~2个特别粗大的细齿。Wang 和 Ziegler（1982，图版1，图7—8）的标本有可能归入此种，其前齿耙最前端明显发育三个较大的细齿。

产地层位 四川龙门山，上泥盆统茅坝组顶部至长滩子组。

克拉佩尔犁颚刺 *Apatognathus klapperi* Druce, 1969

（图版26，图2—3，14）

1966 *Apatognathus varians* Branson and Mehl. – Klapper, p. 28, pl. 6, fig. 12 (non figs. 13, 14 = *A. varians*).

1969 *Apatognathus varians klapperi* Druce, p. 44, pl. 1, figs. 13—14; text-fig. 11.

1976 *Apatognathus varians klapperi* Druce. – Druce, p. 73, pl. 13, figs. 6—7.

1982 *Apatognathus klapperi* Druce. – Wang and Ziegler, pl. 2, fig. 3.

1983 *Apatognathus varians klapperi* Druce. –熊剑飞，302页，图版70，图18。

1989 *Apatognathus klapperi* Druce. –王成源，29页，图版3，图1。

特征 刺体近于对称，基本轮廓似 *A. varians*，但其两后齿耙上细齿单列，不成组出现，这与 *A. vrians* 不同。大的主齿前后方扁，两侧有发育的缘脊；近主齿处，各有一个或几个较大的细齿。两后齿耙上细齿仅有一列，细齿向主齿方向增大并指向侧方。

附注 当前标本近主齿处仅有一个较大的细齿，但不及正模标本那样大。此种在澳大利亚见于上泥盆统（*P. marginifera* 带至 *P. styriacus* 带，to IV）。当前的标本见于上泥盆统预部。

产地层位 广西永福县和平乡，上泥盆统融县组；湖南邵东县界岭，上泥盆统邵东组；贵州长顺，上泥盆统代化组。

瘦犁颚刺 *Apatognathus petilus* Varker, 1969

（图版26，图6）

1969 *Apatognathus petilus* sp. nov., – Rhodes *et al.*, pp. 71—72, pl. 20, figs. 12—14, 17.

1987 *Apatognathus petilus* Varker. –董振常，68页，图版3，图6。

特征 刺体强烈向上拱曲，两侧齿耙下垂，形成“V”字形。主齿位于左后齿耙之上，强烈向左侧并向后弯曲。左后侧齿耙直，细齿密集成一列，中下部愈合，仅齿尖分离，与齿耙几乎呈直角相交；由前到后，细齿由大变小。右后齿耙前1/3部分向右侧平伸，而后弯曲下伸，形成一个肩部，其上具5个大细齿，呈放射状排列，其中有三个特别巨大。右后侧齿耙的尖三角形细齿与齿耙相交，齿尖上指。两齿耙内侧面微凸，反口缘直而锐利。

产地层位 新邵县马栏边，上泥盆统法门阶孟公坳组。

不平犁颚刺？ *Apatognathus? scalena* Varker, 1967

（图版24，图16—17）

1982 *Apatognathus? scalena* Varker. – Wang and Ziegler, pl. 1, figs. 7—8.

特征 主齿顶生，中等大小。两齿耙不对称。长齿耙上仅主齿前半部生有3~5个较大的分离的细齿，后半部光滑无细齿；短齿耙上有较密集的小细齿。

产地层位　湖南邵东县界岭，上泥盆统邵东组。

线纹犁颚刺　*Apatognathus striatus* Ji, 1988

（图版 26，图 20—21）

1988 *Apatognathus striatus* Ji, sp. nov. －熊剑飞等，图版 139，图 13—14。

特征　刺体对称发育，由两个等长的齿耙组成；两齿耙之反口缘平直，其夹角约为 45°。口缘呈半圆形，口面各具 5 ~ 6 个细齿。细齿粗壮分离，横断面呈亚圆形，表面具有清晰的线纹。主齿中等大小，微微内倾，横断面呈亚圆形，表面亦具线纹。

讨论　此种与 *A. libratus* Varker 的区别在于后者齿耙口面具有 6 ~ 10 个细齿，细齿基部愈合，齿尖分离，表面光滑无饰。

附注　此种正式发表于 1988 年龙门山专著，但季强曾标注此种的年代为 1985，而有关研究生论文集发表于 1987 年。

产地层位　湖南、广西、四川上泥盆统上部；北川沙窝子，上泥盆统长滩组下部。

变犁颚刺　*Apatognathus varians* Branson and Mehl, 1934

（图版 26，图 7—8，13，15）

1934 *Apatognathus varians* Branson and Mehl, pp. 201—202, pl. 17, figs. 1—3.

1966 *Apatognathus varians* Branson and Mehl. －Glenister and Klapper, p. 803, pl. 96, figs. 14—16.

1982 *Apatognathus varians* Branson and Mehl. －Wang and Ziegler, pl. 2, figs. 6—7.

1987 *Apatognathus varians* Branson and Mehl. －董振常，69 页，图版 3，图 11。

1989 *Apatognathus varians* Branson and Mehl. －王成源，57 页，图版 1，图 24—25。

特征　两后齿耙夹角 30° ~ 40°，主齿顶生，强烈内弯并几乎与齿耙平面垂直。齿耙上细齿疏密相间。

描述　两后侧齿耙向后伸，形成“V”字形。右后侧齿耙细齿较多，细齿短，锥状，疏密相间，常常 2 ~ 3 个密集在一起。左后侧齿耙细齿较少，但同样细齿成双，疏密相间。主齿顶生，强烈内弯。主齿断面前面为宽半圆形，后面则为直径较短的半圆形。

讨论　Ethington 等（1961）注意到，沿 *Apatognathus varians* 两齿耙上缘，细齿成对角补偿，Glenister 和 Klapper（1966）认为这是本种的主要特征。

产地层位　贵州惠水，上泥盆统代化组；湖南新邵县马栏边，上泥盆统法门阶孟公坳组。

犁颚刺？（未定种 A）　*Apatognathus*? sp. A

（图版 26，图 12）

1987 *Apatognathus*? sp. A. －董振常，图版 3，图 9—10。

特征　主齿大，顶生，后倾。两后侧齿耙下垂，夹角 30°。细齿两个一丛，成一列。两后侧齿耙上细齿的排列方式和数量一致。主齿前部下延，在两侧齿耙之间形成底缘呈弧形下突的三角形齿。

产地层位　湖南祁阳县，上泥盆统桂阳组下部。

犁颚刺？（未定种 B） *Apatognathus*? sp. B

（图版 26，图 9）

1982 *Apatognathus*? sp. B. –Wang and Ziegler, pl. 2, fig. 8.

特征 从反口面看，主齿粗短。其中一个侧齿耙很长，其反口缘锐利，口缘细齿成组出现，每组由 3～5 个很小的细齿组成，并与齿耙斜交；另一个齿耙很短，仅有几个小细齿。

产地层位 湖南邵东县界岭，上泥盆统邵东组。

犁颚刺？（未定种） *Apatognathus*? sp.

（图版 26，图 11）

1982 *Apatognathus* (sp. nov. A). –Wang and Ziegler, pl. 1, figs. 5—6, 10.

1987 *Apatognathus*? sp. –董振常，69 页，图版 3，图 6。

特征 似为一个发育不完善的犁颚刺个体，主齿粗大，位于前部，微后倾。右后侧齿耙由主齿基部向后侧平伸，微下斜，与左后侧凸起的底缘形成一宽弧形底面。右后侧齿耙上为前大后小、彼此分离、外侧平、内侧圆突的细齿。左后侧向左平伸一齿状凸起，其反口面宽平，与宽平的右后侧齿耙反口面相连，基腔不明显。

产地层位 湖南新邵县马栏边，孟公坳组。

埃利卡刺属 *Erika* Murphy and Matti, 1982

模式种 *Erika divarica* Murphy and Matti, 1982

特征 由六种齿耙状骨骼分子组成的器官属，每个齿耙分子可区分出前齿耙和后齿耙，齿耙上均具有沿齿耙全长或部分长度分布的离散的细齿（插图 20）。

附注 此属演化关系不清，仅有一个种。此属无台形分子，由六种齿耙形分子组成，似 Sweet and Schönlaub (1975) 所恢复的 *Oulodus* 的器官，有些分子也与 *Oulodus* 的分子相似。

时代分布 此属仅见于早泥盆世 *delta* 带。北美。中国尚未发现此属。

希巴德刺属 *Hibbardella* Bassler, 1925

模式种 *Hibbardella* (*Prioniodus*) *angulata* Hinde, 1879

特征 主齿发育，扁，缘脊锐利。主齿位于有细齿的前齿拱的顶端。后齿耙直，有后倾的细齿。由主齿基部分出两个对称的具有分离细齿的前侧齿耙，细齿微微内倾。基腔小。

比较 Rhodes 等（1969）的定义是：有两个前齿耙和非常发育的主齿。主齿前后方向扁，侧方缘脊锐利；基腔小，只限于主齿下方的反口面。在反口面上，前齿耙和后齿耙都发育有齿槽。后齿耙短而壮，其上的细齿分离。

Roundya 有大的基腔，不同于本属。*Diplododella* 的前侧齿耙细齿愈合或排列紧密，亦不同于 *Hibbardella*。

时代分布 中奥陶世至三叠纪。世界性分布。

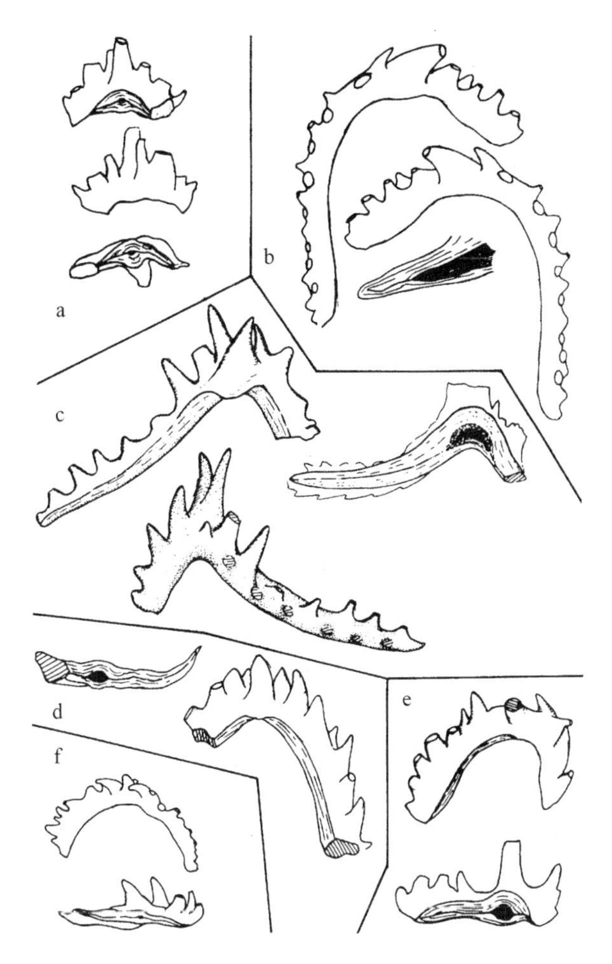

插图20 埃利卡刺 *Erika* Murphy and Matti 的器官分子。a. Pa 分子，前视、后视和底视；b. Sc 分子，侧视和底视；c. Pb 或 M 分子，前视、后视和底视；d. Sa 分子，侧视和底视；e. Sb 或 Pb 分子，侧视和底视；f. Sb 分子，侧视和底视（据 Murphy 和 Matti，1982，43 页，插图 7）

Text-fig. 20 Apparatus elements of *Erika divarica* Murphy and Matti, 1982. a. Pa element, front, back and basal views; b. Sc element, lateral and basal (showing inverted cavity) views; c. Pb or M element, front, back and basal (showing small normal cavity surrounded by inverted cavity) views; d. Sa element, side and basal views; e. Sb or Pb element, side and basal views; f. Sb element, side and basal views

交替希巴德刺 *Hibbardella alternata* (Branson and Mehl, 1934)

（图版27，图1—2）

1934 *Diplododella alternate* Branson and Mehl, p. 204, pl. 16, figs. 23—24.

1968 *Hibbardella alternata* (Branson and Mehl). – Mound, pl. 66 (pl. 2 in text), fig. 3.

1969 *Hibbardella* (*Hibbardella*) sp. A. – Druce, p. 66, pl. 8, fig. 11a—b.

1976 *Hibbardella* (*Diplododella*) *alternata* Branson and Mehl. – Druce, p. 89, pl. 21, figs. 1—4.

1987 *Hibbardella alternata* Branson and Mehl. – 董振常，3 页，图版5，图7—8。

特征 前齿拱对称，齿耙上有一列圆断面且大小交替的细齿。顶齿（主齿）高大，侧方扁。后齿耙侧方扁，有一列小的针状的细齿。基腔小，在顶齿下方。

附注 本种以齿拱上大小细齿交替、齿耙侧方扁、顶齿大为主要特征。

产地层位 湖南新邵县马栏边，上泥盆统法门阶孟公坳组。

交替希巴德刺（比较种） *Hibbardella* cf. *alternata*（Branson and Mehl，1934）

（图版27，图5）

1987 *Hibbardella* cf. *alternata*（Branson and Mehl，1934），－董振常，73 页，图版5，图11。

特征 刺体对称，主齿位于前齿拱之上，横断面呈扁圆形。两前侧齿耙高，中等长度，两侧下伸。底缘锐利，呈弧形弯曲，具分离的细齿。前齿耙高，后面生有同心纹。无后齿耙，未见基腔。

产地层位 新邵县马栏边，泥盆统法门阶邵东组。

宽羽希巴德刺 *Hibbardella latipennata*（Ziegler，1959）

（图版27，图7）

1959 *Roundya latipennata* Ziegler，p. 70，pl. 12，fig. 9.

1968 *Hibbardella latipennata*（Ziegler）．－Mound，p. 848，pl. 166，figs. 7—8.

1989 *Hibbardella latipennata*（Ziegler）．－王成源，44—45 页，图版41，图3。

特征 两前侧齿耙很宽并向下伸，夹角近45°，其远端均向后弯曲，其上细齿愈合。后齿片与前齿片几乎等长。

比较 当前标本主齿折断，可见断面呈三角形，后齿片亦不完整。前齿片中部无棱脊，与正模标本不同，但宽大的前齿片及其向后弯曲的特征与正模标本一致。此种见于德国晚泥盆世早期（中 *Adorf*-stufe）。

产地层位 广西德保都安四红山，上泥盆统榴江组 *A. triangularis* 带。

直希巴德刺 *Hibbardella ortha* Rexroad，1959

（图版26，图1；图版27，图4）

1969 *Hibbardella*（*Hibbardella*）*ortha* Rexroad．－Austin and Druce，pp. 113—114，pl. 25，figs. 12a—b.

1982 *Hibbardella ortha* Rexroad．－Wang and Ziegler，pl. 2，figs. 2a—c.

1987 *Hibbardella ortha* Rexroad．－董振常，73 页，图版5，图10。

特征 前齿拱对称。主齿大，位于有细齿的前齿拱的顶端，向后微弯曲，其横断面呈亚圆形。前侧齿耙对称，向下伸。两齿耙上细齿对称，近主齿各有两个小的细齿。两齿耙外侧有三个较大的分离的细齿。后齿耙直，两侧扁平，底缘宽平。基腔小，位于主齿下方。

产地层位 湖南新邵县马栏边，下石炭统下部马栏边组；邵东县界岭，上泥盆统邵东组。

直希巴德刺（比较种） *Hibbardella* cf. *ortha* Rexroad，1959

（图版27，图6）

1987 *Hibbardella* cf. *ortha* Rexroad．－董振常，73 页，图版5，图12。

特征 刺体对称。主齿大而显著，位于有细齿的前齿拱的顶端，向后微弯曲，横断面为亚圆形。两前侧齿耙对称，两侧均下伸，底缘夹角130°。两前侧齿耙上的细齿对称。主齿两侧各生有两个小的细齿，向外具三个分离的较大的细齿。后齿耙直，两侧扁平，底缘宽平。基腔小，位于主齿之下。两前侧齿耙底缘平直，中部具一窄槽，与后齿耙底缘上的窄槽相连。

产地层位 湖南新邵县马兰边，下石炭统底部马栏边组；邵东县界岭，上泥盆统邵东组。

平希巴德刺 *Hibbardella plana* Thomas, 1949

（图版26，图10；图版130，图11）

1949 *Hibbaedella plana* Thomas, p. 422, pl. 2, fig. 28.

1956 *Hibbaedella plana* Thomas. – Bischoff, p. 123, pl. 10, fig. 12.

1968 *Hibbaedella plana* Thomas. – Pollock, p. 430, pl. 61, figs. 4—5.

1978 *Hibbardella plana* Thomas. – 王成源和王志浩，64页，图版1，图13—14。

特征 刺体对称；两前侧齿耙扁而高，片状；后齿耙后端变高，细齿变长，强烈后倾。

描述 主齿长而大，后倾。两前侧齿耙对称，向下伸，较短，其底缘间夹角小，细齿较密集。后齿耙长，底缘直，锐利。近主齿细齿小而稀，向末端齿耙变高，细齿也变大，后端有一较大的细齿。

产地层位 贵州长顺代化剖面，上泥盆统代化组。

分离希巴德刺 *Hibbardella separata*（Branson and Mehl, 1934）

（图版27，图8）

1982 *Hibbardella separata*（Branson and Mehl）. – Wang and Ziegler, pl. 2, fig. 37.

特征 主齿特别长而大，直立，向后微弯。两个前侧齿耙短，对称，向下弯，其上有分离的、间距宽的细齿。细齿断面圆。

产地层位 湖南邵东县界岭，上泥盆统邵东组。

三角希巴德刺 *Hibbardella telum* Huddle, 1934

（图版27，图9—11）

1934 *Hibbardella*? *telum* Huddle, p. 79, pl. 3, figs. 10—13.

1978 *Hibbardella telum* Huddle. – 王成源和王志浩，64页，图版2，图8—10。

1983 *Hibbardella telum* Huddle. – 熊剑飞，306页，图版71，图4。

1989 *Hibbardella telum* Huddle. – 王成源，45页，图版8，图7。

特征 两前侧齿耙强烈拱曲，末端下伸，使刺体前方近三角形。后齿耙直，细齿分离。

比较 描述的正模标本未见后齿耙。当前标本后齿耙直，向后不变高；两前侧齿耙向下伸，前视呈明显的三角形，不同于 *Hibbardella plana* Thomas。

产地层位 贵州长顺代化剖面，上泥盆统代化组；广西武宣三里，上泥盆统三里组 *P. marginifera* 带。

希巴德刺（未定种A） *Hibbardella* sp. A

（图版27，图3）

1987 *Hibbardella* sp. A. –董振常，74页，图版5，图9。

特征 “刺体对称，主齿显著，位于前齿拱之上。主齿直，前缘平，两侧面亦平，向后相交形成锐利的后棱脊，其横断面为三角形。两前侧齿靶向两侧下伸，中间向上拱曲，底缘夹角90°。右前侧齿靶的中部为一巨大细齿，其左侧与主齿之间为两个小细齿，右侧具四个向此巨齿倾斜的细齿。左前侧齿靶上的细齿与右侧的对称。前侧齿靶上的细齿齿尖税利，前方扁平，后方微凸，两侧为锐利的棱脊。后齿靶直，两侧中部微凸，上缘锐利，两前侧齿靶及后齿靶的下缘均直而锐利。基腔小，位于主齿之下”

（董振常，1987，74 页）。

产地层位 湖南新邵县马栏边，马栏边组。

扭曲刺属 *Oulodus* Branson and Mehl，1933

模式种 *Oulodus mediocris* Branson and Mehl，1933

特征 前齿耙或前齿片外弯并向下伸；后齿耙或后齿片短而直。主齿基部在内侧膨大；反口面有齿槽。

讨论 Lindström 认为 *Oulodus* 反曲的主齿几乎是在前齿突的平面内。他将 *Gyrognathus* Stauffer，1935 和 *Tortoniodus* Stauffer，1935 列为本属的同义名。他的器官属包括扭曲刺形分子、三分刺形分子、轭颚刺形分子和肿刺形分子，还可能有锯片刺形分子。Klapper 和 Bergström（1981，149—150 页）认为此属由六种分子组成：Pa，Pb，M，Sa，Sb 和 Sc。

金善燏等（2005）曾认为将 *Oulodus* 译成"扭曲刺"不妥，而将其译成"齿龈牙形石（刺）"。希腊文 Oulos 的意思就是"羊毛状的，弯曲的，扭绞的"，见希腊词根"Oul"和"Ul"。此属分子的形态都是扭曲的，王成源将其译成"扭曲刺"是恰当的。

时代分布 中奥陶世至晚泥盆世。北美、欧洲、澳大利亚、亚洲。

穆林达尔扭曲刺 *Oulodus murrindalensis*（Philip，1966）

（图版 27，图 12—15）

1966 *Lonchodina* n. sp. Philip，p. 446，pl. 3，fig. 24（non figs. 19，20）（Pa element）.

1966 *Lonchodina murrindalensis* Philip，p. 446，pl. 4，figs. 9—14；text-fig. 4（Pb element）.

1966 *Plectospathodus extensus lacertosus* Philip，p. 448，pl. 1，figs. 25—28；text-fig. 5（M element）.

1966 *Trichonodella* sp. cf. *T. inconstans* Walliser. – Philip，p. 451，pl. 4，figs. 24，25（Sa element）.

1983 Gen et sp. nov. – Wang and Ziegler，pl. 8，figs. 21a—b（Sa element）.

2005 *Oulodus murrindalensis*（Philip，1966）. – 金善燏等，51—52 页，图版 9，图 4，8—9。

特征 此种所有分子的细齿大小和排列都不规则，每个分子反口面的基腔都很深（Mawson，1987，269 页）。

附注 金善燏等（2005）将 Wang 和 Ziegler（1983）确定的 Gen and sp. A 和 Gen and sp. B 归入此种。

产地层位 云南文山菖蒲塘，下泥盆统埃姆斯阶 *P. dehiscens* 带（?）至 *P. perbonus* 带。

奥泽克刺目 OZARKODINIDA Dzik，1976

窄颚齿刺科 SPATHOGNATHODONTIDAE Hass，1959

模糊刺属 *Amydrotaxis* Klapper and Murphy，1980

模式种 *Amydrotaxis johnsoni*（Klapper）（= *Spathognathodus johnsoni* Klapper，1969）

特征 *Amydrotaxis* 的器官由七种分子组成：P_1，P_2，O_1，N，B_1，B_2 和 B_3。所有分子的基腔都膨大，细齿侧方扁。P 分子齿台窄，齿台—齿叶发育，外张，明显不对称。反口面基腔膨大。

讨论 此属与 *Cryptotaxis* Klapper and Philip（1971），*Delotaxis* Klapper and Philip

(1971) 和 *Kockelella* (Walliser, 1964 的器官再造) 器官属的区别，见 Klapper 和 Murphy (1980) 的讨论。此属的分类位置不清。最早出现在 *eurekaensis* 带 (中洛霍考夫期)，可能来源于 *Ozarkodina remscheidensis* (Murphy and Matti, 1982)。

时代分布　欧洲、亚洲、北美。下泥盆统洛霍考夫阶。

前约翰逊模糊刺 *Amydrotaxis praejohnsoni* Murphy and Springer, 1989

(图版 28，图 1—2)

1969 *Spathognathodus johnsoni* Klapper, pp. 18—19, pl. 5, figs. 8—16 (figs. 8—10, 14—16, Pa element).

1977 *Spathognathodus* n. sp. C. – Klapper, in Klapper *et al.*, p. 288, text-fig. 1 (Pa element).

1979 *Ozarkodina johnsoni* (Klapper, 1969). – Lane and Ormiston, p. 56, pl. 3, figs. 4, 6 (Pa element).

1980 *Ozarkodina johnsoni* (Klapper, 1969) α morphotype Klapper and Murphy. – Klapper and Johnsoni, p. 450, pl. 1, figs. 5, 6, 17 (Pa element).

1980 *Amydrotaxis johnsoni* (Klapper, 1969) α morphotype Klapper and Murphy, p. 498, fig. 2 (only).

non 1988 *Amydrotaxis johnsoni* (Klapper, 1969) α morphotype Klapper and Murphy. – 王成源和张守安，147—148 页，图版 I，图 9—10。

1989 *Amydrotaxis praejohnsoni* Murphy and Springer, pp. 349—350, fig. 2; text-fig. 1 (Pa element).

1997 *Amydrotaxis praejohnsoni* Murphy and Springer. – 夏凤生，87 页，图版 I，图 1—2，4，8，10 (Pa element)，5，9 (Pb element)。

特征　此种 Pa 分子的窄齿台—齿叶 (platform lobe) 渐向下斜或微弯曲，但不形成肩状弯曲，其外缘与刺体平行或向后方收缩变细，以致整个基腔的形状呈 “L” 形而不呈 “T” 形。

附注　夏凤生 (1997) 所记述的标本都是破碎的，与他给出的本种特征难以对照。本属中曾命名了四个种：*Amydrotaxis johnsoni* (Klapper, 1969)；*A. sexidentata* Murphy and Matti, 1982；*A. druceana* (Pickett, 1980) 和 *A. praejohnsoni* Murphy and Springer, 1989。Klapper 和 Murphy (1980) 将 *A. johnsoni* (Klapper, 1969) 进一步分成两个形态型：α morphotype 和 β morphotype。Murphy 和 Springer (1989) 将前者提升为 *A. praejohnsoni* (= *A. johnsoni* α morphotype)，后者为 *A. johnsoni* s. s. (= *A. johnsoni* β morphotype)。这四个种的演化关系可能为 *sexidentat—corniculatus—praejohnsoni—johnsoni* s. s.，前三个种在 *delta* 带内，后一个种在 *pesavis* 带内。夏凤生 (1997，88 页) 对王成源和张守安 (1988，147—148 页，图版 1，图 9—10) 鉴定的标本有一段错误的评论，他谈了王成源和张守安 (1988) 的标本与 *A. praejohnsoni* 如何不同，并强调指出：“王成源和张守安的标本可能不是 *praejohnsoni* (= *johnsoni* s. l. α morphotype)”。而王成源和张守安 (1988) 的文章根本没有将标本鉴定成 *praejohnsoni*，而是鉴定成 *A. johnsoni* (Klapper, 1969) α morphotype。这是典型的无中生有的评论。2001 年，王成源进一步将 *Amydrotaxis johnsoni* (Klapper, 1969) α morphotype 提升为新种 *Amydrotaxis tianshanensis*。

产地层位　新疆南天山东部，下泥盆统洛霍考夫阶阿尔皮什买布拉格组。

天山模糊刺 *Amydrotaxis tianshanensis* Wang, 2001

(图版 28，图 3—4)

1988 *Amydrotaxis johnsoni* (Klapper, 1969) α morphotype. – 王成源和张守安，图版 1，图 9—10。

2001 *Amydrotaxis tianshanensis* Wang. – 王成源，103 页，图版 56，图 13—17。

特征　齿台明显不对称。光滑无饰。宽的齿台—齿叶向侧前方伸，中部最宽，其前缘与主齿片不垂直。小的齿台—齿叶呈三角形，其前缘与主齿脊垂直。大小齿台—齿叶的边缘均向下折，形成“肩角”。后齿片侧方无齿台。基腔向两侧膨大，向前延伸成齿槽，向后呈窄缝状。齿片—齿脊直，或呈弱的“S”形弯曲。

描述 刺体较大，明显不对称。齿片—齿脊直，或微弯呈不明显的“S”弯曲；齿片—齿脊高，由愈合的细齿组成。齿台主要由两个极不对称的齿叶组成，大的齿台—齿叶向侧前方伸展，其表面光滑无饰，中部最宽，边缘均向下折，其前缘与齿片—齿脊不垂直。小的齿台—齿叶呈三角形，其前缘与齿片—齿脊垂直，边缘向下折，表面亦光滑无饰。后齿片很窄，无齿台。反口面基腔膨大，占据整个齿台—齿叶的下方，向前方延伸成齿槽，向后呈极窄的缝状结构。

讨论 在新疆南天山发现的同类标本，曾被王成源和张守安（1988）归入 *Amydrotaxis johnsoni*（Klapper，1969）α morphotype，但 *Amydrotaxis johnsoni* 的 P 分子明显不同于本种 P 分子之处在于：① 大的齿叶的前缘总是与齿片—齿脊垂直，中部也不膨胀；② 小的齿叶不呈三角形，而在中部常常有一凹刻；③ 基腔向后延伸至后齿片末端。

此种在齿台—齿叶的形态上与 *Ancyrodelloides delta*（Klapper and Murphy，1980）有些相似，但此种后齿片两侧无齿台，大的齿叶上方光滑、上凸、无槽，亦明显不同于 *Ancyrodelloides delta*。此种的器官构成不清。它可能与 *Amydrotaxis johnsoni* 有共同的祖先。

产地层位 新疆库车县库尔干道班南，下泥盆统阿尔腾柯斯组（洛霍考夫阶）。

锚刺属 *Ancyrodella* Ulrich and Bassler，1926

模式种 *Ancyrodella nodosa* Ulrich and Bassler，1926

特征 台型牙形刺，有一较特殊的三角形齿台，一般发育有三个尖的齿叶（包括一个后齿台—齿叶和两个前齿叶）。这些齿叶可能是宽的或缩小成纤细的齿肢。有些种中，有 1 ~2 个附加后齿叶状的膨大，因此齿台的边缘有收缩。自由齿片很发育，延伸到齿台直到后端成为齿脊。在齿片和齿脊的连接位置，有两个特殊的瘤齿列或次级齿脊延伸到前齿叶的末端，两个齿列形成向前方开放的角度。反口面龙脊高，与口面齿片—齿脊相对应，而次级龙脊与次级齿脊相对应。反口面有大小不同的基穴，通常为三角形，位于主龙脊和次龙脊相遇的地方（插图 21）。

讨论 此属由晚泥盆世早期的 *Polygnathus ancyrognathoides* Ziegler，1962 演化而来。此属与 *Ancyrognathus* 的区别在于后者龙脊与次龙脊形成向后开放的角度，而 *Ancyrodella* 形成向前开放的角度。齿台轮廓与前齿片发育程度对种的区分有重要意义，其中齿台轮廓是确定种的最重要的特征。次龙脊和齿脊也是重要特征，但它们的数目不能作为属的划分依据。Müller 和 Müller 建立了 *Ancyropenta*（模式种 *A. curvata*），这两个属的区别是 *Ancyropenta* 有三个次龙脊，而 *A. curvata* 的一些标本有四个次龙脊。次龙脊的数目有时没有属级分类的意义，*Ancyropenta* 一属不能成立。

多成分 *Ancyrodella*：Klapper 和 Philip（1972，99 页）认为包括 *Ancyrodella* 台形分子（P）和布赖恩特刺形（Bryantodiform）分子（A_1 ~ A_3）（*A. rotundiloba rotundiloba*，*A. r. alata* 和 *A. nodosa* 器官恢复的可靠性还有待考证，因为缺少地层上的依据；Ziegler，1972）。

时代分布　晚泥盆世早期，*Ancyrognathus triangularis* 带至上 *Palmatolepis crepida* 带。世界性分布。北美、欧洲、澳大利亚、亚洲、北非。中国湖南、广西、贵州、云南、新疆等地。

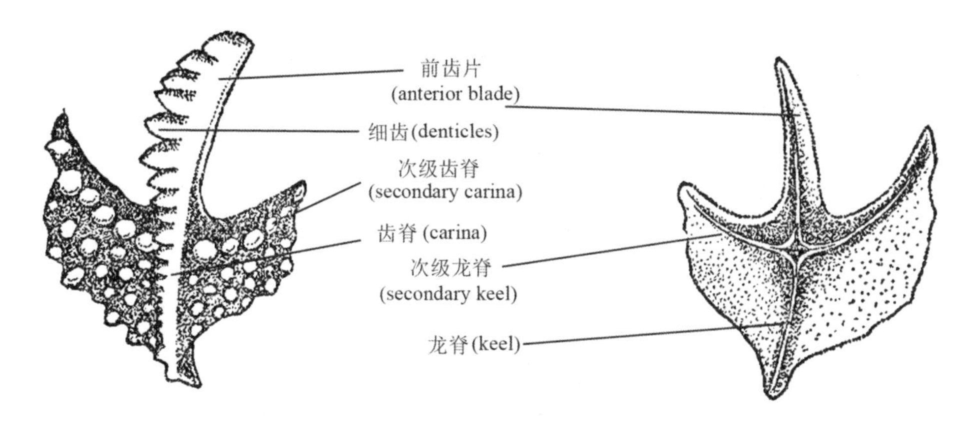

插图21　*Ancyrodella* 口面和反口面构造示意图（据侯鸿飞等，1986，25页，图6上部）

Text-fig. 21　Terminology andorientation of *Ancyrodella* (a copy from Hou *et al.*, 1986, p. 25, text-fig. 6, upper part)

宽锚刺　*Ancyrodella alata* Glenister and Klapper, 1968

（图版30，图13—14）

1968 *Ancyrodella rotundiloba alata* Glenister and Klapper, pp. 799—800, pl. 85, figs. 1—8; pl. 86, figs. 1—4.

1989 *Ancyrodella alata* Glenister and Klapper. –Sandberg *et al.*, pl. 2, figs. 7—8; pl. 4, figs. 10—11.

1993 *Ancyrodella alata* Glenister and Klapper. –Ji and Ziegler, p. 51, pl. 1, figs. 1—3; text-fig. 8, fig. 12.

特征　*Ancyrodella* 的一个种，以具有很宽的齿台为特征，齿台上布满小的瘤齿。前齿片一般由一列低的细齿组成。基腔小，近菱形。内侧次级龙脊发育，由基腔向前延伸到皱边；外侧次级龙脊短，由基腔向外后方延伸。

附注　*Ancyrodella alata* 与 *Ancyrodella roduntiloba* morphotype 1 相似，两者均发育有次级龙脊，内侧次级龙脊长，外侧次级龙脊短，但与后者不同的是，前者有很宽的齿台，齿台表面有很多小的瘤齿。*Ancyrodella alata* 同样与 *Ancyrodella huddlei* 在齿台形状和齿台装饰上相似，但本种有短的、不完整的次级龙脊。

产地层位　本种的时限为晚泥盆世，中 *M. falsiovalis* 带到 *P. punctata* 带；广西马鞍山剖面桂林组。

布凯伊锚刺　*Ancyrodella buckeyensis* Stauffer, 1938

（图版28，图5—6）

1938 *Ancyrodella buckeyensis* Stauffer, p. 418, pl. 52, figs. 17—18, 23—24.

1958 *Ancyrodella buckeyensis* Stauffer. –Ziegler, p. 40, pl. 11, fig. 7.

1971 *Ancyrodella buckeyensis* Stauffer. –Szulczewski, p. 11, pl. 2, figs. 1a—b.

1986 *Ancyrodella buckeyensis* Stauffer. –侯鸿飞等，4页，图版3，图5—8。

1993 *Ancyrodella buckeyensis* Stauffer. –Ji and Ziegler, p. 51, text-fig. 8, fig. 5.

特征　齿台三角形，前齿片发育，较高。齿台两侧缘侧凸或直。齿片—齿脊由瘤齿组成，由前端直到后端。两侧齿脊向前斜伸，也由瘤齿组成。口面上覆盖有与齿台边缘垂直的、由小瘤齿组成的脊。

附注 *Ancyrodella buckeyensis* 以三角形的齿台、齿台具有凸出的或直的侧边缘、口面上具有与侧缘垂直的瘤齿脊为特征。此种以口面上有瘤状齿脊而不是散乱的瘤齿不同于 *Ancyrodella gigas*。此种同样不同于 *A. nodosa*，它的齿台边缘凸或直，而后者齿台侧缘内凹。

产地层位 此种的时限是晚泥盆世早期，早 *P. hassi* 带早期到晚 *P. rhenana* 带；广西象州马鞍山剖面桂林组。

弯曲锚刺 *Ancyrodella curvata* Branson and Mehl, 1934

（图版28，图7—10）

1934 *Ancyrodella curvata* Branson and Mehl, p. 241, pl. 19, figs. 6, 11.

1966 *Ancyrodella curvata* Branson and Mehl. – Andrson, pl. 48, figs. 6, 9, 11, 13 (non figs. 2, 4 = *Ancyrodella lobata*).

1966 *Ancyrodella curvata* Branson and Mehl. – Glenister and Klapper, p. 798, pl. 86, figs. 13—15.

1985 *Ancyrodella curvata* Branson and Mehl. – Ziegler and Wang, pl. 3, fig. 11; pl. 4, figs. 1a—b.

1993 *Ancyrodella curvata* Branson and Mehl. – Ji and Ziegler, pp. 51—52, pl. 2, figs. 4—5; text-fig. 8, fig. 10.

1994 *Ancyrodella curvata* Branson and Mehl. – Bai *et al.*, p. 161, pl. 2, figs. 4—5.

特征 齿台上具有明显的有次级齿脊和次级龙脊的后外侧齿叶。齿片—齿脊直或微弯，由前端直到后端。后齿台短。齿台上有散乱的瘤齿。

附注 *Ancyrodella curvata* 以有一个明显突出的后侧齿叶为特征，后侧齿叶上有次级齿脊和次级龙脊。由 *Ancyrodella curvata* 到 *A. lobata* 之间有很多过渡类型，这两个种的区分在一定程度上是人为的。一般来说，*Ancyrodella curvata* 不同于 *Ancyrodella lobata* 之处在于前者有明显的后侧齿叶，后侧齿叶上有次级齿脊和次级龙脊，而后者在外齿台仅有叶状的突伸，一般没有次级齿脊和次级龙脊。

产地层位 此种的时代是晚泥盆世早期，早 *P. hassi* 带到 *P. linguiformis* 带晚期；广西金秀香田组中上部；象州马鞍山剖面桂林组。

巨大锚刺 *Ancyrodella gigas* Youngquist, 1947

（图版29，图1—5）

1947 *Ancyrodella gigas* Youngquist, pp. 96—97, pl. 25, fig. 23.

1965 *Ancyrodella gigas* Youngquist. – Ziegler, pl. 1, fig. 1.

1971 *Ancyrodella gigas* Youngquist. – Szulczewski, p. 12, pl. 2, figs. 31a—b; pl. 4, figs. 1a—b.

1985 *Ancyrodella gigas* Youngquist. – Ziegler and Wang, pl. 3, fig. 10.

1985 *Ancyrodella gigas* Youngquist. – Klapper and Lane, p. 923, pl. 14, figs. 14—15.

1989 *Ancyrodella gigas* Youngquist. – 王成源，21页，图版1，图1—4。

1993 *Ancyrodella gigas* Youngquist. – Ji and Ziegler, p. 52, pl. 1, figs. 11—12; text-fig. 8, fig. 4.

特征 齿台三角形，高的自由齿片两侧有两个指向前方的尖的齿叶；齿台后方为齿叶，略窄，向下弯。齿台两侧不等。固定齿脊一直延伸到齿台后端。齿台表面具有突出的不规则排列的瘤齿。侧齿叶前缘由瘤齿排列成次级齿脊。反口面有与口面相对应的主龙脊和次龙脊，两个次龙脊一直延伸到侧齿叶的顶角。

比较 *Ancyrodella gigas* 以齿台较长和口面瘤齿不规则排列为特征，不同于 *A. buckeyensis* Stauffer，后者齿台上具有瘤齿状的脊。*A. gigas* 齿台较对称，无后侧齿叶，不同于 *A. curvata* 和 *A. lobata*；两个次级龙脊延伸到侧齿叶顶角，更易于与

*A. rotuntiloba*区别。

产地层位　广西德保都安，上泥盆统榴江组 *Mesotaxis asymmetrica* 带至 *A. triangularis*带；那坡三叉河，上泥盆统“榴江组”。

胡德勒锚刺　*Ancyrodella huddlei* Ji and Ziegler, 1993

（图版 30，图 5）

1981 *Ancyrodella rorundiloba alata* Glenister and Klapper. - Huddle, pl. 2, figs. 7—10, 12—21 (only; non figs. 1—6 = transitional form between *Ancyrodella alata* and *Ancyrodella huddlei* sp. nov. ; non figs. 11, 22—24 = *Ancyrodella alata*?; non figs. 25—26 = *Ancyrodella buckeyensis*; non figs. 27—28 = ?) .

1993 *Ancyrodella huddlei* Ji and Ziegler, p. 52, text-fig. 8, figs. 13—14.

特征　*Ancyrodella* 的一个种，以齿台呈宽翼状为特征；内侧有一发育的前侧齿叶，指向前方，具有次级齿脊和相应的次级龙脊；外侧有一发育的后侧齿叶，也具有次级齿脊和相应的次级龙脊。齿台表面布满小的瘤齿。前齿片由低矮的细齿组成。基穴小，呈菱形。

附注　此种不同于 *Ancyrodella rotundiloba alata* 之处在于它的外齿台有发育的后侧齿叶，并有次级齿脊和次级龙脊；也不同于 *Ancyrodella lobata*，因为它的齿台呈宽翼状，外齿台有具龙脊的后侧齿叶。*Ancyrodella huddlei* 可识别出两个形态型：形态型 1，外齿台只有一个后侧齿叶，有次级齿脊和次级龙脊；形态型 2，在外齿台有指向前侧方的次级齿脊和相应的次级龙脊。

产地层位　此种是 Ji 和 Ziegler（1993）依据 Huddle（1981）描述为 *Ancyrodella rotundiloba alata* 的标本（图版 2，图 7—10，12—21，only）建立的新种。原标本产于美国 Genesee 组西河页岩段，但此种在中国并没有发现。此种的时限为中 *M. falsiovalis* 带到早 *P. hassi* 带。

箭形锚刺　*Ancyrodella ioides* Ziegler, 1958

（图版 29，图 6—13）

1958 *Ancyrodella ioides* Ziegler, p. 42, pl. 11, figs. 2—4.

1971 *Ancyrodella ioides* Ziegler. - Szulczewski, pp. 12—13, pl. 5, figs. 1a—b.

1973 *Ancyrodella ioides* Ziegler. - Ziegler, in Ziegler (ed.), *Catalogue of Conodonts*, vol. I, pp. 23—24, *Ancyro* - pl. 1, figs. 5—6.

1986 *Ancyrodella ioides* Ziegler. - 侯鸿飞等，26 页，插图 2。

1989 *Ancyrodella ioides* Ziegler. - Ji, pl. 3, fig. 7.

1993 *Ancyrodella ioides* Ziegler. - Ji, pp. 52—53, pl. 2, figs. 1—3; text-fig. 8, fig. 7.

1994 *Ancyrodella ioides* Ziegler. - Bai *et al.*, p. 161, pl. 3, figs. 1—4.

2002 *Ancyrodella ioides* Ziegler. - Wang and Ziegler, pl. 7, figs. 1—3.

特征　*Ancyrodella* 的一个种，没有或仅有相当萎缩的齿台；齿片长而高，两个侧齿肢指向前方，形成钝角。基穴大。

附注　齿片状的齿肢可能在后方伴有窄的齿台并一直延伸到后端，它的边缘可能装饰有瘤齿。大的基穴位于反口面两个侧齿肢与齿片—齿脊的连接处；龙脊和次级龙脊由基穴向后方和两侧方齿肢延伸。

比较　*Icriodus ioides* 与本属其他种的最大区别是它的齿台强烈收缩。*I. nodosa* 有相当窄的侧齿叶和纤细的后齿台，是 *I. ioides* 的先驱种。两者间有过渡类型（Wang 和

Ziegler，2002，图版7，图6）。

产地层位 此种的时限为晚泥盆世早期，*Ancyrognathus triangularis* 带上部到 *linguiformis* 带；广西桂林龙门、垌村剖面，上泥盆统谷闭组；广西象州马鞍山、巴漆剖面。

叶片锚刺 *Ancyrodella lobata* Branson and Mehl，1934

（图版29，图14—17）

1934 *Ancyrodella lobata* Branson and Mehl，pp. 239—240，pl. 19，fig. 14；pl. 21，figs. 22—23.

1971 *Ancyrodella lobata* Branson and Mehl. – Szulczewski，p. 13，pl. 3，figs. 1—4（only）.

1985 *Ancyrodella lobata* Branson and Mehl. – Klapper and Lane，pp. 923—924，pl. 14，figs. 12—13，16—17.

1986 *Ancyrodella lobata* Branson and Mehl. – 侯鸿飞等，26—27页，图版2，图15—18，20—21；图版3，图1—4。

1989 *Ancyrodella lobata* Branson and Mehl. – Ji，pl. 3，fig. 3.

1989 *Ancyrodella lobata* Branson and Mehl. – 王成源，22页，图版1，图15—16。

1993 *Ancyrodella lobata* Branson and Mehl. – Ji and Ziegler，p. 53，pl. 2，figs. 6—10；text-fig. 8，figs. 8—9.

特征 齿台两侧不对称，两个前侧齿叶大小不等，在一个前侧齿叶的后方有一个齿叶状的突伸（或称第四齿叶）。这个小的齿叶上，有短的瘤齿状齿脊，它由次级齿脊始部分出。两个次级齿脊位于前侧齿叶前缘延伸到顶端。齿台表面有不规则排列的瘤齿或脊。自由齿片高，固定齿脊延伸到齿台后端。后齿叶变窄。反口面有与齿脊对应的龙脊，次级龙脊延伸到前侧齿叶顶端。第四齿叶下亦有龙脊，由前侧齿叶下方次级龙脊始端分出。

比较 本种与 *Ancyrodella curvata* 相似，但后者第四齿叶很发育，向后方斜伸。本种的时限为 *Mesotaxis asymmetrica* 带到 *Palmatolepis gigas* 带。

产地层位 广西德保都安四红山，上泥盆统榴江组 *Mesotaxis asymmetrica* 带。

瘤齿锚刺 *Ancyrodella nodosa* Ulrich and Bassler，1926

（图版29，图18—23）

1926 *Ancyrodella nodosa* Ulrich and Bassler，p. 48，pl. 1，figs. 1—13.

1958 *Ancyrodella nodosa* Ulrich and Bassler. – Ziegler，p. 44，pl. 11，fig. 1.

1966 *Ancyrodella nodosa* Ulrich and Bassler. – Glenister and Klapper，pp. 798—799，pl. 86，figs. 5—12.

1971 *Ancyrodella nodosa* Ulrich and Bassler. – Szulczewski，pp. 1—15，pl. 2，fig. 4；pl. 5，figs. 2—5.

non 1985 *Ancyrodella nodosa* Ulrich and Bassler. – Klapper and Lane，pp. 925—927，pl. 14，figs. 6—7，10—11（= *Ancyrodella gigas*）.

1989 *Ancyrodella nodosa* Ulrich and Bassler. – 王成源，22页，图版1，图11—14。

1993 *Ancyrodella nodosa* Ulrich and Bassler. – Ji and Ziegler，p. 53，pl. 2，figs. 11—12；text-figs. 8—9.

2002 *Ancyrodella nodosa* Ulrich and Bassler. – Wang and Ziegler，pl. 7，figs. 4—5.

2005 *Ancyrodella nodosa* Ulrich and Bassler. – 金善燏等，42—43页，图版7，图7—8。

2010 *Ancyrodella nodosa* Ulrich and Bassler. – 郎嘉彬和王成源，21页，图版Ⅳ，图2—3。

特征 齿台后方强烈下弯，后齿叶收缩变窄，宽度与前齿叶相近。由于收缩，后齿叶边缘与齿台其他部分易于区别。次级齿脊与次级龙脊发育，位于侧齿叶前缘并延伸到齿叶顶端。

附注 *Ancyrodella nodosa* 以齿台收缩变窄不同于 *A. gigas*。Ziegler（1962）认为 *Ancyrodella nodosa* 在演化上处于 *A. buckeyensis* 和 *A. ioides* 之间的地位，但 Szulczewski（1971）认为在系统发生上 *A. nodosa* 来源于 *A. gigas*。*A. nodosa* 的幼年期标本上，后齿

叶更窄，无瘤齿。此种的时限为 *Ancyrognathus triangularis* 带到 *Palmatolepis gigas* 带（Ziegler，1958）。

产地层位　广西那坡三叉河，上泥盆统“榴江组”；永福县和平公社军屯，上泥盆统融县组；象州马鞍山，上泥盆统桂林组下部；云南文山，上泥盆统上 *M. falsiovalis* 带；桂林垌村，上泥盆统谷闭组；广西永福香田组；内蒙古乌努尔，下大民山组。

原始锚刺　*Ancyrodella pristina* Khalumbadzha and Chernysheva，1970

（图版 30，图 1—4）

1970 *Ancyrodella pristina* Khalumbadzha and Chernysheva，pp. 89—90，pl. 1，figs. 3—8.

1982 *Ancyrodella binodosa* Uyeno. －Mouravieff，pl. 1，figs. 4—5.

1989 *Ancyrodella pristina* Khalumbadzha and Chernysheva. －Sandberg *et al.*，pp. 210—211，pl. 1，figs. 3—4，9—10，13—14）.

1993 *Ancyrodella pristina* Khalumbadzha and Chernysheva. －Ji and Ziegler，p. 53，pl. 1，figs. 7—9；text-fig. 7，fig. 6.

1994 *Ancyrodella pristina* Khalumbadzha and Chernysheva. －Bai *et al.*，p. 162，pl. 1，figs. 2—4.

特征　*Ancyrodella pristina* 以矛形或三角形的齿台为特征，齿台前缘浑圆或直；基腔中等大小，呈“十”字形或“T”形；口面齿脊两侧各有一个大的瘤齿，而通常在大的瘤齿之后有几个小到中等大小的边缘瘤齿。

比较　*Ancyrodella pristina* 有比较长的齿台，后齿台较尖，齿台前缘较直，不同于 *Ancyrodella rotundiloba binodosa*。此种的基腔较大，口面有边缘瘤齿。*Ancyrodella pristina* 与 *Ancyrodella soluta* 的区别主要是前者有大的“十”字形或“T”形的基腔，两个大的瘤齿后方有小的边缘瘤齿。

产地层位　本种的时限为晚泥盆世 *M. falsiovalis* 带到 *P. transitans* 带（?）。广西象州军田、巴漆等剖面。

圆叶锚刺　*Ancyrodella rotundiloba*（Bryant，1921）

1989 *Ancyrodella rotundilobata*（Bryant）. －王成源，23 页。

1994 *Ancyrodella rotundilobata*（Bryant）. －Bai *et al.*，p. 162，pl. 1，figs. 5—8.

2005 *Ancyrodella rotundilobata*（Bryant）. －金善燏等，43 页。

特征　齿台大而壮，三角形。前齿叶浑圆，表面具有粗而圆的瘤齿，有的形成齿列，均分齿叶。次级龙脊并不很发育，可能延伸很短，其中仅一个先向前延伸到皱边，而另一个龙脊向侧方或微指向后方，但不延至皱边。基穴变化较大。

比较　*Ancyrodella rotundiloba* 以齿台宽厚、具圆的前齿叶而不同于 *A. rugosa*，后者齿台较长。

产地层位　见亚种。

圆叶锚刺宽翼亚种　*Ancyrodella rotundiloba alata* Glenister and Klapper，1968

（图版 30，图 6—8）

1957 *Ancyrodella rotundiloba*（Bryant）. －Bischoff and Ziegler，p. 42，pl. 16，figs. 6，8—9，11—12，14，19（non figs. 5，7（?），10，15 = *A. r. rotundiloba*）.

1966 *Ancyrodella rotundiloba alata* n. subsp. －Glenister and Klapper，pp. 799—800，pl. 85，figs. 1—8；pl. 86，figs. 1—4.

1966 *Ancyrodella rotundiloba*（Bryant）. －Krebs and Ziegler，pl. 1，figs. 6—9.

1968 *Ancyrodella rotundiloba alata* Glenister and Klapper. －Pollock，p. 424，pl. 61，figs. 2—3.

1969 *Ancyrodella rotundiloba alata* Glenister and Klapper. - Polsler, p. 404, pl. 4, figs. 1—4.

1970 *Ancyrodella rotundiloba alata* Glenister and Klapper. - Seddon, pl. 7, fig. 4.

1971 *Ancyrodella rotundiloba alata* Glenister and Klapper. - Szulczewski, pp. 15—16, pl. 1, figs. 1—2.

1977 *Ancyrodella rotundiloba alata* Glenister and Klapper. - Ziegler, in Ziegler (ed.), *Catalogue of Conodonts*, vol. Ⅲ, pp. 32—33, *Ancyro* - pl. 1, fig. 3.

1980 *Ancyrodella rotundiloba alata* Glenister and Klapper. - Perri and Spalletta, p. 193, pl. 2, figs. 1—3.

1985 *Ancyrodella alata* Glenister and Klapper. - Ziegler and Wang, pl. 3, fig. 9.

1989 *Ancyrodella rotundiloba alata* Glenister and Klapper. - 王成源，23 页，图版1，图9—10。

1992 *Ancyrodella alata* Glenister and Klapper. - Ji *et al.*, pl. 1, figs. 16—19.

1993 *Ancyrodella rotundiloba alata* Glenister and Klapper. - Ji and Ziegler, p. 51, pls. 1—3; text-fig. 8, fig. 12.

1994 *Ancyrodella alata* Glenister and Klapper. - Wang, pl. 8, figs. 12—13, 15.

2005 *Ancyrodella rotundiloba alata* Glenister and Klapper. - 金善燏等，43 页，图版7，图9，13。

特征 齿台横向宽，有两个发育的前齿叶，齿台上瘤齿不规则，较之 *Ancyrodella rotundiloba rotundiloba* 的瘤齿细。自由齿片由较多矮的细齿组成。一个次级龙脊向前延伸到皱边，另一个次级龙脊向侧方或后方延伸不长。

附注 本亚种的时限是晚泥盆世早期 *Mesotaxis asymmetrica* 下带底部到 *M. asymmetrica*中带顶部。

比较 次级龙脊的发育程度是 *A. rotundiloba alata* 与 *A. r. rotundiloba* 相区别的重要特征，前者的内侧次级龙脊多达皱边，外侧次级龙脊延伸不远但比后者的发育，后者次级龙脊不达皱边，而且多数只有一个次级龙脊。

产地层位 广西德保都安四红山，上泥盆统“榴江组”最底部 *Mesotaxis asymmetrica* 带；广西象州马鞍山，上泥盆统桂林组下部；云南文山上，泥盆统上 *M. falsiovalis*带；广西永福，付合组中部上 *M. falsiovalis* 带。

圆叶锚刺双瘤亚种 *Ancyrodella rotundiloba binodosa* Uyeno, 1967

（图版30，图9—12）

1968 *Spathognathodus swanhillensis* Pollock, p. 440, pl. 63, figs. 1—7.

1970 *Ancyrodella prima* Khalumbadzha and Chernysheva, pp. 88—89, pl. 1, figs. 1—2.

1977 *Ancyrodella rotundiloba binodosa* Uyeno. - Ziegler, in Ziegler (ed.), *Catalogue of Conodonts*, vol. Ⅲ, *Ancyro* - pl. 1, fig. 4.

1980 Gen. et sp. indet. - Xiong, p. 100, pl. 30, figs. 6—8.

1983 *Icriodus monodozi* Zhao and Zuo. - 赵锡文和左自壁，61 页，图版3，图21—23。

1985 *Ancyrodella binodosa* Uyeno. - Ziegler and Wang, pl. 3, fig. 13.

1988 *Ancyrodella binodosa* Uyeno. - 熊剑飞等，320 页，图版125，图2，5，7—8。

1989 *Ancyrodella rotundiloba binodosa* Uyeno. - 王成源，23 页，图版1，图5。

1994 *Ancyrodella binodosa* Uyeno. - Bai *et al.*, p. 161, pl. 1, fig. 1.

2010 *Ancyrodella binodosa* Uyeno. - 郎嘉彬和王成源，20—21 页，图版Ⅳ，图1。

特征 齿台三角形，表面光滑或有极微弱的瘤齿；两个大的前齿叶上各有一个或仅一个齿叶上有一个大的瘤齿。齿脊由矮的瘤齿构成。基腔中等大小，次级龙脊不发育。

比较 当前标本两个前齿叶大而尖，齿叶上有一个大的瘤齿，位于近齿脊的位置。正模标本两前齿叶较小。有两个瘤齿，各位于齿叶末端，但 Pollock（1968）描述的标本有的也仅有一个大的瘤齿。Ziegler（1977）认为，*A. r. binodosa* 可能由 *Spathognathodus* 族系演化而来，但很难确定 *A. r. binodosa* 是属于 *Spathognathodus* 还是

属于 *Ancyrodella*。从当前的标本看来，齿台三角形，两前齿叶大而尖，显然可能来源于 *Ancyrodella*。赵锡文和左自壁（1983）的新种 *Icriodus monodozi* 可能为本亚种的幼年期个体。

时代 晚泥盆世早期。Uyeno（1967）报道此亚种时代为 *M. asymmetrica* 带的下部和中部；据 Pollock（1968）报道，此亚种见于 *M. asymmetrica* 带；据 Khalumbadzha 和 Chernysheva（1970）报道，此亚种产于吉维特阶最上部。此亚种的出现，标志着 *M. asymmetrica*带的开始，它多见于比 *Palmatolepis* 晚的浅水相区。

产地层位 广西德保四红山，上泥盆统榴江组最底部 *M. asymmetrica* 带（*M. falsiovalis*带）；四川龙门山，中泥盆统观雾山组；湖南零陵县花桥，上泥盆统佘田桥组下部。

圆叶锚刺方形亚种 *Ancyrodella rotundiloba quadrata* Ji, 1986

（图版31，图4）

1986 *Ancyrodella rotundiloba quadrata* Ji. －季强等，95 页，图版，图7—8。

特征 前齿片短，微微下倾。反口缘平直，口缘弧凸，由 7 ~ 9 个顶尖分离的细齿组成。齿台宽大，轮廓近方形。口面布满小瘤齿，无次级齿脊。齿脊细窄、低矮，由一列小瘤齿组成。反口面龙脊发育，延伸达齿台后端。基腔小，呈菱形，位于龙脊与次级龙脊的交汇处。两条次级龙脊中等发育，不伸达齿台边缘。

讨论 本亚种与 *Ancyrodella rotundiloba rotundiloba* 的区别主要在于后者齿台呈锚形，口面为粗瘤齿装饰，前齿片由几个粗大细齿组成，反口面次级龙脊很不发育。本亚种与 *Ancyrodella rotundiloba alata* 的区别主要在于后者齿台伸展成翼状，反口面次级龙脊不均等发育，一条细而短，另一条较长，可伸达齿台边缘。

产地层位 广西大乐秀峰，上泥盆统“桂林组”底部下 *M. asymmetrica* 带上部。

圆叶锚刺圆叶亚种 *Ancyrodella rotundiloba rotundiloba*（Bryant, 1921）

（图版31，图1—3）

1921 *Polygnathus rotundiloba* Bryant, pp. 26—27, pl. 12, figs. 1—6.

1933 *Polygnathus tuberculatus* Hinde. －Branson and Mehl, p. 148, pl. 11, fig. 9（non fig. 2 = *Ancyrodella rusa*）.

1957 *Ancyrodella rotundiloba*（Bryant）. －Bischoff and Ziegler, p. 42, pl. 16, figs. 5, 7（?）, 10, 15（non figs. 6, 8, 11, 12, 14, 16, 17 = *Ancyrodella rotundiloba alata*）.

1966 *Ancyrodella rotundiloba rotundiloba*（Bryant）. －Glenister and Klapper, p. 799, pl. 85, figs. 9—13.

1971 *Ancyrodella rotundiloba rotundiloba*（Bryant）. －Szulczewski, p. 15, pl. 1, figs. 3—4; pl. 2, fig. 6（?）.

1977 *Ancyrodella rotundiloba rotundiloba*（Bryant）. －Ziegler, in Ziegler（ed.）, *Catalogue of Conodonts*, vol. Ⅲ, pp. 29—31, *Ancyro*－ pl. 1, figs. 1—2.

1988 *Ancyrodella rotundiloba rotundiloba*（Bryant）. －熊剑飞等，320 页，图版125，图6；图版127，图3。

1989 *Ancyrodella rotundiloba rotundiloba*（Bryant）. －王成源，24 页，图版1，图6—8。

特征 齿台三角形，具有粗的瘤齿装饰。自由齿片由几个高的细齿组成。次级龙脊在反口面发育不明显。

比较 *A. r. rotundiloba* 的前齿叶浑圆，不像 *A. r. alata* 那样向侧方伸长。口面装饰较粗。*A. rugosa* 反口面龙脊较发育，前齿叶较明显，也不同于此亚种。

时代 晚泥盆世最早期，早 *M. asymmetrica* 带到中 *M. asymmetrica* 带晚期。

产地层位 广西德保都安四红山，上泥盆统“榴江组”底部 *Mesotaxis asymmetrica*

带；四川龙门山，中泥盆统观雾山组；云南文山，上泥盆统上 *falsiovalis* 带；广西鹿寨寨沙，上泥盆统下 *M. asymmetrica* 带；广西永福，付合组中部中 *falsiovalis* 带。

皱锚刺 *Ancyrodella rugosa* Branson and Mehl, 1934

（图版31，图5）

1934 *Ancyrodella rugosa* Branson and Mehl, p. 239, pl. 19, figs. 15, 17.

1957 *Ancyrodella rugosa* Branson and Mehl. – Bischoff and Ziegler, p. 42, pl. 16, fig. 13.

1971 *Ancyrodella rugosa* Branson and Mehl. – Szulczewski, p. 16, pl. 2, fig. 5.

1981 *Ancyrodella rugosa* Branson and Mehl. – Huddle, pp. 21—22, pl. 3, figs. 1—4, 5（?）, 6—9, 10（?）, 11—19（pl. 1, figs. 18—22 = *Ancyrodella rotundiloba*）.

1993 *Ancyrodella rugosa* Branson and Mehl. – Ji and Ziegler, p. 54, text-fig. 8, fig. 11.

1994 *Ancyrodella rugosa* Branson and Mehl. – Bai *et al.*, p. 162, pl. 2, fig. 6.

特征 *Ancyrodella rugosa* 以具有箭头状的齿台为特征，口面覆盖有等大的瘤齿，瘤齿规则地排列成行，与齿脊和次级齿脊平行。

比较 此种与 *Ancyrodella* 的其他种不同之处在于它的口面瘤齿排列成行的特征和次级龙脊发育不全。

产地层位 此种的时限为晚泥盆世 *P. transitans* 带内到 *P. punctata* 带。广西横县六景，上泥盆统弗拉阶。

解决锚刺 *Ancyrodella soluta* Sandberg, Ziegler and Bultynck, 1989

（图版30，图15）

1989 *Ancyrodella soluta* n. sp. – Sandberg *et al.*, pp. 211—212, pl. 1, figs. 5—6, 11—12; pl. 2, figs. 1—4.

1993 *Ancyrodella soluta* Sandberg, Ziegler and Bultynck, pp. 54—55, pl. 1, figs. 5—6; text-fig. 7, fig. 7; text-fig. 8, fig. 1.

特征 *Ancyrodella soluta* 以箭头形到三角形的齿台为特征，有中等大小的“十”字形基腔，其前缘横向外翻成沟。齿台表面有两个大的瘤齿，齿台两侧各一个；有中等大小的边缘瘤齿，以及几个边缘瘤齿和齿脊间的瘤齿。

比较 *Ancyrodella pristina* 与 *Ancyrodella soluta* 的区别主要是前者有大的“十”字形或“T”形的基腔，两个大的瘤齿后方有小的边缘瘤齿。

产地层位 此种的时限为晚泥盆世早 *falsiovalis* 带到 *transitans* 带。广西宜山拉力，上泥盆统老爷坟组。

似锚刺属 *Ancyrodelloides* Bischoff and Sannemann, 1958

1982 *Ancyrodelloides* Bischoff and Sannemann. – Murphy and Matti, pp. 13—26.

模式种 *Ancyrodelloides trigonica* Bischoff and Sannemann, 1958

特征 刺体由带细齿的自由齿片、两个前侧齿叶和一个后齿台组成。除固定齿脊和齿叶上的齿脊外，齿台是光滑的。反口面有很小的基腔。

附注 按 Bischoff 和 Sannemann（1958, 91 页），此属的特征在于其 P 分子的齿叶的数目和形态。齿台除齿脊外光滑，基部齿沟窄。实际此属除 *A. omus* 外，齿台上是有瘤齿或脊状构造的。此属包括 *A. trigonicus*, *A. kutscheri*, *A. transitans*（Bischoff and Sannemann）, *A. asymmetricus*（Bischoff and Sannemann）, *A. delta*（Klapper and Murphy）, *A. eleanorae*（Lane and Ormiston）, *A. murphi*（Valenzuela-Ríos, 1994）, *A. omus*（Murphy and Matti), *A. limbacarinatus* (Murphy and Matti) 和 *A. sequeirosi* Valenzuela-Ríos, 1999。

Ancyrodelloides 由 *Ozarkodina remscheidensis* 演化而来，最早出现在 *A. delta* 带底部，除 *A. transitans* 可见于 *P. pesavis* 带早期，全部种都只限于 *A. delta* 带（Murphy 和 Matti, 1982, 插图 3—4）。Mawson *et al.*（2003）认为 *Lanea* 可以包括在 *Ancyrodelloides* 属内，并起源于 *Ozarkodina r. eosteinhornensis*，而 *Ozarkodinar r. prosoplatys* 正是两者之间的过渡分子。

本属以下几个种在中国尚未发现：*Ancyrodelloides asymmetricus*（Bischoff and Sannemann, 1958）；*A. carlsi*（Boersma, 1974）；*A. cruzae* Valenzuela-Ríos, 1994；*A. eleanorae*（Lane and Ormiston, 1979）；*A. kutscheri*（Bischoff and Sannemann, 1958）；*A. limbacarinatus* Murphy and Martti, 1983；*A. sequeirosi* Valenzuela-Ríos, 1999。

交叉似锚刺　*Ancyrodelloides cruzae* Valenzuela-Ríos, 1994

（图版 32，图 1—2）

2013 *Ancyrodelloides cruzae* Valenzuela-Ríos, 1994. – Mavrinskaya and Slavik, p. 289, figs. 5Q—R.

特征　前齿片与后齿片在一弧线上，与窄的内外齿台宽度相近且呈斜线交叉。反口面均有齿沟，也呈交叉状。

附注　外齿台比内齿台稍长，后齿片比前齿片稍长。

产地层位　此种见于洛霍考夫阶 *eleanor—trigonicus* 带。此种在中国尚无报道。

三角形似锚刺　*Ancyrodelloides delta*（Klapper and Murphy, 1980）

（图版 31，图 6—7）

1980 *Ozarkodina delta* Klapper and Murphy, pp. 499—502, fig. 4, Nos. 2—6, 10—12, 15—17.

1982 *Ozarkodina delta*（Klapper and Murphy）. – Murphy and Matti, pp. 24—25, pl. 4, figs. 7—9, 14—18.

1989 *Ancyrodelloides delta*（Klapper and Murphy）. – Klapper, in Ziegler（ed.）, *Catalogue of Conodonts*, vol. Ⅴ, pp. 11—12, *Ancyrodelloides* – pl. 2, figs. 2, 4.

特征　*Ancyrodelloides delta* 的 P 分子，以刺体中部齿台—齿叶不对称为特征；较宽的齿叶为三角形，并在齿叶中部有一个凹陷将齿叶分为两部分。齿叶之后的齿台是窄的、三角形的。齿台边缘有轮缘，被一凹刻分开。基腔位于齿叶的下方。

附注　*Ancyrodelloides delta* 的反口面的特征与 *A. transitans* 的反口面相似，但齿叶形态不同，后者齿叶上有一瘤齿列，而且较宽的齿叶一般在外侧。本种与 *A. eleanorae*（Lane and Ormiston, 1979）也相似，但后者后方龙脊无沟槽，齿叶轮缘内有与轮缘平行的浅沟。

产地层位　本种为洛霍考夫阶中部的带化石，在中国尚未发现，但带化石的层位和带化石内的其他分子已经发现（王成源等，1988；王成源，2001）。在新疆和西藏完全有可能发现此带化石分子。

库切尔似锚刺　*Ancyrodelloides kutscheri* Bischoff and Sannemann, 1958

（图版 31，图 11）

1958 *Ancyrodelloides kutscheri* Bischoff and Sannemann, pp. 93—94, pl. 12, figs. 15, 17—18.

1978 *Ancyrodelloides kutscheri* Bischoff and Sannemann. – Serpagli *et al.*, p. 308, pl. 27, fig. 3.

1986 *Ancyrodelloides kutscheri* Bischoff and Sannemann. – Barca *et al.*, p. 306, pl. 31, figs. 4, 7.

2013 *Ancyrodelloides kutscheri*（Bischoff and Sannemann, 1958）– Mavrinskaya and Slavik, p. 289, fig. 5Z.

特征 *Ancyrodelloides* 的一个种，外齿台窄，箭头状，指向前方，有几个分离的瘤齿；内齿台也窄，指向后方，有较多的分离的瘤齿，并有一个小的分叉的次级齿突指向前方。

附注 *Ancyrodelloides kutscheri* 与 *Ancyrodelloides trigonicus* 的区别主要是前者有指向后方的分叉的外齿台。

产地层位 欧洲（德国、意大利等）和北美洲。见于早泥盆世洛霍考夫期 *A. delta* 带，是中洛霍考夫期的代表种。中国尚无此种的报道。

过渡似锚刺 *Ancyrodelloides transitans* (Bischoff and Sannemann, 1958)

（图版31，图9，12）

1958 *Spathognathodus transitans* Bischoff and Sannemann, pp. 107—108, pl. 13, figs. 4—5, 12, 14.

1962 *Spathognathodus transitans* Bischoff and Sannemann, 1958. – Walliser, p. 284, pl. 1, figs. 36.

1969 *Spathognathodus transitans* Bischoff and Sannemann, 1958. – Carls, p. 342, pl. 2, figs. 18—19.

1979 *Ozarkodina transitans* (Bischoff and Sannemann, 1958). – Lane and Ormiston, pp. 48—49, 58, text-fig. 7; pl. 1, fig. 41; pl. 2, figs. 4—5, 8—9, 12—13; pl. 3, fig. 21.

1983 *Ancyrodelloides transitans* (Bischoff and Sannemann, 1958). – Murphy and Matti, p. 19, pl. 2, figs. 9—11; pl. 3, figs. 3—6, 11.

1985 *Ozarkodina* aff. *transitans* Bischoff and Sannemann, 1958. – 王成源，156页，图版Ⅰ，图9；图版Ⅱ，图18，20。

1987 *Ancyrodelloides transitans* (Bischoff and Sannemann, 1958). – Murphy and Cebecioglu, p. 592.

1994 *Ancyrodelloides transitans* (Bischoff and Sannemann, 1958). – Valenzuela-Ríos, pp. 41—43, pl. 1, figs. 11, 14—18, 20; pl. 2, figs. 2, 4—5, 8, 16.

特征 刺体粗壮，齿片直，前后齿片上均具有分离的侧视呈三角形的细齿。外齿台—齿叶明显大于内齿台—齿叶，基腔膨大。齿台—齿叶上发育有与齿片相垂直的脊。

附注 当前仅一大的成熟个体，齿台—齿叶上没见瘤齿，仅有一低矮的齿脊。外齿台—齿叶已断掉。此种为洛霍考夫阶中部至上部之下部的标准化石。

产地层位 内蒙古达茂旗巴特敖包剖面，下泥盆统阿鲁共组第14层（BT 14-1）；新疆库车河，阿拉塔格组的下部（王成源和张守安，1988）。

三角似锚刺 *Ancyrodelloides trigonicus* Bischoff and Sannemann, 1958

（图版31，图10，13）

1958 *Ancyrodelloides trigonica* Bischoff and Sannemann, pp. 92—93, pl. 12, figs. 9, 12—14, 16.

1968 *Ancyrodelloides trigonica* Bischoff and Sannemann. – Schulze, pp. 183—184, pl. 16, figs. 4, 6.

1969 *Ancyrodelloides trigonica* Bischoff and Sannemann. – Carls, p. 325, pl. 1, fig. 1.

1979 *Ancyrodelloides trigonicus* Bischoff and Sannemann. – Lane and Ormiston, p. 52, pl. 2, figs. 16—17.

1983 *Ancyrodelloides trigonicus* Bischoff and Sannemann. – Murphy and Matti, pp. 20—21, pl. 3, figs. 3—6, 11.

1988 *Ancyrodelloides trigonicus* Bischoff and Sannemann. – 王成源和张守安，图版1，图14。

1991 *Ancyrodelloides trigonicus* Bischoff and Sannemann. – Klapper, in Ziegler (ed.), *Catalogue of Conodonts*, vol. V, pp. 27—28, *Ancyrodelloides* – pl. 1, fig. 5.

特征 *Ancyrodelloides* 的一个种，自由齿片长而壮，齿台箭头形，有一个窄而尖的后齿叶和两个稍宽点的斜角状的指向前方的前齿叶。齿片—齿脊以及两个侧齿叶上有发育的由瘤齿组成的齿脊。反口面基穴小，龙脊和次级龙脊发育。

附注 当前标本不完整。但与 *Ancyrodelloides transitans*, *A. tianshanensis*, *Flajsella schulzei*, *Lanea omoalpha* 等 *delta* 带的化石产于同一层位。

产地层位 此种的时限是早泥盆世早期 *A. delta* 带到 *P. pesavis* 带。目前仅在新疆南天山阿尔腾柯斯组下部发现此种（王成源和张守安，1988；王成源，2001）。发现于西藏定日县普鲁组的标本被 Wang 和 Ziegler（1983a）定为 *Ancyrodelloides* cf. *trigonicus*。

双羽刺属　*Bipennatus* Mawson，1993

模式种　*Spathognathodus bipennatus* Bischoff and Ziegler，1957

特征　Pa 分子为梳状舟形分子（carminiscaphate element），基腔浅而宽，在刺体中部膨大；在后齿片上方有两列瘤状细齿列，被一薄的中脊或浅的中槽分开。器官组成不清。

时代分布　中泥盆世。大洋洲的澳大利亚、亚洲、欧洲、北美洲。

耳双羽刺　*Bipennatus auritus*（Bai，Ning and Jin，1979）

（图版33，图1—3）

1979 *Eognathodus auritus* Bai，Ning and Jin，n. sp. – Bai *et al.*，pl. 1，fig. 9.

1982 *Eognathodus auritus* Bai *et al.* – 白顺良等，43 页，图版Ⅰ，图9；图版Ⅹ，图13—14。

1988 *Eognathodus auritus* Bai，Ning and Jin. – 熊剑飞等，321 页，图版133，图1—2。

1994 *Eognathodus auritus* Bai，Ning and Jin， – Bai *et al.*，p. 163，pl. 3，figs. 14—15.

特征　齿台轮廓呈舟形，对称或近于对称，中部及后部膨大，末端收缩。后部具两排横脊，前部有一排横脊，排列规则；两排横脊被一不明显的中脊所隔。自由齿片较短，仅占刺体长的1/4。反口面基腔位于齿台前端，呈耳状，对称或不对称，通常外齿叶明显大于内齿叶。

本种最早见于广西大乐东岗岭组上部。

产地层位　广西大乐，中泥盆统东岗岭组上部；四川龙门山，中泥盆统金宝石组和观雾山组。

双羽双羽刺　*Bipennatus bipennatus*（Bischoff and Ziegler，1957）

1957 *Eognathodus bipennatus*（Bischoff and Ziegler）.

特征　齿片直或微向侧方弯，前齿片明显，中后齿片上方有两列瘤齿，齿槽发育或不发育。齿叶较窄，长圆形。

附注　此种来源于 *Bispathodus palethorpei*。口面双齿列特征明显，多数有中齿槽。

产地层位　此种在北半球广泛分布，但可能起源于南半球（Mawson，1993）；中泥盆统。

双羽双羽刺双羽亚种 α 形态型　*Bipennatus bipennatus bipennatus*（Bischoff and Ziegler，1957）α morphotype

（图版33，图11—12）

1988 *Eognathodus bipennatus*（Bischoff and Ziegler）. – 熊剑飞等，314 页，图版123，图1—2。

1993 *Bipennatus bipennatus bipennatus*（Bischoff and Ziegler，1957）α morphotype. – Mawson，pp. 137—140，figs. 2F—I，K.

特征　刺体直或微弯。前齿片由扁的细齿组成，上缘弧状。刺体中部上方有窄的齿槽，齿槽浅，两侧光滑或有瘤齿；齿槽不达后端。齿片后1/3或1/4处为瘤齿列或有横脊。

比较 α形态型齿槽窄，不达后端，这是其区别于β形态型的重要特征。

产地层位 中泥盆统艾菲尔阶 *P. c. costatus* 带至吉维特阶 *P. varcus* 带中部。四川龙门山，中泥盆统养马坝组石梁子段。

双羽双羽刺双羽亚种β形态型 *Bipennatus bipennatus bipennatus* (Bischoff and Ziegler, 1957) β morphotype

（图版32，图3—4）

1988 *Eognathodus* cf. *bipennatus* (Bischoff and Ziegler). －熊剑飞等，314页，图版123，图4。

1993 *Bipennatus bipennatus bipennatus* (Bischoff and Ziegler, 1957) β morphotype. －Mawson, pp. 137—140, figs. 2I—J.

特征 此形态型以齿槽宽、浅，直达齿片后端或接近齿片后端为特征。

比较 本形态型齿槽发育，宽而长，不同于α形态型。

产地层位 中泥盆统艾菲尔阶 *T. k. australis* 带至吉维特阶 *P. varcus* 带上部。四川龙门山，中泥盆统养马坝组石梁子段。

双羽双羽刺蒙特亚种 *Bipennatus bipennatus montensis* Weddige, 1977

（图版33，图4—10）

1988 *Eognathodus bipennatus* Bischoff and Ziegler, －Perry *et al.*, p. 1084, pl. 6, figs. 14—15.

1977 *Bipennatus bipennatus montensis* Weddige. －Weddige, p. 324, pl. 6, figs. 95—96.

1987 *Eognathodus bipennatus montensis* Weddige. －李晋僧，359页，图版166，图1，4—6，10—11。

1987 *Eognathodus bipennatus* n. subsp. A. －李晋僧，360页，图版166，图8。

1987 *Eognathodus bipennatus* n. subsp. B. －李晋僧，360页，图版166，图9。

1988 *Eognathodus bipennatus montensis* Weddige. －熊剑飞等，314页，图版123，图3。

1989 *Bipennatus bipennatus montensis* Weddige. －王成源，41页，图版6，图4—7。

特征 前齿片高，具细齿。刺体中部有一宽而浅的齿槽，其内外缘光滑，无瘤饰。齿片最高处在后齿片前方，即基腔上方稍后的位置。齿片后1/3变窄，明显下弯，其口缘为瘤齿列，无齿槽。基腔位于齿片中部，齿唇呈舌形，向两侧平伸，外齿唇比内齿唇大。

比较 *Bipennatus bipennatus montensis* 的中齿槽浅、宽、封闭，与 *B. b. bipennatus* β形态型最为相似，但前者齿槽最宽处在齿台中部基腔上方，而后者的齿台最宽处在后齿片中后部；前者齿槽内外缘光滑，后者齿槽内缘有明显的瘤齿列。

产地层位 广西象州，中泥盆统应堂组，可能为 *Polygnathus costatus costatus* 带；四川龙门山，中泥盆统养马坝组石梁子段。

双羽双羽刺梯状亚种 *Bipennatus bipennatus scalaris* (Mawson, 1993)

（图版33，图13—16）

1989 *Bipennatus bipennatus* cf. *bipennatus* (Bischoff and Ziegler, 1957). －王成源，41页，图版6，图2—3。

1993 *Bispathodus bispathodus scalaris* (Mawson). －Mawson, p. 137—140, figs. 2L—N.

特征 刺体直，或微侧弯。前齿片约为刺体长的1/4，由扁的细齿组成，上缘弧状。中后齿片上缘平，有发育的横脊，有时在基腔上方或其前方有浅的齿槽。齿叶宽仅为刺体长的1/7。齿叶对称，或外齿叶比内齿叶稍大。基腔浅。

附注 此亚种来源于 *Bispathodus bispathodus*。

产地层位 Mawson（1993）给出的本种的时限是中泥盆统艾菲尔阶 *P. x. ensensis* 带至吉维特阶 *P. varcus* 带顶。见于广西邕宁长塘那叫组上部的标本产于 *T. k. kockelianus* 带。本种同样见于广西六景中泥盆统东岗岭组。

中间双羽刺 *Bipennatus intermedius* (Ji, 1986)

（图版36，图2—3）

1978 *Eognathodus* aff. *E. bipennatus* (Bischoff and Ziegler). – Chatterton, pp. 187—188, pl. 5, figs. 4—5.

1986 *Eognathodus intermedius* Ji. – 季强，30—31页，图版9，图8—9，18—19；插图5。

特征 基腔位于齿片中部，中齿沟发育于齿片中部1/3处，齿片后部为横脊纹饰（插图22）。

比较 此种与 *Eognathodus sulcatus* 的区别在于后者的基腔位于齿片中部偏后一些的位置；它与 *Eognathodus enunaspis* 的区别在于后者的中齿沟一直延伸到齿片后部。

产地层位 广西象州马鞍山，中泥盆统鸡德组上部到巴漆组底部；中泥盆统艾菲尔阶至吉维特阶。

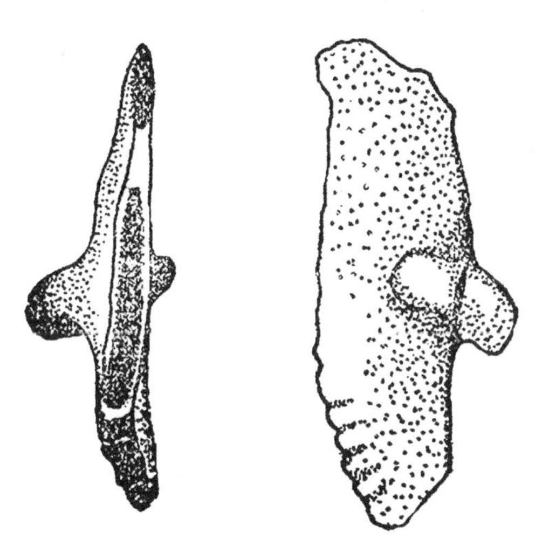

插图22 *Bipennatus intermedius*（Ji，1986）正模标本形态构造图（据季强，1986c，31页，插图5）

Text-fig. 22 *Bipennatus intermedius* (Ji, 1986), holotype (after Ji, 1986c, p. 31, text-fig. 5)

帕勒肖陪双羽刺 *Bipennatus palethorpei* (Telford, 1975)

（图版33，图17—18）

1975 *Spathognathodus palethorpei* sp. nov. – Telford, p. 67, pl. 13, figs. 1—10.

1993 *Bispathodus palethorpei* (Telford). – Mawson, pp. 137—140, figs. 2A—E.

特征 齿片直或微向侧方弯。前方自由齿片较高，由大部分愈合的细齿组成，其上缘由最前方向后升高，最后的细齿最大，后缘陡直。中后部齿片上方由一列细齿或两列不太分化的细齿组成。齿叶在刺体中前部，外齿叶比内齿叶大，长圆形。基腔浅。

比较 此种是本属最早的种，其前齿片的特征与 *Pandorinellina exigua* 的前齿片非常相似。由此种演化出 *Bipennatus bipennatus*。

产地层位 此种起源于南半球澳大利亚。下泥盆统埃姆斯阶 *P. serontinus* 带至中泥盆统艾菲尔阶 *P. c. costatus* 带。

双铲齿刺属 *Bispathodus* Müller, 1962

1934 *Spathodus* E. R. Branson, p. 305.

1969 *Spathognathodus* Rhodes, Austin and Druce.

1962 *Bispathodus* Müller, p. 114.

模式种 *Spathodus spinulicostatus* Branson, 1934

特征 可能是一个具有P分子的多成分属，P分子齿片的右侧分化出一个或多个明显分离的附生细齿或几乎是不分离的附属细齿。侧方细齿明显分离，它们可能是圆的钉状的瘤齿、横向生长的脊状瘤齿、靠脊或尖锐横脊与主齿片连接的瘤齿。基腔侧方膨大，超出齿片的垂直侧面，基腔或者在齿片中点下方接近中部，或者由中部扩展到后端。在齿片后部左侧可能存在细齿，但它不是在右侧细齿旁孤立的存在，也不超越基腔的前方。

讨论 依据基腔的形状和大小以及附生细齿的位置和发育程度，Ziegler 等（1974）简要地将此属分为两个分支：*bispathodus* 分支的种，基腔相当大，延伸到或接近于齿片后端；*aculeatus* 分支的种，基腔相当小，没有延伸到齿片后端。在附生细齿的位置上，这两个分支都表现出有些平行发展。

Bispathodus 经由 *B. stabilis* Morphotype 2 产生 *Protognathodus*，后者有两半不对称的膨大的基腔，这种基腔逐渐过渡到不对称的齿杯，这是 *Protognathodus* Ziegler 属的特征。

由 *Bispathodus* 的几个种产生了相关属 *Pseudopolygnathus* 和 *Clydagnathus*。

时代分布 晚泥盆世晚期到早石炭世早期（杜内期）。大洋洲的澳大利亚、北美、欧洲。中国贵州、广西、云南、湖南等地。

棘刺双铲齿刺 *Bispathodus aculeatus* (Branson and Mehl, 1934)

1934 *Spathodus aculeatus* Branson and Mehl, p. 186, pl. 17, figs. 11—14.

特征 *Bispathodus aculeatus* 是 *Bispathodus* 的一个种，在基腔上方齿片中部右侧有一个或几个瘤齿或横脊，这些瘤齿或横脊不延伸到齿片后端。在齿片的左侧可能有瘤齿、细齿或瘤齿列。基腔小，外张，但不达后端。前齿片侧视高度均一，或中部、前端、后端细齿最高。本种可区别出几个亚种，亚种间有些过渡类型。

棘刺双铲齿刺棘刺亚种 *Bispathodus aculeatus aculeatus* (Branson and Mehl, 1934)

（图版34，图1—3）

1934 *Spathodus aculeatus* Branson and Mehl, p. 186, pl. 17, figs. 11, 14.

1969 *Spathognathodus tridentatus* (Branson). – Rhodes *et al.*, p. 237, pl. 3, figs. 9—12.

1969 *Spathognathodus costatus costatus* (Branson). – Druce, p. 126, pl. 29, figs. 3—4.

1974 *Bispathodus aculeatus aculeatus* (Branson and Mehl). – Ziegler *et al.*, p. 101, pl. 1, fig. 5; pl. 2, figs. 1—8.

1985 *Bispathodus aculeatus aculeatus* (Branson and Mehl). – Ji *et al.*, pp. 100—101, pl. 39, figs. 19—22.

? 1987 *Eognathodus* sp. –李晋僧，360页，图版166，图7a—b。

1988 *Bispathodus aculeatus aculeatus* (Branson and Mehl). – Wang and Yin, p. 115, pl. 24, figs. 4, 8—9.

1989 *Bispathodus aculeatus aculeatus* (Branson and Mehl). – Ji *et al.*, p. 80, pl. 24, figs. 6a—7b.

特征 *Bispathodus aculeatus* 的一个亚种，其齿片前部细齿高度一致，或中部、中前部细齿最高。在基腔上方齿片中部右侧存在一个或几个附生细齿。

附注　较进化的类型，在基腔上方齿片左侧可能存在一个瘤齿、细齿或瘤齿脊。这种类型可能是向 *Pseudopolygnathus* 过渡的类型。

产地层位　本亚种的时限由晚泥盆世晚期 *S. praesulcata* 带到早石炭世 *S. crenulata* 带。世界性分布。广西桂林，泥盆系—石炭系之间南边村组；广西靖西三联，上泥盆统上部；贵州长顺睦化组等。

棘刺双铲齿刺前角亚种　*Bispathodus aculeatus anteposicornis* (Scott, 1961)

（图版34，图4—6）

1961 *Spathognathodus anteposicornis* Scott, text-figs. 2h—k.

1969 *Spathognathodus anteposicornis* Scott. – Rhodes *et al.*, pl. 3, figs. 5—8.

1974 *Bispathodus aculeatus anteposicornis* (Scott). – Ziegler *et al.*, p. 101, pl. 1, figs. 11—12; pl. 2, fig. 9; pl. 3, fig. 25.

1988 *Bispathodus aculeatus anteposicornis* (Scott). – Wang and Yin, p. 115, pl. 24, figs. 5—6.

1989 *Bispathodus aculeatus anteposicornis* (Scott). – 王成源，33—34页，图版4，图9。

1989 *Bispathodus aculeatus anteposicornis* (Scott). – Ji *et al.*, p. 81, pl. 24, fig. 5.

特征　*Bispathodus aculeatus* 的一个亚种，其齿片右侧基腔前方或基腔前缘之上方存在一个大的侧瘤齿。

附注　此亚种的右侧细齿有时很大，这种类型多见于早石炭世早期。

产地层位　本种的时限由晚泥盆世晚期早 *B. costatus* 带到早石炭世 *S. sandbergi* 带。广西桂林，泥盆系—石炭系之间南边村组；靖西三联；贵州长顺睦化组等。

棘刺双铲齿刺羽状亚种　*Bispathodus aculeatus plumulus* (Rhodes, Austin and Druce, 1969)

（图版32，6；图版34，图7）

1969 *Spathognathodus plumulus plumulus* Rhodes, Austin and Druce, pp. 229—230, pl. 1, figs. 1—2, 5—6.

1969 *Spathognathodus plumulus nodosus* Rhodes, Austin and Druce, p. 230, pl. 1, figs. 3—4.

1969 *Spathognathodus plumulus shirleyae* Rhodes, Austin and Druce, pp. 230—231, pl. 30, figs. 1—2.

1973 *Spathognathodus plumulus plumulus* Rhodes, Austin and Druce. – Austin and Hill, p. 128, pl. 1, figs. 3—6, 18—21.

1974 *Spathognathodus aculeatus plumulus* Rhodes, Austin and Druce. – Ziegler *et al.*, pp. 101—102, pl. 2, figs. 10—11; pl. 3, fig. 24.

1976 *Spathognathodus aculeatus plumulus* Rhodes, Austin and Druce. – Dreesen *et al.*, pl. 7, figs. 6—11; pl. 8, figs. 1—9; pl. 13, figs. 11—14, 18—20.

1982 *Bispathodus aculeatus plumulus* (Rhodes, Austin and Druce, 1969). – Wang and Ziegler, pl. 1, figs. 18—20.

1989 *Spathognathodus aculeatus plumulus* Rhodes, Austin and Druce. – 王成源，34页，图版4，图8。

特征　具有羽状前齿片的窄颚齿刺形分子（spathognathid element）。前齿片细齿由齿片后端粗壮的细齿向前方迅速减小，仅在基腔上方右侧有几个附生细齿。

附注　本亚种具有羽状前齿片，在齿片右侧存在几个细齿，有两个以上的细齿是从齿台状的凸起长出的而不是从齿片侧边直接生出。本亚种包括那些在基腔左侧上方有一个细齿或瘤齿的类型。此亚种的时限为晚泥盆世最晚期到早石炭世最早期，即下 *B. costatus* 带上部到 *Siphonodella sulcata* 带，常见于英国的K带，特别是K带的下部。

产地层位　广西靖西三联，上泥盆统上部。

肋脊双铲齿刺 *Bispathodus costatus* (E. R. Branson, 1934)

(图版34，图9—13)

1934 *Spathodus costatus* E. R. Branson, p. 303, pl. 27, fig. 13.

1962 *Spathognathodus costatus costatus* (E. R. Branson). - Ziegler, pp. 107—108, pl. 14, figs. 1—6, 8—10.

1969 *Spathognathodus bischoffi* Rhodes, Austin and Druce, pp. 223, 225, pl. 4, figs. 1—4.

1978 *Bispathodus costatus* (E. R. Branson). - 王成源和王志浩，58 页，图版 1，图 28—32。

1988 *Bispathodus costatus* (E. R. Branson). - Wang and Yin, p. 115, pl. 24, figs. 1—2, 14.

1989 *Bispathodus costatus* (E. R. Branson). - Ji *et al.*, p. 81, pl. 24, figs. 8a—11b.

特征 *Bispathodus* 的一个种，其齿片右侧的侧瘤齿或侧横脊一直延伸到齿片的后端或接近齿片的后端，齿片左侧基腔之后无装饰。主齿列前部的细齿常常愈合成尖锐的脊。较进化的类型在齿片左侧可能有一瘤齿。

附注 依据基腔的大小和形态可区分出两个形态型：形态型 1，基腔大，可达齿片后端，来源于有大的不对称基腔的 *Bispathodus bispathodus*；形态型 2，基腔不达齿台后端，但向侧方膨大，来源于有小的基腔不达后端的 *Bispathodus aculeatus* 类型。

产地层位 本种的时限为晚泥盆世晚期下 *B. costatus* 带（*P. g. expansa* 带）到早石炭世最早期 *S. sulcata* 带。广西桂林，泥盆系—石炭系之间南边村组；贵州长顺，上泥盆统代化组。

肋脊双铲齿刺（比较种） *Bispathodus* cf. *costatus* (E. R. Branson, 1934)

(图版34，图8)

1989 *Bispathodus* cf. *costatus* (E. R. Branson). - 王成源，35 页，图版 4，图 7。

特征 齿片右侧的侧方瘤齿或横脊延伸到或接近齿片的后端，基腔后方的齿片左侧无装饰。

附注 仅一个破碎标本，右侧有明显的横脊，但齿片后方断掉，暂时归入此种，存疑。*Bispathodus costatus* 是晚泥盆世最晚期的带化石。

产地层位 广西靖西三联，上泥盆统最上部。

结合双铲齿刺 *Bispathodus jugosus* (Branson and Mehl, 1934)

(图版34，图14—16)

1934 *Spathodus jugosus* Branson and Mehl, p. 190, pl. 17, figs. 19—22.

1956 *Spathognathodus jugosus* (Branson and Mehl). - Bischoff and Ziegler, p. 167, pl. 13, figs. 8—10.

1962 *Spathognathodus jugosus* (Branson and Mehl). - Ziegler, p. 110, pl. 13, figs. 17—19.

1974 *Bispathodus jugosus* (Branson and Mehl). - Ziegler *et al.*, p. 103, pl. 1, figs. 3—4; pl. 3, figs. 19, 23, 26.

1978 *Bispathodus jugosus* (Branson and Mehl). - 王成源和王志浩，59 页，图版 1，图 35—39.

特征 基腔大，不对称，延至或接近齿片后端。齿脊右侧细齿列延至齿片后端，向前可达前端。齿片后 1/3 处的主齿列与右细齿列之间，常有一列短的胚齿插入，使后端呈现三个细齿列。

产地层位 贵州惠水，上泥盆统代化组。

尖横脊双铲齿刺 *Bispathodus spinulicostatus* (E. R. Branson, 1934)

(图版32，图5)

1934 *Spathodus spinulicostatus* n. sp. - E. R. Branson, p. 305, pl. 27, fig. 19.

1974 *Bispathodus spinulicostatus* (E. R. Branson, 1934). - p. 103, pl. 1, figs. 6—8; pl. 3, figs. 20, 23.

特征　*Bispathodus* 的一个种，其齿片右侧有一列侧方瘤齿或横脊延伸到齿片后端，齿片左侧在基腔之后有一列侧方瘤齿。齿片左侧基腔上方可能有单个的瘤齿、细齿或瘤齿脊。基腔上方的瘤齿脊与齿片平行或垂直。

附注　*Bispathodus spinulicostatus* 与 *B. ziegleri* 很相似，但它的基腔之后左侧为瘤齿而不是齿脊，齿片右侧的瘤齿或横脊少，不紧密。此种的石炭纪分子左侧瘤齿比泥盆纪分子更少，更不规则。基腔左侧有瘤齿的类型显示此种向 *Pseudopolygnathus* 过渡的特征。

产地层位　晚泥盆世晚期早 *B. costatus* 带到早石炭世早期（Z 带下部）。本种在中国尚无正式报道。

稳定双铲齿刺　*Bispathodus stabilis*（Branson and Mehl，1934）

（图版 35，图 1—5）

1934 *Spathodus stabilis* Branson and Mehl，p. 188，pl. 17，fig. 20.

1978 *Spathognathodus stabilis*（Branson and Mehl）．－王成源和王志浩，84 页，图版 3，图 33—34；图版 4，图 6—7。

1986 *Spathognathodus stabilis*（Branson and Mehl）．－季强和陈宣忠，80 页，图版 1，图 15—17。

1987 *Spathognathodus stabilis*（Branson and Mehl）．－董振常，84 页，图版 9，图 15—16。

1988 *Spathognathodus stabilis*（Branson and Mehl）．－Wang and Yin，p. 116，pl. 24，fig. 3.

特征　*Bispathodus* 的最原始的种，齿片上方没有分化出双齿列，也没有附生细齿。基腔对称或不对称。

附注　此种可区分为两个形态型。形态型 1 属老的保守的支系，以有小的对称或微微不对称的基腔为特征，基腔不达齿台后端；它在上 *P. marginifera* 带来源于 "*Spathognathodus gradatus*"，并进一步演化出 *Bispathodus aculeatus* 支系。形态型 2 以有宽大的不对称的基腔为特征，基腔直达刺体后端，来源于形态型 1，并演化出 *Protognathodus*。

产地层位　晚泥盆世晚 *P. marginifera* 带到早石炭世。贵州睦化，上泥盆统代化组；广西寨沙，上泥盆统五指山组；湖南新邵县马栏边，上泥盆统法门阶邵东组。

三齿双铲齿刺　*Bispathodus tridentatus*（Branson，1934）

（图版 35，图 6）

1934 *Spathodus tridentatus* Branson，p. 307，pl. 27，fig. 26.

1949 *Spathognathodus tridentatus*（Branson）．－Thomas，p. 412，pl. 4，fig. 11.

1969 *Spathognathodus tridentatus*（Branson）．－Rhodes *et al.*，p. 237，pl. 3，figs. 9—12.

1978 *Bispathodus tridentatus*（Branson）．－王成源和王志浩，59 页，图版 1，图 33—34。

特征　前齿片高，有 3 ~ 4 个高的细齿。基腔大，对称，其内侧上方有 3 ~ 4 个侧方细齿。

产地层位　贵州惠水王佑，上泥盆统王佑组。

最后双铲齿刺　*Bispathodus ultimus*（Bischoff，1957）

（图版 34，图 17）

1957 *Spathognathodus ultimus* Bischoff，pp. 57—58，pl. 4，figs. 24—26.

1962 *Spathognathodus costatus ultimus* Bischoff．－Ziegler，p. 109，pl. 14，figs. 19—20.

1974 *Bispathodus ultimus*（Bischoff，1957）．－Ziegler *et al.*，p. 104，pl. 2，fig. 12.

特征 齿台平，微微不对称，具有典型的 *bispathodus* 的基腔，基腔延伸到后端，其右侧有褶皱。右侧齿列有横脊与主齿片相连。右侧齿列始于主齿片前端之后并延伸到主齿片后端。主齿片左侧发育有一列脊状瘤齿或短的横脊，始于基腔前缘并达基腔后端。侧视时，左侧的瘤齿或横脊比主齿片的愈合的瘤齿列低。

比较 此种与 *B. ziegleri* 相似，但后者基腔小，左侧瘤齿列短并止于基腔后缘。此种由 *B. costatus* Morphotype 1 演化而来。

产地层位 此种见于欧洲、北美洲晚泥盆世中—晚 *B. costatus* 带，相当于晚 *P. g. expansa* 带至 *S. praesulcata* 带。中国尚未发现此种。

齐格勒双铲齿刺 *Bispathodus ziegleri* (Rhodes, Austin and Druce, 1969)

（图版 35，图 7）

1985 *Bispathodus ziegleri* (Rhodes, Austin and Druce). – Ji *et al.*, p. 101, pl. 40, figs. 1—2.

1989 *Bispathodus ziegleri* (Rhodes, Austin and Druce). – Ji *et al.*, p. 81, pl. 24, figs. 12a—13b.

特征 *Bispathodus* 的一个种，其齿片左侧基腔后方存在横脊；齿片右侧似 *Bispathodus costatus*。多数标本具有 *B. aculeatus* 式的基腔，但基腔较大，也有少数标本有 *B. bispathodus* 式的基腔。

附注 *Bispathodus ziegleri* 可能来源于 *Bispathodus costatus* Morphotype 2。

产地层位 本种的时限为晚泥盆世晚期 *P. g. expansa* 带到 *S. praesulcata* 带。广西桂林，泥盆系—石炭系之间南边村组；贵州长顺，上泥盆统代化组。

布兰梅尔刺属 *Branmehla* Hass, 1959

模式种 *Spathodus inornatus* Branson and Mehl, 1934

特征 *Branmehla* 的基腔位于自由齿片的后端，以此不同于 *Spathognathodus*。

时代分布 晚泥盆世最晚期至早石炭世最早期。北美洲、欧洲、亚洲。

波伦娜娜布兰梅尔刺波伦娜娜亚种 *Branmehla bohlenana bohlenana* (Helms, 1959)

（图版 32，图 12—14）

1959 *Spathognathodus bohlenana* Helms, p. 658, pl. 6, figs. 5—8.

2011 *Branmehla bohlenana bohlenana* (Helms, 1959). – Hartenfes, p. 228, pl. 37, figs. 1—3.

特征 前齿片高而长，细齿密集、较短；后齿片低而短，细齿更小；主齿不明显。基腔小，近圆形。

比较 此亚种与 *Branmehla bohlenana gediki* 的区别在于前者的主齿不明显，前齿片更长，高度均一。

产地层位 此亚种的时限为法门期晚 *P. marginifera* 带到早 *P. g. expansa* 带。此亚种仅发现于广西乐业的上泥盆统。

波伦娜娜布兰梅尔刺格迪克亚种 *Branmehla bohlenana gediki* Çapkinoglu, 2000

（图版 35，图 8—10；图版 32，图 7—11）

1978 *Spathognathodus werneri* Ziegler, 1962. – 王成源和王志浩，图版 4，图 15—20。

1990 *Branmehla bohlenana*. – Perri and Spalletta, pp. 58, 60, Taf. 3, fig. 1.

2000 *Branmehla gediki* n. sp. – Çapkinoglu, pp. 94, 101, Taf. 4, figs. 1—6.

2011 *Branmehla bohlenana gediki*. – Hartenfels, pp. 228—229, Taf. 37, figs. 7—9.

特征　前齿片长而直，明显高于后齿片；后齿片短而低；主齿明显，居于刺体的后1/4处。

比较　此亚种主齿发育、后齿片相对短而低、前齿片长而高，从而不同于*Branmehla bohlenana bohlenana*（Helms，1959），后者缺少明显的主齿，前后齿片细齿较小、较密集。

产地层位　此亚种的时限为晚泥盆世法门期早 *marginifera* 带到中 *expansa* 带。贵州长顺，上泥盆统代化组；广西乐业，上泥盆统（广西区调队的野外样品）。

无饰布兰梅尔刺　*Branmehla inornatus*（Branson and Mehl，1934）

（图版35，图14—18）

1934 *Spathodus inornatus* Branson and Mehl, p. 185, pl. 17, fig. 23.

1957 *Spathognathodus inornatus*（Branson and Mehl）. – Bischoff and Ziegler, p. 166, pl. 13, figs. 4—6, 12.

1962 *Spathognathodus inornatus*（Branson and Mehl）. – Ziegler, p. 111, pl. 12, fig. 24.

1984 *Spathognathodus inornatus*（Branson and Mehl）. – Wang and Yin, pl. 3, fig. 18.

1985 *Spathognathodus inornatus*（Branson and Mehl）. – Ji *et al.*, in Hou *et al.*, pp. 143—144, pl. 40, fig. 15.

1987 *Spathognathodus inornatus*（Branson and Mehl）. – Wang and Yin, pl. 3, fig. 23.

non 1989 *Spathognathodus inornatus*（Branson and Mehl）. – Ji *et al.*, p. 82, pl. 22, figs. 45a—b（= *Branmella supremus*）.

1989 *Spathognathodus inornatus*（Branson and Mehl）. – Wang and Yin, p. 116, pl. 32, figs. 10—14.

特征　刺体小，底缘较直或两端向上弯，口缘侧视呈弧形。刺体由一列细齿组成。细齿侧方扁，基部愈合，顶尖分离，近三角形。基腔对称，膨大，位于接近刺体的后端处。

比较　*Branmehla supremus* 的基腔强烈不对称，以此不同于 *Branmehla inornatus*。Ji等（1989）描述的 *B. inornatus* 具有 *B. supremus* 的典型特征，应归入*B. supremus*。

产地层位　广西桂林南边村组，上泥盆统顶部的 *S. praesulcata* 带至下石炭统底部的 *S. sulcata* 带；新疆皮山县，上泥盆统。

高位布兰梅尔刺　*Branmehla supremus*（Ziegler，1962）

（图版32，图15）

1962 *Spathognathodus supremus* Ziegler, pp. 114, 187, pl. 17, fig. 17.

1978 *Spathognathodus supremus* Ziegler. – 王成源和王志浩，85页，图版3，图23—24。

1988 *Branmehla inornatus* Branson and Mehl. – Ji *et al.*, p. 82, pl. 22, figs. 4a—b.

1989 *Spathognathodus inornatus*（Branson and Mehl）. – Jie *et al.*, p. 82, pl. 22, figs. 45a—b.

特征　宽大的基腔位于刺体后端，明显不对称，最后端向内并微向下弯。前齿片长，后齿片极短，最高处位于基腔之上。

比较　*Branmehla supremus* 与 *B. inornatus* 最相似，但前者有强烈不对称的基腔而不同于后者。

产地层位　贵州长顺，上泥盆统代化组。时限为早 *S. praesulcata* 带到中 *S. praesulcata*带。

维尔纳布兰梅尔刺 *Branmehla werneri* Ziegler, 1962

（图版35，图11—13）

1959 *Spathognathodus stabilis*（Branson and Mehl）. –Ziegler, pl. 1, fig. 4（non fig. 5 = *Bispathodus stabilis*）.

1962 *Spathognathodus werneri* Ziegler, p. 115, pl. 13, figs. 11—16.

1967 *Spathognathodus werneri* Ziegler. –Wolska, p. 429, pl. 18, fig. 17.

1978 *Spathognathodus werneri* Ziegler. –王成源和王志浩，图版4，图15—20。

1988 *Spathognathodus werneri* Ziegler. –Wang and Yin, p. 116, pl. 31, fig. 8; pl. 32, figs. 9, 15—16.

特征 前齿片长而高，后齿片短而低。基腔不对称。主齿明显。

附注 当前标本较大，主齿由两个细齿愈合而成。

产地层位 广西桂林，泥盆系—石炭系之间南边村组。时限为晚泥盆世最晚期 *S. praesulcata*带至早石炭世最早期 *S. sulcata* 带。

弗莱斯刺属 *Flajsella* Valenzuela-Ríos and Murphy, 1997

模式种 *Spathognathodus stygius* Flajs, 1967

特征 窄颚齿状分子，Pa 分子来源于梳状舟形分子（carminiscaphate element），具有大的后置的基腔，基腔上方有大的主齿。后齿片不发育，仅具小的细齿或无细齿。

附注 此属的模式种最早是由 Flajs（1967）描述的，后来，Lane 和 Ormiston（1979）、Schönlaub（1980）、Murphy 和 Matti（1983）、Bardashev（1989）、Rodriguez-Canero 等（1990），以及 Valenzuela-Ríos（1994a）都对本属的分子有过描述和报道，直至1997年，Valenzuela-Ríos 和 Murphy（1997）才将其建立为新属。

Flajsella 过去归入 *Ozarkodina*，但 *Ozarkodina* 的基腔不是后置的，也不具有高的钉状的主齿，*Flajsella* 的 Pa 分子与 *Ozarkodina* 的 Pa 分子没有任何相似之处。*Flajsella* 的 Pb 分子与 *Criterognathus* 的 Pb 分子相似。

目前此属包括 *Flajsella sigmostygia*, *F. stygia*, *F. lanei*, *F. streptostygia* 和 *F. schulzei* 这5个种，其中 *F. schulzei* 是最早出现的种。

时代分布 欧洲、亚洲、北美洲。在我国西藏（Wang 和 Ziegler，1983）和新疆（王成源等，1988；王成源，2001）曾发现此属。此属的时代只限于下泥盆统中洛霍考夫阶的中上部（*A. eleanorae* 带至 *A. trigonicus* 带）。

舒尔策弗莱斯刺 *Flajsella schulzei*（Bardashev, 1989）

（图版36，图4—5）

1968 *Spathognathodus seebergensis* Schulze, p. 227, pl. 17, fig. 9（only）.

1969 *Spathognathodus stygius* Flajs. –Pölsler, pp. 433—434, pl. 1, figs. 5, 6（only）.

1980 *Ozarkodina stygia*（Flajs）α morphotype. –Schönlaub, p. 39, pl. 4, figs. 5—8.

1989 *Ozarkodina stygia schulzei* Bardashev, pp. 7—8, pl. 1, fig. 5（non fig. 4）.

1992 *Ozarkodina stygia schulzei* Bardashev. –Bardashev and Ziegler, p. 15, pl. 1, fig. 39（non figs. 25—26）.

1994 *Ozarkodina stygia*（Flajs）α morphotype. –Valenzuela-Ríos, pp. 66—67, pl. 6, figs. 16, 21.

1997 *Flajsella schulzei*（Bardashev, 1989）. –Valenzuela-Ríos and Murphy, pp. 136—137, pl. 8, figs. 1—4, 7—22.

2001 *Flajsella schulzei*（Bardashev, 1989）. –王成源，105页，图版56，图4—6。

特征 *Flajsella* 的一个种，口视时 Pa 分子前齿片与后齿片均在同一直线上（并不偏离主齿），深的、对称的、箭头状的基腔在刺体的后端。

附注 Pa 分子齿片直，前后齿脊排在一条线上，有时后齿脊稍弯。前齿片直，细齿近等大，主齿较粗大。后齿片一般只有 1 ~4 个小的细齿，比主齿低得多。刺体底缘较直。

前齿片与后齿片在同一直线上，且前齿片细齿大小相近，这是此种的重要特征，不同于 *Flajsella* 的其他种。本种的重要特征在于：① 前后齿脊在一条直线上（口视），仅微微拱起；② 前齿片细齿小，密集，侧方扁，顶尖分离，数量多；③ 主齿突出，几近圆形；④ 后方细齿小，但发育明显；⑤ 基腔大，开放，后位，几乎对称。此种是 *Flajsella* 属中出现最早的种。可能由 *Criteriognathus paucidentatus* 或 "*Ozarkodina*" *excavata* 演化而来。

产地层位　此种在中国首次发现于新疆南天山库车河库尔干道班南的下泥盆统阿尔腾柯斯组洛霍考夫阶（王成源，2001），也见于内蒙古达茂旗巴特敖包地区阿鲁共剖面的下泥盆统阿鲁共组。

可恨弗莱斯刺　*Flajsella stygia* (Flajs, 1967)

（图版 36，图 6—7）

1983 *Ozarkodina stygia* (Flajs, 1967) γ morphotype. – Wang and Ziegler, figs. 3.1a—b.

1988 *Ozarkodina stygia* (Flajs, 1967) γ morphotype. – 王成源和张守安，150 页，图版 1，图 12—13。

特征　前齿片和后齿片不在同一直线上。前齿片直，由密集的直立的细齿组成，在近主齿处向外弯。主齿强大，直立，较高，偏外侧，侧视近三角形。后齿片（后齿脊）短而直。基腔后位，膨大近圆形。

比较　前后齿片不在同一直线上，主齿粗大，偏置，明显不同于 *Flajsella schulzei*。

产地层位　西藏定日县，下泥盆统洛霍考夫阶；新疆南天山库车河，下泥盆统阿拉塔格组下部（王成源和张守安，1988）。

莱恩刺属　*Lanea* Murphy and Valenzuela-Ríos, 1999

模式种　*Ozatkodina eleanorae* Lane and Ormiston, 1979

特征　此属 Pa 分子的齿台—齿叶中等大小至很大，具有一台阶，没有瘤齿等装饰，基腔及齿沟开放。台阶上光滑无饰，但有时有槽状边缘。

附注　这是 Murphy 和 Valenzuela-Ríos（1999）建立的新属，他们将原归入 *Ancyrodelloides* 一属中齿台—齿叶上有台阶的类型单独分出，并认为是与 *Ancyrodeilloides* 同源的两个不同支系，此属包括 *Lanea carlsi*，*Lanea omoalpha*，*L. eoeleanorae*，*L. eleanorae*和 *L. telleri* 这 5 个种，时代为洛霍考夫期早、中期。*Ancyrodelloides omus* 应当是在齿台—齿叶上不具台阶的分子。Mawson 等（2003）仍将此属包括在 *Ancyrodeilloides* 属内，并认为其起源于 *Ozarkodina remscheidensis eosteinhornensis*，而 *Ozarkodina remscheidensis prosopla* 是 *Ancyrodelloides*（包括 *Lanea*）与 *Ozarkodina r. eosteinhornensis* 之间的过渡分子。

卡尔斯莱恩刺　*Lanea carlsi* (Boersma, 1973)

（图版 37，图 10—11）

1958 *Spathognathodus steinhornensis* Ziegler, Bischoff and Sannemann, p. 106, pl. 13, figs. 3, 7, 9.

1973 *Spathognathodus carlsi* Boersma, pp. 289—290, pl. 3, figs. 1—6; pl. 4, figs. 1—9.

1994 *Ozarkodina carlsi* (Boersma). – Valenzuela-Ríos, pl. 1, fig. 19; pl. 3, figs. 3, 9—10, 14.

2011 *Lanea carlsi* (Boersma, 1973). – Slavik, pp. 321—325, figs. 3—5 (multielement).

原来定义 *Spathognathodus* 的一个种，基腔具有宽阔张开的齿唇。内齿唇浑圆，口视无装饰；外齿唇较纤细，口面饰有1～3个细齿，大致与齿片垂直(Boersma, 1973)。

修正特征 *Lanea* 的一个种，在基部的齿台—齿叶上有微弱发育的台阶（terraces)。基腔浅，强烈不对称，不受限定。外齿台—齿叶比内齿台—齿叶大得多，其口面饰有1～3个瘤齿，与主齿之间有齿脊相连。

附注 *Lenea carlsi* 与 *L. omoalpha* 非常相似，区别在于前者的外齿台—齿叶有瘤齿，齿叶不太规则。Slavik（2011）对此种的器官构成做了详细的描述。

产地层位 此种是下泥盆统中洛霍考夫亚阶底界的标志，非常重要。*eoeleanorae—carlsi* 组合带标志着中洛霍考夫亚阶的开始，而 *omo.—carlsi* 组合带是下洛霍考夫亚阶结束的标志，*Lenea carlsi* 的时限正处于下、中洛霍考大亚阶之间。中国尚无此种的记录。

伊利诺莱恩刺 *Lanea eleanorae* (Lane and Ormiston, 1979)

（图版31，图8；图版36，图8—10）

1979 *Ozarkodina eleanorae* Lane and Ormiston, p. 55, pl. 1, fig. 40; pl. 2, figs. 6—7; pl. 3, figs. 7—8, 11—12.

1980 *Ozarkodina eleanorae* Lane and Ormiston. – Klapper and Murphy, fig. 4, Nos. 1, 7—9, 13—14.

1983 *Ancyrodelloides eleanorae* (Lane and Ormiston). – Murphy and Matti, pp. 23—24, pl. 4, figs. 4—6.

2013 *Lanea eleanorae* (Lane and Ormiston, 1979). – Mavrinskaya and Slavik, p. 289, fig. 5Z.

特征 *Lenea* 的一个种，其P分子有等大的近圆形的齿台—齿叶。前后齿片下部收紧，基腔限定在齿片中部，齿叶边缘向前后延伸出齿凳（benches)。

附注 此种曾归入 *Ancyrodelloides*，但齿叶周边具有不明显的台阶，现归入 *Lanea*。此种与 *Ancyrodelloides delta* 十分相似，基腔的齿叶的反口面都是凹入的，但本种的后方龙脊无沟槽。*Lanea eleanorae* 齿叶向后延伸形成齿凳，不同于 *Lanea eoeleanorae* 和 *Lanea telleri*。

产地层位 欧洲（德国、意大利、奥地利等）和北美洲（内华达、阿拉斯加等)。该种时限为早泥盆世洛霍考夫期 *A. delta* 带，是中洛霍考夫期的代表种。中国尚无此种的报道。

始伊利诺莱恩刺 *Lanea eoeleanorae* Murphy and Valenzuela-Ríos, 1999

（图版37，图1—5）

1999 *Lanea eoeleanorae* Murphy and Valenzuela-Ríos, pp. 327—328, pl. 1, figs. 20—22, 24—26, 30; pl. 2, figs. 1—11, 21—23.

2013 *Lanea eoeleanorae* Murphy and Valenzuela-Ríos, 1999. – Mavrinskaya and Slavik, pp. 288—299, figs. 5H—J.

特征 *Lanea* 的一个种，其P分子的齿台—齿叶上有台阶，与齿片几乎呈直角，与齿叶边缘也几乎呈直角。齿片基部强烈收缩，但基腔和基部齿沟是开放的。后齿沟向后收缩变尖，前齿沟两侧近于平行。

附注 齿台—齿叶边缘的台阶与齿台边缘表面和齿片几乎呈直角，台阶外缘变圆，呈圆槽状。齿台—齿叶边缘口视半圆形或亚方形，位于齿片中部。齿片前方有几个稍大的细齿，细齿尖端分离。后齿片细齿比中齿片细齿稍宽，但高度相近。齿片后方微向侧弯。

比较 *Lanea eoeleanorae* 不同于 *Lanea omoalpha* 在于前者口视在齿叶表面可见明显

的台阶，呈槽状，齿片稍张开；它不同于 *Lanea eleanorae* 在于前者基腔较开放，基部齿沟楔形。*Lanea omoalpha* 和 *L. eoeleanorae* 的齿片—齿叶的形状变化较大，后者齿叶台阶发育成槽状。

产地层位　此种目前仅见于美国内华达州和欧洲的西班牙，时限为早泥盆世洛霍考夫期中期 *omoalpha—trigonicus* 带至 *trigonicus—pandora* β 带的早期。中国尚无此种的记录。

欧茅阿勒法莱恩刺　*Lanea omoalpha* Murphy and Valenzuela-Ríos, 1999

（图版 36，图 11—13）

1983 *Ancyrodelloides omus* α morphotype Murphy and Matti, p. 17, pl. 2, figs. 18—20.

1994 *Ancyrodelloides omus* α morphotype Valenzuela-Ríos, pl. 1, fig. 10.

1994 *Ancyrodelloides omus* α morphotype Murphy and Matti, 1983. – Mawson and Talent, p. 51, fig. 11H—L.

1999 *Lanea omoalpha* Murphy and Valenzuela-Ríos n. sp., p. 327, pl. 1, figs. 10—19, 23, 27—29; pl. 2, figs. 12—14.

2006 *Lanea omoalpha* Murphy and Valenzuela-Ríos. – 王平，图版Ⅳ，图 1—2；图版 V，图 1—5，8—9，12—15。

特征　*Lanea* 的一个种，其 Pa 分子具有大的齿台—齿叶，其上的台阶等于或比齿叶边缘（brim）宽，并与齿叶边缘呈钝角相接（肩角状）。基腔开放，不限定。前齿沟深，开放；后齿沟中等深度，并向后均一变尖。

附注　此种变化较大。对于 Mawson 和 Talent（1994）报道的产于澳大利亚的布拉格阶的“*Ancyrodelloides omus* α morph”，Murphy 和 Valenzuela-Ríos（1999）认为不能归入 *Lenea omoalpha*。此种的时代只限于洛霍考夫期早、中期。

产地层位　内蒙古阿鲁共剖面，下泥盆统阿鲁共组；巴特敖包剖面第 14 层，阿鲁共组；西别河剖面，下泥盆统阿鲁共组。

泰勒莱恩刺　*Lanea telleri* (Schulze, 1968)

（图版 37，图 6—9）

1968 *Spathognathodus steinhornensis telleri* Schulze, p. 229, pl. 17, figs. 18—19.

1999 *Lanea telleri* (Schulze, 1968), pl. 2, figs. 24—40.

特征　*Lanea* 的一个种，其 Pa 分子具有限定的基腔。齿台—齿叶长方形，其边缘有台阶。齿片下部有齿凳。基腔反口视哑铃状，居中。

附注　本种正模标本可能是幼年期标本。此种在齿台—齿叶和基腔的位置上不同于 *Lanea eleanorae*，比较后置，齿片底缘夹紧。

产地层位　据目前所知，本种见于美国内华达州和欧洲的西班牙和意大利，多见于下泥盆统中洛霍考夫阶上部 *eleanorae—trigonicus* 带，常与 *Flajsella* 的种 *Ancyrodelloides triansitanst* 和 *A. triginicus* 同层。在新疆库车地区很可能存在此种（王成源和张守安，1988）。

突唇刺属　*Masaraella* Murphy, 2005

模式种　*Ozarkodina pandora* Murphy, Matti and Walliser, 1981

特征　Spathognathodontidae 科中的一个属，以 P 分子在刺体后部具有大的基腔为特征，基腔向后端变窄或张开；齿片细齿在一直线上，没有主齿。白色物质的分布只限于细齿和齿片的上部。Pb 分子角状，有两个齿突，具有较多的近于等大的细齿。

附注 Murphy（2005）建立的此属，包括 *M. pandora*, *M. epsilon* Murphy, 2005 和 *M. riosi* Murphy, 2005。源于“*Ozarkodina remschdensis*”支系。

时代分布 早泥盆世晚洛霍考夫期到布拉格期早期。欧洲、北美洲、亚洲。中国新疆等地。

潘多拉突唇刺 *Masaraella pandora*（Murphy, Matti and Walliser, 1981）

P 分子 synonymy

1971 *Spathognathodus* cf. *linearis*（Philip）. – Klapper, in Klapper *et al.*, p. 209.

1971 *Spathognathodus linearis*（Philip）. – Matti, pl. 18, figs. 14, 17.

1977 *Ozarkodina linearis*（Philip）. – Klapper, p. 52.

1980 *Ozarkodina* “*linearis*”（Philip）. – Klapper and Johnson, pl. 1, figs. 13—16.

1981 *Ozarkodina pandora* n. sp. – Murphy *et al.*, pp. 762—768.

特征 （P 分子）齿脊侧视低，基腔大，达刺体后端，占刺体长的一半或一半以上。齿脊细齿排列成直线或完全愈合。按齿叶（齿台—齿叶）上的装饰特征可分出不同的形态型：α，β，γ，Δ，ε，ζ，以及本书描述的 π 形态型。

Ozarkodina pandora 具有很大的变异性，含多种形态型，Murphy 等（1981）认为 *Eognathodus* 一属就是由 *Ozarkodina pandora* 演化而来。种的一些形态型在形态上与 *Ozarkodina snajdri* 也相似，但前者的一些形态型具齿台瘤齿或齿刺，而后者的齿叶强烈不对称。

附注 *Masaraella pandora* 的时限是早泥盆世洛霍考夫期中期的后期到布拉格期的早期（Slavik 等，2012，图 5）。

潘多拉突唇刺 α 形态型（P 分子） *Masaraella pandora* Murphy, Matti and Walliser, α morphotype（P element）

（图版 38，图 4）

2014 *Masaraella pandora* Murphy, Matti and Walliser, α morphotype. – 韩春元等，图版Ⅰ，图 8a—c。

特征 *pandora* 的一个形态型，齿片较高，细齿密集，较短。基腔不够对称，表面光滑无瘤齿。

附注 Murphy（2005）建立的此种，按齿台—齿叶的装饰特征可分为 6 个形态类型：α，β，γ，Δ，ε，ζ（Murphy 等，1981）。Murphy 和 Matti（1982）又描述了一个形态型 π。α 形态型的重要特点是齿台光滑无饰。

产地层位 内蒙古苏尼特左旗查干敖包镇套伊根剖面，下泥盆统泥鳅河组二段下部。时代可能为布拉格期最早期。

潘多拉突唇刺 π 形态型（P 分子） *Masaraella pandora* Murphy, Matti and Walliser, π morphotype（P element）

（图版 38，图 1—3）

1982 Ozarkodina pandora Murphy, Matti and Walliser, π morphotype new morphotype（P element）. – Murphy and Matti, pp. 8—9.

特征 *Ozarkodina pandora* 的一个形态型，齿台—齿叶上无瘤齿。基腔呈箭头形，占据 P 分子后方，比刺体长的一半还多。

描述　（P 分子）齿片直或微微侧弯，齿片上方低，除了前方可能有 1 ~2 个细齿较高外，细齿一般分离，较小，有的齿片中部细齿较大。齿台—齿叶无装饰。齿台—齿叶和基腔占刺体长的一半多，微微不对称或明显不对称。基腔前方宽，突然膨大，向后方收缩变尖直至后端。基腔浅，膨大，向前方变窄或呈深沟状，向后亦变窄，呈沟槽状。

附注　Murphy 和 Matti（1982）认为 π 形态型在齿台—齿叶的形状上不同于 *Ozarkodina pandora* 的 α 和 ζ 形态型，它的基腔向前方延伸通过刺体的中点。在基腔形状与深度上与 *Eognothodus linearis* 相似，但两者侧视齿脊形态不同，本种细齿较分离。

Ozarkodina pandora π 形态型只见于 *P. pesavis* 带下部，是晚洛霍考夫期早期的典型分子。

值得注意的是，Mawson（1986）建立的新种 *Amydrotaxis cornicularis* 的 Pa 分子与 *Ozarkodina pandora* π 形态型的 Pa 分子十分相似，但前者的 M，Sa，Sb 和 Sc 分子明显不同于后者的。

产地层位　内蒙古达茂旗巴特敖包地区孤山剖面，下泥盆统阿鲁共组（Gu1，Gu3）。

潘多拉突唇刺 ω 形态型（P 分子）　*Masaraella pandora* Murphy，Matti and Walliser，1981，ω morphotype（P element）

（图版 38，图 5）

特征　*Ozarkodina pandora* 的一个形态型，齿台—齿叶上无瘤齿，宽大的不对称的齿台或基腔占刺体总长的 2/3。齿脊高，无中槽。

描述　（P 分子）齿片直或微微向内弯，特别是后端明显或不明显地向内弯曲。自由齿片短而高，前方可能有 2 ~4 个短的三角形细齿。基腔正上方的细齿略大，其他细齿较小。齿片齿脊较厚，特别是中后部。齿脊上无中槽。齿台—齿叶和基腔占刺体总长的 2/3，微微或明显不对称。齿台—齿叶无装饰。基腔前方宽，突然膨大，向后方收缩变尖直至后端。基腔浅，膨大，向前方变窄或呈深沟状，向后亦变窄，呈后端封闭的沟槽状。

附注　Murphy 和 Matti（1982）认为，π 形态型在齿台—齿叶的形状上不同于 *Ozarkodina pandora* 的 α 和 ζ 形态型，基腔向前方延伸通过刺体的中点；它在基腔形状与深度上与 *Eognothodus linearis* 相似，但两者侧视齿脊形态不同，本形态型细齿较分离。

本形态型与 *Ozarkodina pandora* π 形态型相似，但后者基腔明显呈长箭头形，而本形态型基腔横向宽，齿脊厚。

Ozarkodina pandora π 形态型只见于 *P. pesavis* 带下部，是晚洛霍考夫期早期的典型分子。

基腔表面光滑无饰，缺少瘤齿。ω 形态型变化较大，特别是齿片的高度和弯曲程度。

ω 形态型的齿脊上没有沟槽，与 *Eognathodus irregularis* 非常相似，但 ω 形态型齿脊高、厚，细齿少，齿脊前方有 2 ~4 个较大的三角形细齿，基腔上方也有个较大的细齿，而 *Eognathodus irregularis* 齿脊中部加厚，细齿密集，不规则。ω 形态型的基腔较宽。但两者的关系很密切，*Eognathodus irregularis* 可能来源于 *Masaraella pandora* ω 形态型。

值得注意的是，Mawson（1986）建立的新种 *Amydrotaxis cornicularis* 的 Pa 分子与 *Ozarkodina pandora* π 形态型的 Pa 分子十分相似，但 *Amydrotaxis cornicularis* 的 M，Sa，Sb 和 Sc 分子明显不同于 *Ozarkodina pandora*。

产地层位 内蒙古苏尼特左旗查干敖包镇套伊根剖面，下泥盆统泥鳅河组二段下部。时代可能为布拉格期最早期。

里奥斯突唇刺 *Masaraella riosi* Murphy, 2005

（图版 38，图 6—12）

1981 *Ozarkodina pandora*. – Murphy *et al.*, pl. 1, figs. 33, 40, 44.

2005 *Masaraella riosi* Murphy, p. 196, figs. 6. 9, 8. 26—38.

特征 依据 Pa 分子建立的 *Masaraella* 的一个种，其基腔占据刺体后部的 40% ~ 50%，向后延伸超过后方齿片，并有圆形的后方边缘。后方齿片主齿附近有细齿，部分或全部愈合，所以齿片是光滑的。基腔大，张开，基腔上方一侧或两侧有脊或瘤齿，并有薄的脊与齿片相连。

附注 *Masaraella riosi* 的 Pa 分子在一些方面是志留纪的“*Spathognathodus*” *crispus*（Walliser, 1964）的异物同形。

产地层位 此种最早见于布拉格期 *gilberti—irregularis* 带并上延到晚布拉格期 *Pedavis mariannnae*（Murphy, 2005）。目前在中国还没有发现此种。此种与志留纪的“*Spathognathodus*” *crispa*（Walliser, 1964）有些相似。

梅尔刺属 *Mehlina* Youngquist, 1945

模式种 *Mehlina irregularis* Youngquist, 1945

特征 片状刺体，侧方很扁，直或稍弯。反口缘前半部强烈向下伸。反口面无齿槽和基腔。细齿密集愈合。

附注 此属器官构成不清，仅知 Pa 分子。

时代分布 北美洲、欧洲、大洋洲的澳大利亚、亚洲。

薄梅尔刺 *Mehlina strigosa*（Branson and Mehl, 1934）

（图版 38，图 13—15）

1934 *Spathodus strigosus* Branson and Mehl, p. 187, pl. 17, fig. 17.

2010 *Mehlina strigosa*（Branson and Mehl, 1934）, pp. 240—241, Taf. 38, figs. 7—9.

特征 齿片薄而高，前齿片底缘直，后齿片底缘拱曲。基腔极窄，缝隙状，居中。细齿侧方扁，紧密排列。

附注 此种分布相当广泛，但在中国还没有可靠的报道。此种的时限由晚泥盆世 *P. marginifera* 带下部向上延伸到早石炭世 *S. sandbergi* 带上部。

奥泽克刺属 *Ozarkodina* Branson and Mehl, 1933

1933 *Ozarkodina* Branson and Mehl, p. 51.

1933 *Plectospathodus* Branson and Mehl, p. 47.

1933 *Spanthodus* Branson and Mehl, p. 46.

1941 *Spathognathodus* Branson and Mehl, p. 98.

1969 *Hindeodus* Jeppsson, p. 13.

1970 *Ozarkodina* Lindström, p. 430.

1983 *Paraspathognathodus* Zhou, Zhai and Xian, p. 292.

模式种　*Ozarkodina typica* Branson and Mehl, 1933

特征　（O_1分子）刺体片状，齿片直或拱曲，齿片中部具有一较大主齿，前后齿片上细齿向远端变小，细齿侧方扁、愈合或分离，缘脊锐利，主齿下方有基腔。

多成分 *Ozarkodina*：P，O_1，N，A_1，A_2，A_3。P分子是窄颚齿刺形分子，O_1分子是奥泽克刺形分子，N是新锯片形分子或同锯片刺形分子，A_1是织窄片刺形分子，A_2是指掌状分子，A_3是三分刺形分子。

Sweet（1988）将Spathognathodontidae科的多分子，统一用P，M，Sa，Sb和Sc代表，P分子位置可分为Pa和Pb。

附注　Klapper（1977，111页）讨论了 *Ozarkodina—Eognathodus—Polygnathus* 的演化关系，三属均由六分子器官构成，区别仅在于P分子。*Ozarkodina* 的齿脊是单列的，*Eognathodus* 的齿脊由纵向上双列或三列瘤齿组成，而 *Polygnathus* 具有发育的齿台。

Ozarkodina 一属过去所包括的内容较广，由于 *Cristeriognathus* Walliser，*Amydrotaxis* Klapper and Murphy，*Ancyrodelloides* Bischoff and Sannemann，*Flajsella* Valenzuela-Ríos and Murphy 和 *Lanea* Murphy and Valenzuela-Ríos 几个属的建立，*Ozarkodina* 的定义已受到很大的限定，所包括的内容已不像以前那样广泛了。Murphy 等（2004）建立了新属 *Wurmiella* 和 *Zieglerodina*，前者包括 *Ozarkodina polinclinatus*，*Ozarkodina excavata* 和 *Ozarkodina wurmi*，后者包括 *Ozarkodina remscheidensis*。*Zieglerodina* 属本书暂不采用。金善燏等（2005）可能没有注意到 *Pandorinellina* 和 *Ozarkodina* 的区别，而将 *Pandorinellina* 的分子归入到 *Ozarkodina*。

时代分布　中奥陶世至三叠纪。世界性分布。

布坎奥泽克刺　*Ozarkodina buchanensis* (Philip, 1966)

（图版40，图4—5）

1966 *Spathognathodus steinhornensis buchanensis* Philip, pp. 450—451, pl. 2, figs. 1—15; text-fig. 8a (only, Pa element).

2005 *Ozarkodina buchanensis* (Philip, 1966). –金善燏等，52—53页，图版8，图8，14（only，Pa element）。

特征　（Pa分子）刺体较短、较窄，前齿片向上，后齿片弯曲向下。齿片上细齿不规则，三角状。前齿片中部有2～3个粗大的细齿。基腔宽，两齿叶向侧方膨大，居中或稍靠前。

附注　金善燏等（2005）试图重建此种的器官种，但将不同地区不同层位的分子均列入他们的“器官种”的同义名。这样的器官恢复是不可靠的。

产地层位　下泥盆统埃姆斯阶 *P. dehiscens* 带（?）到 *P. perbonus* 带，但也可出现在布拉格阶 *E. s. kendlei* 带。

登克曼奥泽克刺　*Ozarkodina denckmanni* Ziegler, 1956

（图版39，图23—27；图版40，图1—2）

1956 *Ozarkodina denckmanni* Ziegler, p. 103, pl. 6, figs. 30—31; pl. 7, figs. 1—2.

1970 *Ozarkodina typica denckmanni* Ziegler. –Philip and Jackson, p. 215, pl. 39, figs. 7—10, 16—18.

1971 *Ozarkodina denckmanni* Ziegler. –Fahraeus, p. 676, pl. 79, figs. 25—27.
1978 *Ozarkodina denckmanni* Ziegler. –王成源和王志浩，339 页，图版 39，图 31—32。
1979 *Ozarkodina denckmanni* Ziegler. –Wang and Ziegler, p. 400, pl. 1, fig. 2.
1989 *Ozarkodina denckmanni* Ziegler. –王成源，65—66 页，图版 15，图 3—4。

特征 齿片薄，基腔每侧有小的齿唇，主齿与细齿扁平、后倾，前齿片比后齿片高。细齿向主齿方向增大。后齿片较低，向远端则更低。

附注 形式种。前齿片比后齿片高是此种的重要特征。后齿片细齿矮，近等大。很多作者将前后齿片等高的类型也归入此种，扩大了此种的范围。前后齿片高度相近的，应归入 *Ozarkodina typica typica*。此种的时代为早泥盆世。

产地层位 内蒙古达茂旗巴特敖包剖面，下泥盆统阿鲁共组（BT 14-3）；广西武宣绿峰山，下泥盆统二塘组 *P. perbonus* 带；广西横县六景，下泥盆统那高岭组、郁江组；象州大乐，下泥盆统四排组；云南广南，下泥盆统达莲塘组。

华美奥泽克刺 *Ozarkodina elegans*（Stauffer, 1938）

（图版 39，图 2—5）

1938 *Ctenognathus elegans* Stauffer, p. 424, pl. 48, figs. 9, 12.
1955 *Ozarkodina elegans*（Stauffer）. –Sannemann, p. 133, pl. 6, fig. 9.
1957 *Ozarkodina elegans*（Stauffer）. –Bischoff and Ziegler, p. 76, pl. 20, figs. 29—33.
1968 *Ozarkodina elegans*（Stauffer）. –Mound, p. 497, pl. 67, figs. 32, 37.
1978 *Ozarkodina elegans*（Stauffer）. –王成源和王志浩，69 页，图版 4，图 23—26。

特征 前齿片薄而高，细齿纤细，除顶尖分离外基本上是愈合的。近主齿部分的细齿和主齿平行，向后倾，并向主齿方向逐渐增长。主齿明显，位于近中心处，反口面基腔小。

描述 齿片薄而高，稍上拱，可内弯。前齿片一般由 7 ~ 11 个愈合细齿组成，其顶尖分离。前齿片前端细齿较短，和齿片几乎垂直，向后增长，并逐渐后倾。后齿片较短，一般由 6 ~ 7 个愈合而顶尖分离的细齿组成，向后逐渐变小，后倾更明显。前后齿片中下有一纵向凸缘。主齿大，为临近细齿的 2 ~ 3 倍宽，与邻近细齿平行。基腔小，位于主齿下方，向前后延伸成细的齿槽。

讨论 Ethington 和 Furnish（1962）指出，刺体上细齿数目的变化不是种的特征，Ethington（1965）把比较大的标本解释为老年期分子。本种与 *Ozarkodina concinna* 不同在于后者基腔开阔，与 *Ozarkodina denckmanni* 不同在于后者后齿片的细齿比较均一，且基腔两侧的齿唇发育。

产地层位 贵州长顺代化剖面，上泥盆统代化组。

优瑞卡奥泽克刺 *Ozarkodina eurekaensis* Klapper and Murphy, 1975

（图版 48，图 10—14）

P 分子

1975 *Ozarkodina eurekaensis* Klapper and Murphy, pp. 33—34, pl. 5, figs. 1—17（multielement）.

特征 （P 分子）齿片—齿脊相对较高，由密集的细齿组成。前齿片较高，中部齿片上缘较平，后齿片向后倾斜变低。中部的 1/3 齿片的细齿全部愈合，形成几乎是水平的口缘。基腔膨大，卵圆形，比刺体后半部还大些。

比较 本种齿片中部口缘水平、前齿片高，不同于 *Ozarkodina sagitta rhenana*

（Walliser，1964）。

附注　此种曾作为早泥盆世早期第二个带化石，但后来发现它的时限与 *C. woschmidti hesperius* 的时限有些重叠（Murphy 和 Matti，1983，7 页）。此种仅发现于北美。

产地层位　北美早泥盆世牙形刺第二个带化石。在中国尚未发现此种，仅发现其亚种 *O. u. yunnanensis*。

优瑞卡奥泽克刺云南亚种　*Ozarkodina eurekaensis yunnanensis* Bai, Ning and Jin, 1982

（图版48，图7—9）

P 分子

1982 *Spathognathodus eurekaensis yunnanensis* n. sp. – Bai *et al.*, pl. 6, figs. 13—15.

1994 "*Spathognathodus*" *eurekaensis yunnanensis* Bai, Ning and Jin. – p. 187, pl. 29, figs. 1a—b.

特征　"齿片的齿宽，排列紧密；齿片在前部三分之一处高，在中部三分之一处较平。基腔呈心形，占刺体几乎三分之一。此亚种与典型种的区别在于此亚种基腔呈心形，齿片在基腔的前一段较长"（白顺良等，1982）。

附注　此亚种可能归入 *Eognathodus*，但存疑。

产地层位　云南宁蒗、红崖子下泥盆统。

浸奥泽克刺　*Ozarkodina immersa*（Hinde, 1879）

（图版39，图1）

1879 *Polygnathus immersus* Hinde. – Hinde, p. 368, pl. 16, fig. 21.

1957 *Ozarkodina elegans*（Stauffer）. – Bischoff and Ziegler, p. 76, pl. 10, figs. 29—33.

1969 *Ozarkodina immersa*（Hinde）. – Seddon, p. 27, pl. 1, figs. 10—11.

1969 *Ozarkodina immersa*（Hinde）. – Olivieri, p. 91, pl. 10, figs. 4a—b; pl. 13, fig. 6.

1970 *Ozarkodina immersa*（Hinde）. – Seddon, p. 752, pl. 14, fig. 2.

1976 *Ozarkodina immersa*（Hinde）. – Druce, p. 140, pl. 47, figs. 2, 4.

1989 *Ozarkodina immersa*（Hinde）. – 王成源，66 页，图版40，图11。

特征　齿片拱曲。前齿片比后齿片高，细齿宽度相近、愈合。口缘向主齿方向增高，后齿片向远端变低。主齿最高，但不发育，与细齿大小相近，近齿片中部。

比较　*Ozarkodina immersa* 与 *O. macra* 相近，但后者有宽大的主齿。*Ozarkodina elegans*（Stauffer）可能是此种的同义名。此种的时限为中泥盆世晚期至早石炭世。

产地层位　广西德保都安四红山，上泥盆统榴江组 *M. asymmetrica* 带，以及三里组 *P. triangularis* 带。

同曲奥泽克刺　*Ozarkodina homoarcuata* Helms, 1959

（图版39，图17—20）

1934 *Subbryantodus flexus* Branson and Mehl, p. 286, pl. 23, fig. 12.

1956 *Ozarkodina arcuata*（Branson and Mehl）. – Bischoff and Ziegler, p. 152, pl. 13, fig. 24.

1959 *Ozarkodina homoarcuata* Helms. – Helms, p. 646, pl. 2, fig. 5.

1967 *Ozarkodina homoarcuata* Helms. – Wolska, p. 385, pl. 4, fig. 13.

1969 *Ozarkodina homoarcuata* Helms. – Druce, p. 80, pl. 15, figs. 2—3.

1978 *Ozarkodina homoarcuata* Helms. – 王成源和王志浩，70 页，图版3，图41—42。

1983 *Ozarkodina homoarcuata* Helms. – 熊剑飞，10 页，图版70，图10。

1989 *Ozarkodina homoarcuata* Helms. -王成源，66 页，图版 15，图 1，10。

特征 齿片低而壮，前后齿片在刺体顶端强烈向下弯曲呈大于 90° 的角。前后齿耙亦向内弯曲。后齿耙短。主齿长而大，侧方扁，断面为凸透镜状，向末端变尖。前后缘脊锐利。

附注 此种广泛见于晚泥盆世早期至早石炭世早期。欧洲、北美洲、亚洲。

产地层位 贵州长顺代化剖面，上泥盆统代化组；广西武宣二塘，上泥盆统三里组 *P. marginifera* 带；广西寨沙，上泥盆统五指山组。

拱曲奥泽克刺 *Ozarkodina kurtosa* Wang, 1989

（图版 39，图 6—7）

1979 *Spathognathodus* sp. - Wang, p. 404, pl. 1, fig. 11.

1983 *Ozarkodina* n. sp. - Wang and Ziegler, pl. 2, fig. 15.

1989 *Ozarkodina kurtosa* Wang. -王成源，66—67 页，图版 15，图 8—9。

特征 齿片短、高、厚，底缘拱曲，口缘细齿少，主齿不明显，基腔居中。

描述 齿片拱曲，基腔为底缘的最高点。齿片短而高，前后齿片近等长，齿片厚，底缘宽。齿片上细齿少。前齿片有 3 ~ 5 个较宽较高的细齿，后齿片有 3 ~ 5 个相对小的细齿。主齿与细齿一样大，或比邻近的细齿略大。基腔居齿片中部，两齿叶向两侧平伸，由基腔向前后延伸出窄的齿槽。

比较 此种以齿片拱曲、细齿少、无明显主齿区别于本属已知种。目前仅见于象州型沉积中。最早发现于四排组鹿马段。产于四排组的主齿略明显，而产于二塘组的分子主齿不明显。

产地层位 广西武宣，下泥盆统二塘组 *P. perbonus* 带；象州大乐，下泥盆统四排组 *P. inversus* 带。

中间奥泽克刺 *Ozarkodina media* Walliser, 1957

（图版 39，图 21—22）

1957 *Ozarkodina media* Walliser, p. 40, pl. 1, figs. 21—23.

1964 *Ozarkodina media* Walliser. - Walliser, p. 58, pl. 8, figs. 5; pl. 26, figs. 19—34.

1972 *Ozarkodina media* Walliser. - Link and Druce, p. 65, pl. 6, figs. 11—12, 14—16, 18; text-fig. 38.

1982 *Ozarkodina media* Walliser. -王成源，441 页，图版 1，图 21—22。

特征 两齿片矮，几乎等长，直至微弯，侧面较平，多数前齿片比后齿片高并具有较大的细齿。齿片直至微弯，互为倾斜，具有几个等大的细齿，侧面平。主齿长而大，顶唇圆或尖。

描述 前后齿片矮，长度相近，齿片细齿密集，通常前齿片细齿略比后齿片细齿高些。齿片略向下斜伸，末端稍有扭曲。齿片侧面较平，但往往可见平缓的棱凸。主齿近直立，长而大，末端尖，上半部近三角形。主齿长为细齿长的 2 倍，宽为细齿宽的 3 倍。内侧顶唇明显，向下斜伸，略呈尖的三角形，向侧方扩伸不明显。

附注 当前标本的齿片侧方有平缓的棱凸，顶唇不向侧方扩伸，不同于正模标本。但 Walliser 在建立此种时的副模标本齿片侧方有平缓的棱凸（Walliser, 1957，图版 1，图 22，25）。

比较 *Ozarkodina media* 以主齿近于直立，顶唇向下伸，低于反口缘而不同于

O. jaegeri。本种的时限由中志留世到早泥盆世晚期。

产地层位 云南丽江阿冷初，下泥盆统上部班满到地组。

源奥泽克刺 *Ozarkodina ortus* Walliser, 1964

（图版39，图15）

1964 *Ozarkodina ortus* Walliser, p. 59, pl. 4, fig. 14; pl. 24, figs. 1—6; text-figs. 5a—c.

1989 *Ozarkodina ortus* Walliser. －王成源，67页，图版15，图14。

特征 在明显膨大的基腔的上方有一强大的主齿，前后齿耙短，其上方细齿分离或部分愈合。前后齿耙有时相对扭转。

附注 *Ozarkodina ortus* 原仅见于志留纪 *K. patula* 带至 *O. crassa* 带，当前标本见于晚泥盆世。标本个体很小，可能是幼年期标本。主齿后倾，后齿片细齿较密、扭转；前齿片细齿分离。膨大的基腔在刺体中后部，构造特征与志留纪的类型一致。

产地层位 广西德保都安四红山，上泥盆统三里组 *P. triangularis* 带。

平奥泽克刺 *Ozarkodina plana* (Huddle, 1934)

（图版39，图8—9）

1934 *Bryantodus planus* Huddle, p. 261, pl. 10, fig. 8.

1957 *Ozarkodina plana* (Huddle). －Bischoff and Ziegler, pp. 78—79, pl. 12, figs. 5a—b.

1978 *Ozarkodina plana* (Huddle). －王成源和王志浩，70页，图版4，图21—22。

特征 齿片短而细，后齿片较长。主齿发育，位于基腔之前。细齿稀少分离，基腔小。

比较 本种与 *Ozarkodina elegans* 及 *O. regularis* 的区别在于它的刺体比较细，细齿少而分离。

产地层位 贵州长顺代化剖面，上泥盆统代化组及下石炭统王佑组。

后继奥泽克刺 *Ozarkodina postera* Klapper and Lane, 1985

（图版39，图10；插图23）

1985 *Ozarkodina postera* Klapper and Lane, pp. 922—923, figs. 12. 3—9, 13. 1—15.

1991 *Ozarkodina postera* Klapper and Lane. －李镇梁和王成源，153页，图1。

特征 （Pa分子）主齿位于刺体后端，较宽，但并不比其他细齿高。一般在主齿前有6～9个等高的细齿，在主齿后有1～3个向后倾斜、变矮并有些内弯的细齿。侧方扁的、直立的细齿和主齿分离或部分愈合。在大的标本中，基腔近圆形，外侧宽是内侧的两倍；小的标本中，基腔对称。基腔向前端延伸，有齿沟。

比较 本种与中泥盆世的 *Ozarkodina raaschi* Klapper and Barrick, 1983 很相似，区别主要是本种的基腔位于齿片的后端。

产地层位 广西桂林市绢纺厂，上泥盆统桂林组顶部。

规则奥泽克刺 *Ozarkodina regularis* Branson and Mehl, 1934

（图版32，图16—18）

1934 *Ozarkodina regularis* Branson and Mehl, p. 287, pl. 23, figs. 13—14.

1960 *Ozarkodina regularis* Branson and Mehl. －Freyer, p. 59, pl. 3, fig. 70.

1967 *Ozarkodina regularis* Branson and Mehl. －Wolska, p. 386, pl. 4, figs. 8, 10.

插图23 *Ozarkodina postera* Klapper and Lane, 1985的侧视图（据李镇梁和王成源, 1991, 153页, 图1）

Text-fig. 23 *Ozarkodina postera* Klapper and Lane, 1985, lateral view (after Li and Wang, 1991, p. 153, fig. 1)

1983 *Ozarkodina regularis* Branson and Mehl. －熊剑飞, 328页, 图版73, 图10。

1987 *Ozarkodina regularis* Branson and Mehl. －董振常, 78页, 图版6, 图19。

1982 *Ozarkodina regularis* Branson and Mehl. －王成源, 67页, 图版15, 图12。

特征 齿片拱曲，微内弯。两齿片上细齿较规则。前齿片较长，略高；细齿较短，大小一致，侧方扁，口缘向主齿方向增高。后齿耙较短，细齿规则愈合，齿片向远端变低。主齿近中部，比细齿大。基腔小，位于主齿下方。

比较 *Ozarkodina macra* 具有较大的细齿，齿片上细齿较长，而 *Ozarkodina regularis* 主齿并不太大，齿片上细齿较短，侧方愈合，大小相近，口缘呈均缓的曲线。Wolska（1967）指出此种时限为早泥盆世 *P. triangularis* 带至 *B. costatus* 带。

产地层位 广西横县六景，上泥盆统融县组 *P. gigas* 带；湖南新邵县马栏边，上泥盆统法门阶孟公坳组。

累姆塞德奥泽克刺 *Ozarkodina remscheidensis*（Ziegler, 1960）

附注 此种内包括 *Ozarkodina remscheidensis remscheidensis* 和 *O. remscheidensis eosteihornensis* 两个亚种。按 Jeppsson（1980）的修订，*O. r. eosteihonensis* 只限于齿叶有细齿的类型。在巴特敖包地区，尚未发现真正的 *O. r. eosteinhornensis*。凡齿台—齿叶上有台阶的类型都归入到 *Lanea* Murphy and Valenzuela-Ríos, 1999。Murphy 等（2004）将本种归入他们建立的新属 *Zieglerodina* 内，但对新属 *Zieglerodina* 的演化关系并不清楚。

累姆塞德"奥泽克刺"累姆塞德亚种 "*Ozarkodina*" *remscheidensis remscheidensis*（Ziegler, 1960）

（图版40，图6—10）

P分子

1960 *Spathognathodus remscheidensis* Ziegler, pp. 194—196, pl. 13, figs. 1—2, 4—5, 7—8, 10, 14.

1960 *Spathognathodus canadensis* Walliser, p. 34, pl. 8, figs. 1—3.

1964 *Spathognathodus steinhornensis remscheidensis* Ziegler. －Walliser, p. 87, pl. 9, fig. 24; pl. 20, figs. 26—28; pl. 21, figs. 1—2.

1969 *Spathognathodus remscheidensis* Ziegler. －Klapper, pp. 21—22, pl. 4, figs. 1—12.

1974 *Ozarkodina remscheidensis remscheidensis*（Ziegler）. －Klapper and Murphy, p. 41, pl. 7, figs. 22, 25—30.

1979 *Ozarkodina remscheidensis remscheidensis* (Ziegler). – Lane and Ormiston, p. 57, pl. 1, figs. 3—5, 8, 15, 18, 34, 43 (only, P element).

1982 *Ozarkodina remscheidensis* (Ziegler, 1960). – Savage, p. 986, pl. 1, figs. 1—8 (only); pl. 2, figs. 21—26 (only).

1985 *Ozarkodina remscheidensis remscheidensis* (Ziegler). – 王成源，155 页，图版 2，图 22，26。

特征 （Pa 分子）齿片口视直或微弱，齿片细齿分化，高度不等。前齿片有 1 ~ 2 个大的细齿，基腔上齿脊有一个大的细齿。齿叶强烈膨大，对称或是几乎对称的。

附注 *Ozarkodina remscheidensis* 在鉴定上是非常混乱的。本书所确认的 *O. remscheidensis*在前齿片和基腔上方齿脊均有大的细齿，有时细齿还很大。基腔近心形，对称或几乎对称。

Jeppsson（1989，图版 2，图 6—11）所鉴定的 *Ozarkodina remscheidensis* 基腔上方缺少大的细齿，前齿片很高，侧视时，齿片上缘由前向后逐渐变低。本书中 *Ozarkodina remscheidensis* 有的与 Jeppsson（1989，图版 5，图 6—7，10—11）的标本相同。

Jeppsson（1989）对 *Ozarkodina steinhornensis eosteinhornensis* 的限定是可取的。典型的 *Ozarkodina s. eosteinhornensis* 的齿叶上均有一瘤齿，这是 *Ozarkodina remscheidensis* 所不具备的。

齿台—齿叶上有台阶的类型，应归入到 *Lanea*。

Ozarkodina remscheidensis 多见于早泥盆世，但它最早出现在普里道利世早期，可以作为普里道利世开始的标志，因此它是非常重要的化石。

产地层位 内蒙古达茂旗巴特敖包地区阿鲁共剖面，下泥盆统阿鲁共组 *C. woschmidti*带上部；云南阿冷初，下泥盆统上部班满到地组。

莱茵奥泽克刺 *Ozarkodina rhenana* Bischoff and Ziegler, 1956

（图版 39，图 12—13）

1956 *Ozarkodina rhenana* Bischoff and Ziegler, p. 153, pl. 14, fig. 19.

1969 *Ozarkodina rhenana* Bischoff and Ziegler. – Druce, p. 83, pl. 16, fig. 7.

1969 *Bryantodus scitulus* Branson and Mehl. – Rexroad, p. 12, pl. 8, fig. 7.

1979 *Ozarkodina rhenana* Bischoff and Ziegler. – Nicoll and Druce, p. 27, pl. 14, figs. 1—10.

1982 *Ozarkodina rhenana* Bischoff and Ziegler. – Wang and Ziegler, pl. 2, figs. 26—27.

1989 *Ozarkodina rhenana* Bischoff and Ziegler. – 王成源，67 页，图版 15，图 5—6。

特征 刺体拱曲，微向侧弯。前后齿片近等长，前齿片有 4 ~ 6 个细齿，通常比后齿片细齿高；后齿片通常有 5 个细齿。主齿宽大，约为细齿宽的两倍。细齿排列密，侧方扁，向后倾，有时近主齿的 1 ~ 2 个细齿较小。基腔大小不同，强烈拱曲的类型基腔较大，较直的类型基腔较小。

比较 *Ozarkodina macra* 前后齿耙具圆针状细齿，不同于本种，两者的其他特征一致。本种的时限为晚泥盆世晚期（to V）至早石炭世早期。

产地层位 广西靖西县城郊三联，上泥盆统至下石炭统界线附近，与 *Bispathodus aculeatus plumulus* 和 *Pseudopolygnathus primus* 同层位。湖南邵东县界岭，上泥盆统邵东组。

半交替奥泽克刺 *Ozarkodina semialternans* (Wirth, 1967)

（图版 129，图 19）

1967 *Spathognathodus semialternans* Wirth, p. 235, pl. 23, figs. 6, 10; text-figs. 14a—b.

1972 *Spathognathodus* sp. A. – Norris and Uyeno, pl. 3, fig. 11.

1976 *Ozarkodina semialternans* (Wirth). – Ziegler *et al.*, p. 118, pl. 3, figs. 22—24.

1989 *Ozarkodina semialternans* (Wirth). – 王成源，68 页，图版 40，图 1。

特征 齿片长，前方细齿比后方细齿略宽。齿片前方具有大小交替的细齿，而齿片后方无大小交替的细齿。齿片中点之前，细齿高度相近，向后变低。基腔前的反口缘直，基腔及其后方齿片仅口缘拱曲。基腔略膨大。Ziegler 等（1976）认为 *Ozarkodina semialternans* 为 *Ozarkodina* 器官属中窄颚齿刺形（spathognathodontan）分子。

附注 当前标本前方齿片具有典型的大小交替的细齿，仅基腔向侧方膨大呈心形，而正模标本基腔较窄，向后延伸较长，不呈心形。此种见于 *P. varcus* 带。

产地层位 广西横县六景，中泥盆统民塘组 *P. varcus* 带。

扭转奥泽克刺 *Ozarkodina trepta* (Ziegler, 1958)

（图版 48，图 6）

1994 *Ozarkodina trepta* (Ziegler). – Wang, pl. 8, fig. 4.

特征 前齿片直而长，后齿片在基腔之后向内折曲近 90°。基腔膨大，为刺体长的 1/3。

附注 当前标本具有 *Ozarkodina trepta* 的典型特征，基腔膨大，后齿片内弯。

产地层位 广西四红山剖面，上泥盆统“榴江组”*P. jamieae* 带。

扭转奥泽克刺（比较种） *Ozarkodina* cf. *trepta* (Ziegler, 1958)

（图版 48，图 16）

cf. 1958 *Spathognathodus sannemanni treptus* Ziegler, pp. 72—73, pl. 12, figs. 1—3.

cf. 1980 “*Spathognathodus*” *sannemanni treptus* Ziegler. – Perri and Spalletta, p. 308, pl. 7, figs. 12—13.

1989 *Ozarkodina* cf. *treptus* (Ziegler, 1958). – 王成源，68 页，图版 42，图 8—9。

特征 前齿片直。位于基腔后方的齿片向内弯曲或折曲，并微微向上扭转。基腔小，居中，向侧方张开。

讨论 Weddige（1977）指出，“*Spathognathodus*” *sannemanni treptus* 与 *Tortodus* 有亲缘关系。*Ozarkodina treptus*（Ziegler）以其齿片高、后方齿片向内弯、扭曲为特征。典型的 *O. treptus* 有相对大的基腔，而当前标本基腔极小，可能为一新种。

时代 此种见于晚泥盆世早期（*Adorf*-stufe）。

产地层位 广西德保都安四红山，上泥盆统榴江组 *M. asymmetrica* 带。

变奥泽克刺（比较种） *Ozarkodina* cf. *versa* (Stauffer, 1940)

（图版 39，图 11）

cf. 1940 *Bryantodus versus* Stauffer, p. 421, pl. 59, figs. 10, 14—16, 21.

cf. 1975 *Ozarkodina versa* (Stauffer). – Druce, p. 143, pl. 48, figs. 3a—b.

1989 *Ozarkodina* cf. *versa* (Stauffer). – 王成源，68 页，图版 15，图 13。

特征 刺体长，反口缘直，齿片矮。主齿高与宽均为细齿的两倍。细齿基部愈合，上部分离。齿片侧方有凸棱。

比较 当前标本与典型的 *Ozarkodina versa* 的不同之处在于其具有较发育的齿唇，同时在近主齿处无小细齿，刺体更长些。*O. versa* 一般见于晚泥盆世（to Ia—to IV），而当前标本见于中泥盆世。

产地层位 广西德保都安四红山，中泥盆统分水岭组 *T. k. kocklianus* 带。

齐格勒奥泽克刺泥盆亚种　*Ozarkodina ziegleri devonica* Wang, 1981

（图版 48，图 17）

1981 *Ozarkodina ziegleri devonica* Wang. －王成源，401—402 页，图版 1，图 33—34。

特征　刺体略拱曲，前后齿片分别自其中部向内侧微弯。前齿片高，近主齿有三个近于等大的细齿，末端有三个小的分离的细齿。后齿片低矮，有五个分离的细齿，细齿全部折断，侧方扁。主齿长而大，近基部向后弯曲明显，中上部较直，侧面平，前后缘锐利。

比较　此亚种与晚志留亚纪的 *Ozarkodina ziegleri ziegleri* 最为接近，但前者齿片较长，基腔窄小，从而二者易于区别。

产地层位　广西武宣二塘，下泥盆统二塘组 *P. perbonus* 带。

奥泽克刺（未定种 A）　*Ozarkodina* sp. A

（图版 39，图 14）

1989 *Ozarkodina* sp. A. －王成源，69 页，图版 15，图 11。

特征　刺体小，前齿片长而高，具有 7 ~ 8 个分离的、断面圆的细齿。主齿发育，强烈后倾，长与宽均为前齿片细齿的两倍。后齿片短，向内弯，并扭曲，具有四个分离的低的细齿。在内侧由齿片中部向后有一棱脊，与见于二叠纪和三叠纪的 *Xaniognathus* 有些相似。反口缘较锐利。当前标本与 *Ozarkodina tortodus* 相似，但其齿片较高。

产地层位　广西横县六景，上泥盆统融县组 *P. triangularis* 带。

奥泽克刺（未定种 B）　*Ozarkodina* sp. B

（图版 39，图 16）

1989 *Ozarkodina* sp. B. －王成源，69 页，图版 15，图 2。

特征　刺体小，拱曲。前齿片高，末端向下倾。细齿大部分愈合，末端尖，分离。主齿后倾，较长，但宽度与细齿相近。后齿片微向内弯。在齿片下缘有较明显的棱脊，沿刺体全长延伸，并与底缘平行。反口缘锐利。

产地层位　广西横县六景，上泥盆统融县组 *P. triangularis* 带。

奥泽克刺（未定种 C）　*Ozarkodina* sp. C

（图版 40，图 3）

2001 *Ozarkodina* sp. －王平，57 页，图版 7，图 9。

特征　（Pa 分子）后齿片短，有三个愈合的侧方扁的细齿。主齿宽大，为细齿宽的 2 ~ 3 倍。前齿片长，细齿侧视呈三角形，由远端向主齿逐渐变小，远端细齿侧视近三角形。基腔小，在主齿下方。

仅一个标本，种名未定，前齿片细齿高度相近，有些似 *Ozarkodina edithae*，但二者的细齿特征不同，后者细齿密集，近等大，几乎全部愈合。

产地层位　内蒙古达茂旗包尔汉图剖面，西别河组下部（BH 1-2）。

似潘德尔刺属 *Pandorinellina* Müller and Müller, 1957

1940 *Pandorina* Stauffer, p. 428.

1957 *Pandorinellina* Müller and Müller, pp. 1082—1083.

模式种 *Pandorina insita* Stauffer, 1940

特征 （P 分子）刺体直或微侧弯。前齿片直，前端通常有几个大的细齿或平直无大细齿，后齿片一般较低。刺体中部有或无主齿，刺体中部或中后部有基腔。一般均为较典型的窄颚齿刺形分子。

多成分 *Pandorinellina*：Pa，Pb，M，Sa，Sb，Sc 分子。Pa 为窄颚齿刺形分子，Pb 为奥泽克刺形分子，M 为同锯片刺形分子，Sa 为欣德刺形分子，Sb 为角刺形分子，Sc 为小双刺形分子。

比较 *Pandorinellina* 不同于 *Ozarkodina*，前者具有小双刺形分子，时代也仅限于早—中泥盆世，尤以早泥盆世常见，而后者在 Sc 位置具三分刺形分子。

时代分布 由奥陶纪至三叠纪（?）。世界性分布。

小似潘德尔刺 *Pandorinellina exigua* (Philip, 1966)

1966 *Spathognathodus exiguus* Philip, pp. 449—450, pl. 3, figs. 26—37 (figs. 35—37 = Holotype).

1970 *Spathognathodus steinhornensis exiguus* Philip. – Philip and Jackson, pp. 217—218, pl. 38, fig. 13.

1973 *Pandorinellina exigua exigua* (Philip). – Klapper, in Ziegler (ed.), *Catalogue of Conodonts*, vol. Ⅰ, *Ozarkodina* – pl. 2, fig. 10.

特征 前齿片高，有大的细齿，其后的一个细齿最高并与后方齿片形成一缺刻。基腔膨大，不对称。外齿叶大而突出，内齿叶较小。基腔向后延伸成齿槽状直到刺体后端。

时代 早泥盆世，此种多见于布拉格期和埃姆斯期，但 *Pandorinellina exigua philipi* 最早见于早泥盆世洛霍考夫期晚期。

小似潘德尔刺小亚种 *Pandorinellina exigua exigua* (Philip, 1966)

（图版 40，图 11—14）

1966 *Spathognathodus frankenwaldensis* Bischoff and Sannemann. – Clark and Ethington, pp. 685—686, pl. 82, figs. 15, 21.

1966 *Spathognathodus exiguus* Philip, pp. 449—450, pl. 3, figs. 26—37; text-fig. 7.

1970 *Spathognathodus steinhornensis exiguus* Philip. – Pedder *et al.*, pp. 217—218, pl. 38, fig. 13.

1983 *Spathognathodus exiga exigua* (Philip). – Perry *et al.*, p. 1086, pl. 6, figs. 12—13 (P element).

1975 *Spathognathodus exiguus* Philip. – Telford, p. 58, pl. 14, figs. 10—18.

1982 *Spathognathodus exiguus* Philip. – 王成源，443—444 页，图版 1，图 10—12。

1989 *Spathognathodus exigua exigua* (Philip). – 王成源，91 页，图版 28，图 9—11。

1994 "*Spathognathodus*" *exigua exigua* (Philip). – Bai *et al.*, p. 187, pl. 29, fig. 10.

特征 前齿片高，细齿愈合，最高细齿在前齿片后方，与齿片后方之间有较明显的缺刻。后齿片向后方变低。基腔在齿片中部，两齿叶向外膨胀，不等大；基腔向前后方收缩。在前后齿片下方变成窄的楔形齿槽。

比较 *P. exigua exigua* 以基腔向前后方逐渐收缩成窄的齿槽而不同于 *P. exigua philipi* 和 *P. exigua guangxiense*，后两亚种的基腔仅在两齿叶下方，齿槽极窄，与基腔界线分明。

产地层位　广西横县六景，下泥盆统那高岭组 *E. sulcatus* 带；云南阿冷初，下泥盆统上部班满到地组。

小似潘德尔刺广西亚种　*Pandorinellina exigua guangxiensis* (Wang and Wang, 1978)

（图版 40，图 15；图版 41，图 1—3）

1978 *Spathognathodus exiguus guangxiensis* Wang and Wang. – 王成源和王志浩，342 页，图版 39，图 29；图版 29，图 14—16。

1989 *Spathognathodus exigua guangxiensis* (Wang and Wang). – 王成源，91 页，图版 28，图 9—11。

特征　前齿片很高，其上的细齿几乎全部愈合。齿片后 2/3 部分的中部有 1 ~ 2 个较大的细齿。后齿片高度与中部相近，呈矩形。

讨论　此亚种是根据 P 分子建立的。*P. exigua guangxiense* 与 *P. e. exigua* 的区别在于前者的前齿片上细齿愈合，内齿片后方与后齿片底缘有明显界线，而后者内齿片与后齿片内侧底缘是渐变的，基腔与后齿槽间没有明显界线。此外，*P. e. guangxiense* 在基腔上方有 1 ~ 2 个较大的细齿，后齿片近矩形，也不同于 *P. e. exigua*。

P. exigua guangxiense 在基腔构造上与 *P. exigua philipi* 是一致的，但前者的前齿片细齿愈合，基腔上方有 1 ~ 2 个较大的细齿，后齿片呈矩形，而后者的后齿片后方变低矮，前齿片细齿较分离，一般基腔上方无大的细齿。*P. e. guangxiense* 与 *P. e. exigua* 之间存在过渡类型。

产地层位　广西六景，下泥盆统那高岭组和郁江组 *E. sulcatus* 带至 *P. dehiscens* 带（?）。

小似潘德尔刺无中齿亚种　*Pandorinellina exigua midundenta* Wang and Ziegler, 1983

（图版 41，图 4—6）

1983 *Pandorinellina exigua midundenta* Wang and Ziegler, p. 85, pl. 4, fig. 13.

1985 *Pandorinellina midundenta* Wang and Ziegler. – 白顺良，图版 I，图 1—11；插图 2—4。

1989 *Pandorinellina exigua midundenta* Wang and Ziegler. – 王成源，92 页，图版 28，图 1—3。

1994 "*Spathognathodus*" *midundentus* (Wang and Ziegler). – Bai *et al.*, p. 187, pl. 29, fig. 11.

特征　齿片中部无细齿的 *Pandorinellina exigua* 的一个亚种。

描述　口视：齿片直，微向内弯。齿片明显分为三部分，前齿片有细齿；中间齿片口缘薄，锐利，无细齿；齿片后 1/3 部分又有小的细齿。齿叶居中，半圆形，外齿叶比内齿叶大。

侧视：基腔位于齿片底缘最低点，由此前后底缘向上斜伸或近于平伸。前齿片高，由愈合的细齿构成，其最高点往往为前齿片的最后一个细齿；齿片中部 1/3 部分无细齿，较平直，而后 1/3 部分有小的细齿，较低。

反口面：基腔居中，外齿叶比内齿叶大，窄的齿槽由基腔向前后方延伸。

比较　*P. e. midundenta* 以齿片中部无细齿而与 *P. postexcelsa*, *P. exigua* 和 *P. optima* 明显区分开。此种见于 *P. perbonus* 带。

附注　白顺良（1985）将此亚种提升为种，并划分出 α，β，γ 和 Δ 四种不同的形态型，认为都是代表同一种的不同个体的发育阶段。

产地层位　广西崇左那艺，下泥盆统达莲塘组 *P. perbonus* 带；那坡三叉河，下泥盆统达莲塘组 *P. perbonus* 带。

小似潘德尔刺费利普亚种 *Pandorinellina exigua philipi* (Klapper, 1969)

(图版42，图1—2)

1969 *Spathognathodus exiguus philipi* Klapper, pl. 4, figs. 30—38 (P element).

1971 *Spathognathodus optimus* Moskalenko. – Föhraeus, pl. 77, figs. 19—20 (only, P element).

1973 *Pandorinellina exigua philipi* (Klapper). – Klapper, in Ziegler (ed.), *Catalogue of Conodonts*, vol. Ⅱ, pp. 321—322, *Ozarkodina* – pl. 2, fig. 11.

1979 *Pandorinellina exigua philipi* (Klapper, 1969). – Lane and Ormiston, p. 59, pl. 6, figs. 1—3, 8—9.

1982 *Spathognathodus exiguus philipi*. – 王成源, 443—444 页，图版Ⅰ，图10—12。

1992 *Pandorinellina exigua philipi* (Klapper). – Bardashev and Ziegler, pl. 1, figs. 40, 46.

特征 前齿片高，其最后的细齿最高并形成陡缘而与后方齿片呈缺刻状。刺体后2/3齿片相对较低，瘤齿不高。基腔在刺体中部突然膨大，不对称，外齿叶明显大于内齿叶。基腔仅在齿叶下方膨大，在前后齿片下方形成窄的齿沟。

附注 口视时，前齿片偏左或偏右的情况都有，不是本亚种的主要特征。本亚种与 *P. e. exigua* 的重要区别在于基腔的形态，前者的基腔在齿叶下方突然膨大，向前后方突然收缩，仅在前后齿片下方形成窄的齿沟，而后者的基腔较膨大，向前后延伸逐渐变窄。

本亚种与 *Pandorinellina optima* 的区别在于前齿片的构造，后者前齿片中部细齿最高。

本亚种的时限多见于布拉格期和埃姆斯期，但 Bardashev 和 Ziegler (1992) 报道，它在中亚同样见于洛霍考夫期晚期。

产地层位 内蒙古达茂旗巴特敖包地区孤山，下泥盆统洛霍考夫阶上部，与 *Ozarkodina pandora* 同层。

膨大似潘德尔刺 *Pandorinellina expansa* Uyeno and Mason, 1975

(图版41，图7—9)

1970 *Spathognathodus* sp. – Druce, p. 47, pl. 8, fig. 5.

1972 *Spathognathodus* n. sp. A. – Uyeno, in McGregor and Uyeno, pl. 5, figs. 19—21, 30—32 (P element).

1972 *Ozarkodina* n. sp. A. – Uyeno, in McGregor and Uyeno, pl. 5, figs. 4—5 (O element).

1974 *Pandorinellina exigua* n. subsp. A. – Klapper, in Perry *et al.*, pl. 6, figs. 1—2, 4—5 (P element), fig. 3 (O element), fig. 6 (A_3 element), fig. 7 (N element), fig. 8 (A_1 element).

1975 *Pandorinellina expansa* Uyeno and Mason, pl. 1, figs. 6, 12—14 (P element), figs. 9, 11, 17 (O element), fig. 15 (N element), fig. 16 (A_3 element), fig. 18 (A_1 element), fig. 19 (A_2 element).

1985 *Spathognathodus* sp. nov. A. – Telford, pl. 12, figs. 15—20 (P element).

1977 *Pandorinellina expansa* Uyeno and Mason. – Klapper, in Ziegler (ed.), *Catalogue of Conodonts*, vol. Ⅲ, p. 435, *Pandorinellina* – pl. 1, figs. 9—17.

1989 *Pandorinellina expansa* Uyeno and Mason. – 王成源, 92 页，图版28，图4—6。

特征 (P分子) 基腔特别膨大，刺体前1/3部分高，微向右侧偏，而后2/3部分低，拱曲。

附注 典型的前齿片由几个细齿组成，但有的前齿片仅有一个细齿。前齿片细齿后缘垂直向下。基腔特别膨大，向前方迅速收缩，止于前1/3部分与后2/3部分连接处，向后逐渐收缩。*P. expansa* 以膨大的基腔而区别于 *P. exigua* (Philip, 1966)。

时代 早埃姆斯期至晚埃姆斯期早期。

产地层位 广西那坡三叉河，下泥盆统坡脚组 *P. dehiscens* 带 (?)。

佳似潘德尔刺　*Pandorinellina optima* (Moskalenko, 1966)

(图版 41，图 12—13)

1966 *Spathognathodus optimus* Moskalenko, pp. 88—89, pl. 11, figs. 12—15; text-fig. 3 (Holotype).

1970 *Spathognathodus steinhornensis optimus* Moskalenko. – Philip and Jackson, p. 218, pl. 38, figs. 4—8, 10—13.

1973 *Pandorinellina optima* (Moskalenko, 1966). -Klapper, in Ziegler (ed.), *Catalogue of Conodonts*, vol. Ⅲ, pp. 323—324, *Ozarkodina* – pl. 2, fig. 2.

1978 *Spathognathodus optimus* Moskalenko. – Wang and Wang, p. 343, pl. 40, figs. 17—18; pl. 41, figs. 27—28, 34.

1982 *Spathognathodus optimus* Moskalenko. – 王成源，444 页，图版 1，图 15—18。

1989 *Pandorinellina optima optima* (Moskalenko, 1966). – 王成源，93 页，图版 27，图 8—9。

特征　刺体直或微向侧弯。口面具有不均一的直立的密集细齿。前齿片细齿呈扇状，其中间细齿最高。基腔位于刺体中部或微偏后，不对称。前后齿片底缘较直。刺体中部基腔上方细齿有时略大。

讨论　多分子 *Pandorinellina optima* 的 Sc 分子为小双刺形 (diplododellan) 分子，它与 Sc 分子为三分刺形 (trichonodellan) 分子的 *Ozarkodina remscheidensis* 易于区别。*Pandorinellina optima* (Pa 分子) 的前齿片呈扇状，中间细齿最高，而 *Pandorinellina exigua* 的前齿片最后的细齿最高，并与其后方的细齿形成缺刻。*Pandorinellina postexselsa* 的后方齿片较高，而 *Pandorinellina optima* 的后方齿片较低。

按 Bardashev 和 Ziegler (1992) 的记录，*Pandorinellina optima* 的时代见于洛霍考夫期晚期至布拉格期早期，但在广西同样见于埃姆斯期早期。

产地层位　内蒙古达茂旗巴特敖包地区阿鲁共，下泥盆统阿鲁共组（洛霍考夫期晚期）；内蒙古孤山剖面，下泥盆统阿鲁共组；云南阿冷初，下泥盆统上部班满到地组。

佳似潘德尔刺佳亚种　*Pandorinellina optima optima* (Moskalenko, 1966)

(图版 42，图 3—5)

1966 *Spathognathodus optimus* Moskalenko, p. 88, pl. 11, figs. 12—15; text-fig. 3.

1966 *Spathognathodus steinhornensis buchanensis* Philip, pp. 450—451, pl. 2, figs. 1—28; text-fig. 8.

1970 *Spathognathodus steinhornensis optimus* Moskalenko. – Philip and Jackson, p. 218, pl. 38, figs. 4—8, 10—12.

1973 *Pandorinellina optima* (Moskalenko, 1966). – Klapper, in Ziegler (ed.), *Catalogue of Conodonts*, vol. Ⅰ, pp. 323—324, *Ozarkodina* – pl. 2, fig. 2.

1978 *Spathognathodus optimus* Moskalenko. – 王成源和王志浩，40 页，图版 40，图 17—18；图版 1，图 27—28，34。

1989 *Pandorinellina optima optima* (Moskalenko). – 王成源和王志浩，93 页，图版 27，图 8—9。

特征　刺体直或向右侧弯。口面有不均一的直立的密集细齿。前齿片上细齿呈扇状，其中间细齿最高。基腔位于刺体中部或微偏后，不对称。前齿片与后齿片较直。

讨论　多成分种 *Panderinellina optima* 的 A_3 分子为小双刺形 (diplododellian) 分子，它与 A_3 分子为三分刺形 (trichonodellan) 分子的 *Ozarkodina remscheidensis* 易于区别。*Pandorinellina optima* (P 分子) 的前齿片细齿呈扇状，中间的细齿最高，与 *P. exigua* 的最后、最高的前齿片不同。

时代层位　早泥盆世。*Monograptus hercynicus*—*M. yukonensis* 笔石带。

产地层位　广西横县六景，下泥盆统郁江组大联村段 *P. dehiscens* 带 (= *kitabicus* 带)；云南阿冷初，下泥盆统上部班满到地组；四川龙门山甘溪组，以及下泥盆统谢家湾组。

佳似潘德尔刺佳亚种→佳似潘德尔刺后高亚种 *Pandorinellina optima optima* (Moskalenko, 1966) →*Pandorinellina optima postexcelsa* Wang and Ziegler, 1983

（图版42，图6）

1989 *Pandorinellina optima optimo* Moskalenko, 1966→*Pandorinellina optima postexcelsa* Wang and Ziegler, 1983.

附注 典型的 *Pandorinellina optima* 齿片向后方变低矮，后方底缘比基腔底缘高，而 *Pandorinellina postexcelsa* 后方齿片相对较高，大致呈矩形。当前标本介于两者之间，后方齿片比 *P. optima* 的高，但比 *P. postexcelsa* 的低，显示了由 *P. optima* 向 *P. postexcelsa* 过渡的关系。

产地层位 广西那坡三叉河，下泥盆统坡折落组 *P. triangularis* 带。

佳似潘德尔刺后高亚种 *Pandorinellina optima postexcelsa* Wang and Ziegler, 1983

（图版42，图7—11）

1966 *Spathognathodus optimus* Moskalenko, p. 88, pl. 2, figs. 16—21, 24, 28 (only).

1971 *Spathognathodus optimus* Moskalenko. – Föhraeus, p. 679, pl. 77, figs. 15—18, 23—24, 31 (only).

1980 *Pandorinellina* sp. nov. Philip. – Klapper and Johnson, p. 451.

1983 *Spathognathodus optimus* Moskalenko. – 熊剑飞，319 页，图版69，图9。

1983 *Pandorinellina optima postexcelsa* Wang and Ziegler, p. 88, pl. 4, figs. 12, 14.

1989 *Pandorinellina optima postexcelsa* Wang and Ziegler. – 王成源，93 页，图版27，图2—6。

1992 *Pandorinellina postexcelsa* Wang and Ziegler. – Bardashev and Ziegler, pl. 1, figs. 11, 13, 24, 42—44.

原定义 后齿片高的 *Pandorinellina optima* 的一个亚种。

描述 口视：齿片直或微弯。齿片前1/3部分直或向右偏。齿片后1/3部分直，向右或向左微弯，以后齿片的偏转可分出左右类型。基腔位于齿片中部，两个发育的齿叶等大者少，多数外齿叶（齿片凸的方向）比内齿叶（齿片弯的方向）大得多，可能比内齿叶大近两倍；齿叶宽仅占齿片长的1/5。中部齿叶上缘很薄。

反口视：突然膨大的基腔位于齿叶下方，中等深。基腔向前后延伸出窄的齿槽，基腔与齿槽界线明显。

侧视：齿片底缘直。基腔前部的底缘有时向上弯，后方齿片中部有时向上拱曲。典型分子齿片上缘可分三部分：前齿片有高的细齿，细齿呈扇状，其中间最高，具有典型的 *P. optima optima* 的构造；位于基腔上方中部的齿片占刺体长的1/3，有1~3个大的细齿，其前后细齿均变低；齿片后1/3部分，其高度与齿片中部相近，并没有降低，使基腔之后的齿片呈矩形，其上有稍高一点的细齿，与基腔上方的细齿等高，或稍低一点。

附注 此种的最大特征是后齿片较高，侧视刺体中后部近矩形。前齿片细齿高，特征与 *P. optima* 一致。

突然膨大的基腔位于齿叶的下方，基腔向前后延伸成齿槽，基腔与齿槽界线明显。多数标本外齿叶比内齿叶大，有时两者等大。

此种由 *Pandorinellina optima* 演化而来，曾见于早埃姆斯期。Bardashev 和 Ziegler (1992) 证实，在中亚此种最早见于布拉格期早期 *P. s. miae* 带。内蒙古的标本也与 *Pandorinellina miae* 产于同一层。广西的标本见于埃姆斯期。

这是一个已被多数学者接受的种，但金善燏等（2005）仍将此种列为 *Ozarkodina prolata* Mawson, 1987 的同义名是不妥的。

产地层位　内蒙古达茂旗巴特敖包地区阿鲁共剖面，下泥盆统阿鲁共组（第8层）；广西那坡三叉河，下泥盆统坡折落组；云南广南，下泥盆统达莲塘组；四川北川，下泥盆统甘溪组。

石角似潘德尔刺　*Pandorinellina steinhornensis* (Ziegler, 1956)

1989 *Pandorinellina steinhornensis* (Ziegler, 1956). –王成源，94页。

特征　*Pandorinellina steinhornensis* 的P分子具有不对称的基腔和相当平直的齿片。

附注　此种的地位还不能肯定，因具 A_3（小双刺）分子而被归入 *Pandorinellina*。Walliser (1972, 78页) 认为 *P. steinhornensis* 缺少 A_2 和 A_3 分子，应归入 *Criterignathus*。

时代　早泥盆世埃姆斯期。

石角似潘德尔刺枚野亚种　*Pandorinellina steinhornensis miae* (Bultynck, 1971)

（图版41，图10—11）

1971 *Spathognathodus steinhornensis miae* Bultynck, pp. 25—31, pl. 5, figs. 1—14; pl. 6, figs. 13—14; text-figs. 19—21.

1980 *Pandorinellina steinhornensis miae* Bultynck. –Schönlaub, pl. 21, figs. 7, 19—20, 22; pl. 23, figs. 11—12; pl. 24, figs. 4, 13, 16.

1989 *Pandorinellina steinhornensis miae* Bultynck. –王成源，94—95页，图版40，图5。

1992 *Pandorinellina miae* (Bultynck). –Bardashev and Ziegler, pl. 1, figs. 41, 47.

特征　齿叶大，不对称，轮廓近心形。齿片上细齿大小近等大，高度亦相近，仅前齿片上细齿微微大些，基腔上方也有一细齿略大。基腔位于刺体中后部，几近对称，呈心形，并向前后呈沟状延伸。

附注　*P. s. miae* 的细齿有分化，不像 *P. s. steinhornensis* 那样细齿大小相近。本种的基腔位于齿片中部偏后，但较之 *P. s. steinhornensis* 的基腔离后端远些，基腔不延至后端。本种前齿片上有大的细齿，显然不同于 *Pandorinellina exigua*, *P. optima* 和 *P. postexcelsa*。本种的最大特点是齿片上细齿近等大，基腔心形。Bultynck (1971) 将此种分为三个形态型：α型，细齿大小一致；β型，基腔心形，基腔上方细齿较大，略高；γ型，基腔上方有1个细齿，前齿片有2~4个较大的细齿。当前标本属γ型。

Bardashev 和 Ziegler (1992) 记载，本种最早见于布拉格期早期，并以此种建立了布拉格期早期的化石带，即 *P. s. miae* 带。在中亚 Shishkan 组，它在 *P. optima* 带之上，并与 *Pandorinellina postexcelsa* 同时出现。此种时限较长，布拉格阶和埃姆斯阶均有产出。此种曾见于中国广西埃姆斯阶（王成源，1989）。

当前标本与 *Pandorinellina postexcelsa* 产于同层，与中亚情况一致，均属布拉格期早期。

产地层位　广西横县六景，下泥盆统郁江组大联村段 *P. dehiscens* 带；德保都安四红山，下泥盆统达莲塘组 *P. perbonus* 带；三岔河那坡组 *P. perbonus* 带；内蒙古达茂旗巴特敖包地区阿鲁共剖面，下泥盆统阿鲁共组第8层（AL 8-3），以及下泥盆统布拉格阶。

石角似潘德尔刺石角亚种　*Pandorinellina steinhornensis steinhornensis* (Ziegler, 1956)

（图版42，图12—13）

1956 *Spathognathodus steinhornensis* Ziegler, pl. 7, figs. 3—10 (P element).

1969 *Spathognathodus steinhornensis steinhornensis* Ziegler. – Carls and Gandle, pl. 19, figs. 4—9 (P element).

1973 *Pandorinellina steinhornensis* (Ziegler). – Klapper, in Ziegler (ed.), *Catalogue of Conodonts*, vol. Ⅰ, p. 325, *Ozarkodina* – pl. 2, fig. 13.

1980 *Pandorinellina steinhornensis steinhornensis* (Ziegler). – Schönlaub, pl. 24, figs. 17—18.

1989 *Pandorinellina steinhornensis steinhornensis* (Ziegler). – 王成源, 95 页, 图版 27, 图 1。

特征 两齿叶不对称。基腔居齿片中后部，基腔向后延伸可达后端。齿片上缘较直，细齿大小相近。

比较 *P. s. miae* 的细齿大小有分化，不同于本亚种。此亚种见于欧洲早泥盆世埃姆斯期，有左右对称类型。

产地层位 广西那坡三叉河，下泥盆统大莲塘组 *P. perbonus* 带。

假多颚刺属 *Pseudopolygnathus* Branson and Mehl, 1934

1934 *Pseudopolygnathus* Branson and Mehl.

1939 *Macropolygnathus* Cooper, p. 392.

模式种 *Pseudopolygnathus primus* Branson and Mehl, 1934

特征 刺体由齿台和自由齿片组成；齿台厚，矛状或箭头状；自由齿片厚，由齿台前缘延伸出来。自由齿片向后在齿台上延伸成固定齿脊，固定齿脊将齿台分为不等的内外齿台。齿台侧方有粗的尖锐的横脊和深的脊间沟，多数横脊由齿台边缘延伸到齿脊。反口面，除了在齿台前端的大的基腔和由基腔向齿台后端延伸的凸起的龙脊外，是光滑的。在很多标本中，基腔宽大于长并以凸起的边缘与齿台反口面区分开来。

讨论 此属在形态上与 *Polygnathus* 极相似，但在亲缘关系上则相差很远。*Pseudopolygnathus* 的基腔大，位于齿台前方，多数宽大于长，而 *Polygnathus* 的基腔一般为基穴，近齿台中部，多数是长大于宽。*Pseudopolygnathus* 的横脊尖锐、脊间沟深，亦不同于 *Polygnathus*。*Pseudopolygnathus* 起源于 *Bispathodus*。

此属至少以下几个种在中国尚未得到确认：*Pseudopolygnathus brevipennatus* Ziegler, 1962; *P. controversus* Sandberg and Ziegler, 1979 和 *P. micropunctatus* Bischoff and Ziegler, 1956。

时代分布 晚泥盆世晚期至早石炭世早期（杜内期）。北美洲、欧洲、亚洲、大洋洲的澳大利亚。中国贵州、广西、湖南、云南等地。

短羽假多颚刺（比较种） *Pseudopolygnathus* cf. *brevipennatus* Ziegler, 1962

（图版 44，图 13）

1974 *Pseudopolygnathus* cf. *brevipennatus* Ziegler. – Ziegler *et al.*, pl. 3, figs. 13—16.

1987 *Pseudopolygnathus* cf. *brevipennatus* Ziegler. – Wang and Yin, p. 131, pl. 24, fig. 7.

特征 基腔大，近于对称，位于刺体中部。右侧有一列瘤齿，延伸接近齿台后端。左侧同样有几个瘤齿，有两个瘤齿正好在基腔的上方。齿片—齿脊直，由侧方扁的细齿组成。

产地层位 广西桂林南边村，泥盆系—石炭系之间南边村组 *S. praesulcata* 带。

线齿假多颚刺　*Pseudopolygnathus dentilineatus* E. R. Branson, 1934

（图版45，图1—5）

1934 *Pseudopolygnathus dentilineatus* Branson, p. 317, pl. 26, fig. 22.

1934 *Pseudopolygnathus brevimarginata* sp. nov. – Branson, p. 322, pl. 26, fig. 3.

1934 *Pseudopolygnathus varicostata* sp. nov. – Branson, p. 318, pl. 26, figs. 19—20.

1934 *Pseudopolygnathus subrugosa* sp. nov. – p. 318, pl. 26, fig. 18.

1978 *Pseudopolygnathus dentilineatus* Branson. –王成源和王志浩，79页，图版6，图1—5，8—9。

1984 *Pseudopolygnathus dentilineatus* Branson. –王成源和殷保安，图版Ⅱ，图18，23。

1985 *Pseudopolygnathus dentilineatus* Branson. –季强等，123—124页，图版37，图11—18。

特征　齿台不对称，披针形；齿台右侧前缘向前延伸超过左侧齿台前缘。齿台两侧边缘各有一列瘤齿。反口面基腔大，呈心形，有时超过齿台前缘。齿脊直，延伸到齿台后端；两侧近脊沟发育。

附注　此种与 *Pseudopolygnathus multistriatus* 的最大区别是其基腔大，超过齿台前缘。

产地层位　此种的时限是晚泥盆世最晚期到早石炭世早期。目前在中国主要发现于早石炭世（王成源和王志浩，1978b；王成源和殷保安，1984；季强等，1985）。

纺锤形假多颚刺　*Pseudopolygnathus fusiformis* Branson and Mehl, 1934

（图版45，图6—7）

1934 *Pseudopolygnathus fusiformis* Branson and Mehl, pp. 298—299, pl. 23, figs. 1—3.

1957 *Pseudopolygnathus fusiformis* Branson and Mehl. – Bischoff and Ziegler, p. 162, pl. 11, figs. 18—19.

1959 *Pseudopolygnathus fusiformis* Branson and Mehl. – Voges, p. 295, p. 34, fig. 46.

1978 *Pseudopolygnathus fusiformis* Branson and Mehl. –王成源和王志浩，79页，图版6，图6—7。

1985 *Pseudopolygnathus fusiformis* Branson and Mehl. –季强等，124页，图版37，图7—8。

1988 *Pseudopolygnathus fusiformis* Branson and Mehl. – Wang and Yin, p. 132, pl. 31, fig. 2.

特征　纺锤形齿台窄而对称，齿台长，最大宽度在齿台前1/3处；齿台边缘发育有微弱的横脊或小瘤齿。齿脊延伸到齿台后端并向内弯。自由齿片短而直，由扁的、愈合的、顶尖分离的细齿组成。反口面基腔大，稍窄于齿台，占据反口面的2/3。龙脊发育。

附注　此种以齿台窄、基腔相对大为特征。

产地层位　贵州长顺睦化组；广西桂林桂林组（早石炭世最早期）。

后瘤齿假多颚刺　*Pseudopolygnathus postinodosus* Rhodes, Austin and Druce, 1969

（图版44，图14—16）

1969 *Pseudopolygnathus postinodosus* Rhodes, Austin and Druce, p. 213, pl. 6, figs. 6a—c.

1987 *Pseudopolygnathus postinodosus* Rhodes, Austin and Druce. – Wang and Yin, p. 134, pl. 28, figs. 1—6.

特征　齿台窄而厚，后方齿脊有几个大而长的细齿。自由齿片直或微微向内弯曲，由一列愈合的细齿组成，最高的细齿接近于齿片的前端。自由齿片和齿脊细齿的顶端都是分离的。齿脊低，向内弯。齿脊的后部伸出齿台，并有1～2个较大的、长的、向内倾斜的细齿。齿台窄，加厚；沿齿台边缘有低矮的瘤齿。

比较　此种以齿台窄而厚、后方齿脊有1～2个大而长的细齿为特征，沿齿台边缘有分离的瘤齿。它不同于 *Pseudopolygnathus* 和 *Polygnathus* 所有的种。

产地层位　广西桂林南边村，泥盆系—石炭系之间南边村组上 *S. praesulcata* 带至下石炭统底部 *S. sulcata* 带。

三角假多颚刺 *Pseudopolygnathus trigonicus* Ziegler, 1962

（图版45，图8—13）

1962 *Pseudopolygnathus trigonicus* Ziegler, pp. 101—102, pl. 12, figs. 8—13.

1978 *Pseudopolygnathus trigonicus* Ziegler. －王成源和王志浩，80页，图版6，图28—35；图版8，图1—2。

1981 *Pseudopolygnathus marburgensis trigonicus* Ziegler. －Klapper, in Ziegler (ed.), *Catalogue of Conodonts*, vol. Ⅳ, *Pseudopolygnathus*－pl. 1, figs. 2, 4.

1983 *Pseudopolygnathus trigonicus* Ziegler. －熊剑飞，317页，图版71，图9—10。

1988 *Pseudopolygnathus trigonicus* Ziegler. －Wang and Yin, p. 135, pl. 23, figs. 5—7.

特征 齿台三角形，前端突然向外扩张。口面有小瘤齿，前端有3条侧齿脊，其中2条内侧齿脊交角一般小于90°。反口面有龙脊和次龙脊，由小的不规则基腔向两侧伸出。基腔位于齿台之前部。前齿片长。

附注 *Pseudopolygnathus marburgensis* 具有膨大的基腔而不同于本种；两者齿台口面特征相似。

产地层位 贵州长顺代化，上泥盆统代化组顶部；广西桂林南边村，泥盆系—石炭系之间南边村组，*S. praesulcata* 带。

假多颚刺（未名新种B） *Pseudopolygnathus* sp. nov. B

（图版45，图14）

1988 *Pseudopolygnathus* sp. nov. B. －Wang and Yin, p. 135—136, pl. 24, fig. 15.

特征 前齿片直，由完全愈合的细齿组成。齿脊不规则，但延伸到齿台后端。齿台右侧有一列瘤齿列或横脊延伸到齿台后端；齿台左侧在基腔之后有几个横脊。基腔左侧上方有两个伸长的瘤齿。基腔大，几乎对称。

产地层位 广西桂林，泥盆系—石炭系之间南边村组，上 *S. praesulcata* 带。

舟颚刺属 *Scaphignathus* Ziegler, 1960

模式种 *Scaphignathus velifera* Ziegler, 1960

特征 明显不对称的台型牙形刺，前齿片高且与齿台的一侧相连。齿台上的齿脊延续到齿台后端，齿台两侧有短的横脊。基腔中等大小。

比较 *Scaphignathus* 齿台上有延续到后端的齿脊而不同于 *Cavusgnathus* 和 *Taphrognathus*，后两属齿台上无齿脊而有发育的齿沟。*Mestognathus* 基腔窄小，*Cavusgnathus* 基腔宽，外张。

附注 *Scaphignathus* 一名是Helms（1959，655页）经Ziegler同意后，从Ziegler的手稿中首次引用发表的，因此有人将此属的作者表示为“Ziegler in Helms”。Ziegler的手稿1960年以先印本（preprint）散发，直到1962年才正式发表。Helms在发表此属时，引用作者为Ziegler，但没有引用Ziegler对此属的定义，也没有指定此种的正模，而模式标本（lectotype）是后来由Beinert等（1971）指定的，因此，这不符合国际动物命名法规第50条的规定，此属不能表示为 *Scaphignathus* Helms, 1959。Keen（1963）建议将此属表示为“*Scaphignathus* Helms, 1959, ex Ziegler MS”，但Ziegler和Sandberg（1984）仍将此属表示为 *Scaphignathus* Helms, 1959。原来归属到 *Scaphignathus* 的一些分子，如 *Scaphignathus subserratus*，现已划归到 *Alternognathus* Ziegler and Sandberg,

1984，并划分出 *Alternognathus regularis* Ziegler and Sandberg，1984 和 *A. beulensi* Ziegler and Sandberg，1984 两个种。

时代分布　晚泥盆世至早石炭世。北美洲、欧洲、大洋洲的澳大利亚、亚洲。中国广西、湖南、贵州等地。

小帆舟颚刺小帆亚种　*Scaphignathus velifer velifer* Helms，1959，ex Ziegler MS

（图版 45，图 18—22）

1962 *Scaphignathus velifera* Ziegler.　– Ziegler，pl. 11，figs. 19—24.

1971 *Scaphignathus velifer* Helms.　– Beinert *et al.*，p. 83，pl. 2，figs. 1—6，8—9，11.

1974 *Scaphignathus velifer* Helms.　– Dreesen and Dusar，pl. 4，figs. 10，13（only）.

1976 *Scaphignathus velifer* Helms.　– Fantinet *et al.*，pl. 2，fig. 1—8.

1984 *Scaphignathus velifer velifer* Helms.　– Ziegler and Sandberg，p. 188.

1994 *Scaphignathus velifer* Helms.　– Bai *et al.*，p. 184，pl. 29，fig. 3.

特征　*Scaphignathus velifer* 有高的自由齿片与齿台的右侧相接，自由齿片的后方细齿最高。齿脊发育于齿台中部之后或中部之后的左侧。齿台前 1/3 处的齿脊被横脊或短的中齿沟代替。横脊在齿台后部同样可见，此时齿脊仅微弱可见。

附注　此亚种的分子多数齿片居右侧，但有些标本的齿片居中。在一些标本中，齿脊不正常地向前延伸，在到达高的齿片之前消失于短的凹槽内。有些标本的齿台几乎是平的，有窄的、微弱的横脊完全穿过齿台。这样的标本可能是 *Scaphignathus velifer leptus* 演化而来的过渡类型，具有较宽的齿台。*Scaphignathus ziegleri* Druce 是一个独立的种，不应归入 *Scaphignathus velifer*（Beinert 等，1971）。

产地层位　此亚种在中国尚未发现标准分子，Bai 等（1994）鉴定的此种可疑。此种在德国和澳大利亚（Glenister 和 Klapper，1966）见于 *S. velifer* 带。

小帆舟颚刺纤细亚种　*Scaphignathus velifer leptus* Ziegler and Sandberg，1984

（图版 45，图 16—17）

1974 *Scaphignathus velifer* Helms，　– Dreesen and Dusar，pl. 4，fig. 11.

1976 *Scaphignathus velifer* Helms，　– Fantinet *et al.*，pl. 2，fig. 3.

1984 *Scaphignathus velifer leptus* n. subsp.　– Ziegler and Sandberg，p. 188，pl. 2，figs. 9—10.

特征　*Scaphignathus velifer* 的一个亚种，以齿台窄、无齿槽、齿脊微弱为特征，前齿片居左、居右或居中。

附注　此亚种的正模前齿片居左，但副模前齿片居中，而 Fantinet 等（1976）描述的标本前齿片居右。

产地层位　本亚种的时限是 *P. marginifera* 最晚带到晚 *P. p. postera* 带。此亚种在我国尚无报道。

扭齿刺属　*Tortodus* Weddige，1977

模式种　*Tortodus kockelianus*（Bischoff and Ziegler，1957）

特征　刺体后端向内扭转，具有一个突出的齿列（齿脊），后方细齿向外倾斜。齿列下方两侧有侧突起，侧突起可能发育成强烈的隆起并形成齿台。在侧突起或隆起与反口缘之间，在侧面常常可见一个小的沟槽。反口面有一基腔，基腔向两侧展开。

附注 从形态上看，此属并非来源于 *Polygnathus*。*Polygnathus* 的齿台口面凹，其边缘具有规则的齿台装饰；相反，*Tortodus* 的齿台一般都是光滑的，仅在 *T. variabilis* 齿台两侧的侧凸缘上有不规则的装饰。*Tortodus* 的基腔也不同于 *Polygnathus* 的大部分类型，但它在演化初期可能与 *Polygnathus* 有关。这两个属可能有一个共同的祖先，即窄颚刺形分子，如"*Spathognathodus*" *excavatus posthamatus* Walliser，1964。*Tortodus* 张开的基腔有点像上泥盆统的 *Pseudopolygnathus*，正如 Bischoff 和 Ziegler（1957）在讨论模式种 *T. kockelianus* 时所注意到的那样。然而，*Pseudopolygnathus* 的基腔通常较大，侧面陡，口面常常具有规则的装饰。上泥盆统的"*Spathognathodus*" *sannemanni treptus* Ziegler，1958 可能与 *Tortodus* 有亲缘关系。此属在莱因相区不多，但在海西相区很常见。侧方凸缘的发育程度和刺体后端弯曲程度是划分种的重要标准。

Aboussalam（2003）依据西欧和北非摩洛哥的化石，建立了本属的如下新种：*Tortodus beckeri*，*T. bultyncki*，*T. schultzei*，*T. trispinatus*，*T. variabilis* ssp. 和 *T. weddigei*，并重新描述了 *Tortodus caelatus*（Bryant，1921），*T.* cf. *caelatus*，*T. variabilis sardinia*（Mawson and Talent，1989），*T. variabilis variabilis*（Bischoff and Ziegler，1957）和 *T.* aff. "*weddigei*"。他这本书是有关本属的最重要的著作之一，是鉴定本属化石必须参考的著作。

时代分布 中泥盆世艾菲尔期晚期至吉维特期。亚洲、欧洲、大洋洲的澳大利亚、北美洲和非洲。

科克尔扭齿刺澳大利亚亚种 *Tortodus kockelianus australis* (Jackson, 1970)

（图版 43，图 1—4）

1957 *Polygnathus kockelianus* Bischoff and Ziegler，p. 91，pl. 2，figs. 11—12.

1970 *Polygnathus kockelianus australis* n. subsp. –Jackson，in Pedder *et al.*，pp. 251—252，pl. 15，figs. 22，25（fig. 22 = Holotype）.

1977 *Tortodus kockelianus australis*（Jackson，1970）. –Weddige，p. 328，pl. 3，figs. 53—54.

1985 *Tortodus kockelianus australis*（Jackson）. –Ziegler and Wang，pl. 1，fig. 22.

1989 *Tortodus kockelianus australis*（Jackson，1970）. –王成源，132 页，图版 42，图 13—14，17。

特征 刺体长，齿列两侧有中等程度的隆起，但未形成齿台。齿列所有细齿较高，一直到后端。后端齿列在基腔后方明显内弯，有的可能与前方齿列成 90°。基腔位于刺体中后部，中等大小，外张。

比较 *T. k. australis* 没有齿台，高的细齿延伸到齿列后端，易于与 *T. k. kockelianus* 区别。*T. obliquus* 的细齿宽，数目较少，侧隆脊不发育，不同于 *T. k. australis*。

产地层位 广西德保都安四红山，中泥盆统分水岭组 *T. k. australis* 带至 *kockelianus* 带。

科克尔扭齿刺科克尔亚种 *Tortodus kockelianus kockelianus* (Bischoff and Ziegler, 1957)

（图版 43，图 5—9）

1957 *Polygnathus kockeliana* Bischoff and Ziegler，p. 91，pl. 2，figs. 1—10（fig. 1 = Holotype）.

1966 *Polygnathus kockelianus* Bischoff and Ziegler. –Wittekindt，pp. 634—635，pl. 2，fig. 7.

1973 *Polygnathus kockelianus* Bischoff and Ziegler. –Klapper，in Ziegler（ed.），*Catalogue of Conodonts*，vol. Ⅰ，pp. 371—372，*Polygnathus*–pl. 2，figs. 9—10（= Bischoff and Ziegler，1957，pl. 2，figs. 1，4）.

1978 *Tortodus kockelianus kockelianus* (Bischoff and Ziegler). – Weddige, pp. 328—329, pl. 3, fig. 52.

1980 *Tortodus kockelianus kockelianus* (Bischoff and Ziegler). – 熊剑飞，100页，图版27，图10—11。

1985 *Tortodus kockelianus kockelianus* (Bischoff and Ziegler). – Ziegler and Wang, pl. 1, figs. 20—21.

1989 *Tortodus kockelianus kockelianus* (Bischoff and Ziegler). – 王成源，132页，图版42，图10—12。

特征　后方齿脊两侧的隆凸膨大，形成窄而尖的齿台。齿台平或两侧向上斜伸，使之齿台在横切面上呈"V"字形。齿台从前端沿两侧呈弧形向后方变宽，然后又逐渐变窄，直到后端变尖。齿台后方向内弯并扭转，使之中齿列上方向外倾斜。齿台上方细齿分离，呈明显的尖锥状。齿台前方侧缘凸起很不明显，上方细齿变扁并高于后方的圆锥形细齿。反口面基腔外张，不对称，其外侧比内侧大。存在左型和右型标本。

比较　*T. k. kockelianus* 有光滑的向上斜伸的齿台，易于识别。*T. variabilis* 有宽的侧隆起，但齿台横断面不呈"V"字形，齿台表面不光滑。*T. k. kockelianus* 来源于 *T. k. australis*，是 *T. k. kockelianus* 带的带化石。

产地层位　广西邕宁，中泥盆统那叫组；德保都安四红山，中泥盆统分水岭组 *T. k. kockelianus* 带。

斜扭齿刺　*Tortodus obliquus* (Wittekindt, 1966)

（图版43，图10—11）

1966 *Spathognathodus obliquus* Wittekindt, p. 643, pl. 3, figs. 25—29 (?).

1969 *Spathognathodus obliquus* Wittekindt. – Polsler, pl. 3, fig. 9.

1970 *Spathognathodus obliquus* Wittekindt. – Pedder *et al.*, pl. 17, fig. 1.

1977 *Spathognathodus obliquus* Wittekindt. – Weddige, p. 329, pl. 3, fig. 55.

1989 *Tortodus obliquus* (Wittekindt, 1966). – 王成源，131—132页，图版42，图15—16。

特征　刺体短而高，两侧很平，仅反口缘上有低的沿刺体全长延伸的棱脊。后方刺体向内弯。细齿较分离，前方齿片较高。

附注　当前标本未见反口缘上方与反口缘平行的小沟槽。*T. obliquus* 以无齿台、后方细齿向内弯、其上有大而较分离的细齿为特征而区别于本属其他种。本种见于 *Polygnathus costatus costatus* 带至 *Tortodus kockelianus kockelianus* 带。

产地层位　广西德保都安四红山，中泥盆统 *Tortodus kockelianus australis* 带至 *T. k. kockelianus* 带。

乌尔姆刺属　*Wurmiella* Murphy, Valenzuela-Ríos and Carls, 2004

模式种　*Ozarkodina excavata* sup. *tuma* Murphy and Matti, 1983, pl. 1, figs. 3—9 (= *Ozarkodina tuma*)（Murphy等，2004，8—9页）

特征　六分子器官。此属的分子以齿突简单为特征，齿突上相邻细齿的大小没有太大的变化。P_1分子有相当小的、窄的、没有装饰的基部齿叶。P_2分子有主齿，比其他细齿大；其基部齿叶不对称，内侧齿叶升高（依据Murphy等（2004，8页）修正）。

附注　Murphy等（2004）建立了 *Wurmiella* 属，包括曾广泛地归入到 *Ozarkodina excavata* (Branson and Mehl, 1933) 及相关类别的器官分子（如 *Wurmiella wurmi* (Bischoff and Sannemann, 1958), *W. tuma* (Murphy and Matti, 1983), *W.* "*excavata*" (Branson and Mehl, 1933), *W. inclinata*? (Rhodes, 1953), *W. inflata* (Walliser, 1964), *W. polinclinata* (Nicoll and Rexroad, 1969), *W. eosilurica* (Bischoff, 1986) 和

W. australensis（Bischoff，1986））。初步的分支分析（cladistic analysis）（Donoghue 等，2008）支持将 *excavata* 从 *Ozarkodina* 分离出来，本书也采用这个方案，但将其归属到 *Wurmiella* 的其他类别，如 *O. hassi* 并没有出现谱系组合的特征（Donoghue 等，2008），仍保留以前在 *Ozarkodina* 的归属。

Donoghue 等（2008）的分支研究中，*O. excavata* 常常与 *Yaoxianognathus* 形成一个分支，两者可能要归入到同一个属，即安泰庠（安太庠等，1985b）建立的 *Yaoxianognathus*。这是一个比 *Wurmiella* 老的属名，然而它的模式种 *Y. yaoxianensis* An，1985 在很多方面都不同于 *O. excavata*，包括 P_1 分子特有的短的后齿突和枝形分子细齿大小的变化。P_2 分子同样有一短的前齿突（安太庠等，1985b，图版 2，图 1—7）。在内侧，缺少升高的齿叶。

时代分布 早志留世（兰多维列世）到早泥盆世布拉格期。欧洲、北美洲、亚洲。

凹穴乌尔姆刺 *Wurmiella excavata*（Branson and Mehl，1933）

（图版 44，图 1—7）

特征 *Wurmiella excavata* 器官种的所有分子均具有相对短的齿突，细齿大小相近，无交替。Pa 分子直，细齿规则，具有小的基腔和齿唇。Pb 分子主齿发育，前齿片肿肋明显。Sc 分子前齿耙短，后齿耙细齿大小相近。Sb 分子内侧基腔向上发育有明显的顶唇，外侧面不见基腔。Sa 分子在主齿后方形成高的向后开放的基腔。

附注 *Wurmiella excavata* 见于志留纪罗德洛世—泥盆纪洛霍考夫期早期的地层，但多数见于志留纪，特别是内蒙古巴特敖包剖面西别河组第二层。早泥盆世洛霍考夫期早期的分子还没有确切的报道。参见《中国志留纪牙形刺》（王成源，2013）。

倾斜乌尔姆刺 *Wurmiella inclinata*（Rhodes，1953）

附注 原来归入 *Ozarkodina inclinata* 的只有三个亚种：*O. inclinata hamata*，*O. inclinata inflata* 和 *O. inclinata inclinata*，前两个亚种的时限很短，特征明显，只限于志留纪 *Ancoradella ploeckensis* 带，唯有 *O. inclinata inclinata* 时限较长，由志留纪温洛克期 *K. patula* 带到早泥盆世埃姆斯期。在内蒙古巴特敖包地区发现有 *W. inclinata inclinata* 亚种。

倾斜乌尔姆刺倾斜亚种 *Wurmiella inclinata inclinata*（Rhodes，1953）

（图版 44，图 8—12）

1953 *Prioniodella inclinata* Rhodes，p. 324，pl. 23，figs. 233—235.

1957 *Spathognathodus inclinata*（Rhodes），p. 47，pl. 1，figs. 16—20.

1960 *Spathognathodus* n. sp. – Walliser，p. 35，pl. 8，fig. 7.

1962 *Spathognathodus dubius* Ethington and Furnish n. sp. – p. 1286，pl. 172，figs. 1—2.

1962 *Spathognathodus inclinata*（Rhodes）. – Walliser，p. 283，pl. 1，No. 30.

1964 *Spathognathodus inclinata inclinata*（Rhodes）. – Walliser，pp. 76—77，pl. 19，figs. 6—21；text-fig. 8，fig. 6.

特征 刺体口视直或微弯，前后齿片高度相差不大。前齿片无明显的大的细齿，与基腔上方的细齿几乎等大。后齿片前方有时有几个略大的向后倾的细齿，其远端细齿变小。反口缘直或微拱，基腔略膨大，向后方伸长，不呈心形。基腔前后方拉长，是本亚种的重要特征。

比较　Walliser（1964）认为 *Ozarkodina wurmi* 是 *Ozarkodina inclinata inclinata* 的同义名，但 *O. wurmi* 基腔膨大，呈心形，不是前后拉长的窄的基腔，这是两者的重要区别。

附注　此亚种见于志留纪温洛克期 *O. s. sagitta* 带至早泥盆世。Walliser（1964）的三个亚种，即 *Ozarkodina inclinatus hamatus*（Walliser），*Ozarkodina inclinatus inflatus* 和 *Ozarkodina inclinatus posthamatus*，均见于志留纪 *A. ploeckensis* 带，时限很短。按最新的分类，这三个亚种归入 *Wurmiella* 属内为宜。

产地层位　内蒙古达茂旗巴特敖包地区，下泥盆统阿鲁共组。

膨胀乌尔姆刺　*Wurmiella tuma*（Murphy and Matti，1983）

（图版43，图12—14）

1983 *Ozarkodina excavata tuma* Murphy and Matti，p. 7，pl. 1，figs. 3，9.

1986 *Ozarkodina tuma* Murphy and Matti. －Murphy and Cebecioglu，pls.1. 1—7，1. 18—22.

2004 *Wurmiella tuma*（Murphy and Matti，1983），figs. 2.16—28.

特征　*Wurmiella* 的一个种，其 Pa 分子齿片梳状，齿片直或后齿片微向内弯，底缘直或微微拱曲。基腔位于齿片中部偏后，膨大近圆形，两个齿叶有些不对称。基腔深，向前后方逐渐变窄，形成齿槽，直到后端。前齿片有 11～19 个直立的、近等大的、密集的细齿；后齿片有 8～12 个比前齿片细齿稍短的细齿。

比较　*Wurmiella tuma* 具有较多的密集的细齿，底缘直，基腔深，均不同于 *W. wurmi*和 *W. excavata*。

产地层位　此种目前仅知产于北美内华达州下泥盆统中洛霍考夫阶，在中国还没有发现此种。

乌尔姆乌尔姆刺　*Wurmiella wurmi*（Bischoff and Sannemann，1958）

（图版43，图15—16）

P 分子

1958 *Spathognathodus wurmi* Bischoff and Sannemann，p. 108，pl. 14，figs. 4—10.

1960 *Spathognathodus wurmi*. －Ziegler，pl. 13，fig. 12.

1966 *Spathognathodus inclinatus*（Rhodes，1953）. －Barnett *et al.*，pl. 58，fig. 23.

1969 *Spathognathodus wurmi*. －Druce，p. 58，pl. 9，figs. 8a—d.

1969 *Spathognathodus inclinatus wurmi* Bischoff and Sannemann. －Pölser，pp. 430—431，pl. 2，figs. 23—24；pl. 3，figs. 7—8.

1971 *Spathognathodus inclinatus wurmi* Bischoff and Sannemann. －Fahreaeus，p. 679，pl. 78，fig. 22.

1980 *Ozarkodina wurmi*（Bischoff and Sannemann，1958）. －Schönlaub，pl. 6，fig. 10.

1982 *Spathognathodus wurmi* Bischoff and Sannemann. －王成源，445 页，图版1，图25—27，29—30。

1994 *Ozarkodina wurmi* Bischoff and Sannemann. －Valenzuela-Ríos，pp. 71—72，pl. 4，fig. 1.

特征　（P 分子）刺体长，前齿片底缘直或微凸，后齿片仅口缘微微上凹。刺体两侧在齿脊下方有加宽的棱凸。口方细齿密集，近等大，仅前齿片细齿略大些。基腔位于刺体中部偏后，略膨大，齿叶一般较小。

比较　本种与 *Wurmiella inclinatus* 相似，区别在于本种前方齿片有较大的细齿，但无明显主齿，齿片上方有膨大的棱凸。Walliser（1964，76 页）认为本种是 *O. inclinatus* 的亚种，但 Rhodes 描述的 *Spathognathodus inclinatus* 有伸长的基腔，在形态上与本种不同。

附注 本种只见于下泥盆统洛霍考夫阶 *A. delta* 带和 *P. pesavis* 带。在中国曾发现于滇西阿冷初山江组。

产地层位 内蒙古达茂旗巴特敖包地区阿鲁共剖面，下泥盆统阿鲁共组；云南阿冷初，下泥盆统山江组。

始颚齿刺科 EOGNATHODONTIDAE Bardashev, Weddige and Ziegler, 2002

始颚齿刺属 *Eognathodus* Philip, 1965

模式种 *Eognathodus sulcatus* Philip, 1965

特征 （Pa 分子）齿片厚，有大的基腔，基腔可能开放到后端。在齿片上的齿台有平的齿沟，其边界有边缘脊，边缘脊可能是光滑的、横向的锯齿，或是瘤齿的不规则排列，没有齿沟。前方齿片薄，有冠状脊。其他分子不清。

讨论 很长时间以来，*Spathognathodus bipennatus* Bischoff and Ziegler, 1957 都是被归入到 *Eognathodus*（Klapper in Perry *et al.*, 1974），因此，*Eognathodus* 属的时代为早泥盆世至中泥盆世。实际上，真正的 *Eognathodus* 只限于早泥盆世。Mawson（1993）建立了新属 *Bipennatus*，将中泥盆世的有双齿列的分子归入 *Bipennatus*，并认为它来源于 *Spathognathodus palethorpei* Telford，先前曾被归入 *Pandorinellina*（Weddige, 1997; Klapper 和 Ziegler, 1979; Mawson 等, 1985; Mawson, 1987）。*Eognathodus* 也有双齿列细齿，但它来源于 *Ozarkodina pandora* Murphy *et al.*。修订后的 *Eognathodus* 只限于早泥盆世布拉格期，特别是在 *E. sulcatus* 和 *E. kindlei* 两个化石带内。

附注 Bardashev 等（2002）只强调了基腔的位置和形态，建立了 *Gondwania* 和 *Pseudogondwania* 两个属，并将 *Eognathodus* 和 *Gondwania* 归入 Eognathodontidae 科，将 *Pseudogondwania* 归入 Polygnathidae 科。Murphy（2005）采用了 Bardashev 等（2002）的两个属名，但对定义做了修改，并将 *Gondwania* 和 *Pseudogondwania* 都归入 Eognathodontidae 科。

时代分布 修订后的 *Eognathodus*，其时代只限于布拉格期早期。北美洲、欧洲、亚洲、大洋洲的澳大利亚。

埃普塞隆始颚齿刺 *Eognathodus epsilon* Murphy, 2005

（图版 47，图 1—2）

1981 *Ozarkodina pandora* ε morphotype P element. - Murphy, Matt and Walliser, p. 763, pl. 2, figs. 21—24, 26; text-figs. 4, 9, 11, 12.

1984 *Eognathodus sulcatus* Philip, 1965, ε morphotype Murphy, Matti and Walliser, 1981, pl. 2, figs. 21—23; not pl. 2, fig. 24 = *Masaraella pandora* ε morphotype.

2005 *Eognathodus epsilon* n. sp. - Murphy, p. 199.

特征 *Eognathodus* 的一个种，其 Pa 分子的特征是在齿片中部有一列愈合的细齿或者光滑的冠脊，在基部齿台齿叶上有一瘤齿或齿脊。刺体后部，基腔收缩成一尖角。

附注 Murphy 等（1981）曾将此种包括在 *Masaraella pandora* 内，但它与

Masaraella pandora 之间并没有过渡分子存在，可作为独立的种。

产地层位　此种的最低层位在洛霍考夫阶的最上部，最高层位在布拉格阶 *brevicauda—mariannae* 带（Murphy，2005，199 页）。目前在中国还没有发现此种。

中间始颚齿刺　*Eognathodus intermedius* Ji，1986

1986 *Eognathodus intermedius* sp. nov.　－季强，图版 9，图 8—9；插图 5。

1978 *Eognathodus* aff. *E. bipennatus*（Bischoff and Ziegler）.　－Chatterton，pp. 187—188，pl. 5，figs. 4—5.

特征　基腔位于齿片中部，中沟发育于齿片中部 1/3 处，齿片后部为横脊纹饰。

描述　齿片前部 1/3 侧面压缩，由一列基部愈合、齿尖分离的细齿组成。齿片的中部和后部口面较宽，中部的两侧垣光滑，二者之间发育一条浅平的中沟；后部 1/3 发育横脊纹饰，无中沟。反口面基腔宽平，向两侧扩张呈耳状。

比较与讨论　此种与 *Eognathodus sulcatus* 的区别在于后者的基腔位于齿片中部偏后一些的位置。此种与 *Eognathodus enunatspib* 的区别在于后者的中沟一直延伸到齿片后部。

层位与时限　鸡德组上部至巴漆组底部；中泥盆世艾菲尔期至吉维特期。

不规则始颚齿刺　*Eognathodus irregularis* Druce，1971

（图版 47，图 3—6）

1965 *Eognathodus* sp. Philip，p. 102，pl. 10，fig. 19.

1971 *Eognathodus irregularis* Druce，p. 33，text-fig. 2；pl. 4，figs. 4—7.

1971 *Eognathodus sulcatus* Philip，1965.　－Druce，pl. 1，fig. 6.

1981 *Eognathodus sulcatus* Philip，1965，ζ morphotype Murphy，Matti and Walliser，pl. 2，figs. 17—19，25.

2002 *Eognathodus sulcatus* Bardashev，Weddige and Walliser，text-fig. 11. 4.

2002 *Eognathodus grahami* Bardashev，Weddige and Walliser，text-fig. 11. 3.

2005 *Eognathodus irregularis* Druce，1971.　－Murphy，p. 199，figs. 6. 2—18，6. 35—36，6. 39—42，6. 48—49，6. 51—52，7. 1—11.

特征　*Eognathodus* 的一个种，其 Pa 分子的齿片强壮，在齿片的中后部有不规则的细齿或瘤齿，但没有中齿槽。基腔大，向后端收缩。

附注　此种在布拉格期早期有很多形态型。在含有很多 *Eognathodus irregularis* 的样品中，可见到 *Masaraella pandora* 和 *Eognathodus irregularis* 之间的过渡类型，它们基腔的大小和形态、齿片的长度和厚度变化较大。没有中齿沟是此属在布拉格期早期的最主要特征。

产地层位　此种依据 Murphy（2005，图 2）在北美内华达州的研究，其时限是布拉格期的早期，*irregularis—profunda* 带到 *profunda—brevicauda* 带。此种在中国内蒙古大兴安岭是存在的，在广西那高岭组也存在。

线始颚齿刺　*Eognathodus linearis* Philip，1966

（图版 36，图 1）

1966 *Eognathodus lineatus* Philip，pp. 444—445，pl. 4，figs. 33—36；text-fig. 3.

2001 *Eognathodus linearis* Philip，王成源，104 页，图版 56，图 1—3。

特征　前齿片长，由愈合的细齿组成。前齿片前方较高。齿脊仅由单齿列组成。基腔后位、膨大，基腔上细齿高度相近。基腔心形，较浅，后缘较陡。

附注 本种的一个亚种曾见于广西那高岭组（王成源和王志浩，1978a），产于 *E. sulcatus*带。本种的模式种产于澳大利亚的 *E. sulcatus* 带内。

产地层位 广西横县六景，下泥盆统那高岭组；新疆库车县南，下泥盆统阿尔腾柯斯组上部，以及布拉格阶 *E. sulcatus* 带。

线始颚齿刺线亚种→线始颚齿刺后倾亚种 *Eognathodus linearis linearis* Philip，1966→*Eognathodus linearis postclinatus*（Wang and Wang，1978）

（图版 47，图 17）

特征 齿脊后端向后倾斜的 *Eognathodus linearis* 的亚种，基腔后方底缘不呈半圆形。

比较 当前标本与正模标本的基腔轮廓不同，其基腔后方收缩，不呈半圆形，与 *E. l. linearis* 一致，但其齿片前方不高，后方向后倾斜，与 *E. l. postclinatus* 一致。它是 *E. l. linearis* 向 *E. l. postclinatus* 的过渡类型。

产地层位 广西横县六景，下泥盆统那高岭组 *E. sulcatus* 带。

线始颚齿刺后倾亚种 *Eognathodus linearis postclinatus* Wang and Wang，1978

（图版 47，图 18）

1978 *Spathognathodus linearis postclinatus* Wang and Wang. －王成源和王志浩，342—343 页，图版 40，图 19—20。

特征 齿脊后端向后倾斜的 *Eognathodus linearis* 的亚种，基腔后方底缘呈半圆形。齿脊由一列密集的、横向拉长的瘤齿组成。齿脊一直延伸到齿台后端。前齿片高。基腔半圆形，有较明显的边缘。

比较 本亚种与 *Eognathodus linearis linearis* 的区别是：①基腔后方底缘呈半圆形，不向内弯曲；②齿脊拱曲，后端不突出，向后倾斜。

产地层位 广西横县六景，下泥盆统那高岭组。

那高岭始颚齿刺 *Eognathodus nagaolingensis* Xiong，1980

（图版 46，图 7；图版 47，图 7—8）

1980 *Eognathodus nagaolingensis* Xiong. －熊剑飞，82 页，图版 30，图 32—34；插图 51。

1980 *Eognathodus* cf. *sulcatus* Philip. －熊剑飞，83 页，图版 30，图 35—37。

1989 *Eognathodus sulcatus* Philip. －苏一保（见邝国敦等），图版 34，图 1a—b。

特征 齿台呈心形，其边缘全部为发育的瘤齿；齿台中间宽，有稀散的瘤齿但没有形成齿脊。基腔膨大，占据整个反口面。自由齿片约为刺体长的 1/3。

比较 *Eognathodus nagaolingensis* 的基腔特别膨大，齿台边缘有发育的瘤齿但没有形成齿脊，不同于 *Eognathodus trilineatus*。

附注 *Eognathodus nagaolingensis* 的正模是一成熟个体，齿台中部的齿槽内有不规则的瘤齿。熊剑飞（1980）鉴定的 *Eognathodus* cf. *sulcatus* 和苏一保（1989）鉴定的 *Eognathodus sulcatus* 很可能是本种的未成熟的个体，其齿槽内没有瘤齿。

产地层位 广西横县六景，下泥盆统那高岭组高岭段。

瘤齿始颚齿刺 *Eognathodus secus* Philip，1965

（图版 46，图 5；插图 24）

1965 *Eognathodus secus* Philip, pp. 100—101, pl. 10, figs. 22—23.

1977 *Eognathodus secus* Philip. –Klapper, in Ziegler (ed.), *Catalogue of Conodonts*, vol. Ⅲ, p. 119, *Eognathodus* – pl. 1, fig. 5.

特征　*Eognathodus* 的一个种，齿台上有不规则的、较宽大的瘤齿。

比较　*Eognathodus secus* 齿台上有宽大的、不规则的瘤齿，无中齿槽，不同于 *Eognathodus sulcatus*，后者的齿台上有两列瘤齿和一个中齿槽。

产地层位　此种的时限为早泥盆世布拉格期早 *E. sulcata* 带，在中国尚无报道。

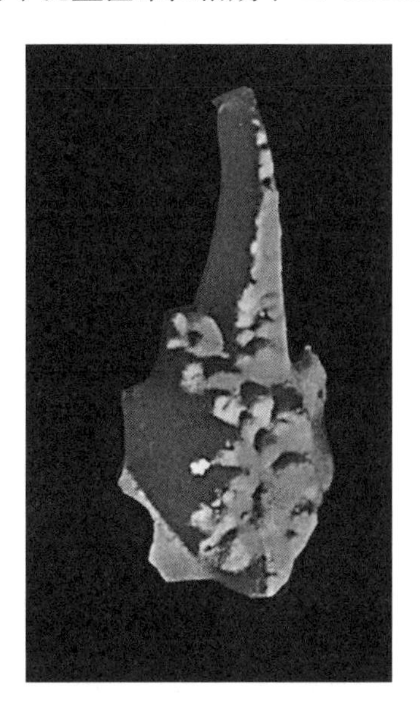

插图 24　*Eognathodus secus* Philip, 1965 正模标本，口视（复制于 Ziegler, 1977, *Eognathodus* – pl. 1, 图 5）
Text-fig. 24　*Eognathodus secus* Philip, 1965, holotype (a copy from Ziegler, 1977, *Eognathodus* – pl. 1, fig. 5)

槽始颚齿刺　*Eognathodus sulcatus* Philip, 1965

附注　此种的特征是齿台上有两列瘤齿和一个中齿槽，依据基腔的形态和位置可分为不同的亚种。

sulcata 种在北美洲（内华达）没有记录，在澳大利亚也很少。Bardashev 等（2002）将此种限定在其 Pa 分子有齿槽，齿槽两侧有横向排列的、脊状的细齿，齿沟内有散的或线状排列的瘤齿，层位在 *brevicauda—mariannae* 带的时限范围内。*E. sulcatus* 可能不宜作为布拉格期早期的带化石。

E. sulcatus 在种和亚种的鉴定上存在问题，主要是因为：①多数作者鉴定的 *sulcatus* 的特征都远离本种的正模标本特征，仅强调中齿槽的存在，忽视自由齿片与齿台左侧相连的特征；②Murphy 等（1981）为本种建立了多个形态型，包括齿片上有不规则细齿的类型，有的形态型，如 *Eognathodus sulcatus* Philip, λ morph. 和 *Eognathodus sulcatus* Philip, κ morph.，现已归入 *Gondwania profunda* Murphy。本书对此种的确认是按目前流行的做法，今后可能会有变动。

槽始颚齿刺朱莉娅亚种　*Eognathodus sulcatus juliae* Lane and Ormiston, 1979

（图版 46，图 1；图版 47，图 9）

1979 *Eognathodus sulcatus juliae* Lane and Ormiston, pp. 52—53, pl. 13, figs. 14, 22—23; pl. 4, figs. 6—9.

1982 *Eognathodus sulcatus juliae* Lane and Ormiston. –白顺良等，44 页，图版 6，图 12。

1983 *Eognathodus sulcatus* (Philip, 1965). – Wang and Ziegler, pl. 1, figs. 14a—b.

1989 *Eognathodus sulcatus* (Philip, 1965). – 苏一保，图版 34，图 1。

1994 *Eognathodus sulcatus juliae* Lane and Ormiston. – Bai *et al.*, p. 163, pl. 3, fig. 16.

特征 *Eognathodus sulcatus* 的一个亚种，基腔大，延伸到齿台后端，但基腔仅限于整个齿台后部 1/2，不膨大到刺体的后端。

附注 *Eognathodus sulcatus juliae* 以基腔只限于刺体后部的 1/2、不达刺体后端为特征。*Eognathodus sulcatus sulcatus* 的基腔卵圆形到心形，膨大到齿台的后端。*Eognathodus sulcatus kindlei* 的基腔仅限于齿台中部，向外膨胀，后端不膨大。*Eognathodus sulcatus juliae* 处在这三个亚种的连续演化体（evolutionary continuum）的中间，*E. sulcatus sulcatus*→*E. sulcatus juliae*→*E. sulcatus kindlei* 构成了一个连续的演化体。但 Murphy (2005) 并不认同 *juliae* 的存在，认为它是 *kindlei* 的同义名。本书暂时保留此亚种，它的最低层位在 *Pedavis brevicauda* 带。

产地层位 广西横县六景，下泥盆统那高岭组。

槽始颚齿刺槽亚种 *Eognathodus sulcatus sulcatus* Philip, 1965

（图版 46，图 3—4；插图 25）

1965 *Eognathodus sulcatus* sp. nov. – Philip, p. 100, pl. 10, figs. 17—18, 20—21, 24—25; text-fig. 1.

1977 *Eognathodus sulcatus* Philip. – Klapper, in Ziegler (ed.), *Catalogue of Conodonts*, vol. Ⅲ, p. 119, *Eognathodus* – pl. 1, fig. 1 (only).

特征 齿台较宽，外齿台中部向外凸，内齿台中部向内凹。内外齿台边缘均有由横向较宽的瘤齿组成的瘤齿列，两瘤齿列中间的齿槽有散乱的小瘤齿。基腔位于齿台后端，膨大到齿台后缘。前齿片前端较高，由 4 ~5 个细齿组成。自由齿片与齿台左侧相连。

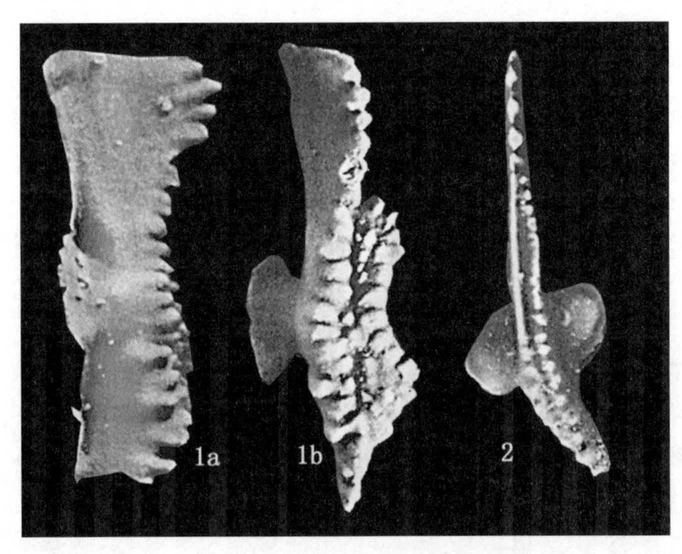

插图 25 *Eognathodus sulcatus sulcatus* Philip, 1965（复制于 Ziegler, 1977, *Eognathodus* -图版 1。图 1a—b. 源于 Philip, 1965, 图版 10, 图 20, 25, 正模，侧视与口视；图 2. 源于 Klapper, 1969, 图版 3, 图 21, ×27, 口视, *E. sulcatus* 的晚期类型）

Text-fig. 25 *Eognathodus sulcatus sulcatus* Philip, 1965 (a copy from Ziegler, 1977, *Eognathodus* – pl. 1. 1a—b. Holotype, original of Philip (1965, pl. 10, figs. 20, 25); 2. Original of Klapper (1969, pl. 3, fig. 21), ×27, upper view, late form of *E. sulcatus*)

比较　*Eognathodus sulcatus sulcatus* 的齿台中部有散乱的瘤齿，膨大的基腔扩张到齿台后端，不同于 *E. s. juliae* 和 *kindlei*。

产地层位　早泥盆世布拉格期早期的带化石。

三脊始颚齿刺　*Eognathodus trilinearis* (Cooper, 1973)

（图版46，图8；插图26）

1973 *Spathognathodus trilinearis* Cooper, pl. 3, figs. 1, 6, 7.

1977 *Eognathodus trilinearis* (Cooper). – Klapper, in Ziegler (ed.), *Catalogue of Conodonts*, vol. Ⅲ, p. 125, *Eognathodus* – pl. 1, fig. 1.

特征　在齿台上有三列瘤齿的 *Eognathodus* 的一个种。自由齿片与齿台左侧齿脊相连，中齿脊和右齿脊发育，并延伸到齿台后端，中齿脊两侧的齿沟发育。基腔在刺体中部膨大，并延伸到齿台后端。

比较　齿台口面上有三列齿脊，自由齿片与齿台左侧相连，这是本种的主要特征。

产地层位　早泥盆世布拉格期早期。在我国尚无此种的报道。

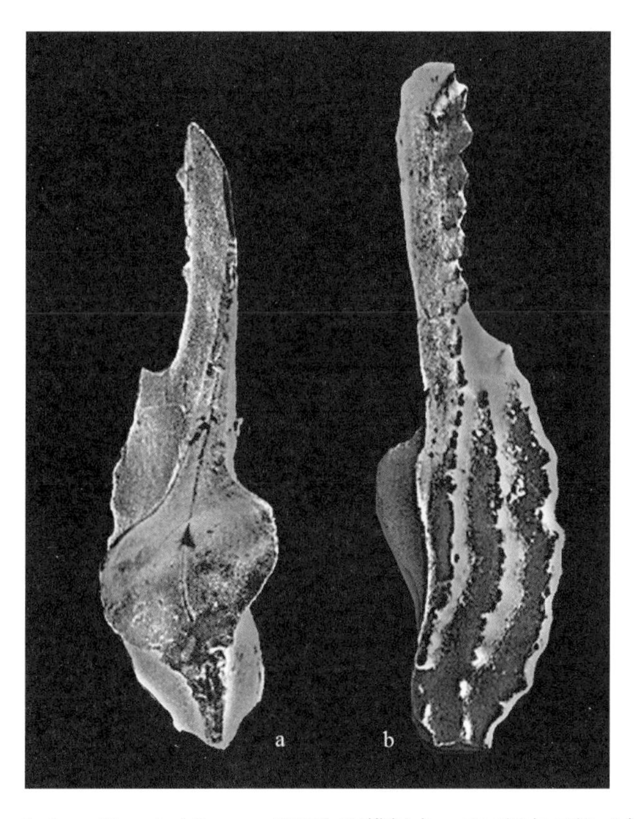

插图26　*Eognathodus trilinearis* (Cooper, 1973) 正模标本，反口视与口视（复制于Ziegler, 1977, *Eognathodus* -图版1，图4a—b）

Text-fig. 26　*Eognathodus trilinearis* (Cooper, 1973), holotype, aboral and oral views (a copy from Ziegler, 1977, *Eognathodus* – pl. 1, fig. 4a—b)

岗瓦纳刺属　*Gondwania* Bardashev, Weddige and Ziegler, 2002

模式种　*Spathognathodus bipennatus nevadensis* Clark and Ethington, 1966

特征　Eognathodontidae 科中的一属，其 Pa 分子有大的开放的基腔，开放到刺体的后端。齿台就是齿片的冠脊，以具有齿沟为特征。齿沟侧边以齿脊或瘤齿脊，或者两者的结合为边界。前齿片薄，鸡冠状。其他分子特征不清。

时代分布　布拉格期早中期。北美西部及美国内华达州、欧洲和亚洲。

深沟岗瓦纳刺　*Gondwania profunda* Murphy, 2005

（图版 47，图 10—16）

1965 *Eognathodus sulcatus* Philip, p. 101, figs. 1a—c; pl. 10, figs. 17—18.

1981 *Eognathodus sulcatus* Philip, λ morph. - Murphy *et al.*, pl. 3, figs. 1—2, 11.

1981 *Eognathodus sulcatus* Philip, κ morph. - Murphy *et al.*, pl. 3, figs. 9—10.

2002 *Gondwania juliae* (Lane and Ormiston). - Bardashev *et al.*, p. 396, text-figs. 11. 10—11.

2002 *Pseudogondwania kindlei* (Lane and Ormiston). - Bardashev *et al.*, text-figs. 12—13.

2005 *Gondwania profunda* Murphy, pp. 199—200, figs. 7. 12—16, 7. 32—41, 8. 6—8, 8. 24—25.

特征　*Gondwania* 的一个种，其 Pa 分子具有两列细齿或部分细齿化的边缘脊，被深的齿沟分开，齿沟从单列前齿片的后缘一直延伸到刺体的后尖。齿片和齿沟直、拱曲或侧弯。

附注　Murphy（2005）将此种划分出三个形态型。

Chi morph.（χ）：齿片直，齿沟深度中等，齿沟两侧为几乎平行的细齿化的边缘脊，其宽度与齿沟的宽度几乎相同（Murphy，2005，图 7. 12—16，8. 24—25）。

Psi morph.（ψ）：齿片直，齿沟深，宽度有变化，因为边缘脊在齿片的一侧或两侧肿凸（Murphy，2005，图 7. 32—41）。

Omega morph.（ω）：有直或侧弯的齿片，齿沟深而窄，侧边平行，侧边边缘脊的细齿是纵向拉长的（Murphy，2005，图 8. 6—8）。

Murphy（2005）认为，Bardashev 等（2005，图 11—12）依据基腔形态不同，把同一样品中的标本分别归到 *Gondwania juliae* 和 *Pseudogondwania kindlei*，而对于有很深齿沟的标本，基腔形态不是属级区分的标志。

此种见于布拉格阶下部，是布拉格期 *irregularis*—*profunda* 带和 *profunda*—*brevicauda* 带的重要分子。

产地层位　此种在世界各地的时限有所不同。依据 Murphy（2005，图 5）的图示，此种在北美内华达州的时限是 *profunda*—*brevicauda* 带的最早期到 *mariannae*—*lenzi* 带的早期；在阿拉斯加、加拿大，它的时限仅限于 *profunda*—*brevicauda* 带的最晚期到 *brevicauda*—*mariannae* 带的早期；在中欧，它的时限是 *profunda*—*brevicauda* 带的中部到 *brevicauda*—*mariannae* 带的中部；在澳大利亚，它的时限只限于 *brevicauda*—*mariannae* 带，不到此带的最顶部。

假岗瓦纳刺属　*Pseudogondwania* Bardashev, Weddige and Ziegler, 2002

模式种　*Eognathodus kindlei* Lane and Ormiston, 1979

特征　Eognathodontidae 科中的一属，其 Pa 分子有局限的基腔，居刺体后 1/2 部分的前半部。自由齿片很长（大于刺体长的 50%），部分齿片上有中槽。

时代分布　布拉格期晚期。北美西部及美国内华达州、欧洲和亚洲。

金德尔假岗瓦纳刺　*Pseudogondwania kindlei*（Lane and Ormiston, 1979）

（图版46，图2，6）

1979 *Eognathodus sulcatus kindlei* Lane and Ormiston, pl. 4, figs. 1—5.

1980 *Eognathodus sulcatus sulcatus* Lane and Ormiston, pl. 4, figs. 6—9.

1983 *Eognathodus sulcatus kindlei* Lane and Ormiston. – Uyeno, pl. 20, figs. 35—37.

2002 *Pseudogondwania clarki* Bardashev, Weddige and Ziegler, p. 428, text-fig. 12. 9 (= τ morph., Murphy, 2005).

2002 *Pseudogondwania ethingtoni* Bardashev, Weddige and Ziegler, p. 428, text-fig. 12. 11 (= τ morph., Murphy, 2005).

2002 *Pseudogondwania klapperi* Bardashev, Weddige and Ziegler, p. 429, text-figs. 12. 3—4 (= σ morph., Murphy, 2005).

2002 *Pseudogondwania murphyi* Bardashev, Weddige and Ziegler, p. 430, text-figs. 12. 3—4 (= σ morph., Murphy, 2005).

2005 *Pseudogondwania kindlei* Lane and Ormiston, 1979. – Murphy, p. 200, figs. 7. 17—31, 8. 19—23, 8. 50.

特征　*Pseudogondwania* 的一个种，其 Pa 分子的基腔膨大，只限于齿台的后半部的前半部，自由齿片长。

附注　Murphy（2005，201 页）识别出四个形态型。

Sigma（σ morph.）：齿片直，后齿突有单列的强壮的细齿，齿沟只限于齿片的中部，基腔中等大小（Murphy, 2005, *profunda—mariannae* 带，图 8. 50）。

Tau（τ morph.）：齿片微微拱起或微微侧弯，齿沟延伸到主齿位置的后方；后齿片或有两个瘤齿列（Murphy，2005，图 8. 19—21），或细齿排列无序（Murphy，2005，图 7. 20—21，7. 23）；基腔中等大小，微微不对称（Murphy，2005，*mariannae—lenzi* 带）。

Upsilon（υ morph.）：齿片微微拱起或侧弯，后齿突上细齿单列，基腔中等大小或较小，后方细齿为单齿列，与中齿片的外缘脊或瘤齿列在一条直线上（Murphy 等，1981，图版 2，图 27—28，30—32；Murphy，2005，*mariannae—lenzi* 带）。

Phi（ψ morph.）：齿片微微拱起或侧弯，后齿突细齿单列，与齿片中部的瘤齿列或侧缘脊不在一直线上，基腔中等大小或小（Murphy 等，1981，图版 2，图 10—12；图版 3，图 19—21；Murphy，2005，*mariannae—lenzi* 带）。

Murphy（2005，201 页）对 Lane 和 Ormiston（1979）的原始材料的重新研究表明，凡是 *P. juliae* 单独存在的层位，标本都小；凡是 *P. kindlei* 单独存在的层位，标本都大。Murphy（2005）认为 *E. sulcatus juliae* 和 *E. sulcatus kindlei* 并非两个不同的亚种，而是一个种，仅仅是处于不同的发育阶段而已。即使将这两个种分开作为独立的种，*juliae* 的时限也不会低到 *nevadensis*，它的最低层位只到 *Pedavis brevicauda*（Murphy，2005，图 2）。

产地层位　此种在世界各地的时限有所不同，依据 Murphy（2005，图 5）的图示，此种在北美内华达州的时限是 *profunda—brevicauda* 带的中部到 *mariannae—lenzi* 带的晚期，但不到最晚期；在阿拉斯加、加拿大，它的时限仅限于 *profunda—brevicauda* 带的中部到 *brevicauda—mariannae* 带的早期到 *mariannae—lenzi* 带的晚期，但不到最晚期；在中欧和澳大利亚没有此种的记录（Murphy，2005，图 5）。中国还没有此种的记录。

多颚刺科　POLYGNATHIDAE Bassler, 1925

锚颚刺属　*Ancyrognathus* Branson and Mehl, 1934

1947 *Ancyroides* Miller and Youngquist.

模式种　*Ancyrognathus symmetricus* Branson and Mehl, 1934

特征　齿台大，拱曲，呈不规则的三叶状，有瘤齿状的固定齿脊。有一个次级齿脊由主齿脊伸出并到达侧齿叶的顶端，主次两个齿脊形成的角度向后开放。反口面龙脊高，与口面齿片—齿脊相对应，而次级龙脊与次级齿脊相对应。主龙脊与次级龙脊在基穴相遇，基穴通常为三角形。

附注　此属由晚泥盆世早期的 *Polygnathus ancyrognathoides* Ziegler, 1962 演化而来。此属与 *Ancyrodella* 的区别在于前者的主龙脊与次级龙脊形成向后开放的角度，而后者形成向前开放的角度。齿台轮廓与前齿片发育程度对种的区分有重要意义。*Ancyroides* Miller and Youngquist 是此属的同义名，仅齿台边缘的齿叶有发育的、高的次级齿脊，由高的细齿组成；前齿片短而高。Sandberg 等（1992）仍认为 *Ancyroides* 为独立的属，强调此属有边缘齿鳍（= 齿叶，a fin），基腔位置也明显不同于 *Polygnathus*。Ziegler（1972）认为，*Ancyrognathus* 的多成分种可能由成对的 *Ancyrognathus* 组成，或由成对的 *Ancyrodella* 的分子共同组成。

此属的以下这些种在中国尚未发现：*Ancyrognathus calvini*（Miller and Youngquist, 1947）；*A. cryptus* Ziegler, 1962；*A. irregularis* Branson and Mehl, 1934；*A. leonis* Sandberg, Ziegler and Dreesen, 1992；*A. sinelamina*（Branson and Mehl, 1934）；*A. sinelobus* Sandberg, Ziegler and Dreesen, 1992；*A. symmetricus* Branson and Mehl, 1934；*A. tsiensi* Mouravieff, 1982 和 *A. uddeni* Miller and Youngquist, 1947。

时代分布　晚泥盆世早期，*Ancyrognathus triangularis* 带至上 *Palmatolepis crepida* 带。世界性分布。

高锚颚刺（亲近种）　*Ancyrognathus* aff. *A. altus* Müller and Müller, 1957

（图版 50，图 1—4）

1957 *Ancyrognathus* aff. *A. alta* Müller and Müller, p. 1095, pl. 141, fig. 5.

1991 *Ancyrognathus* aff. *A. altus* Müller and Müller. – Klapper, p. 1001, pl. 2, figs. 7—9.

1994 *Ancyrognathus* aff. *A. altus* Müller and Müller. – Wang, p. 98, pl. 11, figs. 2, 9—10, 12.

特征　*Ancyrognathus* 的一个种，以缺少自由齿片、齿脊相当高、次齿脊和后齿脊近直角、齿台表面光滑或有瘤齿为特征。

附注　固定齿片的齿脊相当高，由大而高的、愈合的细齿组成。次齿脊同样由愈合的细齿组成。齿台表面光滑或有零散的瘤齿。此种齿台表面有零散的瘤齿而不同于 *Ancyrognathus primus*，后者齿台表面光滑，粒面革状。此种与 *Ancyrognathus alta* 相似，区别是前者主龙脊和次龙脊呈大约 100°钝角，反口面皱边较窄。

产地层位　广西桂林龙门，上泥盆统谷闭组，下 *P. rhenana* 带到 *P. linguiformis* 带。

阿玛纳锚颚刺　*Ancyrognathus amana* Müller and Müller, 1957

（图版 50，图 14—15）

1957 *Ancyrognathus amana* Müller and Müller, p. 1095, pl. 138, figs. 5a—b.

2002 *Ancyrognathus amana* Müller and Müller. – Wang and Ziegler, pl. 7, figs. 15—16.

特征　*Ancyrognathus* 的一个种，具有窄而长的齿台和外齿台上窄而尖的齿叶。主齿脊和次级齿脊由规则瘤齿组成。无自由齿片。次级齿脊与主齿脊近于垂直，其长为主齿脊长度的一半。齿台长，强烈拱曲，齿台边缘有大的不规则的瘤齿。主龙脊和次级龙脊明显。基穴发育，位于主龙脊和次级龙脊的交汇处。

附注　此种的时限为晚泥盆世早期的晚期，主要在 *linguiformis* 带。在法国，此种与 *Ancyrognathus asymmetricus*，*A. calvini* 和 *A.* aff. *altus* 一起产出（Klapper，1990）。

产地层位　广西桂林龙门和垌村，上泥盆统谷闭组，上泥盆统 *P. linguiformis* 带。

锚颚刺形锚颚刺　*Ancyrognathus ancyrognathoides*（Ziegler，1958）

（图版 50，图 16）

1958 *Polygnathus ancyrognathoides* n. sp. – Ziegler, pp. 69—70, pl. 9, figs. 8, 16—17, 20 (only; non figs. 11, 19 = *Ancyrognathus primus*; non fig. 18 = *Ancyroides* n. sp. B).

1991 *Ancyrognathus ancyrognathoides* (Ziegler, 1958). – Klapper, p. 1003, figs. 2. 10—11, 3. 8—9.

1994 *Ancyrognathus ancyrognathoides* (Ziegler, 1958). – Wang, p. 98, pl. 10, fig. 1.

特征　*Ancyrognathus* 的一个种，其特征是有卵圆形的齿台，齿台表面光滑，粒面革状，缺少侧齿叶和自由齿片。

附注　此种是 *Ancyrognathus* 和 *Ancyrolepis* 的根源种。

产地层位　广西桂林龙门垌村剖面，中泥盆统东岗岭组和上泥盆统谷闭组。此种的时限为早 *falsiovalis* 带中部到 *hassi* 带。

不对称锚颚刺　*Ancyrognathus asymmetricus*（Ulrich and Bassler，1926）

（图版 52，图 4—5；图版 51，图 5—6）

1947 *Ancyroides princeps* n. sp. – Miller and Youngquist, pl. 75, figs. 2—3.

1958 *Ancyrognathus asymmetricus* (Ulrich and Bassler, 1926). – Ziegler, pl. 10, figs. 10—11.

1962 *Ancyrognathus asymmetricus* (Ulrich and Bassler, 1926). – Klapper and Furnish, text-fig. 2, fig. 6.

1967 *Ancyrognathus asymmetricus* (Ulrich and Bassler, 1926). – Wolska, pl. 1, fig. 6.

1971 *Ancyrognathus asymmetricus* (Ulrich and Bassler, 1926). – Szulczewski, pl. 6, figs. 6—7.

1973 *Ancyrognathus asymmetricus* (Ulrich and Bassler, 1926). – Ziegler, in Ziegler (ed.), *Catalogue of Conodonts*, vol. I, pp. 41—44, *Ancyro* – pl. 2, figs. 4—5.

1992 *Ancyroides asymmetricus* (Ulrich and Bassler). – Sandberg *et al.*, pp. 58—59, pl. 6, figs. 7—9.

non 1992 *Ancyrognathus asymmetricus* (Ulrich and Bassler, 1926). – Matyja and Narkiewcz, pl. Ⅳ, fig. 4.

1993 *Ancyrognathus asymmetricus* (Ulrich and Bassler, 1926). – Ji and Ziegler, pl. 3, figs. 3—4.

特征　齿体呈三角形，齿片短而高，向后突然终止。内外齿台的边缘内凹或直；齿台后方强烈分开，成为两个不对称的后侧齿台（齿叶，或称后齿台和外齿叶），其上有发育的齿脊和相应的龙脊。前齿脊（齿鳍）高，由较高的瘤齿组成，居右侧。无自由齿片。前槽缘深。反口面相应的龙脊发育。齿台上布满不规则的瘤齿。基穴小。

附注　有些标本的次级齿脊的高度向后增高。*A. asymmetricus* 不同于 *A. triangularis* 之处在于其外齿叶的位置比较朝后，齿片后端突然终止。*A. asymmetricus* 不同于 *A. calvini* 之处在于前者齿台边缘微凸或直，而后者齿台近于对称，具有明显的、宽的后齿叶。此种常见于浅水相区。

产地层位　广西宜山，上泥盆统老爷坟组和金秀香田组。此种的时限是晚泥盆世早期，弗拉期晚 *P. rhenana* 带到 *P. linguiformis* 带晚期（Sandberg 等，1992）。

倒钩状锚颚刺　*Ancyrognathus barbus* Sandberg and Ziegler，1992

（图版 51，图 8）

non 1971 *Ancyrognathus triangularis* Youngquist. – Szulczewski, pl. 6, figs. 5a—b (only).

non 1983 *Ancyrognathus* n. sp. A of Wang and Ziegler. – Klapper, p. 458, pl. 4, figs. 1—2.

1989 *Ancyrognathus* n. sp. A of Wang and Ziegler. - Klapper, p. 1021, figs. 3. 1—4, 3. 7.

1992 *Ancyrognathus barbus* Sandberg and Ziegler, p. 52, pl. 7, figs. 1—7.

1994 *Ancyrognathus barbus* Sandberg and Ziegler. - Wang, pp. 98—99, pl. 10, fig. 8.

特征 *Ancyrognathus* 的一个种，其特征是侧齿叶尖，指向前方；齿台前端尖，强烈拱曲，表面瘤齿发育；基穴小。

附注 Sandberg 和 Ziegler 指出，*Ancyrognathus barbus* 同 *Ancyrognathus* n. sp. Wang and Ziegler（1983，图版 1，图 8）和 Szulczewski（1971，图版 6，图 5a—b）的 *Ancyrognathus triangularis* 很相似，但后两者已被命名为 *Ancyrognathus guangxiensis* Wang，1994。*Ancyrognathus guangxiensis* Wang，1994 与 *Ancyrognathus barbus* 的区别是有宽的齿台，齿台吻部强烈皱起，齿台前端钝，不是尖的。

产地层位 广西德保四红山，上泥盆统榴江组，上 *P. hassi* 带到下 *P. rhenana* 带。

分岔锚颚刺 *Ancyrognathus bifurcatus* (Ulrich and Bassler, 1926)

（图版 49，图 1—2）

1926 *Palmatolepis bifurcatus* Ulrich and Bassler, pl. 7, figs. 16—17.

1951 *Ancyrognathus bifurcatus* (Ulrich and Bassler). - Hass, pl. 1, fig. 145.

1968 *Ancyrognathus bifurcatus* (Ulrich and Bassler). - Huddle, pl. 13, figs. 13—18.

1970 *Ancyrognathus bifurcatus* (Ulrich and Bassler). - Seddon, pl. 9, figs. 1—4.

1981 *Ancyrognathus bifurcatus* (Ulrich and Bassler). - Ziegler, in Ziegler (ed.), *Catalogue of Conodonts*, vol. Ⅳ, pp. 1—2, *Ancyro* - pl. 3, figs. 7—10; *Ancyro* - pl. 4, figs. 1—2.

1990 *Ancyrognathus bifurcatus* (Ulrich and Bassler). - 赵治信和王成源，图版 1，图 12—13。

特征 *Ancyrognathus* 的一个种，有强壮的三角形到近四边形的齿台，齿台内缘总是凸的，外缘直或微微内凹；齿台前部的齿片两侧有发育的近脊沟；齿台装饰不规则。外齿叶后端向后伸展较长，超过主齿叶的后端。自由齿片短而壮，位置居中。齿脊微微弯曲，齿脊的分岔点在齿台的中点之后；后侧齿脊与主齿脊间呈向后开放的 45°角；主齿脊和后侧齿脊的顶端都超出齿台；主齿脊和后侧齿脊间的齿台为深深的凹刻。反口面的基穴在口面齿脊分岔点的下方。

比较 *Ancyrognathus bifurcatus* 与较早出现的 *A. irregularis* 有些相似，区别在于后者有发育的自由齿片，齿台强壮且近四边形，后侧齿叶更向后方，主齿台和后侧齿叶间的齿台边缘凹刻很深。

产地层位 此种的时限不清，可能为 *Ancyrognathus triangularis* 带到 *crepid* 带或 *rhomboidea* 带。此种最早见于混生动物群。此种目前在中国仅见于新疆上泥盆统洪古勒楞组。

卡尔文锚颚刺 *Ancyrognathus calvini* (Miller and Youngquist, 1947)

（图版 130，图 12—14）

1947 *Ancyroides calvini* n. sp. - Miller and Youngquist, pl. 75, fig. 4.

1958 *Ancyrognathus calvini* (Miller and Youngquist). - Ziegler, pl. 11, fig. 19.

1981 *Ancyrognathus calvini* (Miller and Youngquist). - Ziegler, *Ancyro* - pl. 4, figs. 3—6.

特征 此种有三角形的齿台，齿叶浑圆，齿片短，向后升高并突然终止。齿片的位置近于中部。齿台上有明显的瘤齿，齿叶中间齿脊不明显。齿台后齿叶较侧齿叶发育。

附注 *A. calvini* 可能是 *A. irregularis* Branson and Mehl 的后续种。

时代层位　*Manticiceras*-Stufe 牙形刺带上部；*gigas* 带的上部和下部最上部。

柯恩锚颚刺？　*Ancyrognathus coeni*？Klapper，1991

（图版51，图9）

1986 *Ancyrognathus triangularis* Youngquist. －Ji，pl. 6，figs. 15—16.

1991 *Ancyrognathus* n. sp. 1. －Klapper，p. 1021，figs. 2. 15—20.

1991 *Ancyrognathus coeni* n. sp. －Klapper，p. 1010，figs. 5. 1—4，9. 1—12（only，fig. 9. 13—16 = *A. coeni*→*A. leonis*）.

1992 *Ancyroides coeni*（Klapper）. －Sandberg *et al.*，p. 56，pl. 5，figs. 7—8；pl. 8，figs. 9—12.

特征　*Ancyrognathus* 的一个种，刺体近于对称；齿台窄，齿台的每个边缘都具有一列边缘瘤齿或边缘齿脊；两个后齿叶近于等大，外后齿叶上的细齿较高。基腔深且相当大，呈三角形。有一个短的、指向后方的外侧齿叶和前方高的中部齿脊。

比较　*Ancyrognathus coeni* 的基腔比本属其他种的基腔都要大，有相当窄的齿台和明显的边缘瘤齿列以及深的近脊沟。它的基腔形态不同于它的后续种 *A. leonis*，后者基腔窄，形态不规则，但两者之间有过渡类型。

产地层位　广西象州马鞍山，上泥盆统下部。此种的时限为早 *P. hassi* 带到 *P. jamieae*带。

光滑锚颚刺　*Ancyrognathus glabra* Shen，1982

（图版49，图6—10；图版51，图1—3；插图27）

1982 *Ancyrognathus glabra* Shen. －沈启明，46页，图版4，图6。

1986 *Ancyrognathus primus* Ji. －季强，28—29页，图版6，图9—14；插图4。

1992 *Ancyrognathus primus* Ji. －Sandberg *et al.*，p. 52，pl. 8，figs. 5—6.

1994 *Ancyrognathus primus* Ji. －Wang，p. 99，pl. 10，figs. 2，4；pl. 11，figs. 3—4.

特征　*Ancyrognathus* 的一个种，其特征为齿台三角形，齿台上方表面光滑，粒面革状；侧齿叶指向前方或侧方，并与主齿脊形成锐角或直角，具次级龙脊和次级齿脊；基穴中等大小，不对称，位于齿台后1/3部分的下方；齿脊前方的细齿微微高起。

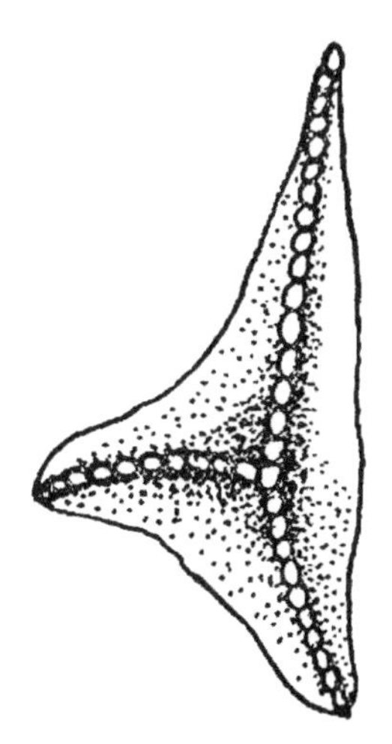

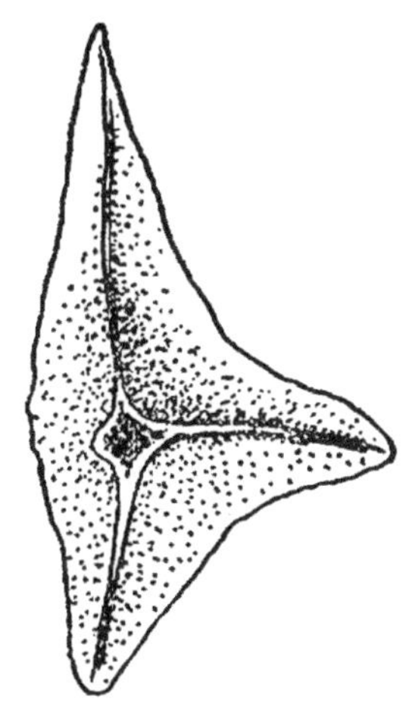

插图27　*Ancyrognathus glabra* Shen，1982（= *Ancyrognathus primus* Ji 1986，正模标本）的形态构造（据季强，1986，28页，插图4）

Text-fig. 27　*Ancyrognathus glabra* Shen，1982（= *Ancyrognathus primus* Ji 1986，holotype）（after Ji，1986，p. 28，text-fig. 4）

附注 季强（1986）建立的*Ancyrognathus primus*，显然就是沈启明（1982）命名的*Ancyrognathus glabra*。由于沈启明的文章是以中文发表在《湖南地质》上，长期以来没有被国内外学者引用。此种的主要特征在于齿台光滑。此种多数标本后侧齿叶的齿脊与主齿脊垂直，但也包括侧齿叶指向前方并与主齿脊呈锐角的分子。此种与*Ancyrognathus triangularis*的区别在于其齿台表面是光滑的。

产地层位 广西象州马鞍山，上泥盆统桂林组下部；德保四红山，上泥盆统榴江组；桂林龙门，上泥盆统谷闭组上*P. varcus*带到上*P. rhenana*带；湖南临武香花岭，上泥盆统佘田桥组*Palmatolepis gigas*带。

广西锚颚刺 *Ancyrognathus guangxiensis* Wang, 1994

（图版49，图12—15）

1971 *Ancyrognathus triangularis* Youngquist. – Szulczewski, pl. 6, figs. 5a—b (only).

1983 *Ancyrognathus* n. sp. A. – Wang and Ziegler, p. 87, pl. 1, fig. 8.

non 1989 *Ancyrognathus* n. sp. A Wang and Ziegler. – Klapper, p. 458, pl. 4, figs. 1—2.

1989 *Ancyrognathus* sp. A Wang and Ziegler. – 王成源和王志浩，25页，图版2，图7。

non 1991 *Ancyrognathus* n. sp. A Wang and Ziegler. – Klapper, p. 1021, figs. 3. 1—4, 3. 7.

1994 *Ancyrognathus guangxiensis* Wang, p. 99, pl. 10, figs. 3, 5—7.

特征 *Ancyrognathus*的一个种，其特征是侧齿叶指向前方，齿台强烈拱曲，有钝的强烈皱起的吻部，齿台边缘有瘤齿或横脊，基穴小。

附注 此种与*Ancyrognathus barbus*相似，有指向前方的侧齿叶，但此种有前列皱起的吻部，齿台前方钝，齿台边缘有短的横脊。

产地层位 广西德保四红山，上泥盆统榴江组，下*P. rhenana*带。

塞敦锚颚刺 *Ancyrognathus seddoni* Klapper, 1991

（图版50，图5—8）

1991 *Ancyrognathus seddoni* n. sp. – Klapper, p. 1051, pl. 10, figs. 1—13, 16—17.

1992 *Ancyrognathus seddoni* Klapper. – Sandberg *et al.*, p. 54, pl. 10, figs. 11—12.

1994 *Ancyrognathus seddoni* Klapper. – Wang, p. 99, pl. 10, figs. 9a—b.

2002 *Ancyrognathus seddoni* Klapper. – Wang and Ziegler, pl. 7, figs. 11—14.

特征 自由齿片缺失或很短，后齿脊和次级齿脊间的夹角为锐角或近于直角。内齿台边缘强烈凸出，向前方终端变尖。外齿台边缘变化较大，直或凸出或有凹刻。齿脊低，由瘤齿组成。次级齿脊和次级龙脊发育。口面上布满不规则的瘤齿。基穴小，滴珠状，不分岔。

附注 *Ancyrognathus seddoni*与*A. bifurcatus*相似，两者的区别在于基穴和内边缘的特征，后者还发育有长的自由齿片。仅有一个不完整标本，其内齿台边缘不是光滑的且向上凸，因而与此种正模标本有所不同。

产地层位 广西德保四红山，上泥盆统榴江组，下*P. rhenana*带。此种的时限为晚泥盆世早期之中期，在法国常与*Ancyrognathus triangularis*, *A. iowaensis*, *A. tsiensi*和*A. coeni*同时出现（Klapper, 1990）。

三角锚颚刺　*Ancyrognathus triangularis* Youngquist, 1945

（图版50，图9—13；图版51，图4）

1983 *Ancyrognathus triangularis* Youngquist. –赵锡文和左自壁，60页，图版3，图14。

1986 *Ancyrognathus triangularis* Youngquist. –季强，29页，图版6，图15—16。

1989 *Ancyrognathus triangularis* Youngquist. –王成源，25页，图版2，图4—6，8。

1991 *Ancyrognathus triangularis* Youngquist. –Klapper, pp. 1017—1018, pl. 7, figs. 1—6; pl. 11, figs. 3—21.

1992 *Ancyrognathus triangularis* Youngquist. –Sandberg *et al.*, p. 53, pl. 5, figs. 1—2; pl. 7, figs. 8—9; pl. 8, figs. 7—8.

1994 *Ancyrognathus triangularis* Youngquist. –Wang, pl. 99, pl. 11, figs. 5—6, 11.

2002 *Ancyrognathus triangularis* Youngquist. –Wang and Ziegler, pl. 7, figs. 7—10.

特征　齿台轮廓大致呈三角形，前齿片短而高，向后变为低的齿脊，直到齿台后端。外齿叶齿脊与主齿脊斜交或垂直，齿台上具有不规则的瘤齿。反口面基穴呈菱形，位于主龙脊与次龙脊汇合处。

附注　*Ancyrognathus triangularis* 齿台轮廓变化较大，侧齿叶齿脊与主齿脊呈锐角或直角，主齿脊后方直或向内弯。此种与 *Ancyrognathus glabra* 的主要区别在于前者齿台表面有瘤齿，而后者齿台表面光滑。

产地层位　广西德保都安四红山，上泥盆统榴江组；桂林龙门，上泥盆统谷闭组；广西象州马鞍山，上泥盆统桂林组下部，上 *Palmatolepis hassi* 带至 *Palmatolepis linguiformis* 带；湖南新邵县东边口，上泥盆统佘田桥组，*Ancyrognathus triangularis* 带。

随遇锚颚刺　*Ancyrognathus ubiquitus* Sandberg, Ziegler and Dreesen, 1988

（图版49，图5）

1988 *Ancyrognathus ubiquitus* Sandberg, Ziegler and Dreesen, in Sandberg *et al.*, pp. 297—298, pl. 1, figs. 5—6; pl. 2, figs. 1—7.

1990 *Ancyrognathus ubiquitus* Sandberg, Ziegler and Dreesen. –Schindler, pl. 3, fig. 7.

1990 *Ancyrognathus* sp. nov. –赵治信和王成源，图版1，图14—15。

1991 *Ancyrognathus ubiquitus* Sandberg, Ziegler and Dreesen. –Klapper, p. 1021, figs. 6. 11—12.

1992 *Ancyroides ubiquitus* (Sandberg, Ziegler and Dreesen). –Sandberg *et al.*, p. 60, pl. 9, figs. 7—9; text-fig. 11.

1998 *Ancyroides ubiquitus* (Sandberg, Ziegler and Dreesen). –Schindler *et al.*, pl. 5, fig. 39.

2010 *Ancyroides ubiquitus* (Sandberg, Ziegler and Dreesen). –郎嘉彬和王成源，22页，图版Ⅳ，图5a—b。

特征　*Ancyrognathus* 的一个种，前齿片短而高，向前变低，居中；吻部长而窄；外侧齿叶长而尖，指向后方；次级齿片上的齿脊远端有较大的扁的瘤齿，与齿台前方边缘以钝角相接；在吻部之后，次级齿脊发育、高，龙脊也发育，有边缘瘤齿；内齿台向前方变宽，边缘近半个卵圆形，有散乱的圆的瘤齿；基腔简单，不分岔，卵圆形，位于外侧次级龙脊和齿台后龙脊交汇处的前方。

比较　此种有高而短的齿鳍和长而尖的外侧齿叶，明显不同于 *Ancyrognathus calvini* 和 *A. uddenni*（插图28）。此种内齿台边缘凸成半圆形，明显不同于 *A. bifurcatus* 和 *A. asymmeyricus*。

产地层位　此种的时限为晚泥盆世 *P. linguiformis* 带到早 *P. triangularis* 带，跨于弗拉期—法门期界线之间。此种在中国仅发现于新疆上泥盆统洪古勒楞组（赵治信和王成源，1990）和内蒙古乌努尔地区下大民山组（郎嘉彬和王成源，2010）。

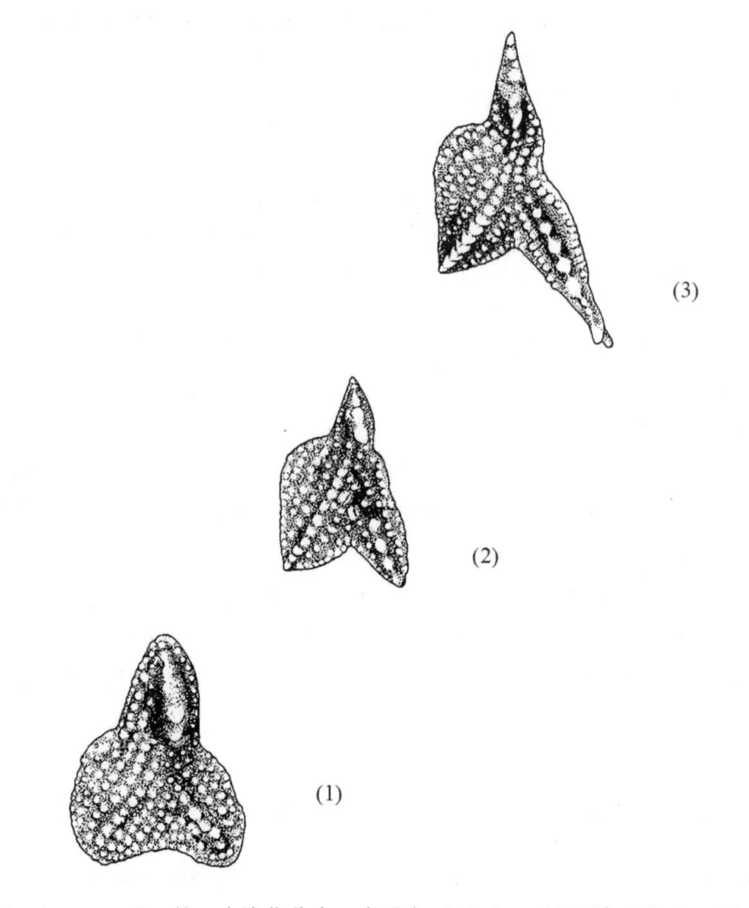

插图 28　*Ancyrognathus* 的一个演化分支，表示由（1）*A. calvini* 到（2）*A. uddenni* 再到（3）*A. ubiquitus* 的形态变化（据 Sandberg 等，1992，29 页，插图 11。原作者将这三个种归入 *Ancyroides*，本书将其归入 *Ancyrognathus*）

Text-fig. 28　Phylogeny of *Ancyrognathus ubiquitus* branch of *Ancyrognathus*, showing morphologic changes from *A. calvini*（1）to *A. uddenni*（2）to *A. ubiquitus*（3）. Sources of drawing are the following optical photographs:（1）Holotype（Klapper, 1991, fig. 6. 9）;（2）Holotype（Klapper, 1991, fig. 6. 3）;（3）Specimen from Montagna, southern France（Klapper, 1991, fig. 6. 12）（Note: these three species originally are assigned to *Ancyroides* by Sandberg *et al.*, 1992, now assigned to *Ancyrognathus*）

乌登锚颚刺　*Ancyrognathus uddeni*（Miller and Youngquist, 1947）

（图版 130，图 15）

附注　Ziegerl（1981）将此种归入 *Ancyrognathus calvini*（Miller and Youngquist, 1947），这里仅图示它的存在。

锚颚刺（未定种 A）　*Ancyrognathus* sp. A

（图版 51，图 7）

1993 *Ancyrognathus* sp. A（nov.）. – Ji and Ziegler, pl. 3, figs. 1—2.

特征　仅一个标本，自由齿片直，两个侧齿叶向内包卷。

产地层位　广西拉力剖面，上泥盆统香田组上部，*P. linguiformis* 带。

锚颚刺?（未名新种 A）　*Ancyrognathus*? sp. nov. A

（图版49，图11）

1994 *Ancyrognathus* sp. nov.，Wang，p. 99，pl. 11，figs. 7a—c.

特征　*Ancyrognathus* 的一个种，其特征是齿台窄、强烈拱曲、表面光滑，有一侧齿叶，无次齿脊，有次龙脊。自由齿片高。齿脊由愈合的细齿组成，延续到齿台后端。龙脊高。

附注　这是一个不常见的还没命名的种。它与 *Ancyrognathus ancyrognathoides* 的区别是有长而窄的齿台和小的齿叶。它与 *Ancyrognathus glabra* 的区别是两者齿台形状不同，前者缺少次齿脊。

产地层位　广西德保四红山，上泥盆统榴江组，下 *P. hassi* 带。

锚颚刺（未名新种）　*Ancyrognathus* sp. nov.

（图版49，图3—4）

1990 *Ancyrognathus* sp. nov. –赵志信和王成源，图版1，图14—15。

附注　有两个不完整的标本，外齿叶发育，后齿叶断掉，齿台表面有瘤齿。

产地层位　新疆准格尔盆地布龙果儿剖面，洪古勒楞组。

锚鳞刺属　*Ancyrolepis* Ziegler，1959

模式种　*Ancyrolepis cruciformis* Ziegler，1959

特征　大的齿台上有四个明显的齿叶，圆形的瘤齿零散分布或排列成行，构成齿台表面装饰。无自由齿片和中瘤齿，固定齿片不明显。反口面有龙脊，由齿叶延伸到齿台中部。基底凹窝大小不同。

讨论　*Ancyrolepis* 在总形态上与 *Ancyrognathus* 和 *Palmatolepis* 相似，它与这两个属的区别是无自由齿片。它与 *Palmatolepis* 的区别还在于没有中瘤齿而有基底凹窝。它是由 *Ancyrognathus* 因发育出第四个齿叶而进化来的，但其中间类型还未知。*Ancyrognathus walliseri* Wittekindt 因为有四个齿叶而应归入 *Ancyrolepis*，此种比模式种老得多，这两个种的种间演化关系仍不清楚。Hass（1962）认为此属是 *Ancyroides* 的同义名。

附注　此属目前所知仅模式种和 *A. walliseri* 两个种。

时代分布　吉维特期晚期至晚泥盆世。欧洲、北美洲、大洋洲的澳大利亚。中国还没有关于此属的报道。

十字形锚鳞刺　*Ancyrolepis cruciformis* Ziegler，1959

（图版52，图2）

1973 *Ancyrolepis cruciformis* Ziegler，1959. –Ziegler，in Ziegler（ed.），*Catalogue of Conodonts*，vol. Ⅰ，p. 51，*ancyro* – pl. 3，fig. 1.

特征　齿台大而宽，自由齿片不发育，固定齿片不清，三个齿叶几乎同等发育且较尖，第四个齿叶浑圆。没有中瘤齿。反口面有明显的龙脊，交汇于基底凹窝。

产地层位　此种目前在中国尚未发现。它的时限为晚泥盆世早 *P. crepida* 带到中 *P. crepida* 带，而另一个种 *Ancyrolepis walliseri* 的时限为中泥盆世晚期 *P. varcus* 带。

达施贝格刺属 *Dasbergina* Schäffer, 1976

模式种 *Dasbergina ziegleri* Schäffer, 1976

特征 齿台很窄并具有瘤齿状边缘，齿台右侧仅有瘤齿和一较窄的接近齿脊的齿沟，齿台左侧有一向前方变宽的齿沟。不管是左侧还是右侧的标本，总可以在左侧发现这样的齿沟。右侧齿台总是像左侧一样，向前方变宽。刺体底缘拱曲。自由齿片较短，齿脊延伸到齿台末端。基腔大，始于齿台前1/3处并延伸到刺体尖利的后端；基腔向上形成一宽的拱曲面，其外侧有一皱痕，口视可见；基腔拱曲面常常超过齿台的宽度。

比较 此属酷似 *Pseudopolygnathus*，但前者有位于齿台中后部的宽大的基腔。同样，依据基腔和齿台的构造，此属与 *Bispathodus* 也易于区别。

时代分布 晚泥盆世最晚期（*B. costatus* 带）。欧洲。

齐格勒达施贝格刺 *Dasbergina ziegleri* Schäffer, 1976

（图版52，图1；插图29）

1976 *Dasbergina ziegleri* n. gen. et n. sp. – Schäffer, 1976, p. 147, pl. 1, figs. 30—34; text-fig. 3.

特征 *Dasbergina* 的一个种，具有很大的基腔，基腔偏后部；齿台很窄并具有瘤齿状边缘。齿脊一直延伸到齿台后端，齿脊瘤齿大小相近。自由齿片很短。近脊沟较发育，但很浅。

附注 此属仅有模式种和一未定种。产于德国晚泥盆世法门期最晚期早 *B. costatus*带。

产地层位 中国尚无此种的报道。

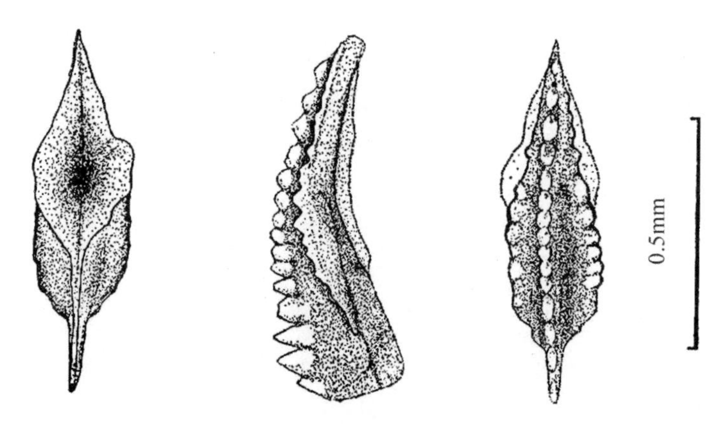

插图29 *Dasbergina ziegleri* Schäffer, 1976，正模标本

Text-fig. 29 *Dasbergina ziegleri* Schäffer, 1976, holotype

半铲刺属 *Hemilistrona* Chauff and Dombrowski, 1977

模式种 *Hemilistrona depkeei* Chauff and Dombrowski, 1977

特征 以齿台极不对称为特征的台型牙形刺，具有宽的内齿台和极窄的凸缘状外齿台，自由齿片通常不发育。

附注 此属原命名为 *Thomasella*，但此名已被腕足类占用（*Thomasella* Fredericks,

1928）。

比较　*Hemilistrona* 以齿台极不对称和缺少自由齿片为特征而有别于 *Polygnathus* 和 *Polylophodonta*。*Palmatolepis* 有中瘤齿，不同于 *Hemilistrona*。此属齿台不强烈拱曲，没有直立的主齿，也不同于 *Nothognathella*。

时代分布　晚泥盆世晚期（*P. styriacus* 带至 *B. costatus* 带）。欧洲。中国尚无此属报道。

迪普吉半铲刺　*Hemilistrona depkei* Chauff and Dombrowski, 1977

（图版 51，图 10—14）

特征　*Hemilistrona* 的一个种，齿片—齿脊弯曲并缺少特征的、大而高的主齿。

描述　*Hemilistrona depkei* 的前齿片—齿脊的细齿相对低，侧方扁，部分愈合。细齿向后方增高，形成低的瘤齿状的脊。齿片—齿脊的折曲点位于基底凹窝的上方，有时有稍大的主齿。齿片—齿脊的后端向下弯。

内齿台宽，半圆形，相对齿轴常常指向侧下方。齿台边缘后半部向上凸，前半部向下凹。齿台上的瘤齿或脊与齿台边缘平行或与齿片—齿脊平行。缺少外齿台，只有很窄的凸缘。

附注　目前此属仅包括两个种：模式种和 *Hemilistrona pulchra*，后者具有大的、近于水平延伸的主齿。

产地层位　*Hemilistrona depkei* 见于北美密苏里的晚泥盆世法门期晚 *Polygnathus styriacus* 带。中国尚无此属的报道。

马斯科刺属　*Mashkovia* Aristov, Gagiev and Kononova, 1983

1983 *Zhonghuadontus* Xiong.

模式种　*Pseudopolygnathus similis* Gagiev, 1979

特征　台型牙形刺，自由齿片短而高。齿台两侧瘤齿发育，外齿台瘤齿特别高，内齿台瘤齿与固定齿脊等高。近脊沟发育；基腔大，居中偏前，外张；基腔齿叶呈半圆形，并向后延伸出窄的齿槽。

讨论　熊剑飞命名的 *Zhonghuadontus* Xiong, 1983 比 *Mashkovia* Aristov, Gagiev and Kononova, 1983 晚五个月，是后者的同义名。

熊剑飞（1983b）曾认为此属种见于下石炭统岩关组，但岩关组现在应归入上泥盆统法门阶而不是下石炭统下部。

Belka（1989）对此属进行了较系统的研究，并划分出四个种：*Mashkovia silesiensis* Belka, 1989；*M. simakovi*（Gagiev, 1979）；*M. similes*（Gagiev, 1979）和 *M. tamarae* Kononova and Pazuhin, 1983（插图 30），但此属的起源不清，可能来源于 *Polygnathus bucerus*。此属的器官构成也不清。Belka（1989）也没有注意到熊剑飞（1983b）在中国发现的 *Mashkovia guizhouensis*，他对此属生物地理区的分析是不全面的。

时代分布　晚泥盆世晚期。俄罗斯西伯利亚、中国贵州。

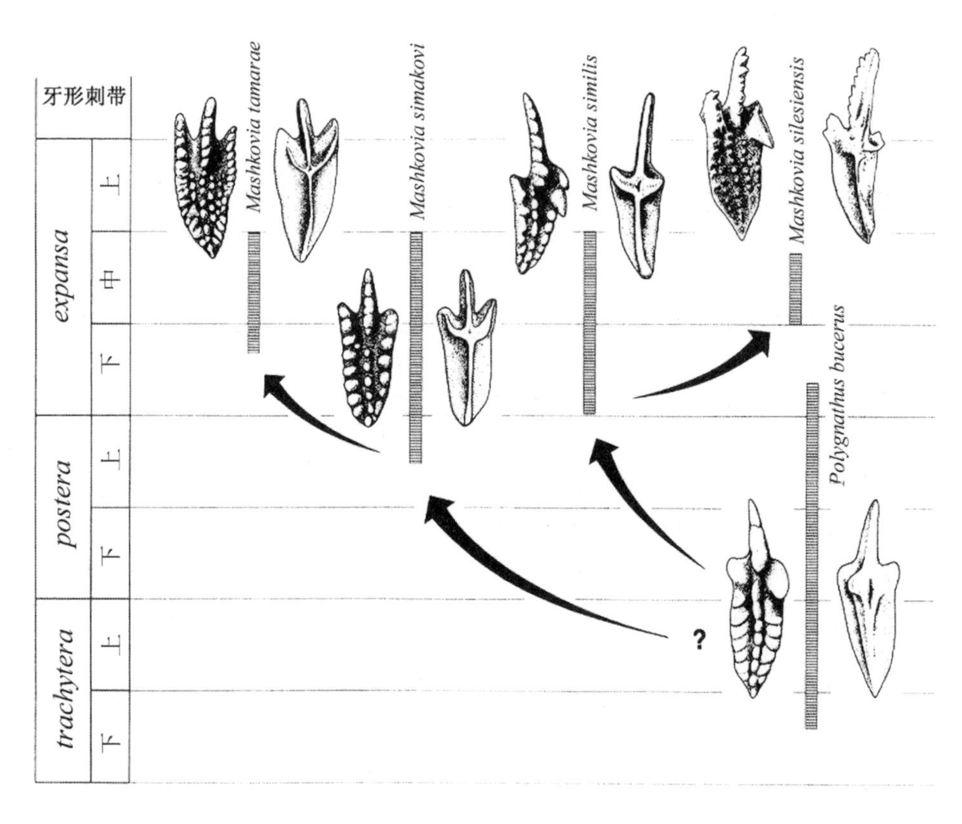

插图30 *Mashkovia* 种的地层分布和推测的演化发展（据 Belka，1989，120 页，图2）

Text-fig. 30 Stratigraphic ranges of species *Mashkovia* and suggested evolutional development (Belka, 1989, p. 120, fig. 2)

贵州马斯科刺 *Mashkovia guizhouensis* (Xiong, 1983)

（图版52，图10；插图31）

1983c *Zhonghuadontus guizhouensis* Xiong. –熊剑飞，337—338 页，图版74，图2。

1983b *Zhonghuadontus guizhouensis* Xiong. –熊剑飞，图版3，图 18a—c。

1987 *Mashkovia guizhouensis* (Xiong). –王成源，418 页，图462。

特征 齿台近菱形或箭头形。自由齿片短而高，由5个愈合的细齿构成，比后方齿脊高得多，位置偏右处与外齿台边缘细齿列相接。自由齿片中部的细齿最高。齿台两侧瘤齿发育，特别是外缘瘤齿愈合增高，比齿脊和内缘细齿都高得多；有7个细齿近前部最高，向后变低。内齿台边缘也有7个细齿，比中部齿脊稍高。中部齿脊直，直到齿台末端。外近脊沟宽深，内近脊沟窄浅。基腔大，外张。两齿叶半圆形，位于齿台前部，向前后延伸出窄的齿槽。

比较 *Mashkovia* 属在俄罗斯见于晚泥盆世最晚期。*Mashkovia guizhouensis* 在中国见于岩关组，也属法门期晚期。此种基腔大，齿台上具中齿脊和齿台边缘瘤齿，无纵向瘤齿列，完全不同于 *Mashkovia silesiensis*。它在构造特征上更像 *Polygnathus bucerus*，可能是由后者演化出来的 *Mashkovia* 属的较早期的种，时代也可能是法门期 *P. r. trachytera* 带或 *P. p. postera* 带（插图31）。

产地层位 贵州惠水雅水，上泥盆统法门阶。

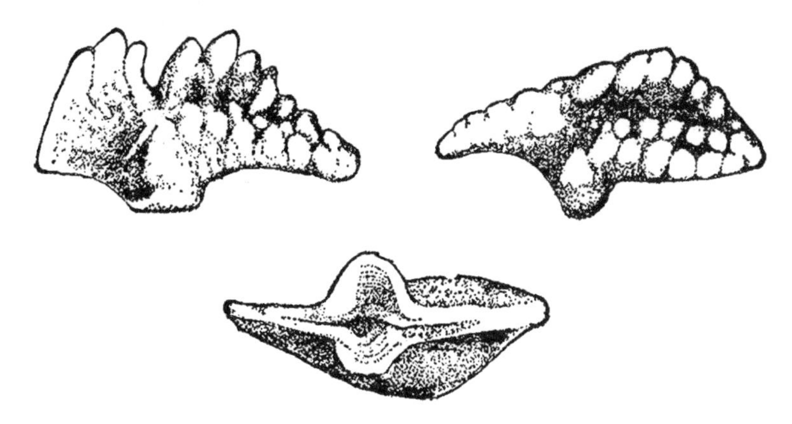

插图31　*Mashkovia guizhouensis*（Xiong，1983）（据王成源，1987，418页，图462）

Text-fig. 31　*Mashkovia guizhouensis*（Xiong，1983）（after Wang，1987，p. 418，fig. 462）

新多颚刺属　*Neopolygnathus* Vorontzova，1991

模式种　*Polygnathus communis* Branson and Mehl，1934

特征　齿台窄而直，或微微拱曲，有时有垣脊。齿台轮廓呈箭头形、卵圆形、圆形或正方形。齿脊直或微微拱曲，直达齿台后端或在距齿台后端不远处终止。自由齿片为齿台长的1/3～1/2，具有很多细齿，排列紧密，几乎等高。近脊沟深而长，或不深、短而宽。齿台表面光滑或有微弱的装饰，比如纵向的、斜向的或放射状的脊。基腔点状，无边缘，或很小，有边缘。基腔之后有明显的凹坑，或窄或宽，或小或深。龙脊在齿台后方锐利，明显，在凹坑中仅残留一点点。有时后方有齿沟。

比较　*Neopolygnathus* 与 *Polygnathus* 和 *Mesotaxis* 属的区别在于前者反口面基腔之后有凹坑。此属以 *Polygnathus communis* 为代表，基腔之后有凹坑，共有17个种：*Neopolygnathus bifurcatus*（Hass，1959）；*N. burtensis*（Druce，1969）；*N. carina*（Hass，1959）；*N. collinsoni*（Druce，1969）；*N. communis*（Branson and Mehl，1934）；*N. dentatus*（Sdruce，1969）；*N. depressus*（Metzger，1989）；*N. incomptus* Vorontzova，1993；*N. incomplectus*（Uyeno，1967）；*N. lectus*（Kononova，1981）；*N. mugodzaricus*（Gagiev，Kononova and Pazuhin，1987）；*N. mutabilis*（Chalymbadzhi，Shinkaryov and Gatovsky，1991）；*N. nodosarius*（Ji and Xiong，1985）；*N. quadratus*（Wang，1989）；*N. shangmiaobeiensis*（Qin，Zhao and Ji，1988）；*N. stylensis*（Lipniagov，1978）和 *N. talassicus*（Nigmadzhanov，1987）。

附注　本属中的 *Neopolygnathus incomptus* Vorontzova，1993和 *N. incomplectus*（Uyeno，1967）在中国尚未发现。

时代分布　晚泥盆世至早石炭世。北美密西西比亚阶，以及欧洲、亚洲、大洋洲的澳大利亚的法门阶至杜内阶（插图32）。

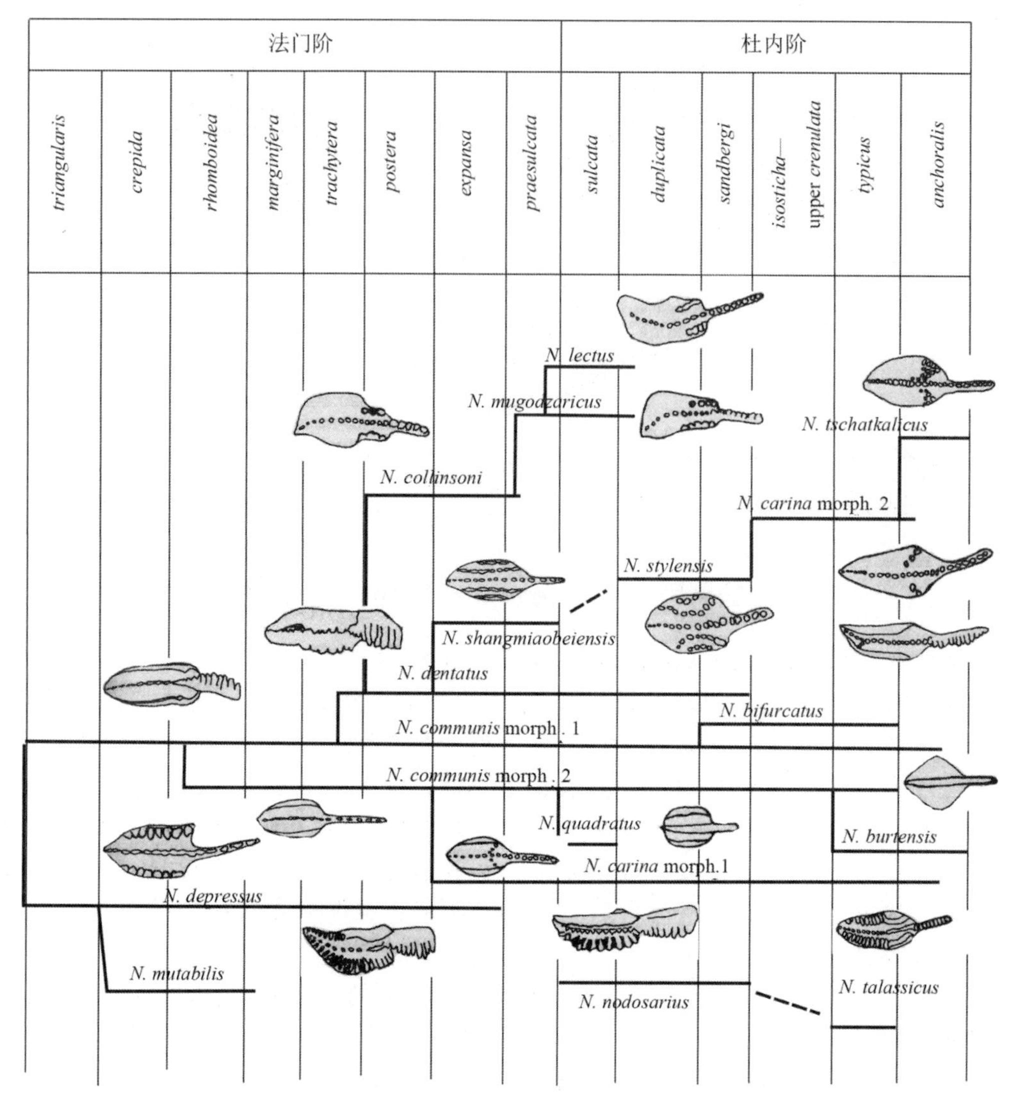

插图 32　*Neopolygnathus* 的谱系发生表（据 Vorontzova，1996，83 页，插图 1）

Text-fig. 32　Phylomorphogenetic pattern of *Neopolygnathus*（a copy from Vorontzova，1996，p. 83，text-fig. 1）

普通新多颚刺脊亚种　*Neopolygnathus communis carinus*（Hass，1959）

（图版 48，图 3—5）

1959 *Polygnathus communis carina* Hass，p. 391，pl. 47，figs. 8—9.

1987 *Polygnathus communis carinus* Hass. – Ji，p. 255，pl. 3，figs. 7—8.

1993 *Polygnathus communis carinus* Hass. – Ji and Ziegler，pp. 75—76，text-fig. 21，figs. 7—8.

1996 *Neopolygnathus carinus*（Hass）. – Vorontzova，pp. 82—83.

2001 *Polygnathus communis carinus*（Hass）. – 张仁杰等，408 页，图 2. 12—13。

特征　齿台前端两侧各有一条与齿脊斜交的短脊；基腔小，位于齿台前部。

附注　此亚种在齿台轮廓和装饰上与 *Polygnathus communis collinsoni* 相似，但它在齿台的前部有两个短的、对角形的脊。依据齿台轮廓和基腔位置，此亚种可区别出两个主要的形态型：形态型 1，它以齿台小、椭圆形为特征，齿台侧边缘明显上翻，基腔通常位于齿台的前端；形态型 2，它与形态型 1 的区别是基腔通常位于齿台前方 1/

4 处。

产地层位　海南岛昌江县鸡实，上泥盆统昌江组。此亚种的时限是晚泥盆世晚期早 *expansa* 带到早石炭纪早期（杜内期晚期）*Sc. anchoralis/D. latus* 带。

普通新多颚刺柯林森亚种　*Neopolygnathus communis collinsoni* (Druce, 1969)

（图版 48，图 1—2）

1969 *Polygnathus collinsoni* Druce, pp. 93—94, pl. 23, figs. 3—4.

1978 *Polygnathus communis collinsoni* Druce. – Nicole and Druce, pp. 28—29, pl. 16, figs. 1—6.

1982 *Polygnathus communis collinsoni* Druce. – Wang and Ziegler, pl. 1, fig. 15.

1996 *Neopolygnathus collinsoni* (Druce). – Vorontzova, pp. 82—83.

特征　齿台前方有两个或两个以上的吻脊的 *Neopolygnathus communis* 的亚种。近脊沟发育，基腔小，位于齿台中前部，其后有一明显的凹坑。

附注　此亚种与 *Neopolygnathus communis* 和 *N. c. dentatus* 的区别主要是前者在齿台前方有两个以上的短的吻脊，大体上与齿片—齿脊平行。

产地层位　湖南邵东县界岭，上泥盆统孟公坳组。此亚种的时限为晚泥盆世晚期中 *P. g. expansa* 带到中 *S. presulcata* 带。

普通新多颚刺普通亚种　*Neopolygnathus communis communis* (Branson and Mehl, 1934)

（图版 53，图 1—6）

1934 *Polygnathus communis* Branson and Mehl, p. 293, pl. 24, figs. 1—4.

1967 *Polygnathus communis* Branson and Mehl. – Wolska, p. 411, pl. 14, figs. 1—2.

1969 *Polygnathus communis communis* Branson and Mehl. – Rhodes *et al.*, pp. 182—184, pl. 12, figs. 2—5.

1969 *Polygnathus communis communis* Branson and Mehl. – Druce, p. 94, pl. 18, figs. 8—11.

1979 *Polygnathus communis communis* Branson and Mehl. – Nicoll and Druce, p. 29, pl. 15, fig. 1.

1982 *Polygnathus communis communis* Branson and Mehl. – Wang and Ziegler, pl. 1, figs. 2—3.

1988 *Polygnathus communis communis* Branson and Mehl. – 秦国荣等，63—64 页，图版 2，图 13。

1989 *Polygnathus communis communis* Branson and Mehl. – 王成源，104 页，图版 38，图 3—5。

1993 *Polygnathus communis communis* Branson and Mehl. – Ji and Ziegler, p. 76, pl. 35, figs. 4—6; text-fig. 21, figs. 2, 5.

1996 *Neopolygnathus communis* (Branson and Mehl). – Vorontzova, pp. 82—83.

特征　齿台小，光滑，长约为宽的两倍；齿台两侧边缘光滑，向上加厚，并略微包卷，仅有时齿台内侧边缘有发育成瘤齿的趋势。齿台前方宽，后方尖，略呈三角形，齿脊达后端。近脊沟窄而深。反口面基穴小，基穴之后强烈凹入，使齿台横断面呈“W”字形；凹陷内有极细的龙脊可见。自由齿片约为刺体长的 2/5。

附注　Straka (1968) 认为 *P. c. communis* 的变异较大，他将齿台轮廓差别很大的分子都包括在此亚种之内。本书作者认为，齿台轮廓是区分亚种的重要特征。此亚种齿台简单无装饰或仅有微弱的横脊。

产地层位　湖南新邵县、桂阳县、衡东县，上泥盆统法门阶邵东组、孟公坳组。此亚种的时限为晚泥盆世中期中 *P. crepida* 带到早石炭世晚期 *Sc. anchoralis/D. latus*带。

普通新多颚刺齿亚种　*Neopolygnathus communis dentatus* (Druce, 1969)

（图版 53，图 7—12）

1969 *Polygnathus communis dentatus* Druce, pp. 95—96, pl. 18, figs. 13—14.

1970 *Polygnathus* sp. nov. , Seddon, pl. 16, figs. 15—16.

1989 *Polygnathus communis dentatus* Druce. –王成源，104 页，图版 32，图 1—2。

1993 *Polygnathus communis dentatus* Druce. –Ji and Ziegler, p. 76, pl. 35, figs. 7—12; text-fig. 21, fig. 3.

1996 *Neopolygnathus dentatus*（Druce）. –Vorontzova, pp. 82—83.

2010 *Neopolygnathus dentatus*（Druce）. –张仁杰等，49 页，图版Ⅰ，图 5—6。

特征 齿台前方有细齿边缘的 *Neopolygnathus* 的一个种。齿台短，长约为宽的两倍；齿台对称，两侧加厚并向上卷，仅最前方具有多至 4 个的细齿边缘。齿脊两侧近脊沟深。自由齿片与固定齿脊或齿台内边缘等高，但略低于外齿台边缘；自由齿片的反口缘明显低于齿台反口缘。

附注 此亚种前齿台侧方边缘细齿化，不同于 *Neopolygnathus c. communis*。*N. c. dentatus* 靠近基腔的反口面上翻，不及 *N. communis* 明显。Druce 报道此种在澳大利亚见于下石炭统底部，中 *Siphonodella sulcata*—*Polygnathus parapetus* 组合带至下 *Siphonodella quandruplicata*—*S. cooperi* 组合带。此种在澳大利亚同样见于法门阶 *P. velifer*带，齿台强烈拱曲（Seddon，1970）。海南岛的标本见于法门阶，与正模标本相似，但其自由齿片细齿为 7 个而不是 10 个。

产地层位 广西上泥盆统五指山组、武宣三里组；海南岛昌江县石碌镇鸡实，上泥盆统昌江组（Zhang 等，2010）。此种的时限为晚泥盆世中期最晚 *P. marginifera* 带到早石炭世早 *S. crenulata* 带。

普通新多颚刺长方亚种 *Neopolygnathus communis quadratus*（Wang，1989）

（图版 53，图 24—25）

1989 *Polygnathus communis quadratus* Wang. –王成源，104 页，图版 38，图 1—2。

1996 *Neopolygnathus quadratus*（Wang，1989）. –Vorontzova, pp. 82—83.

特征 齿台为长方形的 *Neopolygnathus* 的一个种。齿台呈长方形，两侧平行，向上加厚，包卷，光滑无饰。齿脊愈合达后端，近脊沟深。齿台后方呈方形。反口面基穴之后为深的凹陷，此凹陷一直延续到后端，凹陷内可见极细的龙脊。

附注 此亚种以齿台长方形、反口面凹陷长而不同于 *Neopolygnathus communis comunis*，后者齿台后方尖，反口面凹陷不达后端。

产地层位 广西靖西三联，下石炭统最底部，但也有可能出现于上泥盆统最顶部。

普通新多颚刺上庙背亚种 *Neopolygnathus communis shangmiaobeiensis*（Qin，Zhao and Ji，1988）

（图版 53，图 13—15；插图 33）

1988 *Polygnathus communis shangmiaobeiensis* Qin, Zhao and Ji. –秦国荣等，64 页，图版 2，图 14—16。

1993 *Polygnathus communis shangmiaobeiensis* Qin, Zhao and Ji. –Ji and Ziegler, pp. 76—77, text-fig. 21, fig. 6.

1996 *Neopolygnathus shangmiaobeiensis*（Qin, Zhao and Ji）. –Vorontzova, pp. 82—83.

特征 *Neopolygnathus* 的一个种，以齿台呈卵圆形为特征。前齿片略短于齿台，由一列几乎等大的、齿尖分离的细齿组成。齿台上有 4 个或多于 4 个光滑纵脊及相应的齿沟，它们与齿脊平行。齿脊由分离的或愈合的瘤齿组成，并延伸到齿台的后端。基腔小而窄，位于齿台前方 1/4 处。基腔之后的凹坑大而深，龙脊低而窄。

附注 此种与 *Neopolygnathus communis* 的所有亚种的区别在于它有卵圆形的齿台，而齿台上有全部布满纵向的齿脊和相应的齿沟。此亚种与夏凤生等（2004）建立的

Polygnathus communis gancaohuensis Xia and Chen, 2004 有些相似，但后者只具有两个与齿脊平行的纵脊，且仅见于杜内期晚期。此亚种可能由 *Neopolygnathus shangmiaobeiensis* 演化而来，而不是像 Xia 和 Chen（2004）假定的那样由 *Polygnathus communis carina* 演化而来。Xia 和 Chen（2004）对 *Neopolygnathus communis* 一种的演化关系的讨论是非常不全面的，多数亚种没有包括在内，更没有提到 *Neopolygnathus gancaohuensis* 与 *Neopolygnathus shangmiaobeiensis* 的演化关系。

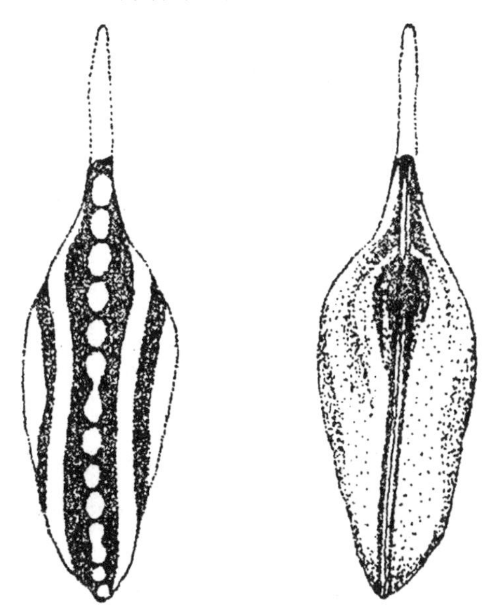

插图 33　*Neopolygnathus communis shangmiaobeiensis*（Qin, Zhao and Ji, 1988）正模标本之口视和反口视

Text-fig. 33　*Neopolygnathus communis shangmiaobeiensis*（Qin, Zhao and Ji, 1988）, holotype, oral and aboral views

产地层位　粤北乐昌，上泥盆统法门阶孟公坳组下部 *Icriodus raymondi*—*I. costatus darbyensis* 组合带。此亚种的时限为晚泥盆世中 *S. praesulcata* 带到晚 *S. praesulcata* 带。

多颚刺属　*Polygnathus* Hinde, 1879

1879 *Polygnathus* nov. gen. – Hinde, p. 361.

1925 *Hindeodella* n. gen. – Bassler, p. 219.

1957 *Ctenopolygnathus* n. gen. – Müller and Müller, p. 1084.

2002 *Eoctenopolygnathus* gen. nov. – Bardashev *et al.*, pp. 398, 401

2002 *Eolinguipolygnathus* gen. nov. – Bardashev *et al.*, p. 407.

2002 *Ctenopolygnathus* Müller. – Bardashev *at al.*, p. 412.

2002 *Costapolygnathus* gen. nov. – Bardashev *et al.*, p. 414（= objective synonym of *Polygnathus* Hinde, 1879）.

2002 *Linguipolygnathus* gen. nov. – Bardashev *et al.*, p. 418.

模式种　*Polygnathus dubius* Hinde, 1987

特征　刺体由自由齿片和齿台构成；自由齿片细齿高于齿台或与齿台等高，在齿台中部或近于中部与固定齿脊相接。齿台简单，前后端较窄，后端有时有横脊，两侧有肋脊。反口面有基腔，位于齿台中部下方。自由齿片下方有一齿槽或龙脊，与基腔相连。反口面有龙脊和同心生长线。

讨论 Mawson（1998）曾明确指出，*Polygnathus* 不是起源于 *Ozarkodina*，而是起源于 *Eognathodus*。*Eognathodus sulcatus* Philip，1965 中的窄齿台的类型，包括 *E. sulcatus kindlei* Lane and Ormiston，1979 演化出的 *Polygnathus zeravshanicus*（Bardashev and Ziegler，1992），并由此出现 *Polygnathus pireneae—dehiscens—nothoperbonus—inversus—serontinus* 的演化系列。*Eognathothus sulcatus* 中的宽齿台的类型，即 *E. sulcatus sectus* Philip，1965，是"*Polygnathus*" *trilinearis—kindei* 系列的先驱，这是一类没有进一步演化的分支。

Klapper 和 Philip（1971）从多成分种的概念恢复本属的骨骼器官，认为 *Polygnathus* 的骨骼器官特征为：P，O_1，N，A_1，A_2，A_3。P 是台形分子，O_1是奥泽克刺形分子，N 是新锯齿刺形分子，A_1是欣德刺形分子，A_2是角刺形分子或织窄片形分子，A_3是小双刺形分子。口视 *Polygnathus* 的分子与 *Schimidtognathus* 和 *Pseudopolygnathus* 极为相似，但后两属有较大的基腔。

本书采用了 Vorontzova（1991，1993）建立的新属 *Neopolygnathus* Vorontzova，1991 和 *Polynodosus* Vorontzova，1993，前者与 *Polygnathus* 的重要区别是其基腔在齿台的前部，而后者与 *Polygnathus* 的区别是其齿台上有发育的纵向瘤齿。这两个属都是以 P 分子与 *Polygnathus* 相区别的。

Bardashev 等（2002）将早泥盆世晚期的 *Polygnathus* 依据齿脊是否达齿台后端以及横脊特征等建立的 *Costapolygnathus*，*Eoctenopolygnathus*，*Eocostapolygnathus*，*Eolinguipolygnathus*，*Linguipolygnathus* 等新属，本书均不采用，而将它们视为 *Polygnathus* 的同义名。Bardashev 等（2002）对 *Polygnathus* 内各种群间演化关系的分析很有价值，值得参考；同样，Ovnatanova 和 Kononova（2001）对俄罗斯地台上泥盆统弗拉阶 *Polygnathus* 的研究非常深入，也是值得参考。

本属中有相当多的种在中国没有发现，至少有以下 35 个种：*Polygnathus alvenus* Ovnatanova and Kononova，1996；*P. aspelundi* Savage and Funai，1980；*P. azygomorphus* Arstov in Ovnatanova and Aristov，1985；*P. brevilamiformis* Ovnatanova，1976；*P. colliculosus* Aristov，1985；*P. costulifera* Mawson，1998；*P. curtigladius* Uyeno，1979；*P. delicatulus* Ulrich and Bassler，1926；*P. denisbriceae* Bultynck in Brice *et al.*，1979；*P. hieroglyphica* Mawson，1998；*P. hindei* Mashkova and Apekina，1980；*P. komi* Kuzimin and Ovnatanova，1989；*P. lanccolus* Vorontzova，1993；*P. ljaschenkoi* Kozmin，1995；*P. macilensi* Kuzimin，1993；*P. maximovae* Ovnatanova and Kononova，1996；*P. martynovae* Vorontzova，1993；*P. olgae* Ovnatanova and Kuzimin，1991；*P. pacificus* Savage and Funai，1980；*P. pannonicus* Mashkova and Apekina，1980；*P. pennatulus* Ulrich and Bassler，1926；*P. politus* Ovnatanova，1969；*P. posterus* Kuzimin，1995；*P. pseudobrevilaminus* Vorontzova，1993；*P. peseudoxylus* Kononova，Alexseeva，Barskov and Reimers，1996；*P. reimeri* Kuzimin，2001；*P. rttremae* Pickett，1972；*P. siratchoicus* Ovnatanova and Kuzimin in Menner *et al.*，1992；*P. subincomplectus* Ovnatanova and Kononova，1996；*P. torosus* Ovnatanova and Kononova，1996；*P. uchtensis* Ovnatanova and Kuzimin，1991；*P. uralbaiensis* Vorontzova，1993；*Polygnathus vjalovi* Zvereva，1986；*P. wyatti* Mawson，1998；*P. zinaidae* Kononova，Alekseev，Barskov and Reimerm，1996。

时代分布 早泥盆世晚期至早石炭世。世界性分布。

等高多颚刺　*Polygnathus aequalis* Klapper and Lane, 1985

（图版53，图16—23）

1985 *Polygnathus aequalis* Klapper and Lane, pp. 930—932, pl. 16, figs. 7—14.

1993 *Polygnathus aequalis* Klapper and Lane. – Ji and Ziegler, p. 74, pl. 40, figs. 1—8; text-fig. 18, figs. 3—4.

1994 *Polygnathus aequalis* Klapper and Lane. – Wang, pl. 8, fig. 16.

2008 *Polygnathus aequalis* Klapper and Lane. – Ovnatanova and Kononova, p. 1109, pl. 23, fig. 12.

特征　此种的Pa分子与*Polygnathus webbi*的Pa分子一样，但在齿台前方，右侧和左侧齿台边缘的高度一样。齿台上的装饰变化较大，包括从*Polygnathus alatus*特有的装饰到*P. webbi*所具有的装饰。

附注　此种不同于*P. alatus*和*P. webbi*，它的齿台前方边缘等高。齿台上的装饰一般像*P. alatus*，但有变异，可能发展到像*P. webbi*一样的装饰。此种有左弯标本和右弯标本的区别。

产地层位　广西拉力，上泥盆统弗拉阶老爷坟组。此种的时限为晚泥盆世弗拉期*transitans*带内到早*rhenana*带。

宽翼多颚刺　*Polygnathus alatus* Huddle, 1934

（图版54，图1—6）

1934 *Polygnathus alata* Huddle, p. 100, pl. 8, figs. 19—21.

1980 *Polygnathus alatus* Huddle. – Klapper and Johnson, p. 451, pl. 4, fig. 19.

1981 *Polygnathus alatus* Huddle. – Huddle, p. 25, pl. 6, figs. 24—28; pl. 7, figs. 1—8.

1985 *Polygnathus alatus* Huddle. – Klapper and Lane, p. 74, pl. 39, figs. 1—3; text-fig. 18, fig. 11.

1988 *Polygnathus alatus* Huddle. – 熊剑飞等，325—326页，图版128，图2，6—7；图版130，图5。

1993 *Polygnathus alatus* Huddle. – Ji and Ziegler, p. 74, pl. 39, figs. 1—3; text-fig. 18, fig. 11.

2008 *Polygnathus alatus* Huddle. – Ovnatanova and Kononova, p. 1111, pl. 18, figs. 9—11.

特征　齿台前方窄，中后部较宽；齿台边缘明显上翻，前方外缘显著且较高。口面通常是光滑的，有些标本后部有微弱的横脊。反口面尖，龙脊状。基穴小，位于齿台中前部。

附注　此种不同于*Polygnathus webbi*，它的齿台几乎是光滑的。此种在前齿台的高度上也不同于*Polygnathus aequalis*。

产地层位　广西拉力，上泥盆统弗拉阶老爷坟组；四川龙门山，中泥盆统观雾山组、上泥盆统土桥子组。此种的时限为晚泥盆世早*falsiovalis*带内到*linguiformis*带顶。

宽翼多颚刺（比较种）　*Polygnathus* cf. *alatus* Huddle, 1934

（图版54，图7）

cf. 1934 *Polygnathus alatus* Huddle, p. 100, pl. 8, figs. 19—20.

cf. 1980 *Polygnathus alatus* Huddle. – Huddle and Repetski, p. 25, pl. 6, figs. 24—28; pl. 7, figs. 1—8.

1989 *Polygnathus* cf. *alatus* Huddle. – 王成源，100页，图版40，图8。

特征　齿台表面光滑，固定齿脊达齿台后端，两个近脊沟宽深。齿台边缘高，光滑，仅外齿台后缘有微弱的横脊。齿台前方收缩，后方较圆。

附注　*P. alatus*以齿台对称、边缘高、后方浑圆而不同于*P. glabra*和*P. xylus*。它与齿台光滑的*Polygnathus collinsoni* Druce, 1969和*Polygnathus janetae*相似，但

P. collinsoni 前方有瘤齿状吻脊，而 *P. janetae* 齿台较平，边缘不高。

当前标本与 *P. alatus* 正模标本的区别是其外齿台前方边缘有一光滑的吻脊，而在多数 *P. alatus* 标本中，齿台前方收缩，但未分化出明显的吻脊。从光滑的齿台和吻脊来看，当前标本更似 *Polygnathus incompletus* Uyeno，1976，但它的齿台后方不太尖，无凹槽。

产地层位 广西横县六景，中泥盆统民塘组最上部，相当于 *P. varcus* 带。

锚颚刺形多颚刺 *Polygnathus ancyrognathoides* Ziegler，1958

（图版52，图6—9）

1958 *Polygnathus ancyrognathoides* n. sp. –Ziegler，pp. 69—70，pl. 9，figs. 8，11，16—20（?），21；text-fig. 7.

1980 *Polygnathus ancyrognathoides* Ziegler. –Bultynck and Hollard，p. 41，pl. 10，figs. 13—15.

1986 *Polygnathus ancyrognathoides* Ziegler. –季强，39 页，图版7，图1—6。

1989 *Polygnathus ancyrognathoides* Ziegler. –王成源，100 页，图版2，图3。

特征 齿台长圆形，光滑；前方齿片高，有较高的细齿，不超出齿台或仅超出少许。一些标本齿台具有侧凸，另一些则具有明显的齿叶。齿台长轴侧弯，侧视强烈拱曲。成熟个体无自由齿片。

附注 此种在齿台形态上与 *Polygnathus sinelamina* 和 *Ancyrognathus triangularis* 相似，但它的齿台光滑，不同于这两个种。此种在齿台形态上变化较大，常见于中泥盆世晚期至晚泥盆世早期。

产地层位 广西德保都安四红山，上泥盆统榴江组 *A. triangularis* 带（王成源，1989a）；广西象州马鞍山，上泥盆统桂林组下部，*varcus* 带到下 *gigas* 带（季强，1986）。

窄脊多颚刺 *Polygnathus angusticostatus* Wittekindt，1966

（图版54，图8—12）

1957 *Polygnathus robusticostaus* Bischoff and Ziegler，pp. 95—96，pl. 3，fig. 10（only）.

1957 *Polygnathus* cf. *subserrata* Branson and Mehl. –Bischoff and Ziegler，p. 97，pl. 4，figs. 10—11.

1966 *Polygnathus angusticostatus* Wittekindt，p. 631，pl. 1，figs. 15—18.

1970 *Polygnathus angusticostatus* Wittekindt. –Bultynck，p. 123，pl. 16，figs. 1—3，6.

1970 *Polygnathus* cf. *robusticostata* Bischoff and Ziegler. –Bultynck，pp. 128—129，pl. 16，fig. 5（only）.

1971 *Polygnathus angusticostatus* Wittekindt. –Klapper，p. 65，pl. 3，figs. 21—25.

1978 *Polygnathus angusticostatus* Wittekindt. –Weddige，pp. 306—307，pl. 6，figs. 102—104.

1989 *Polygnathus angusticostatus* Wittekindt. –王成源，100—101 页，图版34，图13—17。

特征 *Polygnathus angusticostatus* 所代表的标本，齿台边缘通常有强壮的瘤齿或短的横脊，近脊沟深。齿脊延伸，超出齿台后端。自由齿片约为刺体总长的1/3。基穴中等大小，位于齿台中部与前端之间。

附注 *Polygnathus angusticostatus* 齿台两侧边缘平行或不平行，齿脊超出齿台后端，有两个自由细齿，近脊沟宽而深，不同于 *Polygnathus robusticostatus*；此外，此种齿台边缘隆起，横脊较弱，齿台轮廓近心形，亦不同于后者。*Polygnathus angustipennatus* 齿台小，限于刺体中部，前齿片更长，易于与此种区别。此种的时代为埃菲尔期晚期。

产地层位 广西德保都安四红山，中泥盆统分水岭组底部，*australis* 带至 *kockelianus* 带。

窄台多颚刺　*Polygnathus angustidiscus* Youngquist, 1945

（图版 52，图 3，11）

1945 *Polygnathus angustidiscus* Youngquist, p. 365, pl. 54, fig. 2.

1957 *Ctenopolygnathus angustidisca* (Youngquist). – Müller and Müller, pp. 1084—1085, pl. 136, fig. 1.

1966 *Polygnathus* cf. *P. angustipennata* Bischoff and Ziegler. – Anderson, p. 410, pl. 50, figs. 9, 12, 14.

1974 *Polygnathus brevilaminus* Branson and Mehl. – Uyeno, pp. 37—38, pl. 5, figs. 4—5.

1980 *Polygnathus angustidiscus* Youngquist. – Klapper, p. 101, pl. 3, fig. 43.

1983 *Polygnathus angustidiscus* Youngquist. – Wang and Ziegler, pl. 7, fig. 9.

1989 *Polygnathus angustidiscus* Youngquist. – 王成源，101 页，图版 38，图 18；图版 39，图 3。

特征　自由齿片高直，由宽的细齿组成。齿脊高，齿台小，近于对称，限于齿脊两侧。齿脊后端超出齿台。齿台边缘光滑或有 1 ~3 个小细齿。反口面基腔较大。

比较　*P. angustidiscus* 以高的自由齿片和齿脊为特征，自由齿片细齿高而宽，数目较少，不同于 *P. brevilaminus*。据 Klapper (1980) 报道，此种仅见于上泥盆统最下部 *P. dengleri* 亚带（相当于 *K. disparalis* 带）。当前标本见于 *P. asymmetrica* 带。

产地层位　广西崇左那艺，上泥盆统最下部；四川龙门山，中泥盆统观雾山组。

窄羽多颚刺　*Polygnathus angustipennatus* Bischoff and Ziegler, 1957

（图版 55，图 1—2）

1957 *Polygnathus angustipennatus* Bischoff and Ziegler, p. 85, pl. 2, fig. 16; pl. 3, figs. 1—3.

1966 *Polygnathus angustipennatus* Bischoff and Ziegler. – Wittekindt, p. 631, pl. 1, fig. 14.

1966 *Polygnathus angustipennata* Bischoff and Ziegler. – Philip, p. 157, pl. 1, figs. 15—16.

1970 *Polygnathus angustipennata* Bischoff and Ziegler. – Bultynck, p. 124, pl. 17, figs. 3—10; pl. 18, fig. 1.

1971 *Polygnathus angustipennata* Bischoff and Ziegler. – Klapper, p. 65, pl. 3, fig. 27.

1983 *Polygnathus angustipennata* Bischoff and Ziegler. – Wang and Ziegler, pl. 6, figs. 5a—b.

1989 *Polygnathus angustipennata* Bischoff and Ziegler. – 王成源，101 页，图版 34，图 3—4。

特征　*Polygnathus angustipennatus* 的齿台小，限于刺体中部，齿台边缘有细齿装饰，近脊沟将齿脊与齿台边缘分开。齿脊向后延伸，至少有两个细齿超出齿台后端。自由齿片约为刺体长的一半，其前端细齿高。基腔中等大小，前方浑圆，向后变尖，位于齿台前方。

附注　*Polygnathus angustipennatus* 的齿台小，很窄或稍宽，边缘细齿分离。个别标本上细齿较高。与 *P. robusticostatus* 或 *P. angusticostatus* 相比，此种自由齿片较长、较高，齿台较局限。*P. angustipennatus* 在齿台轮廓等方面与 *P. robusticostatus* 很相似，但前者常有 4 ~5 个齿脊细齿超出齿台后缘。此种在欧洲、北美洲均见于中泥盆世埃菲尔期 *bidentatus* 带和 *T. k. kockelianus* 带，当前标本见于 *P. costatus* 带上部。

产地层位　广西德保都安四红山，中泥盆统分水岭组 *costatus* 带上部。

柄多颚刺　*Polygnathus ansatus* Ziegler and Klapper, 1967

（图版 55，图 3—5）

1967 *Polygnathus pennata* Hinde. – Wirth, p. 231, pl. 22, fig. 11.

1976 *Polygnathus ansatus* n. sp. – Ziegler and Klapper, pp. 119—120, pl. 2, figs. 15—26.

1989 *Polygnathus ansatus* Ziegler and Klapper. – 王成源，102 页，图版 33，图 10。

1994 *Polygnathus ansatus* Ziegler and Klapper. – Bai *et al.*, p. 175, pl. 22, figs. 11—12.

2010 *Polygnathus ansatus* Ziegler and Klapper. – 张仁杰等，49 页，图版 I，图 8—9。

特征　自由齿片比齿台稍长，或与齿台等长。齿台装饰变化很大，几乎是光的或有微弱的瘤齿，或有强壮的脊，在口面外膝曲点上有明显的收缩。前槽缘弯曲，外前槽缘发育，膝曲点相对，内外前槽缘前端与齿片在同样的位置相接。

附注　*P. ansatus* 与 *P. timorensis* 极相似，两者幼年期个体无法区别，但前者的成年期个体的齿台较宽，内外前槽缘与齿片在同样位置相接，而后者的齿台较窄，外前槽缘与齿片相接处比内前槽缘向前。此种见于中泥盆世晚期，是 *P. varcus* 带中的带化石。

产地层位　广西德保都安四红山，中泥盆统分水岭组 *varcus* 带；四川龙门山，中泥盆统观雾山组；海南岛昌江县石碌镇鸡实，上泥盆统昌江组。

前窄多颚刺　*Polygnathus anteangustus* Shen, 1982

（图版55，图6）

1982 *Polygnathus anteangustus* Shen. －沈启明，48 页，图版3，图3。

1993 *Polygnathus alatus* Huddle. －Matya, pl. 18, fig. 5 (only).

1996 *Polygnathus znaidae* n. sp. －Kononova *et al.*, p. 464, pl. 12, figs. 6—8.

2001 *Polygnathus znaidae* Kononova, Alekseev, Barskov and Reimers. －Ovnatanova and Kononova, pp. 48—49, pl. 10, figs. 12—17; pl. 14, figs. 1—39; pl. 15, figs. 1—5, 9—14; pl. 23, figs. 30—41; pl. 24, figs. 12—32.

特征　自由齿片比齿台稍短，几近等长。外齿台向外膨大。齿台前方收缩，边缘上翻，高度相近，形成吻部。外缘前方边缘可能有一个吻脊。齿脊低，由不明显的瘤齿组成，直达齿台后端。近脊沟窄而深。齿台光滑，有时在齿台前缘有不明显的锯齿。

比较　此种齿台较宽，前方有吻部，齿台边缘上翻、等高，有时前方边缘有不明显的锯齿，不同于 *Polygnathus alatus*。Kononova 等（1996）建立的新种 *Polygnathus znaidae* 应为此种的同义名。但沈启明（1982）在图示此种时，仅一个标本，看不出种的变异范围。此种应当包括齿台前缘有微弱锯齿的类型。

产地层位　湖南临武香花岭，上泥盆统佘田桥组。

阿别基诺多颚刺　*Polygnathus apekinae* Bardashev, 1986

（图版77，图6）

1986 *Polygnathus apekinae* sp. Bardashev, pp. 64—65, pl. 5, fig. 12.

特征　齿台宽短，不对称；外齿台明显比内齿台宽，有发育的横脊，与齿台边缘垂直。齿台前2/3部分的齿台边缘微微抬起，相互近于平行；外齿台边缘比内齿台边缘稍高些，外齿台边缘中部向内微凹。齿台后1/3部分，即齿舌，向内弯曲；齿舌之外缘较直，与齿台前部之外缘近直角或大于直角，向外突出；齿舌上有发育的横脊。齿脊由密集的愈合的瘤齿组成，仅达齿舌之前部，更靠近内齿台。自由齿片较短，由密集的细齿组成。基腔较小，不膨大，位于齿台中部，其后方翻转，向前后延伸出窄的齿槽。前后龙脊发育，后龙脊较高，直到齿台后端。

比较　此种明显由 *Polygnathus mashkovae* 演化而来，它的齿台后部与后者很相似，两者的区别是，后者齿台的前1/3部分收缩，基腔较大，仅后方翻转。*Polygnathus serontinus* 可能由 *Polygnathus mashkovae* 演化而来（Bardashev, 1986）。此种与 *Polygnathus gilberti* 的区别是，两者齿台边缘的高度不同，前者的齿台更加不对称。

产地层位　下泥盆统埃姆斯阶 *inversus* 带。此种最早见于塔吉克斯坦的南天山

（Bardashev，1986），中国新疆的天山有可能发现此种。

不对称多颚刺肋脊亚种　*Polygnathus asymmetricus costaliformis* Ji，1986

1986 *Polygnathus asymmetricus costaliformis* subsp. nov. －季强，图版 10，图 1—4；图版 17，图 9—11；插图 7。

特征　齿台前部的小瘤齿排成肋脊状，后部的小瘤齿稠密分布。反口面基腔小，稍不对称，位于同心生长纹中心偏前一些的位置。

描述　前齿片短，约为齿台长度的 1/3，由 7 ~ 9 个细齿组成。齿台卵圆形，近乎对称，齿脊长而直，齿台口面为小瘤纹饰。齿台后部口面发育的小瘤齿均匀分布，前部的小瘤齿排布成肋脊状。两条短而深的近脊沟发育于齿台前半部，将齿脊与两侧的瘤肋分隔开。反口面基腔小，呈心形，稍不对称，位于齿台前部且与同心生长纹中心不重合；龙脊窄而锐利，同心生长纹一般比较显著。

讨论与比较　此新亚种与其他各亚种的主要区别在于齿台轮廓和口面纹饰的发育形式不同。

层位与时限　巴漆组上部至桂林组底部；晚泥盆世早期上 *asymmetricus* 带至中 *asymmetricus* 带。

贝克曼多颚刺　*Polygnathus beckmanni* Bischoff and Ziegler，1957

（图版 55，图 7—9）

1957 *Polygnathus beckmanni* Bischoff and Ziegler，pl. 15，fig. 25.

1976 *Polygnathus beckmanni* Bischoff and Ziegler. －Ziegler *et al.*，pl. 4，figs. 22—23.

1980 *Polygnathus beckmanni* Bischoff and Ziegler. －Bultynck and Hollard，p. 42，pl. 3，fig. 9.

1986 *Polygnathus beckmanni* Bischoff and Ziegler. －季强，41 页，图版 11，图 9—11，14—16。

1994 *Polygnathus beckmanni* Bischoff and Ziegler. －Bai *et al.*，p. 175，pl. 21，fig. 14.

特征　齿台窄而长，后部一般向内扭曲，齿台表面有粗壮的横脊和瘤齿。前齿片极短，齿脊呈“S”形扭曲，由一列较高的、分离的细齿组成。反口面龙脊锐利。基腔大，呈心形，位于齿台中部。

附注　前齿片极短、齿台和齿脊扭曲、齿脊细齿高而分离是此种的主要特征。

产地层位　广西象州马鞍山，鸡德组上部至巴漆组下部。此种的时限为中泥盆世早 *varcus* 带晚期至中 *varcus* 带早期。

本德尔多颚刺　*Polygnathus benderi* Weddige，1977

（图版 55，图 10—11）

1977 *Polygnathus benderi* Weddige，p. 318，pl. 3，figs. 59—61；text-fig. 4，fig. 5.

1979 *Polygnathus benderi* Weddige. －Lane and Ormiston，pl. 9，fig. 8.

1989 *Polygnathus benderi* Weddige. －王成源，103 页，图版 37，图 8—9。

1994 *Polygnathus benderi* Weddige. －Bai *et al.*，p. 175，pl. 19，figs. 6—9.

特征　齿台很平，卵圆形。在平的近脊沟的两侧可见短而低的横脊。固定齿脊延至齿台后端，其细齿呈锥形，强壮，明显高于平的齿台。多数细齿分离，细齿间由长的脊连接。反口面基腔周围和龙脊微凸，齿台前方偶尔可见极不发育的吻部。

附注　当前标本特征与正模标本一致，唯齿台前方不发育的吻部显示与 *Polygnathus eiflius* 的过渡特征。*P. eiflius* 有发育的吻部斜脊，齿台不平，舌形弯曲，不呈卵圆形，不同于 *P. benderi*。*P. benderi* 在层位上低于 *P. eiflius*，后者由前者演化而来，而 *P. benderi* 本身则源于 *P. patulus*。此种的时代为中泥盆世埃菲尔期，*P. costatus* 带晚期至 *T. k. australis* 带。

产地层位 广西德保都安四红山，中泥盆统分水岭组 *australis* 带。

短脊多颚刺 *Polygnathus brevicarinus* Klapper and Lane, 1985

(图版56，图9—13)

1985 *Polygnathus brevicarina* Klapper and Lane, p. 934, pl. 17, figs. 4—5, 7—10, 12.

1993 *Polygnathus brevicarina* Klapper and Lane. – Ji and Ziegler, pp. 74—75, text-fig. 19, fig. 2.

特征 自由齿片短而高，中部最高。齿脊和近脊沟仅限于齿台前1/3处。齿台中后部有发育的、同心状分布的横脊。

附注 此种齿台轮廓与 *P. samueli* 的相似，但前者的齿台较长、较窄，齿台外缘均匀弯曲。*P. brevicarinus* 的齿脊和近脊沟较短。Ji 和 Ziegler（1993，插图19，图2）记述了此种的产地层位，但缺少照片，仅有绘制的轮廓图。

产地层位 广西宜山拉力，上泥盆统香田组，*jamieae* 带内到上 *rhenana* 带。

短齿台多颚刺 *Polygnathus brevilaminus* Branson and Mehl, 1934

(图版56，图1—8)

1934 *Polygnathus brevilaminus* Branson and Mehl, p. 246, pl. 21, figs. 3—4, 5 (?), 6.

1988 *Polygnathus brevilaminus* Branson and Mehl. – 熊剑飞等，328页，图版132，图11；图版133，图6。

1992 "*Polygnathus*" *brevilaminus* Branson and Mehl. – Ji *et al.*, pl. 3, fig. 8.

1993 "*Polygnathus*" *brevilaminus* Branson and Mehl, – Ji and Ziegler, p. 75, pl. 37, figs. 1—3.

1994 *Polygnathus brevilaminus* Branson and Mehl. – Wang, pl. 8, figs. 6, 11.

1994 *Polygnathus brevilaminus* Branson and Mehl. – Bai *et al.*, p. 176, pl. 22, figs. 9; pl. 23, figs. 1—3.

特征 齿台窄，齿脊延伸到齿台后端并有2～3个齿脊的瘤齿超出齿台。齿台边缘锯齿化。自由齿片长而高，由分离或愈合的细齿组成；自由齿片比齿台长。

附注 此种的概念曾被扩大化，此种的选型前齿片已折断。保存好的标本的前齿片有13个细齿；前齿片占刺体长的大部分，齿台长只相当于刺体长的1/3。有些分子不能再包括在此种之内。

此种图版说明引用了三篇文章作者的标本，差别较大，表明了不同作者对此种的认同差别较大。

产地层位 广西宜山拉力，法门阶五指山组；四川龙门山，中泥盆统观雾山组。此种的时限为晚泥盆世弗拉期晚期到法门期。

短多颚刺 *Polygnathus brevis* Miller and Youngquist, 1947

(图版55，图13—15)

1947 *Polygnathus brevis* Miller and Youngquist, p. 514, pl. 74, fig. 9.

1985 *Polygnathus brevis* Miller and Youngquist. – Klapper and Lane, pl. 17, figs. 1, 6.

1993 *Polygnathus brevis* Miller and Youngquist. – Ji and Ziegler, p. 75, pl. 37, fig. 22; text-fig. 19, fig. 3.

2008 *Polygnathus brevis* Miller and Youngquist. – Ovnatanova and Kononova, p. 1117, pl. 23, figs. 8—11.

2012 *Polygnathus brevis* Miller and Youngquist. – 龚黎明等，图版Ⅰ，图18。

特征 自由齿片短，大约为齿台长的1/3；自由齿片中部的细齿较高。齿台中前部近于对称，有发育的横脊；齿台后1/3部分为发育的齿舌，向内弯。横脊发育，横贯齿舌；齿脊仅延伸到齿舌前部，齿舌上无齿脊。反口面基腔小，位于中部偏前些的位置。

附注　此种与一些齿台宽的 *Polygnathus semicostatus* 的类型相似，但与后者不同之处在于它有较短的齿片和较宽的齿台；它与 *Polygnathus brevicarinus* 的区别是有明显的后齿舌。

产地层位　广西宜山拉力，上泥盆统香田组中部。此种的时限为晚泥盆世弗拉期 *jamieae* 带到 *linguiformis* 带。

长滩子多颚刺　*Polygnathus changtanziensis* Ji, 1988

（图版 76，图 16—17）

1988 *Polygnathus changtanziensis* Ji. –季强，336 页，图版 137，图 7—8。

特征　前齿片高大且平直，几乎与齿台等长，或略长于齿台；侧视反口缘平直或微凸，口面具 10 ~ 12 个齿尖分离、侧面压缩的直立细齿。齿台比较短小，微微下倾，较肥厚。口面布满精细的斜脊纹饰。反口面龙脊窄而高。基腔小，呈卵形，位于齿台前部。

讨论　此种形态比较特殊，口面布满斜脊纹饰，齿脊不发育，易与其他种区别。

产地层位　四川龙门山，上泥盆统法门阶长滩子组上部。

成源多颚刺　*Polygnathus chengyuanianus* Dong and Wang, 2006

（图版 55，图 12）

2006 *Polygnathus chengyuanianus* Dong and Wang. –董致中和王伟，175 页，图版 16，图 1a—b。

特征　齿台短而宽，内外齿台边缘呈圆弧形弯曲，后端呈浑圆形。前端边缘直，与自由齿片近于垂直，前缘端点有两个较长的瘤齿。

描述　齿台宽圆，除前端稍有收缩外，整个齿台近于等宽，形似半个椭圆形。横脊稀而粗，并在前缘端点上长出两个较高的瘤齿。隆脊（中齿脊）粗壮，纵贯整个齿台。近脊沟（齿沟）深。反口面平。基腔位于齿台中部靠前些，向前与通往自由齿片的一基沟相连。基腔后无龙脊。同心环发育。

比较　此种齿台短而宽、粗壮、厚实，齿台前有较明显的吻部。齿脊粗壮，由愈合的瘤齿组成。齿台两侧各有 4 个粗壮的横脊。齿台后端浑圆，与本属其他种区别较大。

附注　自由齿片部分断掉，仅部分保留，与齿台长的比例不清楚。

产地层位　云南施甸马鹿塘下—中泥盆统西边塘组（侯鹏飞等，1988），现归何元寨组 *P. costatus* 带（董致中和王伟，2006，175 页）。

重庆多颚刺　*Polygnathus chongqingensis* Wang, 2012

（图版 54，图 13—15）

2012 *Polygnathus chongqingensis* Wang. –龚黎明等，图版 Ⅱ，图 5—7。

特征　左弯（右侧）和右弯（左侧）的 Pa 分子组成成对的、不对称的系列。左侧与右侧的 Pa 分子，齿台伸长，矛状；侧视时，齿台强烈拱曲。右侧分子外齿台前缘高高上翻，形成与固定齿脊平行的、高的、墙状的边缘。齿台前方内齿台边缘不上翻，内边缘直，内齿台上有一个短的、斜的吻脊（龚黎明等，2012，图版 Ⅱ，图 6a—b，7a—b）。左侧分子的内齿台有些膨胀，具有短的横脊（龚黎明等，2012，图版 Ⅱ，图

5a—b)。后齿台变平并强烈向内弯，具有密集的、平行的横脊。齿台后端尖。自由齿片短而尖，具有细齿，是齿台长的 1/5 ~ 1/4。固定齿脊低，由瘤齿组成。近脊沟窄，前端最深，向后变浅。基窝小，长圆形，位于齿台前端 1/4 处。

附注 此种不同于 *Polygnathus* 的所有已知种在于它的右侧分子的齿台前方外缘高高上翻，内缘有一个短的、斜的吻脊；后齿台平，向内弯；近脊沟向后变浅、变平；固定齿脊不达齿台后端。

产地层位 重庆黔江区水泥厂剖面第 7 层，弗拉阶，可能为上 *rhenana* 带到 *linguiformis* 带。

丘尔金多颚刺 *Polygnathus churkini* Savage and Funai, 1980

（图版 56，图 14）

1980 *Polygnathus churkini* Savage and Funai, p. 809, pl. 1, figs. 1—14; pl. 1, figs. 1—5.

1993 *Polygnathus churkini* Savage and Funai. – Ji and Ziegler, p. 75, text-fig. 18, fig. 13.

1994 *Polygnathus churkini* Savage and Funai. – Bai *et al.*, p. 176, pl. 23, fig. 5.

2008 *Polygnathus churkini* Savage and Funai. – Ovnatanova and Kononova, p. 1119, pl. 22, fig. 19.

特征 齿台微向侧弯，前方边缘总是向上弯转，外边缘比内边缘高；口面有发育的较细的斜脊，被近脊沟将其与齿脊分开，齿脊达齿台后端。

比较 此种与 *Polygnathus imparilis* 不同，齿台上有明显的斜脊，而且齿台中部较平。此种与 *Polygnathus obliguicostatus* 的区别在于齿台轮廓和基腔位置不同，前者在齿台后方有窄的中槽，而后者的齿脊在齿台后方常被横脊切断。此种齿台柳叶状，横脊在齿台后半部并与中齿脊斜交，不同于 *Polygnathus brevis* Miller and Youngquist, 1947。

产地层位 广西象州马鞍山，上泥盆统弗拉阶。此种的时限为弗拉期，可能为早 *hassi* 带内到早 *rhenana* 带。

库珀多颚刺锯齿亚种 *Polygnathus cooperi secus* Klapper, 1978

（图版 56，图 15—16）

1983 *Polygnathus cooperi secus* Klapper. – 熊剑飞，315 页，图版 69，图 12。

1987 *Polygnathus cooperi secus* Klapper. – 熊剑飞，图版 1，图 1b。

1994 *Polygnathus cooperi secus* Klapper. – Bai *et al.*, p. 176, pl. 17, fig. 9.

特征 齿台厚，边缘呈锯齿状。内外齿台不对称，外齿台外缘呈弧状，横脊发育；内齿台边缘呈微弱的“S”形，横脊也较发育。自由齿片短，较高。齿脊发育，由大部分愈合而顶尖分离的瘤齿组成，微向内弯，一直延伸到齿台后端。反口面龙脊发育，直到齿台后端。基腔小而深，位于齿台中前部。反口面不平，表面肋脊状。

产地层位 贵州普安，中泥盆统罐子窑组；广西那艺，下泥盆统埃姆斯阶。

库珀多颚刺亚种 A *Polygnathus cooperi* subsp. A Wang and Ziegler, 1983

（图版 57，图 1—2）

1983 *Polygnathus cooperi* n. subsp. A. – Wang and Ziegler, p. 89, pl. 6, figs. 3—4.

1989 *Polygnathus cooperi* subsp. A Wang and Ziegler. – 王成源，105 页，图版 39，图 6—7。

特征 此亚种是齿舌短、齿台内缘凸的 *Polygnathus cooperi* 的一个亚种。

描述 齿舌短而尖，向下并向内侧弯，具有少数几个横脊，横脊有时被齿脊阻断。齿台外 2/3 部分与后方齿舌呈弧形连接，而内齿台中部凸，不呈直线状。

比较 此亚种齿舌尖而短，内齿台凸，不同于 *P. cooperi cooperi*；此亚种齿台前方缺少发育的锯齿状边缘，也不同于 *P. cooperi secus*。此亚种的时代较之命名亚种年轻，为 *P. c. partitus* 带至早 *T. k. australis* 带。

产地层位 广西德保都安四红山，中泥盆统 *partitus* 带至下 *australis* 带。

肋脊多颚刺 *Polygnathus costatus* Klapper, 1971

特征 （Pa 分子）齿台两侧有粗的横脊，近脊沟将齿脊与横脊分开；齿脊可延伸到齿台后端或在齿台后端 1/3 处消失。自由齿片为刺体长的 1/3。

附注 此种在形态和对称性方面与 *Polygnathus webbi* 不同，前者齿台后 1/3 部分是浑圆的，后者明显向内膝状弯曲；前者横脊更粗壮，后者近脊沟更深。

时代 早泥盆世晚期到中泥盆世。世界性分布。

肋脊多颚刺肋脊亚种 *Polygnathus costatus costatus* Klapper, 1971

（图版 56，图 17—18）

1957 *Polygnathus webbi* Stauffer. – Bischoff and Ziegler, p. 100, pl. 5, figs. 7—10.

1971 *Polygnathus costatus costatus* Klapper, p. 63, pl. 1, figs. 30—36; pl. 2, figs. 1—7.

1977 *Polygnathus costatus costatus* Klapper. – Weddige, p. 309, pl. 4, figs. 75—76.

1977 *Polygnathus* "*webbi*" Stauffer. – 王成源和王志浩，341 页，图版 4，图 75—76。

1978 *Polygnathus costatus costatus* Klapper. – Klapper *et al.*, p. 109, pl. 2, figs. 10—11.

1981 *Polygnathus costatus costatus* Klapper. – Wang and Ziegler, pl. 1, figs. 2—3.

1983 *Polygnathus costatus costatus* Klapper. – Wang and Ziegler, pl. 5, fig. 15.

1989 *Polygnathus costatus costatus* Klapper. – 王成源，105 页，图版 31，图 7—8。

1994 *Polygnathus costatus costatus* Klapper. – Bai *et al.*, p. 176, pl. 17, fig. 14; pl. 19, figs. 4—5.

特征 齿脊延续到齿台后端。齿台前方收缩，最宽处位于齿台后方 1/3 处。齿台上具有发育的横脊。

比较 *Polygnathus costatus patulus* 与 *Polygnathus costatus costatus* 两亚种的主要区别在于齿台的相对宽度和齿台前方收缩程度，前者的齿台前方不及后者那样收缩，但齿台较宽，齿脊不达后端或达后端。*P. c. costatus* 与 *Polygnathus webbi* 相似，但两者外齿台轮廓不同，前者在齿台后 1/3 处向内折曲，往往有一尖的折曲，而后者的是浑圆的；前者的肋脊较强壮，而后者前方近脊沟较深，齿台前方较凸起。*P. c. costatus* 与 *P. parawebbi*也相似，但后者齿台后方强烈向内弯，肋脊与边缘垂直，齿台后边平。

产地层位 广西德保都安四红山，下—中泥盆统坡折落组 *costatus* 带；广西横县长塘，中泥盆统那叫组 *costatus* 带；广西那艺，中泥盆统艾菲尔阶；内蒙古喜桂图旗，中泥盆统霍博山组。

肋脊多颚刺肋脊亚种→假叶多颚刺 *Polygnathus costatus costatus* Klapper, 1971→ *P. pseudofoliatus* Wittekindt, 1966

（图版 58，图 12—13）

1989 *Polygnathus c. costatus* Klapper 1971→ *P. pseudofoliatus* Wittekindt 1966. – 王成源，105 页，图版 31，图 10—11。

附注 此亚种齿台前方明显收缩，外齿台外缘扩大，整个齿台轮廓与 *P. pseudofoliatus*相似，但它的齿台上横脊发育，齿台后方亦无瘤齿，与 *P. c. costatus* 相似。此标本为 *P. c. costatus* 至 *P. pseudofoliatus* 的过渡类型。

产地层位 广西德保都安四红山，下—中泥盆统坡折落组 *costatus* 带上部。

肋脊多颚刺斜长亚种 *Polygnathus costatus oblongus* Weddige, 1977

（图版57，图3—4）

1970 *Polygnathus webbi* Stauffer. – Bultynck, pp. 130—131, pl. 12, figs. 10—11; pl. 13, fig. 2.

1974 *Polygnathus linguiformis cooperi* Klapper. – Telford, pp. 44—48, pl. 8, figs. 6—9 (non figs. 10—15 = *P. kennettensis*?).

1977 *Polygnathus costatus oblongus* Weddige, pp. 309—310, pl. 4, figs. 71—72; text-fig. 4, No. 12.

1978 *Polygnathus costatus oblongus* Weddige. – Requadt and Weddige, p. 209, text-fig. 10j.

1983 *Polygnathus costatus oblongus* Weddige. – Wang and Ziegler, pl. 5, figs. 16—17.

1989 *Polygnathus costatus oblongus* Weddige. – 王成源，106页，图版31，图5—6。

特征 齿台长，后端向内弯，近脊沟窄。齿台前方边缘高，略呈吻状。齿台上具有横脊。自由齿片长约为齿台长的一半，侧视轮廓较圆。

附注 此种见于 *P. c. costatus* 带至 *T. k. kockelianus* 带。当前标本的齿台前方收缩不及正模标本明显，齿台较长，末端向内弯，近脊沟较窄，均与此种特征一致。

产地层位 广西横县长塘，下—中泥盆统那叫组 *costatus* 带。

肋脊多颚刺新分亚种 *Polygnathus costatus partitus* Klapper, Ziegler and Mashkova, 1978

（图版57，图5—6）

1977 *Polygnathus costatus partitus* – *P. costatus costatus*, Klapper and Ziegler, tables 1, 3.

1977 *Polygnathus costatus partitus* – *P. costatus costatus*, Klapper, p. 404, table 1.

1978 *Polygnathus costatus partitus* Klapper, Ziegler and Mashkova, p. 109, pl. 2, figs. 1—5, 13.

1983 *Polygnathus costatus partitus* Klapper, Ziegler and Mashkova. – Wang and Ziegler, pl. 5, fig. 12.

1988 *Polygnathus costatus partitus* Klapper, Ziegler and Mashkova. – 熊剑飞等，314—315页，图版122，图1。

1989 *Polygnathus costatus partitus* Klapper, Ziegler and Mashkova. – 王成源，106页，图版31，图2。

1994 *Polygnathus costatus partitus* Klapper, Ziegler and Mashkova. – Bai *et al.*, p. 176, pl. 17, figs. 12—13.

特征 *Polygnathus costatus partitus* 的分子，有窄的齿台，齿台内缘和外后缘特别直，形成箭头状的轮廓。

比较 此亚种与 *P. costatus costatus* 相似，但后者齿台后缘明显弯曲，前缘一般都有收缩，而前者的齿台内缘直，外齿台后缘也直，前缘收缩或平行。

此亚种是 *P. costatus partitus* 带的带化石，是中泥盆世开始的标志。

产地层位 广西德保都安四红山，下—中泥盆统坡折落组 *partitus* 带；那坡三叉河，中泥盆统分水岭组 *partitus* 带；广西那艺，中泥盆统艾菲尔阶；四川，中泥盆统养马坝组石梁子段。

肋脊多颚刺宽亚种 *Polygnathus costatus patulus* Klapper, 1971

（图版57，图8—11）

1965 *Polygnathus* cf. *webbi* Stauffer. – Stoppel, p. 88, pl. 3, fig. 3.

1970 *Polygnathus* cf. *webbi* Stauffer. – Bultynck, p. 131, pl. 13, figs. 7—8.

1971 *Polygnathus* "*webbi*" subsp. A. – Klapper *et al.*, fig. 2.

1971 *Polygnathus costatus patulus* Klapper, pp. 62—63, pl. 1, figs. 1—9, 29; pl. 3, figs. 16—18.

1978 *Polygnathus costatus patulus* Klapper. – Klapper *et al.*, p. 110, pl. 2, figs. 6—9, 14—17, 19—20, 25, 31.

1981 *Polygnathus costatus patulus* Klapper. – Wang and Ziegler, pl. 1, fig. 1.

1983 *Polygnathus costatus patulus* Klapper. – Wang and Ziegler, pl. 5, figs. 11, 14.

1989 *Polygnathus costatus patulus* Klapper. – 王成源，106 页，图版 31，图 3—4，9。

1994 *Polygnathus costatus patulus* Klapper. – Bai *et al.*, p. 176, pl. 17, figs. 10—11.

特征　齿脊在齿台末端前终止或达末端。齿台宽，最大宽度在齿台中部，齿台前方收缩不明显。

附注　Klapper（1971）在建立此亚种时认为，齿脊不达齿台后端以及齿脊后方有一特殊的槽状凹陷是此亚种的重要特征，但后来他根据 Barrandian 地区的化石修正了此亚种的定义，即齿脊可达到齿台后端（Klapper，1978）。*P. c. costatus* 与 *P. c. patulus* 的区别在于齿台轮廓的不同（相对宽度和收缩程度），前者的齿台比后者的窄，前方收缩较明显，而后者的前方收缩不明显。

产地层位　广西德保都安四红山，下—中泥盆统坡折落组 *partitus* 带；广西那艺，中泥盆统艾菲尔阶 *partitus* 带到 *costatus* 带。

肋脊多颚刺宽亚种（比较亚种）　*Polygnathus costatus* cf. *patulus* Klapper, 1971

（图版 57，图 7）

1977 *Polygnathus costatus patulus* Klapper. – Klapper *et al.*, pl. 3, figs. 26, 28.

1983 *Polygnathus costatus* cf. *patulus* Klapper. – Wang and Ziegler, pl. 5, fig. 13.

1989 *Polygnathus costatus* cf. *patulus* Klapper. – 王成源，107 页，图版 31，图 13。

特征　齿台长，后方尖，内缘直，外缘凸，齿脊由愈合的细齿构成。

比较　本比较亚种以齿台长、齿脊愈合而不同于 *P. costatus costatus*。

产地层位　广西德保都安四红山，下—中泥盆统坡折落组 *partitus* 带。

冠脊多颚刺　*Polygnathus cristatus* Hinde, 1879

（图版 57，图 15—21）

1879 *Polygnathus cristatus* Hinde, p. 366, pl. 17, fig. 11.

1964 *Polygnathus cristatus* Hinde. – Orr, pp. 13—14, pl. 3, figs. 4—8, 10; text-figs. 4a—k.

1965 *Polygnathus cristatus* Hinde. – Ziegler, pp. 670—671, pl. 4, figs. 17—23; pl. 5, figs. 1—5.

1966 *Polygnathus cristatus* Hinde. – Flajs, pl. 23, fig. 8; pl. 25, fig. 4.

1967 *Polygnathus cristatus* Hinde. – Adrichem Boogaert, p. 184, pl. 2, fig. 41.

1967 *Polygnathus cristatus* Hinde. – Clark and Ethington, pp. 59—60, pl. 7, figs. 16—17.

1969 *Polygnathus cristatus* Hinde. – Polsler, p. 421, pl. 5, fig. 22.

1971 *Polygnathus cristatus* Hinde. – Schumacher, p. 98, pl. 10, figs. 1—2.

1975 *Polygnathus cristatus* Hinde. – Ziegler *et al.*, pl. 4, fig. 18.

1979 *Polygnathus cristatus* Hinde. – Cygan, p. 243, pl. 11, figs. 10—11.

1978 *Polygnathus cristatus* Hinde. – Perri and Spalletta, p. 304, pl. 6, fig. 6.

1986 *Polygnathus cristatus* Hinde. – 季强（见侯鸿飞等，1986），41 页，图版 9，图 14—17；图版 11，图 1—6。

1989 *Polygnathus cristatus* Hinde. – 王成源，107 页，图版 37，图 1—3。

特征　齿台对称，后方尖，长圆形或横圆形。自由齿片短而高，固定齿脊直，由较尖的或圆的瘤齿构成。齿台中部向上拱起，后端略向下弯。齿台表面有较粗的瘤齿装饰，瘤齿均匀分布或排列成不规则的脊。齿台前方，齿片—齿脊的两侧可能有向前下方延伸的近脊沟。反口面基穴和龙脊发育。

附注　此种齿台表面装饰变化较大，有的具稀散的瘤齿，有的具密集的、不规则的脊。*P. cristatus* 进一步发展，由于瘤齿的削弱而进化为 *Klapperina asymmetricus ovalis*。此

种的层位由 *Schmitognathus hermanni—Polygnathus cristatus* 带至 *M. asymmetrica* 带底部。

产地层位 广西横县六景，中泥盆统 *hermanni—cristatus* 带；广西象州马鞍山，中泥盆统巴漆组中部至上泥盆统桂林组下部。

戴维特多颚刺 *Polygnathus davidi* Bai, 1994

（图版 57，图 12—14）

1994 *Polygnathus davidi* Bai. – Bai *et al.*, p. 177, pl. 27, figs. 4—6.

特征 齿台表面瘤齿分布不规则，在成熟个体上，齿台前方瘤齿呈放射状分布。基穴在齿台反口面的前 1/3 处。自由齿片短。

附注 此种与 *Polygnathus styriacus* 相似，但后者的齿台强烈拱曲，齿台前端不是在同一位置相遇。

产地层位 广西黄卯剖面。此种的时限为早石炭世早 *crenulata* 带。

德保多颚刺 *Polygnathus debaoensis* Xiong, 1980

（图版 58，图 1—2）

1980 *Polygnathus debaoensis* Xiong. – 熊剑飞（见鲜思远等），91—92 页，图版 24，图 25—28。

特征 齿台后端强烈向下弯，几乎与主齿台成直角。外齿台边缘呈弧状。自由齿片高，中部最高，由愈合的细齿组成。齿台前方宽，后方窄，后方齿台齿脊强烈向下向侧方弯；齿台上有短的边缘瘤齿。齿脊只达齿舌的前端，齿舌上有横脊。基腔相对较大，位于齿台中前部，基腔后的龙脊发育。

比较 齿台窄，齿台后端强烈下弯，齿舌上有横脊但无齿脊，这些是此种的重要特征。

产地层位 广西德保钦甲，下—中泥盆统平恩组下段。

倾斜多颚刺 *Polygnathus declinatus* Wang, 1979

（图版 58，图 3—5）

1974 *Polygnathus perbonus* n. subsp. D. – Perry *et al.*, p. 1089, pl. 8, figs. 9—13, 15—16.

1977 *Polygnathus serotinus* Telford. – Ziegler, p. 495 (part), pl. 9, fig. 4 (only; non fig. 5 = *Polygnathus serotinus*).

1979 *Polygnathus serotinus* Telford δ morphotype. – Lane and Ormiston, p. 63 (part), pl. 8, figs. 8—10 (only; non figs. 34—35 = *Polygnathus serotinus*).

1979 *Polygnathus declinatus* Wang. – 王成源，401 页，图版 1，图 12—20。

1981 *Polygnathus declinatus* Wang. – Wang and Wang, pl. 2, figs. 6—7.

1987 *Polygnathus declinatus* Wang. – 李晋僧，368 页，图版 168，图 1—2。

1991 *Polygnathus serotinus* Telford. – Bardashev, p. 244 (part), pl. CXIII, figs. 16—17 (only; non figs. 9, 13, 15, 18—20, 28, 30, 31 = *Polygnathus serotinus*; non figs. 14, 29 = *Polygnathus wangi*).

1994 *Polygnathus serotinus* Telford. – Talent and Mawson, pl. 2, fig. 17 (only; non fig. 15 = ?; non fig. 16 = *Polygnathus snigirevae*).

特征 较小的基底凹窝就在龙脊向内折曲的前方。齿舌窄而长，有密集的横脊；齿台边缘横脊短，齿舌上横脊长且连续。齿舌初始处，齿台前 2/3 部分升起的边缘近于平行，后 1/3 部分弯曲。齿舌外缘和内缘都强烈地向内折曲。外齿台前方边缘很高。固定齿脊靠近齿台内缘。基底凹窝外侧有陆棚状突伸。

附注 金善燏（2005）认为 *Polygnathus declinatus* 的半月形突起不明显，突起是从基底凹窝的实心扶壁上伸出的，而将此种归入 *Polygnathus serotinus* δ 形态型。而 Uyeno 和 Klapper（1980）认为 *P. declinatus* 是 *P. inversus* 和 *P. serotinus* 间的过渡类型。Mawson（1987）有怀疑地将此种归入 *P. inversus*。王成源（1979）在建立此种时就已明确指出，*Polygnathus declinatus* 与 *Polygnathus inversus* 的区别在于前者的齿台前方外缘呈凸缘状，比内齿台前方高得多，齿舌窄而长，基腔小，外缘和内缘几乎在同一长度的位置上向内折曲，而后者的齿台前方外缘和内缘几乎同高，齿舌较短，基腔较大，内缘弯曲，最大弯曲点在外缘折曲点的前方。*P. declinatus* 基底凹窝后的基腔无翻转，也不同于 *P. inversus*。

此种与 *Polygnathus serontinus* 的区别在于，此种齿台内缘和外缘折曲点在齿台同一长度的位置，而后者的内缘弯曲点在外缘弯曲点的前方；此种基底凹窝外侧仅有一个不太发育的新月形突起；此种齿舌窄而长，齿舌内弯的角度也较大。

Bardashev 等（2002）确认此种，但将此种归入到 *Linguipolygnathus* 属内，并认为此种来源于 *Linguipolygnathus khalymbadzhai*，而 *P. serotinus* 可能是此种的后继种。本书不采用 *Linguipolygnathus* 一属。

产地层位　广西象州中平，下泥盆统四排组。

华美多颚刺　*Polygnathus decorosus* Stauffer, 1938

（图版 58，图 6—11）

1938 *Polygnathus decorosus* Stauffer, p. 438, pl. 53, figs. 5—6, 10, 15—16 (non figs. 1, 20, 30 = *Polygnathus* sp. indet.; non fig. 11 = *Polygnathus timorensis*).

1947 *Polygnathus parviuscula* Youngquist, p. 109, pl. 25, figs. 8, 13, 16.

1970 *Polygnathus decorosus* Stauffer. – Seddon, pp. 738—739, pl. 12, figs. 17—19.

1973 *Polygnathus decorosus* Stauffer. – Klapper, in Ziegler (ed.), *Catalogue of Conodonts*, vol. I, p. 35, *Polygnathus* – pl. 1, fig. 5.

1980 *Polygnathus decorosus* Stauffer. – Perri and Spalletta, p. 305, pl. 6, figs. 7—9.

1985 *Polygnathus decorosus* Stauffer. – Klapper and Lane, p. 935, pl. 18, fig. 7.

1989 *Polygnathus decorosus* Stauffer. – 王成源，107—108 页，图版 34，图 5—6，8，10；图版 40，图 3。

1993 *Polygnathus decorosus* Stauffer. – Ji and Ziegler, p. 77, pl. 40, figs. 16—18; text-fig. 18, figs. 16—17.

2008 *Polygnathus decorosus* Stauffer. – Ovnatanova and Kononova, p. 1121, pl. 17, figs. 8—11.

2010 *Polygnathus decorosus* Stauffer. – 郎嘉彬和王成源，23 页，图版Ⅲ，图 1—5，9。

特征　自由齿片比齿台略长，具有规则的细齿。所有细齿的直径和高度都彼此相近。自由齿片长约为高的两倍，整个齿片侧视呈矩形。齿台窄，近于对称，呈尖的箭头状。齿台边缘起皱或呈瘤齿状；在成熟个体上，亦可见短的横脊，特别是在齿台中部。固定齿脊直，直到后端；固定齿脊在齿台中部瘤齿略大。膝折点在齿脊两侧相对称，前槽缘短。反口面龙脊高。基腔位于齿台前端或前端稍后的位置。

比较　*Polygnathus decorosus* 齿台边缘有瘤齿状装饰，显然不同于 *P. xylus*。*Polygnathus procera* 具有高的齿片，亦不同于此种。*P. decorosus* 在齿台装饰上与中泥盆世的 *Polygnathus kennettensis* Savage, 1976 最相似，但后者齿台后端向内侧偏转，齿台长大于刺体长的一半。多数学者都将齿台上横脊较发育的、齿台近柳叶状的标本归入此种。此种有窄的齿台和短的横脊，不同于“*Polygnathus foliates*” Bryant, 1921。

此种的层位为上泥盆统下部 *A. triangularis* 带至 *P. gigas* 带最上部。

产地层位　广西德保都安四红山，上泥盆统榴江组 *A. triangularis* 带；广西象州马鞍山，上泥盆统桂林组下部；广西永福，付合组中部；内蒙古乌努尔，下大民山组顶部（郎嘉彬和王成源，2010）。

裂腔多颚刺 *Polygnathus dehiscens* Philip and Jackson, 1967

附注 此种的P分子具有大的基腔，占据齿台反口面的大部分；基腔深，"V"字形，或浅，较平坦。Mawson（1987）依据基腔的深浅将此种划分为两个亚种。

此种的正模由于有充填物，基腔的构造不清，存疑，现在已不再将其作为埃姆斯阶底界的带化石。埃姆斯阶底界的带化石为 *Polygnathus kitabicus*，Yolkin 等（2011，39页，图1）已将此种作为上埃姆斯阶的底界标志。此种主要见于 *nothoperbonus* 带，比 *excavatus* 带还高。

裂腔多颚刺深亚种 *Polygnathus dehiscens abyssus* Mawson, 1987

（图版61，图1—3）

1969 *Polygnathus webbi excavata* n. subsp. – Carls and Gandle, pp. 193—194, pl. 18, figs. 9—13.

1972 *Polygnathus lenzi* Klapper. – Mcgregor and Uyeno, pl. 5, figs. 10—12.

1978 *Polygnathus lenzi* Klapper. – Wang and Wang, pp. 340—341, pl. 41, figs. 1—3, 7—9, 24—26.

1987 *Polygnathus dehiscens abyssus* Mawson, p. 272, pl. 34, figs. 1—7; pl. 36, fig. 1.

2005 *Polygnathus dehiscens abyssus* Mawson. – 金善燏等，56页，图版1，图7—12；图版8，图5—6；图版11，图8—11。

特征 （Pa分子）齿台反口面基腔大而深，占据了除皱边之外的大部分，其边缘横截面呈"V"字形。

附注 此亚种与 *Polygnathus dehiscens dehiscens* 的区别在于两者的基腔深度不同，前者基腔深，后者基腔浅平。

产地层位 云南文山菖蒲塘，下泥盆统埃姆斯阶 *dehiscens* 带（?）。

裂腔多颚刺裂腔亚种 *Polygnathus dehiscens dehiscens* Philip and Jackson, 1967

（图版61，图4—5）

1967 *Polygnathus linguiformis linguiformis* Hinde. – Adrichem Boogaert, p. 184, pl. 3, fig. 1 (non pl. 2, fig. 44 = *P. linguiformis linguiformis* Hinde γ morphotype Bultynck).

1967 *Polygnathus linguiformis dehiscens* subsp. nov. – Philip and Jackson, p. 1265, figs. 2i—k, 3a.

1969 *Polygnathus lenzi* Klapper, pp. 14—15, pl. 6, figs. 9—18.

1969 *Polygnathus webbi excavata* Carls and Gandle, pp. 193—195, pl. 18, figs. 9—13.

1969 *Polygnathus linguiformis foveolatus* Philip and Jackson. – Carls and Gandle, p. 196, pl. 18, figs. 14, 19, 22.

1975 *Polygnathus dehiscens* Philip and Jackson. – Klapper and Johnson, p. 72, pl. 1, figs. 1—9, 13—16.

1988 *Polygnathus dehiscens* Philip and Jackson. – 熊剑飞等，315页，图版119，图2—3。

1989 *Polygnathus dehiscens* Philip and Jackson. – 王成源，108—109页，图版29，图3—4。

2005 *Polygnathus dehiscens dehiscens* Philip and Jackson. – 金善燏等，56页，图版1，图13—18。

特征 *Polygnathus dehiscens* 的P分子具有很大的基腔，占据反口面的大部分区域；基腔后部平或浅槽状；齿脊延续到齿台后端。

比较 *Polygnathus dehiscens* 的基腔后方呈浅槽状，不上翻，不同于 *P. perbonus* 和 *P. gronbergi*。

附注 *Polygnathus dehiscens* 可能由 *Polygnathus pireneae* Boersma 演化而来，后者是

Polygnathus 的最早的分子。*P. dehiscens* 的时限较长，可上延到 *P. gronbergi* 带，埃姆斯期早期。Yolkin 等（1994）认为此种可疑，正模标本基腔有充填，齿舌有完整的横脊，很多归入到 *P. dehiscens* 的标本具有 *Po. perbonus* 或 *nothoperbonus* 的特征，因此另外建立了 *Polygnathus kitabicus* 新种。以前确认的很多 *P. dehiscens* 可能都要归入 *Polygnathus kitabicus*, *Po. excavatus*, *Po. nothoperbonus* 或 *Po. sokolovi*。

产地层位　广西横县六景，下泥盆统郁江组 *dehiscens* 带（?）；广西那坡三叉河，下泥盆统坡脚组 *dehiscens* 带（?）；云南阿冷初，下泥盆统上部班满到地组；四川龙门山，下泥盆统白柳坪组、甘溪组；云南文山菖蒲塘。

登格勒多颚刺　*Polygnathus dengleri* Bischoff and Ziegler, 1957

（图版 59，图 1—6）

1957 *Polygnathus dengleri* Bischoff and Ziegler, pp. 87—88, pl. 15, figs. 14—15, 17—24; pl. 16, figs. 1—4.

1986 *Polygnathus dengleri* Bischoff and Ziegler. – 季强，42 页，图版 9，图 1—7，10—13。

1988 *Polygnathus dengleri* Bischoff and Ziegler. – 熊剑飞等，328 页，图版 132，图 11；图版 33，图 6。

1989 *Polygnathus dengleri* Bischoff and Ziegler. – 王成源，108 页，图版 34，图 9。

1994 *Mesotaxis*? *dengleri*（Bischoff and Ziegler, 1957）. – Wang, p. 100.

1994 *Mesotaxis*? *dengleri*（Bischoff and Ziegler, 1957）. – Bai *et al.*, p. 166, pl. 24, figs. 4—8.

特征　齿台较对称，长，后方尖，边缘高起，有很短的横脊，常常横脊向齿脊方向分化成小的瘤齿。近脊沟窄。自由齿片短，仅约为齿台长的 1/4 ~ 1/3；膝曲点对称，前槽缘很短。

比较　此种的自由齿片短而平直，齿台上有瘤齿，这两个特征分别不同于 *Polygnathus procera* 和 *p. decorosus*, *P. procera* 的自由齿片高，*P. decorosus* 的自由齿片长，平直，侧视呈矩形。

附注　此种见于中泥盆统最上部 *K. disparilis* 带，是上泥盆统开始的重要标志，可上延至 *P. triangularis* 带。*Mesotaxis falsiovalis* 由于齿台加宽、基穴减小而由 *Mesotaxis*? *dengleri* 演化而来。

产地层位　广西德保都安四红山，*disparilis* 带到上 *falsiovalis* 带；广西德保，上泥盆统榴江组 *asymmetrica* 带；四川龙门山，中泥盆统观雾山组。

登格勒多颚刺（亲近种）　*Polygnathus* aff. *dengleri* Bischoff and Ziegler, 1957

（图版 59，图 7—8）

1983 *Polygnathus* aff. *dengleri* Bischoff and Ziegler. – Wang and Ziegler, pl. 6, fig. 10.

2001 *Polygnathus* aff. *dengleri* Bischoff and Ziegler. – Ovnatanova and Kononova, pl. 3, fig. 3.

2010 *Polygnathus* aff. *dengleri* Bischoff and Ziegler. – 郎嘉彬和王成源，23 页，图版Ⅲ，图 6a—b。

特征　齿台较对称，长，后方尖，边缘高起，有很短的横脊，常常横脊向齿脊方向分化成小的瘤齿。近脊沟窄。自由齿片短，仅约为齿台长的 1/3 ~ 1/4。膝曲点对称，前槽缘很短。

比较　此种的自由齿片短而平直，齿台上有瘤齿，这些特征分别不同于 *Polygnathus procera* 和 *p. decorosus*, *P. procera* 的自由齿片高，*P. decorosus* 的自由齿片长，平直，侧视呈矩形。

附注　此种见于中泥盆统最上部 *K. disparilis* 带，是上泥盆统开始的重要标志，可上延至 *P. triangularis* 带。*Mesotaxis falsiovalis* 由于齿台加宽、基穴减小而由 *Mesotaxis*?

dengleri 演化而来。

产地层位 广西德保都安四红山，由 *disparilis* 带到下 *falsiovalis* 带；广西桂林，上泥盆统榴江组 *asymmetrica* 带；四川龙门山，中泥盆统观雾山组，但可上延到 *triangularis* 带。此种同样见于大兴安岭乌努尔地区的中泥盆统霍博山组，但可能是再沉积的（郎嘉彬和王成源，2010）。

德汝斯多颚刺 *Polygnathus drucei* Bai, 1994

（图版 60，图 1—3）

1969 *Polygnathus* sp. A. – Druce, pl. 21, fig. 3.

1976 *Polygnathus* sp. A. – Druce, pl. 96, figs. 2a—c.

1994 *Polygnathus drucei* Bai n. sp. – Bai *et al.*, p. 177, pl. 23, figs. 8—14.

特征 自由齿片短。齿台拱曲，侧弯。齿台表面向两端斜，齿台后部横脊穿过齿脊，齿脊不明显。

附注 *Polygnathus linguiformis*, *P. semicostatus* 和 *P. obliquicostatus* 这 3 个种的齿台后端的齿脊都穿过齿脊，齿脊不发育，但此种齿台前方齿台前倾。

产地层位 广西象州马鞍山、巴漆剖面弗拉阶。Bai 等（1994，290 页）认为出现在法门阶的分子是再沉积的。此种的时限为晚泥盆世弗拉期 *Palmatolepis gigas* 带到 *P. linguiformis* 带。

存疑多颚刺 *Polygnathus dubius* Hinde, 1879

（图版 59，图 16—21）

1879 *Polygnathus dubius* Hinde, pp. 362—364, pl. 16, fig. 17 (only).

1973 *Polygnathus dubius* Hinde. – Klapper, pp. 353—354, *Polygnathus* – pl. 1, fig. 1 (only).

1982 *Polygnathus dubius* Hinde. – 白顺良，56 页，图版 9，图 8—10；图版 10，图 12。

1986 *Polygnathus dubius* Hinde. – 季强，42 页，图版 14，图 17—22。

1988 *Polygnathus dubius* Hinde. – 熊剑飞等，328 页，图版 11，图 11；图版 133，图 6。

1993 *Polygnathus dubius* Hinde. – Ji and Ziegler, p. 77, pl. 40, figs. 21, 23; pl. 41, figs. 1—8; text-fig. 18, fig. 1.

特征 前齿片短，约为齿片长度的 1/3；齿台披针形，不对称，外齿台大于内齿台，口面具横脊或有瘤齿组成的纹饰。反口面基腔亚圆形，位于齿台前部。

比较 *Polygnathus dubius* 齿台披针状，齿台前方微收缩并有较长横脊，不同于 *Polygnathus decorosus*。*Polygnathus pseudofoliatus* 吻部较发育，齿台较长较窄，易于与 *P. dubius* 区别。

产地层位 广西宜山拉力，上泥盆统弗拉阶老爷坟组；广西象州马鞍山，巴漆组中—上部（中泥盆世最晚期晚 *hermanni—cristatus* 带至晚泥盆世最早期早 *asymmetrica* 带）；广西桂林岩山乌龟山，付合组顶部 *disparilis* 带。此种的时限为中泥盆世晚 *varcus* 带到晚泥盆世 *jamiae* 带。

存疑多颚刺（狭义） *Polygnathus dubius* sensu Klapper and Philip, 1971

（图版 59，图 9—15）

1971 *Polygnathus dubius* Hinde. – Klapper and Philip, p. 444, text-fig. 12.

1973 *Polygnathus dubius* Hinde. – Klapper, p. 353, *Polygnathus* – pl. 1, figs. P, O_1, N, A_1—A_3 (only; non fig. 1 = *Polygnathus dubius*).

1993 *Polygnathus dubius* Hinde. – Ji and Ziegler, p. 77, pl. 40, figs. 9—15; text-fig. 18, fig. 2.

1994 *Polygnathus dubius* Hinde. – Bai *et al.*, p. 178, pl. 22, figs. 14—16.

2008 *Polygnathus dubius* Hinde, 1879 sensu Klapper and Philip, 1971. – Ovnatanova and Kononova, p. 1123, pl. 17, figs. 18—19.

特征　（Pa 分子）齿台为伸长的披针状，前端半圆形，后端尖；侧边整个齿台升起，前端微微收缩，形成吻部。齿台外侧比内侧宽，边缘微微凸出。中齿脊高，有瘤齿，拱曲，达到齿台后端。自由齿片的长度为齿台长的一半或稍长些。中齿脊细齿几乎等大。齿槽沿整个齿台长度方向是对称的，窄而深，达到齿台后端。齿台边缘有薄而长的横脊。基腔小，侧翼宽，位于齿台前 1/3 处（Ovnatanova 和 Kononova，2008，1123 页）。

附注　此种常见于深水相区，浅水相区很少见。

产地层位　广西宜山拉力，上泥盆统弗拉阶老爷坟组。此种的时限为中泥盆世晚期晚 *hermanni—cristatus* 带到晚泥盆世早期早 *hassi* 带。

多岭山多颚刺　*Polygnathus duolingshanensis* Ji and Ziegler, 1993

（图版 60，图 12—17）

1993 *Polygnathus duolingshanensis* Ji and Ziegler, pp. 77—78, pl. 35, figs. 13—18.

特征　齿台小，对称，三角形，微微拱曲或较平；齿台表面饰有短的边缘脊或瘤齿。前齿片一般比齿台长，由高的细齿组成，细齿向前方增高；齿脊高，向后延伸超过齿台形成短的后齿片。基腔大，对称，椭圆形，位于齿台前端；齿脊低，向后端增高。

附注　此种与本属的 *nodocostatus* 种群的不同之处主要是，它有明显的三角形齿台，齿台上有边缘脊或边缘瘤齿，前齿片长，有后齿片。

产地层位　广西宜山拉力，上泥盆统五指山组。此种的时限为最晚 *marginifera* 带到晚 *trachytera* 带。

艾菲尔多颚刺　*Polygnathus eiflius* Bischoff and Ziegler, 1957

（图版 60，图 18—19）

1957 *Polygnathus eiflia* Bischoff and Ziegler. – p. 89, pl. 4, figs. 5—7.

1965 *Polygnathus eiflia* Bischoff and Ziegler. – Bultynck, pp. 67—68, pl. 1, fig. 7.

1966 *Polygnathus eiflia* Bischoff and Ziegler. – Wittekindt, p. 633, pl. 1, figs. 20—21.

1973 *Polygnathus eiflia* Bischoff and Ziegler. – Klapper, in Ziegler (ed.), *Catalogue of Conodonts*, vol. I, pp. 355—356, *Polygnathus* – pl. 2, fig. 8.

1979 *Polygnathus eiflius* Bischoff and Ziegler. – Cygan, pp. 245—246, pl. 12, figs. 1a—b, 4, 6.

1983 *Polygnathus eiflius* Bischoff and Ziegler. – Wang and Ziegler, pl. 6, fig. 11.

1989 *Polygnathus eiflius* Bischoff and Ziegler. – 王成源，109 页，图版 32，图 7—8。

1994 *Polygnathus eiflius* Bischoff and Ziegler. – Bai *et al.*, p. 178, pl. 22, figs. 1—4.

特征　齿台不对称，口面具有不规则的瘤齿，齿台前方收缩，具有两个斜脊。

附注　典型的 *Polygnathus eiflius* 齿台前方具有两个斜脊。当前标本的齿台前方明显收缩，斜脊不明显，仅齿台前边缘在齿台上向后方略延伸，呈脊状，不斜向固定齿脊。在大的标本上，齿台上可见脊状装饰，齿台外侧侧方膨大。齿台前边缘脊可见 2～3 个小的细齿。*Polygnathus* aff. *eiflius* 缺少斜脊，齿台前方收缩，但前缘脊不延伸到齿台上。

Polygnathus eiflius 与 *P. pseudofoliatus* 有很多相似处，有些中间过渡类型的标本只能依齿台轮廓和前方吻部斜脊的有无来区别。

产地层位 广西德保都安四红山，中泥盆统分水岭组 *kockelianus* 带至 *ensensis* 带；广西横县六景、崇左那艺，中泥盆统中部 *kockelianus* 带至 *ensensis* 带。

艾菲尔多颚刺（亲近种） *Polygnathus* aff. *eiflius* Bischoff and Ziegler, 1957

（图版61，图12）

aff. 1957 *Polygnathus eiflia* Bischoff and Ziegler, pp. 89—90, pl. 4, figs. 5—7.

1971 *Polygnathus* aff. *P. eiflius* Bischoff and Ziegler, p. 63, pl. 2, figs. 14—15, 20.

1989 *Polygnathus* aff. *P. eiflius* Bischoff and Ziegler. －王成源，109页，图版32，图10。

特征 *Polygnathus* aff. *eiflius* 的齿台有横脊，近脊沟将齿脊与横脊分开；齿台前方明显收缩，吻部发育，但缺少吻脊；自由齿片约为刺体总长的1/3；齿台后膨大成强烈的凸弧。

附注 按Bischoff和Ziegler（1957）的定义，典型的 *Polygnathus eiflius* 的齿台前方有斜的吻脊，齿台表面有细而密的瘤齿，并认为 *P. pseudofoliatus* 因缺少吻脊和齿台较窄而不同于 *P. eiflius*。Klapper讨论了没有吻脊的 *P. eiflius*，认为 *P. eiflius* 与 *P. pseudofoliatus* 实际只能依靠吻脊的有无和齿台的轮廓来区分，前者齿台后方更加膨大。当前标本缺少吻脊，但齿台前方收缩成吻部，后方强烈膨大，可能是 *P. eiflius* 与 *P. pseudofoliatus* 的中间类型。

产地层位 广西德保都安四红山，中泥盆统分水岭组 *kockelianus* 带至 *ensensis* 带。

细长多颚刺 *Polygnathus elegantulus* Klapper and Lane, 1985

（图版60，图4—7）

1985 *Polygnathus elegantulus* Klapper and Lane, p. 78, pl. 18, figs. 8—14; pl. 21, fig. 8.

1993 *Polygnathus elegantulus* Klapper and Lane. －Ji and Ziegler, p. 78, pl. 37, figs. 4—7; text-fig. 18, fig. 9.

特征 齿台短，只有刺体长的30%～50%，具有高的愈合的齿脊，齿脊向前方高度一致，向后宽度变窄；齿台边缘有短的横脊或瘤齿。自由齿片前方高，向后逐渐变低。前槽缘短而深。基穴近于齿台前方，具有边缘生长线，皱边宽。

附注 *Polygnathus elegantulus* 以特殊的齿台轮廓、齿台装饰和齿脊为特征，区别于本属其他种。

产地层位 广西宜山拉力，上泥盆统老爷坟组和五指山组。此种的时限为弗拉期 *falsiovalis* 带到法门期 *triangularis* 带。

始光滑多颚刺 *Polygnathus eoglaber* Ji and Ziegler, 1993

（图版60，图8—11）

1993 *Polygnathus eoglaber* sp. nov. －Ji and Ziegler, p. 78, pl. 36, figs. 10—15; text-fig. 10.

特征 齿台小、光滑、心形，具有上凸的外齿台边缘和上凸或弯曲的内齿台边缘。前齿片一般比齿台长，前齿片高度向前增高。齿脊高于齿台，并向后延伸超出齿台形成很短的后齿片。近脊沟浅而宽。基腔相对较大，卵圆形，位于或接近齿台前端。龙脊低，高度向后增高。内外齿台在前方同一位置与前齿片相接，或内齿台前缘比外齿台前缘稍向前些。

附注　此种与 *Polygnathus procerus* 的不同之处主要在于齿台轮廓和装饰不同；它与 *Polygnathus duolingshanensis* 的不同主要是缺少齿台装饰；它与 *Polygnathus glaber* 的区别是有短的后齿片。

产地层位　广西宜山拉力，上泥盆统五指山组。此种的时限为法门期晚 *triangularis* 带到晚 *rhomboidea* 带。

清楚多颚刺　*Polygnathus evidens* Klapper and Lane, 1985

（图版64，图3—4）

1985 *Polygnathus evidens* Klapper and Lane, pp. 935—936, pl. 20, figs. 1—8.

1993 *Polygnathus evidens* Klapper and Lane. – Ji and Ziegler, p. 78, text-fig. 18, figs. 5—6.

2012 *Polygnathus evidens* Klapper and Lane. –龚黎明等，图版Ⅱ，图2，4。

特征　齿台前方边缘几乎高度一致并强烈向上翻转；齿台前半部的近脊沟深而宽，而后半部如果有近脊沟则很浅。齿台侧弯且后方下弯；齿台两侧横脊发育。齿脊不达齿台后端；齿脊的后端常有3~4个横脊或横向瘤齿。

比较　*Polygnathus evidens* 易于与 *Polygnathus planarius* 区别，它的齿台均匀侧弯并在齿台后端发育有几个横脊。*Polygnathus evidens* 的前齿片短，齿台前方近脊沟宽而深，前方齿台边缘强烈上翻。与 *Polygnathus imparilis* 相比，*Polygnathus evidens* 的近脊沟短，齿台后方有横脊，齿台前方两侧边缘高度相近。

产地层位　广西宜山拉力，上泥盆统老爷坟组（?）；重庆黔江，上泥盆统写经寺组顶部（龚黎明等，2012）。此种的时限为晚泥盆世 *transitans* 带内到 *linguiformis* 带。

凹穴多颚刺　*Polygnathus excavatus* Carls and Gandle, 1969

特征　*Polygnathus* 的一个种，其P分子轻度或明显向内弯，内近脊沟比外近脊沟短。基腔深或中等程度深；基腔除了封闭的后端，其余部分大。齿舌上的横脊是阻断的或半横穿的。

比较　*Polygnathus excavatus* 与 *Po. nothoperbonus* 的不同主要是后者有真正的翻转的基腔。此种可区分为两个亚种。

时代　早泥盆世埃姆斯期 *excavatus* 带至 *inversus* 带。

凹穴多颚刺凹穴亚种　*Polygnathus excavatus excavatus* Carls and Gandle, 1969

（图版62，图1—4）

1969 *Polygnathus webbi excavata* Carls and Gandle, pp. 193—195, pl. 18, fig. 11 (holotype); pl. 18, figs. 10, 12—13.

1969 *Polygnathus linguiformis foveolata* Philip and Jackson. – Carls and Gandle, p. 196, pl. 18, figs. 14—16, 19 (only).

1969 *Polygnathus linguiformis dehiscens* Philip and Jackson. – Philip and Jackson, pl. 2, figs. 1—3 (only).

1975 *Polygnathus dehiscens* Philip and Jackson. – Klapper and Johnson, pp. 72—73, pl. 1, figs. 7—8 (= *Po. webbi excavata*, holotype), figs. 15—16.

1990 *Polygnathus dehiscens* Philip and Jackson. – Nasedkina and Snigireva, pl. 14, fig. 1.

2000 *Polygnathus excavatus grongbergi* Klapper and Jackson. –王成源等，图版1，图3a—b，7a—b。

特征　P分子的基腔深而大，基腔后方无翻转，侧缘（flanks）在后端封闭；近脊沟发育不等，齿脊靠近内齿台边缘。

附注　*Polygnathus excavatus excavatus* 与 *Po. e. grongbergi* 的主要区别是后者的基腔

后方有轻度的翻转。

产地层位 广西武宣绿峰山，下泥盆统二塘组上伦白云岩；新疆乌恰县萨瓦亚尔顿金矿，下泥盆统上部。

凹穴多颚刺格罗贝格亚种 *Polygnathus excavatus gronbergi* Klapper and Johnson, 1975

（图版62，图5—7）

1975 *Polygnathus gronbergi* Klapper and Johnson, p. 73, pl. 1, figs. 17—18, 21—22 (holotype), 27—28 (only).

1983 *Polygnathus dehiscens→Polygnathus gronbergi.* - Klapper and Johnson, pl. 1, figs. 9—12.

1984 *Polygnathus dehiscens* Philip and Jackson. - Bultynck, pp. 61—62, pl. 11, figs. 1—6, 10—11, 13 (only).

1979 *Polygnathus gronbergi* Klapper and Johnson. - Lane and Ormiston, p. 61, pl. 6, figs. 6—7, 13.

1980 *Polygnathus dehiscens* Philip and Jackson. - Bultynck and Hollard, p. 42, pl. 2, fig. 5.

1983 *Polygnathus dehiscens* Philip and Jackson. - Wang and Ziegler, pl. 5, fig. 1.

1989 *Polygnathus gronbergi* Klapper and Johnson. - 王成源，112—113页，图版29，图1—2；图版30，图1。

2000 *Polygnathus excavatus grongbergi* Klapper and Jackson. - 王成源等，图版1，图2a—b。

特征 *Polygnathus excavatus gronbergi* 的P分子具有相当大的基腔，占据齿台反口面宽的皱边以外的大部分，基腔至少在后端是上翻的。齿台后方中等程度的偏转，具有短的断续的横脊。齿台外缘向内偏转，呈缓曲的弧形。

比较 *Polygnathus e. gronbergi* 的P分子的基腔后方有中等程度的上翻，至少是轻微的上翻，不同于 *P. kitabicus* 的反口面；一般来说，*P. kitabicus* 的P分子的基腔要宽些，由 *P. e. gronbergi* 演化出 *P. laticostatus*，但后者具有小的基穴而不是较大的基腔。

附注 此种的时限是早埃姆斯期，层位高于 *P. kitabicus*，低于 *P. inversus*，与 *P. nothoperbonus* 一致。在广西与 *P. nothoperbonus* 同层，但数量较 *P. nothoperbonus* 少。

产地层位 广西武宣绿峰山，下泥盆统二塘组上伦白云岩 *nothoperbonus* 带；云南文山菖蒲塘；新疆乌恰县萨瓦亚尔顿金矿，下泥盆统上部。

高脊多颚刺 *Polygnathus excelsacarinata* Wang, 1989

（图版64，图1—2）

1989 *Polygnathus excelsacarinata* Wang, nov. sp. - 王成源，110页，图版38，图6—7。

特征 齿台小，长为刺体长的一半，最大宽度在中部，轮廓呈卵圆形；齿台表面光滑，边缘微微向上，近脊沟浅。前齿片直，具有4个相对粗而扁的细齿。固定齿脊在齿台中部，很高，完全愈合，从前向后延伸为齿台长的3/4。固定齿脊后缘与口缘和齿台几乎成直角。整个固定齿脊呈高墙状。齿台后1/4部分无齿脊，微凹，与近脊沟相通，呈"U"字形包围固定齿脊。反口面凸，基穴极小，不易辨认。自由齿片底缘比齿台反口缘低。

比较 此种以固定齿脊高、后缘与齿台垂直为特征，不同于 *Polygnathus* 的已知种。

产地层位 广西靖西三联，上泥盆统法门阶。

巨叶多颚刺 *Polygnathus extralobatus* Schäffer, 1976

（图版77，图8—11）

1976 *Polygnathus extralobatus* Schäffer, pp. 143—144, pl. 1, figs. 16—17, 23—26.

1979 *Polygnathus extralobatus* Schäffer. - Sandberg and Ziegler, p. 188, pl. 5, fig. 11.

1993 *Polygnathus extralobatus* Schäffer. – Ji and Ziegler, p. 79, text-fig. 19, fig. 6.

特征　刺体强烈不对称。齿台前方边缘收缩，近于平行，边缘上翻；齿台后方膨大，外齿台明显比内齿台宽大，膨大成半圆形。齿脊直达齿台后端，微向内弯。齿台上横脊发育并与齿脊垂直。基腔小，位于齿台中部与齿台前端之间。

附注　此种与 *Polygnathus obliquicostatus* 的区别是它有强烈不对称的矛形齿台，外齿台横向膨大，齿台前方边缘上翻。

产地层位　广西宜山拉力，上泥盆统五指山组（?）。此种的时限为晚泥盆世早 *expansa* 带到晚 *expansa* 带。

叶形多颚刺　*Polygnathus foliformis* Snigireva, 1978

（图版62，图10—13）

1978 *Polygnathus foliformis* Snigireva. – Sokolov *et al.*, pl. 78, figs. 1, 4, 7, 10.

1987 *Polygnathus foliformis* Snigireva. – 熊剑飞，图版1，图2，5。

1980 *Polygnathus foliformis* Snigireva. – 熊剑飞（见鲜思远等），92 页，图版25，图1—4，15—16，21—22，25—26。

特征　个体小，齿台不对称，向内弯。内齿台窄而短，外齿台长而宽并向外后方膨大。齿台上有短的肋脊；齿台末端尖，有小的横脊；齿台边缘可有微弱的锯齿化。基腔小，位于齿台的前部，龙脊发育。自由齿片短。

产地层位　贵州普安罐子窑，下泥盆统最顶部罐子窑组；广西德保钦甲隆林含山，下—中泥盆统平恩组。

虚假多颚刺　*Polygnathus fallax* Helms and Wolska, 1967

（图版64，图6）

1975 *Polygnathus fallax* Helms and Wolska, 1967. – Ziegler (ed.), *Catalogue of Conodonts*, vol. Ⅷ, p. 281, text-figs. a—b.

特征　*Polygnathus* 的一个种，自由齿片短，齿脊低，齿台窄而平，齿台上有纤细的瘤齿，其在齿台前方呈横脊状。

比较　与 *Polygnathus lagowiensis* 相比，此种的齿台相对较窄，较向前伸，后者的齿台也没有发育的横脊。*Polygnathus pennatulus* Ulrich and Bassler 与此种的不同之处在于其齿台向前伸，逐渐延伸到齿台的最前端。

产地层位　此种的时限为晚泥盆世法门期早 *marginifera* 带。在中国尚未发现此种。

虚假多颚刺（亲近种）　*Polygnathus* aff. *fallax* Helms and Wolska, 1967

（图版64，图5）

aff. 1967 *Polygnathus fallax* sp. nov. – Helms and Wolska, text-fig. 3.

1979 *Polygnathus* aff. *fallax* Helms and Wolska. – Kononova, pl. 1, fig. 18.

1989 *Polygnathus* aff. *fallax* Helms and Wolska. – 王成源，110 页，图版39，图5。

特征　自由齿片较宽，其长度为刺体长的1/3。齿台厚，不对称，前方宽，具有横脊，而后方尖，具有瘤齿。固定齿脊高，由完全愈合的细齿构成。齿台后方向下弯。

附注　当前标本齿台前方宽，固定齿脊高，不同于典型的 *P. fallax*，但其齿台上的装饰与 *P. fallax* 的一致。当前标本与 Kononova 的乌拉尔的标本相似。当前标本在齿台形态上似 *Polygnathus lagowiensis* helms and Wolska, 1967，但后者齿台前方缺少横脊。

已知此种在德国和乌拉尔均见于下 *P. marginifera* 带。

产地层位　广西武宣三里，上泥盆统三里组下 *marginifera* 带。

秘密多颚刺 *Polygnathus furtivus* Ji, 1986

（图版64，图7；插图34）

1986 *Polygnathus furtivus* Ji. –季强，48页，图版7，图13—15；插图8。

特征 齿台不对称，近于三角形，口面为不规则的横脊和瘤肋纹饰。内齿台前缘超出外齿台前缘，几乎延伸达前齿片前端。齿脊低矮，微微内弯，延伸到齿台后端。反口面基腔小，稍不对称；龙脊发育。前齿片粗壮，其长度为齿台长的1/2，横断面呈菱形，由较粗的细齿组成。

附注 此种以齿台不对称、口面纹饰不规则、前齿片短而粗壮为特征而区别于其他种。

产地层位 广西象州马鞍山，巴漆组上部。此种的时限为晚泥盆世早期 *M. asymmetrica*带。

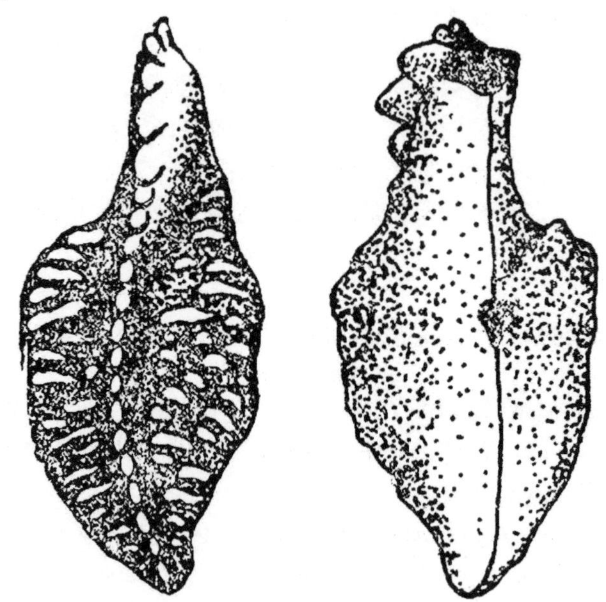

插图34 秘密多颚刺 *Polygnathus furtivus* Ji，1986 正模标本形态构造，口视和前视（据季强，1986，43页，插图8）

Text-fig. 34 *Polygnathus furtivus* Ji, 1986, holotype, oral and aboral views (after Ji, 1986, p. 43, text-fig. 8)

吉尔伯特多颚刺 *Polygnathus gilberti* Bardashev, 1986

（图版77，图7）

1986 *Polygnathus gilberti* Bardashev, pp. 59—60, pl. 5, figs. 17—18.

1992 *Polygnathus gilberti* Bardashev. – Bardashev and Ziegler, pl. 6, figs. 1—4, 6—11, 22.

2002 *Linguipolygnathus gilberti* (Bardashev). – Bardashev *et al.*, p. 422, text-figs. 10, 15, 29.

2013 *Polygnathus gilberti* Bardashev. –卢建峰，315页，图版Ⅰ，图6—7。

特征 自由齿片短，细齿扁平、愈合。齿台后1/3侧弯，中部没有强烈外弯。齿台前方近脊沟较深，向后逐渐加宽。固定齿脊两侧近脊沟窄而浅。前方内外齿台有横脊，齿台边缘不平行。齿脊与齿台边缘近于等高。齿舌发育，具有连续的横脊。反口面基腔及基底凹窝相当大，基底凹窝位于龙脊强烈偏转的前方。

比较　*Polygnathus gilberti* 与 *P. laticostatus* 有些相似，但前者齿台后方的齿舌有连续的横脊，而后者齿台后方的横脊多不连续。此种与 *Polygnathus inversus* 的区别在于它的齿台较宽，齿台前部 2/3 内外缘不平行。

产地层位　广西天等把荷剖面，上埃姆斯阶。此种的时限为早泥盆世埃姆斯期。

光滑多颚刺　*Polygnathus glaber* Ulrich and Basser, 1926

特征　刺体小的 *Polygnathus* 的一个种，齿台小，口面光滑，基穴后有龙脊而无凹陷。

光滑多颚刺双叶亚种　*Polygnathus glaber bilobatus* Ziegler, 1962

（图版 64，图 8—11）

1959 *Polygnathus glabra* Helms, pl. 5, figs. 3—4.

1962 *Polygnathus glaber bilobatus* Ziegler, pp. 89—90, pl. 10, figs. 4—5, 16—17, 21.

1967 *Polygnathus glaber bilobatus* Ziegler. – Wolska, p. 413, pl. 15, figs. 4—6.

1970 *Polygnathus glaber bilobatus* Ziegler. – Seddon, pl. 18, fig. 13.

1970 *Polygnathus glaber bilobatus* Ziegler. – Olivier, pp. 123—124, pl. 21, figs. 6—7.

1989 *Polygnathus glaber bilobatus* Ziegler. – 王成源，111 页，图版 38，图 8，13。

1998 *Polygnathus glaber bilobatus* Ziegler. – 王成源，356 页，图版 3，图 3—4。

特征　齿台前半部明显膨大，后方尖；齿台平，无近脊沟；齿台有时不对称。自由齿片为刺体长的一半。

附注　*Polygnathus glaber binodosa* 齿台前半部突然膨大而不同于 *P. glaber glaber*。

产地层位　广西那坡三叉河，上泥盆统三里组；新疆皮山县神仙湾，上泥盆统。此种的时限为法门期早 *marginifera* 带到早 *trachytera* 带。

光滑多颚刺光滑亚种　*Polygnathus glaber glaber* Ulrich and Bassler, 1926

（图版 65，图 1，5—6）

1926 *Polygnathus glaber* Ulrich and Bassler, p. 46, pl. 7, fig. 13.

1955 *Polygnathus glaber* Ulrich and Bassler. – Sannemann, pl. 3, fig. 14.

1967 *Polygnathus glaber glaber* Ulrich and Bassler. – Wolska, p. 413, pl. 15, fig. 1.

1970 *Polygnathus glaber* Ulrich and Bassler. – Seddon, pl. 18, figs. 16—17.

1970 *Polygnathus glaber glaber* Ulrich and Bassler. – Olivier, pp. 122—123, pl. 21, figs. 1—5.

1986 *Polygnathus glaber glaber* Ulrich and Bassler. – 季强和刘南瑜，174 页，图版 1，图 11—14。

1988 ? *Polygnathus glaber* cf. *glaber* Ulrich and Bassler. – 熊剑飞等，329 页，图版 132，图 7。

1989 *Polygnathus glaber glaber* Ulrich and Bassler. – 王成源，111 页，图版 38，图 9。

1993 *Polygnathus glaber glaber* Ulrich and Bassler. – Ji and Ziegler, p. 79, pl. 36, figs. 7—9; text-fig. 21, fig. 11.

特征　齿台小，口面光滑，箭头形，后端尖；自由齿片约为齿台长的一半；近脊沟较深。

附注　*Polygnathus glaber glaber* 基穴后方隆起，而 *Neopolygnathus communis* 的基穴之后为一椭圆形的凹陷。齿台光滑后端尖是此亚种的重要特征。*Polygnathus glaber medius* Helms and Wolska 的齿台前方向上凸起，前槽缘向前下方斜伸，而 *Polygnathus glaber binobatus* 齿台前半部膨大。Ziegler（1962，89 页）给出的此亚种的时限是下 *P. crepida*带至上 *P. marginifera* 带。

产地层位　广西宜山拉力，上泥盆统五指山组；那坡三叉河，上泥盆统三里组；鹿寨寨沙，上泥盆统五指山组；四川龙门山，上泥盆统茅坝组。此亚种的时限为法门期晚 *rhomboidea* 带到早 *trachytera* 带。

光滑多颚刺中间亚种 *Polygnathus glabra medius* Helms and Wolska, 1967

（图版64，图12—17；图版65，图2—4）

1962 *Polygnathus glabra glabra* Ulrich and Bassler. – Ziegler, pl. 10, figs. 18—20.

1966 *Polygnathus glabra glabra* Ulrich and Bassler. – Glenister and Klapper, pl. 94, figs. 5—6.

1967 *Polygnathus glabra medius* Helms and Wolska, p. 133, text-fig. 4.

1986 *Polygnathus glabra medius* Helms and Wolska. – 季强和刘南瑜，174页，图版1，图15—16。

1989 *Polygnathus glabra medius* Helms and Wolska. – 王成源，11—12页，图版38，图10—12。

1993 *Polygnathus glabra medius* Helms and Wolska. – Ji and Ziegler, pp. 79—80, pl. 36, figs. 1—6; text-fig. 21, fig. 13.

特征 *Polygnathus glaber* 的亚种，在生长中心齿台微微偏转并向内侧倾斜。齿脊由分离的瘤齿组成。龙脊明显，基穴小。自由齿片较高，在基穴之后的齿台上方表面较平。前槽缘向前倾斜。

附注 此亚种的时代为法门期 *P. marginifera* 带。

产地层位 广西宜山拉力，上泥盆统五指山组；武宣三里，上泥盆统三里组；鹿寨寨沙，上泥盆统五指山组；那坡三叉河，上泥盆统三里组。此亚种的时限为法门期早 *marginifera* 带到晚 *marginifera* 带。

广西多颚刺 *Polygnathus guangxiensis* Wang and Ziegler, 1983

（图版62，图14—17）

1983 *Polygnathus guangxiensis* n. sp. – Wang and Ziegler, p. 89, pl. 6, figs. 23—24.

1989 *Polygnathus guangxiensis* Wang and Ziegler. – 王成源，113页，图版35，图5—8。

特征 齿台拱曲，内弯；自由齿片短，但很高，由少数几个愈合的细齿组成。其底缘向下伸，前缘直立或向下倾。齿脊一直延伸到齿台后端或接近齿台后端，由低的瘤齿组成。外齿台较之内齿台略宽，齿台上布满均匀分布的肋脊，齿台最大宽度位于近齿台中前部。近脊沟较发育，浅平。在齿台前方，齿脊两侧前槽缘向前倾。

比较 *Polygnathus guangxiensis* 与 *Polygnathus kluepfeli*, *P. latus*, *P.* n. sp. M. Klapper, 1980, *P.* sp. A. Druce, 1969 在齿台装饰上均有相似的肋脊。*P. guangxiensis* 以短而宽的自由齿片区别于 *P. kluepfeli* 和 *P. latus*；*P.* sp. A. Druce 齿台强烈拱曲，齿台后半部齿脊不发育，前半部前倾，亦不同于 *P. guangxiensis*。*P. guangxiensis* 无疑与 *P.* n. sp. M. Klapper 最相似，但后者的自由齿片从图版上难以判断，似乎并不是很高；在层位上，后者仅见于 *P. x. ensensis* 带；Klapper（1980，103页）认为它来自 *P. trigonicus*，而 *P. guangxiensis* 的层位较低，为 *P. c. costatus* 带至 *T. k. kockelianus* 带，因此，两者的关系还待进一步研究。

产地层位 广西德保都安四红山，中泥盆统分水岭组 *P. c. costatus* 带至 *T. k. kockelianus* 带；崇左那艺，中泥盆统。

观雾山多颚刺 *Polygnathus guanwushanensis* Tian, 1988

（图版65，图7—9）

1988 *Polygnathus guanwushanensis* Tian sp. nov. – 熊剑飞等，329，图版129，图4，7—8。

特征 齿台对称，椭圆形；齿台较平，口面布满瘤齿。自由齿片极短或无自由齿片。齿脊低，等高，由愈合的瘤齿组成，齿脊末端直到齿台后端。齿台后部均匀收缩，最大宽度在齿台中部。反口面龙脊发育，直到齿台后端。基腔很小，位于齿台反口面中前部。

比较　此种与无自由齿片的 *Polygnathus alveoliposticus* Orr and Klapper, 1968 的区别在于后者的瘤齿粗壮，并呈横向排列趋势，基腔位于齿台中后部。此种与无自由齿片的 *Polygnathus ancyrognathoides* Ziegler, 1958 的区别在于后者的齿台窄，表面光滑。

产地层位　四川龙门山，中泥盆统观雾山组。

半柄多颚刺　*Polygnathus hemiansatus* Bultynck, 1987

（图版 77，图 15—21）

1980 *Polygnathus* aff. *ansatus* Ziegler and Klapper, 1976. - Bultynck and Hollard, p. 42, pl. 5, fig. 18; pl. 6, figs. 2—4.

1985 *Polygnathus ansatus* Ziegler and Klapper, early morphotype. - Bultynck, p. 269, pl. 6, figs. 19—20.

1986 *Polygnathus hemiansatus* sp. nov. - Bultynck, pl. 7, figs. 16—27; pl. 8, figs. 1—7.

1987 *Polygnathus ansatus* Ziegler and Klapper. - Garcia-Lopez, pp. 86—87 (part), pl. 11, fig. 23; pl. 12, figs. 1—6, 9; non pl. 12, figs. 7—8, 10—13.

1994 *Polygnathus hemiansatus* Bultynck. - Bai *et al.*, p. 178, pl. 21, figs. 7—10 (?); pl. 22, figs. 5—8.

特征　齿台在外齿台前 1/3 处的外膝曲点强烈收缩，而该膝曲点之后的齿台边缘明显向外凸出。齿台外前槽缘强烈地向外弓曲；齿台内边缘几乎是直的，内前槽缘没有向外弓曲，在膝曲点之前有锯齿，内前槽缘陡直向下。两个膝曲点一般不对称。两个前槽缘与齿片的连接点位置有些不同。齿台上有瘤齿或齿脊装饰。自由齿片为刺体长的一半或稍长些，由近于等长的细齿组成。

附注　*P. hemiansatus* 与 *P. ansatus* 的区别在于前者的齿台内边缘几乎是直的，内前槽缘也不向外弓曲。*P. timorensis* 齿台装饰较少，齿台轮廓箭头状，近脊沟深，不同于 *P. hemiansatus* 较纤细的形态类型。此种是吉维特阶底界的定义种，它的首次出现就是吉维特阶的开始。Bai 等（1994，图版 7，图 7—10）图示的标本可能不是此种。

产地层位　广西德保县四红山剖面，中泥盆统“分水岭组”中部，样品 CD407 (Bultynck, 1987, 8 页，图 5).

欣德多颚刺　*Polygnathus hindei* Mashkova and Apekina, 1980

（图版 73，图 15；图版 74，图 1）

1994 *Polygnathus hindei* Mashkova and Apekina. - Yolkin *et al.*, pl. 1, fig. 9.

特征　*Polygnathus* 的一个种，其 P 分子齿台平，较宽，左右不对称。齿脊在整个齿台上延伸。齿片高，自由齿片与固定齿脊长度之比为 1∶1。齿台前方瘤齿低，后方瘤齿较粗大，齿台边缘具有纵向排列的圆瘤齿。内齿台边缘缓慢弯曲，外齿台边缘缓慢折曲，弧度较大。齿脊达齿台后端，但齿脊瘤齿分离。近脊沟宽而平，有分散的小瘤齿。基腔不对称，其长度为刺体长的 2/3，齿沟明显。

附注　此种的所谓晚期类型（Yolkin, 1989）现已归入 *Polygnathus sololovi*，见后者的附注。

产地层位　此种广泛分布于大洋洲的澳大利亚、欧洲、北美洲及亚洲。在中国的广西地区，此种存在于六景的那高岭组和南宁附近的那高岭组。

不等高多颚刺 *Polygnathus imparilis* Klapper and Lane, 1985

（图版78，图1—7）

1985 *Polygnathus imparilis* Klapper and Lane, p. 940, pl. 20, figs. 9—15.

1993 *Polygnathus imparilis* Klapper and Lane. – Ji and Ziegler, p. 80, text-fig. 18, fig. 12.

特征 右齿台前缘总是比左齿台前缘高。近脊沟向前方加深并延伸到齿台后方，但不到齿台后端。齿脊长度多变，但大于齿台长的3/4。齿台上饰有与齿脊垂直的横向齿脊。

附注 与 *Polygnathus planarius* 相比，*Polygnathus imparilis* 的近脊沟向前加深、加宽，向后延伸较长；外近脊沟常比内近脊沟宽；右齿台前缘高。*P. imparilis* 与 *P. churkini* Savage and Funai, 1980 的区别是后者的横脊总是与齿脊斜交而不是垂直，近脊沟向前方更发育。

产地层位 广西宜山拉力，上泥盆统老爷坟组（?）。此种的时限为弗拉期 *punctata* 带内到晚 *rhenana* 带。

无饰多颚刺 *Polygnathus inornatus* E. R. Branson, 1934

（图版78，图8—9）

1982 *Polygnathus inornatus* E. R. Branson. – Wang and Ziegler, pl. 1, figs. 21a—c.

1987 *Polygnathus inornatus* E. R. Branson. –季强，图版Ⅲ，图9—10。

特征 刺体较长，自由齿片短，其前方细齿较高。齿脊直，由密集的细齿组成，一直延伸到齿台后端。齿台不对称，外齿台前半部的上缘比内齿台的上缘高得多。齿台前半部口视两侧缘平行，向后逐渐收缩。反口面龙脊高，基腔中等大小，位于中前部。

产地层位 湖南邵东县界岭，上泥盆统邵东组；江华，上泥盆统孟公坳组。

无饰多颚刺（比较种） *Polygnathus* cf. *inornatus* E. R. Branson, 1934

（图版78，图10）

1982 *Polygnathus inornatus* E. R. Branson. – Wang and Ziegler, pl. 1, figs. 21a—c.

2010 *Polygnathus* cf. *inornatus* E. R. Branson, 1934. –张仁杰等，49—50页，图版Ⅰ，图10—12。

特征 刺体较长，自由齿片短。齿脊直，由密集的、愈合的细齿组成，一直延伸到齿台后端。齿台不对称，外齿台前半部的上缘比内齿台的上缘高。齿台前半部口视两侧缘近平行，向后逐渐收缩。反口面龙脊高，基腔中等大小，位于中前部。

附注 *Polygnathus inornatus* 一种见于晚泥盆世最晚期至早石炭世早期。当前标本保存不好，细齿与齿台表面特征不清，暂作比较种。

产地层位 海南岛白沙县金波乡金波老村，下石炭统南好组第二段中上部。当前标本与本书描述的 *Siphonodella levis* 产于同一样品（LJB-2），时代为早石炭世最早期。

翻多颚刺 *Polygnathus inversus* Klapper and Johnson, 1975

（图版61，图6—8）

1956 *Polygnathus linguiformis* Hinde. – Ziegler, pp. 103—104, pl. 7, figs. 11—12, 19—20 (non figs. 15—18 = *Polygnathus linguiformis linguiformis* Hinde α morphotype Bultynck).

1967 *Polygnathus linguiformis linguiformis* Hinde. – Philip and Jackson, p. 1264, figs. 2b—c.

1969 *Polygnathus foveolatus* Philip and Jackson. – Klapper, pp. 13—14, pl. 6, figs. 19—30.

1974 *Polygnathus perbonus perbonus* (Philip) (late form). – Klapper, in Perry *et al.*, p. 1089, pl. 8, figs. 1—8.

1975 *Polygnathus inversus* Klapper and Johnson, p. 73, pl. 3, figs. 15—39.

1989 *Polygnathus inversus* Klapper and Johnson. －王成源，113 页，图版 29，图 5—6。

特征 *Polygnathus* 的 P 分子有一个相当大的基穴，位于龙脊向内强烈折曲的前方。基腔后方全部翻转。齿台前方外缘大约与齿脊和内缘等高，宽而深的近脊沟将外齿台与齿脊分开。

比较 与 *Polygnathus inversus* 的 P 分子相比，*Polygnathus serotinus* 的 P 分子的外齿台呈凸缘状，明显高于齿脊和内齿台，有些 *P. inversus* 反口面的基穴外缘有一不发育的陆棚状突伸（shelf），表明 *P. serotinus* 由 *P. inversus* 演化而来。*P. perbonus* 有小至中等大小的基腔，而不是基穴；*Polygnathus linguiformis linguiformis* 的基穴比 *P. inversus* 的基穴明显向前。此种为 *P. inversu* 带的带化石，仅上限与 *P. serotinus* 有些重叠。

产地层位 广西象州大乐，下泥盆统四排组 *inversus* 带；云南文山菖蒲塘。

年青多颚刺 *Polygnathus juvensis* Stauffer, 1940

（图版 78，图 11—13）

1940 *Polygnathus juvensis* Stauffer, p. 429, pl. 60, figs. 26—28, 34—35, 41.

1995 *Polygnathus juvensis* Stauffer. －沈建伟，261—262 页，图版 2，图 20—22。

特征 自由齿片长而薄，由 11 个愈合的长细齿组成。固定齿脊低矮，一直延伸到齿台后端，亦由愈合的瘤齿组成。齿台小，不对称；内外齿台大小不等，表面光滑。反口面基腔小，基腔之后龙脊发育。

讨论 此种的重要特征是齿台小，不对称，内外齿台大小不等。

产地层位 广西桂林灵川县岩山圩乌龟山，中—上泥盆统付合组 *hermanni—cristatu* 带顶部至 *disparilis* 带。

肯德尔多颚刺 *Polygnathus kindali* Johnson and Klapper, 1981

（图版 66，图 9）

1975 *Polygnathus* sp. A. －Klapper and Johnson, p. 75, pl. 3, figs. 3—7, 11—14.

1979 *Polygnathus* n. sp. －Klapper and Johnson. －Uyeno and Mayr, p. 238, pl. 38, figs. 37—38.

1979 *Polygnathus* sp. A. Klapper and Johnson. －Klapper, in Johnson *et al.*, pl. 4, figs. 1—3.

1980 *Polygnathus kindali* Johnson and Klapper. － Klapper and Trojan, pp. 1243—1245, pl. 2, figs. 5—7.

1983 *Polygnathus kindali* Johnson and Klapper. －Wang and Ziegler, pl. 6, fig. 13.

1989 *Polygnathus kindali* Johnson and Klapper. －王成源，114 页，图版 31，图 1—2。

特征 在龙脊向内弯曲点的前方有一小的基穴，在基穴的外侧和后侧有小的、不对称的陆棚状的突伸。凸缘状的前外侧边缘比齿脊和内边缘高，并被宽而深的近脊沟将边缘与齿脊分开。

比较 *Polygnathus* sp. A 比较接近 *Polygnathus serotinus*，但基穴位置比后者的朝前，陆棚状突伸不甚突出，不对称，基穴后龙脊向内弯曲不太强烈，前方外缘也不及后者高。此外，*Polygnathus* sp. A 的外齿台与齿舌呈弧状连接并向外侧突伸，齿舌短。

产地层位 广西德保都安四红山，下—中泥盆统坡折落组 *serotinus* 带。

基塔普多颚刺 *Polygnathus kitabicus* Yolkin, Weddige, Isokh and Erina, 1994

（图版 73，图 11—12）

1972 *Polygnathus lenzi* Klapper. －Uyeno, in McGregor and Uyeno, pl. 5, figs. 10—12.

1975 *Polygnathus dehiscens* Philip and Jackson. – Klapper and Johnson, pp. 72—73, pl. 1, fig. 1, 6, 13—14 (only); non pl. 1, figs. 7—8 (= *Po. excavatus*, holotype, pl. 1, figs. 15—16 (=? *Po. excavatus*)).

1977 *Polygnathus dehiscens* Philip and Jackson. – Lane and Ormiston, p. 62, pl. 5, figs. 27, 37.

1980 *Polygnathus gronbergi* Klapper and Johnson. – Mashkova and Sobolev, pl. 1, figs. 5—6.

1985 *Polygnathus dehiscens* Philip and Jackson. – Savage *et al.*, pl. 1, figs. 27—28.

1988 *Polygnathus dehiscens* Philip and Jackson. – Yolkin and Isokh, pp. 6—8, pl. 1, figs. 1—2.

1991 *Polygnathus pireneae* Boersma. – Uyeno, pl. 1, figs. 21—22.

1994 *Polygnathus kitabicus* sp. nov. – Yolkin *et al.*, pp. 149—150, pl. 1, figs. 1—4.

特征 *Polygnathus* 的一个种，其 P 分子的齿台后方微微向内弯，齿台口面向后变平，向前有微弱的浅的近脊沟。基腔深而大，侧边陡，达齿台反口面边缘，其顶尖开放。早期分子的前齿台外边缘比之内边缘向前些，内外齿台的前缘不在同一位置；晚期分子的内外齿台的前缘在同样的位置与自由齿片锐角相交。基腔底缘与齿台宽度相近，口视不见基腔外缘超过齿台宽度。

附注 中亚埃姆斯期早期的演化系列是 *Polygnathus kitabicus*→*Po. e. excavata*→*Po. e. granbergi*→*Po. perbonus*→*Po. nothoperbonus*→*Po. inversu*。早期的 *Polygnathus* 的演化趋向是：①基腔由深到浅，再到翻转；②齿台表面由平的到有发育的近脊沟；③齿台后端由阻断横脊到半横脊再到弯曲的横脊，齿舌向内弯曲的角度也逐渐增强。Yolkin 等（1994）认为，以前鉴定为 *Polygnathus dehiscens* 的标本只是 *P. kitabicus* 的晚期类型，但 *P. dehiscens* 的正模的基腔是平的（原文描述），齿舌有发育的横脊，向内弯曲明显，这些特征表明它远比 *perbonus* 进化得多，可能已到了 *perbonus* 或 *nothoperbonus* 的演化阶段；由于正模标本的基腔充满了充填物，无法确定它的基腔特征，*P. dehiscens* 不能再作为定义种，甚至独立的种。Yolkin 等（2011，图 1）已将 *P. dehiscens* 作为上埃姆斯阶开始的标志，归为 *P. nothoperbonus* 带的分子。

产地层位 中国至今没有发现典型的 *P. ktabicus* 分子。在广西六景下泥盆统郁江组石洲段底部发现的 *P. pireneae*（王成源，1989a，图版 29，图 15），卢建峰（2015，手稿）认为是 *P. kitabicus*，但此标本缺少近脊沟，齿台前部平，齿脊也不发育，呈线状，显然应归入 *P. pireneae*。新疆乌恰县萨瓦亚尔顿金矿埃姆斯期早期的标本可疑。

克勒普菲尔多颚刺 *Polygnathus kleupfeli* Wittekindt, 1966

（图版 78，图 14—16）

1966 *Polygnathus kleupfeli* Wittekindt, pl. 2, figs. 1—5.

1994 *Polygnathus kleupfeli* Wittekindt. – Bai *et al.*, p. 178, pl. 19, figs. 11—13.

特征 齿台微微拱曲，自由齿片短，齿台前后端逐渐收缩变尖，齿台中部最宽。齿脊较高，延伸到齿台后端，齿台两侧有圆的瘤齿或呈短的横脊状。

产地层位 广西崇左那艺、横县六景，中泥盆统吉维特阶 *hemiansatus* 带至 *varcus* 带。

拉戈威多颚刺 *Polygnathus lagowiensis* Helms and Wolska, 1967

（图版 66，图 1）

1967 *Polygnathus lagowiensis* Helms and Wolska, text-fig. 5.

1988 *Polygnathus lagowiensis* Helms and Wolska. – 熊剑飞等，329 页，图版 133，图 8。

特征 齿台柳叶形，后方尖，齿台两侧具有粗壮的形态不规则的瘤齿。自由齿片前方高后方低。齿脊两侧近脊沟较宽，光滑无饰；齿脊由愈合的瘤齿组成，直达齿台后端，皱边较宽。基腔位于齿台中前部。

比较　当前标本与正模标本的不同之处在于其基腔呈心形，其余特征一致。

产地层位　四川龙门山，上泥盆统沙窝子组。

矛瘤多颚刺 *Polygnathus lanceonodosus* Shen, 1982

（图版66，图2）

1982 *Polygnathus lanceonodosus* Shen. – 沈启明，48页，图版2，图9。

1983 *Polygnathus semismoothi* sp. nov. – 赵锡文和左自壁，64页，图版3，图20。

特征　自由齿片短。整个齿台呈矛形。齿台厚而长，前方微收缩，两边缘上翻，近于平行。近脊沟明显，中部宽，向后逐渐收缩。固定齿脊由低矮的瘤齿愈合而成，一直延伸到齿台后端。齿台上布满小的瘤齿，齿台内前边缘有微弱的横脊。龙脊锐利，基腔小，位于齿台前1/4处；基腔仅后部下凹。

比较　此种齿脊直达齿台后端，不同于 *Polygnathus elongonodosus*，后者齿脊仅限于齿台前部，横脊发育。赵锡文和左自壁的新种应归入此种。

产地层位　湖南邵阳白仓，上泥盆统锡矿山组 *P. crepida* 带；湖南武岗县倪家湾，上泥盆统锡矿山组下部。

宽肋多颚刺 *Polygnathus laticostatus* Klapper and Johnson, 1975

（图版66，图3—5）

1956 *Polygnathus webbi* Stauffer. – Ziegler, p. 104, pl. 7, figs. 13—14.

1966 *Polygnathus linguiformis* Hinde. – Clark and Ethington, pp. 683—684, pl. 84, fig. 7 (non fig. 9 = *P. linguiformis linguiformis* Hinde γ morphotype Bultynck).

1974 *Polygnathus faveolatus* Philip and Jackson. – Lutke, p. 203, text-fig. 4, figs. 1—2 (non fig. 3 = *P. gronbergi* Klapper and Johnson, 1975).

1974 *Polygnathus* cf. "*webbi*" sensu Bischoff and Ziegler. – Lutke, p. 203, text-fig. 4, figs. 14—15.

1975 *Polygnathus laticostatus* Klapper and Johnson, p. 74, pl. 1, figs. 20—33.

1989 *Polygnathus laticostatus* Klapper and Johnson. – 王成源，114页，图版30，图2；图版31，图1。

1994 *Polygnathus laticostatus* Klapper and Johnson. – Bai *et al.*, p. 179, pl. 22, fig. 10.

特征　*Polygnathus laticostatus* 的P分子有相当大的基穴，位于龙脊向内偏转的前方，基穴后方的基腔全部翻转。齿脊两侧有窄的近脊沟，近脊沟侧旁有宽的横脊，齿脊通常不达后端。

比较　当前标本的基腔较之典型的 *P. laticostatus* 的基腔朝前些，可能为 *P. laticostatus*的比较种。*Polygnathus laticostatus* 的P分子与 *P. costatus* 的P分子相比基穴较大，位置向后，横脊横过后方的齿台，而在 *P. costatus* 中没有这样的横脊。*P. inversus* 的P分子齿台窄，宽而深的近脊沟将齿台前外边缘与齿脊分开，这与*P. laticostatus*窄而靠近齿脊的近脊沟不同。此种分布在广西 *P. inversus* 带内，但数量极少。

产地层位　广西那坡三叉河，下泥盆统达莲塘组 *inversus* 带。

宽沟多颚刺 *Polygnathus latiforsatus* Wirth, 1967

（图版65，图14—17）

1967 *Polygnathus latiforsatus* Wirth, pl. 22, figs. 17—19; pl. 23, fig. 11; text-figs. c—k.

1982 *Polygnathus latiforsatus* Wirth. －白顺良，58 页，图版 9，图 12—13。
1986 *Polygnathus latiforsatus* Wirth. －季强，43 页，图版 15，图 14—17。
1988 *Polygnathus latiforsatus* Wirth. －熊剑飞等，329 页，图版 132，图 1。
1994 *Polygnathus latiforatus* Wirth. －Bai *et al.*，p. 179，pl. 22，fig. 10.
1995 *Polygnathus latiforatus* Wirth. －沈建伟，262 页，图版 2，图 1—2。

特征 齿台窄，长约为刺体长的 1/2，齿台边缘有小瘤齿。齿脊长，直达齿台后端，由愈合的瘤齿组成。齿台后端尖。反口面基腔大，位于齿台前端，宽度为齿台宽的一半到与齿台等宽；基腔对称或近于对称。近脊沟发育。

产地层位 四川龙门山，中泥盆统观雾山组；广西象州，中泥盆统巴漆组中下部；广西桂林灵川县岩山圩乌龟山，付合组上部 *varcus* 带。此种的时限为中泥盆世晚期晚 *varcus* 带至晚 *hermanni—cristatus* 带。

宽多颚刺 *Polygnathus latus* Wittekindt, 1966

（图版 65，图 13）

1966 *Polygnathus latus* n. sp. －Wittekindt，p. 635，pl. 2，figs. 6，8—9.
1978 *Polygnathus latus* Wittekindt. －Orchard，p. 942，pl. 110，figs. 1—2，4，7，12—13.
1989 *Polygnathus latus* Wittekindt. －王成源，114—115 页，图版 35，图 1。
1994 *Polygnathus latus* Wittekindt. －Bai *et al.*，p. 179，pl. 21，fig. 16.

特征 自由齿片短，高度中等。齿台宽而长，拱曲，最大宽度在前方。齿台两侧均有发育的分布均匀的肋脊。基穴小，位于齿台前端与中点之间。

附注 *P. latus* 以齿台前端最宽而不同于 *P. linguiformis*。当前标本的齿台前方齿脊两侧各有一列瘤齿，似 *P. trigonicus*，而不同于典型的 *P. latus*，但它的齿台不呈三角形，与 *P. trigonicus* 不同。当前标本的自由齿片不甚高，由相对小的细齿组成，易于与 *Polygnathus guangxiensis* 区别。此种最早发现于吉维特阶，当前标本见于 *M. asymmetricus* 带。

产地层位 广西德保都安四红山，上泥盆统榴江组 *asymmetricus* 带。

交界多颚刺 *Polygnathus limitaris* Ziegler, Klapper and Johnson, 1976

（图版 65，图 10—12）

1976 *Polygnathus limitaris* Ziegler，Klapper and Johnson，pp. 121—122，pl. 4，figs. 17，19.
1980 *Polygnathus limitaris* Ziegler，Klapper and Johnson. －Bultynck and Hollard，p. 43，pl. VⅢ，figs. 14a—c.
1982 *Polygnathus limitaris* Ziegler，Klapper and Johnson. －Ziegler and Klapper，pl. 2，figs. 1—2；pl. 3，figs. 1—2.
1986 *Polygnathus limitaris* Ziegler，Klapper and Johnson. －季强，43—44 页，图版 16，图 3—4。
1995 *Polygnathus limitaris* Ziegler，Klapper and Johnson. －沈建伟，262 页，图版 1，图 7—8。

特征 齿台矛形，粗壮，不对称。口面具不规则的瘤齿，但有些标本没有形成两条纵向瘤齿列的趋势。近脊沟短而深，位于齿台前部。前齿片短，最高点位于它的后部。

比较 此种与 *Polygnathus ordinatus* 的不同在于前者形成四列纵向的齿列，齿台较窄。此种与 *Polygnathus cristatus* 相比，前者的齿台轮廓较圆。*Polygnathus ovatinodosus* 的自由齿片较长，齿台较窄，不同于 *P. limitaris*。

产地层位 广西象州，中泥盆统巴漆组上部；桂林灵川县岩山圩乌龟山 *varcus* 带。此种的时限为中泥盆世早 *hermanni—cristatus* 带至最早 *asymmetrica* 带。

舌形多颚刺布尔廷科亚种　*Polygnathus linguiformis bultyncki* Weddige, 1977

特征　前齿台窄，齿台两侧边缘近平行。有两个窄的近脊沟。齿舌较长，有横脊，向内向下弯曲并不十分强烈。固定齿脊靠近齿台内缘。齿台反口面近中部有一小的基腔，龙脊发育。

附注　按现有文献和广西的标本，此种可分为两个形态类型，即 *Polygnathus linguiformis bultyncki* Weddige α morphotype 和 *Polygnathus linguiformis bultyncki* Weddige β morphotype。

舌形多颚刺布尔廷科亚种 α 形态型
Polygnathus linguiformis bultyncki Weddige α morphotype

（图版62，图8）

1976 *Polygnathus linguiformis bultyncki* Weddige, pp. 313—314, pl. 5, figs. 91—92.

1983 *Polygnathus linguiformis bultyncki* Weddige α morphotype. – Wang and Ziegler, p. 89, pl. 5, fig. 19.

1989 *Polygnathus linguiformis bultyncki* Weddige α morphotype. – 王成源，115页，图版39，图1。

特征　齿舌窄而长，有密集的横脊；齿舌初始处，齿台外缘向内折曲，形成角突；外齿台前方呈凸缘状，比齿脊和内边缘高。固定齿脊靠近内边缘。基腔小，边缘凸起；基腔外侧有时有小的隆起。

附注　α 形态型以齿舌初始处外缘强烈折曲而形成尖角、前方齿台外缘呈凸缘状为特征。Weddige 建立 *P. l. bultyncki* 时，包括了 *P. l. bultyncki* α 形态型，但正模标本的齿舌窄而长，外缘高，齿舌初始处有尖角，显然不同于 *P. l. linguiformis*。α 形态型的基腔外侧有小的隆起，表明它与 *P. serotinus* 关系密切。α 形态型多见于浅水相，在西欧莱茵相区以及广西大乐地区，均见此种类型。

产地层位　广西象州大乐，下泥盆统四排组 *serotinus* 带；云南文山菖蒲塘。

舌形多颚刺布尔廷科亚种 β 形态型
Polygnathus linguiformis bultyncki Weddige β morphotype

（图版62，图9）

1957 *Polygnathus linguiformis* Hinde. – Bischoff and Ziegler, pp. 92—93, pl. 1, fig. 4.

1978 *Polygnathus linguiformis bultyncki* Weddige. – Klapper *et al.*, pl. 1, figs. 21—22, 26—29.

1979 *Polygnathus linguiformis bultyncki* Weddige. – Lane and Ormiston, pl. 8, figs. 11—12, 23—24.

1983 *Polygnathus linguiformis bultyncki* Weddige β morphotype. – Wang and Ziegler, p. 89, pl. 5, fig. 19.

1989 *Polygnathus linguiformis bultyncki* Weddige β morphotype. – 王成源，115—116页，图版39，图8。

特征　β 形态型分子的齿舌初始处与前方齿台呈缓的曲线状，没有形成尖角。前方齿台外缘与齿脊和内缘等高或略高，基腔外侧无隆起。

附注　β 形态型与 α 形态型的重要区别在于外齿台的轮廓、齿台前方外缘与齿脊和内缘的相对高度以及反口面基腔外侧隆起的有无。β 形态型分子在广西多见于南丹型沉积相区，所代表的沉积环境比之 α 形态型较深。

产地层位　广西德保都安四红山，下—中泥盆统坡折落组 *serotinus* 带；云南文山菖蒲塘。

舌形多颚刺舌形亚种 *Polygnathus linguiformis linguiformis* Hinde, 1879

特征 （Pa 分子）舌状部分大致占齿台后部的 1/3，紧接舌状部分的前面。齿脊与近脊沟终止于齿台最宽的位置。外齿台边缘向后向内几乎成直角，而且形成明显的凸缘；相反，内齿台边缘自前向后一直到舌状齿台的顶尖，呈现为均匀的圆弧状，有时在舌状部分前有一个不明显的突出部分。外齿台近脊沟宽而深。

附注 此亚种的外齿台边缘明显高于齿脊和内齿台边缘，而不同于 *Polygnathus linguiformis bultyncki*。

时代 早泥盆世晚埃姆斯期到中泥盆世吉维特期 *varcus* 带。

舌形多颚刺舌形亚种 α 形态型
Polygnathus linguiformis linguiformis Hinde α morphotype Bultynck, 1970

（图版 63，图 1—3）

1956 *Polygnathus linguiformis* Hinde. - Ziegler, pl. 7, figs. 15—18 (non figs. 11—12, 19—20 = *P. inversus*).

1970 *Polygnathus linguiformis* Hinde α forma nova. - Bultynck, pl. 9, figs. 1—7.

1974 *Polygnathus linguiformis* Hinde α morphotype Bultynck. - Perry *et al.*, pl. 7, figs. 8—9, 11—14.

1989 *Polygnathus linguiformis* Hinde α morphotype Bultynck. - 王成源，116 页，图版 36，图 1—4；图版 30，图 9。

特征 α 形态型的特征是横脊穿过齿台后方齿舌的整个宽度，齿脊与近脊沟在齿舌前方终止；外近脊沟较深，但齿台外缘前 2/3 部分与齿脊和内缘等高；在齿舌开始处，外缘明显向内折曲，在此处没有向外侧的膨大。

附注 此形态型是 *P. l. linguiformis* 唯一的一种可见于早泥盆世晚期的类型，其他形态型均见于中泥盆世。

产地层位 广西德保都安四红山和那坡三叉河，下—中泥盆统坡折落组 *serotinus* 带至 *partitus* 带。

舌形多颚刺舌形亚种 δ 形态型
Polygnathus linguiformis linguiformis Hinde δ morphotype Bultynck, 1970

（图版 63，图 4—5）

1966 *Polygnathus linguiformis linguiformis* Hinde. - Wittekindt, p. 635, pl. 2, fig. 11.

1976 *Polygnathus linguiformis linguiformis* Hinde δ morphotype, Ziegler and Klapper, in Ziegler *et al.*, p. 123, pl. 4, figs. 4—8.

1977 *Polygnathus linguiformis linguiformis* Hinde δ morphotype. - Klapper, in Ziegler (ed.), *Catalogue of Conodonts*, vol. Ⅲ, pp. 464—465, *Polygnathus* - pl. 10, figs. 1, 31.

1979 *Polygnathus linguiformis weddigei* nov. subsp. - Clausen *et al.*, p. 30, pl. 1, figs. 4, 9—12.

1989 *Polygnathus linguiformis linguiformis* Hinde δ morphotype Bultynck. - 王成源，116 页，图版 39，图 9。

2005 *Polygnathus linguiformis weddigei* Clausen, Leuterity and Ziegler. - 金善燏等，61—62 页，图版 3，图 15—16。

特征 δ 形态型以齿台后端仅有几个微弱的横脊或齿脊延伸达齿台末端为特征。无齿舌，前外齿台几乎是平的，缺少高的凸缘和相应的近脊沟；外齿台边缘呈均匀宽缓的凸出的弧线；外齿台有微弱的、间距较宽的近脊沟，略呈放射状排列。当前标本齿台强烈拱曲，后方尖，与典型的 δ 形态型不同。

产地层位 广西德保都安四红山，榴江组 *P. varcus* 带；云南文山菖蒲塘 *P. varcus* 带。

舌形多颚刺舌形亚种 ε 形态型

Polygnathus linguiformis linguiformis Hinde ε morphotype Bultynck, 1970

（图版 63，图 6—10）

1940 *Polygnathus sanduskiensis* Stauffer, pl. 60, fig. 89 (only).

1957 *Polygnathus linguiformis* Hinde. – Bischoff and Ziegler, pl. 16, figs. 32—33; pl. 17, figs. 5—6.

1976 *Polygnathus linguiformis linguiformis* Hinde ε morphotype. – Ziegler and Klapper, in Ziegler *et al.*, pl. 4, figs. 3, 12, 14, 24.

1979 *Polygnathus linguiformis klapperi* Clausen, Leuteritz and Ziegler, pl. 32, pl. 1, figs. 7—8.

1981 *Polygnathus linguiformis linguiformis* Hinde γ morphotype Bultynck. – Wang and Ziegler, pl. 1, fig. 12; pl. 2, fig. 25.

1989 *Polygnathus linguiformis linguiformis* Hinde ε morphotype Bultynck. – 王成源，117 页，图版 36，图 5—9。

2005 *Polygnathus linguiformis klapperi* Clausen, Leuteritz and Ziegler. – 金善燏等，60—61 页，图版 3，图 1—4。

特征　ε 形态型的特征是在发育的齿舌上有很发育的横脊，前外齿台也有发育的横脊，但没有发育高的、凸缘状的边缘；外近脊沟较宽，在齿舌开始处，外缘向内弯成突出的浑圆的曲线。在大的标本上，有不规则的吻脊与齿脊平行。

时代层位　艾菲尔期晚期至吉维特期（*P. varcus* 带）。此种在广西出现较早，在 *P. c. partitus* 带已现，直至 *P. varcus* 带上部。

产地层位　广西德保都安四红山，下—中泥盆统坡折落组 *P. c. partitus* 带至 *P. varcus* 带；云南文山菖蒲塘 *P. varcus* 带；内蒙古喜桂图旗，中泥盆统霍博山组。

舌形多颚刺舌形亚种 γ 形态型

Polygnathus linguiformis linguiformis Hinde γ morphotype Bultynck, 1970

（图版 63，图 11—14）

1879 *Polygnathus linguiformis* Hinde, pl. 17, fig. 15.

1957 *Polygnathus linguiformis* Hinde. – Bischoff and Ziegler, pp. 91—92, pl. 1, figs. 1—3, 5—9, 11—13; pl. 16, figs. 34—35.

1970 *Polygnathus linguiformis linguiformis* Hinde γ forma nova. – Bultynck, pp. 126—127, pl. 11, figs. 1—6; pl. 12, figs. 1—6.

1976 *Polygnathus linguiformis linguiformis* Hinde γ morphotype Bultynck. – Ziegler and Klapper, in Ziegler *et al.*, pl. 4, figs. 9, 13.

1989 *Polygnathus linguiformis linguiformis* Hinde γ morphotype Bultynck. – 王成源，117 页，图版 36，图 10；图版 39，图 10—13。

特征　γ 形态型以横脊通过齿台后方 1/3 部分（或称齿舌）的整个宽度为特征，齿脊和近脊沟在齿舌前方终止。齿台前 2/3 的外齿台，其横切面呈槽状，有明显的凸缘，近脊沟深。齿台前方外缘明显比齿脊和内缘高。在齿舌始端，外缘明显向内折曲。齿脊后方向内缘靠近。内齿台近脊沟浅。

时代层位　中泥盆世早期至晚泥盆世早期，*M. asymmetricus* 带。

产地层位　广西德保都安四红山，中—上泥盆统榴江组 *P. varcus* 带。

舌形多颚刺肥胖亚种　*Polygnathus linguiformis pinguis* Weddige, 1977

（图版 66，图 11—13）

1977 *Polygnathus linguiformis pinguis* n. ssp. – Weddige, pl. 5, figs. 88—89.

1994 *Polygnathus linguiformis pinguis* Weddige. – Bai *et al.*, p. 179, pl. 19, figs. 1—3.

特征　齿台长仅为齿台宽的 2/3。齿舌短，不到齿台长的 1/3。齿台宽，较平，两侧横脊发育。齿脊细齿愈合，只延伸到齿台中后部，止于齿舌上的横脊。近脊沟窄而浅。

产地层位 广西那艺，中泥盆统艾菲尔阶 *P. c. partitus* 带至 *P. c. costatus* 带。

舌形多颚刺韦迪哥亚种
Polygnathus linguiformis weddigei Clausen, Leuteritz and Ziegler, 1979

（图版 79，图 1）

1966 *Polygnathus linguiformis linguiformis* Hinde. –Wittekindt, pp. 635—636, pl. 2, fig. 11（only）.

1979 *Polygnathus linguiformis weddigei* Clausen, Leuteritz and Ziegler, p. 30, pl. 1, figs. 4, 9—12.

2005 *Polygnathus linguiformis weddigei* Clausen, Leuteritz and Ziegler. –金善燏等，图版 3，图 15—16。

特征 齿台末端有几个微弱发育的横脊，或齿脊达到齿台后端。齿舌并不发育。前外齿台几乎是平的，没有高的齿台边缘和深的近脊沟。外齿台边缘为均匀的、突出的、圆弧状的弯曲；外齿台中部的横脊呈辐射状排列，止于齿脊后端之前。基腔小，位于齿台前的 1/3 处。

产地层位 广西宜山拉力，上泥盆统五指山组（?）。此种的时限为法门期早 *P. postera* 带至中 *P. expansa* 带。

临武多颚刺 *Polygnathus linwuensis* Shen, 1982

（图版 66，图 10）

1982 *Polygnathus linwuensis* Shen. –沈启明，48 页，图版 3，图 18。

特征 个体小。齿台肾形，不对称。自由齿片短，由 2 ~ 3 个等高的细齿愈合而成。自由齿片—固定齿脊延伸到齿台中部，再向后变为低而细的、向内弯的齿脊，把齿台分为不对称的内外齿台。外齿台宽，内齿台窄；外齿台前方窄，后缘向外膨胀而变宽圆，而内齿台前方略宽，向后变窄。齿台前方边缘上翻，有锯齿状边缘。前槽缘深，光滑。外齿台近脊沟发育。反口面龙脊锐利，基腔小，位于齿台前缘。

产地层位 湖南临武香花岭，上泥盆统佘田桥组下部 *M. asymmetricus* 带。

列森柯多颚刺 *Polygnathus ljaschenkoi* Kuzimin, 1995

（图版 69，图 4—7）

1995 *Polygnathus ljaschenkoi* sp. nov. –Kuzimin, p. 119, pl. 1, figs. 8—9.

2008 *Polygnathus ljaschenkoi* Kuzimin. –Ovnatanova and Kononova, p. 1133, pl. 18, figs. 4, 6—8.

特征 （Pa 分子）齿台披针状，侧边缘扁，在齿台前 1/3 处形成不明显的吻部。齿台外边缘叶状，中部加宽，内边缘微微凸起或几乎是直的。齿台侧边缘不对称地升起，前端直，后端喙状并向下拱曲。自由齿片高，长度为齿台长的 1/3，其中部的细齿最大。中齿脊高，直或拱曲，并达齿台后端，细齿不明显。齿槽深而窄，微微不对称，达到齿台后端。齿台边缘有短而宽的横脊。基腔小，有窄的侧翼，位于齿台前 1/3 处。

比较 此种与 *Polygnathus denisbriceae* Bultynck, 1979 的不同之处在于它的齿台较短，不太向后延伸，吻部微弱，齿台前端直，齿台边缘有粗而短的横脊。此种不同于 *Polygnathus aequalis* Klapper and Lane 在于它的齿台侧边缘不等高，前 1/3 收缩成不明显的吻部。

产地层位 俄罗斯地台中部，弗拉阶。中国尚未确认此种的存在。

洛定多颚刺　*Polygnathus lodinensis* Pölster, 1969

（图版 67，图 1—7）

1993 *Polygnathus tenellus* sp. nov. – Ji and Ziegler, pl. 37, figs. 8—15.

1993 *Polygnathus evidens* sp. nov. – Matya, pl. 19, fig. 6.

2008 *Polygnathus lodinensis* Pölster. – Ovnatanova and Kononova, p. 1135, pl. 19, fig. 21—22.

特征　（Pa 分子）齿台矛状至披针状，边缘高高升起；齿台前半部分有宽阔的凹陷。齿台前端半圆形或是尖的，后端尖并向下拱曲。自由齿片高，有细齿，长度为齿台长的一半。中齿脊直而高，有细齿，达到齿台后端。齿台前半部的齿槽宽而深，向后齿槽变窄，达齿台后端。沿光滑的齿台边缘有小的瘤齿。基腔小或相对较大，圆，有窄的侧翼，位于齿台前 1/3 处。龙脊锐利，低，向后升高。

比较　此种齿台短，矛状，沿光滑的齿台边缘有小的瘤齿，不同于 *Polygnathus uchtensis* Ovnatanova and Kuzimin, 1991。

附注　此种多见于盆地深水相。Ji 和 Ziegler（1993）命名的 *Polygnathus tenellus* 应是此种的同义名（Ovnatanova 和 Kononova, 2008, 1135 页）。

产地层位　广泛分布于中国（宜山拉力上泥盆统香田组和五指山组下部）、德国、奥地利、波兰、俄罗斯地台。此种的时限为弗拉期，早 *triangularis* 带到 *linguiformis* 带。

马斯科威多颚刺　*Polygnathus mashkovae* Bardashev, 1986

（图版 77，图 1—5）

1986 *Polygnathus mashkovae* Bardashev, pl. V, figs. 4—11.

特征　齿台后 1/3 强烈侧弯，前 1/3 的内缘与外缘窄并几乎是平行的，中部的 1/3 强烈扩张，特别是外缘，向内折曲几乎呈直角。齿台边缘向后延伸，形成长的齿舌；齿舌上有连续的横脊，常常与齿台边缘斜交。齿脊只延伸到齿舌上的横脊，近脊沟也止于横脊。外近脊沟较长，并在齿脊终结之前两列横脊处向内弯。近脊沟将齿脊与短的横脊分开，并有升高的齿台边缘。齿台中部 1/3 部分的外齿台边缘高于内齿台边缘。自由齿片短，仅为刺体长的 1/4。基腔约为齿台长的 1/3，基腔后端翻转。

比较　此种与 *Polygnathus perbonus* 相比，两者基腔的翻转程度和齿舌上的连续横脊很接近，但此种有不平行的、高的齿台边缘。此种与 *Polygnathus gronbergi* 的区别是它在齿台后端存在不间断的横脊，齿台边缘高度不同，特别是齿台的前 1/3。

产地层位　此种的时限为早泥盆世埃姆斯期 *P. gronbergi* 带。目前中国还没有此种的地层记录。

陌生多颚刺　*Polygnathus mirabilis* Ji, 1986

（图版 67，图 13—16；插图 35）

1986 *Polygnathus mirabilis* sp. nov. – 季强，45 页，图版 12，图 1—16；插图 9。

特征　前齿片短而高，最高细齿位于前齿片的后部和中部；后齿片低矮、内弯。齿台不对称，外齿台大于内齿台。口面具有稀疏的、不规则分布的瘤齿。近脊沟长而深。反口面基腔中等大小，卵形，位于齿台前部 1/3 处。龙脊和同心生长线纹较明显。

比较　此种与 *Polygnathus beckmanni* 的区别在于后者齿台形态比较规则，口面有横脊或横肋，反口面基腔位于齿台中部，后齿叶不发育。

产地层位 广西象州马鞍山，中泥盆统巴漆组下部，中 *P. varcus* 带。

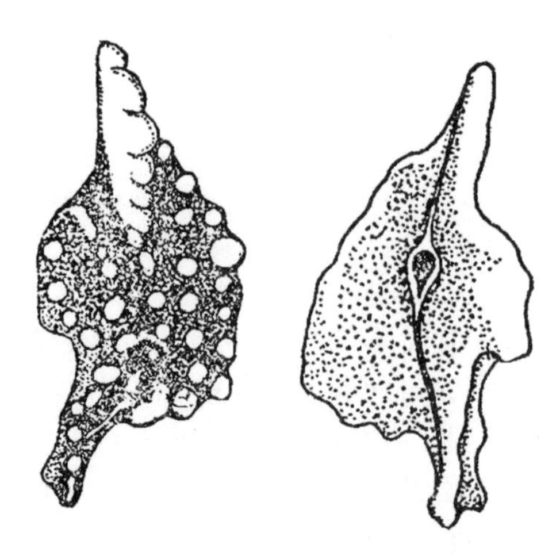

插图35 陌生多颚刺 *Polygnathus mirabilis* Ji，1986 正模标本形态构造（据季强，1986，45 页，插图9）

Text-fig. 35 *Polygnathus mirabilis* Ji, 1986, holotype (after Ji, 1986, p. 45, text-fig. 9)

奇异多颚刺 *Polygnathus mirificus* Ji and Ziegler, 1993

（图版67，图8—12）

1993 *Polygnathus mirificus* Ji and Ziegler, p. 81, pl. 37, figs. 16—21.

特征 齿台矛形，具有横脊。前齿片较高，占刺体长的1/3。内齿台边缘直或微凸，并微微上翻；外齿台边缘明显凸起，强烈上翻，且比内齿台边缘高得多，在前端具有3~5大的细齿。齿脊低，由分离的或愈合的细齿组成，一般延伸到齿台后端。基腔相对较小，椭圆形，位于齿台前1/3处。龙脊发育，尖锐。

附注 此种与 *Polygnathus webbi*, *Polygnathus alatus* 和 *Polygnathus normalis* 的不同之处在于它有不对称的齿台和强烈发育的外齿台边缘。

产地层位 广西宜山拉力，上泥盆统弗拉阶香田组。此种的时限为弗拉期晚 *rhenana* 带到 *linguiformis* 带。

摩根多颚刺 *Polygnathus morgani* Klapper and Lane, 1985

（图版68，图10）

1985 *Polygnasthus morgani* n. sp. - Klapper and Lane, pp. 940—941, figs. 18. 15—21.

1992 *Polygnathus morgani* Klapper and Lane. - Ji *et al.*, pl. 4, fig. 14.

特征 齿片长而高，如同 *Polygnathus unicostatus* 的齿片，但齿片下缘前端不太拱曲向下，齿台轮廓不同。齿台前端2/3有明显的横脊。齿台内边缘直至凸，外边缘外凸。

附注 Ji 等（1992）鉴定的此种可疑，因为齿台前端的内外齿台上都有一明显的纵脊，内齿台的纵脊比外齿台的纵脊长。此种的典型特征是没有纵脊。

产地层位 广西永福，中—上泥盆统李村组最上部，*hermanni*—*cristatus* 带。

那叫多颚刺 *Polygnathus najiaoensis* Xiong, 1980

（图版68，图1—2；插图36）

1980 *Polygnathus najiaoensis* Xing. - 熊剑飞（见鲜思远等），95 页，图版27，图20—23。

特征　齿台窄，柳叶状；齿片—齿脊贯穿整个齿台，一直延伸到齿台后端，并超越齿台后缘。内外齿台较窄，有边缘瘤齿。基腔小，位于齿台中前部。

比较　此种齿台短，有自由齿片和后方伸出的后齿片，不同于 *Polygnathus himi* Mashkova *et al.*，1978。

产地层位　广西邕宁长塘，下—中泥盆统那叫组。

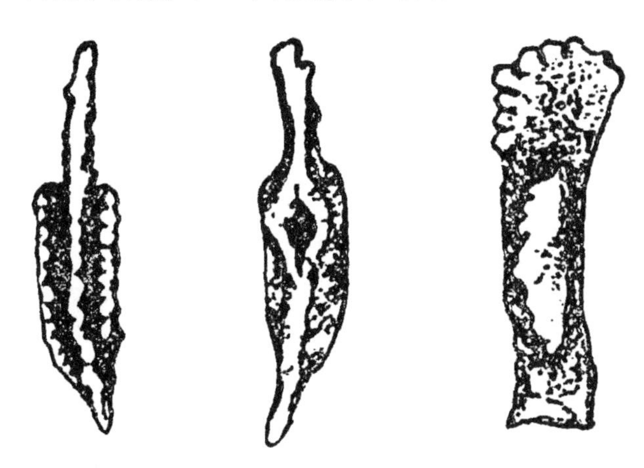

插图 36　那叫多颚刺 *Polygnathus najiaoensis* Xiong，1980 构造示意（据熊剑飞，1980，95 页，图 55）

Text-fig. 36　*Polygnathus najiaoensis* Xiong，1980（after Xiong，1980，p. 95，fig. 55）

新晚成多颚刺　*Polygnathus neoserotinus* Bai，1994

（图版 69，图 1—3）

1994 *Polygnathus neoserotinus* Bai. – Bai *et al.*，p. 180，pl. 18，figs. 7—9.

特征　横脊占据或穿过齿台后 1/3。近脊沟相当深。但齿台前 2/3 外边缘与齿脊和内边缘在同一高度。在齿舌始端齿台外边缘向内弯，不是向外膨大。基穴在龙脊弯曲处的前方。基穴外侧有小的半圆形的台状突伸。

附注　此种口面似 *P. l. linguiformis* morphotype α，反口面似 *Polygnathus serotinus*。

产地层位　广西那艺剖面艾菲尔阶。此种时限为 *Polygnathus partitus* 带到 *Polygnathus costatus* 带。

正常多颚刺　*Polygnathus normalis* Miller and Youngquist，1947

（图版 68，图 3—9）

1947 *Polygnathus normalis* Miller and Youngquist，p. 515，pl. 74，figs. 4—5.

1966 *Polygnathus normalis* Miller and Youngquist. – Glenister and Klapper，pp. 829—830，pl. 95，figs. 6，21—22.

1982 *Polygnathus normalis* Miller and Youngquist. – Wang and Ziegler，pl. 1，fig. 1.

1993 *Polygnathus normalis* Miller and Youngquist. – Ji and Ziegler，p. 82，pl. 39，figs. 9—15；text-fig. 18，fig. 14.

特征　齿台不对称，均匀内弯。前齿片为刺体长的 1/3，由较高的细齿组成。齿台前缘两侧近于平行，微微上弯，高度相近。齿台两侧有发育的横脊，与齿脊近于垂直或微微斜交。齿脊发育，由愈合的细齿组成；齿脊中部较宽，向后变窄，但一直延伸到齿台后端。近脊沟发育，前槽深，向后变浅。反口面龙脊发育。

附注　此种不同于 *Polygnathus webbi*，后者齿台前方明显收缩，外齿台后方强烈膨大，齿台后方内弯。

产地层位 广西宜山拉力，老爷坟组和五指山组；湖南邵东县界岭，上泥盆统锡矿山组。此种的时限为弗拉期晚 *P. rhenana* 带到早 *P. postera* 带。

疑似优美多颚刺 *Polygnathus nothoperbonus* Mawson, 1987

（图版 61，图 10—11）

1975 *Polygnathus* aff. *perbonus* (Philip, 1966). - Klapper and Johnson, p. 74, pl. 2, figs. 1—10.

1980 *Polygnathus* aff. *perbonus* (Philip, 1966). - Uyeno and Klapper, pl. 8. 1, figs. 6—7.

1983 *Polygnathus* aff. *perbonus* (Philip, 1966). - Wang and Ziegler, pl. 5, figs. 4a—b, 5a—b.

1987 *Polygnathus nothoperbonus* n. sp. - Mawson, p. 276, pl. 32, figs. 11—15; pl. 33, figs. 1—2; pl. 36, fig. 7.

1989 *Polygnathus* aff. *P. perbonus* (Philip). - 王成源，118 页，图版 29，图 7—9；图版 30，图 7。

2005 *Polygnathus nothoperbonus* Mawson. - 金善燏等，62 页，图版 4，图 1—6。

特征 （Pa 分子）基腔中等大小，在齿台明显向内偏斜前的齿台中部之下膨大，并向前延伸成窄的齿沟。基腔浅、平坦。齿台口面后 1/3 横脊不连续，齿脊可断断续续地延至齿台后方。前外齿台边缘大致与前内齿台边缘等高。

附注 此种与 *Polygnathus perbonus* 的区别在于：①基腔浅，它的两侧边缘仅仅略呈“V”字形；② 基腔后部明显翻转；③ 齿台后 1/3 的横脊通常不连续。

产地层位 广西武宣绿峰山，下泥盆统二塘组（包括上伦白云岩）；德保都安四红山，下泥盆统达莲塘组 *P. perbonus* 带；云南文山菖蒲塘，下泥盆统埃姆斯阶 *P. nothoperbonus/perbonus* 带至 *P. inversus* 带。

斜脊多颚刺 *Polygnathus obliquicostatus* Ziegler, 1962

（图版 69，图 8—10）

1962 *Polygnathus obliquicostatus* Ziegler, pp. 92—93, pl. 11, figs. 8—12.

1970 *Polygnathus obliquicostatus* Ziegler. - Seddon, p. 152, pl. 16, figs. 18—20.

1975 *Polygnathus obliquicostatus* Ziegler. - Klapper, in Ziegler (ed.), *Catalogue of Conodonts*, vol. II, pp. 311—312, *Polygnathus* - pl. 5, fig. 5.

1982 *Polygnathus obliquicostatus* Ziegler. - Wang and Ziegler, p. 155, pl. 1, figs. 4a—c.

non 1987 *Polygnathus obliquicostatus* Ziegler. - 董振常，79 页，图版 7，图 1—2，7—8。

1988 *Polygnathus obliquicostatus* Ziegler. - Ji, in Hou *et al.*, p. 337, pl. 137, fig. 9.

1994 *Polygnathus obliquicostatus* Ziegler. - Sandberg and Ziegler, p. 188.

1993 *Polygnathus obliquicostatus* Ziegler. - Ji and Ziegler, p. 82, text-fig. 19, fig. 5.

特征 个体较小的 *Polygnathus* 的一个种，自由齿片仅为齿台长的一半。内外齿台均有密集的斜脊，向主齿脊倾斜，夹角小于 45°；齿脊延伸接近齿台后端，齿脊两侧近脊沟发育。

附注 此种在齿台轮廓上不同于 *Polygnathus semicostatus*，后者齿台后部有发育的弧形的横脊。董振常（1987）报道的产于孟公坳组的标本不是此种。

产地层位 湖南邵东，上泥盆统锡矿山组；广西宜山拉力剖面五指山组。此种的时限为早 *P. postera* 带到中 *P. expansa* 带。

椭圆瘤多颚刺 *Polygnathus ovatinodosus* Ziegler and Klapper, 1976

（图版 67，图 17—19）

1976 *Polygnathus ovatinodosus* Ziegler and Klapper, pp. 124—125, pl. 2, figs. 1—9.

1982 *Polygnathus ovatinodosus* Ziegler and Klapper. - Ziegler and Klapper, p. 59, pl. 59, figs. 16—17.

1986 *Polygnathus ovatinodosus* Ziegler and Klapper. –季强，45—46页，图版13，图13—16。

1988 *Polygnathus ovatinodosus* Ziegler and Klapper. –熊剑飞等，330页，图版133，图3—4。

特征 齿台轮廓呈椭圆形，相对扁平，齿台表面具有瘤齿。前槽边缘外侧不向外拱曲，使齿台前端呈一特殊的短喙状。齿台比自由齿片长或两者等长。齿台中部最宽，齿脊直达齿台后端，由愈合的瘤齿构成；齿脊中部瘤齿粗大，但低矮。基腔位于齿台中前部。

产地层位 四川龙门山，中泥盆统观雾山组；广西象州马鞍山，中泥盆统巴漆组。此种的时限为中泥盆世晚期中 *varcus* 带至最早 *asymmetrica* 带。

太平洋多颚刺（亲近种） *Polygnathus* aff. *pacificus* Savage and Funai, 1980

（图版68，图21—22）

1993. *Polygnathus* cf. *pacificus* Savage and Funai. –Ji and Ziegler, pl. 38, figs. 11—12.

附注 Ji和Ziegler（1993）图示了此亲近种，但缺少描述。

产地层位 广西拉力剖面，弗拉阶香田组上部 *linguiformis* 带。

亚洲多颚刺 *Polygnathus pannonicus* Mashkova and Apekina, 1980

（图版74，图6—9；图版73，图16）

2008 *Polygnathus pannonicus* Mashkova and Apekina. –Erina, in Kim *et al.*, pl. 20, figs. 5, 7—8.

2008 *Polygnathus pannonicus.* – Yolkin *et al.*, pl. 3, figs. 2—8.

2011 *Polygnathus pannonicus.* – Izokh *et al.*, pl. Ⅲ, figs. 5—20.

特征 台形分子，有左右之分。齿台中后部齿脊断续，不达齿台后缘。齿片高，自由齿片短，固定齿脊也短。齿台上装饰有横脊；齿台较平，前部存在微弱的吻部，后半部前1/3横脊最长；齿台两侧不均匀弯曲，近脊沟很浅。基腔几乎居中，不对称，有深的基窝。

附注 。详细的描述见Bardashev等（2002，411页）。

产地层位 此种的时限主要限于 *P. ktabicus* 带，可上延到 *P. excavata* 带底部。在中国还没有发现此种。

似华美多颚刺 *Polygnathus paradecorosus* Ji and Ziegler, 1993

（图版66，图6—8）

1993 *Polygnathus paradecorosus* Ji and Ziegler, p. 82, pl. 40, figs. 19—20, 22; text-fig. 18, fig. 15.

特征 齿台细长，披针状，其长度为宽度的3倍；齿台前方收缩，口面有短的横脊。前齿片较长，为齿台长的3/4。齿脊延伸到齿台后端，由分离或愈合的较低矮细齿组成，但在齿台中部的几个细齿明显增大。近脊沟发育，一直延伸到齿台后端。

附注 此种不同于 *Polygnathus dubius* sensu Klapper and Philip，它有相对较长的前齿片和较长的齿台，齿台中部齿脊的细齿也较大。此种不同于 *Polygnathus decorosus*，后者有小的箭头状的齿台，齿台上有小的瘤齿或短的横脊，前齿片也较长。

产地层位 广西宜山拉力，上泥盆统老爷坟组。此种的时限为晚泥盆世 *K. disparilis* 带到早 *P. rhenana* 带。

似卫伯多颚刺 *Polygnathus parawebbi* Chatterton, 1974

（图版69，图11—15）

1974 *Polygnathus parawebbi* sp. nov. －Chatterton, pl. 1, figs. 12, 15—19, 15—17（P）; pl. 2, figs. 1, 2（O_1）, fig. 3（A_1）, figs. 4—7（A_2）, fig. 8（N）, fig. 9（A_3）, figs. 15—17（P）.

1976 *Polygnathus linguiformis parawebbi* Chatterton. －Ziegler *et al.*, pl. 4, figs. 10—11.

1980 *Polygnathus parawebbi* Chatterton. －Johnson *et al.*, pp. 102—103, pl. 4, figs. 18—21.

1988 *Polygnathus parawebbi* Chatterton. －熊剑飞等，330—331页，图版132，图16。

1994 *Polygnathus parawebbi* Chatterton. －Bai *et al.*, p. 181, pl. 20, figs. 5—7.

1995 *Polygnathus linguiformis parawebbi* Chatterton. －沈建伟，262页，图版3，图14。

特征 齿台近长方形，左右齿台不对称，右侧齿台宽，其上发育横脊。近脊沟前后方深，中部浅。齿台和齿脊后端强烈向后弯，后部短的齿台横脊与齿台边缘近于垂直，前边缘锯齿状。齿台上的横脊被齿脊所隔断。外齿台在齿脊弯曲处，比内齿台更宽些。齿脊延续到齿台后端。基腔位于齿台前部，卵形，较大。龙脊发育，从基腔一直延伸到齿台后端。

附注 此种在欧洲见于 *varcus* 带下部。

产地层位 四川龙门山，中泥盆统金宝石组；广西桂林，唐家湾组底部，*hemiansatus* 带顶部（?）；广西六景，中泥盆统吉维特阶。

羽翼多颚刺 *Polygnathus pennatus* Hinde, 1879

（图版68，图11—14）

1879 *Polygnathus pennatus* Hinde, p. 817, fig. 8.

1934 *Polygnathus rugosa* sp. nov. －Huddle, pl. 8, figs. 12—13.

1957 *Polygnathus rugosa* Huddle. －Bischoff and Ziegler, pl. 17, figs. 9—11, 15.

1976 *Polygnathus pennatus* Hinde. －Ziegler *et al.*, pl. 4, fig. 12.

1986 *Polygnathus pennatus* Hinde. －季强，46页，图版14，图1—6。

1988 *Polygnathus pennatus* Hinde. －熊剑飞等，331页，图版128，图1；图版130，图8。

1995 *Polygnathus pennatus* Hinde. －沈建伟，263页，图版3，图1—2。

2008 *Polygnathus pennatus* Hinde. －Ovnatanova and Kononova, p. 1139, pl. 18, figs. 13—16.

特征 齿台长，卵圆形或披针形，齿台两边翘起。自由齿片长为刺体长的1/3。齿脊微弯，由愈合的瘤齿组成，一直延伸到齿台后端。齿台两侧有横脊，近脊沟明显。反口面基腔小，椭圆形，向前后延伸成齿槽。

比较 此种齿台较宽，有较粗壮的横脊，不同于 *Polygnathus dubius*。

产地层位 德国，上 *K. falsiovalis*—上 *P. hassi* 带；俄罗斯地台。在中国见于四川龙门山，中泥盆统观雾山组；广西象州马鞍山，中泥盆统巴漆组；广西桂林灵川县岩山圩乌龟山，付合组 *P. varcus* 带至 *K. disparilis* 带。此种的时限为中泥盆世晚期的晚 *hermanni—cristatus* 带至晚泥盆世最早期早 *asymmetrica* 带。

优美多颚刺 *Polygnathus perbonus*（Philip, 1966）

（图版69，图16—19）

1966 *Roundya perbona* Philip, p. 449, pl. 4, figs. 7—8, text-fig. 6（A_3 element）.

1966 *Polygnathus linguiformis* Hinde. －Philip, pp. 448—449, pl. 2, figs. 29—40.

1967 *Polygnathus linguiformis foveolatus* Philip and Jackson, p. 1265, figs. 2d—h, 3b.

1970 *Polygnathus linguiformis foveolatus* Philip and Jackson. －Philip and Jackson, in Pedder *et al.*, p. 216, pl. 40, figs. 11—14 (non fig. 7 = *P. inversus*).

1971 *Polygnathus perbonus* (Philip). – Klapper and Philip, p. 449, pl. 11 (P, O_1, N, A_1, A_2, A_3 elements).

1975 *Polygnathus perbonus* (Philip). – Klapper and Philip, p. 74.

1975 *Polygnathus foveolatus foveolatus* Philip and Jackson form α. – Telford, pl. 7, figs. 17—20.

1988 *Polygnathus perbonus* (Philip). – 熊剑飞等，316页，图版119，图6—7，10—12。

1989 *Polygnathus perbonus* (Philip). – 王成源，118页，图版29，图10—14。

2005 *Polygnathus perbonus* (Philip). – 金善燏等，63页，图版4，图7—8，10—11；图版12，图17—18；图版13，图1—2，5—10，17—18。

2013 *Polygnathus perbonus* (Philip). – 卢建峰，图版Ⅲ，图5—7；图版Ⅳ，图1—2。

特征 *Polygnathus perbonus* 的P分子在齿台中部下方有小到中等大小的基腔，基腔向前后延伸成齿槽，基腔至少在后方是上翻的。齿舌上横脊发育。前外齿台边缘与前内齿台边缘高度相近，外缘向内折曲较锐利。

附注 云南的标本的齿台外缘折角突出，与正模标本略有不同。此种的时限为晚埃姆斯期。*Polygnathus perbonus* 与 *P. gronbergi* 相比，前者齿台后方强烈向内偏转并有发育的横脊，而后者的齿台相对宽些。

产地层位 云南阿冷初，下泥盆统上部班满到地组；四川龙门山，下泥盆统甘溪组、谢家湾组；广西武宣绿峰山，下泥盆统二塘组 *P. perbonus* 带；云南文山菖蒲塘，下泥盆统埃姆斯阶 *P. nothoperbonus*/*P. perbonus* 带至 *P. serotinus* 带。

皮氏多颚刺 *Polygnathus pireneae* Boersma, 1974

(图版74，图2—5)

1974 *Polygnathus pireneae* sp. nov. – Boersma, pp. 287—288, pl. 2, figs. 1—12.

1977 *Polygnathus pireneae* Boersma. – Klapper, in Ziegler (ed.), *Catalogue of Conodonts*, vol. Ⅲ, p. 489, *Polygnathus* – pl. 8, fig. 6.

1983 *Polygnathus pireneae* Boersma. – Wang and Ziegler, pl. 6, fig. 8.

1988 *Polygnathus pireneae* Boersma. – 熊剑飞等，316—317页，图版119，图1。

1989 *Polygnathus pireneae* Boersma. – 王成源，119页，图版29，图15。

2000 *Polygnathus pireneae* Boersma. – 王成源等，图版1，图1a—b。

2006 *Polygnathus pireneae* Boersma. – 董致中和王伟，175页，图版13，图5，8。

2015 *Polygnathus pireneae* Boersma. – Lu *et al.*, figs. 6O—R, 7A—J.

特征 刺体小。齿台狭长，由前向后逐渐变窄，末端尖。齿台高，无近脊沟；齿台边缘有不发育的瘤齿。固定齿脊瘤齿状，亦不发育。齿台略向内弯，外侧弧状弯度大，内侧弯度小。自由齿片为刺体长的1/3，与齿台的齿脊相连，齿脊靠内侧，两侧具瘤齿。两侧缘锯齿状。基腔大，几乎占据整个齿台的反口面，基腔最宽处位于齿台反口面的前方；基腔宽度与齿台宽度相近或大于齿台宽度，口视可见基腔外缘超越齿台边缘外伸。

比较 *Polygnathus pireneae* 可能为 *Polygnathus* 最早的种，处于 *Eognathodus trilineatus* 和 *Polygnathus kitabicus* 之间。Boersma (1973) 推测此种为 *Ancyrodelloides*—*Pedavis* 动物群的一部分，但缺少证据，不能证明此种时代如此之早。Lane 和 Ormiston (1973) 在加拿大育空地区发现的 *P. pirenneae* 与 *Eognathodus sulcatus* 在一起，在 *P. kitabicus* 之下。当前标本发现于郁江组石洲段最底部的灰岩透镜体中，而在那高岭组中已出现 *Eognathodus sulcatus*。当前标本齿台后方较浑圆，不及正模标本那样尖，齿台表面特征更接近于 Boersma 的副模标本。*Polygnathus pireneae* 齿台平，缺少近脊沟，

不同于*P. kitabicus*。

产地层位 四川龙门山，下泥盆统甘溪组；广西横县六景，下泥盆统郁江组石洲段底部；云南宁蒗县红崖子，下泥盆统莲花曲组下部*P. pireneae*带。

平多颚刺 *Polygnathus planarius* Klapper and Lane, 1985

（图版72，图1—4）

1985 *Polygnathus planarius* Klapper and Lane, pp. 941—942, pl. 20, figs. 16—20.

1993 *Polygnathus planarius* Klapper and Lane. – Ji and Ziegler, p. 83, text-fig. 18, fig. 8.

特征 齿台平，齿台前边缘等高。齿台长，通常较窄，强烈向侧方弯曲，侧视齿台后方拱曲。齿台上有很多排列紧密的、大小均一的横脊。近脊沟在齿台前半部发育。

附注 *Polygnathus planarius* 可依据齿台轮廓、齿脊长度、齿台装饰特征而与*P. semicostatus* 区分开来。

产地层位 此种的时限为晚泥盆世早期早*P. hassi*带至晚*P. rhenana*带。广西宜山拉力，上泥盆统弗拉阶老爷坟组（?）。

波洛克多颚刺 *Polygnathus pollocki* Druce, 1976

（图版71，图13—15）

1976 *Polygnathus pollocki* Druce, p. 198, pl. 73, fig. 3 (only).

1996 *Polygnathus pollocki→Po. efimovae*. – Alekseev *et al.*, pl. 11, figs. 20—22.

2008 *Polygnathus pollocki* Druce. – Ovnatanova and Kononova, p. 1143, pl. 20, figs. 1—4, 9.

特征 （Pa分子）齿台为伸长的披针状，侧边缘升高、卷起；前端半圆形，后端尖。中齿脊高，瘤齿不明显，达到齿台后端。自由齿片高，由细齿组成，其长度为齿台长的一半或稍长些。齿槽窄而深，达齿台后端。齿台装饰有微弱发育的瘤齿，沿齿台边缘有短的横脊。基腔小，缝隙状，以窄的侧翼为界。

比较 此种的齿台侧边缘卷起，沿齿台侧边缘横脊不太明显，不同于*Polygnathus azygomorphus* Aristov, 1985。此种缺少纵向齿脊，也不同于*Polygnathus ilmenensis* Zhuravlev, 1999。

附注 此种最早识别于俄罗斯泥盆系Semiluki区域阶的Il'men层（Zhuravlev等，1997，178页；Zhuravlev, 1999）。

产地层位 见于澳大利亚、加拿大、波兰、俄罗斯。中国尚未发现此种。此种的时限为晚泥盆世弗拉期，*P. transitansi*带—早*P. hassi*带。

前平滑多颚刺 *Polygnathus praepolitus* Kononova, Alekseeva, Barskov and Reimers, 1996

（图版70，图9—10）

1992 *Polygnathus pacificus*. – Savage, pl. 4, figs. 21—22 (only).

1993 *Polygnathus pacificus*. – Matyia, pl. 17, fig. 5.

1993 *Polygnathus alatus*. – Matyia, pl. 19, fig. 3 (only).

1996 *Polygnathus praepolitus* sp. nov. – Kononova *et al.*, p. 96, pl. 12, figs. 1—5.

2008 *Polygnathus praepolitus* Kononova *et al.* – Ovnatanova and Kononova, p. 1147, pl. 21, figs. 8—9.

特征 （Pa分子）齿台为伸长的披针状，近前端变窄，沿齿台全长侧边缘高起直到刺台末端，两侧边缘在同一高度。中齿脊拱曲，低，由瘤齿构成，达齿台后端。自由齿片长是齿台长的一半。齿槽窄而深。齿台表面光滑。基腔小，透镜状，位于齿台前 1/3 处。

比较　此种齿台侧缘沿齿台全长高起，直到齿台末端，中齿脊也延至齿台末端，不同于 *Polygnathus politus* Ovnatanova，1969。此种齿台光滑，也不同于 *Polygnathus maximovae* Ovnatanova and Kononova，1969，后者的齿台前部边缘细齿化。

产地层位　见于欧洲、北美洲。中国尚无此种的报道。此种的时限为晚泥盆世弗拉期，*P. hassi* 带至 *P. jamieae* 带。

高片多颚刺　*Polygnathus procerus* Sannemann，1955

（图版 68，图 15—20）

1955 *Polygnathus procera* Sannemann，p. 150，pl. 1，fig. 11.

1959 *Polygnathus procera* Sannemann. －Helms，p. 652，pl. 4，figs. 1—2.

1989 *Polygnathus procera* Sannemann. －Wolska，p. 416，figs. 3—4，6.

1989 *Polygnathus procera* Sannemann. －王成源，119 页，图版 34，图 11—12。

1992 *Polygnathus procerus* Sannemann. －Ji *et al.*，pl. 3，figs. 18.

1993 *Polygnathus procerus* Sannemann. －Ji and Ziegler，p. 83，pl. 34，fig. 4—8；text-fig. 21，fig. 1.

特征　自由齿片高，有 3～5 个高的细齿；齿台狭长，宽与长之比近于 1∶4；齿台与自由齿片近于等长或自由齿片较齿台略短，其前缘与底缘呈较大的锐角。齿台两边向上翘起，使齿台形成深或深而宽的近脊沟；齿台表面光滑或具弱的横脊。

比较　此种见于 *P. triangularis* 带至 *P. crepida* 带。当前标本层位较低，见于 *M. asymmetrica*带，其齿台近前方有微弱的收缩，与正模标本有别，其他特征一致。*P. procera*以高而长的自由齿片区别于 *P. decorosus* 和 *P. dengleri*。*P. xylus pacificus* Savage and Funai 和 *P. aspelundi* Savage and Funai，1980 的齿台光滑无饰，不同于此种。

产地层位　广西宜山拉力老爷坟组；德保都安四红山；广东乐昌西岗寨永福，付合组上部；四川龙门山，中泥盆统观雾山组、上泥盆统土桥子组。此种的时限为中—晚泥盆世 *K. falsiovalis* 带到晚 *P. crepida* 带。

假叶多颚刺　*Polygnathus pseudofoliatus* Wittekindt，1966

（图版 70，图 5—8）

1957 *Polygnathus foliata* Bryant. －Bischoff and Ziegler，p. 90，pl. 4，figs. 1—4.

1966 *Polygnathus pseudofoliatus* Wittekindt，pp. 637—638，pl. 2，figs. 20—23（non fig. 19 = *P. eiflius*）.

1970 *Polygnathus pseudofoliatus* Wittekindt. －Bultynck，pp. 127—128，pl. 14，figs. 1—3，7—8.

1970 *Polygnathus pseudofoliatus* Wittekindt. －Klapper *et al.*，p. 664，pl. 3，figs. 7—19.

1975 *Polygnathus pseudofoliatus* Wittekindt. －Telford，pp. 50—51，pl. 9，figs. 1—12.

1977 *Polygnathus pseudofoliatus* Wittekindt. －Weddige，pp. 317—318，pl. 4，figs. 68—70.

1983 *Polygnathus pseudofoliatus* Wittekindt. －Wang and Ziegler，pl. 6，figs. 14—15.

1986 *Polygnathus pseudofoliatus* Wittekindt. －季强，46 页，图版 14，图 14—15。

1988 *Polygnathus pseudofoliatus* Wittekindt. －熊剑飞等，331 页，图版 130，图 7。

1989 *Polygnathus pseudofoliatus* Wittekindt. －王成源，119—120 页，图版 32，图 11—14。

特征　*Polygnathus pseudofoliatus* 所代表的标本，齿台上有横脊或横向排列的瘤齿，被近脊沟和齿脊分开。齿台前方收缩。自由齿片大于刺体长的 1/3，有时达刺体长的 1/2。

比较　*Polygnathus pseudofoliatus* 与 *P. costatus costatus* 相似，并由后者演化而来，可根据自由齿片与刺体长的相对比例加以区别，前者自由齿片长，后者的短些。同时，

P. pseudofoliatus 齿台前方收缩明显，后方常有瘤齿。*P. eiflius* 齿台前方有斜的吻脊，齿台外侧后方膨大成向外凸的曲线，这些特征依次有别于 *P. pseudofoliatus*。*P. pseudofoliatus*与 *P. dubius* Hinde 在齿台前方收缩和齿台装饰方面相似，但后者齿台窄而长，自由齿片约为刺体长的 1/4 ~ 1/3，同时前方收缩也不及前者的明显。

产地层位 广西德保都安四红山，中泥盆统分水岭组 *T. k. kockelianus* 带；广西象州马鞍山，中泥盆统鸡德组上部；四川龙门山，中泥盆统观雾山组；广西桂林灵川县乌龟山，付合组上部 *P. varcus* 带。此种的时限为中泥盆世 *T. k. kockelianus* 带至早 *P. varcus* 带。

假后多颚刺 *Polygnathus pseudoserotinus* Mawson, 1987

（图版 70，图 11—13）

1979 *Polygnathus serotinus* α morphotype. – Telford *et al.*, p. 63, pl. 7, figs. 13, 17.

1987 *Polygnathus pseudoserotinus* Mawson, pp. 277—278, pl. 35, figs. 10—12; pl. 36, fig. 5.

2005 *Polygnathus pseudoserotinus* Mawson. – 金善燏等，63 页，图版 4，图 12—17。

特征 基底凹窝（基穴）小，位于齿台向内弯曲稍前的位置。基底凹窝的外侧有小的、半圆形的陆棚状突起，悬于齿台反口面之下。基底凹窝之后的基腔完全愈合，但在基底凹窝之前则延伸成浅沟。前外齿台边缘比前内齿台边缘高而宽。

附注 Mawson（1987）定义的这一新种是依据 Lane 和 Ormiston（1979）最早识别出的 *Polygnathus serotinus* Telford 的三个形态型之一，即 α 形态型。它的主要特征为早期类型较窄，在后齿台与主齿台连接处有明显的角度；基底凹窝外侧的突起是作为基底凹窝的、向外的陆棚状延伸，悬于反口面之下。此种由 *Polygnathus dehiscens abyssus* 经齿台后部基腔愈合演化而来，它与 *Polygnathus serotinus* 另两种形态型不同。

产地层位 云南文山菖蒲塘，下泥盆统埃姆斯阶，*pseudoserotinus/serotinus* 带至 *patulus* 带。

钦甲多颚刺 *Polygnathus qinjiaensis* Xiong, 1980

（图版 70，图 1—4；插图 37）

1980 *Polygnathus qinjiaensis* Xiong. – 熊剑飞（见鲜思远等），96 页，图版 24，图 15—24。

特征 齿台近舌形，齿台后 1/3 齿舌向内弯，其上有发育的横脊；齿台前部齿脊两侧有两列吻脊，由瘤齿组成，两个吻脊向前方微微张开。近脊沟仅限于齿台前 1/3 的齿脊的两侧。齿脊只达齿舌前端。自由齿片短而高。基腔小，位于齿台中前部。

讨论 此种的齿舌上有横脊，不同于 *Polygnathus hassi* 和 *P. eiflius*。熊剑飞（1980）认为此种层位较低，是有吻脊类型的 *Polygnathus* 祖先。

产地层位 广西德保钦甲，下—中泥盆统平恩组下段。

里特林格多颚刺（比较种）
Polygnathus cf. *reitlingerae* Ovnatanova and Kononova, 2008

（图版 73，图 9—10）

cf. 2008 *Polygnathus reitlingerae* Ovnatanova and Kononova, p. 1151, pl. 23, figs. 15—21; pl. 24, figs. 1—5.

2010 *Polygnathus* cf. *reitlingerae* Ovnatanova and Kononova. – 郎嘉彬和王成源，23—24 页，图版Ⅲ，图 7—8。

特征 齿台长，柳叶状。外齿台前缘在膝曲点明显高于内齿台，或与内齿台的膝

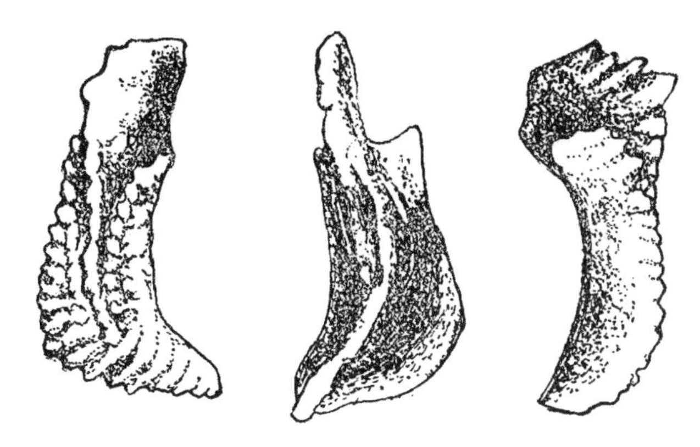

插图 37　钦甲多颚刺 *Polygnathus qinjiaensis* Xiong, 1980 正模标本（据熊剑飞，1980，97 页，图 56）

Text-fig. 37　*Polygnathus qinjiaensis* Xiong, 1980, holotype (after Xiong, 1980, p. 97, fig. 56)

曲点等高。前槽缘短。齿台两侧相对较平，中前部有较明显的横脊，而齿台后部有零散的小瘤齿。近脊沟浅。齿脊微弯，几乎延伸到齿台后端，由愈合的瘤齿组成，齿脊中部稍加厚。

附注　当前标本与中泥盆统吉维特阶的 *Polygnathus hemiansatus* 和 *Polygnathus pseudofoliatus* 相似，乍看起来很像是中泥盆统吉维特阶的牙形刺。当前标本与 *P. hemiansatus*的区别是后者有发育的前槽缘，外齿台发育，外齿台中前部有明显的收缩，内齿台前边缘有小的细齿；它与 *P. pseudofoliatus* 的区别是后者外齿台明显外凸，齿台前方收缩，其边缘平行。当前标本同样不同于典型的 *Polygnathus reitlingerae*，后者齿台上横脊细，瘤齿小而密集。但 Ovnatanova 和 Kononova（2008）包括在 *Polygnathus reitlingerae* 的标本有两种不同的类型，其图版 23 中图 15—21 的标本明显不同于图版 24 中图 1—5 的标本，前者更符合正模标本的特征，而后者与当前的标本很相似。当前标本也可能是一个新种。*Polygnathus reitlingerae* 见于弗拉期晚期，时限大致相当于 *Polygnathus decorosus* 时限的上部（Ovnatanova 等，2008，1074 页）。

产地层位　内蒙古乌努尔，下大民山组顶部（郎嘉彬和王成源，2010）。

条纹多颚刺　*Polygnathus rhabdotus* Schäffer, 1976

（图版 77，图 12—14）

1976 *Polygnathus rhabdotus* Schäffer, pl. 1, figs. 18—22.

特征　*Polygnathus* 的一个种，齿台轮廓仅三角形，齿台两侧有横脊或瘤齿装饰，自由齿片短。

比较　此种与 *Polygnathus pennatulus* Ulrich and Bassler, 1926 相似，但齿台边缘有明显的横脊。

产地层位　此种的时限为晚泥盆世法门期 *styriacus* 带。目前在中国还没有此种的报道。

条纹多颚刺（比较种）　*Polygnathus* cf. *rhabdotus* Schäffer, 1970

（图版 79，图 2）

cf. 1976 *Polygnathus rhabdotus* Schäffer. – p. 146, pl. 1, figs. 18—22.

1987 *Polygnathus* cf. *rhabdotus* Schäffer. – 李晋僧，369 页，图版 168，图 3。

特征 齿台呈舌形，表面有瘤齿装饰。齿脊由侧方微扁的瘤齿组成，向后延伸近于齿台后端。齿台前部圆的瘤齿明显，后部瘤齿不明显。反口面边缘较宽，基腔窄小。

产地层位 甘肃迭部当多沟，上泥盆统陡石山组上部。

莱茵河多颚刺 *Polygnathus rhenanus* Klapper, Philip and Jackson, 1970

（图版71，图9）

1970 *Polygnathus rhenanus* Klapper, Philip and Jackson, pp. 654—655, pl. 2, figs. 13—15, 19—22.

1973 *Polygnathus rhenanus* Klapper, Philip and Jackson. - Klapper, in Ziegler (ed.), *Catalogue of Conodonts*, vol. I, pp. 377—378, *Polygnathus* - pl. 2, fig. 1.

1994 *Polygnathus rhenanus* Klapper, Philip and Jackson. - Bai *et al.*, pp. 181—182, pl. 22, figs. 17—18.

2005 *Polygnathus rhenanus* Klapper, Philip and Jackson. - 金善燏等，64页，图版5，图1—2。

特征（Pa分子）齿台短，强烈不对称。自由齿片长，约为刺体长的1/3。在成年个体标本上，基腔恰好位于自由齿片和齿台前端连接处。齿台光滑。齿脊可延伸到或超过齿台后端。

附注 此种与 *P. varcus* 和 *P. xylus* 的区别在于它的齿台强烈不对称，齿台前槽缘发育程度和向外弯曲程度不同，基腔位置更向前些。

产地层位 云南文山菖蒲塘，中泥盆统吉维特阶 *P. varcus* 带。

壮脊多颚刺 *Polygnathus robusticostatus* Bischoff and Ziegler 1957

（图版71，图10—12）

1957 *Polygnathus robusticostatus* Bischoff and Ziegler, pp. 95—96, pl. 3, figs. 4—9.

1989 *Polygnathus robusticostatus* Bischoff and Ziegler. - 王成源，120页，图版35，图4。

2005 *Polygnathus robusticostatus* Bischoff and Ziegler. - 金善燏等，64页，图版5，图3—6。

特征 （Pa分子）齿台两侧具有粗壮的横脊，近脊沟较深，齿脊达齿台末端。整个齿台呈心形，齿台最宽处近齿台中前部。自由齿片较高，其长度为刺体长的1/3。

比较 当前标本的齿台上横脊不及正模标本的粗壮。它与 *P. guangxiensis* 的区别是自由齿片相对长些，近脊沟较宽深，齿台相对较窄。此种与 *P. angusticostatus* 和 *P. angusitipennatus*的区别在于后两个种的齿脊都伸出齿台后端之外。

产地层位 广西德保都安四红山，中泥盆统分水岭组 *T. k. kockelianus* 带；云南文山菖蒲塘，中泥盆统 *P. c. partitus* 带至 *P. varcus* 带。

强壮多颚刺 *Polygnathus robustus* Klapper and Lane, 1985

（图版71，图1—4）

1971 *Polygnathus* sp. B. - Szulczewski, p. 54, pl. 19, fig. 1.

1985 *Polygnathus robustus* n. sp. - Klapper and Lane, p. 943, pl. 21, figs. 11—21.

1993 *Polygnathus robustus* Klapper and Lane, p. 84, text-fig. 18, fig. 7.

特征 前齿片特别粗壮，其前方有两个高的粗壮的细齿。齿台轮廓近卵形，内齿台边缘有时内凹。齿脊高，愈合，一般高于齿台平面，向后延伸到或接近齿台后端。两侧齿台边缘有瘤齿或短的横脊。基穴小，皱边宽。

附注 *Polygnathus robustus* 不同于 *P. aequalis*，后者前齿片不太粗壮，齿脊也不比齿台边缘高，而齿台轮廓很像 *P. webbi*。

产地层位 广西宜山拉力，上泥盆统老爷坟组（?）。此种的时限从弗拉期

*P. punctata*带开始到 *P. linguiformis* 带。

塞谬尔多颚刺　*Polygnathus samueli* Klapper and Lane, 1985

（图版 71，图 5—8）

1985 *Polygnathus samueli* Klapper and Lane, pp. 943—944, pl. 17, figs. 13—18.

1993 *Polygnathus samueli* Klapper and Lane. – Ji and Ziegler, p. 84, text-fig. 19, fig. 1.

特征　前齿片短而高具前端最高。齿台很宽，其宽度为齿台长的 3/4；齿台轮廓为不规则四边形。齿台内边缘通常较直；齿台前半部分的两侧边缘近于平行。齿脊止于齿台后方，但不达齿台后端。近脊沟短而深，与两侧的瘤齿列形成明显的“V”字形。齿台后方横脊穿过齿脊的末端。

附注　在前齿片具短而宽的齿台特征上，*Polygnathus samueli* 和 *P. brevis* 很相似，但后者的近脊沟宽，延伸到齿台长度方向的 1/2 ~ 2/3 处，其齿台前方没有形成“V”字形的倾向。

产地层位　广西宜山拉力，上泥盆统老爷坟组（?）。此种的时限为弗拉期晚 *P. hassi*带内到早 *P. rhenana* 带。

半脊多颚刺　*Polygnathus semicostatus* Branson and Mehl, 1934

（图版 73，图 2—8）

1934 *Polygnathus semicostatus* Branson and Mehl, pp. 247—248, pl. 21, figs. 1—2.

1974 *Polygnathus semicostatus* Branson and Mehl. – Dreesen and Orchard, pp. 1—5, pl. 1, figs. 1—8; pl. 2, figs. 1—2.

1979 *Polygnathus semicostatus* Branson and Mehl. – Sandberg and Ziegler, pp. 187—188, pl. 5, figs. 1—5.

1982 *Polygnathus semicostatus* Branson and Mehl. – Wang and Ziegler, p. 155, pl. 1, figs. 23, 30—31.

1988 *Polygnathus semicostatus* Branson and Mehl. – 秦国荣等，图版 2，图 6—9。

1993 *Polygnathus semicostatus* Branson and Mehl. – Ji and Ziegler, p. 84, text-fig. 19, fig. 4.

特征　齿台窄，长为宽的两倍多；内齿台缓凹，外齿台缓凸，齿台后部要比齿台中前部窄得多，后端尖或钝，纵向上强烈上凸；齿台中后部有多个相互平行的、弧形的横脊；齿台前部有向前伸展的纵向的齿脊或不连续的短的横脊，近脊沟较深，齿脊仅延伸到齿台中部。自由齿片发育，齿片—齿脊由愈合的、侧方扁的细齿组成。反口面龙脊发育，较高。基穴小，位于齿台中前部。

比较　此种的齿台较长，后方较窄并有平行的弧形横脊，不同于 *Polygnathus obliquicostatus*。

产地层位　广东乐昌西岗寨；湖南邵东组下部；新疆上泥盆统洪古勒楞组；广西宜山拉力，上泥盆统五指山组（?）；粤北乐昌，天子岭组顶部 *Polygnathus semicostatus—Polylophodonta confluens* 组合带至孟公坳组下部 *Icriodus raymondi—I. costatus darbyensis* 组合带；湖南邵东县界岭，上泥盆统法门阶邵东组下部。此种的时限为法门期中 *crepida* 带到 *expansa* 带。

半台多颚刺　*Polygnathus semiplatformis* Shen, 1982

（图版 72，图 5）

1982 *Polygnathus semiplatformis* Shen. – 沈启明，48—49 页，图版 3，图 7。

特征　齿台呈长椭圆形。自由齿片长为齿台长的 1/2，由 5 个宽扁的细齿组成。内齿台增厚，台面平滑无饰且与齿脊等高，近脊沟窄而浅。外齿台微向外膨胀，齿台外边缘明显上翻，较高，近脊沟宽而深，齿脊低矮，瘤齿愈合，一直延伸到齿台后端。反口面龙脊高，锐利。基腔裂口状，位于齿台前端。

附注 此种的最大特点是内齿台台面高而平滑，近脊沟窄而浅；外齿台边缘上翻，很高，近脊沟宽而深。

产地层位 湖南临武香花岭，上泥盆统佘田桥组 *gigas* 带。

晚成多颚刺 *Polygnathus serotinus* Telford, 1975

此种仅包括 *serotinus* 的另外两种类型，即 γ 型和 δ 型，而 α 型已归入 *Polygnathus pseudoserotinus* Mawson, 1987。

比较 *Polygnathus serotinus* 齿台前方外缘呈凸缘状，大大高于齿脊和内缘，基穴外侧有一半圆形的陆棚状突伸，显然不同于 *Polygnathus inversus*。此种与 *P. dobrogense* Mirauta 极相似，后者缺少陆棚状突伸，易于区分。但 *P. dobrogensis* 是根据很小的标本建立的，*P. serotinus* 的幼年期也无陆棚状突伸，因此，*P. dobrogensis* 能否成立，尚待研究。

晚成多颚刺 γ 形态型
Polygnathus serotinus γ morphotype Telford, 1975

（图版 72，图 6—8）

1967 *Polygnathus linguiformis linguiformis* Hinde. – Philip and Jackson, text-fig. 2a (non figs. 2b—c = *P. inversus*).

1974 *Polygnathus perbonus* Klapper, in Perry *et al.*, pl. 8, figs. 9—13, 15—16.

1975 *Polygnathus foveolatus serotinus* Telford, pl. 7, figs. 5—8 (non figs. 1—4 = *P. inversus*).

1977 *Polygnathus linguiformis linguiformis* Hinde. – 王成源和王志浩，341 页，图版 41，图 15—17，21—23。

1977 *Polygnathus serotinus* γ morphotype Telford. – Lane and Ormiston, p. 63, pl. 8, figs. 2, 6, 13—16, 19—22, 32—33.

1983 *Polygnathus serotinus* γ morphotype Telford. – Wang and Ziegler, pl. 6, figs. 16—17.

1989 *Polygnathus serotinus* Telford. – 王成源，120 页，图版 30，图 4—6。

2005 *Polygnathus serotinus* γ morphotype Telford. – 金善燏等，65 页，图版 5，图 7—14；图版 6，图 1。

特征 *Polygnathus serotinus* γ morphotype 的 Pa 分子，后齿台与主齿台结合部为浑圆的或直角的。基穴小，位于龙脊强烈内弯折曲点的前方。基穴外侧有一小的、半圆形的陆棚状突伸（小齿唇，tiny lip），小齿唇由齿台本身的隆起和基底凹窝残余的陆棚状突伸形成。基穴后方翻转。齿台前方外缘呈凸缘状，明显高于齿脊和内缘。近脊沟宽而深。

附注 Lane 和 Ormiston (1976) 将此种分为三种形态型：① α 形态型：齿台窄，齿舌短，齿舌与主齿台接触处外缘呈尖角状。基穴外侧陆棚状的突伸悬在齿台反面。② γ 形态型：齿台小，与主齿台接触处呈浑圆形或方形。反口面的突伸是齿台本身的膨胀，并保留为基穴的陆棚状突伸。③ δ 形态型：齿舌发育，与前方齿台呈尖角状连接，基穴外侧的陆棚状突伸完全与主齿台反口面连在一起，不悬空。γ 形态型被 Bardashev 等 (2002) 归入到 *Linguipolygnathus wangi*。本书作者不采用 *Linguipolygnathus* 一属。

时代 此种的时代为早泥盆世晚期至中泥盆世早期。

产地层位 广西德保都安四红山，下—中泥盆统坡折落组 *P. serotinus* 带；那坡三叉河，下—中泥盆统坡折落组；象州大乐，下泥盆统四排组；四川龙门山，中泥盆统养马坝组；云南文山菖蒲塘。

晚成多颚刺 δ 形态型
Polygnathus serotinus δ morphotype Telford, 1975

（图版72，图9—11）

1966 *Polygnathus linguiformis linguiformis* Hinde. – Philip and Jackson, p. 1264, text-fig. 2a (non text-figs. 2b—c = *P. inversu*).

1978 *Polygnathus linguiformis linguiformis* Hinde. –王成源和王志浩，341页，图版41，图21—23（only）。

1979 *Polygnathus serotinus* δ morphotype Telford. – Lane and Ormiston, p. 63, figs. 8—10, 34—35.

1983 *Polygnathus serotinus* δ morphotype Telford. – Wang and Ziegler, pl. 6, fig. 18.

1985 *Polygnathus serotinus* δ morphotype Telford. – Ziegler and Wang, pl. 1, figs. 9—10.

2005 *Polygnathus serotinus* δ morphotype Telford. –金善燏等，65—66页，图版5，图15—16；图版6，图2—9。

特征 （Pa分子）基底凹窝小，恰好位于龙脊明显向内弯曲的前方。在基底凹窝的外侧，有一个小的、半圆形的陆棚状突伸，此突伸是由来自主齿台反口面的实壁支撑的。基腔在基底凹窝后完全翻转。前外齿台边缘明显高于前内齿台边缘。在前外齿台边缘、前内齿台边缘和齿脊间有宽而深的近脊沟。

附注 此形态型的基底凹窝恰好位于龙脊明显向内弯曲的前方，而 *Polygnathus linguiformis linguiformis* 的基腔位置更靠前些。金善燏等（2005）将 *Polygnathus declinatus* Wang 归入 *P. serotinus* δ morphotype，本书并不认同。

产地层位 云南文山菖蒲塘，下泥盆统埃姆斯阶。

扭曲多颚刺（比较种） *Polygnathus* cf. *sinuosus* Szulczevski, 1971

（图版48，图15）

1994 *Polygnathus* cf. *sinuosus* Szulczevski. – Wang, pl. 9, figs. 1a—b.

特征 自由齿片与齿脊呈“S”形弯曲，基腔较小。

产地层位 广西四红山剖面，上泥盆统“榴江组”，上 *K. falsiovalis* 带。

肖卡罗夫多颚刺 *Polygnathus sokolovi* Yolkin, Weddige, Isokh and Erina, 1994

（图版73，图13—14；图版74，图10—11）

1979 *Polygnathus dehisens* Philip and Jackson. – Lane and Ormiston, p. 61, pl. 5, figs. 24—26, 35—36.

1989 *Polygnathus heidei* Mashkova and Apekina, early form of Yolkin *et al.*, p. 238, pl. 1, figs. 7—8.

1994 *Polygnathus sokolovi* Yolkin, Weddige, Isokh and Erina, p. 152, pl. 1, figs. 5—8.

2015 *Polygnathus sokolovi* Yolkin, Weddige, Isokh and Erina. – Lu *et al.*, figs. 7K—O.

特征 *Polygnathus* 的一个种，其P分子齿台平而窄，前方微微收缩；外齿台边缘在齿台中部之后与内齿台小角度的弯曲相比有明显的角度。齿台边缘的瘤齿分离（早期类型）或愈合并与假的近脊沟形成明显的脊（晚期类型）。单个的瘤齿可以插在边缘脊和齿脊之间。基腔明显不对称，深而大，前端开放。

附注 *Polygnathus sokolovi* 的形态变异范围不大。早期类型与晚期类型的过渡是以边缘横脊而不是瘤齿的增加为特征。*Polygnathus sokolovi* 的早期类型源于 *P. pireneae*，但当其外缘形成角度就与 *P. kotabicus* 的早期类型很相似。*Polygnathus sokolovi* 的晚期类型与 *P. hindei* 很相似，所以 Yolkin 等（1989）在手头标本很少的情况下，将这两个种处理成 *P. hindei* 的早、晚类型，但后者明显不同于前者，因为后者的齿台较宽，齿脊和齿台边缘的瘤齿也多。

严格地讲，Yolkin 等（1994，图版 1，图 1—2，7—8）图示的 *P. kitabicus* 和 *P. sokolovi* 的正模标本并没有明显的区别，很不易区分，两者齿台平，有浅的近脊沟，而后者基腔前部膨大较宽，可能是重要的特征。

产地层位 此种广泛分布于大洋洲的澳大利亚、欧洲、北美洲与亚洲。在中国的广西地区，此种存在于六景剖面下泥盆统郁江组石洲段。

施特雷尔多颚刺 *Polygnathus streeli* Dreesen, Dusar and Graessens, 1976

（图版 73，图 1）

1982 *Polygnathus streeli* Dreesen, Dusar and Graessens. - Wang and Ziegler, pl. 1, figs. 14a—c.

1987 *Polygnathus streeli* Dreesen, Dusar and Graessens. - 季强，图版Ⅲ，图 23—26。

特征 自由齿片短而高。齿台不对称，外齿台强烈上翻，外齿台上缘比内齿台上缘直，直达齿台后端，有时略微超出齿台后缘。反口面龙脊高。基腔小，位于齿台中部偏前的位置。

产地层位 湖南邵东县界岭，上泥盆统孟公坳组；江华，上泥盆统孟公坳组。

三列多颚刺 *Polygnathus trilinearis*（Cooper, 1973）

（图版 74，图 12）

1973 *Spathognathodus trilinearis* Cooper, p. 80, pl. 3, figs. 1, 6—7.

1977 *Eognathodus trilinearis*（Cooper）. - Klapper, in Ziegler（ed.），*Catalogue of Conodonts*, vol. Ⅲ, p. 125, *Eognathodus* - pl. 1, fig. 4.

2015 *Eognathodus trilinearis*（Cooper）. - Lu *et al.*, figs. 7P—Q.

特征 （Pa 分子）自由齿片前部断掉，后部保留几个侧方扁的细齿。齿台伸长，对称，有 3 行瘤齿列。中齿列线状，直，由几个小的、分离的瘤齿组成，没有延伸到齿台的前后两端。齿台侧边缘有瘤齿列，在齿台前半部由小的分离的瘤齿组成，而在齿台后半部为很短的横脊。两侧齿列在齿台前端与自由齿片相聚。齿台最宽处接近齿台中部。齿台相当平且厚，两齿列之间没有发育齿沟。基腔宽，不对称，口视可见伸出外齿台边缘。

附注 六景的标本与正模标本稍有不同，中齿列不达齿台后端，仅齿台后半部边缘瘤齿列发育；齿台平，无齿槽。

产地层位 广西横县六景，下泥盆统那高岭组高岭段。

塔玛拉多颚刺 *Polygnathus tamara* Apekina, 1989

（图版 78，图 17—18）

1989 *Polygnathus tamara* Apekina, pp. 119—120, text-figs. 1a—d（a—b = holotype）.

特征 齿台强烈不对称，亚三角形；外齿叶和后齿叶发育，呈明显的三角形；有左型和右型标本之分；齿台上有明显的瘤齿或瘤齿列。齿台前方、中齿脊两侧有凹陷。内齿台较窄，边缘较直，仅后端收敛；内齿台边缘有瘤齿列。齿台上有分散的瘤齿或倾向于排列成弧形。外齿台为三角形，有外齿叶，齿台边缘同样有瘤齿列，与主齿脊之间有分散的瘤齿，近中齿脊的瘤齿排列成行。中齿脊明显由瘤齿组成，向外凸并向内弯，其前部的齿脊的瘤齿愈合，而后部的齿脊的瘤齿较分离，齿脊可达齿台后端或止于距后端不远处。外齿叶上次级齿脊不明显。自由齿片短，是齿台长的 1/3，由椭圆形的、愈合的细齿组成。反口面基腔发育，呈明显的、不对称的三角形，其长度为齿台长的1/2；基腔前后龙脊发育，龙脊中间有齿沟。外齿叶下方有很短的次级龙脊，后齿台龙脊一直延伸到齿台后端。

比较　此种不同于 *Polygnathus hindei* Mashkova and Apokina 1980 之处在于它有明显的外齿叶和后齿叶。

产地层位　分布于俄罗斯 Zeravshan Ridge 地区 *Polygnathus kitabicus* 带中部（Yolkin，1994）。中国还没有发现此种。

帝曼多颚刺　*Polygnathus timanicus* Ovnatanova，1969

（图版75，图1—2）

1969 *Polygnathus timanicus* Ovnatanova，p. 140，pl. 1，figs. 1—2.

1988 *Polygnathus timanicus* Ovnatanova. – Klapper and Lane，p. 474，pl. 2，figs. 2—5.

2008 *Polygnathus timanicus* Ovnatanova. – Ovnatanova and Kononova，p. 1155，pl. 19，figs. 3—7；pl. 24，figs. 10—13.

特征　（Pa 分子）齿台为不规则的卵圆形，宽，不对称；侧边缘与自由齿片在不同位置连接；前边缘阶梯状，后端尖，向下拱曲。齿台内边缘比外边缘向前突伸，齿台前半部发育有宽而深的凹陷。中齿脊由细齿组成（最高细齿在齿脊前部，细齿逐渐向后变矮），微微拱曲，达到齿台后端。自由齿片的长度是齿台长的1/3，细齿发育。齿台前部齿槽宽，不对称，后部齿槽窄而对称。内齿台比外齿台较弯、较宽、较深。齿台表面有细而长的横脊，均匀分布。基腔小，透镜状，有窄的侧翼，位于齿台前1/3处。龙脊很发育。

比较　此种齿台轮廓变化较大，为不规则的卵圆形到不对称的长圆形。此种齿台前半部宽，有较深的凹陷，不同于 *Polygnathus uchtensis* Ovnatanova and Kuzimin，1991。此种齿台边缘与自由齿片在不同位置连接，也不同于 *Polygnathus lodinensis*，后者的连接处是在同一位置。

产地层位　分布于欧洲、北美洲、大洋洲的澳大利亚。中国还没有此种的报道。该种的时限为晚泥盆世弗拉期 *P. punctata* 带。

帝曼多颚刺（比较种）　*Polygnathus* cf. *timanicus* Ovnatanova，1969

（图版75，图3）

cf. 1969 *Polygnathus timanicus* Ovnatanova，p. 140，pl. 1，figs. 1—2.

cf. 1976 *Polygnathus seddoni* Druce，pp. 198—201，pl. 80，figs. 1—4，25.

cf. 1978 *Polygnathus timanicus* Ovnatanova. – Narkiewitz，pl. 5，figs. 1—7，pl. 6，fig. 2，4.

cf. 1979 *Polygnathus timanicus* Ovnatanova. – Balinski，p. 81，pl. 23，figs. 1—4，12.

cf. 1989 *Polygnathus timanicus* Ovnatanova. – 王成源，121页，图版34，图7。

特征　齿台略不对称，后方尖，向下弯，齿台边缘不均匀向上，有横脊。右前槽缘往往比左前槽缘向后些。

附注　*P. timanicus* 具有前槽缘，齿台不大对称，仅个别标本较对称，无明显前槽缘。当前标本右侧前槽缘不发育，较对称，不同于典型的 *P. timanicus*。*P. timanicus* 常见于上 *M. asymmetrica* 带至 *A. triangularis* 带。

产地层位　广西德保都安四红山，上泥盆统榴江组上 *asymmetrica* 带。

帝汶多颚刺 *Polygnathus timorensis* Klapper, Philip and Jackson, 1970

（图版75，图4—6）

1957 *Polygnathus varcus* Stauffer. - Bischoff and Ziegler, pl. 18, fig. 34 (non fig. 32 = *P. varcus*).

1970 *Polygnathus timorensis* sp. nov. - Klapper *et al.*, pp. 655—656, pl. 1, figs. 1—3, 7—9; text-fig. 2.

1970 *Polygnathus renanus* Klapper, Philip and Jackson, pp. 654—655, pl. 2, figs. 13—15, 19—22; text-fig. 1.

1973 *Polygnathus timorensis* Klapper, Philip and Jackson. - Klapper, in Ziegler (ed.), *Catalogue of Conodonts*, vol. I, *Polygnathus* - pl. 2, fig. 3.

1976 *Polygnathus timorensis* Klapper, Philip and Jackson. - Klapper and Johnson, p. 125, pl. 2, figs. 27—32; pl. 3, fig. 10.

1983 *Polygnathus timorensis* Klapper, Philip and Jackson. - Wang and Ziegler, pl. 6, fig. 19.

1989 *Polygnathus timorensis* Klapper, Philip and Jackson. - 王成源，121 页，图版33，图7—9。

1992 *Polygnathus timorensis* Klapper, Philip and Jackson. - Ji *et al.*, pl. 3, figs. 1—4.

1995 *Polygnathus timorensis* Klapper, Philip and Jackson. - 沈建伟，264 页，图版2，图3—5，8—10。

特征 齿台窄，对称或不对称，自由齿片与齿台等长或为齿台长的3倍。齿台外前槽缘向外弯，比内前槽缘向前延伸些。基腔位于齿台前缘后方或齿台与自由齿片接触处。齿台边缘瘤齿状，膝曲点一般不相对，两前槽缘高度一致。

比较 *Polygnathus timorensis* 和 *P. ansatus* 的外前槽缘均向外弯，但两者齿台的长宽比例不同，后者的齿台较宽，但大多数前者的外前槽缘与自由齿片相交，比之内前槽缘更向前些；两者幼年期标本难以区别，*P. ansatus* 由 *P. timorensis* 演化而来，两者形态相似，地层上相续。而 *P. timorensis* 是由 *P. xylus ensensis* 演化来的。

附注 此种为 *P. varcus* 带下亚带的标准化石，*P. varcus* 下亚带以 *P. timorensis* 出现为准，上限是以 *P. ansatus* 出现为准，在这个亚带中最后消失的种有 *Polygnathus linguiformis parawebbi* 和 *P. pseudofoliatus*。首次出现的有 *P. varcus*，*P. xylus xylus*，*Icriodus brevis* 和 *Ancyrolepis walliseri* (Wittekindt)。

产地层位 广西德保都安四红山，中泥盆统分水岭组上部 *P. varcus* 带；横县六景，中泥盆统民塘组上部 *P. varcus* 带；广西象州马鞍山，中泥盆统鸡德组上部至巴漆组中部；广西桂林灵川县岩山圩乌龟山，付合组 *P. varcus* 带；永福李村组中部。此种的时限为中泥盆世早 *P. varcus* 带至早 *S. wittekindti* 带。

三角多颚刺 *Polygnathus trigonicus* Bischoff and Ziegler, 1957

（图版72，图13—14）

1957 *Polygnathus trigonica* Bischoff and Ziegler, pp. 97—98, pl. 5, figs. 1—6.

1971 *Polygnathus trigonicus* Bischoff and Ziegler. - Klapper, pl. 3, figs. 7—8, 10—12 (non fig. 9 = *Polygnathus guangxiensis* Wang and Ziegler).

1973 *Polygnathus trigonicus* Bischoff and Ziegler. - Klapper, in Ziegler (ed.), *Catalogue of Conodonts*, vol. I, p. 387, *Polygnathus* - pl. 2, fig. 12.

1977 *Polygnathus trigonicus* Bischoff and Ziegler. - Weddige, pp. 320—321, pl. 6, figs. 98—99.

1983 *Polygnathus trigonicus* Bischoff and Ziegler. - Wang and Ziegler, pl. 7, figs. 19—20.

1989 *Polygnathus trigonicus* Bischoff and Ziegler. - 王成源，122 页，图版35，图2—3。

特征 齿台呈三角形，前端宽，后端尖，口面上有不规则的瘤齿或肋脊。

附注 典型的 *P. trigonicus* 在齿台前方有两个由瘤齿组成的斜脊，由齿台两侧前端向后斜伸，交于固定齿脊。此种前方齿台宽，不同于 *Polygnathus kluepfeli*。*Polygnathus* aff. *trigonicus* 近脊沟宽，横脊短，基腔位置比 *Polygnathus trigonicus* 向后些，*P. trigonicus*的基腔就在齿台前端。

产地层位　广西德保都安四红山，中泥盆统分水岭组 *australis* 带至 *kockelianus* 带；广西长塘中泥盆统那叫组。

三角多颚刺（亲近种）　*Polygnathus* aff. *trigonicus* Bischoff and Ziegler，1957

（图版72，图12）

aff. 1957 *Polygnathus trigonicus* Bischoff and Ziegler，pp. 97—98，pl. 15，figs. 1—6.

1971 *Polygnathus* aff. *trigonicus* Bischoff and Ziegler. – Klapper，p. 66，pl. 3，figs. 1—6.

1989 *Polygnathus* aff. *trigonicus* Bischoff and Ziegler. – 王成源，122页，图版31，图14。

特征　有明显的横脊，宽而浅的近脊沟将齿脊与横脊分开，齿脊在齿台后端终止。齿台在中部或前部最宽，前半部边缘有些平行，前端之后有微弱的弯缺。自由齿片与齿台呈直角相交，其长度小于刺体长的1/3。基腔相当大，位于齿台前端与齿台中部之间。

附注　*Polygnathus* aff. *trigonicus* 与 *P. trigonicus* 相比，横脊短，近脊沟宽，基穴位置向后，齿台前方有收缩。典型的 *P. trigonicus* 齿台前方无收缩，有时有两个微弱的斜脊与齿脊相交并朝向前方。

产地层位　广西那坡三叉河，中泥盆统分水岭组 *costatus* 带。

膨大多颚刺　*Polygnathus torosus* Ovnatanova and Kononova，1996

（图版82，图9—12）

1996 *Polygnathus torosus* Ovnatanova and Kononova，pp. 58—59，pl. 6，figs. 9—10.

2001 *Polygnathus torosus* Ovnatanova and Kononova. – Ovnatanova and Kononova，pp. 47—48，pl. 20，figs. 2—5，9—10.

特征　齿台亚三角形，微微上凸，后端尖且向下弯。自由齿片短而高。后方齿脊低，呈瘤齿状；前方齿脊较高，瘤齿较粗壮。近脊沟短而深，有小的瘤齿。前方齿台装饰有粗壮的横脊，齿台后方瘤齿小、散乱。基穴很小，窄，不易看清。

附注　*Polynodosus torosus* 不同于 *P. brevis*，它的齿台几乎是平的。此种齿台前方有短的、粗壮的横脊，也不同于 *Polygnathus sublatus*。此种齿台轮廓近三角形，近脊沟短，齿脊低，齿台前方横脊粗大，也不同于 *Polygnathus unicornis*。

Vorontzova（1993）将此种归入 *Polynodosus*，本书仍将其保留在 *Polygnathus* 属内。

产地层位　俄罗斯地台，上泥盆统弗拉阶下 *gigas* 带。我国尚无此种的报道。

单角多颚刺　*Polygnathus unicornis* Müller and Müller，1957

（图版82，图13—15）

1957 *Polygnathus unicornis* Müller and Müller，pp. 1089—1090，pl. 135，figs. 5—7；pl. 141，fig. 10.

1973 *Polygnathus unicornis* Müller and Müller. – Klapper，in Ziegler（ed.），*Catalogue of Conodonts*，vol. I，pp. 389—390，*Polygnathus* – pl. 2，fig. 4.

2008 *Polygnathus unicornis* Müller and Müller. – Ovnatanova and Kononova，p. 1157，pl. 23，figs. 3—5.

特征　前齿片短而高，由1～4个细齿组成，前两个最高；刺体下缘强烈拱曲。齿台壮实，椭圆形，微微拱曲；侧边缘卷起，细齿化，向后变平；前端直，后端尖。中齿脊由孤立的细齿组成，细齿在齿台前部有时愈合；中齿脊比齿台边缘高，微微拱曲或直，达齿台后端。齿片—齿脊扭曲或均匀弯曲或直。齿台轮廓椭圆形，口面有很多瘤齿。基穴特别窄，滴珠状，缺少发育的边缘，位于齿台前1/3处。

比较　此种有窄而长的齿台，自由齿片细齿粗壮，不同于 *Polygnathus dengleri*

Bischoff and Ziegler，1957。此种齿台较宽，短的自由齿片由 1 ~4 个粗壮的细齿组成，也不同于 *Polygnathus azygomorphus*。

附注 依据齿台的宽窄，可识别出两种形态型（Klapper 和 Lane，1985）。Vorontzova（1993）将此种归入 *Polynodosus*，本书仍将其保留在 *Polygnathus* 属内。

产地层位 此种的时限为晚泥盆世弗拉期早 *rhenana* 带至 *linguiformis* 带。我国尚无此种的报道。

长齿片多颚刺 *Polygnathus varcus* Stauffer，1940

（图版 75，图 7—10）

1940 *Polygnathus varcus* Stauffer，p. 430，pl. 60，figs. 49，55.

1957 *Polygnathus varcus* Stauffer. – Bischoff and Ziegler，pp. 98—99，pl. 18，figs. 32—33（non fig. 34 = *P. timorensis*）；pl. 19，figs. 7—9.

1970 *Polygnathus varcus* Stauffer. – Klapper *et al.*，pp. 657—658，pl. 2，figs. 1—3，23—25；text-figs. 3—4.

1973 *Polygnathus varcus* Stauffer. – Klapper，in Ziegler（ed.），*Catalogue of Conodonts*，vol. I，pp. 391—392，*Polygnathus* – pl. 2，fig. 5.

1979 *Polygnathus varcus* Stauffer. – Cygan，pp. 272—273，pl. 15，fig. 6.

1981 *Polygnathus varcus* Stauffer. – Wang and Ziegler，pl. 1，fig. 6.

1983 *Polygnathus smoothi* sp. nov. – 赵锡文和左自壁，64 页，图版 3，图 4—5。

1989 *Polygnathus varcus* Stauffer. – 王成源，123 页，图版 33，图 3—6。

特征 齿台短，对称。自由齿片长，约为齿台长的 2 ~3 倍。基腔中等大小，位于自由齿片与齿台的连接处。齿台光滑，齿脊延伸到齿台后端，偶尔在内外齿台膝曲点上有一小瘤齿。

比较 *Polygnathus timorensis* 的齿台外前槽缘向前延伸比内前槽缘远，齿台因而不对称，不同于 *Polygnathus varcus*。*Polygnathus xylus* 的齿台相对长些，约为刺体长的一半；前槽缘陡，齿台装饰较发育，齿台细齿较规则。*P. kennettensis* 自由齿片与齿台等长，成熟个体齿台后端有横脊，亦不同于 *P. varcus*。*P. ansatus* 以相对短的自由齿片和齿台不对称而区别于 *P. varcus*。

产地层位 广西德保都安四红山，中泥盆统分水岭组 *P. varcus* 带；广西象州马鞍山，中泥盆统鸡德组至巴漆组中部；内蒙古喜桂图旗，中泥盆统下大民山组。此种为中泥盆世晚期 *P. varcus* 带的带化石。

福格斯多颚刺 *Polygnathus vogesi* Ziegler，1962

（图版 75，图 11—12）

1959 *Polygnathus* cf. *styriacus* Ziegler. – Voges，p. 294，pl. 34，figs. 16—41.

1962 *Polygnathus vogesi* Ziegler，pp. 94—95，pl. 11，figs. 5—7.

1978 *Polygnathus vogesi* Ziegler. – 王成源和王志浩，78 页，图版 7，图 13—16。

1989 *Polygnathus vogesi* Ziegler. – 王成源，123 页，图版 38，图 16—17。

特征 齿台近心形，前端最宽，向后变尖；齿台前 1/3 部分向下偏斜，形成开阔的前槽；齿台后 2/3 部分的口面光滑，前方有两个明显的前侧脊，内前侧脊向前下方延伸形成前槽缘。基穴极小，不易辨认，位于齿台中部强烈上拱点的前方。

比较 当前标本内前侧脊由齿脊向前方斜伸至齿台边缘，先向下再向齿脊转，形成前槽缘。在成熟个体上，此前侧脊常与齿台边缘间形成小的凹刻。此种与

Polygnathus styriacus 极相似，但 *P. vogesi* 齿台较光滑，前侧脊发育，而 *P. styriacus* 齿台有小的瘤齿，前部仅内侧脊有时发育，外前侧脊从不发育。

Ziegler（1962）把 *Polygnathus vogesi* 从 *P. styriacus* 中区分出来。这两个种外形相似，但 *P. vogesi* 的齿台比较光滑，其前部两侧齿脊发育，而 *P. styriacus* 仅有发育成内外齿脊的趋势。

产地层位 广西宜山拉力，上泥盆统五指山组；贵州惠水，上泥盆统代化组；广西那坡三叉河，上泥盆统三里组。此种的时限为法门期早 *P. expansa* 带到中 *S. praesulcata* 带。

王氏多颚刺 *Polygnathus wangi*（Bardashev, Weddige and Ziegler, 2002）

（图版75，图13）

1978 *Polygnathus serotinus* Telford. – Klapper *et al.*, pl. 1, figs. 9—10（only; non figs. 30—31 = *Polygnathus serotinus*）.

1978 *Polygnathus serotinus* Telford. – Apekina and Mashkova, pl. 77, fig. 6（only; non figs. 1—2 = *Polygnathus serotinus*）.

1983 *Polygnathus serotinus* Telford morphotype α. – Wang and Ziegler, pl. 6, figs. 16—17（= holotype of *Polygnathus wangi*）.

1983 *Polygnathus serotinus* Telford morphotype δ. – Wang and Ziegler, pl. 6, fig. 18.

1985 *Polygnathus serotinus* Telford morphotype δ. – Ziegler and Wang, pl. 1, fig. 10（only; non fig. 9 = *Polygnathus timofeevae*）.

1987 *Polygnathus serotinus* Telford. – Schölaub, in Feist *et al.*, p. 94, pl. 2, figs. 14—15.

1989 *Polygnathus serotinus* Telford. – 王成源，120页，图版30，图5—6。

1991 *Polygnathus serotinus* Telford. – Bardashev, pl. 113, figs. 14, 29（only）.

2002 *Linguipolygnathus wangi* Bardashev, Weddige and Ziegler, pp. 426—427, text-figs. 10, 15, 40.

特征 齿台宽，不对称，前2/3边缘近于平行，后1/3突然地几乎直角偏转。齿台外缘高，轮廓浑圆，饰有短的横脊，与齿脊之间被深、宽、长的近脊沟分开。齿台内缘比外缘短得多，外缘轮廓较光滑，前1/3同样有横脊，中部较长的横脊可达齿脊。内近脊沟短而窄，仅存在于齿台前方。齿舌上有连续的横脊。基穴小，在外侧有清楚的陆棚状突伸。

附注 此种与 *Polygnathus apekinae* 的区别是它的基穴小，齿舌呈直角向内偏转。它与 *Polygnathus serotinus* 的区别是齿台宽，齿台轮廓光滑，但外齿台边缘可能呈锯齿状。此种与 *P. declinatus* 的关系见 *P. declinatus* 一种的讨论。

产地层位 广西德保都安四红山，下—中泥盆统坡折落组（埃姆斯期最晚期）。

韦伯多颚刺 *Polygnathus webbi* Stauffer, 1938

（图版75，图14—18）

1938 *Polygnathus webbi* Stauffer, p. 439, pl. 53, figs. 25—26, 28—29（only）.

1947 *Polygnathus normalis* n. sp. – Miller and Youngquist, p. 515, pl. 74, fig. 4（non fig. 5 = *P. decorosus* Stauffer）.

1957 *Polygnathus amana* Müller and Müller, pl. 135, fig. 4.

1970 *Polygnathus normalis* Miller and Youngquist. – Seddon, pl. 16, figs. 19—22.

1971 *Polygnathus webbi* Stauffer. – Klapper, pl. 1, figs. 25—28.

1973 *Polygnathus webbi* Stauffer. – Klapper, in Ziegler (ed.), *Catalogue of Conodonts*, vol. I, p. 393, *Polygnathus* – pl. 2, fig. 7.

1989 *Polygnathus webbi* Stauffer. – 王成源，124页，图版35，图9—10。

1994 *Polygnathus webbi* Stauffer. – Bai *et al.*, p. 183, pl. 23, fig. 4.

特征 自由齿片约为刺体总长的1/3。齿台较窄，固定齿脊达齿台后端，齿台上有发育的横脊。近脊沟向前变深，齿台前槽缘略向前斜伸。存在左弯和右弯类型，右侧齿台前缘高。

附注 Klapper（1971）指出，晚泥盆世 *Palmatolepis gigas* 带的动物群中常有*P. webbi* 的左弯和右弯类型；左弯标本被定为 *P. webbi*，而右弯标本通常被定为*P. normalis*；虽然两者外齿台轮廓不同，但右边的齿台前缘总比左边的高，两者应为对称类型，属同一种。当前标本的齿台轮廓不同于常见的类型，似 *P. extralobata* Schäffer，但其右侧齿台前缘高，明显不同于后者。以往中泥盆世的 *P. costatus* 经常被鉴定为 *P. webbi*，两者的区别是：① *P. webbi* 存在对称类型；② 齿台外缘轮廓略有不同，*P. webbi* 外齿台向内弯曲处折曲较大，而 *P. costatus* 的外缘缓曲；③ *P. webbi* 的齿台肋脊较之 *P. costatus* 的要细；④ *P. webbi*的齿台前槽缘较斜，向前斜伸，近脊沟向前变深。

产地层位 广西宜山拉力，上泥盆统弗拉阶老爷坟组；广西德保都安四红山，上泥盆统榴江组；广西象州马鞍山，中泥盆统巴漆组上部；广东乐昌西岗寨；新疆上泥盆统洪古勒楞组。此种时限为晚泥盆世弗拉期早 *falsiovalis* 带至 *S. velifera* 带。

香花岭多颚刺 *Polygnathus xianghualingensis* Shen, 1982

（图版76，图1）

1982 *Polygnathus xianghualingensis* Shen. –沈启明，49 页，图版3，图10。

特征 自由齿片长为齿台长的1/2，由9个顶尖分离的、愈合的细齿组成，向后与固定齿脊相连。齿脊高度由自由齿片的第3个到第4个细齿开始向后下降，向后延伸超越齿台后端。齿台强烈不对称。外齿台宽深，强烈上翻，后方膨大，上缘呈半圆形，边缘有锯齿，其内侧隐约可见微弱的横脊。内齿台窄，比外齿台低得多，内齿台上有一条与齿脊平行的、前高后矮的脊，边缘也微微上翻。反口面龙脊高凸，在齿台中部龙脊呈前高后低的“台阶”，“台阶”后龙脊有升高。基腔切口状，位于齿台前端偏后的位置。

产地层位 湖南临武香花岭，上泥盆统上部原岩关阶的底部。

光台多颚刺 *Polygnathus xylus* Stauffer, 1938

1938 *Polygnathus xylus* sp. nov. –Stauffer, p. 430, pl. 60, figs. 54, 66, 72—74.

2008 *Polygnathus xylus* Stauffer. –Ovnatanova and Kononova, p. 1158, pl. 17, figs. 1—7.

特征 齿台或多或少是对称的，自由齿片约为刺体长的一半，齿台两侧边平行。在大的标本中，基腔位于齿台中点与齿台前缘之间。除齿脊外，齿台光滑，或有瘤齿状边缘，或靠近近脊沟有微弱的瘤齿。膝曲点相对。

附注 依据膝曲点后方齿台边缘的锯齿化程度和齿台后方向下弯曲的程度，此种可分为不同的亚种。

光台多颚刺恩辛亚种 *Polygnathus xylus ensensis* Ziegler, Klapper and Johnson, 1976

（图版76，图2—4）

1957 *Polygnathus xylus* Stauffer. –Bischoff and Ziegler, p. 101, pl. 5, figs. 15—16 (non figs. 11—12, 17 = *Polygnathus pseudofoliatus* Wittekindt).

1966 *Polygnathus xylus* Stauffer. –Wittekindt, p. 642, pl. 5, fig. 18.

1970 *Polygnathus xylus* Stauffer. –Bultynck, p. 131, pl. 15, figs. 2, 8 (non fig. 5 = *Polygnathus pseudofoliatus*).

1970 *Polygnathus xylus* Stauffer. – Klapper *et al.*, p. 659, pl. 2, figs. 10—12.

1976 *Polygnathus xylus ensensis* Ziegler, Klapper and Jackson, pp. 125—127, pl. 3, figs. 4—9.

1983 *Polygnathus xylus ensensis* Ziegler, Klapper and Jackson. – Wang and Ziegler, pl. 7, figs. 14—15.

1989 *Polygnathus xylus ensensis* Ziegler, Klapper and Jackson. – 王成源, 124 页, 图版32, 图3, 5—6; 图版30, 图8。

1994 *Polygnathus xylus ensensis* Ziegler, Klapper and Jackson. – Bai *et al.*, p. 183, pl. 21, figs. 1—6.

特征　*Polygnathus xylus ensensis* 的标本，在膝曲点后的齿台边缘明显呈锯齿状，两侧各有3~5个锯齿，但在系统发育的晚期，内侧可有2~3个锯齿而外侧无锯齿。锯齿后方的齿台强烈向下弯。

附注　*P. xylus ensensis* 以膝曲点后齿台边缘锯齿化而明显不同于 *P. x. xylus*。此亚种幼年期标本与 *P. pseudofoliatus* 的幼年期标本有些相似，但后者齿台前方有收缩，而此亚种齿台前方是直的。

时代　中泥盆世，*P. xylus ensensis* 带至中 *P. varcus* 带

产地层位　广西德保都安四红山，中泥盆统分水岭组 *P. x. ensensis* 带的带化石。

光台多颚刺恩辛亚种（比较亚种）
Polygnathus xylus cf. *ensensis* Ziegler, Klapper and Johnson, 1976

（图版76，图5）

1989 *Polygnathus xylus* cf. *ensensis* Ziegler, Klapper and Johnson. – 王成源, 125 页, 图版32, 图9。

附注　当前标本齿台表面似 *P.* aff. *eiflius*，但它的齿台前缘有明显分化的细齿，右侧有1个，左侧有2个，可能是由 *P. pseudofoliatus* 向 *P. xylus ensensis* 过渡的早期类型。

产地层位　广西德保都安四红山，中泥盆统分水岭组 *kockelianus* 带。

光台多颚刺光台亚种　*Polygnathus xylus xylus* Stauffer, 1940

（图版76，图6—9）

1940 *Polygnathus xylus* Stauffer, pp. 430—431, pl. 60, figs. 54, 66, 72, 74 (non figs. 42, 50, 65, 67, 69, 78—79 = *Polygnathus* sp. indet.).

non 1965 *Polygnathus xylis* Stauffer. – Bultynck, p. 69, pl. 1, fig. 4.

non 1966 *Polygnathus xylis* Stauffer. – Bultynck, p. 199, pl. 1, figs. 1—3 (= *Polygnathus pseudofoliatus*—*P. eiflius*).

1967 *Polygnathus varcus* Stauffer. – Wirth, pl. 22, fig. 15.

1969 *Polygnathus* cf. *varcus* Stauffer. – Druce, p. 106, pl. 9, figs. 11—12.

1970 *Polygnathus xylus* Stauffer. – Klapper *et al.*, pl. 1, figs. 4—6, 11; pl. 2, fig. 4 (non figs. 10—12 = *P. xylus ensensis*).

1971 *Polygnathus xylus* Stauffer. – Norris and Uyeno, pl. 3, fig. 8.

1971 *Polygnathus decorosus* Stauffer. – Schumacher, pp. 98—99, pl. 11, figs. 1—6 (figs. 7—10 = *Polygnathus decorosus*).

1973 *Polygnathus xylus* Stauffer. – Klapper, in Ziegler (ed.), *Catalogue of Conodonts*, vol. I, pp. 395—396, *Polygnathus* – pl. 2, fig. 6.

1976 *Polygnathus xylus xylus* Stauffer. – Ziegler and Klapper, in Ziegler *et al.*, p. 125, pl. 3, fig. 1.

1979 *Polygnathus xylus xylus* Stauffer. – Cygan, pp. 276—277, pl. 15, figs. 11—12, 17—18; pl. 17, fig. 3.

1986 *Polygnathus xylus xylus* Stauffer. – 季强, 47—48 页, 图版14, 图12—13。

1989 *Polygnathus xylus xylus* Stauffer. – 王成源, 125 页, 图版33, 图1—2。

2005 *Polygnathus xylus xylus* Stauffer. – 金善燏等, 67 页, 图版6, 图10—15, 16—17 (?)。

特征　（Pa 分子）膝曲点后方的齿台边缘没有明显的锯齿化，最多发育一个微弱的锯齿。齿台后方没有强烈的向下拱曲。

附注　此亚种的层位为中泥盆统上部 *varcus* 带至上泥盆统下部 *asymmetricus* 带上

部。Uyeno（1978）和Nicol（1985）曾再造此亚种的器官，前者认为是5分子器官（Pa，Pb，Sa，Sb，Sc），后者认为是6分子器官（Pa，Pb，Sa，Sb，Sc，Sd）。

产地层位 广西六景，中泥盆统民塘组 *P. varcus* 带；云南文山菖蒲塘；广西象州马鞍山，中泥盆统鸡德组上部至巴漆组下部。

慈内波尔多颚刺 *Polygnathus znepolensis* Spassov，1965

（图版76，图10—14）

1965 *Polygnathus znepolensis* Spassov, p. 96, pl. 4, figs. 1—2.

1969 *Polygnathus znepolensis* Spassov. –Druce, p. 106, pl. 26, figs. 1—3.

1975 *Polygnathus znepolensis* Spassov. –Klapper, in Ziegler (ed.), *Catalogue of Conodonts*, vol. II, pp. 227—228, *Polygnathus* –pl. 5, fig. 7.

1987 *Polygnathus znepolensis* Spassov. –Ji, pl. 2, figs. 12—13.

1988 *Polygnathus znepolensis* Spassov. –熊剑飞等（侯鸿飞主编），337—338页，图版137，图10—14。

1993 *Polygnathus znepolensis* Spassov. –Ji and Ziegler, p. 86, text-fig. 19, fig. 7.

特征 齿台两侧不对称。内齿台较窄，其上有斜向排列的相互平行的齿脊，与齿台的大的中齿脊斜交。中齿脊由大的瘤齿组成，较直，直到齿台后端。外齿台宽，半圆形，其上的齿脊呈放射状排列，较短，与齿台边缘垂直。齿脊与外齿台边缘之间的齿台是光滑的。自由齿片比齿台短，较高，由高的愈合的细齿组成。反口面齿台光滑，未见基穴。

附注 *Polygnathus znepolensis* 的内齿台上斜脊与 *P. obliquicostatus* 的内齿台的斜脊相似，但前者的齿脊与外齿台边缘之间的齿台是光滑的，外齿台更宽大。此种与 *Polygnathus semicostatus* 的区别是它的外齿台上翻，内齿台有斜脊。

产地层位 广东乐昌西岗寨；湖南邵东，上泥盆统邵东组；四川龙门山，上泥盆统长滩子组。此种的时限为法门期中 *P. expansa* 带到早 *S. praesulcata* 带。

多颚刺（未名新种A） *Polygnathus* sp. nov. A

（图版79，图7）

2012 *Polygnathus* sp. nov. A. –龚黎明等，图版Ⅳ，图11a—c。

特征 齿台较宽，明显不对称。外齿台前方收缩，前边缘有一短而高的吻脊，小的吻脊上有很小的细齿；外齿台前缘与短的自由齿片斜交；外齿台后方明显膨大，其边缘微微锯齿化。内外齿台均向上翘，口面无肋脊，较光滑，形成宽而浅的近脊沟。内齿台边缘较直。自由齿片短，为齿台长的1/4。固定齿脊向外弯，一直延伸到齿台后端；中部较光滑，后端有小的瘤齿。齿台后端明显变尖。反口面龙脊发育，基腔狭长，位于齿台前1/3处，齿层显示是反基腔（龚黎明等，2012，图版Ⅳ，图11c）。

附注 仅一个完整的标本，种的变异范围不清，暂作未定新种。

产地层位 重庆市黔江区濯水剖面第7层，法门阶 *P. crepida* 带至下 *P. rhomboidea* 带。

多颚刺（未定种A） *Polygnathus* sp. A

（图版79，图3）

1989 *Polygnathus* sp. A. –王成源，125页，图版33，图11。

特征 仅一个完整标本，齿台长，后方尖，齿台上有较明显的横脊。固定齿脊发育，达齿台后端。前槽缘明显，内外前槽缘与自由齿台在同一位置相接。自由齿片发育。

比较　当前标本特征明显，内外前槽缘与自由齿片相接的位置似 *P. ansatus*，但齿台长，后方尖，近于对称，可能为新种。因仅一个标本，暂不命名。

产地层位　广西德保都安四红山，上泥盆统榴江组底部 *M. asymmetricus* 带。

多颚刺（未定种 B）　*Polygnathus* sp. B

（图版 79，图 4）

1989 *Polygnathus* sp. B. －王成源，125—126 页，图版 40，图 4。

特征　自由齿片直。刺体后方拱曲，膨大的基腔在刺体的中前方。齿片在中后部两侧加厚，每侧各有一个微弱的齿台，其长仅为膨大基腔长的一半；齿片向后方变低。

比较　当前标本具有膨大的基腔，近中点偏后具有小的齿台，齿片后方细齿几乎与自由齿片细齿等大，均不同于中泥盆世的 *Polygnathus intermidius*。当前标本膨大的基腔与 *P. varcus* 类似，但没有发育的齿台。

产地层位　广西横县六景，上泥盆统弗拉阶融县组 *P. gigas* 带。

多颚刺（未定种 C）　*Polygnathus* sp. C

（图版 79，图 5—6）

1989 *Polygnathus* sp. C. －王成源，126 页，图版 34，图 1—2。

特征　齿台短，约为刺体长的 1/3 ~ 1/2。固定齿脊向后延伸超出齿台。齿台在固定齿脊的两侧较窄，其边缘有横脊或瘤齿。前齿片较高。

比较　*Polygnathus* sp. C 与 *P. brevilamina* 较接近，但齿台更发育。

产地层位　广西德保都安四红山，上泥盆统榴江组 *M. asymmetricus* 带。

多瘤刺属　*Polynodosus* Vorontzova, 1993

模式种　*Polygnathus nodocostatus* Branson and Mehl, 1934

特征　齿台对称或不对称，齿台轮廓为长圆形或梨形；齿脊直，很少侧弯，齿脊达齿台后端或止于距齿台后端不远处而被瘤齿隔断。自由齿片短，仅为齿台长的 1/3 ~ 1/2，具有 3 ~ 4 个（弗拉期至法门期早期分子）或 5 ~ 7 个（法门期分子）粗大的细齿。齿槽短，或深或浅，很少沿齿台全长延伸。齿台表面装饰有纵向的或斜向的瘤齿，有时形成齿脊状。大多数种在齿台前 1/3 发育有齿脊或大的瘤齿。反口面在齿脊下方有细的龙脊。基腔小，位于齿台中部偏前的位置。

比较　本属与 *Polygnathus* Hinde, 1879 的区别是齿台上有纵向的而不是横向的瘤齿装饰，与 *Mesotaxis* Klapper and Philip, 1971 的区别是有长圆形的齿台，齿台上有较规则分布的、近于等大的瘤齿。

附注　此属包括晚泥盆世早期和早石炭世的 29 个种：*P. corpulentus*（Gagiev and Kononova, 1987），*P. dapingensis*（Qin, Zhao and Ji, 1988），*P. diversus*（Helms, 1959），*P. efimovae*（Kononova *et al.*, 1996），*P. ettremae*（Pickett, 1972），*P. experplesus*（Sandberg and Ziegler, 1979），*P. flaccidus*（Helms, 1961），*P. granulosus*（Branson and

Mehl, 1934), *P. hassi* (Helms, 1961), *P. homoirregularis* (Ziegler, 1971), *P. ilmenensis* (Zhuravlev, 2003), *P. inconcinnus* (Kuzimin and Melnikova, 1991), *P. incurvus* (Helms, 1961), *P. instabilis* (Kuzimin and Melnikova, 1991), *P. margaritatus* (Schäffer, 1976), *P. nodocostatoides* (Qin, Zhao and Ji, 1988), *P. nodocostatus* (Branson and Mehl, 1934), *P. nodoundatus* (Helms, 1961), *P. ovatus* (Helms, 1961), *P. pennatuloideus* (Holmes, 1928), *P. perplexus* (Thomas, 1949), *P. praehassi* (Schäffer, 1976), *P. rhomboideus* (Ulrich and Bassler, 1926), *P. styriacus* (Ziegler, 1957), *P. subirregularis* (Sandberg and Ziegler, 1979), *P. tigrinus* (Kuzimin and Melnikova, 1991), *P. triphyllatus* (Ziegler, 1960), *P. unicornis* (Müller and Müller, 1957) 和 *P. vetus* Vorontzova, 1993 (插图 38)。Savage 等 (2007) 在泰国命名的新种 *Polygnathus sariangensis* Savage, Sardsud and Lutat 也应当归入本属，而且是本属的早期分子。

Polynodosus 的标本在中国全被鉴定成 *Polygnathus*，应该将 *Polynodosus* 从 *Polygnathus* 属中分离出来。

Polynodosus 的以下种在中国还没有被发现：*P. corpulentus* (Gagiev and Kononova, 1987), *P. diversus* (Helms, 1959), *P. efimavae* (Kononova, Alekseev, Barskov and Reimer, 1996), *P. flaccidus* (Helms, 1961), *P. inconcinus* (Kuzimin and Melnikova, 1991), *P. incurvus* (Helms, 1961), *P. instablis* (Kuzimin and Melnikova, 1991), *P. lingulatus* (Ovnatanova, 1976), *P. nodoundatus* (Helms, 1961), *P. ovatus* (Helms, 1961), *P. rhomboideus* (Ulrich and Bassler, 1926), *P. rudkinensis* (Ovnatanova and Kononova, 1996), *P. tigrinus* (Kuzimin and Melnikova, 1991), *P. torosus* (Ovnatanova and Kononova, 1996), *P. triphyllatus* (Ziegler, 1960), *P. unicornis* (Müller and Müller, 1957) 和 *P. vetus* Vorontzova, 1993。

时代分布 晚泥盆世弗拉期晚期至法门期，多数种见于法门期。世界性分布。

鲍加特多瘤刺 *Polynodosus bouchaerti* (Dreesen and Dusar, 1974)

(图版 84，图 12—13)

1987 *Polygnathus bouchaerti* Dreesen and Dusar, 1974. -季强，图版Ⅳ，图 23—25。

特征 自由齿片短而高，侧方扁，由齿尖分离的细齿组成。齿台不对称，内齿台小于外齿台，齿台前端发育 2~3 条粗大的吻脊，齿台最后端有不规则的小瘤齿。内齿台较窄，有断续排列的、微微前弯的横脊；外齿台宽大，呈半圆形，口面布满断续排列的、微微内弯的纵脊。齿脊低矮，由几乎完全愈合的瘤齿组成，向后延伸，在齿台中部与一个大的瘤齿相接，并继续向后延伸，但不达齿台后端。齿脊后部有一条宽而浅的中沟。反口面基腔小，位于齿台中前部；狭小的基腔被龙脊包围，基腔前后龙脊十分发育，高度向后增加。反口面同心状生长纹明显。

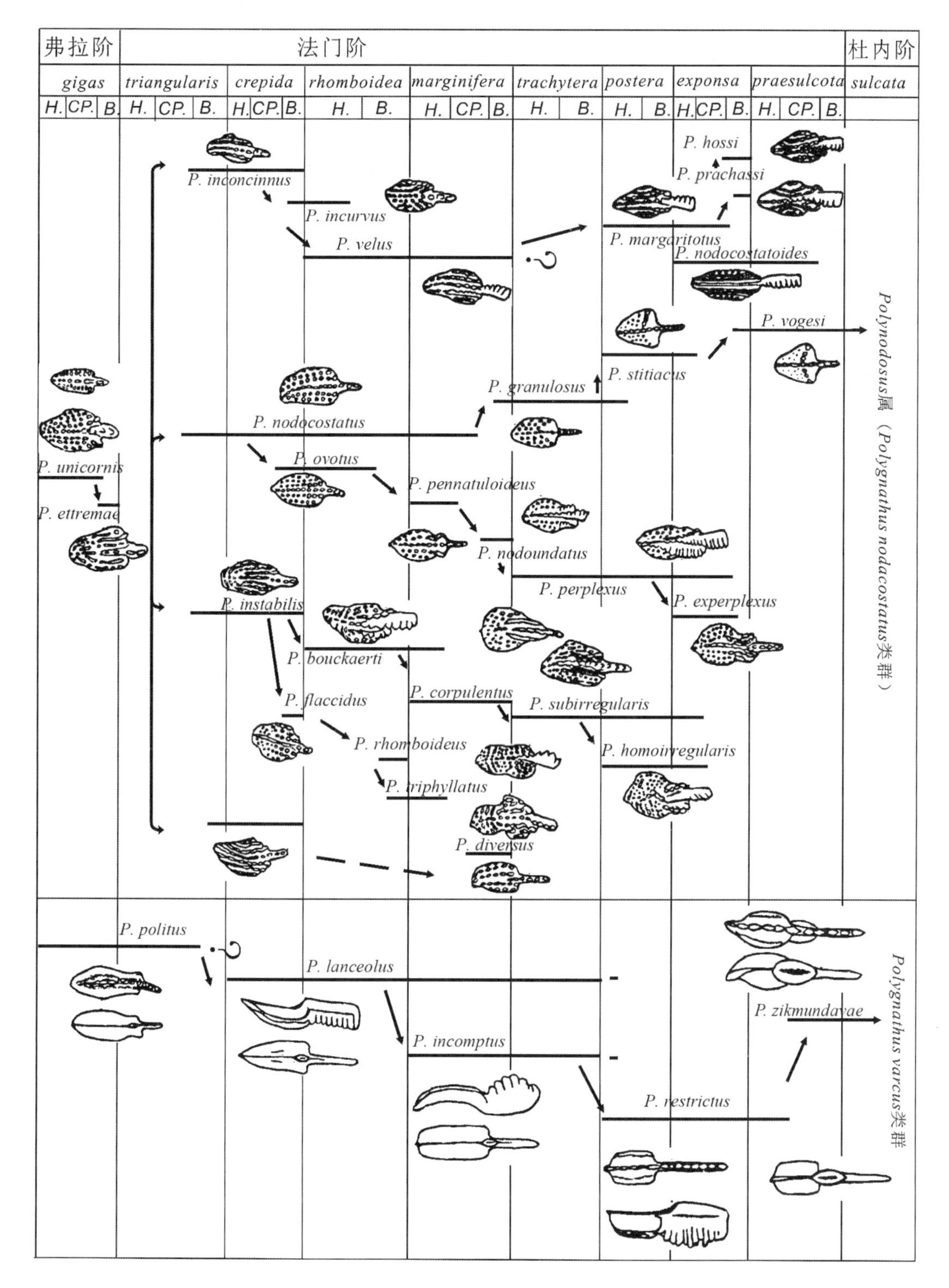

插图 38　*Polynodosus* 属内的系统演化与泥盆纪 *Polygnathus varcus* 种群的早期演化（据 Vorontzova，1993，70 页，插图 1）

Text-fig. 38　Evolution within *Polynodosus* and earlier evolution of *Polygnathus varcus* group（after Vorontzova，1993，p. 70，text-fig. 1）

附注 季强（1987a）图示的此种与他建立的新种 *Polynodosus peregrinus* 十分相似，但他没有对此种进行描述，也没有指出两者的区别。

产地层位 湖南江华，上泥盆统顶部三百工村组。

大坪多瘤刺 *Polynodosus dapingensis* (Qin, Zhao and Ji, 1988)

（图版 80，图 1—2；插图 39）

1988 *Polygnathus dapingensis* Qin, Zhao and Ji. －秦国荣等，64 页，图版 2，图 17—18。

特征 前齿片短，其长度约为齿台长的一半，由 5～6 个愈合的齿尖分离的细齿组成，中部细齿最高大。齿台呈宽卵形，两侧近对称，微微拱曲，最大宽度位于中前部。齿脊低矮，微微向内弯，由一列等大的瘤齿组成，一直延伸到齿台后端。齿脊两侧的齿台上各有两列纵向排列有序且瘤齿间距相等、横向上左右瘤齿相互对应的脊。反口面基腔中等大小，卵形，位于齿台前部 1/3 处。

讨论 此种可能是 *Polynodosus perplexus* 的祖先，主要区别是后者齿台一般呈长卵形，最大宽度位于中部，前部收缩成吻状，两侧的小瘤齿特别高大，呈吻脊状。

产地层位 粤北乐昌，上泥盆统法门阶天子岭组上段 *P. marginifera* 带。

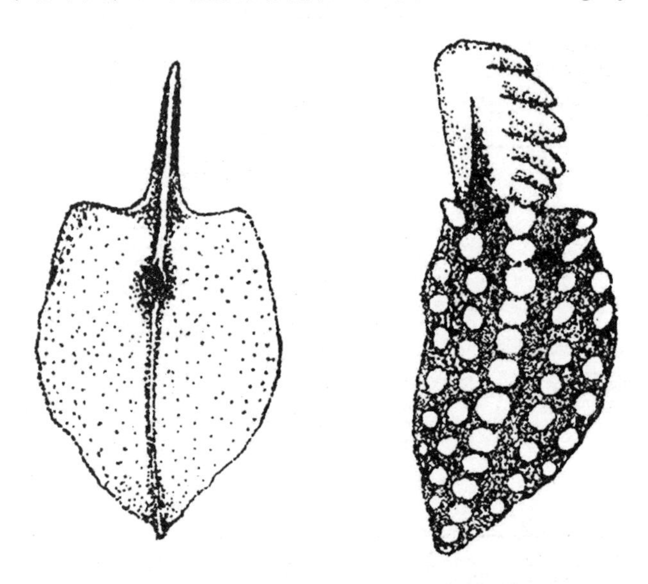

插图 39 大坪多瘤刺 *Polynodosus dapingensis* (Qin, Zhao and Ji, 1988)
正模标本之反口视和口视（据秦国荣等，1988，64 页，图 4）

Text-fig. 39 *Polynodosus dapingensis* (Qin, Zhao and Ji, 1988), holotype, aboral and oral views (after Qin *et al.*, 1988, p. 64, fig. 4)

诶特雷梅多瘤刺 *Polynodosus ettremae* (Pickett, 1972)

（图版 80，图 3—8）

1972 *Polygnathus nodocostatus ettremae* Pickett, pp. 34—35, pl. 2, figs. 17—19; pl. 3, figs. 1—5.

1985 *Polygnathus ettremae* Pickett. －Klapper and Lane, p. 935, figs. 19. 11—17.

1991 *Polygnathus ettremae* Pickett. －Barskov *et al.*, pp. 76—77, pl. 23, figs. 12—13.

1994 *Polylophodonta* sp. A. －Bai *et al.*, pl. 21, figs. 15a—b.

2001 *Polygnathus ettremae* Pickett. －Ovnatanova and Kononova, p. 42, pl. 20, figs. 16—22; pl. 25, figs. 21, 28—29; pl. 26, fig. 11.

特征　齿台明显不对称，外齿台大于内齿台，或内外齿台大小相近。齿台中部沿齿脊方向强烈拱起。内外齿台上有纵向排列的脊，这些脊光滑或由瘤齿组成。齿脊短，不达齿台后端。反口面龙脊发育，较高，直达齿台后端。自由齿片短而高，由愈合的细齿组成。

产地层位　广西象州巴漆剖面，上泥盆统法门阶下 *P. rhomboidea* 带。

似小丛多瘤刺　*Polynodosus experplexus* (Sandberg and Ziegler, 1979)

（图版79，图13—17）

1979 *Polygnathus experplexus* Sandberg and Ziegler, pp. 185—186, pl. 4, figs. 2—6.

1993 *Polygnathus experplexus* Sandberg and Ziegler. – Ji and Ziegler, p. 79, text-fig. 20, fig. 7.

特征　齿台前部强烈收缩，具有发育的吻部。两个吻脊较高，向前散开，只占齿台长的1/3。内吻脊沟发育，向前加宽，而外吻脊沟相对窄些。齿台上有零散的瘤齿。齿脊发育，在齿台中部有折曲或均匀弯曲；齿脊中前部愈合，后部瘤齿分离，较小。齿台中部最宽。

附注　此种齿台宽，具有明显收缩的吻部，外吻脊与齿片近于平行或向外散开，内吻脊强烈地向内向前散开。此种与 *Polynodosus perplexus* 的不同是它的内吻脊强烈散开，口面瘤齿排列成微弱的横脊。

产地层位　广西宜山拉力，上泥盆统五指山组（?）。此种的时限为法门期早 *expansa* 带到中 *expansa* 带。

芽多瘤刺　*Polynodosus germanus* Ulrich and Bassler, 1926

（图版80，图9—12）

1926 *Polygnathus germanus* Ulrich and Bassler, p. 46, pl. 7, figs. 11—12.

1968 *Polygnathus germana* Ulrich and Bassler. – Huddle, p. 38, pl. 14, figs. 29—30.

1968 *Polygnathus nodocostata* Branson and Mehl. – Mound, p. 507, pl. 69, figs. 26—27.

1969 *Polygnathus nodocostatus nodocostatus* Branson and Mehl. – Druce, p. 101, pl. 19, fig. 6.

1976 *Polygnathus germanus germanus* Ulrich and Bassler. – Druce, pp. 188—189, pl. 74, figs. 1—3, 6.

1979 *Polygnathus germanus germanus* Ulrich and Bassler. – Cygan, pp. 247—249, pl. 14, figs. 1, 3—7, 9—11, 14.

1989 *Polygnathus germanus* Ulrich and Bassler. – 王成源，110—111页，图版39，图2；图版40，图6，9—10。

2001 *Polygnathus germanus* Ulrich and Bassler. – 张仁杰等，408页，图2.7—8（only）（图2.6，10—11 = *Polynodosus* sp. nov. A；图2.9 = *Polynodosus* sp. nov. C）。

2010 *Polygnathus germanus* Ulrich and Bassler. – 张仁杰等，50—51页，图版Ⅰ，图15—16。

特征　齿台对称，较长。固定齿脊由瘤齿组成，一直延伸到齿台末端。齿脊两侧齿台上均有与齿脊平行的1～3个瘤齿列。最靠近齿脊的瘤齿列与齿脊几乎等大，亦延伸到齿台后端。靠近内外齿台边缘可有短的、弯曲的瘤齿列。自由齿片较短，约为刺体长的1/4。

附注　*Polygnathus nodocostatus* 一名应用较广，但它可能是此种的同义名。此种见于法门阶，*P. crepida* 带至 *P. styriacus* 带。*Polygnathus marginifera* Schäffer, 1976 具有明显的吻部和基腔，不同于 *P. germanus*。

当前标本齿台两侧的瘤齿列前方不外张，与本书记述的 *Polynodosus* sp. nov. A 和 *Polynodosus* sp. nov. B 不同。张仁杰等（2001）图示的 *Polygnathus germanus* 仅限于图2.7—图2.8，而图2.6、图2.10和图2.11应归入 *Polynodosus* sp. nov. A，图2.9归入

Polynodosus sp. nov. C。

产地层位 海南岛昌江县鸡实，上泥盆统昌江组；广西武宣三里，上泥盆统三里组 *marginifera* 带；横县六景，上泥盆统融县组；那坡三叉河，上泥盆统三里组。

瘤粒多瘤刺 *Polynodosus granulosus* (Branson and Mehl, 1934)

（图版80，图13—16）

1934 *Polygnathus granulosus* Branson and Mehl, p. 246, pl. 20, figs. 21, 23.

1963 *Polygnathus granulosus* Branson and Mehl. – Helms, p. 682, pl. 1, fig. 12; pl. 4, figs. 12, 15—16, 19—20.

1967 *Polygnathus granulosus* Branson and Mehl. – Wolska, p. 413, pl. 17, fig. 3.

1968 *Polygnathus granulosus* Branson and Mehl. – Olicieri, p. 124, pl. 22, figs. 8—10.

1973 *Polygnathus granulosus* Branson and Mehl. – Ziegler, in Ziegler (ed.), *Catalogue of Conodonts*, vol. I, p. 361, *Polygnathus* – pl. 3, figs. 6, 7.

1986 *Polygnathus granulosus* Branson and Meh. – 季强和刘南瑜，174—175页，图版1，图17—19。

1989 *Polygnathus granulosus* Branson and Mehl. – 王成源，112页，图版39，图14。

1993 *Polygnathus granulosus* Branson and Mehl. – Ji and Ziegler, p. 80, pl. 34, fig. 11; text-fig. 20, fig. 11.

特征 齿台厚，微微扭曲，其边缘不对称，均匀拱曲。齿脊低，高度多变；有些标本中部无齿脊，有些标本齿脊可延伸到后方，但通常不达齿台最后端。前方的齿脊比中部的齿脊厚得多。前方齿片由3~4个细齿组成。口面均匀上凸，横向较平；口面瘤齿分布散乱，没有排列成行，仅齿台前方的瘤齿稍大些。近脊沟发育于齿脊两侧，在齿台前部明显变宽加深。反口面较光滑，龙脊锐利，前后端最高。基穴位于齿台前方。

比较 此种的齿台轮廓变化较大。在演化的早期或幼年期，齿台轮廓矛状到心形，齿台后端尖；在演化的晚期或成年期，齿台轮廓较圆，呈卵形，具有突出的或反曲的侧边缘。*Polynodosus granulosus* 可能为 *Polynodosus styriacus* 的先驱种，但前者有窄的齿台、细的齿台装饰以及齿台前方下弯不明显，易于区别。

产地层位 广西宜山拉力，上泥盆统五指山组。此种的时限为法门期最晚 *marginifera* 带到晚 *expansa* 带。

瘤粒多瘤刺（比较种） *Polynodosus* cf. *granulosus* Branson and Mehl, 1934

（图版81，图1—4；插图40）

1986 *Polygnathus* cf. *P. granulosus* Branson and Mehl. – 季强和刘南瑜，175页，图版1，图20—23。

特征 前齿片短而高，由6~8个齿尖分离、侧面扁的细齿组成；后齿片稍短于前齿片，由1~3个细齿组成。齿台小而厚，位于刺体中部。口面具有粗糙分散的小瘤齿。齿脊高，由一列直立的细齿组成，向后延伸超越齿台后端而形成后齿片。反口面龙脊发育，锐利；基腔小，椭圆形，位于齿台前部，被龙脊包围。

讨论 此比较种可能为一新种，以齿台小、后齿片发育为特征。

产地层位 广西鹿寨寨沙，上泥盆统五指山组，*P. marginifera* 带至 *P. styriacus* 带；广西三里，上泥盆统三里组 *P. marginifera* 带。

哈斯多瘤刺 *Polynodosus hassi* (Helms, 1961)

（图版81，图5—6）

1961 *Polygnathus hassi* Helms, p. 684, pl. 4, figs. 6—7, 13—14.

1973 *Polygnathus hassi helms.* – Ziegler, pp. 363—364, *Polygnathus* – pl. 3, figs. 8, 11.

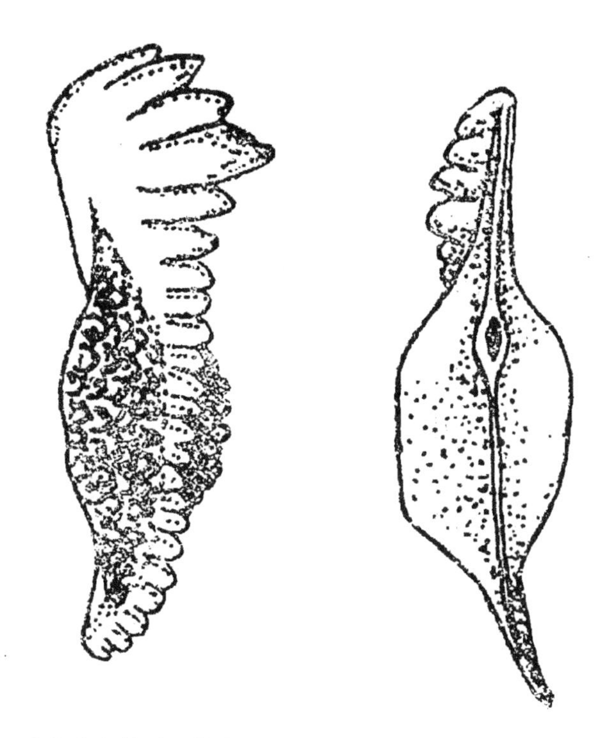

插图40 瘤粒多瘤刺（比较种）*Polynodosus* cf. *granulosus* Branson and Mehl，口视与反口视（据季强和刘南瑜，1986，175页，图2）

Test-fig. 40 *Polynodosus* cf. *granulosus* Branson and Mehl, oral and aboral views (after Ji and Liu, 1986, p. 175, fig. 2)

1993 *Polynodosus styriacus* (Ziegler). – Vorontzova, p. 76, text-fig. 1.

特征 齿台长，不对称，拱曲。齿台前方有3～4个次级齿脊，向后延伸成瘤齿列；齿脊在齿台前方变扁，在中部消失，在后部又出现，直到齿台后端，但较低矮。自由齿片短。皱边窄。基穴缝状，不易辨认。

附注 此种齿台不太对称、拱曲、矛状，前方有2～4个瘤齿列，齿脊在齿台中部压扁或消失，不同于 *Polygnathus praehassi*。此种在中国尚无报道。

产地层位 分布于欧洲。此种的时限为法门期早 *P. expansa* 带到中 *P. expansa* 带。

相似不规则多瘤刺 *Polynodosus homoirregularis* Ziegler, 1971

（图版81，图7—9）

1949 *Palmatolepis irregularis* Thomas, p. 417, pl. 2, fig. 27.

1971 *Polygnathus homoirregularis* Ziegler, pp. 269—270.

1973 *Polygnathus homoirregularis* Ziegler. – Ziegler, pp. 369—367, *Polygnathus* – pl. 3, figs. 4, 10 (non fig. 9 = *Polygnathus subirregularis*).

1988 *Polygnathus homoirregularis* Ziegler. – Qin *et al.*, pl. 2, fig. 2.

1993 *Polynodosus styriacus* (Ziegler). – Vorontzova, p. 76, text-fig. 1.

1993 *Polygnathus homoirregularis* Ziegler. – Ji and Ziegler, p. 80, pl. 36, figs. 16—17; text-fig. 20, fig. 9.

特征 齿台厚度中等，不对称，均匀拱曲，有微弱的弯曲内边缘，横向凸起，外边缘中部低，两端高。后齿脊低而窄，起于齿台后1/3处，直到接近中部的独瘤齿（中瘤齿），然后迅速升高成前齿脊和前齿片。齿片前方的两个细齿最大最高。齿片—前齿脊两侧有发育的近脊沟（前齿槽），近脊沟向后延伸到中瘤齿，再向后成为浅的近脊沟，一直到齿台后端。齿台前半部有两个次级齿脊，由较大的瘤齿组成；齿台后半部有散乱的小瘤齿，有排列成行的趋向。反口面光滑，龙脊锐利，近齿台端部最高。基穴小，位于齿台前端。

比较 此种不同于 *Polynodosus subirregularis*，有较宽的圆形齿台，齿脊在齿台中部强烈向外折曲，有两个与齿脊平行的、在近脊沟侧旁的吻脊，外齿台强烈膨大。齿台上有瘤齿列或齿脊，像 *Polylophodonta* 的齿台装饰。齿脊的折曲部分常常愈合成大的瘤齿，像 *Palmatolepis* 的中瘤齿。

产地层位 广西宜山拉力，上泥盆统五指山组。此种的时限为法门期晚 *P. trachytera*带到 *P. expansa* 带。

艾尔曼多颚刺 *Polynodosus ilmenensis* (Zhuravlev, 2003)

（图版 81，图 10—14）

1996 *Polygnathus pollocki→P. efimovae*. – Kononova *et al.*, pl. 12, fig. 13.

1999 *Polygnathus drucei*. – Zhuravlev, p. 41, pl. 2, figs. 1, 3, 5—9.

2003 *Polygnathus ilmenensis*. – Zhuravlev, p. 112.

2008 *Polygnathus ilmenensis* Zhuravlev. – Ovnatanova and Kononova, p. 1129, pl. 24, figs. 6—7.

2012 *Polynodosus ilmenensis* (Zhuravlev, 2003). – 龚黎明等，图版Ⅲ，图 7—8；图版 4，图 2—5，7。

特征 （Pa 分子）齿台长，矛状，拱起；侧边缘沿整个齿台的长度方向上升，形成与齿脊平行的边缘脊。齿台前端半圆形，后端尖，有时微向侧弯。齿脊光滑，瘤齿不明显，直达齿台后端。自由齿片高，最高点在齿片中部，是齿台长的 1/4～1/3。近脊沟深而窄，达到齿台后端。齿脊两侧各有一个与齿脊平行的边缘脊，外齿台上的边缘脊较发育。基腔中等大小，有微微发育的边缘，位于齿台前 1/3 处。

附注 此种不同于 *Polygnathus pollocki* Druce, 1976 在于它有纵向的边缘脊。它也不同于 *Polynodosus efimovae* Kononova *et al.*, 1996，因为它的齿台侧边缘高起，纵脊很少。

产地层位 当前标本产于重庆市黔江水泥厂剖面第 5 层，弗拉期晚期。此种主要见于莫斯科盆地晚泥盆世弗拉期。当前标本见于在渝东南研究的 3 个剖面，属弗拉期晚期（龚黎明等，2012）。

温雅多瘤刺 *Polynodosus lepidus* (Ji, 1987)

（图版 79，图 10—12；插图 41）

1987 *Polygnathus lepidus* Ji. – 季强，257 页，图版 2，图 5—7，14—15；插图 15。

1993 *Polygnathus lepidus* Ji. – Ji and Ziegler, p. 81, text-fig. 20, fig. 6.

特征 齿台矛形，后端向内弯曲。齿脊长，延伸近齿台后端。齿台前 2/3 部分有 4～6个与齿脊平行的纵脊，而齿台后 1/3 部分有与齿脊垂直的横脊。基腔小，椭圆，位于齿台前 1/3 处。龙脊发育，直达齿台前后端。

比较 此种与 *Polygnathus obliquicostatus* Ziegler 不同，后者内齿台中部的横脊以锐角与齿脊相交，齿脊不达齿台后端。

产地层位 湖南江华，上泥盆统上部三百工村组（相当于邵东组）。此种的时限为法门期早 *P. postera* 带到晚 *P. expansa* 带。

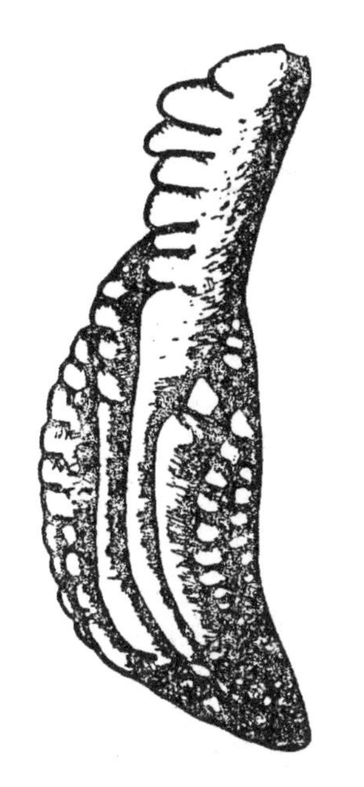
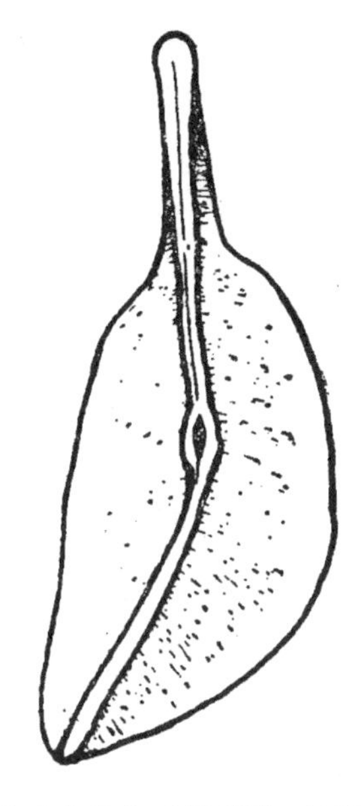

插图 41　温雅多瘤刺 *Polygnathus lepidus*（Ji，1987）的形态构造（据季强，1987，257 页，插图 15）
Text-fig. 41　*Polygnathus lepidus*（Ji，1987）（after Ji，1987，p. 257，text-fig. 15）

珠齿多瘤刺　*Polynodosus margaritatus*（Schäffer，1976）

（图版 80，图 17—18）

1976 *Polygnathus margaritatus* Schäffer，pp. 144—145，pl. 1，figs. 1—6.

1981 *Polygnathus margaritatus* Schäffer. – Ziegler，in Ziegler（ed.），*Catalogue of Conodonts*，vol. Ⅳ，*Polygnathus* – pl. 12，figs. 6—7.

1993 *Polygnathus margaritatus* Schäffer. – Ji and Ziegler，p. 81，text-fig. 20，fig. 3.

1993 *Polynodosus styriacus*（Ziegler）. – Vorontzova，p. 76，text-fig. 1.

特征　齿台不对称，外齿台较大；齿台前缘与齿片垂直。具有特殊的吻部。齿台和自由齿片较大。瘤齿列与齿脊平行。

附注　此种在齿台轮廓和装饰上与 *Polygnathus praehassi* 相似，但有椭圆形的基腔，位于齿台前 1/3 处。

产地层位　广西宜山拉力，上泥盆统五指山组（?）。此种的时限为法门期早 *P. postera* 带到中 *P. expansa* 带。

似瘤脊多瘤刺　*Polynodosus nodocostatoides*（Qin，Zhao and Ji，1988）

（图版 81，图 16；插图 42）

1988 *Polygnathus nodocostatoides* Qin，Zhao and Ji. –秦国荣等，65 页，图版 2，图 10，12。

特征　前齿片稍短于齿台，两侧对称，由一列近于等高的细齿组成。齿台卵圆形，口面具 4 ~ 6 条纵脊。齿脊与纵脊可能一样，均是细的光滑的脊，但齿台最外侧的脊由瘤齿组成。反口面基腔大，亚圆形，位于齿台前端。龙脊低矮，齿槽明显。

比较　此种与 *Polynodosus nodocostatus* 的区别主要是后者齿台口面的纵脊是由瘤齿组成，反口面基腔小，卵形，位于齿台前部 1/3 处，而前者纵脊光滑，基腔大，位于齿台前端。

产地层位 粤北乐昌，上泥盆统法门阶孟公坳组下部，*Icriodus raymondi*—*I. costadus darbyensis* 组合带至 *Clydagnathus cavusformis*—*C. gilwernensis* 组合带。

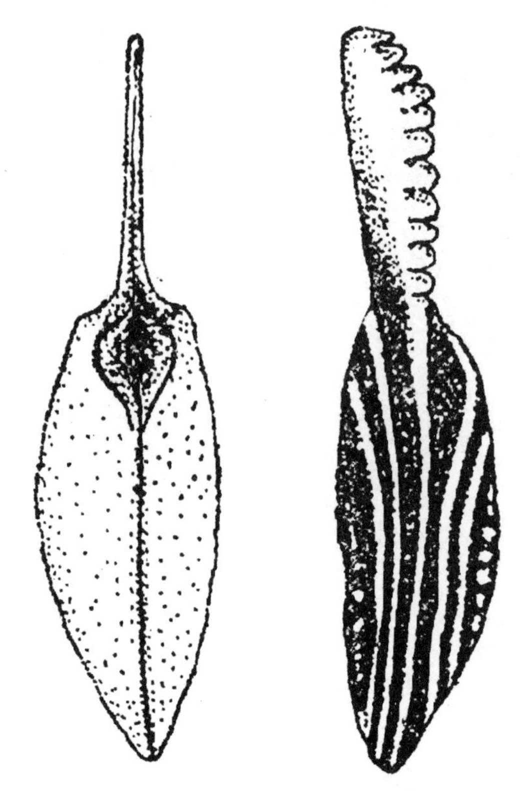

插图 42 似瘤脊多瘤刺 *Polynodosus nodocostatoides*（Qin，Zhao and Ji，1988）
正模标本之反口视和口视（据秦国荣等，1988，65 页，图 5）

Text-fig. 42 *Polynodosus nodocostatoides*（Qin，Zhao and Ji，1988），holotype，aboral and oral views（after Qin *et al.*，1988，p. 65，fig. 5）

瘤脊多瘤刺 *Polynodosus nodocostatus*（Branson and Mehl，1934）

（图版 82，图 4—6）

1934 *Polygnathus nodocostatus nodocostatus* Branson and Mehl，pp. 246—247，pl. 20，figs. 9—13；pl. 21，fig. 15.

1961 *Polygnathus nodocostatus* Branson and Mehl. –Helms，p. 686.

1961 *Polygnathus nodocostatus nodocostatus* Branson and Mehl. –Helms，p. 687，pl. 1，figs. 17，21，23；pl. 2，figs. 16—20，22.

1959 *Polygnathus nodocostatus ovata* n. sp. –Helms，pp. 688—689，pl. 1，figs. 25—26；pl. 2，figs. 24，27—28.

1983 *Polygnathus nodocostatus* Branson and Mehl. –Wang and Ziegler，pl. 7，fig. 21.

1988 *Polygnathus nodocostatus* Branson and Mehl. –秦国荣等，65 页，图版 2，图 3。

1994 *Polygnathus nodocostatus nodocostatus* Branson and Mehl. –Bai *et al.*，p. 181，pl. 23，fig. 6.

1993 *Polynodosus styriacus*（Ziegler）. –Vorontzova，p. 76，text-fig. 1.

1993 *Polygnathus nodocostatus* Branson and Mehl. –Ji and Ziegler，pp. 81—82，pl. 34，figs. 13—15；text-fig. 20，fig. 1.

特征 前齿片较高，由较粗壮的细齿组成，其长度为齿台长的 1/3 ~ 1/2。齿台对称或近于对称，卵圆形或长圆形。口面齿台两侧各有发育的 3 ~ 4 条近纵向排列的纵脊。齿脊低，由瘤齿组成，可向后延伸接近齿台后端，或达齿台后端。齿脊仅比两侧的纵脊略大些。齿台后方的瘤齿较散乱。

附注　此种在法门阶很常见，但形态变化较大。目前此种的概念较广。*Polynodosus nodocostatus* 与 *Polynodosus perplexus* 的区别主要是前者在齿台前方缺少由两个不对称的吻脊形成的吻部。

此种被广泛使用，但它可能是 *Polygnathus germanus* 的同义名。

产地层位　广西宜山拉力，上泥盆统五指山组；粤北乐昌，上泥盆统法门阶天子岭组上段 *P. marginifera* 带；贵州望漠，上泥盆统代化组。此种的时限为法门期早 *P. crepida*带到早 *P. expansa* 带。

纵向多瘤刺　*Polynodosus ordinatus*（Bryant，1921）

（图版82，图7—8）

1921 *Polygnathus ordinatus* Bryant，p. 24，pl. 10，figs. 10—11.

1921 *Polygnathus foliatus* Bryant，pl. 10，fig. 14（non figs. 15—16 = *Polygnathus dubius* Hinde）.

1957 *Polygnathus ordinatus* Bryant. – Bischoff and Ziegler，p. 94，pl. 18，figs. 25—31.

1969 *Polygnathus ordinatus* Bryant. – Clark，p. 63，pl. 7，figs. 5，13.

1988 *Polygnathus ordinatus* Bryant. – 熊剑飞等，330页，图版129，图2；图版130，图1；图版132，图3。

1995 *Polygnathus ordinatus* Bryant. – 沈建伟，263页，图版2，图23—24。

特征　齿台平或微微拱曲。口面具瘤齿，瘤齿排列成行并与齿脊平行。自由齿片短。

产地层位　四川龙门山，中泥盆统观雾山组、上泥盆统土桥子组；广西桂林灵川县岩山圩乌龟山，付合组上部 *disparilis* 带。

似羽瘤多瘤刺　*Polynodosus pennatuloidea*（Holmes，1928）

（图版83，图15）

1928 *Polygnathus pennatuloidea* Holmes，pp. 32—33，pl. 11，fig. 14.

1961 *Polygnathus pennatuloidea* Holmes，p. 691，pl. 1，fig. 22；pl. 2，fig. 25.

1966 *Polygnathus pennatuloidea* Holmes. – Glenister and Klapper，p. 830，pl. 94，figs. 12—13.

1993 *Polygnathus pennatuloidea* Holmes. – Ji and Ziegler，p. 83，pl. 34，fig. 12；text-fig. 20，fig. 10.

特征　前齿片长，约为齿台长的2/3。齿脊由愈合的细齿组成，微向内弯，延伸到齿台后端。齿台近于对称，向前方逐渐收缩。外齿台比内齿台稍大些，齿台上有不规则的瘤齿分布，有的瘤齿在内外齿台的前方有排列成行的趋向。

附注　此种主要是在齿台轮廓和齿台装饰上不同于 *Polygnathus nodocostatus*；它与 *Polygnathus granulosus* 也不同，后者一般有不对称的心形或卵形齿台，齿台侧边缘反曲形，其前方最宽。

产地层位　广西宜山拉力，上泥盆统五指山组。此种时限为法门期晚 *P. marginifera*带到早 *P. expansa* 带。

奇异多瘤刺　*Polynodosus peregrinus*（Ji，1987）

（图版84，图11；插图43）

1987 *Polygnathus peregrinus* Ji. – 季强，258页，图版Ⅳ，图21—22；图16。

特征　自由齿片短而高，侧方扁，由6～8个齿尖分离的细齿组成。齿台不对称，内齿台小于外齿台，齿台前端发育2～3条粗大的吻脊，齿台最后端有不规则的小瘤齿。内齿台较窄，有断续排列的、微微前弯的横脊；外齿台宽大，呈半圆形，口面布满断续排列的、微微内弯的纵脊。齿脊低矮，由几乎完全愈合的瘤齿组成，向后延伸，在齿台中部与一个大的瘤齿相接，并继续向后延伸，但不达齿台后端。齿脊后部有一条宽而浅的中沟。反口面基腔小，位于齿台中前部。狭小的基腔被龙脊包围，基腔前后龙脊十分发育，高度向后增加。反口面同心状生长纹明显。

比较 此种齿台形状不同于 *Polynodosus homoirregularis*，后者的齿台呈舌形，口面有同心状细脊。

产地层位 湖南江华，上泥盆统三百工村组。

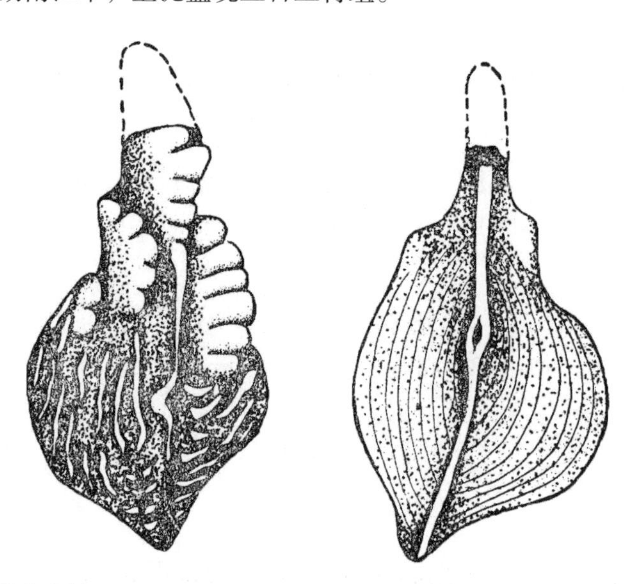

插图 43 奇异多瘤刺 *Polynodosus peregrinus* Ji, 1987（据季强，1987，258 页，插图 160）

Text-fig. 43 *Polynodosus peregrinus* Ji, 1987 (after Ji, 1987, p. 258, text-fig. 160)

小丛多瘤刺 *Polynodosus perplexus* Thomas, 1949

（图版 79，图 8—9）

1949 *Polygnathus perplexus* Thomas, p. 418, pl. 2, fig. 23.

1961 *Polygnathus perplexus* (Thomas). –Helms, pp. 692—693, pl. 1, fig. 18; pl. 4, figs. 1—3, 5.

1979 *Polygnathus perplexus* Thomas. –Sandberg and Ziegler, p. 185, pl. 4, fig. 1.

1986 *Polygnathus perplexus* Thoma. –季强和刘南瑜，175 页，图版 1，图 24—25。

1987 *Polygnathus perplexus* Thoma. –李晋僧，图版 168，图 4—5。

1987 *Polygnathus perplexus* Thomas. –季强，259 页，图版 Ⅱ，图 20—23。

1993 *Polygnathus perplexus* Thomas. –Ji and Ziegler, text-fig. 20, fig. 2.

特征 前齿片短，只相当于齿台长的 1/3。齿台不对称，外齿台明显大于内齿台；通常内外齿台各有三列纵脊，由低矮的瘤齿组成。齿脊也由瘤齿组成，向内侧均匀弯曲。外齿台前方有一个明显的、向外前方散开的吻脊，但齿台内前方缺少吻脊。吻部明显不对称。基腔小，长圆形，位于齿台中部与齿台前缘的中间位置。

附注 此种不同于 *Polynodosus margaritatus*，它有不对称的矛形齿台和两个不等的吻脊。此种与 *Polynodosus nodocostatus* 也不同，后者齿台前方无吻脊。

产地层位 广西鹿寨寨沙，上泥盆统五指山组。此种的时限为法门期早 *P. trachytera* 带到中 *P. expansa* 带。

前哈斯多瘤刺　*Polynodosus praehassi* Schäffer, 1976

（图版 82，图 1—3）

1976 *Polygnathus praehassi* Schäffer, p. 145, pl. 1, figs. 7—11.

1993 *Polygnathus praehassi* Schäffer. – Ji and Ziegler, p. 83, text-fig. 20, fig. 4.

1993 *Polynodosus styriacus* (Ziegler). – Vorontzova, p. 76, text-fig. 1.

特征　前齿片短，只相当于齿台长的 1/4。齿台前方略收缩，最大宽度在齿台中后部。齿脊发育，一直延伸到齿台后端。齿台两侧各有 3 行发育的纵脊，最靠近齿脊两侧的纵脊向前方散开，达齿台两侧前缘角。基腔小，位于齿台中部与齿台前缘中间的位置。

附注　此种缺少基腔而不同于 *Polynodosus margaritatus*；它有发育完整的齿脊而不同于 *Polynodosus hassi*。

产地层位　广西宜山拉力五指山组（?）。此种的时限为法门期早 *P. expansa* 带至中 *P. expansa* 带。

安息香多瘤刺　*Polynodosus styriacus* (Ziegler, 1957)

（图版 81，图 17—19）

1957 *Polygnathus styriacus* Ziegler, p. 47, pl. 1, figs. 12—13 (non fig. 11 = *Polygnathus vogesi*).

1961 *Polygnathus styriacus* Ziegler. – Helms, pp. 695—696, pl. 4, figs. 9—11, 17—18, 21—22.

1962 *Polygnathus styriacus* Ziegler. – Ziegler, p. 94, pl. 10, figs. 23—25; pl. 11, figs. 1—4.

1967 *Polygnathus styriacus* Ziegler. – Wolska, p. 471, pl. 16, figs. 3a—b.

1978 *Polygnathus styriacus* Ziegler. – 王成源和王志浩，图版 7，图 1—6。

1979 *Polygnathus styriacus* Ziegler. – Sandberg and Ziegler, pp. 186—187, pl. 4, figs. 14—18.

1986 *Polygnathus styriacus* Ziegler. – 季强和刘南瑜，175—176 页，图 3（176 页）。

1993 *Polygnathus styriacus* Ziegler. – Ji and Ziegler, p. 84, pl. 34, figs. 6—10; text-fig. 20, fig. 12.

1993 *Polynodosus styriacus* (Ziegler). – Vorontzova, p. 76, text-fig. 1.

特征　与 *Polynodosus vogesi* 相似，但整个齿台口面有小瘤齿分布，两侧齿台前 1/3 处具有形成与齿脊交角较大的前侧齿脊的趋势，特别是内前侧。内前侧齿台比外前侧齿台高，齿台前 1/3 下斜明显。

比较　*Polynodosus styriacus* 由 *Polynodosus granulosus* 演化而来，区别在于前者有一个大的三角形齿台，齿台表面有一些小的瘤齿装饰，而后者齿台前部下倾。

产地层位　贵州惠水，上泥盆统代化组。

近不规则多瘤刺　*Polynodosus subirregularis* (Sandberg and Ziegler, 1979)

（图版 81，图 15）

1961 *Polygnathus irregularis* (Thomas). – Helms, pp. 685—686, pl. 3, figs. 5—7 (non fig. 3 = *Polygnathus homoirregularis*).

1973 *Polygnathus homoirregularis* Ziegler. – Ziegler, *Polygnathus* – pl. 3, fig. 9 (non figs. 3, 10 = *Polygnathus homoirregularis*).

1979 *Polygnathus subirregularis* Sandberg and Ziegler, p. 186, pl. 4, figs. 9—13.

1988 *Polygnathus subirregularis* Sandberg and Ziegler. – 秦国荣等，66 页，图版 2，图 1。

1993 *Polynodosus styriacus* (Ziegler). – Vorontzova, p. 76, text-fig. 1.

1993 *Polygnathus subirregularis* Sandberg and Ziegler. – Ji and Ziegler, p. 85, text-fig. 20, fig. 8.

特征　齿台长，卵圆形到菱形。齿脊直或在齿台中部向外折曲。齿台上有瘤齿列与齿脊近于平行。齿台前部有两个瘤齿列，被近脊沟将其与齿脊分开。内近脊沟在齿台中部和后部很浅。自由齿片长度约为刺体长的1/3。

比较 *Polynodosus subirregularis* 不同于 *Polynodosus homoirregularis*，它有相对较长的卵圆形的齿台和两个近于平行的吻脊，外近脊沟较长，前齿片也较长。

产地层位 广西宜山拉力，上泥盆统五指山组（?）；粤北乐昌，上泥盆统帽子峰组上段，*Polygnathus semicostatus*—*P. homoirregularis* 组合带。此种的时限为法门期早 *P. trachytera*带到早 *P. expansa* 带。

多瘤刺（未定种 A） *Polynodosus* sp. A

（图版83，图1—5）

2001 *Polygnathus germanus* Ulrich and Bassler. –张仁杰等，图2.6，10—11（only）。

2010 *Polygnathus germanus* sp. nov. A. –张仁杰等，51页，图版Ⅰ，图17—21。

特征 齿台前方宽，向后逐渐变窄。齿脊直，由愈合的瘤齿组成，一直延伸到齿台末端。在齿台上，齿脊两侧各有一条长的纵脊，纵脊前方弯向齿台边缘并与齿台边缘相交，向后几乎与齿脊平行并延伸到后端；直的齿脊和两侧的长纵脊组成中文的“水”字形。齿台中部两侧，除了长纵脊，还有1～2个短的瘤齿或瘤齿脊。齿台前方前槽缘宽而深，与深的近脊沟相通。

附注 此未名新种曾被张仁杰和王成源（2001）归入 *Polygnathus germanus*，但是后者齿台上的齿脊和邻近的两个纵脊不呈“水”字形，也没有深而宽的前槽缘。*Polynodosus vetus* Vorontzova，1993 邻近齿脊的纵脊几乎与齿脊平行，也不同于本未命名种。

产地层位 海南岛昌江县鸡实，上泥盆统昌江组。

多瘤刺（未定种 B） *Polynodosus* sp. B

（图版81，图20）

2010 *Polynodosus* sp. B. –张仁杰等，51页，图版Ⅰ，图22。

特征 齿台短而宽，近于对称。齿片—齿脊微弯，延伸到齿台后端，由矮的、愈合的瘤齿组成。齿脊两侧各有一个由瘤齿组成的纵脊，两个纵脊大致呈“8”字形，包围中间的齿脊。齿台中后方齿脊两侧的瘤齿列呈弧形包围齿脊，其前方向前斜伸，与齿台前边缘相交，并形成宽而深的前槽缘。

附注 齿台上齿脊两侧纵脊特征明显，但仅一个标本，自由齿片断掉，暂作未定种。

产地层位 海南岛昌江县鸡实，上泥盆统昌江组。

多瘤刺（未定种 C） *Polynodosus* sp. C

（图版83，图6）

2010 *Polynodosus* sp. C. –张仁杰等，51页，图版Ⅱ，图1。

特征 齿台舌形，后端钝圆。齿台中部两侧近平行，内侧边缘有一瘤齿列延伸到齿台后端，外侧缘仅中前部有几个瘤齿。齿脊由瘤齿组成，齿台前方瘤齿稍高，瘤齿愈合程度较低，而齿脊后方变低、变窄，愈合成光滑的脊。

附注 此种齿台边缘瘤齿列较具特征性，但仅一个标本，齿台前方不完整，自由齿片断掉，暂作未定种。

产地层位　海南岛昌江县鸡实，上泥盆统昌江组。

多瘤刺（未定种D）　*Polynodosus* sp. D

（图版83，图7—10）

2010 *Polynodosus* sp. D. –张仁杰等，51页，图版Ⅱ，图2—5。

特征　齿台不对称。齿台前部宽，后部明显变小，呈三角形。齿台后端尖，强烈向下弯。自由齿片长短不清，多数已断掉。固定齿脊一直延伸到齿台后端，微向外弯。外齿台明显小于内齿台。内齿台外侧有1～2个短的瘤齿列。齿台中后部的齿脊两侧各有一个弧形的齿列，其后半部就是齿台的后边缘，前半部向齿脊收缩。

附注　未定种D与未定种A很相似，主要区别在于前者的内齿台外侧突出，有由分离的瘤齿组成的、短的瘤齿列。

产地层位　海南岛昌江县鸡实，上泥盆统昌江组。

多冠脊刺属　*Polylophodonta* Branson and Mehl, 1934

模式种　*Polylophodonta*（*Polygnathus*）*gyrailineata* Ulrich and Bassler, 1926

特征　齿台叶状，齿台上的齿脊沿整个齿台或部分齿台长度方向延伸，有时趋向消失。齿脊与短的前齿片相连。齿台口面有小的同心状排列的齿脊或瘤齿列。瘤齿脊前方分离或完全形成圆形或长圆形的瘤齿列，齿台后方无齿脊。反口面光滑，有纤细的龙脊沿整个齿台延伸。自由齿片短。基腔长圆形。

时代分布　晚泥盆世法门期。北美洲、欧洲、大洋洲的澳大利亚。中国湖南、广西、广东等地。

同心多冠脊刺　*Polylophodonta concentrica* Ulrich and Bassler, 1934

（图版83，图11）

1982 *Polylophodonta concentrica* Ulrich and Bassler. –沈启明，图版Ⅳ，图3。

特征　齿台不对称，外齿台大于内齿台，齿台中前部最宽。自由齿片短，由瘤齿组成。齿台前半部瘤齿较粗壮，排列成行，特别是内齿台前部；齿台中后部的瘤齿排列近同心状，中部有一个中瘤齿。

产地层位　湖南东安井头圩，上泥盆统锡矿山组。

汇合多冠脊刺　*Polylophodonta confluens*（Ulrich and Bassler, 1926）

（图版83，图12）

1926 *Polygnathus confluens* Ulrich and Bassler, p. 46, pl. 7, figs. 14—15.

1961 *Polylophodonta confluens* Ulrich and Bassler. –Holmes, p. 698, pl. 3, figs. 13—14, 18; text-fig. 14.

1976 *Polylophodonta confluens*（Ulrich and Bassler）. –Druce, pp. 206—207, pl. 88, figs. 1a—b.

1982 *Polylophodonta confluens*（Ulrich and Bassler）. –沈启明，图版Ⅳ，图11。

1988 *Polylophodonta confluens*（Ulrich and Bassler）. –秦国荣等，66页，图版1，图12—13。

特征　齿台呈矛形或卵形，齿脊很短，口面饰有半同心状瘤脊。

产地层位　粤北乐昌，上泥盆统法门阶天子岭组顶部，*Polygnathus semicostatus*—*Polylophodonta confluens* 组合带；湖南东安井头圩，上泥盆统锡矿山组。

舌形多冠脊刺 *Polylophodonta linguiformis* Branson and Mehl, 1934

（图版 83，图 13）

1982 *Polylophodonta linguiformis* Branson and Mehl. –沈启明，图版Ⅳ，图 9。

特征 自由齿片长，居中，由大小不等的细齿组成，齿片中部细齿大。齿台舌形，前端宽，向后逐渐变窄，后端浑圆。齿台上有半圆形的、同心状的横脊。齿台前槽缘发育。

产地层位 湖南东安井头圩，上泥盆统锡矿山组。

残圆多冠脊刺 *Polylophodonta pergyrata* Holmes, 1928

（图版 83，图 14）

1982 *Polylophodonta pergyrata* Holmes. –沈启明，图版Ⅳ，图 4。

特征 前齿片短，由直立的细齿组成，齿片中前部的细齿大。齿台卵圆形。齿片—齿脊延伸到齿台中后部，不达齿台后端，齿脊由低矮的瘤齿组成。齿台上布满细的脊，这些脊在齿台前部几乎与齿片—齿脊平行，但在齿台中后部近于同心状排列。

产地层位 湖南东安井头圩，上泥盆统锡矿山组。

罗慈刺属 *Rhodalepis* Druce, 1969

1969 *Rhodalepis* Druce, p. 116.

模式种 *Rhodalepis inornata* Druce, 1969

特征 齿台光滑，或有近同心状的脊，没有细齿和齿脊。反口面有宽的假龙脊。自由齿片直，由几个愈合的细齿组成。

附注 此属只包括两个种：*Rhodalepis inornatus* Druce 和 *Rhodalepis polylophodontiformis* Wang and Yin, 1985。

时代分布 主要分布于澳大利亚和中国华南地区。此属时限为晚泥盆世法门期，*expansa* 带至 *preasulcata* 带。

无饰罗慈刺 *Rhodalepis inornata* Druce, 1969

（图版 83，图 16—18）

1969 *Rhodalepis inornata* Druce, p. 117, pl. 38, figs. 1a—2c; text-fig. 24.

1982 *Rhodalepis inornata* Druce. –沈启明，图版 4，图 12—13。

1988 *Rhodalepis inornata* Druce. – Wang and Yin, p. 136, pl. 21, figs. 1a—b.

特征 齿台卵圆形，表面光滑，没有细齿和齿脊。反口面无基腔，但有宽而平的假龙脊。

附注 当前标本自由齿片已折断，齿台形态与正型标本相似。*Rhodalepis polylophodontiformis* Wang and Yin, 1985 有细的同心状的脊，不同于 *Rhodalepis inornata* Druce。湖南的标本比较完整，但图像不够清晰。

产地层位 广西桂林南边村组；湖南临武香花岭，上泥盆统锡矿山组，上 *praesulcata* 带。

多冠脊刺形罗兹刺 *Rhodalepis polylophodontiformis* Wang and Yin, 1985

（图版 84，图 1—2）

1985 *Rhodalepis polylophodontiformis* Wang and Yin, pp. 38—39, pl. 1, figs. 9—11.

特征　自由齿片短，由基部愈合、上方尖的细齿构成；自由齿片终止于齿台前方，没有在齿台上延伸成固定齿脊。齿台卵圆形，近于对称，可分为左型标本和右型标本。齿台表面没有粗的装饰，仅有细的近于同心状的或指纹状的脊。内齿台的细脊几乎与齿台边缘平行，但其后方向外齿台弯曲，在外齿台前方形成同心状细齿。齿台侧视向上拱曲。反口面有宽而平的假龙脊，两侧平行，直抵齿台末端。

比较　此种口面特征与 *Polylophodonta* 相似，但有宽的假龙脊，与 *Rhodalepis* 和 *Siphonodella preasulcata* 的反口面一致。此种口面有指纹状的细脊，不同于 *Rhodalepis inornata* 和 *S. preasulcata*。

产地层位　广西宜山峡口，上泥盆统融县组。此种时限为晚泥盆世最晚期 *preasulcata* 带。

罗兹刺（未名新种 A）　*Rhodalepis* sp. nov. A

（图版 84，图 3—4）

1982 *Rhodalepis* cf. *communis*（Branson and Mehl）comb. nov. – 沈启明，图版 3，图 12—13，19（?）。

特征　齿台卵圆形，两侧对称，表面光滑。齿脊由愈合的细齿组成，几乎达齿台末端。近脊沟发育，较窄，近脊沟两侧齿台微微凸起。反口面龙脊较窄，一直延伸到齿台末端。

比较　新种 A 与 *Rhodalepis polylophodontiformis* 的区别是后者齿台上有发育的同心状的细脊；它与 *Rhodalepis inornatus* 的不同在于其齿台上近脊沟发育，近脊沟两侧的齿台凸起，反口面龙脊较窄。

产地层位　湖南临武香花岭，上泥盆统锡矿山组上部。

骨颚刺属　*Skeletognathus* Sandberg, Ziegler and Bultynck, 1989

模式种　*Polygnathus norrisi* Uyeno, 1967

特征　多成分器官种，但仅知 Pa 和 Pb 两种分子，早期生长阶段为齿片状，晚期发育出齿台。在早期，Pa 分子为梳状分子（carminate），Pb 分子为三角状分子（angulate）；在晚期，Pa 分子为梳状台形分子（carminiplanate），Pb 分子为三角台形分子（anguliplanate）。

时代分布　晚泥盆世。大洋洲的澳大利亚、北美洲、亚洲。中国广西、贵州等地。

诺利斯骨颚刺　*Skeletognathus norrisi*（Uyeno, 1967）

（图版 84，图 5—10）

1959 *Polygnathus diversa* Helms, pp. 650—651, pl. 5, fig. 8 (only).

1967 *Polygnathus norrisi* n. sp. – Uyeno, pp. 10—11, pl. 2, figs. 4—5.

1975 *Polygnathus norrisi* Uyeno. – Klapper, in Ziegler (ed.), *Catalogue of Conodonts*, vol. II, p. 309, *Polygnathus* – pl. 5, fig. 3.

1986 *Polygnathus norrisi* Uyeno. – 季强，45 页，图版 7，图 7—12。

1989 *Skeletognathus norrisi* (Uyeno). – Sandberg *et al.*, pp. 213—214, pl. 5, figs. 1—12.

1994 *Skeletognathus norrisi* (Uyeno). – Bai *et al.*, p. 187, pl. 29, figs. 7—8.

1998 *Skeletognathus norrsi* (Uyeno). – 王成源，356—357 页，图版 3，图 1—2。

特征　齿台由不规则的曲板组成，侧视呈丛针状或笛管状；齿台两侧不对称，外齿台明显大于内齿台。自由齿片长而高，细齿愈合。反口面有窄的齿槽，齿台前端下方齿槽最宽。

比较 当前标本与正模相比有以下不同：①自由齿片长，其上细齿较扁；②齿台明显不对称；③反口面龙脊上的齿槽宽。当前标本归于 *S. norrisi* 的分子，有可能进一步划分出不同的种。

附注 典型的 *S. norrisi* 见于晚泥盆世弗拉期 *M. asymmetricus* 带，但此种可延伸到法门期，相当于早 *P. expansa* 带。此种最早见于吉维特期的最晚期，以此种建立的 *Sch. norrisi* 带（Klapper 和 Johnson，1990）相当于 Narkiewicz 和 Bultynck（2010）建立的上 *I. subterminus* 亚带。

产地层位 广西象州马鞍山巴漆组上部，下 *M. asymmetrica* 带。当前标本见于新疆皮山县南部国庆桥—神仙湾公路 62km 之东小山上，*M. marginifera* 带。

蹼鳞刺科 PALMATOLEPIDAE Sweet, 1988

克拉佩尔刺属 *Klapperina* Lane, Müller and Ziegler, 1979

Laneina Bardashev and Bardasheva, 2012

Muellerina Bardashev and Bardasheva, 2012

Zieglerina Bardashev and Bardasheva, 2012

模式种 *Klapperina? disparalvea*（Orr and Klapper, 1968）

特征 齿台反口面有或大或小的、三角形或“L”形基腔，基腔的边缘在反口面明显高起。齿台大而薄，口面有粗的瘤齿。中瘤齿不发育或缺少中瘤齿。

附注 *Klapperina* 的基腔与 *Schmitognathus hermanni* 的基腔有些相似，但前者在系统发生上来源于 *Polygnathus cristatus*。

特别值得注意的是，Bardashev 和 Bardasheva（2012）对此属进行了修订，此属只保留有明显中瘤齿的分子，没有中瘤齿而有三角形或“L”形基腔的分子则归入他们建立的新属 *Laneina* 或 *Muellerina*。Bardashev 等（2012）在 *Klapperina* 属内描述了 9 个新种（*Klepperina alexandri*, *K. chediae*, *K. dronovi*, *K. gorevae*, *K. kononovae*, *K. mariae*, *K. maximi*, *K. ovnatanovae*, *K. uyenoi*），原有的种只有 *Klapperina disparalvea*（Orr and Klapper, 1968）和 *Klapperina disparilis*（Ziegler and Klapper, 1976）保存在修订后的 *Klapperina*，时代也只限于中泥盆世吉维特期。Bardashev 等（2012）的修订是很重要的。对 *Klapperina* 属内分子的鉴定，Bardashev 等（2012）的文献是必不可少的，但本书并没有采用他们建立的新属 *Laneina*、*Muellerina* 和 *Zieglerina*，仍归入 *Klapperina*。

时代分布 按 Bardashev 等（2012）的修订，此属出现于中泥盆世晚期。

不同克拉佩尔刺 *Klapperina disparalvea*（Orr and Klapper, 1968）

（图版 105，图 4—6）

1968 *Palmatolepis disparalvea* Orr and Klapper, pl. 140, figs. 1—11.

1976 *Palmatolepis disparalvea* Orr and Klapper. – Ziegler *et al.*, pl. 1, fig. 23.

1979 *Palmatolepis disparalvea*（Orr and Klapper, 1968）. – Lane *et al.*, p. 218, pl. 2, figs. 17—18.

1980 *Palmatolepis baheensis* Xiong（sp. nov.）. – 熊剑飞，85 页，图版 30，图 28—29；插图 52。

1985 *Palmatolepis disparalvea*（Orr and Klapper, 1968）. – Ziegler and Wang, pl. 3, fig. 2.

1986 *Palmatolepis disparalvea*（Orr and Klapper, 1968）. – 季强，35 页，图版 3，图 17—18。

1994 *Klapperina disparalvea* (Orr and Klapper, 1968). – Bai *et al.*, p. 166, pl. 25, fig. 8.

特征　齿台宽大，外齿台明显大于内齿台，有发育的齿叶。齿台表面有粗的瘤齿。自由齿片短而高。齿脊直，中瘤齿之后的齿脊不发育。反口面基腔为"L"形。

附注　此种有发育的外齿叶和粗的瘤齿，不同于 *K. disparilis*。

产地层位　广西德保，上泥盆统"榴江组"最下 *M. asymmetricus* 带；广西天等，弗拉阶底部（?）（熊剑飞，1980）。

全异克拉佩尔刺　*Klapperina disparata* (Ziegler and Klapper, 1982)

（图版105，图7）

1981 *Polygnathus asymmetricus asymmetricus* Bischoff and Ziegler. – Huddle, pl. 8, figs. 2—3 (only).

1981 *Polygnathus asymmetricus ovalis* Ziegler and Klapper. – Huddle, pl. 14, figs. 1—4 (only).

1982 *Palmatolepis disparata* Ziegler and Klapper, pp. 466—467, pl. 1, figs. 3—5; pl. 2, figs. 4—11.

1985 *Palmatolepis disparata* Ziegler and Klapper. – Ziegler and Wang, pl. 2, fig. 19.

1986 *Polygnathus disparatus* (Ziegler and Klapper). – 季强, 42 页, 图版 17, 图 1—8。

特征　齿台反口面基坑小，不对称，位于齿台中部，居同心生长线的中部。齿台表面有细的、间距较密的瘤齿。

比较　*Klapperina disparata* 不同于 *K. disparilis* 和 *K. disparalvea*，后两个种的基腔大，为"L"形。*K. disparata* 的基坑位于生长线的中心而不同于 *Polygnathus asymmetricus*，后者的基坑在生长中心的前方。

产地层位　广西德保四红山，上泥盆统"榴江组"（晚泥盆世最早期 *K. disparilis* 带）；广西象州马鞍山，中泥盆统巴漆组上部。

异克拉佩尔刺　*Klapperina disparilis* (Ziegler and Klapper, 1976)

（图版106，图5—7）

1980 *Polygnathus asymmetricus tiandengensis* Xiong (sp. nov.). – 熊剑飞，90 页，图版 30，图 30—31；插图 53。

1985 *Palmatolepis disparilis* Ziegler and Klapper. – Ziegler and Wang, pl. 2, fig. 20; pl. 3, figs. 1, 3—4.

1986 *Palmatolepis disparilis* Ziegler, Klapper and Johnson. – 季强，35 页，图版 3，图 11—14；图版 7，图 16。

1989 *Palmatolepis disparilis* Ziegler and Klapper. – Ji, pl. 2, figs. 16—21.

1992 *Palmatolepis disparilis* Ziegler, Klapper and Johnson. – Ji *et al.*, pl. 3, figs. 15—16, 19—20.

1994 *Klapperina disparilis* (Ziegler and Klapper). – Bai *et al.*, p. 166, pl. 25, figs. 1—7.

特征　齿台卵圆形至三角形，不对称，但外齿台缺少明显的齿叶。反口面的基腔为"L"形并高于反口面。齿脊直，不达齿台后端。中瘤齿不发育，其后仅有一个瘤齿。

附注　此种与 *Klapperina disparalvea* 很相似，两者均有明显的"L"形基腔，但后者有很发育的外齿叶，齿台表面有粗的瘤齿。*Klapperina disparilis* 的齿台轮廓与 *Palmatolepis transitans* 相似，但后者仅有小的卵圆形基腔。熊剑飞的新种 *Polygnathus asymmetricus tiandengensis* 显然应归入此种。沈建伟将此种的作者和年代写为 *Klapperina disparilis* Lane, Müller and Ziegler, 1979，可能有误。

产地层位　广西天等，弗拉阶底部（?）（熊剑飞，1980）；弗拉阶付合组 *K. disparilis* 带（Ji，1989）；广西象州马鞍山巴漆、军田剖面，巴漆组上部（季强，1986）；广西桂林灵川县岩山圩乌龟山，付合组 *K. disparilis* 带；广西永福，弗拉阶付合组下部。此种时限为吉维特阶 *K. disparilis* 带到 *K. falsiovalis* 带（Bai 等，1994）。

圆克拉佩尔刺 *Klapperina ovalis* (Ziegler and Klapper, 1964)

(图版 105，图 1—3)

1983 *Polygnathus asymmetricus ovalis* Ziegler and Klapper. – Wang and Ziegler, pl. 5, figs. 26—27.

1985 *Polygnathus asymmetricus ovalis* Ziegler and Klapper. – Ziegler and Wang, pl. 2, fig. 6.

1986 *Polygnathus asymmetricus ovalis* Ziegler and Klapper. – 季强，40 页，图板，图 1—3，8—12。

1988 *Polygnathus asymmetricus ovalis* Ziegler and Klapper. – 熊剑飞，327 页，图版 127，图 4，6。

1989 *Polygnathus asymmetricus ovalis* Ziegler and Klapper. – Ji, pl. 3, figs. 18—19 (only; figs. 16—17 = *Mesotaxis falsiovalis*).

1989 *Polygnathus asymmetricus ovalis* Ziegler and Klapper. – 王成源，103 页，图版 37，图 5—7；图版 38，图 15。

1990 *Klapperina ovalis* (Ziegler and Klapper). – Ziegler and Sandberg, p. 43.

1992 *Klapperina ovalis* (Ziegler and Klapper). – Ji *et al.*, pl. 3, figs. 17—18.

1994 *Klapperina ovalis* (Ziegler and Klapper). – Wang, pl. 1, figs. 1—4, 10.

1994 *Klapperina ovalis* (Ziegler and Klapper). – Bai *et al.*, *p.* 166, pl. 25, figs. 9—11.

2005 *Mesotaxis asymmetrica ovalis* (Ziegler and Klapper, 1964). – 金善燏等，49 页，图版 8，图 1—4。

特征 齿台卵圆形，两侧近于对称，后方较尖，齿台最大宽度在齿台中前方，无中瘤齿；齿台上，从齿台边缘到齿脊布满不规则分布的、小至中等大小的瘤齿。齿脊直，直到齿台后端，由分离的或密集的瘤齿组成。齿台前缘与短的自由齿片在同一位置相遇，相交的锐角也大致一样。反口面生长纹清晰；基穴相对较大，强烈不对称；在齿台较宽的一侧，基穴宽，外张；基穴位于生长纹的中心。

附注 不对称的基穴相对较大，位于反口面生长纹的中心，它不同于 *Klapperina disparilis*，后者反口面有“L”形的基穴和不对称的齿台。金善燏等（2005）仍将此种归入 *Mesotaxis asymmetrica ovalis*。

Bardashev 和 Bardasheva（2012）以 *Klapperina ovalis* (Ziegler and Klapper, 1964) 为模式种，建立新属 *Zieglerina*，此属的主要特征是齿台亚三角形或近四边形，齿台表面有大小不等的小瘤。此种基底凹窝大，有些抬升，不对称，有侧褶，位于齿台前半部或中部。此种与 *Mesotaxis* 的不同之处在于它的基腔不对称，有升高的边缘；不同于 *Muellerina* 在于它的基腔宽，有侧褶，较长。由此属可能演化出 *Palmatolepis*。*Zieglerina* 的时限只限于弗拉期。本属内共 5 个种，包括 *Zieglerina ovalis*, *Z. unilabia* (Huddle and Repetski, 1981)，以及 Bardashev 等（2012）建立的 3 个新种：*Zieglerina deimlingi*, *Z. monikae* 和 *Z. nuda*。

产地层位 广西德保四红山，上泥盆统榴江组；桂林龙门，中泥盆统东岗岭组；广西象州马鞍山，中泥盆统巴漆组至上泥盆统桂林组（晚 *K. falsiovalis* 带到早 *P. hassi* 带）；四川龙门山观雾山组、土桥子组；广西永福，弗拉阶付合组中部。

中列刺属 *Mesotaxis* Klapper and Philip, 1972

模式种 *Polygnathus asymmetricus* Bischoff and Philip, 1972

特征 器官属由六分子组成：P，O_1，N，A_1，A_2，A_3，其中 P 是多颚刺形分子，O_1是伪颚刺形分子，N 是小掌刺形分子，A_1是镰齿刺形分子，A_2是角刺形分子，A_3是小双刺形分子。

附注 依据 N 和 A_1 分子的形态，特别是 O_1 分子的形态，易于将 *Mesotaxis* 与

Polygnathus 区分开来。

本属的以下3个种目前在中国还没有得到确认：*Mesotaxis bogoslovskyi* Ovnatanova and Kuzimin, 1991, *M. distinctus* Ovnatanova and Kuzimin, 1991 和 *M. johnsoni* Klapper, Kuzimin and Ovnatanova, 1996。

Bardashev 等（2012）认为 *Mesotaxis* 不同于 *Klapperina*, *Laneina*, *Muellerina* 和 *Zieglerina* 在于它有基腔或基底凹窝，以及不对称的侧褶。

时代分布 欧洲、大洋洲的澳大利亚、亚洲；中国广西、贵州、云南、四川等地。本属的时限是中泥盆世晚期到晚泥盆世早期。

不对称中列刺 *Mesotaxis asymmetricus* (Bischoff and Ziegler, 1957)

（图版105，图10—13；图版106，图1—4）

1957 *Polygnathus dubia asymmetrica* Bischoff and Ziegler, pp. 88—89, pl. 16, figs. 18, 20, 22.

1972 *Mesotaxis asymmetrica asymmetrica* (Bischoff and Ziegler). – Klapper and Philip, p. 100, pl. 1, fig. 20 (P element).

1976 *Polygnathus asymmetricus asymmetricus* Bischoff and Ziegler. – Druce, p. 180, pl. 68, fig. 1; pl. 69, figs. 1—3.

1985 *Polygnathus asymmetricus asymmetricus* Bischoff and Ziegler. – Ziegler and Wang, pl. 2, fig. 5.

1988 *Polygnathus asymmetricus asymmetricus* Bischoff and Ziegler. – 熊剑飞等，326页，图版127，图8；图版132，图14。

1989 *Polygnathus asymmetricus asymmetricus* Bischoff and Ziegler. – 王成源，102页，图版37，图10—11；图版8，图14。

1990 *Mesotaxis asymmetrica* (Bischoff and Ziegler). – Ziegler and Sandberg, pp. 44—45, pl. 1, figs. 5—7.

1993 *Mesotaxis asymmetrica* (Bischoff and Ziegler). – Ji and Ziegler, p. 58, pl. 33, figs. 1—3; text-fig. 7, fig. 3.

1994 *Mesotaxis asymmetricus* (Bischoff and Ziegler). – Wang, pl. 1, figs. 6—9.

1994 *Mesotaxis asymmetricus* (Bischoff and Ziegler). – Bai *et al.*, p. 166, pl. 24, figs. 10—12.

特征 齿台卵圆形，两侧不对称，外齿台稍大于内齿台。齿台表面布满不规则的近于等大的瘤齿。齿片—齿脊直或微弯，齿脊直到齿台后端。基穴小，对称，不位于生长纹的中心。

附注 Ziegler 和 Sandberg（1990）已给出此种的特征。此种的重要特征是齿台宽，不对称，但基穴小、对称，不在与生长线同心的位置。金善燏等（2005）将 *Klapperina ovalis* 作为此种的亚种 *Mesotaxis asymmetrica ovalis*，本书认为应予以纠正。

产地层位 广西宜山老爷坟组；桂林龙门、垌村东岗岭组；德保四红山榴江组；四川龙门山观雾山组、土桥子组；广西永福付合组上部。此种时限为晚 *falsiovalis* 带到早 *hassi* 带。

横脊形中列刺 *Mesotaxis costalliformis* (Ji, 1986)

（图版106，图8—12；插图44）

1986 *Polygnathus asymmetricus costalliformis* Ji. – 季强，40页，图版10，图1—4，7—9；图版17，图9—11；插图7。

1988 *Polygnathus asymmetricus costalliformis* Ji. – Hou *et al.*, pl. 127, figs. 5a—b (non figs. 7a—b = *Mesotaxis falsiovalis*).

1988 *Polygnathus asymmetricus costalliformis* Ji. – 熊剑飞等，327页，图版127，图4，6。

1992 *Mesotaxis costalliformis* (Ji). – Ji *et al.*, pl. 3, figs. 7—10.

1993 *Mesotaxis costalliformis* (Ji). – Ji and Ziegler, p. 58, pl. 32, figs. 1—6; text-fig. 7, fig. 2.

特征 *Mesotaxis* 的一个种。齿台不对称，为心形、卵圆形或不对称的圆形，两半齿台不等大；齿台上布满小到中等大小的、散乱分布的瘤齿，由齿台边缘到齿脊均有瘤齿。齿台前1/3口面有粗的横脊或瘤齿脊。齿台前缘与自由齿片以几乎相等的锐角相交。前齿片很短，齿脊直，延伸到齿台后端。近脊沟在齿台前 1/3 部分明显短而深，但在齿台其他部分不太发育。基穴小，对称，卵圆形，位于齿台中部朝前的位置。

附注 此种始于中 *falsiovalis* 带的底部，来源于 *Mesotaxis falsiovalis*，齿台前 1/3 处发育出横脊或瘤齿列，前方近脊沟短而深。*Mesotaxis asymmetricus* 与 *Mesotaxis costalliformis* 的区别是前者有不对称的、心形的齿台，整个齿台口面的瘤齿是散乱分布的。

产地层位 广西宜山老爷坟组，中 *falsiovalis* 带的底到 *P. transitans* 带；四川龙门山观雾山组；广西象州马鞍山巴漆组上部至桂林组底部，以及永福付合组中部。

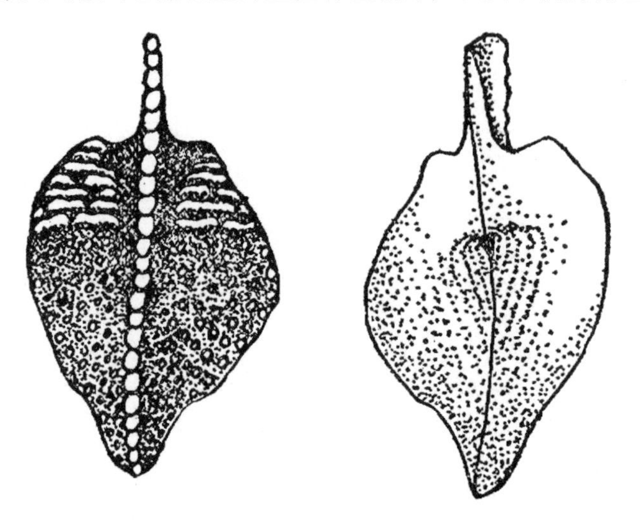

插图 44 横脊形中列刺 *Mesotaxis costalliformis*（Ji, 1986）正模标本形态构造（据季强，1986，40 页，插图 7）

Text-fig. 44 *Mesotaxis costalliformis*（Ji, 1986）, holotype（after Ji, 1986, p. 40, text-fig. 7）

假椭圆中列刺 *Mesotaxis falsiovalis* Sandberg, Ziegler and Bultynck, 1989

（图版 105，图 8—9）

1982 *Polygnathus asymmetricus* n. subsp. – Ziegler and Klapper, pl. 1, figs. 6a—b.

1989 *Polygnathus asymmetricus ovalis* Ziegler and Klapper. – Ji, pl. 3, figs. 16—17（non figs. 18—19 = *Klapperina ovalis*）.

1989 *Mesotaxis falsiovalis* Sandberg, Ziegler and Bultynck, p. 213.

1992 *Mesotaxis falsiovalis* Sandberg, Ziegler and Bultynck. – Ji *et al.*, pl. 3, figs. 11—14.

1993 *Mesotaxis falsiovalis* Sandberg, Ziegler and Bultynck, pp. 58—59, pl. 32, figs. 7—13; text-fig. 7, fig. 1.

1994 *Mesotaxis falsiovalis* Sandberg, Ziegler and Bultynck. – Wang, pl. 1, figs. 5a—b.

1994 *Mesotaxis falsiovalis* Sandberg, Ziegler and Bultynck. – Bai *et al.*, p. 166, pl. 24, fig. 9.

特征 *Mesotaxis* 的一个种。齿台卵圆形，两侧近等大。齿台表面有小到中等大小的、散乱分布的瘤齿，由边缘到齿脊，覆盖整个齿台。前齿台边缘与短的自由齿片以大致相同的角度相交。基穴小，对称，位于齿台中部的前方。

附注 *Klapperina ovalis* 的齿台轮廓和装饰与 *Mesotaxis falsiovalis* 相似，但前者有明显不对称的基穴，并且位于齿台的中央。

产地层位 广西德保四红山弗拉阶榴江组、宜山老爷坟组（早 *K. falsiovalis* 带到 *P. hassi* 带）；广西永福弗拉阶付合组下部。

掌鳞刺属　*Palmatolepis* Ulrich and Bassler, 1926

Palmatolepis Ulrich and Bassler, 1926
P. (*Manticolepis*) Müller, 1956
P. (*Deflectolepis*) Müller, 1956
P. (*Palmatolepis*) Müller, 1956
P. (*Panderolepis*) Helms, 1963

模式种　*Palmatolepis perlobata* Ulrich and Bassler, 1926

特征　不对称的台型牙形刺，齿台发育，或大或小，直或拱曲；有自由齿片和固定齿脊及一中瘤齿，中瘤齿一般位于中部。反口面有龙脊，从前端延伸到后端。基腔小，仅个别种有较大的基腔。口面装饰疏密不同，可能装饰有内齿垣。

附注　种间区别的主要特征为（Ziegler, 1962；Glenister and Klapper, 1966）：①齿台轮廓；②口面装饰的总面貌；③外齿叶的位置和特征；④齿片—齿脊的特征；⑤齿垣的位置和特征；⑥侧视时后端的位置。

此属是晚泥盆世生物地层最重要的属，演化极快，属内的很多种都是带化石或标准化石。它在泥盆纪时限于古赤道两侧的温水域。

时代分布　晚泥盆世 *Klapperina disparalis* 带至 *Siphonodella praesulcata* 带。世界性分布。

矛尖掌鳞刺　*Palmatolepis barba* Ziegler and Sandberg, 1990

（图版85，图16；图版86，图1—2）

1958 *Palmatolepis proversa* Ziegler, pl. 4, figs. 13—14 (only).
1968 *Palmatolepis proversa* Ziegler. – Pollock, pl. 61, fig. 22.
1990 *Palmatolepis barba* Ziegler and Sandberg, p. 48, pl. 4, figs. 3—4, 8.
1994 *Palmatolepis barba* Ziegler and Sandberg, 1990. – Bai *et al.*, p. 166, pl. 7, figs. 8—9.

特征　齿台后方矛尖状，明显上翘，指向后方；齿台前部有一个长的指向外侧的齿叶。齿台相对窄，表面有微弱到中等发育的瘤齿；齿台边缘由中部向后方逐渐收缩、变尖。中瘤齿前的自由齿片和齿脊直或微微弯曲。吻部发育微弱，边缘有微微的褶皱。

附注　有些标本介于 *Palmatolepis proversa* 和 *P. barba* 之间，有 *P. barba* 的齿台外形和上翘的齿台后端，但保留 *P. proversa* 的较强壮的齿台装饰和吻部褶皱以及内凹的侧齿叶。Bai 等（1994）图示的标本齿台后端没有明显上翘的特征，能否归入此种可疑。

产地层位　此种仅限于弗拉期早 *Palmatolepis rhenana* 带。Bai 等（1994）图示的标本产于广西象州大乐上泥盆统弗拉阶。

双冠掌鳞刺　*Palmatolepis bicrista* Shen, 1982

（图版101，图2）

1982 *Palmatolepis bicrista* Shen. – 沈启明，47页，图版2，图2。

特征　齿台近三角形，内齿叶发育，位于中瘤齿前方。齿脊反曲，中瘤齿之后的齿脊低矮、变细，不达齿台后端。外齿台前缘有一列明显的瘤齿，几乎与齿脊等高。齿台表面有不规则的细小瘤齿。反口面龙脊发育，次级龙脊可见。

比较 此种与 *Palmatolepis gigas* 相似，但外齿台前方边缘有一列瘤齿列。

产地层位 湖南临武香花岭，上泥盆统弗拉阶佘田桥组 *P. gigas* 带。

圆掌鳞刺 *Palmatolepis circularis* Szulczewski, 1971

（图版101，图3—4；图版102，图18）

1971 *Palmatolepis circularis* Szulczewski, pp. 28—29, pl. 15, figs. 5—7.

1982 *Palmatolepis circularis* Szulczewski. – 沈启明，图版Ⅰ，图12。

1993 *Palmatolepis circularis* Szulczewski. – Ji and Ziegler, p. 59, text-fig. 16, fig. 4.

1994 *Palmatolepis circularis* Szulczewski. – Bai *et al.*, p. 167, pl. 12, figs. 20—21.

特征 *Palmatolepis* 的一个种，齿台膨大成亚圆形的轮廓。内齿叶短，分化明显。内齿台前端延伸到齿片的前端，外齿台的前端与齿片前端和中瘤齿之间的齿片—齿脊的中点相交，齿片—齿脊弯曲强烈。中瘤齿之后的齿脊不存在。仅很少的标本在中瘤齿之后有1～2个小的瘤齿。齿台后方光滑或粒面革状。反口面上，在中瘤齿下方，龙脊强烈地弯向上方，再向后变直，通常不达齿台后端。可能存在次级龙脊。外齿台前部较小，形成隆凸，与齿脊间有短的近脊沟。外前齿台加厚，止于中瘤齿的位置。

附注 *Palmatolepis circularis* 可能来源于 *P. subperlobata*。此种以齿台宽圆为特征，具有明显的内齿叶。它以齿台圆形、外齿台前部加厚而不同于其他相关种。此种一般缺少后方齿脊。

产地层位 广西宜山拉力五指山组。此种时限为法门期中 *P. crepida* 带中部至晚 *P. crepida* 带。

克拉克掌鳞刺 *Palmatolepis clarki* Ziegler, 1962

（图版90，图10—14）

1962 *Palmatolepis marginata clarki* Ziegler, pp. 62—65, pl. 2, figs. 20—25 (non figs. 26—27 = *Palmatolepis protorhomboidea*).

1989 *Palmatolepis delicatula clarki* Ziegler. – Ji, pl. 2, figs. 11, 13 (non fig. 12 = *Palmatolepis triangularis*?).

1989 *Palmatolepis delicatula clarki* Ziegler. – 王成源，72—73页，图版25，图4。

1990 *Palmatolepis clarki* Ziegler. – Ziegler and Sandberg, p. 66, pl. 16, fig. 7.

1993 *Palmatolepis clarki* Ziegler. – Ji and Ziegler, p. 59, pl. 12, figs. 11—15; text-fig. 12, fig. 4.

1994 *Palmatolepis clarki* Ziegler. – Wang, p. 100, pl. 5, fig. 11.

2002 *Palmatolepis clarki* Ziegler. – Wang and Ziegler, pl. 6, figs. 9—11.

特征 齿台长而窄，外齿叶突出但很短，齿台内侧吻区长，褶皱。齿台表面光滑至有微弱的瘤齿，只有边缘被瘤齿或脊褶皱，特别是在齿台前部。与 *Palmatolepis* 其他种相比，齿台和齿叶相对加厚。

附注 此种与其他相关种的区别在于有长而窄的齿台，齿叶突出明显，外吻区长，边缘加厚，内齿台中部较平，边缘被瘤或脊加厚。Schülke（1995）将此种又进一步划分出两个亚种 *Palmatolepis clarki clarki* 和 *Palmatolepis clarki gablei*，后者齿台后端尖，中瘤齿之后的齿脊细弱、直，不达齿台后端。

产地层位 广西桂林龙门、垌村上泥盆统谷闭组；宜山拉力上泥盆统五指山组；德保四红五指山组。此种的时限为法门期中 *P. triangularis* 带至晚 *P. triangularis* 带末。

冠脊掌鳞刺　*Palmatolepis coronata* Müller, 1956

（图版101，图1）

1956 *Palmatolepis* (*Deflectolepis*) *coronata* Müller, p. 31, pl. 10, figs. 17—18.

1978 *Palmatolepis coronata* Müller. – Narkiewicz, pl. 4, figs. 1—3, 5—7; pl. 5, fig. 8.

1989 *Palmatolepis coronata* Müller. – 王成源，71页，图版20，图3。

特征　齿台小，近三角形，最大宽度位于近齿台后方。齿台表面具有小的瘤齿，边缘瘤齿发育，呈花边状。自由齿片直，较高。

附注　此种以齿台近三角形、边缘有发育的瘤齿为特征。Müller认为此种齿台小，可延伸到前方，但自由齿片并不太长。当前标本齿台后方向外伸，使外齿台近三角形，并具有一个次级齿脊。外齿台后缘直，与正模标本一致。此种见于 *Palmatolepis triangularis* 带。

产地层位　广西永福，上泥盆统榴江组，*Palmatolepis triangularis* 带。

拖鞋掌鳞刺　*Palmatolepis crepida* Sannemann, 1955

（图版100，图18—21）

1955 *Palmatolepis crepida* Sannemann, p. 134, pl. 6, fig. 21.

1962 *Palmatolepis crepida crepida* Sannemann. – Ziegler, p. 55, pl. 6, figs. 13—19 (non fig. 12 = *Palmatolepis werneri*).

1971 *Palmatolepis crepida* Sannemann. – Szulczewski, p. 29, pl. 13, figs. 8—9.

1989 *Palmatolepis crepida* Sannemann. – Ji, pl. 3, fig. 26.

1989 *Palmatolepis crepida* Sannemann. – 王成源，71页，图版16，图8。

1993 *Palmatolepis crepida* Sannemann. – Ji and Ziegler, pl. 22, figs. 1—7; text-fig. 13, fig. 4.

1994 *Palmatolepis crepida* Sannemann. – Bai *et al.*, p. 167, pl. 10, figs. 24—25.

特征　齿台轮廓近滴珠状，最大宽度位于近齿台中部或中后部。齿脊反曲，中瘤齿后方齿脊微弱，时常不达齿台后端。齿台后端明显向上弯。

附注　此种以齿台滴珠状为特征，内齿叶很不发育或无内齿叶，内齿叶侧缘相对较直。它以齿台明显上弯而不同于 *Palmatolepis linguiformis*。此种齿台最宽处比 *Palmatolepis linguiformis* 的更向后些，中瘤齿后的齿脊更不发育。

产地层位　广西桂林龙门、垌村，上泥盆统谷闭组；大新，上泥盆统三里组；宜山拉力，上泥盆统五指山组；德保四红山，上泥盆统三里组；贵州长顺，上泥盆统代化组。此种的时限为法门期早 *P. crepida* 带开始至早 *P. rhomboidea* 带。

娇柔掌鳞刺　*Palmatolepis delicatula* Branson and Mehl, 1934

1989 *Palmatolepis delicatula* Branson and Mehl. – 王成源，71页。

特征　*Palmatolepis* 的一个种。三角形的齿台短、宽、厚，大部分无齿台装饰，表面光滑或细粒面革状。外齿台前缘或直或凸，并与自由齿片以锐角相交。外齿叶与齿台分化不明显或仅其后侧有些不同。齿台后端平或微微上弯。

附注　此种仅区分出两个亚种和一个相似种：*Palmatolepis delicatula delicatula*, *Palmatolepis delicatula platys*, *Palmatolepis* cf. *P. delicatula*。原来归入此种的亚种 *Palmatolepis delicatula clarki* 和 *Palmatolepis delicatula protorhomboidea* 已提升为独立的种。*Palmatolepis triangularis* 以齿台形状和粗的齿台装饰区别于 *Palmatolepis delicatula*。*P. marginata* 是此种的同义名。

娇柔掌鳞刺娇柔亚种 *Palmatolepis delicatula delicatula* Branson and Mehl, 1934

（图版90，图5—9）

1934 *Palmatolepis delicatula* Branson and Mehl, p. 237, pl. 18, figs. 4, 10.

1966 *Palmatolepis delicatula delicatula* Branson and Mehl. – Glenister and Klapper, pp. 807—808, pl. 95, fig. 17.

1989 *Palmatolepis delicatula delicatula* Branson and Mehl. – 王成源，72页，图版21，图8—9。

1991 *Palmatolepis delicatula delicatula* Branson and Mehl. – Ziegler and Sandberg, p. 67, pl. 17, figs. 1—3.

1993 *Palmatolepis delicatula delicatula* Branson and Mehl. – Ji and Ziegler, pp. 59—60, pl. 8, figs. 9—10; text-fig. 13, fig. 13.

1994 *Palmatolepis delicatula delicatula* Branson and Mehl. – Wang, p. 100, pl. 7, figs. 2, 4—5, 11.

2002 *Palmatolepis delicatula delicatula* Branson and Mehl. – Wang and Ziegler, pl. 3, figs. 6. 9—10.

特征 *Palmatolepis delicatula* 的一个亚种，内齿台（齿叶）的前半部和后半部几乎等大。

附注 此亚种以齿台短、宽、三角形、大部分无齿饰，以及内齿台前半部和后半部几乎等大为特征，内齿叶分化不明显，内齿台的前半部和后半部面积相等。某些 *Palmatolepis triangularis* 的幼年期个体与 *Palmatolepis delicatula delicatula* 相似，容易弄混，但前者通常有较长的、薄的齿台和较分化的齿叶。

产地层位 广西桂林龙门、垌村，上泥盆统谷闭组；大新，上泥盆统榴江组；宜山拉力，上泥盆统五指山组；德保四红山，五指山组；贵州长顺，上泥盆统代化组。此种的时限为法门期早 *P. triangularis* 带内至晚 *P. triangularis* 带。

娇柔掌鳞刺平板亚种 *Palmatolepis delicatula platys* Ziegler and Sandberg, 1990

（图版90，图1—4）

1962 *Palmatolepis marginata marginata* Stauffer. – Ziegler, pp. 61—62, pl. 2, figs. 13—16 (non figs. 17—19 = *Palmatolepis delicatula delicatula*).

1984 *Palmatolepis delicatula delicatula* Branson and Mehl. – Dreesen, pl. 1, fig. 14.

1990 *Palmatolepis delicatula platys* Ziegler and Sandberg, pp. 67—68, pl. 17, figs. 4—7.

1993 *Palmatolepis delicatula platys* Ziegler and Sandberg. – Ji and Ziegler, p. 60, pl. 8, figs. 5—8; text-fig. 13, fig. 14.

1994 *Palmatolepis delicatula platys* Ziegler and Sandberg. – Wang, pp. 100—101, pl. 7, fig. 1.

1994 *Palmatolepis delicatula platys* Ziegler and Sandberg. – Bai *et al.*, p. 167, pl. 10, figs. 14—15.

2002 *Palmatolepis delicatula platys* Ziegler and Sandberg. – Wang and Ziegler, pl. 3, figs. 1—5.

特征 *Palmatolepis delicatula* 的一个亚种，内齿台特别大，如果在中瘤齿和齿台外缘中心划一直线，内齿台前半部比后半部大得多。

附注 此亚种与 *Palmatolepis delicatula delicatula* 的不同之处主要在于：如果在前者的中瘤齿和内齿台外缘中点划一直线的话，其内齿台的前半部远远大于内齿台的后半部。它不同于 *Palmatolepis protorhomboidea* 主要在于齿台装饰的大量减少。

产地层位 广西桂林龙门、垌村，上泥盆统谷闭组；宜山拉力，上泥盆统五指山组；德保四红山，五指山组。此种的时限为法门期中 *P. triangularis* 带的开始至晚 *P. triangularis* 带顶。

娇柔掌鳞刺娇柔后亚种 *Palmatolepis delicatula postdelicatula* Schülke, 1995

（图版101，图5—9；插图45）

1992 *Palmatolepis minuta loba* Helms. – Hladil *et al.*, pl. 13, fig. 6.

1993 *Palmatolepis* sp. B (nov.). – Ji and Ziegler, pl. 8, figs. 11—12.

1995 *Palmatolepis delicatula postdelicatula* Schülke, pp. 34—35, pl. 3, fig. 1—17.

特征　*Palmatolepis delicatula* 的一个亚种，外齿台与内齿台的前缘起点强烈错开，外齿台前方边缘有明显的皱边。中瘤齿发育，中瘤齿之后的齿脊微弱，不达齿台后端；中瘤齿之前的齿片—齿脊直，由较高的瘤齿愈合而成。次级齿脊细，位于中瘤齿到外齿叶的中间。

产地层位　Schülke（1995）报道此亚种的时限为法门期早 *P. crepida* 带到晚 *P. crepida*带。此亚种在中国见于广西拉力上泥盆统五指山组的下部，晚 *P. triangularis* 带至 *P. crepida* 带。

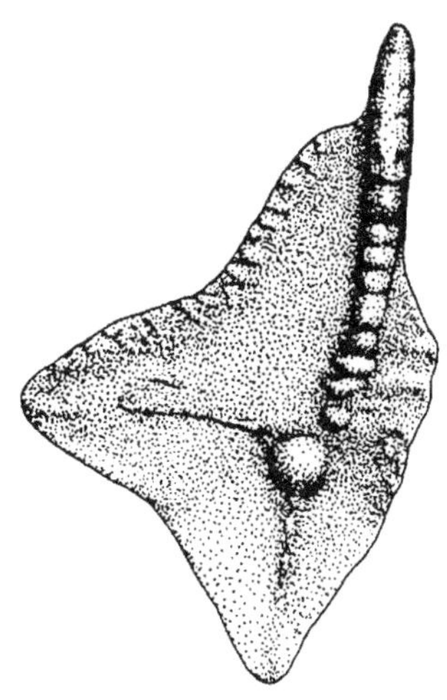

插图 45　娇柔掌鳞刺娇柔后亚种 *Palmatolepis delicatula postdelicatula* Schülke, 1995 的正模标本口视，×54（据 Schülke, 1995, 34 页，插图 19）

Text-fig. 45　*Palmatolepis delicatula postdelicatula* Schülke, 1995, holotype, ×54 (after Schülke, 1995, p. 34, Abb. 19)

埃德尔掌鳞刺　*Palmatolepis ederi* Ziegler and Sandberg, 1990

（图版 86，图 17—21）

1989 *Palmatolepis foliacea* Youngquist. – Orchard, pl. 1, figs. 15, 22 (only).

1989 *Palmatolepis* sp. A. – Orchard, pl. 1, fig. 12; pl. 3, fig. 4.

1990 *Palmatolepis ederi* Ziegler and Sandberg, pp. 62—63, pl. 9, figs. 1—7; pl. 10, figs. 6—10.

1995 *Palmatolepis ederi* Ziegler and Sandberg. – Wang, p. 101, pl. 6, figs. 1—2, 6.

2002 *Palmatolepis ederi* Ziegler and Sandberg. – Wang and Ziegler, pl. 3, figs. 16—17.

特征　*Palmatolepis ederi* 是 *Palmatolepis* 属中非 Manticolepid 类的最老的种，其特征是齿台卵圆形，长，相对窄；从中瘤齿向后齿台平或向上翘。侧齿叶不明显至缺失。齿台表面饰有中等大小的等距分布的瘤齿。前齿台边缘与自由齿片以小的锐角相交。齿脊中等程度反曲。

附注　当前标本具有此种的典型特征，齿台窄，中瘤齿之后的齿台向上翘，外齿叶不明显或缺失。

产地层位　广西桂林龙门、垌村，上泥盆统谷闭组；德保四红山，上泥盆统榴江组。此种的时限为晚泥盆世弗拉期晚 *P. jamieae* 带到 *P. linguiformis* 带。

华美掌鳞刺 *Palmatolepis elegantula* Wang and Ziegler, 1983

（图版100，图14—17）

1983 *Palmatolepis minuta elegantula* Wang and Ziegler, p. 87, pl. 3, fig. 10.

1989 *Palmatolepis minuta elegantula* Wang and Ziegler. －王成源，80页，图版21，图2—3。

1996 *Palmatolepis elegantula* Wang and Ziegler. －Khrustcheva and Kuzimin, pl. 11, fig. 6.

2008 *Palmatolepis elegantula* Wang and Ziegler. －Ovnatanova and Kononova, p. 1090, pl. 16, fig. 1—4.

特征 此种原为 *Palmatolepis minuta* 的一个亚种，自由齿片直而高，其口缘近半圆形，底缘直；中瘤齿发育；齿台圆形，仅限于刺体后半部。

比较 此亚种与 *Palmatolepis minuta subgracilis* 在自由齿片的构造上完全一致，但其圆形的齿台不同于后者。*P. minuta subgracilis* 的外齿台是三角形的，几乎缺少内齿台。Khrustcheva 和 Kuzimin（1996）将此亚种提升为种，是可以接受的。

产地层位 广西横县六景，上泥盆统融县组。

优瑞卡掌鳞刺 *Palmatolepis eureka* Ziegler and Sandberg, 1990

（图版87，图8—12）

1966 *Palmatolepis linguiformis* Müller. －Glenister and Klapper, pp. 815—816, pl. 88, figs. 4—5.

1990a *Palmatolepis* sp. nov. A. －Ji, p. 291, pl. 1, figs. 12—14.

1990b *Palmatolepis eureka* Ziegler and Sandberg, pp. 63—64, pl. 9, figs. 8—13.

1994 *Palmatolepis eureka* Ziegler and Sandberg. －季强，图版13，图13—14。

1994 *Palmatolepis eureka* Ziegler and Sandberg. －Bai *et al.*, p. 167, pl. 8, fig. 1.

1994 *Palmatolepis eureka* Ziegler and Sandberg. －Wang, p. 101, pl. 6, figs. 3—5.

2002 *Palmatolepis eureka* Ziegler and Sandberg. －Wang and Ziegler, pl. 3, figs. 11—12.

特征 *Palmatolepis eureka* 是 *Palmatolepis* 属中非 Manticolepid 类的较老的种，其特征是齿台短而圆，缺少侧齿叶，中瘤齿之后的齿台平或向上翘。齿台表面大部分无装饰。前齿台边缘与自由齿片以中等锐角相交。齿脊反曲程度中等，并在齿台后端之前终止。

附注 *Palmatolepis eureka* 不同于 *Palmatolepis ederi* 是有较光滑的、较圆的、较短的、无齿叶的齿台。此种的后齿台平或中瘤齿之后齿台向上翘。

产地层位 广西桂林龙门、垌村，上泥盆统谷闭组；德保四红山，上泥盆统榴江组；广西象州马鞍山，上泥盆统军田组。此种的时限为弗拉期早 *P. rhenana* 带到 *P. linguiformis* 带。

叶掌鳞刺 *Palmatolepis foliacea* Youngquist, 1945

（图版88，图1—5）

1945 *Palmatolepis foliacea* Youngquist, p. 364, pl. 56, figs. 11—12.

1986 *Palmatolepis foliacea* Youngquist. －季强，35页，图版4，图8，11。

1989 *Palmatolepis foliacea* Youngquist. －Klapper and Lane, pl. 2, figs. 18—20.

1989 *Palmatolepis foliacea* Youngquist. －王成源，73页，图版21，图10—16；图版20，图2—3。

non 1990a *Palmatolepis foliacea* Youngquist. －Ji, pl. 1, fig. 19 = *Palmatolepis jamieae*, fig. 18（?）.

1990b *Palmatolepis foliacea* Youngquist. －Ji, pl. 2, fig. 1.

1994 *Palmatolepis foliacea* Youngquist. －Bai *et al.*, p. 167, pl. 8, figs. 4—6.

1994 *Palmatolepis foliacea* Youngquist. －季强，图版13，图8—9。

1994 *Palmatolepis foliacea* Youngquist. －Wang, p. 101, pl. 2, figs. 3—4.

特征 *Palmatolepis foliacea* 是 *Palmatolepis* 属中没有齿叶的 Manticolepid 类的一个

种，后方齿台短，下倾至平伸。自由齿片和前齿脊直，直到中瘤齿前方一点的位置。齿台边缘有中等大小的瘤齿，而齿台内部仅有小的瘤齿或无装饰。齿台的一侧或两侧有凹缘，因而形成短的吻部，吻部的两侧有褶皱。

附注　此种的齿台后方短，微下弯，齿台边缘有轮缘（rim），前齿脊直。它由 *Palmatolepis punctata* 演化而来。

产地层位　广西桂林龙门垌村，上泥盆统谷闭组；桂林杨提，香田组；广西德保四红山，榴江组；横县六景，融县组；广西象州马鞍山，桂林组下部。此种的时限为弗拉期早 *P. jamieae* 带到晚 *P. rhenana* 带，也可能存在于下 *P. gigas* 带（季强，1986）。

巨掌鳞刺　*Palmatolepis gigas* Miller and Youngquist, 1947

特征　具有特别突出、强烈向外延伸的外齿叶。齿台长，微微拱起至强烈拱起。有褶皱的吻部，齿脊"S"形反曲，有明显的短到长的外齿叶。齿片前端有几个高的细齿。与外齿叶相对的内齿台边缘有微微的膨胀或突起，吻部侧偏。齿台轮廓呈波状。

附注　*Palmatolepis gigas* 的吻部两侧强烈褶皱，而 *Palmatolepis subrecta* 的吻部外侧很低，没有褶皱，仅在内齿台边缘有微弱的褶皱。

巨掌鳞刺伸长亚种　*Palmatolepis gigas extensa* Ziegler and Sandberg, 1990

（图版 88，图 16—17）

1990 *Palmatolepis gigas* Miller and Youngquist. – Ji, pl. 3, fig. 19.

1990 *Palmatolepis gigas extensa* Ziegler and Sandberg, pp. 54—55, pl. 7, figs. 7—11.

1994 *Palmatolepis gigas extensa* Ziegler and Sandberg. – 季强，图版 13，图 15。

1995 *Palmatolepis gigas extensa* Ziegler and Sandberg. – Wang, p. 101, pl. 4, figs. 5—6.

2002 *Palmatolepis gigas extensa* Ziegler and Sandberg. – Wang and Ziegler, pl. 4, figs. 12—13.

特征　*Palmatolepis gigas extensa* 是 *Palmatolepis gigas* 的一个亚种，特征是齿台长而纤细，微微拱曲，吻部长。

附注　此亚种的特征是齿台细长，微微拱曲，有长的吻部。它不同于 *Palmatolepis gigas paragigas* 在于有长的吻部和短的后齿台。

产地层位　广西桂林龙门垌村，上泥盆统谷闭组；广西象州马鞍山，上泥盆统罗秀河组；广西德保四红山，上泥盆统榴江组。此亚种的时限为弗拉期晚 *rhenana* 带到 *linguiformis* 带。

巨掌鳞刺巨亚种　*Palmatolepis gigas gigas* Miller and Youngquist, 1947

（图版 88，图 6—11）

1983 *Palmatolepis gigas gigas* Miller and Youngquist. – Wang and Ziegler, pl. 3, figs. 31—32.

1987 *Palmatolepis subrecta* Miller and Youngquist. – Han, pl. 1, fig. 10.

1989 *Palmatolepis* aff. *P. rhenana* Bischoff. – Klapper and Lane, pl. 1, figs. 10—11 (only; non fig. 12 = *Palmatolepis rhenana brevis*; fig. 13 = *Palmatolepis gigas paragigas*).

1989 *Palmatolepis subrecta* Miller and Youngquist. – Jia *et al.*, pl. 1, fig. 10 (same specimen as Han, 1987, pl. 1, fig. 10).

1990 *Palmatolepis gigas gigas* Miller and Youngquist. – Ziegler and Sandberg, p. 54, pl. 7, figs. 1—6; pl. 8, figs. 5—7.

1994 *Palmatolepis gigas gigas* Miller and Youngquist. – 季强，图版 13，图 16。

1994 *Palmatolepis gigas gigas* Miller and Youngquist. – Wang, p. 101, pl. 4, figs. 3—4.

2002 *Palmatolepis gigas gigas* Miller and Youngquist. - Wang and Ziegler, pl. 4, figs. 10—11, 14—15.

特征 *Palmatolepis gigas gigas* 是 *Palmatolepis gigas* 的一个亚种，特征是齿台强烈拱曲，外齿叶中等大小到大，吻部中等长度。前齿脊直，但在中瘤齿之前变为反曲状。外齿叶常发育出次齿脊。

附注 当前标本外齿叶上无次齿脊，直的前齿脊在中瘤齿前变得有些反曲，内齿台边缘有些翘起。

产地层位 广西桂林龙门垌村，上泥盆统谷闭组；德保四红山，上泥盆统榴江组；广西象州马鞍山，上泥盆统罗秀河组。此亚种的时限为弗拉期早 *rhenana* 带到 *linguiformis* 带。

巨掌鳞刺似巨亚种 *Palmatolepis gigas paragigas* Ziegler and Sandberg, 1990

（图版 88，图 12—15）

1986 *Palmatolepis gigas* Miller and Youngquist. - Hou *et al.*, pl. 5, figs. 9—10 (only).

1989 *Palmatolepis* aff. *P. rhenana* Bischoff. - Klapper and Lane, pl. 1, fig. 13 (only).

1990 *Palmatolepis gigas paragigas* Ziegler and Sandberg, p. 53, pl. 8, figs. 1—4, 9.

1994 *Palmatolepis gigas paragigas* Ziegler and Sandberg. - Wang, p. 101, pl. 4, figs. 5—6.

2002 *Palmatolepis gigas paragigas* Ziegler and Sandberg. - Wang and Ziegler, pl. 4, figs. 16—17.

特征 *Palmatolepis gigas paragigas* 是 *P. gigas* 的一个亚种，其特征是齿脊直至微微反曲，吻部短至中等大小，齿台微微拱曲，内部下凹，外齿叶短至中等大小。

附注 此亚种的特征是齿台微微拱曲，有一短至中等大小的外齿叶，外齿叶内部下凹，齿脊是直的或微微反曲，吻部短。当前标本外齿叶不长。

产地层位 广西桂林龙门垌村，上泥盆统谷闭组；德保四红山，上泥盆统榴江组。此亚种的时限为晚泥盆世弗拉期早 *P. rhenana* 带到 *P. linguiformis* 带。

光滑掌鳞刺 *Palmatolepis glabra* Ulrich and Bassler, 1926

特征 *Palmatolepis* 的一个种，以齿台长而细为特征。齿台表面粒面革状，无内齿叶，外齿台有齿垣；齿脊中等反曲，一般并不延伸到后端。

附注 由于失去内齿叶和在外齿台前方发育出齿垣，此种由 *Palmatolepis tenuipunctata* 演化而来。此种已分化出 7 个亚种，齿垣形态和后方齿脊的特征是区分亚种的主要依据，各亚种的时限不同。

时代层位 菊石带下 *Cheiloceras* - Stufe 至上 *Platyclymenia* - Stufe。此种的时限为晚泥盆世法门期晚 *P. crepida* 带开始至晚 *P. trachytera* 带。

光滑掌鳞刺尖亚种 *Palmatolepis glabra acuta* Helms, 1963

（图版 99，图 11—12）

1963 *Palmatolepis* (*Panderolepis*) *serrata acuta* Helms, p. 468, pl. 3, figs. 1—4, 6.

1967 *Palmatolepis glabra acuta* Helms. - Wolska, p. 394, pl. 8, figs. 13—14.

1971 *Palmatolepis glabra acuta* Helms. - Szulczewski, p. 33, pl. 14, figs. 6—7.

1973 *Palmatolepis glabra acuta* Helms. - Sandberg and Ziegler, pl. 2, fig. 5.

1977 *Palmatolepis glabra acuta* Helms. - Ziegler, in Ziegler (ed.), *Catalogue of Conodonts*, vol. Ⅲ, pp. 293—295, *Palmatolepis* - pl. 6, figs. 2—3.

non 1989 *Palmatolepis glabra acuta* Helms. - 王成源，74—75 页，图版 24，图 12—13。

1993 *Palmatolepis glabra acuta* Helms. – Ji and Ziegler, p. 60, pl. 16, fig. 11; text-fig. 17, fig. 5.

特征　齿台窄而长，后方齿台窄，末端尖，向上弯。外齿台具有一齿垣脊，向前方斜伸，与齿脊成近45°角；齿垣脊高或有锯齿，其前端变低。外齿台前缘几乎与齿脊垂直，内齿台始于齿脊前缘。

附注　此亚种不同于 *Palmatolepis glabra glabra* 主要在于其齿台窄，但较大，外齿台前端有一角状的突伸。

产地层位　广西宜山拉力，上泥盆统五指山组；贵州长顺，上泥盆统代化组。此亚种的时限为晚泥盆世最晚 *P. crepida* 带开始到晚 *P. marginifera* 带。

光滑掌鳞刺大新亚种　*Palmatolepis glabra daxinensis* Xiong, 1980

（图版 99，图 19）

1980 *Palmatolepis glabra daxinensis* Xiong. – 熊剑飞（见鲜思远等），86 页，图版 29，图 13—14。

特征　内齿台后半部强烈向外作弧形膨大，齿脊在齿台中后部近直角折转。

比较　此亚种的主要特征是齿脊作直角折转，内齿台向后膨大，不同于其他亚种。

产地层位　广西大新榄圩，上泥盆统三里组 *crepida* 带。

光滑掌鳞刺反曲亚种　*Palmatolepis glabra distorta* Branson and Mehl, 1934

（图版 98，图 1—4）

1934 *Palmatolepis distorta* n. sp. – Branson and Mehl, pp. 237—238, pl. 18, fig. 8.

1957 *Palmatolepis distorta* Branson and Mehl. – Ziegler, p. 57, pl. 1, fig. 5.

1962 *Palmatolepis glabra distorta* Branson and Mehl. – Ziegler, pp. 57—58, pl. 5, figs. 8—13.

1977 *Palmatolepis glabra distorta* Branson and Mehl. – Ziegler, pp. 297—300, *Palmatolepis* – pl. 6, figs. 4—6.

1980 *Palmatolepis distorta* Branson and Mehl. – 熊剑飞，图版 29，图 9—10。

1989 *Palmatolepis glabra distorta* Branson and Mehl. – 王成源，75 页，图版 24，图 1，2（?）。

1993 *Palmatolepis glabra distorta* Branson and Mehl. – Ji and Ziegler, p. 60, pl. 16, figs. 1—4; text-fig. 17, fig. 8.

1994 *Palmatolepis glabra distorta* Branson and Mehl. – Bai *et al.*, p. 168, pl. 13, figs. 18—19.

特征　*Palmatolepis glabra* 的一个亚种。齿台窄而长，强烈反曲；齿台表面粒面革状。外齿台上齿垣发育，与齿脊平行延伸；齿垣脊尖或细齿化。外齿台在中瘤齿前方有强烈的凸起。

附注　此亚种不同于 *Palmatolepis glabra pectinata* 主要在于有相对厚而窄的、强烈呈“S”形弯曲的齿台，外齿台前半部有明显的肿凸。此亚种由 *P. g. pectinata* 演化而来。

产地层位　广西桂林龙门、垌村，上泥盆统谷闭组；大新，上泥盆统三里组；宜山拉力，上泥盆统五指山组；贵州长顺，上泥盆统代化组；广西武宣二塘，三里组；寨沙，五指山组。此亚种的时限为法门期早 *P. marginifera* 带开始到早 *P. trachytera* 带。

光滑掌鳞刺光滑亚种　*Palmatolepis glabra glabra* Ulrich and Bassler, 1926

（图版 99，图 13—15）

1926 *Palmatolepis glabra* Ulrich and Bassler, p. 51, pl. 9, fig. 20 (non figs. 17—19 = *Palmatolepis glabra* subsp. indet.)

non 1962 *Palmatolepis glabra glabra* Ulrich and Bassler. – Ziegler, p. 58, pl. 4, figs. 14—15 (= *Palmatolepis glabra prima*).

1986 *Palmatolepis glabra glabra* Ulrich and Bassler. – 季强和刘南瑜，168 页，图版 2，图 22—27。

1989 *Palmatolepis glabra acuta* Helms. – Wang, pp. 74—75, pl. 24, fig. 13 (non fig. 12 = *Palmatolepis glabra prima*).

1993 *Palmatolepis glabra glabra* Ulrich and Bassler. – Ji and Ziegler, pl. 17, figs. 13—15; text-fig. 17, fig. 4.

特征 *P. glabra* 的一个亚种。齿垣发育。外齿台前缘直，与前齿片以直角相交；外齿垣边缘与齿片—齿脊平行。垣脊可能有微弱的突起。

附注 此亚种具有明显的齿垣，其前缘直，与齿片呈直角相交。此亚种以缺少尖的或梳状脊的齿垣而不同于 *Palmatolepis glabra pectinata*。它的齿垣区前缘直，与前齿片以直角相交，也不同于 *Palmatolepis glabra acuta* 和 *Palmatolepis glabra prima*。

产地层位 广西桂林龙门、垌村，上泥盆统谷闭组；宜山拉力，上泥盆统五指山组；大新，三里组；寨沙，五指山组；贵州长顺，代化组。此亚种的时限为法门期早 *P. rhomboidea* 带内至早 *P. marginifera* 带。

光滑掌鳞刺瘦亚种 *Palmatolepis glabra lepta* Ziegler and Huddle, 1969

（图版 98，图 5—7）

1969 *Palmatolepis glabra lepta* Ziegler and Huddle, pp. 380—381.

1973 *Palmatolepis glabra lepta* Ziegler and Huddle. – Sandberg and Ziegler, pl. 2, figs. 3, 16.

1977 *Palmatolepis glabra lepta* Ziegler and Huddle. – Ziegler, p. 301, *Palmatolepis* – pl. 7, figs. 1—3.

1980 *Palmatolepis glabra elongata* Helms. – 熊剑飞，86 页，图版 29，图 3—4，11—12。

1986 *Palmatolepis glabra lepta* Ziegler and Huddle. – 季强和刘南瑜，168 页，图版 2，图 32—34。

1989 *Palmatolepis glabra lepta* Ziegler and Huddle. – 王成源，75 页，图版 24，图 9—11（图 8 = *Palmatolepis glabra prima*）。

1993 *Palmatolepis glabra lepta* Ziegler and Huddle. – Ji and Ziegler, p. 61, pl. 19, figs. 11—15; text-fig. 17, fig. 3.

1994 *Palmatolepis glabra lepta* Ziegler and Huddle. – Bai *et al.*, p. 168, pl. 13, figs. 5—6.

特征 具有特别细的、伸长的齿台的 *Palmatolepis glabra* 的一个亚种，外齿台上有三角形的、向上弯的齿垣。

附注 此亚种以它特别窄的、纤细的齿台，以及外齿台前部三角形的、向上弯的齿垣为特征而不同于 *Palmatolepis glabra* 的其他亚种。*P. glabra lepta* 由 *P. g. prima* 演化而来。*Palmatolepis glabra elongata* 的正模标本中，齿垣区和齿片前部已破坏，无法证明它与 Ziegler（1962，狭义）的 *P. g. elongata* 标本是一致的，不能排除正模标本可能为 *P. g. prima*。为限定 *P. g. elongata* 的名称，Ziegler 和 Huddle（1969）建立 *P. g. lepta* 来取代 *P. g. elongata* sensu Ziegler。

产地层位 广西桂林龙门垌村，上泥盆统谷闭组；武宣三里，上泥盆统三里组；宜山拉力，上泥盆统五指山组；寨沙，五指山组。此亚种的时限为法门期晚 *P. crepida* 带内至晚 *P. trachytera* 带。

光滑掌鳞刺梳亚种 *Palmatolepis glabra pectinata* Ziegler, 1962

（图版 98，图 8—13）

1962 *Palmatolepis glabra pectinata* Ziegler, pp. 398—399, pl. 2, figs. 3—5 (preprint in 1960).

1966 *Palmatolepis glabra pectinata* Ziegler. – Glenister and Klapper, p. 814, pl. 89, figs. 1—3, 5, 9—10; pl. 10, figs. 4—5; pl. 91, figs. 1, 3, 5.

1976 *Palmatolepis glabra pectinata* Ziegler. – Druce, pp. 156—157, pl. 52, figs. 2, 5; pl. 53, figs. 1—3; pl. 64, fig. 1.

1986 *Palmatolepis glabra pectinata* Ziegler. – 季强和刘南瑜，168 页，图版 2，图 6—9。

1989 *Palmatolepis glabra pectinata* Ziegler. – 王成源，76 页，图版 24，图 3—7。

1993 *Palmatolepis glabra pectinata* Ziegler. – Ji and Ziegler, p. 61, pl. 16, figs. 5—10; pl. 17, figs. 1—3; text-fig. 17, fig. 7.

特征 内齿台边缘始于刺体总长 1/3 处，其前缘与齿片垂直，并几乎笔直向后端延伸，仅在中瘤齿处有些微弱的收缩；其前半部被尖的齿垣脊加固，齿垣脊与齿脊同高，有时比齿脊稍高，有时细齿化。齿垣突然止于中瘤齿前端。

比较　此亚种的齿垣长，靠近前齿片并与前齿片平行，因而不同于 *Palmatolepis glabra prima* 和 *Palmatolepis glabra glabra*。它与 *Palmatolepis glabra distorta* 也不同，齿台明显呈“S”形，加厚，外齿台前部明显肿起，内齿台前方齿垣长，靠近前齿片。

产地层位　广西桂林龙门垌村，上泥盆统谷闭组；宜山拉力，上泥盆统五指山组；寨沙，五指山组；武宣二塘，三里组；贵州长顺，代化组；新疆，上泥盆统洪古勒楞组。此亚种的时限为法门期最晚 *P. crepida* 带至晚 *P. marginifera* 带。

光滑掌鳞刺梳亚种，形态型 1
Palmatolepis glabra pectinata Ziegler, 1962, Morphotype 1, Sandberg and Ziegler, 1973

（图版 98，图 14—19）

1973 *Palmatolepis glabra pectinata* Morphotype 1. - Sandberg and Ziegler, p. 104, pl. 2, figs. 4, 12—15; pl. 5, fig. 14.

1977 *Palmatolepis glabra pectinata* Morphotype 1, Sandberg and Ziegler. - Ziegler, pp. 305—306, *Palmatolepis* - pl. 6, fig. 11.

1986 *Palmatolepis glabra pectinata* Morphotype 1, Sandberg and Ziegler. - 季强和刘南瑜，168 页，图版 2，图 20—21。

1993 *Palmatolepis glabra pectinata* Morphotype 1, Sandberg and Ziegler. - Ji and Ziegler, p. 61, pl. 17, figs. 4—12; text-fig. 17, fig. 6.

特征　外齿台前部齿垣短的 *Palmatolepis glabra pectinata* 的形态型。

附注　此形态型不同于典型的 *Palmatolepis glabra pectinata*，它的外齿台前部具有明显的短齿垣。它与 *Palmatolepis glabra lepta* 的区别是具有三角形的齿垣区。

产地层位　广西桂林龙门垌村，上泥盆统谷闭组；寨沙，五指山组；宜山拉力，上泥盆统五指山组。此形态型的时限为法门期最晚 *P. crepida* 带至 *P. rhomboidea* 带。

光滑掌鳞刺原始亚种　*Palmatolepis glabra prima* Ziegler and Huddle, 1969

（图版 99，图 1—6）

1969 *Palmatolepis glabra prima* Ziegler and Huddle, pp. 379—380.

1973 *Palmatolepis glabra prima* Ziegler and Huddle. - Sandberg and Ziegler, pl. 2, figs. 1, 7.

1986 *Palmatolepis glabra prima* Ziegler and Huddle. - 季强和刘南瑜，169 页，图版 2，图 1—5，10。

1989 *Palmatolepis glabra lepta* Ziegler and Huddle. - 王成源，图版 24，图 8。

1993 *Palmatolepis glabra prima* Ziegler and Huddle. - Ji and Ziegler, p. 61, pl. 16, figs. 14—17; text-fig. 17, fig. 2.

1994 *Palmatolepis glabra prima* Ziegler and Huddle. - 季强，图版 14，图 18。

特征　*P. glabra* 的相对纤细的亚种，外齿台外缘有圆的突起的齿垣，齿垣与内齿台在同一平面内或向内齿台倾斜。

附注　此亚种与 *Palmatolepis glabra* 的其他亚种的不同之处在于它的外齿台前缘有一圆的、突出的、肿起的齿垣。它与 *Palmatolepis tenupunctata* 的主要区别是缺少内齿叶。

产地层位　广西桂林龙门、垌村，上泥盆统谷闭组；寨沙，上泥盆统五指山组；象州马鞍山，上泥盆统融县组；宜山拉力，五指山组；新疆，上泥盆统洪古勒楞组。此亚种的时限为法门期晚 *P. crepida* 带至晚 *P. marginifera* 带。

光滑掌鳞刺原始亚种，形态型 1
Palmatolepis glabra prima Ziegler and Huddle, 1969, Morphotype 1, Sandberg and Ziegler, 1973

（图版 99，图 7—9）

1973 *Palmatolepis glabra prima* Morphotype 1, Sandberg and Ziegler, p. 103, pl. 2, figs. 2, 8—10.

1977 *Palmatolepis glabra prima* Morphotype 1, Sandberg and Ziegler. – Ziegler, p. 309, *Palmatolepis* – pl. 7, fig. 6.

1993 *Palmatolepis glabra prima* Morphotype 1, Sandberg and Ziegler. – Ji and Ziegler, p. 62, pl. 16, figs. 12—13; text-fig. 17, fig. 9.

1994 *Palmatolepis glabra prima* Ziegler and Huddle, Morphotype 1. – 季强，图版 14，图 17。

特征 齿台较宽的 *Palmatolepis glabra prima* 的形态型。外齿台前端较圆，齿垣区较平，后方齿脊高于后方齿台。

附注 这一形态型与典型的 *Palmatolepis glabra prima* 的主要区别是其齿台较宽。它与 *Palmatolepis klapperi* 的区别是外齿台前缘较圆，齿垣平，后方齿脊高。由此形态型演化出 *Palmatolepis klapperi*。

产地层位 广西桂林龙门、垌村，上泥盆统谷闭组；宜山拉力，上泥盆统五指山组；象州马鞍山，上泥盆统融县组。此形态型的时限为法门期晚 *P. crepida* 带内通过晚 *P. rhomboidea* 带。

光滑掌鳞刺原始亚种，形态型 2
Palmatolepis glabra prima Ziegler and Huddle, 1969, Morphotype 2, Sandberg and Ziegler, 1973

（图版 99，图 10）

1973 *Palmatolepis glabra prima* Morphotype 2, Sandberg and Ziegler, pp. 103—104, pl. 2, fig. 11.

1977 *Palmatolepis glabra prima* Morphotype 2, Sandberg and Ziegler. – Ziegler, p. 309, *Palmatolepis* – pl. 7, fig. 7.

1993 *Palmatolepis glabra prima* Morphotype 2, Sandberg and Ziegler. – Ji and Ziegler, p. 62, text-fig. 17, fig. 17.

特征 外齿台外缘较弯曲，后方齿脊微弱发育于齿沟中间，仅比齿台微高。

附注 这一形态型与 *Palmatolepis glabra prima* 形态型 1 的区别是它的内齿台较弯曲和外齿台前方末端与齿片呈锐角。它与 *Palmatolepis klapperi* 的不同之处在于它的外齿台上缺少隆凸（齿坡）。

产地层位 此形态型在中国尚未确认。其时限为法门期晚 *P. crepida* 带内至早 *P. rhomboidea* 带。

细掌鳞刺 *Palmatolepis gracilis* Branson and Mehl, 1934

1934 *Palmatolepis gracilis* Branson and Mehl, p. 238, pl. 18, figs. 2, 8 (non fig. 5).

1963 *Palmatolepis gracilis* Branson and Mehl. – Mehl and Ziegler, pp. 200—205, pl. 1, figs. 1—2 (fig. 1 = Neotype).

特征 *Palmatolepis* 的一个种，以齿台相对窄小、表面光滑，龙脊在中瘤齿下方强烈向侧方偏转为特征。一般无外齿台，前后齿脊高，无次级齿脊和龙脊，可有皱边。

附注 *Palmatolepis gracilis* 由 *Palmatolepis minuta* 演化而来。它以强烈偏转的龙脊区别于 *P. minuta*。目前此种包括 6 个亚种。*P. g. gracilis* 是最老的亚种，下 *P. rhomboidea* 带上部由 *P. minuta* 演化而来。*P. gracilis* 延伸高于 *Palmatolepis* 的其他种，并越过泥盆纪—石炭纪分界线。

时代 见亚种。

细掌鳞刺膨大亚种 *Palmatolepis gracilis expansa* Sandberg and Ziegler, 1979

(图版93, 图11—13, 16—18)

1979 *Palmatolepis gracilis expansa* Sandberg and Ziegler, p. 178, pl. 1, figs. 6—8.

1985 *Palmatolepis gracilis expansa* Sandberg and Ziegler. – Ji, in Hou *et al.*, pp. 108—109, pl. 29, figs. 17—27; pl. 30, figs. 1—16.

1993 *Palmatolepis gracilis expansa* Sandberg and Ziegler. – Ji and Ziegler, p. 62, pl. 6, figs. 13—18; text-fig. 14, fig. 3.

1994 *Palmatolepis gracilis expansa* Sandberg and Ziegler. – Bai *et al.*, p. 168, pl. 15, figs. 17—20.

特征 *Palmatolepis gracilis* 的一个亚种，齿台中部明显加宽，内齿叶不明显，齿台边缘不升起。

附注 此亚种的特征是齿台宽、微弯、中等伸长，表面光滑或粒面革状，无皱边，内齿叶不明显。它与 *Palmatolepis gracilis* 所有的亚种的区别是齿台宽，齿台缺少升起的边缘。

产地层位 广西桂林龙门、垌村，上泥盆统谷闭组；广西宜山拉力，上泥盆统五指山组；贵州王佑、长顺、望漠，上泥盆统代化组。此亚种的时限为法门期早 *P. g. expansa* 带至中 *S. praesulcata* 带。

细掌鳞刺角海神亚种 *Palmatolepis gracilis gonioclymeniae* Müller, 1956

(图版93, 图7—10)

1956 *Palmatolepis* (*Palmatolepis*) *gonioclymeniae* Müller, pp. 26—27, pl. 7, figs. 12, 16—17, 19 (non fig. 18 = *Palmatolepis gracilis expansa*).

1962 *Palmatolepis gonioclymeniae* Müller. – Ziegler, pp. 59—60, pl. 3, figs. 30—31 (non fig. 29 = *Palmatolepis gracilis expansa*).

1978 *Palmatolepis gonioclymeniae* Müller. – 王成源和王志浩, 72—73页, 图版5, 图1—3, 10—11。

1979 *Palmatolepis gracilis gonioclymeniae* Müller. – Sandberg and Ziegler, pp. 178—179, pl. 1, figs. 15—18.

1989 *Palmatolepis gracilis gonioclymeniae* Müller. – Ji, in Ji *et al.*, pp. 84—85, pl. 17, figs. 4—6.

1993 *Palmatolepis gracilis gonioclymeniae* Müller. – Ji and Ziegler, p. 62, pl. 6, figs. 8—12; text-fig. 14, fig. 4.

1994 *Palmatolepis gracilis gonioclymeniae* Müller. – Bai *et al.*, p. 168, pl. 15, figs. 15—16.

特征 齿台小，窄而长，内齿台与外齿台等宽或稍宽些。齿片—齿脊薄而高，向后变低，在中瘤齿前方远处向外强烈弯曲。中瘤齿的后方齿脊一直延伸到后端。无次级齿脊或次级龙脊。皱边宽。外齿台前方有明显的肩角，内齿台有伸长的肿凸；外齿台终止于宽圆的肩角，内齿台前缘延伸到齿片前端。

附注 此亚种与 *Palmatolepis gracilis expansa* 非常相似，但与后者不同之处在于它的齿台相对窄，齿片—齿脊强烈弯曲，外齿台前方有明显的肩角。此亚种与 *Palmatolepis gracilis manca* 同样相似，但不同于后者的是它的内齿台上没有伸长的肿凸。

产地层位 广西桂林龙门、垌村，上泥盆统谷闭组；宜山拉力，上泥盆统五指山组；贵州长顺、王佑，上泥盆统代化组。此亚种的时限为法门期晚 *P. g. expansa* 带内到早 *S. praesulcata* 带末。

细掌鳞刺细亚种 *Palmatolepis gracilis gracilis* Branson and Mehl, 1934

(图版93, 图3—6)

1934 *Palmatolepis gracilis* Branson and Mehl, p. 238, pl. 18, fig. 8 (only).

1966 *Palmatolepis gracilis gracilis* Branson and Mehl. – Glenister and Klapper, pp. 814—815, pl. 90, fig. 6.

1979 *Palmatolepis gracilis gracilis* Branson and Mehl. – Sandberg and Ziegler, pp. 177—178, pl. 1, figs. 1—2.

1986 *Palmatolepis gracilis gracilis* Branson and Mehl. – 季强和刘南瑜，169 页，图版 3，图 4—5。

1989 *Palmatolepis gracilis gracilis* Branson and Mehl. – Ji, in Ji *et al.*, p. 85, pl. 17, figs. 1—3.

1989 *Palmatolepis gracilis gracilis* Branson and Mehl. – 王成源，77 页，图版 6，图 1。

1993 *Palmatolepis gracilis gracilis* Branson and Mehl. – Ji and Ziegler, p. 62, pl. 6, figs. 4—7; text-fig. 14, fig. 2.

2001 *Palmatolepis gracilis gracilis* Branson and Mehl. – 张仁杰等，408 页，图 2. 3—5。

特征 此亚种以相对短而窄的齿台和高的齿脊为特征。刺体细长。齿台前缘通常在齿片的中点终止。齿台上方表面边缘形成凸起、浑圆的边。此亚种在齿台大小、长度和宽度上有相当大的变化。

附注 此命名亚种与多数 *Palmatolepis gracilis* 亚种的区别是其齿台相对窄小，齿脊高，有升起的边缘。齿片—齿脊在中瘤齿处向内渐弯，齿片反口缘锐利，有龙脊，基腔极小。

产地层位 广西桂林，上泥盆统谷闭组；白沙，上泥盆统融县组；宜山拉力，上泥盆统五指山组；那坡三叉河，三里组；鹿寨寨沙，五指山组；大新，三里组；贵州长顺，代化组；海南岛昌江县鸡实，上泥盆统昌江组。此亚种的时限为法门期晚 *P. rhomboidea* 带内直到中 *S. praesulcata* 带，可能到晚 *S. praesulcata* 带。

细掌鳞刺虚弱亚种 *Palmatolepis gracilis manca* Helms, 1959

（图版 93，图 14）

1964 *Palmatolepis* (*Panderolepis*) *distorta manca* Helms, pp. 467—468, pl. 2, figs. 22, 27; pl. 3, figs. 24—25.

1979 *Palmatolepis gracilis manca* Helms. – Sandberg and Ziegler, p. 178, pl. 1, figs. 10—14.

1986 *Palmatolepis gracilis manca* Helms. – 季强和刘南瑜，169 页，图版 3，图 6。

1993 *Palmatolepis gracilis manca* Helms. – Ji and Ziegler, p. 63, text-fig. 14, fig. 5.

1994 *Palmatolepis gracilis manca* Helms. – Bai *et al.*, p. 169, pl. 15, fig. 1.

特征 *Palmatolepis gracilis* 的一个亚种，以齿片强烈弯曲、齿台表面粒面革状和齿台内侧有与齿脊平行的隆凸为特征。内齿台终止于齿片的前端，而外齿台止于齿片的中部。

附注 此亚种的齿台轮廓和齿片—齿脊的弯曲程度与 *Palmatolepis gracilis gonioclymeniae* 非常相似，但前者在内齿台上有伸长的肿凸。

产地层位 广西桂林，上泥盆统融县组、谷闭组；宜山拉力，五指山组；鹿寨寨沙，五指山组。此亚种的时限为法门期晚 *P. postera* 带开始进入早 *P. g. expansa* 带。

细掌鳞刺反曲亚种 *Palmatolepis gracilis sigmoidalis* Ziegler, 1962

（图版 93，图 1—2）

1962 *Palmatolepis deflectens sigmoidalis* Ziegler, p. 56, pl. 3, figs. 24—28.

1978 *Palmatolepis gracilis sigmoidalis* Ziegler. – 王成源和王志浩，72 页，图版 5，图 1—3，10—11。

1979 *Palmatolepis gracilis sigmoidalis* Ziegler. – Sandberg and Ziegler, p. 178, pl. 1, figs. 3—5.

1986 *Palmatolepis gracilis sigmoidalis* Ziegler. – 季强和刘南瑜，169—170 页，图版 3，图 1—3。

1989 *Palmatolepis gracilis sigmoidalis* Ziegler. – Ji, in Ji *et al.*, pp. 85—86, pl. 16, figs. 1—2.

1989 *Palmatolepis gracilis sigmoidalis* Ziegler. – 王成源，77 页，图版 26，图 2—3。

1993 *Palmatolepis gracilis sigmoidalis* Ziegler. – Ji and Ziegler, p. 63, pl. 5, figs. 1—3; text-fig. 14, fig. 6.

1994 *Palmatolepis gracilis sigmoidalis* Ziegler. – Bai *et al.*, p. 169, pl. 15, figs. 9—10.

2001 *Palmatolepis gracilis sigmoidalis* Ziegler. – 张仁杰等，408 页，图 2. 1—2。

特征　*Palmatolepis* 的一个亚种，以强烈反曲的齿片—齿脊和短且特别小的齿台为特征；齿台围绕水平长轴方向偏转，与齿片在横截面上形成锐角；齿台特别小，仅有凸起的边缘形成。

附注　此亚种与 *Palmatolepis gracilis* 的其他亚种的区别是它的齿台、齿片、齿脊都小并强烈扭曲，特别是在“内齿叶”的前方。

产地层位　广西桂林，上泥盆统融县组、谷闭组；宜山拉力，五指山组；鹿寨寨沙，五指山组；那坡三叉河，三里组；大新，三里组；贵州长顺，代化组；海南岛昌江鸡实，上泥盆统昌江组。此亚种的时限为法门期晚 *P. trachytera* 带内直到中 *S. praesulcata*带，可能到晚 *S. praesulcata* 带。

韩氏掌鳞刺　*Palmatolepis hani* Bai，1994

（图版100，图1—5）

1994 *Palmatolepis hani* Bai. – Bai *et al.*，p. 169，pl. 9，figs. 5—10.

特征　前齿脊反曲，后齿脊不清或无。后齿台明显向下弯。外齿叶短，指向前方。齿台表面光滑或有微弱的瘤齿。

附注　*Palmatolepis hani* 的后方齿脊不明显，易于与 *Palmatolepis subrecta* 区别；它的前方齿脊反曲，后方齿台明显下弯，也易于与 *Palmatolepis juntianensis* 区别。

产地层位　广西武宣南董剖面南董页岩层。此种的时限为弗拉期 *P. linguiformis* 带。

哈斯掌鳞刺　*Palmatolepis hassi* Müller and Müller，1957

（图版86，图3—6）

1957 *Palmatolepis*（*Manticolepis*）*hassi* Müller and Müller，pp. 1102—1103，pl. 139，fig. 2；pl. 140，figs. 2—4（holotype）.

1971 *Palmatolepis hassi* Müller and Müller. – Szulczewski，pl. 10，figs. 5—6.

1971 *Palmatolepis subrecta* Müller and Youngquist. – Szulczewski，pl. 12，fig. 5.

1986 *Palmatolepis hassi* Müller and Müller. – Hou *et al.*，pl. 6，figs. 1—8；pl. 5，figs. 11—12.

1986 *Palmatolepis gigas* Miller and Youngquist. – Hou *et al.*，pl. 5，figs. 5—6，7—8（only；fig. 8 = late transitional form to *Palmatolepis rhenana brevis*；non figs. 9—10 = *Palmatolepis gigas paragigas*）.

1989 *Palmatolepis hassi* Müller and Müller. – Klapper，pl. 1，figs. 3—4（reillustration of holotype）.

1989 *Palmatolepis kireevae* Ovnatanova. – Klapper，pl. 2，figs. 2，6.

1989 *Palmatolepis kireevae* Ovnatanova. – Klapper and Lane，pl. 1，fig. 7.

1989 *Palmatolepis hassi* Müller and Müller. – Wang，pl. 22，figs. 5—6（only；non fig. 7 = wide form of *Palmatolepis subrecta*）.

1990 *Palmatolepis hassi* Müller and Müller. – Ziegler and Sandberg，p. 55，pl. 2，figs. 2—9；pl. 12，figs. 10—11.

1994 *Palmatolepis hassi* Müller and Müller. – Wang，p. 102，pl. 2，fig. 5；pl. 3，fig. 7；pl. 6，fig. 15；pl. 7，figs. 13—15.

2002 *Palmatolepis hassi* Müller and Müller. – Wang and Ziegler，pl. 5，figs. 13—16.

2008 *Palmatolepis hassi* sensu stricto Müller and Müller. – Ovnatanova and Kononova，p. 1091，pl. 4，figs. 10—14；pl. 5，fig. 1.

2010 *Palmatolepis hassi* Müller and Müller. – 郎嘉彬和王成源，24 页，图版Ⅰ，图8。

特征　*Palmatolepis hassi* 是中等拱曲的 Manticolepid 类的一个种，在谱系发育中其齿台由宽变窄。其特征是外齿叶短到长，齿叶发育，呈窄而浑圆的三角形，位于独瘤齿之前，边缘有两个深的缺刻；齿台后边缘外凸，独瘤齿大；自由齿片中等大小，约为齿台长的1/6；齿脊微微反曲；后齿台短，前齿台外侧有明显的向上向外的突起。

附注　此种齿台形态变化较大。外齿叶或短或长，后齿台短，没有褶皱的吻区。

此种以浑圆的三角形齿叶、齿叶边缘有深的缺刻不同于 *Palmatolepis kireevae*。*Palmatolepis hassi* 齿台表面有较均一分布的瘤齿，而 *Palmatolepis kireevae* 的瘤齿细小，不均一。

产地层位 广西桂林龙门，上泥盆统谷闭组；德保四红山，上泥盆统榴江组；象州马鞍山，上泥盆统罗秀河组；内蒙古乌努尔，下大民山组（郎嘉彬和王成源，2010）。此种时限较长，从弗拉期早 *P. hassi* 带到 *P. linguiformis* 带。

杰米掌鳞刺 *Palmatolepis jamieae* Ziegler and Sandberg, 1990

（图版 87，图 27—30）

1989 *Palmatolepis foliacea* Youngquist. – Wang, pl. 20, figs. 2—3.

1990 *Palmatolepis coronata juntianensis* Han. – Ji, pl. 1, fig. 18—20.

1990 *Palmatolepis jamieae* Ziegler and Sandberg, pp. 50—51, pl. 6, figs. 1—10; pl. 11, figs. 4—6.

1994 *Palmatolepis jamieae* Ziegler and Sandberg. – Wang, p. 102, pl. 2, fig10; pl. 6, figs. 11—14.

1994 *Palmatolepis jamieae* Ziegler and Sandberg. – Bai *et al.*, p. 170, pl. 7, figs. 17—18.

1994 *Palmatolepis jamieae* Ziegler and Sandberg. – 季强，图版 13，图 10—12。

特征 *Palmatolepis jamieae* 是平的或微微拱曲的 Manticilepid 类的一个种，齿脊直或微微反曲。前齿片顶端由几个高的细齿组成。在个体发育中，这些细齿可愈合成 1~2 很大的细齿。口视时，齿台为不规则的四边形，有弱至强的皱边。外齿叶不明显或短，其对面的内齿台膨大或有肿凸。缺失吻部或吻部发育微弱。

附注 Ziegler 和 Sandberg（1990）将此种区分出两个形态型。形态型 2 与 *Palmatolepis foliacea* 相似，但它的齿叶短、有肿凸而不同于 *P. foliacea*，后者无齿叶。*Palmatolepis jamieae* 和 *Palmatolepis foliacea* 在同一时间由 *Palmatolepis punctata* 的外齿叶缩小演化而来。

产地层位 广西桂林龙门垌村，上泥盆统谷闭组；德保四红山，上泥盆统榴江组；桂林，上泥盆统香田组。此种的时限为弗拉期 *P. jamieae* 带到晚 *P. rhenana* 带。

杰米掌鳞刺→军田掌鳞刺
Palmatolepis jamieae Ziegler and Sandberg, 1990→*Pal. juntianensis* Han, 1987

（图版 104，图 16—17）

1988 *Palmatolepis jamieae→Palmatolepis juntianensis*. – Ji and Ziegler, pl. 26, fig. 12.

2010 *Palmatolepis jamieae→Palmatolepis juntianensis*. – 郎嘉彬和王成源，25 页，图版 I，图 12—13。

附注 这两个标本的齿台轮廓特征介于 *Palmatolepis jamieae* 和 *Palmatolepis juntianensis* 的齿台轮廓特征之间。*Pal. juntianensis* 是由 *Pal. jamieae* 演化而来，这种过渡形态的标本很可能是晚 *P. rhenana* 带的。当前标本可能是再沉积的。见于内蒙古乌努尔下大民山组。

军田掌鳞刺 *Palmatolepis juntianensis* Han, 1987

（图版 87，图 20—26）

1983 *Palmatolepis coronata* Müller. – Wang and Ziegler, pl. 3, fig. 29.

1987 *Palmatolepis juntianensis* Han, p. 186, pl. 1, figs. 15—16.

1989 *Palmatolepis juntianensis* Han. – Ji *et al.*, pl. 1, figs. 15—16 (reillustration of Han, 1987); pl. 1, figs. 15—16.

1990 *Palmatolepis coronata juntianensis* Han. – Ji, pl. 1, figs. 20—22.

non 1990 *Palmatolepis coronata juntianensis* Han. – Ji, pl. 1, figs. 18—20（= *Palmatolepis jamieae*）.

1990 *Palmatolepis juntianensis* Han. – Ziegler and Sandberg, p. 52, pl. 14, figs. 6—7.

1994 *Palmatolepis juntianensis* Han. – Wang, p. 102, pl. 6, fig. 10.

2002 *Palmatolepis juntianensis* Han. – Wang and Ziegler, pl. 5, figs. 3—4.

特征 *Palmatolepis juntianensis* 是长的、平的、光滑的 Manticolepid 类的一个种，齿台非常萎缩，吻区长；齿台后部很短，齿台最宽处接近齿台后端。

附注 齿台平，无装饰，齿台后部很短，齿台最宽处接近齿台后端。有的标本没有升起的边缘，与韩迎建（1987）图示的标本相似。

产地层位 广西桂林龙门垌村，上泥盆统谷闭组；德保四红山，上泥盆统榴江组；象州马鞍山，上泥盆统罗秀河组。此种的时限为弗拉期晚 *P. rhenana* 带到 *P. linguiformis*带。

吉列娃掌鳞刺 *Palmatolepis kireevae* Ovnatanova, 1976

（图版100，图13）

1976 *Palmatolepis kireevae* Ovnatanova. – Ovnatanova, p. 111, pl. 9, fig. 5.

1987 *Palmatolepis hassi*. – Barskov *et al.*, p. 34, pl. 7, figs. 8—12.

1993 *Palmatolepis hassi* Müller and Müller. – pl. 28, figs. 11—12（only）.

2008 *Palmatolepis kireevae* Ovnatanova, pp. 1093—1094, pl. 4, fig. 16; pl. 5, figs. 6—11; pl. 14, fig. 6.

2010 *Palmatolepis kireevae* Ovnatanova. – 郎嘉彬和王成源，25页，图版1，图9。

特征 （Pa分子）齿台近三角形，其后端稍尖并向下弯曲。齿叶三角形，有不发育的缺刻，位于独瘤齿之前或与独瘤齿在同一水平线上，独瘤齿大。齿脊“S”形，一般在接近齿台后端的地方终止。后齿脊薄，由2~6个小的瘤齿组成。自由齿片的长度约为齿台长的1/4。齿台表面粒面革状，齿台上有小的、距离宽的瘤齿。

附注 此种的齿台表面粒面革状，有不规则的瘤齿；齿叶三角形，缺刻不发育，不同于 *Palmatolepis hassi*。*Pal. hassi* 有浑圆的齿叶，在其边缘有发育的缺刻，齿台后缘外凸。

时代 在欧洲广泛分布。在大兴安岭乌努尔下大民山组上部发现此种，首次确认了此种在中国的存在。此种时限为晚泥盆世弗拉期（早 *P. punctata* 带至 *P. linguiformis* 带）（据 Ovnatanova 等，2008，1065页，图16）。

克拉佩尔掌鳞刺 *Palmatolepis klapperi* Sandberg and Ziegler, 1973

（图版101，图14—19）

1971 *Palmatolepis quadrantinodosa* aff. *inflexa* Ziegler. – Szulczewski, p. 39, pl. 15, fig. 8（non fig. 9 = *Palmatolepis glabra prima* Morphotype 2）.

1973 *Palmatolepis klapperi* n. sp. Sandberg and Ziegler, p. 104, pl. 2, figs. 6, 17—28; pl. 5, fig. 12.

1987 *Palmatolepis klapperi* Sandberg and Ziegler. – 李晋僧，367页，图版167，图8，12。

1993 *Palmatolepis klapperi* Sandberg and Ziegler. – Ji and Ziegler, p. 63, pl. 18, figs. 1—8; text-fig. 17, fig. 18.

1994 *Palmatolepis klapperi* Sandberg and Ziegler. – Bai *et al.*, p. 170, pl. 12, figs. 18—19.

特征 齿台表面粒面革状，内齿台边缘弯曲，无齿叶。外齿台高于内齿台，形成齿垣，齿垣上方平，也称“齿坡”。中瘤齿之后齿脊极微弱。

附注 此种在齿台轮廓上与 *Palmatolepis glabra prima* 形态型2相似，但与后者不同之处在于它的外齿台上有隆凸（齿垣）。

产地层位 广西桂林白沙，上泥盆统融县组；宜山拉力，上泥盆统五指山组；甘肃迭部当多沟，上泥盆统檫阔合组。此种的时限为法门期早 *P. rhomboidea* 带开始直到早 *P. marginifera* 带。

舌形掌鳞刺 *Palmatolepis linguiformis* Müller, 1956

（图版 87，图 13—19）

1987 *Palmatolepis linguiformis* Müller. – Han, pl. 1, fig. 1.

1987 *Palmatolepis linguiformis* Müller. – Jia *et al.*, pl. 1, fig. 1.

1990 *Palmatolepis linguiformis* Müller. – Ji, pl. 1, figs. 15—17.

1994 *Palmatolepis linguiformis* Müller. – 季强，图版 13，图 1—3。

1994 *Palmatolepis linguiformis* Müller. – Wang, p. 102, pl. 6, fig. 7.

1994 *Palmatolepis linguiformis* Müller. – Bai *et al.*, p. 170, pl. 10, figs. 6—10.

2002 *Palmatolepis linguiformis* Müller. – Wang and Ziegler, pl. 3, figs. 13—15.

特征 *Palmatolepis linguiformis* 是无齿叶或齿叶很弱的 *Palmatolepis* 属中 Manticolepid 类的一个种，齿台两侧相对较直，近于平行；齿台的两半由齿脊向两侧下伸，齿台后端向下倾，平或先向上伸然后向下弯。反曲的瘤齿脊在前后方由分离的圆的或微微扁的瘤齿组成，瘤齿几乎近等大；齿脊在中瘤齿和内前齿台边缘之间强烈弯曲；齿台口面光滑到有等大瘤齿。

附注 *Palmatolepis linguiformis* 的特征是齿台长，相对窄，无齿叶，齿台两侧不对称，齿脊呈强烈的“S”形，齿脊由分离的圆形的瘤齿或微微扁的瘤齿组成。它的内外齿台前方与齿片几乎相交在同一位置，而 *P. crepida* 的内齿台前缘与齿片—齿脊相交在比外齿台与齿片—齿脊相交的位置更向前。

此种是 *P. linguiformis* 带的带化石，由此带开始到此带末期。在 *P. linguiformis* 灭绝与 *P. triangularis* 出现之前，有一段地层既没有 *P. linguiformis*，也没有*P. triangularis*，这段地层仍属 *P. linguiformis* 带（Wang 和 Ziegler，2003；王成源和 Ziegler，2004）。

产地层位 广西桂林垌村龙门，上泥盆统谷闭组；桂林，上泥盆统香田组。

列辛科娃掌鳞刺 *Palmatolepis ljashenkovae* Ovnatanova, 1976

（图版 100，图 10—11）

1976 *Palmatolepis ljashenkovae* Ovnatanova, pp. 111—112, pl. 9, fig. 6.

1987 *Palmatolepis ljashenkovae* Ovnatanova. – Barskov *et al.*, p. 25, pl. 4, figs. 10—11, 16—17.

2002 *Mesotaxis simpla*. – Dzik, P_1 element, figs. 32N—O (only).

2008 *Palmatolepis ljashenkovae* Ovnatanova. – Ovnatanova and Kononova, pp. 1094—1095, pl. 5, fig. 12—17.

2010 *Palmatolepis ljashenkovae* Ovnatanova. – 郎嘉彬和王成源，25 页，图版 1，图 4，14。

特征 （Pa 分子）齿台长，近三角形，后端伸长为卵圆形，微微变尖。齿叶浑圆，较小，位于独瘤齿之前，指向前方；前边缘有明显的浅的缺刻，后边缘无缺刻或有不易辨别的缺刻。齿脊为微弱的反曲形，一般都延伸到齿台后端。独瘤齿大，发育。后齿脊有 3 ~ 7 个瘤齿，向后方逐渐减小。自由齿片长为齿台长的 1/6 ~ 1/4。多数齿台表面为粒面革状。沿齿台边缘有小的瘤齿排列，在前方形成细齿状的边缘。

附注 *Palmatolepis ljashenkovae* 以齿叶小、缺刻浅、瘤齿装饰不发育而不同于 *Palmatolepis proversa*。

产地层位 在欧洲、北美洲以及大洋洲的澳大利亚均有广泛分布。此种在中国首现于大兴安岭，但可能是再沉积的。此种时限为弗拉期（*P. jamieae* 带至 *P. rhenana* 带）。

角叶掌鳞刺　*Palmatolepis lobicornis* Schülke, 1995

（图版 101，图 10—13；插图 46）

1956 *Palmatolepis subperlobata* Branson and Mehl. – Bischoff, taf. 8, fig. 33 (Nur); taf. 10, fig. 8.

1963 *Palmatolepis subperlobata* n. ssp. a. – Helms, taf. 2, fig. 23—24,; taf. 3, fig. 10 (?).

1989 *Palmatolepis subperlobata* Branson and Mehl. – Ji, taf. 2, figs. 25—27.

1993 *Palmatolepis subperlobata* Branson and Mehl, Morphotype 2. – Ji and Ziegler, pl. 20, figs. 4—6 (only).

1995 *Palmatolepis lobicornis* Schülke, p. 40, taf. 4, figs. 1—17.

特征　齿台中等大小，齿台平，表面粒面革状。有一个明显的外齿叶，外齿叶的顶尖与齿脊（中瘤齿）之间有一个小的突起的脊。齿台后端和外齿叶顶端之间的齿台边缘明显向内弯。

产地层位　广西宜山拉力，上泥盆统五指山组下部，中 *P. crepida* 带。此种的时限是法门期早 *P. crepida* 带到中 *P. crepida* 带。

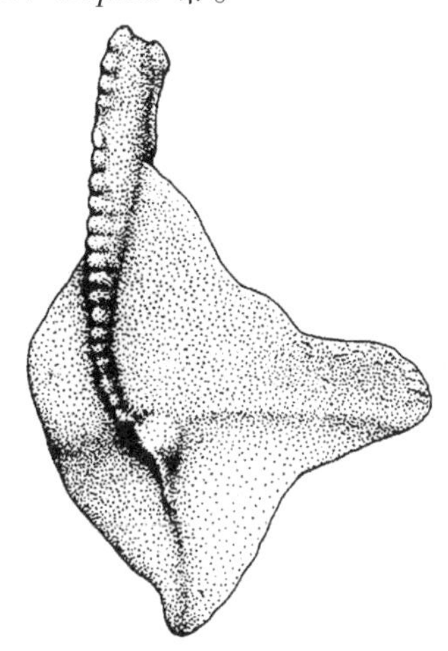

插图 46　角叶掌鳞刺 *Palmatolepis lobicornis* Schülke, 1995 正模标本口面
（据 Schülke, 1995, 41 页，插图 20）

Text-fig. 46　*Palmatolepis lobicornis* Schülke, 1995, holotype (after Schülke, 1995, p. 41, Abb. 20)

蕾埃奥掌鳞刺　*Palmatolepis lyaiolensis* Khrustcheva and Kuzimin, 1996

（图版 100，图 12）

2008 *Palmatolepis lyaiolensis* Khrustcheva and Kuzimin. – Ovnatanova and Kononova, p. 1095, pl. 13, figs. 4—11.

2010 *Palmatolepis lyaiolensis* Khrustcheva and Kuzimin. – 郎嘉彬和王成源，25 页，图版 I，图 6。

特征　（Pa 分子）齿台为浑圆的三角形，很不发育的齿叶位于中瘤齿水平线的上方。仅有些大的标本有小的后方缺刻（sinus）。齿台后端尖，向下拱曲。齿脊微微反曲。中瘤齿位于齿台后部。后齿脊短，由 2～3 个瘤齿组成。自由齿片的长度为齿台长度的1/4～1/3。齿台表面粒面革状，有时饰有小的瘤齿。

附注　此种不同于 *Palmatolepis hassi* Müller and Müller，齿叶非常不发育，缺少明显的缺刻。它也不同于 *Palmatolepis anzhelae*，齿台后方缺刻非常不明显。

产地层位　此种在俄罗斯地台见于弗拉阶 Lyaiol 组。在中国见于内蒙古乌努尔下大民山组，可能是再沉积的（郎嘉彬和王成源，2010）。

宽缘掌鳞刺 *Palmatolepis marginifera* Helms, 1959

特征 齿台圆、椭圆形至窄的长圆形，无外齿叶。内齿台上有一锐利连续的齿垣，由内齿台前缘向后延伸到中瘤齿，有时达齿台后端；齿垣通常是光滑的，但也可能分成锯齿或瘤齿。外齿叶在齿片前端开始，前缘微凹，后缘外凸。齿脊反曲，中瘤齿后的齿脊微弱或无。

附注 *Palmatolepis marginifera* 原作为 *P. quadrantinodosa* 的一个亚种，齿台轮廓与 *P. quadrantinodosa* 一致，但齿垣发育。此种可区分出 5 个亚种，其中 *P. marginifera marginifera* 起源于 *P. stoppeli*，*P. marginifera duplicata* 起源于 *P. klapperi*。*P. marginifera* 见于上泥盆统上部的牙形刺 *P. rhomboidea* 带最上部至整个 *P. marginifera* 带。

宽缘掌鳞刺双脊亚种 *Palmatolepis marginifera duplicata* Sandberg and Ziegler, 1973

（图版 97，图 1）

1962 *Palmatolepis quadrantinodosa marginifera* Ziegler, pl. 7, fig. 8 (non figs. 6—7, 9 = *Palmatolepis marginifera marginifera*).

1973 *Palmatolepis marginigera duplicata* Sandberg and Ziegler, p. 105, pl. 3, figs. 15—19, 21—25; pl. 5, fig. 15.

1977 *Palmatolepis marginigera duplicata* Sandberg and Ziegler. – Ziegler, pp. 331—332, *Palmatolepis* – pl. 8, figs. 6—9.

1993 *Palmatolepis marginigera duplicata* Sandberg and Ziegler. – Ji and Ziegler, p. 63, text-fig. 17, fig. 19.

1994 *Palmatolepis marginigera duplicata* Sandberg and Ziegler. – Bai *et al.*, p. 170, pl. 14, fig. 1.

特征 *Palmatolepis marginifera* 的一个亚种，齿台长，表面粒面革状，中瘤齿前方的外齿台有一个长的隆凸或与齿脊平行的齿垣。内齿台的轮廓前方强烈内凹，后方强烈外凸。中瘤齿的后方一般缺少齿脊或很不发育。

附注 此亚种以齿台强烈弯曲、伸长、表面粒面革状、有外齿垣和内齿垣为特征。有些标本仅有内齿垣。它与 *Palmatolepis glabra distorta* 很相似，但与后者不同之处在于它有长的外齿垣，中瘤齿位置较朝后，其后的齿脊不发育。

产地层位 广西桂林白沙，上泥盆统融县组。此亚种的时限为法门期早 *P. marginifera*带内至晚 *P. marginifera* 带顶。

宽缘掌鳞刺宽缘亚种 *Palmatolepis marginifera marginifera* Helms, 1959

（图版 97，图 2—5）

1959 *Palmatolepis quadrantinodosa marginifera* Ziegler. – Helms, p. 649, pl. 5, figs. 22—23 (tendency toward *Palmatolepis marginifera utahensis*).

1962 *Palmatolepis quadrantinodosa marginifera* n. subsp. – Ziegler, pp. 401—402, pl. 1, fig. 6; pl. 2, figs. 6—8.

1984 *Palmatolepis marginifera marfinifera* Helms. – Ziegler and Sandberg, p. 187, pl. 1, fig. 11 (transitional form to *Palmatolepis marginifera utahensis*).

1986 *Palmatolepis marginifera marfinifera* Helms. – 季强和刘南瑜，170 页，图版 3，图 19—21，24—30。

1988 *Palmatolepis marginifera marfinifera* Helms. – 秦国荣等，63 页，图版 1，图 9—11。

1989 *Palmatolepis marginifera marfinifera* Helms. – 王成源，79 页，图版 24，图 14—16。

1993 *Palmatolepis marginifera marfinifera* Helms. – Ji and Ziegler, p. 64, pl. 13, figs. 7—10; pl. 14, figs. 1—6; text-fig. 17, fig. 14.

1994 *Palmatolepis marginifera marfinifera* Helms. – Bai *et al.*, p. 170, pl. 14, figs. 2—4.

特征 齿台圆至卵圆形，表面粒面革状。内齿台前缘有些小瘤齿。齿垣由内齿台前端向后连续延伸到中瘤齿，在少数标本上可延伸到齿台后端；外齿台平，前缘微凹，后缘向后突。

附注　此 *Palmatolepis marginifera* 命名亚种的特征是齿台宽、圆到椭圆，有一齿垣由外齿台前端向后延伸到中瘤齿。它与 *Palmatolepis stoppeli* 的齿台轮廓相似，但它有真正的外齿垣。

产地层位　广西桂林白沙，上泥盆统融县组；武宣二塘，三里组；宜山拉力，五指山组；鹿寨寨沙，五指山组；贵州长顺，代化组；广东乐昌，天子岭组。此亚种的时限为法门期早 *P. marginifera* 带开始直到最晚 *P. marginifera* 带的顶。

宽缘掌鳞刺瘤齿亚种　*Palmatolepis marginifera nodosus* Xiong, 1983

（图版 97，图 7）

1983 *Palmatolepis marginifera nodosus* Xiong. – 熊剑飞，313 页，图版 72，图 10。

特征　外齿台相对较窄，外缘圆弧形；内齿台三角形。自由齿片短。齿脊向内弯曲，由愈合的瘤齿组成，前高后低，止于中瘤齿处。中瘤齿位于中后部，大而圆。外齿台上有发育的齿垣，与齿脊平行呈弧形内弯，向后延伸超过中瘤齿，变低变直，几近后端。内齿台宽。齿台上有散乱的瘤齿，但近齿脊处有一列与齿脊平行的瘤齿列。反口面龙脊发育。

附注　此亚种能否成立可疑，因为正模标本的内齿台后边缘可能不完整。

产地层位　贵州长顺代化，上泥盆统代化组。

宽缘掌鳞刺中华亚种　*Palmatolepis marginifera sinensis* Ji and Ziegler, 1993

（图版 96，图 20—22）

1993 *Palmatolepis marginifera sinensis* Ji and Ziegler, p. 64, pl. 13, figs. 1—5; text-fig. 17, fig. 16.

特征　*Palmatolepis marginifera* 的一个亚种。齿台中等宽度，显著弯曲。外齿垣由外齿台前端向后沿外侧齿台边缘延伸，直到齿台后端。内齿台平，前齿脊明显弯曲，但缺少后齿脊或后齿脊不发育。

附注　此亚种与 *Palmatolepis marginifera marginifera* 的区别主要是外齿垣沿外侧齿台边缘一直延伸到齿台后端；与 *Palmatolepis marginifera utahensis* 的区别主要是齿台轮廓和齿台装饰。

产地层位　广西宜山拉力，上泥盆统五指山组。此亚种的时限为法门期晚 *P. marginifera* 带开始到最晚 *P. marginifera* 带的顶。

宽缘掌鳞刺犹它亚种　*Palmatolepis marginifera utahensis* Ziegler and Sandberg, 1984

（图版 97，图 6）

1973 *Palmatolepis marginifera* n. subsp. – Sandberg and Ziegler, p. 104, pl. 3, figs. 20, 26.

1984 *Palmatolepis marginifera utahensis* Ziegler and Sandberg, p. 187, pl. 1, figs. 6—10.

1993 *Palmatolepis marginifera utahensis* Ziegler and Sandberg, p. 64, pl. 13, fig. 6; text-fig. 17, fig. 15.

1994 *Palmatolepis marginifera utahensis* Ziegler and Sandberg. – Bai *et al.*, p. 170, pl. 14, fig. 5.

特征　内齿台前方有瘤齿，外齿台后方非常窄；齿台后方尖，向内弯。

附注　此亚种与 *Palmatolepis marginifera* 的其他亚种不同。它与 *Palmatolepis rugosa trachytera* 在内齿台强烈弯曲程度以及倾向发育、侧向伸长的瘤齿有些相似，但与后者不同的是它缺少内齿叶和明显膨大的内侧后方齿台。

产地层位 广西宜山拉力，上泥盆统五指山组。此亚种的时限为法门期晚 *P. marginifera*带开始到本带顶终止。

小掌鳞刺 *Palmatolepis minuta* Branson and Mehl, 1934

1934 *Palmatolepis minuta* Branson and Mehl, p. 236, 237, pl. 18, figs. 1, 6—7 (figs. 6—7 = lectotype selected by Müller, 1956, p. 31).

特征 齿台前方受局限，始于齿片前端后方的一定距离内，在中瘤齿区变宽并向后端变尖，口面粒面革状，可能有外齿叶。齿片—齿脊几乎是直的，但在一些标本中可能是逐渐弯曲或微弱的弯曲，无齿垣。后方齿台侧视水平至微向下弯。

附注 *Palmatolepis minuta* 由 *Palmatolepis delicatula* 族系发展而来，已划分出6个亚种。它与 *Palmatolepis gracilis* 在齿台收缩上较相似，但后者在中瘤齿下方的龙脊向侧方偏转，而前者的龙脊没有偏转。

时代 晚泥盆世，晚 *triangularis* 带至 *postera* 带。

小掌鳞刺叶片亚种 *Palmatolepis minuta loba* Helms, 1963

(图版92，图1—3，4—9)

1963 *Palmatolepis* (*Deflectolepis*) *minuta loba* Helms, pp. 470—471, pl. 2, figs. 13—14; pl. 3, fig. 12.

1971 *Palmatolepis minuta loba* Helms. – Szulczewski, pp. 35—36, pl. 15, fig. 15.

1973 *Palmatolepis minuta loba* Helms. – Sandberg and Ziegler, pl. 5, figs. 1—2.

1983 *Palmatolepis minuta loba* Helms. – Wang and Ziegler, pl. 3, fig. 16.

1989 *Palmatolepis minuta loba* Helms. – 王成源，80页，图版26，图4；图版32，图4。

1993 *Palmatolepis minuta loba* Helms. – Ji and Ziegler, pp. 64—65, pl. 10, figs. 1—16; text-fig. 13, figs. 11—12.

1994 *Palmatolepis minuta loba* Helms. – Bai *et al.*, p. 171, pl. 15, fig. 5.

1995 *Palmatolepis delicatula loba* Helms. – Schülke, pp. 35—36, pl. 10, figs. 20, 22—23.

特征 *Palmatolepis minuta* 的一个亚种，以外齿叶发育且分化明显、中瘤齿强壮为特征。

附注 此亚种在齿台轮廓上与 *Palmatolepis minuta schleizia* 和 *Palmatolepis minuta wolskae* 相似，但缺少突起的齿台边缘，不同于 *Palmatolepis minuta schleizia*；它有很发育的后方齿脊，又不同于 *Palmatolepis minuta wolskae*。此亚种以内齿台的前缘特征可区分出两个形态型，形态型1的内齿台前缘明显下凹，形态型2的内齿台前缘较直。

产地层位 广西宜山拉力，上泥盆统五指山组；武宣二塘，上泥盆统三里组；德保都安四红山，三里组。此亚种的时限为法门期早 *P. crepida* 带开始几乎贯穿 *P. rhomboidea*带。

小掌鳞刺小亚种 *Palmatolepis minuta minuta* Branson and Mehl, 1934

(图版91，图1—7，8—11，12—15)

1934 *Palmatolepis minuta* Branson and Mehl, pp. 236—237, pl. 18, figs. 1, 6—7.

1962 *Palmatolepis minuta minuta* Branson and Mehl. – Ziegler, pp. 65—66, pl. 3, figs. 4—10 (non figs. 1—3 = *Palmatolepis weddigei*).

1963 *Palmatolepis* (*Deflectolepis*) *minuta minuta* Branson and Mehl, pl. 2, figs. 3—4, 8—9; text-fig. 2, fig. 36.

1965 *Palmatolepis minuta minuta* Branson and Mehl. – Bouckaert and Ziegler, pl. 3, figs. 1—3.

1972 *Palmatolepis minuta minuta* Branson and Mehl. – Sandberg and Ziegler, pl. 1, fig. 32.

1978 *Palmatolepis minuta minuta* Branson and Mehl. －王成源和王志浩，73页，图版5，图4—5，14—16。

1989 *Palmatolepis minuta minuta* Branson and Mehl. －Ji，pl. 2，figs. 15—16.

1989 *Palmatolepis minuta minuta* Branson and Mehl. －王成源，80—81页，图版26，图5—8。

1995 *Palmatolepis minuta minuta* Branson and Mehl. －Ji and Ziegler，p. 65，pl. 7，figs. 1—19；pl. 9，figs. 8—18；text-fig. 13，figs. 9，15—16.

2002 *Palmatolepis minuta minuta* Branson and Mehl. －Wang and Ziegler，pl. 4，figs. 3—4.

特征　具有小的、亚圆形至伸长的齿台的 *Palmatolepis minuta* 的一个亚种。中瘤齿后方有齿脊，一些标本的中瘤齿后的瘤齿较低，或缺少后齿脊而为一纵向凹槽。可能存在平的侧齿叶。

附注　Ji 和 Ziegler（1993）依据此亚种齿台的形态和内齿叶的特征，将此亚种区分出三个形态型。形态型1：齿台小，椭圆，内齿台前缘和后缘直或缓凸，没有内齿叶；此形态型来源于 *Palmatolepis delicatula platys*。形态型2：齿台大而长，具有小的、浑圆形的内齿叶，中瘤齿后的后齿脊发育，延伸到或接近齿台的后尖；此形态型来源于 *Palmatolepis weddigei*。形态型3：来源于 *Palmatolepis minuta minuta* 的形态型1，没有内齿叶，齿台长，呈柳叶状。

晚 *triangularis* 带的底界是以此亚种的首次出现定义的。它的齿台窄，齿脊高而直，自由齿片长，齿台内部下凹。

产地层位　广西宜山拉力，上泥盆统五指山组；武宣二塘，上泥盆统三里组；象州马鞍山，上泥盆统融县组；大新，三里组；鹿寨寨沙，五指山组；贵州长顺，代化组；新疆，上泥盆统洪古勒楞组。此亚种的时限为法门期晚 *P. triangularis* 带开始直到晚 *P. trachytera* 带顶。

小掌鳞刺施莱茨亚种　*Palmatolepis minuta schleizia* Helms，1963

（图版91，图16—19）

1963 *Palmatolepis*（*Deflectolepis*）*schleizia* Helms，p. 471，pl. 3，fig. 13；pl. 4，figs. 1—11.

1967 *Palmatolepis minuta schleizia* Helms. －Wolska，pp. 299—340，pl. 7，figs. 13—16；text-fig. 13.

1985 *Palmatolepis minuta schleizia* Helms. －Druce，p. 161，pl. 66，fig. 58（non pl. 67，fig. 1 = *Palmatolepis minuta minuta* Morphotype 2）.

1978 *Palmatolepis minuta schleizia* Helms. －王成源和王志浩，3页，图版6，图4—26。

1983 *Palmatolepis minuta schleizia* Helms. －Wang and Ziegler，pl. 3，fig. 15.

1989 *Palmatolepis minuta schleizia* Helms. －王成源，81页，图版26，图9—10。

1993 *Palmatolepis minuta schleizia* Helms. －Ji and Ziegler，p. 65，pl. 9，figs. 1—7；text-fig. 13，fig. 10；text-fig. 14，fig. 1.

1994 *Palmatolepis minuta schleizia* Helms. －Bai *et al.*，p. 171，pl. 15，figs. 6—8.

特征　中瘤齿发育，位于齿片—齿脊偏转的位置。齿台前方收缩。近中瘤齿处，外齿叶小而尖，齿台边缘明显凸起。中瘤齿后方有时为浅的凹槽。

附注　此亚种不同于 *Palmatolepis minuta loba*，有高起的齿台边缘，外齿叶很小，有时突出成角；它不同于 *Palmatolepis gracilis gracilis*，有一内齿叶或齿叶状的突伸，中瘤齿下方的龙脊没有强烈反曲。

产地层位　广西宜山拉力，，上泥盆统五指山组；武宣二塘，上泥盆统三里组；鹿寨寨沙，五指山组；大新，三里组；贵州惠水，上泥盆统代化组。此亚种的时限为法门期由晚 *P. rhomboidea* 带开始直到晚 *P. g. postera* 带顶。

小掌鳞刺近细亚种 *Palmatolepis minuta subgracilis* Bischoff, 1956

（图版93，图15）

1956 *Palmatolepis subgracilis* Bischoff, pl. 9, figs. 12, 19; pl. 10, fig. 13.

1962 *Palmatolepis subgracilis* Bischoff. – Ziegler, pl. 3, fig. 23.

1963 *Palmatolepis* (*Deflectolepis*) *subgracilis* Bischoff. – Helms, pl. 2, figs. 17, 19—21; text-fig. 2, fig. 32.

1966 *Palmatolepis subgracilis* Bischoff. – Glenister and Klapper, pl. 90, figs. 15—16.

1977 *Palmatolepis minuta subgracilis* Bischoff. – Ziegler, p. 343, *Palmatolepis* – pl. 9, fig. 6.

1986 *Palmatolepis minuta subgracilis* Bischoff. – 季强和刘南瑜，172 页，图版 1，图 27。

特征 *Palmatolepis minuta* 的一个亚种，自由齿片高，具有亚圆形的口缘和小的三角形的齿台。

附注 此亚种有特别萎缩的齿台和很窄的外齿叶，外齿叶上可能有几个高的细齿形成的次级齿脊，独瘤齿发育，自由齿片长。齿台边缘凸起。

产地层位 广泛分布于欧洲、大洋洲的澳大利亚。在中国见于广西鹿寨寨沙上泥盆统五指山组。此亚种的时限为法门期晚 *P. crepida* 带至 *P. rhomboidea* 带。

小掌鳞刺沃尔斯凯亚种 *Palmatolepis minuta wolskae* Szulczewski, 1971

（图版92，图10—14，15—18）

1967 *Palmatolepis minuta loba*. – Wolskae, pp. 398—399, pl. 7, fig. 6 (non figs. 5, 7 = *Palmatolepis minuta minuta*).

1971 *Palmatolepis minuta wolskae* Szulczewski, pp. 36—37, pl. 15, figs. 2, 12—14.

1996 *Palmatolepis minuta wolskae* Szulczewski. – Ji and Ziegler, p. 65, pl. 11, figs. 1—11; text-fig. 13, figs. 7—8.

2002 *Palmatolepis minuta wolskae* Szulczewski. – Wang and Ziegler, pl. 6, fig. 1.

特征 *Palmatolepis minuta* 的一个亚种，中瘤齿之后缺少齿脊；中瘤齿明显，粗壮；齿台长；内齿叶发育，较平。

附注 此亚种不同于 *Palmatolepis minuta loba* 在于它的中瘤齿后缺少后齿脊。依据齿台形态可区分出两个形态型，形态型 1 的内齿台前缘凹，而形态型 2 的内齿台前缘几乎是直的。

产地层位 广西桂林龙门，上泥盆统谷闭组；宜山拉力，上泥盆统五指山组。此亚种的时限是法门期由中 *P. crepida* 带开始到最晚 *P. crepida* 带。

宁氏掌鳞刺 *Palmatolepis ningi* Bai, 1994

（图版100，图6—9）

1994 *Palmatolepis ningi* Bai. – Bai *et al.*, p. 171, pl. 12, figs. 10—13.

特征 齿台表面有粗壮的瘤齿，在垣脊区有一纵齿列，外齿叶前方有几个指向前侧方的齿列。齿脊中等程度反曲。外齿叶指向侧方齿台，后端向上翘。

附注 此种与 *Palmatolepis quadrantinodosalobata* 相似，但后者内齿台前方有多个瘤齿列。此种的时限较长，可能来源于 *Palmatolepis quadrantinodosalobata*。此种齿台轮廓易于与 *Palmatolepis rugosa rugosa* 区别，其时限比后者低得多。

产地层位 广西象州巴漆南董剖面。此种的时限为法门期 *rhomboidea* 带。

似菱形掌鳞刺　*Palmatolepis pararhomboidea* Ji and Ziegler, 1992

（图版103，图10—16；插图47）

1992 *Palmatolepis pararhomboidea* Ji and Ziegler, pp. 154—155, pl. 1, figs. 13—18, 20.

特征　*Palmatolepis* 的一个种，以具有宽的、粒面革状表面的齿台为特征，其内齿台明显始于齿片前端之后的位置，而外齿台始于齿片前端和中瘤齿之间的中间的位置。外齿台有一齿坡，齿坡止于中瘤齿与齿台后端的连线。齿片—齿脊中等程度反曲，中瘤齿之后的齿脊通常很微弱，很短，一般不达齿台的后端。

附注　由于齿台变得微微伸长，存在像 *Palmatolepis stoppeli* 一样的相对高的齿坡（插图45）。此种来源于 *Palmatolepis rhomboidea*（插图48）。总的来说，*Palmatolepis rhomboidea* 有小得多的圆形的齿台和小而低的肿凸。此种在齿台轮廓和高的齿坡的发育程度上，同样与 *Palmatolepis stoppeli* 相似，但后者的内齿台在齿片前端之后就开始，而 *Palmatolepis stoppeli* 的内齿台前缘与齿片前端相交。

产地层位　广西桂林，上泥盆统融县组。此种的时限为法门期晚 *P. rhomboidea* 带。此种是此带的标准化石。

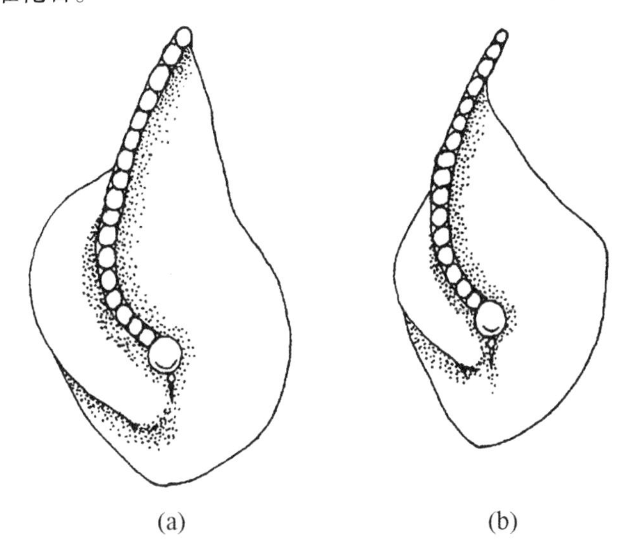

插图47　（a）*Palmatolepis stoppeli* Sandberg and Ziegler, 1973 和（b）*Palmatolepis pararhomboidea* Ji and Ziegler, 1992 的比较（据 Ji 和 Ziegler, 1992, 156页，插图6）

Text-fig. 47　Comparasion of (a) *Palmatolepis stoppeli* Sandberg and Ziegler, 1973 and (b) *Palmatolepis pararhomboidea* Ji and Ziegler, 1992 (a copy from Ji and Ziegler, 1992, p. 156, text-fig. 6)

小叶掌鳞刺　*Palmatolepis perlobata* Ulrich and Bassler, 1926

1926 *Palmatolepis perlobata* Ulrich and Bassler, pp. 49—50, pl. 7, fig. 22.

特征　以扇形齿片（scalloped blade）和大而宽的齿台为特征的 *Palmatolepis* 的一个种。中瘤齿后方齿台向上弯。齿脊反曲，有外齿叶、次级齿脊和次级龙脊。齿台后方外侧较发育。齿台装饰为粒面革状或具有瘤齿、横脊。

附注　Sannemann（1955）首先指出，此种具扇形齿片而不同于 *P. rugosa* 类群。以齿台形态和比例、齿片—齿脊的弯曲程度、侧齿叶的有无，此种已划分出7个亚种

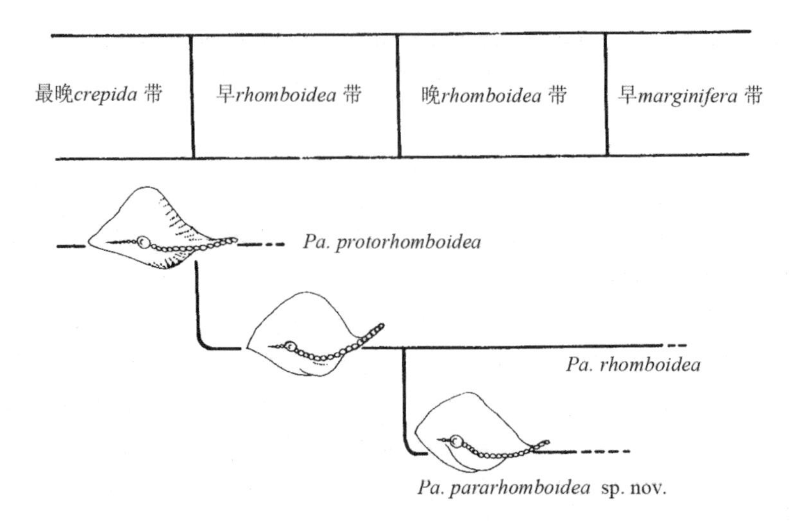

插图 48 *Palmatolepis rhomboidea* 的演化分支（据 Ji 和 Ziegler，1993，155 页，插图 5）

Text-fig. 48 *Palmatolepis rhomboidea* evolutionary branch（after Ji and Ziegler，1992，p. 155，text-fig. 5）

（*P. perlobata perlobata*，*P. p. schindewolfi*，*P. p. sigmoidea*，*P. p. postera*，*P. p. grossi*，*P. p. helmsi* 和 *P. p. maxima*），它们的时限各不相同，但 *P. p. maxima* 目前在中国尚未发现。Ji 和 Ziegler（1993，66 页）曾讨论了此亚种 *P. perlobata perlobata*，但并未出示此亚种的图片。

时代层位 此种的时限为晚泥盆世法门期晚 *P. triangularis* 带至晚 *P. g. expansa* 带。

小叶掌鳞刺粗大亚种 *Palmatolepis perlobata grossi* Ziegler，1960

（图版 95，图 1—2）

1960 *Palmatolepis rugosa grossi* Ziegler，p. 37，pl. 1，figs. 1—2.

1962 *Palmatolepis rugosa grossi* Ziegler. – Ziegler，p. 78，pl. 8，fig. 8.

1967 *Palmatolepis rugosa grossi* Ziegler. – Wolskae，p. 406，pl. 10，fig. 4（non pl. 11，fig. 8 = *Palmatolepis rugosa trachytera*）.

1977 *Palmatolepis perlobata grossi* Ziegler. – Ziegler，pp. 353—354，*Palmatolepis* – pl. 10，figs. 1—4.

1993 *Palmatolepis perlobata grossi* Ziegler. – Ji and Ziegler，p. 66，pl. 13，fig. 12；text-fig. 15，fig. 7.

特征 *Palmatolepis perlobata* 的一个亚种，以个体较细为特征。内齿台窄，分布有横脊或瘤齿。齿脊反曲明显但不及其他亚种强烈。内齿台后边缘并不强烈膨大。内齿叶尖，呈三角形。外齿台窄，齿垣发育。后齿台小，上翘明显。后齿脊几乎达齿台后端。

附注 此亚种不同于 *Palmatolepis perlobata* 的其他亚种，它有长而窄的、齿垣状的外边缘和非常纤细的后齿台。

产地层位 广西宜山拉力，上泥盆统五指山组。此亚种的时限为法门期晚 *P. marginifera*带至晚 *P. trachytera* 带。

小叶掌鳞刺赫姆斯亚种 *Palmatolepis perlobata helmsi* Ziegler，1962

（图版 95，图 3—5）

1962 *Palmatolepis helmsi* Ziegler，pp. 60—61，pl. 8，figs. 16—17.

1979 *Palmatolepis helmsi* Ziegler. – Sandberg and Ziegler，p. 179，pl. 1，figs. 20—21.

1986 *Palmatolepis perlobata helmsi* Ziegler. – 季强和刘南瑜，172 页，图版 2，图 28—31。

1993 *Palmatolepis helmsi* Ziegler. – Ji and Ziegler, p. 66, pl. 19, figs. 7—10; text-fig. 15, fig. 9.

特征 *Palmatolepis perlobata* 的一个亚种。个体长，齿台窄，齿台后端强烈上翘。齿台表面细粒面革状。内齿叶不发育或仅有微弱的显示。

附注 此亚种的特征是齿台窄而细，外齿垣不发育，无内齿叶或内齿叶不明显，齿台后方强烈向上翘。此亚种与 *Palmatolepis perlobata maxima* 的某些幼年期个体有些相似，但后者有强烈的“S”形的齿片—齿脊，有明显的内齿叶和很长的后齿台。*Palmatolepis perlobata postera* 也与 *Palmatolepis perlobata helmsi* 相似，但前者有较宽的齿台，齿台装饰也较粗。

产地层位 广西宜山拉力，上泥盆统五指山组；鹿寨寨沙，五指山组。此亚种的时限为法门期早 *P. trachytera* 带开始直到早 *P. g. expansa* 带顶。

小叶掌鳞刺巨大亚种 *Palmatolepis perlobata maxima* Müller, 1956

（图版 104，图 14—15）

1956 *Palmatolepis* (*Palmatolepis*) *maxima* Müller, p. 29, pl. 9, figs. 37—40 (non pl. 10, fig. 1 = *Palmatolepis perlobata grossi*; fig. 2 = *Palmatolepis perlobata schindewolfi*).

1962 *Palmatolepis perlobata perlobata* Ulrich and Bassler. – Ziegler, pp. 69—70, pl. 8, figs. 3—4.

1971 *Palmatolepis perlobata perlobata* Ulrich and Bassler. – Szulczewski, pp. 37—38, pl. 14, figs. 3—4.

1993 *Palmatolepis perlobata perlobata* Ulrich and Bassler. – Ji and Ziegler, p. 66, text-fig. 15, fig. 6.

特征 巨大的 *Palmatolepis perlobata* 的一个亚种。齿台大而长，波状起伏，齿台最宽处在中瘤齿的前方。齿脊呈反曲形，在中瘤齿前方微向外弯并在后齿台的前端也有些弯。大而尖的内齿叶有微弱的次级齿脊，在反口面有相对应的次级龙脊。

附注 此亚种表面上与 *Palmatolepis perlobata grossi* 很相似，但与后者不同之处在于它的齿台表面为粗粒面革状，外齿台没有长的齿垣状的边缘。它与 *Palmatolepis perlobata schindewolfi* 的区别是有较细的、伸长的齿台。

产地层位 广西宜山拉力，上泥盆统五指山组。此亚种的时限为法门期晚 *P. marginifera*带内到 *P. g. expansa* 带顶。

小叶掌鳞刺小叶亚种 *Palmatolepis perlobata perlobata* Ulrich and bassler, 1926

（图版 95，图 16—17）

1926 *Palmatolepis perlobata* Ulrich and Bassler, pp. 49—50, pl. 7, figs. 19 (?), 21 (?), 22 (non fig. 20 = *Palmatolepis triangularis*; fig. 23 = *Palmatolepis* sp. indet.).

1962 *Palmatolepis perlobata perlobata* Ulrich and Bassler. – Ziegler, pp. 69—70, pl. 8, fig. 1.

1971 *Palmatolepis perlobata perlobata* Ulrich and Bassler. – Szulczewski, pp. 37—38, pl. 14, figs. 3—4.

1993 *Palmatolepis perlobata perlobata* Ulrich and Bassler. – Ji and Ziegler, p. 66, text-fig. 15, fig. 2.

特征 齿台大，长而宽。齿台表面装饰粗。齿台反曲不强烈，缺少后内齿台的突出加宽。内齿叶明显，小而尖，多为三角形。中瘤齿前方齿脊先向外、后向内逐渐弯曲，向前明显增高为齿片状；后方齿脊变低，较直或略向外弯。

附注 此亚种可能存在次级齿脊和次级龙脊，也可能不存在。齿脊有时不达后端。外齿台前方无齿垣。此亚种来源于 *Palmatolepis triangularis*。此亚种与 *Palmatolepis perlobata schindewolfi* 很难区分，特别是当两个亚种同时出现时，前者的齿台较大较宽，齿台表面装饰较粗，而后者的齿台相对较窄，齿台装饰不粗。

产地层位 广西宜山拉力，上泥盆统五指山组；贵州长顺、王佑、盘县石坝，上泥盆统代化组。此亚种的时限为法门期晚 *P. triangularis* 带开始直到最晚 *P. crepida* 带顶。

小叶掌鳞刺后亚种 *Palmatolepis perlobata postera* Ziegler, 1960

（图版95，图10—13）

1960 *Palmatolepis rugosa postera* Ziegler, p. 39, pl. 2, figs. 10—11.

1962 *Palmatolepis rugosa postera* Ziegler. – Ziegler, p. 79, pl. 8, fig. 14 (non figs. 12—13 = transitional form between *Palmatolepis perlobata schindewolfi* and *Palmatolepis perlobata postera*).

1969 *Palmatolepis rugosa postera* Ziegler. – Sandberg and Ziegler, p. 180, pl. 2, figs. 1—4.

1977 *Palmatolepis perlobata postera* Ziegler. – Ziegler, p. 359, *Palmatolepis* – pl. 9, figs. 14—15.

1978 *Palmatolepis perlobata postera* Ziegler. – 王成源和王志浩，74 页，图版5，图24。

1979 *Palmatolepis perlobata postera* Ziegler. – Sandberg and Ziegler, p. 180, pl. 2, figs. 1—4.

1994 *Palmatolepis perlobata postera* Ziegler. – Bai *et al.*, p. 171, pl. 14, figs. 6—7.

特征 *Palmatolepis perlobata* 的一个亚种，以齿台宽、中瘤齿后方齿台微微向上或中等程度地上翘为特征。外齿叶弱或完全缺失。内齿台后半部装饰有瘤齿，瘤齿排列倾向于与齿台边缘平行。外齿台瘤齿较散乱，在浑圆的齿垣上瘤齿较粗，齿垣由齿脊向前方斜伸。

附注 此亚种不同于 *Palmatolepis perlobat helmsi*，它有宽的、强烈弯曲的齿台；也不同于 *Palmatolepis perlobata* 的其他亚种，它缺少内齿叶或内齿叶仅有微弱的显示。

产地层位 广西宜山拉力，上泥盆统五指山组。此亚种的时限为法门期早 *P. p. postera* 带开始直到 *P. g. expansa* 带顶。

小叶掌鳞刺辛德沃尔夫亚种 *Palmatolepis perlobata schindewolfi* Müller, 1956

（图版95，图6—9）

1956 *Palmatolepis* (*Palmatolepis*) *schindewolfi* Müller, p. 27, pl. 8, figs. 22—31; pl. 9, fig. 33.

1962 *Palmatolepis perlobata schindewolfi* Müller. – Ziegler, p. 70, pl. 8, figs. 2—5.

1966 *Palmatolepis perlobata perlobata* Ulrich and Bassler. – Glenister and Klapper, pl. 92, figs. 8, 13; pl. 93, figs. 1—6.

1967 *Palmatolepis perlobata perlobata* Ulrich and Bassler. – Wolska, pp. 400—402, pl. 10, figs. 1—3, 5—8; pl. 12, figs. 8—9.

1974 *Palmatolepis perlobata schindewolfi* Müller. – Dreesen and Dusar, pl. 7, figs. 15—17.

1977 *Palmatolepis perlobata schindewolfi* Müller. – Ziegler, pp. 361—364, *Palmatolepis* – pl. 1, figs. 1—7.

1979 *Palmatolepis perlobata schindewolfi* Müller. – Sandberg and Ziegler, p. 180, pl. 1, figs. 22—24; pl. 2, fig. 13.

1989 *Palmatolepis perlobata schindewolfi* Müller. – 王成源，81—82 页，图版22，图3；图版24，图17—18。

1993 *Palmatolepis perlobata schindewolfi* Müller. – Ji and Ziegler, p. 67, pl. 18, figs. 9—15; text-fig. 15, fig. 3.

特征 齿台大而长，强烈起伏，有细粒的粒面革装饰，最大宽度在中瘤齿前方，齿脊强烈反曲。外齿叶中等大小。次级齿脊不发育，皱边宽度中等。次级龙脊近边缘较发育。

附注 此亚种由 *Palmatolepis perlobata perlobata* 演化而来，并进一步演化出 *Palmatolepis perlobata* 的其他亚种和 *Palmatolepis rugosa*。因此，此亚种与上述两个种之间有很多过渡类型。此亚种的概念较广，包括很多过渡型分子。它与 *Palmatolepis p. perlobata* 的主要区别是有相对细的齿台，内齿叶较小并有稀少而粗的齿台装饰。

产地层位 广西宜山拉力，上泥盆统五指山组；鹿寨寨沙，五指山组；武宣三里，三里组。此亚种的时限为法门期晚 *P. crepida* 带内到晚 *P. g. expansa* 带顶。

小叶掌鳞刺反曲亚种 *Palmatolepis perlobata sigmoidea* Ziegler, 1962

（图版95，图14—15）

1962 *Palmatolepis perlobata sigmoidalis* Ziegler, pp. 71—72, pl. 8, figs. 7, 9—11.

1970 *Palmatolepis perlobata sigmoidalis* Ziegler. – Seddon, pl. 13, fig. 2.

1977 *Palmatolepis perlobata sigmoidalis* Ziegler. – Ziegler, p. 365, *Palmatolepis* – pl. 11, figs. 8—11.

1986 *Palmatolepis perlobata sigmoidalis* Ziegler. – 季强和刘南瑜，172页，图版3，图14—18。

1989 *Palmatolepis perlobata sigmoidalis* Ziegler. – 王成源，82页，图版22，图1—2。

1993 *Palmatolepis perlobata sigmoidalis* Ziegler. – Ji and Ziegler, p. 67, text-fig. 4.

特征 *Palmatolepis perlobata* 的一个亚种，其长轴强烈“S”形反曲，齿台后端强烈上弯；内齿叶短而尖，一般较小。齿台边缘装饰较强，内后缘强烈膨大。

附注 此亚种由 *Palmatolepis perlobata schindewolfi* 演化而来，与后者的不同之处在于它有突然向上弯曲的后齿台、强烈的“S”形齿片—齿脊和小的齿叶。它与 *Palmatolepis perlobata postera* 也不同，后者一般无侧齿叶。

产地层位 广西武宣三里，上泥盆统三里组；鹿寨寨沙，上泥盆统五指山组。此亚种的时限为法门期早 *marginifera* 带开始直到晚 *postera* 带。

平掌鳞刺 *Palmatolepis plana* Ziegler and Sandberg, 1990

（图版85，图5—8）

1986 *Palmatolepis foliacea* Youngquist. – Hou *et al.*, pl. 4, figs. 8, 11.

1989 *Palmatolepis domanicensis* Ovnatanova. – Klapper, pl. 1, figs. 1—2 (early form of *Palmatolepis plana*).

1989 *Palmatolepis domanicensis* Ovnatanova. – Klapper and Lane, pl. 2, figs. 21—23 (early form of *Palmatolepis plana*).

1990 *Palmatolepis plana* n. sp. – Ziegler and Sandberg, p. 46, pl. 3, figs. 1—10.

1994 *Palmatolepis plana* Ziegler and Sandberg. – Bai *et al.*, p. 172, pl. 7, figs. 4—6.

1997 *Palmatolepis plana* Ziegler and Sandberg. – Wang, p. 103, pl. 3, figs. 9, 11—12.

2002 *Palmatolepis plana* Ziegler and Sandberg. – Wang and Ziegler, pl. 6, figs. 3—4.

特征 外齿叶短，它与齿台轮廓的区分仅仅是有前凹缘。齿台表面装饰为瘤齿，谱系发育早期的类型瘤齿粗，而晚期的类型瘤齿细。齿脊直或微微弯曲，吻部不发育或很短。

附注 此种的特征是有宽而平的齿台，齿台表面有粗的瘤齿，外齿叶短，外齿台前缘下凹，内齿台前缘皱起。此种由 *Palmatolepis transitans* 演化而来。

产地层位 广西德保四红山，上泥盆统谷闭组；武宣，三里组。此种的时限为弗拉期早 *P. hassi* 带晚期到晚 *P. rhenana* 带晚期（Ziegler 和 Sandberg, 1990），也可延伸到 *P. linguiformis* 带（Wang, 1994）。

普尔掌鳞刺 *Palmatolepis poolei* Sandberg and Ziegler, 1973

（图版96，图1）

1973 *Palmatolepis poolei* Sandberg and Ziegler, p. 106, pl. 4, figs. 14—26.

1975 *Palmatolepis poolei* Sandberg and Ziegler. – Ziegler, p. 245, *Palmatolepis* – pl. 5, figs. 12—15.

1989 *Palmatolepis poolei* Sandberg and Ziegler. – 王成源，82—83页，图版25，图6。

1993 *Palmatolepis poolei* Sandberg and Ziegler. – Ji and Ziegler, p. 67, text-fig. 12, fig. 9.

特征 此种以齿台前半部瘤齿强壮而中瘤齿后方微弱、由瘤齿串形成的高齿垣以及微弱的外齿叶为特征。外齿叶边缘始于齿片前端，而内齿叶始于中瘤齿与齿片前端中间的位置。固定齿片微弱，延伸到中瘤齿以后，但不发育。

附注 此种与 *Palmatolepis quadrantinodosalobata* Morphotype 1 相似，并源于后者。此种齿台后端平至微微向上弯，齿垣较圆，不太强壮，内齿叶向下倾，外齿叶萎缩。

产地层位 广西武宣三里，上泥盆统三里组；宜山，上泥盆统五指山组；甘肃迭部当多沟，上泥盆统檫阔合组。此种的时限为法门期早 *P. rhomboidea* 带开始到本带的最顶。

前三角掌鳞刺 *Palmatolepis praetriangularis* Ziegler and Sandberg, 1988

（图版 89，图 7—14）

1988 *Palmatolepis praetriangularis* Ziegler and Sandberg, pp. 298—299, pl. 1, figs. 1—4.

1989 *Palmatolepis praetriangularis* Ziegler and Sandberg. – Ji, pl. 3, figs. 11, 13 (non figs. 12, 14—18 = juveniles of *Palmatolepis hassi*).

1990 *Palmatolepis praetriangularis* Ziegler and Sandberg. – Ziegler and Sandberg, p. 64.

1993 *Palmatolepis praetriangularis* Ziegler and Sandberg. – Ji and Ziegler, p. 68, pl. 25, figs. 1—5; text-fig. 13, fig. 1.

1994 *Palmatolepis praetriangularis* Ziegler and Sandberg. – Wang, p. 103, pl. 5, figs. 5—7.

1994 *Palmatolepis praetriangularis* Ziegler and Sandberg. – Bai *et al.*, p. 172, pl. 10, fig. 2.

2002 *Palmatolepis praetriangularis* Ziegler and Sandberg. – Wang and Ziegler, pl. 7, figs. 7—14.

特征 *Palmatolepis praetriangularis* 是 Manticolepid 类的一个种。齿台从中瘤齿向后缓缓下降直到窄的后端向下弯。后齿脊较低，由愈合的瘤齿组成。前齿脊由圆的、分离的细齿组成，细齿均匀地向前方增高。齿台表面光滑或有瘤齿。齿台形状和侧齿叶长度有变化。后方外侧齿台比内侧齿台稍高。

比较 此种不同于 *Palmatolepis triangularis*，它的中瘤齿后方的齿台区水平或微微下弯。*Palmatolepis subrecta* 的齿台轮廓变化较大，齿片—齿脊直，也不同于此种。*Palmatolepis hassi* 在内齿台前方有明显的向上向外的肿凸。

产地层位 广西桂林龙门垌村，上泥盆统谷闭组；宜山拉力，上泥盆统五指山组。此种的时限为晚泥盆世弗拉期 *P. linguiformis* 带内到法门期中 *P. triangularis* 带。

原菱形掌鳞刺 *Palmatolepis protorhomboidea* Sandberg and Ziegler, 1973

（图版 96，图 2—3）

1973 *Palmatolepis delicatula protorhomboidea* Sandberg and Ziegler, p. 103, pl. 1, figs. 14—19.

1977 *Palmatolepis delicatula protorhomboidea* Sandberg and Ziegler. – Ziegler, pp. 239—240, *Palmatolepis* – pl. 5, figs. 3—4.

1987 *Palmatolepis delicatula delicatula* Branson and Mehl, Morphotype 1. – Han, pl. 2, figs. 2—3, 15, 19.

1987 *Palmatolepis delicatula clarki* Ziegler. – Han, pl. 2, fig. 28.

1990 *Palmatolepis protorhomboidea* Sandberg and Ziegler. – Ziegler and Sandberg, pp. 68—69, pl. 17, figs. 8—11.

1998 *Palmatolepis protorhomboidea* Sandberg and Ziegler. – Ji and Ziegler, p. 68, pl. 11, figs. 12—16; text-fig. 13, fig. 17.

2002 *Palmatolepis protorhomboidea* Sandberg and Ziegler. – Wang and Ziegler, pl. 4, figs. 1—2.

特征 *Palmatolepis protorhomboidea* 是个体较小的种。后方齿台大部分是光滑的，在齿垣区有几个微弱的瘤齿，齿台前内边缘有褶皱，外齿叶短，外齿台比内齿台大，外齿台内部下凹。

比较 此种与 *Palmatolepis clarki* 的区别是有较短的齿台，内齿台大大缩小；它与 *Palmatolepis delicatula platys* 的区别是齿台边缘明显加厚并有瘤齿装饰。

产地层位　广西桂林龙门、垌村，上泥盆统谷闭组；宜山拉力，上泥盆统五指山组。此种的时限为法门期早 *P. triangularis* 带内并进入早 *P. rhomboidea* 带。

前伸掌鳞刺　*Palmatolepis proversa* Ziegler, 1958

（图版87，图31—34）

1958 *Palmatolepis proversa* Ziegler, pp. 62—63, pl. 3, figs. 11—12; pl. 4, figs. 1—14.

1968 *Palmatolepis proversa* Ziegler. – Pollock, pl. 61, fig. 22.

1970 *Palmatolepis proversa* Ziegler. – Seddon, pl. 11, figs. 5—6.

1971 *Palmatolepis proversa* Ziegler. – Szulczewski, p. 38, pl. 9, fig. 8; pl. 10, figs. 1—4.

1973 *Palmatolepis proversa* Ziegler. – Ziegler, p. 289, *Palmatolepis* – pl. 2, fig. 5.

1983 *Palmatolepis proversa* Ziegler. – Wang and Ziegler, pl. 2, fig. 2.

1985 *Palmatolepis proversa* Ziegler. – Ziegler and Wang, pl. 4, figs. 2, 4.

1986 *Palmatolepis proversa* Ziegler. – 季强，36页，图版5，图1—4。

1989 *Palmatolepis proversa* Ziegler. – Wang, pl. 26, figs. 12—13.

1990 *Palmatolepis proversa* Ziegler. – Ziegler and Sandberg, pp. 46—47, pl. 4, figs. 1—2, 5, 7.

1994 *Palmatolepis proversa* Ziegler. – Wang, p. 103, pl. 2, figs. 2, 6—7.

2002 *Palmatolepis proversa* Ziegler. – Wang and Ziegler, pl. 6, fig. 15.

特征　*Palmatolepis proversa* 是 *Palmatolepis* 属中 Manticolepid 类的一个种。外侧齿叶窄，指向前方，它的前缘与齿台褶皱的吻部后端形成一个明显的凹缘；自由齿片和中瘤齿前的齿脊直或微微弯曲。

附注　*Palmatolepis proversa* 的特征是有指向前方的窄的外齿叶，褶皱的吻部，在外齿叶与吻部之间形成凹缺，以及齿脊呈反曲的"S"形。此种来源于 *Palmatolepis transitans* 并进一步演化出弗拉期的 *Palmatolepis*。*P. proversa* 以较窄的齿台、强烈拱曲的齿脊，以及与主龙脊呈45°角的次龙脊区别于 *P. punctata*。*P. proversa* 中瘤齿后的齿脊可有可无。

产地层位　广西桂林龙门垌村，上泥盆统谷闭组；德保四红山，榴江组；武宣，三里组；象州，桂林组；横县六景，融县组。此种的时限为晚泥盆世弗拉期早 *P. punctata* 带到早 *P. rhenana* 带（Ziegler 和 Sandberg，1990），也可延伸到 *P. linguiformis* 带（Wang，1994）。

斑点掌鳞刺　*Palmatolepis punctata* (Hinde, 1879)

（图版85，图4，13—15）

1957 *Palmatolepis triangularis triangularis* Sannemann. – Bischoff and Ziegler, p. 82, pl. 14, fig. 13.

1957 *Palmatolepis triangularis martenbergensis* Müller. – Bischoff and Ziegler, pp. 82—83, pl. 14, figs. 14—15.

1958 *Palmatolepis martenbergensis* Müller. – Ziegler, p. 61, pl. 2, figs. 4—7; pl. 3, figs. 1—10.

1966 *Palmatolepis punctata* (Hinde). – Glenister and Klapper, p. 819, pl. 88, figs. 8—9.

1973 *Palmatolepis punctata* (Hinde). – Ziegler, p. 291, *Palmatolepis* – pl. 1, figs. 4—5.

1983 *Palmatolepis punctata* (Hinde). – Wang and Ziegler, pl. 4, fig. 4.

1985 *Palmatolepis punctata* (Hinde). – Ziegler and Wang, pl. 4, fig. 8.

1985 *Palmatolepis punctata* (Hinde). – Hou *et al.*, pl. 3, figs. 1—3.

1986 *Palmatolepis punctata* (Hinde). – 季强，37页，图版4，图3—4，9，12—14。

1989 *Palmatolepis punctata* (Hinde). – Klapper, pl. 1, figs. 8—9.

1989 *Palmatolepis punctata* (Hinde). – 王成源，83—84页，图版19，图11—12；图版5，图7—8；图版26，图14。

1990 *Palmatolepis punctata* (Hinde). – Ji, pl. 2, figs. 8—13.

1990 *Palmatolepis punctata* (Hinde). – Ziegler and Sandberg, pl. 2, fig. 1; pl. 5, figs. 9—10.

1994 *Palmatolepis punctata* (Hinde). – Wang, p. 103, pl. 2, fig. 8.

特征 *Palmatolepis punctata* 是 *Palmatolepis* 属中 Manticolepid 类的一个种。外齿叶短，钝圆，指向侧方，居中瘤齿之前的位置。吻部短。齿台表面饰有粗壮的紧密排列的瘤齿，后端向下弯。齿脊微微反曲，不达齿台最后端。皱边宽。

比较 *Palmatolepis punctata* 以存在短宽的外齿叶和短的吻部而不同于 *Palmatolepis transitans*。

产地层位 广西桂林龙门，上泥盆统谷闭组；德保四红山，榴江组。此种的时限为弗拉期 *P. punctata* 带开始到 *P. jamieae* 带，而在桂林龙门剖面，有可能延伸到晚 *rhenana* 带。

斑点掌鳞刺（比较种） *Palmatolepis* cf. *punctata* (Hinde, 1879)

（图版 104，图 5）

1989 *Palmatolepis* cf. *punctata* (Hinde, 1879). – 王成源，84 页，图版 20，图 11。

比较 它与典型的 *P. punctata* 的区别仅在于自由齿片相对略长，齿片—齿脊强烈弯曲，其他特征则与 *P. punctata* 一致。

产地层位 广西德保都安四红山，上泥盆统榴江组 *P. punctata* 带。

方形瘤齿掌鳞刺 *Palmatolepis quadrantinodosa* Branson and Mehl, 1934

特征 *Palmatolepis* 的一个种。前内齿台延伸到齿台的前端，前外齿台止于齿片前端和中瘤齿中间的位置。齿台表面粒面革状，无内齿叶，后端向上翘。齿片—齿脊反曲状。中瘤齿后的齿脊很微弱或不存在。外齿台上齿垣或隆凸发育，其上有发育的排列成行的瘤齿。

附注 此种被区分出不同的亚种和形态型，时限也不同。

时代 晚 *P. triangularis* 带至早 *P. rhomboidea* 带。

方形瘤齿掌鳞刺弯曲亚种 *Palmatolepis quadrantinodosa inflexa* Müller, 1956

（图版 96，图 7—9）

1956 *Palmatolepis* (*Pamatolepis*) *inflexa* n. sp. – Müller, p. 30, pl. 10, figs. 5, 11 (?) (non figs. 3—4, 6, 8—9 = *Palmatolepis marginifera marginifera*; figs. 7, 10 = *Palmatolepis quadrantinodosa quadrantinodosa*).

1962 *Palmatolepis quadrantinodosa inflexa* Müller. – Sandberg and Ziegler, p. 105, pl. 4, figs. 7—13.

1973 *Palmatolepis quadrantinodosa inflexa—inflexoidea* Sandberg and Ziegler, pl. 4, figs. 4—6.

1986 *Palmatolepis quadrantinodosa inflexa* Müller. – 季强和刘南瑜，173 页，图版 2，图 15，19。

1993 *Palmatolepis quadrantinodosa inflexa* Müller. – Ji and Ziegler, p. 68, pl. 15, figs. 4—12; text-fig. 17, fig. 10.

特征 *Palmatolepis quadrantinodosa* 的一个亚种，有大的亚圆形的齿台。齿片—齿脊强烈地向前方弯曲，但与中瘤齿之后的齿脊成钝角；中瘤齿之后的齿脊直，一直延伸到齿台后端。齿台后端有些向内伸。有的标本的中瘤齿之后无齿脊。无次级齿脊和次级龙脊。

附注 此亚种以齿台大、宽、近椭圆形为特征，齿台表面粒面革状，外齿台前方平或微微肿起。Sandberg 和 Ziegler (1973) 在晚 *rhomboidea* 带区分出三个形态型：形态型 1 齿台短，椭圆形，外齿台平；形态型 2 来源于形态型 1，外齿台前方发育有圆顶的短突起；形态型3齿台较长，外齿台前方平或微微上弯。

产地层位　广西武宣，上泥盆统三里组；宜山拉力，五指山组；鹿寨寨沙，五指山组。此亚种的时限为法门期晚 *P. rhomboidea* 带内穿过早 *P. marginifera* 带。

方形瘤齿掌鳞刺似弯曲亚种　*Palmatolepis quadrantinodosa inflexoidea* Ziegler, 1962

（图版96，图4—6）

1962 *Palmatolepis quadrantinodosa inflexoidea* Ziegler, pp. 74—75, pl. 5, figs. 14—18.

1963 *Palmatolepis* (*Panderolepis*) *inflexoidea* Ziegler. – Helms, p. 482, pl. 3, figs. 5, 7, 9, 11; text-fig. 2, fig. 58.

1966 *Palmatolepis quadrantinodosa inflexoidea* Ziegler. – Glenister and Klapper, p. 820, pl. 93, figs. 11—12.

1973 *Palmatolepis quadrantinodosa inflexoidea* Ziegler. – Sandberg and Ziegler, pl. 4, figs. 1—3.

1983 *Palmatolepis quadrantinodosa inflexoidea* Ziegler. – 熊剑飞, 314页, 图板2, 图19。

1986 *Palmatolepis quadrantinodosa inflexoidea* Ziegler. – 季强和刘南瑜, 173页, 图版2, 图16—18。

1993 *Palmatolepis quadrantinodosa inflexoidea* Ziegler. – Ji and Ziegler, p. 68, pl. 15, figs. 1—3; text-fig. 17, fig. 11.

特征　齿台平，表面粒面革状；齿台后端向上翘，齿片强烈反曲。中瘤齿之后只有很难辨认的小的瘤齿，中瘤齿的位置比其他亚种更向后。无齿垣。

附注　此亚种区别于 *Palmatolepis quandrantinodosa inflexa* 主要是有长的齿台，中瘤齿的位置较朝后；它不同于 *Palmatolepis glabra prima* 主要是有相对宽的、弯曲的齿台，中瘤齿的位置较后，后齿脊不发育。

产地层位　广西宜山拉力，上泥盆统五指山组；鹿寨寨沙，五指山组；贵州长顺，代化组。此亚种的时限为法门期早 *P. marginifera* 带开始到同一化石带的顶。

方形瘤齿掌鳞刺方形瘤齿亚种
Palmatolepis quadrantinodosa quadrantinodosa Branson and Mehl, 1934

（图版104，图18）

1934 *Palmatolepis quadrantinodosa quadrantinodosa* Branson and Mehl, pp. 235—236, pl. 18, figs. 3, 17, 20.

1962 *Palmatolepis quadrantinodosa quadrantinodosa* Branson and Mehl. – Ziegler, pl. 7, figs. 10—11.

1973 *Palmatolepis quadrantinodosa quadrantinodosa* Branson and Mehl. – Sandberg and Ziegler, pl. 3, figs. 27—30.

1993 *Palmatolepis quadrantinodosa quadrantinodosa* Branson and Mehl. – Ji and Ziegler, p. 69, text-fig. 17, fig. 13.

特征　*Palmatolepis quadrantinodosa* 命名种的亚种。齿台卵圆形，表面粒面革状。外齿台具有瘤齿列与齿脊平行，或在外齿台前部有瘤齿串，后横穿到齿片的短横脊。

附注　此亚种的特征是齿台宽，卵圆形，外齿台前部有几个瘤齿列、瘤齿串或短的瘤齿脊。Sandberg 和 Ziegler（1973）识别出两个形态型：形态型1来自 *Palmatolepis stoppeli* 和/或它的先驱 *inflexa*，而形态型2来自 *Palmatolepis quadrantinodosa inflexa*。

产地层位　广西宜山拉力，上泥盆统五指山组。Ji 和 Ziegler（1993）给出了此种在中国的产地层位，但缺少化石照片。此种的时限为法门期早 *P. rhomboidea* 带开始并在早 *P. marginifera* 带之顶结束。

方形瘤齿叶掌鳞刺　*Palmatolepis quadrantinodosalobata* Sannemann, 1955

（图版96，图10—15）

1955a *Palmatolepis quadrantinodosalobata* n. sp. – Sannemann, p. 328, pl. 24, fig. 6.

1955b *Palmatolepis quadrantinodosalobata* Sannemann. – Sannemann, p. 135, pl. 1, fig. 5.

1962 *Palmatolepis quadrantinodosalobata* Sannemann. – Ziegler, pp. 72—73, pl. 2, figs. 10—12 (non figs. 6—8 = *Palmatolepis sandbergi* sp. nov.; fig. 9 = a transitional form between *Palmatolepis triangularis* Morphotype 1 and

Palmatolepis sandbergi sp. nov.）.

1973 *Palmatolepis quadrantinodosalobata* Sannemann. – Sandberg and Ziegler, p. 105, pl. 4, figs. 33, 38—41（non figs. 34—37 = *Palmatolepis* aff. *quadrantinodosalobata*）.

1983 *Palmatolepis quadrantinodosalobata* Sannemann. –熊剑飞，314 页，图版 72，图 18。

1989 *Palmatolepis quadrantinodosalobata* Sannemann. –王成源，84 页，图版 25，图 1—3。

1993 *Palmatolepis quadrantinodosalobata* Sannemann. – Ji and Ziegler, p. 69, pl. 23, figs. 1—7; text-fig. 12, figs. 3, 7—8.

1994 *Palmatolepis quadrantinodosalobata* Sannemann. – Bai *et al.*, p. 172, pl. 12, figs. 1—9.

1994 *Palmatolepis quadrantinodosalobata* Sannemann. –季强，图版 14，图 15。

2012 *Palmatolepis quadrantinodosalobata* Sannemann. –龚黎明等，图版 1，图 5—6。

特征 齿台近三角形，表面粒面革状或细粒状，内齿台前方有一些粗的瘤齿。齿台后方向上弯，仅最后端向下。突出的鼻状外齿叶可能是浑圆的。齿片—齿脊直或微微反曲。可能有次级齿脊。

附注 依据齿台的轮廓和外齿台前方瘤齿的发育程度，Ji 和 Ziegler（1993）区分出三个不同的形态型，它们来源于不同的两个谱系。形态型 1 齿台窄，齿片—齿脊几乎是直的，内齿叶长而尖，外齿台前方有一串瘤齿，瘤齿分布可能散乱或成行排列与齿片平行。形态型 2 来源于 *Palmatolepis sandbergi* Ji and Ziegler，齿台宽，齿片—齿脊中等弯曲，内齿叶较短，外齿台前方有齿串散乱分布或成行排列并与齿片平行。形态型 1 源自形态型 2。形态型 3 来源于 *Palmatolepis sandbergi* Ji and Ziegler。Schülke（1995）将此种分为两个亚种：*Palmatolepis quadrantinodosalobata praeterita* Schülke, 1995 和 *P. quandrantinodosaobata sandbergi* Ji and Ziegler, 1993，本书将后者作为独立的种，而前者可能属于 *Palmatolepis triangularis* Sannemann。

产地层位 贵州长顺，上泥盆统代化组；广西宜山拉力，五指山组；象州马鞍山，融县组；德保四红山，三里组；重庆市黔江区濯水剖面。此种的时限为法门期早 *P. crepida* 带开始直到早 *P. rhomboidea* 带顶。

直脊掌鳞刺 *Palmatolepis rectcarina* Shen, 1982

（图版 96，图 16）

1982 *Palmatolepis rectcarina* Shen. –沈启明，47 页，图版 1，图 6。

特征 齿台三角形，有明显的分化的外齿叶，外齿台后缘较内齿台后缘略远，形成后端向外侧包裹呈钩弯之势。齿脊直，并达后端。中瘤齿明显。齿脊高，由愈合的瘤齿组成，前方齿脊最高。齿台上布满细小的瘤齿，齿台前边缘有粗壮的瘤齿。

比较 此种与 *Palmatolepis transitans* 非常相似，但具有分化的外齿叶。

产地层位 湖南临武香花岭，上泥盆统佘田桥组。

规则掌鳞刺（比较种） *Palmatolepis* cf. *Pal. regularis* Cooper, 1931

（图版 90，图 15—18；图版 94，图 15—16）

cf. 1931 *Palmatolepis regularis* Cooper, p. 242, pl. 28, fig. 36.

1962 *Palmatolepis* cf. *regularis* Cooper. – Ziegler, pp. 75—76, pl. 6, figs. 20—24.

1973 *Palmatolepis* cf. *regularis* Cooper. – Sandberg and Ziegler, p. 106, pl. 1, fig. 27—30.

1989 *Palmatolepis* cf. *regularis* Cooper. – Ji, pl. 2, figs. 20—22.

1989 *Palmatolepis* cf. *regularis* Cooper. –王成源，85 页，图版 21，图 5—7；图版 20，图 4。

1993 *Palmatolepis* cf. *regularis* Cooper. – Ji and Ziegler, p. 69, pl. 21, figs. 6—10; text-fig. 16, figs. 7, 9.

1994 *Palmatolepis* cf. *regularis* Cooper. –季强，图版 14，图 2。

1994 *Palmatolepis* cf. *regularis* Cooper. - Bai *et al.*, p. 172, pl. 173, pl. 10, figs. 21—23.
2002 *Palmatolepis* cf. *regularis* Cooper. - Wang and Ziegler, pl. 6, fig. 7.

特征　齿台强烈反曲，口面为细的粒面革状。仅在早期发育阶段内齿叶明显；齿片—齿脊强烈反曲，在晚期发育阶段为中等程度的反曲。齿台后端向上弯。

附注　此种的特征是齿台呈强烈的“S”形弯曲，表面粒面革状，没有内齿叶。形态型 1 有窄而长的齿台（长 > 宽）；形态型 2 的齿台宽（长 = 宽）。此种不同于 *Palmatolepis subperlobata* 主要是它完全缺少内齿叶。*Palmatolepis minuta minuta* 与形态型 3 的区别主要在于齿台轮廓和齿片—齿脊的弯曲程度不同。需要提到的是，*Palmatolepis regularis*（Cooper, 1931）的正模埋在页岩里，只见反口面，以后的研究人员不可能将归入到此种的标本与正模做准确的对比。

产地层位　广西宜山拉力，上泥盆统五指山组；德保四红山，上泥盆统三里组；象州马鞍山，上泥盆统融县组；武宣三里，三里组。此比较种的时限为法门期晚 *P. triangularis*带开始直到早 *P. rhomboidea* 带顶。

莱茵掌鳞刺　*Palmatolepis rhenana* Bischoff, 1956

特征　*Palmatolepis rhenana* 是 Manticolepid 类的一个种。瘤齿构成的齿脊强烈反曲；前齿片高而长，侧视呈三角形；外齿叶长。

附注　*Palmatolepis rhenana* 由三个亚种组成：*Palmatolepis rhenana brevis*，*P. rhenana nasuda* 和 *P. rhenana rhenana*，依据齿台轮廓和其他特征很容易将它们区分开。*Palmatolepis rhenana brevis* 和 *Palmatolepis semichatovae* 有短的亚圆形的齿台；*Palmatolepis rhenana nasuda* 有长的中等宽度的齿台；*Palmatolepis rhenana rhcnana* 有长的纤细的齿台。*Palmatolepis semichatovae* 很容易与 *Palmatolepis rhenana brevis* 区分，它有升起的齿垣区，通常向后与齿脊相连。

莱茵掌鳞刺短亚种　*Palmatolepis rhenana brevis* Ziegler and Sandberg, 1990

（图版 86，图 15—16）

1989 *Palmatolepis* aff. *P. rhenana* Bischoff. - Klapper and Lane, pl. 1, fig. 12 (only).
1990 *Palmatolepis* cf. *semichatovae* Ovnatanova. - Ji, pl. 1, fig. 8 (only; non fig. 7 = *Palmatolepis rotunda*?).
1990 *Palmatolepis rhenana brevis* Ziegler and Sandberg, p. 56, pl. 13, figs. 1—2.
1994 *Palmatolepis rhenana brevis* Ziegler and Sandberg. - Wang, p. 103, pl. 3, fig. 5.
1994 *Palmatolepis rhenana brevis* Ziegler and Sandberg. - Bai *et al.*, p. 173, pl. 8, figs. 8—9.
1994 *Palmatolepis rhenana brevis* Ziegler and Sandberg. - 季强，图版 1，图 17。

特征　*Palmatolepis rhenana brevis* 是 *Palmatolepis rhenana* 的一个亚种，特征是齿台短、亚圆形。

比较　此亚种与 *Palmatolepis semichatovae* 的区别是后者有升起的齿垣区。

产地层位　广西桂林龙门垌村，上泥盆统谷闭组；横县六景，谷闭组。此亚种在龙门垌村剖面的时限为早 *P. rhenana* 带内，可上延到晚 *P. rhenana* 带。

莱茵掌鳞刺鼻状亚种　*Palmatolepis rhenana nasuta* Müller, 1956

（图版 86，图 10—14）

1983 *Palmatolepis gigas* Miller and Youngquist. - Wang and Ziegler, pl. 3, fig. 31 (only).

1987 *Palmatolepis* aff. *P. triangularis* Sannemann. – Han, pl. 1, fig. 17 (only; non fig. 12 = ?).

1990 *Palmatolepis* sp. nov. B. – Ji, pl. 3, fig. 23 (only).

1990 *Palmatolepis rhenana nasuta* Müller. – Ziegler and Sandberg, p. 57, pl. 12, figs. 4—9; pl. 15, figs. 2, 4—5.

1994 *Palmatolepis rhenana nasuta* Müller. – Wang, pp. 103—104, pl. 3, figs. 2—4.

1994 *Palmatolepis rhenana nasuta* Müller. – Bai *et al.*, p. 173, pl. 8, figs. 14—15.

1994 *Palmatolepis rhenana nasuta* Müller. – 季强，图版 13，图 18。

2002 *Palmatolepis rhenana nasuta* Müller. – Wang and Ziegler, pl. 2, figs. 4—7.

特征 *Palmatolepis rhenana nasuda* 是 *Palmatolepis rhenana* 的一个亚种。齿台长，中等宽度。齿台后端外侧（齿叶）较宽，齿台前端与齿片相交在不相对的位置。外齿台与齿片相交的位置远远比内齿台与齿片相交的位置向前。

附注 此亚种与 *Palmatolepis rhenana brevis* 的区别是有较窄的齿台；它不同于 *Palmatolepis rhenana rhenana* 在于有中等宽度的齿台。此亚种由 *Palmatolepis hassi* 在早 *rhenana* 带演化而来。

产地层位 广西桂林龙门垌村，上泥盆统谷闭组；桂林，上泥盆统香田组。此亚种的时限为弗拉期早 *P. rhenana* 带到 *P. linguiformis* 带。

莱茵掌鳞刺莱茵亚种 *Palmatolepis rhenana rhenana* Bischoff, 1956

（图版 86，图 7—9）

1987 *Palmatolepis gigas* Miller and Youngquist. – Han, pl. 1, fig. 2.

1989 *Palmatolepis rhenana* Bischoff. – Klapper, pl. 2, figs. 1, 13.

1990a *Palmatolepis* sp. nov. B. – Ji, pl. 3, figs. 20 (same specimen was identified as *Palmatolepis gigas* by Ji, 1990, pl. 1, fig. 10), 22 (only).

1990b *Palmatolepis gigas* Miller and Youngquist. – Ji, pl. 1, figs. 10, 16—17 (only).

1990 *Palmatolepis rhenana rhenana* Bischoff. – Ziegler and Sandberg, pp. 57—58, pl. 12, figs. 1—3; pl. 15, figs. 1, 3, 6—7.

1994 *Palmatolepis rhenana rhenana* Bischoff. – Wang, p. 104, pl. 2, fig. 1; pl. 3, fig. 1; pl. 5, figs. 9—10.

2002 *Palmatolepis rhenana rhenana* Bischoff. – Wang and Ziegler, pl. 2, figs. 1—3.

特征 *Palmatolepis rhenana rhenana* 是 *Palmatolepis rhenana* 的一个亚种，具以下全部或几个特征：①齿台长而细；②齿台前端尖，两侧等大或接近于等大；③外齿台边缘明显浑圆状；④齿台前端两侧相对应；⑤由大瘤齿形成的齿脊强烈反曲；⑥高的前齿片由近中瘤齿处开始向前延伸，大约为刺体长的一半。

附注 典型的 *Palmatolepis rhenana rhenana* 有特别长的、纤细的齿台和大瘤齿形成的“S”形齿脊。此种包括被 Ji（1990a，1990b）先后鉴定为 *Palmatolepis* sp. B. nov.（1990a）和 *Palmatolepis gigas*（1990b）的同一标本。这些类型（Wang，1994，图版 5，图 9—10）有相对宽的齿台和宽的外齿叶，齿台后端窄，下弯（Wang，1994，图版 5，图 9b），可能为新种，比 *Palmatolepis praetriangularis* 早出现。

产地层位 广西桂林龙门垌村，上泥盆统谷闭组。此亚种的时限为弗拉期晚 *P. rhenana*带到 *P. linguiformis* 带。

菱形掌鳞刺 *Palmatolepis rhomboidea* Sannemann, 1955

（图版 103，图 5—9）

1955 *Palmatolepis rhomboidea* Sannemann, p. 329, pl. 24, fig. 14.

1962 *Palmatolepis rhomboidea* Sannemann. – Ziegler, pp. 77—78, pl. 7, figs. 14—16.

1973 *Palmatolepis rhomboidea* Sannemann. – Sandberg and Ziegler, p. 106, pl. 1, figs. 20—26.

1983 *Palmatolepis rhomboidea* Sannemann. – 熊剑飞, 314 页, 图版 72, 图 4—5。

1988 *Palmatolepis rhomboidea* Sannemann. – 秦国荣等, 63 页, 图版 1, 图 1—3, 5—6。

1993 *Palmatolepis rhomboidea* Sannemann. – Ji and Ziegler, p. 70, pl. 21, figs. 1—5; text-fig. 13, fig. 18.

1994 *Palmatolepis rhomboidea* Sannemann. – Bai *et al.*, p. 173, pl. 10, figs. 16—20.

特征　齿台轮廓为菱形的 *Palmatolepis* 的一个种。齿台小，菱形或卵圆形。内齿台前缘始于齿片前端之后，外齿台前缘始于内齿台前缘之后，大约在齿片前端与中瘤齿之间的位置。齿片 – 齿脊反曲。内齿台比外齿台宽大可能存在窄的近脊沟。齿台后端向上翘。

附注　此种与 *Palmatolepis delicatula delicatula* 和 *Palmatolepis minuta minuta* Morphotype 1 相似，但此种的外齿台前部有突起或低的齿垣，齿脊两侧有很浅的近脊沟。此种某些标本的齿台前缘在齿片开始的位置可能相同，齿台后端可能向下弯，这样的齿台前缘的位置与 *Palmatolepis* cf. *Pa. regularis* 的相似，不同之处在于后者的外齿台前部有突起或低的齿垣。

产地层位　广西宗左，上泥盆统三里组；宜山拉力，上泥盆统五指山组；贵州长顺，代化组；广东乐昌，天子岭组下段。此种的时限为法门期早 *P. rhomboidea* 带开始到早 *P. marginifera* 带，是 *P. rhomboidea* 带的带化石。

圆形掌鳞刺　*Palmatolepis rotunda* Ziegler and Sandberg, 1990

（图版 87, 图 1—3）

1990b *Palmatolepis subrecta* Miller and Youngquist. – Ji, pl. 1, fig. 23 (only).

1986 *Palmatolepis rotunda* n. sp. – Ziegler and Sandberg, p. 62, pl. 10, figs. 1—5.

1994 *Palmatolepis rotunda* Ziegler and Sandberg. – 季强, 图版 14, 图 1。

1994 *Palmatolepis rotunda* Ziegler and Sandberg. – Bai *et al.*, p. 173, pl. 7, fig. 7.

1999 *Palmatolepis rotunda* Ziegler and Sandberg. – Wang, p. 104, pl. 4, fig. 7.

2002 *Palmatolepis rotunda* Ziegler and Sandberg. – Wang and Ziegler, pl. 5, figs. 1—2.

特征　*Palmatolepis rotunda* 是圆至卵圆形 Manticolepid 类的一个种。齿脊强烈反曲，中瘤齿后的齿脊很微弱，外侧和后方齿台边缘几乎是圆的。齿台表面有几乎均一大小的瘤齿。

附注　此种齿台圆至卵圆，它的外后缘几乎是圆的。齿脊呈强烈的“S”形，但中瘤齿后的齿脊微弱。

产地层位　广西桂林龙门、垌村，上泥盆统谷闭组；桂林，上泥盆统香田组；德保四红山，上泥盆统榴江组。此种的时限为弗拉期晚 *P. rhenana* 带到 *P. linguiformis* 带晚期。

粗糙掌鳞刺　*Palmatolepis rugosa* Branson and Mehl, 1934

1934 *Palmatolepis rugosa* Branson and Mehl, p. 236, pl. 18, figs. 15—16, 18—19.

特征　齿台及齿脊呈“S”形弯曲，多数齿台表面有粗壮的瘤齿和较小的瘤齿，甚至有横脊。外齿台上齿垣发育，较窄；内齿台上有内齿叶，后内齿台向外膨大，突出成半圆形。中瘤齿之后的齿台平。齿脊为锐利的冠状，侧视时看不到愈合细齿的齿尖。次级齿脊微弱，有时被一凹槽代替。内齿叶上通常有一粗壮的齿脊横过内齿台，指向中瘤齿的前方。

比较 *Palmatolepis rugosa* 的齿台装饰粗壮，不同于 *Palmatolepis perlobata*。它没有 *P. perlobata* 所特有的扇状齿片（scalloped blade）。此种包含5个亚种：*postera*，*rugosa*，*trachytera*，*ampla* 和 cf. *ampla*，可分为两组：*P. rugosa rugosa* 和 *P. rugosa trachytera* 具有粗的齿台装饰，而 *P. rugosa postera*，*P. rugosa ampla* 和 *P. rugosa* cf. *ampla* 具有细的齿台装饰。

粗糙掌鳞刺大亚种 *Palmatolepis rugosa ampla* Müller, 1956

（图版97，图13—15）

1960 *Palmatolepis rugosa ampla* Müller. – Ziegler, pl. 1, figs. 3—4.

1962 *Palmatolepis rugosa ampla* Müller. – Ziegler, pl. 8, fig. 6.

1974 *Palmatolepis rugosa ampla* Müller. – Dreesen and Dusar, pl. 7, figs. 18—12.

1976 *Palmatolepis rugosa ampla* Müller. – Druce, pl. 57, fig. 3.

1993 *Palmatolepis rugosa ampla* Müller. – Ji and Ziegler, p. 70, text-fig. 15, fig. 5.

1994 *Palmatolepis rugosa ampla* Müller. – Bai *et al.*, p. 173, pl. 14, figs. 13—14.

特征 *Palmatolepis* 的一个亚种，在齿垣区有很多散乱的小瘤齿，或有三行或三行以上的、由微弱的瘤齿形成的齿脊；在内齿台有一列由大的瘤齿形成的纵脊。

附注 此亚种的特征是齿台宽，呈强烈的“S”形弯曲，表面有粗的规则的装饰；内齿台前方有一大的纵向瘤齿列，内齿叶大而壮。

产地层位 广西宜山拉力，上泥盆统五指山组。此亚种的时限为法门期早 *P. p. postera* 带内到晚 *P. g. expansa* 带。

粗糙掌鳞刺大亚种（比较亚种） *Palmatolepis rugosa* cf. *ampla* Müller, 1956

（图版97，图11—12）

1960 *Palmatolepis rugosa ampla* Müller. – Ziegler, pl. 1, figs. 3—4.

1962 *Palmatolepis rugosa ampla* Müller. – Ziegler, pl. 8, fig. 6.

1974 *Palmatolepis rugosa ampla* Müller. – Dreesen and Dusar, pl. 7, figs. 18—20.

1976 *Palmatolepis rugosa ampla* Müller. – Druce, pl. 57, fig. 3.

1993 *Palmatolepis rugosa* cf. *ampla* Müller. – Ji and Ziegler, p. 70, pl. 13, fig. 11; pl. 18, fig. 16; text-fig. 15, fig. 5.

附注 此类标本与 *Palmatolepis rugosa ampla* 非常接近，但不同于后者的是在它的内齿台前部有很多小的零散分布的瘤齿，而不是一行大瘤齿。

产地层位 广西宜山拉力，上泥盆统五指山组。此比较亚种的时限为 *P. marginifera*—*P. trachytera* 带。

粗糙掌鳞刺后生亚种 *Palmatolepis rugosa postera* Ziegler, 1969

（图版97，图8）

1962 *Palmatolepis rugosa postera* Ziegler, p. 39, pl. 2, figs. 10—11; text-figs. 12—13.

1962 *Palmatolepis rugosa postera* Ziegler. – Ziegler, p. 79, pl. 8, figs. 12—14.

1978 *Palmatolepis rugosa postera* Ziegler. – 王成源和王志浩，74页，图版5，图24。

特征 *Palmatolepis rugosa* 的一个亚种，齿台外缘不是脊状地向上弯曲，而是相当平，无横脊。内齿叶不明显或无。整个口面有均一细小的瘤齿，瘤齿向后端变小。

产地层位 贵州惠水，上泥盆统代化组。

粗糙掌鳞刺粗糙亚种 *Palmatolepis rugosa rugosa* Branson and Mehl, 1934

(图版97, 图9—10)

1934 *Palmatolepis rugosa* Branson and Mehl, p. 236, pl. 18, figs. 15—16, 18—19.

1978 *Palmatolepis rugosa* Branson and Mehl. – 王成源和王志浩, 图版5, 图26, 29—30。

1979 *Palmatolepis rugosa* Branson and Mehl. – Sandberg and Ziegler, p. 181, pl. 2, figs. 5—7.

1983 *Palmatolepis rugosa rugosa* Branson and Mehl. – 熊剑飞, 314页, 图版72, 图19。

1993 *Palmatolepis rugosa* Branson and Mehl. – Ji and Ziegler, p. 70, text-fig. 15, fig. 12.

1994 *Palmatolepis rugosa* Branson and Mehl. – Bai *et al.*, pp. 173—174, pl. 14, figs. 15—17.

特征 *Palmatolepis rugosa* 的一个亚种。齿台为不强烈的“S”形弯曲，向后变宽。前外齿台向外侧呈弧形突出，较窄，略向上隆起，横脊发育。内齿台有分散的粗壮的瘤齿，内齿叶发育，后内齿台向后突出呈半圆形。齿台后端略向外侧弯。中瘤齿发育，其前方齿脊先向外后向内呈弧形弯曲，向前逐渐增高，上缘锐利，无细齿分化。中瘤齿后方齿脊不发育，不达齿台后端，亦无细齿分化。

附注 此亚种的特征是齿台宽，呈“S”形弯曲；外齿台圆弧状，有中等大小的内齿叶；中瘤齿前方齿脊强烈弯曲，外齿台齿垣区的瘤齿粗或有横脊；内齿台前部有一大而粗的瘤齿列。它与 *Palmatolepis rugosa ampla* 和 *Palmatolepis rugosa trachytera* 的区别主要在于它的齿台的轮廓和装饰。

产地层位 广西武宣，上泥盆统三里组；宜山拉力，上泥盆统五指山组；贵州长顺代化，上泥盆统代化组。此亚种的时限为法门期早 *P. g. expansa* 带开始到晚 *P. g. expansa* 带。

粗糙掌鳞刺粗面亚种 *Palmatolepis rugosa trachytera* Ziegler, 1960

(图版97, 图16—17)

1960 *Palmatolepis rugosa trachytera* Ziegler, p. 38, pl. 1, fig. 6; pl. 2, figs. 1—9.

1962 *Palmatolepis rugosa trachytera* Ziegler. – Ziegler, pp. 78—79, pl. 8, fig. 15.

1984 *Palmatolepis rugosa trachytera* Ziegler. – Ziegler and Sandberg, pp. 187—188, pl. 1, figs. 1—5, 12.

1993 *Palmatolepis rugosa trachytera* Ziegler. – Ji and Ziegler, p. 71, pl. 13, figs. 13—15; text-fig. 15, fig. 8.

1994 *Palmatolepis rugosa trachytera* Ziegler. – Bai *et al.*, p. 174, pl. 14, figs. 8—9.

特征 *Palmatolepis rugosa* 的一个亚种。齿片—齿脊强烈反曲，内齿叶很小，内齿台较宽，内齿台后方膨大成半圆形，齿台后端向内。

附注 此亚种不同于 *Palmatolepis rugosa rugosa*，有比较小的、短的内齿叶，齿台后端位置更向内；它与 *Palmatolepis rugosa ampla* 的不同在于外齿台上有明显的冠状的齿垣，小而短的内齿叶，内齿台后方膨大，其后缘与齿脊几乎呈直角。

产地层位 广西武宣，上泥盆统三里组；宜山拉力，上泥盆统五指山组；桂林白沙，三里组。此亚种的时限为法门期早 *P. r. trachytera* 带开始到晚 *P. r. trachytera* 带顶。

桑德伯格掌鳞刺 *Palmatolepis sandbergi* Ji and Ziegler, 1993

(图版94, 图10—14)

1962 *Palmatolepis quadrantinodosalobata* Sannemann. – Ziegler, pl. 2, figs. 6—8 (only; non fig. 9 = a transitional form between *Palmatolepis triangularis* Morphotype 1 and *Palmatolepis sandbergi* Morphotype 1; non figs. 10—12 = *Palmatolepis quadrantinodosalobata* Morphotype 3).

1993 *Palmatolepis sandbergi* Ji and Ziegler, p. 71, pl. 23, figs. 8—12; text-fig. 12, figs. 2, 6.

1995 *Palmatolepis quandrantinodosalobata sandbergi* Ji and Ziegler. – Schülke, pp. 47—48, pl. 11, figs. 4, 7—8.

2002 *Palmatolepis sandbergi* Ji and Ziegler. – Wang and Ziegler, pl. 6, fig. 5.

特征 此种的外齿台一般总是凸起，有明显的瘤齿，而内齿台较平，光滑，或有微弱的稀少的瘤齿。前齿脊几乎是直的，或中等弯曲，向前端高度均匀地增高；后齿脊矮，可延伸到齿台后方。内齿叶或长或短，较明显。

附注 此种存在两个形态型。形态型 1 齿台窄，内齿叶长而尖，前齿脊相当直；形态型 1 来自 *Palmatolepis triangularis* Morphotype 1，并进一步演化出 *Palmatolepis quadrantinodosalobata* Morphotype 3。形态型 2 与形态型 1 的区别是它的齿台宽，内齿叶短，前齿脊较弯；形态型 2 来源于 *Palmatolepis triangularis* Morphotype 2，并演化出 *Palmatolepis quandrantinodosalobata* Morphotype 2。此种不同于 *Palmatolepis quadrantinodosalobata*，后者仅外齿台前部有零散分布的瘤齿丛。Schülke（1995）将此种作为 *Palmatolepis quadrantnodosalobata* 的亚种。

产地层位 广西桂林龙门垌村，上泥盆统谷闭组；宜山拉力，上泥盆统五指山组。此种的时限为法门期晚 *P. triangularis* 带开始到早 *P. crepida* 带。

半圆掌鳞刺 *Palmatolepis semichatovae* Ovnatanova, 1976

（图版 86，图 22—26）

1971 *Palmatolepis gigas* Miller and Youngquist. – Szulczewski, pl. 11, fig. 3 (only).

1989 *Palmatolepis semichatovae* Ovnatanova. – Klapper and Lane, pl. 1, figs. 6, 9.

1990 *Palmatolepis semichatovae* Ovnatanova. – Ziegler and Sandberg, pp. 58—59, pl. 11, figs. 1—2; pl. 13, figs. 3—11.

1994 *Palmatolepis semichatovae* Ovnatanova. – Bai *et al.*, p. 174, pl. 8, fig. 7.

1994 *Palmatolepis semichatovae* Ovnatanova. – Wang, p. 104, pl. 4, figs. 10—14.

2002 *Palmatolepis semichatovae* Ovnatanova. – Wang and Ziegler, pl. 7, figs. 8—9.

2008 *Palmatolepis semichatovae* Ovnatanova. – Ovnatanova and Kononova, p. 1101, pl. 13, figs. 19—28.

2012 *Palmatolepis semichatovae* Ovnatanova. – 龚黎明等，图版Ⅱ，图 7—15。

特征 *Palmatolepis semichatovae* 是 Manticolepid 类的一个种。外齿叶长，齿脊中等程度反曲。升起的齿垣区有中等大小的瘤齿或光滑无饰，齿垣区与齿脊之间被向后变窄的、浅的近脊沟分开。近脊沟止于中瘤齿之前或止于中瘤齿，并常常与齿台后齿脊愈合。

附注 齿台短，亚圆形，有一长的外齿叶；肿起的齿垣区与齿脊之间被向后变窄的、浅的近脊沟分开，近脊沟止于中瘤齿或中瘤齿之前。此种在早 *rhenana* 带内来源于 *Palmatolepis rhenana brevis*，它在中国发现于 1994 年。

产地层位 广西桂林龙门垌村，上泥盆统谷闭组。此种的时限为弗拉期早 *P. rhenana*带中部。

四红山掌鳞刺 *Palmatolepis sihongshanensis* Wang, 1989

（图版 96，图 17—19）

1989 *Palmatolepis sihongshanensis* Wang. – 王成源，85 页，图版 20，图 5—7。

特征 齿台平而宽，表面为微弱的粒面革状。内齿台很发育，大致呈三角形；在幼年期，其前后缘中部收缩，有一外齿叶；在成年期，其前缘直，无外齿叶，整个齿台呈三角形。自由齿片—齿脊强烈弯曲，中瘤齿之后齿脊微弱，不达齿脊后端。外齿台边缘近半圆形，表面平，后方略尖，整个齿台近四边形。

附注　此种内齿台前方缺垣脊或凸起，不同于 *P. rhomboidea*。外齿台非常发育，在成年期，齿台宽度大于其长度，缺少外齿叶，亦不同于 *P. circularis* 和 *P.* aff. *circularis*。Ji 和 Ziegler（1993）认为 *Palmatolepis sihongshanensis* 是 *Palmatolepis subperlobata* 的同义名，但 *Palmatolepis sihongshanensis* 的前齿脊高并强烈弯曲成半圆形；后齿脊短而微弱，不达齿台后端；内齿台前缘凹，后缘也凹；外齿叶大，直指侧方，这些与 *Palmatolepis subperlobata* 的三个形态型区别明显，不可能是 *Palmatolepis subperlobata* Branson and Mehl，1934 的同义名（Ji 和 Ziegler，1993）。

产地层位　广西德保四红山，上泥盆统三里组。此种的时限为法门期 *P. triangularis*带最上部至 *P. crepida* 带。

简单掌鳞刺　*Palmatolepis simpla* Ziegler and Sandberg，1990

（图版 85，图 9—12）

1983 *Palmatolepis foliacea* Youngquist. –Wang and Ziegler, pl. 4, fig. 1.

1989 *Palmatolepis ljiaschenkoae* Ocnatanova. –Klapper, pl. 2, figs. 12, 16.

1989 *Palmatolepis ljiaschenkoae* Ocnatanova. –Klapper and Lane, pl. 1, fig. 1 (only; non fig. 2 = *Palmatolepis proversa*).

1990 *Palmatolepis simpla* Ziegler and Sandberg, pp. 47—48, pl. 4, figs. 9—12.

1994 *Palmatolepis simpla* Ziegler and Sandberg. –Wang, p. 104, pl. 3, figs. 6, 8; pl. 6, fig. 16.

1994 *Palmatolepis simpla* Ziegler and Sandberg. –Bai *et al.*, p. 174, pl. 7, fig. 3.

2002 *Palmatolepis simpla* Ziegler and Sandberg. –Wang and Ziegler, pl. 6, fig. 2.

特征　*Palmatolepis simpla* 是 *Palmatolepis* 属中 Manticolepid 类的一个种。齿台平或后方齿台微微向下倾，外侧齿叶短，指向前方；齿台为宽的卵圆形，表面光滑或有微弱的瘤齿，齿台前缘微微皱起。自由齿片和中瘤齿前的齿脊直或微微弯曲。

附注　此种常见于浮游相区较浅的水域，齿台平、光滑或有微弱的瘤齿；外齿叶短；吻部微微褶皱。

产地层位　广西桂林龙门垌村，上泥盆统谷闭组。此种的时限为弗拉期晚 *P. hassi* 带到早 *P. rhenana* 带。

剑掌鳞刺　*Palmatolepis spathula* Schülke，1995

（插图 49）

1995 *Palmatolepis spathula* Schülke, p. 50, taf. 6, fig. 1—17.

特征　*Palmatolepis spathula* 是 *Palmatolepis* 属中个体中等大小的种，具有一个长的、明显的、向外或微微向前延伸的内齿叶；齿脊微微内弯曲，略呈“S”形；齿台后端窄而尖；齿台上除中瘤齿后部外，布满密集的小瘤齿。

附注　此种仅见于中欧和西欧，中国尚未发现此种。此种的时限为法门期晚 *P. triangularis*带至中 *P. crepida* 带。

斯托普尔掌鳞刺　*Palmatolepis stoppeli* Sandberg and Ziegler，1973

（图版 102，图 2—6）

1962 *Palmatolepis* sp. –Ziegler, pl. 7, figs. 12—13.

1973 *Palmatolepis stoppeli* Sandberg and Ziegler, pp. 106—107, pl. 3, figs. 1—11; pl. 5, fig. 13.

1986 *Palmatolepis stoppeli* Sandberg and Ziegler. –季强和刘南瑜，173 页，图版 3，图 11—13。

1988 *Palmatolepis stoppeli* Sandberg and Ziegler. –秦国荣等，63 页，图版 1，图 7。

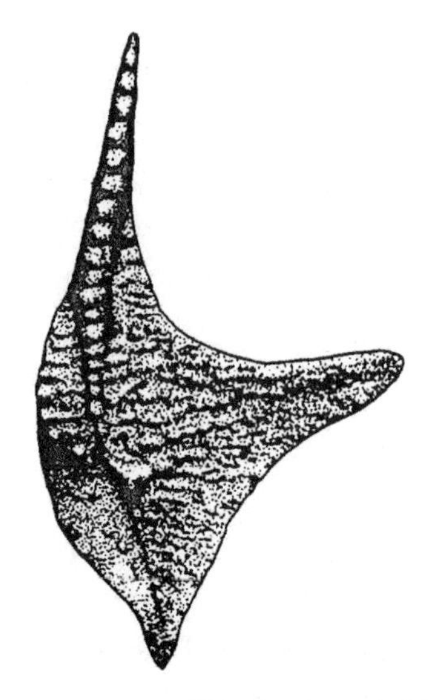

插图49 *Palmatolepis spathula* Schülke，1995，正模标本口视（复制于Schülke，1995，5页，插图22）

Text-fig. 49 *Palmatolepis spathula* Schülke，1995，holotype（a copy from Schülke，1995，p. 5，Abb. 22）

1993 *Palmatolepis stoppeli* Sandberg and Ziegler. – Ji and Ziegler，p. 71，pl. 14，figs. 7—12；text-fig. 17，fig. 12.
1998 *Palmatolepis stoppeli* Sandberg and Ziegler. – 王成源，356页，图版3，图6。

特征 刺体近圆形。外齿台始于自由齿片最前端，其后缘明显外凸。内齿台由高而窄的齿垣构成，齿垣外坡陡，与齿脊间为窄而深的沟。齿垣可延至后方但不达齿台后端。齿脊强烈弯曲，中瘤齿之后无齿脊。

附注 此种不同于*Palmatolepis marginifera marginifera*，它的外齿台上有窄而高的齿垣；不同于*Palmatolepis quadrantinodosa quadrantinodosa*，它的外齿台前方缺少瘤齿列或瘤齿脊；与*Palmatolepis quadrantinodosa inflexa*的区别是有宽的齿台，在外齿台前部有高的齿垣。

产地层位 广西宜山拉力，上泥盆统五指山组；鹿寨寨沙，五指山组；广东乐昌，上泥盆统天子岭组；新疆皮山县神仙湾，上泥盆统。此种的时限为法门期晚*P. rhomboidea*带内延伸进入到早*P. marginifera*带。

亚镰状掌鳞刺 *Palmatolepis subdrepaniformis* Shen，1982

（图版102，图1）

1982 *Palmatolepis subdrepaniformis* Shen. –沈启明，47页，图版1，图11。

特征 刺体为略拱曲的亚镰刀状。内齿台发育有巨大的镰刀状外齿叶，其前缘弧形，并与齿台呈直角相交，叶端尖锐；其后缘几乎呈直线，直到齿台后端。中瘤齿明显，中瘤齿之后的齿台小，只有2~3个小瘤齿，齿脊不达齿台后端。反口面龙脊在中瘤齿后端不明显，隐约可见次龙脊。

附注 此种仅一独模，有可能是*Palmatolepis gigas*的同义名。

产地层位 湖南临武香花岭，上泥盆统佘田桥组*P. gigas*带。

亚小叶掌鳞刺　*Palmatolepis subperlobata* Branson and Mehl, 1934

（图版94，图17；图版103，图3—4）

1934 *Palmatolepis subperlobata* Branson and Mehl, p. 235, pl. 18, figs. 11—21.

1962 *Palmatolepis subperlobata* Branson and Mehl. – Ziegler, p. 79, pl. 4, figs. 1—2.

1965 *Palmatolepis subperlobata* Branson and Mehl. – Glenister and Klapper, pp. 822—823, pl. 92, figs. 5—7.

1971 *Palmatolepis subperlobata* Branson and Mehl. – Szulczewski, pp. 40—41, pl. 13, fig. 12.

1986 *Palmatolepis subperlobata* Branson and Mehl. – 季强和刘南瑜，图版1，图28—29。

1989 *Palmatolepis subperlobata* Branson and Mehl. – Ji, pl. 2, figs. 25—27.

1992 *Palmatolepis subperlobata* Branson and Mehl. – Ji and Ziegler, p. 72, pl. 20, figs. 3—9; pl. 21, figs. 11—12; text-fig. 16, figs. 5—6, 8.

1993 *Palmatolepis subperlobata* Branson and Mehl. – 季强，图版14，图19。

特征　齿台近四边形，口方表面具粒面革状装饰，无瘤齿。外齿叶指向前方或后方，可能有次级齿脊，齿片—齿脊中等反曲或强烈反曲。中瘤齿后方齿脊较弱。齿台后方向上弯。

附注　按齿台轮廓、内齿叶大小和齿片—齿脊的弯曲程度，此种可划分出三个形态型。形态型1齿台宽，有大的向侧方伸长的齿叶，齿片—齿脊“S”形弯曲较弱或中等弯曲。形态型2与形态型1不同，它的齿台窄，内齿叶短小，齿片—齿脊弯曲程度中等，外齿台前端始于接近内齿台前端但比内齿台前端往后的位置。形态型3齿台小，齿片—齿脊“S”形弯曲程度中等至强烈，内齿台特别长，指向侧前方，齿台前侧缘很凹，而后侧缘几乎是直的。

比较　*Palmatolepis sihongshanensis* 的前齿脊高，强烈弯曲，呈半圆形；后齿脊短而微弱，不达齿台后端；内齿台前缘凹，后缘也凹；外齿叶大，直指侧方，与 *Palmatolepis subperlobata* 的三个形态型区别明显，不可能是 *Palmatolepis subperlobata* Branson and Mehl, 1934 的同义名（Ji 和 Ziegler, 1993）。此种的齿台轮廓与*P. triangularis*有些相似，但齿台上无瘤齿而为细的粒面革状，前齿脊相对较弯；也不同于*P. tenuipunctata*，后者有相对窄而长的齿台，内齿叶小，内齿台前端始于齿片最前端。

产地层位　广西宜山拉力，上泥盆统五指山组；德保四红山，上泥盆统三里组；象州马鞍山，上泥盆统融县组；鹿寨寨沙，五指山组；贵州长顺，代化组；广西钦州小董板城，上泥盆统榴江组硅质岩。此种的时限为法门期中 *P. triangularis* 带到早 *P. marginifera*带。

亚小叶掌鳞刺（比较种）　*Palmatolepis* cf. *subperlobata* Branson and Mehl, 1934

（图版104，图1—2）

cf. 1934 *Palmatolepis subperlobata* Branson and Mehl, p. 235, pl. 18, figs. 11—21.

1989 *Palmatolepis* cf. *subperlobata* Branson and Mehl. – 王成源，图版25，图9—10。

附注　此比较种的基本特征与 *palmatolepis subperlobata* 一致，但其外齿叶相对小一些，齿台窄，后端微向下弯。

产地层位　广西德保都安，上泥盆统三里组 *P. crepida* 带。

近直掌鳞刺　*Palmatolepis subrecta* Miller and Youngquist, 1947

（图版87，图4—7）

1987 *Palmatolepis* sp. D. – Han, pl. 1, figs. 3, 5—6.

1989 *Palmatolepis winchelli* (Stauffer). – Klapper, p. 458, pl. 2, fig. 5.

1989 *Palmatolepis winchelli* (Stauffer). – Klapper and Lane, pl. 1, figs. 5, 8.

1989 *Palmatolepis* sp. D. – Jia *et al.*, pl. 1, figs. 3, 5—6 (same as Han, 1987, pl. 1, figs. 3, 5—6).

1990 *Palmatolepis subrecta* Miller and Youngquist. – Ji, pl. 1, fig. 22 (only; non fig. 21 = *Palmatolepis hassi*; fig. 23 = *Palmatolepis rotunda*).

1990 *Palmatolepis subrecta* Miller and Youngquist. – Ziegler and Sandberg, pp. 60—61, pl. 11, figs. 3, 7—12; pl. 15, figs. 8—9; pl. 16, figs. 1—6.

1992 *Palmatolepis subrecta* Miller and Youngquist. – Wang, pp. 104—105, pl. 6, fig. 15.

2002 *Palmatolepis subrecta* Miller and Youngquist. – Wang and Ziegler, pl. 4, figs. 5—7.

2008 *Palmatolepis subrecta* Miller and Youngquist. – Ovnatanova and Kononova, p. 103, pl. 9, figs. 12—14, 15 (?); pl. 4, fig. 2.

特征 *Palmatolepis subrecta* 是卵圆形至长圆形中等程度拱曲的 Manticolepid 类的一个种，其特征是：①外齿叶短至长；②前齿脊直，后齿脊微微反曲；③前齿台长而窄，一般沿其内边缘微微翘起或褶皱；④齿台后方短而尖，被齿脊分开，外半部宽，内半部窄。

比较 此种有伸长的齿台，齿叶有明显的缺刻，位于独瘤齿水平处，不同于 *Palmatolepis ljashenkoae* Ovnatanova, 1976。

附注 此种以特征③和④不同于 *Palmatolepis hassi*。在 *P. linguiformis* 带晚期，此种演化出时限很短的类型，齿台长而纤细（Ziegler 和 Sandberg, 1990, 图版 16, 图 1—6），但这种类型仍归入此种。

产地层位 广西桂林龙门垌村，上泥盆统谷闭组；内蒙古乌努尔，下大民山组（再沉积?）。此种的时限为弗拉期晚 *P. rhenana* 带至 *P. linguiformis* 带末期。

近直掌鳞刺（亲近种） *Palmatolepis* aff. *subrecta* Miller and Youngquist, 1947

（图版 104，图 3—4）

1989 *Palmatolepis* aff. *subrecta* Miller and Youngquist. – 王成源，86—87 页，图版 20，图 13—14。

特征 自由齿片极短，齿片—齿脊直，位于中瘤齿之前。中瘤齿后部的齿脊向内侧偏转。外齿台发育，其前缘直或微凹，外齿叶指向后方。齿台最大宽度在齿台后方，外齿台后缘与齿叶连接处内凹，齿台后方向下弯。

比较 当前标本的齿台最大宽度在齿台后方，外齿叶指向后方，外齿台前缘长而直或微凹。常见的 *Palmatolepis subrecta* 的齿台最大宽度在齿台中部，外齿叶多居中瘤齿之前的位置。

产地层位 广西德保都安四红山，上泥盆统三里组 *P. triangularis* 带。

近对称掌鳞刺 *Palmatolepis subsymmetrica* Wang and Wang, 1978

（图版 103，图 1—2）

1978 *Palmatolepis subsymmetrica* Wang and Wang. – 王成源和王志浩，74—75 页，图版 5，图 18—21。

特征 齿台椭圆形，后端尖，近于对称。口面有瘤齿，齿脊直，齿台后方无齿脊。

描述 齿台椭圆形，最宽处位于中部，后端略变尖；齿台平，后端不向上翘；外齿台向前延伸比内齿台稍长，内齿台前端略向下凹；齿台上有大小相近的密集的瘤齿。中瘤齿明显，齿脊直，向前延伸成自由齿片；齿片—齿脊较高，由密集的、短的细齿组成；中瘤齿后方无齿脊。反口面龙脊沿整个刺体长度方向延伸，锐利，无齿槽；龙脊向前后变高，中部低；基腔小，基穴状。

比较　此种齿脊直，齿台近于对称，与本属多数种不同。与 *Palmatolepis linguiformis* 的区别是此种齿台两侧圆，后方无齿脊，前方齿片—齿脊直。此种齿台与 *Mesotaxis asymmetricus* 和 *Polygnathus dubia* 的齿台相似，齿片—齿脊也相似，但此种有明显的中瘤齿，显然是 *Palmatolepis* 属内的。此种中瘤齿后方无齿脊，也不同于 *Mesotaxis asymmetricus*。此种与 *Palmatolepis transitans* 最为接近，但此种中瘤齿粗壮，齿台后方无齿脊，齿台两侧近于等大，反口面皱边不明显，不同于 *P. transitans*，且两者层位也不同，后者是晚泥盆世最早期的，而此种是晚泥盆世晚期的。

产地层位　贵州惠水王佑剖面，上泥盆统王佑组。

细斑点掌鳞刺　*Palmatolepis tenuipunctata* Sannemann, 1955

（图版102，图7—12）

1955 *Palmatolepis tenuipunctata* Sannemann, p. 136, pl. 6, fig. 22.

1962 *Palmatolepis tenuipunctata* Sannemann. – Ziegler, pp. 80—81, pl. 4, figs. 3—13.

1966 *Palmatolepis tenuipunctata* Sannemann. – Glenister and Klapper, p. 824, pl. 89, fig. 4; pl. 92, figs. 9—11.

1967 *Palmatolepis tenuipunctata* Sannemann. – Wolska, p. 408, pl. 13, figs. 11—13; text-fig. 16.

1969 *Palmatolepis tenuipunctata* Sannemann. – Olivieri, p. 117, pl. 18, figs. 1—2.

1983 *Palmatolepis tenuipunctata* Sannemann. – Wang and Ziegler, pl. 4, fig. 5.

1989 *Palmatolepis tenuipunctata* Sannemann. – Ji, pl. 2, fig. 14.

1989 *Palmatolepis tenuipunctata* Sannemann. – 王成源，87页，图版23，图7—8；图版1，图4。

1993 *Palmatolepis tenuipunctata* Sannemann. – Ji and Ziegler, p. 72, pl. 19, figs. 1—6; text-fig. 16, fig. 2.

1994 *Palmatolepis tenuipunctata* Sannemann. – Bai *et al.*, p. 175, pl. 12, figs. 14—17.

特征　在系统发育的早期阶段，齿台呈三角形，而在晚期阶段，齿台较窄；齿台表面粒面革状，有规则的小瘤齿；齿台后端较尖，向上弯。外齿叶小。齿片—齿脊中等反曲，内齿垣发育微弱。

附注　此种由 *Palmatolepis subperlobata* 演化而来。此种区别于 *Palmatolepis subperlobata* 主要是有相对窄的长的齿台，内齿叶小，内齿台前方始于前齿片前端。此种与 *Palmatolepis glabra prima* 的区别是有相对宽的齿台和小的齿叶。

产地层位　广西桂林龙门垌村，上泥盆统谷闭组；德保四红山，三里组；宜山拉力，五指山组。此种的时限为法门期晚 *P. triangularis* 带直到最晚 *P. crepida* 带。

端点掌鳞刺　*Palmatolepis termini* Sannemann, 1955

（图版102，图14—17）

1955 *Palmatolepis termini* Sannemann, p. 149, pl. 1, figs. 1—3.

1962 *Palmatolepis termini* Sannemann. – Ziegler, pp. 81—82, pl. 6, figs. 1—7 (non figs. 8—11 = transitional form between *Palmatolepis crepida* and *Palmatolepis termini*).

1959 *Palmatolepis termini* Sannemann. – Helms, pl. 1, fig. 26.

1967 *Palmatolepis termini* Sannemann. – Wolska, pp. 409—410, pl. 12, fig. 11.

1994 *Palmatolepis termini* Sannemann. – Ji and Ziegler, p. 72, pl. 12, figs. 6—10; text-fig. 13, fig. 5.

2002 *Palmatolepis termini* Sannemann. – Wang and Ziegler, pl. 6, fig. 6.

特征　此种的齿台小，卵圆形；齿台上常有1~2个冠脊（crests）。外齿台前方的冠脊由一列紧密的或愈合的瘤齿组成，与齿台边缘平行或由中瘤齿向前方斜角伸出，与中瘤齿相接或不相接。内齿台前方同样有次级瘤齿列，但与中瘤齿不相连；内齿台前部光滑，粒面革状或有瘤齿。少数标本齿台表面布满小的瘤齿。

附注 此种的特征是齿台小，卵圆形，齿台前部有瘤齿脊，齿台后端明显向上翘起。它与 *Palmatolepis crepida* 和 *Palmatolepis werneri* 的区别主要是完全缺少内齿叶，齿台前部发育有瘤齿脊。

Schülke (1995) 将此种划分为两个不同的亚种：*Palmatolepis termini termini* Sannemann, 1955 和 *Palmatolepis termini robusta* Schülke, 1995。

产地层位 广西桂林龙门、垌村，上泥盆统谷闭组；宜山拉力，五指山组。此种的时限为法门期中 *P. crepida* 带开始到晚 *P. crepida* 带。

端点掌鳞刺粗壮亚种 *Palmatolepis termini robusta* Schülke, 1995

(插图 50)

1995 *Palmatolepis termini robusta* Schülke, p. 54, taf. 7, fig. 1—16.

特征 *Palmatolepis termini* 是 *Palmatolepis* 中一个小个体的种，齿台上没有齿叶或仅有不明显的齿叶。*Palmatolepis termini robusta* 是 *Palmatolepis termini* 的一个亚种，在齿台前部有厚实粗壮的瘤齿，无外齿叶或外齿叶不明显。

产地层位 此种仅见于欧洲，中国尚无此种的报道。此种的时限为晚 *P. triangularis*带至早 *P. crepida* 带。

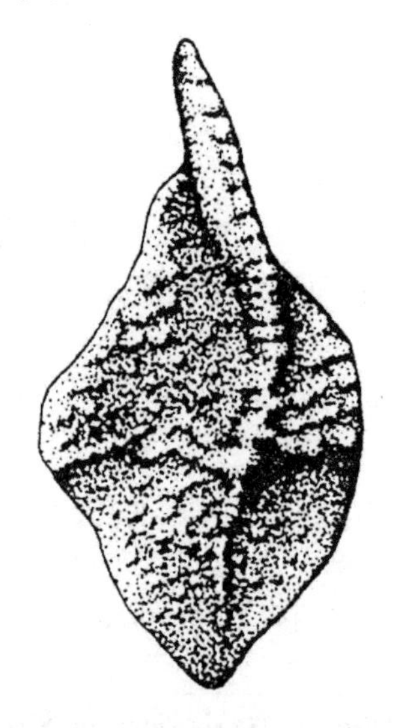

插图 50 端点掌鳞刺粗壮亚种 *Palmatolepis termini robusta* Schülke, 1995 正模标本口视图
(据 Schülke, 1995, 55 页，插图 23)

Text-fig. 50 *Palmatolepis termini robusta* Schülke, 1995, holotype
(a copy from Schülke, 1995, S. 55, Abb. 23)

过渡掌鳞刺 *Palmatolepis transitans* Müller, 1956

(图版 85，图 1—3)

1985 *Palmatolepis transitans* Müller. – Han *et al.*, pl. 3, figs. 2a—b.

1986 *Palmatolepis transitans* Müller. – Hou *et al.*, pl. 4, figs. 5—6 (only).

1989 *Palmatolepis transitans* Müller. – Klapper, pl. 1, figs. 7, 10.

1990 *Palmatolepis transitans* Müller. – Ziegler and Sandberg, p. 45, pl. 1, figs. 1, 9.

1994 *Palmatolepis transitans* Müller. – Bai *et al.*, p. 175, pl. 7, figs. 1—2.

1995 *Palmatolepis transitans* Müller. – Wang, p. 105, pl. 2, figs. 9, 11—12.

特征　*Palmatolepis* 的一个种。齿脊直；外齿叶没有分化，不明显；齿台表面粒面革状，两侧不对称；齿台两半与自由齿片在相同的位置以相同的锐角相交。

附注　此种的特征是齿脊直，没有分化出外齿叶。它是 *Palmatolepis* 的最老的种，由 *Mesotaxis falsiovalis* 演化而来。

产地层位　广西德保四红山剖面，弗拉阶 *P. transitans* 带开始到上 *hassi* 带。

三角掌鳞刺　*Palmatolepis triangularis* Sannemann, 1955

（图版89，图1—6）

1955 *Palmatolepis triangularis* n. sp., Sannemann, pp. 327—328, pl. 24, fig. 3.

1965 *Palmatolepis triangularis* Sannemann. – Glenister and Klapper, pp. 825—826, pl. 92, figs. 17—18.

1987 *Palmatolepis* sp. F. – Han, pl. 1, figs. 7—9.

1989 *Palmatolepis triangularis* Sannemann. – Ji, pl. 2, figs. 1—5.

1989 *Palmatolepis triangularis* Sannemann. – 王成源，87页，图版23，图9—10；图版19，图15。

1990 *Palmatolepis triangularis* Sannemann. – Ziegler and Sandberg, pp. 64—65, pl. 14, figs. 1—5; pl. 16, figs. 8—10.

1993 *Palmatolepis triangularis* Sannemann. – Ji and Ziegler, p. 73, pl. 24, figs. 1—12; text-fig. 12, figs. 1, 5.

1993 *Palmatolepis triangularis* Sannemann. – Wang, p. 105, pl. 5, figs. 1—4, 8.

2002 *Palmatolepis triangularis* Sannemann 1955, Morphotype 1. – Wang and Ziegler, pl. 1, fig. 1.

2002 *Palmatolepis triangularis* Sannemann 1955, Morphotype 2. – Wang and Ziegler, pl. 1, figs. 2—6.

特征　*Palmatolepis triangularis* 是 Manticilepid 类的一个种。齿台从中瘤齿向后突然向上升起，直到窄的齿台后端才向下弯。后齿脊很低，由分离的或愈合的脊状瘤齿组成；前齿脊由圆的分离的瘤齿组成；齿脊向前方均匀增高。齿台形状、侧齿叶的长度和齿台表面的装饰变化较大。

附注　此种实际变化较大，齿台轮廓、内齿叶长度和齿台装饰变化都大。但一般来说，齿台是三角形的，口面有零散的小瘤齿；内齿叶或短或长，或圆或尖，指向前方、侧方或后方。它不同于 *Palmatolepis praetriangularis* 在于其齿台后端是向上翘的，而后者齿台后端平直。

产地层位　广西桂林龙门、垌村，上泥盆统谷闭组；上林，榴江组、三里组；宜山拉力，五指山组。此种的时限为法门期早 *P. triangularis* 带开始到早 *P. crepida* 带，是 *P. triangularis* 带的带化石。

独角掌鳞刺　*Palmatolepis unicornis* Miller and Youngquist, 1947

（图版102，图13）

1947 *Palmatolepis unicornis* Miller and Youngquist. – Miller and Youngquist, p. 514, pl. 75, fig. 15.

1979 *Palmatolepis unicornis* Miller and Youngquist. – Narkiewicz, pl. 3, figs. 1a—b.

1989 *Palmatolepis unicornis* Miller and Youngquist. – 王成源，88页，图版23，图12。

特征　齿台宽大，后端向下弯。自由齿片短而高，其最前端有1～2个大的细齿，其前缘有小齿。固定齿脊在中瘤齿后方不发育，不达齿台后端，在中瘤齿后方不远处消失。外齿台大。

比较　*Palmatolepis unicornis* 以中瘤齿后方齿脊不发育、自由齿片短、前端有大的细齿、齿台后端向下弯而不同于 *P. gigas*；两者的齿台轮廓相似，但前者的外齿叶上无次级齿脊。

产地层位 广西德保四红山，上泥盆统榴江组 *P. gigas* 带。

威迪格掌鳞刺 *Palmatolepis weddigei* Ji and Ziegler, 1993

（图版 94，图 1—5）

1962 *Palmatolepis minuta minuta* Branson and Mehl. – Ziegler, pl. 3, figs. 1—3 (only; non figs. 4—10 = *Palmatolepis minuta minuta*).

1966 *Palmatolepis minuta minuta* Branson and Mehl. – Glenister and Klapper, pl. 90, fig. 2 (only; non fig. 1 = *Palmatolepis minuta* ?; non figs. 7—10, 12—14 = *Palmatolepis minuta minuta*; non fig. 11 = a transitional form between *Palmatolepis minuta minuta* and *Palmatolepis minuta schleizia*).

1993 *Palmatolepis weddigei* Ji and Ziegler, p. 73, pl. 12, figs. 1—5; text-fig. 13, fig. 6.

2002 *Palmatolepis weddigei* Ji and Ziegler. – Wang and Ziegler, pl. 5, figs. 8, 12.

特征 齿台小而宽，内齿叶非常发育，圆形；齿台表面平，粒面革状。齿片—齿脊长度中等，高，几乎是直的；后齿脊可能延伸达齿台后尖。中瘤齿大，位于齿台中部或齿台中部稍后的位置。

附注 此种源自 *Palmatolepis triangularis*，最早出现于晚 *P. triangularis* 带。它与 *Palmatolepis triangularis* 的区别是齿台小，齿台表面粒面革状，内齿叶小而圆。此种进一步发展，齿台变小，拉长，内凹，齿叶变弱，从而演化出 *Palmatolepis minuta minuta* Morphotype 2。

产地层位 广西桂林龙门、垌村，上泥盆统谷闭组；宜山拉力，五指山组。此种的时限为法门期晚 *P. triangularis* 带到中 *P. crepida* 带顶。

维尔纳掌鳞刺 *Palmatolepis werneri* Ji and Ziegler, 1993

（图版 94，图 6—9）

1962 *Palmatolepis crepida crepida* Sannemann. – Ziegler, pl. 6, fig. 12 (only; non figs. 13—19 = *Palmatolepis crepida*).

1993 *Palmatolepis werneri* Ji and Ziegler, p. 73, pl. 22, figs. 8—11; text-fig. 13, fig. 3.

特征 齿台中等大小，表面有瘤齿。内齿叶短，不发育。齿片—齿脊中等“S”形弯曲，向前方均匀增高。后齿脊一般低矮，窄小，可能延伸到齿台后端。中瘤齿一般较大，位于齿台中部稍后的位置。齿台后端向上翘，或几乎平直。

附注 此种与 *Palmatolepis crepida* 的区别主要在于齿台轮廓、齿片—齿脊的弯曲程度以及内齿叶的有无。它与 *Palmatolepis termini* 的区别是后者齿台小，齿台前部有瘤齿脊。此种与 *Palmatolepis triangularis* Morphotype 1 的区别主要是有小的内齿叶，比较弯曲的齿片—齿脊和内齿台前缘不太弯曲。

产地层位 广西桂林龙门垌村，上泥盆统谷闭组；宜山拉力，上泥盆统五指山组。此种的时限为法门期晚 *P. triangularis* 带开始到 *P. crepida* 带顶。

沃尔斯凯娅掌鳞刺 *Palmatolepis wolskajae* Ovnatanova, 1969

（图版 104，图 12—13）

1968 *Palmatolepis wolskajae* Ovnatanova, p. 139, pl. 1, fig. 6.

1973 *Palmatolepis* aff. *P. circularis* Szulczewski. – Sandberg and Ziegler, pp. 102—103, pl. 1, figs. 1—12.

1977 *Palmatolepis wolskajae* Ovnatanova. – Ziegler, pp. 413—414, *Palmatolepis* – pl. 14, figs. 12—13.

1985 *Palmatolepis wolskajae* Ovnatanova. – Klapper and Lane, p. 930, pl. 15, figs. 1—2, 4—5.

1996 *Palmatolepis wolskajae* Ovnatanova. – Ji and Ziegler, p. 74, text-fig. 16, fig. 3.

特征 齿台圆，微微波状起伏；齿台后端浑圆，内侧齿叶小而圆，与中瘤齿在同一水平的位置。中瘤齿大而圆。后方齿脊较弱，近于齿台后端。齿台表面粒面革状。中部龙脊低。

附注 此种不同于 *Palmatolepis circularis*，后者有独特的亚圆形的齿台，没有后齿脊。此种可能源自 *Palmatolepis tenuipunctata*。

产地层位 广西桂林龙门垌村，上泥盆统谷闭组；德保四红山，上泥盆统榴江组；宜山拉力，五指山组。此种的时限为法门期中 *P. crepida* 带早期到晚 *P. crepida* 带顶。

掌鳞刺（未定种 A） *Palmatolepis* sp. A Wang, 1994

（图版 104，图 6—7）

1994 *Palmatolepis* sp. A. –Wang, p. 105, pl. 4, figs. 1—2.

特征 *Palmatolepis* sp. A 是长的、中等拱曲的 Manticolepid 类的一个种。它的特征是：①内齿台后方由中瘤齿开始向侧下方弯；②前齿脊直，后齿脊反曲，但中瘤齿后的齿脊微弱；③前齿台长而窄，但一般较平，没有突起的边缘或齿垣区；④外齿叶一般与中瘤齿在同一水平位置或比中瘤齿稍低。

附注 此种来源于 *Palmatolepis subrecta*，其内齿台后方向下弯。

产地层位 广西桂林龙门垌村，上泥盆统谷闭组。此种的时限为弗拉期晚 *P. rhenana*带。

掌鳞刺（未名新种 A） *Palmatolepis* sp. nov. A Lang and Wang, 2010

（图版 104，图 8—9）

2010 *Palmatolepis* sp. nov. A Lang and Wang. –郎嘉彬和王成源，26 页，图版 I，图 1，2（?），3。

特征 齿台前方受局限，始于齿片前端后方的一定距离内，在中瘤齿区变宽并向后端变尖；口面粒面革状，可能有外齿叶。齿台小，亚圆形至伸长。中瘤齿后方有齿脊，较低，可能存在平的侧齿叶。无齿垣。后方齿台侧视微向下弯。

附注 当前标本非常像 *Palmatolepis minuta minuta*，但与后者的区别主要是齿台轮廓不同，且当前标本齿台后端外侧明显向下弯，这一特征与大多数弗拉期的 *Palmatolepis* 的特征一致。依此判断，本未定种的时代应为弗拉期晚期。

掌鳞刺（未名新种 B） *Palmatolepis* sp. nov. B Lang and Wang, 2010

（图版 104，图 11）

1994 *Palmatolepis* sp. nov. A. –Wang, pl. 4, figs. 1—2.

2010 *Palmatolepis* sp. nov. B Lang and Wang. –郎嘉彬和王成源，26 页，图版 I，图 7。

特征 齿台中等大小。外齿台窄，其边缘近半圆形，前边缘隆起，后边缘向下弯；齿台后方浑圆。内齿台齿叶明显，强烈上弯，其前缘较直，但后缘有很深的缺刻。齿脊较直，后齿脊向外侧、向下方斜倾，几近齿台边缘。中瘤齿明显，位于齿台最高处。自由齿片长仅为齿台长的1/6。

附注 内齿叶上翘，外齿台后方向下斜，中瘤齿处突起，齿台强烈不平，可能为一新种，但也可能齿台有构造变形。仅一个标本，暂定为未定种。当前标本与 Wang（1994）图示的 *Palmatolepis* sp. nov. A 很相似（Wang, 1994, 图版 4, 图 1—2），后者齿台外后方明显下弯，但内齿台齿叶不上弯。*Palmatolepis* sp. nov. A Wang，1994 同样见于晚 *P. rhenana* 带。

产地层位 内蒙古乌努尔下大民山组（再沉积?）。

掌鳞刺（未定种 C） *Palmatolepis* sp. C

（图版 104，图 10）

2000 *Palmatolepis* sp. C. –Ji and Ziegler, pl. 25, fig. 6.

附注 当前标本与 Ji 和 Ziegler（2000）图示的标本在镜下观察非常相似，外齿台窄，内齿台宽，内齿台前后缘较直，几乎相等；但扫描拍照时，齿台没摆平，齿台后缘翘高，显得内齿台前后边缘不等长。这类标本有点像 *Palmatolepis delicatula*，但后者只见于法门期早期，而 Ji 和 Ziegler（1993）的 *Palmatolepis* sp. C 见于弗拉期晚 *P. rhenana*带。

产地层位 内蒙古乌努尔下大民山组顶部（再沉积?）（郎嘉彬和王成源，2010）。

施密特刺属 *Schmidtognathus* Ziegler，1966

模式种 *Schmidtognathus hermanni* Ziegler，1966

特征 齿台细长，箭头形，比自由齿片长，表面带有瘤齿或横脊，瘤齿或横脊限于齿台边缘或在齿台上延伸成瘤齿列。反口面具有大的、微弱或明显不对称的基腔，多数基腔具有高于反口面的边缘。外缘具有一个收缩褶。龙脊由基腔向前延伸。口视，刺体微弯或强烈弯曲；侧视，齿台微弱或强烈拱曲。

比较 此属口视与 *Polygnathus* 相似，但基腔较大。*Schmidtognathus* 的基腔形状与 *Pseudopolygnathus* 的很接近。*Schmidtognathus* 由 *Polygnathus decorosus* 演化而来。

附注 *Schmidtognathus* 属的时限很短，只限于中—晚泥盆世界线附近。朱伟元（曾学鲁等，1996）将石炭系的两个标本鉴定成 *Schmidtognathus* sp. A 和 *Schmidtognathus* sp. B，并以此在甘肃迭部的下石炭统上部建立 *Schmidtognathus*—*Laterignathus* 带（属的组合带）。显然，他将此属的时限上延到石炭纪，但他所依据的标本实际是 *Pseudopolygnathus*，鉴定错误，建带不慎重。朱伟元在同一篇文章中，还建立了 3 个新属：*Pseudogondolella* Zhu，1996；*Prognognathus*，Zhu，1996 和 *Pennodus* Zhu，1996，新属全部无效；所谓的新属 *Pseudogondolella* 不仅因重名而无效，所依据的标本也是典型的 *Streptognathodus*；另两个所谓新属只是牙形刺的残破标本，绝无建属的条件。

时代分布 中泥盆世最晚期至晚泥盆世，早 *asymmetrica* 带。世界性分布。

赫尔曼施密特刺 *Schmidtognathus hermanni* Ziegler，1966

（图版 107，图 7—10）

1985 *Schmidtognathus hermanni* Ziegler. –Ziegler and Wang, pl. 2, figs. 13—14.

1986 *Schmidtognathus hermanni* Ziegler. –季强，49 页，图版 15，图 18—19。

1989 *Schmidtognathus hermanni* Ziegler. –王成源，128 页，图版 41，图 6。

1994 *Schmidtognathus hermanni* Ziegler. –Wang, pl. 9, figs. 9—11.

1995 *Schmidtognathus hermanni* Ziegler. –沈建伟，264 页，图版 2，图 18—19。

特征　自由齿片短，齿台长，齿台两侧边缘上有不规则的瘤齿列，使齿台边缘向上卷。齿台前部收缩，齿台边缘在收缩的地方微微向下延伸。近脊沟相当深。反口面基腔大，不对称，外侧发育一个褶皱，位于齿台中部。

附注　*Schmidtognathus hermanni* 自由齿片短，齿台前部有收缩，表面有不规则的瘤齿列，不同于 *S. pietzneri* 和 *S. wittekindti*。此种最早见于牙形刺 *S. hermanni—P. cristatus* 带，延至 *P. asymmetricus* 带。

产地层位　广西横县六景，上泥盆统融县组；德保都安四红山，“榴江组”；象州马鞍山，中泥盆统巴漆组中部。此种的时限为 *S. hermanni—P. cristatus* 带至 *M. asymmetricus* 带；广西桂林灵川县岩山圩乌龟山，付合组 *S. hermanni—P. cristatus* 带。

赫尔曼施密特刺（比较种）　*Schmidtognathus* cf. *hermanni* Ziegler, 1966

（图版108，图4）

1989 *Schmidtognathus* cf. *hermanni* Ziegler. －王成源，128页，图版40，图2。

2010 *Schmidtognathus* cf. *hermanni* Ziegler. －郎嘉彬和王成源，27页，图版Ⅳ，图6a—b。

附注　个体小，齿台厚。无自由齿片，齿台长，齿台两侧边缘上有不规则的稀疏的瘤齿。齿脊直，由侧方扁的、分离的瘤齿组成，一直延伸到齿台后端。齿台边缘较厚。近脊沟浅平。反口面龙脊发育。基穴相对较大，位于齿台中部，微向侧方斜伸。反口面有大而不对称的基腔。口面缺少瘤齿列，均不同于此种的正模标本。仅一个幼年期标本，暂作比较种。

Schmidtognathus hermanni 自由齿片短，齿台前部收缩，表面有不规则的瘤齿列，不同于 *S. pietzneri* 和 *S. wittekindti*。此种最早见于牙形刺 *S. hermanni—P. cristatus* 带，延至 *M. asymmetricus* 带（*M. falsiovalis* 带—*P. transitans* 带）。

此种的时代与 *Ancyrodella binodosa* 和 *Ancyrodella pristina* 的时代是一致的。

本书作者在与俄罗斯学者 Ovnatanova 通信讨论时，她认为当前标本可能是 *Ancyrognathus ancyrognathoides*，但后者缺少自由齿片和侧齿叶，固定齿片和齿脊低，齿台光滑（Klapper，1990，999页，图1），与当前标本相差甚大。*Ancyrognathus ancyrognathoides* 是 *Ancyrognathus* 属弗拉期最早期的种。

产地层位　此比较种在华南曾见于广西横县六景上泥盆统融县组，德保都安四红山“榴江组”，象州马鞍山中泥盆统巴漆组中部，*S. hermanni—P. cristatus* 带。此比较种的时限为 *S. hermanni—P. cristatus* 带至 *M. asymmetricus* 带。广西桂林灵川县岩山圩乌龟山付合组 *S. hermanni—P. cristatus* 带。内蒙古乌努尔下大民山组顶部，可能为再沉积的分子。

多尖瘤施密特刺　*Schmidtognathus peracutus*（Bryant, 1921）

（图版107，图1—2；图版108，图7）

1973 *Schmidtognathus peracutus*（Bryant）. －Ziegler, p. 420, *Schmidtognathus* －pl. 2, figs. 1—2.

1985 *Schmidtognathus peracutus*（Bryant）. －Ziegler and Wang, pl. 2, fig. 15.

1994 *Schmidtognathus peracutus*（Bryant）. －Wang, pl. 9, figs. 6a—b.

特征　自由齿片长而高，中部最高，细齿最大，其底缘平直。齿台上齿脊低，由分离的瘤齿组成，直达齿台后端。齿台最大宽度在齿台中部或中前部，后端尖；齿台上布满分散的瘤齿，近齿台边缘有时有不规则的瘤齿列。基腔位于齿台前端与齿台中点之间。

附注 此种齿台上有不规则的瘤齿，易于与本属其他种区别。

产地层位 广西德保都安四红山，上泥盆统“榴江组”。此种的时限为 *S. hermanni*—*P. cristatus* 带。

皮奇耐尔施密特刺 *Schmidtognathus pietzneri* Ziegler, 1966

（图版 107，图 11；图版 108，图 2）

1966 *Schmidtognathus pietzneri* Ziegler, pp. 666—667, pl. 2, figs. 11—25.

1973 *Schmidtognathus pietzneri* Ziegler. – Ziegler, p. 431, *Schmidtognathus* – pl. 1, fig. 2.

1986 *Schmidtognathus pietzneri* Ziegler. – Bultynck and Hollard, p. 46, pl. 9, figs. 7—8.

1986 *Schmidtognathus pietzneri* Ziegler – 季强，49 页，图版 16，图 13—18。

1989 *Schmidtognathus pietzneri* Ziegler. – 王成源，129 页，图版 41，图 8；图版 39，图 4。

特征 侧视，齿台强烈向下弯，齿台厚；口视，齿台长轴相对向侧方弯。齿台边缘有不规则的瘤齿。齿台前方向下。齿脊两侧前槽发育。自由齿片长而高。基腔较对称，居齿台前缘与齿台中点之间。

附注 此种层位为 *S. hermanni*—*P. cristatus* 带底至 *M. asymmetricus* 带下部。常见于 *S. hermanni*—*P. cristatus* 带上部。

产地层位 广西横县六景，上泥盆统融县组下部 *S. hermanni*—*P. cristatus* 带；象州马鞍山，中泥盆统巴漆组中部。此种的时限为下 *S. hermanni*—*P. cristatus* 带至最下 *M. asymmetricus*带。

魏特肯施密特刺 *Schmidtognathus wittekindti* Ziegler, 1966

（图版 107，图 3—6）

1965 *Schmidtognathus wittekindti* Ziegler, 1966, pp. 665—666, pl. 1, figs. 11—16; pl. 2, figs. 1—10.

1973 *Schmidtognathus wittekindti* Ziegler. – Ziegler, pp. 433—434, *Schmidtognathus* – pl. 1, fig. 1.

1985 *Schmidtognathus wittekindti* Ziegler. – Ziegler and Wang, pl. 2, figs. 17—18.

1986 *Schmidtognathus wittekindti* Ziegler. – 季强，49—50 页，图版 16，图 1—2，5—12。

1989 *Schmidtognathus wittekindti* Ziegler. – 王成源，129 页，图版 4，图 7。

1994 *Schmidtognathus wittekindti* Ziegler. – Wang, pl. 9, figs. 5a—b, 10a—b.

1995 *Schmidtognathus wittekindti* Ziegler. – 沈建伟，265 页，图版 2，图 17。

特征 齿台窄，后方尖；侧视齿台厚，向上拱曲。自由齿片高，其中部最高。固定齿脊由瘤齿构成，一直延伸到齿台后端。固定齿脊两侧齿台上，各有 1 ~ 3 列与齿台平行的、规则的瘤齿列。反口面基腔较大，居齿台前端与齿台中点之间。

附注 此种在欧洲和北美洲都是见于中—上泥盆统之间，很少见于牙形刺下 *S. hermanni*—*P. cristatus* 带，常见于上 *S. hermanni*—*P. cristatus* 带至下 *M. asymmetricus* 带。

产地层位 广西象州马鞍山，中泥盆统东岗岭组最顶部；德保都安四红山，上泥盆统“榴江组”；广西桂林灵川县岩山圩乌龟山，付合组 *S. hermanni*—*P. cristatus* 带。此种的时限为 *S. hermanni*—*P. cristatus* 带至最早 *M. asymmetricus* 带。

先力施密特刺 *Schmidtognathus xianliensis* Xiong, 1980

（图版108，图5—6）

1980 *Schmidtognathus xianliensis* Xiong. –熊剑飞，99—100页，图版28，图20—24。

特征 齿台长，箭头状，侧视微前拱。自由齿片长而高，由长的大部愈合的细齿组成，其底缘直，向下斜伸，与前缘呈锐角。自由齿片高度在与齿台连接处明显变低，向齿台上延伸成较高的齿脊，直到齿台后端。齿脊由分离的瘤齿构成。近脊沟深。齿台两侧向上卷，两边缘各有一列高的瘤齿列。齿台后方尖。基腔大，位于齿台前端与齿台中点之间；基腔两侧高于齿台反口面，向前后延伸成高的龙脊。

附注 此种自由齿片长而高，齿台两侧边缘有高的瘤齿列，近脊沟深，齿脊由分离的瘤齿构成，均不同于本属的其他种。演化关系不清，可能与 *S. hermanni* 关系密切。

产地层位 广西大新，中泥盆统五相岭组。

施密特刺（未定种A） *Schmidtognathus* sp. A

（图版108，图3）

1988 *Schmidtognathus* sp. A. –熊剑飞等，333页，图版128，图3。

特征 齿台窄而长，较厚，表面光滑或微显粗糙，无自由齿片。齿脊相对较高。反口面龙脊发育，基腔较大，对称，位于齿台前方。

比较 此种与 *Schmidtognathus hermanni* Ziegler 的区别在于后者齿台表面有瘤齿，齿脊相对较低，基腔不对称，而此种齿脊很高，齿台表面光滑，基腔对称。

附注 原文描述此种自由齿片短，但从图像判断，此种无自由齿片。

产地层位 四川龙门山，中泥盆统观雾山组海角石段（B127层）。

施密特刺（未定种） *Schmidtognathus* sp.

（图版108，图1）

1994 *Schmidtognathus* sp. –Wang, pl. 9, figs. 2a—b.

附注 仅一个幼年期标本，齿台明显不对称，最宽处在齿台前方，表面光滑；基腔强烈膨大。

产地层位 广西德保都安四红山剖面，弗拉期晚 *M. falsiovalis* 带。

高低颚刺科 ELICTOGNATHIDAE Austin and Rhodes, 1981

交生颚刺属 *Alternognathus* Ziegler and Sandberg, 1984

模式种 *Alternognathus regularis* Ziegler and Sandberg, 1984

特征 依据P分子建立的似 *Polygnathus* 或 *Siphonodella* 的属。齿台的个体发育特征是最早在齿片后方左侧出现齿台，而后在齿片中部右侧出现齿台。基腔在个体发育中反转成假龙脊，有一基穴。

附注 本属包括三个种：*Alternognathus pseudostriatus*（Dreesen and Dusar），*A. regularis* Ziegler and Sandberg, 1984 和 *A. beulensis* Ziegler and Sandberg, 1984。*Alternognathus* 的反口面与 *Siphonodella* 相似，并可能由此属演化出 *Siphonodella*。本属是研究 *Siphonodella* 起源的最重要的属，涉及泥盆纪—石炭纪界线的研究，但相关种在中国并无报道。考虑到其

在演化上的重要性，本书收录以下两个种：*Alternognathus beulensis* Ziegler and Sandberg, 1984 和 *Alternognathus regularis* Ziegler and Sandberg, 1984。

时代分布 已知本属的时代为法门期晚 *P. rhomboidea* 带到晚 *P. p. postera* 带，可能还上延高些。

博尔交生颚刺 *Alternognathus beulensis* Ziegler and Sandberg, 1984

（图版 110，图 1—4）

1971 *Scaphignathus subserratus* (Branson and Mehl). – Beinert *et al.*, pl. 1, fig. 14, 17.

1973 *Scaphignathus* cf. *subserratus* (Branson and Mehl). – Dreesen and Dusar, pl. 4, fig. 12.

1976 *Scaphignathus subserratus* (Branson and Mehl). – Fantiner *et al.*, pl. 2, fig. 3.

1978 *Scaphignathus subserratus* (Branson and Mehl). – Narkiewicz, pl. 11, fig. 3 (only).

1984 *Alternognathus beulensis* Ziegler and Sandberg, p. 189.

特征 齿台中等宽度，卵圆形；齿台前缘不是直接相对。自由齿片短，中部最高。假龙脊窄；基腔窄缝状。

附注 此种大标本上的装饰是锋利的横脊，而不是像幼年期标本上和 *A. regularis* 标本上的圆的瘤齿。在反口面上可以清楚看到齿台前缘偏右。

产地层位 此种的时限为法门期最晚 *P. marginifera* 带到晚 *P. p. postera* 带。此种在中国尚无报道。

规则交生颚刺 *Alternognathus regularis* Ziegler and Sandberg, 1984

（图版 110，图 5—9）

non 1934 *Polygnathus subserrata* sp. nov. – Branson and Mehl, p. 248, pl. 20, fig. 17.

1971 *Scaphignathus subserratus* (Branson and Mehl). – Beinert *et al.*, p. 82, pl. 1, figs. 1—9, 11—12 (non fig. 10 = *P. subserratus*); see for 1939—1967 synonmy.

1978 *Scaphignathus subserratus* (Branson and Mehl). – Narkiewicz, pl. 11, fig. 1 (only).

1984 *Alternognathus regularis* Ziegler and Sandberg, pp. 188—189.

特征 *Alternognathus* 的一个种，具有矛形的齿台和瘤状的齿脊，齿脊在齿台前端被一凹陷阻断。自由齿片中部最高，微微偏离齿脊。

附注 自从 1959 年以来，广泛使用的 *Scaphignathus subserratus* 的概念与此种的选型并不一致。这个种只限于选型，而这个选型可能是 *Polygnathus* 或 *Mashkovia* Aristov, Gagiev and Kononova 种的过成熟个体。Beinert (1971) 把它描述为 *Scaphignathus subserratus*，包含有几个标本。它与这里的 *A. regularis* 的概念不同，这里将其描述为 *A. beulensis*。*Alternognathus regularis* 显然由 *A. pseudostrigosus* (Dreesen and Dusar) 演化而来，它的时限由晚 *rhomboidea* 带进入到最晚 *marginifera* 带，并可能分化出 *Siphonodella praesulcata*。*Alternognathus pseudostrigosus* 以窄的、不规则发育、不明显的齿台而区别于 *A. regularis*。有些 *A. regularis* 标本与 *S. praesulcata* 很相似，但这两个种之间存在早、中、晚 *expansa* 带的时间间隔。

产地层位 此种的时限为法门期最晚 *marginifera* 带直到晚 *postera* 带顶。目前此种在中国尚无报道。

管刺属　*Siphonodella* Branson and Mehl, 1944

Siphonognathus Branson and Mehl, 1934; Branson and Mehl, 1944.

Siphonodella (*Eosiphonodella*) Ji, 1985.

Siphonodella (*Siphonodella*) Branson and Mehl, Ji, 1985.

模式种　*Siphonodella duplicata* Branson and Mehl, 1934

特征　齿台矛状，不对称，高高拱起，拱起的顶点就在基腔的上方或近于基腔的上方。除早期种外，口面的吻区和吻脊都很发育。外齿台一般比内齿台宽，齿脊发育，延伸到齿台后端并与自由齿片相连。齿台反口面存在宽的假龙脊或高起的龙脊。基坑小，缝状，无齿唇。基坑之后的区域特别的平。皱边宽。

附注　*Siphonodella* 与 *Polygnathus* 相似，但前者在齿台前部有特殊的吻部，基坑之后有特别平的区域。此属可能由 *Alternognathus* 演化而来（Ziegler 和 Sandberg, 1984）。

季强等依据贵州大坡上剖面的研究，已将原来的管刺类分为 *Protosiphonodella* n. gen, *Siphonodella*, *Eosiphonodella* n. gen. 和 *Eosiphonodella* n. gen. 四个属。但季强等的文章还未见发表（至2016年1月），本书未能录入，对其中的三个新属的特征和定义还有待了解。

时代分布　欧洲、亚洲、大洋洲的澳大利亚、美洲；由晚泥盆世法门期最晚期 *Siphonodella praesulcata* 带到早石炭世 *S. anchoralis* 带。Savage（2013）在泰国发现的新种 *Siphonodella banraiensis*，齿台装饰粗糙，不同于 *S. praesulcata*，其时限可下延到中 *P. g. expansa* 带，甚至 *P. p. postera* 带。

光滑管刺　*Siphonodella levis* (Ni, 1984)

（图版110，图10—14）

1984 *Leiognathus levis* Ni, pp. 283—284, pl. 44, figs. 26a—b (holotype), 27a—b (paratype).

1985 *Siphonodella* (*Eosiphonodella*) *simplex* Ji, pl. 2, figs. 8, 10, 12, 14—15, 18—19 (non figs. 7, 9, 11, 13, 16—17 = *Siphonodella homosimplex* sp. nov.)

1987 *Siphonodella simplex* Ji. –Ji, pl. 1, figs. 1—2 (only; non figs. 3—4 = *Siphonodella homosimplex* sp. nov.)

1987 *Siphonodella levis* (Ni). –Dong, p. 82, pl. 8, figs. 21—26.

1992 *Siphonodella levis* (Ni). –Ji, p. 229, pl. 1, figs. 5—6; pl. 2, figs. 13—24; text-fig. 6.

2010 *Siphonodella levis* (Ni). –张仁杰等，52页，图版Ⅱ，图12—13。

特征　齿台轮廓匙状或滴珠状，微微不对称或中等程度的不对称。齿台表面除齿脊外光滑无饰。齿脊低，由低矮的瘤齿组成，向内弯，向后延伸接近内齿台后缘，但不达齿台最后端。前齿台微微收缩，有小的瘤齿，形成不明显的吻部。内齿台窄，上翻，光滑无饰，有深的近脊沟与齿脊分开，近脊沟向后延伸到齿台后端。反口面有平的、较宽的假龙脊。基穴位于齿台中部前方或接近齿台前方。

附注　此种曾被季强（1985，1987a）命名为 *Siphonodella simplex*。此种没有真正的带吻脊的吻部，但有可能在一侧有吻脊。此种齿台前缘有细齿，不同于 *Siphonodella homosimplex*。

此种的时代是早石炭世最早期 *sulcata* 带（Ji, 1992）。依据王成源（1988 in Yu *et al.*,）的研究，此种可能来源于 *Siphonodella praesulcata* 的形态型3。Ji 和 Ziegler（1992）认为此种来源于 *Siphonodella homosimplex*。由于 *Siphonodella levis* 和 *Si. homosimplex* 主要见于浅水相区，至今没有见到 *Siphonodella levis* 和 *Si. homosimplex* 与 *Si.*

praesulcata 或 *Si. sulcata* 共存的层位，所以 *Si. levis* 和 *Si. homosimplex* 的时代的确定有待精细工作，仍不能排除其始见于泥盆纪 *Si. praesulcata* 带的可能性。

产地层位 此种见于湖北长阳、海南岛（南好组）等地的早石炭世最早期，浅水相。此种的时限为 *Si. levis* 带到晚 *Si. eurylobata* 带（Ji 和 Ziegler，1992）。

先槽管刺 *Siphonodella praesulcata* Sandberg，1972

（图版 111，图 1—12）

1969 *Polygnathus* sp. B. – Druce, pl. 26, figs. 5—7.

1972 *Siphonodella praesulcata* Sandberg. – Sandberg *et al.*, 1972, pl. 1, figs. 1—17; pl. 2, figs. 10—19.

1987 *Siphonodella praesulcata* Sandberg. – Yu *et al.*, pl. 2, figs. 1—10, 21—24; pl. 3, figs. 1—23.

1988 *Siphonodella praesulcata* Sandberg. – Wang and Yin, pp. 140—141, pl. 13, figs. 1—11; pl. 14, figs. 1—12; pl. 15, figs. 1—10; pl. 16, figs. 1—8; pl. 17, figs. 1a—b; pl. 31, figs. 6a—b.

特征 齿台窄，对称，微微拱起，两侧横脊微弱或明显。齿台及其齿脊直或微弯。基坑深，近于齿台前方。自由齿片短而低。

附注 *Siphonodella praesulcata* 的直接祖先可能是 *Alternognathus subserratus*。Sandberg（1972）早已指出，*Siphonodella praesulcata* 的齿台轮廓、装饰、齿脊和龙脊的弯曲程度都有较大的变化，他曾区分出此种的三种不同的齿台轮廓。

考虑到此种所有的变化特征，Wang 和 Yin（1988）将 *Siphonodella praesulcata* 划分出如下四种形态型。

Siphonodella praesulcata Morphotype 1（图版 111，图 1—5）是较典型的、非常接近此种的正模，并由此形态型演化出 *Siphonodella sulcata*。季强等（1985，139—140 页，图版 3，图 1—20；图版 14，图 1—23）描述的所有标本都应归入到此形态型。这一形态型包括区分出的两种齿台轮廓。齿台两侧较直，大部分几乎是平行的或向前后端明显收缩成尖状。齿台窄，对称，微拱。横脊弱而短。齿脊直或仅微微弯曲。假龙脊高起，像齿台一样长，其前方像齿台一样宽。齿台后端很尖。

Siphonodella praesulcata Morphotype 2（图版 111，图 6—9）像 Sandberg 等（1972，图版 1，图 8—9，12—13；图版 2，图 10—11）图示的标本。齿台几乎是对称的或微微不对称，外齿台稍宽点；齿台向前后方收敛，但近前端明显收缩，后端突然变尖。齿脊和假龙脊微弯。齿台边缘向上，有明显的横脊和深的近脊沟。假龙脊宽而高。齿脊在刺体的中部有 3 ~ 6 个大的瘤齿，但向前后方瘤齿愈合。形态型 2 的主要特征是近齿台前端齿台收缩。由此形态型演化出 *Siphonodella* cf. *semichatovae*，这一演化谱系在南边村剖面上很明显。

Siphonodella praesulcata Morphotype 3（Sandberg 等，1972，图版 1，图 14—15）的标本如 Sandberg 等（1972，图版 1，图 14—15）所图示的，有近于对称的齿台和几乎光滑的口方表面。齿台侧边向前后方收敛。齿脊和齿台微弯，特别是在基坑的后方。假龙脊窄，高起。齿脊由愈合的细齿组成，近脊沟相对较宽。形态型 3 演化出 *Siphonodella levis*（Ni），后者齿台表面光滑，外齿台宽，假龙脊宽，齿台前端收缩，并且只见于浅水相区。

Siphonodella praesulcata Morphotype 4（图版 111，图 10—12）相当于 Sandberg（1972）的图版 1，图 16—17。齿台卵圆形，为不常见的形态型。最宽处在齿台中部，由此向前后收敛。齿台边缘微凸，具横脊。齿脊由矮的瘤齿组成，微弯。近脊沟浅而

宽，近前端变深。此类形态型的谱系关系还不清楚。

产地层位　广西桂林，泥盆系—石炭系之间南边村组；贵州睦化，上泥盆统代化组和下石炭统王佑组。此种的时限为晚泥盆世最晚期早 *Siphonodella praesulcata* 带到早石炭世最早期 *Siphonodella sulcata* 带。

槽管刺　*Siphonodella sulcata* (Huddle, 1934)

（图版 111，图 13—14）

1934 *Polygnathus sulcata* Huddle, p. 101, pl. 8, figs. 22—23.

1984 *Siphonodella sulcata* (Huddle, 1934). – Wang and Yin, pl. 1, fig. 8.

1985 *Siphonodella sulcata* (Huddle, 1934). – Xiong and Wu, in Hou *et al.*, p. 142, pl. 15, figs. 1—19; pl. 16, figs. 1—28.

1985 *Siphonodella* (*Eosiphonodella*) *sulcata*. – Ji, p. 56, text-fig. 8.

1988 *Siphonodella sulcata* (Huddle, 1934). – Wang and Yin, in Yu *et al.*, p. 143, pl. 16, figs. 9—12; pl. 31, figs. 13a—b.

特征　齿台不对称，拱曲，两侧饰有横脊。窄的近脊沟将齿脊与横脊分开。假龙脊宽，强烈弯曲，在齿台前部具有深的基窝。自由齿片短而低。

附注　*Siphonodella sulcatan* 包含有不同的形态型。它与 *Siphonodella duplicate* 很相似，但缺少完整的吻部。有的标本的一侧有吻脊。它与 *Siphonodella praesulcata* 也很相似，有些过渡类型很难区别；两者的齿台都有些弯曲，但 *S. sulcata* 的齿台比 *S. praesulcta*的齿台更弯曲些；假龙脊的弯曲度比龙脊的弯曲度更重要，是区分这两个种的重要标志。齿台反口面的特征比齿台口面的特征更重要。

产地层位　此种见于世界各地，时限为早石炭世 *S. sulcata* 带到 *S. sandbergi* 带。它是石炭系最底部的带化石，在华南广泛分布。

颚齿刺科　GNATHODONTIDAE Sweet, 1988

原颚齿刺属　*Protognathodus* Ziegler, 1969

模式种　*Gnathodus kockeli* Bischoff, 1957

特征　自由齿片直，后齿片短。齿杯不对称，宽而短，位于刺体后部；齿杯外侧比内侧稍宽；齿杯前边缘相对，或内边缘比外边缘稍向前延伸；齿杯表面光滑，或饰有粗的瘤齿，瘤齿散乱分布或排列成明显的瘤齿列。

附注　此属包括六个种，其中常见于晚泥盆世最晚期的有四个种。此属由晚泥盆世的 *Bispathodus stabilis* 演化而来，并在 *S. isostica*—*S. crenulata* 带的底部进一步演化出 *Gnathodus*。但也有人认为两者在系统发生上没有关系。

时代分布　欧洲、大洋洲的澳大利亚、亚洲、北美洲。此属的时限为晚泥盆世法门期晚 *P. g. expansa* 带到早石炭世 *Sc. ancholalis* 带。在近岸和远岸有广泛分布。

科林森原颚齿刺　*Protognathodus collinsoni* Ziegler, 1969

（图版 109，图 9—11）

1959 *Protognathodus* cf. *commutatus* Branson and Mehl. – Scott and Collinson, pl. 1, figs. 23—25 (non figs. 26—27 = *P. meischneri*).

1969 *Protognathodus collinsoni* Ziegler, pp. 353—354, pl. 1, figs. 13, 18.

1984 *Protognathodus collinsoni* Ziegler. – Wang and Yin, pl. 3, fig. 16.

1985 *Protognathodus collinsoni* Ziegler. – Ji *et al.*, in Hou *et al.*, pp. 120—121, pl. 28, figs. 14—16 (non figs. 17—18 =

Protognathodus kockeli).
1988 *Protognathodus collinsoni* Ziegler. – Wang and Yin, in Yu, p. 130, pl. 22, figs. 5—7.

特征 前齿片直或微微向内弯，由细齿组成。齿脊直，连续延伸到齿杯后端。齿杯对称或近于对称，仅一个瘤齿，在齿杯的内侧或外侧。

附注 *Protognathodus collinsoni* 来源于 *Protognathodus meischeri*。Ji 等（1985，图版28，图17—18）图示的标本在内齿杯上有两个瘤齿，在外齿杯上有一个瘤齿。这类标本应归入到 *Protognathodus kockeli*。

产地层位 广西桂林，泥盆系—石炭系之间南边村组；那坡三叉河，上泥盆统三里组；贵州，下石炭统王佑组。此种的时限为法门期中 *S. praesulcata* 带至早石炭世 *S. sulcata*带。

科克尔原颚齿刺 *Protognathodus kockeli* (Bischoff, 1957)

（图版109，图12—18）

1957 *Gnathodus kockeli* Bischoff, p. 25, pl. 3, figs. 7a—b, 28—32.
1984 *Protognathodus kockeli* (Bischoff). – Wang and Yin, pl. 3, figs. 12, 14—15.
1988 *Protognathodus kockeli* (Bischoff). – Wang and Yin, in Yu, p. 130, pl. 22, figs. 8—17; pl. 31, fig. 12.

特征 前齿片直或微微内弯，由一列等高的细齿组成。齿杯不对称，外齿杯（齿叶）比内齿杯（齿叶）宽，齿脊延伸到齿杯后方尖端，并有些超过齿杯。在齿杯上，齿脊的两侧有一列或两列瘤齿；通常在一侧有一个瘤齿，在另一侧有一列瘤齿。

附注 *Protognathodus kockeli* 的特征是至少在一侧有一列由多于两个的瘤齿组成的瘤齿列。

产地层位 广西桂林，南边村组；贵州，王佑组。此种的时限为法门期晚 *S. praesulcata*带至早石炭世 *S. crenulata* 带。

屈恩原颚齿刺 *Protognathodus kuehni* Ziegler and Leuterits, 1970

（图版109，图19—21）

1967 *Protognathodus* sp. A. – Ziegler, pl. 1, fig. 26.
1970 *Protognathodus kuehni* Ziegler and Leuterits, p. 715, pl. 8, figs. 1—16.
1973 *Protognathodus kuehni* Ziegler and Leuterits. – Ziegler, p. 419, *Schmidtognathus* – pl. 2, fig. 6.
1988 *Protognathodus kuehni* Ziegler and Leuterits. – Wang and Yin, pl. 22, fig. 19.

特征 前齿片直或微微内弯，由一列细齿组成，细齿直立，基部愈合，顶尖分离。齿杯近于对称；齿杯口面齿脊两侧各有一列瘤齿列，瘤齿列由2~5个低矮的瘤齿组成；齿杯上的齿脊由几乎完全愈合的细齿组成。

讨论 此种的主要特征是齿脊的两侧各有一列瘤齿列。此种的齿台轮廓与 *Protognathodus meischeri* 的相似，但口面装饰完全不同。它与 *Protognathodus kockeli* 也相似，但此种的瘤齿列由粗的瘤齿组成。

附注 Kaiser 和 Corradini（2011，图8）在分析早期 *Siphonodella* 的演化问题后提出，此种的首次出现和 *Siphonodella sulcata* 的首次出现一样，可作为石炭纪开始的标志。这是对泥盆纪—石炭纪分界定义的重要补充。因此，此种有极为重要的地层价值。

产地层位 贵州睦化，下石炭统王佑组；广西桂林，泥盆系—石炭系之间南边村组。此种的时限为晚泥盆世晚 *S. praesulcata* 带至早石炭世早期早 *S. duplicata* 带，多数见于早石炭世早期。

迈斯奈尔原颚齿刺 *Protognathodus meischneri* Ziegler, 1969

（图版109，图1—8）

1969 *Protognathodus meischneri* Ziegler, p. 353, pl. 1, figs. 1—13.

1984 *Protognathodus meischneri* Ziegler. – Wang and Wang, pl. 3, fig. 17.

1985 *Protognathodus meischneri* Ziegler. – Ji *et al.*, in Hou *et al.*, pp. 122—123, pl. 28, figs. 1—13.

1988 *Protognathodus meischneri* Ziegler. – Wang and Yin, in Yu, p. 131, pl. 22, figs. 1—4, 18.

特征 前齿片直，它的长度与齿杯长度相同。齿杯对称，卵圆形，宽而浅，表面光滑。

附注 *Protognathodus meischneri* 是 *Protognathodus* 属最早的种，以齿杯卵圆形、上方表面无装饰为特征。

产地层位 广西桂林，泥盆系—石炭系之间南边村组；贵州，杜内阶王佑组。此种的时限为法门期 *S. praesulcata* 带至早石炭世杜内期 *S. sulcata* 带。

凹颚刺科 CAVUSGNATHIDAE Austin and Rhodes, 1981

克利赫德刺属 *Clydagnathus* Rhodes, Austin and Druce, 1969

模式种 *Clydagnathus cavusformis* Rhodes, Austin and Druce, 1969

特征 齿台直或微弯，前齿片短；齿台长，齿台上中齿沟发育。齿片居中或居侧方。齿台两侧有瘤齿列，后端有一短的齿脊。基腔居齿台中部，侧向膨大，不对称。

附注 本属与 *Scaphignathus* 和 *Cavusgnathus* 接近。本属缺少中齿脊（仅齿台后端有短的齿脊），有侧向膨大的基腔，不同于 *Scaphignathus*。*Clydagnathus* 与 *Cavusgnathus* 的区别在于本属齿台齿沟前方锁合，边缘装饰（瘤齿列）与齿片联合，基腔膨大。*Clydagnathus* 是由 *Bispathodus plumulus plumulus* 增加瘤齿和齿片侧移而来。*Scaphignathus* 可能源于多颚刺类，而 *Cavusgnathus* 可能源于 *Taphrognathus*。

时代分布 晚泥盆世至早石炭世。欧洲、北美洲、亚洲。中国贵州、广西、湖南等地。

前斜克利赫德刺 *Clydagnathus antedeclinatus* Shen, 1982

（图版109，图22）

1982 *Clydagnathus antedeclinata* Shen. –沈启明，46页，图版4，图8。

特征 前齿片居中，与齿台呈60°交角。齿片扁，由5～7个几乎愈合的细齿组成，倒数第三个细齿最高。齿台短，前宽后尖；齿台前明显下凹，形成深的倒三角形，齿沟只限于齿台前1/4处。粗壮的横向瘤齿发育，齿台前方有两列瘤齿，中后部为粗壮的横脊。反口面基腔膨大，近于对称，前2/3几近圆形，向后急剧收缩。

比较 此种与 *Clydagnathus gilwernensis* 相似，但此种的前齿片与齿台斜交，前槽缘深，倒三角形，齿台上横脊发育。

产地层位 湖南临武香花岭，上泥盆统锡矿山组上部。

凹形克利赫德刺 *Clydagnathus cavusformis* Rhodes, Austin and Druce, 1969

（图版 108，图 9—10，12）

1969 *Clydagnathus cavusformis* Rhodes, Austin and Druce, pp. 85—86, pl. 1, figs. 9—13.

1982 *Clydagnathus cavusformis* Rhodes, Austin and Druce. – Wang and Ziegler, pl. 1, figs. 16—17, 22, 25.

1987 *Clydagnathus cavusformis* Rhodes, Austin and Druce. – 董振常，71 页，图版 3，图 21—22。

1988 *Clydagnathus cavusformis* Rhodes, Austin and Druce. – 秦国荣等，62 页，图版 3，图 2，4—5。

1994 *Clydagnathus cavusformis* Rhodes, Austin and Druce. – Bai *et al.*, p. 162, pl. 3, fig. 12.

特征 前齿片为齿台长的 1/4，很短，羽毛状，侧视为亚三角形，具有 4 ~6 个直立愈合的细齿，最后一个细齿最大，是明显的主齿。主齿之后为深的齿槽。齿台窄而长，中后部细长，具有两列侧瘤齿，后部有一短的齿脊。齿台外侧边缘的瘤齿列向外膨伸并延伸达主齿外侧的中部，而内齿台没有向前延伸。齿台不对称。基腔大，不对称，侧向明显膨胀。

产地层位 湖南横东县东冲，上泥盆统法门阶邵东组；粤北曲江黄沙坪，上泥盆统法门阶孟公坳组，*Clydagnathus cavusformis*—*C. gilwernensis* 组合带。

基尔温克利赫德刺 *Clydagnathus gilwernensis* Rhodes, Austin and Druce, 1969

（图版 108，图 8）

1969 *Clydagnathus gilwernensis* Rhodes, Austin and Druce, pp. 87—88, pl. 2, figs. 1a—d.

1973 *Clydagnathus gilwernensis* Rhodes, Austin and Druce. – Austin and Hill, pl. 1, figs. 14, 29.

1988 *Clydagnathus gilwernensis* Rhodes, Austin and Druce. – 秦国荣等，62 页，图版 3，图 1。

特征 前齿片短而高，位于齿台中间。齿台呈矛形，窄而长，口面齿垣由瘤齿组成，被宽而浅的中沟分开。偶尔齿台最后部可发育有一条短的齿脊，并可超出齿台之外，形成很短的后齿片。反口面基腔不对称，侧向膨胀，发育于齿台前部的 2/3 处。

讨论 当前标本与 Austin 和 Hill（1973）描述的标本十分相似，其左侧齿垣前部略长于右侧齿垣，可能代表由 *C. gilwernensis* 向 *C. cavusformis* 演化的初期过渡类型，但由于前齿片仍位于齿台中部，故仍将其归入 *C. gilwernensis* 中。

产地层位 粤北曲江黄沙坪，上泥盆统法门阶孟公坳组，*Clydagnathus cavusformis*—*C. gilwernensis* 组合带。

湖南克利赫德刺 *Clydagnathus hunanensis* Shen, 1982

（图版 109，图 23—24）

1982 *Clydagnathus hunanensis* Shen. – 沈启明，46 页，图版 4，图 1，7。

特征 前齿片居中，短而高；齿台窄而长，略弯曲，向后逐渐变窄。齿台两侧有呈“八”字形的横脊。齿台中间的齿沟发育，前深后浅，但不达齿台后端。齿台前端两侧有高起的粗大的“瘤齿”，前槽缘深；齿台后端发育有横脊。反口面基腔近于对称，在齿台前方膨大近圆形，向后迅速收缩。

比较 此种与 *Clydagnathus ormistoni* 相似，但其前齿片居中，齿台前方有特别粗大高起的瘤齿。此种齿台上的横脊较密集，也不同于 *Clydagnathus gilwernensis*。

附注 沈启明（1982）在命名此种时，没有指定模式标本，本书指定原文中的图 1a—b 为模式标本，即本书的图版 109，图 23，可惜原文的反口面图 1b 不清晰。

产地层位 湖南临武香花岭，上泥盆统锡矿山组上部。

单角克利赫德刺　*Clydagnathus unicornis* Rhodes, Austin and Druce, 1969

（图版108，图11，13）

1969 *Clydagnathus unicornis* Rhodes, Austin and Druce, p. 88, pl. 2, figs. 2a—3d, 5a—b.

1988 *Clydagnathus unicornis* Rhodes, Austin and Druce. –秦国荣等，62页，图版3，图3.

特征　前齿片高大，呈羽毛状，由一个大的愈合细齿构成，位于齿台右侧。齿台口面发育两条由瘤齿组成的齿垣，中部有一条极为宽浅的中沟将两条齿垣分开。基腔不对称，侧向膨胀，左侧大于右侧。

讨论　此种可能由 *Clydagnathus cavusformis* 演化而来，区别在于后者前齿片由数个细齿组成。基腔一般发育于齿台前部的2/3处。

产地层位　粤北曲江黄沙坪，上泥盆统法门阶孟公坳组，*Clydagnathus cavusformis*—*C. gilwernensis* 组合带。

佩德罗刺属　*Patrognathus* Rhodes, Austin and Druce, 1969

模式种　*Patrognathus variabilis* Rhodes, Austin and Druce, 1969

特征　台型牙形刺，具有矛状齿台和明显的前齿片。前齿片上最后一个细齿比其他细齿高。齿台上的齿脊由两列瘤齿列构成，这两个瘤齿列被一条中齿沟分开。基腔大，不对称或对称，几乎占据整个反口面。少数标本可能有一个很短的后齿片，仅有两个细齿。

比较　*Patrognathus* 有宽大外张的基腔，不同于 *Taphrognathus* 和 *Streptognathodus*。

时代分布　晚泥盆世最晚期至早石炭世杜内期早期。欧洲、北美洲、亚洲。中国贵州、广西等地。

雅水佩德罗刺　*Patrognathus yashuiensis* Xiong, 1983

（图版111，图15）

1983 *Patrognathus yashuiensis* Xiong. –熊剑飞，330页，图版74，图8。

特征　台形牙形刺，齿台矛尖状。前齿片短而高，由两个较粗大的细齿构成，靠近齿台的细齿最大。齿台中部两侧各有3~4个瘤齿（共有7个瘤齿）组成一列，中间有中齿沟，但至第4个瘤齿之后，中齿沟消失而合为一列瘤齿，延续到齿台后部。基腔大，两齿叶在齿台中前部展开，占据了齿台反口面的大部分，呈对称的半圆形，并向前后端延伸出窄的齿槽。

比较　此种的特征是自由齿片由两个大的细齿组成，基腔对称，不同于其他已知种。

产地层位　贵州惠水雅水，密西西比亚系杜内阶岩关组。

第3章 中国泥盆纪牙形刺的形式分类

形式分类（form taxonomy）在现代牙形刺分类中已不常采用。现今普遍采用器官分类，但以下几种情况仍保留部分形式分类：①无法恢复它的器官分类，不得不采用形式分类；②知道它在器官分类中的位置，但不知道具体与哪些器官种匹配（如我们知道 *Palmatodella* 和 *Scutula* 都是器官属 *Palmatolepis* 中的分子，但是在种一级的水平上，*Palmatodella* 和 *Scutula* 的种与 *Palmatolepis* 的种是如何匹配的，这几乎是没法搞清楚的，很多 *Palmatolepis* 的种都是依据 Pa 分子建立的）；③有的形式分类已建立了相关的器官分类，但还没有得到公认，暂时保留形式分类（如 Dzik（2006）已建立了器官属 *Guizhoudella*，并依据此属建立了新科 Guizhoudellidae，但本书作者感到使用困难，故仍保留其为形式属）。这些被列入形式分类的牙形刺，今后有可能会逐渐转化为器官分类。

小尖刺属 *Acodina* Stauffer, 1940

模式种 *Acodina lanceolata* Stauffer, 1940

特征 单锥牙形刺，断面透镜状或近三角形。多数个体几乎是对称的，前面和后面宽，或凸或平，具两个侧缘，近基部最宽。基腔锥形。

附注 Stauffer（1940）建立此属时，认为此属无明显的棱脊（keel），不同于 *Acodus*。Lindström（1964）把此属归入 *Drepanodus*，而 Hass（1962）将此属归入 *Acontiodus*，后两属均为奥陶纪的分子。对在泥盆系发现的、左右对称而前后方扁的单锥牙形刺，多数人仍用 *Acodina* 这一属名（Sannemann, 1955；Druce, 1975）。

时代分布 泥盆纪。北美洲、欧洲、亚洲、大洋洲的澳大利亚。

弯曲小尖刺 *Acodina curvata* Stauffer, 1940

（图版 112，图 1）

1940 *Acodina curvata* Stauffer, p. 418, pl. 60, figs. 3, 14—16.

1961 *Acodina curvata* Stauffer. – Freyer, p. 31, text-fig. 3.

1968 *Acodina curvata* Stauffer. – Mound, p. 469, pl. 65, fig. 1.

1989 *Acodina curvata* Stauffer. – 王成源, 20 页, 图版 43, 图 3。

特征 锥体断面双凸形。基腔侧方扁，前后浑圆。主齿后弯，上方较直，向顶端逐渐变尖，前后缘无缘脊。

比较 此种以锥体断面双凸形、上方较锐而区别于本属其他种。常见于晚泥盆世，个体很少见。有可能是 *Pelekysgnathus* 多成分种的锥形分子。

产地层位 广西武宣三里，上泥盆统法门阶“三里组”*marginifera* 带。

矛形小尖刺 *Acodina lanceolata* Stauffer, 1940

（图版112，图2）

1940 *Acodina lanceolata* Stauffer, p. 419, pl. 60, figs. 29—30.

1989 *Acodina lanceolata* Stauffer. －王成源，20 页，图版43，图5。

特征 刺体宽，向后缓弯，前面凸，后面平凸，断面近透镜状，两侧缘较锐利。近基部刺体稍收缩，底缘向外扩张。

附注 此种产于北美洲 Minnesota 的 Homested well。Stauffer（1940）认为此种产出的地层为泥盆系，但这一地层混有奥陶纪牙形刺分子，使得此种时代存疑。当前标本产自泥盆纪地层，时代无疑。

产地层位 广西那坡三叉河，下泥盆统益兰组 *P. dehiscens*（?）带上部。

小尖刺（未定种） *Acodina* sp.

（图版112，图3）

1981 *Acodina* sp. －Wang and Ziegler, pl. 2, fig. 17.

特征 单一锥体，向后倾，侧方扁。基腔椭圆形。

产地层位 内蒙古喜桂图旗，中泥盆统霍博山组。

角刺属 *Angulodus* Huddle, 1934

模式种 *Angulodus demissus* Huddle, 1934

特征 刺体由较粗壮的齿耙构成，前后齿耙长度相近，常常向下弯曲并有细齿。前齿耙略向后方弯；后齿耙末端有特殊的反曲，后齿耙细齿向后端增大。主齿近中部，直或向后弯。反口面有缝状齿槽或龙脊。基腔位于主齿下方。

比较 本属与 *Hindeodella* 的区别为其前后齿耙近等长，齿耙粗壮，后齿耙末端有一特殊的反曲。它与 *Bryantodus* 的区别是缺少侧棱脊和有反曲。此属是形式属。

时代分布 中泥盆世至早石炭世；欧洲、北美洲、亚洲。

双齿角刺 *Angulodus bidentatus* Sannemann, 1955

（图版112，图5—6）

1955 *Angulodus bidentatus* Sannemann, p. 127, pl. 3, fig. 18.

1966 *Angulodus bidentatus* Sannemann. －Wolska, p. 374, pl. 1, fig. 10.

1967 *Angulodus bidentatus* Sannemann. －Mound, p. 472, pl. 65, fig. 24.

1968 *Angulodus elongatus* Stauffer. －Mound, p. 473, pl. 65, figs. 23, 25.

1977 *Angulodus bidentatus* Sannemann. －王成源和王志浩，56 页，图版1，图5。

特征 前齿耙有一粗大细齿的 *Angulodus*。前齿耙向内并向下弯，细齿片状、密集；后齿耙细齿向末端变高、增大。

描述 主齿大，细长，后倾。前齿耙向下并有些向内弯，较高，片状，细齿密集。后齿耙细齿密集，后倾，向末端变高、增大。

比较 当前标本前齿耙细齿折断，大细齿不明显，后齿耙细齿向末端变高，与正模标本有所不同，但与 Mound（1968）描述的 *Angulodus elongatus* 一致。此种原定义是前齿耙有一个大的细齿，实际上可有2～3个大的细齿。

产地层位 贵州，上泥盆统代化组；广西德保四红山，上泥盆统三里组。

曲角刺　*Angulodus curvatus* Wang and Wang, 1978

（图版113，图6）

1978 *Angulodus curvatus* Wang and Wang. －王成源和王志浩，335页，图版40，图6—9。

特征　前齿耙下倾，有分离的、间距较大的细齿；后齿耙弯曲、下倾，有大小交替的细齿。末端反曲微弱。

比较　此种与 *Angulodus walrathi*（Hibbard）最为接近，区别在于此种不是大小交替的细齿，而是分离的较大的细齿；主齿不位于中部。此种前齿耙的长度约为刺体长的1/3。

产地层位　云南广南，下泥盆统达莲塘组。

下落角刺　*Angulodus demissus* Huddle, 1934

（图版112，图7）

1934 *Angulodus demissus* Huddle, p. 77, pl. 10, fig. 15.

1957 *Angulodus demissus* Huddle. －Bischoff and Ziegler, p. 43, pl. 20, fig. 1.

1989 *Angulodus demissus* Huddle. －王成源，26页，图版2，图10。

特征　齿耙粗壮、短。前齿耙向下斜伸并向内弯；后齿耙短，后端向下弯曲并微微向内弯。细齿断面圆，大小细齿交替出现。主齿向后弯，后齿耙细齿向后端增大。基腔位于主齿之下；齿耙反口缘有齿槽，齿耙具明显的侧齿棱。

时代　中泥盆世至晚泥盆世。

产地层位　广西德保四红山，中泥盆统分水岭组 *T. k. australis* 带。

长角刺　*Angulodus elongatus* Stauffer, 1940

（图版115，图14）

1940 *Angulodus elongatus* Stauffer, p. 419, pl. 58, figs. 1, 8, 21, 23.

non 1968 *Angulodus elongatus* Stauffer. －Mound, p. 473, pl. 65, figs. 23, 25（＝*Angulodus bidentatus* Sannemann, 1955）.

1989 *Angulodus elongatus* Stauffer. －王成源，26页，图版3，图13。

特征　齿耙相当粗壮、长，后齿耙直而长，具有大小交替的细齿，细齿断面圆或双凸形，细齿向远端增大，末端有反曲。主齿大小与后齿耙末端最大细齿相近，但在前后齿耙上临近主齿的细齿均较小。前齿耙短，由主齿前方向内侧弯并向下伸，具有几个分离的同样向远端变大的细齿。

比较　*Angulodus elongatus* 前齿耙向内侧弯，但与后齿耙不呈90°角，同时后齿耙末端有发育的反曲，以此可区别于与其形态相似的 *Hindeodella austinensis* Stauffer, 1940。

产地层位　广西那坡三叉河，下—中泥盆统坡折落组 *P. serotinus* 带。

重角刺　*Angulodus gravis* Huddle, 1934

（图版113，图5）

1934 *Angulodus gravis* Huddle, p. 77, pl. 3, figs. 3—4.

1957 *Angulodus gravis* Huddle. －Bischoff and Ziegler, p. 43, pl. 20, figs. 2—3, 5—6; pl. 8, figs. 7—8.

1989 *Angulodus gravis* Huddle. －王成源，27页，图版11，图1；图版13，图13。

特征　齿耙拱曲并内弯；前齿耙向下弯，其长度约为刺体长的一半，其上有密集的细齿。主齿较壮、后倾。后齿耙侧视微弯，末端钩状，有2～3个大的细齿，其他大小细齿交替。

附注 Bischoff和Ziegler（1957）指出，*A. gravis* 前齿耙短，后齿耙细齿交替，不同于*A. demissus*。当前标本前齿耙长。此种常见于中泥盆世，但也可见于早石炭世。

产地层位 广西德保都安四红山，中泥盆统分水岭组 *P. x. ensensis* 带。

全细角刺 *Angulodus pergracilis* (Ulrich and Bassler, 1926)

（图版112，图8—12）

1926 *Bryantodus pergracilis* Ulrich and Bassler, p. 27, pl. 10, fig. 11.

1932 *Bryantodus nelsoni* Ulrich and Bassler. – Bassler, p. 234, pl. 26, fig. 9.

1934 *Angulodus gravis* Huddle, p. 77, pl. 3, figs. 3—4.

1957 *Angulodus gravis* Huddle. – Bischoff and Ziegler, p. 43, pl. 8, figs. 7, 9; pl. 20, figs. 2—3, 5—6.

1968 *Angulodus pergracilis* (Ulrich and Bassler). – Huddle, p. 8, pl. 2, fig. 2.

1989 *Angulodus pergracilis* (Ulrich and Bassler). – 王成源，27页，图版2，图11—15。

特征 齿耙粗壮，拱曲，侧方扁。前齿耙短，其长度约为后齿耙长的2/3或1/3，在主齿前方向下斜伸，并向内弯，其底缘较直，细齿无交替。后齿耙有很多大小交替或大小不规则的细齿；细齿扁，缘脊锐利，排列紧密。主齿发育，其长度约为前齿耙细齿长的两倍，先向后再向内倾斜。

比较 *Angulodus pergracilis* 以短的前齿耙和细齿交替的后齿耙而区别于*A. demissus*和*A. walrathi*。

时代 早泥盆世晚期到早石炭世。

产地层位 广西德保四红山，下—中泥盆统坡折落组、分水岭组；那坡三叉河，中泥盆统分水岭组；横县六景，中泥盆统民塘组。此种时限为*P. serontinus*带至*P. x. ensensis*带。

全细角刺（比较种） *Angulodus* cf. *pergracilis* (Ulrich and Bassler, 1926)

（图版112，图21—22）

cf. 1926 *Bryantodus pergracilis* Ulrich and Bassler, p. 27, pl. 10, fig. 11.

cf. 1968 *Angulodus pergracilis* (Ulrich and Bassler). – Huddle, p. 8, pl. 2, figs. 1—2.

1989 *Angulodus* cf. *pergracilis* (Ulrich and Bassler, 1926). – 王成源，27—28页，图版3，图11—12。

特征 齿耙壮，侧方扁，主齿近中部。后齿耙细齿大小交替或不规则，末端有反曲；前齿耙反口缘较直，由主齿前方向下伸。前齿耙构造与*Angulodus pergracilis*一致，仅前齿耙上有大小交替的细齿，但小的细齿并不太发育。

产地层位 广西德保都安四红山，坡折落组和分水岭组。此比较种的时限为*P. serontinus*带到*P. c. costatus*带。

沃尔拉思角刺 *Angulodus walrathi* (Hibbard, 1927)

（图版112，图13—18）

1927 *Hindeodella walrathi* Hibbard, p. 205, pl. 4, figs. 4a—b.

1934 *Angulodus walrathi* (Hibbard). – Huddle, p. 77, pl. 4, fig. 15.

1955 *Angulodus walrathi* (Hibbard). – Sannemann, p. 127, pl. 3, fig. 16.

1978 *Angulodus walrathi* (Hibbard). – 王成源和王志浩，56页，图版1，图15。

1989 *Angulodus walrathi* (Hibbard). – 王成源，28页，图版3，图2—9。

特征　前齿耙较长，主齿近中部，断面圆，比其他细齿大2~3倍，直或向后弯。前齿耙几乎与后齿耙等长。前后齿耙有大小交替的细齿，在两个大细齿之间有2~3个小细齿。后齿耙侧视直或微向反口方弯，底缘较直。

时代　早泥盆世晚期至晚泥盆世。

产地层位　贵州长顺，上泥盆统代化组；广西德保都安四红山，下泥盆统达莲塘组、坡折落组。此种的时限为早泥盆世埃姆斯期 *P. dehiscens*（?）带到晚泥盆世弗拉期 *M. asymmetricus* 带。

角刺（未定种 A）　*Angulodus* sp. A

（图版112，图19—20）

1989 *Angulodus* sp. A. －王成源，28页，图版3，图10。

特征　仅一个标本。前齿耙粗壮，向下拱曲，并微向内弯，主齿近中部；后齿耙比前齿耙略长。前后齿耙上有分离的细齿，前齿耙上细齿较密。基腔发育，位于主齿下方。反口面较宽平，具有发育的齿槽。

当前标本主齿近中部，前后齿耙向下弯，与 *Angulodus* 的特征一致，但后齿耙缺少反曲，齿耙上细齿无大小交替，仅有分离的细齿。反口面宽平，基腔齿槽发育，不同于本属已知种。

产地层位　广西那坡三叉河，下泥盆统达莲塘组 *P. perbonus* 带。

角刺（未定种 B）　*Angulodus* sp. B

（图版113，图3）

1989 *Angulodus* sp. B. －王成源，28页，图版13，图8。

特征　仅一个标本。前齿耙向下弯，具有分离的、断面圆的细齿，细齿有向远端增大的趋势；主齿近直立，断面圆。后齿耙直，具有大小交替的细齿，反口面较窄，不同于 *Angulodus* sp. A。

产地层位　广西横县六景，上泥盆统融县组顶部。

角刺（未定种 C）　*Angulodus* sp. C

（图版113，图4）

1989 *Angulodus* sp. C. －王成源，28页，图版13，图12。

特征　主齿发育，后倾。后齿耙较直，细齿大小交替，向远端增高；前齿耙细齿较粗大，未分离，向主齿方向增多。反口面较宽。

Angulodus sp. C 以后齿耙细齿交替而不同于 *Angulodus* sp. A，以前齿耙细齿向主齿方向增大、反口面较宽而不同于 *Angulodus* sp. B。

产地层位　广西那坡三叉河，下泥盆统坡折落组 *P. serontinus* 带。

鸟刺属　*Avignathus* Lys and Serre, 1957

模式种　*Avignathus beckmanni* Lys and Serre, 1957

特征　刺体对称，以主齿片（或称轴齿片）为对称面，主齿片前端有两个具细齿且向前伸的前侧齿片，形成向前开放的角。主齿片与两前侧齿片结合处的上方可能有主齿。主齿片口缘具有细齿，后倾，并有向后方增大的趋势。在主齿片中部或后半部，有两个对称的后侧齿片以不同角度向后张开，并略向下伸。后侧齿片口视直、内弯或外弯，它的细齿与主齿片细齿相似。在后侧齿片与主齿片相接处，可能有一个与前方主齿相对应的较大的细齿。所有齿片底缘锐利，无基腔。

时代分布 晚泥盆世早期（弗拉期晚期）到法门期最早期。欧洲、北美洲、亚洲。

贝克曼鸟刺 *Avignathus beckmanni* Lys and Serre, 1957

（图版 113，图 2）

1957 *Avignathus beckmanni* Lys and Serre, p. 798, fig. 2.

1979 *Avignathus beckmanni* Lys and Serre. – Cygan, p. 169, pl. 1, fig. 12.

1981 *Avignathus beckmanni* Lys and Serre. – 王成源，30 页，图版 2，图 2。

特征 两个对称的前侧齿耙向下伸，侧视其底缘与主齿片底缘以近 90°角相交。主齿片中部细齿大小交替，有时有一个较大的细齿，最后端有三个较大的细齿。后侧齿片短，对称或不对称。

描述 刺体近于对称，以主齿片为对称面。主齿片前端有两个对称的前侧齿片，向前开放，相互间夹角约为 90°。前侧齿片略向前伸，而主要是垂直向下延伸，其底缘与主齿片底缘呈 90°；向下延伸超过主齿片底缘的部分，约为前侧齿片高的一半。前侧齿片上各有三个细齿，垂直向上，而与前齿片口缘呈很尖的锐角；细齿断面圆、短、几乎全部愈合。主齿片与前侧齿片相接处有一主齿，已折断。主齿片侧视较高。在前侧齿片中间，主齿片中部有一个较大的细齿，此细齿前后各有两个细齿。主齿片后方增高，有三个较大的细齿，指向后上方，第一个细齿略偏斜，最后的一个细齿已折断。主齿片后方底缘向上斜。在主齿片后方 1/5 处有两个后侧齿片，向后方张开，不太对称。两后侧齿片很小，口缘向下，底缘向上，平缓过渡，略呈扇形。齿片反口缘锐利，无齿槽和基腔。

附注 此属已知仅有两个种 *Avignathus beckmanni* Lys and Serre, 1957 和 *A. orthoptera* Ziegler, 1958，以及一个未定种 *Avignathus* sp. Lys and Serre, 1957。当前的标本以强烈向下伸的、高的前侧齿片不同于典型的标本。此外，它的后侧齿片短，略呈扇形，不对称。*A. beckmanni* 的正模标本后侧齿片向后方延伸长，向远端变小。此种见于晚泥盆世弗拉期牙形刺 *P. gigas* 带，当前标本层位稍高。

产地层位 广西德保都安四红山，上泥盆统法门阶三里组 *P. triangularis* 带底部。

直翼鸟刺 *Avignathus orthoptera* Ziegler, 1958

（图版 113，图 1）

1958 *Avignathus orthoptera* Ziegler, p. 51, pl. 12, figs. 13—14.

1989 *Avignathus orthoptera* Ziegler. – 王成源，30 页，图版 1，图 1。

特征 口视主齿片直，后侧齿片直或微向外弯，在前齿片结合点上有一主齿，在后齿片结合点上方有一大的细齿。

附注 仅一个标本，未见前侧齿片，后侧齿片几乎与主齿垂直，不同于 *Avignathus orthoptera* 的正模标本；但在主齿片前方有一主齿，在后侧齿片结合处也有一大的细齿，后侧齿片直，特征与 *Avignathus orthoptera* 的一致。此种常见于上泥盆统中部（的中上部）。

产地层位 广西德保都安四红山，法门阶三里组 *P. triangularis* 带的底部。

不赖恩特刺属　*Bryantodus* Ulrich and Bassler，1926

模式种　*Bryantodus typicalis* Ulrich and Bassler，1926

特征　刺体齿片状，通常有明显的侧棱脊，断面近圆形。主齿近中部，前后齿片均具细齿。基腔发育，有齿唇。齿片反口面薄，缘脊锐利。

比较　*Bryantodus* 与 *Ozarkodina* 最相似，但前者齿片上有侧棱脊，断面近圆形，底缘锐利，是一形式属，是某些器官属中的一分子。

时代分布　中志留世至中石炭世。世界性分布。

凹凸不赖恩特刺　*Bryantodus concavus* Huddle，1934

（图版 114，图 2）

1934 *Bryantodus concavus* Huddle，p. 71，pl. 2，figs. 15—17.

1989 *Bryantodus concavus* Huddle. －王成源，35 页，图版 5，图 10。

特征　齿片侧方扁，强烈向上拱曲并向内侧弯曲，主齿居齿片 1/3 处，上方尖。细齿在形态和倾向上与主齿相似，向远端略增大。前齿片有 8 个细齿，后齿片有 10 个细齿。

附注　Huddle（1934）建立此种时，标本在页岩上，从图像上可以看出，齿片在页岩上侧方压断，由此断定齿片是向内侧弯曲的，虽然 Huddle 并未提到这一特征。此种曾见于北美洲上泥盆统 New Albany 页岩中。

产地层位　广西德保都安四红山，中—上泥盆统榴江组上 *P. varcus* 带。

大齿不赖恩特刺　*Bryantodus macrodentatus*（Bryant，1921）

（图版 113，图 10—12）

1921 *Prioniodus macrodentatus* Bryant，p. 18，pl. 8，fig. 10.

1957 *Bryantodus macrodentatus*（Bryant）. －Bischoff and Ziegler，p. 49，pl. 21，fig. 17.

non 1968 *Bryantodus macrodentatus*（Bryant）. －Mound，p. 479，pl. 65，figs. 45，47（＝ *B. typicalis*）.

1976 *Bryantodus macrodentatus*（Bryant）. －Druce，pp. 78—79，pl. 15，figs. 1—4.

1989 *Bryantodus macrodentatus*（Bryant）. －王成源，35 页，图版 4，图 13—15。

特征　刺体拱曲，细齿不规则，齿耙肿凸，一侧或两侧有棱凸。细齿侧方扁，愈合。前齿耙细齿高，粗壮，常常几个细齿愈合在一起。后齿耙细齿小，向后方减少。基腔小。反口面有锐利的龙脊。

时代　中泥盆世（Bischoff 和 Ziegler，1957）至晚泥盆世早期。

产地层位　广西德保都安四红山，中—上泥盆统分水岭组、上泥盆统榴江组。此种的时限为艾菲尔期 *T. k. kocklianus* 带至弗拉期 *A. triangularis* 带。

小齿不赖恩特刺　*Bryantodus microdens* Huddle，1934

（图版 114，图 1）

1934 *Bryantodus microdens* Huddle，p. 69，pl. 2，fig. 10.

1989 *Bryantodus microdens* Huddle. －王成源，36 页，图版 5，图 11。

特征　刺体小，齿片短，主齿明显较突出。主齿与齿片上细齿侧方扁，紧密排列，其间常有楔形小细齿插入。底缘略拱曲，沿刺体底缘上方有与底缘平行且突出的棱脊，其上缘呈小锯齿状。

比较 当前标本与正模标本相比，底缘较拱曲，侧棱脊上有小齿，而其他特征一致。此种见于北美洲上泥盆统 New Albany 页岩上部。

产地层位 广西横县六景，上泥盆统融县组 *P. triangularis* 带。

整洁不赖恩特刺 *Bryantodus nitidus* Ulrich and Bassler, 1926

（图版 113，图 7—9）

1926 *Bryantodus nitidus* Ulrich and Bassler, p. 24, pl. 4, fig. 8 (only).

1968 *Bryantodus nitidus* Ulrich and Bassler. – Huddle, p. 10, pl. 2, figs. 8—16.

1970 *Bryantodus nitidus* Ulrich and Bassler. – Seddon, pl. 14, figs. 4—5.

1976 *Bryantodus nitidus* Ulrich and Bassler. – Druce, p. 76, pl. 16, figs. 1a—4b; pl. 17, figs. 1—2.

1989 *Bryantodus nitidus* Ulrich and Bassler. – 王成源，36 页，图版 5，图 12—14。

特征 刺体拱曲，基部凸出，肿大的基部主要在内侧。主齿近中部，其高与宽分别约为齿片细齿的两倍。前齿片细齿比后齿片细齿大。细齿侧方扁、愈合、顶尖分离。主齿下方有卵圆形基腔。偏外侧有膨大的齿唇，齿片反口缘缘脊锐利。

附注 Druce（1976）将内齿台上有瘤齿的类型同样包括在此种内。此种见于北美洲、大洋洲的澳大利亚和欧洲的上泥盆统 *M. asymmetricus* 带至 *P. crepida* 带。

产地层位 广西德保都安四红山，弗拉阶榴江组 *A. triangularis* 带；横县六景，融县组 *P. gigas* 带。

典型不赖恩特刺 *Bryantodus typicus* Bassler, 1925

（图版 114，图 3—4）

1925 *Bryantodus typicus* Bassler, p. 219.

1926 *Bryantodus typicus* Bassler. – Ulrich and Bassler, pp. 21—22, pl. 6, figs. 11—12 (see synonymy).

1968 *Bryantodus typicus* Bassler. – Huddle, p. 11, pl. 3, figs. 1—15; pl. 4, figs. 12—15.

1976 *Bryantodus typicus* Bassler. – Druce, p. 80, pl. 17, figs. 3—5.

1989 *Bryantodus typicus* Bassler. – 王成源，36 页，图版 5，图 15—16。

特征 齿耙内弯并向上拱曲。青年期标本的齿耙横断面呈三角形，反口方薄，上方宽。成年期和老年期标本的齿耙横断面平、宽，反口方几乎是平的。细齿侧方扁，横断面双凸形，全部愈合。主齿宽，比细齿大。基腔圆而小，位于主齿下方，外侧有一平的凸起或由主齿向下伸的发育的齿唇。

附注 Huddle（1968）将 Ulrich 和 Bassler 建立的 9 个种全归入 *B. typicalis*。主齿外侧下方有发育的齿唇或平缓的凸起是此种的重要特征。此种由青年期到成年期的变化较大。此种限于晚泥盆世早期。

产地层位 广西德保都安四红山，弗拉阶榴江组 *A. triangularis* 带；横县六景，弗拉阶融县组 *A. triangularis* 带。

不赖恩特刺（未定种 A） *Bryantodus* sp. A

（图版 115，图 10）

1989 *Bryantodus* sp. A. – 王成源，37 页，图版 15，图 7。

特征 刺体强烈拱曲，底缘近半圆形。前齿片较厚，细齿愈合，最大高度在前齿片中部，近主齿处齿片又变低；主齿较小，居中。后齿片低，向下伸并内弯，具有小的愈合的细齿。后齿片内侧具有明显的棱脊，外侧也较突出。反口缘锐利，无齿槽；基穴很小，在主齿下方。

产地层位　广西永福县和平乡，上泥盆统榴江组。

刺颚刺属　*Centrognathodus* Branson and Mehl, 1944

模式种　*Centrognathodus sinuosus* Branson and Mehl, 1933

特征　刺体为有细齿的齿耙或齿片，口视蛇曲状。前端内弯并分出有细齿的侧齿耙。基腔小，反口缘锐利。分离的细齿近等大。

附注　Branson 和 Mehl（1944）认为在前端分出一侧齿耙为此属的重要特征。

时代分布　晚泥盆世。中国、北美洲。

娇柔刺颚刺　*Centrognathodus delicatus* Branson and Mehl, 1934

（图版115，图1—2）

1934 *Centrognathodus delicata* Branson and Mehl, p. 197, pl. 14, figs. 4—5.

1955 *Centrognathodus delicatus* Branson and Mehl. – Sannemann, p. 128, pl. 2, figs. 7—8.

1978 *Centrognathodus delicatus* Branson and Mehl. – 王成源和王志浩，59页，图版1，图6—9。

特征　后齿耙长而直，短的侧齿耙与后齿耙呈90°角，前后齿耙夹角大于90°。

描述　后齿耙直，有些弯曲，向末端变尖，发育大小交替的细齿；细齿强烈向后倾，同时也向内弯。内侧齿耙短，仅有4～5个密集的细齿，与后齿耙呈90°角。前齿耙向外侧斜伸，向末端变高呈齿片状，有4～5个短的近于等大的细齿。3个齿耙的反口面锐利。主齿不明显。

比较　此种后齿耙直，与 *Centrognathodus sinuosus* 的明显不同。

产地层位　贵州长顺，上泥盆统法门阶代化组。

刺颚刺（未定种）　*Centrognathodus* sp.

（图版115，图9）

cf. 1955 *Centrognathodus*? sp. – Sannemann, p. 128, pl. 2, figs. 9a—b.

1989 *Centrognathodus* sp. – 王成源，37页，图版15，图16。

附注　当前标本具有近直立的主齿，前齿耙末端分出一小的侧齿耙。它具有明显的主齿，显然不同于 *Centrognathodus delicatus* 和 *C. sinuosus*。它的前齿耙末端分出侧齿耙，与 Sannemann 的标本一致。

产地层位　广西德保都安四红山，上泥盆统法门阶三里组 *P. triangularis* 带。

长顺刺属　*Changshundontus* Xiong, 1983

附注　见 *Jukagiria* 属的讨论。

小双刺属　*Diplododella* Bassler, 1925

模式种　*Diplododella bilateralis* Bassler, 1925

特征　前齿拱由两个对称的、薄的、细齿几乎全部愈合的齿耙构成，主齿在齿拱顶。后齿耙与前齿拱垂直。基腔小或无。

比较 *Diplododella* 以前齿拱薄、底缘锐利、细齿密集愈合为特征，这些不同于 *Hindeodella* 和 *Roundya*。Huddle（1968）将细齿分离的类型也归入此属。把本应归入 *Hibardella* 或 *Roundya* 的种也归入此属，是不恰当的，此属仅为形式属。

时代分布 奥陶纪至三叠纪。世界性分布。

双侧小双刺 *Diplododella bilateralis* Bassler, 1925

（图版 115，图 11）

1925 *Diplododella bilateralis* Bassler, p. 219.

1967 *Diplododella aurita*（Sannemann）. – Müller and Clark, p. 116, figs. 9—10.

1968 *Diplododella bilateralis* Bassler. – Huddle, p. 12, pl. 7, fig. 8（see synonymy）.

1989 *Diplododella bilateralis* Bassler. – 王成源，38 页，图版 8，图 12。

特征 刺体由具细齿的前齿拱和具细齿的后齿耙构成。前齿拱细齿密集，近主齿处的两大细齿之间有两小细齿。主齿扁，向后弯。前齿拱底缘锐利，基腔小。

附注 前齿拱两大细齿之间的小细齿仅在每个前侧齿耙的上半部，在远端大细齿之间可能没有小细齿。大细齿之间可有 1 ~ 2 个小细齿，前视清楚可见，后视时有时见不到。当前标本后齿耙已断。

产地层位 广西邕宁长塘，中泥盆统那叫组 *P. c. costatus* 带之上。此层未发现其他化石。

小双刺（未定种 A） *Diplododella* sp. A

（图版 115，图 12）

cf. 1964 *Dinodus fragosus*（Branson, 1934）. – Lindström, p. 156, text-fig. 54e.

1989 *Diplododella* sp. A. – 王成源，38 页，图版 8，图 1。

特征 前齿拱向下、向前斜伸，其细齿纤细、长、大部愈合。无主齿。

描述 前齿拱由对称的两前侧齿耙构成。两前侧齿片高，向下向前方延伸，齿片下端变尖，向上变高，细齿指向上方，并向顶端增高。后视两前侧齿片夹角 60°左右，无主齿。后齿片同样薄而高，细齿长、纤细，下半部愈合，上半部分离。后齿片后部断掉。后齿片与两前侧齿片底缘较锐利，有极窄的难以分辨的齿槽。

产地层位 广西武宣三里，法门阶三里组 *P. marginifera* 带。

漩涡刺属 *Dinodus* Cooper, 1939

模式种 *Dinodus leptus* Cooper, 1939

特征 齿片高，拱曲，扁，由细而高的、几乎愈合至顶尖的细齿构成，缺少明显的主齿。刺体明显不对称，由 2 ~ 3 个齿片构成。表面有小的疹点，近下缘有明显的凸缘。

比较 *Dinodus* 和 *Elsonella* 的齿片表面都有小的疹点，*Elsonella* 底缘有明显而粗壮的底缘，细齿比 *Dinodus* 的细齿宽。此属仅包括四个种：*Dinodus leptus* Cooper, 1937；*D. fragosus*（Branson）, 1934；*D. wilsoni* Druce, 1969 和 *D. youngquisti* Klapper, 1966。*Dinodus*? *primus* Ji, 1986 可能归入本属。仅 *D. wilsoni* 和 *Dinodus*? *primus* 有可能见于泥

盆纪，其他的种都见于早石炭世最早期。

时代分布 本属的时代只限于泥盆纪最晚期至早石炭世杜内期。亚洲、欧洲、北美洲。

破漩涡刺 *Dinodus fragosus*（E. R. Branson, 1934）

（图版117，图1）

1983 *Dinodus fragosus*（E. R. Branson）. –王成源和殷保安，图版2，图29。

1984 *Dinodus fragosus*（E. R. Branson）. –季强等，图版35，图22。

特征 刺体由前后两齿片组成，表面细粒状，无主齿。齿片上细齿纤细、密集，齿片间夹角50°~70°。前齿片窄，向下伸；后齿片宽。口面细齿与底缘垂直。

产地层位 贵州睦化，王佑组中部至睦化组下部。此种时限为杜内期晚 *S. duplicata* 带至早 *S. crenulata* 带。

细弱漩涡刺 *Dinodus leptus* Cooper, 1939

（图版117，图5—6）

1984 *Dinodus leptus* Cooper. –王成源和殷保安，图版2，图27。

1985 *Dinodus leptus* Cooper. –季强等，图版37，图23—24。

特征 刺体薄片状，由前、后齿片组成，表面细粒状，无主齿，两齿片间夹角40°。后齿片较窄，水平延伸，口面细齿纤细、紧密排列，与底缘垂直；前齿片较宽，向下向后弯曲，口面细齿与口缘斜交且向后弯曲。两齿片连接端的细齿稍大，呈漩涡状向后弯。

比较 此种与 *Dinodus fragosus* 相似，但后者两齿片连接处的细齿直立生长，不是漩涡状。

产地层位 贵州睦化剖面，王佑组与睦化组。此种时限为杜内期晚 *S. duplicata* 带至 *S. sandbergi* 带。

威尔逊漩涡刺 *Dinodus wilsoni* Druce, 1969

（图版117，图7—8）

1985 *Dinodus wilsoni* Druce。–季强等，图版37，图25—26。

特征 刺体由主齿和两个齿片组成，两齿片间夹角35°~45°。沿齿片底缘发育有凸脊。前齿片短，高度向主齿方向增加，口面细齿紧密排列，顶尖分离；后齿片稍长。主齿不大，略大于细齿，横断面呈亚圆形。

讨论 此种有主齿，不同于一般的 *Dinodus*，但细齿不大，暂归入 *Dinodus*。

产地层位 贵州睦化，王佑组下部。此种的时限为法门期晚 *P. g. expansa* 带至杜内期早 *S. duplicata* 带。

扬奎斯特漩涡刺 *Dinodus youngquisti* Klapper, 1966

（图版117，图12）

1985 *Dinodus youngquisti* Klapper. –季强等，图版32，图24。

特征 刺体由一个后齿片和两个前侧齿片组成，无主齿。后齿片长而直，细齿密集排列，齿尖分离，高度相近，反口底缘锐利。两个前侧齿片几近对应发育，向下弯曲并微微向外折曲，两者之间夹角 20°～30°，内侧底缘具有凸脊。口面细齿密集排列，微微内弯，高度逐渐向两端降低。

附注 此种发育有三个齿片，不同于本属其他种。

产地层位 贵州睦化王佑组中、上部。此种的时限为杜内期晚 *S. duplicata* 带至早 *S. crenulata* 带。

镰刺属 *Drepanodus* Pander, 1856

模式种 *Drepanodus arcuatus* Pander, 1856

特征 单锥牙形刺，其器官由镰刺形分子和箭刺形分子组成。前者基部向上逐渐变尖，成为长的、纤细的、反曲的主齿；后者主齿是长的、后倾的，基部明显不对称，朝一侧外张。在箭刺形分子中，主齿和基部之间是一急剧的弯曲，而不是一个角。前后缘脊锐利。后方表面可能是光滑的或有纵齿肋。

比较 *Drepanodus* 与 *Paroistodus*、*Paltodus* 和 *Drepanoistodus* 的不同在于它的箭刺形分子主齿的基部有一个弯曲，而不是一个锐角。

附注 此属常见于奥陶纪，偶尔报道见于泥盆纪，世界性分布。见于泥盆纪的主要有 *Drepanodus circularis* Wang and Wang, 1978；*Drepanodus subcircularis* Wang, 1981；*Drepanodus subquandratus* Ji, Xiong and Wu, 1985；*Drepanodus zhaishaensis* Ji and Chen, 1985 和 *Drepanodus* sp. Wang and Wang, 1978。这几个种都是见于华南下泥盆统代化组。这里将晚泥盆世的 *Drepanodus* 全部归入 *Drepanodina*。

反颚刺属 *Enantiognathus* Mosher and Clark, 1965

模式种 *Apatognathus inversus* Sannemann, 1955

特征 刺体由大的主齿耙和小的侧齿耙构成，主齿耙伸向下方和后方，具细齿；侧齿耙由主齿分出，也指向下方和侧方。主齿耙与侧齿耙间形成锐角。

比较 *Enantiognathus* 的齿耙强烈指向后方而不同于 *Apatognathus*。Lindström (1960) 认为 *Gnamptognathus* 的一些种应归入此属。

时代分布 泥盆纪至三叠纪。北美洲、欧洲、亚洲。

翻转反颚刺 *Enantiognathus inversus* (Sannemann, 1955)

（图版 114，图 8）

1955 *Apatognathus inversus* Sannemann, p. 127, pl. 6, figs. 18a—c.

1956 *Apatognathus inversus* Sannemann. – Bischoff, p. 121, pl. 10, figs. 24—25.

1961 *Apatognathus inversus* Sannemann. – Freyer, p. 36, pl. 1, fig. 12.

1965 *Enantiognathus inversus* (Sannemann) – Mosher and Clark, p. 559.

1967 *Apatognathus inversus* Sannemann. – Nehring, p. 127, pl. 4, figs. 1a—c; text-fig. 4.

1989 *Enantiognathus inversus* (Sannemann). – 王成源，39 页，图版 5，图 4。

特征 主齿长而大，侧方扁，向内弯。主齿两侧缘脊锐利，向下与齿耙上细齿呈连续过渡。后齿耙较高，强烈下倾，其上有向主齿倾斜的小细齿；侧齿耙亦向下伸，较低矮，上缘有较小的细齿，朝向外侧。

比较 当前标本与正模标本一致。此种见于晚泥盆世 (Nehring, 1967)。

产地层位　广西德保都安四红山，法门阶三里组 *P. triangularis* 带。

利陪特反颚刺　*Enantiognathus lipperti* (Bischoff, 1956)

（图版114，图5—6）

1956 *Apatognathus lipperti* Bischoff, p. 121. pl. 9, figs. 27, 31.

1956 *Apatognathus lipperti* Bischoff. – Bischoff and Ziegler, pl. 14, fig. 2.

1958 *Apatognathus lipperti* Bischoff. – Ziegler, pl. 12, figs. 10, 22.

1966 *Gnamptognathus lipperti* (Bischoff). – Glenister and Klapper, p. 803, pl. 96, figs. 10—12.

1988 *Enantiognathus lipperti* (Bischoff). – Clark and Ethington, p. 34, pl. 2, fig. 2.

1989 *Enantiognathus lipperti* (Bischoff). – Mound, p. 481, pl. 65, figs. 30, 46, 51—54.

1970 *Enantiognathus lipperti* (Bischoff). – Seddon, p. 748, pl. 14, figs. 14, 19.

1971 *Enantiognathus lipperti* (Bischoff). – Szulczewski, p. 20, pl. 7, fig. 9.

1976 *Enantiognathus lipperti* (Bischoff). – Druce, p. 84, pl. 19, figs. 1a—4b, 9.

1989 *Enantiognathus lipperti* (Bischoff). – 王成源，39—40页，图版5，图2—3。

特征　后齿耙与向下伸的齿耙近于直角。后齿耙直，片状或耙状，向内微弯，其上细齿密集，大小不等。与后齿耙垂直、向下伸的齿耙，其上细齿朝外侧、较长、分离，向主齿方向倾斜或与齿耙垂直。两齿耙交接处有1~2个大的主齿，比齿耙细齿长两倍。基腔在主齿下方，偏内侧。

附注　Ziegler (1958) 以及 Glenister 和 Klapper (1966) 指出，此种的时限为 *M. asymmetricus* 带至 *P. triangularis* 带。

产地层位　广西德保都安四红山，法门阶三里组 *P. triangularis* 带。

镰齿刺属　*Falcodus* Huddle, 1934

模式种　*Falcodus angulus* Huddle, 1934

特征　齿片侧方扁而高。前齿片在近主齿的地方强烈向下垂伸。前齿片平，可微弯，其细齿与后齿片细齿通常在一个平面上。后齿片向下伸，后端高，有向上向后倾斜的细齿。主齿小，但易辨别，侧方扁，顶端尖。细齿侧方扁，有锐利的缘脊，排列紧密。

比较　*Falcodus* 有较明显的主齿，近底缘无突出的凸缘，不同于 *Dinodus*，前者的每个细齿都要比后者的细齿宽得多。

时代分布　晚泥盆世至早石炭世；北美洲、大洋洲的澳大利亚、欧洲、亚洲。早泥盆世；中国南方。

角镰齿刺　*Falcodus angulus* Huddle, 1934

（图版114，图7）

1934 *Falcodus angulus* Huddle, pp. 87—88; pl. 7, fig. 9; text-fig. 3, fig. 3.

1966 *Falcodus angulus* Huddle. – Klapper, p. 27, pl. 5, figs. 1, 4.

1978 *Falcodus angulus* Huddle. – 王成源和王志浩，62页，图版3，图35。

1989 *Falcodus angulus* Huddle. – 王成源，42页，图版5，图8。

特征　齿片细齿薄而高，几乎沿其整个长度愈合。后齿片下缘由基腔至后端呈角状向下弯曲。除近后端向下部分外，后齿片内侧隆脊直。前齿片向下与后齿片在同一平面内呈直角。齿片的两个最高点是主齿和后端。基腔小，在主齿下方。

比较 *Falcodus angulus* 酷似 *F. conflexus*，但两者前后齿耙的长短比例不同，前者的前齿片比后齿片长，后者的后齿片比前齿片长。*F. conflexus* 的后齿片下缘直，与内侧隆脊平行，后端向下弯；而 *F. angulus* 的后齿片底缘由基腔到后端呈角状下弯，与内侧隆脊并不平行。

产地层位 贵州长顺，上泥盆统代化组和下石炭统王佑组；广西德保都安四红山，上泥盆统三里组法门阶 *P. triangularis* 带。

短镰齿刺 *Falcodus brevis* Wang and Wang, 1978

（图版115，图3—4）

1978 *Falcodus brevis* Wang and Wang. －王成源和王志浩，63页，图版1，图16—19。

特征 有一短的侧齿片的 *Falcodus*。

描述 刺体前后齿片几乎在同一平面内。前齿片微向下斜伸，有大小不等的、密而尖的细齿。后齿片向远端变高，底缘强烈向下弯转，最末端底缘突出呈齿状。后齿片细齿较长、大。前后齿片接触处向内弯转，内侧有一短而高的侧齿片，与前后齿片近垂直。齿片底缘锐利。

比较 此种有一侧齿片而不同于 *F. variabilis*。

产地层位 贵州长顺，上泥盆统法门阶代化组。

弯转镰齿刺 *Falcodus conflexus* Huddle, 1934

（图版129，图16）

1934 *Falcodus conflexus* Huddle, p. 274, pl. 7, fig. 6.

1989 *Falcodus conflexus* Huddle. －王成源，43页，图版7，图3。

特征 齿片薄而高，前齿片向下伸，与后齿片几乎呈直角；后齿片直，比前齿片略长。两齿片细齿几乎沿全长愈合，顶尖分离。无大小交替细齿。主齿明显、后倾。后齿片后端细齿明显增长，齿片近底缘有与底缘平行的棱脊。

比较 当前标本的后齿片末端断掉，但可见突出的棱脊与底缘平行，这是 *F. conflexus*与 *F. angulus* 的重要区别。

产地层位 广西横县六景，上泥盆统弗拉阶融县组 *M. asymmetricus* 带。

中等镰齿刺 *Falcodus intermedius* Ji, Xiong and Wu, 1985

（图版117，图2—4）

1982 *Falcodus intermedius* Ji, Xiong and Wu. －季强等，图版32，图24；图版33，图23—24。

特征 后齿片略长于前齿片，两者间夹角为65°～85°，端部两侧近底缘具肋脊，主齿高大。

附注 此种常见于世界各地的晚泥盆世晚期。

产地层位 贵州睦化剖面，上泥盆统法门阶代化组。

易变镰齿刺 *Falcodus variabilis* Sannemann, 1955

（图版114，图9—15）

1955 *Falcodus variabilis* Sannemann, p. 129, pl. 4, figs. 1—4.

1956 *Falcodus variabilis* Sannemann. －Bischoff and Ziegler, p. 146, pl. 9, figs. 28—30.

1965 *Falcodus variabilis* Sannemann. –Spasov, p. 84, pl. 1, fig. 4.

1967 *Falcodus variabilis* Sannemann. –Wolska, p. 376, pl. 1, fig. 9.

1969 *Falcodus variabilis* Sannemann. –Olivier, p. 75, pl. 10, fig. 7.

1978 *Falcodus variabilis* Sannemann. –王成源和王志浩，63页，图版2，图4—7。

1983 *Falcodus variabilis* Sannemann. –熊剑飞，305页，图版71，图5。

1985 *Falcodus variabilis* Sannemann. –季强和陈宣忠，76页，图版1，图3—4。

特征 以齿片高为特征的 *Falcodus* 的一个种。细齿长短多变。前后齿片底缘强烈向上拱曲，齿片高。前齿片口缘由远端向主齿方向迅速增高，其远端向下，主齿不明显。后齿片向下弯，中部向内弯。后齿片中部有几个高的细齿，可能比主齿宽大，向内倾，由此细齿向远端变小。

附注 此种变化较大，齿片上细齿可能是分离的，也可能是大小交替的，前后齿片的对称性变化也较大。

时代分布 晚泥盆世。欧洲、亚洲、北美洲和大洋洲的澳大利亚。

产地层位 贵州长顺，上泥盆统代化组 *B. costatus* 带；广西武宣二塘，三里组 *P. marginifera*带；寨沙，上泥盆统五指山组；贵州惠水、王佑，上泥盆统法门阶代化组。

镰齿刺（未定种B） *Falcodus* sp. B Bischoff and Ziegler, 1957

（图版115，图13）

1957 *Falcodus* sp. B. –Bischoff and Ziegler, p. 56, pl. 19, fig. 31.

1989 *Falcodus* sp. B Bischoff and Ziegler. –王成源，44页，图版14，图15。

特征 前齿片在主齿前方强烈下伸并略向内弯，与后齿耙夹角小于90°。前齿耙末端尖，其上有愈合的、向主齿方向增大的细齿，细齿侧方扁，主齿较宽；后齿耙长，细齿扁、愈合。在主齿下方有小的基穴。前后齿耙之反口缘均变窄，但有缝隙状的齿槽。

产地层位 广西邕宁长塘，那叫组白云岩 *P. c. patulus* 带（下泥盆统最顶部）。

贵州刺属 *Guizhoudella* Wang and Wang, 1978

模式种 *Guizhoudella triangularis* Wang and Wang, 1978

特征 刺体大致呈锥状。主齿后弯，基腔深，延伸至刺体上方；后侧缘突出，断面近三角形。前缘两侧突出成齿片状，有小的细齿，两侧近于对称。

比较 弯曲的主齿和两个前侧齿片与本书描述的 *Roundya* sp. 极相似，但基腔后缘无后齿耙。

附注 Dzik（2006）已建立了器官属 *Guizhoudella*，并依据此属建立了新科 Guizhoudellidae。尽管 *Guizhoudella* 已成为器官属，但使用起来很困难。

时代分布 晚泥盆世法门期。中国贵州等地。

三角贵州刺 *Guizhoudella triangularis* Wang and Wang, 1978

（图版114，图16—19）

1978 *Guizhoudella triangularis* Wang and Wang. –王成源和王志浩，63页，图版2，图1—3。

1983 *Guizhoudella triangularis* Wang and Wang. –熊剑飞，305页，图版70，图24。

特征 基腔深，后缘突出，断面近三角形。两前侧齿片短，有分离的小细齿。

描述 刺体前后视均为三角形。上方主齿细长，向末端变尖，强烈后弯，与有基腔的基部形成大于90°的角。基腔深，后视为高的等腰三角形，顶端即为主齿的弯曲点。基腔前缘平，在两前侧齿片间形成三角形。两前侧齿片高，向前侧方伸。左前侧齿片与基腔前缘面几乎在同一平面上；右前侧齿片与基腔前缘面近于120°相交。基腔前方底缘直，后缘沿纵向突出，断面为明显的三角形。

产地层位 贵州长顺代化、睦化，上泥盆统法门阶代化组。

近三角贵州刺 *Guizhoudella subtriangularis* Xiong, 1983

（图版114，图20）

1983 *Guizhoudella subtriangularis* Xiong. –熊剑飞，306页，图版70，图21a—b。

特征 刺体前视与后视均为三角形，主齿后弯。两前侧齿片上的细齿均向后弯。基腔特征与 *Guizhoudella triangularis* Wang and Wang, 1978 的相同。

产地层位 贵州长顺睦化、代化，上泥盆统法门阶代化组。

欣德刺属 *Hindeodella* Ulrich and Bassler, 1926

模式种 *Hindeodella subtilis* Ulrich and Bassler, 1926

特征 刺体长而直，大的主齿接近刺体的前方。前齿耙短，通常有细齿且向后方弯曲；后齿耙长而直，其细齿常常是大小交替的。细齿分离。基腔小。

比较 *Hindeodella* 与 *Angulodus* 相似，但后者的齿耙粗壮，前后齿耙近等长，后齿耙末端有特殊的反曲。

时代分布 中奥陶世至中三叠世。世界性分布。

内曲欣德刺 *Hindeodella adunca* Bischoff and Ziegler, 1957

（图版114，图21）

1957 *Hindeodella adunca* Bischoff and Ziegler, pp. 57—58, pl. 7, figs. 11—13.

1978 *Hindeodella adunca* Bischoff and Ziegler. –王成源和王志浩，336页，图版40，图1—2。

特征 前齿耙与后齿耙明显内弯，主齿亦内倾。较大的细齿与3～4个小的细齿交替出现。较大细齿之间的小细齿向侧方呈弧形排列，使齿耙细齿口视呈波状。

附注 细齿大小交替，在口方呈波状排列，是此种的重要特征。

产地层位 云南广南，中泥盆统下部坡折落组。

短欣德刺 *Hindeodella brevis* Branson and Mehl, 1934

（图版115，图5—8）

1934 *Hindeodella brevis* Branson and Mehl, p. 195, pl. 14, figs. 6—7.

1957 *Hindeodella brevis* Branson and Mehl. –Bischoff, pp. 26—27, pl. 6, fig. 24.

1967 *Hindeodella brevis* Branson and Mehl. –Wolska, pp. 377—378, pl. 2, fig. 9.

1978 *Hindeodella brevis* Branson and Mehl. –王成源和王志浩，64页，图版2，图23—24。

1989 *Hindeodella brevis* Branson and Mehl. –王成源，45页，图版7，图5—6。

特征 短的前齿耙向内弯，与长的后齿耙呈90°角。主齿大，向后向内倾。齿耙常常在主齿处微向内弯。长直的后齿耙向末端变细，细齿大小交替。

时代 中泥盆世晚期至晚泥盆世。

产地层位 贵州长顺代化剖面，上泥盆统代化组；广西德保都安四红山，中泥盆统*P. varcus*带。

等齿欣德刺 *Hindeodella equidentata* Rhodes, 1953

（图版116，图16）

1966 *Hindeodella equidentata* Rhodes. －Philip, p. 445, pl. 3, fig. 1.

1970 *Hindeodella equidentata* Rhodes. －Bultynck, p. 98, pl. 22, fig. 6.

1983 *Hindeodella equidentata* Rhodes. －熊剑飞，306页，图版71，图22。

1978 *Hindeodella equidentata* Rhodes. －王成源和王志浩，336—337页，图版39，图25—27；图版40，图13。

特征 宽大的*Hindeodella*的一个种。齿耙厚而高，细齿分离，缺少小的交替的细齿。前齿耙短，向内弯，与后齿耙呈90°~120°角，齿槽窄。

产地层位 广西横县六景，下泥盆统布拉格阶那高岭组；云南广南，下泥盆统埃姆斯阶达莲塘组；四川甘溪，下泥盆统甘溪组；云南曲靖，上志留亚系妙高组（?）。

破欣德刺 *Hindeodella fractus* (Huddle, 1934)

（图版116，图8—9）

1934 *Metaprioniodus fractus* Huddle, p. 58, pl. 11, figs. 14—15.

1989 *Metaprioniodus fractus* Huddle. －王成源，46页，图版7，图14—15。

特征 齿耙粗，前齿耙向下向内弯，其上大约有五个圆的细齿。主齿大，断面圆，向内弯。后齿耙细齿分离，大小相间，断面圆，向后端增大，末端有微弱的反曲。反口缘平，有齿槽。基腔位于主齿下方。

比较 此种后齿耙末端反曲小，不同于*Hindeodella biangulatus* (Huddle)。此种见于北美洲New Albany页岩。它的齿耙粗壮，末端有反曲，亦不同于*Hindeodella conidens*。

产地层位 广西德保都安四红山，下—中泥盆统坡折落组*P. c. costatus*带。

芽欣德刺 *Hindeodella germana* Holmes, 1928

（图版116，图11—12）

1928 *Hindeodella germana* Holmes, p. 25, pl. 9, fig. 9

1955 *Hindeodella germana* Holmes. －Sannemann, p. 130, pl. 2, figs. 4—5.

1957 *Hindeodella germana* Holmes. －Bischoff, p. 27, pl. 6, figs. 32, 34.

1967 *Hindeodella germana* Holmes. －Wolska, p. 378, pl. 11, fig. 12.

1978 *Hindeodella germana* Holmes. －王成源和王志浩，64页，图版2，图23—24。

1982 *Hindeodella germana* Holmes. －Wang and Ziegler, pl. 2, figs. 19, 30.

1987 *Hindeodella germana* Holmes. －董振常，74页，图版4，图22。

1987 *Hindeodella germana* Holmes. －熊剑飞，图版2，图20。

特征 后齿耙长而直，末端变尖，细齿大小交替，二级细齿较长。前齿耙短，内弯，细齿长而尖。

比较 *H. subtilis*与*H. germana*的区别是前者的后齿耙的小细齿较短，前齿耙仅在前部有细齿，近主齿的地方缺少细齿。

产地层位 贵州长顺代化剖面，上泥盆统代化组；湖南新邵县马栏边，上泥盆统法门阶孟公坳组。

广南欣德刺 *Hindeodella guangnanensis* Wang and Wang, 1978

（图版114，图22）

1978 *Hindeodella guangnanensis* Wang and Wang. –王成源和王志浩，337页，图版40，图3—5。

1987 *Hindeodella guangnanensis* Wang and Wang. –熊剑飞，图版1，图17。

特征 后齿耙粗壮，大小交替的细齿向后端变大；前齿耙短，向侧下方弯曲。主齿大近于直立，微微后倾，其前缘脊锐利，后缘脊浑圆，断面为滴珠状。基腔位于主齿下方。后齿耙反口面齿槽不达末端，后半部底缘锐利，无齿槽；前齿耙齿槽通至末端。

讨论 此种前齿耙向内向下弯，与 *Ligonodina* 一属相近，但它的后齿耙有大小交替的细齿，仍归入 *Hindeodella* 属内。

产地层位 云南广南，下泥盆统埃姆斯阶达莲塘组；贵州普安，中泥盆统罐子窑组。

长齿欣德刺 *Hindeodella longidens* Ulrich and Bassler, 1926

（图版116，图3）

1926 *Hindeodella longidens* Ulrich and Bassler, p. 40, pl. 8, fig. 14 (non pl. 8, fig. 15 = *Apatognathus*).

1968 *Hindeodella longidens* Ulrich and Bassler. – Huddle, p. 16, pl. 5, fig. 6.

1989 *Hindeodella longidens* Ulrich and Bassler. –王成源，46页，图版7，图8。

特征 后齿耙直，微拱曲，齿耙上部加厚。反口面较平，有细的齿沟，基腔位于主齿下方。后齿耙细齿断面圆，分离，后倾，并向后方增大。一般在大的细齿间没有小细齿，仅偶尔有小细齿。主齿大，断面圆，后倾。前齿耙向内向下弯，具有3~5个细齿。

比较 Huddle 认为大细齿间有小细齿的 *H. conidens* 应为此种的同义名。*H. longidens*反口缘较平，大细齿间基本没有小的细齿，与 *H. conidens* 仍可区别。

产地层位 广西德保都安四红山，下—中泥盆统坡折落组 *P. serotinus* 带。

原始欣德刺 *Hindeodella priscilla* Stauffer, 1938

（图版116，图13—15）

1938 *Hindeodella priscilla* Stauffer, p. 429, pl. 50, fig. 6.

1972 *Hindeodella priscilla* Stauffer. – Link and Druce, p. 38, pl. 3, figs. 5—7.

1973 *Hindeodella priscilla* Stauffer. – Cooper, pl. 2, fig. 1.

1978 *Hindeodella priscilla* Stauffer. –王成源和王志浩，337页，图版40，图10—12。

1982 *Hindeodella priscilla* Stauffer. –王成源，439页，图版1，图28。

1983 *Hindeodella priscilla* Stauffer. –熊剑飞，307页，图版70，图9。

特征 前齿耙短，逐渐向下倾并明显向内弯，细齿分离。后齿耙长，有些弯曲，有大小交替的细齿，细齿向后方增大。主齿断面圆，向后方倾斜弯曲。基腔小。

附注 前齿耙短，后齿耙长而直，细齿大小交替，基腔小，底缘锐利，具有此种的典型特征。

此种的时限为晚志留世（*crispa* 带）到早泥盆世埃姆斯期，个别可到中泥盆世早期。

产地层位　云南丽江阿冷初，下泥盆统上部班满到地组；云南广南，达莲塘组坡折落组；广西横县六景，下泥盆统郁江组；四川甘溪，下泥盆统甘溪组；云南曲靖，上志留亚系妙高组。

简单欣德刺（比较种）　*Hindeodella* cf. *simplaria*（Hass，1959）

（图版 129，图 15）

1979 *Hindeodella* cf. *simplaria*（Hass，1959）. －王成源，398 页，图版 1，图 10。

描述　刺体细长。后齿耙长而直，细齿大小交替，底缘锐利。主齿萎缩，不明显，主齿下方有一浅的齿槽。前齿耙短，向下向侧方弯，有近于等大的细齿。

比较　此比较种主齿萎缩，酷似 *Hindeodella simplaria* Hass，1959，但其主齿下方有浅的齿槽，前齿耙上有近于等大的细齿，与 *H. simplaria* 的正模有所不同。

产地层位　广西象州中平，下泥盆统四排组。

纤细欣德刺　*Hindeodella subtilis* Ulrich and Bassler，1926

（图版 116，图 5—7）

1926 *Hindeodella subtilis* Ulrich and Bassler，p. 39，pl. 8，figs. 17，19.

1969 *Hindeodella subtilis* Ulrich and Bassler. －Rhodes *et al.*，p. 125，pl. 19，figs. 6—7，9—10.

1969 *Hindeodella subtilis* Ulrich and Bassler. －Druce，p. 69，pl. 10，figs. 3—4.

1970 *Hindeodella subtilis* Ulrich and Bassler. －Seddon，pl. 12，fig. 34.

1976 *Hindeodella subtilis* Ulrich and Bassler. －Druce，pp. 97—98，pl. 24，figs. 70；pl. 25，figs. 1—5；pl. 26，fig. 9.

1982 *Hindeodella subtilis* Ulrich and Bassler. －Wang and Ziegler，pl. 2，fig. 22.

1987 *Hindeodella subtilis* Ulrich and Bassler. －董振常，74—75 页，图版 4，图 20—21；图版 5，图 15。

1989 *Hindeodella subtilis* Ulrich and Bassler. －王成源，46 页，图版 7，图 10—12；图版 11，图 10。

特征　刺体侧方扁。前齿耙短，向下斜伸并向后弯转。后齿耙长而直，2～3 个小的细齿与 1 个较大的细齿交替出现。基腔小，位于主齿下方。

附注　大小细齿规则地交替出现是此种的基本特征。此种常见于晚泥盆世（to I；Bischoff 和 Ziegler，1956）至早石炭世早期（*Zaphrentis* 带）。

产地层位　广西横县六景，上泥盆统融县组；德保都安四红山，上泥盆统榴江组 *P. triangularis* 带；湖南祁阳县苏家坪，上泥盆统法门阶桂阳组下部；邵东县界岭，上泥盆统邵东组。

小钩欣德刺　*Hindeodella uncata*（Hass，1959）

（图版 116，图 1）

1959 *Hindeodella uncata* Hass，p. 383，pl. 47，fig. 6.

1959 *Hindeodella brevis* Branson and Mehl. －Helms，pl. 4，fig. 31.

1969 *Hindeodella uncata* Hass. －Druce，p. 69，pl. 10，figs. 8—9.

1970 *Hindeodella uncata*（Hass）. －Seddon，p. 737，pl. 14，figs. 18—19.

1976 *Hindeodella uncata*（Hass）. －Druce，p. 98，pl. 26，figs. 2，8.

1989 *Hindeodella uncata*（Hass）. －王成源，46 页，图版 7，图 7。

特征　后齿耙长，前齿耙短，折曲呈 90°角，折曲点在主齿前方第 2 个或第 3 个细齿的位置。折曲之后的前齿耙较直，细齿分离，偶尔有大小交替的细齿。主齿长，针状，向内侧倾斜。后齿耙直，较大的细齿与较小的细齿交替出现，大的细齿向内倾，较小的细齿直立或微向外。口视，大小细齿呈规则的弧形排列。基腔小，位于主齿下方。

比较 *Hindeodella uncata* 以长的后齿耙区别于 *Hindeodella brevis*，而后者主齿强烈内倾，齿耙内弯，前齿耙折曲点向外弯。此种最早见于美国早石炭世。Druce（1976）指出，此种的时限为晚泥盆世至早石炭世。

产地层位 广西德保都安四红山，法门阶三里组 *P. triangularis* 带。

欣德刺（未定种 A） ***Hindeodella* sp. A Druce, 1975**

（图版 116，图 10）

1975 *Hindeodella* sp. A. －Druce, p. 99, pl. 27, figs. 3a—4b.

1989 *Hindeodella* sp. A. －王成源，47 页，图版 7，图 13。

特征 主齿粗壮，齿耙较高，侧方扁。前齿耙短，较高，最远端有两个小细齿，中间有两个较高的细齿，近主齿处有三个小细齿。后齿耙长，细齿后倾，近主齿细齿小，远端有较大的细齿。此未定种曾见于澳大利亚上泥盆统 *M. asymmetrica* 带，当前标本同样见于上泥盆统 *M. asymmetricus* 带。

产地层位 广西横县六景，弗拉阶融县组 *M. asymmetricus* 带。

欣德刺（未定种 B） ***Hindeodella* sp. B**

（图版 116，图 4）

1989 *Hindeodella* sp. B. －王成源，47 页，图版 7，图 9。

特征 主齿中等大小，断面近圆形，后倾，并向外斜伸。前齿耙短，在近主齿处齿耙先向外侧弯而后又向内侧弯，使前齿耙口视呈钩状。后齿耙有大小交替的细齿，二级细齿密而多，在后齿耙远端同样有钩状弯曲，先向外突然折曲而后又向内侧呈半圆形弯曲。此标本见于中泥盆世早期。

产地层位 广西德保都安四红山，中泥盆统分水岭组 *T. k. kockelianus* 带。

欣德刺（未定种 C） ***Hindeodella* sp. C**

（图版 116，图 2）

1989 *Hindeodella* sp. C. －王成源，47 页，图版 7，图 4。

特征 齿耙不规则折曲。后齿耙侧视底缘直，口视近波状折曲，其细齿分离，大小交替。主齿近直立，细长。前齿耙强烈内弯。

产地层位 广西德保都安四红山，中泥盆统艾菲尔阶分水岭组 *T. k. kockelianus* 带。

欣德刺（未定种） ***Hindeodella* sp. Ji and Chen, 1985**

（图版 129，图 17）

1985 *Hindeodella* sp. －季强和陈宣忠，76 页，图版 1，图 9。

特征 主齿强壮，明显后弯。前齿耙短，微微内弯，并下倾；后齿耙长，侧方扁，平直，近等宽。两齿耙反口缘平直，口面有排列紧密的、向后弯曲的、纤细的细齿。反口面基腔小，窄缝状，位于主齿下方。

产地层位 广西寨沙，上泥盆统五指山组。

桔卡吉尔刺属　*Jukagiria* Gagiev, 1979

1983 *Changshundontus* gen. nov. – Xiong, p. 304.

1985 *Semirotulognathus* gen. nov. – Ji *et al.*, p. 129.

1986 *Laminignathella* gen. nov. – Ji, 182 页，图 1。

模式种　*Jukagiria kononovae* Gagiev, 1979（插图 51）

特征　两侧对称的、心形的牙形刺，具有两个铲状侧齿肢，夹角为 50°～90°，顶部细齿不明显。沿铲状齿肢的上边缘，有很多高而薄的、紧密接触的细齿，细齿由远端向顶端逐渐增高。近端也就是顶端的细齿位于侧齿肢的轴部，远端细齿明显向远端方向倾斜。铲状侧齿肢平，对称，弯曲。齿肢顶端部分向顶方伸，远端部分向侧方斜伸。两齿肢结合处内侧有突起。两齿肢底缘直，对称，顶部外侧侧视向前倾。

讨论　本属与 *Apatognathus* 的区别是没有突出的顶齿而远端的细齿向远端倾斜。Gagiev（1979）建立此属时，只有这一个种。熊剑飞（1983a）建立的新属 *Changshundontus* Xiong 显然应归入到本属，但他建立的种 *J. hemirotundus*（Xiong, 1983）是成立的。季强（1986）建立的早石炭世早期的新属 *Laminignathella* Ji 能否归入到 *Jukagiria* Gagiev, 1979 存疑。*Laminignathella* Ji 刺体薄片状，口缘无细齿，但有微弱的基腔。

时代分布　泥盆世法门期晚期。亚洲、俄罗斯。中国也有分布。

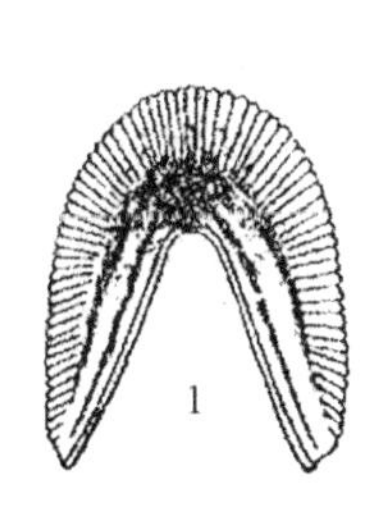

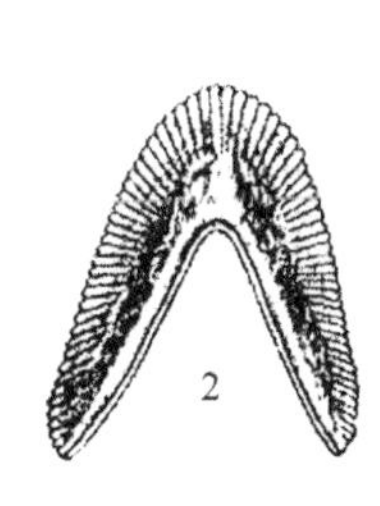

插图 51　*Jukagiria kononovae* Gagiev, 1979 的正模标本（据 Gagiev, 1979, 图版 2, 图 7—9）

Text-fig. 51　*Jukagiria kononovae* Gagiev, 1979, holotype (a copy from Gagiev, 1979, pl. 2, figs. 7—9)

泥盆桔卡吉尔刺　*Jukagiria devonicus* (Wang and Wang, 1978)

（图版 117，图 13—14；插图 52）

1978 *Westergaardodina devonica* Wang and Wang. – 王成源和王志浩，86—87 页，图版 6，图 27。

1985 *Semirotulognathus devonicus* (Wang and Wang). – 季强等，130 页，图版 34，图 21；插图 51。

特征　刺体薄片状，平直，口缘半圆形，反口缘呈倒"V"字形，口面无主齿和细齿，反口面无基腔，表面具有明显的生长纹。

讨论　此种无主齿，无基腔，应归入到 *Jukagiria* Gagiev, 1979。*Semirotulognathus* Ji, Xiong and Wu, 1985 不能成立。此种与 *Jukagiria laminatus*（Ji, Xiong and Wu, 1985）的区别主要是后者齿片弯曲，口面具密集的小细齿，反口面有基腔和齿槽。

产地层位　贵州睦化，上泥盆统法门阶代化组。此种的时限为中 *P. g. expansa* 带至中 *S. praesulcata* 带。

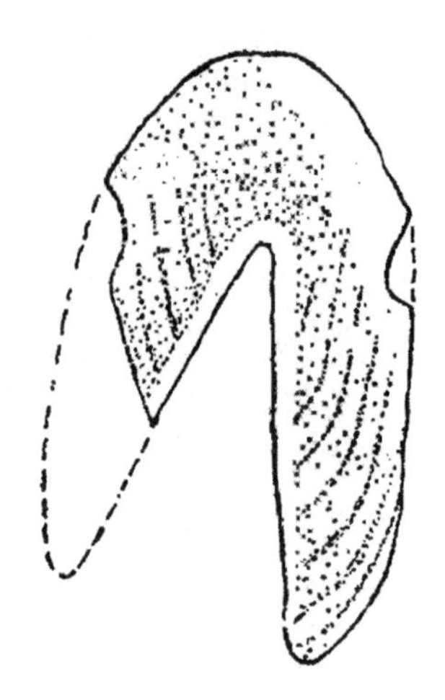

插图 52 *Jukagiria devonicus* (Wang and Wang, 1978) 侧视图
(据季强等, 1985, 130 页, 图 51)

Text-fig. 52 *Jukagiria devonicus* (Wang and Wang, 1978), lateral view
(after Ji *et al.*, 1985, p. 130, fig. 51)

半圆桔卡吉尔刺 *Jukagiria hemirotundus* (Xiong, 1983)

(图版 117, 图 15; 插图 53)

1983 *Changshundontus hemirotundus* Xiong. -熊剑飞, 304 页, 图版 70, 图 12a—b。

1987 *Changshundontus hemirotundus* Xiong, 1983. -王成源, 168 页, 图 117。

特征 刺体片状, 在同一平面内拱曲呈半圆形。细齿均匀, 大部愈合, 放射状分布。齿片中部微向前突出成两个宽大的细齿。后视中部微内凹。细齿基部有一圆弧形浅沟, 反口面无基腔。

比较 此种与 *Jukagiria kononovae* 的区别明显, 它有两个齿耙成半圆形, 细齿较粗, 顶部有两个相对较大的细齿。

产地层位 中国贵州, 上泥盆统代化组 (晚泥盆世法门期)。

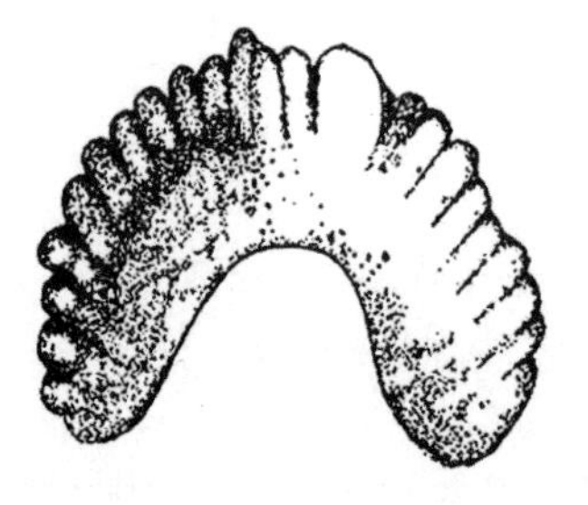

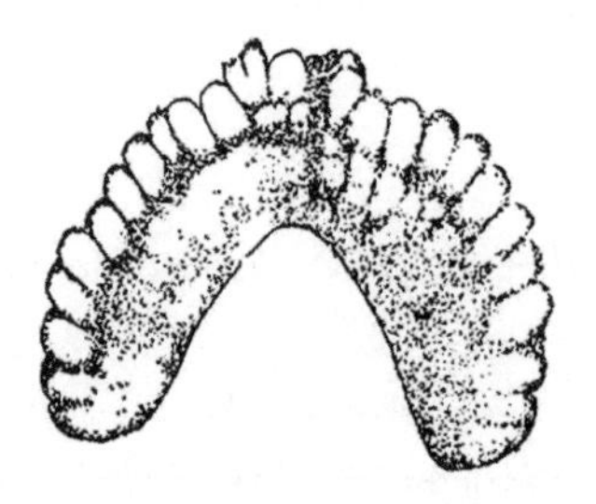

插图 53 *Jukagiria hemirotundus* (Xiong, 1983) 的正模标本的前视和后视
(据王成源, 1987, 168 页, 插图 117)

Text-fig. 53 *Jukagiria hemirotundus* (Xiong, 1983), holotype, anteriol and posteriol views
(after Wang, 1987, p. 168, text-fig. 117)

薄片桔卡吉尔刺 *Jukagiria laminatus* (Ji, Xiong and Wu, 1985)

(图版 117, 图 9—10; 插图 54)

1985 *Semirotulognathus laminatus* Ji, Xiong and Wu. -季强等, 130 页, 图版 34, 图 18—20; 插图 50。

特征 刺体呈半圆形，无主齿，由两个极薄的齿片组成。两齿片以连接端为轴微微向外对称折曲，下部缓缓向内弯曲。口面具密集的纤细的细齿，反口面微微加厚，具基腔和齿槽。

讨论 此种与 *Jukagiria devonica*（Wang and Wang，1978）的主要区别在于后者齿片无细齿，无基腔，反口缘平直，表面有明显的生长纹。

产地层位 贵州睦化，下泥盆统至上石炭统，代化组和王佑组。

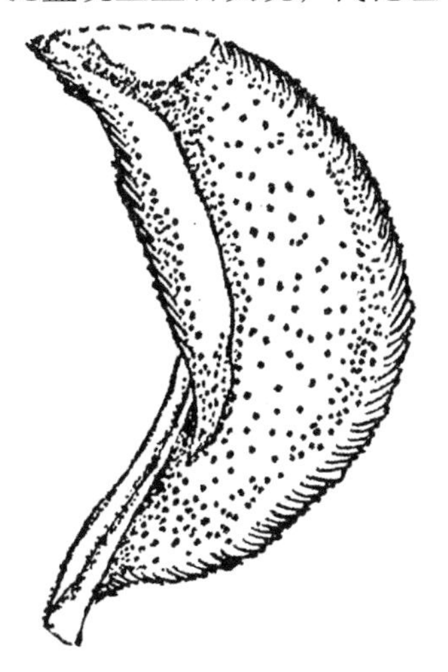

插图 54 *Jukagiria laminatus*（Ji，Xiong and Wu，1985）
正模标本侧视（据季强等，1985，130 页，插图 50）

Text-fig. 54 *Jukagiria laminatus*（Ji，Xiong and Wu，1985），holotype，lateral view
（after Ji *et al.*，1985，p. 130，text-fig. 50）

锄刺属 *Ligonodina* Ulrich and Bassler，1926

Idioprioniodus Gunnell，1933

Neocordylodus Cooper，1939

模式种 *Ligonodina pectinata* Ulrich and Bassler，1926

特征 刺体由一较长的后齿耙和一较短的前侧齿耙构成，两齿耙均具细齿。前侧齿耙常指向侧方，有时向后弯曲。

讨论 Lindström（1964，150 页）认为 *Idioprioniodus* 和 *Neocordylodus* 均为 *Ligonodina* 的同义名，但这两个属在长而大的主齿附近仅有 1 ~ 2 个细齿，分辨不出后齿耙与前齿耙，可能是依据破碎标本建立的属，是否为同义名待考证。Sweet（1959）认为 *Eoligonodina* 基底齿鞘薄而宽，不同于 *Ligonodina*，但 Lindström 认为这不能作为属征来进行区别。

时代分布 中奥陶世至中三叠世。Clark（1980）认为此属仅限于晚泥盆世早期。北美洲、欧洲、亚洲、大洋洲的澳大利亚。

交互锄刺 *Ligonodina alternata* Zhao and Zuo，1982

（图版 129，图 18）

1983 *Ligonodina alternata* Zhao and Zuo. –赵锡文和左自壁，61 页，图版 3，图 28。

特征 后齿耙上有大小不等的细齿，近主齿有4个近于等大的细齿，其间有更小的细齿；后齿耙末端有3~4个粗大的细齿，指向后方，其间偶夹小的细齿。

产地层位 湖南零陵县花桥，上泥盆统佘田桥组下部。

幸运锄刺 *Ligonodina beata* Rhodes, Austin and Druce, 1969

（图版118，图1）

1934 *Ligonodina delicata* Branson and Mehl, p. 199, pl. 14, figs. 22—23.

1969 *Ligonodina beata* Rhodes, Austin and Druce, p. 133, pl. 26, figs. 4—6.

1978 *Ligonodina beata* Rhodes, Austin and Druce. －王成源和王志浩，65页，图版2，图17。

特征 前侧齿耙细长，向下伸；主齿细长，向后倾。

描述 主齿细长，明显后倾，近60°。后齿耙直，已折断，细齿分离，近主齿之后齿耙上无细齿。前侧齿耙向下且微向后弯，有3个分离的、间距较大的细齿。主齿下方基腔近三角形，内侧底缘锐利，呈弧状。后齿耙反口面有窄的齿槽。

产地层位 贵州长顺代化剖面，上泥盆统代化组。

双齿锄刺 *Ligonodina bidentata* Wang and Wang, 1978

（图版118，图2—6）

1978 *Ligonodina bidentata* Wang and Wang. －王成源和王志浩，65页，图版2，图22，28，35。

1983 *Ligonodina* cf. *bidentatus* Wang and Wang. －熊剑飞，308页，图版70，图20。

1989 *Ligonodina bidentata* Wang and Wang. －王成源，53页，图版11，图5。

特征 前侧齿耙短，向下弯，有一大一小两个细齿。后齿耙细齿大小交替。

描述 主齿长大，粗壮，末端尖。后齿耙直，细齿大小交替，一级细齿粗大，齿耙末端大细齿明显变大，大小细齿相差悬殊。前侧齿耙仅最前方的细齿向内倾斜，主要是向下弯曲，最前方的大细齿前倾，此细齿与主齿之间有一很小的细齿。主齿下方反口面有很小的基腔，齿耙反口面有缝状齿槽。

比较 此种与 *Ligonodina monodentata* Bischoff and Ziegler 酷似，区别仅在于此种前侧齿耙有一大一小两个细齿，而后者仅有一个大细齿。

产地层位 贵州长顺代化剖面，上泥盆统代化组；广西武宣二塘，上泥盆统法门阶三里组 *P. marginifera* 带。

代化锄刺 *Ligonodina daihuaensis* Wang and Wang, 1978

（图版118，图7—9）

1978 *Ligonodina daihuaensis* Wang and Wang. －王成源和王志浩，65页，图版2，图13—14，32。

1983 *Ligonodina daihuaensis* Wang and Wang. －熊剑飞，308页，图版70，图25。

特征 前侧齿耙极短，主齿内侧缘有一纵向齿脊或槽。

描述 主齿长，向后弯，内侧缘有一微弱的纵向脊或槽。后齿耙直，向远端变细，后半部微向下弯曲；后齿耙有分离的、间距较大的细齿，细齿有向齿耙末端变大的趋势。前侧齿耙极短，仅在主齿侧方微突出些，没有形成棒状，有2~3个分离的、向内向后弯的长细齿。主齿下方有基腔，后齿耙下方有齿槽。

比较 此种后齿耙酷似 *Ligonodina beata*，但其前侧齿耙极短，同时主齿内侧有一微弱的纵脊。此种与 *Ligonodina hindei* 也相似，但此种侧齿耙极短，仅在主齿下侧方，不向下伸。

产地层位　贵州长顺代化剖面，上泥盆统法门阶代化组。

细锄刺　*Ligonodina gracilis*（Huddle，1934）

（图版118，图15—16）

1934 *Hindeodelloides gracilis* Huddle, p. 236, pl. 12, fig. 12.

non 1926 *Prionuiodella gracilis* Ulrich and Bassler, p. 20, pl. 10, fig. 22.

non 1968 *Ligonodina gracilis*（Ulrich and Bassler）. – Huddle, p. 18, pl. 9, fig. 6.

1989 *Ligonodina gracilis*（Huddle, 1934）. – 王成源，53 页，图版 11，图 8—9。

特征　前侧齿耙直，向下向内侧斜伸，具有分离的细齿。后齿耙直，细齿大小交替。

描述　前侧齿耙直，向下、向内斜伸或略向后弯，其上有5～7个分离的、断面圆的细齿。主齿长，断面圆，后倾。后齿耙直，后略拱曲，齿耙高度向后端增高。细齿大，较密集，大小交替，向后方细齿逐渐增大。反口缘较锐利。

附注　此种在北美洲见于晚泥盆世，当前标本见于中泥盆世。

产地层位　广西德保都安四红山，下—中泥盆统坡折落组 *P. c. costatus* 带。

巨齿锄刺　*Ligonodina magnidens*（Ulrich and Bassler，1926）

（图版119，图1）

1982 *Ligonodina magnidens*（Ulrich and Bassler）. – Wang and Ziegler, pl. 2, fig. 10.

特征　主齿巨大，向后均匀弯曲。后齿耙直，有3～5个向后倾斜的、分离的细齿，细齿向后方增大。侧齿耙短，向下、向侧后方弯，其上有2～3个小的细齿。

产地层位　湖南邵东县界岭，上泥盆统法门阶邵东组。

大齿锄刺　*Ligonodina magnidentata* Wang and Wang，1978

（图版118，图10）

1978 *Ligonodina magnidentata* Wang and Wang. – 王成源和王志浩，66 页，图版 2，图 29。

特征　后齿耙较粗壮，向后方变高，后方有一巨大的细齿。

描述　主齿细长，断面为双凸镜状，前后缘较锐利，向后倾。后齿耙侧方扁，向后方明显增高，细齿很快增大。后方有一巨大的、向后倾斜的、比主齿宽的细齿，细齿侧方扁，向末端变尖。后齿耙末端后缘有3个向底缘方向减小的小细齿，后缘与底缘近直角。齿耙末端下方明显变薄。侧齿耙向下斜伸，有5个分离、密集并向主齿方向增大的细齿。

产地层位　贵州长顺代化剖面，上泥盆统法门阶代化组。

单齿锄刺　*Ligonodina monodentata* Bischoff and Ziegler，1956

（图版118，图13—14）

1956 *Ligonodina monodentata* Bischoff and Ziegler, pp. 148—149, pl. 14, fig. 13.

1957 *Ligonodina monodentata* Bischoff and Ziegler. – Bischoff, p. 31, pl. 5, fig. 6.

1959 *Ligonodina monodentata* Bischoff and Ziegler. – Helms, pp. 642—643, pl. 2, fig. 1.

1961 *Ligonodina monodentata* Bischoff and Ziegler. – Freyer, p. 51, pl. 2, figs. 39—40.

1989 *Ligonodina monodentata* Bischoff and Ziegler. – 王成源，53 页，图版 11，图 6—7。

特征　主齿长，基部宽，侧方扁，向后弯。前侧齿耙仅一个细齿，与后齿耙呈锐角相交。后齿耙侧方扁，具有大小交替的细齿。一级细齿宽大，近三角形，而二级细齿较小。

比较 *Ligonodina monodentata* 主齿之前仅有一个细齿，而 *Ligonodina bidentata* 在主齿与前侧齿耙间还有一个小细齿。

此种见于晚泥盆世。Bischoff（1957）报道此种也见于早石炭世。

产地层位 广西武宣二塘，上泥盆统法门阶三里组 *P. marginifera* 带。

潘德尔锄刺 *Ligonodina panderi*（Hinde，1879）

（图版 118，图 11—12）

1879 *Prioniodus panderi* Hinde，p. 361，pl. 16，fig. 4.

1955 *Ligonodina falciformis* Ulrich and Bassler. –Sannemann，p. 130，pl. 5，figs. 9—10；pl. 6，fig. 20.

1957 *Ligonodina falciformis* Ulrich and Bassler. –Bischoff and Ziegler，p. 65，pl. 11，figs. 1—2，6.

1968 *Ligonodina panderi*（Hinde）. –Huddle，p. 19，pl. 9，fig. 11；pl. 10，figs. 1，8，11.

1970 *Ligonodina panderi*（Hinde）. –Seddon，p. 752，pl. 15，figs. 8，10.

1976 *Ligonodina panderi*（Hinde）. –Druce，p. 123，pl. 37，fig. 4.

1982 *Ligonodina panderi*（Hinde）. –Wang and Ziegler，pl. 2，figs. 9，23.

1989 *Ligonodina panderi*（Hinde）. –王成源，54 页，图版 11，图 2—3。

特征 主齿粗壮，后倾，侧方扁，微扭转。后齿耙长，略向上拱曲，具有分离的、间距宽的细齿。细齿呈圆针状，后倾；细齿向后方有增大的趋势。侧齿耙短小，向下斜伸，并向后弯，有 2～4 个分离的细齿。基腔位于主齿下方。沿后齿耙反口面有窄的齿槽。

比较 此种的主齿前缘与侧齿耙前缘明显连续，以此区别于 *Ligonodina magnidens*，后者侧齿耙位置比主齿朝前些。Huddle（1968）报道此种时限为艾菲尔期至法门期晚期。

产地层位 广西德保都安四红山，中泥盆统到上泥盆统，*T. k. australis* 带至 *A. triangularis* 带；湖南邵东县界岭，上泥盆统法门阶邵东组。

梳齿锄刺 *Ligonodina pectinata* Bassler，1925

（图版 118，图 18）

1925 *Ligonodina pectinata* Bassler，p. 218.

1926 *Ligonodina pectinata* Bassler. –Ulrich and Bassler，p. 13，pl. 2，figs. 9—10.

1968 *Ligonodina pectinata* Bassler. –Huddle，p. 20，pl. 10，figs. 10，13，17（see synonymy）.

1989 *Ligonodina pectinata* Bassler. –王成源，54 页，图版 11，图 12。

特征 后齿耙微拱曲，其上有几乎是直立的、紧密排列的、断面圆的细齿。有些标本的齿耙后端向下弯。主齿长，后弯，有些扭转。前侧齿耙短，具有 4～5 个分离的、向内向上弯曲的细齿。齿耙反口面平，齿槽沿中线伸展。基腔小。

比较 当前标本后齿耙细齿折断，但其几乎等距离的细齿以及前侧齿耙上的细齿特征与正模标本一致。

此种以前仅见于北美洲，现在中国已有发现。

产地层位 广西德保都安四红山，中泥盆统分水岭组 *P. varcus* 带。

莎罗比亚锄刺　*Ligonodina salopia* Rhodes, 1953

（图版119，图2）

1953 *Ligonodina salopia* Rhodes, p. 307, pl. 23, figs. 245, 257, 260.

1960 *Ligonodina* sp. –Ziegler, p. 187, pl. 14, figs. 9—10.

1970 *Ligonodina salopia* Rhodes. –Pedder *et al.*, p. 213, pl. 40, figs. 1, 3—4.

1981 *Ligonodina salopia* Rhodes. –王成源，401页，图版1，图28—29。

特征　前侧齿耙向内弯并向下弯，主齿粗壮、反曲。后齿耙直，细齿分离，向远端增大。刺体内侧与外侧均有一不甚发育的、低矮的棱脊，与此种的常见类型仍有所区别。

产地层位　广西武宣二塘，下泥盆统二塘组。

莎罗比亚锄刺（亲近种）　*Ligonodina* aff. *salopia* Rhodes, 1953

（图版119，图3）

1972 *Ligonodina* aff. *salopia* Rhodes, 1953. –Savage, p. 313, pl. 32, figs. 1—2; pl. 33, fig. 36; pl. 34, figs. 14—15; text-figs. 10—11.

1979 *Ligonodina* aff. *salopia* Rhodes. –王成源，399页，图版Ⅰ，图9。

描述　仅一破碎标本。后齿耙内弯。近远端有一粗大的细齿，此细齿与主齿之间有3个小的细齿。前侧齿耙折断，仅存一个细齿。当前标本与Savage（1971，317页）描述的标本一致。

产地层位　广西象州大乐，下泥盆统四排组。

锄刺（未定种A）　*Ligonodina* sp. A

（图版118，图19）

1975 *Ligonodina* sp. A. –Telford, p. 27, pl. 5, figs. 5—6.

1989 *Ligonodina* sp. A. –王成源，54页，图版11，图13。

特征　刺体由长而直的后齿耙、大的前方主齿，以及短的、向下伸并向侧方扭转的前侧齿耙构成。后齿耙有一列大的细齿，其间有1～3个小的细齿。齿耙较粗壮，直，高度较均，其末端有一小细齿斜伸超过齿耙底缘。整个后齿耙似 *Hindeodella* 的齿耙。主齿发育，断面圆或近双凸形；主齿下方基腔发育。前侧齿耙短，向下伸，细齿指向内侧，有3～5个细齿，无二级细齿。

比较　当前标本与Telford（1975）描述的标本一致，但澳大利亚标本的后齿耙已折断。*Hindeodella* sp. A与 *Hindeodella priscilla* 相似，但后者前齿耙粗，较直，而前者前侧齿耙向下伸。

产地层位　广西德保都安四红山，中泥盆统艾菲尔阶分水岭组 *T. k. kockelianus* 带。

锄刺（未定种B）　*Ligonodina* sp. B

（图版118，图17）

1989 *Ligonodina* sp. B. –王成源，55页，图版11，图11。

特征　前侧齿耙宽大，主齿与后齿耙细齿大小相近。

描述　刺体粗壮。前侧齿耙在主齿下方向后方斜伸，与后齿耙近45°；前侧齿耙长而宽，细齿指向内侧。内侧视，前侧齿耙后缘宽，4个分离的、间距宽的细齿靠近齿耙前缘，细齿断面圆。主齿后倾，几乎与邻近的后齿耙的第一个细齿等大。后齿耙上有3

个分离的、断面圆的、后倾的细齿。后齿耙末端已断掉。前侧齿耙反口面（朝向外侧）呈钝脊状，无齿槽。后齿耙反口面有宽的齿槽，无明显基腔。

比较 *Ligonodina* sp. B 以长而大的前齿耙、相对小的主齿而不同于 *Ligonodina panderi*。

产地层位 广西德保都安四红山，中泥盆统艾菲尔阶分水岭组 *T. k. australis* 带。

锄刺（未定种 C） *Ligonodina* sp. C

（图版 119，图 4）

1982 *Ligonodina* sp. A. – Wang and Ziegler, pl. 2, fig. 36.

特征 主齿非常巨大，向后弯。侧齿耙短，生有几个小的细齿，仅近主齿的一个细齿较大。后齿耙直，断掉，仅见两个较大的细齿。

产地层位 湖南邵东县界岭，上泥盆统邵东组。

矛刺属 *Lonchodina* Ulrich and Bassler, 1926

模式种 *Lonchodina typicalis* Ulrich and Bassler, 1926

特征 刺体对称或不对称，两个近等长的齿耙强烈地向内弯曲，使刺体中部向外凸，并向上拱曲。具一个前齿耙和一个后齿耙，这两齿耙均具有细齿，而且两齿耙有时向下向内弯曲，使刺体中部外凸上拱。主齿顶生，明显或不明显；主齿位于刺体中部，有时向外侧弯曲。分离的细齿长，不对称，圆针状，通常是不对称排列的。此属为形式属。

附注 此属以刺体强烈弯曲，细齿长、分离、排列不对称为特征。

时代分布 中奥陶世至中三叠世。北美洲、欧洲、亚洲和大洋洲的澳大利亚。

拱曲矛刺 *Lonchodina arcuata* Ulrich and Bassler, 1926

（图版 119，图 6—7）

1926 *Lonchodina arcuata* Ulrich and Bassler, p. 32, pl. 5, fig. 15.

1926 *Lonchodina subangulata* Ulrich and Bassler, pp. 32—33, pl. 5, fig. 3.

1926 *Lonchodina discreta* Ulrich and Bassler, p. 36, pl. 10, figs. 1—2.

1957 *Lonchodina discreta* Ulrich and Bassler. – Bischoff and Ziegler, pp. 67—68, pl. 10, figs. 9, 11—13.

1962 *Lonchodina arcuata* Ulrich and Bassler. – Ethington and Furnish, pp. 1272—1273, pl. 173, fig. 9.

1968 *Lonchodina arcuata* Ulrich and Bassler. – Huddle, pp. 21—22, pl. 11, figs. 5—13.

1976 *Lonchodina arcuata* Ulrich and Bassler. – Druce, p. 125, pl. 44, figs. 2a—4b; pl. 93, figs. 8a—c.

1989 *Lonchodina arcuata* Ulrich and Bassler. – 王成源, 55 页, 图版 13, 图 11, 14。

特征 主齿长而大，外弯。前齿耙向下，在主齿前方向内扭转；前齿耙细齿向后弯，分离，向远端增大。后齿耙细齿直立或后弯，分离。前齿耙比后齿耙略长。在前齿耙向内偏转的主齿基部外侧，基腔突出，略外张。

附注 此种在齿耙侧方弯曲、扭转、拱曲程度以及细齿数目上变化较大，以往被不同作者归入不同的种。齿耙拱曲、扭转，后齿耙较短是此种的重要特征。此种见于中泥盆世至早石炭世，大量见于晚泥盆世。

产地层位 广西德保都安四红山，弗拉阶榴江组 *A. triangularis* 带；横县六景，上泥盆统弗拉阶 *A. triangularis* 带。

短翼矛刺　*Lonchodina brevipennata* Branson and Mehl, 1934

（图版119，图5）

1982 *Lonchodina brevipennata* Branson and Mehl. – Wang and Ziegler, pl. 1, figs. 24a—b.

特征　主齿粗大，向后侧方弯曲。两个齿耙短，均向内侧弯，齿耙上各有2~3个分离的大细齿。主齿与细齿断面圆。基腔大，位于主齿下方，朝向内侧。

产地层位　湖南邵东县界岭，上泥盆统法门阶邵东组。

曲矛刺　*Lonchodina curvata*（Branson and Mehl, 1934）

（图版119，图8—12）

1934 *Prioniodina curvata* Branson and Mehl, p. 214, pl. 14, fig. 17.

1956 *Lonchodina curvata*（Branson and Mehl）. – Bischoff and Ziegler, p. 150, pl. 14, fig. 21.

1974 *Lonchodina curvata*（Branson and Mehl）. – 王成源和王志浩，66页，图版2，图36—37，40。

1982 *Lonchodina curvata*（Branson and Mehl）. – Wang and Ziegler, pl. 2, figs. 31—33.

特征　主齿细长并后弯；前齿耙向下并在主齿前方明显向内侧方扭转。

描述　主齿细长并后弯，前后有一纵向缘脊，后缘脊较明显，随主齿在纵向上向后扭转。后齿耙直，向末端变尖，有6个分离的、较大的细齿。前齿耙向下并在主齿前方强烈向内扭转，有4~5个分离的细齿。基腔大，位于主齿下方，向外侧膨大成齿唇。由基腔向两齿耙末端延伸出逐渐变窄的齿槽，齿耙末端底缘锐利。

产地层位　贵州长顺代化剖面，上泥盆统法门阶代化组；湖南邵东县界岭，上泥盆统法门阶邵东组。

分离矛刺　*Lonchodina discreta* Ulrich and Bassler, 1926

（图版120，图1）

1926 *Lonchodina discreta* Ulrich and Bassler, p. 36, pl. 10, figs. 1—2.

1934 *Subbryantodus humilis* Branson and Mehl, p. 328, pl. 25, fig. 4.

1938 *Lonchodina disjuncta* Stauffer, pl. 5, fig. 7.

1957 *Lonchodina discreta* Ulrich and Bassler. – Bischoff and Ziegler, pp. 67—68, pl. 10, figs. 9, 11—13.

1989 *Lonchodina discreta* Ulrich and Bassler. – 王成源，56页，图版11，图4。

特征　两齿耙相当短，长度相近，强烈拱曲并向内弯。前齿耙前端窄，向主齿方向迅速变宽，具三个分离的、间距宽的、横断面圆或扁圆的细齿。后齿耙具有与前齿耙相似的细齿。主齿长而大，居中，向后并向内弯曲，横断面圆，有一棱脊。基腔膨大，几乎占整个反口面，基腔在主齿下方最宽，沿前后方向有一窄的齿槽。

比较　此种以膨大的基腔，以及短而拱曲、内弯的齿耙而区别于本属的其他种。此种见于中泥盆世至晚泥盆世。

产地层位　广西横县六景，上泥盆统融县组 *P. triangularis* 带。

多齿矛刺（比较种）　*Lonchodina* cf. *multidens* Hibbard, 1927

（图版119，图16）

cf. 1927 *Lonchodina multidens* Hibbard, p. 203, fig. 3.

1959 *Lonchodina multidens* Hibbard. – Helms, p. 643, pl. 1, figs. 13—14; pl. 4, fig. 16.

1978 *Lonchodina* cf. *multidens* Hibbard. – 王成源和王志浩，66页，图版2，图38—39。

特征 前齿耙长，与短的后齿耙呈70°~90°角，细齿分离。后齿耙末端有2~3个大的细齿，其中最前的一个大小与主齿相近。基腔小。

比较 当前标本齿耙上细齿大小相同，前齿耙向内弯，不同于正模标本，但其后齿耙后端有2~3个大细齿的特征与此种一致。当前标本也有些像 *Falcodus aculeatus*，但后者齿耙呈片状，同时也无大小相间的细齿。

产地层位 贵州长顺代化剖面，上泥盆统统法门阶代化组。

少齿矛刺 *Lonchodina paucidens* Ulrich and Bassler, 1926

（图版119，图15）

1926 *Lonchodina paucidens* Ulrich and Bassler, p. 34, pl. 6, fig. 1.

1978 *Lonchodina paucidens* Ulrich and Bassler. –王成源和王志浩，67页，图版2，图11—12。

特征 主齿细长，内弯，有纵脊。前后齿耙短，各有两个间距很大的细齿。

产地层位 贵州长顺代化剖面，上泥盆统统法门阶代化组。

矛刺（未定种A） *Lonchodina* sp. A

（图版119，图14）

1989 *Lonchodina* sp. A. –王成源，56页，图版13，图16。

特征 主齿长而大，直，后弯，向上方逐渐变尖。主齿断面双凸形，前后方具有较锐利的缘脊。前后齿耙向下伸，具有三个分离的、长的细齿。后齿耙向内弯，并向外扭转，亦具有三个分离的细齿。基腔位于主齿下方，较小，略朝向外侧。由基腔向前后齿耙延伸出逐渐变尖的齿槽。

比较 当前标本与 *Lonchodina brevipennata* 相似，但它的基腔较小，两齿耙向内弯更强烈；前齿耙内弯，后齿耙有些向外转。

产地层位 广西象州大乐，下泥盆统四排组石朋段。

矛刺（未定种B） *Lonchodina* sp. B

（图版119，图13）

1989 *Lonchodina* sp. B. –王成源，56页，图版13，图15。

特征 刺体粗壮。齿耙厚。前齿耙强烈下伸，内弯，较直，与后齿耙成90°角，其上有6个圆锥状的细齿；前后齿耙间有一明显的凹刻。主齿位于后齿耙外侧，三角形，侧方扁，不高大，仅有较宽的前后缘脊。后齿耙粗壮，其上生有规则的细齿，在内侧可见有3个分离的小细齿；外侧也有细齿，细齿直径不等。后齿耙末端折断。反口面钝，无齿槽。仅在主齿下方有一小的基穴。

附注 当前标本在前齿耙形态上似 *Ligonodina*，但它的主齿位置偏后，仍归入 *Lonchodina*。

产地层位 广西靖西三联，上泥盆统法门阶 *marginifera* 带。

新锯齿刺属 *Neoprioniodus* Rhodes and Müller, 1956

模式种 *Prioniodus conjuctus* Gunnell, 1931

特征 后齿耙前端有大的主齿，主齿底部可向下延伸成反主齿，反主齿前缘可能有细齿。主齿下方通常有基腔，基腔在后齿耙反口面延伸成浅的齿槽，后齿耙上有细齿。

讨论　此属的典型分子是由长的后齿耙和大的前方主齿及反主齿构成。前方主齿宽大，前后缘脊尖，顶部钝或尖。反主齿大小不一，有时相当长。如无反主齿，主齿基部下方常有外张的齿唇（flaring apron）。主齿与反主齿可能垂直于后齿耙或与后齿耙呈锐角或钝角。后齿耙长而直，逐渐向下弯，其底部最宽；口面具有与主齿近于平行的细齿，细齿等大或向后增大，愈合或分离；后齿耙反口面为浅的齿槽，齿槽与近锥形的基腔相连，有时无基腔和齿槽。

时代分布　奥陶纪至二叠纪，三叠纪（?）。世界性分布。

翼新锯齿刺　*Neoprioniodus alatus*（Hinde，1879）

（图版120，图7—8）

1879 *Prioniodus alatus* Hinde，p. 361，pl. 16，fig. 5.

1934 *Prioniodus alatus* Hinde. – Branson and Mehl，p. 134，pl. 11，fig. 13.

1934 *Prioniodus confluens* Branson and Mehl，p. 206，pl. 15，figs. 6—7.

1948 *Euprioniodina magnidens* Youngquist，Hibbard and Reimann，p. 52，pl. 14，fig. 13.

1955 *Prioniodina alata*（Hinde）. – Sannemann，p. 151，pl. 3，figs. 5—6.

1956 *Prioniodina alata*（Hinde）. – Bischoff，p. 134，pl. 10，figs. 26—28.

1957 *Prioniodina alata*（Hinde）. – Bischoff and Ziegler，p. 104，pl. 9，fig. 7；pl. 21，figs. 20，22，24.

1961 *Prioniodina alata*（Hinde）. – Freyer，pp. 77—78，fig. 112.

1968 *Neoprionidus alata*（Hinde）. – Huddle，p. 35，pl. 6，figs. 1—2.

1982 *Neoprionidus alata*（Hinde）. – Wang and Ziegler，pl. 2，fig. 38.

1989 *Neoprionidus alata*（Hinde）. – 王成源，57—58页，图版14，图7。

特征　整个刺体呈“锄形”。主齿宽大，侧方扁，前后缘脊锐利，反主齿发育。后齿耙短，有愈合的细齿。

比较　*Neoprioniodus alatus* 以宽大的主齿、短的后齿耙和愈合的细齿区别于 *N. armatus*，后者主齿较窄，后齿耙较长，其上细齿分离，但两种之间确有过渡类型存在。故将两种合并，称为 *Neoprioniodus armatus—alatus* group。种间过渡类型的存在是常见的，本书仍将其作为分离的种看待。此种时限长，为中泥盆世至早石炭世。

产地层位　广西永福和平乡，上泥盆统弗拉阶 *gigas* 带。

盔甲新锯齿刺　*Neoprioniodus armatus*（Hinde，1879）

（图版120，图2—6）

1879 *Prioniodus armatus* Hinde，pp. 360—361，pl. 15，figs. 20—21.

1933 *Prioniodus armatus* Hinde. – Branson and Mehl，pp. 135—136，pl. 11，figs. 14，20.

1934 *Prioniodus obtusus* Branson and Mehl，p. 205，pl. 15，figs. 4—5.

1934 *Prioniodus semiseparatus* Branson and Mehl，p. 206，pl. 15，figs. 9—10.

1955 *Prioniodus armatus* Hinde. – Sannemann，p. 151，pl. 3，figs. 2—3.

1964 *Neoprioniodus armatus*（Hinde）. – Orr，p. 12，pl. 2，fig. 5.

1968 *Neoprioniodus armatus*（Hinde）. – Huddle，pp. 25—26，pl. 6，fig. 11；pl. 7，figs. 1—4.

1975 *Neoprioniodus armatus—alatus* group. – Druce，pp. 127—128，pl. 39，figs. 3—4；pl. 40，figs. 1，5（only）.

1982 *Neoprioniodus armatus*（Hinde）. – Wang and Ziegler，pl. 2，fig. 34.

1989 *Neoprioniodus armatus*（Hinde）. – 王成源，58页，图版13，图5—7，10。

特征 刺体锄状，主齿与反主齿平，缘脊锐利。后齿耙短、矮、直，具有很多分离的圆细齿。基腔小。主齿基部内侧常有肿凸。偶尔反主齿上有小的细齿。

比较 此种与 *N. alatus* 的区别在于有相对窄的主齿，后齿耙矮，细齿分离，断面圆。此种后齿耙与主齿间夹角变化较大，典型的 *N. armatus* 后齿耙几乎垂直于主齿齿轴方向，与反主齿底缘成钝角，但亦有不少标本的后齿耙下伸而与反主齿的底缘呈锐角。此种与 *Synprioniodina deflecta* 的区别在于其主齿较宽、较平，反主齿与齿耙间夹角大。此种分布广泛，见于欧美的中泥盆世至早石炭世地层。

产地层位 广西德保都安四红山，下—中泥盆统分水岭组 *P. serontinus* 带到 *T. k. australis* 带；那坡三叉河，分水岭组；邕宁长塘，那叫组；湖南邵东县界岭，上泥盆统邵东组。

双曲新锯齿刺 *Neoprioniodus bicurvatus* (Branson and Mehl, 1933)

（图版 120，图 9—13）

1933 *Prioniodus bicurvatus* Branson and Mehl, p. 44, pl. 3, figs. 9—12.

1956 *Prioniodina tropa* Stauffer, p. 104, pl. 6, fig. 29; pl. 7, fig. 29.

1970 *Neoprioniodina bicurvatus* Philip and Jackson, p. 215, pl. 37, figs. 1—2.

1978 *Neoprioniodus bicurvatus* (Branson and Mehl). – 王成源和王志浩，338 页，图版 39，图 9，15，18，23—24。

1981 *Neoprioniodus bicurvatus* (Branson and Mehl). – 王成源，401 页，图版 1，图 26—27。

1983 *Neoprioniodus bicurvatus* (Branson and Mehl). – 熊剑飞，图版 70，图 11。

特征 后齿耙细齿密集指向前方。主齿大，外侧面平。后齿耙反口面通常有一纵向齿槽延至主齿下方的基腔。反主齿小，可能有几个小的细齿。

讨论 此种在鉴定上有些混乱。其正模标本的后齿耙有密集的几乎愈合的细齿，没有大小交替的细齿，但 Philip（1966）描述的标本有大小交替的细齿。本书暂时将此种类型的标本归入到 *N. bicurvatus*。此种在欧洲、大洋洲的澳大利亚、北美洲见于晚志留亚纪至早泥盆世末，在云南见于中泥盆世早期。

产地层位 广西，下泥盆统郁江组、二塘组；云南广南，下泥盆统达莲塘组、中泥盆统下部坡折落组；贵州普安，中泥盆统罐子窑组。

凹穴新锯齿刺 *Neoprioniodus excavatus* (Branson and Mehl, 1933)

（图版 120，图 14）

1933 *Prioniodus excavatus* Branson and Mehl, p. 45, pl. 3, figs. 7—8.

1964 *Neoprioniodus excavatus* (Branson and Mehl). – Walliser, p. 49, pl. 8, fig. 4; pl. 29, fig. 26; text-fig. 5c.

1970 *Neoprioniodus excavatus* (Branson and Mehl). – Seddon, pl. 2, figs. 11—12.

1989 *Neoprioniodus excavatus* (Branson and Mehl). – 王成源，58 页，图版 14，图 14。

特征 长的后齿耙上有密集的细齿，细齿与齿耙垂直或稍有偏离。主齿下方反口面底缘浑圆。齿耙反口面宽，有较发育的齿槽，主齿前方偶尔有 1 ~ 3 个很小的细齿。

比较 当前标本的后齿耙上有分离的、断面圆的细齿，与 *Neoprioniodus latidentatus* 一致；它的主齿下方（反主齿）底缘呈半圆弧状，主齿前方有一小齿，与 *Neoprioniodus excavatus* 的特征一致。它的反主齿底缘形态是其区别于 *N. latidentatus*、*N. excavatus* 和 *N. bicurvatus* 的重要特征。此种见于志留纪（*K. patula*）至早泥盆世。

产地层位 广西那坡三叉河，下—中泥盆统坡折落 *P. serontinus* 带。

惠水新锯齿刺　*Neoprioniodus huishuiensis* Wang and Wang, 1978

（图版120，图15—16）

1978 *Neoprioniodus huishuiensis* Wang and Wang. －王成源和王志浩，67页，图版2，图30—31。

1986 *Neoprioniodus huishuiensis* Wang and Wang. －季强和陈宣忠，77页，图版1，图10。

特征　主齿长而大，与后齿耙近于垂直。后齿耙有近于等大、分离的细齿，内侧底缘基腔向内突出而形成齿唇。

描述　主齿长而大，侧方扁，近于直立，微向内、向后弯。后齿耙较短，与主齿近于垂直，齿耙上有6～7个分离的、等大的细齿；后齿耙明显向末端变低。反主齿发育，向下伸。主齿下方基腔明显，内侧有明显的齿唇，外侧无齿唇。

比较　此种后齿耙与 *Neoprioniodus armatus* 相似，但后者的主齿与后齿耙夹角较大，同时内侧基腔无齿唇，细齿断面圆，以此可以区别。

产地层位　贵州长顺代化剖面，上泥盆统代化组；广西寨沙，上泥盆统五指山组。

似双曲新锯齿刺　*Neoprioniodus parabicurvatus* Wang, 1982

（图版120，图19）

1982 *Neoprioniodus parabicurvatus* Wang. －王成源，411页，图版1，图23—24。

特征　后齿耙长，细齿密集，指向前方。主齿长而大，外侧扁平，前缘扁平无细齿；内侧凸，与主齿前缘脊之间形成凹槽。无基腔和齿槽。

描述　后齿耙长而矮，缓慢弯曲，向下向内侧弯，口视呈"C"字形。后齿耙细齿密集，向前倾，大小相差无几，亦有大小交替的现象。反口缘锐利无齿槽。主齿长大，侧方扁，外侧面平，前缘脊锐利并向下伸，形成很小的反主齿。内侧面凸，向下延伸形成齿唇，并在中下部与主齿前缘脊之间形成明显的凹槽，使内侧凸面好像一个微弱的侧齿突。无基腔。

比较　此种无疑与 *Neoprioniodus bicurvatus* 最相似，但此种无基腔和齿槽，在主齿内侧有齿突状凸起，与主齿前缘脊之间形成凹槽。

产地层位　云南丽江阿冷初，下泥盆统上部班满到地组。

后转新锯齿刺　*Neoprioniodus postinversus* Helms, 1934

（图版120，图17—18；图版121，图1）

1959 *Neoprioniodus postinversus* Helms, p. 644, pl. 2, fig. 6; text-fig. 1.

1978 *Neoprioniodus postiversus* Helms. －王成源和王志浩，67页，图版3，图45。

1989 *Neoprioniodus postiversus* Helms. －王成源，59页，图版13，图1—2。

特征　齿耙向内弯，后齿耙的分离的细齿和长大的主齿向外弯；基腔窄小，朝向外侧；反主齿发育。

附注　这里的内外定向与原文相反。齿耙向内弯，细齿向外弯，不同于 *Neoprioniodus huishuiensis* Wang and Wang, 1978。*N. postinversus* 曾见于德国上泥盆统。

产地层位　贵州长顺代化剖面，上泥盆统代化组；广西武宣二塘，法门阶三里组 *P. marginifera* 带。

弯新锯齿刺 *Neoprioniodus prona* (Huddle, 1934)

（图版121，图2—5）

1934 *Euprioniodina prona* Huddle, p. 56, pl. 6, fig. 19; pl. 11, fig. 8.

1955 *Prioniodina prona* (Huddle). – Sannemann, p. 152, pl. 3, figs. 1, 7—8.

1967 *Prioniodina prona* (Huddle). – Wolska, pp. 419—420, pl. 4, figs. 6—7.

1968 *Prioniodina prona* (Huddle). – Mound, pp. 512—513, pl. 70, figs. 4, 12, 14, 16.

1978 *Neoprioniodus prona* (Huddle). – 王成源和王志浩，67—68 页，图版2，图15—16，33—34。

特征 后齿耙长，强烈下倾，直或拱曲，内弯；口面有较多的针状细齿，较密，分离，近于等长，并和主齿相互平行，在较大细齿之间可能有较小的细齿。主齿长而大，反主齿发育，口面光滑或有几个很小的细齿。基腔位于主齿下方，内侧一般有齿唇。

产地层位 贵州长顺代化剖面，上泥盆统代化组。

弯新锯齿刺（比较种） *Neoprioniodus* cf. *prona* (Huddle, 1934)

（图版121，图6）

cf. 1934 *Euprioniodina prona* Huddle, p. 52, pl. 6, fig. 19; pl. 11, fig. 8.

1957 *Prioniodina prona* Bischoff and Ziegler, pp. 106—107, pl. 8, figs. 12a—b, 14; pl. 9, figs. 2a—b; pl. 21, figs. 14—16.

1983 *Neoprioniodus* cf. *prona* (Huddle). – 熊剑飞，图版70，图7。

特征 后齿耙具有分离的、间距较大的细齿，细齿向齿耙末端变大。主齿粗壮，前缘平。反主齿有小的细齿；基腔大，齿唇发育。

讨论 当前标本与正模标本区别较大，但与 Bischoff 和 Ziegler（1957，图版9，图1）描述的标本很相近。此种后齿耙细齿分离，间距大，无大小交替的细齿，不同于 *Neoprioniodus bicurvatus*。

产地层位 云南广南，下泥盆统达莲塘组、中泥盆统下部坡折落组；贵州普安，中泥盆统罐子窑组。

史密斯新锯齿刺 *Neoprioniodus smithi* (Stauffer, 1938)

（图版121，图7—11）

1938 *Prioniodus smithi* Stauffer, p. 441, pl. 50, fig. 26.

1955 *Prioniodina smithi* (Stauffer). – Sannemann, p. 152, pl. 3, figs. 15, 17.

1962 *Prioniodina powellensis* (Stauffer). – Ethington and Furnish, p. 1284.

1966 *Prioniodina smithi* (Stauffer). – Glenister and Klapper, p. 833, pl. 96, figs. 7—9.

1978 *Neoprioniodus smithi* (Stauffer). – 王成源和王志浩，68 页，图版1，图26—27。

1983 *Neoprioniodus smithi* (Stauffer). – 熊剑飞，309 页，图版71，图11—12。

1986 *Prioniodina smithi* (Stauffer). – 季强和陈宣忠，80 页，图版1，图11。

1989 *Neoprioniodus smithi* (Stauffer). – 王成源，59 页，图版13，图3—4。

特征 主齿和反主齿扭转，使其在与后齿耙垂直的平面内。后齿耙细齿大小交替。两大细齿之间有1～4个小的细齿。反主齿细长，薄片状，其前缘有很细的愈合的细齿。基腔小。

讨论 Glenister 和 Klapper（1966）认为将本类标本归入 *Neoprionidus* 是有问题的。他们将此种有疑问地归入 *Prioniodina*。但依据主齿和反主齿的特征，将其归入 *Neoprioniodus* 更适合。基腔小、主齿和后齿耙不在同一平面内可作为此种的特征。

此种的时限为晚泥盆世，*P. triangularis* 带至 *B. costatus* 带。

产地层位 贵州长顺代化剖面，上泥盆统代化组；广西武宣二塘，法门阶三里组 *P. rhomboidea* 带到 *P. marginifera* 带；广西寨沙，上泥盆统五指山组。

新锯齿刺（未定种A） *Neoprioniodus* sp. A

（图版121，图12—14）

1989 *Neoprioniodus* sp. A. – 王成源，59页，图版14，图5—6，8。

特征 后齿耙扁，有分离的、三角形的、向远端增大的细齿。

描述 后齿耙长，向下斜伸，侧方扁，近底缘有一棱脊，底缘锐利，无齿槽。齿耙上有5~8个分离的细齿，细齿侧方扁，三角形，由主齿向远端增大，最远端的细齿比主齿略大些。主齿不太大，外弯。前侧齿耙较短，侧方扁，有3~5个较细的细齿。底缘锐利，基腔极小，位于主齿下方，外张。齿耙表面有微弱的、细的、粒面革状的装饰，而细齿侧面极光滑。

产地层位 广西横县六景，上泥盆统融县组 *M. asymmetricus* 带；象州中平马鞍山，中—上泥盆统 *S. hermanni*—*P. cristatus* 带。

新锯齿刺（未定种B） *Neoprioniodus* sp. B

（图版121，图15）

1989 *Neoprioniodus* sp. B. – 王成源，59页，图版14，图16。

特征 仅一破碎标本。反主齿长而大，垂直下伸，其口缘锐利无细齿。反主齿由口缘向反口缘方向加厚，反口缘宽，有发育的浅齿槽。主齿折断，后齿耙仅保留部分，具有细齿，其反口缘亦有齿槽。当前标本以具有长而大的反主齿为特征，但标本不完整，暂不定种名。

产地层位 广西邕宁长塘，中泥盆统那叫组白云岩 *costatus* 带之上，可能相当于 *ensensis* 带。

新扇颚刺属 *Neorhipidognathus* Mound, 1968

模式种 *Neorhipidognathus radialis* Mound, 1968

特征 不对称的拱曲的掌状刺体，由明显的主齿和两个齿片构成。两齿片长度相近，或前齿片比后齿片略长。两齿片下伸，其底缘夹角为锐角或直角。主齿在齿拱上方，断面双凸形，无后齿片。基腔无或很小，齿片底缘锐利或有窄的齿槽。

附注 标本定向与Mound（1968，494页）的不同，它的主齿倾斜方向为后齿片，相对的一方为前齿片。齿片向内侧弯曲。*Neorhipidognathus* 与 *Elsonella* Youngquist 相似，但两侧不是对称的，也无后齿突，并有明显的主齿。*Neorhipidognathus* 同样与 *Apatognathus* 相似，但两齿片上细齿指向相对的两个方向而不是指向同一方向。

时代分布 晚泥盆世。北美洲、亚洲。

新扇颚刺（未定种A） *Neorhipidognathus* sp. A

（图版121，图19）

1983 *Neorhipidognathus* sp. A. – 王成源，60页，图版14，图4。

特征 一个标本。刺体不对称；后齿片比前齿片略长，两齿片底缘夹角近90°，其底缘宽，有发育的齿槽；主齿宽，侧方很扁；齿片上细齿几乎全部愈合，仅上方呈三角形。*Neorhipidognathus* sp. A 以发育的齿槽、齿片间夹角大、细齿愈合而不同于 *N.* sp. B。

产地层位 广西德保都安四红山，艾菲尔阶分水岭组 *P. c. costatus* 带。

新扇颚刺（未定种 B） *Neorhipidognathus* sp. B

（图版 121，图 17—18）

1989 *Neorhipidognathus* sp. B. –王成源，60 页，图版 14，图 2—3。

特征 两齿片不对称，前齿片高，后齿片低，基腔小，齿唇微弱。

描述 两个标本。两齿片较直，下伸，其底缘夹角小于 40°，前齿片同后齿片等长或略长，并比后齿片粗壮，高，其上细齿密集、愈合、侧方扁、双凸形。主齿近直立，微后倾，断面双凸形。前齿片向远端变低变矮，常常向内侧弯。两齿片内侧均具有明显的、与底缘平行的肿凸。主齿下方基腔小。内侧有一小齿唇，外侧平。两齿片底缘齿槽极窄，但可达齿片远端。

比较 此种以反口面具有小的基腔和齿槽以及前齿片比后齿片高而不同于 *N. radialis* Mound，1968，且齿片上细齿排列不呈放射状。

产地层位 广西德保都安四红山，中—上泥盆统分水岭组至榴江组，*P. c. costatus* 带至 *A. triangularis* 带。

新扇颚刺（未定种 C） *Neorhipidognathus* sp. C

（图版 121，图 16）

1989 *Neorhipidognathus* sp. C. –王成源，61 页，图版 14，图 1。

特征 两齿片近于对称，齿片底缘呈倒“U”字形。

描述 两个标本。齿片拱曲，其底缘呈倒“U”字形，锐利，无齿槽。前齿片比后齿片略高，两者几乎大小一致，齿片内外两侧均无肿凸。主齿长而大，近于直立，向内弯，下方有小基腔，其内侧突起，外侧平。

比较 *Neorhipidognathus* sp. C 以近于对称的齿片、无侧肿凸和齿槽而不同于 *Neorhipidognathus* sp. B。

产地层位 广西德保都安四红山，上泥盆统法门阶三里组 *P. triangularis* 带。

伪颚刺属 *Nothognathella* Branson and Mehl，1934

模式种 *Nothognathella typicalis* Branson and Mehl，1934

特征 刺体拱曲，后齿片细齿愈合，较均一，短而尖，侧方扁，缘脊锐利。底缘两侧有内外凸缘或齿台，内凸缘较大。前齿片为明显的片状，有较长的细齿，最长的细齿在前齿片的后部。反口面有龙脊，基腔为很小的基穴，位于刺体中部。

讨论 Branson 和 Mehl 指出，此属与 *Bryantodus* Ulrich and Bassler 最相似，可能是有密切关系的一类群。此属与 *Bryantodus* 的区别在于它的前齿片发育和没有明显主齿，同时在 *Bryantodus* 底缘两侧缺少 *Nothognathella* 那样的齿台状凸缘。Lindström（1964）不同意说 *Nothognathella* 缺少明显主齿或 *Bryantodus* 缺少齿台状凸缘，而认为 *Nothognathella* 为 *Bryantodus* 的同义名。但 *Nothognathella* 的前后齿片分异较大，齿台状凸缘很发育，两者仍可区分开来。有齿台状凸缘的 *Bryantodus* 的种应归入

Nothognathella, *Bryantodus* 仅具有一般的非齿台状凸缘。同时 *Nothognathella* 仅限于晚泥盆世，而 *Bryantodus* 由中志留世到晚石炭世。

时代分布　晚泥盆世。大洋洲的澳大利亚、欧洲、北美洲、亚洲。

畸短伪颚刺　*Nothognathella abbreviata* Branson and Mehl, 1934

（图版121，图20；图版122，图4）

1934 *Nothognathella abbreviata* Branson and Mehl, p. 229, pl. 13, fig. 15.

1961 *Nothognathella* aff. *N. abbreviata* Branson and Mehl. –Lys *et al.*, p. 546, pl. 2, fig. 5.

1968 *Nothognathella abbreviata* Branson and Mehl. –Mound, p. 495, pl. 67, figs. 18—19.

1976 *Nothognathella abbreviata* Branson and Mehl. –Druce, pp. 130—131, pl. 40, figs. 5a—b.

1989 *Nothognathella abbreviata* Branson and Mehl. –王成源，61页，图版12，图6。

特征　刺体拱曲，前齿片高，其细齿侧方愈合，顶尖分离，由远端向中部增高，缺少主齿。后齿片很低，齿脊由瘤齿构成。齿片两侧有极窄的齿台。内齿台在中部，向前迅速变窄，向后逐渐变窄；外齿台很窄，限于中后部。

比较　*Nothognathella abbreviata* 与 *N. typicalis* 极相似，均缺少明显主齿，仅齿台发育程度不同。*N. typicalis* 齿台较宽，其上有瘤齿。*N. abbreviata* 齿台极窄，*N. condita* 有大的主齿。Druce（1976）将有大的主齿的类型同样也归入 *N. typicalis*，这似乎不恰当。据 Anderson（1966）、Mound（1968）和 Lys 等（1961）的报道，此种的时限为晚泥盆世 *Ancyrognathus triangularis* 带至 *Palmatolepis triangularis* 带。

产地层位　广西德保都安四红山，上泥盆统榴江组 *A. triangularis* 带；广西寨沙，上泥盆统五指山组。

异常伪颚刺　*Nothognathella abnormis* Branson and Mehl, 1934

（图版122，图1—2）

1934 *Nothognathella*（?）*abnormis* Branson and Mehl, p. 231, pl. 14, figs. 1—2.

1955 *Nothognathella abnormis* Branson and Mehl. –Sannemann, p. 132, pl. 6, figs. 16—17.

1959 *Nothognathella*（?）*abnormis* Branson and Mehl. –Helms, p. 663, pl. 4, figs. 5—6.

1967 *Nothognathella*（?）*abnormis* Branson and Mehl. –Wolska, p. 383, pl. 3, fig. 9.

1975 *Nothognathella abnormis* Branson and Mehl. –Druce, pp. 131—132, pl. 40, figs. 7—10.

1980 *Nothognathella abnormis* Branson and Mehl. –Perri and Spalletta, p. 296, pl. 4, fig. 4.

1986 *Nothognathella abnormis* Branson and Mehl. –季强和陈宣忠，77页，图版Ⅰ，图20。

1989 *Nothognathella abnormis* Branson and Mehl. –王成源，61—62页，图版15，图15。

特征　刺体较高。前齿片约为后齿片长的两倍，无明显主齿。后齿片末端明显向后弯，几乎与主齿片垂直。齿片内侧中部有微弱的凸棱，但未发育成齿台；外侧较光滑，底缘锐利。

比较　典型的 *N. abnormis* 齿片内侧中部有发育的凸棱，有的发育成微弱的齿台。当前标本凸棱很微弱，但后齿片内弯，无主齿，与 *N. abnormis* 一致。此种是 *Nothognathella* 属中最像 *Ozarkodina* 的分子。据 Druce（1976）记载，此种时限为晚泥盆世。

产地层位　广西横县六景，上泥盆统融县组 *P. triangularis* 带。

锚颚刺形伪颚刺 *Nothognathella ancyrognathoides* Ji, 1986

（图版 122，图 11—14；插图 55）

1986 *Nothognathella ancyrognathoides* Ji. －季强，33 页，图版 11，图 12—13，17—20；图版 17，图 20；插图 6。

特征 刺体三角形，后部外侧发育一个小齿叶。刺体拱曲，主齿粗大；齿脊前方细齿粗壮，后方细齿瘦小。基腔小，三角形。

比较 刺体轮廓似 *Ancyrognathus*，但主齿粗大，无前齿片，仍归入 *Nothognathella*。此种可能由 *Nothognathella brevidonta* Youngquist 演化而来。

产地层位 广西象州马鞍山，桂林组下部（弗拉期早 *gigas* 带）。

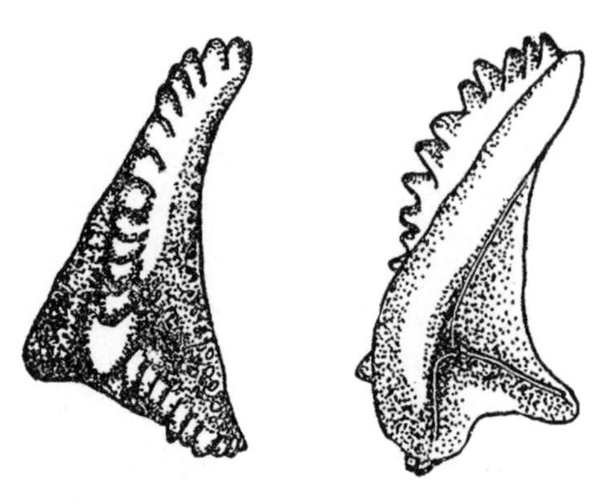

插图 55 锚颚刺形伪颚刺 *Nothognathella ancyrognathoides* Ji, 1986
的正模标本形态构造（据季强，1986，33 页，插图 6）

Text-fig. 55 *Nothognathella ancyrognathoides* Ji, 1986, holotype (after Ji, 1986, p. 33, text-fig. 6)

短齿伪颚刺 *Nothognathella brevidonta* Youngquist, 1947

（图版 123，图 1）

1947 *Nothognathella brevidonta* Youngquist, p. 108, pl. 25, fig. 1.

1976 *Nothognathella brevidonta* Youngquist. －Druce, pp. 132—133, pl. 41, figs. 1—4.

1980 *Nothognathella brevidonta* Youngquist. －Perri and Spalletta, pl. 4, figs. 2a—3c.

non 1982 *Nothognathella brevidonta* Youngquist. －Bai *et al.*, p. 46, pl. 5, fig. 9.

1986 *Nothognathella brevidonta* Youngquist. －季强，33—34 页，图版 13，图 19，22—24。

特征 齿台拱曲，口面光滑，或在边缘发育有小瘤齿；外齿台小于内齿台。主齿较大，向后倾斜，位于齿台拱曲之顶，将齿脊分为不等的两部分。前部 2/3 的细齿几乎等大，仅齿尖分离，前端细齿前倾，后端细齿后倾；后部 1/3 的细齿小于前部的细齿，向后倾斜，高度向后逐渐降低。反口面基腔小，位于主齿下方。龙脊延伸达刺体两端。

产地层位 广西象州马鞍山，上泥盆统桂林组下部（晚泥盆世弗拉期）。

美伪颚刺 *Nothognathella condita* Branson and Mehl, 1934

（图版 121，图 21）

1934 *Nothognathella condita* Branson and Mehl, p. 230, pl. 13, figs. 25—26.

1955 *Nothognathella condita* Branson and Mehl. －Sannemann, p. 132, pl. 3, fig. 7.

1959 *Nothognathella condita* Branson and Mehl. －Helms, p. 645, pl. 1, figs. 8—9 (only); pl. 4, figs. 26—27 (only).

1960 *Nothognathella condita* Branson and Mehl. －Freyer, p. 56, pl. 2, figs. 55—58.

1967 *Nothognathella condita* Branson and Mehl. －Wolska, pp. 384—385, pl. 1, figs. 8—9 (only); pl. 3, fig. 10.

1989 *Nothognathella condita* Branson and Mehl. －王成源，62 页，图版 12，图 3。

特征　齿台拱曲，前齿片较高，细齿密集。主齿长而大，侧方扁，微后倾。后齿耙低矮。齿片两侧有齿台，内齿台较大，其上可有瘤齿；外齿台极不发育。

比较　*Nothognathella condita* 有发育的主齿而不同于 *N. typicalis*。当前标本的前齿片细齿较之正模标本的密集，细齿数目较多、较高。Freyer（1960）指出，此种时代为晚泥盆世（to I—to VI）。

产地层位　广西横县六景，弗拉阶融县组 *P. gigas* 带。

外叶伪颚刺　*Nothognathella extralobata* Ji and Chen, 1986

（图版 122，图 3）

1986 *Nothognathella extralobata* Ji and Chen. －季强和陈宣忠，77 页，图版 1，图 19。

特征　刺体强烈拱曲并微微内弯。口面细齿的齿尖分离，前部细齿高大，后部细齿低矮。内侧凸缘微弱发育，外侧凸缘宽大，三角形，位于刺体中部，边缘呈锯齿状，逐渐向前后变窄，上伸，与齿耙以 30°角相交。

比较　此种与 *Nothognathella abnormis* 相似，区别在于后者的刺体后部向内扭曲，外侧凸缘不太发育且不上斜。

产地层位　广西寨沙，上泥盆统法门阶五指山组。

镰形伪颚刺　*Nothognathella falcata* Helms, 1959

（图版 122，图 15—17）

1959 *Nothognathella* (?) *falcata* Helms, pl. 8, figs. 17a—b.

1976 *Nothognathella falcata* Helms. －Druce, pl. 41, figs. 5—8.

1986 *Nothognathella falcata* Helms. －季强和陈宣忠，78 页，图版 1，图 29—31。

特征　前后齿耙近于等长，强烈扭曲近 90°，两侧凸缘很窄。齿脊由一列基部愈合、齿尖分离、向后倾斜的细齿组成。反口面龙脊锐利，基腔极不明显。

比较　此种的特征是齿耙强烈扭曲和凸缘极不发育，有别于本属其他种。

产地层位　广西寨沙，上泥盆统五指山组。

衣阿华伪颚刺　*Nothognathella iowaensis* Youngquist, 1945

（图版 123，图 3a—b）

1945 *Nothognathella iowaensis* Youngquist, p. 363, pl. 55, fig. 7.

1956 *Nothognathella iowaensis* Youngquist. －Bischoff and Ziegler, p. 151, pl. 14, fig. 17.

1966 *Nothognathella iowaensis* Youngquist. －Anderson, p. 407, pl. 60, fig. 3.

1971 *Nothognathella iowaensis* Youngquist. －Szulczewski, p. 23, pl. 8, fig. 10.

1976 *Nothognathella iowaensis* Youngquist. －Druce, pp. 134—135, pl. 42, figs. 1a—2b.

1982 *Nothognathella iowaensis* Youngquist. －白顺良等，46—47 页，图版 V，图 10。

1989 *Nothognathella iowaensis* Youngquist. －王成源，62 页，图版 12，图 11。

特征　齿台只限于刺体后方内侧。齿脊由扁的、愈合的细齿构成；前半部细齿较高，并先向外、后向内弯曲；后半部齿脊较低，先向内、后向外弯曲，使整个齿脊近“S”形反曲。齿台在内侧，可有稀散的小瘤齿。齿脊外侧平或有隐约可见的外齿台。反口面有龙脊。基腔在齿片折曲点下方。

比较 *Nothognathella iowaensis* 与 *N. klapperi* 很接近，区别是后者齿片有两个高峰，一个在后端，一个在基腔上方。此种时限为晚泥盆世（to I—to V）。

产地层位 广西德保都安四红山，法门阶三里组 *P. crepida* 带；广西象州，上泥盆统桂林组。

克拉佩尔伪颚刺 *Nothognathella klapperi* Uyeno, 1967

（图版 123，图 4—7）

1967 *Nothognathella klapperi* Uyeno, p. 57, pl. 1, figs. 7—8; pl. 2, fig. 1.

1976 *Nothognathella klapperi* Uyeno. – Druce, p. 135, pl. 42, figs. 4a—b.

1988 *Nothognathella klapperi* Uyeno. – 熊剑飞等，324 页，图版 131，图 3，5，8。

1989 *Nothognathella klapperi* Uyeno. – 王成源，63 页，图版 12，图 12—14。

2010 *Nothognathella klapperi* Uyeno. – 郎嘉彬和王成源，27 页，图版Ⅳ，图 4。

特征 齿片具有两个顶峰，一个是主齿（顶齿），位于由前端向后齿片长度方向 2/3 处，较高大；另一个较高的细齿位于齿片近前端处。齿片后端直或强烈向内扭转。齿台限于齿台内侧后方。

附注 Uyeno（1967）指出，此种齿片后方强烈扭转，以致其细齿与齿台可能在同一平面内。当前的标本包括两种类型：一种是主齿粗大，齿片后方直，不扭转；另一种主齿不够大，齿片后扭转。此种与早石炭世的 *Elictognathus* 同形。在加拿大和北美，此种见于晚泥盆世早期 *M. asymmetricus* 带中部至 *A. triangularis* 带。当前标本见于 *A. triangularis*带（*M. falsiovalis* 带至 *P. punctata* 带）。

产地层位 广西德保都安四红山，弗拉阶榴江组 *A. triangularis* 带；那坡三叉河，上泥盆统；四川龙门山，中泥盆统观雾山组；内蒙古乌努尔，下大民山组顶部（郎嘉彬和王成源，2010）。

掌形伪颚刺 *Nothognathella palmatoformis* Druce, 1976

（图版 122，图 5—10）

1966 *Nothognathella sublaevis* Sannemann. – Glenister and Klapper, p. 806, pl. 95, figs. 7—9.

1976 *Nothognathella palmatoformis* Druce, p. 135, pl. 17, fig. 8; text-fig. 21.

1983 *Nothognathella palmatoformis* Druce, 1976. – 熊剑飞，309 页，图版 70，图 16a—b。

特征 刺体由齿脊和齿台构成，齿台不对称，向两侧扩张。外齿台宽而长，向外突出，其边缘与齿脊近于平行；内齿台中部突然收缩，几乎收缩到齿脊；齿脊和齿台在收缩处向内侧弯曲。自由齿片极短。齿脊前半部高，向后逐渐变矮，几乎达齿台后端，无中瘤齿。齿台表面为粒面革状。反口面龙脊发育，无基腔，龙脊不达齿台后端。

附注 此种无中瘤齿、无基腔，不能归入 *Palmatolepis*，在澳大利亚见于 *Palmatolepis crepida* 带到 *Scaphignathus velifer* 带中部。

产地层位 贵州长顺代化，上泥盆统代化组。

后亚膨大伪颚刺 *Nothognathella postsublaevis* Helms and Wolska, 1967

（图版 123，图 10—11）

1960 *Nothognathella sublaevis* Sannemann. – Zimmermann, pl. 7, fig. 8.

1967 *Nothognathella postsublaevis* Helms and Wolska, pp. 288—289, text-figs. 1a—b.

1989 *Nothognathella postsublaevis* Helms and Wolska. – 王成源，63 页，图版 12，图 1—2。

特征　刺体由前齿片和后齿片构成，反曲状。前齿片拱曲，具细齿；细齿后倾，向前方减小。由前齿片凸起的一侧发育出齿台，齿台向后沿后齿片更发育。后齿片外侧齿台窄，在内侧变宽，形成向后倾斜的、大的齿叶，齿叶上有5～7个指向后方的、波状起伏的边缘。后齿片细小，伸向内侧。反口面有与口面齿脊相对应的龙脊，不见基腔。当前的标本仅保留后齿片和齿台，有清楚的、波状起伏的外齿叶和向内侧弯曲的后齿片。此种见于晚泥盆世晚期，下 *P. marginifera* 带上部。

产地层位　广西武宣二塘，法门阶三里组 *P. marginifera* 带。

相反伪颚刺　*Nothognathella reversa* Branson and Mehl, 1934

（图版123，图8—9）

1934 *Nothognathella reversa* Branson and Mehl, p. 231, figs. 9—10.

1968 *Nothognathella*? sp. nov. B. –Pollock, p. 434, pl. 62, figs. 1—2.

1988 *Nothognathella reversa* Branson and Mehl. –熊剑飞等，324页，图版131，图1—2。

特征　刺体长，微微内弯，侧方扁，几乎全部愈合。主齿大而宽，位于刺体后2/3处。前齿片比后齿片长和高。刺体微微拱曲到中等拱曲。内齿台比外齿台宽大。口面有瘤齿或无瘤齿。反口面龙脊窄。在主齿之下有一小的基穴。

产地层位　四川龙门山，中泥盆统观雾山组。

典型伪颚刺　*Nothognathella typicalis* Branson and Mehl, 1934

（图版121，图22）

1934 *Nothognathella typicalis* Branson and Mehl, pp. 227—228, pl. 13, figs. 7—8.

1955 *Nothognathella typicalis* Branson and Mehl. –Sannemann, p. 132, pl. 3, fig. 11.

1959 *Nothognathella typicalis* Branson and Mehl. –Helms, p. 645, pl. 1, fig. 10 (non figs. 8—9 = *N. condita*); pl. 4, fig. 28 (non figs. 26—27 = *N. condita*).

1961 *Nothognathella typicalis* Branson and Mehl. –Helms, pl. 3, fig. 9.

non 1967 *Nothognathella typicalis* Branson and Mehl. –Wolska, pp. 384—385, pl. 3, fig. 10 (= *N. condita*).

1971 *Nothognathella typicalis* Branson and Mehl. –Szulczewski, p. 26, pl. 8, figs. 7, 9.

1976 *Nothognathella typicalis* Branson and Mehl. –Druce, pp. 138—139, pl. 43, figs. 1a—4b.

1989 *Nothognathella typicalis* Branson and Mehl. –王成源，63页，图版12，图10。

特征　刺体强烈拱曲。前齿片特别高，细齿高度向后方逐渐增高，止于刺体中部的稍大的主齿。细齿侧方愈合，顶尖分离。后齿片上的齿脊非常低，由矮的瘤齿构成。齿片两侧有窄的齿台。齿台在刺体中部最宽，向后方变窄，齿台上可能有微弱的瘤齿装饰。

比较　*Nothognathella condita* 有非常突出的主齿，不同于 *N. typicalis*，后者主齿不发育。*N. abbreviata* 的齿台很窄，也不同于 *N. typicalis*。此种时限为晚泥盆世牙形刺 *P. gigas*带至 *P. styriaca* 带。

产地层位　广西德保都安四红山，法门阶三里组 *P. triangularis* 带。

典型伪颚刺（比较种）　*Nothognathella* cf. *typicalis* Branson and Mehl, 1934

（图版124，图5）

1983 *Nothognathella* cf. *typicalis* Branson and Mehl. –熊剑飞，310页，图版70，图13。

特征　刺体拱曲。前齿片呈片状，由11个较大的细齿组成，粗大的细齿在前齿片最后部；后齿片由 5 个短的细齿组成，较均一，缘脊锐利，底缘两侧均有凸缘，内凸缘较大。反口面有一龙脊，较细。基腔小，位于刺体中部。

附注 此比较种最靠近主齿的细齿与“主齿”等大，似乎有两个“主齿”，不同于此种的正模。

产地层位 贵州长顺代化，上泥盆统代化组。

威里伪颚刺（新名） *Nothognathella willii* Wang，new name

（图版 125，图 2—6）

non 1959 *Nothognathella ziegleri* Helms. – pl. 6，figs. 17—19.

1968 *Palmatolepis? ziegleri* Clark and Ethington，p. 56，pl. 7，figs. 1—2；pl. 8，figs. 1—2.

1984 *Nothognathella ziegleri*（Clark and Ethington）. – 季强，图版 14，图 23—26；图版 17，图 12—13。

特征 刺体内弯或平直，微微拱曲。齿台限于刺体中部和后部，口面有小瘤齿。内齿台大于外齿台。反口面基腔中等大小，卵形。龙脊锐利，伸达刺体两端。

附注 见下面 *Nothognathella ziegleri* Helms，1959 的附注。

产地层位 广西象州马鞍山，中泥盆统巴漆组中部至上泥盆统桂林组下部。此种的时限为中泥盆世晚期 *S. hermanni*—*P. cristatus* 带至晚泥盆世早期晚 *M. asymmetricus* 带。

威里伪颚刺（比较种，新名） *Nothognathella* cf. *willii* Wang，new name

（图版 125，图 7—8）

1986 *Nothognathella* cf. *ziegleri*（Clark and Ethington） – 季强，图版 17，图 14—15.

特征 齿脊由一列高大的细齿组成，于后部 2/3 处明显向内弯。两侧齿台口面有小瘤齿；外侧齿台不太发育，一般限于齿台中部。反口面基腔中等大小，呈卵圆形。

比较 当前标本与 *Nothognathella willii* 比较相似，但后者齿台十分发育，而当前标本齿脊高大。

产地层位 广西象州马鞍山，中泥盆统巴漆组中部，下 *S. hermnni*—*P. cristatus* 带。

齐格勒伪颚刺 *Nothognathella ziegleri* Helms，1959

（图版 124，图 4；图版 125，图 1）

1959 *Nothognathella ziegleri* Helms，p. 645，pl. 6，figs. 17—19.

non 1967 *Palmatolepis? ziegleri* Clark and Ethington. – pl. 7，figs. 1—2.

1978 *Nothognathella ziegleri* Helms. – 王成源和王志浩，69 页，图版 2，图 25—27。

non 1986 *Nothognathella ziegleri*（Clark and Ethington）. – 季强，图版 17，图 12—13。

特征 刺体强烈拱曲。主齿明显，细长或矮壮。齿片低。在主齿一侧有细长连续的齿台，主齿的另一侧的侧方有唇片状至刺状的齿台凸起。

描述 主齿粗壮，侧视为三角形，前后缘脊锐利。刺体上拱，两齿片下弯。齿片矮，前齿片折断，仅见三个低矮的细齿，而后齿片有四个细齿。主齿内侧有明显的厚唇状齿台突起，齿片内侧下方也有凸缘；外侧有窄的齿台连续绕过主齿外侧，具有细齿状的边缘。基腔位于厚唇状齿台突起的下方。

比较 当前标本主齿粗壮，不同于正模标本，但其刺体两侧的特征与正模标本一致，仅外齿台细齿化更明显些。

附注 Clark 和 Ethington（1967）命名了 *Palmatolepis? ziegleri*，此种被一些作者归入到 *Nothognathella ziegleri*（Clark and Ethington，1967），但与 *Nothognathella ziegleri*

Helms, 1959 同名。后者命名早，有效；本书给予前者新名 *Nothognathella willii*，见 *Nothognathella willii* 的描述。

产地层位　贵州长顺代化剖面，上泥盆统代化组。

伪颚刺（未定种 A）　*Nothognathella* sp. A

（图版 123，图 14）

1989 *Nothognathella* sp. A. – 王成源，64 页，图版 12，图 16。

特征　齿片高，无主齿，向内弯。内外齿台发育，前方无自由齿片。

描述　刺体粗壮，由发育的齿台和其上的齿片构成。齿台高，无主齿，前齿片比后齿片略高。整个齿台沿中轴方向拱曲，齿台上具有分离的小瘤齿。齿片强烈内弯。反口面可见齿台向上拱，呈宽大的凹穴；基腔不明显，但有窄的龙脊。

比较　*Nothognathella* sp. A 以拱曲的齿台和无自由齿片而不同于 *N.* sp. D。

产地层位　广西德保都安四红山，弗拉阶榴江组 *M. asymmetricus* 带。

伪颚刺（未定种 B）　*Nothognathella* sp. B

（图版 124，图 1—2）

1989 *Nothognathella* sp. B. – 王成源，64 页，图版 12，图 4—5。

特征　齿脊两侧具有不对称的、发育的齿台，齿台平面与齿脊斜交，自由齿片短。

描述　外齿台窄，内齿台宽。齿台平面明显与齿脊不垂直，内齿台向下偏转。齿台后方较低，细齿较宽；前方齿片较高，细齿窄。齿台上有小的瘤齿，但缺少粒面革状装饰。内齿台前方有很小的缺刻。

比较　*Nothognathella* sp. B 在齿台形态上有些与 *N. palmatoformis* Druce, 1975 相似，但内齿台缺少大的缺刻，齿台表面缺少粒面革状装饰。同时，*N.* sp. B 的齿台与齿脊不垂直，也不同于 *N. palmatoformis*。*N.* sp. B 有自由齿片，齿台不强烈向上拱，不同于 *N.* sp. A。

产地层位　广西德保都安四红山，弗拉阶榴江组 *M. asymmetricus* 带。

伪颚刺（未定种 C）　*Nothognathella* sp. C

（图版 123，图 12—13）

1989 *Nothognathella* sp. C. – 王成源，64 页，图版 12，图 8—9。

特征　内齿台宽大，外齿台很窄，主齿突出。后齿片成为齿台上低矮的齿脊，前齿片稍高些。

描述　内齿台较宽、较长，延伸到刺体后端，向上拱曲，呈半月形球面，表面有细的粒面革装饰。外齿台很窄，但长度与内齿台一致。前齿片上有 9 个分离的、较高的细齿，细齿扁，侧视三角形。向前端齿片增高。后齿片是齿台上的齿脊，由 6 ~ 7 个低矮的三角形细齿组成。主齿较长大，直立。前后齿片（齿脊）呈弧形，向外凸，主齿位于其顶尖。反口面有底板，基腔构造不清。*Nothognathella* sp. C 以宽大的内齿台、低矮的后齿脊而不同于本属的已知种。

产地层位　广西横县六景，上泥盆统融县组 *P. triangularis* 带；德保都安四红山，弗拉阶榴江组 *A. triangularis* 带。

伪颚刺（未定种 D） *Nothognathella* sp. D

（图版 121，图 23）

1989 *Nothognathella* sp. D. －王成源，65 页，图版 12，图 15。

特征 齿台与齿脊强烈内弯，自由齿片短。

描述 刺体强烈内弯。外齿台窄，其外缘几乎与齿脊平行。内齿台宽，其内缘较直。齿脊内弯近半圆形，侧视齿脊上缘较直。齿台后方较低，前方较高；齿台上有分离的小瘤齿。无主齿，自由齿片短。

比较 *Nothognathella* sp. D 有短的自由齿片，齿台不拱曲，不同于 *N.* sp. A，其他特征相似。

产地层位 广西德保都安四红山，弗拉阶榴江组 *M. asymmetricus* 带。

伪颚刺（未定种 E） *Nothognathella* sp. E

（图版 124，图 3）

1989 *Nothognathella* sp. E. －王成源，65 页，图版 12，图 7。

特征 内齿台大，限于主齿之后；外齿台小。自由齿片发育。

描述 刺体不对称。主齿居中，较大。自由齿片长约为刺体长的一半。内齿台发育，在主齿后方包围齿脊；外齿台近半圆形，仅限于主齿之后，其长度约为齿脊长的一半。主齿之后的齿脊较低，细齿顶尖较宽、分离；主齿之前的齿片较高，细齿密集、愈合，仅顶尖分离。

比较 *Nothognathella* sp. E 以宽的内齿台和长度约为内齿台一半的外齿台而不同于 *N. abbreviata*,后者缺少明显的主齿。

产地层位 广西德保都安四红山，弗拉阶榴江组 *M. asymmetricus* 带。

小掌刺属 *Palmatodella* Ulrich and Bassler, 1926

模式种 *Palmatodella delicatula* Ulrich and Bassler, 1926

特征 前齿耙直而长、较细，细齿分离并向主齿方向增大。主齿位于前齿耙后端，较长大，指向后方。后齿耙较长，近三角形，比前齿耙宽得多，并与前齿耙呈直角相交，其细齿纤细，发状，大部愈合，向后倾。

时代分布 晚泥盆世。世界各地。该属是否产于早石炭世可疑。

娇柔小掌刺 *Palmatodella delicatula* Ulrich and Bassler, 1926

（图版 124，图 8—14）

1926 *Palmatodella delicatula* Ulrich and Bassler, p. 41, pl. 8, fig. 3.

1956 *Palmatodella delicatula* Ulrich and Bassler. －Bischoff, p. 128, pl. 10, figs. 10—11.

1959 *Palmatodella delicatula* Ulrich and Bassler. －Helms, p. 648, pl. 1, fig. 11; pl. 2, figs. 21—22; pl. 3, figs. 13, 15; pl. 5, figs. 11—12, 21.

1960 *Palmatodella delicatula* Ulrich and Bassler. －Freyer, p. 60, pl. 3, fig. 73.

1965 *Palmatodella delicatula* Ulrich and Bassler. －Ethington, p. 579, pl. 68, fig. 7.

1975 *Palmatodella delicatula* Ulrich and Bassler. －Glenister and Klapper, p. 806, pl. 96, figs. 1—2.

1976 *Palmatodella delicatula* Ulrich and Bassler. －王成源和王志浩，71 页，图版 3，图 29—31。

1983 *Palmatodella delicatula* Ulrich and Bassler. －熊剑飞，311 页，图版 71，图 7—8。

1989 *Palmatodella delicatula* Ulrich and Bassler. – 王成源，69 页，图版 19，图 3—6，10。

特征　掌形的 *Palmatodella*。前齿耙细长，后齿耙短，三角形。细齿长，大部愈合。主齿长，后倾。基部宽。

描述　刺体由前后齿耙和主齿构成。刺体上拱，拱顶为前后齿耙交接处和主齿所在位置。前齿耙细长，向前下方伸，细齿短；分离后倾，向主齿方向增长，与齿耙交角小于 30°；主齿细长，基部较宽，后倾，可内弯。后齿耙短，较宽；细齿细长，密集愈合，上端分离，倾向与主齿一致，向主齿方向增长，使后齿耙成三角形。两齿耙交角小于 90°，未见基腔。

讨论　此种为晚泥盆世标准化石，以三角状后齿耙和细长的前齿耙而易于和其他属种区别。Ethington（1965）和 Helms（1959）曾指出，这类标本两齿耙夹角变化较大。Ziegler（1959，56 页，图版 12，图 11—12）的 *Palmatodella orthogonica* 可能包括在 *P. delicatula* 的变化范围内，*Palmatodella orthogonica* 两齿耙交角为 90°。

产地层位　贵州长顺代化、惠水王佑，上泥盆统代化组；广西武宣，上泥盆统三里组；寨沙，上泥盆统五指山组。

贵州小掌刺　*Palmatodella guizhouensis* Wang and Wang, 1978

（图版 124，图 15）

1967 *Palmatodella delicatula* Ulrich and Bassler. – Wolska, p. 386, pl. 5, fig. 2.

1978 *Palmatodella guizhouensis* Wang and Wang. – 王成源和王志浩，71 页，图版 3，图 32。

特征　前齿耙直而长，细齿分离、直立，与后齿耙成直角；后齿耙长，生有等大而间距宽的细齿。

描述　主齿细长，后倾，断面椭圆形；前齿耙直而长，大小相间的细齿直立分离；后齿耙长，与前齿耙成直角，有分裂、等大、向主齿方向强烈倾斜的细齿。

比较　此种与 *Palmatodella delicatula* 的不同在于其后齿耙长，与前齿耙垂直，细齿倾斜。它的后齿耙细齿分离间距宽，也不同于 *Palmatodella orthogonica* Ziegler。

产地层位　贵州长顺代化剖面，上泥盆统代化组。

箭小掌刺　*Palmatodella sagitta* Ji and Chen, 1986

（图版 124，图 17）

1976 *Palmatodella* sp. nov. A. – Druce, p. 147, pl. 49, fig. 6.

1986 *Palmatodella sagitta* Ji and Chen. – 季强和陈宣忠，79 页，图版 1，图 12。

特征　刺体侧面扁，由两齿耙组成，两齿耙夹角略小于 180°。前齿耙细长，逐渐向前变矮，口面发育 5 ~ 9 个分离的、后倾的三角形细齿；后齿耙短，口面有 1 ~ 3 个分离的、后倾的细齿，细齿比前齿耙细齿大。主齿高大粗壮，强烈后倾，侧面扁。前后缘脊锐利，断面凸透镜形。反口面龙脊锐利，未见基腔。

讨论　此种以粗壮的主齿和前后齿耙上特殊的细齿不同于本属其他种。

产地层位　广西寨沙，上泥盆统五指山组。

分离小掌刺　*Palmatodella soluta* Ji and Chen, 1986

（图版 124，图 16）

1986 *Palmatodella soluta* Ji and Chen. – 季强和陈宣忠，79 页，图版 1，图 13。

特征 刺体拱曲，由前后齿耙组成。前齿耙较窄，其长度约为后齿耙的两倍，口面发育6~8个低矮的、分离的细齿；后齿耙短，口面发育7个几乎完全愈合的细齿，高度朝主齿逐渐增加，最后一个细齿近于平卧。主齿纤长，位于两个齿耙的连接处。基腔极小，位于主齿之下。

比较 此种与 *Palmatodella unca* Sannemann 的区别在于后者口面细齿多而密集，呈针形。

产地层位 广西寨沙，上泥盆统五指山组。

钩小掌刺 *Palmatodella unca* Sannemann, 1955

（图版124，图6—7）

1955 *Palmatodella unca* Sannemann, p. 134, pl. 4, figs. 10—11.

1960 *Palmatodella unca* Sannemann. – Freyer, p. 61, pl. 3, fig. 75.

1967 *Palmatodella unca* Sannemann. – Wolska, p. 387, pl. 4, figs. 1—2.

1989 *Palmatodella unca* Sannemann. – 王成源，70页，图版19，图1—2。

特征 前后齿耙底缘直，未形成角度；前齿耙上细齿极小，后齿耙上有几个后倾的大细齿。主齿长而大，后倾。

附注 此种时限为上泥盆统 *P. crepida* 带至 *P. velifera* 带。

产地层位 广西武宣二塘，法门阶三里组 *P. marginifera* 带。

小掌刺（未定种A） *Palmatodella* sp. A

（图版124，图18—19）

1989 *Palmatodella* sp. A. – 王成源，70页，图版19，图7—8。

特征 前齿耙短小，向前端变尖，向主齿方向增高，具有3~5个极小的、向后倾并向后方增大的分离的细齿。主齿明显，非常长大，近于直立，微向后方和侧方倾斜。后齿耙片状，较高，具有6~9个侧方扁的、向后倾的细齿，有的近主齿的细齿较小，反口缘锐利。

附注 当前标本无疑与 *Palmatodella unca* 最接近，但前者的主齿近直立，后方齿耙上细齿呈扇形，而后者的主齿强烈后倾，后齿耙细齿少而大。仅两个标本，暂不定名。

产地层位 广西德保都安四红山，法门阶三里组 *P. crepida* 带。

小掌刺（未定种B） *Palmatodella* sp. B

（图版124，图20）

1989 *Palmatodella* sp. B. – 王成源，70页，图版19，图9。

特征 刺体向内侧弯，前后齿耙底缘直。前齿耙口缘与主齿上缘呈一向前方倾斜的直线，口缘上有极微小的锯齿状细齿。主齿较长，后倾。后齿耙短小，具3个细齿，由主齿向下依次变小，使其底缘与口缘斜交。无基腔，反口缘锐利。

比较 当前标本与 *Palmatodella unca* 接近，但前齿耙口缘与主齿上缘呈一直线，后齿耙细齿依次向下变短，其口缘后倾。

产地层位 广西德保都安四红山，法门阶三里组 *P. triangularis* 带。

织窄片刺属　*Plectospathodus* Branson and Mehl, 1938

模式种　*Plectospathodus flesuosus* Branson and Mehl, 1933

特征　*Plectospathodus* 是一不对称的牙形刺形式属，由耙状或片状的前后齿耙构成；齿耙通常扭曲，其前后端常向反口方反曲。后齿耙较长，大而弯曲的主齿位于两齿耙连接处上方。齿耙上细齿变化较大，细齿圆且相互分离，或者扁平并相互愈合。在齿耙末端可能有几个大的细齿。基腔位于主齿下方，小，不对称，具膨大的齿唇。

比较　*Plectospathodus* 与 *Angulodus* 在形态上是难以区别的，虽然 Huddle（1934）强调 *Plectospathodus* 齿耙多为片状，细齿扁，而 *Angulodus* 齿耙断面与细齿断面均圆，但这仅为种间的差别。有人认为两者的差别仅为地质时代的不同，*Plectospathodus* 限于中志留世，而 *Angulodus* 是指中泥盆世到晚泥盆世的类型，但基腔向内侧张开的具 *Plectospathodus* 特征的类型同样见于晚泥盆世。

时代分布　中志留世至早泥盆世，晚泥盆世（?）。世界性分布。

交替织窄片刺　*Plectospathodus alternatus* Walliser, 1964

（图版125，图9）

1960 *Plectospathodus* cf. *extensus* Rhodes. – Ziegler, p. 131, pl. 15, figs. 6—7.

1964 *Plectospathodus alternatus* n. sp. – Walliser, p. 64, pl. 9, fig. 17; pl. 30, figs. 23—25.

1973 *Plectospathodus* aff. *alternatus* Walliser. – Savage, p. 325, pl. 34, figs. 16—18; text-figs. 24a—b.

1981 *Plectospathodus alternatus* Walliser. – 王成源，402页，图版Ⅰ，图24—25。

1989 *Plectospathodus alternatus* Walliser. – 王成源，97页，图版40，图15。

特征　*Plectospathodus alternatus* 具有相对小的主齿、小的基腔和大小不同交替的细齿。

比较　当前标本具有典型的 *Hindeodella* 型的细齿，主齿相对小，基腔亦小，与 *P. alternatus*的特征一致，但与 Walliser（1964）描述的志留纪类型相比，细齿间距相对宽些。齿耙末端微向反口面反曲，酷似 *Angulodus*。

产地层位　广西那坡三叉河，下—中泥盆统坡折落组 *P. serotinus* 带；德保都安四红山，下—中泥盆统坡折落组 *P. partitus* 带；广西下泥盆统二塘组。

伸展织窄片刺伸展亚种　*Plectospathodus extensus extensus* Rhodes, 1953

（图版125，图10—11）

1953 *Plectospathodus extensus* Rhodes, p. 323, pl. 23, figs. 236—240.

1964 *Plectospathodus extensus* Rhodes. – Walliser, p. 64, pl. 8, fig. 1; pl. 30, figs. 13—14.

1965 *Plectospathodus extensus* Rhodes. – Philip, p. 110, pl. 9, figs. 9—10.

1989 *Plectospathodus extensus* Rhodes. – 王成源，97页，图版40，图13—14。

特征　齿耙及其细齿侧方扁，向内弯。后齿耙较长，其远端有一大的细齿。主齿后倾，其下方内侧有一个向后倾斜的细齿。

附注　当前标本可见此种的左型和右型对称分子，齿唇不发育。此种见于中志留世至中泥盆世。

产地层位　广西那坡三叉河，下—中泥盆统坡折落组 *P. serotinus* 带。

伸展织窄片刺强壮亚种 *Plectospathodus extensus lacertosus* Philip, 1966

（图版126，图1—2）

1966 *Plectospathodus extensus lacertosus* Philip, p. 448, pl. 1, figs. 25—28.

1970 *Lonchodina* sp. – Druce, p. 39, pl. 6, figs. 2—3.

1989 *Plectospathodus extensus lacertosus* Philip. – 王成源，97页，图版41，图1—2。

特征 齿耙拱曲，前齿耙长，约为后齿耙的两倍，其侧缘有明显的棱脊；后齿耙短，常内弯，细齿略增大；主齿后倾。基腔小，底缘锐利。

比较 当前标本后齿耙内弯，齿耙侧方亦有明显棱脊（Philip，1966，1页，图27）。此亚种在澳大利亚见于埃姆斯期早期。

产地层位 广西那坡三叉河，下泥盆统大莲塘组 *P. perbonus* 带。

异齿织窄片刺 *Plectospathodus heterodentatus* (Stauffer, 1938)

（图版125，图16）

1938 *Cervicornoides heterodentatus* Stauffer, p. 424, pl. 51, fig. 11.

1967 *Plectospathodus heterodentatus* Stauffer. – Philip, p. 157, pl. 3, figs. 19—22.

1975 *Plectospathodus heterodentatus* Stauffer. – Telford, p. 41, pl. 6, figs. 7—8.

1989 *Plectospathodus heterodentatus* Stauffer. – 王成源，98页，图版10，图14。

特征 齿耙较厚，向内弯，细齿不规则。后齿耙长，其远端具有一大的细齿。主齿后倾，其下方内侧有一齿唇。

比较 当前标本齿唇不及志留纪的类型发育。此种在形态上与 *P. extensus* 极相似，唯细齿不规则，齿耙较厚。常见于中泥盆世。

产地层位 广西邕宁长塘，中泥盆统那叫组。

织窄片刺（未定种） *Plectospathodus* sp.

（图版125，图12—13）

1989 Plectospathoid element. – 王成源，98页，图版40，图16—17。

特征 齿片薄，较高。前齿耙比后齿耙短，其底缘直，强烈下倾并略向内弯，其上生有大小交替的、纤细的细齿，近主齿处几乎全为小的细齿。主齿细长，后倾并向内倾斜。后齿耙亦向下伸，但末端向上方倾，有时向外侧偏转，其底缘呈弧形并生有大小交替的细齿，通常末端有两个大的细齿。在后齿耙中部亦可有一个相对大的细齿。基腔在主齿下方，朝向内侧，反口缘较锐利。

比较 当前标本细齿纤细，前齿耙短，下倾；后齿耙末端有大细齿，不同于本属已知种。

产地层位 广西横县六景，东岗岭组最顶部 *S. hermanni*—*P. cristatus* 带。

织窄片刺（未定种A） *Plectospathodus* sp. A

（图版125，图14）

1989 *Plectospathodus* sp. A. – 王成源，98页，图版10，图13。

特征 齿耙短而高。前后齿耙近等长，向内弯。前齿耙上有五个大小不同的细齿，后齿耙上也有相似的细齿，最大的细齿与中部的主齿等大。主齿断面双凸，有侧缘脊。主齿下方有小的基腔，基腔向内侧张开，并有窄的齿槽延伸到齿耙的反口缘。*Plectospathodus* sp. A 以齿耙短而高、细齿少、大细齿与主齿等大为特征。

产地层位 广西横县六景，上泥盆统融县组。

织窄片刺（未定种 B）　*Plectospathodus* sp. B

（图版 125，图 15）

1989 *Plectospathodus* sp. B. －王成源，98 页，图版 10，图 15。

特征　刺体近于对称。前后齿耙向上伸，中部底缘为刺体最低点。前后齿耙近等长，向内弯，向远端变高。中部主齿明显，主齿横断面内侧为半圆形，外侧主齿向底缘呈凹面状。无基腔和齿槽，底缘锐利。当前标本构造特殊，但仅一个标本，暂归 *Plectospathodus* 属内。

产地层位　广西德保都安四红山，弗拉阶榴江组 *P. gigas* 带。

小多颚刺属　*Polygnathellus* Bassler，1925

模式种　*Polygnathellus typicalis* Bassler，1925

特征　齿耙拱曲，微微侧弯，两侧具有发育的凸缘，细齿紧密愈合，近齿拱中部最高。主齿不明显，通常比邻近的细齿稍宽大些。在成熟标本上，凸缘在内侧与外侧都发育，沿整个刺体长度延伸；在未成熟个体上，凸缘仅见于外侧。凸缘光滑或饰有瘤齿、齿脊等。反口面较宽，基腔小，居于龙脊中部。

比较　此属与 *Bryantodus*、*Nothognathella*、*Elictognathus* 和 *Prioniodina* 均相似，它可能来源于 *Bryantodus nitidus* 或 *B. typicalis*。*Bryantodus* 种的多数以主齿的基部突伸和缺少凸缘而不同于 *Polygnathellus*，但有些 *Bryantodus* 种同样有凸缘，此时以其发育的主齿和光滑的凸缘来区别，但 *Polygnathellus* 仍有可能归入 *Bryantodus*。*Prioniodina* 有分离的细齿和明显的主齿而不同于 *Polygnathellus*。*Nothognathellus* 的凸缘一般不完整（不是沿整个刺体长度延伸），而且在凸缘上具有发育的装饰。*Elictognathus* 个体较小，一侧有凸缘，另一侧有侧棱脊。

时代分布　中泥盆世至早石炭世，多见于晚泥盆世。世界性分布。

多齿小多颚刺　*Polygnathellus multidens*（Ulrich and Bassler，1926）

（图版 125，图 17—18）

1926 *Bryantodus multidens* Ulrich and Bassler, p. 22, pl. 6, fig. 15（non pl. 6, fig. 16 = *Bryantodus nitidus* Ulrich and Bassler, 1926）.

1948 *Bryantodus obtusicuspus* Youngquist. －Hibbard and Reimann, p. 51, pl. 15, fig. 6.

1957 *Bryantodus colligatus*（Bryant）. －Bischoff and Ziegler, p. 22, pl. 19, fig. 39.

1968 *Polygnathellus multidens*（Ulrich and Bassler）. －Huddle, p. 36, pl. 4, figs. 2—5.

1975 *Polygnathellus multidens*（Ulrich and Bassler）. －Druce, pp. 178—179, pl. 85, figs. 1—4.

1988 *Polygnathellus multidens*（Ulrich and Bassler）. －熊剑飞等，325 页，图版 131，图 11。

1989 *Polygnathellus multidens*（Ulrich and Bassler）. －王成源，99 页，图版 13，图 17。

特征　前后齿耙强烈拱曲，其底缘交角近 120°。近齿耙底缘有肿起的凸缘沿刺体全长延伸，刺体具有一列侧方扁的、大部愈合的细齿，细齿近中部较高。前齿耙细齿比后齿耙细齿发育。主齿不太发育，位于两齿耙交接点上，基腔在主齿下方。反口面龙脊发育，龙脊上具有很窄的齿槽。

附注　Druce（1975，179 页）认为此种可能来源于 *Bryantodus nitidus*。此种见于中泥盆世晚期至晚泥盆世（to I/II 界线）。

产地层位 广西德保都安四红山，弗拉阶榴江组 *M. asymmetricus* 带；四川龙门山，中泥盆统观雾山组。

郎戴刺属 *Roundya* Hass, 1955

模式种 *Roundya barnettana* Hass, 1953

特征 刺体由两个前侧齿耙构成前齿拱，齿耙的细齿分离，具细齿的后齿耙与主齿后方相连。主齿直立或后倾，大的主齿位于中部。基腔大，位于主齿下方。

比较 *Roundya* 具有后齿耙而不同于 *Trichonodella*。

时代分布 中奥陶世至中三叠世。世界性分布。

耳郎戴刺 *Roundya aurita* Sannemann, 1955

（图版126，图3）

1983 *Roundya aurita* Sannemann. －熊剑飞，318 页，图版 70，图 17。

特征 两个对称的前侧齿耙组成齿拱，两个齿耙上各有 3～5 个分离的、近于直立的、较粗壮的细齿。主齿巨大、直立，断面圆。后齿耙由主齿后部分出，已断掉。基腔大，位于主齿下方。

产地层位 贵州惠水王佑，上泥盆统代化组。

短翼郎戴刺 *Roundya brevipennata* Sannemann, 1955

（图版126，图4—5）

1955 *Roundya brevipennata* Sannemann, p. 153, pl. 2, fig. 1.

1978 *Roundya brevipennata* Sannemann. －王成源和王志浩，81 页，图版 3，图 11—13。

1983 *Roundya brevipennata* Sannemann. －熊剑飞，318 页，图版 70，图 19。

1989 *Roundya brevipennata* Sannemann. －王成源，127 页，图版 8，图 2。

特征 前侧齿耙极短，长度几乎不超过主齿直径的长度。

描述 主齿长大、粗壮。后齿耙长，但多数已折断，细齿大小交替。两前侧齿耙短，对称，向下向后伸，并明显向末端变尖，其长略超过主齿直径。前侧齿耙有 1～2 个分离的、粗壮的细齿。

产地层位 贵州长顺代化剖面，上泥盆统代化组；广西武宣二塘，法门阶三里组。

娇美郎戴刺 *Roundya delicata* (Mehl and Thomas, 1947)

（图版126，图6—8）

1947 *Trichonognathus delicata* Branson and Mehl, p. 18, pl. 1, fig. 30.

1957 *Roundya delicata* (Branson and Mehl). －Bischoff, p. 53, pl. 5, figs. 22—23.

1967 *Roundya delicata* (Branson and Mehl). －Wolska, pp. 421—422, pl. 5, fig. 3.

1978 *Roundya delicata* (Mehl and Thomas). －王成源和王志浩，81 页，图版 3，图 14—17。

1989 *Roundya delicata* (Mehl and Thomas). －王成源，127 页，图版 8，图 9—11。

特征 后齿耙细齿间距宽；两前侧齿耙有 2～5 个稀疏细齿；主齿大，细长，后倾。

产地层位 贵州长顺代化剖面，上泥盆统代化组；广西德保都安四红山，弗拉阶榴江组。

宽翼郎戴刺　*Roundya latipennata* Ziegler，1959

（图版126，图9）

1983 *Roundya latipennata* Ziegler，1959. －熊剑飞，318页，图版71，图6。

特征　刺体由3个齿耙组成，两个前侧齿耙构成前齿拱，另一后齿耙与主齿后部相连，这3个齿耙彼此夹角近于相等，整体呈三脚架状。主齿位于前齿拱之顶，后倾。3个齿耙上均有密集的、下部愈合的细齿。基腔位于主齿之下。

产地层位　贵州长顺睦化，上泥盆统代化组。

偏转郎戴刺　*Roundya prava* Helms，1959

（图版126，图10—12）

1959 *Roundya prava* Helms，p. 655，pl. 2，fig. 11.

1978 *Roundya prava* Helms. －王成源和王志浩，3页，图版3，图43—44。

1989 *Roundya prava* Helms. －王成源，127—128页，图版8，图3。

特征　后齿耙直而长，细齿大小交替并向后增大；两前侧齿耙后倾并明显向外偏转。

比较　此种与 *Roundya aurida* 相似，区别在于此种的前侧齿耙向外扭转。

产地层位　贵州长顺代化剖面，上泥盆统代化组。

郎戴刺（未定种）　*Roundya* sp.

（图版126，图13）

1978 *Roundya* sp. －王成源和王志浩，81页，图版3，图1—2。

描述　直立的、断面为三角形的基腔是刺体的主要部分，主齿向后弯。后齿耙短，仅在基腔后缘有2～3个细齿，构造与 *Belodella bilinearis* 相似。两前侧齿耙短，仅为基腔前侧方突出的齿片，有4～5个纤细、上倾的细齿。

比较　此种与 *Belodella bilinearis* 相似，但其基腔为三角形，有两个对称的前侧齿耙，暂归入 *Roundya*。

产地层位　贵州长顺代化剖面，上泥盆统代化组；广西武宣，法门阶三里组。

碗刺属　*Scutula* Sannemann，1955

模式种　*Scutula venusta* Sannemann，1955

特征　两个愈合的后齿片向后包围成碗状曲面，主齿发育，其前方有1～2个下倾的前齿耙或前侧齿耙。

时代分布　晚泥盆世。世界性分布。

双翼碗刺　*Scutula bipennata* Sannemann，1955

（图版126，图14—18）

1955 *Scutula bipennata* Sannemann，p. 154，pl. 4，figs. 5，8—9.

1966 *Scutula bipennata* Sannemann. －Glenister and Klapper，pp. 834—835，pl. 96，figs. 3—4，17.

1967 *Scutula bipennata* Sannemann. －Wolska，pp. 423—424，pl. 5，figs. 11—12.

1978 *Scutula bipennata* Sannemann. －王成源和王志浩，81页，图版3，图3—6。

1983 *Scutula bipennata* Sannemann. －熊剑飞，318页，图版71，图1。

1986 *Scutula bipennata* Sannemann. －季强和陈宣忠，80 页，图版 1，图 5—6。

1989 *Scutula bipennata* Sannemann. －王成源，129 页，图版 41，图 4。

特征 此种与 *Scutula venusta* 相似，但有两个强壮的、向下拖伸的前齿耙，无基腔。

附注 *Scutula bipennata* 有两个前齿耙，不同于 *S. sinepennata* 和 *S. venusta*，后两者仅有一个前齿耙。Hass（1962）认为他定的 *Scutula* sp. 与 Ziegler（1958，12 页，图 30）描述的 *S. bipennata* 接近，他们所指定的标本都是无明显主齿的，但此种是有明显主齿的。

产地层位 贵州长顺代化剖面，上泥盆统代化组；广西武宣，法门阶三里组；广西寨沙，上泥盆统五指山组。

图林根碗刺？ *Scutula*？*thuringa* Helms，1950

1950 *Scutula thuringa* Helms，p. 656，pl. 5，figs. 16a—b；abb. 3.

1967 *Scutula thuringa* Helms. －Wolska，p. 424，pl. 5，fig. 10.

1978 *Scutula thuringa* Helms. －王成源和王志浩，82 页。

特征 刺体弯曲成“V”字形或“U”字形，两侧近于对称，像下颚。矮壮的齿耙上有很多短的、断面圆的细齿，无前齿耙。

附注 此种与 *Scutula*？*tripodis* 的区别是无前齿耙。

图林根碗刺弯亚种？ *Scutula*？*thuringa scambosa* Wang and Wang，1978

（图版 126，图 19）

1978 *Scutula thuringa scambosa* Wang and Wang. －王成源和王志浩，82 页，图版 3，图 20—22。

特征 两齿耙上细齿相对应地强烈向内或向外弯，使齿耙口视呈河曲状。

描述 刺体底缘呈“V”字形而口方近“U”字形。两齿耙对称矮壮，细齿密集分离，短而壮，断面圆。两齿耙由前向后规则且对称地先向内、后向外、再向内弯曲，两齿耙愈合处有两个细齿横向排列。无前齿耙，但在前缘两侧，相当于前齿耙的位置，各有 2～3 个很小的细齿，位于齿耙前缘中部，比齿耙细齿低得多。齿耙底缘锐利，无齿槽。基腔很小，窄缝状，位于两齿耙结合处。

比较 此亚种与 *Scutula*？*thuringa thuringa* 的区别在于它的齿耙强烈地对应弯曲和刺体前缘中部各有 2～3 个很小的细齿。

产地层位 贵州长顺代化剖面，上泥盆统代化组。

美丽碗刺 *Scutula venusta* Sannemann，1955

（图版 126，图 20—22）

1955 *Scutula venusta* Sannemann，p. 155，pl. 4，figs. 6—7.

1958 *Scutula venusta* Sannemann. －Ziegler，pl. 12，figs. 17，26，28.

1959 *Scutula venusta* Sannemann. －Helms，p. 657，pl. 12，fig. 12.

1967 *Scutula venusta* Sannemann. －Wolska，p. 424，pl. 5，fig. 13.

1978 *Scutula venusta* Sannemann. －王成源和王志浩，82 页，图版 3，图 18—19。

1983 *Scutula venusta* Sannemann. －熊剑飞，319 页，图版 71，图 2—3。

特征 具有一个前齿耙的 *Scutula*。

附注　当前标本前齿耙向下折伸处最高，末端尖。Sannemann 及其以后的作者描述的标本的前齿耙可能不完整。

产地层位　贵州长顺代化剖面，上泥盆统代化组。

窄颚齿刺属　*Spathognathodus* Branson and Mehl, 1941

模式种　*Spathodus primus* Branson and Mehl, 1933

特征　刺体由一齿片构成，口面有一列细齿而无明显主齿。基腔一般向侧方膨大，有时在侧齿叶的口面上有瘤齿或细齿。

时代分布　志留纪至石炭纪。世界性分布。

短窄颚齿刺　*Spathognathodus breviatus* Wang and Wang, 1978

（图版 126，图 23—25）

1978 *Spathognathodus breviatus* Wang and Wang. – 王成源和王志浩，84 页，图版 4，图 1—5。

特征　刺体短，前齿片高，基腔窄长。

描述　刺体短，口视直或微向内弯。侧视齿片高，前齿片有 5 ~ 7 个密集、愈合的细齿，细齿长约为齿片高的 1/2，前齿片中部细齿较高；刺体中部细齿短。后齿片有 3 ~ 4个短的细齿，口缘后倾。前齿片底缘直。基腔长，占刺体底缘长的 1/2 ~ 3/5，向两侧膨大，近纺锤形。外齿叶略大些，底缘略拱曲。

比较　此种与 *S. werneri* 相似，但此种刺体短，前齿片高，无主齿。此种基腔底缘上拱，与 *S. stabilis* 有些相似，但此种前齿片高，基腔向后方膨大不及后者。

产地层位　贵州长顺代化剖面，上泥盆统代化组。

无饰窄颚齿刺　*Spathognathodus inornatus* (Branson and Mehl, 1934)

（图版 127，图 1）

1982 *Spathognathodus inornatus* (Branson and Mehl). – Wang and Ziegler, pl. 1, fig. 9.

特征　刺体直。基腔位于刺体中后部，对称，中等大小。齿片直，主齿不明显，底缘直，上缘拱曲。前齿片长，后齿片略短，前后齿片均由直立的、愈合的细齿组成。

产地层位　湖南邵东县界岭，上泥盆统法门阶邵东组。

平凸窄颚齿刺　*Spathognathodus planiconvexus* Wang and Ziegler, 1982

（图版 127，图 2—5）

1982 *Spathognathodus planiconvexus* Wang and Ziegler, pp. 155—156, pl. 1, figs. 26—29.

特征　基腔浅，几乎对称，位于刺体中部。刺体内侧面和细齿具有特别平的平面，而另一面较凸；细齿断面半圆形，没有平面。刺体反口缘直。前齿片由 5 ~ 6 个愈合的细齿组成；前齿片前缘直，与底缘几乎垂直。

比较　此种侧视很像 *Spathognathodus strigosus*，但刺体两侧面的特征完全不同，易于区别。

产地层位　湖南邵东县界岭，上泥盆统法门阶邵东组。

枭窄颚齿刺 *Spathognathodus strigosus* (Branson and Mehl, 1934)

(图版127，图7—10)

1934 *Spathodus strigosus* Branson and Mehl, p. 187, pl. 17, fig. 17.

1949 *Spathognathodus strigosus* (Branson and Mehl). – Thomas, pl. 4, fig. 15; pl. 2, figs. 19, 21.

1956 *Spathognathodus strigosus* (Branson and Mehl). – Bischoff and Ziegler, p. 167, pl. 13, fig. 15.

1978 *Spathognathodus strigosus* (Branson and Mehl). – Wolska, p. 428, pl. 18, figs. 9—15.

1978 *Spathognathodus strigosus* (Branson and Mehl). – 王成源和王志浩，85页，图版4，图8—11。

1993 *Spathognathodus strigosus* (Branson and Mehl). – Wang and Ziegler, pl. 2, figs. 11—16.

1983 *Spathognathodus strigosus* (Branson and Mehl). – 熊剑飞，319页，图版69，图13。

特征 齿片薄而高，基腔小而窄，前齿片底缘直，后齿片底缘拱曲。

比较 此种后齿片反口缘拱曲与 *Bispathodus jugosus* 相似，区别是此种刺体较短，无明显基腔，口方细齿亦没有任何横脊。

产地层位 贵州长顺代化剖面，上泥盆统代化组；湖南邵东县界岭，上泥盆统法门阶邵东组和孟公坳组。

王佑窄颚齿刺 *Spathognathodus wangyouensis* Wang and Wang, 1978

(图版127，图6)

1978 *Spathognathodus wangyouensis* Wang and Wang. – 王成源和王志浩，85页，图版4，图12—14。

特征 刺体长，后齿片底缘拱曲，基腔窄，口缘拱，细齿近于等大，无主齿。

描述 刺体长而直，向内弯些。前齿片约为刺体长的1/2，底缘直，锐利；后齿片底缘向上拱。基腔窄，齿槽状，向后延伸，接近后端；基腔向侧方仅为凸缘状膨大，无明显的齿叶。上方细齿短，分离，近锯齿状，仅前方细齿略长些。口缘拱曲，中前方较高，无主齿。

比较 此种无高的前齿片和主齿，基腔窄，后齿片底缘上拱，不同于本属已知种。

产地层位 贵州长顺代化剖面，上泥盆统法门阶代化组。

维尔纳窄颚齿刺 *Spathognathodus werneri* Ziegler, 1962

(图版127，图11—13)

1959 *Spathognathodus stabilis* (Branson and Mehl). – Ziegler, pl. 1, fig. 4 (non. fig. 5 = *Bispathodus stabilis*).

1962 *Spathognathodus werneri*. – Ziegler, p. 115, pl. 13, figs. 11—16.

1978 *Spathognathodus werneri* Ziegler. – Wolska, p. 429, pl. 18, fig. 17.

1978 *Spathognathodus werneri* Ziegler. – 王成源和王志浩，85页，图版4，图15—20。

特征 刺体短而细，前齿片长而高，后齿片短而矮，主齿明显，基腔膨大不对称。

产地层位 贵州长顺代化剖面，上泥盆统法门阶代化组。

谢家湾窄颚齿刺 *Spathognathodus xiejiawanensis* Xiong, 1983

(图版127，图16)

1983 *Spathognathodus xiejiawanensis* Xiong. – 熊剑飞，319页，图版69，图13。

特征 齿片长，中部上拱。细齿粗大。前齿片由3～4个细齿组成，最后一个最高最大。前齿片之后为一个低矮的缺刻，将前后齿片分开；后齿片靠近缺刻的两个细齿较大，其他几个细齿也较大，但向后端变矮。两齿叶向侧方膨大，半圆形，近于等大。基腔居中，较深，向后端延伸出窄的齿槽。

附注　此种有可能归入到 *Pandorinellina*；此种的重要特征是齿片上细齿粗大，缺刻发育。

产地层位　四川北川，下泥盆统谢家湾组。

养马坝窄颚齿刺　*Spathognathodus yangmabaensis* Xiong，1988

（图版 127，图 14—15）

1988 *Spathognathodus yangmabaensis* Xiong. －熊剑飞等，320 页，图版 123，图 5—6。

特征　刺体齿片状，长约为宽的两倍，前后缘近于平行并与底缘近直角相交。口面具有六个较粗大、间隔稀疏的细齿，细齿由前向后逐渐变矮，至后端成为一平脊。除主齿外，五个尖圆的细齿近等大。主齿突出，大而尖圆。反口面底缘直，基腔中等大小，不太深，中部最宽，两侧有张开的半月形齿叶，内齿叶较圆，外齿叶狭长。基腔向前后端延伸出窄的齿槽。

讨论　此种以细齿粗壮、稀少、由前向后逐渐变低以及底缘直为特征，不同于本属已知种。此种与 Klause 等（1970，图版 38，图 4）所定的 *Spathognathodus primus* 比较接近，但后者细齿大小参差排列，底缘拱曲，易于与前者区别。

产地层位　四川龙门山，中泥盆统养马坝组。

窄颚齿刺（未定种 A）　*Spathognathodus* sp. A Wang and Ziegler，1982

（图版 128，图 1—2）

1982 *Spathognathodus* sp. nov. A. －Wang and Ziegler，pl. 2，fig. 19—20.

特征　刺体直，前齿片底缘直，后齿片底缘向上拱曲。前齿片细齿近于直立，较密集；后齿片细齿向后倾斜，比前齿片上的细齿略大，但没有 *Spathognathodus* sp. nov. B 那样直立的、间距宽的大细齿。

产地层位　湖南邵东县界岭，上泥盆统法门阶邵东组。

窄颚齿刺（未定种 B）　*Spathognathodus* sp. B Wang and Ziegler，1982

（图版 128，图 3—4）

1982 *Spathognathodus* sp. nov. B. －Wang and Ziegler，pl. 2，figs. 17—18.

特征　齿片直，没有主齿。刺体侧视，前齿片底缘直，后齿片底缘向上明显拱曲；前齿片上有较密集的、直立的小细齿，后齿片有 3 ~ 5 个间距宽的大细齿。前后齿片细齿的大小和间距不同是此种的重要特征。

产地层位　湖南邵东县界岭，上泥盆统法门阶邵东组。

同锯片刺属　*Synprioniodina* Ulrich and Bassler，1926

模式种　*Synprioniodina* Ulrich and Bassler，1926

特征　主齿略前倾，前齿耙短，向下斜伸，细齿愈合；后齿耙长，细齿密集或愈合。

附注　此属有人认为是 *Euprioniodina* 的同义名，有人仍将其作为独立的形式属。

时代分布　早奥陶世到早石炭世晚期。世界性分布。

交替同锯片刺 *Synprioniodina alternata* Bassler, 1925

（图版 128，图 5—8）

1931 *Synprioniodina alternata* Bassler. －Cooper, p. 149, pl. 20, fig. 13.

1934 *Synprioniodina decurrens* Huddle, p. 55, pl. 11, fig. 11.

1957 *Synprioniodina forsenta* Stauffer. －Lys and Serre, p. 1051, pl. 7, fig. 6.

1968 *Synprioniodina alternata* Bassler. －Huddle, pp. 45—46, pl. 6, figs. 3—5 (only).

1970 *Synprioniodina alternata* Bassler. －Seddon, pl. 15, figs. 1—2.

1982 *Synprioniodina alternata* Bassler. －Wang and Ziegler, pl. 2, fig. 25.

1989 *Synprioniodina alternata* Bassler. －王成源，130 页，图版 14，图 9，12—13。

特征　后齿耙发育，微弯拱曲，齿耙反口面有 1/3 区域是平的。主齿大，外侧近基部扁平，反主齿外侧平并向外扭转。后齿耙上细齿断面圆，大小交替，反主齿前缘有很小的细齿。

讨论　Huddle (1968) 认为，胚齿的有无、细齿的间距、主齿的倾向、齿耙的形态以及反主齿的扭曲都是不稳定的特征。他认为 *Synprioniodina alternata* 与 *Synprioniodina prona* 的区别不在于前者细齿大小交替，而在于主齿的倾向、后齿耙的弯曲、主齿基部外侧较平以及反主齿向外的扭曲。作者认为 *Synprioniodina alternata* 仍以后齿耙大小交替为特征而区别于 *Synprioniodina prona*，后者主齿下方内齿唇亦发育，细齿大小均一，反主齿也较发育。此种是见于中泥盆世的类型，反主齿较发育。

此种见于中泥盆世至早石炭世。Huddle (1968) 指出，它的出现早于 *Synprioniodina prona*，消失也早于后者。在广西，此种见于中泥盆世早期。

产地层位　广西横县六景，融县组；德保都安，中泥盆统分水岭组 *P. c. costatus*—*T. k. kockelianus* 带。

弯同锯片刺 *Synprioniodina prona* Huddle, 1934

（图版 128，图 11）

1982 *Synprioniodina prona* Huddle. －Wang and Ziegler, pl. 2, fig. 24.

特征　主齿强烈后倾，前齿耙长，其上有密集的、近于等大的、后倾的细齿。主齿之下齿裙发育。

产地层位　湖南邵东县界岭，上泥盆统法门阶邵东组。

大齿同锯片刺 *Synprioniodina gigandenticulata* Zhao and Zuo, 1983

（图版 128，图 12）

1983 *Synprioniodina gigandenticulata* Zhao and Zuo. －赵锡文和左自壁，65 页，图版 3，图 15—16。

特征　主齿长，后弯；反主齿薄片状，其上有两个互相分离的细齿。后齿耙薄，其上的第一个细齿长而大，几乎与主齿大小相近；其后的细齿突然变小，排列紧密。前面的细齿相互愈合，向后变得互相分离并变大。反口面基腔小，位于主齿下略偏后的位置。

附注　此种的重要特征是主齿后的第一个细齿长而大。

产地层位　湖南零陵县江西田，上泥盆统佘田桥组下部。

同锯片刺（未定种） *Synprioniodina* sp.

（图版 128，图 9—10）

1989 *Synprioniodus* sp. －王成源，131 页，图版 4，图 10—11。

特征　后齿耙长而直，其上生有向主齿倾斜的、完全愈合的细齿，细齿大小相近。主齿前倾，反主齿发育，具有小的细齿。反主齿底缘与后齿耙底缘呈90°或大于90°夹角。*Synprioniodina* sp. A 以细齿大小相近、完全愈合而不同于 *S. alternatus* 和 *S. prona*，*S. alternatus* 的细齿大小交替，而 *S. prona* 的细齿分离、不愈合。

产地层位　广西德保都安四红山，弗拉阶榴江组 *A. triangularis* 带。

三分刺属　*Trichonodella* Branson and Mehl, 1948

模式种　*Trichonognathus prima* Branson and Mehl, 1933

特征　刺体由两个前侧齿耙和大的主齿构成，对称或不对称，生有分离的细齿。

时代分布　早奥陶世至早石炭世。世界性分布。

光三分刺　*Trichonodella blanda* (Stauffer, 1940)

（图版128，图13）

1940 *Trichonognathus blanda* Stauffer, p. 434, pl. 59, figs. 61, 70.

1957 *Ttichonodella blanda* (Stauffer). – Bischoff and Ziegler, p. 120, pl. 12, fig. 7; pl. 20, figs. 4, 20.

1989 *Ttichonodella blanda* (Stauffer). – 王成源，133页，图版13，图9。

特征　主齿长，均匀后弯，其横断面前面平凸，后面强烈凸起，两侧各有一侧棱，在主齿基部无侧棱，断面近圆形。两侧齿耙向后弯，并略向下伸，其末端尖，上方有断面圆的、分离的细齿。主齿下方有深而宽的基腔，后缘强烈扩张成圆形隆起；基腔向两侧齿耙延伸成深而窄的齿槽，止于齿耙远端；基腔前缘与两侧齿耙的前缘形成一光的平面。

比较　此种以基腔后方圆形隆起和齿耙上有分离的细齿区别于本属其他种。据Bischoff 和 Ziegler（1957，134页）图示，此种的时限为艾菲尔期晚期至吉维特期。当前标本见于早泥盆世晚期。

产地层位　广西那坡三叉河，下—中泥盆统坡折落组 *P. serotinus* 带。

凹穴三分刺　*Trichonodella excavata* (Branson and Mehl, 1933)

（图版128，图17—19）

1933 *Trichonognathus excavata* Branson and Mehl, p. 51, pl. 3, figs. 35—36.

1964 *Trichonodella excavata* Branson and Mehl. – Walliser, p. 89, p. 8, fig. 2; pl. 31, figs. 26—27.

1973 *Trichonodella excavata* Branson and Mehl. – Telford, p. 75, pl. 16, figs. 1—3.

1978 *Trichonodella excavata* Branson and Mehl. – 王成源和王志浩，244页，图版39，图16—17。

1989 *Trichonodella excavata* Branson and Mehl. – 王成源，133页，图版42，图6—7。

特征　两侧齿耙近对称，其间夹角变化大。主齿发育向后倾，主齿后方有对称且向上延伸较高的浅基腔。

比较　*Trichonodella excavata* 在齿耙细齿排列上与 *Trichonodella symmetrica* 相似，但以向上延伸的基腔不同于后者。

附注　此种见于早泥盆世至中泥盆世。

产地层位　广西那坡三叉河，下泥盆统大莲塘组 *P. perbonus* 带；云南广南，下泥盆统达莲塘组。

易变三分刺 *Trichonodella inconstans* Walliser, 1957

（图版128，图14—16）

1957 *Trichonodella inconstans* Walliser, p. 50, pl. 3, figs. 10—17.

1964 *Trichonodella inconstans* Walliser. – Walliser, p. 90, pl. 8, fig. 8; pl. 30, figs. 10—12.

1975 *Trichonodella inconstans* Walliser. – Telford, p. 75, pl. 16, figs. 7—8.

1979 *Trichonodella inconstans* Walliser. – 王成源，404页，图版1，图25。

1989 *Trichonodella inconstans* Walliser. – 王成源，133页，图版43，图9—10。

特征 主齿长，向后弯，断面圆或前后方向扁；主齿后下方有一齿唇。两个侧齿耙对称，具有3~4个分离的间距较宽的细齿。基腔发育，向后方张开。两侧齿耙之反口面有细的齿槽。

附注 齿耙对称，有3~4个分离的细齿，基腔后部有齿唇，这些是此种的重要特征。此种主齿表面光滑或有细的纵向纹饰，见于中志留世至早泥盆世。

产地层位 广西武宣绿峰山，下泥盆统二塘组 *P. perbonus* 带；广西象州大乐，下泥盆统四排组。

对称三分刺 *Trichonodella symmetrica* (Branson and Mehl, 1933)

（图版129，图1—2）

1933 *Trichonognathus symmetrica* Branson and Mehl, p. 50, pl. 3, figs. 33—34.

1962 *Trichonodella symmetrica* Branson and Mehl. – Philip, p. 295, pl. 18, fig. 24.

1964 *Trichonodella symmetrica* Branson and Mehl. – Walliser, p. 90, pl. 9, fig. 11; pl. 31, figs. 28—30.

1972 *Trichonodella symmetrica* Branson and Mehl. – Link and Druce, p. 100, pl. 11, figs. 1—6; text-fig. 65.

1979 *Trichonodella symmetrica* Branson and Mehl. – 王成源，404页，图版1，图4。

1989 *Trichonodella symmetrica* Branson and Mehl. – 王成源，134页，图版43，图4。

特征 两个对称的侧齿片向下伸，底缘直，交角较大，齿片长约为高的两倍。齿片上有向主齿方向略微增大的细齿。主齿直立，断面双凸形。基腔小，无外张的齿唇。

附注 当前标本与见于云南玉龙寺组的标本不同，后者齿片长与高度几乎一致，刺体上方近半圆形，前后面也有较大差别。此种时限为晚志留世至早泥盆世晚期。

产地层位 广西德保都安四红山，下泥盆统大莲塘组 *P. dehiscens*（?）带；象州大乐，下泥盆统四排组。

三分刺状三分刺 *Trichonodella trichonodelloides* (Walliser, 1964)

（图版129，图3；插图56）

1964 *Roundya trichonodelloides* sp. nov. – Walliser, p. 72, pl. 6, fig. 2; pl. 31, figs. 22—25.

1972 *Trichonodella trichonodelloides* (Walliser). – Link and Druce, p. 101, pl. 11, figs. 7—10; text-fig. 66.

1982 *Trichonodella trichonodelloides* (Walliser). – 王成源，445页，图版2，图1—2。

特征 两前侧齿片矮，对称拱曲，生有分离的、侧方扁的小细齿。主齿大，其长度约为细齿高的五倍，横断面为三角形。基腔向主齿后方延伸出窄的齿槽。两齿片反口缘也有窄的齿槽。内顶唇呈反“V”字形。

附注 基腔向主齿后方延伸出齿槽以及内顶唇呈反“V”字形，是此种的主要特征。

产地层位 云南阿冷初，层位有争议（ACJ3）。原认为可能为晚志留亚纪，但李代云认为可能为早泥盆世早期，阿冷初剖面可能没有志留系。

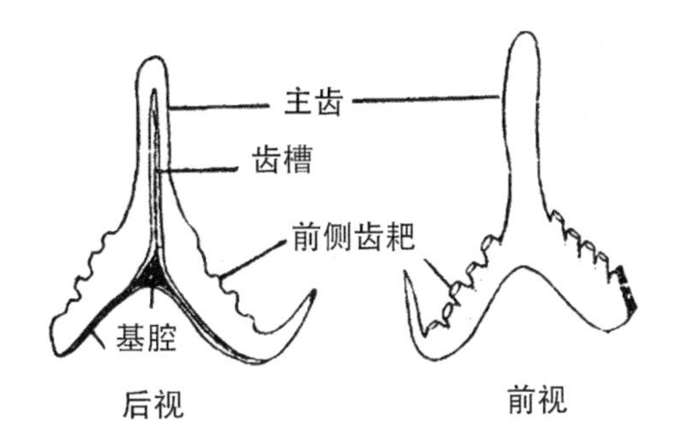

插图 56 *Trichonodella trichonodelloides*（Walliser）（据王成源，1982，445 页，图版 2，图 3，×60）
Text-fig. 56 *Trichonodella trichonodelloides*（Walliser）（after Wang，1982，p. 445，pl. 2，fig. 3，×60）

三分刺（未定种） *Trichonodella* sp.

（图版 129，图 6）

1989 *Trichonodella* sp. – 王成源，134 页，图版 43，图 11。

特征 主齿长而大，略后倾并斜向内侧，侧方扁，前后缘锐利，断面双凸形。前齿耙较高，具有分离的、向主齿方向变高的细齿。基腔在主齿下方，较浅，朝向内侧，向两齿耙下方没有延伸出齿槽；基腔内侧上方齿唇不突出。当前标本缺少发育的大基腔和齿槽，不同于 *Ozarkodina ziegleri*。它没有向上延伸且朝向内侧的基腔，亦不同于 *Trichonodella excavata* 和 *T. inconstans*。

产地层位 广西武宣绿峰山，下泥盆统郁江组。

小三脚刺属 *Tripodellus* Sannemann，1955

模式种 *Tripodellus flexuosus* Sannemann，1955

特征 由主齿、一个前齿耙和两个分离的侧齿耙构成的刺体。三个齿耙均有细齿。

比较 *Tripodellus* 的三个齿耙是分离的，向下倾斜；*Prioniodus* 有一前齿耙、一侧齿耙和一后齿耙；*Roundya* 有两前侧齿耙和一后齿耙。

时代分布 晚泥盆世。亚洲、欧洲、北美洲。

扭转小三脚刺 *Tripodellus flexuosus* Sannemann，1955

（图版 129，图 4—5）

1955 *Tripodellus flexuosus* Sannemann，p. 155，pl. 4，fig. 16.

1960 *Tripodellus flexuosus* Sannemann. – Freyer，p. 89，fig. 151.

1967 *Tripodellus flexuosus* Sannemann. – Wolska，p. 429，pl. 5，fig. 14.

1989 *Tripodellus flexuosus* Sannemann. – 王成源，134—135 页，图版 42，图 4—5。

特征 主齿后弯，前齿耙向下伸，其底缘直，口缘凸，由远端向主齿方向增高，近主齿有 2 ~ 3 个较大的、分离的细齿，细齿侧方扁，呈高的三角形；两个后齿耙很发育，其上有较大的、分离的细齿。后齿耙与前齿耙底缘近垂直。

附注 当前仅两个标本，有一个后齿耙不完整。与正模标本相比，后齿耙长而直，有发育的、直立分离的细齿。正模标本后齿耙可能不完整。Freyer（1960）描述的标本后齿耙短小。

此种仅见于上泥盆统。Wolska（1967）的标本见于 *P. crepida* 带。

产地层位 广西武宣二塘，法门阶三里组 *P. marginifera* 带。

强壮小三脚刺 *Tripodellus robustus* Bischoff, 1957

（图版 129，图 7—9）

1957 *Tripodellus robustus* Bischoff, pp. 58—59, pl. 6, fig. 40.

1959 *Tripodellus robustus* Bischoff. – Helms, p. 659, pl. 2, figs. 7, 17, 20.

1966 *Tripodellus robustus* Bischoff. – Glenister and Klapper, p. 836, pl. 96, fig. 6.

1978 *Tripodellus robustus* Bischoff. – Wolska, p. 430, pl. 5, fig. 7.

1978 *Tripodellus robustus* Bischoff. – 王成源和王志浩，86 页，图版 3，图 25—28。

1983 *Tripodellus robustus* Bischoff. – 熊剑飞，320 页，图版 71，图 19。

1985 *Tripodellus robustus* Bischoff. – 季强和陈宣忠，81 页，图版 1，图 7。

特征 前齿耙较长，较强壮；两个侧齿耙较短，长度不等但同样是强壮的；齿耙细齿短而壮。

产地层位 贵州长顺代化剖面，上泥盆统代化组；广西寨沙，上泥盆统五指山组。

下斜小三脚刺 *Tripodellus infraclinatus* Wang and Wang, 1978

（图版 129，图 10—11）

1978 *Tripodellus infraclinatus* Wang and Wang. – 王成源和王志浩，86 页，图版 3，图 37—40。

特征 前齿耙粗壮，强烈下伸；两后侧齿耙粗，细齿不等，无明显主齿。

描述 前齿耙强烈下伸，向远端变高变厚，略向侧方偏曲，末端有 1 ~ 2 个长而大的细齿，下缘略向后弯，近端有 3 ~ 5 个极小的细齿。两后侧齿耙亦向下倾，大致呈“V”字形，夹角近 70°，粗细不等。在正模标本中，右后侧齿耙壮而高，有 3 个粗壮的、断面为椭圆形的大细齿，大细齿之间有 2 ~ 3 个很小的细齿；左后侧齿耙较细，仅近端有一大细齿，其他细齿较密集，大小相近，相差不殊。在副模标本中，左后侧齿耙较粗壮。3 个齿耙反口缘锐利，无基腔和齿槽。

比较 此种无主齿，前齿耙粗壮，强烈下伸，两后侧齿耙间夹角小，齿耙粗壮，细齿大小悬殊，不同于 *Tripodellus robustus* 和 *T. flexuosus*；它有前齿耙，又不同于 *Scutula*? *thuringa*。

产地层位 贵州长顺代化剖面，上泥盆统代化组。

小三脚刺（未定种） *Tripodellus* sp.

（图版 129，图 12）

1983 *Tripodellus* sp. – 熊剑飞，320 页，图版 71，图 20。

特征 主齿明显，3 个齿耙短而粗。后齿耙下斜，稍短，3 个齿耙上均有细齿。

产地层位 贵州王佑惠水，上泥盆统代化组。

属种未定 Gen. et sp. indet.

（图版 112，图 4）

1989 Gen. et sp. indet. – 王成源，136 页，图版 43，图 2。

描述 一个近于完整的标本，单锥牙形刺，个体不对称，侧方很扁，千元机很薄，较锋利。刺体在纵向上略向内转并向内弯。内侧面基腔上方有三条明显的肋脊，其中间肋脊最发育，延伸到锥体上方，内侧面中部刺体较凹。外侧面比内侧面凸些，有两条较长的纵肋脊。刺体后缘薄，有很细的小齿，呈锯齿状。基腔呈前后方深长的凸透镜状，向上延伸达刺体高的 1/3。

当前标本内侧视，似 Sannemann（1955，图版 1，图 12）描述的 *Scolopodus* sp. 但后者锥体断面圆，后缘无锯齿状细齿。

产地层位　长塘，那叫组白云岩上部，层位比 *P. c. costatus* 带高，可能相当于 *P. x. enxinsis* 带或 *T. k. kockelianus* 带，因无其他化石而难以确定具体层位。

属种未定　Gen. et sp. indet.

（图版 129，图 13—14）

1982 Gen. and sp. indet. – Wang and Ziegler, pl. 1, figs. 11—12.

特征　刺体拱曲，近于对称，底缘呈半圆形；上缘同样拱曲，有近于等大的、分离的细齿，顶端细齿略大。

产地层位　湖南邵东县界岭，上泥盆统法门阶邵东组。

参考文献

安太庠．1987．中国南部早古生代牙形石．北京：北京大学出版社．

白顺良．1985．泥盆纪牙形石 *Pandorinellina midundenta* 构造形态分析//北京大学地质学系．庆祝北京大学地质学系恢复招生三十周年地质研究论文集，pp. 3-10，图版 1．

白顺良，金善燏，宁宗善，何锦汉，韩迎建．1979a．广西泥盆纪牙形石、竹节石分带及对比．北京大学学报（自然科学版），(1)：99-113，图版 1．

白顺良，金善燏，宁宗善，何锦汉．1979b．广西泥盆系台型牙形石及塔节石类．北京大学学报（自然科学版），(4)：57-78，图版 1-5．

白顺良，宁宗善，金善燏，等．1982．广西及邻区泥盆纪生物地层．北京：北京大学出版社．

白志强，白顺良．1990．早—中泥盆世之交华南板块的古地理位置．地质学报，3：199-205．

白志强，白顺良．1993．下—中泥盆统界线层二个牙形石种的演化及比较．地质论评，39(2)：130-137．

丁干，江大勇，白顺良．2000．牙形石 *Ancyrodella* 早期演化与广西六景中—上泥盆统界线．古生物学报，39(2)：197-204．

董振常．1987．牙形刺//湖南省地质矿产局区域地质调查队．湖南晚泥盆世和早石炭世地层及古生物群．北京：地质出版社．

董致中，王伟．2006．云南牙形类动物群——相关生物地层及生物地理区研究．昆明：云南出版集团公司、云南科技出版社．

龚黎明，王成源，胡云喜，唐用洋，胡平，王庆东．2012．渝东南地区泥盆纪牙形刺及其地层意义．微体古生物学报，29(3)：282-298．

顾兆炎，许冰，刘强，王成源，李镇梁．2004．华南桂林地区泥盆纪弗拉期—法门期之交碳酸岩沉积物同位素记录//戎嘉余，方宗杰．生物大灭绝与复苏——来自华南古生代和三叠纪的证据．合肥：中国科学技术大学出版社，pp. 457-472，1060-1061．

郭福祥．1985．云南曲靖地区中志留世—早泥盆世地层及古生物．昆明：云南人民出版社，pp. 43-52，图版 3．

郭胜哲．1978．内蒙古达茂旗巴特敖包群四射珊瑚//中国地质科学院地层古生物论文集编委会．地层古生物论文集．北京：地质出版社，6：50-68．

韩春元，张放，王成源，吴瑾，侯凤梅．2014．依据牙形刺确定的内蒙古苏尼特左旗泥盆纪泥鳅河组的时代．微体古生物学报，31(3)：257-270．

郝维城，江大勇，姚建新，白顺良，王新平．2002．新疆塔里木盆地泥盆纪弗拉斯—法门期界线事件．中国科学（D辑），32(5)：368-373．

侯鸿飞，鲜思远．1964．滇东南盘江灰岩的腕足类动物群及其时代．古生物学报，12(3)：411-421．

侯鸿飞，鲜思远．1975．广西、贵州下、中泥盆统腕足类化石//中国地质科学院地层古生物论文集编委会．地层古生物论文集．北京：地质出版社，1：1-26．

侯鸿飞，季强，吴祥和，等．1985．贵州睦化泥盆—石炭系界线．北京：地质出版社．

侯鸿飞，季强，鲜思远，等．1986．广西象州马鞍山中上泥盆统界线．北京：地质出版社．

季强．1985．茅坝组至长滩子组牙形石//中国地质科学院成都地质矿产研究所，中国地质科学院地质研究所．四川龙门山地区泥盆纪地层古生物及沉积相．北京：地质出版社，pp. 333-339，图版 137-139．

季强．1986a．湘中界岭邵东组的牙形刺及其生物相//中国地质科学院地层古生物论文集编委会．地层古生物论文集．北京：地质出版社，15：73-79．

季强．1986b．描述牙形刺的一个新属种——*Laminignathella curvata* (Gen. et sp. nov.)//中国地质科学院地层古生物论文集编委会．地层古生物论文集．北京：地质出版社，16：181-186．

季强，1986c．牙形刺动物群特征及描述//侯鸿飞，季强，鲜思远，等．广西象州马鞍山中上泥盆统界线．北京：地质出版社，pp. 18-50.

季强，1987a．湖南江华晚泥盆世和早石炭世牙形刺．中国科学院南京地质古生物研究所研究生论文集，1：225-284，图版 I-VIII.

季强．1987b．据牙形刺研究浅水相泥盆系与石炭系之间的界线．地质学报，61(1)：10-20.

季强．1994．从牙形类研究论华南弗拉斯—法门阶生物灭绝事件//中国地质科学院地层古生物论文集编委会．地层古生物论文集．北京：地质出版社，24：79-107.

季强．1995．中国泥盆纪牙形类生物地层研究现状//中国地质科学院地层古生物论文集编委会．地层古生物论文集．北京：地质出版社，26：35-58.

季强．2004．泥盆纪—石炭纪之交的牙形类动物群演替与界线层型研究//中国地质科学院地层古生物论文集编委会．地层古生物论文集．北京：地质出版社，28：111-124.

季强，陈宣忠．1985．广西寨沙晚泥盆世五指山组的非台型牙形类和底栖有孔虫//中国地质科学院地层古生物论文集编委会．地层古生物论文集．北京：地质出版社，12：75-85.

季强，刘南瑜．1986．广西寨沙晚泥盆世牙形刺及其分带//中国地质科学院地层古生物论文集编委会．地层古生物论文集．北京：地质出版社，14：157-184.

季强，熊剑飞．1985．牙形刺生物地层//侯鸿飞，等．贵州睦化泥盆系—石炭系界线．北京：地质出版社，pp. 30-37.

季强，侯鸿飞，吴祥和，熊剑飞．1984．牙形类 *Siphonodella praesulcata* 带和 *S. sulcata* 带在我国的发现及其意义．地质学报，58(2)：106-113.

季强，王桂斌，陈宣忠，等．1986．广西大乐中、上泥盆统界线的再研究．微体古生物学报，3(1)：89-98，图版 1-2.

江大勇，郝维城，白顺良，王新平，姚建新．2001．新疆巴楚小海子剖面泥盆系 Frasnian—Famennian 界线．地层学杂志，25(4)：294-298.

金善燏，沈安江，陈子科，等．2005．云南文山混合型泥盆纪生物地层．北京：石油工业出版社.

邝国敦．2014．广西常见化石图鉴．武汉：中国地质大学出版社.

郎嘉彬，王成源．2010．内蒙古大兴安岭乌奴耳地区泥盆纪的两个牙形刺动物群．微体古生物学报，27(1)：13-37.

李春昱．1980．中国板块构造的轮廓．中国地质科学院院报，2(1)：11-22.

李东津，周晓东，王光奇，陈明，郎嘉彬，王成源．2012．吉林磐石七间房剖面石炭系鹿圈屯组的牙形刺及时代．世界地质，31(3)：441-450.

李晋僧．1987．西秦岭绿曲—迭部地区晚志留世—泥盆纪的牙形刺//地质矿产部西安地质矿产研究所，中国科学院南京地质古生物研究所．西秦岭碌曲、迭部地区晚志留世与泥盆纪地层古生物(下册)．南京：南京大学出版社，pp. 357-378.

李文国，戎嘉余，董得源，等．1982．内蒙古达茂旗巴特敖包地区志留—泥盆纪生物地层的新认识．地层学杂志，6(2)：144-148.

李文国，戎嘉余，董得源．1985．内蒙古达尔罕茂明安联合旗巴特敖包地区志留—泥盆纪地层与动物群．呼和浩特：内蒙古人民出版社.

李西兴．1993．广西荔浦晚泥盆世法门期竹节石．微体古生物学报，10(3)：331-336.

李镇梁，王成源．1991．桂林组时代的新证据．地层学杂志，15(2)：153-154.

林宝玉．1983．西藏申扎地区古生代地层．青藏高原地质文集(地层古生物)，8：1-13.

林宝玉，邱洪荣．1985．西藏古生代地层研究新进展．中国地质，8-9：26-28.

卢建峰．2013．广西天等把荷剖面早泥盆世晚埃姆斯期的牙形刺．古生物学报，52(3)：309-330.

内蒙古自治区地质矿产局．1991．内蒙古自治区区域地质志．北京：地质出版社.

内蒙古自治区地质矿产局．1996．内蒙古自治区岩石地层．武汉：中国地质大学出版社.

秦国荣，黄云皇．1992．粤北晚泥盆世弗拉阶—法门阶界线层及多金属矿床层位的赋存特征．广东省地质科学研究所.

秦国荣，赵汝旋，季强．1988．粤北晚泥盆世和早石炭世牙形刺的发现及其地层意义．微体古生物学报，5(1)：57-71.

邱洪荣．1984．西藏古生代和三叠纪牙行石动物群//李光岑，等．中法喜马拉雅考察成果 1980．北京：地质出版社，pp. 85-112，图版 1-5.

邱洪荣. 1988a. 西藏早古生代牙形石生物地层//中国地质科学院地层古生物论文集编委会. 地层古生物论文集. 北京:地质出版社, 19:185-208

邱洪荣. 1988b. 西藏聂拉木亚里晚泥盆世—早石炭世牙形石动物群//中国地质科学院. 西藏古生物论文集. 北京:地质出版社, pp. 272-302, 图版 1-8.

全国科学技术名词审定委员会. 2009. 古生物学名词(第二版). 北京:科学出版社.

任纪舜. 1999. 中国及邻区大地构造图简要说明. 北京:地质出版社, pp. 1-50.

阮亦萍, 王成源, 王志浩, 戎嘉余, 穆道成, 邝国敦, 殷保安, 苏一保. 1979. 论那高岭组和郁江组的时代. 地层学杂志, 3(3):225-229.

沈建伟. 1994. 广西桂林底栖相 D/C 界线层牙形刺的新资料. 微体古生物学报, 11(4):503-514.

沈建伟. 1995. 广西桂林泥盆纪牙形刺组合与海平面变化. 微体古生物学报, 12(3):251-274.

沈启明. 1982. 临武香花岭上泥盆统牙形刺分带及地层划分意见. 湖南地质, 1(1):32-54, 图版 1-4.

苏养正, 唐克东, 池永, 梁仲发, 张允平, 徐东葵. 1983. 内蒙古白云鄂博东北上志留统西别河组新资料//《中国北方板块构造论文集》编委会, 蔡文俊. 中国北方板块构造论文集, 第一集. 北京:地质出版社, pp. 221-229.

苏一保. 1989. 广西六景泥盆系牙形刺生物地层. 广西六景泥盆系剖面, 武汉:中国地质大学出版社, pp. 56-63, 图版 4-43.

苏一保, 王成源. 1985. 广西横县六景中泥盆统牙形刺生物地层. 地层学杂志, 9(3):210-215.

苏一保, 韦仁彦, 邝国敦, 季强. 1988. 广西宜山拉利多灵山泥盆—石炭系界线层牙形刺的发现及其意义. 微体古生物学报, 5(2):183-194.

苏一保, 树皋, 韦灵敦. 1989. 桂西南晚泥盆世—早石炭世含煤地层的牙形刺. 广西地质, 2(2):47-62.

苏一保, 邝国敦, 李家撰, 陶业斌. 1991. 广西小董板城晚泥盆世—早石炭世硅质岩地层的一些牙形刺. 广西地质, 4(3):1-5.

孙云铸, 沈耀庭. 1975. 黔南晚泥盆世后期乌克曼菊石(*Wucklumaria*)层的菊石群及其地层意义//中国地质部. 中华人民共和国地质部地质科学研究院论文集(乙种. 地层学. 古生物学 第一号). 北京:中国工业出版社.

田传荣, 安泰庠, 周希云, 翟志强, 熊剑飞, 戴进业, 田树刚. 1983. 牙行石//地质矿产部成都地质矿产研究所. 西南地区古生物图册(微体古生物部分). 北京:地质出版社, pp. 255-456, 图版 61-100.

田传荣, 韩迎建. 1985. 金宝石组至沙窝子组牙形石//中国地质科学院成都地质矿产研究所,中国地质科学院地质研究所. 四川龙门山地区泥盆纪地层古生物及沉积相, 北京:地质出版社, pp. 320-333, 图版 125-136.

王宝瑜, 张梓歆, 戎嘉余, 王成源, 蔡土赐. 2001. 新疆南天山志留纪—早泥盆世地层与动物群. 合肥:中国科学技术大学出版社.

王成文, 金巍, 张兴洲, 马志红, 迟效国, 刘永江, 李宁. 2008. 东北及邻区晚古生代大地构造属性新认识. 地层学杂志, 32(2):119-136.

王成源. 1979. 广西象州四排组的几种牙形刺. 古生物学报, 18(4):395-408.

王成源. 1981a. 广西中部泥盆系二塘组的牙形刺. 古生物学报, 20(5):400-405.

王成源. 1981b. 四川若尔盖早泥盆世普通沟组的牙形刺. 中国地质科学院西安地质矿产研究所所刊, 3:76-81.

王成源. 1982. 云南丽江上志留统和下泥盆统牙形刺. 古生物学报, 21(4):436-448.

王成源. 1983. 北方槽区泥盆纪生物地理区的特征. 地层学杂志, 7(3):231-234.

王成源. 1985. 内蒙古达尔罕茂明安联合旗志留纪与早泥盆世牙形刺//李文国, 戎嘉余, 董得源. 内蒙古达尔罕茂明安联合旗巴特敖包地区志留—泥盆纪地层与动物群. 呼和浩特:内蒙古人民出版社, pp. 153-165.

王成源. 1987a. 牙形刺. 北京:科学出版社.

王成源. 1987b. 国际泥盆系石炭系界线层型研究的现状. 微体古生物学报, 4(4):421-422.

王成源. 1987c. 论 *Cystophrentis* 带的时代. 地层学杂志, 11(2):120-125.

王成源. 1988. 我国桂林南边村泥盆—石炭系界线剖面被选为辅助层型. 微体古生物学报, 5(3):269.

王成源. 1989a. 广西泥盆纪牙形刺. 中国科学院南京地质古生物研究所集刊, 25:1-212.

王成源. 1989b. 中国古生代牙形刺生物地层学//崔广振, 石宝珩. 中国地质科学探索. 北京:北京大学出版社, pp. 23-35.

王成源. 1993a. 全球牙形刺生物地理分区//中国古生物学会. 中国古生物学会第十七届学术年会论文摘要. 合肥:安徽科学技术出版社, pp. 18-19.

王成源. 1993b. 下扬子地区牙形刺—生物地层与有机变质程熟度的指标. 北京:科学出版社.

王成源. 1993c. 微体化石研究中应注意的问题. 地质论评, 39(6):515-521.

王成源. 1994. 泥盆系全球界线层型剖面点(GSSP). 地层学杂志, 18(1):69-77.

王成源. 1995. 第一届澳洲牙形刺会议简介. 微体古生物学报,12(4):418.

王成源. 1996. 牙形刺学科发展的里程碑——第六届欧洲牙形刺会议在华沙举行. 古生物学报, 35(6):777.

王成源. 1998a. 羌塘西北部和喀喇昆仑地区古生代牙形刺//中国科学院青藏高原综合科学考察队. 喀喇昆仑山—昆仑山地区古生物. 北京:科学出版社, pp. 343-365.

王成源. 1998b. 牙形刺生物古地理//石宝珩. 中国地质科学探索. 北京:石油工业出版社, pp. 44-64.

王成源. 1998c. 晚泥盆世三个全球界线层型剖面点(GSSP)存在的问题. 地质论评, 44(6):576-579.

王成源. 1999a. 泥盆系的亚阶——国际地层委员会泥盆系分会当前工作重点. 地层学杂志, 23(1):316-320.

王成源. 1999b. 第七届欧洲牙形刺会议简介. 微体古生物学报, 16(1):110.

王成源. 2000a. 泥盆系//中国科学院南京地质古生物研究所. 中国地层研究二十年(1979—1999). 合肥:中国科学技术大学出版社, pp. 73-94.

王成源. 2000b. 注重主导化石门类, 解决地层时代——对我国区域地质调查工作的一点建议. 中国地质, 283(12):35-38.

王成源. 2001. 云南曲靖地区关底组的时代. 地层学杂志, 25(2):125-127.

王成源. 2002. 第八届欧洲国际牙形刺会议在法国举行. 微体古生物学报, 19:322.

王成源. 2003a. 新疆巴楚地区的"*Icriodus deformatus*"(牙形刺)与巴楚组和东河塘组的时代. 地质论评, 49(6):561-566.

王成源. 2003b. 国际泥盆纪亚阶研究的进展. 地层学杂志, 27(1):77-79.

王成源. 2004a. 泥盆系法门阶四分已成定局. 地层学杂志, 28(2):185, 190.

王成源. 2004b. 华南二叠系—三叠系与泥盆系弗拉阶—法门阶界线层牙形刺的灭绝与复苏的对比研究//戎嘉余, 方宗杰. 生物大灭绝与复苏——来自华南古生代和三叠纪的证据. 合肥:中国科学技术大学出版社, pp. 731-748, 1072.

王成源. 2012. 中国牙形刺生物地层//中国古生物学会. 全国微体古生物学分会第九届会员代表大会暨第十四次学术年会, 全国化石藻类专业委员会第七会员代表大会暨第十五次学术讨论会 论文提要集, 云南腾冲, 2012 年 12 月 21-25 日.

王成源. 2013. 中国志留纪牙形刺. 合肥:中国科学技术大学出版社.

王成源, 李东津. 1986. 吉林二道沟组的牙形刺. 微体古生物学报, 3(4):421-428.

王成源, Klapper G. 1987. 论蕈齿刺 *Fungulodus* (牙形刺). 微体古生物学报, 4(4):369-374.

王成源, 王志浩. 1975. 广西六景早泥盆世牙形刺. 中南地质科技情报, 1975(3):45-56.

王成源, 王志浩. 1978a. 广西云南早、中泥盆世的牙形刺//中国地质科学院地质矿产研究所. 华南泥盆系会议论文集. 北京:地质出版社, pp. 334-335.

王成源, 王志浩. 1978b. 黔南晚泥盆世和早石炭世牙形刺. 中国科学院南京地质古生物研究所集刊, 11:51-91.

王成源, 王志浩. 1981. 中国寒武纪至三叠纪牙形刺序列//中国古生物学会. 中国古生物学会第 12 届年会论文选集. 北京:科学出版社, pp. 105-115.

王成源, 王志浩. 1983. 牙形动物(英译中)//中国科学院南京地质古生物研究所. 第一届牙形刺学术讨论会. pp. 1-12.

王成源, 王志浩. 1988. 牙形刺动物群//侯鸿飞, 王世涛, 等. 中国地层(七):中国的泥盆系. 北京:地质出版社, pp. 239-240.

王成源, 王志浩. 2016. 中国牙形刺生物地层. 杭州:浙江大学出版社.

王成源, 殷保安. 1984. 华南浮游相区早石炭世早期牙形刺分带与泥盆系石炭系界线. 古生物学报, 23(2):224-238.

王成源, 殷保安. 1985a. 广西宜山浅水相区的一个重要泥盆系—石炭系界线层型剖面. 微体古生物学报, 2(1):28-48, 图版 1-3.

王成源, 殷保安. 1985b. 华南泥盆纪艾非尔期地层. 地层学杂志, 9(2):131-135.

王成源, 张守安. 1988. 新疆库车地区早泥盆世早期牙形刺的发现及其地层意义. 地层学杂志, 12(2):147-150.

王成源, Ziegler W. 2001. 华南 F/F(Frasnian—Famennian)事件中牙形刺的集群灭绝与复苏//中国古生物学会. 中国古生物学会第 21 届学术年会论文摘要集. 北京:科学出版社, pp. 21-22.

王成源，Ziegler W. 2004. 华南桂林地区泥盆纪弗拉期—法门期之交牙形刺的集群灭绝及其后的复苏//戎嘉余，方宗杰. 生物大灭绝与复苏——来自华南古生代和三叠纪的证据. 合肥：中国科学技术大学出版社，pp. 281-316，1053.

王成源，阮亦萍，穆道成，王志浩，戎嘉余，殷保安，邝国敦，苏一保. 1979. 广西不同相区下、中泥盆统的划分和对比. 地层学杂志，3(4)：305-311.

王成源，阮亦萍，俞昌民，王钰. 1982. 中国泥盆纪界线的划分//中国科学院南京地质古生物研究所. 中国各纪地层界线研究. 北京：科学出版社，pp. 36-42.

王成源，施从广，曲关生. 1986. 黑龙江密山泥盆系"黑台组"的牙形刺与介形类. 微体古生物学报，3(2)：205-214.

王成源，李东津，邵济安. 1996. 对吉林王家街组的新认识. 吉林地质，15(1)：25-29.

王成源，周铭魁，颜仰基，吴应林，赵玉光，钱泳臻. 2000. 新疆乌恰县涅尔顿金矿区早盆世牙形刺. 微体古生物学报，17(3)：255-264.

王成源，Minjin Ch，Ziegler W，等. 2003a. 蒙古南戈壁中洛霍考夫阶(泥盆系)牙形刺的首次发现. 中国科学(D 辑)，33(10)：975-980.

王成源，Ziegler W，Minjin Ch，等. 2003b. 泥盆纪最早期牙形刺带化石在蒙古南戈壁幕使盖(Mushgai)地区尕屋(Gavuu)段的首次发现. 世界地质，22(1)：15-20.

王成源，郎嘉彬，周晓东，殷长建，李东津. 2014. 吉林省牙形刺生物地层研究的进展. 地层学杂志，38(3)：299-304.

王成源，陈波，邝国敦，2016. 广西南宁大沙田下泥盆统那高岭组的牙形刺. 微体古生物学报，33(4)：420-435.

王根贤，耿良玉，肖耀海，左自壁. 1988. 湘西北秀山组上段、小溪峪组的地质时代和沉积特征. 地层学杂志，12(3)：216-225.

王钰，刘弟墉，吴岐，钟石兰. 1974a. 泥盆纪腕足动物//中国科学院南京地质古生物研究所. 西南地区地层古生物手册. 北京：科学出版社，pp. 240-247.

王钰，俞昌民，吴岐. 1974b. 中国南方泥盆纪生物地层研究的进展. 中国科学院南京地质古生物研究所集刊，6：1-71.

王克良. 1987. 从有孔虫动物群论华南泥盆—石炭系之分界. 微体古生物学报，4(2)：161-177.

王平. 1995. 陕西镇巴火焰溪法门阶牙形刺研究. 西安地质学院学报，17(1)：1-9.

王平. 2001. 内蒙古达茂旗巴特敖包地区志留纪—早泥盆世牙形刺生物地层. 博士论文，中国科学院南京地质古生物研究所.

王平. 2005. 内蒙古古生代巴特敖包剖面的再研究. 微体古生物学报，22(3)：167-277.

王平. 2006. 内蒙古巴特敖包地区早泥盆世牙形刺. 微体古生物学报，23(3)：199-234.

王世涛，苏姗·特纳. 1985. 牙形类//侯鸿飞，季强，吴祥和，等. 贵州睦化泥盆—石炭系界线. 北京：地质出版社，pp. 99-145.

韦炜烈，戴国鲐，麦波，1987. 广西桂林一个重要的泥盆系—石炭系界线剖面. 桂林冶金地质学院学报，7(3)：151-158.

吴望始，赵嘉明，姜水根. 1981. 华南地区邵东组的珊瑚化石及其地质时代. 古生物学报，20(1)：1-14.

吴诒，周怀玲，蒋廷操，方道年，黄武胜. 1987. 广西泥盆纪沉积相古地理及矿产. 南宁：广西人民出版社.

武利文，王惠，谭强，邱广东，徐国. 2010. 内蒙古新巴尔左旗罕达盖地区早泥盆世化石的发现及其意义. 地层学杂志，34(1)：51-55.

夏凤生. 1997. 新疆南天山东部阿尔皮什麦布拉克组的牙形类及其意义. 古生物学报，36(Sup.)：77-103.

夏凤生，陈忠强. 2004. 新疆石炭系杜内—韦宪阶界线层的牙形类 *Polygnathus communis* Branson et Mehl 1934 的种系发生. 微体古生物学报，21(2)：136-147.

熊剑飞. 1980. 牙形刺//鲜思远，王守德，周希云，熊剑飞，周天荣. 华南泥盆纪南丹型地层及古生物. 贵阳：贵州人民出版社，pp. 82-100.

熊剑飞. 1981a. 广西得保钦甲早、中泥盆世的牙形刺及其地层对比和指相意义初析. 石油实验地质，3(3)：186-196.

熊剑飞. 1981b. 广西那叫组牙形刺的发现. 古生物学报，20(6)：538-543，图版 1-2.

熊剑飞. 1983a. 四川龙门山地区早泥盆世牙形刺的发现. 地层学杂志，7(2)：151-153.

熊剑飞，1983b. 华南泥盆—石炭系的分界与对比. 石油与天然气地质，4(4):337-352.

熊剑飞. 1983c. 石炭纪牙形石//地质矿产部成都地质矿产研究所. 西南地区古生物图册(微体古生物分册). 北京：地质出版社，pp. 320-338.

熊剑飞. 1987. 贵州普安罐子窑泥盆纪牙形类生物地层及其沉积环境初析. 贵州地质，1(10):39-48.

熊剑飞，钱泳蓁. 1988. 甘溪组至养马坝组牙形石//中国地质科学院成都地质矿产研究所，中国地质科学院地质研究所. 四川龙门山地区泥盆纪地层古生物及沉积相，北京：地质出版社，pp. 314-320，图版 119-124.

熊剑飞，吴祥和，侯鸿飞，季强. 1984. 国际泥盆—石炭系层型候选剖面——贵州睦化剖面. 国际交流地质学术论文集，1:229-236，图版 1. 北京：地质出版社.

熊剑飞，钱泳臻，田传荣，韩迎建，季强. 1988. 牙形石//中国地质科学院成都地质矿产研究所，中国地质科学院地质研究所. 四川龙门山地区泥盆纪地层古生物及沉积相. 北京：地质出版社，pp. 36-46，314-338，图版 119-139.

许冰，顾兆炎，刘强，王成源，李镇梁. 2003. 广西桂林垌村上泥盆统同位素正偏移与全球一致性的记录. 科学通报，28(8):856-862.

杨敬之，王成源. 1982. 中国泥盆系与石炭系的分界//中国科学院南京古生物研究所. 中国各纪地层界线研究. 北京：科学出版社，pp. 43-50.

俞昌民，王成源. 1991. 广西桂林南边村泥盆石炭系界线——特征与记录. 地球科学进展，6(4):75.

俞昌民，王成源，阮亦萍，殷保安，李镇梁，韦炜烈. 1988. 广西桂林一个合乎要求的泥盆石炭系界线层型剖面. 地层学杂志，12(2):104-111，图版 1-3.

张仁杰，王成源，胡宁，冯少南. 2001. 海南岛法门期生物地层. 中国科学(D辑)，31(5):406-412.

张仁杰，王成源，姚华舟，牛志军，王健雄，吴健辉. 2010. 海南岛晚泥盆世—早石炭世牙形刺. 微体古生物学报，27(1):45-59.

张师本，王成源. 1995. 从牙形刺动物群论依木干塔他乌组的时代. 地层学杂志，19(2):133-135.

赵治信，王成源. 1990. 新疆准噶尔盆地洪古勒楞组的时代. 地层学杂志，14(2):145-146.

赵治信，张桂芝，肖继南. 2000. 新疆古生代地层及牙形刺. 北京：石油工业出版社.

赵锡文，左自壁. 1983. 湘中地区上泥盆统牙形刺及地层划分. 地球科学—武汉地质学院学报，(4):57-69.

周希云，钱泳臻，喻洪津. 1985. 我国西南地区志留系牙形刺生物地层概述. 贵州工学院学报，14(4):31-34.

中国地层典编委会. 2000. 中国地层典 泥盆系. 北京：地质出版社.

曾学鲁，朱伟元，何心一，滕芳孔，等. 1996. 西秦岭石炭纪、二叠纪生物地层及沉积环境. 北京：地质出版社.

左自壁，1982. 牙形刺//湖南省地质局. 湖南古生物图册. 北京：地质出版社，pp. 492-506.

Aboussalam Z S. 2003. Das "Taghanic-Event" im höheren Mitteldevon von West-Europa und Marokko. Münstersche Forschungen zur Geologie und Paläontologie, Heft, 97:1-332.

Aldridge R J. 1975. The Silurian conodont *Ozarkodina sagitta* and its value in correlation. Palaeontology, 18(2):323-332.

Aldridge R J, Smith M P. 1993. Conodonta. In: Benton M J (ed.), The Fossil Record 2. London:Chapman&Hall, pp. 563-572.

Amstrong H A. 1990. Conodonts from the Upper Ordovician-Lower Silurian carbonate platform of North Greenland. Grenland Geologiske Undersogelse Bulletin, 159:1-151.

Anderson W I. 1966. Upper Devonian conodonts and Devonian-Mississippian boundary of north central Iowa. J. Paleot., 40: 395-415.

Apekina L S. 1989. New conodonts from Lower Devonian of the Zeravshan Ridge. Palaeontological Journal, 1:119-120 (in Russian).

Aristov V A. 1994. Konodonty devona-nizhnego karbonal Evrazii: soobschestva, zonal' noe raschlenenie, korrelatsia raznofatsial' nykh otlozhenii. Akademiya Nauk SSSR, Geologicheskiy Institut Trudy, Vypusk (Moskau), 484:1-192.

Austin R L, Hill P J. 1973. A Lower Avonian (K zone) conodont fauna from near Tintern, Mon mouthshire, Wales. Geol et Paleo., 7:123-134.

Bai S L, Wang C Y. 1987. New proposal for the international Devonian-Carboniferous boundary. In: Wang C Y (ed.), Carboniferous Boundaries in China. Beijing:Science Press, pp. 44-49, text-figs. 1-3.

Bai S L, Bai Z Q, Ma X P, et al. 1994. Devonian events and biostratigraphy of South China, conodont zonation and correlation, bio-event and chemno-event. Millankovich Cycle and Nickel-Episode. Beijing:Beijing University Press, pp. 1-303, pls. 1-45.

Barca S, Corradini C, Ferretti A., Olivieri R, Serpagli E. 1994. Conodont evidences from the "Ockerkalk" of Southeastern Sardinia (Silurian, Silius area). IUGC SSS, Field Meeting 1994, Bibl. Geol. B.-A., 30:94-126.

Barca S, Jaeger H. 1990. New geological and biostratigraphical data on the Silurian in SE Sardinia. Close affinity with Truringia. Boll. Soc. Geol. It., 108:565-580.

Barca S, Corradini C, Ferretti A, Olivieri R, Serpagli E. 1995. Conodont biostratigraphy of the "Ockerkalk" (Silurian) from southeastern Sardinia. Riv. It. Paleont. Strat., 100(4):459-476.

Bardashev I A. 1986. Emskie konodonty roda Polygnathus iz Centralnogo Tadzhikstana. Paleont Zhurn., 2:61-66.

Bardashev I A. 1992. Conodont stratigraphy of Middle Asian Middle Devonian. Courier Forsch.-Inst. Senckeneberg, 154:31-83.

Bardashev I A, Bardashev N P. 2012. Platform conodonts from the Givetian-Frasnian boundary (Middle-Upper Devonian). Institute of Geology, Seismic Building and Seismology, Academy of Science, Republic of Tajikstan, Dushanbe, 734003, Tajikstan, pp. 1-74.

Bardashev I A, Ziegler W. 1992. Conodont biostratigraphy of Lower Devonian deposits of the Schishkat Section (Southern Tien-shan, Middle Asia). Courier Forsch.-Inst. Senckeneberg, 154:1-29.

Bardashev I A, Weddige K, Ziegler W. 2002. The phylomorphogenesis of some Early Devonian platform conodonts. Senckenbergiana Lethaea, 82(2):375-452.

Barnett S G, Kohut L J, Rust C C, Sweet W C. 1966. Conodonts from Nowshera Reef Limestones (Upper Silurian or Lowermost Devonian), West Pakistan. J. Paleont., 40:435-8.

Barrick J E. 1977. Multielement simple-cone conodonts from the Clarita Formation (Silurian), Arbuckle Mountains, Oklahoma. Geologica et Palaeontologica, 11:47-68.

Barrick J E, Klapper G. 1992. Late Silurian-Early Devonian Conodonts from the Hunton Group (Upper Henrvhouse, Haragan, and Bois d'Arc Formations), South-Central Oklahoma. Oklahoma Geological Survey Bulletin, 145:19-65.

Barskov I S, Vorontzova T N, Kononova L I, Kuzimin A V. 1991. Opredelitel' Konodontov Devona I Nizhnego Karbona. Izdatel'stvo Moskovskogo Universiteta, Geologicheskiy Fakul'tet, pp. 1-184.

Beinert R J, Klapper L G, Sandberg C A, Ziegler W. 1971. Revision of scaphignathus and description of *Clydagnathus*? *ormistoni* n. sp. (Conodonta, Upper Devonia). Geologica et Palaeontologica, 5:81-91, pl. 2.

Belka Z. 1989. Taxonomy, phylogeny and biogeography of the late Famennian conodont genus *Mashkovia*. Journal of Micropalaeontology, 17:119-124.

Bergstrom S M, Sweet W C. 1966. Conodonts from the Lexington Limestone (Middle Ordovician) of Kentucky and its lateral equivalents in Ohio and Indiana. Bull Amer. Paleont., 50:267-441.

Bischoff G C O. 1957. Die Conodonten-Stratigraphie des Rhenohercynischen Unterkarbons mit Berücksichtigung der *Wocklumeria*-Stufe und der Devovon/Karbon Grenze. Hess. L.-Amtf. Bodenforsche., Abh., 19:1-64, pl. 6.

Bischoff G C O. 1986. Early and Middle Silurian conodonts from mid-western New South Wales. Courier Forsch.-Inst. Senckeneberg, 89:7-269, pl. 34, text-fig. 11.

Bischoff G C O. 1987. Early and Middle Silurian conodonts from mid-western New South Wales. Courier Forsch.-Inst. Senckeneberg, 89:1-337 [Imprint 1986].

Bischoff G C O, Sannemann D. 1958. Unterdevonische conodonten aus dem Frankenwald. Notizblatt des hessisches Landesamt für Bodenforschung zu Wiesbaden, 86:87-110.

Bischoff G C O, Ziegler W. 1956. Das Aletr der Urfer Schichten im marburger Hinderland nach Conodonten. Notizbl. Hess. L.-Amt f. Bodenforach., 84:138-169.

Bischoff G C O, Ziegler W. 1957. Die Conodontenchronologie des Middledevon und tiefsten Oberdevons. Hess. L.-Amt f. Bodenforsch., Abh., 22:1-136.

Boersma K T. 1973. Devonian and Lower Carboniferous conodont biostratigraphy, Spanish central Pyrenes. Leidse Geol. Meded., 49:307-377, text-fig. 44.

Branson E B, Mehl M G. 1933a. Conodonts from the Bainbridge (Silurian) of Missouri. Univ. Missouri Stud., 8(1): 39-52.

Branson E B, Mehl M G. 1933b. Conodonts from Bushberg sandstone and equivalent formation of Missouri. Univ. Missouri Stud., 8(4):265-300.

Branson E B, Mehl M G. 1938. The conodont genus *Icriodus* and its stratigraphic distribution. J. Paleont., 12:156-166.

Branson E B, Mehl M G. 1944. Conodonts. In: Shimer H W, Shrock R R (eds.), Index Fossils of North America. New York: Wiley & Sons, pp. 235-246, pls. 93-94.

Bultynck P L. 1970. Revision stratigraphique et Palentologique (Brachiopods et Conodonts) de la coupe type du Couvinien. Mem. Inst. Univ. de Louvain, 26:2-152, pl. 25.

Bultynck P L. 1971. Le Silurien supérieur et le Dévonien inférieur de la sierra de Guadarrama (Espagne centrale). Deuxième partie: Assemblages de conodontes a Spathognathodus. Bull. Tnst. Roy. Sci. Nat. Belg., 47:1-43.

Bultynck P L. 1972. Middle Devonian *Icriodus* assemblage (Conodonts). Geologica et Palaeontologica, 6:71-85.

Bultynck P L. 1976. Comparative study of Middle Devonian conodonts from northern Michigan (United States of America) and the Ardennes (Belgium-France). Conodont Paleoecology: Geol. Assoc. Canada, Spec. Paper, 15:119-142.

Bultynck P L. 1977. Le Silurien Superieur et le Devonian Inferieur de la Sierra de Guarrdarama (Espagne central), Troisieme partle: elements Icriodiformes, pelekysgnathiforms et polygnathiformes. Sciences de la Terre, Aardwetenschsppen, 5: 1-74.

Bultynck P L. 1982. Origin and development the conodont genus Ancyrodella in the late Givetian-early Frasnian. Fossils and Strata, 15:163-168.

Bultynck P L. 1986. Accuracy and reliability of conodont zones: the Polygnathus asymmetricus "zone" and the Givetian-Frasnian boundary. Bulletin de L' Institut Royal des Sciences Naturelles de Belgique, Sciences de la Terre, 56: 269-280.

Bultynck P L. 1987. Pelagic and neritic conodont succession from the Givetian of pre-Sahara Morocco and the Ardennes. Bulletin de L' Institut Royal des Sciences Naturelles de Belgique, Sciences de la Terre, 57:149-181.

Bultynck P L. 1989. Conodonts from a potential Eiferian/Givetian Boundary Stratotype at Jbel Ou Driss, southern, Morocco. Bulletin de L' Institut Royal des Sciences Naturelles de Belgique, Sciences de la Terre, 59:95-103.

Bultynck P L. 2003. Devonian Icriodontidae: biostratigraphy, classification and remarks on paleoecology and dispersal. Revista Espanola de Micropaleontologia, 35(3):295-314.

Bultynck P L, Martin F. 1995. Assessment of an old stratotype: the Frasnian/Famennian boundary at Senzeilles, Southern Belgium. Bulletin de L' Institut Royal des Sciences Naturelles de Belgique, Sciences de la Terre, 65:5-34.

Bultynck P L, Walliser O H. 2000. Devonian Boundaries in the Moroccan Anti-Atlas. Courier Forsch.-Inst. Senckeneberg, 225:211-226.

Bultynck P L, Walliser O H, Weddige K. 1991. Conodont based proposal for the Efelian-Gevitian boundary. In: Walliser O H (ed.), Morocco, Field Meeting of the Subcommission on Devonian Stratigraphy, Nov. 28-Dec. 5, 1991. Guide Book, S. 13-15, abb. 1.

Bultynck P L. Helsen S, Hayduckiewich J. 1998. Conodont succession and biofacies in upper Frasnian formations (Devonian) from the southern and central parts of the Dinant Synclinorium (Belgium)-(Timing of facies shifting and correlation with late Frasnian events). Bulletin de L' Institut Royal des Sciences Naturelles de Belgique, Sciences de la Terre, 68:25-75.

Carls P. 1969. Die Conodonten des tieferen unter-Devons der Guadarrama (Mittel-Spanien) und die stellung des Grenzbereiches Lochkovium/Pragium nach der Rheinischen Gliederung. Senckenbergiana Lethaea, 50:303-355.

Carls P, Gandle J. 1969. Die conodonten des tieferen unter-Devons der ostlichen Iberischen ketten (NE-Spanien). N. Jb. Geol. Palaont. Abh., 132:15-218.

Cauff K M, Price R C. 1980. *Mitrellataxis*, a new multielement genus of Late Devonian conodont. Micropaleontology, 26: 177-188.

Chalymbadscha W G, Tschernusheva N G. 1970. Die stratigraphie Wichtigkeit der Conodonten des Oberdevon im Volga-Kama-Gebiet und die Moglichkeit ihrer Auswertung für die interregionale Korrelation. Dokl. Akad., 184:1170-1173 (in Russian).

Chatterton B D E. 1974. Middle Devonian conodonts from the Harrogate Formation, southeastern British Columbia. Canadian Jour. Sci., 11:1461-1484.

Chatterton B D E, Perry D G. 1977. Lochkovian trilobites and conodonts from northwestern Canada. J. Paleont., 51:772-796.

Chauff M, Dombrowski A. 1977. *Hemilistrona*, a new conodont genus from the basal member of Sulphur Springs Formation east-central Missouri. Geologica et Palaeontologica, 11:109-120.

Clark L, Ethinton R L. 1967. Conodonts and zonation of the Upper Devonian in the Great Basin. Geol. Soc. Am. Mem., 103:1-94.

Clausen C D, Leuteritz K, Ziegler W. 1979. Biostratigraphie und Lithofazies am Se drand der Elsper Mulde (hohes Mittel- und tiefes Oberdevon: Sauerland, Rheinisches Schieferebirge). Geologie Jahrbuch, v. A-51:3-37.

Cooper B J. 1974. New forms of *Belodella* (Conodonta) from the Silurian of Australia. J. Paleont., 48:1120-1125.

Cooper B J. 1976. Multi-element conodonts from the St. Clair Limestone (Silurian) of southern Illinois. J. Paleont., 50: 205-217.

Cooper B J. 1977. Toward a familial classification of Silurian conodonts. J. Paleont., 51(6):1057-1071.

Corradini C. 2007. The conodont genus *Pseudooneotodus* Drygant from the Silurian and Lower Devonian of Sardinian and the Canic Alps (Italy). Bollettino della Soccieta Paleontologica Italiana, 46:139-148.

Corradini C. 2008. Revision of Famennian-Tournaisian (Late Devonian-Early Carboniferous) conodont biostratigraphy of Sardinia, Italy. Revus de Micropalentologie, 51:123-132.

Corradini C, Corriga M G. 2012. A Pridoli-Lochokovian conodont zonation in Sardinia and the Carnic Alps: implications for a global zonation scheme. Bulletin of Geosciences, 87(2):1-16.

Corradini C, Serpagli E. 1998. A Late Llandovery-Pridoli (Silurian) conodont biozonation in Sardinia. In: Serpagli E (ed.), Sardinia Guide-Book, ECOS vii, Giornale de Geologia, 60 (Spec. Issue):85-88.

Corradini C, Serpagli E. 1999. A Silurian conodont biozonation from Late Llandovery to end Pridoli in Sardinia (Italy). Bollettino della Societa Paleontologica Italiana, 37(2-3):255-273.

Corradini C, Ferrettli A, Serragli E. 1998. An Early Devonian section near Fluminimaggiore (Galemmu). In: Serpagli E (ed.), Sarkinia Field Trip Guidebook, the Seventh International Conodont Symposium held in Europe, pp. 168-174.

Corradini C, Leone F, Loi A, Serpagli E. 2001. Conodont stratigraphy of a highly tectonised Silurian-Devonian section in the San Basillo area (SE Sardinia, Italy). Bollettino della Societa Paleontologica Italiana, 40(3):315-323.

Corriga M A, Corradini C, Pandrelli M, SimonettoI L, 2012. Lochokovian (Lower Devonian) conodonts from Rio Malineier section (Carnic Alps, Italy). GORTANIA Geologia, Palentologia, 33(2011):31-38.

Corriga M A, Corradini C, Walliser O H. 2014. Upper Silurian and Lower Devonian conodonts from Tafilalt, southeastern Marocco. Bulletin of Geosciences, 89:184-200.

Cygan C. 1979. Etude de conodontes devonies des Pyrenees et du massif de Mouthoumet. Travaus du Laboratoire Geologie-Petrologie de I' Universite Paull Sabatier, Toulouse, p. 340.

Day J, Over D J. 2002. Post-extinction survivor fauna from the lowermost Famennian of eastern North America. Acta Palaeontologica Polanica, 47(2):189-202.

Donoghue P C J, Chauffe K M. 1998. Conchodontus, Mitrellataxia and Fungulodus: conodonts, fish or both? Lethaia, 31: 283-292.

Donoghue P C, Purnell M A, Aldridge R J, et al. 2008. The Interrelationship of "complex" conodonts (Vertbrate). Journal of Systematic Palaeontology, 6(2):119-153.

Dreesen R, Dusar U M. 1974. Refinement of conodont biozonation in the Famennian type area. Belgium Geological Survey, International Symposium on Belgian Micropaleontological Limits from Emsian to Visian. Namur, Sept. 1-10, 1974, pub. 13, pp. 1-36, pl. 7.

Druce E C. 1969. Lower Devonian conodonts from the northern Yarrol Basin. Queensland. Bur. Miner. Resour. Aust. Bull., 108:44-72.

Druce E C. 1970. Conodonts from the Garra Formation (Lower Devonian). New South Wales. Bur. Miner. Resour. Aust. Bull., 116:29-63.

Druce E C. 1974. Australia Devonian and Carboniferous conodont faunas. In: Intern. Symp. on Namur Belgian Micropaleo. Limits, Publ. , 5:1-18.

Druce E C. 1976. Conodont biostratigraphy of the Upper Devonian Reef Complexes of the Canning Basin, western Australia. Bur. Min. Res. Geol. and Geophys. , Bull. , 158(2):1-303.

Dzik J. 1991. Evolution of oral apparatuses in the conodont chordates. Acta Palaeont. Pol. , 36(3): 265-323.

Dzik J. 2002. Emergence and collapse of the Frasnian conodont and ammonoid communities in the Holy Cross Mountain, Poland. Acta Palaeont. Pol. , 47(4):565-650.

Dzik J. 2006. The Famennian "Golden Age" of conodonts and Ammonoids in the Polish part of the Variscan Sea. Palaeontologica Polonica, 63:1-359.

Ethington R L. 1959. Conodonts of the Ordovician Galena Formation. J. Paleont. , 33:257-292.

Ethington R L. 1965. Late Devonian and Early Mississippian conodonts from Arisina and New Mexico. J. Paleont. , 59:566-589.

Ethington R L, Furnish W M. 1962. Silurian and Devonian conodonts from the Spanish Sahara. J. Paleont. , 36:1253-1290.

Ethington R L, Furnish W M, Windard J R. 1961. Upper Devonian conodonts from Bighorn Mountains, Wyoming. J. Paleont. , 35:759-768.

Fahraeus L E. 1967. Upper Ludlovian deposits of Gotland defined by means of conodonts. Geol. Furen. Furhandl. , 89:218-26.

Fahraeus L E. 1969. Conodont Zones in the Ludlovian of Gotland and a correlation with Great Britain. Sveriges Geolo-giska Undersokning, 639:1-33.

Fahraeus L E, Hunter D R. 1986. The curvature transition series: integral part of some simple-cone conodont apparatuses (Panderodontacea, Distacodontacea, Conodontata). Acta Palaeont. Pol. , 30:177-189.

Fantinet D, Dreesen R, Dusar M, Termier G. 1976. Gaunes fammenniennes de certains horizons calcaires dans la formation quartztophylladigue aux environs de Mertola (Portugal meridional). Portugal Servicos Geologicos Comminicacões, 60: 121-137, pl. 6.

Flajs G. 1967. Conodontent stratigraphische Untersuchungen im Raum von Eisenerz, Nordlische Grauwackezone. Mitteilungen der Geologischen Gesellschaft in Wien, 59(2):157-212.

Freyr G. 1960. Scolecodonten der-dem Zechstein Thüringens von S. Seidel und Uber Conodonten aus dem oberen Musschekkalk des Thüringer Beckens von Ch. Hirschmann. Geologie, 9:711-712.

Gagiev M H. 1979a. Conodonts from the Devonian-Carboniferous boundary deposits of the Omolon Massif. Field Excursion Guidebook Tour IX, XIV Pacific Science Congress, Khabarovsk 1979, suppl. 2:3-104.

Gagiev M H. 1979b. Division and correlation of the Perevalay and Elergekhyn suites by the aid of conodonts. Field Excursion Guidebook Tour IX, XIV pacific Science Congress, Khabarovsk 1979, suppl. 8:91-112.

Glenister B F, Klapper G. 1966. Upper Devonian conodonts from the Canning Basin, western Australia. J. Paleont. , 40: 777-842.

Gong Y M, Li B H, Wang C Y, Wu Y. 2001. Orbital cyclostratigraphy of the Devonian Frasnian-Famennian transition in South China. Palaeogeography, Palaeoclimatology, Palaeoecology, 168(3/4):237-248.

Han Y J. 1987. Study on Upper Devonian Frasnian/Famennian Boundary in Ma-Anshan Zhongping, Xiangzhou, Guangxi. Chinese Academy Geological Sciences, Bulletin, 17:171-194.

Hartenfels S. 2011. Die globalen Annulata-Events und die Dasberg-Krise (Famennium, Oberdevon) in Europa und Nord-Afrika—hochauflösende Conodonten-Stratigraphie, Karbonat-Microfazies, Paläoökologie und Paläodiversität. Münstersche Forschungen zur Geologie und Paläontologie, Band 105, s. 1-527.

Hass W H. 1962. Conodonts. In: Moore R C (ed.), Teatise on Invertbrate Palaeontology, Part W, Miscellanea. New York: Tapley-Rutter Company, W3-W69, text-figs. 1-42.

Helms J. 1959. Conodonten aus dem Saalfelder Oberdevon (Thüringen). Geologie, 8(6):634-677, pl. 6.

Helms J. 1963. Zur "Phylogenese" und Taxonomie von Palmatolepis (Conodonta, Oberdevon). Geologie, 12:449-485.

Hinde G J. 1879a. On annelid jaws from the Cambro-Silurian, Silurian and Devonian formations in Canada and from Lower Carboniferous in Scotland. Geol. Soc. , London Quart. Jour. , 5(3):370-389.

Hinde G J. 1879b. On conodonts from the Chazy and Cincinnati Group of the Cambro-Silurian, and the Hamilton and Genesee-shale divisions of the Devonian, in Canada and the United States. Geol. Soc. London Quart. Jour., 35(3): 351-369, pls. 15-17.

Hladil J, Slavik L, Vondra M, Cejchan P, Schhab P, et al. 2011. Pragian-Emsian succession in Uzbekstan and Bohemia, magnetic sumac time warping alligment. Stratigraphy, 8(4):217-235.

Huddle J W. 1934. Conodonts from the New Albany Shale of Indiana. Bull. Am. Paleo., 21(72):1-136, pls. 1-12.

Huddle J W. 1968. Redescription of Upper Devonian conodont genera and species proposed by Ulrich and Bassler in 1926. U. S. Geol. Surv. Prof. Paper, 578:1-55.

Izokh N G, Yolkin E A, Weddige K, Erina M V, Valenzuela-Ríos J I. 2011. Late Pragian and early Emsian conodont polygnathus species from the Kitab State Geological Reserve sequences (Zeravshan-Gissar mountainous area Uzbekistan). News of Palaentology and Stratigraphy, 15:49-63, supplement to Journal "GEOLOGIYA I GEOFIZIKA", 52:49-63 (in English with Russian abstract).

Jentzsch I. 1962. Conodonten aus dem Tentaculiliten Knollenkalk (Underdevon) in Türingen. Geologie, 11(8):961-985.

Jeppsson L. 1969. Notes on some Upper Silurian multielement conodonts. Geol. For. Stockh Forh., 91:12-24.

Jeppsson L. 1975. Aspects of late Silurian conodonts. Fossils and Strata, 6(1974):1-54.

Jeppsson L. 1980. Funktion of conodont elements. Lethaia, 13:228.

Jeppsson L. 1988. Conodont biostratigraphy of thd Silurian-Devonian boundary stratotype at Klonk, Czechoslovakia. Geologica et Palaeontologica, 22:21-31.

Jeppsson L. 1989. Latest Silurian conodonts from Klonk, Czechoslovakia. Geologica et Paleontologica, 23:21-37.

Jeppsson L, Viira V, Mannik P. 1994. Silurian conodont-based correlations between Gotland (Sweden) and Saaremaa (Estonia). Geological Magazine, 131(2):201-218.

Ji Q. 1989. On the Frasnian conodont biostratigraphy in the Guilin area of Guangxi, South China. Cour. Forsch.-Inst Senckenberg, 117:303-319.

Ji Q. 1990a. On the Frasnian-Famennian mass extinction event in South China. In: Ziegler W (ed.), 1st Senckenberg Conference and 5th European conodont Symposium (ECOS V). Contribution 3. Courier Forsch.-Inst. Senckeneberg, 117:275-301.

Ji Q. 1990b. On the Frasnian conodont biostratigraphy in the Guilin area of Guangxi, South China. In: Ziegler W (ed.), 1st Senckenberg Conference and 5th European conodont Symposium (ECOS V). Contribution 3. Courier Forsch.-Inst. Senckeneberg, 117:306-319.

Ji Q, Chen X Z. 1987. Ostracods from the Muhua Formation, Changshun County, Guizhou (in Chinese). Acta Micropaleo. Sinica, 4:225-230.

Ji Q, Ziegler W. 1992a. Introduction to some Late Devonian sequences in the Guilin area of Guangxi, South China. Courier Forsch.-Inst. Senckenebrg, 154:149-177.

Ji Q, Ziegler W. 1992b. Phylogeny, speciation and zonation of *Siphonodella* of a shallow water facies (Conodonta, Early Carboniferous). Courier Forsch.-Inst. Senckenberg, 154:223-252.

Ji Q, Ziegler W. 1993. The Lali section: an excellent reference section for Upper Devonian in South China. Courier Forsch.-Inst. Senckenberg, 157:1-183.

Ji Q, Wei J, Wang Z, Wang S, Sheng H, Wang H, Hou J, Xiang L, Feng R, Fu G. 1989. The Dapoushang Section: an Excellent Section for the Devonian-Carboniferous Boundary Stratotype in China. Beijing:Science Press.

Ji Q, Ziegler W, Dong X P. 1992. Middle and Upper Devonian conodonts from the Licun section, Yongfu County, Guangxi, China. Courier Forsch.-Inst. Senckeneberg,154:85-106.

Jia H Z,Xian S Y, Yang D L, et al. 1989. An ideal Frasnian/Famennian boundary in Maanshan, Zhongping, Xiangzhou, Guangxi, South China. In: Millan N J, Embry A F, Gloss D J (eds.), Devonian of the World. Canadian Society of Petroleum Geology, Memoir, 14(3):79-92.

Kaiser S I. 2005. Mass extinction, climatic and oceanographic changes at the Devonian/Carboniferous boundary. Dissertation zur Erlangung des akademischen Grades eines Doctors der Naturwissenschaften an der Fakultät für Geowissenschaften der Ruhr-Universität Bochum (Germany), pp. 1-156.

Kaiser S I. 2009. The Devonian/Carboniferous stratotype section La Serre (Montagne Noire) revisited. Newsletters on Stratigraphy, 43(2):195-205.

Kaiser S I, Coradini C. 2011. The early *Siphonodellids* (Conodonta, Late Devonian-Early Carboniferous): overview and taxonomic state. N. Jb. Geol. Päont. Abh., 261(1):19-35.

Kaiser S I, Becker R T, Steuber T. 2004. Sedimentology and sea-level changes aroud the Devonian-Carboniferous boundary in southern Morocco. International SDS Meeting on Stratigraphy, Rabat, Morocco, pp. 25-26.

Khrustcheva E N, Kuzimin A V. 1996. New Upper Frasnian of *Palmatolepis* (Conodonta) from Lyaiol formation on south Timan . Paleontologichesky Rulnal, (3):90-93 (in Russian).

Klapper G. 1969. Lower Devonian conodont sequence, Royal Creek, Yukon Territory and Devon Island, Canada. J. Paleont., 43:1-27, pl. 6, text-fig. 4.

Klapper G. 1971. Sequence within the conodont genus *Polygnathus* in the New York Lower-Middle Devonian. Geol. et Palaeo., 5:59-75.

Klapper G. 1977. Lower and Middle Devonian conodont sequence in central Nevada, with contributions by D. B. Johnson. Univ. Calif. Mus. Contri., 4:33-53.

Klapper G. 1985. Sequence in conodont genus *Ancyrodella* in Lower *Asymmetricus* zone (earliest Frasnian, Upper Devonian) of the Montagne Noire France. Paleotographica Abt. A, 199:19-34.

Klapper G. 1989. The Montagne Noire Frasnian (Upper Devonian) conodont succession. In: McMillan N J, Embry A F, Glass D J (eds.), Devonian of the World, Volume III: Paleontology, Paleoecology and Biostratigraphy. Canadian Society of Petroleum Geology, Memoir, 14:449-468.

Klapper G. 1990. Frasnian species of the Late Devonian conodont genus *Ancyrognathus*. J. Paleont., 64(6):998-1025.

Klapper G. 2000. Species of *Spathognathodontidae* and *Polygnathidae* (Conodonta) in the recognition of Upper Devonian stage boundary. Courier Forsch.-Inst. Senckeneberg, 220:153-159.

Klapper G, Barrick J E. 1983. Middle Devonian (Eifelian) conodonts from the Spillville Formation in northern Lowa and southern Minnesota. J. Paleont., 57:1212-1243.

Klapper G, Becker R T. 1999. Comparision of Frasnian (Upper Devonian) conodont zonations. Bollettino della Societa Paleontologica Italiana, 37(2-3):339-348.

Klapper G, Johnson D B. 1975. Sequence of conodont genus *Polygnathus* in Lower Devonian at Lone Mountain, Nevada. Geologica et Palaeontologica, 9:63-83.

Klapper G, Johnson D B. 1977. Lower and Middle Devonian conodont sequence in central Nevada. Univ. Calif. Western North American Devonian, Mus. Contr., 4:33-36.

Klapper G, Johnson J G. 1980. Endemism and dispersal of Devonian conodonts. Journal of Paleontology, 54:400-455.

Klapper G, Lane R. 1985. Upper Devonian (Frasnian) conodonts of the*Polygnathus* biofacies, N. W. T., Canada. J. Paleont., 59(4):904-951.

Klapper G, Murphy M A. 1975. Silurian-Lower Devonian conodont Sequence in the Roberts Mountains Formation of central Nevada. University of Califora Publications in Geological Sciences, 111:1-62 [imprint, 1974].

Klapper G, Murphy M A. 1980. Conodont zonal species from the delta and pesavis Zones (Lower Devonian) in central Nevada. Neues Jb. Geol. Palaont. Mh., 1980(8):490-504.

Klapper G, Philip G M. 1971. Devonian conodont apparatus and their vicarious skeletal elements. Lethaia, 4:429-452.

Klapper G, Philip G M. 1972. Familial classification of reconstructed Devonian conodont apparatuses. Geologica et Paleontologica SB, 1:97-114.

Klapper G, Ziegler W. 1979. Devonian conodont biostratigraphy. Devonia System: Spec. Paper in Paleo., 23:199-224.

Klapper G, Ziegler W, Mashkova P. 1978. Conodonts and correlation of Lower-Middle Devonian boundary beds in the Barrandian area of Czechoslovakia. Geologica et Palaeontologica, 12:103-116.

Konova L I, Alekseev A S, Barskov I S, Reimers A N. 1996. New species of *Polygnathid* conodonts from Frasnian of Moskow Syneclise. Paleontologichesky Rulnal, (3): 94-99(in Russian).

Kuzimin A V. 1998. Conodonts from the shallow water Devonian-Carboniferous boundary deposits of the Middle Pechora Uplift. Paleontologichesky Rulnal, (1):63-66 (in Russian).

Kuzimin A V. 1998. New species of Early Frasnian *Palmatolepis* (Conodonta) from Southern Timan. Paleontologichesky Rulnal, (2):70-76.

Lane H R, Ormison A R. 1979. Siluro-Devonian biostratigraphy of the Salmontrout River area, east central Alaska. Geologica et Palaeontologica, 13:39-96.

Liao W H, Ruan Y P. 2003. Devonian biostratigraphy of China. In: Zhang W T, Chen P J, Palmer A R (eds.), Biostratigraphy of China. Beijing:Science Press, pp. 237-280.

Lindström M. 1964. Conodonts. Amsterdam, London, New York:Elsevier, p. 196.

Link A C, Druce E C. 1972. Ludlovian and Gedinnian conodont stratigraphy of the Yass Basin, New South Wales. Austral. Bur. Miner. Resourc. Geol. Geophys., Bull., 134:1-136.

Lu J F, Qie W K, Chen X Q, Yu C M. 2015. Pragian and Lower Emsian (Lower Devonian) conodonts from Liujing, Guangxi, South China (Manuscript unpublished).

Mashkova T V. 1972. *Ozarkodina steinhornensis* (Ziegler) apparatus, its conodonts and Biozone. Geologica et Palaeontologica, SB 1:81-90.

Mashkova T V, Apekina L S. 1980. *Prazhskie polignatusy* (konodinty) zony dehiscens Sredney Asii. Paleont. Zhun., 3:135-140, tab. 1, text-fig. 2.

Matti J C, Murphy M A, Inney S C. 1975. Silurian and Lower Devonian basin and Basin-slope limestones, Copenhagen Canyon, Nevada. Geol. Soc.-Am. Spec. Paper, 159:1-48.

Mavrinskaya T, Slavik L. 2013. Correlation of Early Devonian (Lochkovian-early Pragian) conodont faunas of the South Urals (Russia). Bulletin of Geosciences, 88(2):283-296.

Mawson R. 1986. Early Devonian (Lochkovian) conodont faunas from Windellama. Geologica et Palaeontologica, 20:39-71.

Mawson R. 1987. Early Devonian conodont faunas from Buchan and Bindi, Victoria, Australia. Palaeontology, 30(2):251-297.

Mawson R. 1993. *Bipennatus*, a new genus of Mid-Devonian conodonts. Mem. Ass. Australian Palaeontolos, 15:137-140.

Mawson R. 1998. Thoughts on late Pragian-Emsian polygnathid evolution: documentation and discussion. Palaeontologica Polonica, 58:201-210.

Mawson R. 2002. A letter. Newsletter of Subcommission on Devonian Stratigraphy, 20:2-3.

Mawson R, Tallent J A. 1994. Age of an Early Devonian carbonate fan and isolated Limestone clasts and megaclasts in east-central Victoria. Proc. Roy. Society Victoria, 106:31-70.

Mawson R, Tallent J A. 1997. Famennian-Tournaisian conodonts and Devonian-Early Carboniferous transgressions and regressions in northeastern Australia. Geol. Soc.-Am. Spec. Paper, 321:189-233.

Mawson R, Jell J S, Tallent J A. 1985. Stage boundaries within the Devonian: implications for application to Australian sequences. Courier Forsch.-Inst. Senckeneberg, 75:1-16, text-fig. 4.

Mawson R, Tallent J A, Brock G A, Engbbreten M J. 1992. Conodont data in relation to sequences about the Pragian-Emsian boundary. Proc. Roy. Society Victoria, 104:23-56.

Mawson R, Tallent J A, Molloy P D, Simpson A J. 2003. Silurian-Devonian (Pridoli-Lochkovian and early Emsian) conodonts from the Nowshera area, Pakistan: implications for the mid-Palaeozoic stratigraphy of the Peshawar Basin. Courier Forsch.-Inst. Senckeneberg, 245:83-105.

Metcalfe I, Nicoll R S. 2006. Conodont biostratigraphic control on transitional marine to non-marine Permian-Triassic boundary sequences in Yunan-Guizhou, China. Palaeogeography, Palaeoclimatology, Palaeoecology, 252:56-65.

Miller A K, Youngquist W. 1947. Conodonts from the Type Section of the Sweetland Creek Shale in Iowa. J. Paleont., 21(6):501-517.

Mound M C. 1968. Conodonts and biostratigraphy of the Lower Arbuckie Group (Ordovician), Arbuckle Moumtains, Oklahoma. Micopapeontology, 14:393-435.

Müller K J. 1956. Die Gattung *Palmatolepis*. Abh. Senckenberg. Naturf. Ges., 494:1-70.

Müller K J, Müller E M. 1957. Early Upper Devonian (Independence) conodonts from Iowa, Part 1. J. Paleont., 31(6):1069-1108.

Murphy M A. 1977. Nevada. In: Martinsson A (ed.), The Silurian-Devonian Boundary. Int. Union. Geol. Sci. Ser. A, 5:264-271.

Murphy M A. 2005. Pragian conodont zonal classification in Nevada, western North America. Rev. Esp. Paleontol., 20 (2):.177-206.

Murphy M A, Cebecioglu M K. 1986. Statistical study of *Ozarkodina excavata* (Lower Devonian, delta zone, conodonts, Nevada). J. Paleont., 60(4):865-869.

Murphy M A, Matti J C. 1982. Lower Devonian conodonts (*hesperius-kindlei* zones), central Nevada. University of California Publication in Geological Sciences, 123:1-83.

Murphy M A, Valenzuela-Ríos J I. 1999. *Lanea* new genus, lineage of Early Devonian conodonts. Bollettino della Societa Paleontologica Italiana, 37(2-3):321-334.

Murphy M A, Matti J C, Walliser O H. 1981. Biostratigraphy and evolution of the *Ozarkodina remscheidensis-Eognathodus sulcatus* Lineage (Lower Devonian) in Germany and central Nevada. J. Paleont., 55:747-772.

Murphy M A, Valenzuela-Ríos J I, Carls P. 2004. On classification of Pridoli (Silurian)-Lochkovian (Devonian) *Spathognathodontidae* (conodonts). University of California, Riverside Campus Museum Contribution, 6:1-25.

Narkiewicz A M. 1978. Stratigraphy and facies development of the Upper Devonian in the Olkusz-Zawiercie area, southern Poland. Acta Geologica Polonica, 28(3):415- 482 (in Polish).

Narkiewicz K, Bultynck P. 2010. The Upper Givetian (Middle Devonian) subterminus conodont zone in North America, Europe and North Africa. J. Palaeont., 84(4):588-625.

Nazarova V M. 1997. New conodont species of the genus *Icriodus* from the Eifelian and Frasnian of the Russian Platform. Paleont. Zhurnal, N6:71-74.

Nicoll R S. 1985. Multi-element composition of the conodont species *Polygnathus xylus xylus* Stauffer (1940) and *Ozarkodina brevis* Bischoff & Ziegler (1957), from the Upper Devonian of the Canning Basin, western Australia. BMR Jour. Australian Geol. and Geophys., 9:133-147.

Nicoll R S, Rexroad C B. 1969. Stratigraphy and conodont paleontology of the Salamonie Dolomite and Lee Creek Member of the Brassfield limestone (Silurian) in southeastern Indiana and adjacent Kentucky. Indianan Geol. Surv., Bull., 40:1-73.

Orr R W, Klapper G. 1968. Two new conodont species from the Middle-Upper Devonian boundary beds of Indiana and New York. J. Paleont., 42:1066-1075.

Over D J. 1997. Conodont biostratigraphy of the Java Formation (Upper Devonian) and the Frasnian-Famennian boundary in western New York State. Geol. Soc.-Am. Spec. Paper, 321:161-177.

Over D J. 2002. The Frasnian-Famennian boundary in central and eastern United States. Palaogeography, Palaeoclimatology, Palaeoecology, 181:153-169.

Over D J. 2007. Conodont biostratigraphy of the Chattanooga shale, Middle and Upper Devonian, Southern Appalachian basin, eastern United States. J. Paleont., 8(6):1194-1217.

Over D J, Rhodes M K. 2000. Conodonts from the Upper Olentangy shale (Upper Devonian, Central Ohio) and stratigraphy across the Frasnian-Famennian boundary. J. Paleont., 74(1):101-112.

Ovnatannova N S, Aristov V A. 1985. Complexes of conodonts from the *Polygnathus asymmetricus* (Upper) and *Palmatolepis gigas* zones in the central area of east European Platform. Vses nachn. issled. geol. nefti. Inst. Moscow, USSR. pp.28-34 (in Russian).

Ovnatanova N S, Kononova L I. 1996. Some new Frasnian species of *Polygnathus* genus (Conodonta) from the central part of the Russian Platform. Paleont. Zhurnal, N1:54-60 (in Russian).

Ovnatanova N S, Kononova L I. 2001. Conodonts and Upper Devonian (Frasnian) biostratigraphy of central regions of Russian platform. Courier Forsch.-Inst. Senckeneberg, 233:1-117.

Ovnatanova N S, Kononova L I. 2008. Frasnian conodonts from the eastern Russian platform. Paleontological Journal, 42(10):997-1166.

Perry D G, Klapper G, Lenz A C. 1974. Age of the Ogivie Formation (Devonian) northern Yukon, based primarily on the occurrence of brachiopods and conodonts. Canadian Jour. Earth Sci., 11:1055-1097.

Philip G M. 1965. Lower Devonian conodonts from the Tyers area, Gippsland, Victoria. Proc. Roy. Society Victoria, 79:95-117.

Philip G M. 1966. Lower Devonian conodonts from the Buchan Group, eastern Victoria. Micropaleontology 12:441-460.

Pollock C A. 1968. Lower Upper Devonian conodonts from Alberta, Canada. J. Palaeont., 42:415-443.

Pollock C A, Rexroad C B. 1973. Conodonts from Salina Formation and the upper part of Wabash Formation (Silurian) in the north central Indiana. Geologica et Palaeontologica, 7:77-92.

Polslerr P. 1969. Conodonten aus dem Devon der Karnischen Alpen (Findenigkofel, Osterreich). Geologisches Bundesanstalt, Jahrbuch, 112:399-440.

Purnell M A, Donoghue P C J, Aldridge R J. 2000. Orientation and anatomical notation in conodonts. J. Paleont., 74(1): 113-122.

Purnell M A, Donoghue P C J, Aldridge R J, Repetski J. 2006. International Conodont Symposium, Programme and Abstracts, 78, Leicester.

Rexroad B, Cralg W. 1971. Restudy of conodonts from the Bainbridge Formation (Silurian) at Lithium, Missouri. J. Paleont., 45:684-730.

Rhodes F H T. 1953. Some British Lower Palaeozoic conodont faunas. Royal Society of London Philosophical Transactions, ser. B, Biological Sciences, 237:261-334.

Rhodes F H T, Austin R L, Druce E C. 1969. British Avonian (Carboniferous) conodont faunas and correlation. Null. British Mus. Nat. Hist. Suppl., 5:1-311.

Robison R A. 1981. Treatise on invertebrate paleontology. Part W, Miscellanea, Supplement 2 Conodonta. Geological Society of America and University of Kansas Press, Lawrence, KS, p. 202.

Rodríguez-Cañero M R, Maate A, Martín-Algarra A. 1990. Conodontos del Paleozoico Gomáride (Rif septentrional, Marruecos). Geogaceta, 7:81-84.

Sandberg C A. 1976. Conodont biofacies of late Devonian *Polygnathus styriacus* Zone in western United States. The Geological Association of Canada Special Paper, 15:171-186.

Sandberg C A, Dreesen R. 1984. Late Devonian *Icriodontid* biofacies models and alternate shallow water conodont zonation. Geol. Soc.-Am. Spec. Paper, 196:143-178.

Sandberg C A, Ziegler W. 1973. Refinement of Standard Upper Devonian Conodont Zonation based on sections in Nevada and West Germany. Geologica et Palaeontologica, 7:97-122.

Sandberg C A, Ziegler W. 1979. Taxonomy and biofacies of important conodonts of Late Devonian styriacus zone, United States and Germany. Geologica et Palaeontologica, 13:173-212.

Sandberg C A, Ziegler W. 1996. Devonian conodont biochronology in geologic time calibration. Senckenbergiana Lethaea, 76 (1-2):259-265.

Sandberg C A, Streel M, Scott R A. 1972. Comparison between conodont zonation and spore assemblages at the Devonian-Carboniferous boundary in the western and central United States and in Europe//Compte Rendu 7ème Congres International de Stratigraphie et de Géologie du Carbonifère, Krefeld, pp. 179-203.

Sandberg C A, Ziegler W, Bultynck P. 1989. New standard conodont zones and early *Ancyrodella pjyrogeny* across Middle-Upper Devonian boundary. Courier Forsch.-Inst. Senckeneberg, 110:195-230.

Sandberg C A, Ziegler W, Dreesen R, Butller J L. 1992. Conodont biostratigraphy, biofacies, taxonomy, and event stratigraphy around Middle Frasnian Lion Mudmound (F2h), Frasnes, Belgium. Courier Forsch.-Inst. Senckeneberg, 150:1-87.

Sandberg C A, Ziegler W, Wang C Y, Ji Q. 1996. Urgent proposal for re-consideration of the D/C boundary stratotype. Newsletters on Stratigraphy, 33:178-180.

Sannemann D. 1955. Oberdevonische Conodonten. Senckenbergiana Lethaea, 36:123-156.

Sansom I J. 1996. *Pseudooneotodus*: a histological study of an Ordovician to Devonian vertebrate lineage. Zool. J. Linn. Soc., 118:47-57.

Sansom I J, Smith M P, Smith M M. 1994. Dentine in conodonts. Nature, 368:591.

Savage N M. 1971. Brachiopoda from the Lower Devonian Mandagery Park Formation, New South Wales. Paleontology, 14: 387-422.

Savage N M. 1977. Lower Devonian conodonts from the Gazelle Formation, Klamath Mountains, northern California. J. Palaeont., 51(1):57-62.

Savage N M. 1982. Lower Devonian (Lochkovian) conodonts from Lulu Island, southeastern Alaska. J. Palaeont., 56:938-988.

Savage N M. 2004. *Uyenognathus*, a new conodont genus from the Frasnian (Late Devonian) of southeastern Alaska. Alcheringa, 28:431-432.

Savage N M. 2006. Late Devonian conodonts and the global Frasnian-Famennian extinction event, Thong Pha PHum, western Thailand. Palaeoworld, 15:171-184.

Savage N M. 2007. Famennian (Upper Devonian) conodonts from Mae Sariang Northwestern Thailand. GEOTHAI"07, 87-Proceeding of the International Conference on Geology of Thailand: Towards Sustainable Development and Sufficiency Economy. 21-22 November 2007, Bangkok, Thailand.

Savage N M. 2013. Late Devonian Conodonts from Northwestern Thailand. Department of Geological Sciences, University of Oregon, USA. Eugcnc, Orcgon 97403, USA, pp. 1-48.

Schafer W. 1976. Einige neue Conodonten aus dem Höheren Oberdevon des Sauerlandes (Rheinsches Schiefergebirge). Geologica et Palaeontologica, 10:141-152.

Schönlaub H P. 1980. Field Trip A, Carnic Alps, Guidebook and Abstracts. Second European Conodont Symposium, ECOS, 11:5-60.

Schülke I. 1995. Evolutive Prozesse bei Palmatolepis in der frühen Famene-Stufe (Conodonta, Ober-Devon). Göttinger Arbeiten zur Geologie und Palaontologie, 67:1-108.

Schülke I. 1996. Evolution of early *Famennian ancyrognathids* (Conodonta, Late Devonian). Geologica et Palaeontologica, 30:33-47.

Schultze H P. 1996. Conodont history, an indicator of vertebrate relationship? Modern Geology, 20:275-286.

Schulze R. 1968. Die conodonten aus dem palaozoikum der mittleren karawanken (seeberggebiet). N. Jb. Geol. -Palaont. Abn., 130:133-245.

Seddon G. 1970. Pre-Chappel Conodonts of the Llano Region, Texas. Bureau of Economic Geology, Report of Investigations, 68:1-130.

Serpagli E. 1967. Prima segnalazione di Conodonti nel Siluriano della Sardegna erelative sservazioni stratigrafiche. Accademia Nazionale dei Lincei, Rendiconti della Class di Scienze Fisiche, Matematiche e Naturali, 42(6), ser. 8:856-858.

Serpagli E. 1971. Uppermost Wenlockian-Upper Ludlovian Silurian Conodonts from Western Sardinia. Bollettino della Societa Paleontologica Italiana, 9(1):6-96.

Serpagli E. 1983. The conodont apparatus of *Icriodus woschmidti woschmidti* Ziegler. Fossils and Strata, 15:155-161.

Serpagli E, Corradini C. 1998. New taxa of *Kockelella* (Conodonta) from Late Wenlock-Ludlow (Silurian) of Sardinia. In: Serpagli E (ed.), Sardinia Guide-Book. ECOS VII, Giornale di Geologia, 60, Spec. Issue:79-83.

Serpagli E, Corradini C. 1999. Taxonomy and evolution of *Kocdelella* (Conodonta) from Silurian of Sardinia (Italy). In: Serpagli E (ed.), Studies on Conodonts. Proceedings of the 7th European Conodont Symposium. Bollettino della Societa Paleontologica Italiana, 37(2-3):275-298.

Serpagli E, Corradini C, Ferretti A. 1998. Conodonts from a Ludlow-Pridoli section at the Silius Village. In: Serpagli E (ed.), Sardinia Guide-Book. ECOS VII, Giornale di Geologia, 60, Spec. Issue:104-111.

Simpson A J. 1995. Silurian conodont biostratigraphy in Australia: a review and critique. In: Mawson R, Tallent J A (eds.), Contributions to the First Australian Conodont Symposium (AUSCOS 1), 18-21 July 1995, Sydney, Australia. Courier Forsch. -Inst. Senckeneberg, 182:325-345.

Simpson A J, Tallent J A. 1995. Silurian conodonts from the headwaters of the Indi (upper Murray) and Buchanan rivers, southeastern Australia, and their implications. In: Mawson R, Tallent J A (eds.), Contributions to the First Australian Conodont Symposium (AUSCOS 1), 18-21 July 1995, Sydney, Australia. Courier Forsch. -Inst. Senckeneberg, 182:79-215.

Slavik L. 2011. *Lenia carlsi* conodont apparatus reconstruction and its significance for the subdivision of the Lochkovian. Acta Palaeontologica Polonica, 56(2):313-327.

Slavik L. 2013. Late Silurian and Early Devonian Conodont Stratigraphy in the Prague Synform and correlation of bioevents. In: Albanesi G, Ortega G (eds.), Conodonts from the Andes, Abstracts, 3rd International Conodont Symposium, July 15-19, 2013. Mendoza, Association Paleontologic Argentina, Publication Especial, 13:149.

Slavik L, Hladh J., 2004. Lochkovian/Pragian GSSP reidence about conodont taxa and their stratigraphic distribution. Newsletter of Stratigraphy, 40(3):132-153.

Slavik L, Valenzuela-Rίos J I., Hladil J, Carls P. 2007. Early Pragian conodont-based correlation between the Barrandian area and the Spanish Central Pyrenees. Geological Journal, 42:499-512.

Slavik L, Carls P, Hladil J, Koptikpva L. 2012. Subdivision of the Lochkovian Stage based on conodont faunas from the stratotype area (Pragur Synform, Czech Republic). Geological Journal, 47:616-631.

Spasov C, Filipovic I. 1966. The conodont fauna of the older and younger Palaeozoic in southeastern and northwestern Bosnia. Geol. Glasnik Bull., 11:33-54.

Staesche U. 1964. Conodonten aus dem Skyth von Südtirol. N. Jb. Geol. Paläo., Abh., 119:247-306.

Stauffer C R. 1940. Conodonts from thd Devonian and associated clays of Minnesota. J. Paleont., 14:417-435.

Straka J J H. 1968. Conodont zonation of the Kinderhookian Series, Washington County, Iowa. Iowa Univ. Studies Nat. Hist., 21:1-71.

Streel M. 2009. Upper Devonian miospore and conodont zone correlation in western Europe. Geological Society, London, Special Publications, 314(1): 163-176.

Sweet W C. 1988. The Conodonta: Morphology, Taxonomy, Paleoecology and Evolutionary History of a Long-Extinct Animal Phylum. Oxford:Clarendon Press, pp. 1-212.

Sweet W C, Schonlaub H P. 1975. Conodont of the genus *Oulodus* Branson & Mehl 1933. Geol. et Paleo., 9:41-59.

Szaniawski H. 1971. New species of Upper Cambrian conodonts from Poland. Acta Palaeont. Pol., 16:401-463.

Szulczewski M. 1971. Upper Devonian conodonts, stratigraphy and facies development in the Holy Cross Mountains. Acta Geol. Polonica, 21:1-129.

Tallent J, Gratsianova R T, Yolkin E A, Shishkina G R. 2002. Latest Silurian (Pridoli) to Middle Devonian (Givetian) of the Asia-Australia hemisphere: rationalization of brachiopod taxa and faunal lists. Stratigraphic correlation chart. CFS Courier Forschungsinstitut Senckenberg, pp. 1-221.

Telford P G. 1975. Lower and Middle Devonian conodonts from the Brocken River Embayment, north Queensland, Australia. Spec. Paper in Paleon., 15:1-96.

Ulrich E O, Bassler R S. 1926. A classification of the toothlike fossils, conodonts, with description of American species. U. S. Natl. Mus. Proc., 68(12):1-63.

Uyeno T T. 1967. Conodont zonation, Waterways Formation (Upper Devonian), northeastern and central Alberta. Geol. Surv. Canada, Paper, 67-30:1-21.

Uyeno T T. 1978. Some Late Devonian (*Polygnathus varcus* zone) conodonts from the central Mackanzie Valley, district of Mackanzie. Geol. Surv. Canada. Bull., 267:12-23.

Uyeno T T. 1980. Stratigraphy and conodonts of Upper Silurian and Lower Devonian rocks in the environs of the Boothia Uplift, Canadian Artic Archipelago. Part II. Systematic study of conodonts. Geological Survey of Canada Bulletin, 292:39-75.

Uyeno T T. 1990. Biostratigraphy and conodonts faunas of Upper Ordovician through Middle Devonian rocks, eastern Arctic Archipelago. Geological Survey of Canada Bulletin, 401:1-211.

Uyeno T T. 1997. Summary of conodont biostratigraphy of the Read Bay Formation at its type sections and adjacent areas, eastern Cornvallis Island, district of Franklin. Geological Survey of Canada, Paper 77-1B:211-216.

Uyeno T T, Klapper L G. 1980. Summary of conodont biostratigraphy of the Blue Flord and Bird Flord Formations (Lower-Middle Devonian) at the type and adjachent areas, southwestern Ellesmere Island, Canadian Arctic Archipelago. Current Research, Part C. Geol. Surv. Canada, Paper, 80-1C:81-93.

Uyeno T T, Mason D. 1975. New Lower and Middle Devonian conodonts from northern Canada. J. Paleont., 49:710-722.

Valenzuela-Rίos J I. 1990. Lochikovian Conodonts and Stratigraphy at Gerrida de la Sal (Pyrenees). Courier Forsch.-Inst. Senckeneberg, 118:53-63.

Valenzuela-Ríos J I. 1994a. Conodentos del Lochkoviense y Praguiense (Devonico Inferior) del Pirineo Central Espanol. Memorias del Museo Paleontologico de la Universidad de Zaragoza, 5:1-142.

Valenzuela-Ríos J I. 1994b. The Lower Devonian conodont *Pedavis pesavis* and the *pesavis* Zone. Lethaia, 27:199-207.

Valenzuela-Ríos J I. 1996. Conodontos del Wenlock y Ludlow (Silurico) del Tena (Pirineos Aragoneses). Geogaceta, 19: 91-93.

Valenzuela-Ríos J I. 1997. A new zonation of middle Lochikovian (Lower Devonian) conodonts and evolution of *Flajsella* n. gen. (Conodonta). Geol. Soc.-Am. Spec. Paper, 321:131-144.

Valenzuela-Ríos J I. 1999. *Ancyrodelloides sequeirosi*, Un Nuevo conodonto del Lochkoviense medio (Devonico Inferior) de Los Pirinneos Orientales Espanoles. In: Gamez J A, Vintanned Y E, et al. (eds.), Vijornadas Aragonesas de Paleontologia 25 anos de Paleontologia Aragonesa Homenaje al profesor Leandro Sequeiros, pp. 247-253.

Valenzuela-Ríos J I, Garcia L S. 1998. Using conodonts to correlate abiotic events: an example from the Lochkovian (Early Devonian) of NE Spain. In: Szaniawski H (ed.), Proceeding of the Sixth European Conodont Symposium (ECOS VI). Palaeontologia Polonica, 58:191 199.

Valenzuela-Ríos J I, Murphy M A, 1997. A new zonation of Middle Lochkovian (Lower Devonian) conodonts and evolution of *Flajsella* n. gen. (Conodonta). In: Klapper G, Murphy M A, Tallent J A (eds.), Paleozoic Sequence Stratigraphy, Biostratigraphy, and Biogeography. Geol Soc.-Am. Spec. Paper, 321:134-144.

Valenzuela-Ríos J I, Slavik L, Liao J C, Calvohelenna H A, Chadimova L. 2015. The middle and upper Lochkovian (Lower Devonian) conodont succession in key peri-Gondvana localities (Spanish Central Pyrenees and Prague Synform) and their relevance for global correlation. Terra Nova, 27:409-415.

Varker W T. 1967. Conodonts of the genus *Apatognathus* Branson & Mehl, from Yoredale Series of the north of England. Paleo., 10:121-141.

Viira V. 1999. Late Silurian conodont biostratigraphy in the Northern East Baltic. In: Serpagli E (ed.), Studies on Conodonts. Proceedings of the 7th European Conodont Symposium. Bollettino Della Societa Paleontologica Italiana, 37 (2):275-298.

Vorontzova T N. 1993. The genus *Polygnathus sensu lato* (Conodonta): phylogeny and systematics. Palaeontologichesky Rulnal, (3):66-78.

Vorontzova T N. 1996. The genus *Neopolygnathus* (Conodonta) phylogeny and some questions of systematics. Palaeontologichesky Rulnal, (2):82-84 (in Russian).

Walliser O H. 1957. Conodonten aus dem oberen Gotlandium Deutschlands und der Karnischen Alpern. Notizbl. hess. L.-Amt Bodenforsch., 85:28-52.

Walliser O H. 1960. Scolecodonts, conodonts, and vertebrates. Canadian Arctic Archipelago Geol. Surv. Canada Bull., 65:1-51.

Walliser O H. 1964. Conodonten des Silurs. Abhandlungen des Hessischen Landesamtes fur Bodenforschung zu Wiesbaden, 41:1-106.

Walliser O H. 1972. Conodont apparatuses in the Silurian. Geologica et Paleontologica, SB1:75-80.

Walliser O H, Wang C Y. 1989. Upper Silurian stratigraphy and conodonts from the Qujing District, East Yunnan, China. Courier Forsch.-Inst. Senckeneberg, 110:111-121.

Walliser O H, Bultynck P, Weddige K, Becker R T, House M R. 1995. Definition of the Eifelian-Givetian Stage boundary. Episodes, 18(3):107-115.

Wang C Y. 1988. Conodont biostratigraphy of China (Abstract). Courier Forsch.-Inst. Senckeneberg, 102:259

Wang C Y. 1990. Conodont biostratigraphy of China (Abstract). Courier Forsch.-Inst. Senckeneberg, 118:591-610.

Wang C Y. 1993. Auxiliary stratotype section and point (GSSP) for the Devonian-Carboniferous boundary, Nanbiancun. Annales de la Sociste Geologique de Belgique, 115(2):707-708.

Wang C Y. 1994. Application of the Frasnian standard conodont zonation in South China. Courier Forsch.-Inst. Senckeneberg, 168:83-129.

Wang C Y. 2001a. Annotation to the Devonian Correlation Table, B520-536, R500-532: China. Senckenbergiana Lethaea, 21(2):431-433.

Wang C Y. 2001b. Devonian of China. In: Weddige K (ed.), Devonian Correlation Table. Supplements 2001. Senckenbergiana Lethaea, 81(2):435-462.

Wang C Y. 2001c. Devonian conodonts in Xinjiang. In: Sun G, Mosbrugger V, Ashraf A R, Wang Y D (eds.), The Advanced Study of Prehistory Life and Geology of Junggar Basin, Xinjiang, China. Proceeding of Sino-German Cooperation Symposium on the Prehistory Life and Geology of Junggar Basin, Urumqi, Xinjiang, China, 2001, pp. 1-4.

Wang C Y. 2004. "*Icriodus deformatus*" (Conodonts) from the Bachu area of Xinjiang and the Devonian-Carboniferous boundary in Tarim Basin. Proc. Sino-Germany Symp. Paleont. Geol. Evol. Environment Changes of Xinjiang, China, April, 2004, pp. 1-8.

Wang C Y, Aldridge R J. 2010. Silurian conodonts from the Yangtze Platform, South China. Special Papers in Paleontology, 83:1-136.

Wang C Y, Wang Z H. 1983. Review of conodont biostratigraphy in China. Fossils and Strata, 15:19-33.

Wang C Y, Yin B A. 1988. Conodonts. In: Yu C M (ed.), Devonian-Carboniferous Boundary in Nanbiancun, Guilin, China - Aspect and Records. Beijing:Science Press, pp. 105-148.

Wang C Y, Ziegler W. 1981. Middle Devonian conodonts from Xiguitu Qi, Inner Mongolia Autonomous Region, China. Senckenbergiana Lethaea, 63(2):125-139.

Wang C Y, Ziegler W. 1982. On the Devonian-Carboniferous boundary in South China based on conodonts. Geologica et Palaeontologica, 16:151-162.

Wang C Y, Ziegler W. 1983a. Conodonten aus Tibet. N. Jb. Geol. Palaeont, Mh. H., 2:67-69.

Wang C Y, Ziegler W. 1983b. Devonian conodont zonation and its correlation with Europe. Geologica et Palaeontologica, 17: 75-105.

Wang C Y, Ziegler W. 2002. The Frasnian-Famennian conodont mass extinction and recovery in South China. Senckenbergiana Lethaea, 82(2):463-493.

Wang C Y, Yin B A, Wu W S, Liao W H, Wang K L, Liao Z T, Mu X N, Qian W L, Yao Z G. 1987. Devonian-Carboniferous boundary section in Yishan area, Guangxi. In: Wang C Y (ed.), Carboniferous Boundaries in China. Beijing:Science Press, pp. 22-43.

Wang C Y, Ziegler W, Minjin C H, Sersmaa G, Munchtseg J, Gerelsetseg L, Nadya I. 2003. The first discovery of the Earliest Devonian conodont zonal fossil from the "Gavuu Member" in Mushgai area of south Gobi, Mongolia. Journal of Geoscientific Research in Northeast Asia (Jilin University), 6(1):14-20.

Wang C Y, Weddige K, Mingjin C. 2005. Age revision of some Palaeozoic strata of Mongolia based on conodonts. Journal of Asian Earth Sciences, 25:750-771.

Weddige K. 1977. Die Conodonten der *Eifel*-Stufe in Typusgebiet und in benachbarten Faziesgebieten. Senckenbergana Lethaea, 58:271-419.

Weddige K. 1987. The Lower Pragian boundary (Lower Devonian) based on the conodont species *Eognathodus sulcatus*. Senckenbergiana Lethaea, 67:479-487.

Weddige K. 1998. Devon-Korrelationstablle. Senckenbergiana Lethaea, 77(1/2):289-326.

Weddige K, Ziegler W. 1979. Evolutionary pattern in the middle Devonian conodont genura *Polygnathus* and *Icriodus*. Geologica et Palaeontologica, 13:157-164.

Wirth M. 1967. Zur Gliederung des hōheren Palāozoikum (Givet-Namur) im Gebiet des Quinto Real (West Pyrenaeen) mit Hilfe von Conodonten. N. Jb. Geol. Palāo., Abh., 127:179-244.

Wittekindt H. 1966. Zur Conodontenchronologie des Mitteldevons. Fortsch. Geol. Rheil. u. Westf., 9:621-646.

Wolska Z. 1961. Konodonty z Ordowickich glazow nerzutowych Polski. Acta Paleont. Polon., 6:339-365.

Wolska Z. 1967. Upper Devonian Conodonts from south southwest region of the Holy Cross Mountains, Poland. Acta Paleo. Polonica, 12:363-465 (in Polish).

Xia F S. 1997. Marine microfaunas (bryozoans, conodonts and microvertebrate) remains from the Frasnian-Famennian interval in northwestern Junggar Basin of Xinjiang in China. Beitr. Palaont. Wien., 22:91-207.

Yolkin E A, Apekina L S, Erina M V, et al. 1989. Polygnathid lineages across the Pragian-Emsian boundary, Zinzilban Gorge, Zerafshan, USSR. Courier Forsch.-Inst. Senckenberg, 110:237-246.

Yolkin E A, Weddige K, Isokh N G, et al. 1994. New *Emsian* conodont zonation (Lower Devonian). Courier Forsch. -Inst. Senckeneberg, 168:139-157.

Yolkin E A, Kim A I, Weddige K, et al. 1997. Definition of the Pragian/Emsian stage boundary. Episodes, 20(4): 235-240.

Yolkin E A, Isokh N G, Weddige K, Erina M V, Valenzuela-Ríos H I, with contribution Apekina L S, 2011. Eognathodid and polygnathid lineage from the Kitab Stage Geological Reserve section (Zeravshan-Gissar mountainous area, Uzbekistan) as the base for improvement of Pragian-Emsian standard conodont zonation. News. of Palaeontology and Stratigraphy, 15:37-45, supplement to Journal "GEOLOGIYA I GEOFIZIKA", 52:37-45 (in English with Russian abstract).

Youngquist W L. 1945. Upper Devonian conodonts from the Independence Shale (?) of Iowa. J. Paleont., 19:355-367.

Yu C M. 1988. Devonian-Carbonifeous boundary in Nanbiancun Guilin, China - Aspect and Record. Beijing:Science Press.

Yu C M, Wang C Y, Ruan Y P, Yin B A, Li Z L, Wei W L. 1987. A desirable section for the Devonian-Carboniferous boundary stratotype in the Guilin, South China. In: Wang C Y (ed.), Carboniferous Boundaries in China. Beijing: Science Press, pp. 11-21.

Zhang R J, Wang C Y, Yao H Z, Niu Z J, Wang J X, Wu J H. 2010. Late Devonian-Early Carboniferous conodonts from the Hainan Island. Acta Micropalaeontologica Sinica, 27(1):45-59.

Zhang S X, Barnes C R. 2002. A new Llandovery (early Silurian) conodont biozonation and conodonts from the Becscie, Merrimack, and Gun River formations, Anticosti Iskand, Quebec. J. Paleont., 76:1-46.

Zhuravlev A V. 1999a. Conodonts of the *Polygnathus pollocki* Druce group (Upper Devonian, Lower Frasnian) from the East Europan Platform. Proceedings of the Estonian Academy of Science, 48(1):35-47.

Zhuravlev A V. 1999b. Resorption of Conodont Elements. Lethaia, 32(2):157-158.

Zhuravlev A V. 2000. A new polygnathid conodont species from the Upper Devonian (Lower Frasnian) of the East European Platform. N. Fb. Geol. Palaeont. Mh., 12:715-720.

Zhuravlev A V, Evdokimova I O, Sokiran E V. 1997. New Data on conodonts, brachiopods and ostracodes from the Stratotype of the Ilimen and Buregi Beds (Frasnian, Main Devonian Field). Proc. Eston. Acad. Sci. Geol., 46(4):169-186.

Ziegler W. 1958. Conodontenfeinstratigraphische Untersuchungen an der Grenze Middledevon/Oberdevon und in der Adorf-Stufe. Notizbl. Hess. L. -Amt f. Bodenforsch., 87:7-77.

Ziegler W. 1959a. Conodonten aus dem Devon und Carbon Südwesteuropas und Bermerkungen zur Bretonischen Faltung. N. Jb. Geol. Paläo., Mh., pp. 289-309.

Ziegler W. 1959b. *Ancyrolepis* n. gen. (Conodonta) aus dem hohsten teil der *Manticoceras*-Stufe. N. Jb. Geol. Palaon. Abh, 108:75-80.

Ziegler W. 1960. Conodonten aus dem Rheinischen Unterdevon (Gedinnian) des Remscheider Sattels (Rheinisches Schiefergebirge). Palaont. Z., 34:169-201.

Ziegler W. 1962. Taxonomie und Phylogenie oberdevonischer Conodonten und ihre stratigraphische Bedeutung. Hess. L. -Amt f. Bodenforsch., Abh., 38:1-166.

Ziegler W. 1971. Conodont stratigraphy of the European Devonian. Geol. Soc. Am. Mem., 127:227-284.

Ziegler W. 1972. Über devonische Conodonten-Apparate. Geologica et Palaeontologica, SB1:91-96.

Ziegler W. 1973. Catalogue of Conodonts. E. Schweizerbart'sche Verlagsbuchhanling, I:1-304.

Ziegler W. 1975. Catalogue of Conodonts. E. Schweizerbart'sche Verlagsbuchhanling, II:1-404.

Ziegler W. 1977. Catalogue of Conodonts. E. Schweizerbart'sche Verlagsbuchhanling, III:1-574.

Ziegler W. 1981. Catalogue of Conodonts. E. Schweizerbart'sche Verlagsbuchhanli ng, IV:1-445.

Ziegler W. 1991. Catalogue of Conodonts. E. Schweizerbart'sche Verlagsbuchhanling, V:1-212.

Ziegler W, Huddle J W. 1969. Die *Palmatolepis glabra* Groppe (Conodonta) nach der Revision der Typen von Ulrich & Bassler durch J. W. Huddle. Fortsch. Geol. Rheinl. u. Westf., 16:377-386.

Ziegler W, Klapper G. 1982. The *disparilis* conodont zone, the proposed level for the Middle/Upper Devonian boundary. Cour. Forsch. -Inst. Senckenberg, 55:463-492.

Ziegler W, Lindström M. 1971. Uber *Panderodus* Ethington 1959, und *Neopanderodus* n. g. (Conodonta) aus dem Devon. Neues. Jb. Geol. Paluont. Mh., 1959(10):628-640.

Ziegler W, Sandberg C A. 1984a. Important candidate section for stratotype of conodont based Devonian-Carboniferous Boundary. Courier Forsch. -Inst. Senckenebrg, 67:231-239.

Ziegler W, Sandberg C A. 1984b. *Palmatolepis*-based revision of upper part of standard Late Devonian conodont zonation. Geol. Soc. Am., Spec. Paper, 196:179-194.

Ziegler W, Sandberg C A. 1990. The Late Devonian Standard Conodont Zonation. Cour. Forsch. -Inst. Senckenberg, 121:1-115.

Ziegler W, Wang C Y. 1985. Sihongshan section, a regional references section for the Lower-Middle and Middle-Upper boundaries in West Asia. Courier Forsch. -Inst. Senckeneberg, 75:17-38.

Ziegler W, Weddige K. 1999. Zur Biologie, Taxonomie und Chronologie der Conodonten. Paläontologische Zeitschrift, 73(1/2):1-38.

Ziegler W, Sandberg C A, Austin R L. 1974. Revision of *Bispathodus* Group (Conodonta) in the Upper Devonian and Lower Carboniferous. Geol. et Paleo., 8:97-112.

Ziegler W, Klapper G, Johnson J G. 1976. Redefinition and subdivision of the *varcus*-zone (conodonts, Middle-Upper Devonian) in Europe and North America. Geologica et Palaeontologica, 10:109-140.

Ziegler W, Ji Q, Wang C Y. 1988. Devonian-Carboniferous boundary: final candidate for a stratotype section. Courier Forsch. -Inst. Senckenebrg, 100:15-19.

Zvereva E V. 1986. Novyy vid konodontov iz verkhnego Devona Kamskogo Priural'ya. Paleontologicheskiy Sbornik, L'vov, 23:52-54.

索 引

（一）拉—汉属种名索引

A

B

C

D

E

F

G

H

I

J

K

L

M

N

O

P

R

S

T

（二）汉—拉属种名索引

C

D

E

F

G

H

J

K

L

M

N

O

P

Q

S

T

W

X

Y

Z

图版和图版说明

图版 1

1—4　泥盆小针刺　*Belodella devonica*（Stauffer，1940）

1.　侧视，×32；HL13-13e/77339；2. 侧视，×32；HL13-13f/77340；3. 侧视，×32；HL13-13e/77341；4. 侧视，×62；HL13-15e/77342。

1—4　广西横县六景，中泥盆统民塘组 *varcus* 带；复制于王成源，1989，图版 3，图 15—18。

5—6　三角小针刺宽亚种　*Belodella triangularis lata* Wang and Wang，1978

5a—b. 同一标本之外侧视与内侧视，×62；CD162/77343；6a—b. 同一标本之外侧视与内侧视，×62；CD162/77344。

5—6　广西那坡三叉河，坡折落组 *serotinus* 带；复制于王成源，1989，图版 3，图 19a—b，20a—b。

7—9　长齿小针刺　*Belodella longidentata* Wang and Wang，1978

7　侧视，×62；CD453/77345；广西德保都安四红山剖面，下—中泥盆统坡折落组 *serotinus* 带；复制于王成源，1989，图版 3，图 21。

8a—c　正模标本之外侧视、前视与内侧视，×44；D18/31490；云南广南县城北 8km，下泥盆统达莲塘组；复制于王成源和王志浩，1978，图版 39，图 4—6。

9a—b　同一标本之内侧视与外侧视，×40；D18/31490；云南广南，下泥盆统达莲塘组；复制于熊剑飞，1983，图版 70，图 1a—b。

10—12　弯小针刺　*Belodella resima* Philip，1965

10　侧视，×44；D18/31468；广西横县六景，下泥盆统郁江组大联村段；复制于王成源和王志浩，1978，图版 39，图 3。

11　侧视，×35；CD38/77347；广西那坡三叉河，下—中泥盆统坡折落组，*perbonus* 带；复制于王成源，1989，图版 4，图 2。

12　侧视，×35；F31-90F；贵州普安，中泥盆统罐子窑组；复制于熊剑飞，1983，图版 70，图 4。

13—17　三角小针刺三角亚种　*Belodella triangularis triangularis*（Stauffer，1940）

13a—b　同一标本之侧视与前视，×44；D17/31474；云南广南，下泥盆统达莲塘组。

14a—b　同一标本之内侧视与外侧视，×44；D67/31473；云南广南，下泥盆统达莲塘组。

13—14 复制于王成源和王志浩，1978，图版 39，图 1—2，21—22。

15　侧视，×35；F31-90D；贵州普安，中泥盆统罐子窑组；复制于熊剑飞，1983，图版 70，图 2。

16.　侧视，×62；Zn11/77343；崇左那艺，那艺；17. 侧视，×35；HL14-3/77349；横县六景，上泥盆统融县组。复制于王成源，1989，图版 4，图 3—4。

18—19　三角小针刺（比较种）　*Belodella* cf. *triangularis* Stauffer，1940

18.　侧视，×35；HL-13e/77350；19. 侧视，×35；HL11-2/77351。

18—19　广西横县六景，中泥盆统民塘组 *varcus* 带；复制于王成源，1989，图版 4，图 5—6。

20—25　扭齿小针刺　*Belodella taeniocuspidata* Wang，2001

20a—b.　同一标本之后侧视与后视，×70；AL8-2/132249（正模）；21. 侧视，右旋分子 2 型，×70；AL8-2/132253；22. 侧视，左旋分子 1 型，×70；AL8-2/132251；23. 侧视，右旋分子 1 型，×70；AL8-2/132252；24a—b. 同一标本侧视与后视，左旋分子 2 型，×70；AL8-2/132250（副模）；25. 侧视，左旋分子 1 型，×70；AL8-2/132254。

20—25　内蒙古阿鲁共剖面，阿鲁共组；复制于王平，2001，图版 9，图 1—8。

图版 1

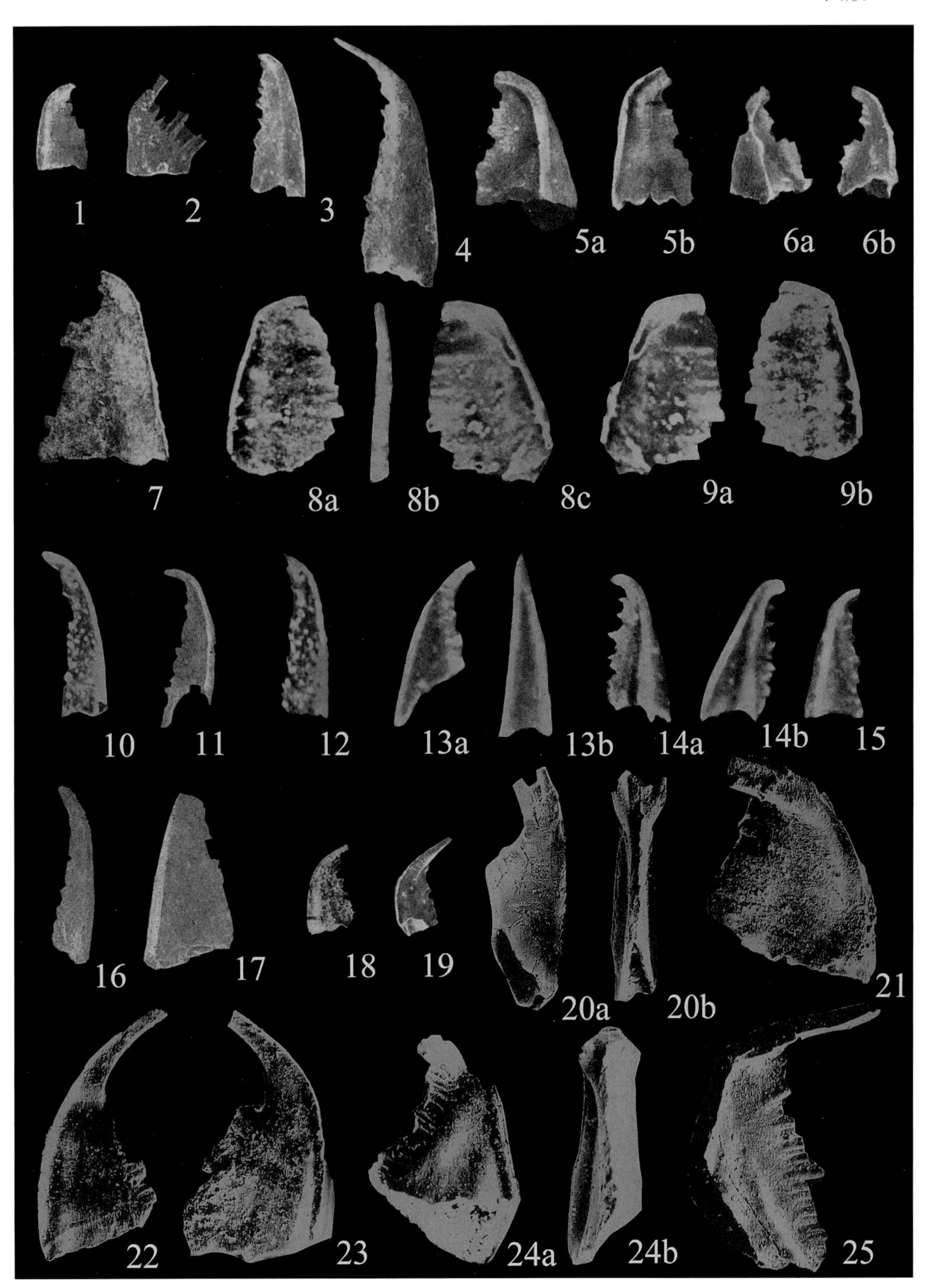
1
2
3
4
5a
5b
6a
6b
7
8a
8b
8c
9a
9b
10
11
12
13a
13b
14a
14b
15
16
17
18
19
20a
20b
21
22
23
24a
24b
25

图版2

1 壮似镰刺 *Drepanodina robusta* Wang，1981

1a—c 正模标本之口视、反口视与侧视，×35；BD304/49599；广西中部下泥盆统二塘组；复制于王成源，1981，图版1，图6—8。

2—3 亚圆形似镰刺 *Drepanodina subcircularis* Wang，1981

2a—c 正模标本之前视、内侧视与后视，×35；BD304/49598；广西中部下泥盆统二塘组；复制于王成源，1981，图版Ⅰ，图3—5。

3a—b 同一标本之外侧视与内侧视，可见部分反口面，×29；WL23-5/77679；广西武宣绿峰山下泥盆统二塘组 *perbonus* 带；复制于王成源，1989，图版43，图1。

4—5 泪珠似镰刺 *Drepanodina lachrymosa* Mound，1968

4 侧视，×35；ACE367/36460；贵州长顺，上泥盆统代化组；复制于王成源和王志浩，1978，图版1，图12。

5 侧视，×35；80663；贵州惠水王佑，上泥盆统代化组；复制于熊剑飞，1983，图版70，图15。

6—9 贝克曼假奥内昂达刺 *Pseudooneotodus beckmanni*（Bischoff and Sannemann，1958）

6a—b. 同一标本之侧视与口视，×70；Xuanhe 1/149649；7a—b. 同一标本之侧视与口视，×70；Xuanhe 1/149650；8a—b. 锥形分子（?），口视与侧视，×70；Xuanhe 1/149651；9a—b. 同一标本之侧视与口视，×70；Xuanhe 2/149652。

6—9 四川广元宣河剖面，志留系特列奇阶神宣驿段；复制于 Wang 和 Aldridge，2010，图版2，图19—20，21—22，23—24，25—26。

10 潘德尔潘德尔刺 *Panderodus panderi*（Stauffer，1940）

10a—b 同一标本之外侧视与内侧视，×44；AL8-2/132265；内蒙古阿鲁共剖面，下泥盆统阿鲁共组；复制于王平，2001，图版10，图13—14。

11 瓦利塞尔刺（未定种） *Walliserodus* sp.

11a—b 同一标本之内侧视与外侧视（注：图11b在翻面照像时尖部断掉），×53；BT3-4/132266；内蒙古巴特敖包剖面，志留系西别河组；复制于王平，2001，图版10，图15—16。

12 德沃拉克刺（未定种） *Dvorakia* sp.

侧视，×53；Ch5-3/132267；内蒙古查干和布剖面，志留系查干和布组；复制于王平，2001，图版10，图17。

13 克拉佩尔空角齿刺 *Coelocerodontus klapperi* Chatteton，1974

侧视，×32；HL11-2/77357；广西横县六景，中泥盆统东岗岭组下部；复制于王成源，1989，图版5，图1。

14—15 双凸空角齿刺（比较种） *Coelocerodontus* cf. *biconvexus* Bultynck，1970

14 内侧视，×70；CH6-3/132268；内蒙古查干和布剖面，志留系查干和布组；复制于王平，2001，图版10，图18。

15 内侧视，×57；WBC-04/151652；大兴安岭乌努尔地区泥盆系，可能为再沉积标本；复制于郎嘉彬和王成源，2010，图版Ⅳ，图8。

16 双凸空角齿刺 *Coelocerodontus biconvexus* Bultynck，1970

16a—b 同一标本之内侧视与外侧视，×70；ADX19/91592；黑龙江黑台，中泥盆统下黑台组；复制于王成源和施从广，1986，图版Ⅰ，图21—22。

图版 2

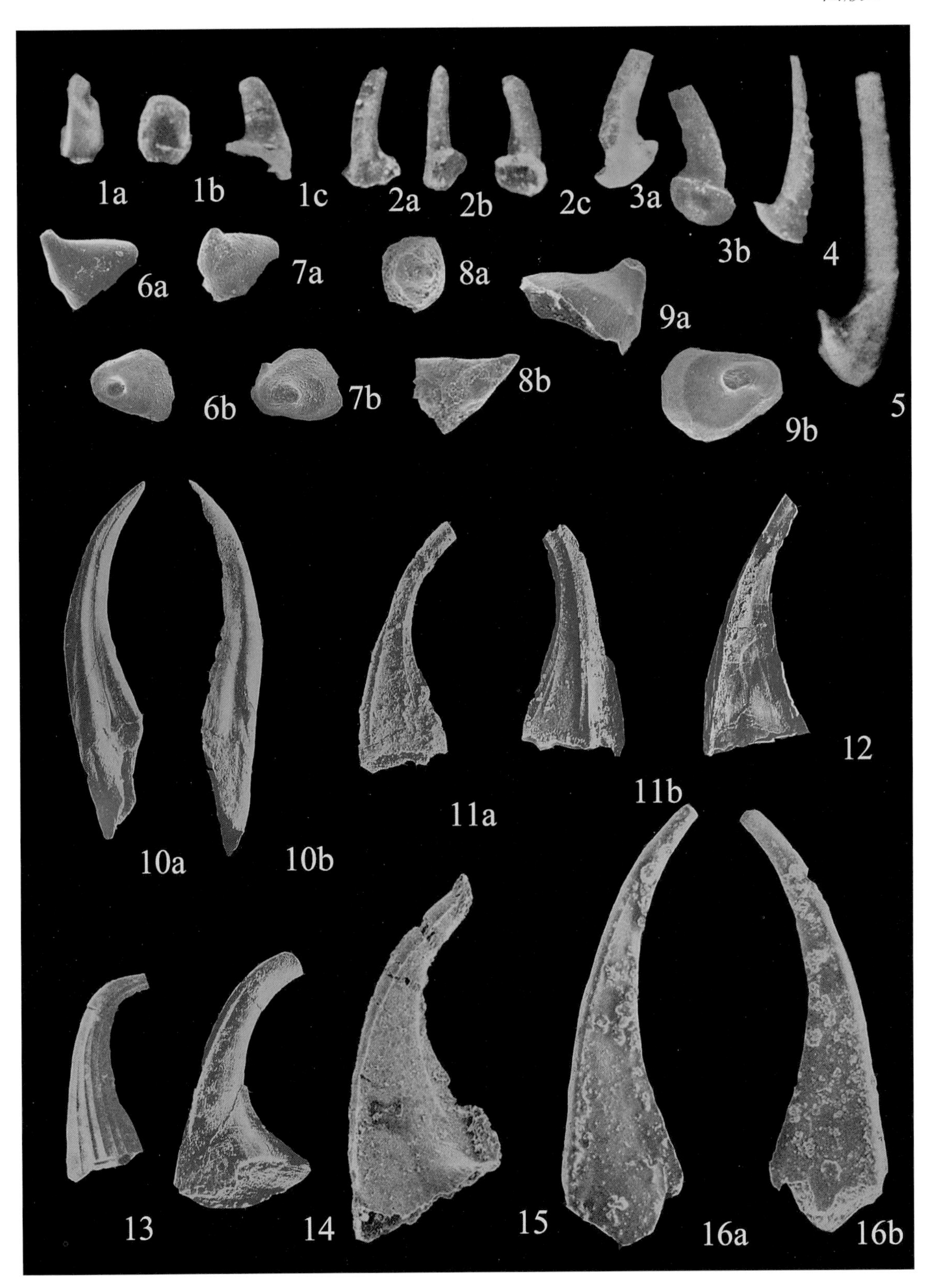
1a
1b
1c
2a
2b
2c
3a
3b
4
5
6a
7a
8a
9a
6b
7b
8b
9b
10a
10b
11a
11b
12
13
14
15
16a
16b

图版 3

1—19　匀称新潘德尔刺　*Neopanderodus aequabilis* Telford，1975

1　⑩-CP-牙-1-2/00640，侧视，×41；Sa 分子；下泥盆统 *dehiscens* 带。

2　③-CP-牙-50/00667，侧视，×43；M 分子；下泥盆统 *dehiscens* 带。

3　⑩-CP-牙-1-4/00644，侧视，×41；Sa 分子；下泥盆统 *dehiscens* 带。

4　⑨-CP-牙-11/00647，侧视，×64；M 分子；下泥盆统 *gronbergi* 带。

5　⑨-CP-牙-19-4/00651，侧视，×41；M 分子；下泥盆统 *nothoperbonus/perbonus* 带。

6　⑧-CP-牙-21-1/00658，侧视，×53；M 分子；下泥盆统 *nothoperbonus/perbonus* 带。

7　⑨-CP-牙-16-4/00648，侧视，×55；Sa 分子；下泥盆统 *gronbergi* 带。

8　⑧-CP-牙-27-1/00660，侧视，×35；M 分子；下泥盆统 *inversus* 带。

9　⑩-CP-牙-6-2/00646，侧视，×53；Sc 分子；下泥盆统 *dehiscens* 带。

10　⑨-CP-牙-19-5/00654，侧视，×53；Sd 分子；下泥盆统 *nothoperbonus/perbonus* 带。

11　③-CP-牙-51-2/00668，侧视，×53；M 分子；下泥盆统 *patulus* 带。

12　⑥-CP-牙-32-1/00662，侧视，×47；Sa 分子，下泥盆统 *inversus* 带。

13　⑨-CP-牙-19-4/00652，侧视，×47；Sa 分子；下泥盆统 *nothoperbonus/perbonus* 带。

14　⑩-CP-牙-1-2/00641，侧视，×53；Sb 分子；下泥盆统 *dehiscens* 带。

15　⑧-CP-牙-20/00655，侧视，×47；Sd 分子；下泥盆统 *nothoperbonus/perbonus* 带。

16　⑩-CP-牙-3-3/00645，侧视，×53；Sc 分子，下泥盆统 *dehiscens* 带。

17　⑧-CP-牙-20/00656，侧视，×47；Sd 分子；下泥盆统 *nothoperbonus/perbonus* 带。

18　⑨-CP-牙-19-2/00649，侧视，×41；Sd 分子；下泥盆统 *nothoperbonus/perbonus* 带。

19　⑥-CP-牙-37/00664，侧视，×53；Sd 分子；下泥盆统 *nothoperbonus/perbonus* 带。

1—19　复制于金善燏等，2005，图版 10，图 1—19。

20—21　贝克曼假奥内昂达刺　*Pseudooneotodus beckmanni*（Bischoff and and Sannemann，1958）

20.　侧视，×88；ADX6/91916；21. 侧视，×176；ADX6/91917。

20—21　吉林市西大绥河乡二道沟东坑，下泥盆统二道沟组；复制于王成源，2013，图版 62，图 8—9。

图版 3

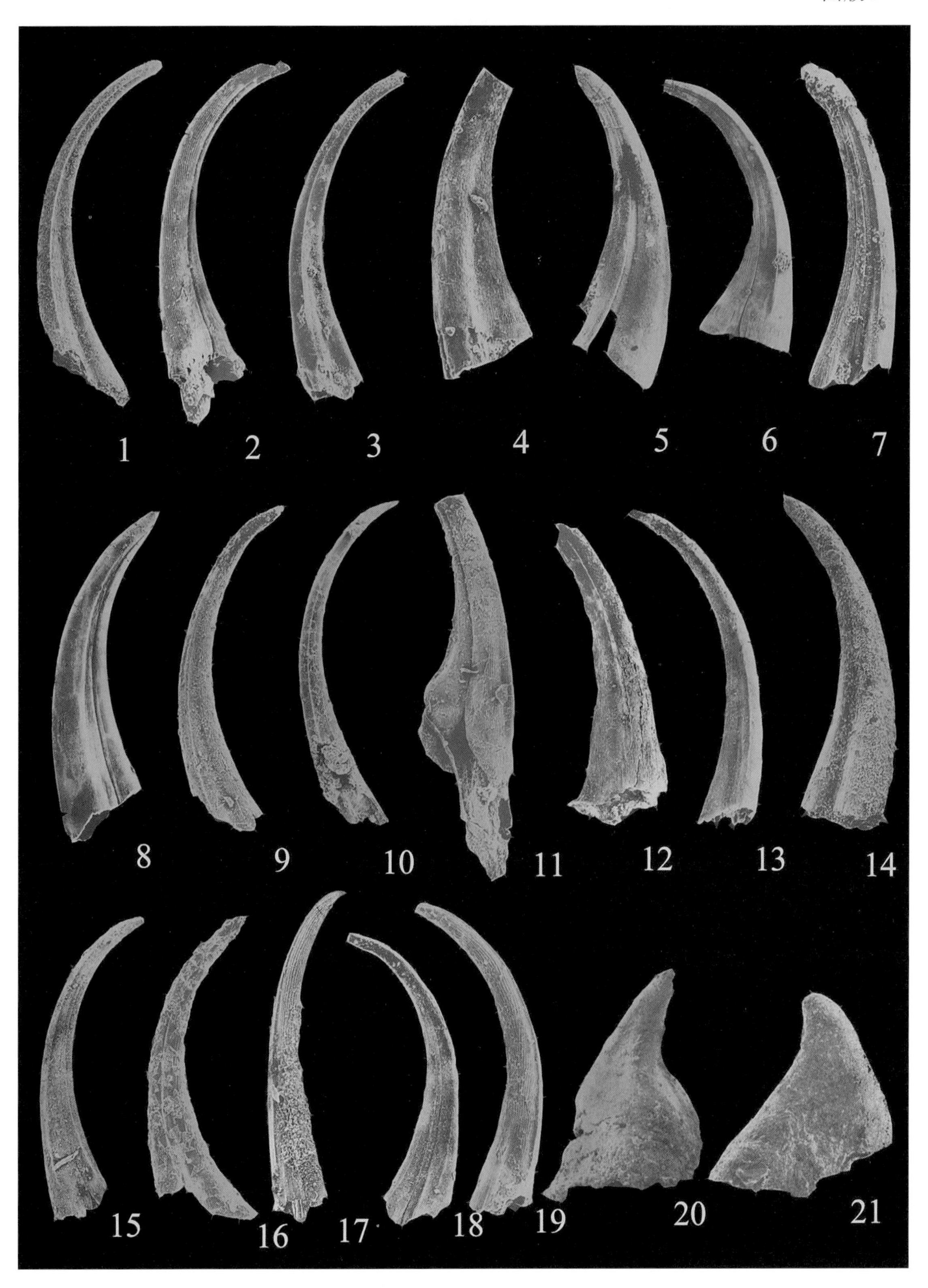

图版 4

1—7　匀称新潘德尔刺（比较种）　*Neopanderodus* cf. *N. aequabilis* Telford，1975

1　Sa 分子，正面视，×88；AET65/R123674；SEM1863。

2　Sb 分子，正面视，×130；AET65/R123675；SEM1864。

3a—b　M 分子，正面视，×80，×160；AET65/R123673；SEM1861，SEM1862。

4　Sb 分子，正面视，×114；AET1231/R123693；SEM1893。

5　Sb 分子，正面视，×107；AET1221/R123688；SEM1886。

6　M 分子，正面视，×114；AET1226/R123691；SEM1891。

7　Sa 分子，正面视，×123；AET1226/R123692；SEM1892。

1—7　新疆南天山东部，下泥盆统阿尔皮什麦布拉克组 *delta* 带；复制于夏凤生，1997，图版Ⅱ，图 4—6，9，12，13，16，17。

8—18　不对称新潘德尔刺　*Neopanderodus asymmetricus* Wang，1982

8，10　Sa 分子，正面视与反面视，×79；AET1225/R123689；SEM1887，SEM1240。

9　M 分子，反面视，×141；AET1225/R123690；SEM1888。

11　Sd 分子，正面视，×88；AET68/R123686；SEM1881；下泥盆统 *pesavis* 带。

12　Sa 分子，正面视，×88；AET65/R123676；SEM1866。

13　Sb 分子，反面视，×107；AET67/R123684；SEM1879。

14　Sa 分子，正面试，×107；AET67/R123683；SEM1878。

15　Sa 分子，正面视，×107；AET67/R123685；SEM1880。

16　Sb 分子，反面视，×158；AET65/R123677；SEM1868。

17　Sc 分子，正面视，×88；AET67/R123682；SEM1877。

18　M 分子，正面视，×88；AET67/R123681；SEM1875；下泥盆统 *pesavis* 带。

8—18　新疆南天山东部，下泥盆统阿尔皮什麦布拉克组 *pesavis* 带；复制于夏凤生，1997，图版Ⅰ，图 14—20；图版Ⅱ，图 1—3，14。

图版 4

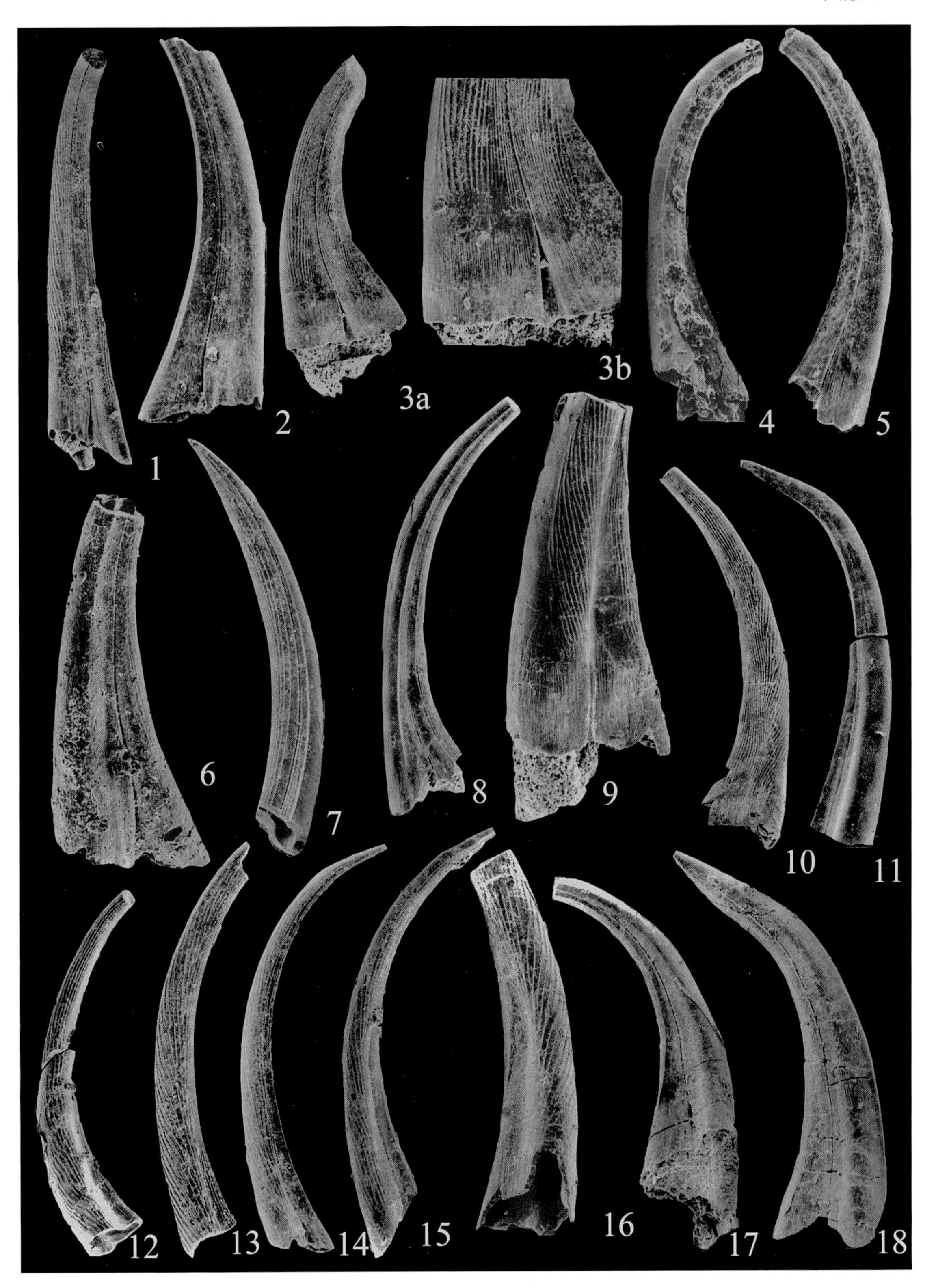

图版 5

1　不对称新潘德尔刺　*Neopanderodus asymmetricus* Wang，1982

1a—b　独模标本之正面视与反面视，×88；ACJ66/51473；云南丽江阿冷初剖面，下埃姆斯阶班满到地组；复制于王成源，1982，图版Ⅱ，图 30—31。

2—3　过渡新潘德尔刺　*Neopanderodus transitans* Ziegler and Lindström，1971

2　正面视，×40；CD76/77495；那坡三叉河，下泥盆统达莲塘组，*perbonus* 带。

3　反面视，×46；CD76/77496；那坡三叉河，下泥盆统达莲塘组，*perbonus* 带。

2—3　复制于王成源，1989，图版 18，图 1—2。

4—6　新潘德尔刺（未名新种）　*Neopanderodus* n. sp. Klapper and Barrick，1983

4　Sa 分子，反面视，×79；AET66/R123679，SEM1871。

5　Sb 分子，反面视，×107；AET66/R123680，SEM1872。

6a—b　Sa 分子，同一标本之反面视与正面视，×70；AET66/123678，SEM1239。

4—6　复制于夏凤生，1997，图版Ⅲ，图 1，4，9，12。

7　新潘德尔刺（未名新种 A）　*Neopanderodus* sp. nov. A

7a　反面视，×70；ADX6/91918；吉林下泥盆统二道沟组。

7b　后面视，×70；ADX6/91918；吉林下泥盆统二道沟组。

7c　正面视，×70；ADX6/91918；吉林下泥盆统二道沟组。

7d　前面视，×70；ADX6/91918；吉林下泥盆统二道沟组。

7e　为 7a 基部的局部放大，×326。

7a—e　复制于王成源和李东津，1986，图版Ⅱ，图 7a—e。

8—11　细潘德尔刺　*Panderodus gracilis*（Branson and Mehl，1933）

8a—b　同一标本之反面视与正面视，×35；BD304/49596；广西下泥盆统二塘组。

9a—b　同一标本之反面视与正面视，×35；BD304/49597；广西下泥盆统二塘组。

9c　为 9a 基部的局部放大，×106。

8—9　复制于王成源，1981，图版Ⅰ，图 1—2，22—23，35。

10a—b　同一标本之正面视与反面视，×44；采集号：H45；登记号：68125；内蒙古巴特敖包剖面，志留系巴特敖包组；复制于王成源，1985（李文国等主编），图版Ⅰ，图 2a—b。

11a—b　同一标本之正面视与反面视，×35；ACJ67/51477；云南丽江阿冷初剖面，下泥盆统下埃姆斯阶班满到地组；复制于王成源，1982，图版Ⅰ，图 4—5。

图版 5

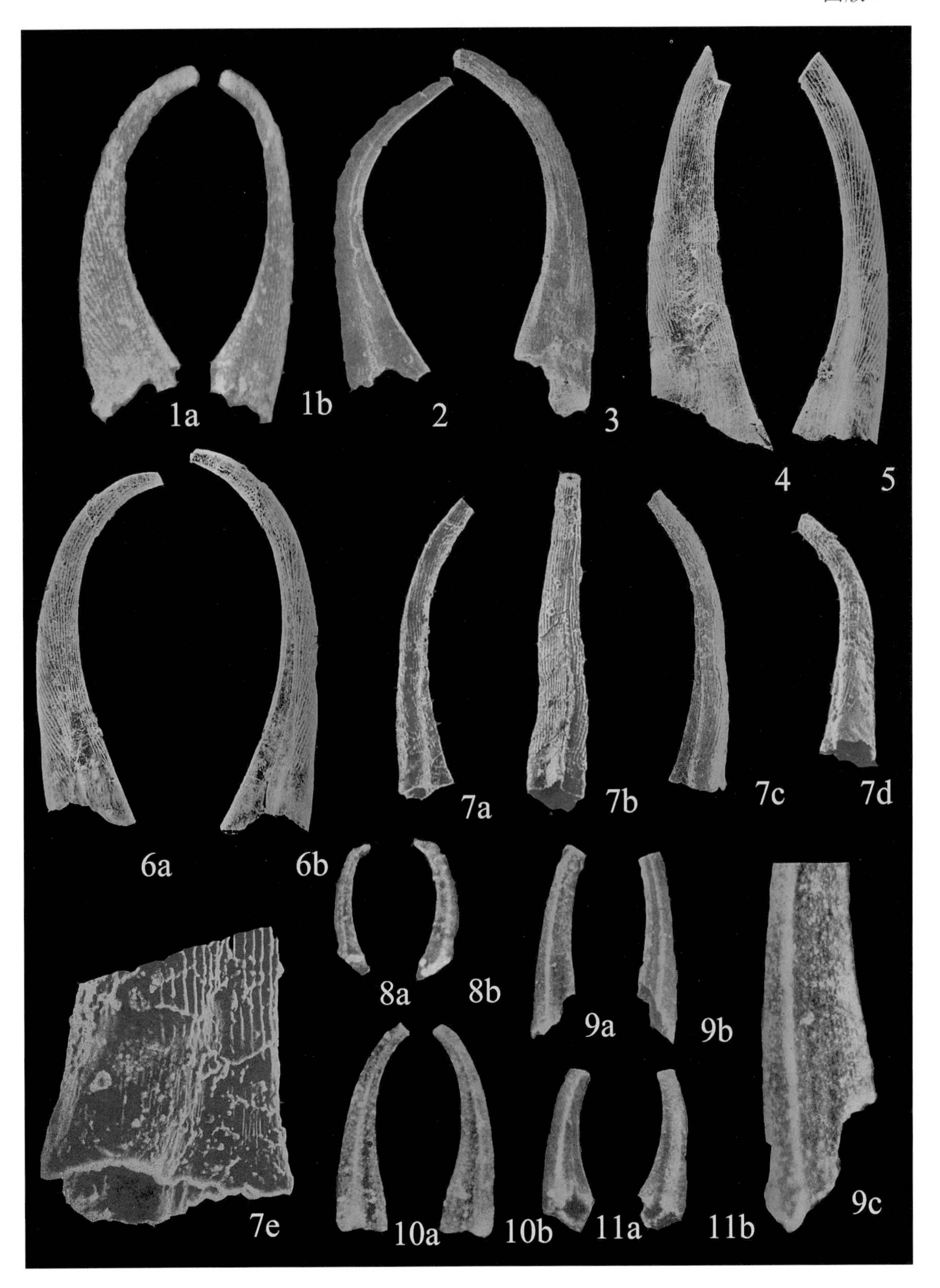

图版 6

1—2　全齿线潘德尔刺　*Panderodus perstriatus* Wang and Ziegler，1983

1a—b　同一标本之外侧视与后视，×32；Zn26/77494；广西崇左那艺剖面，下泥盆统 *serontinus* 带；复制于王成源，1989，图版 17，图 1a—b。

2a—e　正模标本之内侧视、后视和外侧视，×32；2d 为内侧基部局部放大，2e 为外侧基部局部放大，×71；复制于 Wang 和 Ziegler，1983，图版 2，图 16a—e。

3—4　先过渡潘德尔刺　*Panderodus praetransitans* Wang and Ziegler，1983

3a—c　正模标本之外侧视、后视与内侧视；3a，3c. ×68；3b. ×70；广西三岔河剖面，下泥盆统达莲塘组，*perbonus* 带。

4a—e　副模标本之外侧视、后视与内侧视；4a—c. 为基部局部放大，×77；4d—e. ×150；广西三岔河剖面，下泥盆统达莲塘组，*perbonus* 带。

3—4　复制于 Wang 和 Ziegler，1983，图版 2，图 17a—c，18a—e。

5　潘德尔刺（未定种 A）　*Panderodus* sp. A

同一标本之外侧视与内侧视，×70；AL8-2/132264；内蒙古巴特敖包地区，下泥盆统阿鲁共组；复制于王平，2001，图版 10，图 11—12。

图版 6

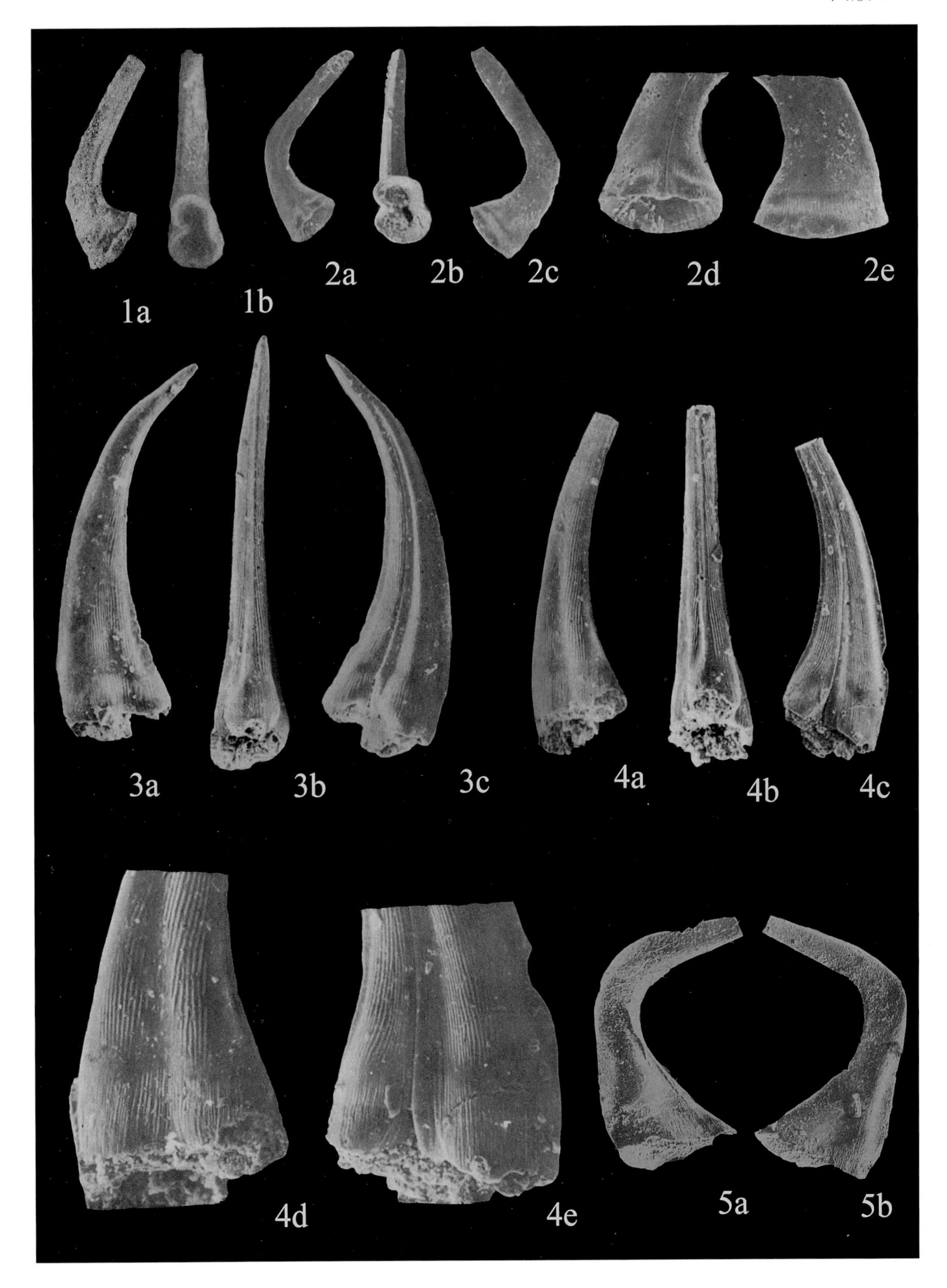

图版 7

1—4　半肋潘德尔刺　*Panderodus semicostatus* Ziegler and Lindström，1971

1a—b　同一标本之反面视与正面视，×63；CD61/77498；那坡三叉河，下泥盆统坡脚组至达莲塘组，*dehiscens* 带至 *perbonus* 带。

2a—b　同一标本之反面视与正面视，×63；CD56/77499；那坡三叉河，下泥盆统坡脚组至达莲塘组，*dehiscens* 带至 *perbonus* 带。

3a—b　同一标本之反面视与正面视，×63；CD61/77500；那坡三叉河，下泥盆统坡脚组至达莲塘组，*dehiscens* 带至 *perbonus* 带。

4a—b　同一标本之反面视与正面视，×63；CD61/77497；那坡三叉河，下泥盆统坡脚组至达莲塘组，*dehiscens* 带至 *perbonus* 带。

1—4　复制于王成源，1989，图版 18，图 3—6。

5　半肋潘德尔刺（比较种）　*Panderodus* cf. *semicostatus* Ziegler and Lindström，1971

5a—d　同一标本之反面视与正面视；5a—b. ×70；5c—d. ×35；CD155/77492；广西那坡三叉河，下泥盆统坡折落组，*inversus* 带。复制于王成源，1989，图版 16，图 9。

图版 7

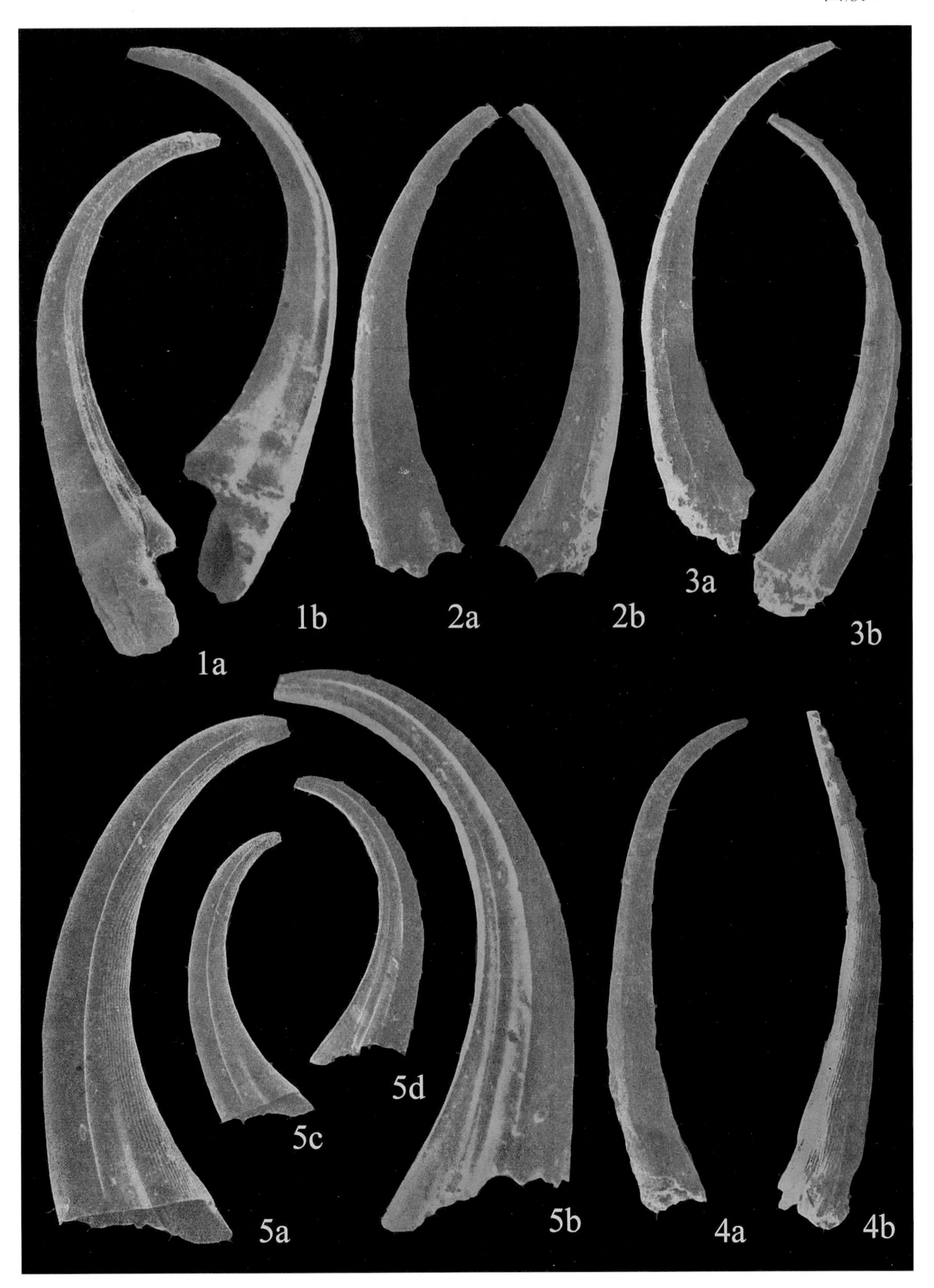

图版 8

1—6　简单潘德尔刺　*Panderodus simplex* (Branson and Mehl, 1933)

1　内侧视（反面视），×53；AL8-2/132260；阿鲁共剖面，下泥盆统阿鲁共组。

2　内侧视（反面视），×53；AL8-2/132261；阿鲁共剖面，下泥盆统阿鲁共组。

3a—b　同一标本之外侧视与内侧视，×70；XB12-3/132262；西别河剖面，下泥盆统阿鲁共组。

4a—b　同一标本之外侧视与内侧视，×70；BT2-9/132263；巴特敖包剖面，志留系西别河组。

1—4　复制于王平，2001，图版 10，图 5—10。

5a—b　同一标本之外侧视与内侧视，×44；采集号：H51；登记号：68128；巴特敖包剖面，志留系巴特敖包组。

6a—b　同一标本之外侧视与内侧视，×44；采集号：H51；登记号：68129；巴特敖包剖面，志留系巴特奥包组。

5—6　复制于王成源，1985（李文国等主编），图版Ⅰ，图 6—7。

7—9　斯帕索夫潘德尔刺（比较种）　*Panderodus* cf. *spasovi* Drygant, 1974

7　Sb 分子，正面视，×158；AET72/R123/687，SEM1884；新疆南天山，下泥盆统 *delta* 带；复制于夏凤生，1997，图版Ⅱ，图 15。

8　Sb 分子，正面视，×66；79s6/70649。

9　M 分子，内侧视，×35；79s6-2/76064。

8—9　复制于 Wang 和 Ziegler，1983，图 3.6，3.21。

10—13　细线潘德尔刺　*Panderodus striatus* (Stauffer, 1935)

10　内侧视，×44；ACE258/31482；横县六景，下泥盆统郁江组大联村段。

11　内侧视，×44；ACE258/31483；横县六景，下泥盆统郁江组大联村段。

12　内侧视，×44；D10/31484；云南广南，下泥盆统达莲塘组。

13　内侧视，×44；P031/31481；广西横县六景，下泥盆统郁江组大联村段。

10—13　复制于王成源和王志浩，1978，图版 39，图 13—14，29—30。

14—16　单肋潘德尔刺　*Panderodus unicostatus* (Branson and Mehl, 1933)

14a—b　同一标本之内侧视与外侧视，×44；采集号：H87；登记号：68122；内蒙古阿鲁共剖面，下泥盆统阿鲁共组。

15a—b　同一标本之外侧视与内侧视，×44；采集号：H87；登记号：68123；内蒙古阿鲁共剖面，下泥盆统阿鲁共组。

16a—b　同一标本之外侧视与内侧视，×44；采集号：H87；登记号：68124；内蒙古阿鲁共剖面，下泥盆统阿鲁共组。

14—16　复制于王成源，1985（李文国等主编），图版Ⅰ，图 1，4—5。

17—18　宽底潘德尔刺　*Panderodus valgus* (Philip, 1965)

17a—b　同一标本之外侧视与内侧视，×44；D2/31475；云南广南大莲塘，下泥盆统坡脚组；复制于王成源和王志浩，1978，图版 39，图 7—8。

18　内侧视，×35；CD114/77489；广西那坡三叉河，下泥盆统达莲塘组 *perbonus* 带；复制于王成源，1989，图版 16，图 1。

图版 8

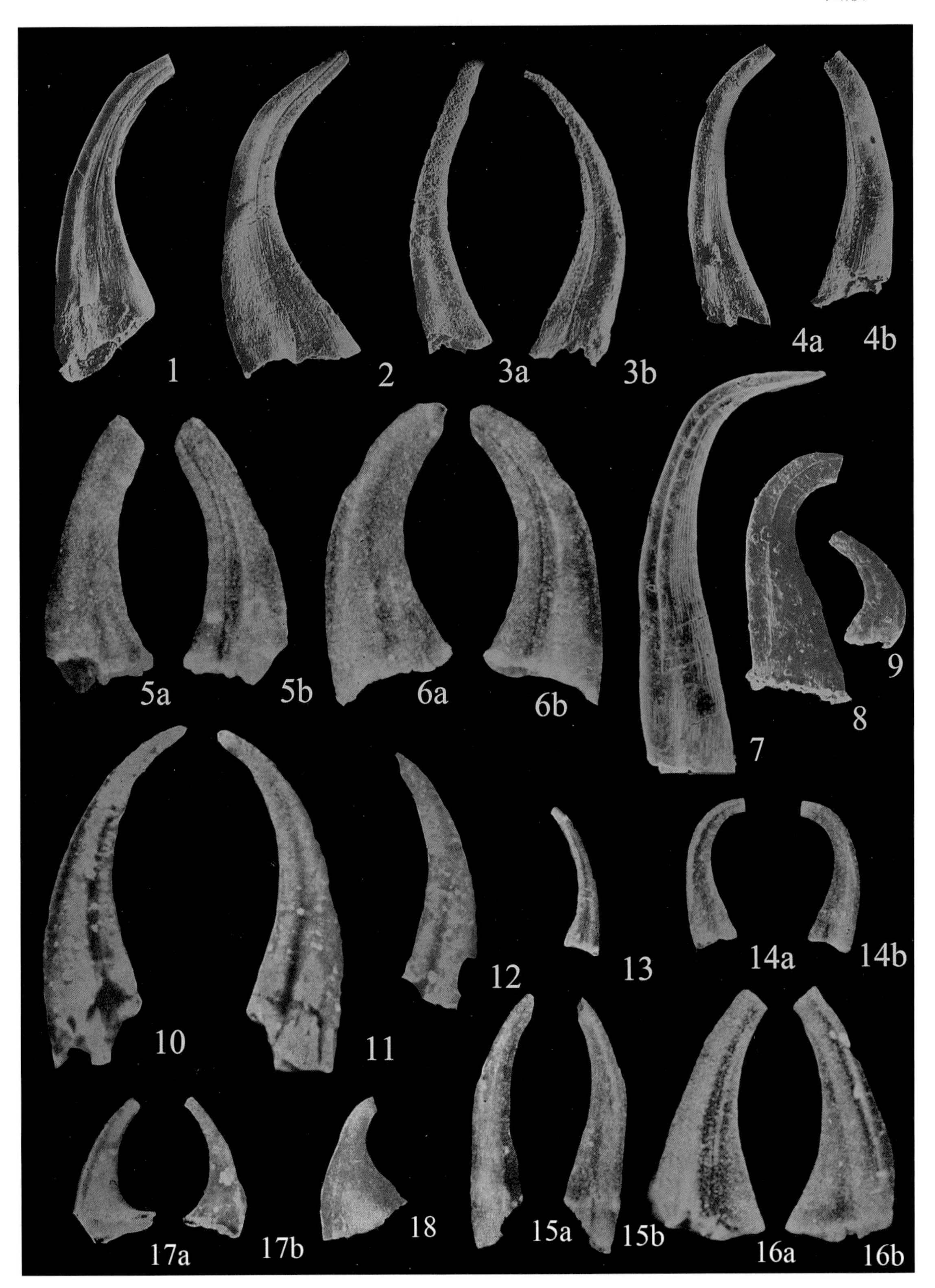
1
2
3a
3b
4a
4b
5a
5b
6a
6b
7
8
9
10
11
12
13
14a
14b
15a
15b
16a
16b
17a
17b
18

图版 9

1—3 单肋潘德尔刺 *Panderodus unicostatus* (Branson and Mehl, 1933)

1 内侧视，×70；内蒙古西别河剖面，志留系—泥盆系西别河组。

2 内侧视，×44；内蒙古西别河剖面，志留系—泥盆系西别河组。

3 内侧视，×53；内蒙古西别河剖面，志留系—泥盆系西别河组。

1—3 复制于王平，2001，图版10，图1—2，4。

4—6 短尾鸟足刺 *Pedavis brevicauda* Murphy and Matti，1982

4 I分子，口视，×26；UCR 7343/1；美国内华达州罗伯茨山脉北部的柳溪。

5a—b I分子，正模标本之口视与反口视，×26；UCR 6211/1；COP II 163 feet。

6 I分子，口视；UCR 6249/22；COP II 163 feet。

4—6 复制于 Murphy 和 Matti，1982，图版6，图14—17。

7—19 短枝鸟足刺 *Pedavis breviramus* Murphy and Matti，1982

7 I分子，外齿突断掉，口视，×26；UCR 8997/10。

8 I分子，口视，×26；UCR 6251/2；COP IV 164 feet。

9 I分子，口视，×26；UCR 8253/1；美国内华达州科尔特斯岭的文班峰。

10 I分子，正模标本之口视，×26；UCR 8767/9；SP VIII 174 feet。

11 I分子，口视，×26；UCR 8785/1；SP VII 391 feet。

12 M2c分子，侧视，×26；UCR 8993/8；SP VII 13B。

13—14 M2d分子，同一标本之内侧视与外侧视，×26；UCR 8993/3；SP VII 13B。

7—14 复制于 Murphy 和 Matti，1982，图版7，图1—3，6，12（I分子）；图版8，图15，16—17（M分子）。

15 I分子，口视，残破标本，×53；AL1-2/132187；内蒙古阿鲁共剖面，下泥盆统阿鲁共组。

16 I分子，口视，仅后部残片，×53；AL1-2/13188；内蒙古阿鲁共剖面，下泥盆统阿鲁共组。

17 M1分子，侧视，×70；AL1-2/132186；内蒙古阿鲁共剖面，下泥盆统阿鲁共组。

18 M1分子，侧视，×53；AL1-2/132189；内蒙古阿鲁共剖面，下泥盆统阿鲁共组。

19 M2分子，侧视，×53；AL1-2/132190；内蒙古阿鲁共剖面，下泥盆统阿鲁共组。

15—19 复制于王平，2001，图版2，图12—13（I分子），11，14，15（M分子）。

图版 9

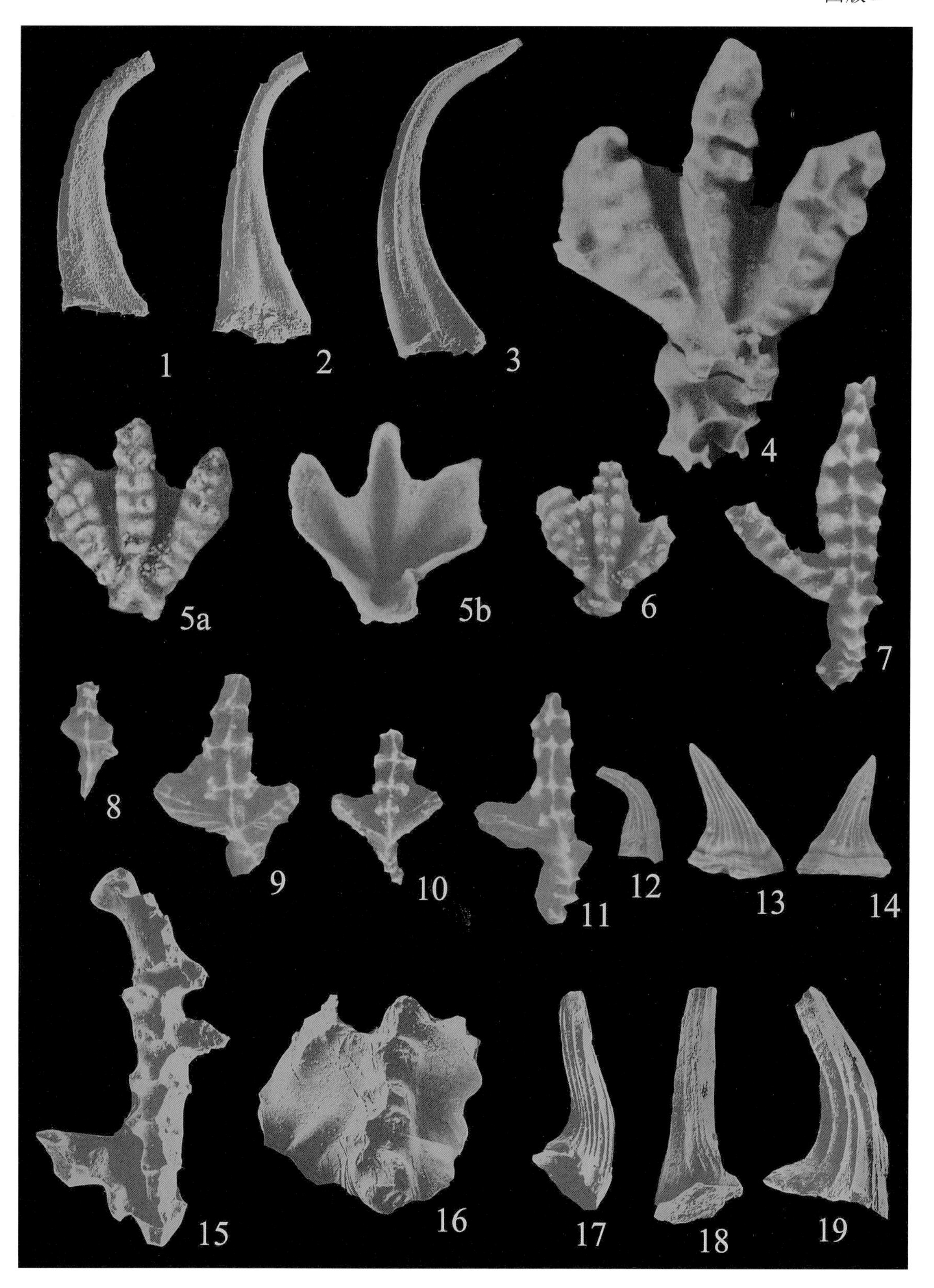

图版 10

1—2 长尾鸟足刺 *Pedavis longicauda* Morphy, 2005

1 Pa (I) 分子, 正模, 口视, ×53; IK IV 4。

2 Pa (I) 分子, 口视, ×53; IK IV 7a。

1—2 复制于 Murphy, 2005, 图 6.32, 6.43。

3—4 鸟足刺 (未定种) *Pedavis* sp.

3 I 分子, 残破标本, 口视, ×53; XB12-8/132184; 内蒙古系西别河剖面, 西别河组。

4 M 分子, 侧视, ×70; XB12-8/132185; 内蒙古西别河剖面, 志留系—泥盆系西别河组。

3—4 复制于王平, 2001, 图版 2, 图 9—10。

5—6 吉尔伯特鸟足刺 *Pedavis gilberti* Valenzuela-Ríos, 1990

5a—b 正模标本之反口视与口视, ×40; UCR 9456/1a。

6 副模标本之口视, ×45; UCR 9456/13a。

5—6 复制于 Valenzuela-Ríos, 1994, 图 4E—G。

7—10 女神鸟足刺 *Pedavis mariannae* Lane and Ormiston, 1979

7 I 分子, 口视, ×26; UCR 7344/2; COP II 378 feet。

8 I 分子, 口视, ×26; UCR 8973/13; COP II 378 feet。

9 I 分子, 口视, ×26; UCR 7344/1; COP II 378 feet。

7—9 复制于 Murphy 和 Matti, 1982, 图版 8, 图 1, 5—6。

10 I 分子, 正模标本之口视, ×35; 复制于 Lane 和 Ormiston, 1979, 图版 5, 图 11。

11—12 鸟足鸟足刺鸟足亚种 *Pedavis pesavis pesavis* (Bischoff and Sannemann, 1958)

11 I 分子, 口视, ×35。

12 I 分子, 口视, ×35。

11—12 复制于 Ziegler, 1991, *Pedavis*—图版 1, 图 5; *Pelekysgnathus*—图版 2, 图 12。

13 宽翼鸟足刺 *Pedavis latialata* (Walliser, 1964)

正模标本之口视与反口视, ×35; Wa5271/1: C. 27; 复制于 Walliser, 1964, 图版 11, 图 13。

图版 10

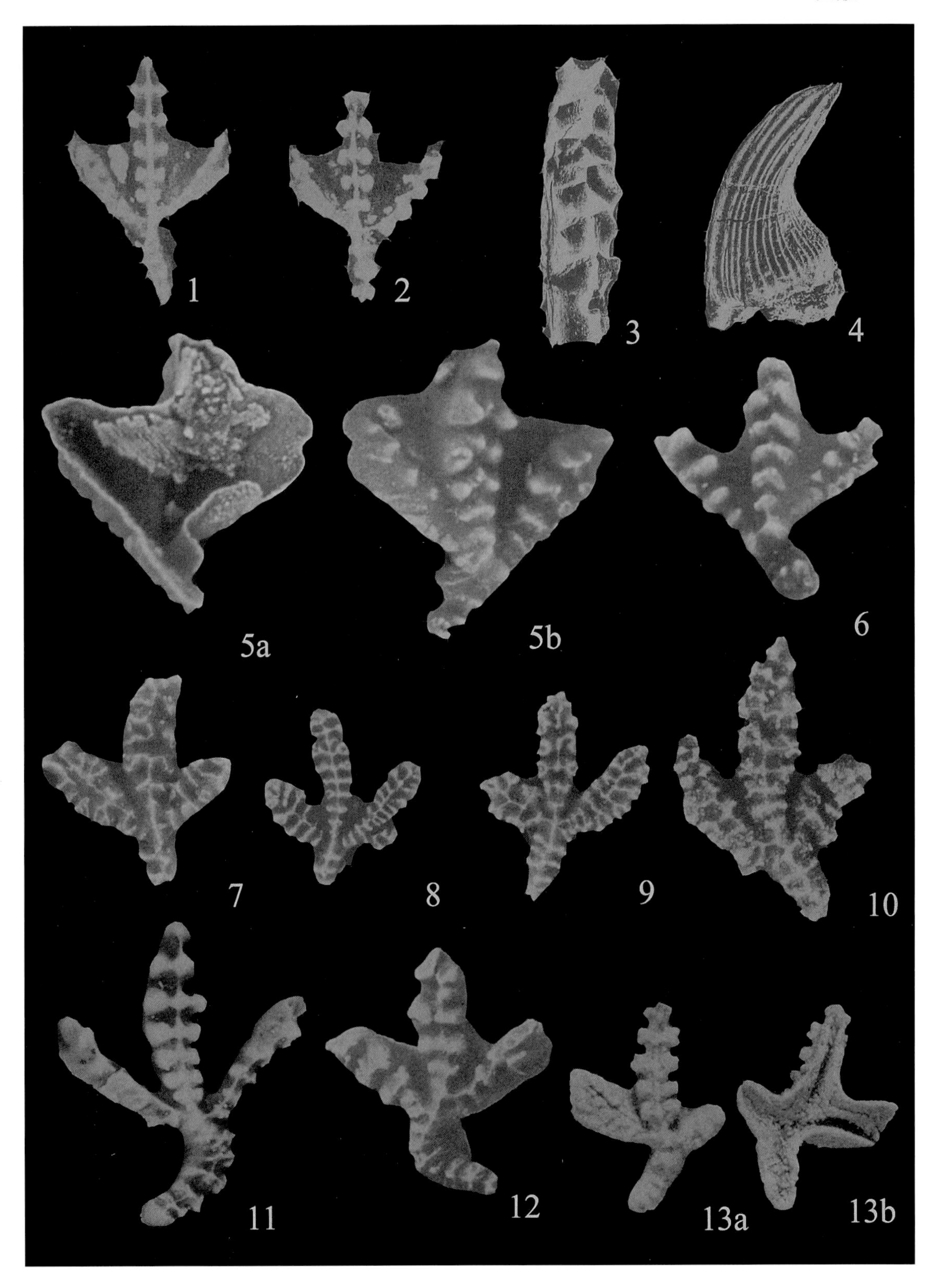

图版 11

1—4　云南侧贝刺 *Latericriodus yunnanensis* Wang，1982

1a—c　正模标本之口视、反口视与内侧视，×35；ACJ66/51466。

2a—c　副模标本之口视、侧视与反口视，×35；ACJ66/51466。

3a—b　副模标本之反口视与口视。×35；ACJ66/51467。

4a—b　副模标本之反口视与口视，×35；ACJ66/51469。

1—4　云南丽江阿冷初，下埃姆斯阶班满到地组；复制于王成源，1982，图版Ⅱ，图 12—21。

5—8　双列侧贝刺双列亚种 *Latericriodus bilatericrescens bilatericrescens* Ziegler，1956

5a—b　Ziegler 指定的正模标本之口视与反口视，×31；Ziegler，1956，图版 6，图 8—9。

6a—b　同一标本之反口视与口视，×35（副模）；Ziegler，1956，图版 6，图 12—13。

7　口视，×35；Carls 和 Gandle，1969，图版 17，图 6c。

8　口视，×35；Carls 和 Gandle，1969，图版 17，图 3b。

7—8　最初被认定为 *Icriodus bilatericrescens multicostatus*。

5—8　复制于 Ziegler，1975，*Icriodus*—图版 6，图 4—7。

9　佛尼什冠列刺 *Steptotaxis furnishi*（Klapper，1969）

9a—b　I 分子，正模标本之侧视与口视，×35；Klapper，1969，图版 2，图 13—14；复制于 Ziegler，1975，*Pelekysgnathus*—图版 1，图 8a—b。

10—14　格列尼斯特冠列刺 *Steptotaxis glenisteri*（Klapper，1969）

10　S2 分子，侧视，×35；Klapper 和 Philip，1972，图版 3，图 28。

11　M2 分子，侧视，×35；Klapper 和 Philip，1972，图版 3，图 22。

12　S2 分子，侧视，×35；Klapper 和 Philip，1972，图版 3，图 31。

13　S2 分子，侧视，×35；Klapper 和 Philip，1972，图版 3，图 36。

14a—c　I 分子，正模标本之反口视、口视与侧视，×35；Klapper，1969，图版 2，图 34，32—33。

10—14　复制于 Ziegler，1975，*Pelekysgnathus*—图版 1，图 9—12，13a—c。

图版 11

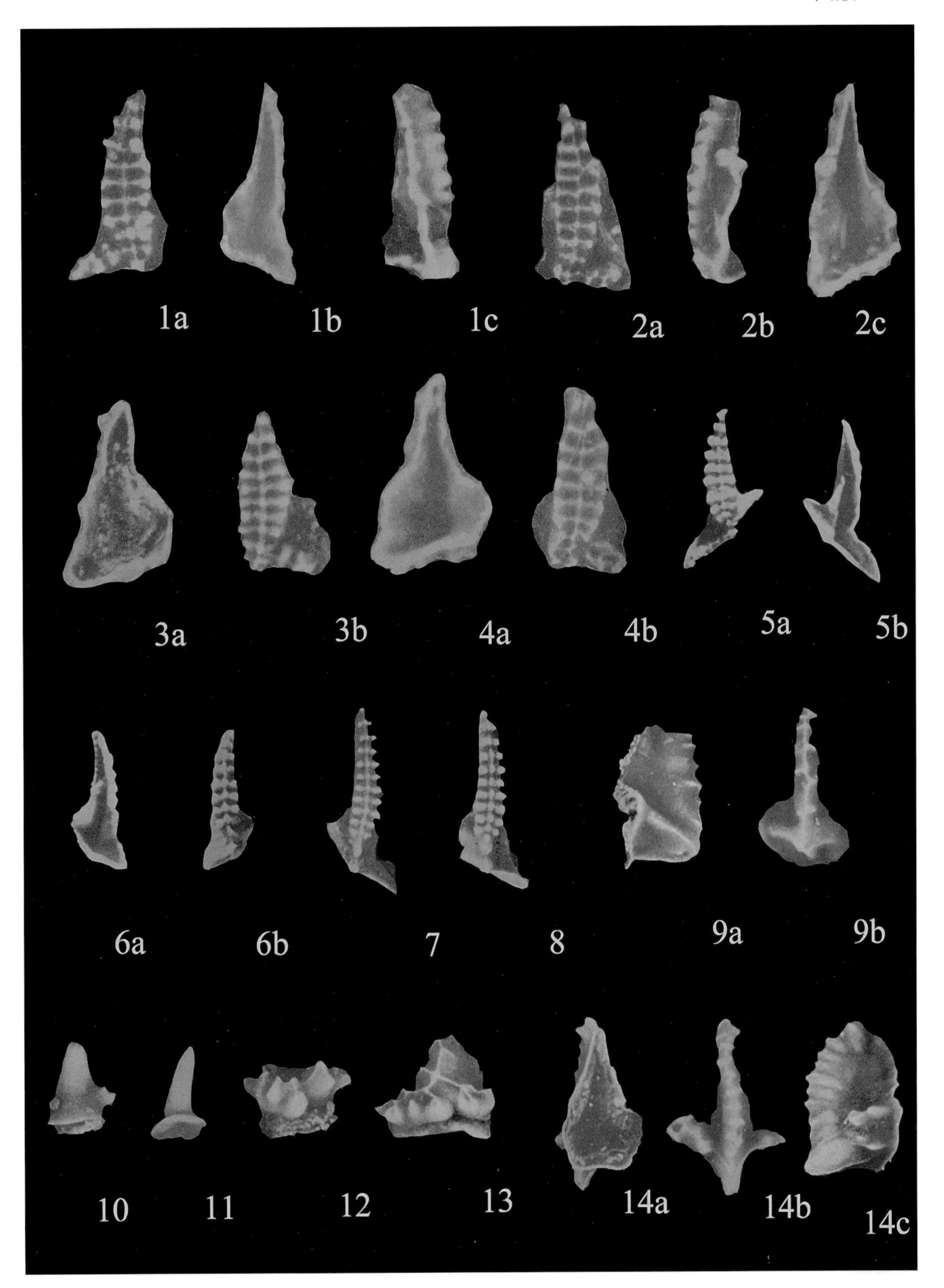
1a
1b
1c
2a
2b
2c
3a
3b
4a
4b
5a
5b
6a
6b
7
8
9a
9b
10
11
12
13
14a
14b
14c

图版 12

1—2 似窄尾贝刺双齿亚种 *Caudicriodus angustoides bidentatus* Carls and Gandle, 1969

1a—d Ⅰ分子，同一标本之口视、口视、侧视与反口视；1a. 最早照相时齿台前部完整，照相后断掉，×57；1b—d. 前部断掉的同一标本，×44；采集号：H87；登记号：68138；内蒙古阿鲁共剖面，下泥盆统阿鲁共组；复制于王成源，1985，图版Ⅱ，图 17a—d。

2 口视，×53；AL12-5/132166；内蒙古阿鲁共剖面，下泥盆统阿鲁共组；复制于王平，2001，图版Ⅰ，图 1。

3—6 似窄尾贝刺欧抠利亚种 *Caudicriodus angustoides alcoleae* Carls, 1969

3a—c M 分子，内侧视、外侧视与口视，×44；前后齿突各一个细齿，主齿侧边有一肋脊；采集号：H6 下；登记号：68142。

4a—c Ⅰ分子，同一标本之口视、侧视与反口视，×44；采集号：H6 下；登记号：48143；内蒙古噶少庙剖面，志留系—泥盆系西别河组。

3—4 复制于王成源，1985，图版Ⅱ，图 21a—c，23a—c。

5 口视，×70；AL12-5/132167；阿鲁共剖面，下泥盆统阿鲁共组。

6 口视，×70；BT5-2/132168；巴特敖包剖面，下泥盆统阿鲁共组。

5—6 复制于王平，2001，图版Ⅰ，图 2—3。

7 似窄尾贝刺卡斯替里恩亚种 *Caudicriodus angustoides castilianus* Carls, 1969

口视，×44；AL12-5/132175；内蒙古阿鲁共剖面，下泥盆统阿鲁共组；复制于王平，2001，图版Ⅰ，图 10。

8—9 小腔尾贝刺（比较种） *Caudicriodus* cf. *culicellus* (Bultynck, 1976)

8 刺体后部，主齿发育，×70；ADX11/91580；黑龙江密山，下泥盆统黑台组。

9 口视，×80；ADX12/915881；密山黑台，下泥盆统黑台组。

8—9 复制于王成源等，1986，图版Ⅰ，图 4—5。

10 窄尾贝刺 *Caudicriodus angustus* (Stewart and Sweet, 1956)

Ⅰ分子，同一标本之侧视、口视与反口视，×70；ADX19/91586；复制于王成源等，1986，图版Ⅰ，图 12—14。

11—13 窄尾贝刺尾亚种（比较亚种） *Caudicriodus angustus* cf. *cauda* Wang and Weddige, 2005

11 口视，×51；WBC-03/151622；内蒙古乌努尔，中泥盆统北矿组。

12 口视，×79；WBC-03/151621；内蒙古乌努尔，中泥盆统北矿组。

13 口视，×41；WBC-03/151623；内蒙古乌努尔，中泥盆统北矿组。

11—13 复制于郎嘉彬和王成源，2010，图版Ⅱ，图 1—3。

14 斯台纳赫侧贝刺η形态型 *Latericriodus steinachensis* (Al-Raxi, 1977) η morphotype Klapper and Johnson, 1980

同一标本之口视与反口视，×53；BT14-1/132174；巴特敖包剖面，下泥盆统阿鲁共组；复制于王平，图版Ⅰ，图 8—9。

图版 12

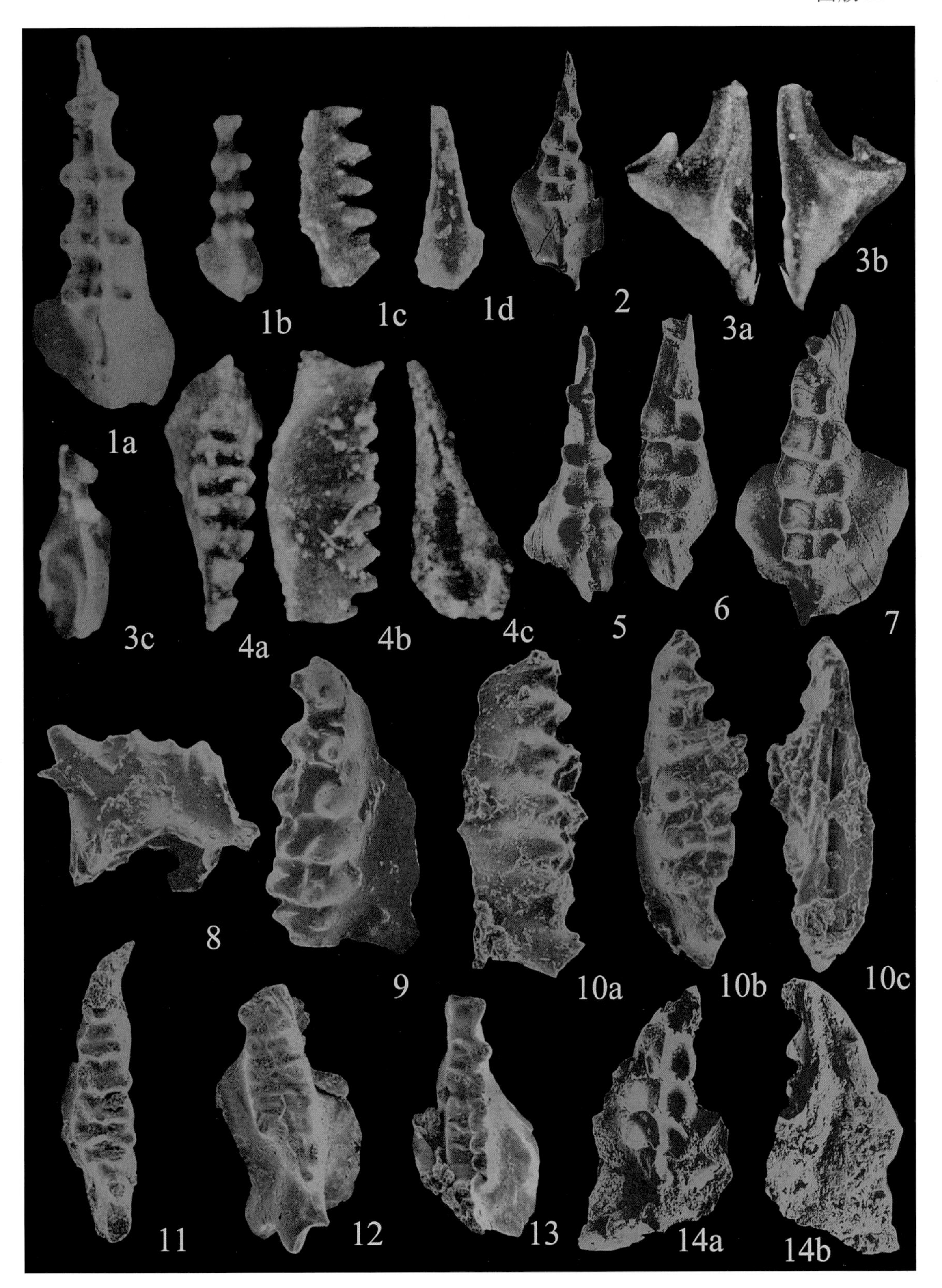

图版 13

1—3 沃施密特尾贝刺沃施密特亚种 *Caudicriodus woschmidti woschmidti* (Ziegler, 1960)

1a—b 正模标本之口视与侧视，×31；复制于 Ziegler，1960，图版 15，图 16。

2 口视，×44；BT-1/132173；内蒙古巴特敖包剖面，下泥盆统阿鲁共组；复制于王平，2001，图版 1，图 15。

3 口视，×44；72IIP14F-14/31309；四川诺尔盖，下泥盆统普通沟组；复制于王成源，1981，图版 1，图 22。

4 沃施密特尾贝刺西方亚种 *Caudicriodus woschimidti hesperius* Klapper and Murphy，1975

4a—b 同一标本之口视与侧视，×44；BT13-5/32177；内蒙古巴特敖包剖面，下泥盆统阿鲁共组；复制于王平，2001，图版 1，图 13—14。

5 尾贝刺（未名新种 A） *Caudicriodus* sp. nov. A

5a—b 同一标本之口视与口方侧视，×53；AL12-5/132176；内蒙古阿鲁共剖面，下泥盆统阿鲁共组；复制于王平，2001，图版 1，图 11—12。

6—8 新沃施密特尾贝刺 *Caudicriodus neowoschimidti* Wang，Weddige and Ziegler，2005

6a—b 副模标本之侧视与口视，×53；M-42/BCSP546。

7a—b 副模标本之侧视与口视，×70；M-42/BCSP547。

8a—b 正模标本之侧视与口视，×70；M-42/BCSP5478。

6—8 蒙古国南部 Shine Jinst 地区，下泥盆统中洛霍考夫阶；复制于 Wang 等，2005，图版 I，图 6—7，11—14。

图版 13

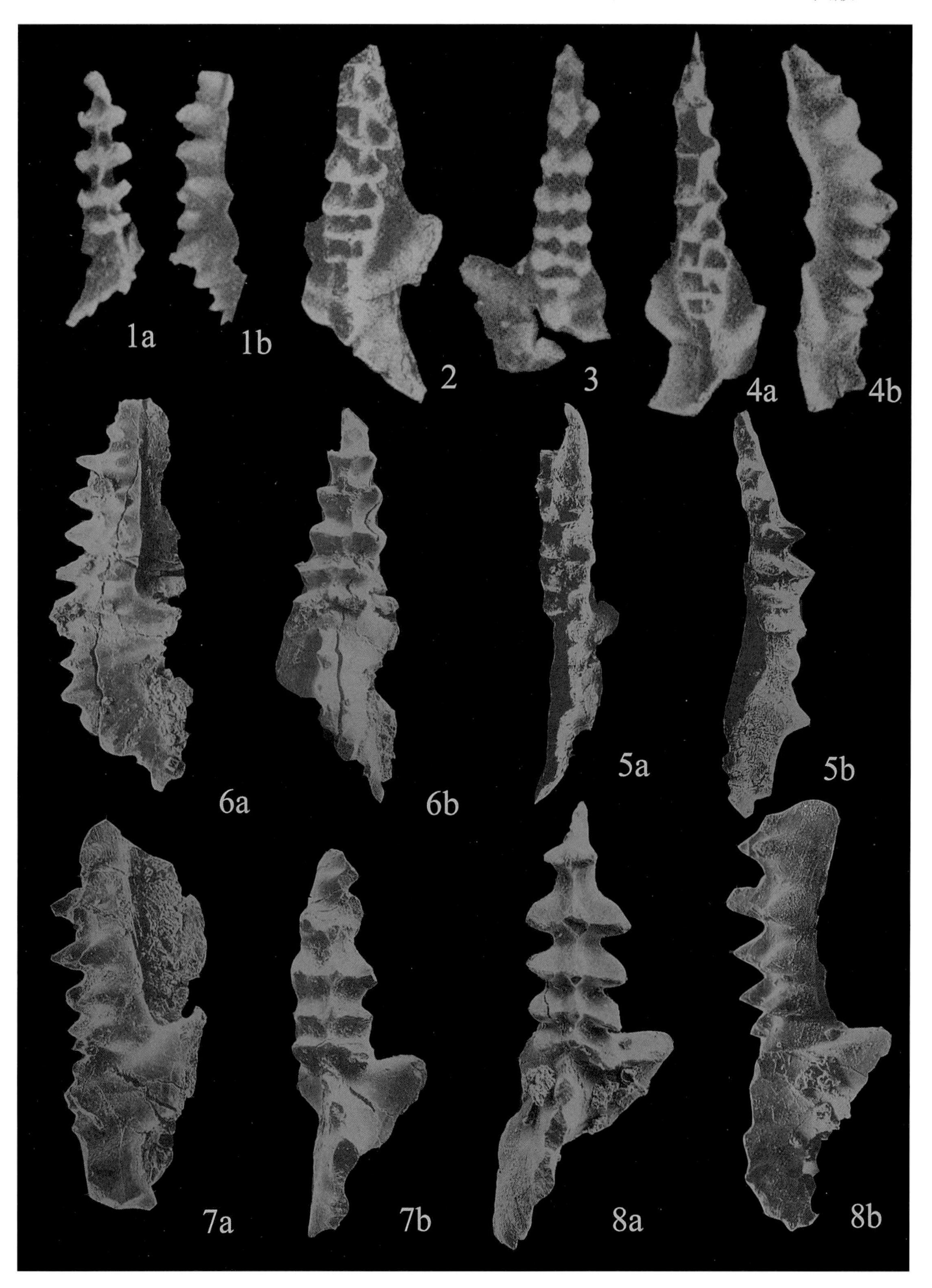

图版 14

1　宽齿蕈齿刺　*Fungulodus latidentatus*（Wang and Yin，1985）

1a—b　正模标本之口视与后测视，×46；ADZ33/84102；广西宜山峡口剖面，上泥盆统最上部；复制于王成源和殷保安，1985，图版Ⅲ，图 4a—b。

2—4　中槽蕈齿刺　*Fungulodus sulcatus*（Wang and Yin，1985）

2a—b　副模标本之口视与反口视，×42；ADZ41/84099。

3a—b　正模标本之口视与反口视，×42；ADZ41/84199。

4　副模标本之口视，×42；ADZ39/85101。

2—4　广西宜山峡口剖面，上泥盆统最上部；复制于王成源和殷保安，1985，图版Ⅲ，图 1a—b，2a—b，3。

5　粒齿蕈齿刺　*Fungulodus chondroideus*（Wang and Yin，1985）

5a—b　副模标本之反口视与口视，×35；ADZ42/84110；广西宜山峡口剖面，上泥盆统最上部；复制于王成源和殷保安，1985，图版Ⅲ，图 12a—b。

6　单齿蕈齿属　*Fungulodus azygodeus*（Wang and Yin，1985）

6a—b　副模标本之反口视与口视，×42；ADZ42/84105；广西宜山峡口剖面，上泥盆统最上部；复制于王成源和殷保安，1985，图版Ⅲ，图 7a—b。

7—8　中瘤齿蕈齿刺　*Fungulodus centronodosus*（Wang and Yin，1985）

7a—b　正模标本之口视与反口视，×42；ADZ41/84103；广西宜山峡口剖面，上泥盆统最上部；复制于王成源和殷保安，1985a，图版Ⅲ，图 5—6。

8a—b 副模标本之口视与反口视，×42；ADZ41/84104；广西宜山峡口剖面；复制于王成源和殷保安，1985，图版 III，图 6a—6b。

9　壳形壳齿刺　*Conchodontus conchiformis*（Wang and Yin，1985）

9a—b　正模标本之口视与反口视，×42；ADZ4284106；广西宜山峡口剖面，上泥盆统最上部；复制于王成源和殷保安，1985，图版Ⅲ，图 9a—b。

10—12　齐格勒蕈齿刺　*Fungulodus ziegleri*（Wang and Yin，1984）

10a—b　同一标本之口视与反口视，×42；ADZ42/84108；广西宜山峡口剖面，上泥盆统最上部。

11a—b　同一标本之口视与反口视，×42；ADZ37/84107；广西宜山峡口剖面，上泥盆统最上部。

10—11　复制于王成源和殷保安，1985，图版Ⅲ，图 9a—b，10a—b。

12a—b　正模标本之口视与反口视，×46；Mh11/80878；贵州长顺县睦化，上泥盆统代化组，*praesulcata* 带或中—上 *costatus* 带；复制于王成源和殷保安，1984，图版Ⅲ，图 28a—b。

图版 14

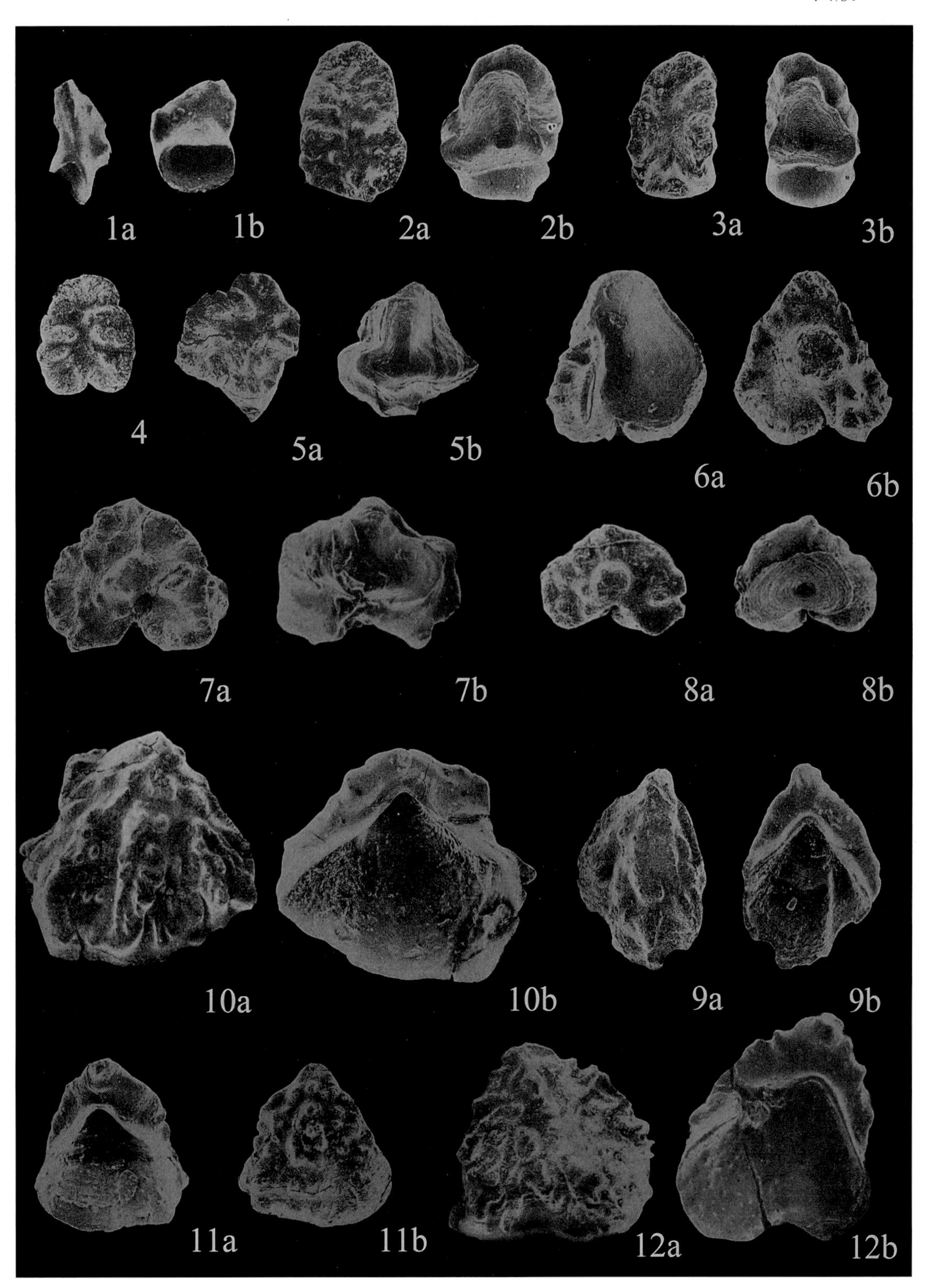
1a
1b
2a
2b
3a
3b
4
5a
5b
6a
6b
7a
7b
8a
8b
10a
10b
9a
9b
11a
11b
12a
12b

图版 15

1—2 交替贝刺交替亚种 *Icriodus alternatus alternatus* Branson and Mehl, 1934, Morphotype 1

1 口视, ×48; 9100490/LL-82; 五指山组下部, 晚 *triangularis* 带。

2 口视, ×48; 9100484/LL-82; 五指山组下部, 晚 *triangularis* 带。

1—2 复制于 Ji 和 Ziegler, 1993, 图版 5, 图 5—6。

3—4 交替贝刺交替亚种 *Icriodus alternatus alternatus* Branson and Mehl, 1934, Morphotype 2

3 口视, ×48; 9100417/LL-86; 五指山组底部, 早 *triangularis* 带。

4 口视, ×53; 9100483/LL-82; 五指山组下部, 晚 *triangularis* 带。

3—4 复制于 Ji 和 Ziegler, 1993, 图版 5, 图 7—8。

5—6 交替贝刺交替亚种 *Icriodus alternatus alternatus* Branson and Mehl, 1934

5 口视, ×66; L19-z9/130270; 龙门剖面谷闭组上部, 晚 *triangularis* 带。

6 口视, ×70; L19-z9/130272; 龙门剖面谷闭组上部, 中 *triangularis* 带。

5—6 复制于 Wang 和 Zigler, 2002, 图版 8, 图 5, 7。

7—11 交替贝刺荷尔姆斯亚种 *Icriodus alternatus helmsi* Sandberg and Dreesen, 1984

7 口视, ×70; L19-z8m/130271; 龙门剖面上泥盆统谷闭组上部, 早 *triangularis* 带。

8 口视, ×66; Y27-1/130274; 付合剖面上泥盆统谷闭组, 中 *triangularis* 带。

9 口视, ×53; L19-z8m/130281; 龙门剖面上泥盆统谷闭组, 早 *triangularis* 带。

10 口视, ×53; L19-z8m/130282; 龙门剖面上泥盆统谷闭组, *triangularis* 带。

11 口视, ×53; L19-z8m/130282; 龙门剖面谷上泥盆统闭组上部, 中 *crepida* 带。

7—11 复制于 Wang 和 Zigler, 2002, 图版 8, 图 6, 9, 16—17, 21。

12—13 娇美贝刺（比较种） *Icriodus* cf. *amabilis* Bultynck and Hollard, 1980

12 口视, ×53; 登记号: LCN-852186; 野外号: B101by21; 四川龙门山, 中泥盆统金宝石组。

13a—b 同一标本之反口视与口视, ×53; 登记号: LCN-852187; 野外号: B101By21; 层位同上。

12—13 复制于熊剑飞等, 1988, 图版 135, 图 1—2。

14—16 阿尔空贝刺 *Icriodus arkonensis* Stauffer, 1938

14a—b 同一标本之反口视与口视, ×53, 登记号: LCN-852200; 野外号: B122y3; 四川龙门山, 中泥盆统观雾山组海角石段; 复制于熊剑飞等, 1988, 图版 135, 图 15。

15 口视, ×44; 91-Y013/LC-4; 中泥盆统东岗岭组中部, *ensensis* 带。

16 口视, ×66; 91-Y014/LC-7; 中泥盆统东岗岭组中部, *ensensis* 带。

15—16 复制于 Ji 等, 1992, 图版 1, 图 14—15。

17—20 变形贝刺变形亚种 *Icriodus deformatus deformatus* Han, 1987

17 口视, ×53; 9100686/LL-76; 上泥盆统五指山组下部, 中 *crepida* 带。

18 口方斜视, ×53; 9100616/LL-79; 上泥盆统五指山组下部, 早 *crepida* 带。

19 口视, ×53; 9100689/LL-76; 上泥盆统五指山组下部, 中 *crepida* 带。

20 口视, ×53; 9100688/LL-76; 上泥盆统五指山组下部, 中 *crepida* 带。

17—20 复制于 Ji 和 Ziegler, 1993, 图版 4, 图 11—14。

图版 15

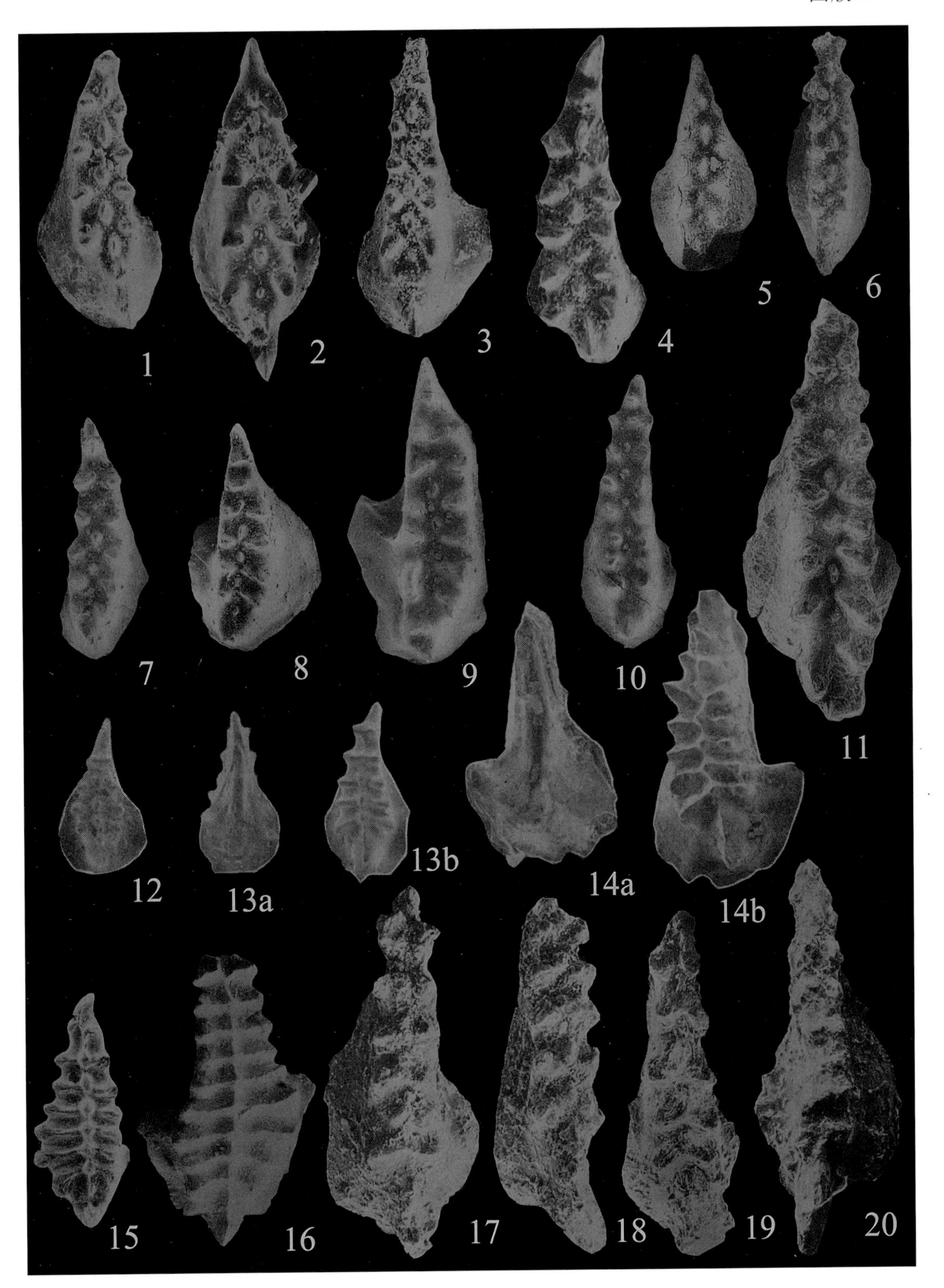

图版 16

1—6 短贝刺 *Icriodus brevis* Stauffer, 1940

1a. 侧视，×70；1b. 口视，×70；HL15-13/75114；广西横县六景，上泥盆统融县组，*triangularis* 带；复制于王成源，1989，图版 9，图 9。

2a—b 同一标本之口视与反口视；登记号：LCn852216；野外号：B126By90；四川龙门山，中泥盆统观雾山组海角石段 B126 层。

3 口视；登记号：LCn852217；野外号：B127By5；四川龙门山，中泥盆统观雾山组海角石段 B127 层。

2—3 复制于熊剑飞等，1988，图版 126，图 16—17。

4a—b 同一标本之口视与反口视，×48；MC62-23758；中泥盆统巴漆组下部，中 *varcus* 带。

5a—b 同一标本之口视与反口视，×48；MC62-23758；中泥盆统巴漆组下部，中 *varcus* 带。

6a—b 另一标本之口视与反口视，×48；MC62-23745，MC62-23746；中泥盆统巴漆组下部，中 *varcus* 带。

4—6 复制于季强，1989（见：侯鸿飞等，1986），图版 19，图 11—14；图版 18，图 15，29。

7—13 角突贝刺 *Icriodus cornutus* Sannemann, 1955

7a—b，8a—b 同一标本之口视与侧视，×32；CD350/75118，CD350/77403。

7—8 广西德保都安四红山剖面，上泥盆统三里组，*crepida* 带。

9. 口视，×32；W6-6919-9/77404；10. 口视，×35；SL-2/75119；武宣，三里组 *rhomboidea* 带。

7—10 复制于王成源，1989，图版 9，图 1—3；图版 10，图 7。

11. 侧视，ZC02207；12. 反口视，ZC02208；13. 口视，ZC02209。

11—13 上泥盆统五指山组；复制于季强和刘楠瑜，1986，图版 1，图 6—8。

14—17 横脊贝刺横脊亚种 *Icriodus costatus costatus*（Thomas, 1949）

14a—b 同一标本之口视与反口视，×85；采集号：牙-4；登记号：HC103；隆回县周旺铺，上泥盆统孟公坳组。

15a—b 同一标本之口视与反口视，×107；采集号：牙-10；登记号：HC104；新邵县马栏边，上泥盆统孟公坳组。

14—15 复制于董振常，1987（见：湖南省地质矿产局区域地质调查队．湖南晚泥盆世和早石炭世地层和古生物群，1987），图版 5，图 19—20，23—24。

16 口视；Hm7/0.3，93081；黄卯剖面；*Siphonodella crenulata* 带中的再沉积标本。

17a—b 同一标本之口视与反口视；Hm4/0.4，93082；*Siphonodella sulcata* 带中的再沉积标本。

18—21 横脊贝刺达尔焙亚种 *Icriodus costatus darbyensis*（Klapper, 1958）

18 口视；k86/2.4，93079；南洞剖面，法门阶，*expansa* 带；复制于 Bai 等，1994，图版 6，图 11。

19—20 口视，×79；C-86-2-53/83601，C-87-7-93/83618；乐昌茶园，上泥盆统帽子峰组上部。

21 口视，×85；C85-7-93/23618；乳源扁山，上泥盆统孟公坳组下部。

19—21 复制于秦国荣等，1988，图版Ⅲ，图 10—12。

22—23 横脊贝刺横脊亚种 *Icriodus costatus costatus*（Thomas, 1949）

22a—b. 副模标本之侧视与口视，×35；23a—b. 正模标本之口视与侧视。

22—23 复制于 Ziegler，1975，*Icriodus*—图版 2，图 1a—b，2a—b。

图版 16

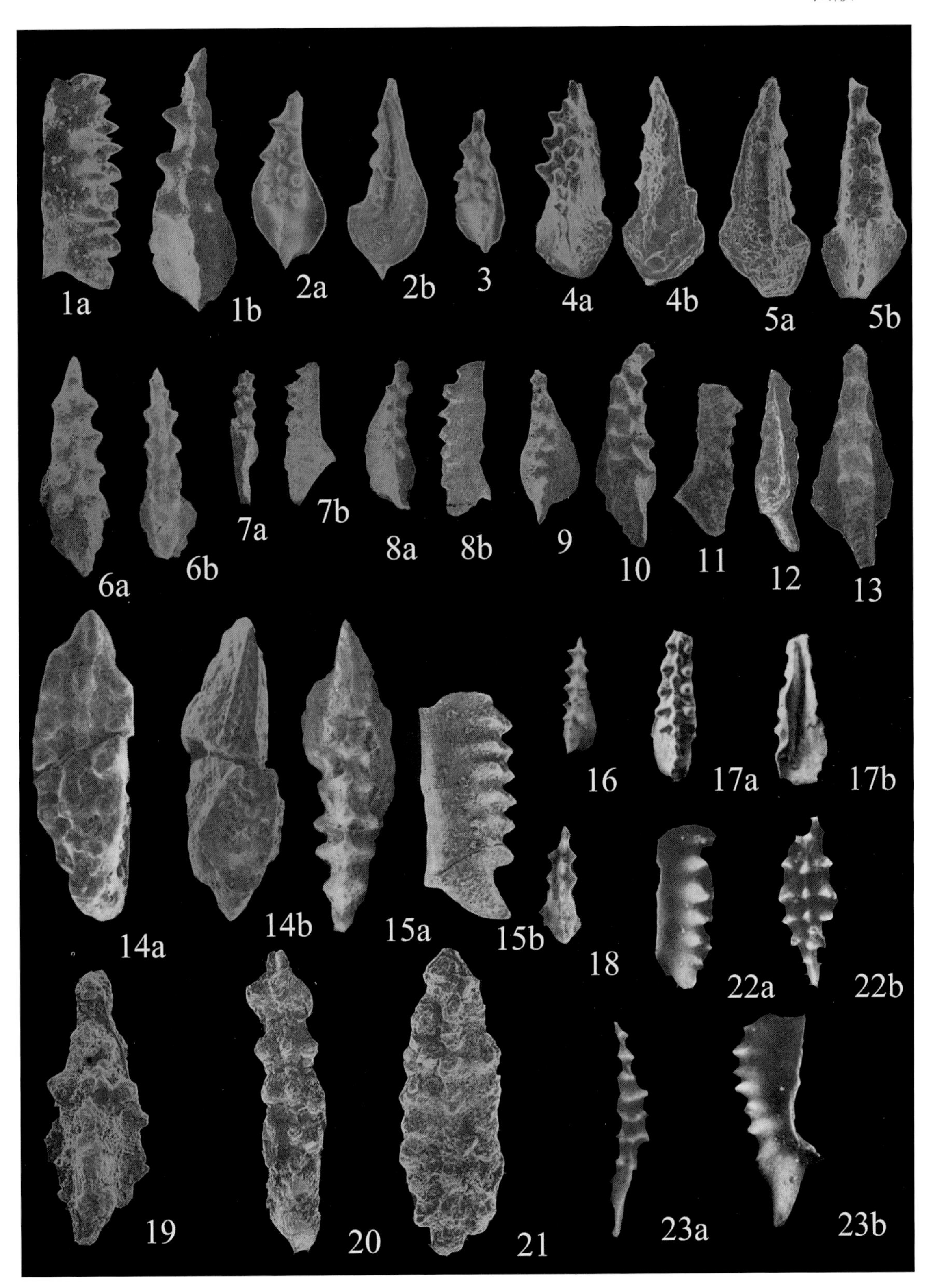
1a
1b
2a
2b
3
4a
4b
5a
5b
6a
6b
7a
7b
8a
8b
9
10
11
12
13
14a
14b
15a
15b
16
17a
17b
18
19
20
21
22a
22b
23a
23b

图版 17

1—10　变形贝刺不对称亚种　*Icriodus deformatus asymmetricus* Ji，1989

1　口视，×35（副模）；MAS39/88102；安徽马鞍山剖面，上泥盆统，上 *triangularis* 带。

2　口视，×35（正模）；MAS28/88103；安徽马鞍山剖面，上泥盆统，下 *triangularis* 带。

1—2　复制于 Ji，1989，图版 4，图 23—24。

3　口视，×48；9100413/LL-86；上泥盆统五指山组底部，下 *triangularis* 带。

4　口视，×48；9100485/LL-82；上泥盆统五指山组下部，上 *triangularis* 带。

3—4　复制于 Ji 和 Ziegler，1993，图版 5，图 1—2。

5　口视，×44；Y27-c/130276；付合剖面上泥盆统谷闭组，下 *triangularis* 带。

6　口视，×66；L19-z9/130277；龙门剖面上泥盆统谷闭组，上 *triangularis* 带。

7　口视，×54；Y27-E/130278；付合剖面上泥盆统谷闭组，中 *triangularis* 带。

8　口视，×44；L20-b4/130279；垌村剖面上泥盆统谷闭组，下 *crepida* 带。

9　口视，×107；L20-b4/130280；龙门剖面上泥盆统谷闭组，下 *crepida* 带。

10　口视，×53；L19-z8t/130283；龙门剖面上泥盆统谷闭组，上 *triangularis* 带。

5—10　复制于 Wang 和 Ziegler，2002，图版 8，图 11—15，18。

11　弯曲贝刺　*Icriodus curvatus* Branson and Mehl，1938

11a—b　同一标本之口视与反口视，×53；登记号：LCn-852190；野外号：B134y2；四川龙门山，上泥盆统土桥子组 134 层；复制于熊剑飞等，1988（侯鸿飞主编，1988），图版 135，图 5a—b。

12—15　疑难贝刺　*Icriodus difficilis* Ziegler，Klapper and Johnson，1976

12a—c　同一标本之口视、侧视与反口视，×33；CD390/75112；广西德保四红山剖面，中泥盆统分水岭组；复制于王成源，1989，图版 9，图 12a—c。

13　口视，×57；CD375-5a/119523；广西德保四红山剖面，上泥盆统“榴江组”，晚 *falsiovalis* 带；复制于 Wang，1994，图版 8，图 7。

14a—b，15a—b　同一标本之反口视与口视，×58；MC62-23758，MC70-23759；中泥盆统巴漆组下部，中 *varcus* 带；复制于熊剑飞等，1988。

16—18　疑难贝刺（比较种）　*Icriodus* cf. *difficilis* Ziegler，Klapper and Johnson，1976

16a—b　同一标本之口视与反口视，×53；登记号：LCn-852208；野外号：B123by71；四川龙门山，中泥盆统观雾山组海角石段 B126 层；复制于熊剑飞等，1988。

17　口视，×53；登记号：LCn-852210；野外号：B127by5；四川龙门山，中泥盆统观雾山组海角石段 B127 层；复制于熊剑飞等，1988。

18a—b　同一标本之口视与反口视，×53；登记号：LCn-852211；野外号：B133y3；四川龙门山，上泥盆统土桥子组 B133 层；复制于熊剑飞等，1988。

图版 17

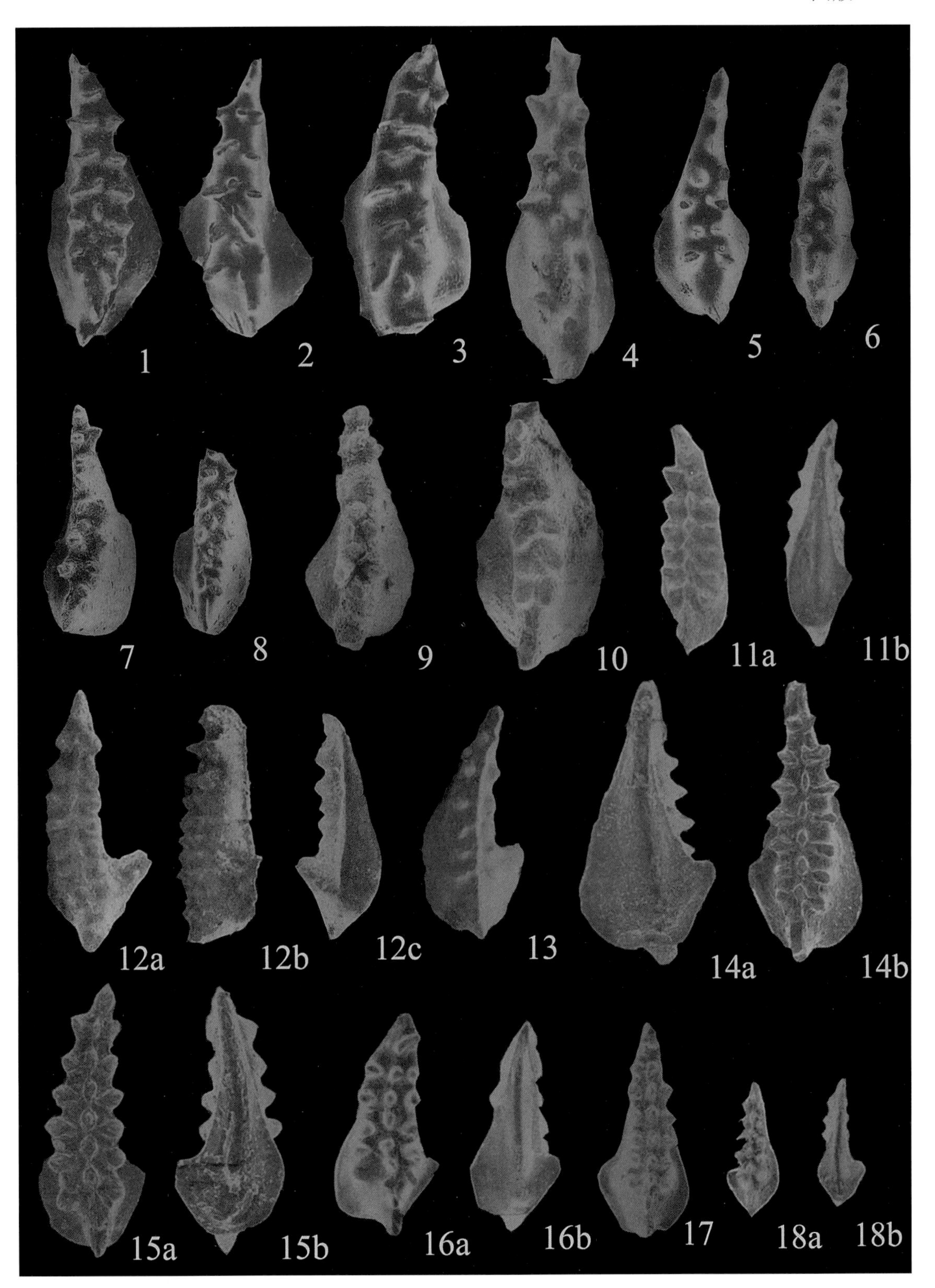
1
2
3
4
5
6
7
8
9
10
11a
11b
12a
12b
12c
13
14a
14b
15a
15b
16a
16b
17
18a
18b

图版 18

1—3　角贝刺全瘤齿亚种　*Icriodus corniger pernodosus* Wang and Ziegler, 1981

1a—c, 2a—c, 3a—b　副模标本之侧视、反口视与口视，×35；W26P1B80/67914，W26P1B81/67915，W26P1B87/67916。

1—3　内蒙古喜桂图旗，中泥盆统霍博山组；复制于 Wang 和 Ziegler, 1981, 图版 1, 图 8—10。

4　角贝刺角亚种　*Icriodus corniger corniger* Wittekindt, 1966

4a—c　同一标本之侧视、反口视与口视，×35；W26P1B80/67917；内蒙古喜桂图旗，中泥盆统霍博山组；复制于 Wang 和 Ziegler, 1981, 图版 1, 图 11a—c。

5　内升贝刺　*Icriodus introlevatus* Bultynck, 1970

5a—b　同一标本之口视与反口视，×35；W26P1B80/67912；内蒙古喜桂图旗，中泥盆统霍博山组；复制于 Wang 和 Ziegler, 1981, 图版 1, 图 6a—b。

6—7　规则脊贝刺　*Icriodus regularicrescens* Bultynck, 1970

6a—b.　同一标本之口视与反口视，×35；W26P1B80/67910；7a—c. 同一标本之口视、侧视与反口方侧视，×35；W26P1B79/67911。

6—7　内蒙古喜桂图旗，中泥盆统霍博山组；复制于 Wang 和 Ziegler, 1981, 图版 1, 图 4—5。

8—9　膨胀贝刺　*Icriodus expansus* Branson and Mehl, 1938

8.　口视，×40；W26P113-5/67924；9a—b. 同一标本之口视与侧视，×35；W26P113-5/67924。

8—9　内蒙古喜桂图旗，中泥盆统下大民山组；复制于 Wang 和 Ziegler, 1981, 图版 2, 图 18, 19a—b。

10　高端贝刺　*Icriodus subterminus* Youngquist, 1947

10a—b　同一标本之口视与侧视，×35，×40；W26P113—5/67926；内蒙古喜桂图旗，中泥盆统下大民山组；复制于 Wang 和 Ziegler, 1981, 图版 2, 图 20a—b。

11—12　膨胀贝刺（比较种）　*Icriodus* cf. *expansus* Branson and Mehl, 1938

11a—b.　同一标本侧视与口视，×35，×43；W26P113-5/67926；12a—b. 同一标本之口视与反口视，×35，×40；W26P113—5/67928。

11—12　内蒙古喜桂图旗，中泥盆统下大民山组；复制于 Wang 和 Ziegler, 1981, 图版 2, 图 21—22。

13—14　贝刺（未名新种 A）　*Icriodus* n. sp. A

13a—c.　同一标本侧视、口视与反口视，×35；W26P113-5/67929；14a—c. 同一标本侧视、口视与反口视，×35；W26P113-5/67930。

13—14　内蒙古喜桂图旗，中泥盆统下大民山组；复制于 Wang 和 Ziegler, 1981, 图版 3, 图 23a—c, 24a—c。

图版 18

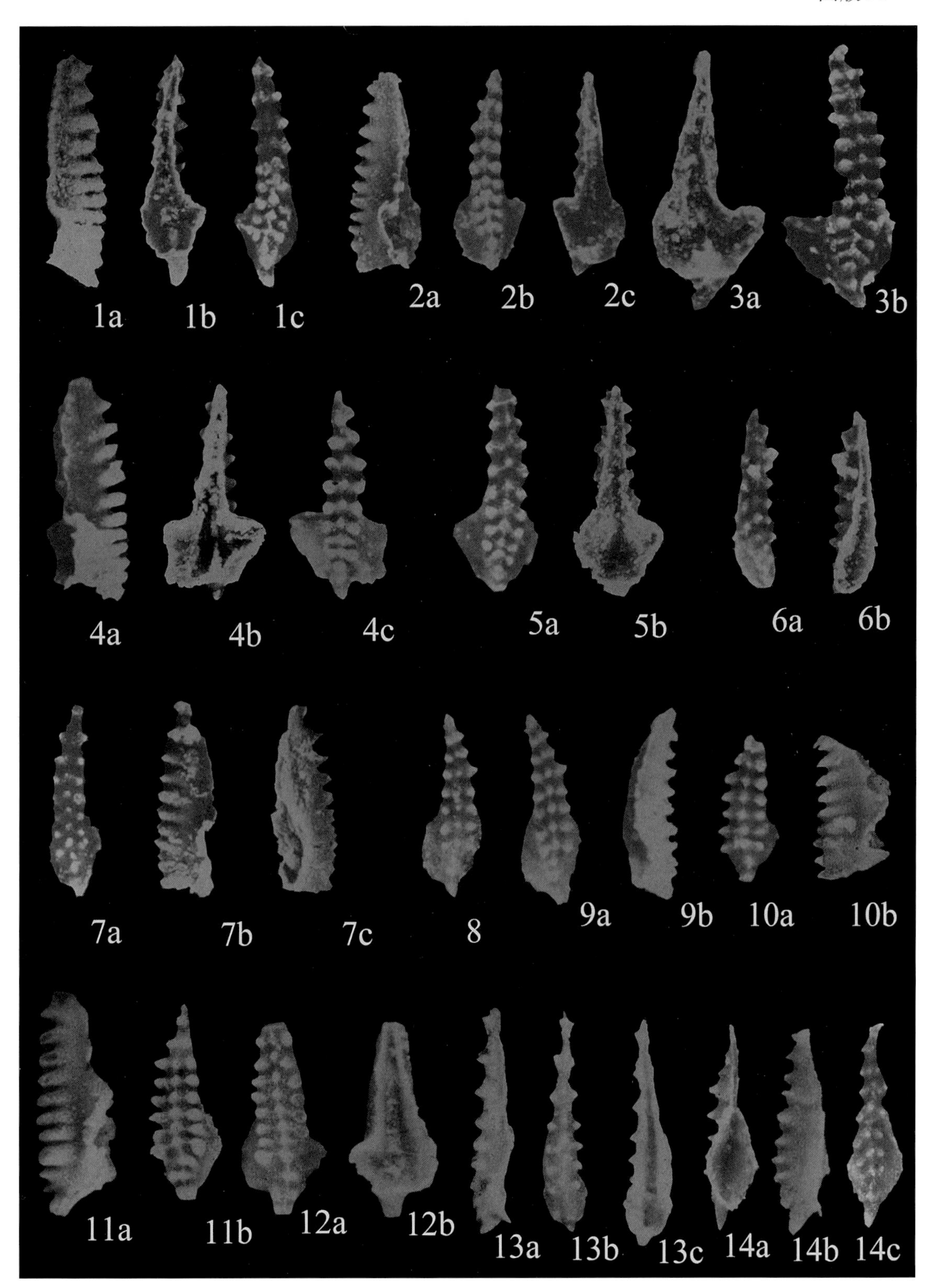
1a
1b
1c
2a
2b
2c
3a
3b
4a
4b
4c
5a
5b
6a
6b
7a
7b
7c
8
9a
9b
10a
10b
11a
11b
12a
12b
13a
13b
13c
14a
14b
14c

图版 19

1　巴楚贝刺？　*Icriodus*? *bachuensis* Wang，2003

口视，新疆巴楚小海子标本，存放于北京大学。暂无侧视与口视图片。归入 *Icriodus* 可疑（江大勇等，2001；郝维城等，2002；王成源，2003）。

2—8　龙门山贝刺　*Icriodus longmenshanensis* Han，1988

2a—b　副模标本之口视与反口视，×53；登记号：LCn-852201；野外号：B126By63；中泥盆统观雾山组海角石段。

3　幼年期标本；登记号：LCn-852202；野外号：B134y2；上泥盆统土桥子组。

4a—b　副模标本之口视与反口视，×53；登记号：LCn-852203；野外号：B126By101；中泥盆统观雾山组海角石段。

5a—b　正模标本之口视与反口视，×53；登记号：LCn-852204；野外号：B134y2；上泥盆统土桥子组。

6　副模标本之口视，×53；登记号：LCn-852205；野外号：B133y3；上泥盆统土桥子组 B133 层。

7a—b　副模标本之口视与反口视，×53；登记号：LCn-852206；野外号：B134y2；上泥盆统土桥子组 B134 层。

8　副模标本之口视，×53；登记号：LCn-852207；野外号：B134y2；上泥盆统土桥子组 B134 层。

2—8　复制于熊剑飞等，1988（侯鸿飞等，1988），图版 136，图 1—2，9—13。

9—10　肥胖贝刺　*Icriodus obesus* Han，1988

9a—b　正模标本之口视与反口视，×53；登记号：LCn-882188；野外号：B126by43；中泥盆统观雾山组海角石段 B126 层。

10a—b　副模标本之口视与反口视，×53；登记号，LCn-882189；野外号：B126by47；中泥盆统观雾山组海角石段 B126 层。

9—10　复制于侯鸿飞等，1988，图版 135，图 3，7。

11—15　多脊贝刺多脊亚种　*Icriodus multicostatus multicostatus* Ji and Ziegler，1993

11　副模标本之口视，×53；9100687/LL-76；上泥盆统五指山组下部，中 *crepida* 带。

12　正模标本之口视，×53；910718/LL-75；上泥盆统五指山组下部，中 *crepida* 带。

13　副模标本之口视，×53；9100694/LL-76；上泥盆统五指山组下部，中 *crepida* 带。

14　副模标本之口视，×53；9100692/LL-76；上泥盆统五指山组下部，中 *crepida* 带。

15　副模标本之口视，×53；9100553/LL-76；上泥盆统五指山组下部，中 *crepida* 带。

11—15　复制于 Ji 和 Ziegler，1993，图版 4，图 1—5。

16—17　多脊贝刺侧亚种　*Icriodus multicostatus lateralis* Ji and Ziegler，1993

16　正模标本之口视，×53；910684/LL-76；上泥盆统五指山组下部，中 *crepida* 带。

17　副模标本之口视，×53；910690/LL-75；上泥盆统五指山组下部，中 *crepida* 带。

16—17　复制于 Ji 和 Ziegler，1993，图版 4，图 6—7。

18—19　苏家坪贝刺　*Icriodus sujiapingensis* Dong，1987

18a—b　正模标本之口视与侧视，×74；采集号：牙-4；登记号：HC098。

19a—b　副模标本之口视与侧视，×79；采集号：牙-4；登记号：HC099。

18—19　隆回周旺铺，上泥盆统孟公坳组；复制于董振常，1987，图版 5，图 13—14，21—22。

图版 19

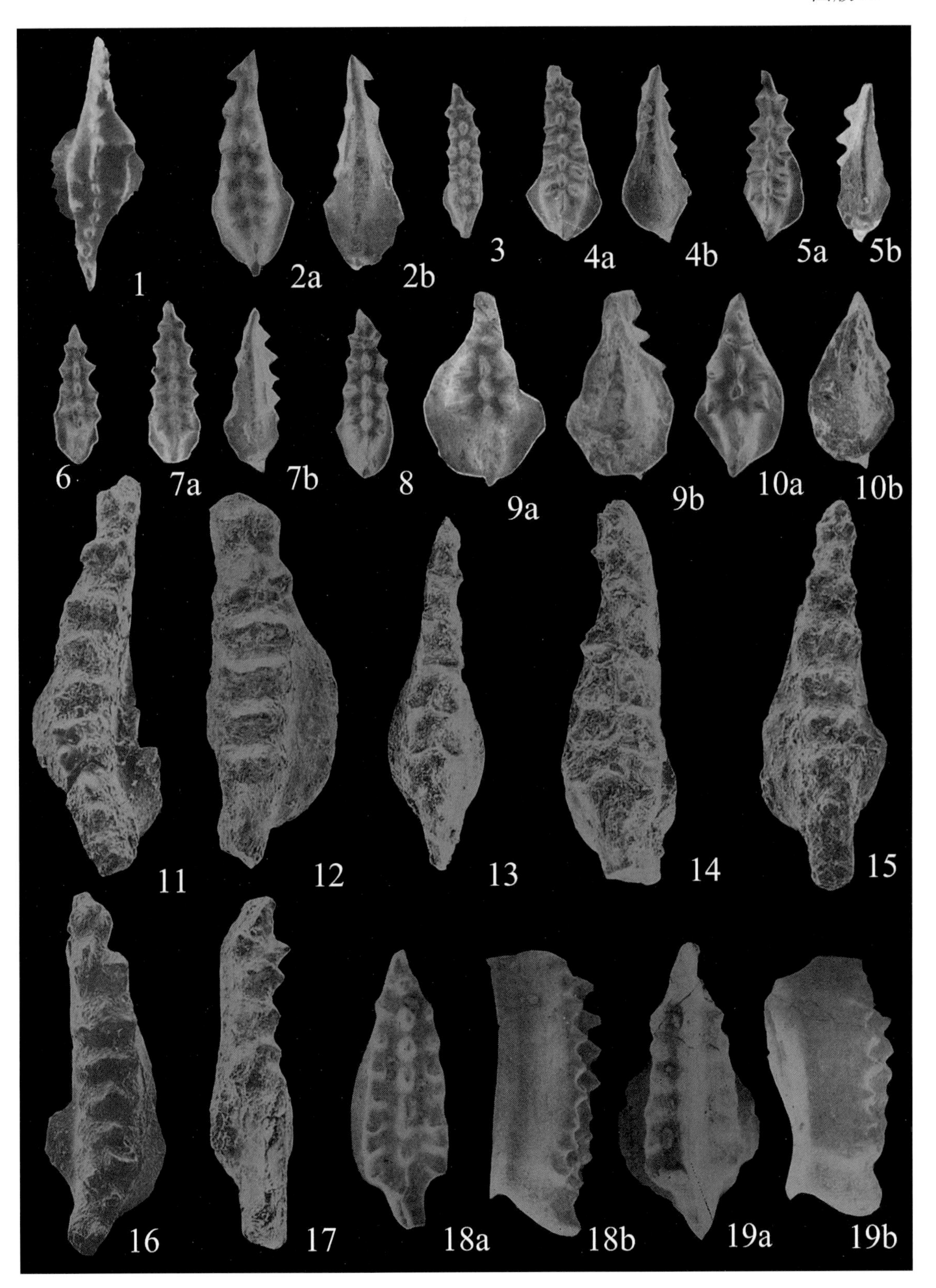
1
2a
2b
3
4a
4b
5a
5b
6
7a
7b
8
9a
9b
10a
10b
11
12
13
14
15
16
17
18a
18b
19a
19b

图版 20

1—4　蛹贝刺　*Icriodus pupus* Han，1988

1a—b　副模标本之口视与反口视，×53；登记号：LCn-852191；采集号：B126By47；中泥盆统观雾山组海角石段 B126 层。

2a—b　副模标本之口视与反口视，×53；登记号：LCn-852192；采集号：B126By5；中泥盆统观雾山组海角石段 B127 层。

3a—b　副模标本之口视与反口视，×53；登记号：LCn-852193；采集号：B126By5；中泥盆统观雾山组海角石段 B126 层。

4a—b　正模标本之口视与反口视，×53；登记号：LCn-852194；采集号：B126By74；中泥盆统观雾山组海角石段 B126 层。

1—4　复制于熊剑飞等，1988（见：侯鸿飞等，1988），图版 135，图 6，8—10。

5—7　林德贝刺　*Icriodus lindensis* Weddige，1977

5—6　口视，×48；91-Y006/LC-7；广西永福李村剖面，东岗岭组中部，*ensinsis* 带（?）；复制于 Ji 等，1992，图版 1，图 6，9。

7　口视，×35；D61/0，93062，81008；广西象州大乐剖面，中泥盆统，下 *varcus* 带；复制于 Bai 等，1994，图版 5，图 11。

8—9　凹穴贝刺（比较种）　*Icriodus* cf. *excavatus* Weddige，1984

8a—b　同一标本之口视与反口视，×40；91-Y011/LC-4；9. 口视，×48；91-Y02/LC-4。

8—9　广西永福李村剖面，东岗岭组中部，*ensinsis* 带（?）。复制于复制于 Ji 等，1992，图版 1，图 11—13。

10　雷蒙德贝刺　*Icriodus raymondi* Sandberg and Ziegler，1979

口视，×79；C85-7-93/33619；广东乳源扁山，上泥盆统孟公坳组下部；复制于秦国荣等，1988，图版 Ⅲ，图 8。

11—12　莱佩那塞贝刺　*Icriodus lesperanceri* Uyeno，1997

11a—b　同一标本之口视与反口视，×53；②-CP-牙-64a-1/00591，00900；12a—b. 同一标本之口视与反口视，×53；②-CP-牙-64a-1/00899，00590。

11—12　云南文山，中泥盆统 *varcus* 带；复制于金善燏等，2005，图版 7，图 3—6。

13—19　对称贝刺　*Icriodus symmetricus* Branson and Mehl，1934

13　口视，约 ×60；WBC-04/151628；14. 口视，约 ×63；WBC-04/151629；15. 口视，约 ×35；WBC-04/151630；16. 口视，约 ×49；WBC-04/151631；17. 口视，约 ×53；WBC-04/151635；

13—17　内蒙古乌努尔，弗拉阶下大民山组；复制于郎嘉彬和王成源，2010，图版 Ⅱ，图 6，9—11，15。

18　口视，91-Y008/LC-57；19. 口视，91-Y008/LC-58。

18—19　广西永福，上泥盆统付合组上部，*trasitans* 带；复制于 Ji 等，1992，图版 1，图 7—8。

图版 20

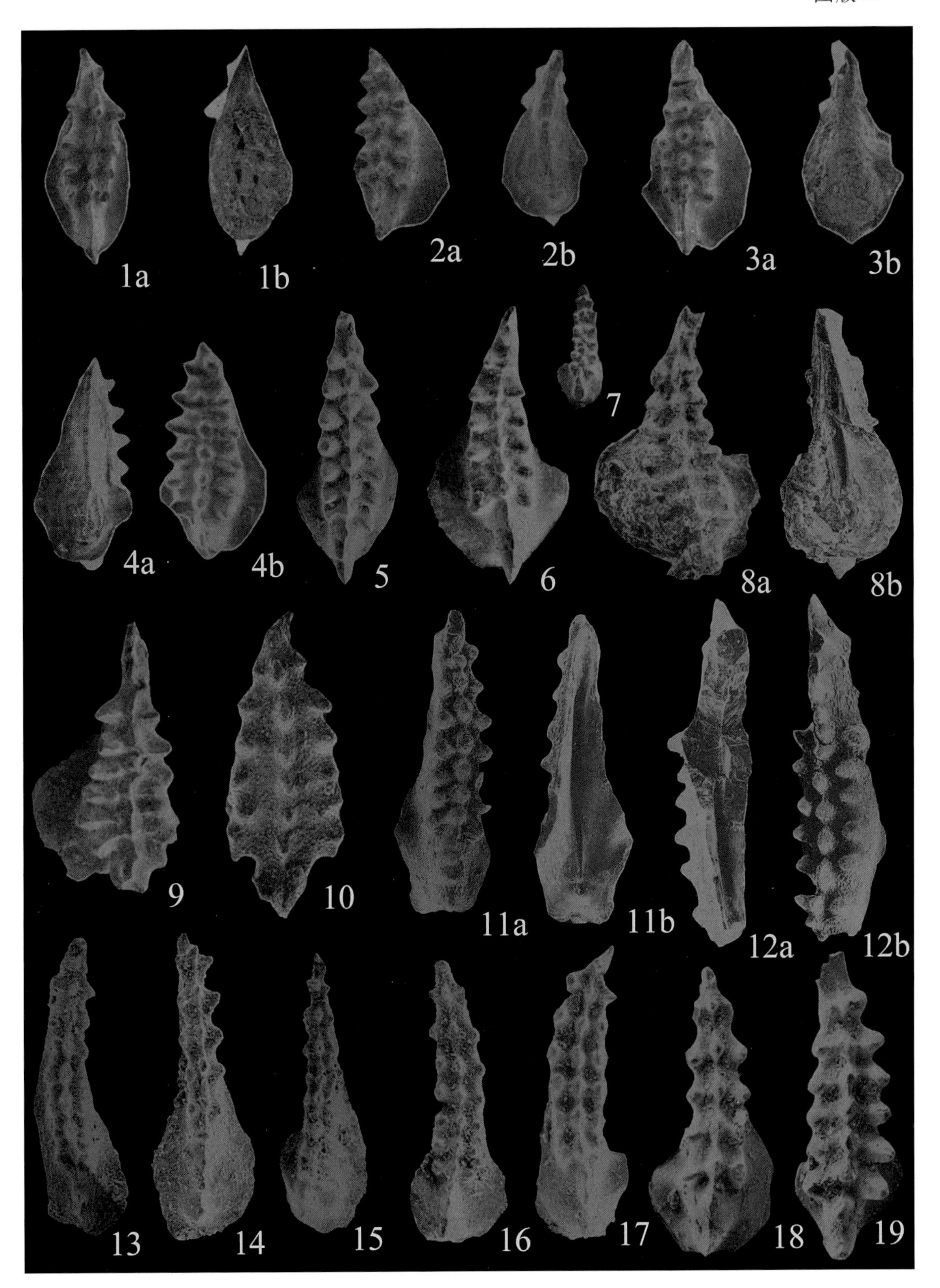
1a
1b
2a
2b
3a
3b
4a
4b
5
6
7
8a
8b
9
10
11a
11b
12a
12b
13
14
15
16
17
18
19

图版 21

1—6　南宁贝刺　*Icriodus nanningensis* Bai，1994

1　口视，×35；Lj12，90052；横县六景剖面，艾菲尔阶，*ensensisn* 带最上部。

2a—b　同一标本口视与侧视，×35；Lj14/0.6，93053；横县六景剖面，吉维特阶，*hemiansatus* 带。

3a—c　同一标本之反口视、口视与侧视；Lm5/2.6；横县六景剖面，吉维特阶，*hemiansatus* 带。

4a—b　同一标本侧视与口视，×35；Lj14/3.2，93055；横县六景剖面，吉维特阶，*hemiansatus* 带。

5a—c　正模标本之反口视、口视与侧视，×35；Lj14/1，93056，14 层之上 1.0m；广西横县六景剖面，吉维特阶，*hemiansatus* 带。

6　口视，Lj12/0.12，93057；横县六景剖面，艾菲尔阶，*ensensisn* 带最上部。

1—6　复制于 Bai 等，1994，图版 5，图 1—5，9。

7—8　斜缘贝刺　*Icriodus obliquimarginatus* Bischoff and Ziegler，1957

7　口视，×39；CD403/75120；四红山剖面，中泥盆统分水岭组 *ensensis* 带。

8　侧视，×39；CD403/77405；四红山剖面，中泥盆统分水岭组 *ensensis* 带。

7—8　复制于王成源，1989，图版 9，图 4—5。

9　后突贝刺　*Icriodus postprostatus* Xiong，1983

9a—b　正模标本之口视与反口视，×35（?）；贵州长顺代化，上泥盆统代化组；复制于熊剑飞（见：西南地区古生物图册 微凸古生物分册），图版 71，图 21。

10—11　先交替贝刺　*Icriodus praealternatus* Sandberg，Ziegler，and Dreesen，1992

10　口视，×70；L19-z8t/130273；龙门剖面上泥盆统谷闭组上部，晚 *triangularis* 带。

11　口视，×70；L19-z8s/130275；龙门剖面上泥盆统谷闭组上部，中 *triangularis* 带。

10—11　复制于 Wang 和 Ziegler，2002，图版 8，图 8，10。

12　特罗简贝刺　*Icriodus trojani* Johnson and Klapper，1981

12a—b　同一标本之反口视与口视，×70，⑦-CP-牙-28-1/00862，00544；云南文山，下泥盆统，*inversus* 带；复制于金善燏等，2005，图版 7，图 1—2。

13—17　衣阿华贝刺衣阿华亚种　*Icriodus iowaensis iowaensis* Youngquist and Peterson，1947

13　口视，×35；Yp20/0，93083；云盘剖面，再沉积于 *crepida* 带。

14　口视，×35；B4/0，93084；巴漆（B）剖面，再沉积于 *rhomboidea* 带。

15　口视，×35；B4/0，93085；巴漆（B）剖面，再沉积于 *rhomboidea* 带。

16　口视，×35；L9/0.25，93086；锡矿山（L）剖面，法门阶，中 *triangularis* 带。

17　口视，×35；Ma6/0，93087；马鞍山剖面，中 *triangularis* 带。

13—17　复制于 Bai 等，1994，图版 6，图 16—20。

18　衣阿华贝刺弯曲亚种　*Icriodus iowaensis ancylus* Sandberg and Dreesen，1984

口视，×35；B4/1.4，93088；巴漆（B）剖面，再沉积于 *rhomboidea* 带；复制于 Bai 等，1994，图版 6，图 21。

图版 21

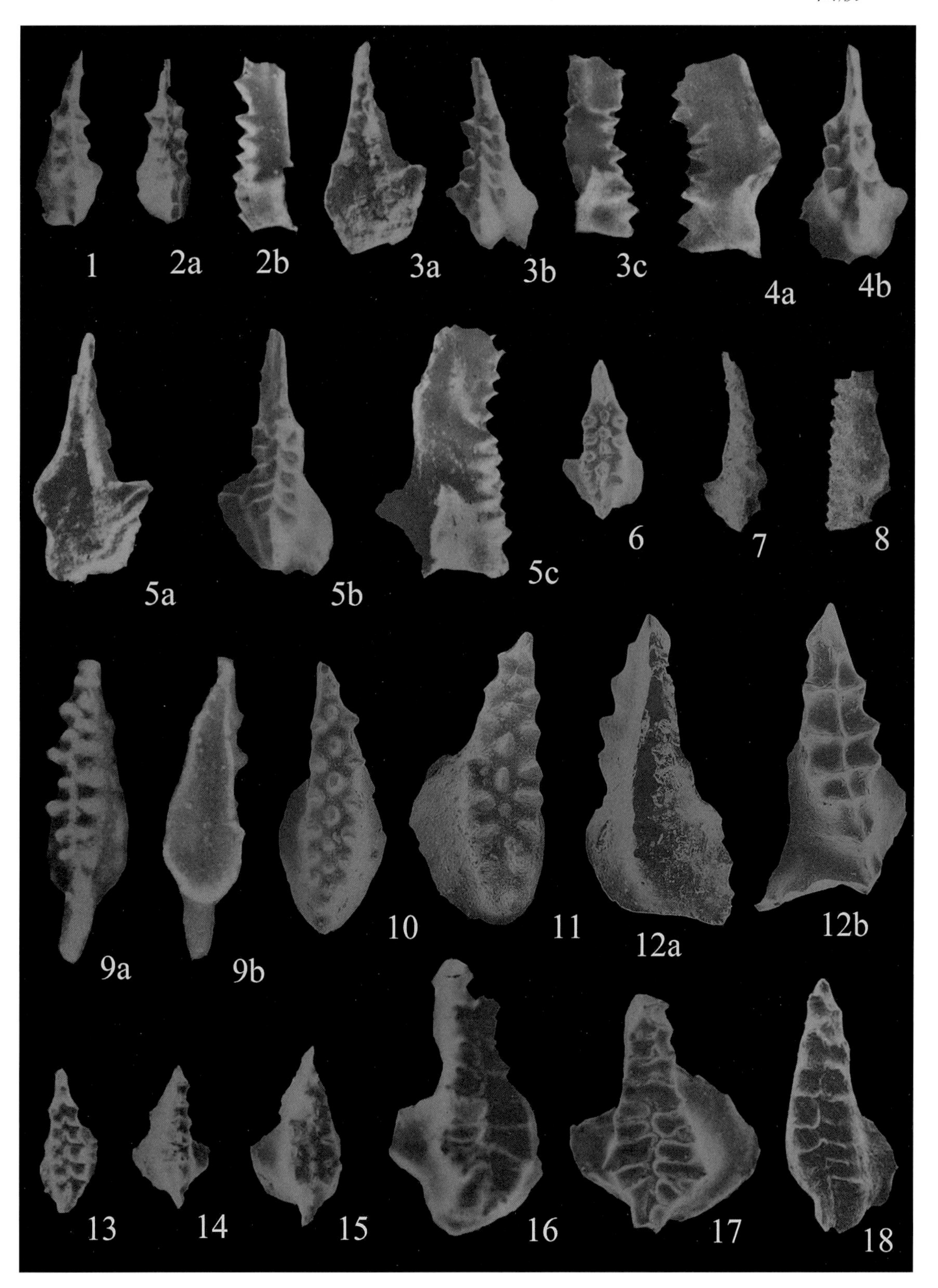
1
2a
2b
3a
3b
3c
4a
4b
5a
5b
5c
6
7
8
9a
9b
10
11
12a
12b
13
14
15
16
17
18

图版 22

1—7　雪松贝刺　*Icriodus cedarensis* Narkiewicz and Bultynck，2010

1a—b　副模标本之口视与侧视，×48；SUI100608 117334。

2a—c　正模标本之口视、侧视与反口视，×53；SUI100609 117338。

3a—c　副模标本之口视、侧视与反口视，×53；SUI100607 117330。

4a—b　副模标本之口视与侧视，×90；Mpon；in Boreux Mb，sample MB ben，IRScNB b5183。

5a—b　副模标本之口视与侧视，×75；Fort Hulobeirt Mb，sample MB2-5，HRScNB b5184。

6a—b　副模标本之口视与侧视，×79；Fort Hulobeirt Mb，sample MB BP2，IRScNB b5185。

7a—b　副模标本之口视与侧视，×79；section 39，Mierit Limestone Beds of the Point Wikins Mb of Souries River Fm，sample GSC 78898，Manitoba（Canada）。

1—7　复制于 Narkiewicz 和 Bultynck，2010，图 7.14—7.15，7.21—7.26，11.5—11.6，11.11—11.12，11.17—11.18，14.16—14.17。

8—10　塔费拉特贝刺　*Icriodus tafilaltensis* Narkiewicz and Bultynck，2010

8a—c　正模标本之口视、侧视与反口视，×35；IRScNB b5241。

9a—b　副模标本之口视与侧视，×35；IRScNB b5242。

10a—b　副模标本之口视与侧视，×35；IRScNB b5243。

8—10　复制于 Narkiewicz 和 Bultynck，2010，图 17. 1—17.3，17.4—17.5，17.6—17.7。

11—14　凹穴贝刺　*Icriodus excavatus* Weddige，1984

11a—b　同一标本之口视、侧视与反口视，×42；SUI 100608，117336。

12　口视，×77；sample 22，IRScNBb5211。

13　口视，×63；sample 19，IRScNBb5212。

14　口视，×63；sample 25，IRScNB b5213。

11—14　复制于 Narkiewicz 和 Bultynck，2010，图 7.18—7.20，13.19，13.20，13.23。

图版 22

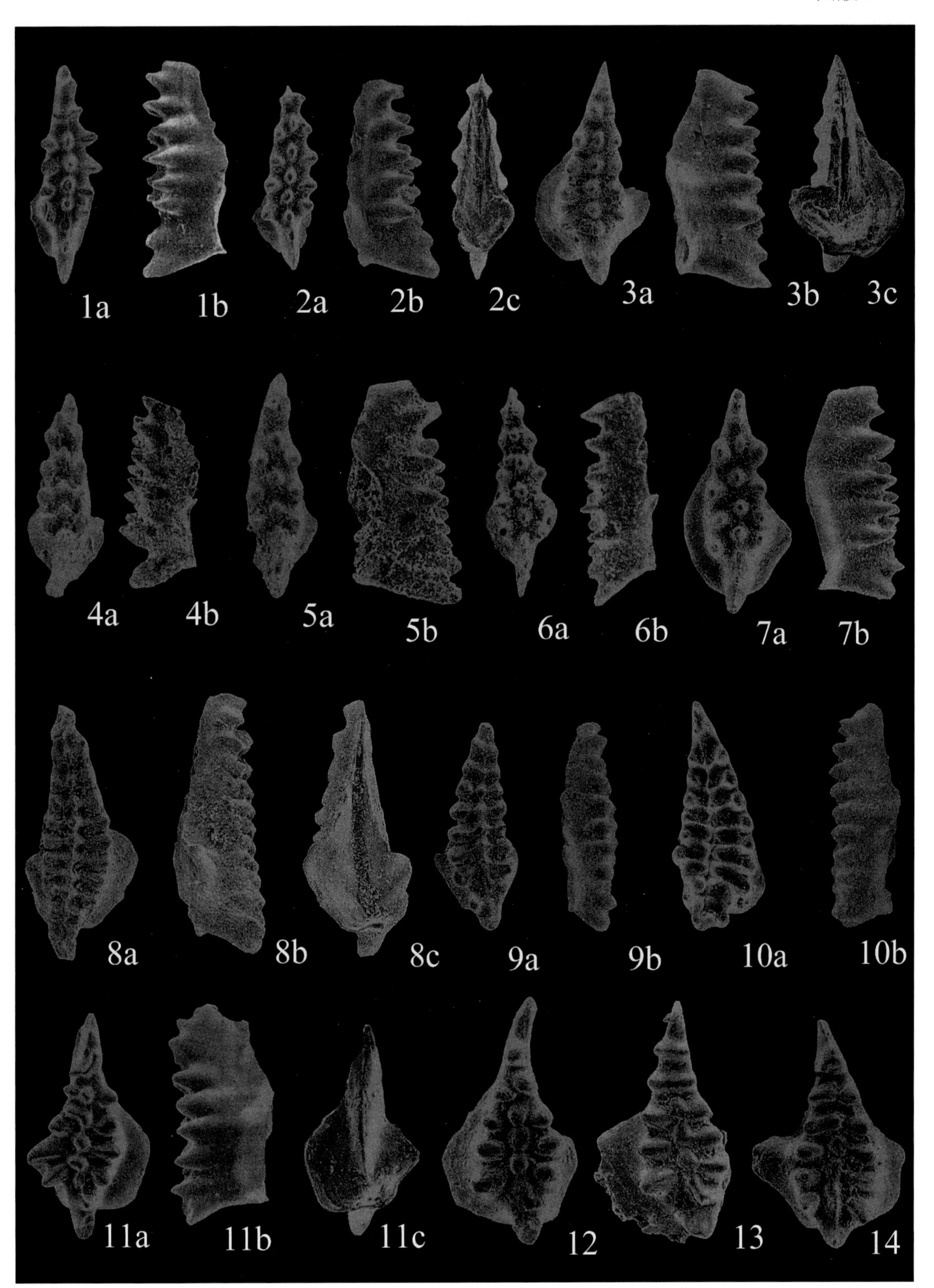
1a
1b
2a
2b
2c
3a
3b
3c
4a
4b
5a
5b
6a
6b
7a
7b
8a
8b
8c
9a
9b
10a
10b
11a
11b
11c
12
13
14

图版 23

1—5 高端贝刺（比较种） *Icriodus* cf. *subterminus* Youngquist，1947

1 口视，×53；登记号：LCn-852195；野外号：B126By1。

2 口视，×53；登记号：LCn-852196；野外号：B126By83。

3 口视，×53；登记号：LCn-852197；野外号：B126By1。

1—3 四川龙门山，中泥盆统观雾山组海角石段 B126 层；复制于熊剑飞等，1988（侯鸿飞等，1988），图版 135，图 11—13。

4a—b 同一标本之口视与口方侧视，×53；云 7-1，7904；上林云潘，上泥盆统三里组；复制于百顺良等，1982，图版 1，图 4a—b。

5a—b 同一标本之口视与侧视，sample MB ben，IRScNB b5178；复制于 Narkiewicz 和 Bultynck，2010，图 11. 1—11. 2。

6—7 高端贝刺 *Icriodus subterminus* Youngquist，1947

6a—b 同一标本之口视与侧视，×79；Fort Hulobict Mb，sample MB H，IRScNB b5186。

7a—b 同一标本之口视与侧视，×79；Fort Hulobict Mb，sample MB PB2，IRScNB b5187。

6—7 复制于 Narkiewicz 和 Bultynck，2010，图 11. 7—11. 8，11. 13—11. 14。

8—9 土桥子贝刺 *Icriodus tuqiaoziensis* Han，1988

8a—b 正模标本之口视与反口视，×53；登记号：LCn-852213；野外号：B137y5。

9a—b 副模标本之口视与反口视，×53；登记号：LCn-852214. 野外号：B137y5。

8—9 龙门山，上泥盆统土桥子组 B137 层；复制于熊剑飞等，1988（侯鸿飞等，1988），图版 136，图 7—8。

10 维尔纳贝刺 *Icriodus werneri* Weddige，1977

口视，×39；XC 1015；迭部当多沟，中泥盆统鲁热组底部；复制于李晋僧，1987，图版 163，图 15。

11 贝刺（未定种 A） *Icriodus* sp. A

口视，×29；CD101/77408；那坡三叉河剖面，下—中泥盆统坡折落组，*perbonus* 带；复制于王成源，1989，图版 10，图 2。

12 贝刺（未定种 B） *Icriodus* sp. B

同一标本之口视与反口视，×29；Xm16-2/77409；象州马鞍山，中泥盆统东岗岭组下部；复制于王成源，1989，图版 10，图 3。

13 贝刺（未定种 C） *Icriodus* sp. C

同一标本之侧视与口视，×29；CD114/77410；那坡三叉河剖面，下—中泥盆统坡折落组，*perbonus* 带；复制于王成源，1989，图版 10，图 4。

14—15 贝刺（未定种 D） *Icriodus* sp. D

14a—b. 同一标本之侧视与口视，×29；Sn72/75117；15a—b. 同一标本之口视与侧视，CD205/75416。

14—15 那坡三叉河，下—中泥盆统坡折落组；复制于王成源，1989，图版 9，图 6—7。

16 零陵贝刺 *Icriodus linglingensis* Zhao and Zuo，1983

16a—c 正模标本之口视、反口视与侧视；采集号：村西 m23-3；零陵县花桥，上泥盆统佘田桥组下部；复制于赵锡文和左自壁，1983，图版 I，图 24—25。

图版 23

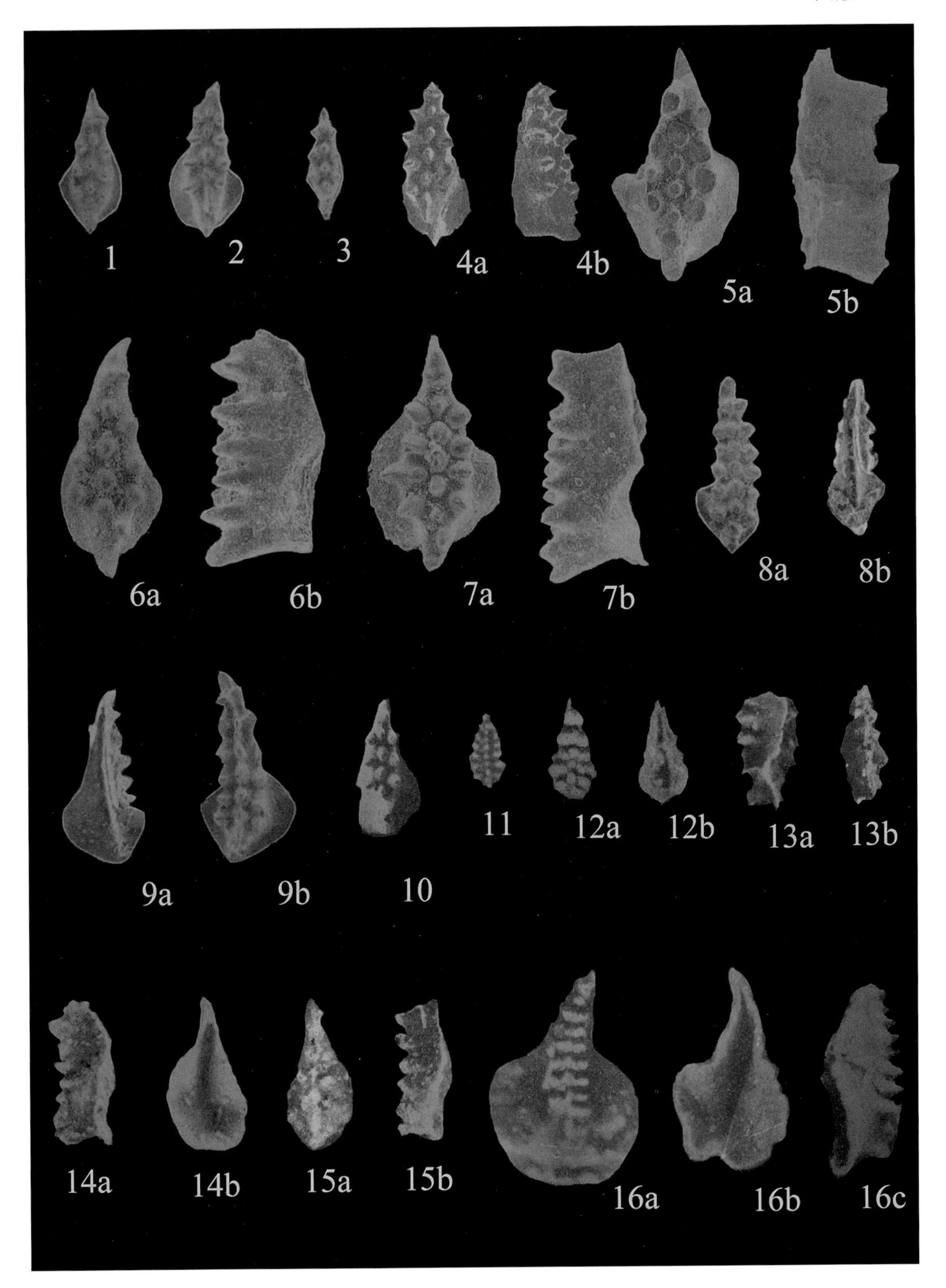
1
2
3
4a
4b
5a
5b
6a
6b
7a
7b
8a
8b
9a
9b
10
11
12a
12b
13a
13b
14a
14b
15a
15b
16a
16b
16c

图版 24

1—2　贝克曼侧贝刺　*Latericriodus beckmanni*（Ziegler，1956）

1a—b，2a—b　同一标本之反口视与口视，×44；D17/31536，D17/31571。

1—2　云南广南北 8km，下泥盆统达莲塘组；复制于王成源和王志浩，1978，图版 41，图 19—20，29—30。

3—6　斯台纳赫侧贝刺β形态型　*Latericriodus steinachensis*（Al-Rawi，1977）β morphotype Klapper and Johnson，1980

3a—b　正模标本之口视与反口视，×26；I 分子，Locality 5（Klapper，1969，24 页），SUI 46277。

4.　口视，×26；SUI 46273；5. 口视；SUI4627；6. Coal Canyon，Locality 5（Klapper，1969，24 页）。

3—5　复制于 Klapper 和 Johnson，1980，图版 2，图 19—22。

6　口视，×41；samp. 010BC；复制于 Slavik，2004，图版 1，图 4。

7—10　斯台纳赫侧贝刺η形态型　*Latericriodus steinachensis*（Al-Rawi，1977）η morphotype Klapper and Johnson，1980

7　I 分子，口视，×53；604VC. samp. 3vc；复制于 Slavik，2004，图版 1，图 5。

8a—b.　同一标本之口视与反口视，×26；SUI 46279；Coal Canyon，SP V section；9. 口视，×26；SUI 46278；Ikes Canyon。

8—9　复制于 Klapper 和 Johnson，1980，图版 2，图 25—27。

10　I 分子，口视，×42；Sp. No. 202CI；Cikanka section；复制于 Slavik 等，2007，图 3. 3。

11—12　隐芒尾贝刺　*Caudicriodus celtibericus*（Carls and Gandle，1969）

11.　I 分子，口视，×42；304BA，samp. 33ba；12. I 分子，口视，×41；205BA，samp. 30ba。

11—12　复制于 Slavik，2004，图版 1，图 7—8。

13　双列侧贝刺细亚种　*Latericriodus bilatericrescens gracilis* Bultynck，1985

口视，×41；310BA，samp. 30ba；复制于 Slavik，2004，图版 1，图 9。

14　锯齿斧颚刺锯齿亚种　*Pelekysgnathus serratus serratus* Jentzsch，1962

侧视，×35；03BC，samp. Bc7；复制于 Slavik，2004，图版 1，图 6。

15　锯齿斧颚刺布伦斯维斯亚种　*Pelekysgnathus serratus brunsvicensis* Valenzuela-Ríos，1994

侧视，×41；Sp. No. 086PO，sample 14PO，Pozary section；复制于 Slavik 等，2007，图 3. 7。

16—17　不平犁颚刺？　*Apatognathus? scalena* Varker，1967

16.　侧视，×29；ADS928/70223；17. 侧视，×29；ADS928/70224。

16—17　湖南界岭，上泥盆统邵东段；复制于 Wang 和 Ziegler，1982，图版 1，图 7—8。

18　刺蕈齿刺　*Fungulodus spinatus*（Wang and Yin，1985）

18a—b　正模标本之侧视与反口视，×53；ADZ35/84985。

19　粒齿蕈齿刺　*Fungulodus chondroideus*（Wang and Yin，1985）

19a—b　正模标本之口视与反口视，×42；ADZ41/84109。

20—21　圆蕈齿刺　*Fungulodus circularis*（Wang and Yin，1985）

20a—b.　副模标本之口视与反口视，×42；ADZ 1/84084；21a—b. 正模标本之口视与反口视，×42；ADZ 29/84083。

18—21　广西宜山峡口，上泥盆统最顶部；复制于王成源和殷保安，1985，图版Ⅱ，图 7a—b，5a—b，6a—b；图版Ⅲ，图 11a—b。

图版 24

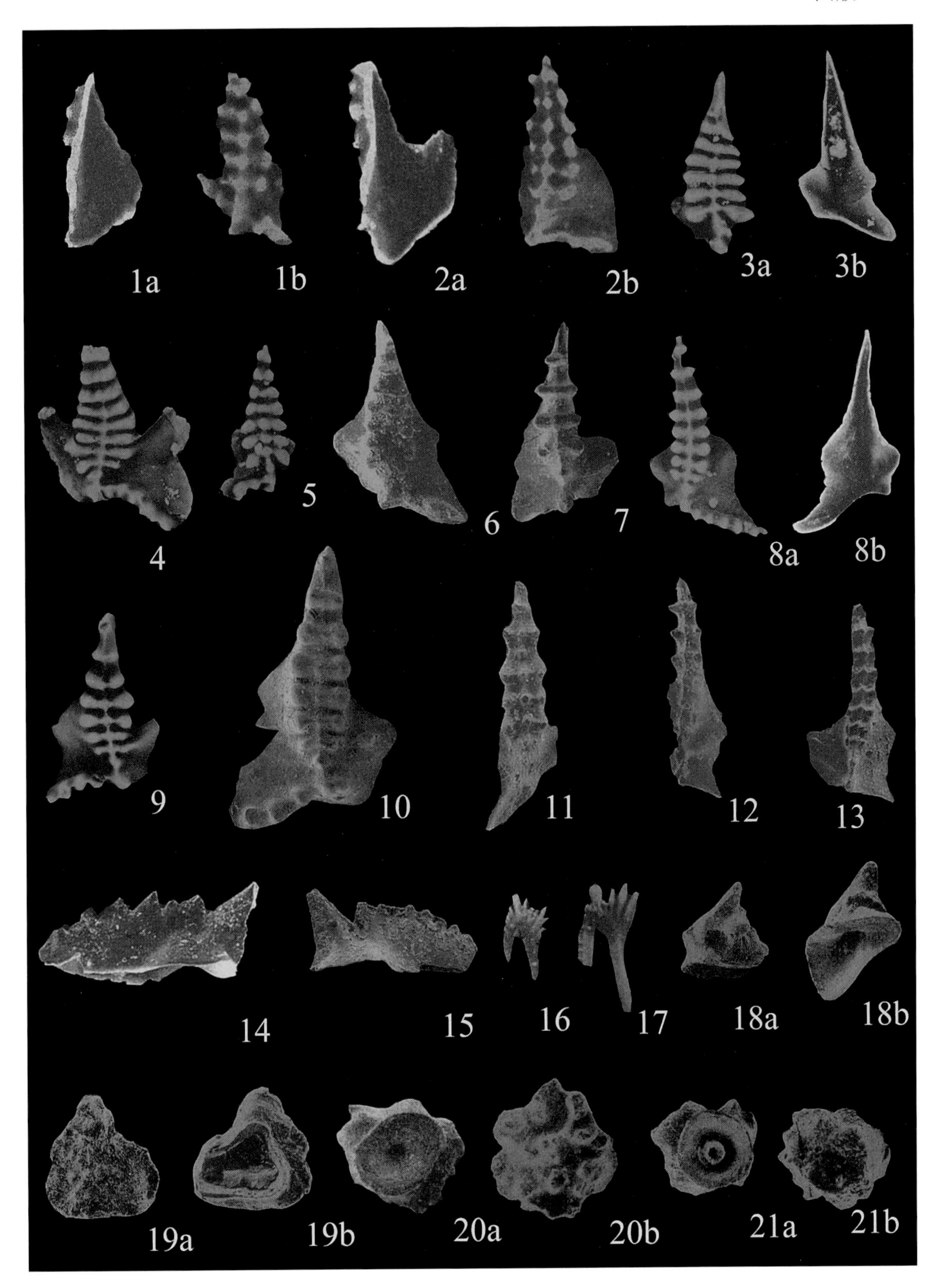
1a
1b
2a
2b
3a
3b
4
5
6
7
8a
8b
9
10
11
12
13
14
15
16
17
18a
18b
19a
19b
20a
20b
21a
21b

图版 25

1　贵州斧颚刺　*Pelekysgnathus guizhouensis* Wang and Wang，1978

1a—d　正模标本之口视、口方侧视、反口视与侧视，×35；ACE361/36508；贵州长顺县代化剖面，上泥盆统代化组；复制于王成源和王志浩，1978，图版3，图7—10。

2，8—10　平斧颚刺　*Pelekysgnathus planus* Sannemann，1955

2a—b　同一标本之侧视与口视，×70；CD350/75183；四红山剖面上泥盆统三里组，*crepida* 带；复制于 Wang 和 Ziegler，1083，图版4，图19a—b。

8　侧视，×70；L19-k/130287；龙门剖面，上泥盆统谷闭组上部，*linguiformis* 带。

9　侧视，×70；L21-a/130299；龙门剖面，上泥盆统谷闭组上部，中 *crepida* 带。

10　侧视，×70；D20-27/130289；垌村剖面，上泥盆统谷闭组上部，*linguiformis* 带。

8—10　复制于 Wang 和 Ziegler，2002，图版4，图22—24。

3—4　锯齿斧颚刺膨大亚种　*Pelekysgnathus serrata expansa* Wang and Ziegler，1983

3　副模标本侧视，×35；CD437/75184；四红山剖面，下—中泥盆统坡折落组 *costatus* 带。

4　正模标本之口视，×35；CD437/75184；四红山剖面，坡折落组 *P. c. costatus* 带。

3—4　复制于 Wang 和 Ziegler，1983，图版4，图20—21。

5—7　锯齿斧颚刺长亚种（比较亚种）　*Pelekysgnathus serrata* cf. *elongata* Carls and Gandle，1969

5　口视，×35；CD432/75186；四红山剖面，分水岭组 *costatus* 带。

6　侧视，×53；CD437/75188；四红山剖面，坡折落组上部 *costatus* 带。

7　侧视，×70；CD432/75187；四红山剖面，分水岭组 *costatus* 带。

5—7　复制于 Wang 和 Ziegler，1983，图版4，图22，24，23。

11—14　初始普莱福德刺　*Playfordia primitiva*（Bischoff and Ziegler，1957）

11a—b　同一标本之口视与侧视，×32；CD375/87098；四红山剖面，上泥盆统榴江组 *asymmetricus* 带；复制于 Ziegler 和 Wang，1985，图版Ⅲ，图14a—b。

12a—b，13a—b　同一标本之侧视与口视，×50；MC12-21145，MC23-21147；象州马鞍山剖面，上泥盆统桂林组底部，中 *asymmetricus* 带；复制于季强，1986（侯鸿飞等，1986），图版5，图13—16。

14a—c　同一标本之侧视、反口视与口视，×53；登记号：LCn-852136；野外号：B27y5；龙门山剖面，中泥盆统观雾山组海角石段 B127 层；复制于熊剑飞等，1988，图版131，图4a—c。

15　提升斧颚刺　*Pelekysgnathus elevatus*（Branson and Mehl，1938）

侧视，×132；L19-z8t/130248；桂林龙门剖面，上泥盆统谷闭组上部，法门期晚 *triangularis* 带；复制于 Wang 和 Ziegler，2002，图版6，图14。

图版 25

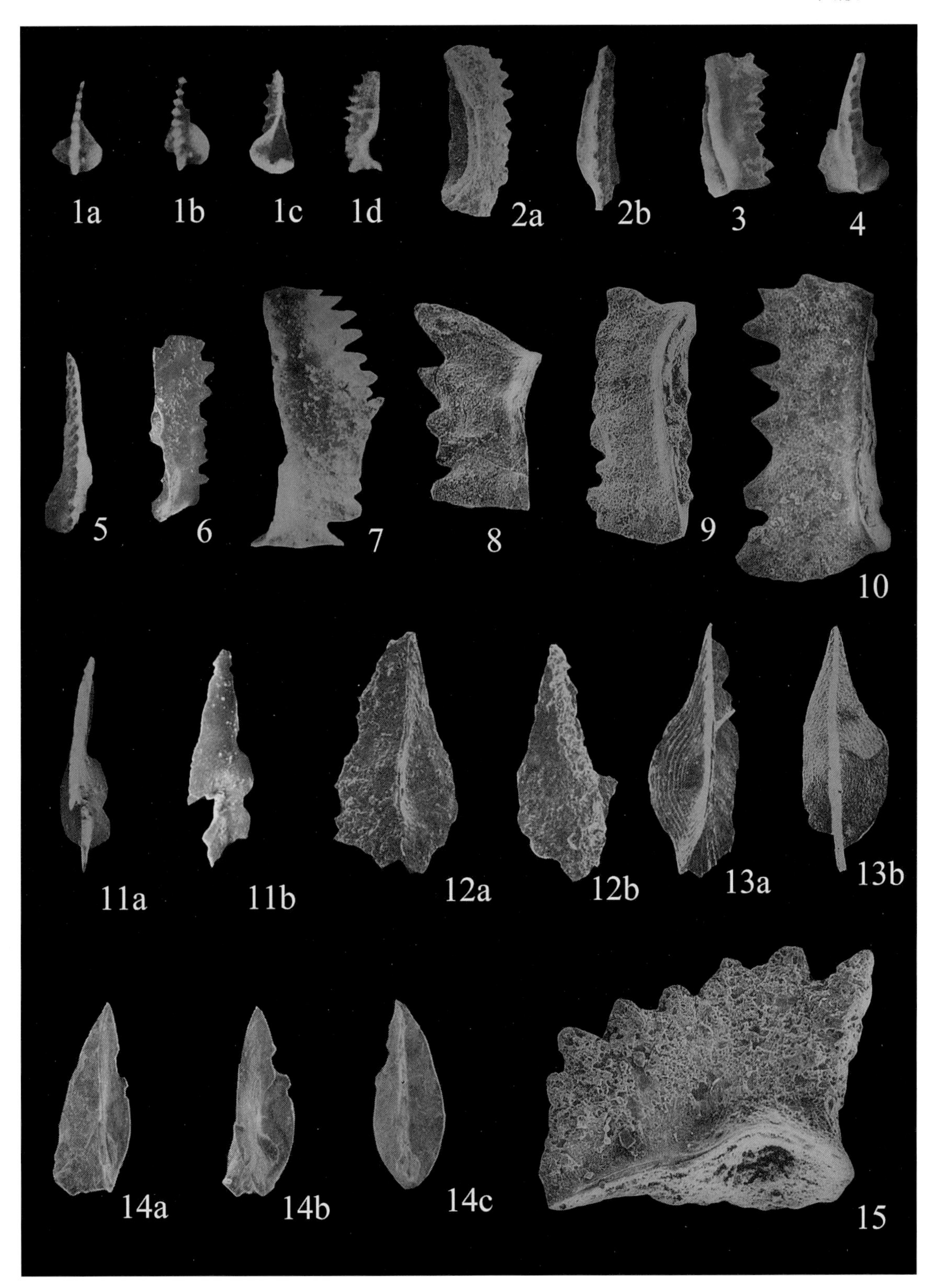
1a
1b
1c
1d
2a
2b
3
4
5
6
7
8
9
10
11a
11b
12a
12b
13a
13b
14a
14b
14c
15

图版 26

1　直希巴德刺　*Hibbardella ortha* Rexroad，1959

1a—b　同一标本后视与前视，×29；ADS930/70252；湖南界岭上泥盆统邵东段；复制于 Wang 和 Ziegler，1982，图版 2，图 2a—b。

2—3，14　克拉佩尔犁颚刺　*Apatognathus klapperi* Druce，1969

2　口方侧视，×29；ADS928/70258；湖南界岭上泥盆统邵东段；复制于 Wang 和 Ziegler，1982，图版 2，图 3。

3　后视，×32；W6-6020-13/77325；广西永福县和平公社，融县组；复制于王成源，1989，图版 3，图 1。

14　后视，×63；采集号：马-6；登记号：HC056；湖南新邵马栏边，孟公坳组；复制于董振常，1987，图版 3，图 12。

4—5　大主齿犁颚刺？　*Apatognathus? cuspidata* Varker，1967

口视，×32；ADS926/70257，ADS926/70256；湖南界岭上泥盆统邵东段；复制于 Wang 和 Ziegler，1982，图版 2，图 4—5。

6　瘦犁颚刺　*Apatognathus petilus* Varker，1969

后视，×74，采集号：B 牛-7；登记号：HC952；湖南新邵马栏边，孟公坳组；复制于董振常，1987 图版 3，图 6。

7—8，13，15　变犁颚刺　*Apatognathus varians* Branson and Mehl，1934

7a—b.　同一标本口视与侧视，×29；ADS928/70259；8a—b. 同一标本侧视与口视，×29；ADS928/70260。

7—8　湖南界岭，上泥盆统邵东段；复制于 Wang 和 Ziegler，1982，图版 2，图 6a—b，7a—b。

13　后视，×58；采集号：马-14；登记号：HC055；湖南新邵马栏边，上泥盆统孟公坳组；复制于董振常，1987，图版 3，图 11。

15a—b　同一标本口视与反口视，×35；ACE366/36467；贵州长顺县代化，上泥盆统代化组；复制于王成源和王志浩，1978，图版 1，图 24—25。

9　犁颚刺？（未定种 B）　*Apatognathus?* sp. B

9a—b　同一标本反口视与口视，×29；ADS931/70261；湖南界岭上泥盆统邵东段；复制于 Wang 和 Ziegler，1982，图版 2，图 8a—b。

10　平希巴德刺　*Hibbardella plana* Thomas，1949

10a—b　同一标本后视与侧视，×35；ACE370/36461；贵州长顺代化，上泥盆统代化组；复制于王成源和王志浩，1978，图版 1，图 13—14。

11　犁颚刺？（未定种）　*Apatognathus?* sp.

后视，×63；采集号：B 牛-7；登记号：HC051；湖南新邵马栏边，上泥盆统孟公坳组；复制于董振常，1987，图版 3，图 9。

12　犁颚刺？（未定种 A）　*Apatognathus?* sp. A

12a—b　同一标本前视与后视，×69；采集号：祁-1；登记号：HC051；祁阳苏家坪，桂阳组下部；复制于董振常，1987，图版 3，图 9—10。

16—17　细长犁颚刺　*Apatognathus extenuatus* Ji，1988

16　侧视，×37；野外号：C180-61；登记号：LCn-852263；17. 内侧视，×37；野外号：C181-77；登记号：LCn-852266。四川龙门山长滩子组中部；复制于侯鸿飞等，1988，图版 139，图 9—10。

18—19　双生犁颚刺　*Apatognathus geminus*（Hinde，1900）

18.　内侧视，×37；野外号：C175-11；登记号：LCn-852265；四川龙门山，茅坝组顶部 175 层。19. 内侧视，×37；野外号：C181-77；登记号：LCn-852266；四川龙门山，茅坝组顶部 181 层。

18—19　复制于侯鸿飞等，1988，图版 139，图 11—12。

20—21　线纹犁颚刺　*Apatognathus striatus* Ji，1988

20.　内侧视，×37；野外号：C176-19；登记号：LCn-852267；21. 内侧视，×37；野外号：C180-61；登记号：LCn-852268。四川龙门山，长滩子组中部；复制于侯鸿飞等，1988，图版 139，图 13—14。

图版 26

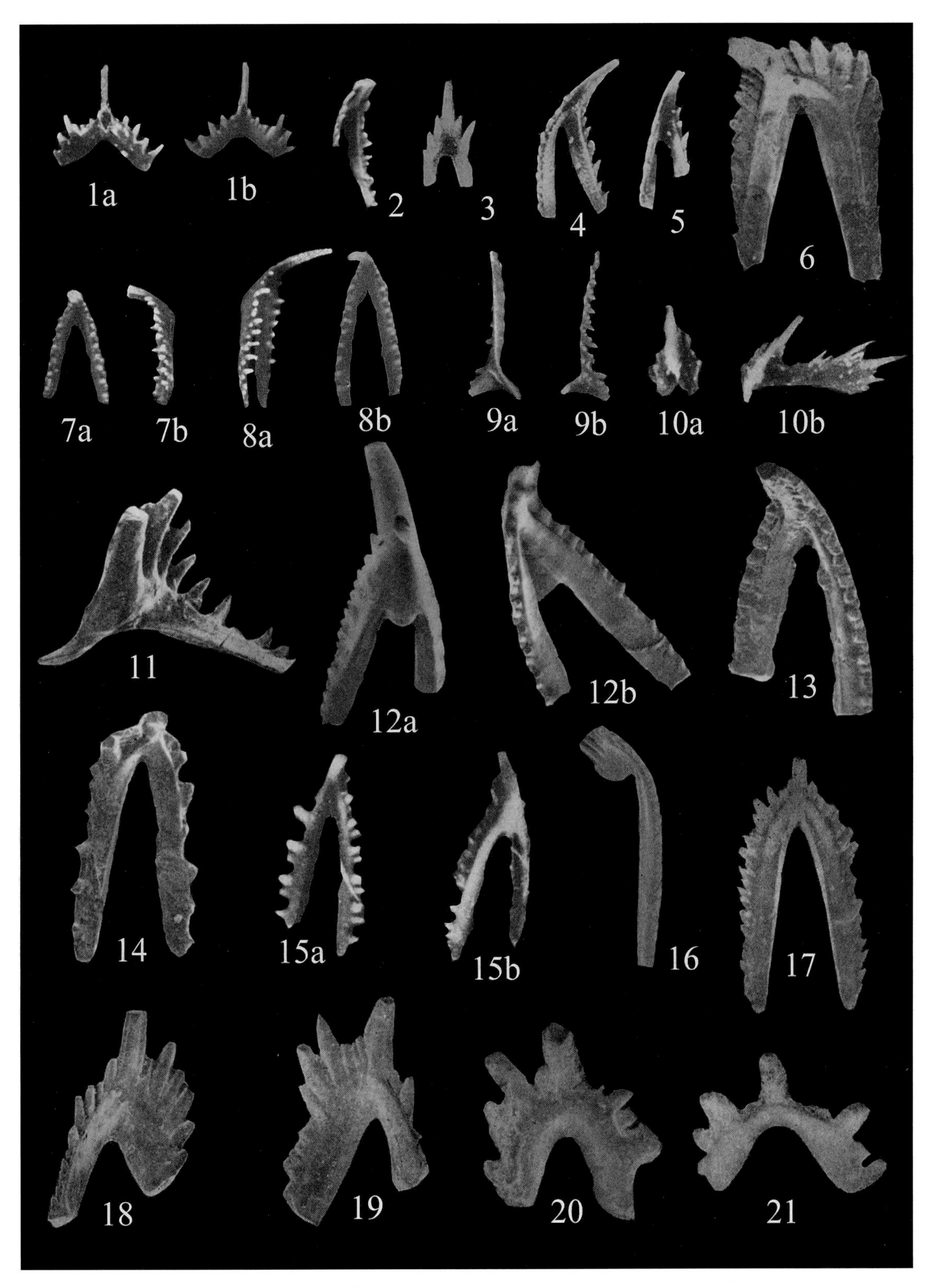
1a
1b
2
3
4
5
6
7a
7b
8a
8b
9a
9b
10a
10b
11
12a
12b
13
14
15a
15b
16
17
18
19
20
21

图版 27

1—2　交替希巴德刺　*Hibbardella alternata*（Branson and Mehl，1934）

1　后视，×40；采集号：E 牛-6；登记号：HC092；2. 后视，×45；采集号：牙 - 1；登记号：HC093。新邵马栏边，上泥盆统孟公坳组；复制于董振常，1987，图版 5，图 7—8。

3　希巴德刺（未定种 A）　*Hibbardella* sp. A

后视，×53；采集号：牙-46；登记号：HC094；新邵马栏边，下石炭统底部马栏边组；复制于董振常，1987，图版 5，图 9。

4　直希巴德刺　*Hibbardella ortha* Rexroad，1959

后视，×58；采集号：牙-37；登记号：HC095；新邵马栏边，下石炭统底部马栏边组；复制于董振常，1987，图版 5，图 10。

5　交替希巴德刺（比较种）　*Hibbardella* cf. *alternata*（Branson and Mehl，1934）

后视，×63；采集号：牙-6；登记号：HC096；新邵马栏边，上泥盆统邵东组；复制于董振常，1987，图版 5，图 11。

6　直希巴德刺（比较种）　*Hibbardella* cf. *ortha* Rexroad，1959

后视，×58；采集号：牙-37；登记号：HC097；新邵马栏边，下石炭统底部马栏边组；复制于董振常，1987，图版 5，图 12。

7　宽羽希巴德刺　*Hibbardella latipennata*（Ziegler，1959）

7a—b　同一标本之侧视与前视，×32；CD370/77671；四红山剖面，上泥盆统榴江组，*triangularis* 带；复制于王成源，1989，图版 41，图 3a—b。

8　分离希巴德刺　*Hibbardella separata*（Branson and Mehl，1934）

后视，×29；ADS930/70267；复制于 Wang 和 Ziegler，1982，图版 2，图 37。

9—11　三角希巴德刺　*Hibbardella telum* Huddle，1934

9　后视，×35（?）；78-5-15；贵州长顺代化，上泥盆统代化组；复制于熊剑飞，1983 图版 71，图 4。

10a—b　同一标本后视与侧视，×35；ACE370/36478；贵州长顺代化，上泥盆统代化组。

11　后视，×35；ACE370/36482；贵州长顺代化，上泥盆统代化组。

10—11　复制于王成源，王志浩，1978，图版 2，图 8—10。

12—15　穆林达尔扭曲刺　*Oulodus murrindalensis*（Philip，1966）

12.　Sa 分子，后侧视，×26；①-CP-牙-9/00531；13. Pa 分子，后侧视，×47；⑩-CP-牙-1—3/00606；14. Sa 分子，后侧视，×35；⑩-CP-牙-1—3/00606；*dehiscens* 带。

12—14　复制于金善燏等，2005，图版 9，图 4，8—9。

15a—b　同一标本侧视与后侧视，×29；WL8-26/75290；二塘绿峰山剖面，下泥盆统二塘组；复制于 Wang 和 Ziegler，1983，图版 8，图 21b-c。

图版 27

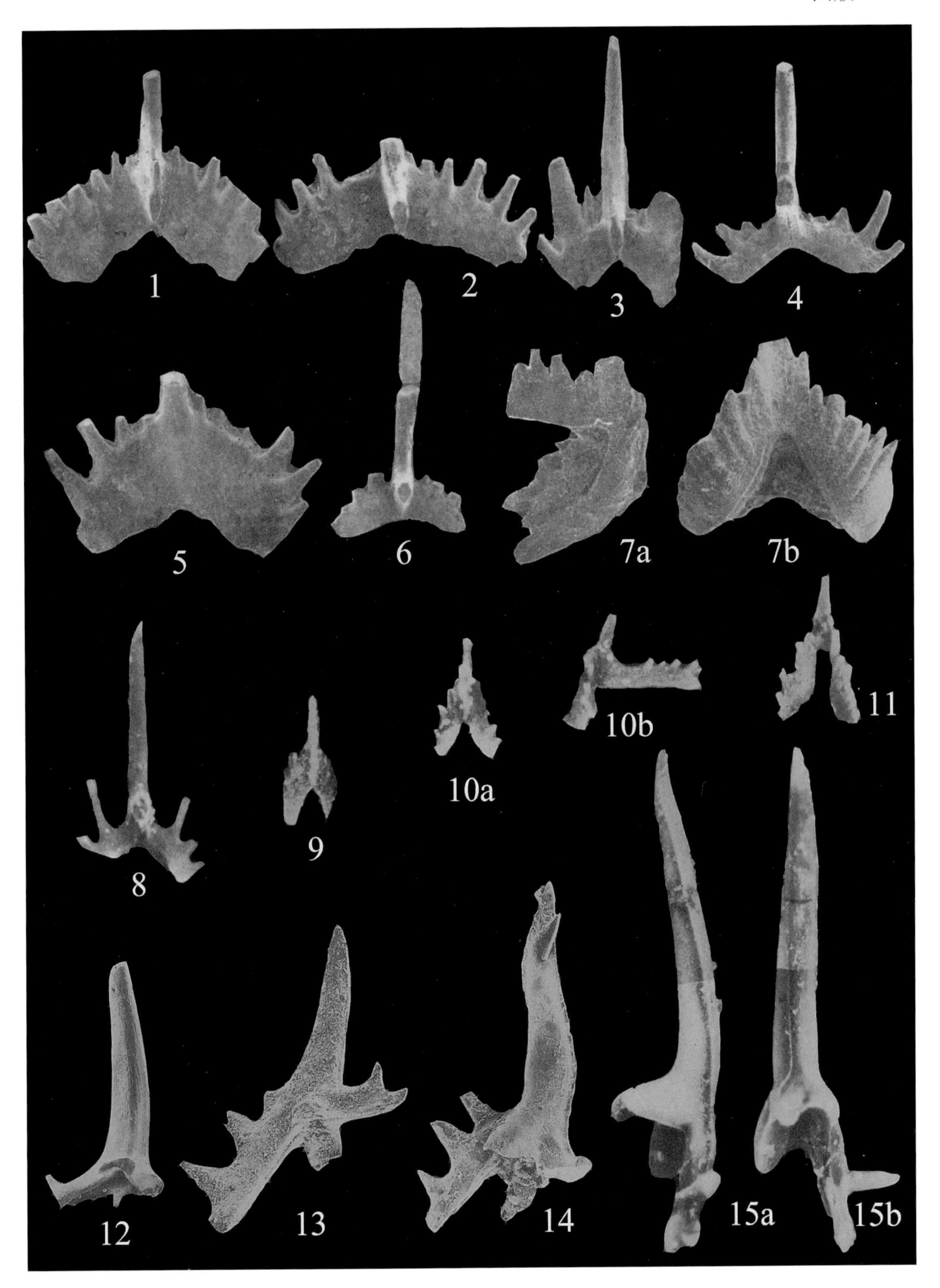

图版 28

1—2　前约翰逊模糊刺　*Amydrotaxis praejohnsoni* Murphy and Springer，1989

1　Pa 分子，口视，×70；SEM1843。

2a—b　Pa 分子，同一标本之口视与反口视，×80；SEM1232。

1—2　复制于夏凤生，1997，图版Ⅰ，图 2，8，10。图 1 归入此种可疑。

3—4　天山模糊刺　*Amydrotaxis tianshanensis* Wang，2001

3　口视，残破标本，×44；XI-11-1/130838。

4a—d　正模标本之内侧视、口视、反口视与外侧视，×60；XI-11-1/130837。

3—4　复制于王成源，2001（王宝玉等，2001），图版 56，图 17，13—16。

5—6　布凯伊锚刺　*Ancyrodella buckeyensis* Stauffer，1938

5a—b　同一标本之反口视与口视，×42；MC7-21021；上泥盆统桂林组下部，上 *asymmetricus* 带。

6a—b　同一标本之反口视与口视，×42；MC3-21002；上泥盆统桂林组下部，下 *gigas* 带。

5—6　复制于季强，1986（侯鸿飞等，1986），图版 3，图 5—6，7—8。

7—10　弯曲锚刺　*Ancyrodella curvata* Branson and Mehl，1934

7　口视，×35；Ma5/0，93012。

8a—b　同一标本之反口视与口视，×35。

7—8　复制于 Bai 等，1994，图版 2，图 4，5a—b。

9　口视，×32；CD372/87121；复制于 Ziegler 和 Wang，1985，图版Ⅳ，图 1a。

10　口视，×40；9100265/LL-92；复制于 Ji 和 Ziegler，1993，图版 2，图 4。

图版 28

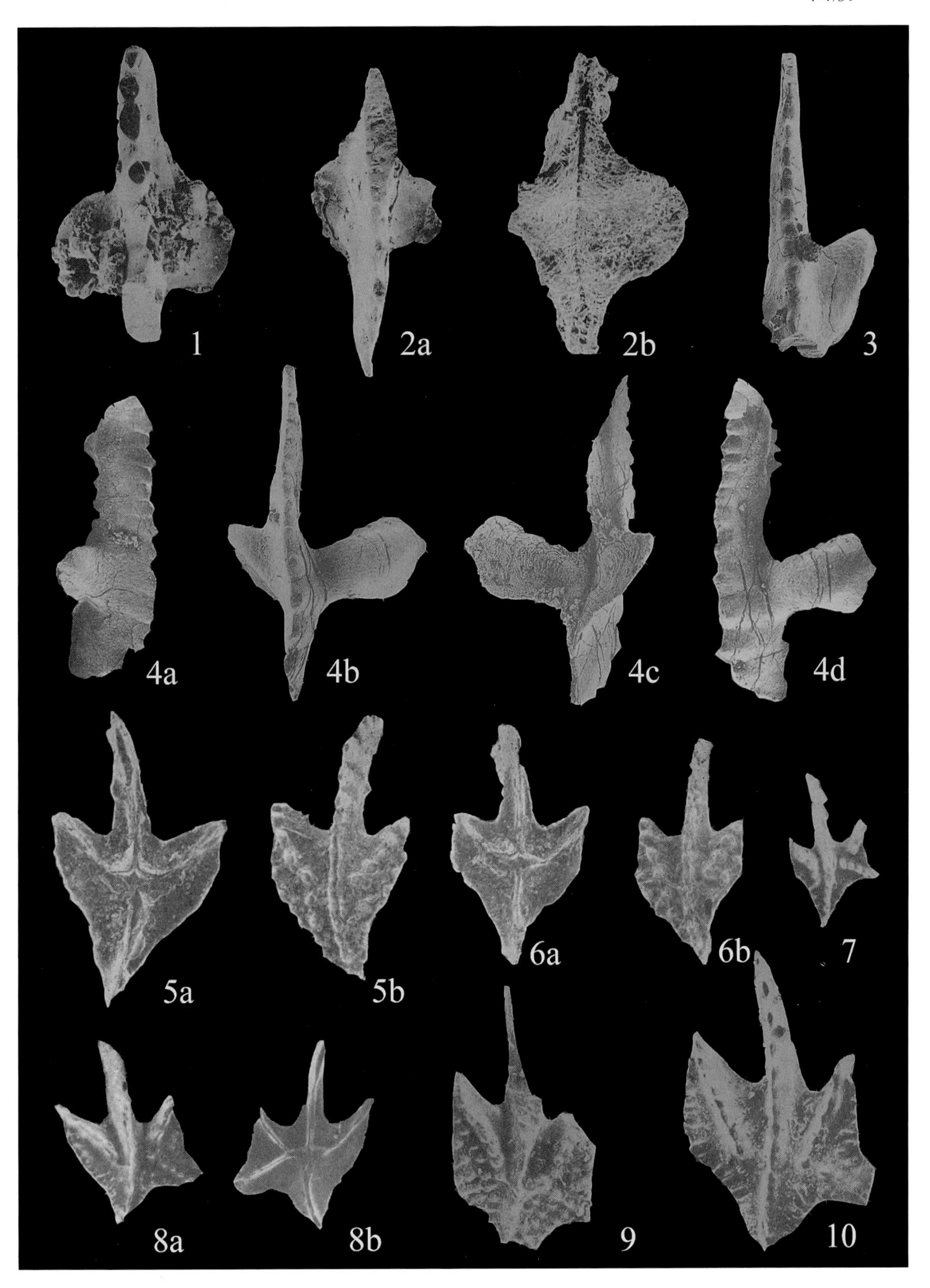

图版 29

1—5 巨大锚刺 *Ancyrodella gigas* Youngquist, 1947

1 口视, ×32; CD372-1/87094; 广西四红山, 上泥盆统榴江组; 复制于 Ziegler 和 Wang, 1985, 图版Ⅲ, 图 10。

2—4 口视, ×32; CD370/75093, CD225/77306, CD374/77307; 广西四红山, 上泥盆统榴江组; 复制于王成源, 1989, 图版 1, 图 2—4。

5 口视, ×44; 910015/LL-107; 上泥盆统老爷坟组中上部, *puctata* 带; 复制于 Ji 和 Ziegler, 1993, 图版 1, 图 12。

6—13 箭形锚刺 *Ancyrodella ioides* Ziegler, 1958

6a—b 同一标本之反口视与口视, ×35; Ma3/3.5, 93024; 广西马鞍山, 上泥盆统, *linguiformis* 带。

7 口视, ×35; 巴漆剖面, 上泥盆统。

6—7 复制于 Bai 等, 1994, 图版 3, 图 3a—b, 4。

8—10 口视, ×66; D19-8m/30250, L19-0/130251, D19-j/130252; 上泥盆统, *linguiformis* 带; 复制于 Wang 和 Ziegler, 2002, 图版 7, 图 1—3。

11—13 口视, ×26; 9100300/LL-88, 9100273/LL-91, 9100283/LL-88; 上泥盆统香田组中上部, *linguiformis* 带, *rhenana* 带, *linguiformis* 带; 复制于 Ji 和 Ziegler, 1993, 图版 2, 图 1—3。

14—17 叶片锚刺 *Ancyrodella lobata* Branson and Mehl, 1934

14 口视, ×26; 9100239/LL-94, morphotype 2; 上泥盆统香田组下部, 早 *rhenana* 带。

15 口视, ×26; 9100193/LL-94, morphotype 1; 上泥盆统香田组下部, 早 *rhenana* 带。

14—15 复制于 Ji 和 Ziegler, 1993, 图版 2, 图 7—8。

16a—b 同一标本之口视与反口视, ×42; MC23-21004; 上泥盆统巴漆组, 中 *asymmetricus* 带。

17a—b 同一标本之反口视与口视, ×48; MC23-21005; 上泥盆统巴漆组, 中 *asymmetricus* 带。

16—17 复制于侯鸿飞等, 1986, 图版 2, 图 15—18。

18—23 瘤齿锚刺 *Ancyrodella nodosa* Ulrich and Bassler, 1926

18—21 口视, ×32; W6-6018-10/77309, Sn85/77312, W6-6018-10/77313, CD372/75097; 复制于王成源, 1989, 图版 1, 图 11—14。

22—23 口视, ×26; D19-f/130253, D19-8f/130254; 复制于 Wang 和 Ziegler, 2002, 图版 7, 图 4—5。

图版 29

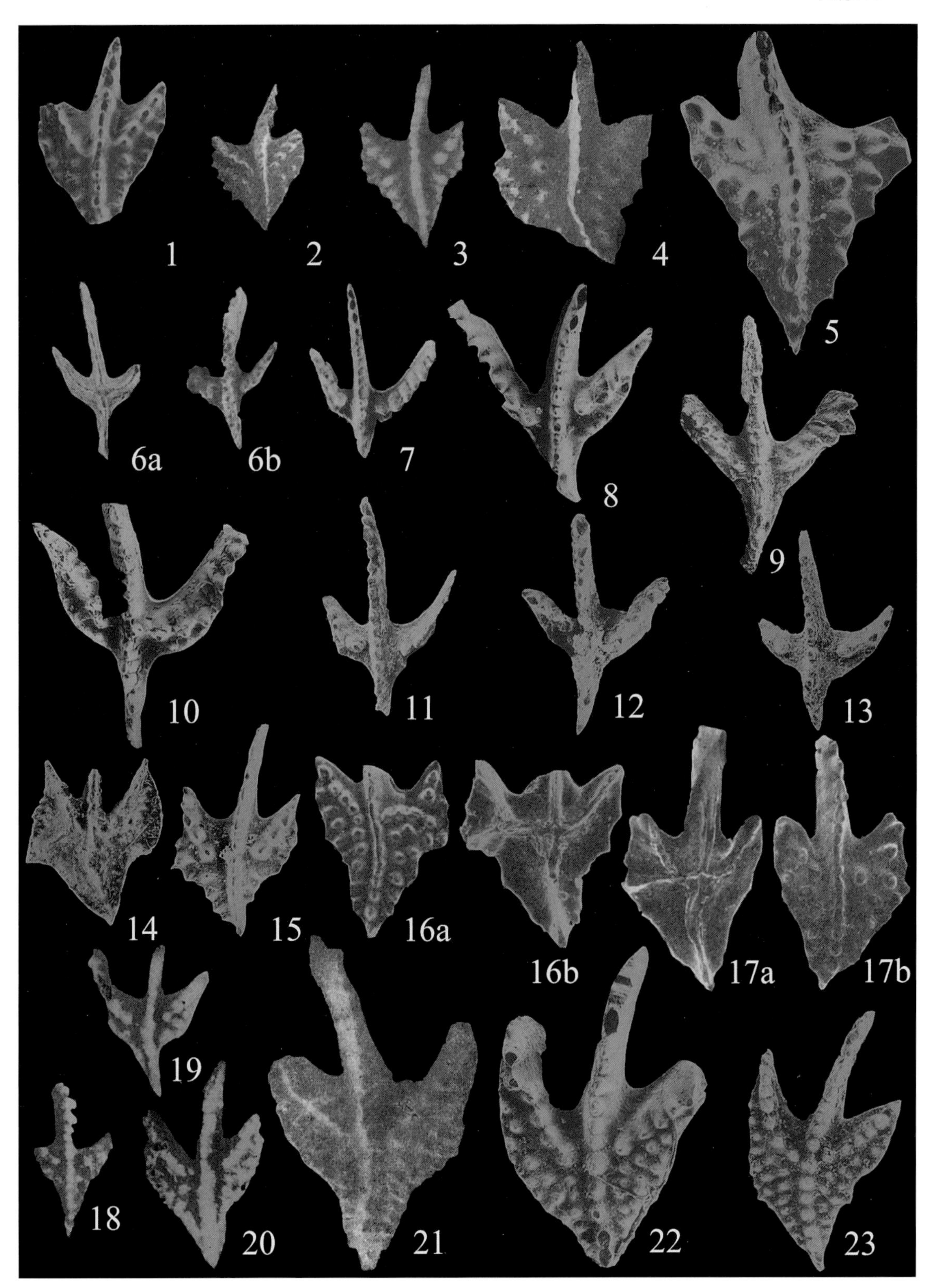

图版 30

1—4　原始锚刺　*Ancyrodella pristina* Khalumbadzha and Chernysheva，1970

1　口视，×35；j12/2.1，93002；均田剖面，上泥盆统，*rotundiloba* 亚带。

2a—b　同一标本之口视与反口视，×35；j12/1.2；均田剖面，上泥盆统，*rotundiloba* 亚带。

1—2　复制于 Bai 等，1994，图版 1，图 2a，3a—b。

3—4　口视，×44；9100028/LL-118，9100024/LL-114；上泥盆统老爷坟组，早 *falsiovalis* 带；复制于 Ji 和 Ziegler，1993，图版 1，图 7—8。

5　胡德勒锚刺　*Ancyrodella huddlei* Ji and Ziegler，1993

正模口视，×40；9100077/LL-114；上泥盆统老爷坟组中部，*transitans* 带；复制于 Ji 和 Ziegler，1993，图版 1，图 10。

6—8　圆叶锚刺宽翼亚种　*Ancyrodella rotundiloba alata* Glenister and Klapper，1968

6—7　口视，×32；CD376/75096，CD376/77311；四红山上泥盆统榴江组，*asymmetricus* 带；复制于王成源，1989，图版 1，图 9a，10。

8a—b　同一标本之口视与反口视，×42；Cp-牙-65-1/00597；上泥盆统，上 *falsiovalis* 带；复制于金善燏等，2005，图版 7，图 9，13。

9—12　圆叶锚刺双瘤亚种　*Ancyrodella rotundiloba binodosa* Uyeno，1967

9　口视，×32；CD375/87097；广西四红山，上泥盆统榴江组；复制于 Ziegler 和 Wang，1985，图版 Ⅲ，图 13。

10a—b，11a—b　同一标本之侧视与口视，×70；LCn-852084，LCn-852086；中泥盆统观雾山组海角石段；复制于熊剑飞，1988，图版 125，图 2a—b，7a—b。

12　口视，×32；CD376/75099；广西四红山上泥盆统榴江组；复制于王成源，1989，图版 1，图 5。

13—14　宽锚刺　*Ancyrodella alata* Glenister and Klapper，1968

口视，×40；9100062/LL-115，9100078/LL-114；上泥盆统老爷坟组，晚 *falsiovalis* 带；复制于 Ji 和 Ziegler，1993，图版 1，图 1，3。

15　解决锚刺　*Ancyrodella soluta* Sandberg，Ziegler and Bultynck，1989

口视，×40；9100036/LL-117；上泥盆统，下 *falsiovalis* 带；复制于 Ji 和 Ziegler，1993，图版 1，图 5。

图版30

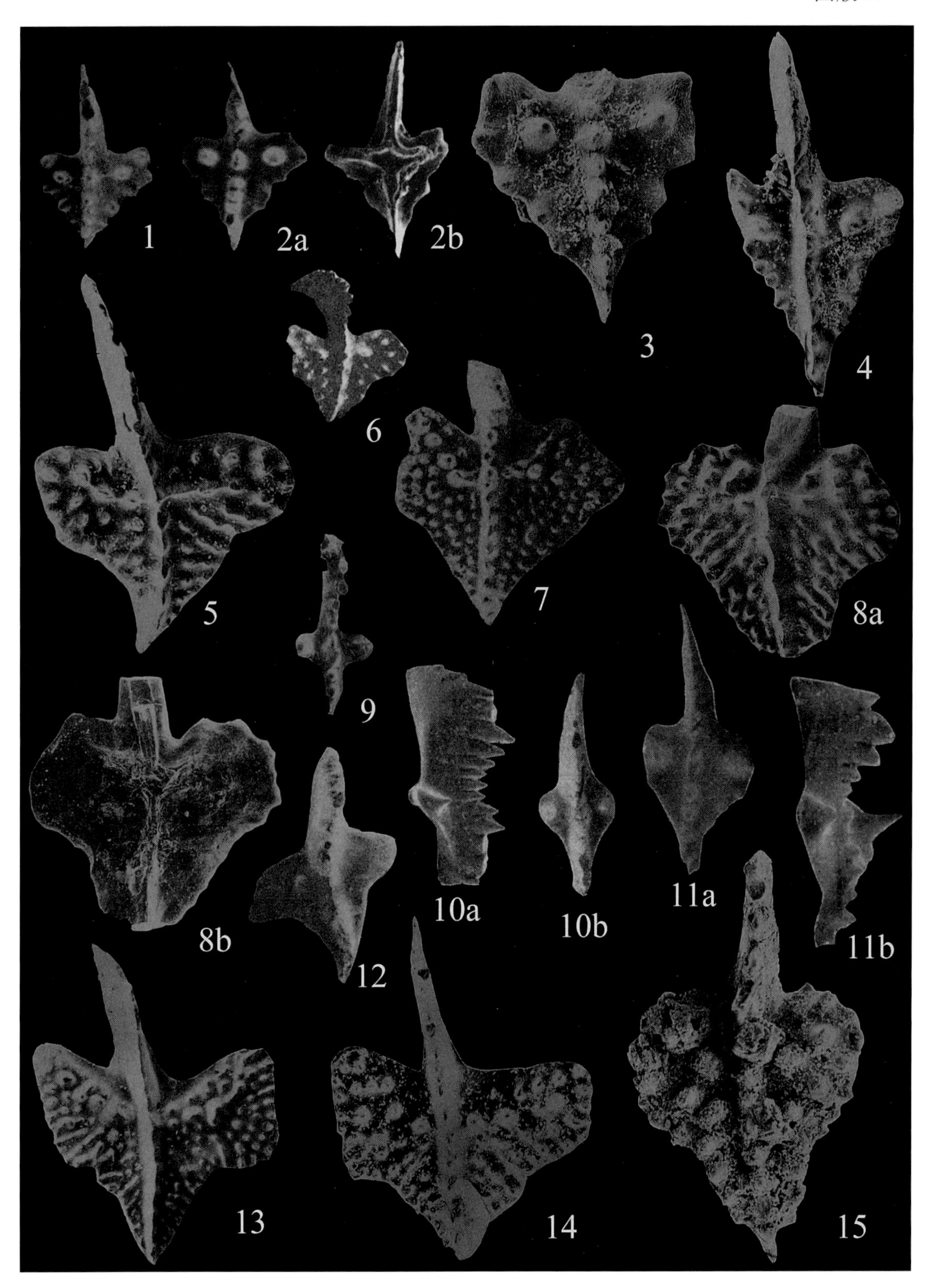

图版 31

1—3　圆叶锚刺圆叶亚种　*Ancyrodella rotundiloba rotundiloba*（Bryant，1921）

　1a—b　同一标本之口视与反口视，×34；CD376/75098；广西四红山，上泥盆统榴江组 *asymmetricus* 带；复制于王成源 1989，图版 1，图 7a—b。

　2a—b，3a—b　同一标本之口视与反口视，×70；LCn-852088，LCn-852098；四川龙门山，中泥盆统观雾山组海角石段；复制于熊剑飞等，1988（侯鸿飞等，1988），图版 125，图 6a—b；图版 127，图 3a—b。

4　圆叶锚刺方形亚种　*Ancyrodella rotundiloba quadrata* Ji，1986

　4a　正模标本之口视与反口视，×44；XFC-15/84756；上泥盆统“桂林组”底部。

　4b　副模之反口视，×44；XFC-15/84757；上泥盆统“桂林组”底部。

　4a—b　复制于季强等，1986，图版 1，图 7—8。

5　皱锚刺　*Ancyrodella rugosa* Branson and Mehl，1934

　口视，×35；J12/5.8，93013；均田剖面，*transitans* 带；复制于 Bai 等，1994，图版 2，图 6。

6—7　三角形似锚刺　*Ancyrodelloides delta*（Klapper and Murphy，1980）

　6. P 分子，副模口视，×26；7a—b. 正模口视与侧视，×26。

　6—7　复制于 Ziegler，1991，*ancyrodelloides*—图版 2，图 2，4b—c。

8　伊利诺莱恩刺　*Lanea eleanorae*（Lane and Ormiston，1979）

　8　正模标本之口视与反口视，×44；复制于 Ziegler，1991，*ancyrodelloides*—图版 2，图 5a—b。

9，12　过渡似锚刺　*Ancyrodelloides transitans*（Bischoff and Sannemann，1958）

　9a—b　Pa 分子，正模标本口视与反口视，×26；复制于 Ziegler，1991，*ancyrodelloides*—图版 2，图 4a—b。

　12　Pa 分子，口视，×90；101616；复制于王成源和张守安，1988，图版 1，图 11。

10，13　三角似锚刺　*Ancyrodelloides trigonicus* Bischoff and Sannemann，1958

　10a—b　Pa 分子，正模标本之反口视与口视，×23；复制于 Ziegler，1991，*ancyrodelloides*—图版 1，图 5a—b。

　13　口视，×90；101616；复制于王成源和张守安，1988，图版 1，图 14。

11　库切尔似锚刺　*Ancyrodelloides kutscheri* Bischoff and Sannemann，1958

　Pa 分子，正模标本之口视，×23；复制于 Ziegler，1991，*ancyrodelloides*—图版 1，图 3。

图版 31

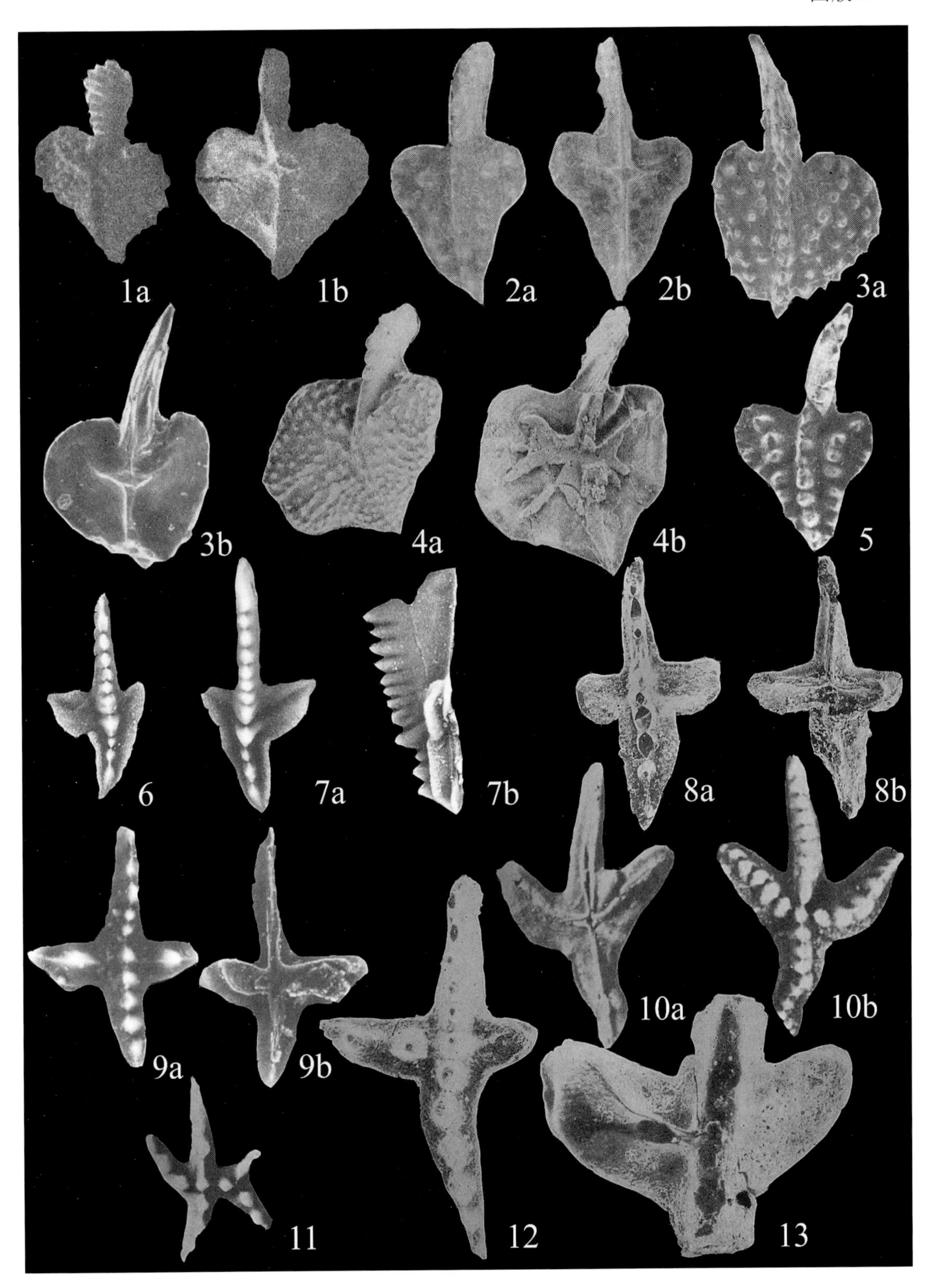

图版 32

1—2　交叉似锚刺　*Ancyrodelloides cruzae* Valenzuela-Ríos, 1994

Pa 分子，口视与反口视，×28；样品 M-25；早—中洛霍考夫期；复制于 Mavrinskaya 和 Slavik，2013，图 5Q – R。

3—4　双羽双羽刺双羽亚种β形态型　*Bispennatus bipennatus bipennatus*（Bischoff and Ziegler，1957）β morphotype of Bultynck（1987）

口视，×53；UQY6051，CCD/348；复制于 Mawson，1993，图 2I – J。

5　尖横脊双铲齿刺　*Bispathodus spinulicostatus*（E. R. Branson，1934）

口视，×32；MSEM 54，SEP 73/350；复制于 Ziegler 等，1974，图版 3，图 20。

6　横脊双铲齿刺羽状亚种　*Bispathodus aculeatus plummulus*（Rhodes，Austin and Druce，1969）

右侧视，×62；MSEM 56；SEP 71/2484；复制于 Ziegler 等，1974，图版 3，图 24。

7—11　波伦娜娜布兰梅尔刺格迪克亚种　*Branmehla bohlenana gediki* Çapkinoglu，2000

7a—c　同一标本之侧视、口视与反口视，×35（?）；GMM B9A. 3-83；

8a—c　同一标本之口视、侧视与反口视，×35（?）；GPIM（=GMM）B9A. 2-5；

7—8　复制于 Hartenfels，2010，图版 37，图 5a—c，7a—c。

9—11　同一标本之口视、口视与侧视，×35；广西乐业，上泥盆统融县组；广西区域地质调查院野外队样品。

12—14　波伦娜娜布兰梅尔刺波伦娜娜亚种　*Branmehla bohlenana bohlenana*（Helms，1959）

12a—b　同一标本之侧视与口视，×26（?）；GMM B9A. 3-80。

13a—b　同一标本之口视与侧视，×35（?）；GMM B9A. 3-81。

12—13　复制于 Hartenfels，2010，图版 37，图 2a—c，3a—c。

14　侧视，×35（?）；广西乐业上泥盆统；广西区域地质调查院野外队样品。

15　高位布兰梅尔刺　*Branmehla supremus*（Ziegler，1962）

同一标本之侧视与口视，×35；ACE361/36514；贵州长顺代化，上泥盆统代化组；复制于王成源和王志浩，1978，图版 3，图 23—24。

16—18　规则奥泽克刺　*Ozarkodina regularis* Branson and Mehl，1934

侧视，×35；ACE 359/36550，ACE 359/36552，ACE 359/36551；贵州惠水，王佑老凹坡“王佑组”；复制于王成源和王志浩，1978，图版 4，图 33—35。

图版 32

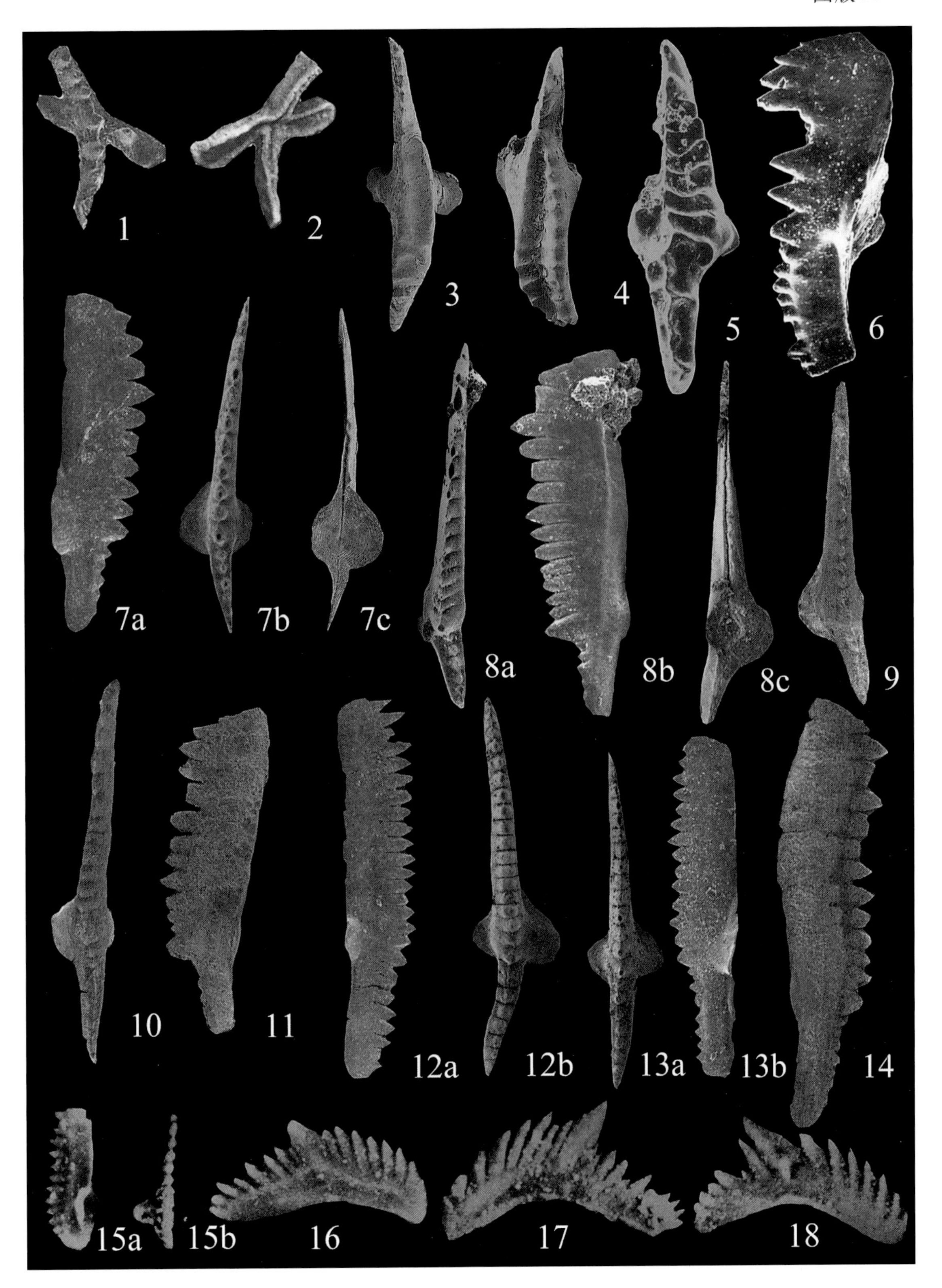

图版 33

1—3　耳双羽刺　*Bipennatus auritus*（Bai，Ning and Jin，1979）

1a—c　正模标本之口方斜视、口视与反口视，×35；大乐剖面，下 *varcus* 带。

2　口视；大乐剖面，下 *varcus* 带。

1—2　复制于 Bai 等，1994，图版 3，图 14—15。

3a—c　口视、侧视与反口视，×42；中泥盆统观雾山组海角石段；复制于熊剑飞，1988，图版 133，图 1a—c。

4—10　双羽双羽刺蒙特亚种　*Bipennatus bipennatus montensis* Weddige，1977

4—6　口视、口视、侧视、口视与侧视，×29；XD29-1/77374，XD29-1/77375，XD29-1/75197，XD29-1/75106；复制于王成源，1989，图版 6，图 5—7。

7.　口视，×30；XC1044；8. 口视，×26；XC1945；9. 口视，×30；XC1046；10. 口视，×33；复制于李晋僧，1987，图版 166，图 6a，10b，11b，8b。

11—12　双羽双羽刺双羽亚种 α 形态型　*Bipennatus bipennatus bipennatus*（Bischoff and Ziegler，1957）α morphotype

口视，×29；Xm 20—5/77373，Xm 23—7/75103；复制于王成源，1989，图版 6，图 1，8。

13—16　双羽双羽刺梯状亚种　*Bipennatus bipennatus scalaris*（Mawson，1993）

13a—b.　口视与侧视，×29；CT3—9/75109；14. 口视，×40；HL13—75110；复制于王成源，1989，图版 6，图 2—3。

15—16　口视，×40；复制于 Wawson，1993，图 2L－M。

17—18　帕勒肖陪双羽刺　*Bipennatus palethorpei*（Telford，1975）

17.　口视，×40；18. 口方斜视，×45；复制于 Wawson，1993，图 2B，D。

图版 33

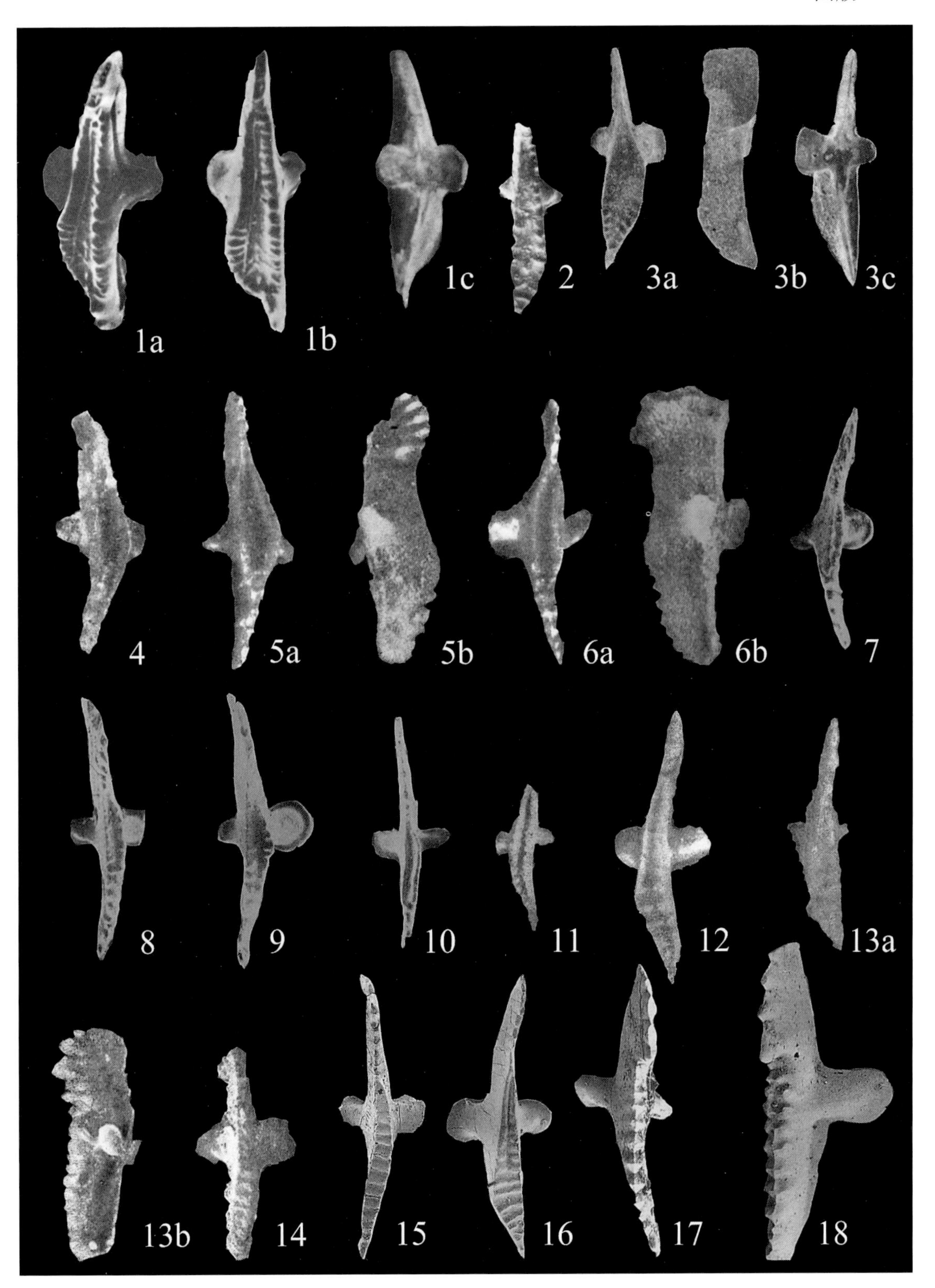

图版 34

1—3　棘刺双铲齿刺棘刺亚种　*Bispathodus aculeatus aculeatus*（Branson and Mehl，1934）

1　口视，×44；bed 68c/107235/NbII-10；桂林南边村，上泥盆统最上部。

2　口视，×44；bed 56/107236/NbII-4a-1；桂林南边村，上泥盆统最上部。

1—2　复制于 Wang 和 Yin，1988，图版 24，图 8—9。

3a—b　同一标本之口方侧视与口视，×35；XC 1049；甘肃迭部当多沟，中泥盆统鲁热组底部；复制于李晋僧，1987，图版 166，图 7a—b。

4—6　棘刺双铲齿刺前角亚种　*Bispathodus aculeatus anteposicornis*（Scott，1961）

4　口视，×44；bed 36/107232/NbⅢ-11；桂林南边村，上泥盆统最上部。

5　口视，×44；bed 36/107233/NbⅢ-9；桂林南边村，上泥盆统最上部。

4—5　复制于 Wang 和 Yin，1988，图版 24，图 5—6。

6a—c　同一标本之内侧视、外侧视与口视，×29；CD327/75245；广西靖西三联，上泥盆统最上部；复制于王成源，1989，图版 4，图 8。

7　棘刺双铲齿刺羽状亚种　*Bispathodus aculeatus plumulus*（Rhodes，Austin and Druce，1969）

同一标本之侧视与口视，×29；CD332/75247；广西靖西三联，上泥盆统最上部；复制于王成源，1989，图版 4，图 8。

8　肋脊双铲齿刺（比较种）　*Bispathodus* cf. *costatus*（E. R. Branson，1934）

口视，×29；CD328/75244；广西靖西三联，上泥盆统最上部；复制于王成源，1989，图版 4，图 7。

9—13　肋脊双铲齿刺　*Bispathodus costatus*（E. R. Branson，1934）

9a—b，10a—b　同一标本之口视与侧视，×35；ACE358/36470，ACE359/35471；贵州惠水王佑水库，下石炭统最下部王佑组；复制于王成源和王志浩，1978，图版 1，图 29—32。

11　形态型 2，口视，×44；bed 33/103661/NBⅢ-13；桂林南边村剖面。

12a—b　形态型 1，同一标本之口视与侧视，×44；bed 37/107229/NbⅢ-19；桂林南边村剖面。

13a—b　同一标本之口视与侧视，bed 18/107241/NbIV-18，桂林南边村剖面。

11—13　复制于 Wang 和 Yin，1988，图版 24，图 1—2，14。

14—16　结合双铲刺　*Bispathodus jugosus*（Branson and Mehl，1934）

14—15　口视，×35；ACE368/36473，ACE367/36474；贵州上泥盆统代化组。

16a—c　同一标本之口视、侧视与反口视，×35；ACE368/36475；贵州上泥盆统代化组。

14—16　复制于王成源和王志浩，1978，图版 1，图 35—39。

17　最后双铲齿刺　*Bispathodus ultimus*（Bischoff，1957）

口视，×31；Ziegler，1962，图版 14，图 20；复制于 Ziegler 等，1974，图版 2，图 12。

图版 34

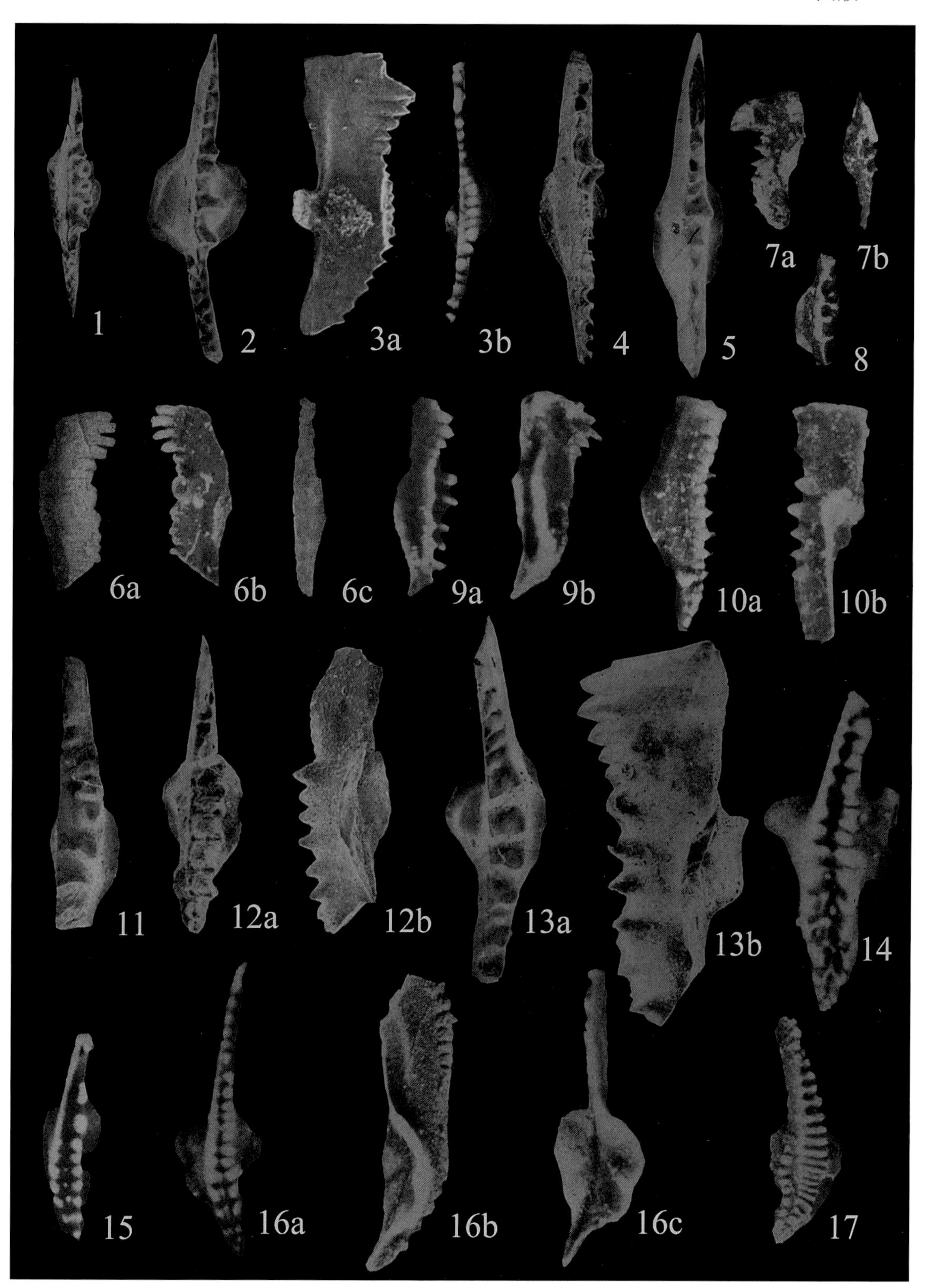
1
2
3a
3b
4
5
7a
7b
8
6a
6b
6c
9a
9b
10a
10b
11
12a
12b
13a
13b
14
15
16a
16b
16c
17

图版 35

1—5 稳定双铲齿刺 *Bispathodus stabilis*（Branson and Mehl，1934）

1 口视，×44；bed 57/197230/NbII-4b-2；复制于 Wang 和 Yin，1988，图版 24，图 3。

2a—b，3a—b 同一标本之口视与侧视，×35；ACE360/36521，ACE367/36533；贵州王佑，上泥盆统代化组；复制于王成源和王志浩，1978，图版 3，图 33—34；图版 4，图 6—7。

4. 口视，×68；Morphotype 1，基腔膨大；5. 口视，×66；Morphotype 2，基腔形状为 protognathodus 的类型。

4—5 复制于 Ziegler 等，1974，图版 3，图 1—2。

6 三齿双铲齿刺 *Bispathodus tridentatus*（Branson，1934）

6a—b 同一标本之侧视与口视，×35；ACE359/36472；贵州王佑，上泥盆统代化组；复制于王成源和王志浩，1978，图版 1，图 33—34。

7 齐格勒双铲齿刺 *Bispathodus ziegleri*（Rhodes，Austin and Druce，1969）

7a—b 同一标本之口视与反口视，×35；77-3p-151；贵州盘县石坝，上泥盆统代化组；复制于熊剑飞，1983，图版 71，图 25a—b。

8—10 波伦娜娜布兰梅尔刺格迪克亚种 *Branmehla bohlenana gediki* Çapkinoglu，2000

8a—c 同一标本之侧视、口视与反口视，×35；ACE366/36539；贵州长顺代化，上泥盆统代化组。

9 侧视，×40；ACE365/36540；贵州长顺代化，上泥盆统代化组。

10a—b 同一标本之侧视与口视，×35；ACE365/36540。

8—10 复制于王成源和王志浩，1978，图版 4，图 15—20。

11—13 维尔纳布兰梅尔刺 *Branmehla werneri* Ziegler，1962

11 侧视，×44；bed 55/107337/NbIIa-3b-2；桂林南边村，*praesulcata* 带。

12 侧视，×44；bed 55/107339/NbIIa-3b-4；桂林南边村，*praesulcata* 带。

13 侧视，×44；bed 65/107340/NbII-5g；桂林南边村，*sulcata* 带。

11—13 复制于 Wang 和 Yin，1988，图版 32，图 9，15—16。

14—18 无饰布兰梅尔刺 *Branmehla inornatus*（Branson and Mehl，1934）

14 侧视，×44；bed 55/107336/NbIIa-3b-4；桂林南边村，*praesulcata* 带。

15 侧视，×44；bed 48/107338/NbII-02；桂林南边村，*praesulcata* 带。

16 侧视，×44；bed 33/103662/NbⅢ-709-8；桂林南边村，*praesulcata* 带。

17 侧视，×44；bed 48/107378/NbII-48-7；桂林南边村，*praesulcata* 带。

18 侧视，×44；bed 50/107341/NbIIa-1c；桂林南边村，*praesulcata* 带。

14—18 复制于 Wang 和 Yin，1988，图版 32，图 10—14。

图版 35

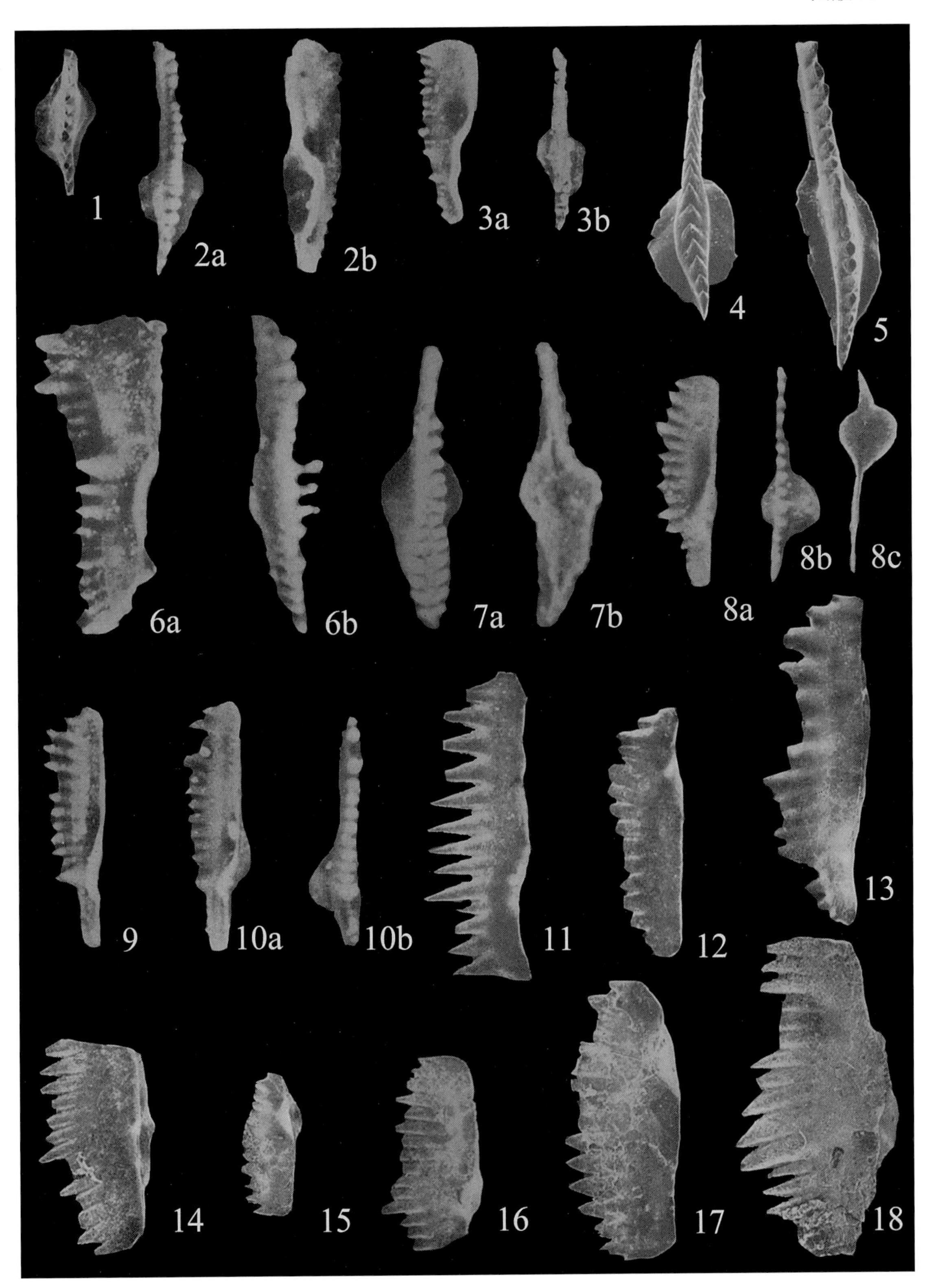

图版 36

1　线始颚齿刺　*Eognathous linearis* Philip，1966

　　1a—c　同一标本之反口视、口视与侧视，×53；1488/130832；新疆库车，布拉格阶阿尔腾克斯组；复制于王宝瑜等，2001，图版 56，图 1—3。

2—3　中间双羽刺　*Bipennatus intermedius*（Ji，1986）

　　2a—b　正模标本之口视与侧视，×42；Mc82-21014；鸡德组上部，下 *varcus* 带。

　　3a—b　副模标本之口视与侧视，×42；Mc82-21016；鸡德组上部，下 *varcus* 带。

　　2—3　复制于季强，1986（侯鸿飞等，1986），图版 9，图 8—9，18—19。

4—5　舒尔策弗莱斯刺　*Flajsella schulzei*（Bardashev，1989）

　　4a—c　同一标本之反口视、口视与侧视，×70；XI-11-11/130833；新疆库车，洛霍考夫阶阿尔腾克斯组 *schulzei* 带；复制于王宝瑜等，2001，图版 56，图 4—6。

　　5a—b　同一标本之侧视与口视。×53；AL12—3/132179；内蒙古巴特敖包剖面，下泥盆统阿鲁共组；复制于王平，2006，图版Ⅱ，图 4—5。

6—7　可恨弗莱斯刺　*Flajsella stygia*（Flajs，1967）

　　6a—b　同一标本之口方侧视与口视，×53；西藏定日县，下泥盆统洛霍考夫阶普鲁组，*delta* 带；复制于王成源和张守安，1988，图版 1，图 12—13。

　　7a—b　同一标本之侧视与口视，×33；西藏定日西山，下泥盆统普鲁组；复制于 Wang 和 Ziegler，1983，图 3. 1。

8—10　伊利诺莱恩刺　*Lanea eleanorae*（Lane and Ormiston，1979）

　　8a—b　同一标本之口视与侧视，×29；UCR 9393 1/4；bed 11B。

　　9　口视，×33；bed 11L 1/5；内华达。

　　10a—c　同一标本之口视、侧视与反口视，×29；MPZ 8227；西班牙中部。

　　8—10　复制于 Murphy 和 Valenzuella-Ríos，1999，图版 2，图 15—17，18—20。

11—13　欧茅阿勒法莱恩刺　*Lanea omoalpha* Murphy and Valenzuela-Ríos，1999

　　11a—c　同一标本之口视、侧视与反口视，×29；MPZ9006；西班牙中部；复制于 Murphy 和 Valenzuella-Ríos，1999，图版 2，图 12—14。

　　12a—b　同一标本之口视与侧视，×70；Al12-5/132197；内蒙巴特敖包，下泥盆统阿鲁共组。

　　13　口视，×44；AL12-3/132208；内蒙巴特敖包，下泥盆统阿鲁共组。

　　12—13　复制于王平，2006，图版Ⅳ，图 1—2；图版Ⅴ，图 4。

图版 36

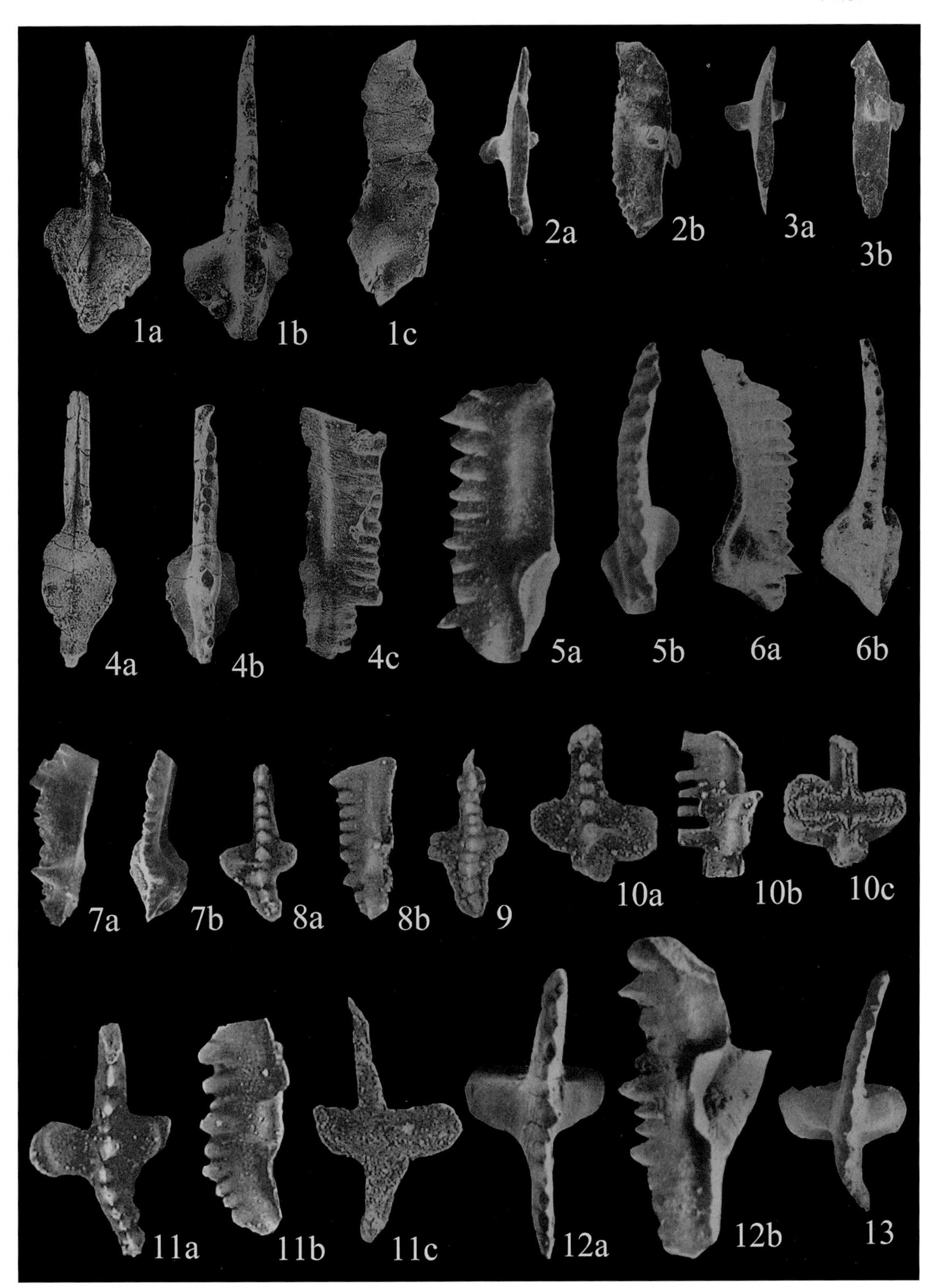
1a
1b
1c
2a
2b
3a
3b
4a
4b
4c
5a
5b
6a
6b
7a
7b
8a
8b
9
10a
10b
10c
11a
11b
11c
12a
12b
13

图版 37

1—5　始伊利诺莱恩刺　*Lanea eoeleanorae* Murphy and Valenzuela-Ríos, 1999

1a—d　正模标本之内侧视、口视、外侧视与反口视，×29；Simpson Park，VII Section，UCR9060，1/2。

2a—c　同一标本之反口视、口视与侧视；×29；α morph.；UCR 9391，1/30；内华达中部。

3a—c　同一标本之口视、侧视与反口视，×29；α morph.；Simpson Park，VII Section，UCR 9391，Ⅲ/34；内华达中部。

4　侧视，×33；β morph.；MPZ8601，西班牙中部 Pyrenees。

5a—c　同一标本之口视、侧视与反口视，×29；γ morph.；Simpson Park，VII Section，UCR 8767，1/50；内华达。

1—5　复制于 Murphy 和 Valenzuela-Ríos，1999，图版 1，图 20—22，30，24—26；图版 3，图 7，8—10。

6—9　泰勒莱恩刺　*Lanea telleri*（Schulze，1968）

6　口视，×29；Simpson Park，Ⅶ，UCR 9417，Ⅲ/4。

7　口视，×29；Simpson Park，Ⅶ，UCR 9417，Ⅲ/1。

8　口视，×29；Simpson Park，Ⅶ，UCR 8993，Ⅲ/17。

9a—c　同一标本之侧视口视与反口视，×33；Simpson Park，Ⅶ，UCR 9417，Ⅲ/3。

6—9　复制于 Murphy 和 Valenzuela-Ríos，1999，图版 2，图 24—26，28—30。

10—11　卡尔斯莱恩刺　*Lanea carlsi*（Boersma，1973）

10a—b　口视与局部放大，可见瘤齿；NML40532，sample 4po22。

11a—b　口视与局部放大，可见瘤齿；NML40534，sample 4po22。

10—11　复制于 Slavik，2011，322 页，图 3A，C。

图版 37

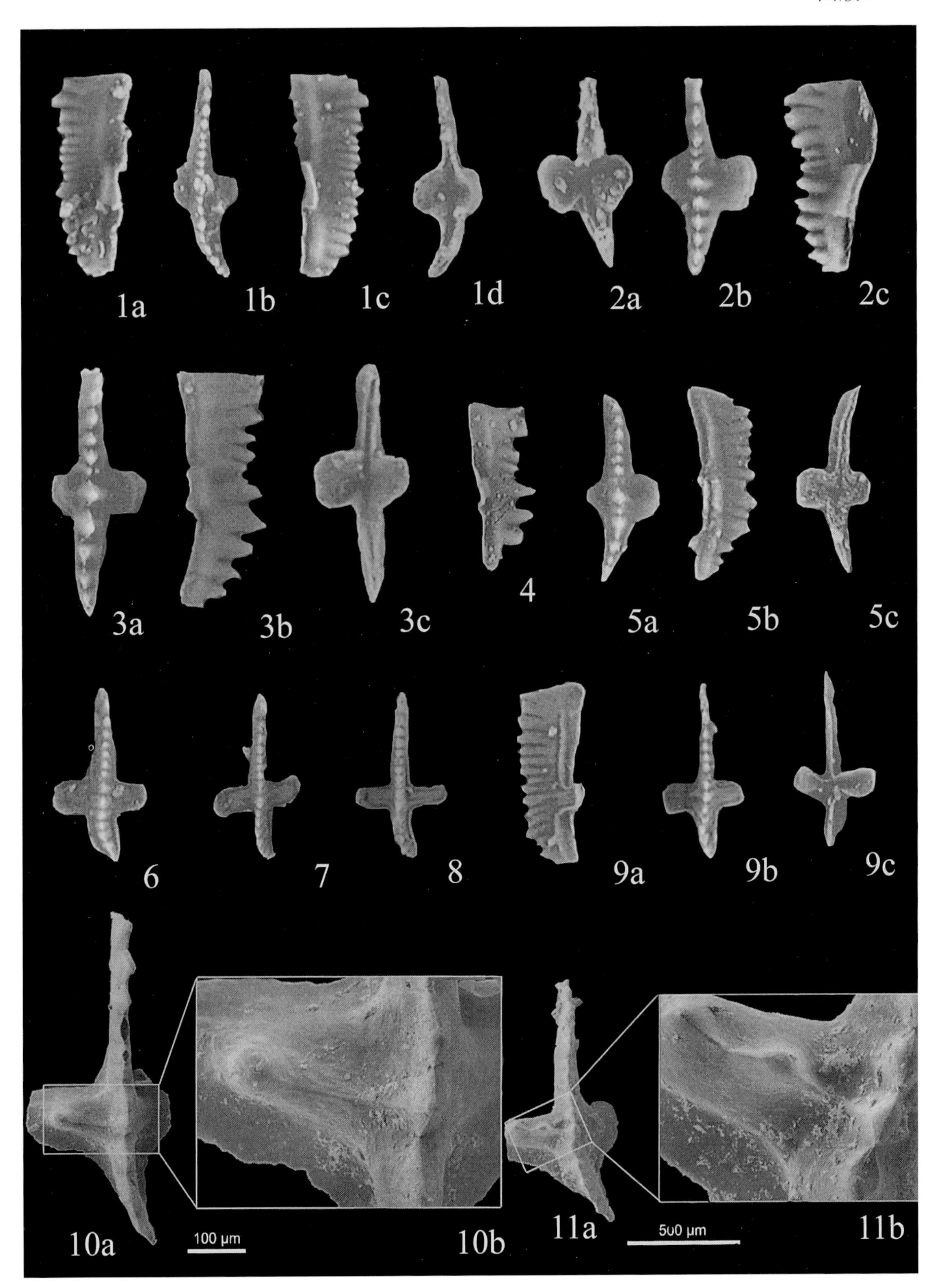
1a
1b
1c
1d
2a
2b
2c
3a
3b
3c
4
5a
5b
5c
6
7
8
9a
9b
9c
10a
100 μm
10b
11a
500 μm
11b

图版38

1—3　潘多拉突唇刺π形态型（P 分子）　*Masaraella pandora* Murphy, Matti and Walliser, 1981, π morphotype (P element)

1a—b, 2a—b, 3a—b　同一标本之口视与侧视，×70；Gu-3/132191，Gu-1/132192，Gu-1/132193；内蒙古巴特敖包弧山剖面，下泥盆统阿鲁共组；复制于王平，2006，211—212页，图版Ⅲ，图1—6。

4　潘多拉突唇刺α形态型（P 分子）　*Masaraella pandora* Murphy, Matti and Walliser, 1981, α morphotype (P element)

4a—c　同一标本之侧视、口视与反口视，约×53；ETN16(2)-7/160330；泥鳅河组二段，布拉格期早期；复制于韩春光等，2014，图版Ⅰ，图8a—b。

5　潘多拉突唇刺ω形态型（P 分子）　*Masaraella pandora* Murphy, Matti and Walliser, 1981, ω morphotype (P element)

5a—c　同一标本之侧视、口视与反口视，约×53；ETN16(2)-7/160328；泥鳅河组二段，布拉格期早期；复制于韩春光等，2014，图版Ⅰ，图6a—b。

6—12　里奥斯突唇刺　*Masaraella riosi* Murphy, 2005

6　正模，口视，×35（?）；IV16/13C。

7a—b　同一标本之反口视与侧视，×35（?）；IK IV16/14A。

8a—b　同一标本之侧视与反口视，×35（?）；IK IV16/14C。

9　口视，×40（?）；IK IV16/13C。

10　口视，×40（?）；IK IV16/13B。

11　口视，×40（?）；IK IV16/13E。

12　口视，×40（?）；IK IV16/14B。

6—12　复制于 Murphy，2005，图8.26，27—28，29—30，31，35—37。

13—15　薄梅尔刺　*Mehlina strigosa* (Branson and Mehl, 1934)

13a—b　同一标本之侧视与口视，约×35（?）；GMM B9A. 3-82；晚泥盆世，*gracilis manca* 带。

14a—b　同一标本之侧视与口视，约×35（?）；GMM B9A. 3-94；晚泥盆世，*gracilis sigmoidalis* 亚带。

15a—c　同一标本之侧视、口视与反口视，约×35（?）；GMM B9A. 3-95；晚泥盆世，*jugosus* 带。

13—15　复制于 Hartenfels，2010，图版38，图7—9。

图版 38

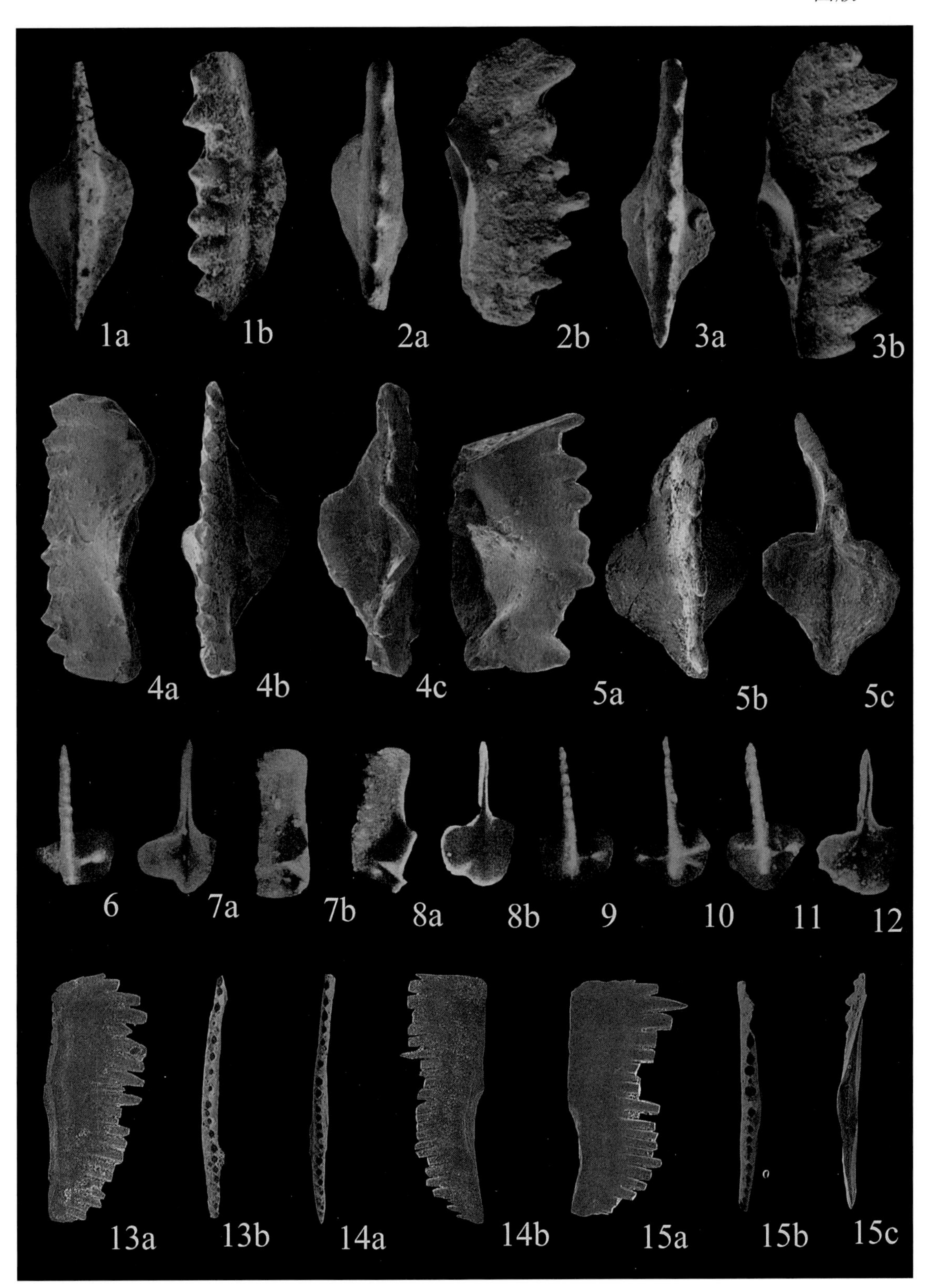
1a
1b
2a
2b
3a
3b
4a
4b
4c
5a
5b
5c
6
7a
7b
8a
8b
9
10
11
12
13a
13b
14a
14b
15a
15b
15c

图版 39

1 浸奥泽克刺 *Ozarkodina immersa*（Hinde，1879）

侧视，×32；CD353/77665；广西德保四红山，上泥盆统榴江组、三里组；复制于王成源，1989，图版 40，图 11。

2—5 华美奥泽克刺 *Ozarkodina elegans*（Stauffer，1938）

2—3. 同一标本之内侧视与外侧视，×35；ACE370/36547；4. 内侧视，×35；ACE367/36548；5. 外侧视，×35；ACE367/36549。贵州长顺上泥盆统代化组；复制于王成源和王志浩，1978，图版 4，图 23—26。

6—7 拱曲奥泽克刺 *Ozarkodina kurtosa* Wang，1989

6a—b. 正模标本之反口侧视与侧视，×29；WL21-2/75129；7a—b. 副模标本之外侧视与内侧视，×29；XD162-2/77481。复制于王成源，1989，图版 15，图 8—9。

8—9 平奥泽克刺 *Ozarkodina plana*（Huddle，1934）

8. 侧视，×35；ACE 359/36542；贵州惠水王佑老凹坡；9. 侧视，×35；ACE 370/36543；贵州长顺代化，上泥盆统代化组。复制于王成源和王志浩，1978，图版 4，图 21—22。

10 后继奥泽克刺 *Ozarkodina postera* Klapper and Lane，1985

外侧视，×35；复制于李镇梁和王成源，1991，153 页，插图 1。

11 变奥泽克刺（比较种） *Ozarkodina* cf. *versa*（Stauffer，1940）

侧视，×62；CD424/77485；广西德保四红山，中泥盆统分水岭组，*kocklianus* 带；复制于王成源，1989，图版 15，图 13。

12—13 莱茵奥泽克刺 *Ozarkodina rhenana* Bischoff and Ziegler，1956

12. 侧视，×32；CD332/77478；13. 侧视，×32；CD334/77479。广西靖西三联，泥盆石炭系界线层；复制于王成源，1989，图版 15，图 5—6。

14 奥泽克刺（未定种 A） *Ozarkodina* sp. A

侧视，×62；HL14-23/77483；复制于王成源，1989，图版 15，图 11。

15 源奥泽克刺 *Ozarkodina ortus* Walliser，1964

内侧视，×62；CD355/77486；复制于王成源，1989，图版 15，图 14。

16 奥泽克刺（未定种 B） *Ozarkodina* sp. B

外侧视，×32；HL-14a/77375；复制于王成源，1989，图版 15，图 2。

17—20 同曲奥泽克刺 *Ozarkodina homoarcuata* Helms，1959

17. 外侧视，×32；CD431/77474；18. 外侧视，×32；SL-20/77482。复制于王成源，1989，图版 15，图 1，10。

19. 外侧视，×35；ACE361/36525；20. 内侧视，×35；ACE361/36524。复制于王成源和王志浩，1978，图版 3，图 41—42。

21—22 中间奥泽克刺 *Ozarkodina media* Walliser，1957

21. 侧视，×26；ACJ67/51486；22. 侧视，×26；ACJ67/51487。云南阿冷初，下泥盆统班满到地组；复制于王成源，1982，图版 1，图 21—22。

23—27 登克曼奥泽克刺 *Ozarkodina denckmanni* Ziegler，1956

23. 侧视，×29；WL7-7/77476；24. 侧视，×29；Wl8-12/77477。

23—24 复制于王成源，1989，图版 15，图 3. 4b。

25. 侧视，×48；XC 1026；26. 侧视，×42；XC1027；甘肃诺尔盖普通沟，下泥盆统下普通沟组。

27 侧视，×42；XC1028；甘肃当多沟，下中泥盆统当多组（王成源注：此标本不宜归入此种）。

25—27 复制于李晋僧，1987，图版 165，图 1，3，5。

图版 39

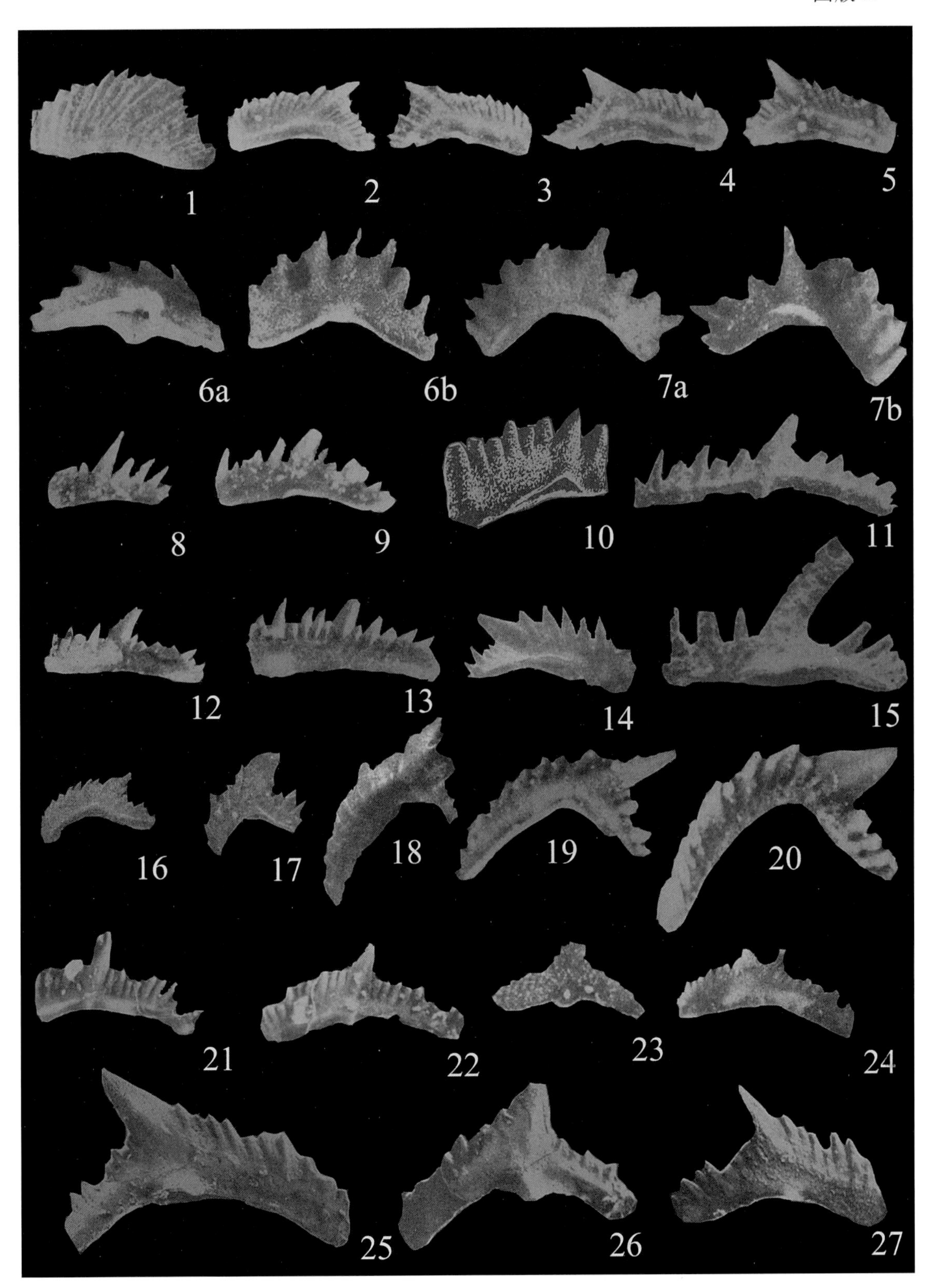
1
2
3
4
5
6a
6b
7a
7b
8
9
10
11
12
13
14
15
16
17
18
19
20
21
22
23
24
25
26
27

图版 40

1—2 登克曼奥泽克刺 *Ozarkodina denckmanni* Ziegler, 1956

侧视，×70；89kf56/116758，89kf56/116774；新疆皮山县黄羊头东25km，国庆桥—神仙湾公路东侧小山上，下泥盆统；复制于王成源，1998，图版3，图15；图版4，图14。

3 奥泽克刺（未定种C） *Ozarkodina* sp. C

侧视，×70；BT1-2/132235；内蒙古巴特敖包剖面，志留系罗德洛统—泥盆系洛霍考夫阶西别河组；复制于王平，2001，图版7，图9。

4—5 布坎奥泽克刺 *Ozarkodina buchanensis*（Philip，1966）

4a—b Pa分子，同一标本之侧视与口视，×59；⑩-CP-牙-3-4/00609，000188；*dehiscens* 带。

5 Pa分子，侧视，×77；⑩-CP-牙-6-2/00617；*dehiscens* 带。

4—5 复制于金善燏等，2005，图版8，图7—8，14（仅Pa分子）。

6—10 累姆塞德"奥泽克刺"累姆塞德亚种 "*Ozarkodina*" *remscheidensis remscheidensis*（Ziegler，1960）

6a—c Pa分子，同一标本之侧视、口视与反口视，×44；72IIP14F-14/31298；四川诺尔盖，下泥盆统普通沟组。

7 Pa分子，侧视，×44；72IIP14F-14/31298；四川诺尔盖，下泥盆统普通沟组。

8a—b Pa分子，同一标本之侧视与口视，×44；72IIP14F-14/31299；四川诺尔盖，下泥盆统普通沟组。

6—8 复制于王成源，1981，图版1，图1—6。

9a—b Pa分子，同一标本之侧视与反口视，×44；H88/78144。

10a—c 同一标本之外侧视、内侧视与反口视，×44；内蒙古，下泥盆统阿鲁共组。

9—10 复制于王成源，1981，图版Ⅱ，图22a—b，26a—c。

11—14 小似潘德尔刺小亚种 *Pandorinellina exigua exigua*（Philip，1966）

11a—b 侧视与口视，×35；ACJ37/51479；云南丽江，下泥盆统阿冷初组。

12 侧视，×35；ACJ37/51480；云南丽江，下泥盆统阿冷初组。

11—12 复制于王成源，1982，图版1，图10—12。

13—14 侧视，×29；HL2d/75175，HL2d/77596；广西横县六景，下泥盆统那高岭组；复制于王成源，1989，图版26，图7—8。

15 小似潘德尔刺广西亚种 *Pandorinellina exigua guangxiensis*（Wang and Wang，1978）

侧视，×32；HL-3g/77597；广西横县六景，下泥盆统那高岭组；复制于王成源，1989，图版28，图9。

图版 40

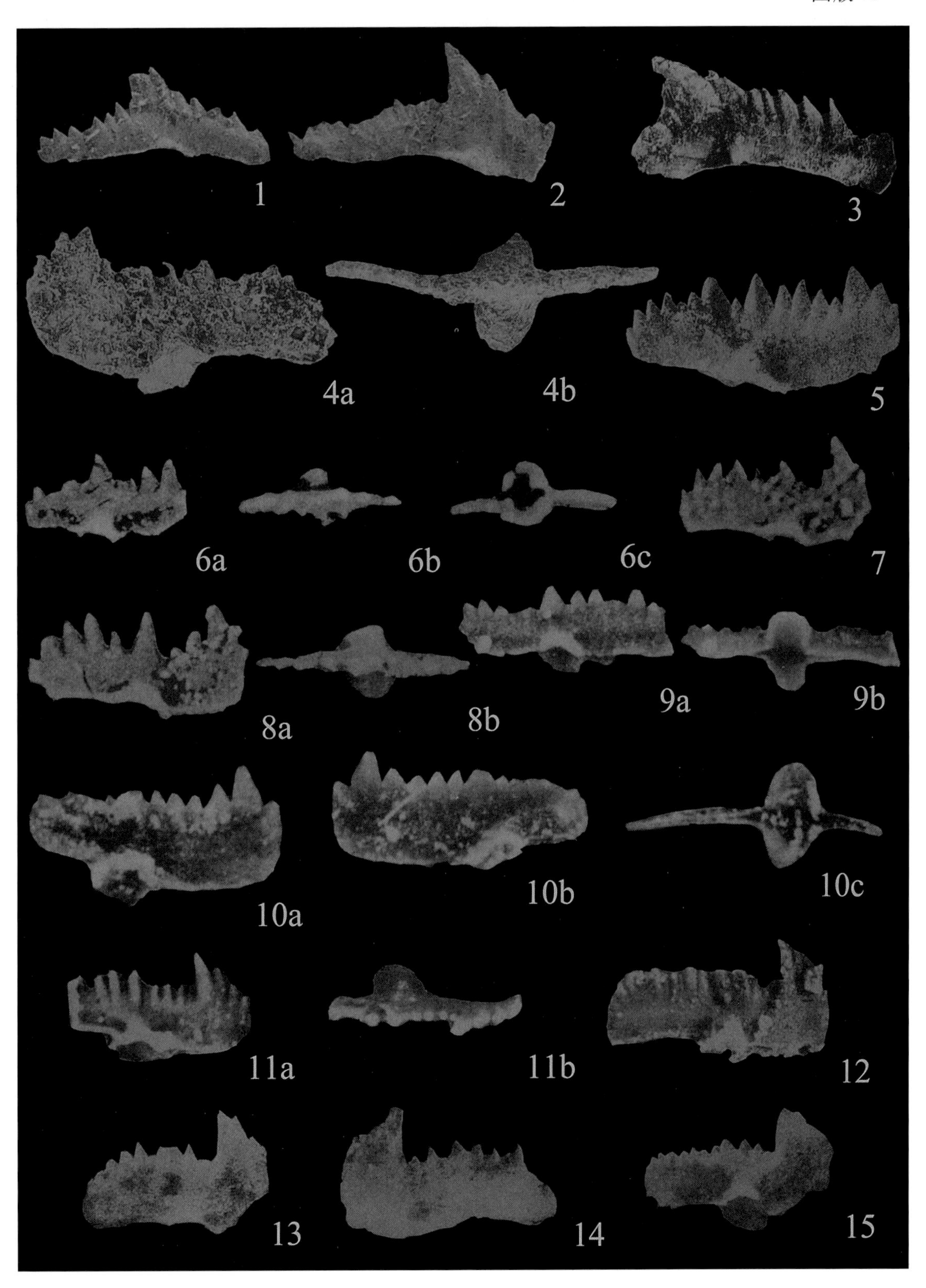

图版 41

1—3　小似潘德尔刺广西亚种　*Pandorinellina exigua guangxiensis*（Wang and Wang，1978）

1a—c　正模标本之口视、反口视与侧视，×44；ACE254/31533；广西横县六景，下泥盆统郁江组石洲段；复制于王成源和王志浩，1978，图版 40，图 14—16。

2　侧视，×32；HL-3g/77598；广西横县六景，下泥盆统那高岭组。

3a—b　同一标本之反口视与侧视，×35；HL-21/75173；广西横县六景，下泥盆统郁江组。

2—3　复制于王成源，1989，图版 28，图 10—11。

4—6　小似潘德尔刺无中齿亚种　*Pandorinellina exigua midundenta* Wang and Ziegler，1983

4a—b　同一标本之侧视与口视，×32；Zn14/75179；广西崇左那艺，下泥盆统达莲塘组，*perponus* 带。

5a—b　同一标本之侧视与口视，×29（正模）；Zn14/75179；广西崇左那艺，下泥盆统达莲塘组，*perponus* 带。

6a—b　同一标本之侧视与口视，×29；Zn14/7593；广西崇左那艺，下泥盆统达莲塘组，*perponus* 带。

4—6　复制于王成源，1989，图版 28，图 1—3。

7—9　膨大似潘德尔刺　*Pandorinellina expansa* Uyeno and Mason，1975

7a—b　同一标本之侧视与口视，×29；CD95/77594；广西那坡三叉河，下泥盆统坡脚组，*dehiscens* 带。

8a—b　同一标本之侧视与口视，×29；CD6/77595；广西那坡三叉河，下泥盆统坡脚组，*dehiscens* 带。

9a—b　同一标本之侧视与口视，×29；Xm3-3/75172；广西象州马鞍山。

7—9　复制于王成源，1989，图版 28，图 4—6。

10—11　石角似潘德尔刺枚野亚种　*Pandorinellina steinhornensis miae*（Bultynck，1971）

10a—b　同一标本之侧视与口视，×35；CD474/75178；广西德保四红山，下泥盆统达莲塘组，*perbonus* 带；复制于王成源，1989，图版 40，图 5。

11　侧视，×53；AL8-3/132206；内蒙古，下泥盆统阿鲁共组。

10—11　复制于王平，2001，图版 4，图 12。

12—13　佳似潘德尔刺　*Pandorinellina optima*（Moskalenko，1966）

12a—c　同一标本之口视、反口视与侧视，×35；ACJ66/51483；云南阿冷初，下泥盆统班满到地组。

13　侧视，×35；ACJ67/51484；云南阿冷初，下泥盆统班满到地组。

12—13　复制于王成源，1982，图版 1，图 15—18。

图版 41

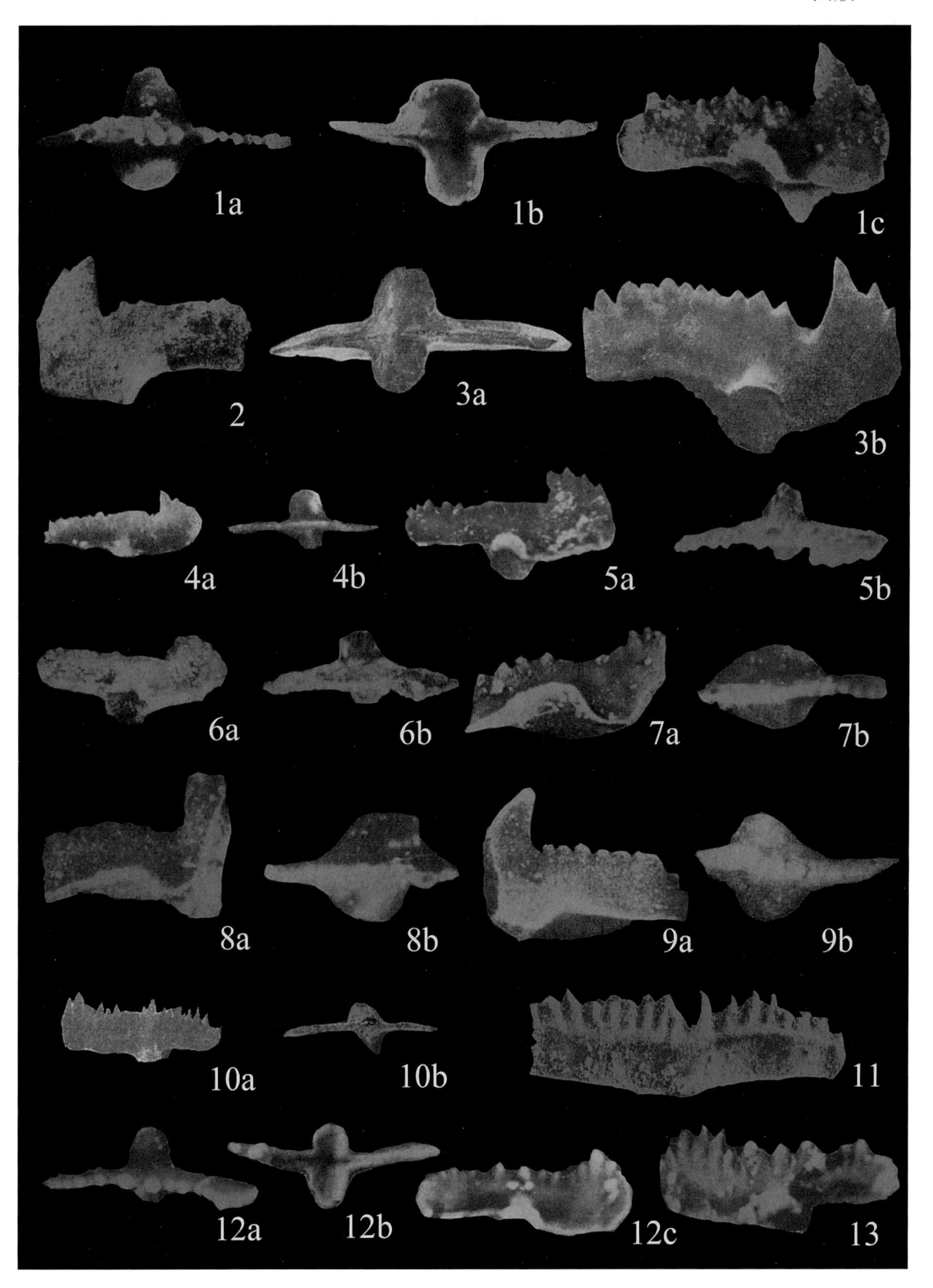
1a
1b
1c
2
3a
3b
4a
4b
5a
5b
6a
6b
7a
7b
8a
8b
9a
9b
10a
10b
11
12a
12b
12c
13

图版 42

1—2　小似潘德尔刺费利普亚种　*Pandorinellina exigua philipi*（Klapper，1969）

1a—b　同一标本之侧视与口视，×35；ACJ37/51479；云南阿冷初，下泥盆统阿冷初组。

2　侧视，×35；ACJ37/51480；云南阿冷初，下泥盆统阿冷初组。

1—2　复制于王成源，1982，图版Ⅰ，图 10—12。

3—5　佳似潘德尔刺佳亚种　*Pandorinellina optima optima*（Moskalenko，1966）

3a—c　同一标本之口视、侧视与反口视，×35；ACE359/31538；广西六景，下泥盆统郁江组大联村段；复制于王成源和王志浩，1978，图版 41，图 27—28，34。

4a—b　同一标本之侧视与口视，×29；CD46/77591；广西六景，下泥盆统郁江组大联村段。

5a—b　同一标本之侧视与口视，×29；HL-4g/75147；广西六景，下泥盆统郁江组大联村段。

4—5　复制于王成源，1989，图版 27，图 8—9。

6　佳似潘德尔刺佳亚种→佳似潘德尔刺后高亚种　*Pandorinellina optima optima*（Moskalenko，1966）→ *Pandorinellina optima postexcelsa* Wang and Ziegler，1983

6a—b　同一标本之侧视与口视，×29；CD76/77590；云南那坡三叉河，下—中泥盆统坡折落组；复制于王成源，1989，图版 27，图 7。

7—11　佳似潘德尔刺后高亚种　*Pandorinellina optima postexcelsa* Wang and Ziegler，1983

7a—b　同一标本之侧视与口视，×29；CD76/77587；那坡三叉河，下泥盆统达莲塘组，*perbonus* 带。

8a—b　同一标本之侧视与口视，×29；CD76/77588；那坡三叉河，下泥盆统达莲塘组，*perbonus* 带。

9a—b　同一标本之侧视与口视，×29（正模）；CD76/75177；那坡三叉河，下泥盆统达莲塘组，*perbonus* 带。

10a—b　同一标本之侧视与口视，×29；CD76/75176；那坡三叉河，下泥盆统达莲塘组，*perbonus* 带。

11a—b　同一标本之侧视与口视，×29；CD76/77589；那坡三叉河，下泥盆统达莲塘组，*perbonus* 带。

7—11　复制于王成源，1989，图版 27，图 2—6。

12—13　石角似潘德尔刺石角亚种　*Pandorinellina steinhornensis steinhornensisn*（Ziegler，1956）

12a—b　同一标本之侧视与口视，×70；89kf56；新疆皮山县国庆桥—神仙湾公路东，下泥盆统；复制于王成源，1998，图版 3，图 13，19。

13a—b　同一标本之侧视与口视，×29；CD73/75180；那坡三叉河，下泥盆统达莲塘组，*perbonus* 带。

12—13　复制于王成源，1989，图版 27，图 1。

图版 42

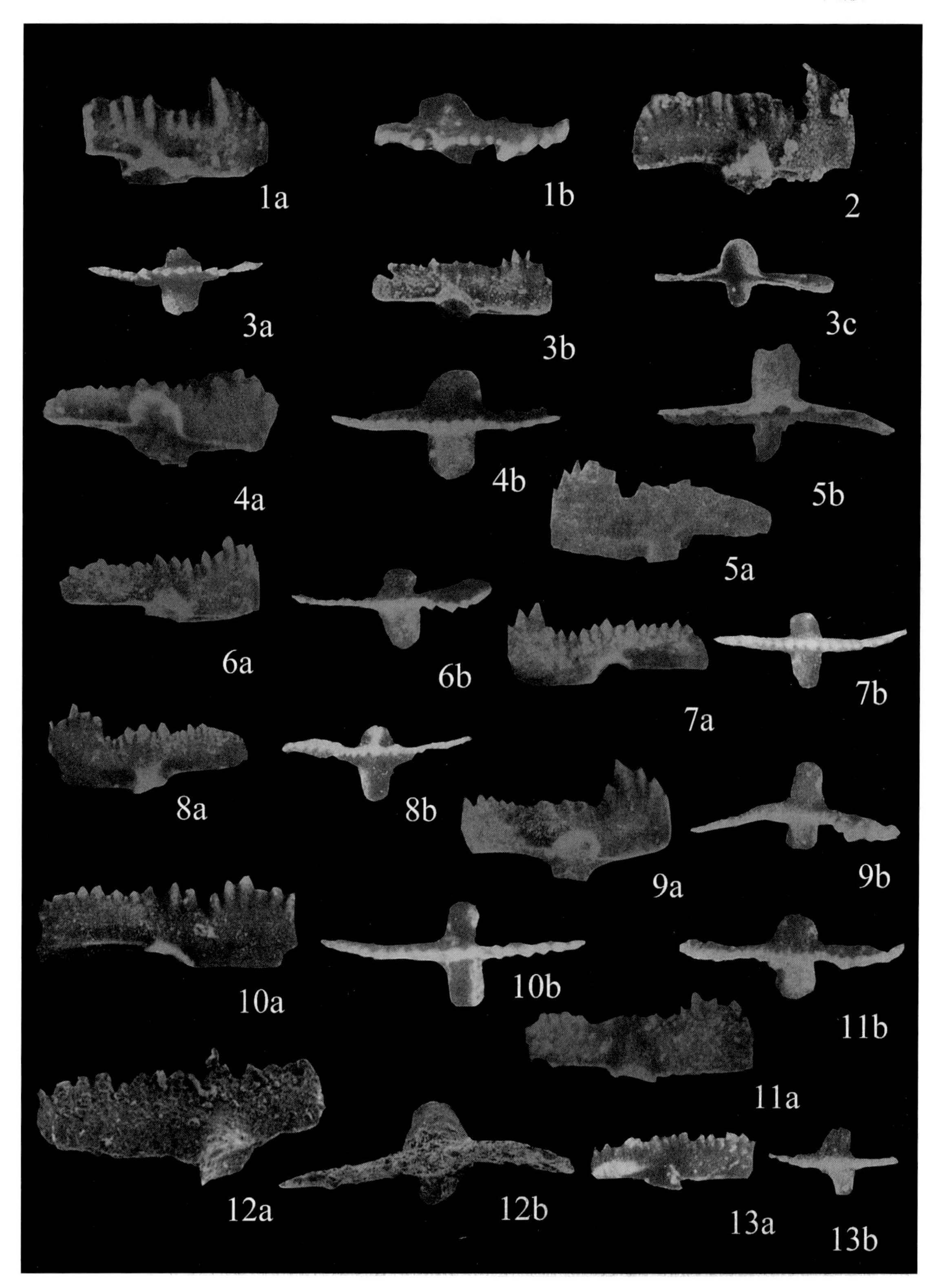
1a
1b
2
3a
3b
3c
4a
4b
5b
5a
6a
6b
7a
7b
8a
8b
9a
9b
10a
10b
11b
11a
12a
12b
13a
13b

图版 43

1—4 科克尔扭齿刺澳大利亚亚种 *Tortodus kockelianus australis* (Jackson, 1970)

1 口视，×32；CD425/87077；广西德保四红山剖面，中泥盆统分水岭组；复制于 Ziegler 和 Wang，1985，图版 1，图 22。

2 口视，×33；CD424/75283；广西德保四红山剖面，中泥盆统分水岭组。

3a—b 侧视与口视，×38；CD431/75286；广西德保四红山剖面，中泥盆统分水岭组。

4 口视，×33；CD431/75286；广西德保四红山剖面，中泥盆统分水岭组。

2—4 复制于王成源，1989，图版 42，图 13—14，17。

5—9 科克尔扭齿刺科克尔亚种 *Tortodus kockelianus kockelianus* (Bischoff and Ziegler, 1957)

5—6 口视，×32；CD421/87076，CD421/87075；广西德保四红山剖面，中泥盆统分水岭组；复制于 Ziegler 和 Wang，1985，图版 1，图 20—21。

7—9 口视，×33；CD409/75281，CD422/75282，CD409/77678；广西德保四红山剖面，中泥盆统分水岭组；复制于王成源，1989，图版 42，图 10—12。

10—11 斜扭齿刺 *Tortodus obliquus* (Wittekindt, 1966)

10 口方侧视，×33；CD417/75284；广西德保四红山剖面，中泥盆统分水岭组。

11 侧视，×33；CD430/77689；广西德保四红山剖面，中泥盆统分水岭组。

10—11 复制于王成源，1989，图版 42，图 15—16。

12—14 膨胀乌尔姆刺 *Wurmiella tuma* (Murphy and Matti, 1983)

12a—b. Pa 分子，正模标本之侧视与口视，×26；UCR8536/2；13. Pa 分子，侧视，×30；UCR8536/5。

12—13 复制于 Murphy 和 Matti，1983，图版 1，图 3—5。

14a—b Pa 分子，同一标本之反口视与侧视，×28；UCR8536/8；复制于 Murphy 等，2004，图 2. 17—2. 18。

15—16 乌尔姆乌尔姆刺 *Wurmiella wurmi* (Bischoff and Sannemann, 1958)

15a—c 同一标本之侧视、反口视与口视，×35；ACj12/51490；云南丽江阿冷初，下泥盆统江山组。

16a—b 同一标本之侧视与反口视，×35；ACj12/51491；云南丽江阿冷初，下泥盆统江山组。

15—16 复制于王成源，1982，图版 1，图 25—27，29—30。

图版 43

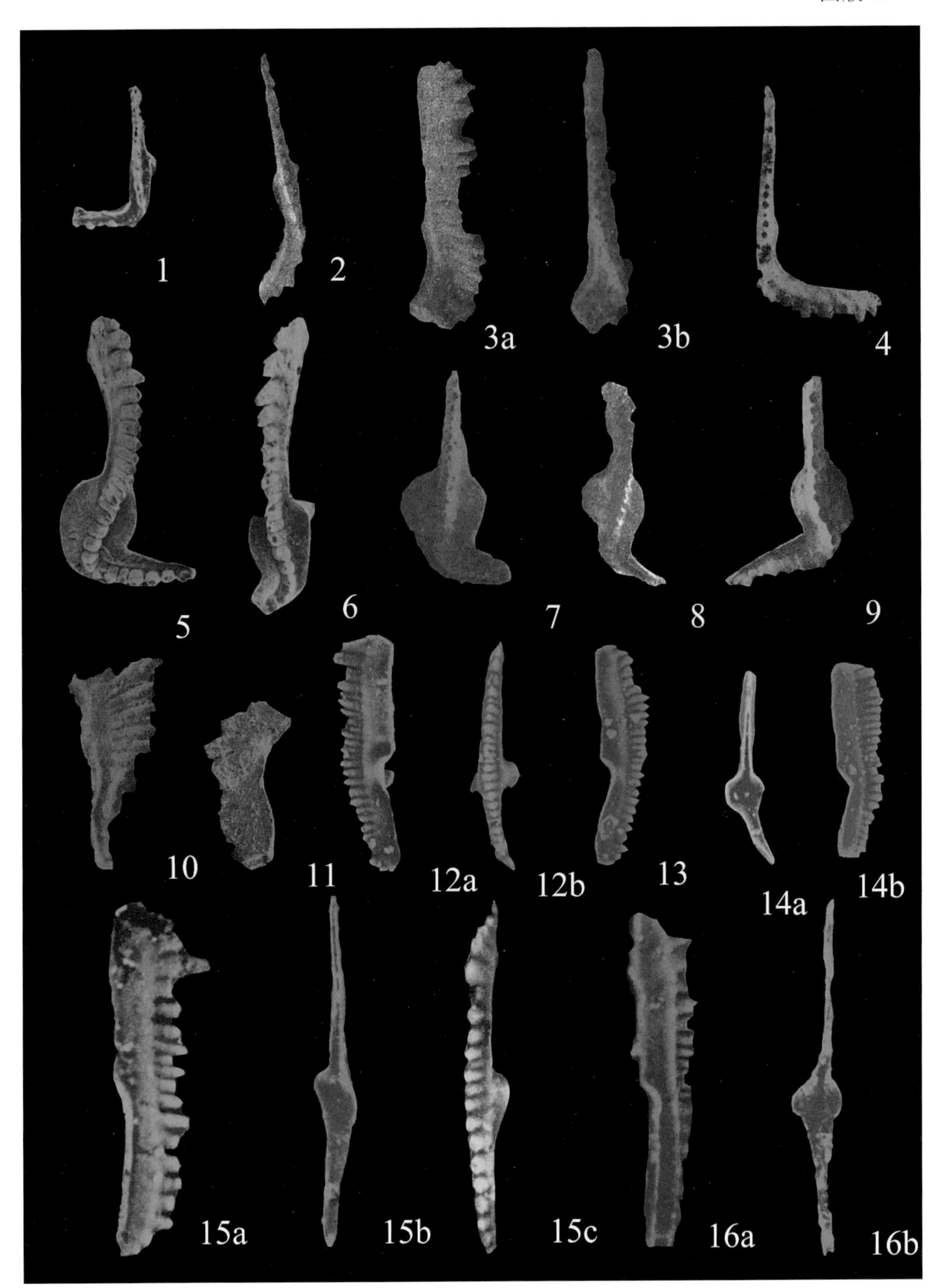

图版 44

1—7　凹穴乌尔姆刺　*Wurmiella excavata*（Branson and Mehl，1933）

1. Pb 分子，侧视，×53；BT2-11/132227；2. Sa 分子，侧视，×53；BT2-11/132228；3. Pa 分子，侧视，×53；BT2-11/132232；4. Sc 分子，侧视，×53；BT2-11/132229；5. Pb 分子，侧视，×53；BT2-11/132230；6. Sb 分子，侧视，×53；BT2-11/132233；7. 侧视，Sb 分子，×53；BT2-11/132231。

1—7　内蒙古巴特敖包，志留系罗德洛统—泥盆系洛霍考夫阶西别河组；复制于王平，2001，图版 7，图 1—7。

8—12　倾斜乌尔姆刺倾斜亚种　*Wurmiella inclinata inclinata*（Rhodes，1953）

8　侧视，×53；BT5-4/132221；巴特敖包，下泥盆统洛霍考夫阶中部阿鲁共组。

9　侧视，×53；AL1-2/132225；巴特敖包，下泥盆统洛霍考夫阶上部阿鲁共组。

10　侧视，×53；BT14-3/132222；巴特敖包，下泥盆统洛霍考夫阶中部阿鲁共组。

11　侧视，×70；GS7-2/132226；巴特敖包葛少庙南剖面，志留系罗德洛统—泥盆系洛霍考夫阶西别河组。

12　侧视，×53；BT5-4/132221；内蒙古巴特敖包剖面第 14 层，洛霍考夫阶中部阿鲁共组。

8—12　复制于王平，2001，图版 6，图 10—15。

13　短羽假多颚刺（比较种）　*Pseudopolygnathus* cf. *brevipennatus* Ziegler，1962

口视，×44；Bed 48/197234/NbII-02；桂林南边村剖面，上 *praesulcata* 带；复制于 Wang 和 Yin，1988，图版 24，图 7。

14—16　后瘤齿假多颚刺　*Pseudopolygnathus postinodosus* Rhodes，Austin and Druce，1969

14a—c　同一标本之内侧视、口视与外侧视，×44；Bed 55/107295/NbII-3b-2。

15a—b　同一标本之侧视与口视，×44；Bed 55/107296/NBII-3b-2。

16a—b　同一标本之侧视与口视，×44；Bed 56/107297/NBII-4a-3。

14—16　南边村剖面，上 *praesulcata* 带；复制于 Wang 和 Yin，1988，图版 28，图 4a—c，5a—b，6a—b。

图版 44

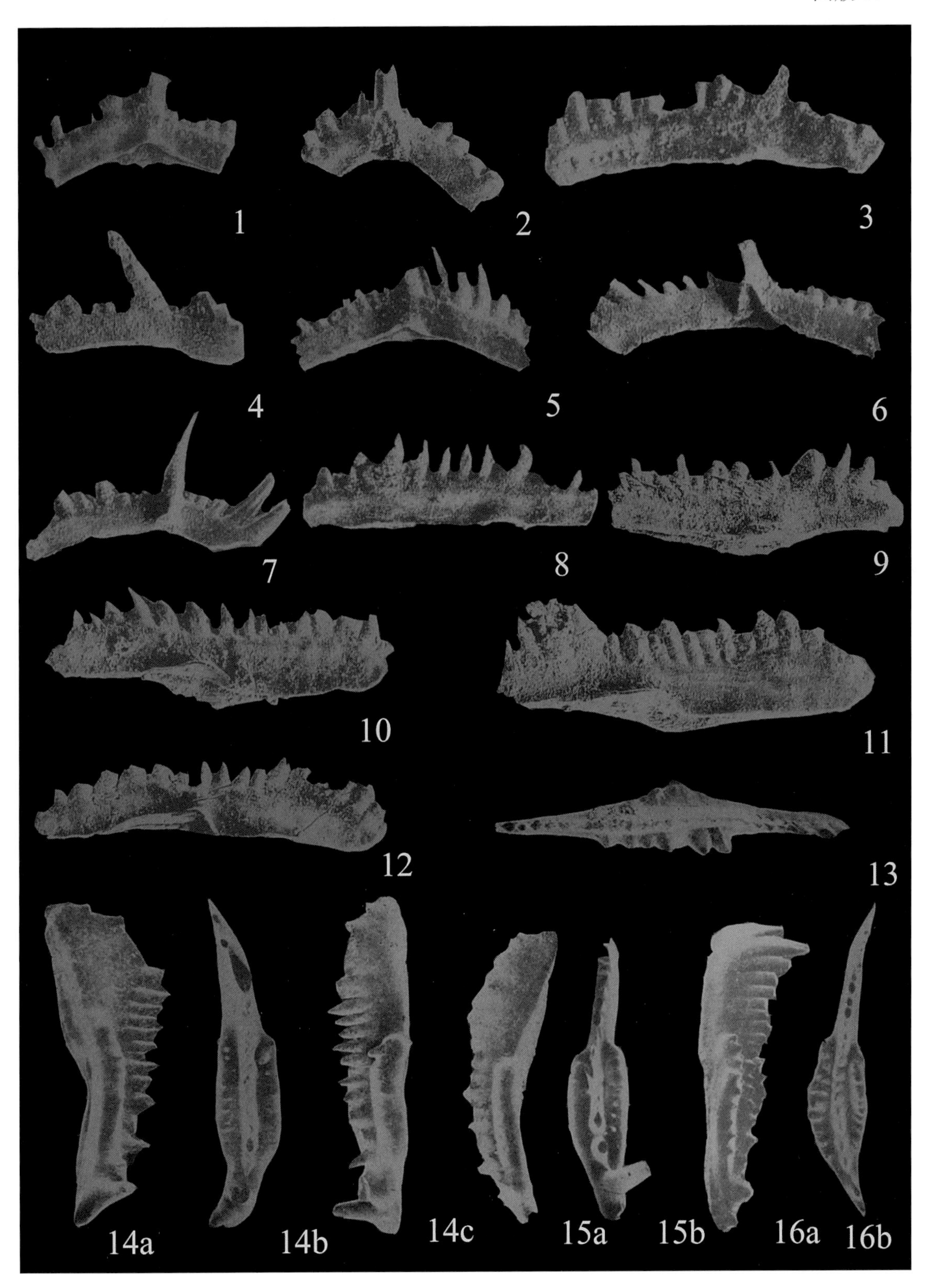

图版 45

1—5　线齿假多颚刺　*Pseudopolygnathus dentilineatus* E. R. Branson，1934

1a—c. 同一标本之口视、侧视与反口视，×35；ACE359/36573；2a—b. 同一标本之反口视与口视，×35；ACE359/36574；3a—b. 同一标本之反口视与侧方口视，×35；ACE359/36577。

1—3　贵州惠水王佑老凹坡剖面王佑组；复制于王成源和王志浩，1978，图版 6，图 1—5，8—9。

4. 口视，×23；Mh8/80839；5. 口视，×23；Mh8/80844。

4—5　贵州睦化剖面王佑组；复制于王成源和殷保安，1984，图版Ⅰ，图 18，23。

6—7　纺锤形假多颚刺　*Pseudopolygnathus fusiformis* Branson and Mehl，1934

6a—b　同一标本之口视与侧视，×35；ACE359/36575；贵州惠水王佑老凹坡剖面王佑组；复制于王成源和王志浩，1978，图版 6，图 6—7。

7　口视；Bed 48/107362/NBII-48-7；桂林南边村剖面，下 *praesulcata* 带；复制于 Wang 和 Yin，1988，图版 31，图 2。

8—13　三角假多颚刺　*Pseudopolygnathus trigonicus* Ziegler，1962

8a—b. 同一标本之反口视与口视，×35；ACE361/36576；9a—b. 同一标本之反口视与口视，×35；ACE361/36580；10a—b. 同一标本之反口视与口视，×35；ACE361/36583。

8—10　贵州长顺，上泥盆统代化组；复制于王成源和王志浩，1978，图版 6，图 28—33。

11. 口视，×44；Bed 32/107223/NBⅢ-709-4；12. 口视，×44；Bed32/103664/NBⅢ-709-4。

11—12　桂林南边村剖面；复制于 Wang 和 Yin，1988，图版 23，图 5—6。

13　口视，×23；Mh11/80875；贵州睦化，上泥盆统代化组；复制于王成源和殷保安，1984，图版Ⅲ，图 25。

14　假多颚刺（未名新种 B）　*Pseudopolygnathus* sp. nov. B

口视，×44；Bed 36/107242/NBⅢ-11；桂林南边村剖面；复制于 Wang 和 Yin，1988，图版 24，图 15。

15　小帆舟颚刺纤细亚种→小帆舟颚刺小帆亚种　*Scaphignathus velifer leptus*→*S. velifer velifer*

口视，×69；USNM257 778，SEM2891；齿片在右侧；复制于 Ziegler 和 Sandberg，1984，图版 2，图 8。

16—17　小帆舟颚刺纤细亚种　*Scaphignathus velifer leptus* Ziegler and Sandberg，1984

16. 副模，×76；齿片居中；17. 正模，×67；齿片在左侧。复制于 Ziegler 和 Sandberg，1984，图版 2，图 9—10。

18—22　小帆舟颚刺小帆亚种　*Scaphignathus velifer velifer* Helms，1959，ex Ziegler，MS

18a—b　同一标本之口视与侧视，×35；sample 10，Marburg 1840；齿片与齿台中部相接，齿片后端不陡直。

19　侧视，×37；sample 10，Marburg 1842；前齿片后方陡直。

20　口视，×37；Loc. 11，Marburg 1844；齿片与齿台右侧相接。

21a—c　同一标本之侧视、反口视与口视，×37；Loc. 10，GI/B20-25，UWA65 448；有中齿沟，前齿片后方陡直。

22a—b　同一标本之口方侧视与口视，×37；Loc. 13，sample 10，Marburg 1847；有中齿脊。

18—22　复制于 Beinery 等，1971，图版 2，图 1b，1c，3a，6，9b，9c。

图版 45

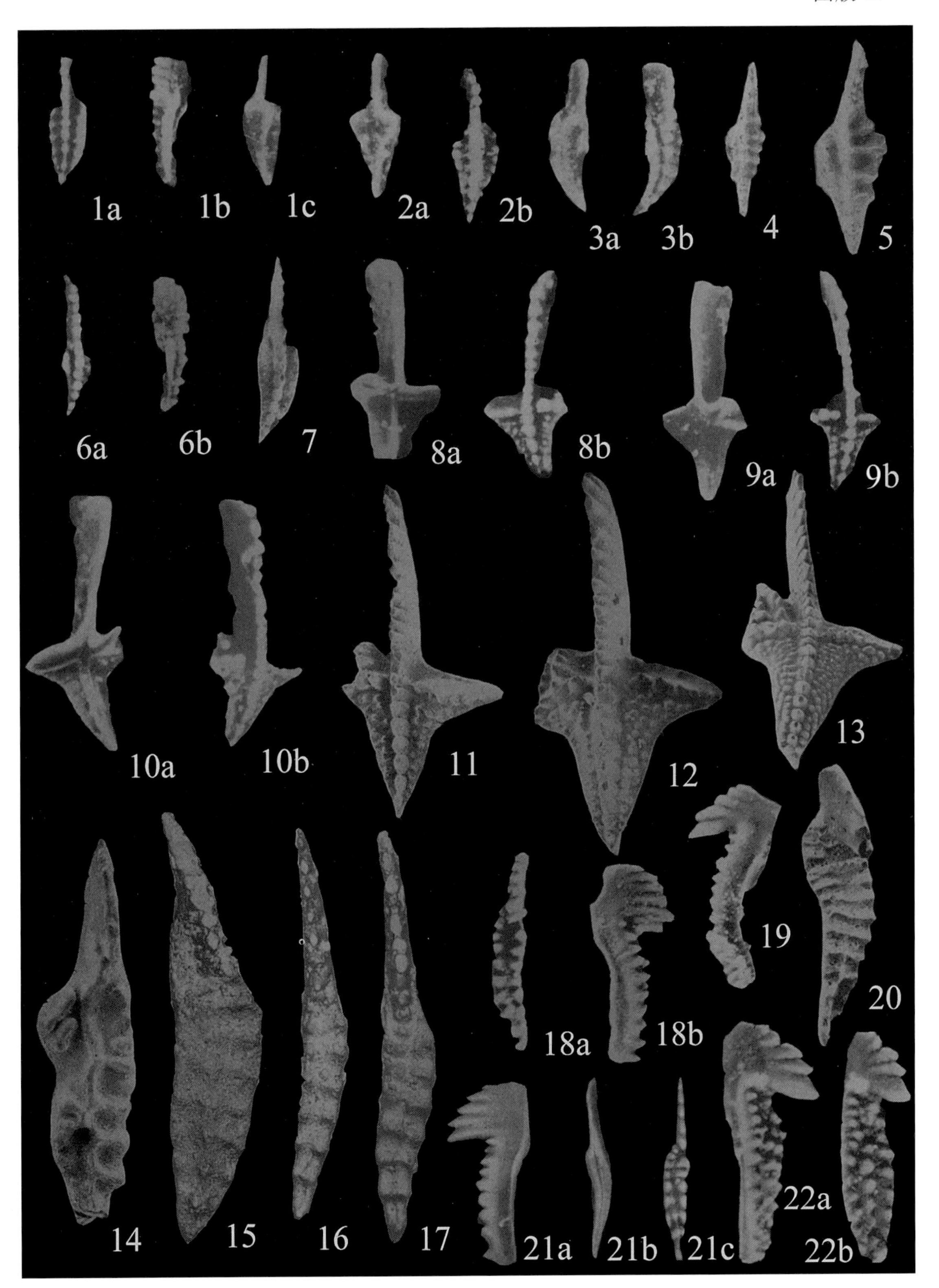
1a
1b
1c
2a
2b
3a
3b
4
5
6a
6b
7
8a
8b
9a
9b
10a
10b
11
12
13
14
15
16
17
18a
18b
19
20
21a
21b
21c
22a
22b

图版 46

1　槽始颚齿刺朱莉娅亚种　*Eognathodus sulcatus juliae* Lane and Ormiston, 1979

1a—c　Pa 分子，正模标本之外侧视、口视与反侧视，×35；复制于 Lane 和 Ormiston，1979，图版 4，图 6—8。

2，6　金德尔假岗瓦纳刺　*Pseudogondwania kindlei*（Lane and Ormiston，1979）

2a—c.　Pa 分子，正模标本之口视、反侧视与侧视，×35；6. Pa 分子，副模之口视，×35。复制于 Lane 和 Ormiston，1979，图版 4，图 1，4，5。

3—4　槽始颚齿刺槽亚种　*Eognathodus sulcatus sulcatus* Philip, 1965

3a—b.　Pa 分子，正模标本之外侧视、口视，×31；4. ×24；Klapper 的标本，1969，图版 3，图 21。

3—4　复制于 Ziegler，1977，*Eognathodus*—图版 1，图 1a—b，2。

5　瘤齿始颚齿刺　*Eognathodus secus* Philip, 1965

正模之口视，×31；复制于 Ziegler，1977，*Eognathodus*—图版 1，图 5。

7　那高龄始颚齿刺　*Eognathodus nagaolingensis* Xiong, 1980

7a—c　正模标本之侧视、口视与反口视，×35；广西横县六景，下泥盆统那高岭组；复制于熊剑飞，1980，图版 30，图 32—34。

8　三脊始颚齿刺　*Eognathodus trilinearis*（Cooper，1973）

8a—b　正模标本之反口视与口视，×53；复制于 Ziegler，1977，*Eognathodus*—图版 1，图 4a—b。

图版 46

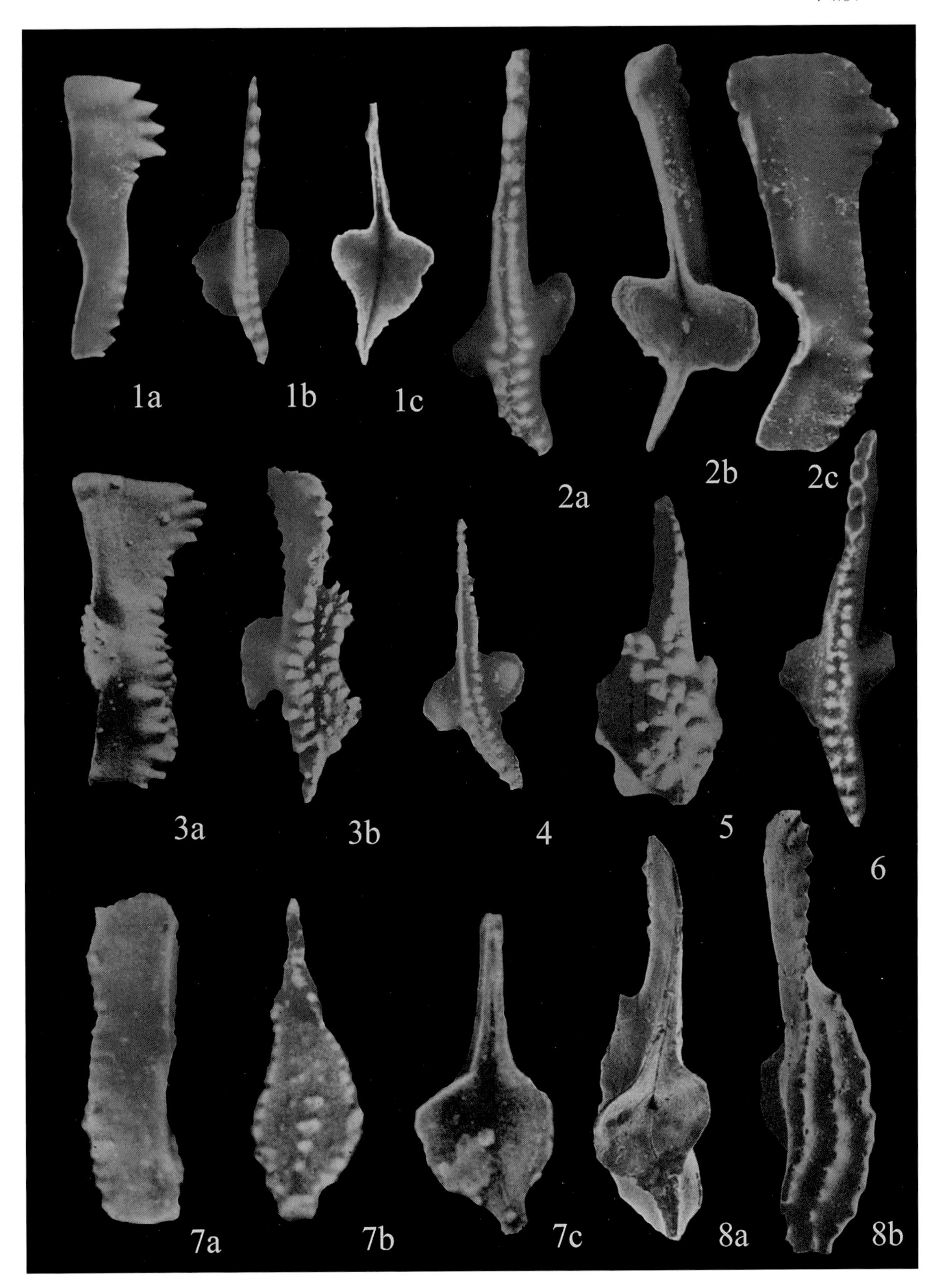

图版 47

1—2　埃普塞隆始颚齿刺　*Eognathodus epsilon* Murphy，2005

1a—c.　正模标本之口视、侧视与反口视，×26；2. 副模标本之口视，×26。

1—2　复制于 Murphy 等，1981，图版 2，图 21—23，26。

3—6　不规则始颚齿刺　*Eognathodus irregularis* Druce，1971

口视，×26；复制于 Murphy 等，1981，图版 2，图 17—19，25。

7—8　那高岭始颚齿刺　*Eognathodus nagaolingensis* Xiong，1980

7a—c　同一标本之口视与侧视，×44；广西六景，下泥盆统那高岭组，*sulcatus* 带；复制于苏一保，1989（邝国敦等，1989），图版 34，图 1。

8a—c　同一标本之侧视、口视与反口视，×35；广西六景，下泥盆统那高岭组；复制于熊剑飞，1980，图版 30，图 35—37。

9　槽始颚齿刺朱莉娅亚种　*Eognathodus sulcatus juliae* Lane and Ormiston，1979

口视，×35；标本不完整；云南宁蒗，下泥盆统；复制于 Bai 等，1994，图版 3，图 16。

10—16　深沟岗瓦纳刺　*Gondwania profunda* Murphy，2005

10a—12b　复制于 Murphy 等，1981，图版 3，图 12，11，9—10。

13—16　口视，×26；复制于 Murphy，2005，图版 7，图 32，35，36，38。

17　线始颚齿刺线亚种→线始颚齿刺后倾亚种　*Eognathodus linearis linearis* Philip，1966 →*Eognathodus linearis postclinatus*（Wang and Wang，1978）

17a—b　同一标本之侧视与口视，×33；复制于王成源，1989，图版 6，图 9。

18　线始颚齿刺后倾亚种　*Eognathodus linearis postclinatus* Wang and Wang，1978

18a—b　同一标本之口视与侧视，×44；广西六景，下泥盆统那高岭组；复制于王成源和王志浩，1978，图版 40，图 19—20。

图版 47

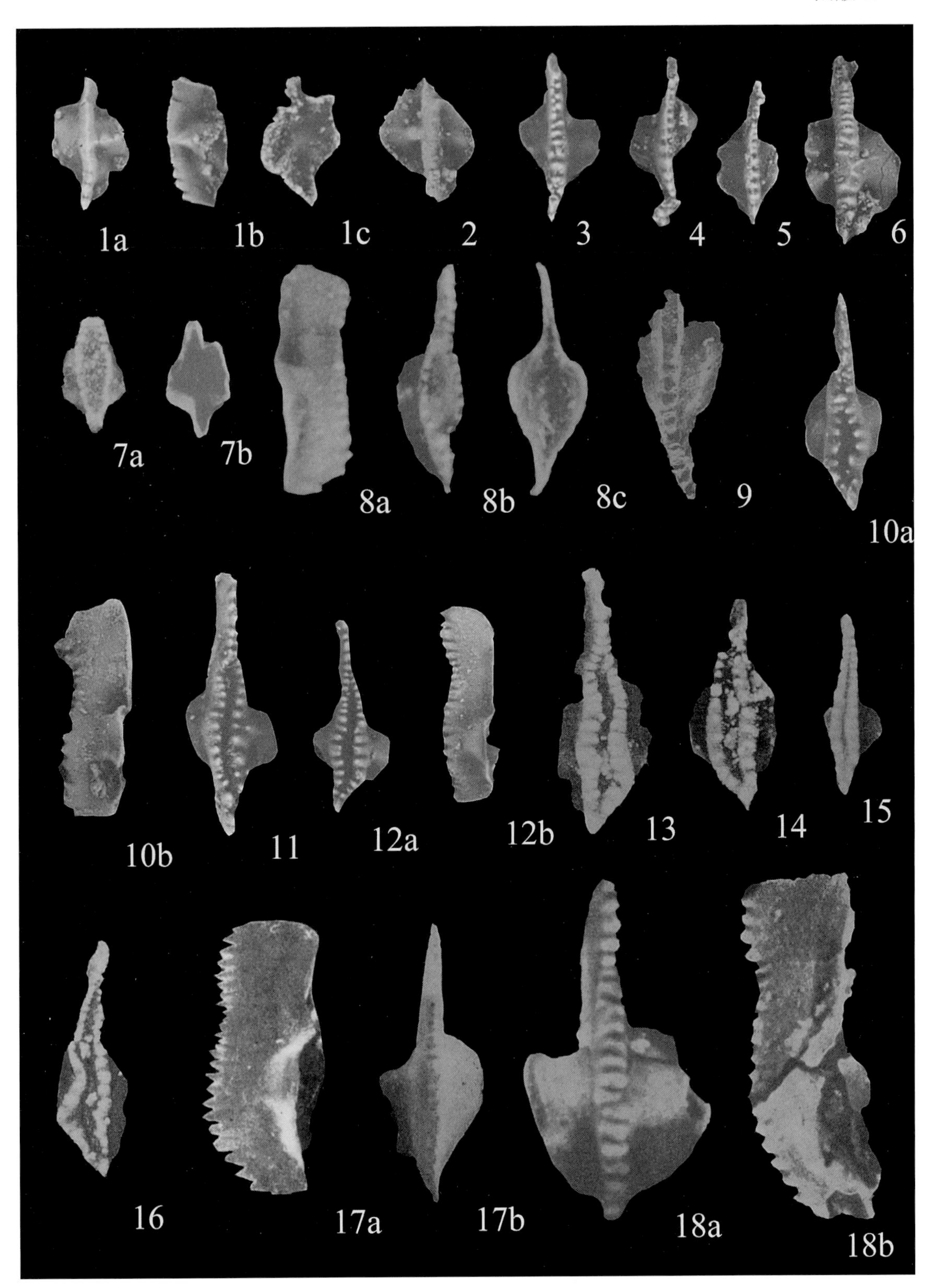
1a
1b
1c
2
3
4
5
6
7a
7b
8a
8b
8c
9
10a
10b
11
12a
12b
13
14
15
16
17a
17b
18a
18b

图版 48

1—2 普通新多颚刺科林森 *Neopolygnathus communis collinsoni* (Druce, 1969)

1a—b 同一标本反口视与口视，×29；ADS 937/70209；湖南邵东，上泥盆统孟公坳段；复制于 Wang 和 Ziegler，1982，图版 1，图 15a—b。

2a—b 同一标本反口视与口视，×35；HJDS22-6/70585；湖南江华，上泥盆统；复制于季强，1987，图版Ⅲ，图 5—6。

3—5 普通新多颚刺脊亚种 *Neopolygnathus communis carinus* (Hass, 1959)

3a—b 同一标本口视与反口视，×35；HJDS 31-11/705856；湖南江华，下石炭统大圩组；复制于季强，1987，图版Ⅲ，图 7—8。

4 口视，×106；海南岛昌江鸡实，法门期。

5 口视，×62；海南岛昌江鸡实，法门期。

4—5 复制于张仁杰等，2001，图 2. 12—2. 13。

6 扭转奥泽克刺 *Ozarkodina trepta* (Ziegler, 1958)

口视，×44；CD373/119519；广西四红山剖面五指山组，早 *jamieae* 带；复制于 Wang，1994，图版 8，图 4。

7—9 优瑞卡奥泽克刺云南亚种 *Ozarkodina eurekaensis yunnaensis* Bai, Ning and Jin, 1982

7 口视，×51；S15274-8，81014；云南宁蒗，下泥盆统。

8 正模侧视，×51；S15274-8，81015；云南宁蒗，下泥盆统。

9 口视，×51；S15274-8，81016；云南宁蒗，下泥盆统。

7—8 复制于白顺良等，1982，图版Ⅵ，图 13—15。

10—14 优瑞卡奥泽克刺 *Ozarkodina eurekaensis* Klapper and Murphy, 1974 (P element)

10a—b 副模标本口视与侧视，×26；SUI 36958。

11a—b 正模标本内侧视与外侧视，×26；SUI 36959。

12a—b 副模标本侧视与口视，×26；SUI 36961。

13a—b 两个副模标本之内侧视与外侧视，×26；SUI 36962，36961。

14 副模侧视，×26；SUI 36957。

10—14 复制于 Klapper 和 Murphy，1975，图版 5，图 10—11，12—13，16—17，9，15，7。

15 扭曲多颚刺（比较种） *Polygnathus* cf. *sinuosus* Szulczevski, 1971

15a—b 同一标本反口视与口视，×88；CD375/19531；广西四红山剖面，上泥盆统“榴江组”，晚 *falsiovalis* 带；复制于 Wang，1994，图版 9，图 1a—b。

16 扭转奥泽克刺（比较种） *Ozarkodina* cf. *treptus* (Ziegler, 1958)

16a. 侧视，×50；16b. 口视，×33；CD370/75277；四红山上泥盆统榴江组。

17 齐格勒奥泽克刺泥盆亚种 *Ozarkodina ziegleri devonica* Wang, 1981

17a—b 正模标本之内侧视与外侧视，×35；BD304/49610；广西下泥盆统二塘组；复制于王成源，1981，图版Ⅰ，图 33—34。

图版 48

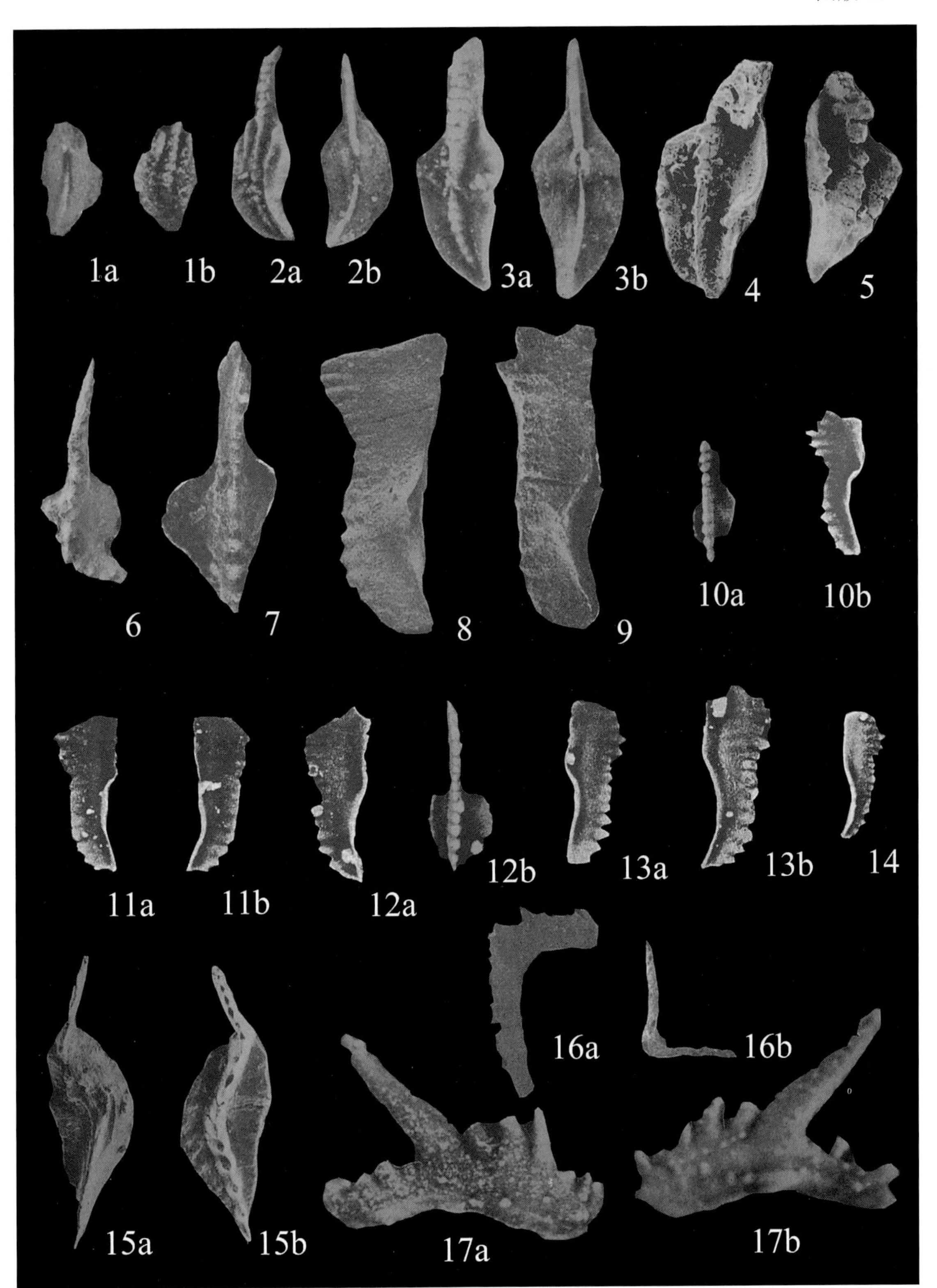
1a
1b
2a
2b
3a
3b
4
5
6
7
8
9
10a
10b
11a
11b
12a
12b
13a
13b
14
15a
15b
16a
16b
17a
17b

图版 49

1—2　分岔锚颚刺　*Ancyrognathus bifurcatus*（Ulrich and Bassler，1926）

1　口视，×35；B6/1399；2. 口视，×41；B10/1404。新疆准格尔盆地布龙果尔剖面，洪古勒楞组。新疆准格尔盆地布龙果尔剖面，洪古勒楞组；复制于赵治信和王成源，1990，图版1，图12—13。

3—4　锚颚刺（未名新种）　*Ancyrognathus* sp. nov.

3　口视，×40；B7/1385；4. 口视，×28；B7/1386。

3—4　新疆准格尔盆地布龙果尔剖面，洪古勒楞组；复制于赵治信和王成源，1990，图版1，图14—15。

5　随遇锚颚刺　*Ancyrognathus ubiquitus* Sandberg，Ziegler and Dreesen，1988

5a—b　同一标本之口方侧视与口视，约×60；WBC-04/151649；内蒙古大兴安岭大民山组（霍博山组）；复制于郎嘉宾和王成源，2010，图版Ⅳ，图5a—b。

6—10　光滑锚颚刺　*Ancyrognathus glabra* Shen，1982

6　独模，口视，×35；湖南临武香花岭，上泥盆统佘田桥组；复制于沈启明，1982，图版Ⅳ，图6。

7a—b　同一标本之反口视与口视，×60，×50；CD373/119543；德保四红山剖面，晚 *hassi* 带；复制于 Wang，1994，图版10，图2a—b。

8　口视；L17-6/119553；桂林龙门剖面，榴江组，晚 *rhenana* 带。

9　口视，×50；CD373-3/119554；德保四红山剖面，榴江组，晚 *hassi* 带。

8—9　复制于 Wang，1994，图版11，图3—4。

10a—b　同一标本之口视与反口视，×60；L11-1b/119545；桂林龙门剖面，榴江组，*punctata* 带；复制于 Wang，1994，图版10，图4a—b。

11　锚颚刺（未名新种）　*Ancyrognathus* sp. nov.

11a—c　同一标本之侧视、口视与反口视，×50，×50，×60；四红山剖面，榴江组，早 *hassi* 带；复制于 Wang，1994，图版11，图7a—c。

12—15　广西锚颚刺　*Ancyrognathus guangxiensis* Wang，1994

12a—b　同一标本之反口视与口视，×52.8，×44；CD370—1/119544；四红山剖面，榴江组，早 *rhenana* 带。

13　口视，×68.8；L12-2/119548；龙门剖面，榴江组，晚 *hassi* 带。

14a—b　同一标本之口视与反口视，×58.2；CD370/119547；不常见的标本，似 *Palmatolepis*，但无中瘤齿；四红山剖面，“榴江组”，早 *rhenana* 带。

15a—b　同一标本之反口视与口视，×58.2，×61.6；CD370-1/119546；四红山剖面，“榴江组”，早 *rhenana* 带。

12—15　复制于 Wang，1994，图版10，图3a—b，5a—b，6a—b，7。

图版 49

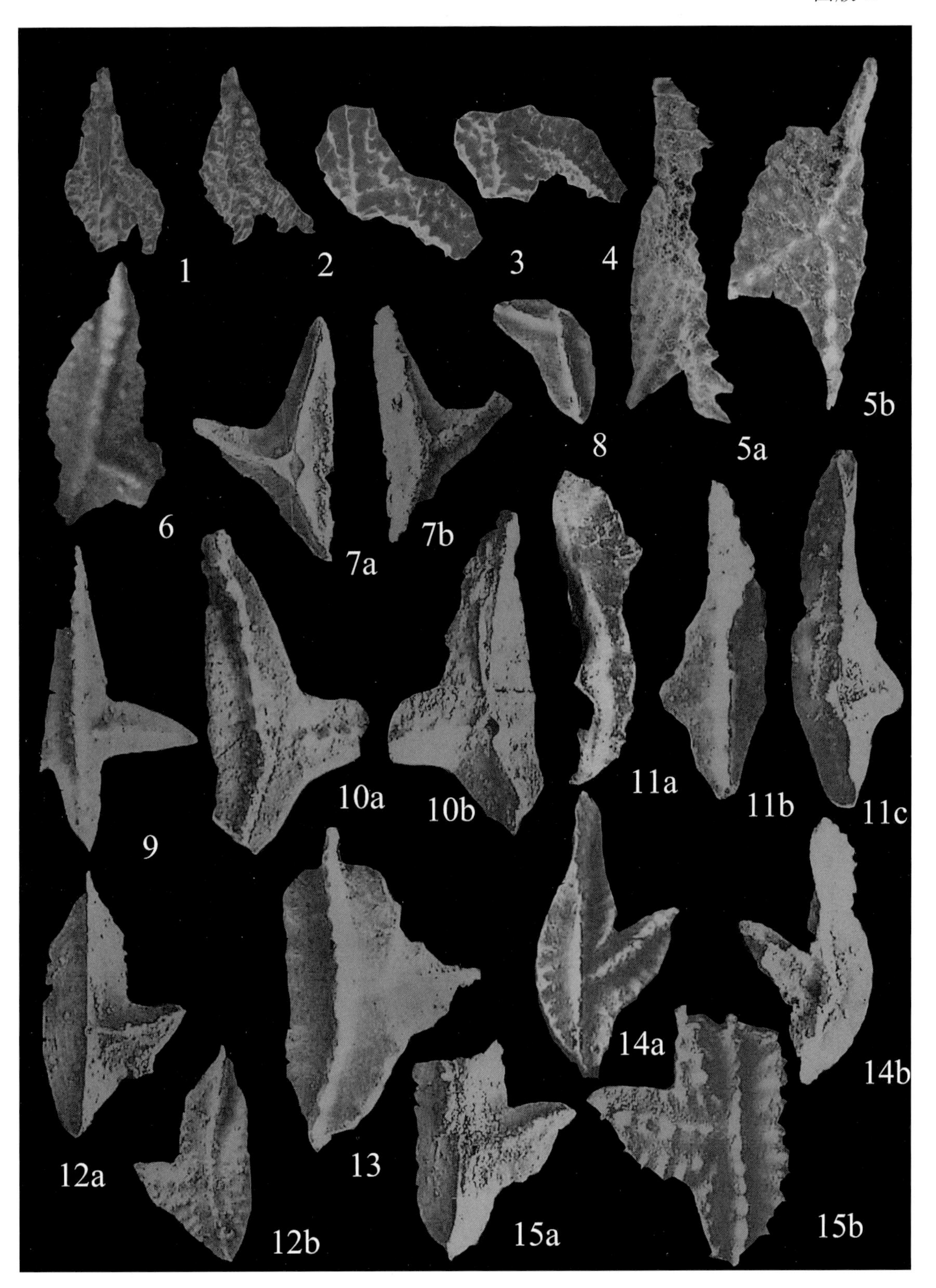
1
2
3
4
5a
5b
6
7a
7b
8
9
10a
10b
11a
11b
11c
12a
12b
13
14a
14b
15a
15b

图版 50

1—4　高锚颚刺（亲近种）　*Ancyrognathus* aff. *A. altus* Müller and Müller，1957

1　口视，×53；L17-2/119552；龙门剖面，上泥盆统榴江组，晚 *rhanana* 带。

2a—b　同一标本之口视与反口视，×53；L-15/3/119562；龙门剖面，榴江组，晚 *rhenana* 带。

3　口视，×44；L17-6/119559；龙门剖面，上泥盆统榴江组，晚 *rhenana* 带。

4　口视，×44；L19-3/119560；龙门剖面，上泥盆统榴江组，*linguiformis* 带。

1—4　复制于 Wang，1994，图版 11，图 2，12，9—10。

5—8　塞敦锚颚刺　*Ancyrognathus seddoni* Klapper，1991

5　口视，×44；D19-8/130263；桂林垌村剖面，谷闭组上部，*linguiformis* 带。

6　口视，×44；L19-4/130262；桂林龙门剖面，谷闭组，*linguiformis* 带。

7　口视，×44；D20-24/130261；桂林垌村剖面，谷闭组上部，*linguiformis* 带。

8　口视，×44；L19-F/130260；桂林龙门剖面，谷闭组，*linguiformis* 带。

5—8　复制于 Wang 和 Ziegler，2002，图版 7，图 11—14。

9—13　三角锚颚刺　*Ancyrognathus triangularis* Youngquist，1945

9　口视，×44；D19-G/130256；桂林垌村剖面，谷闭组，*linguiformis* 带。

10　口视，×44；D19-G/130257；桂林垌村剖面，谷闭组，*linguiformis* 带。

11　口视，×44；CD361-4-2/1302258；德保四红山剖面，谷闭组，早 *triangularis* 带。

12　口视，×44；D20-29/130259；桂林垌村剖面，谷闭组，*linguiformis* 带。

9—12　复制于 Wang 和 Ziegler，2002，图版 7，图 7—10。

13　口视，×70；L16-5/119555；桂林龙门剖面，榴江组，晚 *rhenana* 带；复制于 Wang，1994，图版 11，图 5。

14—15　阿玛纳锚颚刺　*Ancyrognathus amana* Müller and Müller，1957

14　口视，×66；L19-k/130264；桂林龙门剖面，上泥盆统谷闭组，*linguiformis* 带。

15　口视，×44；L19-m/130265；桂林垌村剖面，上泥盆统谷闭组，*linguiformis* 带。

14—15　复制于 Wang 和 Ziegler，2002，图版 7，图 15—16。

16　锚颚刺形锚颚刺　*Ancyrognathus ancyrognathoides*（Ziegler，1958）

16a—b 同一标本之反口视与口视，×53；D14-5/119542；桂林垌村剖面，中—上泥盆统东岗岭组，早 *hassi* 带；复制于 Wang，1994，图版 10，图 1a—b。

图版 50

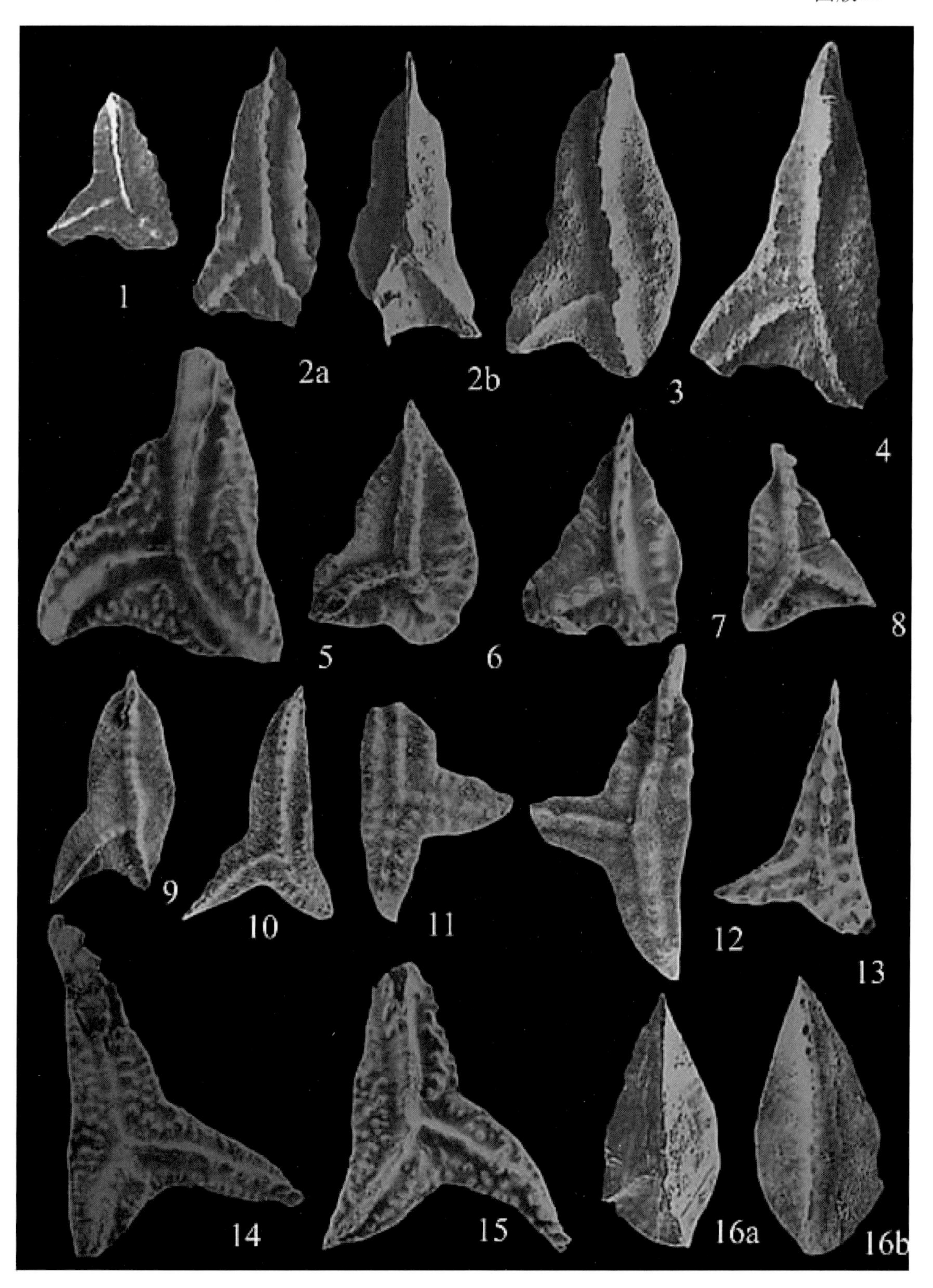

图版 51

1—3　光滑锚颚刺　*Ancyrognathus glabra* Shen, 1982

1a—b　同一标本之口视与反口视，×42；MC7-21044；上泥盆统桂林组下部，上 *asymmetricus* 带。

2a—b　同一标本之口视与反口视，×63；MC25-21045；上泥盆统巴漆组上部，下 *asymmetricus* 带。

3a—b　同一标本之口视与反口视，×70；MC7-21048；上泥盆统桂林组下部，上 *asymmetricus* 带。

1—3　复制于季强，1986（见侯鸿飞等，1986），图版 6，图 9—14。

4　三角锚颚刺　*Ancyrognathus triangularis* Youngquist, 1945

同一标本之口视与反口视，×32；MC4-21050；上泥盆统桂林组下部，*An. Triangularis* 带；复制于季强，1986（见侯鸿飞等，1986），图版 6，图 15—16。

5—6　不对称锚颚刺　*Ancyrognathus asymmetricus*（Ulrich and Bassler, 1926）

5　口视，×35；9100267/LL-92；广西拉力，上泥盆统香田组中部，晚 *rhenana* 带。

6　口视，×35；9100272/LL-91；广西拉力，上泥盆统香田组中部，晚 *rhenana* 带。

5—6　复制于 Ji 和 Ziegler, 1993，图版 3，图 3—4。

7　锚颚刺（未定种 A）　*Ancyrognathus* sp. A

同一标本之口视与口方侧视，×44；9100298/LL-89；上泥盆统香田组上部，*linguiformis* 带；复制于 Ji 和 Ziegler, 1993，图版 3，图 1—2。

8　倒钩状锚颚刺　*Ancyrognathus barbus* Sandberg and Ziegler, 1992

口视，×35；CD370—1/119549；四红山剖面，上泥盆统榴江组，早 *rhenana* 带；复制于 Wang, 1994，图版 10，图 8。

9　柯恩？锚颚刺　*Ancyrognathus coeni*? Klapper, 1991

口视，×53；L12-1/119558；桂林龙门剖面；上泥盆统榴江组，晚 *hassi* 带；复制于 Wang, 1994，图版 11，图 8。

10—14　迪普吉半铲刺　*Hemilistrona depkei* Chauff and Dombrowski, 1977

10a—b　正模标本之口视与反口视，×28，SUI 40004。

11　副模标本之口视　×28；SUI 40017。

12　副模标本之口视，×28；SUI 40011。

13a—b　副模标本之口视与反口视，×28；SUI 40012。

14a—b　副模标本之口视与反口视，×28；SUI 40016。

10—14　复制于 Chauff 和 Dombrowski, 1977，图版 1，图 8，14；图版 2，图 20，6，7—8，14—15。

图版 51

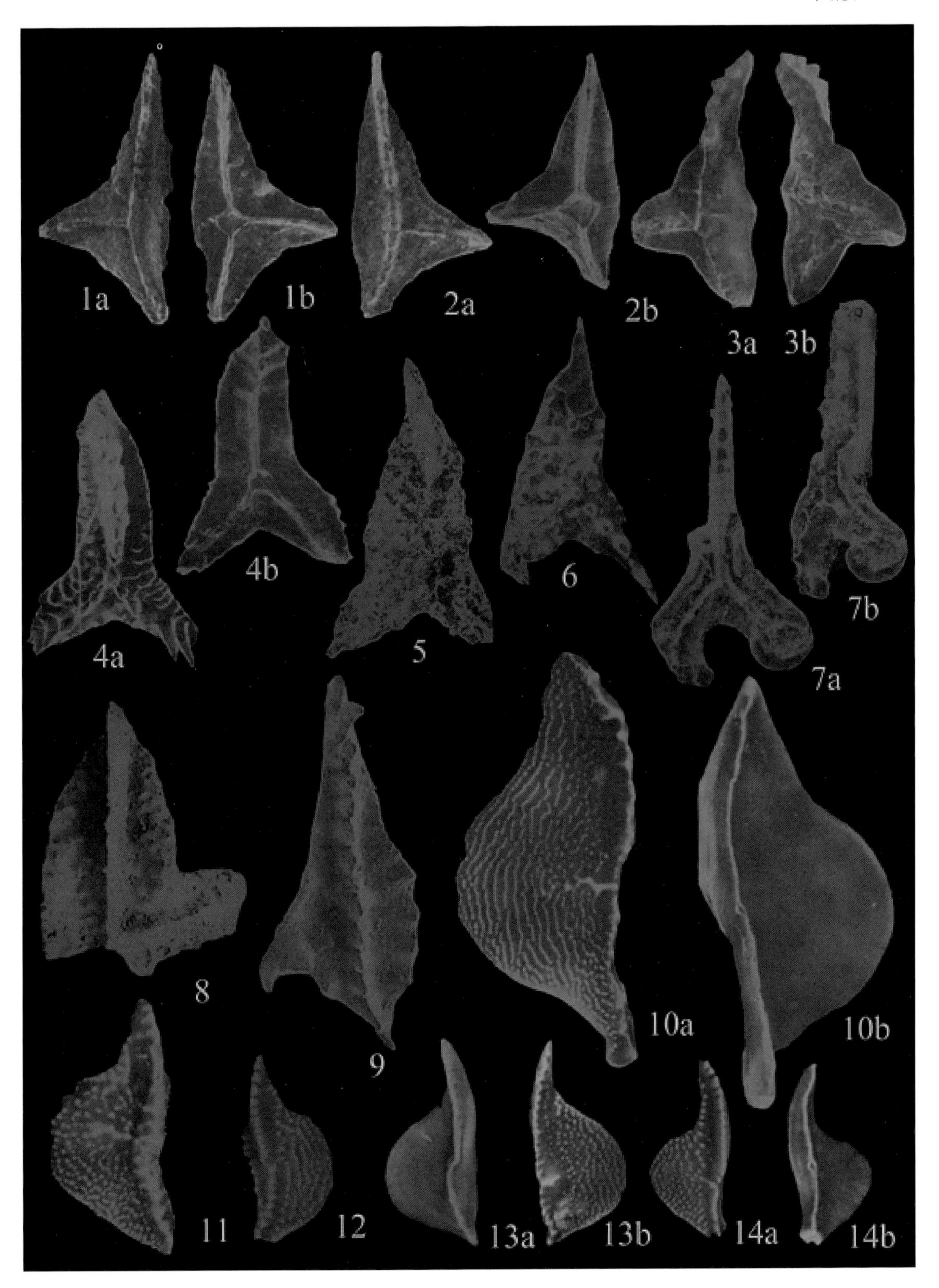

图版 52

1　齐格勒达施贝格刺　*Dasbergina ziegleri* Schäffer，1976

1a—c　正模标本之口视、侧视与反口视，×35；Mbg. 2691；复制于 Schäffer，1976，图版 1，图 31—33。

2　十字形锚鳞刺　*Ancyrolepis cruciformis* Ziegler，1959

2a—c 正模标本之口视与反口视，×31；复制于 Ziegler，1973，*Ancyro*—图版 2，图 1a—b。

3，11　窄台多颚刺　*Polygnathus angustidiscus* Youngquist，1945

3a—b　同一标本之口方侧视与口视，×33；CD376/75253；四红山剖面，上泥盆统榴江组，*asymmetricus* 带。

11a—c　同一标本之侧视、反口视与口视，×29；Zn35/75190；崇左那艺，上泥盆统下部，*asymmetricus* 带。

3，11　复制于王成源，1989，图版 39，图 3；图版 38，图 18a—c。

4—5　不对称锚颚刺　*Ancyrognathus asymmetricus*（Ulrich and Bassler，1926）

4a—b　同一标本之口视与反口视，×31。

5　口视，×32。

4—5　复制于 Ziegler，1973，*Ancyro*—图版 2，图 4a—b，5。

6—9　锚颚刺形多颚刺　*Polygnathus ancyrognathoides* Ziegler，1958

6a—b　同一标本之侧视与反口视，×33；CD373/75103；四红山剖面，上泥盆统榴江组，*A. triangularis* 带；复制于王成源，1989，图版 2，图 3a—b。

7a—b　同一标本之口方侧视与反口视，×42；MC7-21049；象州马鞍山，上泥盆统桂林组下部，上 *asymmetricus* 带。

8a—b　同一标本之口方侧视与反口视，×42；MC7-21048；象州马鞍山，上泥盆统桂林组下部，上 *asymmetricus* 带。

9a—b　同一标本之口方侧视与反口视，×48；MC7-21047；象州马鞍山，上泥盆统桂林组下部，上 *asymmetricus* 带。

7—9　复制于季强，1986（见侯鸿飞等，1986），图版 7，图 1—6。

10　贵州马斯科刺　*Mashkovia guizhouensis*（Xiong，1983）

10a—c　正模标本之反口视、口视与侧视，×23；贵州惠水，岩关组（晚泥盆世最晚期）；复制于熊剑飞，1983，图版 74，图 2a—c。

图版 52

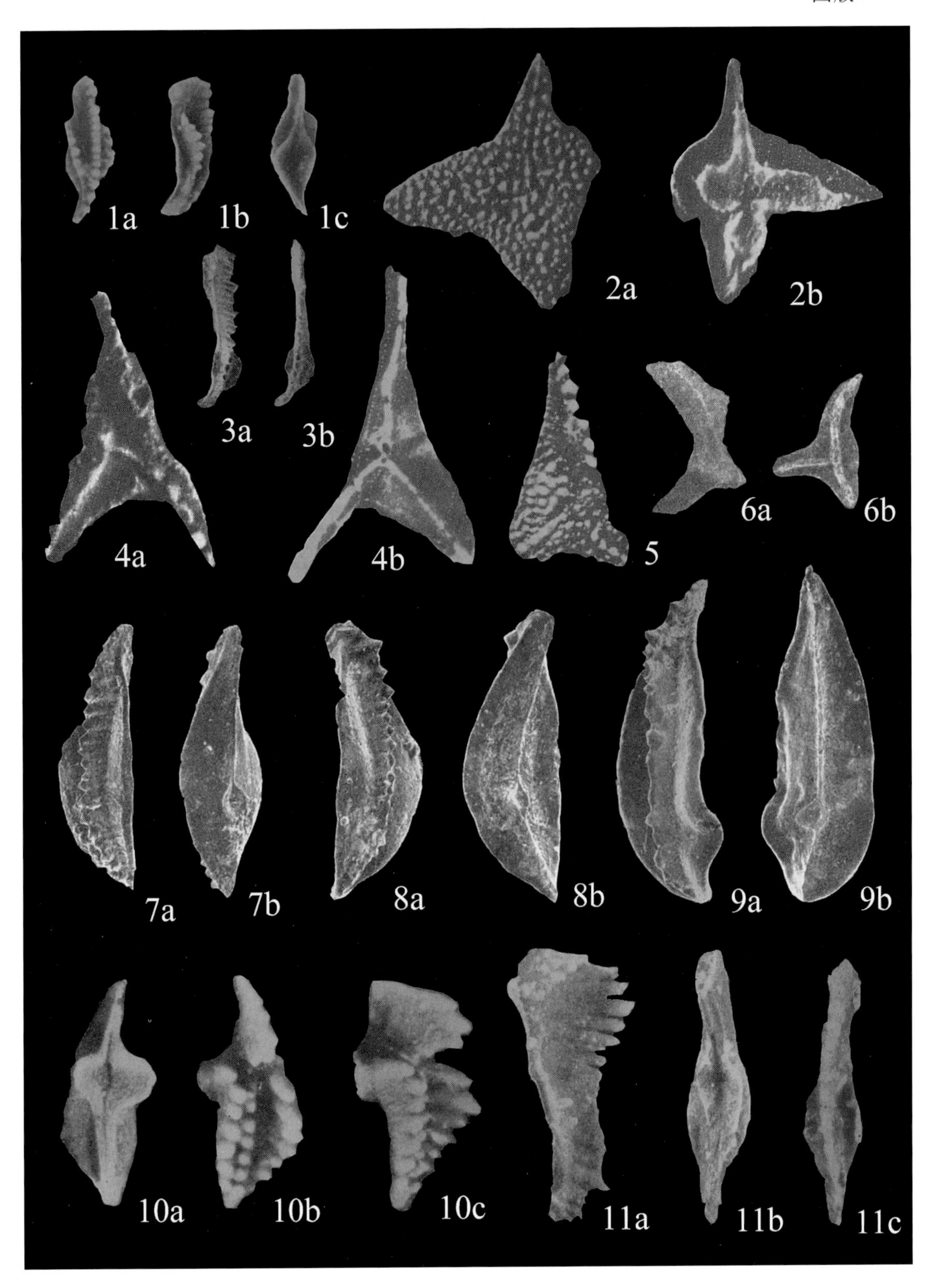

1a
1b
1c
2a
2b
3a
3b
4a
4b
5
6a
6b
7a
7b
8a
8b
9a
9b
10a
10b
10c
11a
11b
11c

图版 53

1—6 普通新多颚刺普通亚种 *Neopolygnathus communis communis* (Branson and Mehl, 1934)

1a—b. 同一标本之反口视与口视，×29；CD327/75272；2a—b. 同一标本之反口视与口视，×29；CD327/77647；3a—b. 同一标本之口视与反口视，×29；CD327/75273。广西靖西三联，上泥盆统上部；复制于王成源，1989，图版 38，图 3—5。

4. 口视，×44；9101076/LL-16；5. 口视，×44；9101077/LL-16；6. 反口视，×44；9101078/LL-16。王佑组，晚 *praesulcata* 带；复制于 Ji 和 Ziegler，1993，图版 35，图 4—6。

7—12 普通新多颚刺齿亚种 *Neopolygnathus communis dentatus* (Druce, 1969)

7a—b. 同一标本之口方侧视与口视，×35；SL 26/75219；8a—b. 同一标本之侧视与口视，×62；SL 20/77610。广西武宣，上泥盆统三里组，*marginifera* 带；复制于王成源，1989，图版 32，图 1—2。

9. 口视，×40；9100914/LL-52；10. 口方侧视，×40；9100933/LL-47；11. 口视，×40；9100971/LL-44；12. 反口视，×40；9100919/LL-49。广西拉力剖面，上泥盆统五指山组中部，最晚 *marginifera* 带；复制于 Ji 和 Ziegler，1993，图版 35，图 7—10。

13—15 普通新多颚刺上庙背亚种 *Neopolygnathus communis shangmiaobeiensis* Qin，Zhao and Ji，1988

13. 口视，×74；C85-5-29/33631；14. 口视，×95；C85-5-30/33627；15. 反口视，×116；C85-5-30/33628。广东韶关上庙背，上泥盆统孟公坳组下部；复制于秦国荣等，1988，图版 Ⅱ，图 14—16。

16—18 等高多颚刺 *Polygnathus aequalis* Klapper and Lane，1985，Morphotype 2

16 口视，×40；9100124/LL-108；17. 口视，×40；9100149/LL-107；18. 口视，×40；9100115/LL-108。上泥盆统老爷坟组中部，*punctata* 带；复制于 Ji 和 Ziegler，1993，图版 40，图 1—3。

19—23 等高多颚刺 *Polygnathus aequalis* Klapper and Lane，1985，Morphotype 1

19 口视，×40；9100118/LL-108；上泥盆统老爷坟组中部，*punctata* 带。

20 口视，×40；9100268/LL-92；上泥盆统香田组中部，晚 *rhenana* 带。

21 口视，×40；9100325/LL-87；上泥盆统香田组上部，*linguiformis* 带。

22 口视，×40；9100269/LL-92；上泥盆统香田组中部，晚 *rhenana* 带。

23 口视，×40；9100057/LL-115；上泥盆统老爷坟组下部 晚 *falsiovalis* 带。

19—23 复制于 Ji 和 Ziegler，1993，图版 40，图 4—8。

24—25 普通新多颚刺长方亚种 *Neopolygnathus communis quadratus* (Wang, 1989)

24a—b 同一标本之口视与反口视，×29；CD332/77645；广西靖西三联，下石炭统最底部。

25a—b 同一标本之反口视与口视，×29（正模）；CD332/77646。

24—25 复制于王成源，1989，图版 38，图 1—2。

图版 53

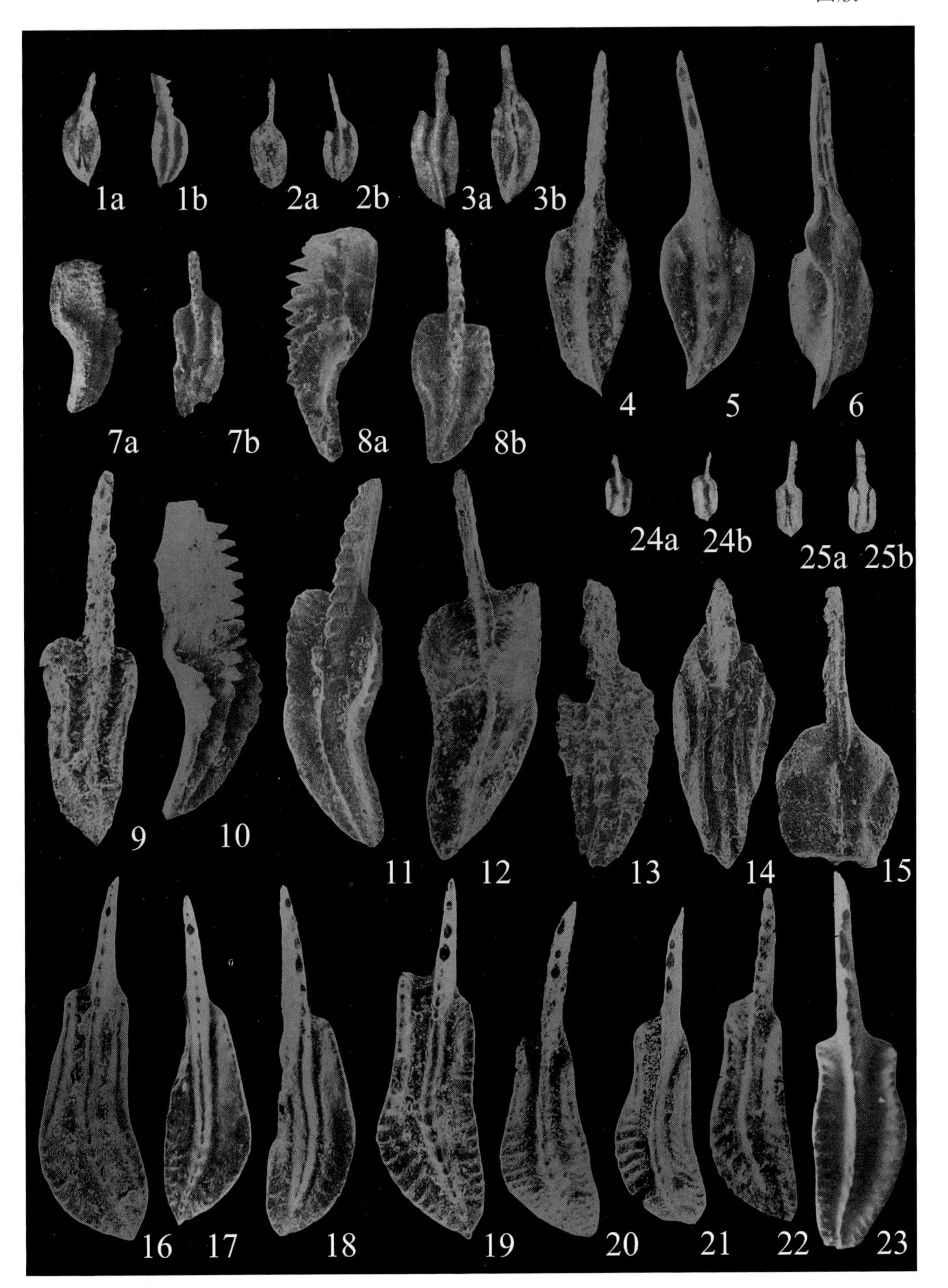
1a
1b
2a
2b
3a
3b
4
5
6
7a
7b
8a
8b
24a
24b
25a
25b
9
10
11
12
13
14
15
16
17
18
19
20
21
22
23

图版 54

1—6 宽翼多颚刺 *Polygnathus alatus* Huddle, 1934

1a—c 同一标本之口视、反口视与侧视, ×42, ×42, ×32; LCn-852105/B138y4; 上泥盆统土桥子组 B138 层。

2a—b 同一标本之口视与侧视, ×32; LCn-852106/B127By27; 中泥盆统观雾山组海角石段。

3a—c 同一标本之侧视、反口视与口视, ×35; LCn-852107/B135y5; 土桥子组 B135 层。

1—3 复制于熊剑飞等, 图版 128, 图 2, 6—7。

4 口视, ×44; 9100040/LL-117; 上泥盆统老爷岭组下部, 早 *falsiovalis* 带。

5 口视, ×44; 9100125/LL-108; 上泥盆统老爷岭组中部, *punctata* 带。

6 口视, ×44; 9100041/LL-117; 上泥盆统老爷岭组下部, 早 *falsiovalis* 带。

4—6 复制于 Ji 和 Ziegler, 1993, 图版 39, 图 1—3。

7 宽翼多颚刺(比较种) *Polygnathus* cf. *alatus* Huddle, 1934

口视, ×35; HL13-29g/75159; 广西横县六景, 中泥盆统民塘组最上部, *varcus* 带; 复制于王成源, 1989, 图版 40, 图 8。

8—12 窄脊多颚刺 *Polygnathus angusticostatus* Wittekindt, 1966

8. 口视, ×33; CD437/77629; 9a—b. 口视, ×33; CD437/77630; 10. 口视, ×33; CD437/77631; 11. 口视, ×33; CD437/77632; 12. 口视与侧视, ×33; CD424/77212。德保都安四红山, 中泥盆统分水岭组, *T. k. australis*—*T. k. kockelianus* 带; 复制于王成源, 1989, 图版 34, 图 13—17。

13—15 重庆多颚刺 *Polygnathus chongqingensis* Wang, 2012

13a—b. 副模, 同一标本之口视与口方侧视, ×66; 黔水 7-1-1/154927; 14a—c. 左分子, 同一标本之口视、侧视与反口视, ×66; 黔水 7-1-1/151926; 15a—c. 右分子, 正模标本之口视、侧视与反口视, ×66; 黔水 7-1-1/15927。黔江弗拉阶, 晚 *rhenana* 带到 *linguiformis* 带; 复制于龚黎明等, 2012, 图版 Ⅱ, 图 5—7。

图版 54

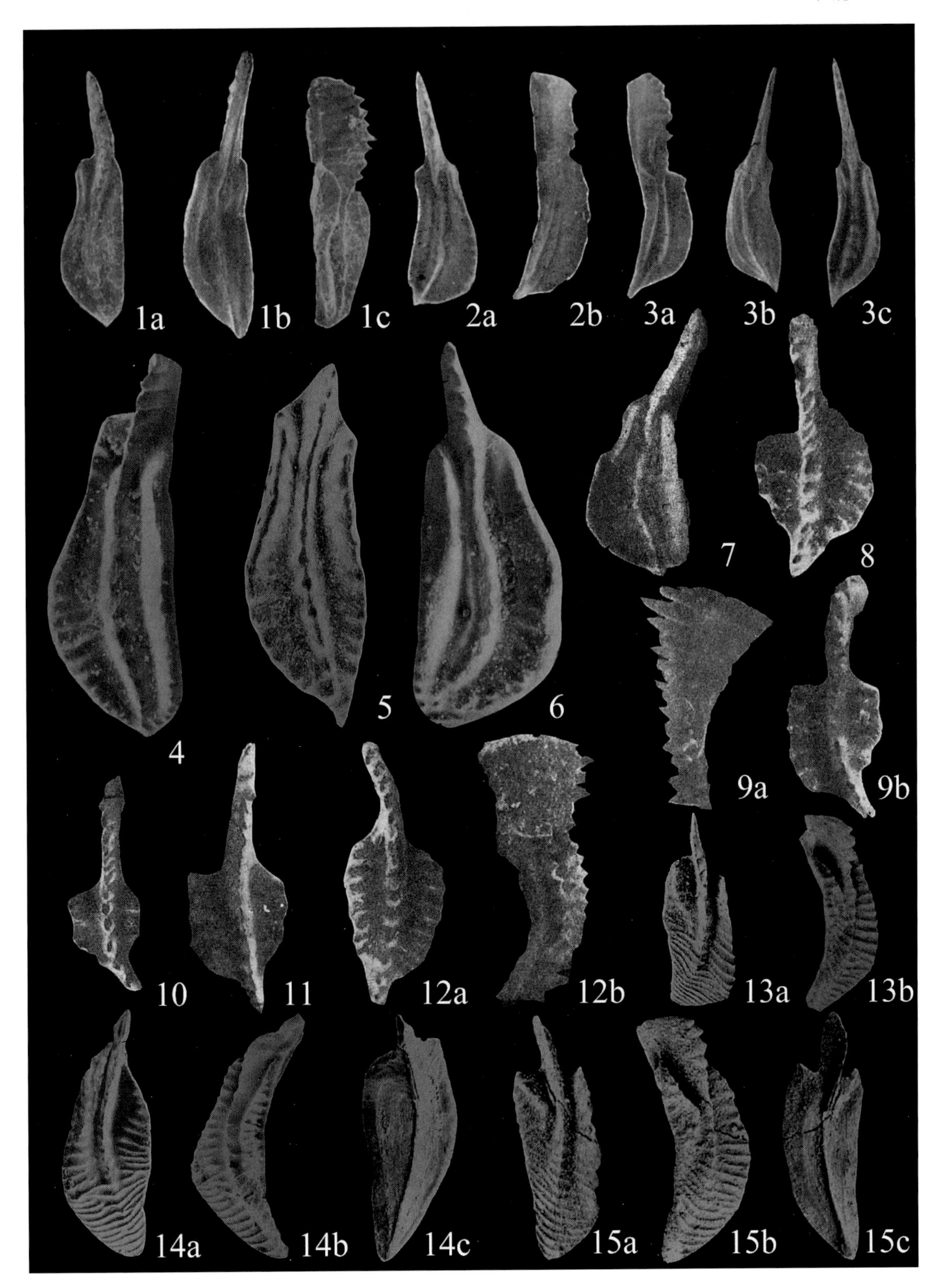
1a
1b
1c
2a
2b
3a
3b
3c
4
5
6
7
8
9a
9b
10
11
12a
12b
13a
13b
14a
14b
14c
15a
15b
15c

图版 55

1—2　窄羽多颚刺　*Polygnathus angustipennatus* Bischoff and Ziegler，1957

1a—b，2a—b　同一标本之口视与侧视，×33；CD435/75222，CD435/77623；都安四红山剖面，中泥盆统分水岭组，*costatus* 带；复制于王成源，1989，图版 33，图 3—4。

3—5　柄多颚刺　*Polygnathus ansatus* Ziegler and Klapper，1967

3　口视，×35；Bq62/-21，93348。

4　口视，×35；Bq62/-16.4，93347。

3—4　巴漆剖面，中 *varcus* 带；复制于 Bai 等，1994，图版 22，图 12，11。

5a—b　同一标本之口视与侧视，×44，×53；CD384/75213；德保都安四红山剖面，中泥盆统分水岭组，*varcus* 带。

6　前窄多颚刺　*Polygnathus anteangustus* Shen，1982

6a—c　正模标本之口视、反口视与侧视，×35；a-31；临武香花岭，上泥盆统佘田桥组，*gigas* 带。复制于沈启明，1982，图版Ⅲ，图 3a—c。

7—9　贝克曼多颚刺　*Polygnathus beckmanni* Bischoff and Ziegler，1957

7a—b.　同一标本之口视与反口视，×26；Mc78-21065；8a—b. 同一标本之反口视与口视，×26；Mc77-21062；9a—b. 同一标本之反口视与口视，×32；Mc73-21063。象州马鞍山，中泥盆统巴漆组下部，下 *varcus* 带；复制于季强，1986（见侯鸿飞等，1986），图版 11，图 9—11，14—16。

10—11　本德尔多颚刺　*Polygnathus benderi* Weddige，1977

口视，×33；CD427/77643，CD427/75211；德保都安四红山，中泥盆统分水岭组 *australis* 带；复制于王成源，1989，图版 37，图 8—9。

12　成源多颚刺　*Polygnathus chengyuanianus* Dong and Wang，2003

12a—b　正模标本之口视与反口视，×63；0021032213，Mp-12；云南施甸县马鹿塘，下—中泥盆统西边塘组；复制于董致中和王伟，2006，图版 16，图 1a—b。

13—15　短多颚刺　*Polygnathus brevis* Miller and Youngquist，1947

13　口视，×66；黔濯 6-2-1/154929；渝东南写经寺组弗拉期。

14a—b　同一标本之口视与反口视，×66；黔水 7-1-1/154921；渝东南写经寺组弗拉期。

15a—b　同一标本之口视与反口视，×66；黔濯 6-2-1/154932；渝东南写经寺组弗拉期。

13—15　复制于龚黎明等，2012，图版Ⅰ，图 18；图版Ⅲ，图 2a—b，3a—b。

图版 55

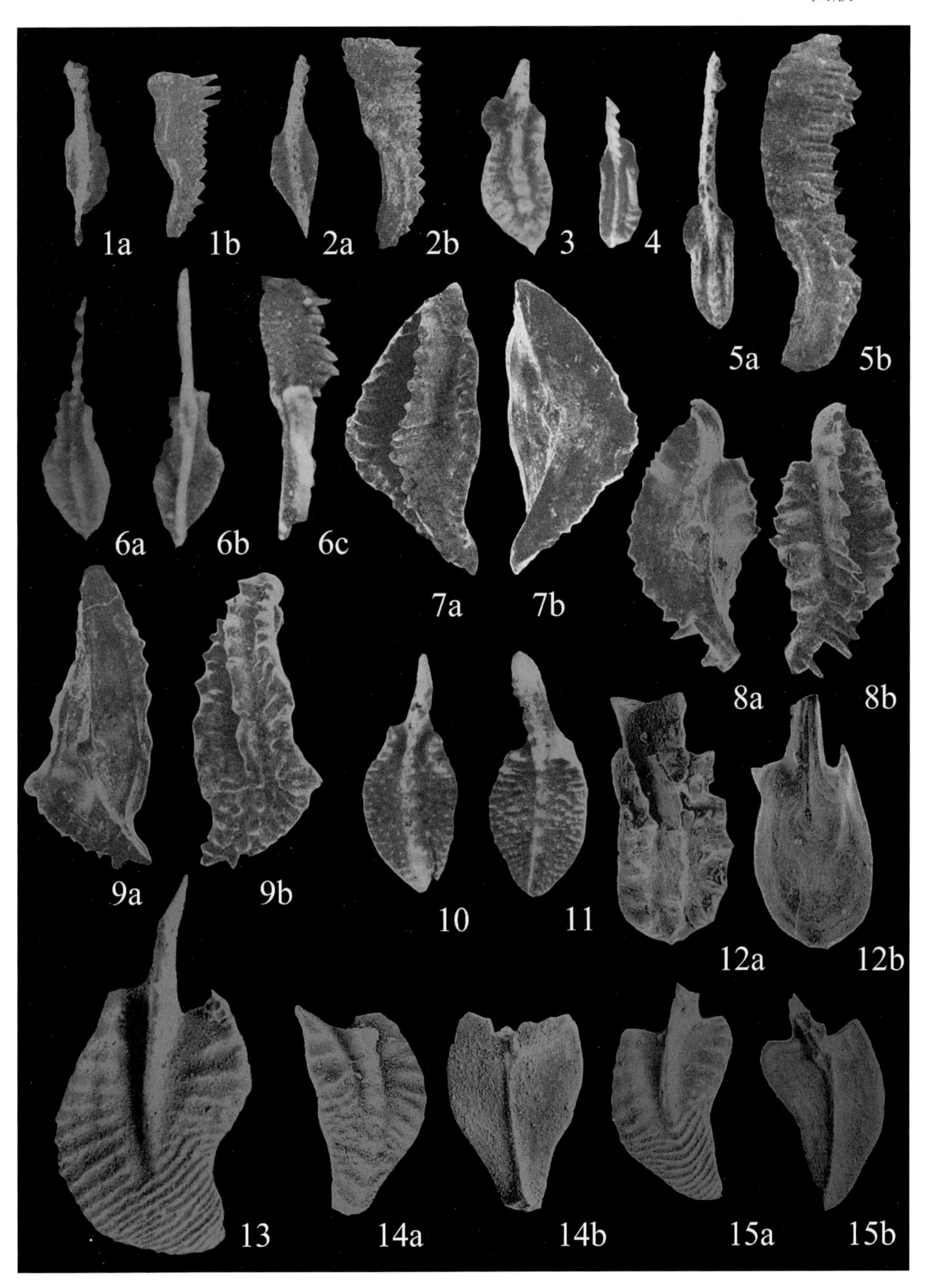
1a
1b
2a
2b
3
4
5a
5b
6a
6b
6c
7a
7b
8a
8b
9a
9b
10
11
12a
12b
13
14a
14b
15a
15b

图版 56

1—8　短齿台多颚刺 *Polygnathus brevilaminus* Branson and Mehl, 1934

1　口视，×35；B1b/4.2，93355；巴漆（B）剖面，上泥盆统，下 *triangularis* 带。

2　口视，×35；Ma7/1.4，93356；马鞍山剖面，上泥盆统，中 *triangularis* 带。

3　口视，×35；Ma6/0.1，93357；马鞍山剖面，上泥盆统，中 *triangularis* 带。

1—3　复制于 Bai 等，1994，图版 23，图 1—3。

4　侧视，×70；L8-1/119521；龙门剖面，中泥盆统东岗岭组，*disparilis* 带。

5　侧视，×88；L8-2/119522；龙门剖面，中泥盆统东岗岭组，*disparilis* 带。

4—5　复制于 Wang，1994，图版 8，图 6，11。

6　口视，×53；9100426/LL-86；上泥盆统五指山组底部，早 *triangularis* 带。

7　口视，×40；9100425/LL-86；上泥盆统五指山组底部，早 *triangularis* 带。

8　口视，×40；9100425/LL-86；上泥盆统五指山组底部，早 *triangularis* 带。

6—8　复制于 Ji 和 Ziegler，1994，图版 37，图 1—3。

9—13　短脊多颚刺 *Polygnathus brevicarinus* Klapper and Lane, 1985

9a—c　副模标本之反口视、口视与侧视，×31；76755，BR3-12。

10　正模标本之口视，×31；76756，BR3-6。

11　GSC 副模标本之口视，×26；76757，TR3-1。

12　GSC 副模标本之反口视，×35；76758，BR3-4。

13　GSC 副模标本之口视，×26；76760，TR3-1。

9—13　复制于 Klapper 和 Lane，1985，图 17.4，17.5，17.7—17.10，17.12。

14　丘尔金多颚刺 *Polygnathus churkini* Savage and Funai, 1980

口视，×35；Ma4/0.4，93359；马鞍山剖面，弗拉期标本再沉积到下 *triangularis* 带；复制于 Bai 等，1994，图版 23，图 5。

15—16　库珀多颚刺锯齿亚种 *Polygnathus cooperi secus* Klapper, 1978

15　同一标本之反口视与口视，×35；广西那艺剖面，下泥盆统埃姆斯阶，*patulus* 带；复制于 Bai 等，1994，图版 17，图 9。

16　同一标本之口视与反口视，×35；贵州普安，中泥盆统罐子窑组；复制于熊剑飞，1983，图版 69，图 12。

17—18　肋脊多颚刺肋脊亚种 *Polygnathus costatus costatus* Klapper, 1971

17a—b　同一标本之口视与侧视，×31；CT5-2/75205。

18a—b　同一标本之口视与侧视，×31；CT5-2/75205。

17—18　广西邕宁长塘，中泥盆统那叫组，*costatus* 带；复制于王成源，1989，图版 31，图 7—8。

图版 56

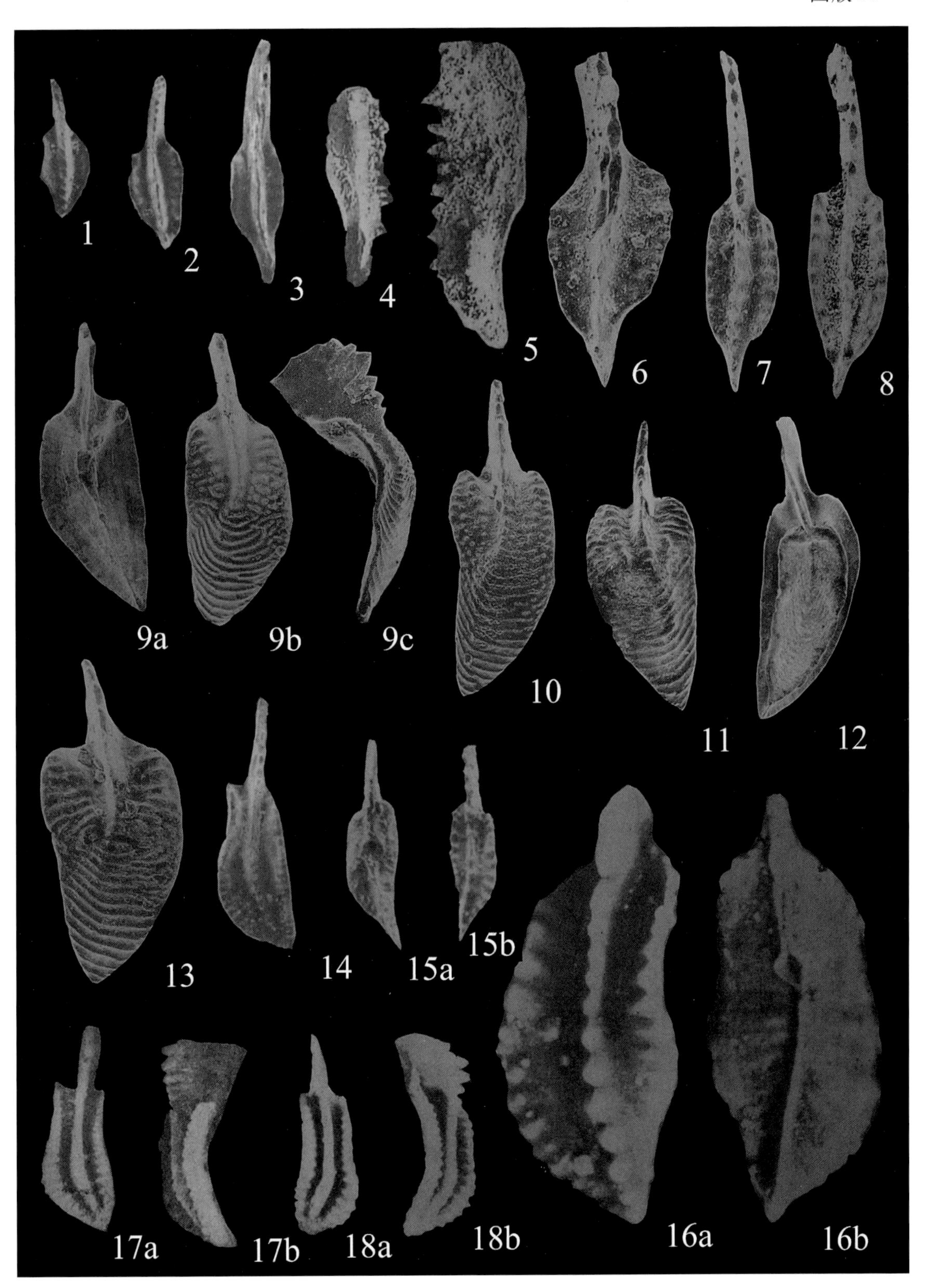

图版 57

1—2 库珀多颚刺亚种 A *Polygnathus cooperi* subsp. A Wang and Ziegler, 1983

1 口视，×35；CD440/75220；四红山剖面，下-中泥盆统坡折落组，*costatus* 带。

2 口视，×35；CD431/75221；四红山剖面，中泥盆统分水岭组，*australis* 带。

1—2 复制于 Wang 和 Ziegler，1983，图版 6，图 3—4。

3—4 肋脊多颚刺斜长亚种 *Polygnathus costatus oblongus* Weddige，1977

3a—b. 同一标本之口视与侧视，×29；CT4-7/75206；4a—b. 同一标本之口视与侧视，×29；CT4-7/75207。邕宁长塘剖面，中泥盆统那艺组，*costatus* 带；复制于 Wang 和 Ziegler，1983，图版 5，图 16a—b，17a—b。

5—6 肋脊多颚刺新分亚种 *Polygnathus costatus partitus* Klapper，Ziegler and Mashkova，1978

5 口视，×34；CD443/75202；四红山剖面，下—中泥盆统坡折落组，*partitus* 带；复制于 Wang 和 Ziegler，1983，图版 5，图 12。

6a—c 同一标本之侧视、口视与反口视，×42；B93y1/Lcn852045；中泥盆统养马坝组石梁子段；复制于熊剑飞，1988，图版 122，图 1。

7 肋脊多颚刺宽亚种（比较亚种） *Polygnathus costatus* cf. *patulus* Klapper，1971

口视，×33；CD425/75203；四红山剖面，下—中泥盆统坡折落组，*partitus* 带；复制于 Wang 和 Ziegler，1983，图版 5，图 13。

8—11 肋脊多颚刺宽亚种 *Polygnathus costatus patulus* Klapper，1971

8. 口视，×34；CD443/75201；四红山剖面，下—中泥盆统坡折落组，*partitus* 带；9. 口视，×33；CD437/75204；四红山剖面，下—中泥盆统坡折落组，*costatus* 带。复制于 Wang 和 Ziegler，1983，图版 5，图 11，14。

10a—b. 同一标本之反口视与口视，×35；Ny9/12.5，93281；那艺剖面，*patulus* 带；11. 口视，×35；Ny10/7.8，93284；那艺剖面，中泥盆统，*costatus* 带。复制于 Bai 等，1994，图版 17，图 10—11。

12—14 戴维特多颚刺 *Polygnathus davidi* Bai，1994

12. 口视，×35；Hm7/0.3，93407；13. 同一标本之口视与反口视，×35；Hm7/0.9，93408；14. 口视，×35；Hm7/0.3，93409。广西黄卯剖面，下石炭统下 *crenulata* 带；复制于 Bai 等，1994，图版 27，图 4—6。

15—21 冠脊多颚刺 *Polygnathus cristatus* Hinde，1879

15 口视，×32；HL14-3/75238；广西横县六景，中泥盆统，*S. hermanni-P. cristatus* 带。

16 口视，×32；CD376/75239；广西四红山剖面，上泥盆统榴江组。

15—16 复制于王成源，1989，图版 37，图 1-2。

17a—b 同一标本之反口视与口视，×63；MC42-21113；中—上泥盆统巴漆组上部，上 *herm.*—*crist.* 带。

18a—b 同一标本之反口视与口视，×37；MC42-21114；中—上泥盆统巴漆组上部，上 *herm.*—*crist.* 带。

19a—b 同一标本之反口视与口视，×53；MC37-21087；中—上泥盆统巴漆组上部，*disparilis* 带。

20a—b，21a—b 同一标本之反口视与口视，×63；MC35-21098，MC35-21095；中—上泥盆统巴漆组上部，最下 *asymmetricus* 带。

17—21 复制于季强，1986（见侯鸿飞等，1986），图版 9，图 14—17；图版 11，图 1—6。

图版 57

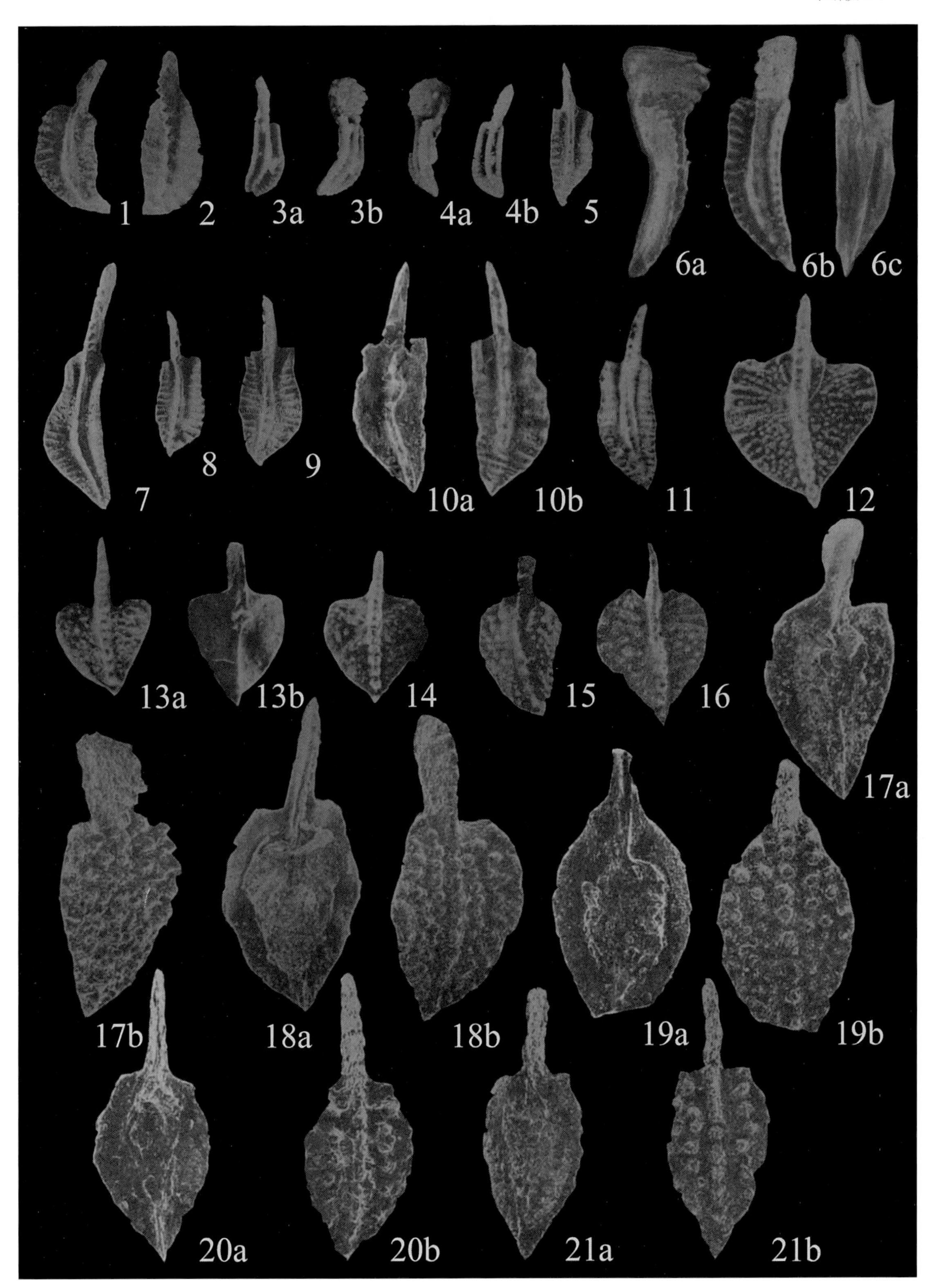
1
2
3a
3b
4a
4b
5
6a
6b
6c
7
8
9
10a
10b
11
12
13a
13b
14
15
16
17a
17b
18a
18b
19a
19b
20a
20b
21a
21b

图版 58

1—2　德保多颚刺　*Polygnathus debaoensis* Xiong，1980

1. 正模标本之口视与反口视；登记号：108；2. 副模标本之口视与反口视；登记号：109。广西德保，下—中泥盆统平恩组下段；复制于熊剑飞，1980（见鲜思远等，1980），91 页，图版 24，图 25—28。

3—5　倾斜多颚刺　*Polygnathus declinatus* Wang，1979

3a—c. 副模标本之口视、侧视与反口视，×35；Ys109/46730；4a—d. 正模标本之内侧视、反口视、口视与外侧视，×35；YS109/46279；5a—b. 副膜标本之反口视与口视，×35；YS109/46278。广西象州，下泥盆统四排组石朋段至六回段；复制于王成源，1979，401—402 页，图版Ⅰ，图 12—20。

6—11　华美多颚刺　*Polygnathus decorosus* Stauffer，1938

6a—b. 同一标本之口视与侧视，×29，×37；CD370/75226；7a—b. 同一标本之口视与侧视，×33；CD370/77624。广西德保都安四红山剖面，上泥盆统榴江组，*A. triangulsris* 带；复制于王成源，1989，图版 34，图 5—6。

8a—b. 同一标本之口视与侧视，×53；WBC04/151636；9a—b. 同一标本之口方侧视与口视，×62；WBC04/151637；10a—b. 同一标本之口方侧视与口视，×62；WBC04/151638；11a—b. 同一标本之口视与口方侧视，×44；WBC04/151640。内蒙古乌努尔地区，大民山组上部角砾岩层，弗拉期晚期；复制于郎嘉彬和王成源，2010，图版Ⅲ，图 1—3，5。

12—13　肋脊多颚刺肋脊亚种→假叶多颚刺　*Polygnathus costatus costatus* Klapper，1971 → *P. pseudofoliatus* Wittekindt，1966

12. 口视，×33；CD435/77609；13. 口视，×33；CD432/775210。四红山剖面，中泥盆统分水岭组，*costatus* 带；复制于王成源，1989，图版 31，图 10—11。

图版 58

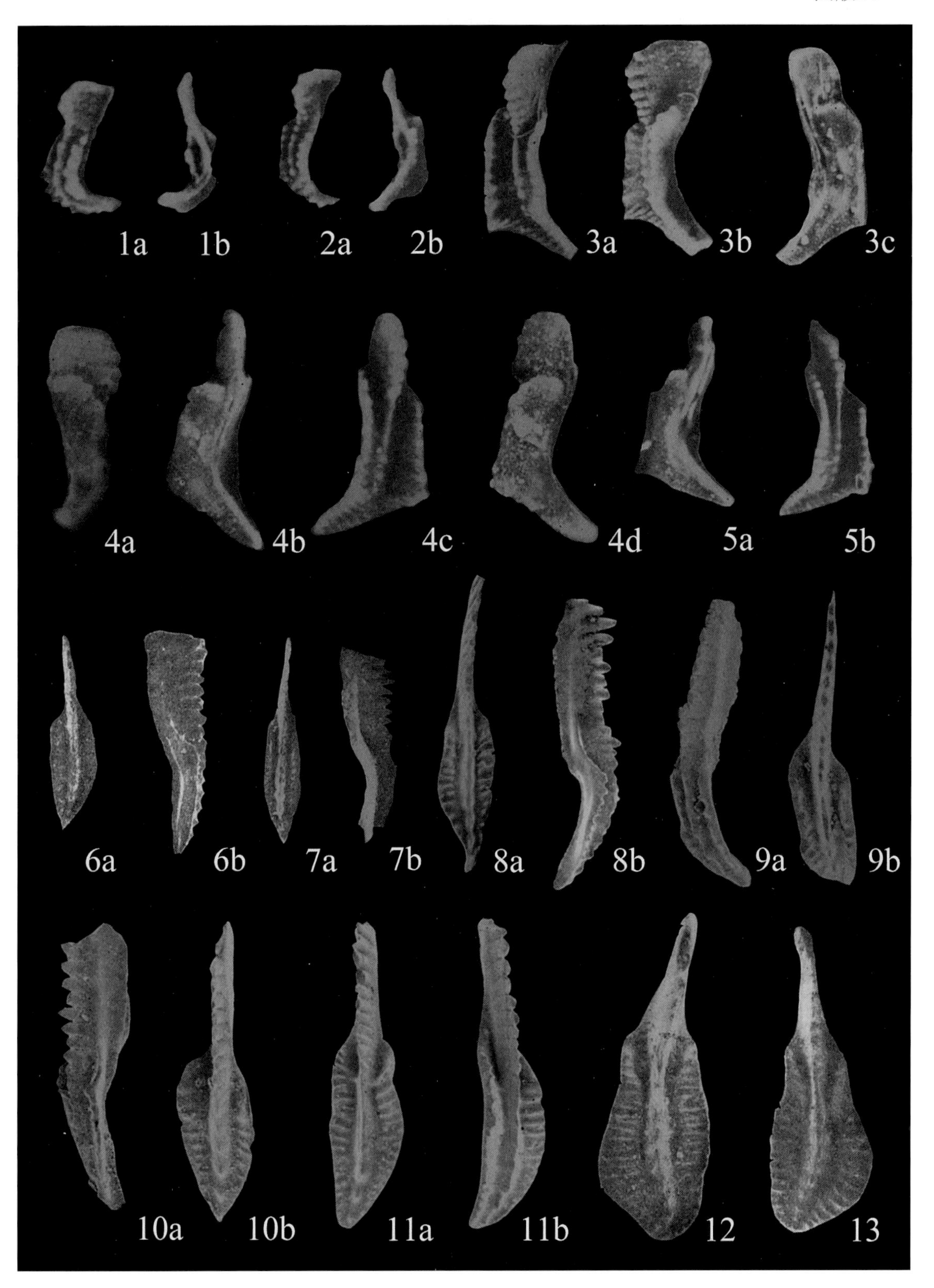
1a
1b
2a
2b
3a
3b
3c
4a
4b
4c
4d
5a
5b
6a
6b
7a
7b
8a
8b
9a
9b
10a
10b
11a
11b
12
13

图版 59

1—6　登格勒多颚刺　*Polygnathus dengleri* Bischoff and Ziegler，1957

1a—b. 同一标本之口视与反口视，×37；MC26-21130；2a—b. 同一标本之口视与反口视，×40；MC26-21137；3a—b. 同一标本之口视与反口视，×44；MC27-21125。上泥盆统巴漆组上部，下 *asymmetricus* 带；复制于季强，1986（见侯鸿飞等，1986），图版9，图10—11，3，6，2，5。

4　口视，×35；Jt1/1.2，93372；军田剖面，*falsiovalis* 带 *rotundiloba* 亚带。

5　口视，×35；Xf63/1.7，93373；象州县大乐、秀峰，吉维特期。

6a—b　同一标本之口视与反口视；军田剖面，*falsiovalis* 带 *rotundiloba* 亚带。

4—6　复制于 Bai 等，1994，图版24，图4—6。

7—8　登格勒多颚刺（亲近种）　*Polygnathus* aff. *dengleri* Bischoff and Ziegler，1957

7　口视，×32；CD404/75227；四红山剖面分水岭组 *P. asymmetricus* 带；复制于 Wang 和 Ziegler，1983，图版6，图10。

8a—b　同一标本之口视与侧视，×53；WBC-04/151641；内蒙古乌努尔地区，大民山组上部角砾岩层，可能为法门期早期的再沉积，化石来源于弗拉期晚期的沉积；复制于郎嘉彬和王成源，2010，图版Ⅲ，图6a—b。

9—15　存疑多颚刺（狭义）　*Polygnathus dubius* sensu Klapper and Philip，1971

9　口视，×40；9100016/LL-122；上泥盆统老爷坟组下部，*disparilis* 带。

10　口视，×40；9100020/LL-122；上泥盆统老爷坟组下部，*disparilis* 带。

11　口视，×40；9100013/LL-122；上泥盆统老爷坟组下部，*disparilis* 带。

12　口视，×40；9100015/LL-122，上泥盆统老爷坟组下部，*disparilis* 带。

14　口视，×40；9100018/LL-122；上泥盆统老爷坟组下部，*disparilis* 带。

15　口视，×40；9100092/LL-112；上泥盆统老爷坟组中部，*disparilis* 带。

9—15　复制于 Ji 和 Ziegler，1993，图版40，图9—15。

16—21　存疑多颚刺　*Polygnathus dubius* Hinde，1879

16　口视，×40；9100045/LL-117；上泥盆统老爷坟组下部，早 *falsiovalis* 带。

17　口视，×40；9100034/LL-118；上泥盆统老爷坟组下部，早 *falsiovalis* 带。

18　口视，×40；9100032/LL-118；上泥盆统老爷坟组下部，早 *falsiovalis* 带。

19　口视，×40；9100043/LL-117；上泥盆统老爷坟组下部，早 *falsiovalis* 带。

20　口视，×40；9100041/LL-117；上泥盆统老爷坟组下部，早 *falsiovalis* 带。

21　口视，×44；9100038/LL-117；上泥盆统老爷坟组下部，早 *falsiovalis* 带。

16—21　复制于 Ji 和 Ziegler，1993，图版40，图21，23；图版41，图1—3，7。

图版 59

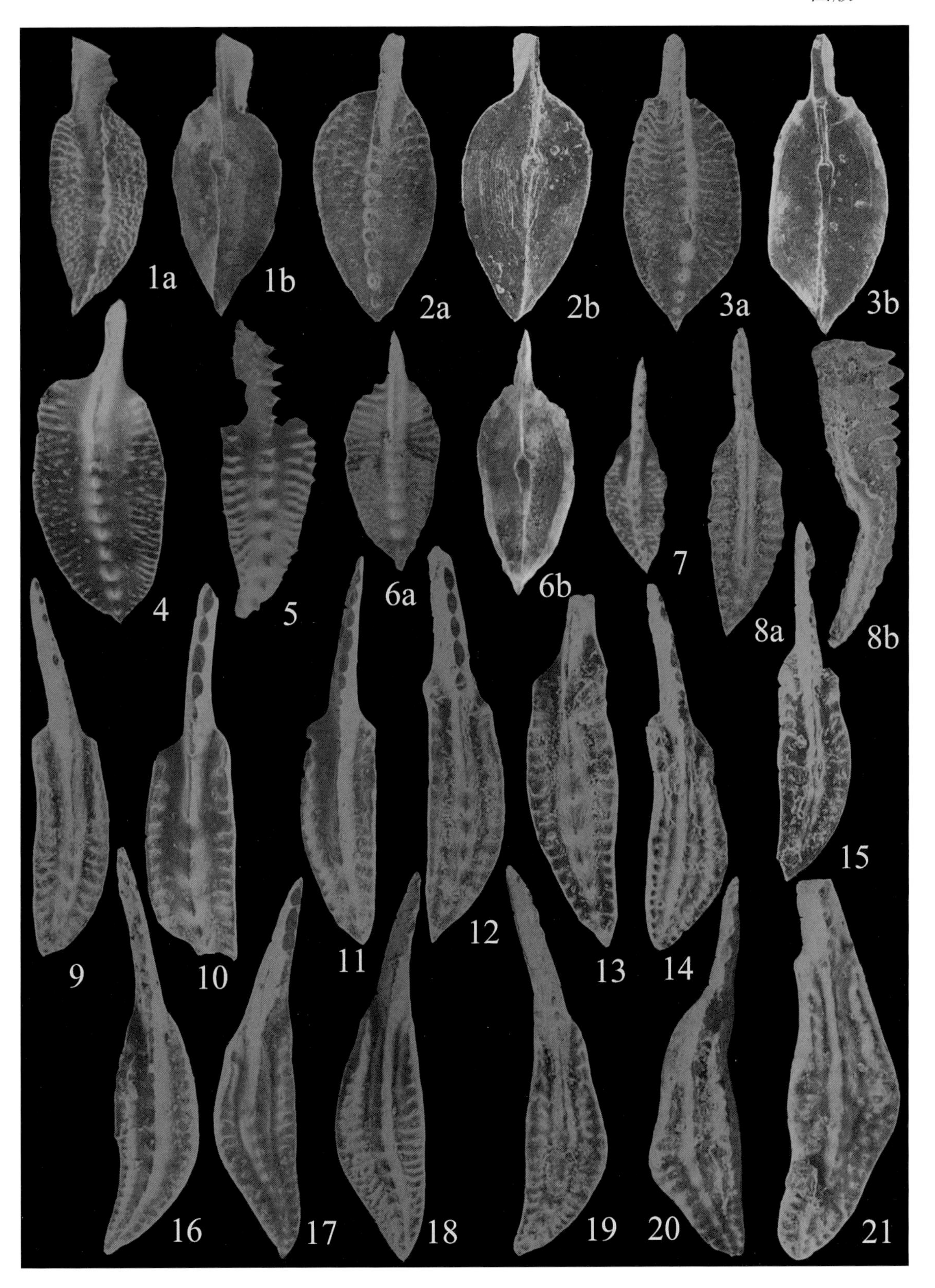

图版 60

1—3 德汝斯多颚刺 *Polygnathus drucei* Bai, 1994

1a—c 同一标本之反口视、口视与侧视, ×35; B1a/0.2, 93362; 巴漆剖面, 弗拉期的标本再沉积到下 *rhomboidea* 带。

2a—b 正模标本之口视与口方侧视, ×35; B1b/1.0, 93363; 巴漆(B)剖面, *linguiformis* 带。

3a—b 副模标本之口视与口方侧视, ×35; Ma4/0.1, 93368; 马鞍山剖面, 弗拉期标本再沉积到法门期早 *triangularis* 带。

1—3 复制于 Bai 等, 1994, 图版 23, 图 8—9, 14。

4—7 细长多颚刺 *Polygnathus elegantulus* Klapper and Lane, 1985

4 口视, ×40; 9100460/LL-83; 上泥盆统五指山组下部, 中 *triangularis* 带。

5 口视, ×35; 9100147/LL-107; 上泥盆统老爷岭组中部, *punctatus* 带。

6 口视, ×40; 9100462/LL-83; 上泥盆统五指山组下部, 中 *triangularis* 带。

7 口视, ×35; 9100155/LL-107; 上泥盆统老爷岭组中部, *punctatus* 带。

4—7 复制于 Ji 和 Ziegler, 1993, 图版 37, 图 4—7。

8—11 始光滑多颚刺 *Polygnathus eoglaber* Ji and Ziegler, 1993

8 口视, ×44; 9100865/LL-67; 上泥盆统五指山组中部, 晚 *rhomboidea* 带。

9a—b 副模标本之侧视与口视, ×40; 9100559/LL-81; 上泥盆统五指山组下部, 晚 *triangularis* 带。

10 副模标本口视, ×40; 9100558/LL-81; 上泥盆统五指山组下部, 晚 *triangularis* 带。

11a—b 正模标本之口视与侧视, ×44; 9100889/LL-62; 上泥盆统五指山组中部, 早 *marginifera* 带。

8—11 复制于 Ji 和 Ziegler, 1993, 图版 36, 图 10—15。

12—17 多岭山多颚刺 *Polygnathus duolingshanensis* Ji and Ziegler, 1993

12 副模标本之口视, ×44; 9100978/LL-42; 五指山组中部, 最晚 *marginifera* 带。

13 正模标本之口视, ×44; 9101008/LL-39; 上泥盆统五指山组上部, *trachytera* 带。

14 副模标本之口视, ×44; 9101007/LL-39; 上泥盆统五指山组上部, *trachytera* 带。

15 副模标本之口视, ×44; 9100986/LL-40; 上泥盆统五指山组上部, *trachytera* 带。

16 副模标本之口视, ×44; 9101005/LL-39; 上泥盆统五指山组上部, *trachytera* 带。

17 副模标本之口视, ×44; 9101006/LL-39; 上泥盆统五指山组上部, *trachytera* 带。

12—17 复制于 Ji 和 Ziegler, 1993, 图版 35, 图 13—18。

18—19 艾菲尔多颚刺 *Polygnathus eiflius* Bischoff and Ziegler, 1957

18a—b 同一标本之侧视与口视, ×32; CD404/75228; 四红山剖面, 中泥盆统分水岭组, *ensensis* 带。

19 口视, ×32; CD416/77614; 四红山剖面, 中泥盆统分水岭组, *kocklianus* 带。

18—19 复制于王成源, 1989, 图版 32, 图 7—8。

图版 60

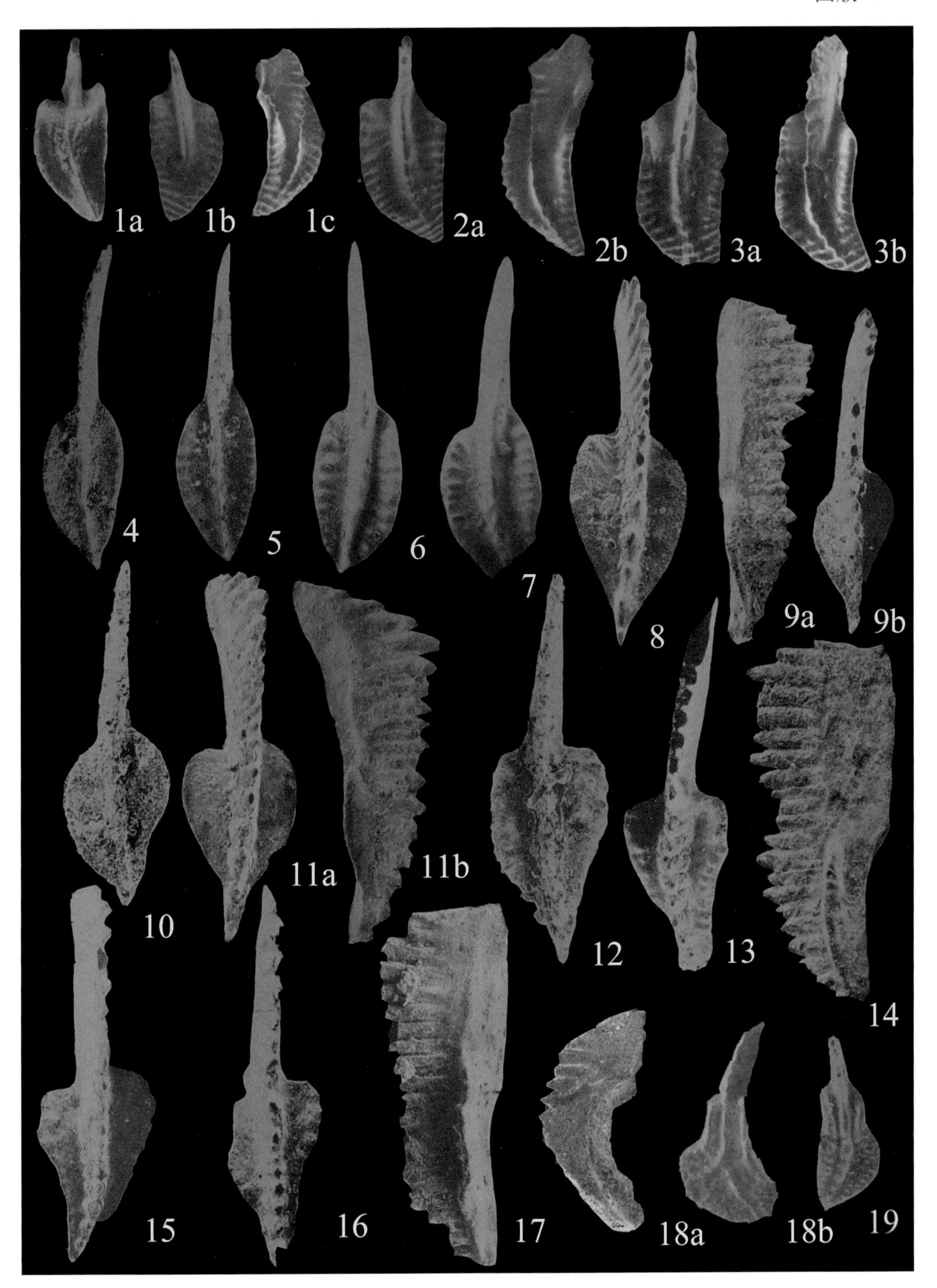
1a
1b
1c
2a
2b
3a
3b
4
5
6
7
8
9a
9b
10
11a
11b
12
13
14
15
16
17
18a
18b
19

图版 61

1—3 裂腔多颚刺深亚种 *Polygnathus dehiscens abyssus* Mawson，1987

1a—b. 同一标本口视与反口视，×59；①-CP-牙-6a/00851，00530；2a—b. 同一标本反口视与口视，×35；①-CP-牙-1a/00522，00844；3a—b. 同一标本口视与反口视，×59；①-CP-牙-1a/00845，00524。云南文山，下泥盆统 *dehiscens* 带；复制于金善燏等，2005，图版 1，图 7—10；图版 8，图 5—6。

4—5 裂腔多颚刺裂腔亚种 *Polygnathus dehiscens dehiscens* Philip and Jackson，1967

4a—b 同一标本口视与反口视，×59；①-CP-牙-1a/00846，00525；5a—b. 同一标本口视与反口视，×59；①-CP-牙-1a/00849，00828。云南文山，下泥盆统 *dehiscens* 带；复制于金善燏等，2005，图版 1，图 13—14，17—18。

6—8 翻多颚刺 *Polygnathus inversus* Klapper and Johnson，1975

6a—b. 同一标本口视与反口视，×53；Z-牙-9-1/3442，3482；7a—b. 同一标本口视与反口视，×53；Z-牙-35-1/3454，3492；8a—b. 同一标本口视与反口视，×35；Z-牙-20-5/3491，3453；9a—b. 同一标本反口视与口视，×44；Z-牙-20-54/3452，3490。云南文山，下泥盆统 *inversus* 带；复制于金善燏等，2005，图版 12。

10—11 疑似优美多颚刺 *Polygnathus nothoperbonus* Mawson，1987

10a—b. 同一标本反口视与口视，×44；Z-牙-8-1/3439，3479；11a—b. 同一标本反口视与口视，×44；Z-牙-8-1/3439，3479。云南文山，下泥盆统 *perbonus/nothoperbonus* 带；复制于金善燏等，2005，图版 12，图 1—2，13—14。

12 艾菲尔多颚刺（亲近种） *Polygnathus* aff. *eiflius* Bischoff and Ziegler，1957

口视，×32；CD422/77615；四红山剖面，中泥盆统分水岭组，*kocklianus* 带；复制于王成源，1989，图版 32，图 10。

图版 61

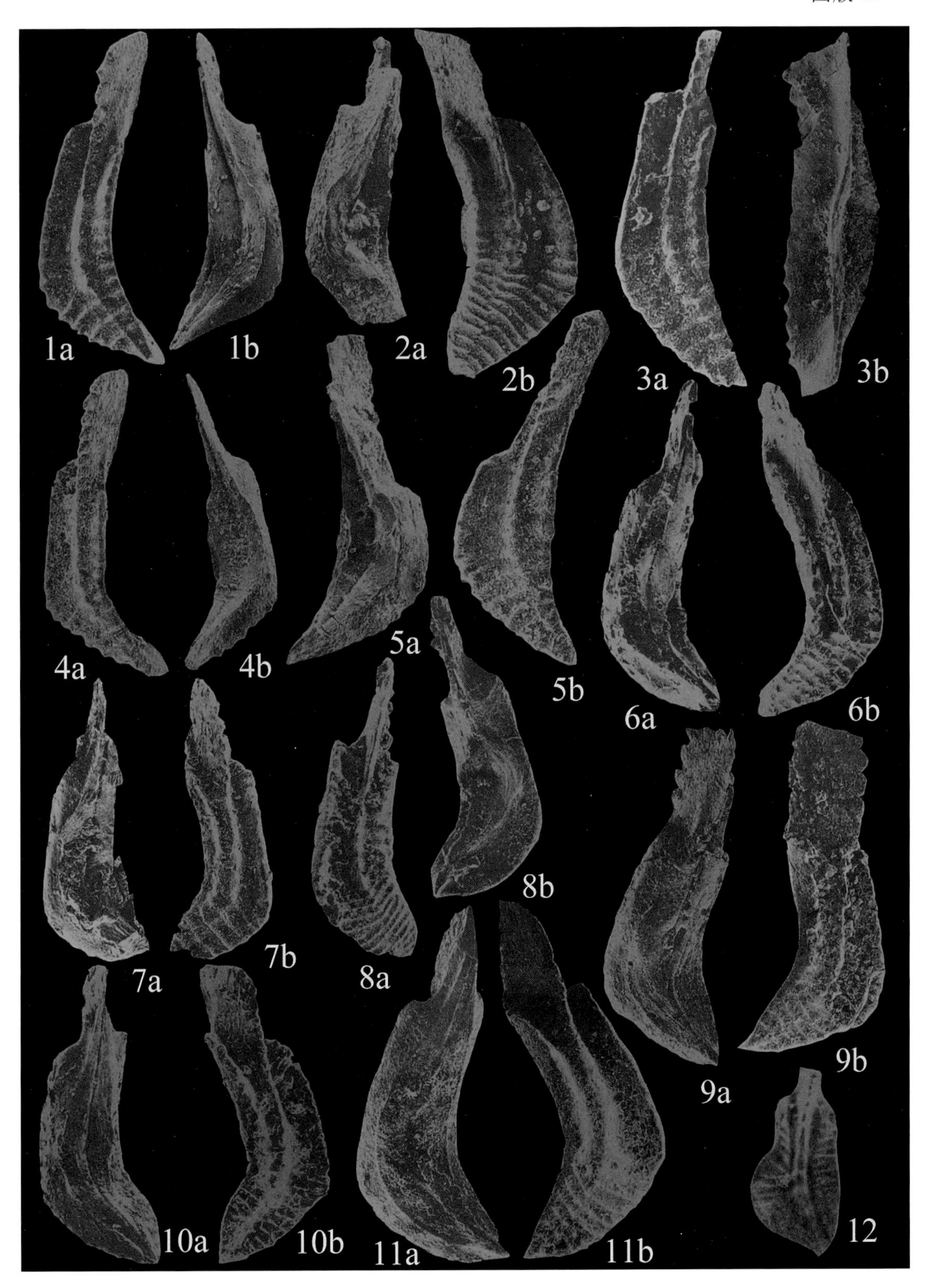
1a
1b
2a
2b
3a
3b
4a
4b
5a
5b
6a
6b
7a
7b
8a
8b
9a
9b
10a
10b
11a
11b
12

图版 62

1—4　凹穴多颚刺凹穴亚种　*Polygnathus excavatus excavatus* Carls and Gandle，1969

1a—b.　正模标本之反口视与口视，×26；2a—b. 同一标本之反口视与口视，×26；3a—b. 同一标本之反口视与口视，×26。复制于 Carls 和 Gandle，1969，图版 18，图 11，13，12。

4a—b　同一标本之反口视与口视，×70；萨金 26/131930；埃姆斯阶；复制于王成源等，2000，图版 1，图 7a—b。

5—7　凹穴多颚刺格罗贝格亚种　*Polygnathus excavatus gronbergi* Klapper and Johson，1975

5a—b.　同一标本之反口视与口视，×70；⑨-CP-牙-16-1/00535，00851；6a—b. 同一标本之反口视与口视，×70；⑨-CP-牙-16-1/00653，00534；7a—b. 同一标本之反口视与口视，×88；①-CP-牙-16-10/00852，00532。云南文山，下泥盆统 *gronbergi* 带；复制于金善燏等，2005，图版 2，图 1—2，5—6，15—16。

8　舌形多颚刺布尔廷科亚种 α 形态型　*Polygnathus linguiformis bultyncki* Weddige α morphotype

口视。×29；XD15-20/75209；广西象州大乐，下泥盆统四排组，*serotinus* 带；复制于王成源，1989，图版 39，图 1。

9　舌形多颚刺布尔廷科亚种 β 形态型　*Polygnathus linguiformis bultyncki* Weddige β morphotype

口视，×36；CD448/75208；广西四红山剖面，下—中泥盆统坡折落组，*serotinua* 带；复制于王成源，1989，图版 39，图 8。

10—13　叶形多颚刺　*Polygnathus foliformis* Snigireva，1978

10a—b　同一标本之反口视与口视，×35；登记号：114；广西德保钦甲，下—中泥盆统平恩组上段。

11a—b　同一标本之口视与反口视，×35；登记号：115；广西德保钦甲，下—中泥盆统平恩组上段。

12a—b　同一标本之口视与反口视，×35；登记号：084；广西隆林含山，下—中泥盆统平恩组上段。

13a—b　同一标本之口视与反口视，×35；登记号：184；广西邕宁长塘，中泥盆统东岗岭组。

10—13　复制于熊剑飞，1980（见鲜思远等，1980），图版 25，图 1—4，21—22，25—26。

14—17　广西多颚刺　*Polygnathus guangxiensis* Wang and Ziegler，1983

14a—b　同一标本之口视与反口视，×33；CD434/75240；四红山剖面，中泥盆统分水岭组底部，*costatus* 带。

15　口视，×33；CD425/77634；四红山剖面，中泥盆统分水岭组中部，*kocklianus* 带。

16　口视，×29；Zn36/77635；广西崇左那艺，下—中泥盆统坡折落组，*costatus* 带。

17　口视，×33；CD425475241；四红山剖面，中泥盆统分水岭组中部，*kocklianus* 带。

14—17　复制于王成源，1989，图版 35，图 5—8。

图版 62

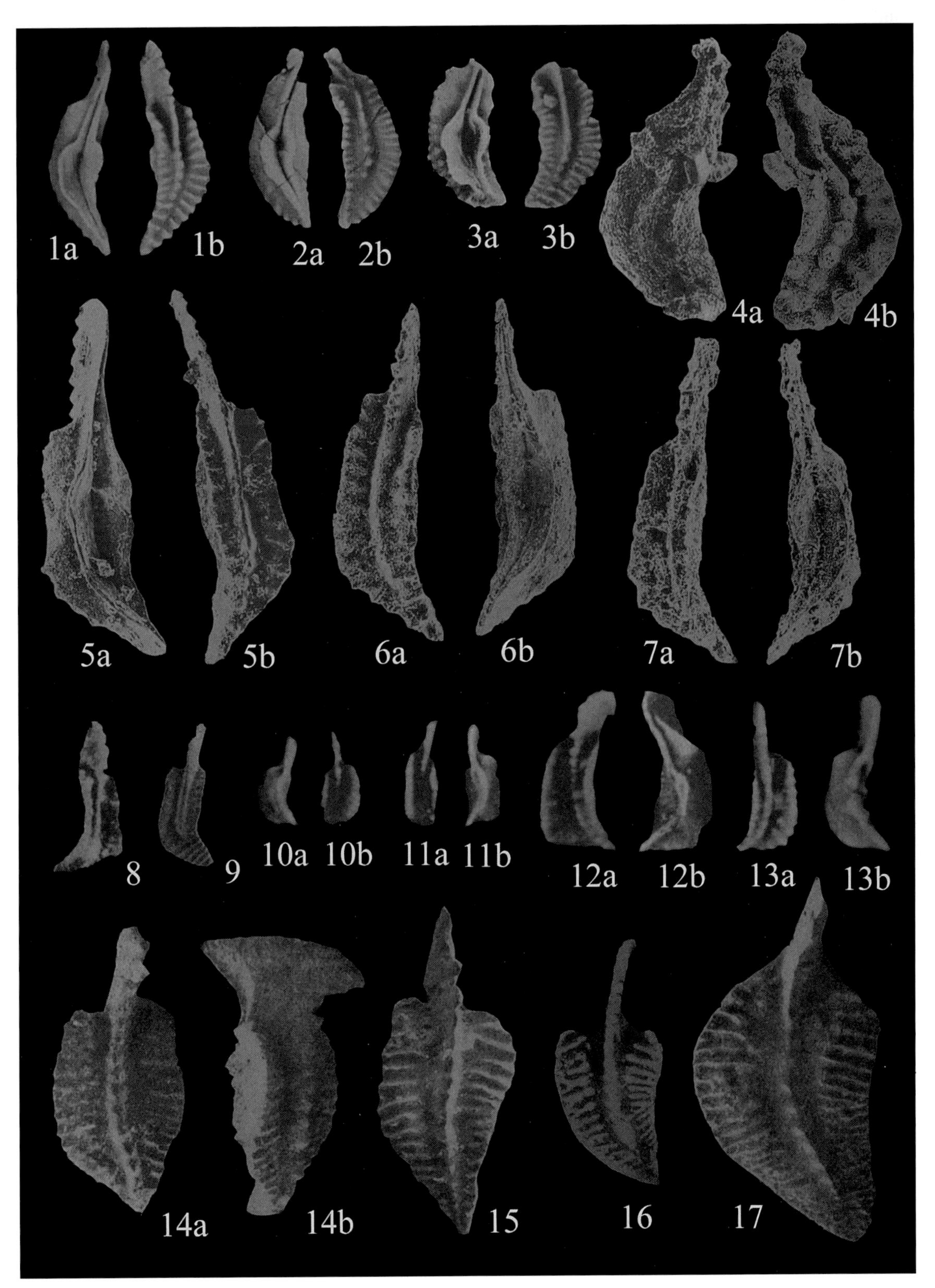
1a
1b
2a
2b
3a
3b
4a
4b
5a
5b
6a
6b
7a
7b
8
9
10a
10b
11a
11b
12a
12b
13a
13b
14a
14b
15
16
17

图版 63

1—3　舌形多颚刺舌形亚种 α 形态型　*Polygnathus linguiformis linguiformis* Hinde α morphotype Bultynck，1970

1a—b.　同一标本之反口视与口方侧视，×29；CD175/77637；2a—b. 同一标本之口视与反口视，×29；CD171/75259；3a—b. 同一标本之口视与反口视，×29；CD175/77605。那坡三叉河，下—中泥盆统坡折落组；复制于王成源，1989，图版 36，图 2，4；图版 30，图 9。

4—5　舌形多颚刺舌形亚种 δ 形态型　*Polygnathus linguiformis linguiformis* Hinde δ morphotype Bultynck，1970

4a—b　同一标本之口视与反口视，×29；CD378/77654；四红山剖面，中—上泥盆统榴江组底部，*varcus* 带；复制于王成源，1989，图版 39；图 9。

5a—b　同一标本之口视与反口视，×53；②-CP-牙-61a-1/00585，00894；云南文山，吉维特阶，*varcus* 带；复制于金善燏等，2005，图版 3，图 15—16。

6—10　舌形多颚刺舌形亚种 ε 形态型　*Polygnathus linguiformis linguiformis* Hinde ε morphotype Bultynck，1970

6　口视，×32；HL-131/77638；广西横县六景，中泥盆统吉维特期，*varcus* 带。

7　口视，×29；CT2-2/77639；广西邕宁长塘，中泥盆统吉维特期。

8a—b　同一标本之反口视与口视，×26，②-CP-牙-61/00895，00586；云南文山，中泥盆统吉维特阶，*varcus* 带。

9a—b　同一标本之反口视与口视，×35；②-CP-牙-61a-1/00892，00584；云南文山，吉维特阶，*varcus* 带。

10a—b　同一标本之口视与反口视，×29；CT2-1/77640；广西邕宁长塘，中泥盆统吉维特阶。

6—7，10　复制于王成源，1989，图版 36，图 5—7。

8—9　复制于金善燏等，2005，图版 3，图 1—4。

11—14　舌形多颚刺舌形亚种 γ 形态型　*Polygnathus linguiformis linguiformis* Hinde γ morphotype Bultynck，1970

11　口视，×35；CD378/75269；四红山剖面，中—上泥盆统榴江组底部，*varcus* 带。

12　口视，×33；HL11-12/77656；横县六景，中泥盆统民塘组，*varcus* 带。

13a—b　同一标本之口方斜视与口视，×33，×62；CD377/77657；四红山剖面，中—上泥盆统榴江组底部，*varcus* 带。

14a—b　同一标本之口方斜视与口视，×70；CD377/75268；四红山剖面，中—上泥盆统榴江组底部，*varcus* 带。

11—14　复制于王成源，图版 36，图 10；图版 39，图 11—13。

图版 63

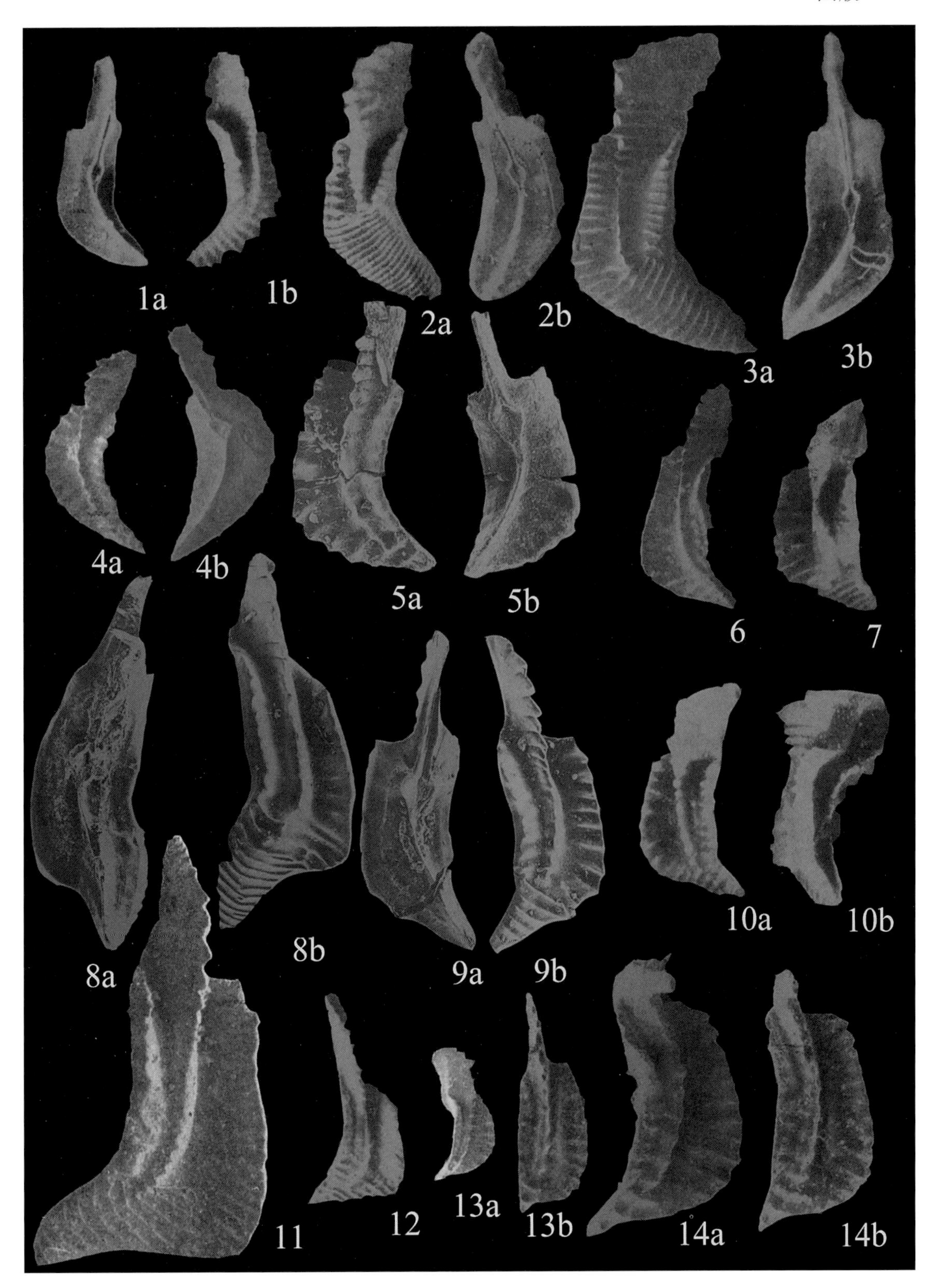
1a
1b
2a
2b
3a
3b
4a
4b
5a
5b
6
7
8a
8b
9a
9b
10a
10b
11
12
13a
13b
14a
14b

图版 64

1—2　高脊多颚刺　*Polygnathus excelsacarinata* Wang，1989

1a—b　副模标本之口视与反口视，×29；CD314/77648；广西靖西三联法门阶；复制于王成源，1989。

2a—b　正模标本之侧视与口视，×29；CD313/75218；广西靖西三联法门阶；复制于王成源，1989。

3—4　清楚多颚刺　*Polygnathus evidens* Klapper and Lane，1985

3a—c.　同一标本之口视、口方侧视与反口视，×66；黔水 7-1-1/154923；4a—c. 同一标本之口视、口方侧视与反口视，×66；黔水 7-2-1/154924。黔江水泥厂剖面，写经寺组上部；复制于龚黎明等，2012，图版Ⅱ，图 2a—c，4a—c。

5　虚假多颚刺（亲近种）　*Polygnathus* aff. *fallax* Helms and Wolska，1967

5a—b　同一标本之口视与侧视，×33；SL12/75237；广西武宣三里，上泥盆统“三里组”，下 *marginifera* 带；复制于王成源，1989，图版 39，图 5。

6　虚假多颚刺　*Polygnathus fallax* Helms and Wolska，1967

6a—b　正模标本之反口视与口视，×40；复制于 Ziegler，1975，281 页，插图 a—b。

7　秘密多颚刺　*Polygnathus furtivus* Ji，1986

正模标本之口视与反口视，×31；MC27-21126；马鞍山剖面，上泥盆统巴漆组上部，下 *asymmetricus* 带；复制于季强，1986（见侯鸿飞等，1986），图版 7，图 13—14。

8—11　光滑多颚刺双叶亚种　*Polygnathus glaber bilobatus* Ziegler，1962

8.　口视，×53；89kf25/116745；9. 口视，×44；89kf25/116746。皮山县国庆桥—神仙湾公路 62km 之东小山上；采集号：89Kf25；上泥盆统，下 *marginifera* 带；复制于王成源，1998，图版 2，图 3—4。

10a—b.　同一标本之口视与侧视，×29；Sn103/75270；11. 口视，×29；Sn88/75248。那坡三叉河，上泥盆统三里组；此亚种时限为法门期 *marginifera* 带至中 *velifer* 带；复制于王成源，1989，图版 38，图 8，13。

12—17　光滑多颚刺中间亚种　*Polygnathus glabra medius* Helms and Wolska，1967

12　口视，×53；9100897/LL-61；上泥盆统五指山组中部，早 *marginifera* 带。

13　口视，×53；9100818/LL-69；上泥盆统五指山组中部，晚 *rhomboides* 带。

14　口视，×44；9100817/LL-69；上泥盆统五指山组中部，晚 *rhomboides* 带。

15　口视，×44；9100896/LL-61；上泥盆统五指山组中部，早 *marginifera* 带。

16　口视，×44；9100895/LL-61；上泥盆统五指山组中部，早 *marginifera* 带。

17　口视，×40；9100877/LL-66；上泥盆统五指山组中部，晚 *rhomboides* 带。

12—17　复制于 Ji 和 Ziegler，1993，图版 36，图 1—6。

图版 64

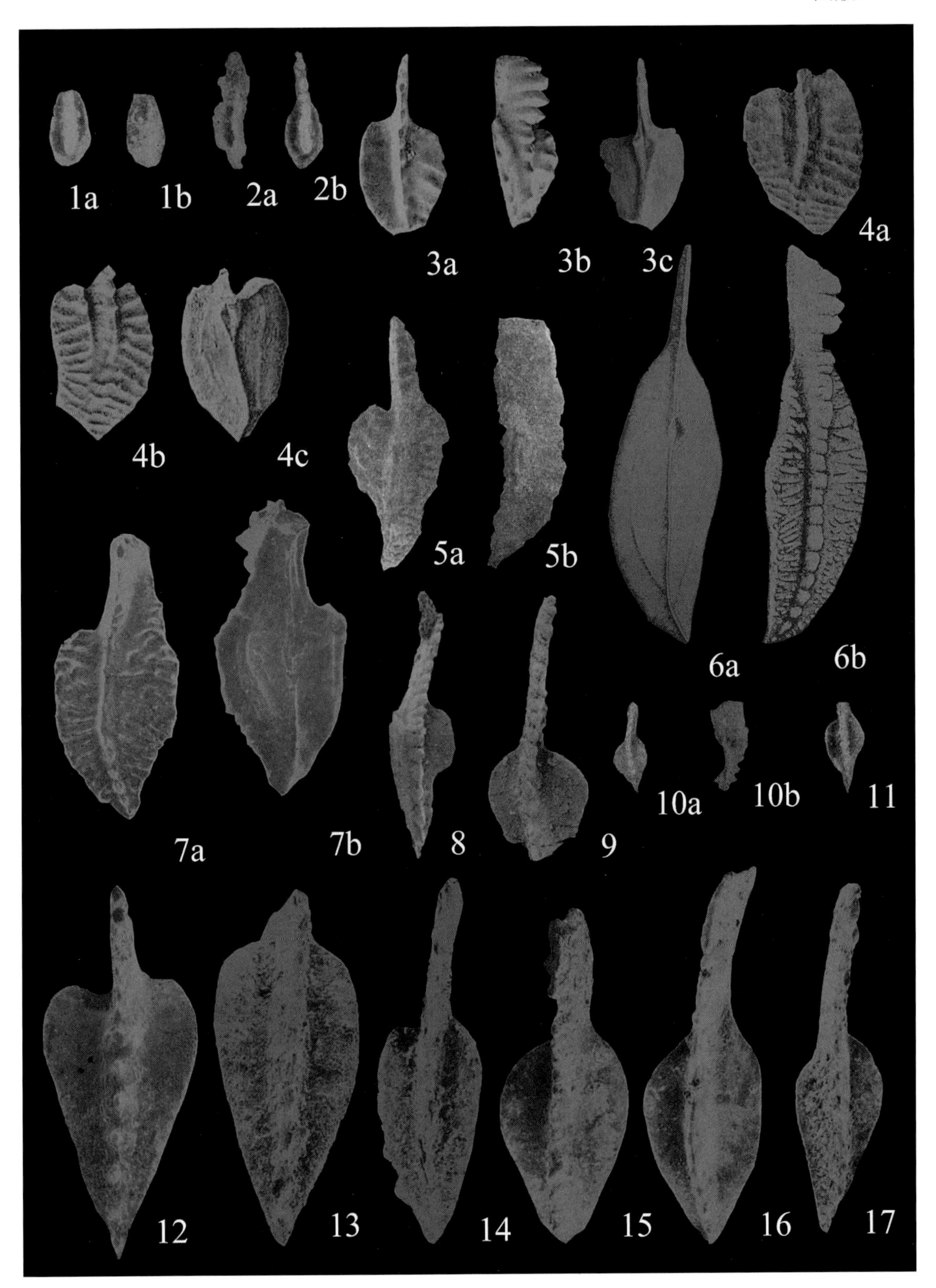
1a
1b
2a
2b
3a
3b
3c
4a
4b
4c
5a
5b
6a
6b
7a
7b
8
9
10a
10b
11
12
13
14
15
16
17

图版 65

1，5—6　光滑多颚刺光滑亚种　*Polygnathus glaber glaber* Ulrich and Bassler，1926

1　口视，×29；Sn88/75271；那坡三叉河，上泥盆统三里组；复制于王成源，1989，图版38，图9。

5　口视，×40；9100819/LL-69；上泥盆统五指山组中部，晚 *rhomboidea* 带。

6a—b　同一标本口视与侧视，×40；9100802/LL-71；上泥盆统五指山组中部，早 *rhomboidea* 带。

5—6　复制于 Ji 和 Ziegler，1993，图版36，图7—9。

2—4　光滑多颚刺中间亚种　*Polygnathus glabra medius* Helms and Wolska，1967

2　口视，×32；Sl-20/77649；武宣三里，上泥盆统三里组，*marginifera* 带。

3a—b　同一标本之口视与口方侧视，×32；Sn103/75249；那坡三叉河，上泥盆统三里组。

4　口视，×29；CD299/75250；靖西三联，上泥盆统。

2—4　复制于王成源，1989，图版38，图10—12。

7—9　观雾山多颚刺　*Polygnathus guanwushanensis* Tian，1988

7a—b　副模标本之口视与反口视，×42；LCn-852117；中泥盆统观雾山组海角石段。

8a—c　正模标本之口视、侧视与反口视，×42；LCn-852118；中泥盆统观雾山组海角石段。

9a—b　副模标本之口视与反口视，×42；LCn-852119；中泥盆统观雾山组海角石段。

7—9　复制于熊剑飞等，1988（见侯鸿飞，1988），图版129，图4，7—8。

10—12　交界多颚刺　*Polygnathus limitaris* Ziegler，Klapper and Johnson，1976

10a—b　同一标本之口面侧视与反口视，×37；MC44-23763；中—上泥盆统巴漆组上部，下 *hermani—cristatus* 带；复制于季强，1986（见侯鸿飞等，1986），图版16，图3—4。

11a—b.　同一标本之口视与反口视，×44；WGY-0；12a—b. 同一标本之口视与反口视，×34；WGY-2。桂林灵川县岩山圩乌龟山，中泥盆统，*varcus* 带；复制于沈建伟，1995，图版Ⅰ，图7—8。

13　宽多颚刺　*Polygnathus latus* Wittekindt，1966

13a—b　同一标本之口视与侧视，×40；CD376（标本照相后遗失）；四红山剖面榴江组，*asymmetricus* 带；复制于王成源，1989，图版35，图1。

14—17　宽沟多颚刺　*Polygnathus latiforsatus* Wirth，1967

14a—c　同一标本之侧视、口视与反口视，×53；LCn-852142；中泥盆统观雾山组海角石段；复制于熊剑飞等，1988（见侯鸿飞，1988），图版132，图1a—c.

15a—b　同一标本之口视与反口视，×106；YS-17；桂林灵川县岩山圩乌龟山，中泥盆统，*varcus* 带。复制于沈建伟，1995，图版Ⅱ，图1—2。

16a—b　同一标本之侧视与口视，×42；MC55-21115；中泥盆统巴漆组中部，上 *varcus* 带。

17a—b　同一标本之侧视与口视，×42；MC42-21116；中泥盆统巴漆组中部，上 *hermani—cristatus* 带。

16—17　复制于季强，1986（见侯鸿飞等，1986），图版15，图14—17。

图版 65

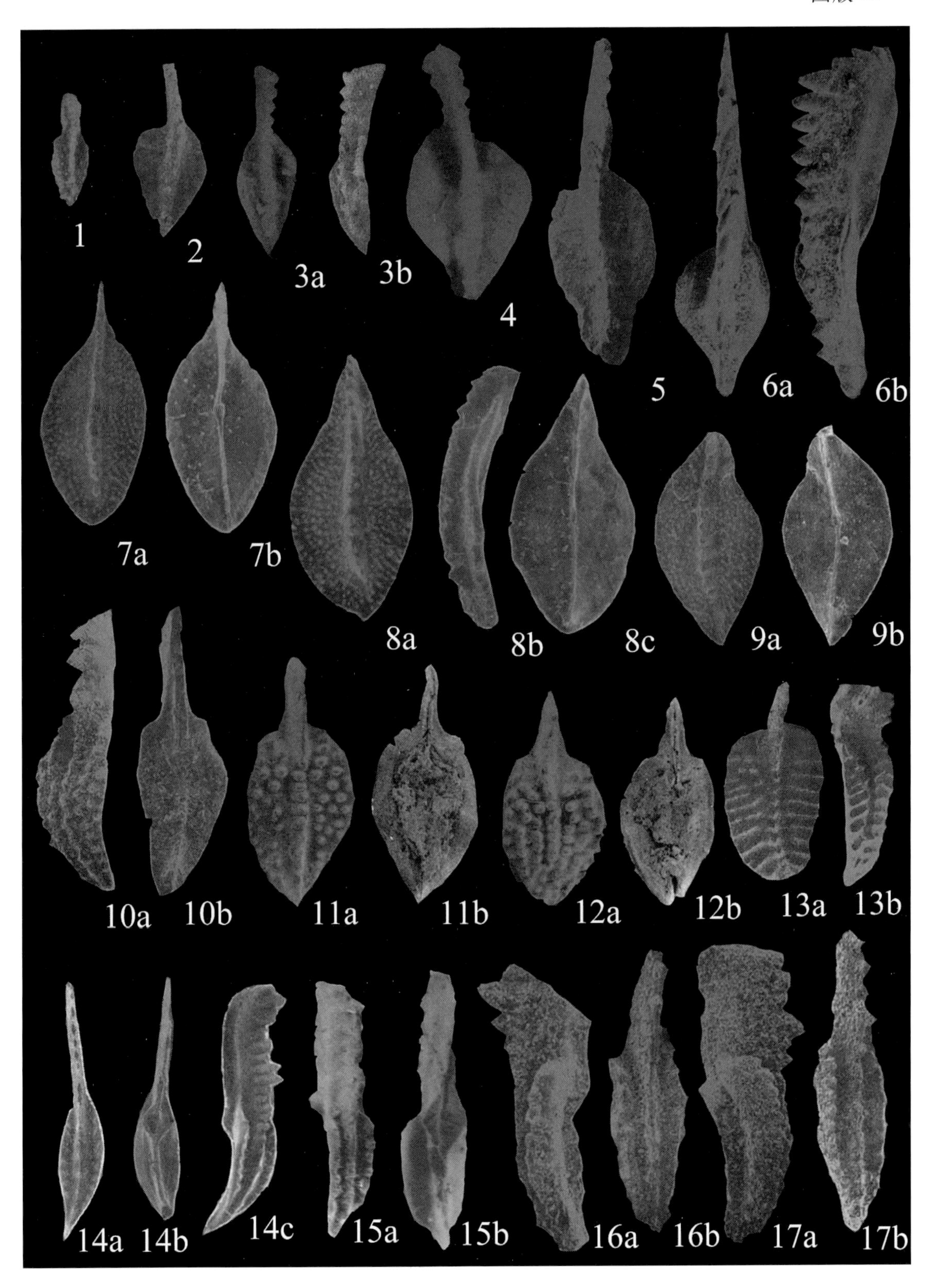
1
2
3a
3b
4
5
6a
6b
7a
7b
8a
8b
8c
9a
9b
10a
10b
11a
11b
12a
12b
13a
13b
14a
14b
14c
15a
15b
16a
16b
17a
17b

图版 66

1 拉戈威多颚刺 *Polygnathus lagowiensis* Helms and Wolska, 1967

1a—c 同一标本之口视、侧视与反口视，×48；LCn-852165；四川龙门山，上泥盆统沙窝子组；复制于熊剑飞等，1988，图版 133，图 8a—c。

2 矛瘤多颚刺 *Polygnathus lanceonodosus* Shen, 1982

2a—c 正模标本之口视、反口视与侧视，×35；采集号：白 - 103；湖南邵阳，上泥盆统锡矿山组；复制于沈启明，1982，图版Ⅱ，图 9a—c。

3—5 宽肋多颚刺 *Polygnathus laticostatus* Klapper and Johnson, 1975

3a—b 同一标本之口视与反口视，×34；CD470/75196；广西四红山剖面，下—中泥盆统坡折落组 *laticostatus* 带。

4a—b 同一标本之反口视与口视，×29；Sn52/77606；广西那坡三叉河剖面，下泥盆统达莲塘组 *inversus* 带。

3—4 复制于王成源，1989，图版 30，图 2；图版 31，图 1。

5a—b 同一标本之反口视与口视，×57；BH-9/157708；广西天等把荷剖面，*inversus* 带至 *serotinus* 带；复制于卢建峰，2013，图版Ⅱ，图 1。

6—8 似华美多颚刺 *Polygnathus paradecorosus* Ji and Ziegler, 1993

6 口视，×44；9100074/LL-114；副模，上泥盆统老爷坟组中部，*transitans* 带。

7 口视，×44；9100048/LL-117；副模，上泥盆统老爷坟组下部，早 *falsiovalis* 带。

8 口视，×44；9100033/LL-118；正模，上泥盆统老爷坟组下部，早 *falsiovalis* 带。

6—8 复制于 Ji 和 Ziegler，1993，图版 40，图 19，20，22。

9 肯德尔多颚刺 *Polygnathus kindali* Johnson and Klapper, 1981

口视，×35；CD462/75230；四红山剖面，下—中泥盆统坡折落组 *serotinus* 带；复制于王成源，1989，图版 31，图 12。

10 临武多颚刺 *Polygnathus linwuensis* Shen, 1982

正模标本之口视、反口视与侧视，×44；采集号：a-10；湖南临武香花岭，上泥盆统佘田桥组；复制于沈启明，1982，图版Ⅲ，图 18a—c。

11—13 舌形多颚刺肥胖亚种 *Polygnathus linguiformis pinguis* Weddige, 1977

11a—b 同一标本之反口视与口视，×35；Ny10/8.5，93295；那艺剖面，中泥盆统，*costatus* 带。

12 口视，×35；Ny10/5.6，93296；那艺剖面，中泥盆统 *costatus* 带。

13 口视，×35；Ny10/5.6，93297；那艺剖面，中泥盆统 *costatus* 带。

11—13 复制于 Bai 等，1994，图版 19，图 1—3。

图版 66

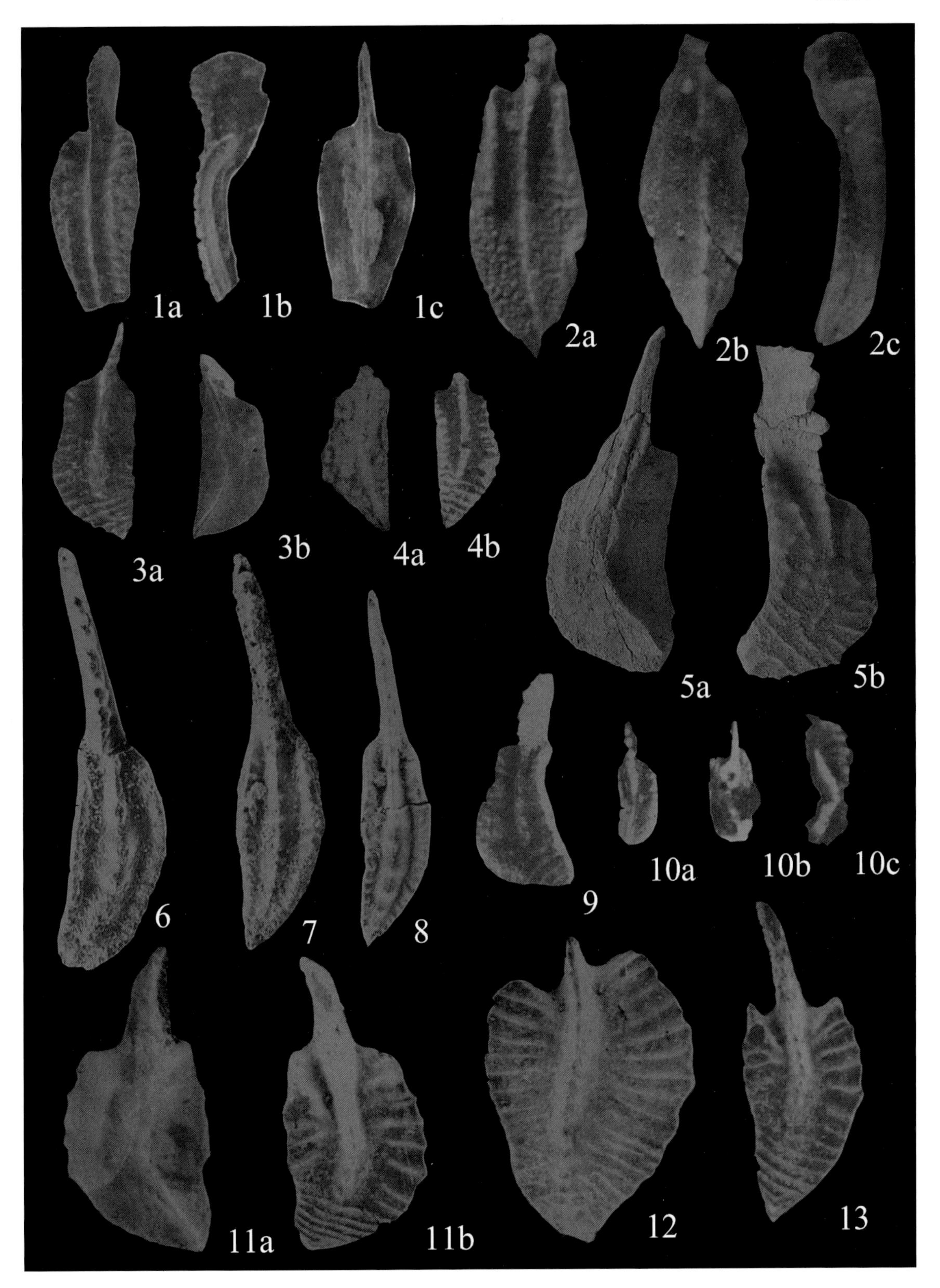

图版 67

1—7 洛定多颚刺 *Polygnathus lodinensis* Pölster, 1969

1 口视，×40；9100420/LL-86；上泥盆统五指山组中部，早 *triangularis* 带。

2 侧视，×40；9100317/LL-87；上泥盆统香田组上部，*linguiformis* 带。

3 口视，×40；9100333/LL-87；上泥盆统香田组上部，*linguiformis* 带。

4 口视，×40；9100107/LL-87；上泥盆统香田组下部，早 *rhenana* 带。

5a—b 同一标本之外侧视与口视，×40；9100302/LL-88；上泥盆统香田组上部，*linguiformis* 带。

6 反口视，×40；9100215/LL-97；上泥盆统香田组下部，早 *rhenana* 带。

7 口视，×40；9100217/LL-97；上泥盆统香田组下部，早 *rhenana* 带。

1—7 复制于 Ji 和 Ziegler，1993，图版 37，图 8—15。

8—12 奇异多颚刺 *Polygnathus mirificus* Ji and Ziegler，1993

8a—b 副模标本之口视与侧视，×40，9100328/LL-87，上泥盆统香田组上部，*linguiformis* 带。

9 付模侧视，×40；9100326/LL-87；上泥盆统香田组上部，*linguiformis* 带。

10 反口视，×40；9100330/LL-87；上泥盆统香田组上部，*linguiformis* 带。

11 付模侧视，×40；9100328/LL-87；上泥盆统香田组上部，*linguiformis* 带。

12 正模侧视，×40；9100324/LL-87；上泥盆统香田组上部，*linguiformis* 带。

8—12 复制于 Ji 和 Ziegler，1993，图版 37，图 16—21。

13—16 陌生多颚刺 *Polygnathus mirabilis* Ji，1986

13a—b 幼年期标本之口视与反口视，×37；MC78-21077；马鞍山剖面中—上泥盆统巴漆组底部，下 *varcus* 带。

14a—b 副模标本之口视与反口视，×42；Mc73-21080；马鞍山剖面中—上泥盆统巴漆组底部，中 *varcus* 带。

15a—b 副模标本之口视与反口视，×37；Mc71-21081；马鞍山剖面中—上泥盆统巴漆组底部，中 *varcus* 带。

16a—b 正模标本之口视与反口视，×37；Mc71-21064；马鞍山剖面中—上泥盆统巴漆组下部，中 *varcus* 带。

13—16 复制于季强，1986（见侯鸿飞等，1986），图版 12，图 3—4，9—12，15—16。

17—19 椭圆瘤多颚刺 *Polygnathus ovatinodosus* Ziegler and Klapper，1976

17 口视，×63；MC47-21084；马鞍山剖面，中—上泥盆统巴漆组中部，上 *varcus* 带。

18 口视，×63；MC47-21085；马鞍山剖面，中—上泥盆统巴漆组中部，上 *varcus* 带。

19a—b 同一标本之反馈是与口视，×42；MC43-21089；中—上泥盆统，下 *herm.*—*cris.* 带。

17—19 复制于季强，1986（见侯鸿飞等，1986），图版 13，图 13—16。

图版 67

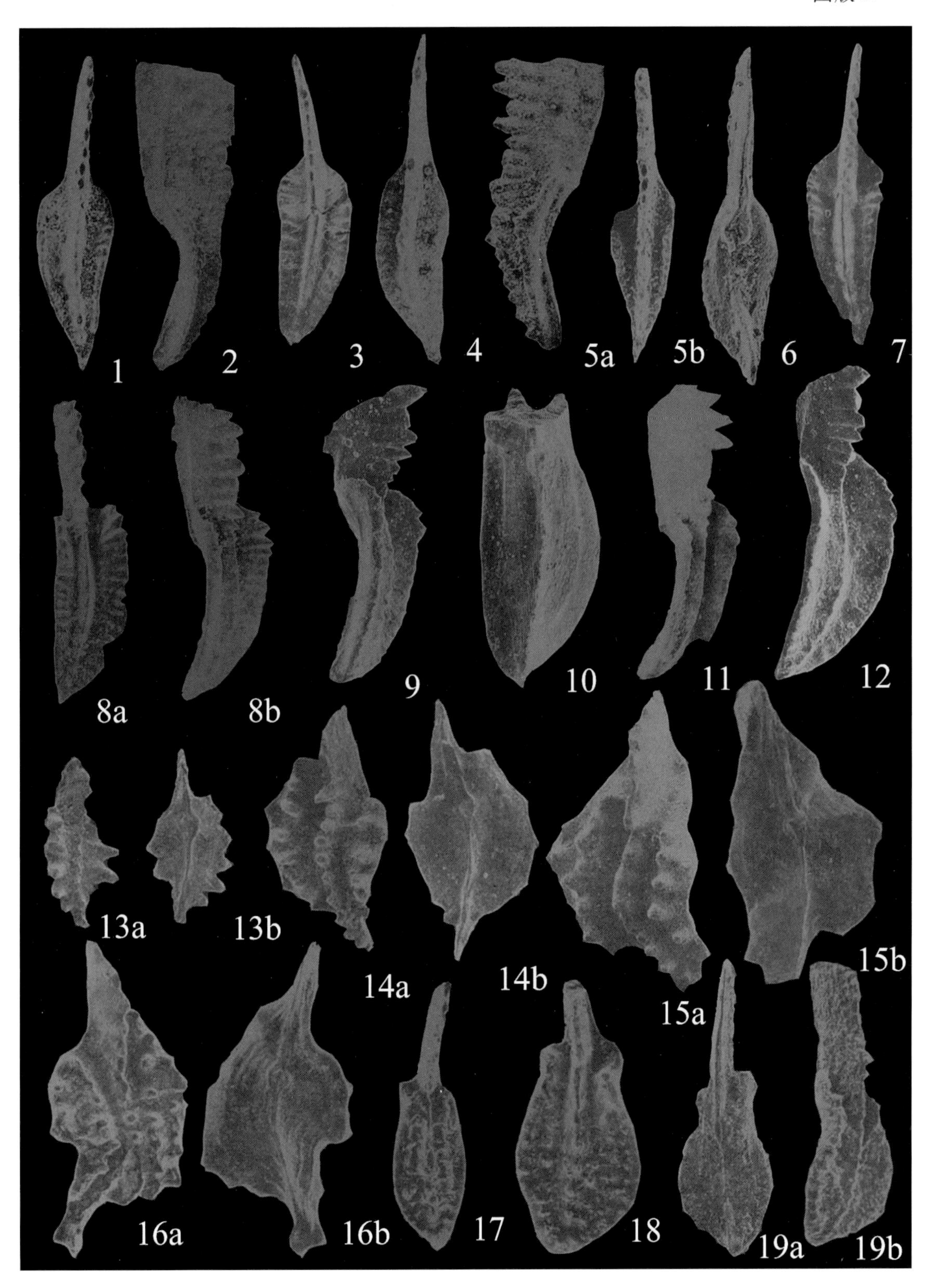
1
2
3
4
5a
5b
6
7
8a
8b
9
10
11
12
13a
13b
14a
14b
15a
15b
16a
16b
17
18
19a
19b

图版 68

1—2　那叫多颚刺　*Polygnathus najiaoensis* Xiong，1980

1a—b　正模标本之口视与反口视，×35；登记号：177；广西邕宁长塘，下—中泥盆统那叫组。

2a—b　副模标本之口视与反口视，×35；登记号：178；广西邕宁长塘，下—中泥盆统那叫组。

1—2　复制于熊剑飞，1980（见鲜思远等，1980），图版 27，图 20—23。

3—9　正常多颚刺　*Polygnathus normalis* Miller and Youngquist，1947

3.　口视，×26；9100150/LL-107；4. 口视，×26；9100151/LL-107；5. 口视，×26；9100122/LL-108；6. 口视，×26；9100127/LL-108；7. 口视，×26；9100121/LL-108；8. 口视，×26；9100120/LL-108；9. 口视，×26；9100119/LL-108。

3—9　上泥盆统老爷坟组中部，*punctata* 带；复制于 Ji 和 Ziegler，1993，图版 39，图 9—15。

10　摩根多颚刺　*Polygnathus margani* Klapper and Lane，1985

口视，×35；91-Y059/LC-43，*hermani-cristatus* 带（?），李村组最上部；复制于 Ji 等，1992，图版Ⅳ，图 14。

11—14　羽翼多颚刺　*Polygnathus pennatus* Hinde，1879

11a—b　同一标本之口视与反口视，×42；MC39-21119；中—上泥盆统，上 *herm.-crist.* 带。

12a—b　同一标本之反口视与口视，×42；MC28-21120；中—上泥盆统，下 *asymmetricus* 带。

13a—b　同一标本之口视与反口视，×42；MC28-21128；中—上泥盆统，下 *asymmetricus* 带。

11—13　复制于季强，1986（见侯鸿飞等，1986），图版 14，图 1—6。

14a—b　同一标本之口视与反口视，×106；标本号：WGY-0；桂林灵川岩山圩乌龟山，*varcus* 带至 *disparilis* 带；复制于沈建伟，1995，图版Ⅲ，图 1—2。

15—20　高片多颚刺　*Polygnathus procerus* Sannemann，1955

15a.　×35；15b.　×33；同一标本之口视与侧视，CD376/75255；都安四红山剖面，上泥盆统榴江组，*A. triangularis* 带。

16　口视，×31；CD369/75256；都安四红山剖面，上泥盆统榴江组，*asymmetricus* 带。

15—16　复制于王成源，1989，图版 34，图 11—12。

17a—b　同一标本之侧视与口视，×45；9100175/LL—99；上泥盆统老爷坟组最上部，*jamieae* 带。

18　口视，×40；9100327/LL-87；上泥盆统香田组上部，*linguiformis* 带。

19　口视，×40；9100176/LL-99；上泥盆统老爷坟组最上部，*jamieae* 带。

20　口视，×40；9100146/LL-99；上泥盆统老爷坟组中部，*punctata* 带。

17—20　复制于 Ji 和 Ziegler，1993，图版 38，图 4—8。

21—22　太平洋多颚刺（亲近种）　*Polygnathus* aff. *pacificus* Savage and Funai，1980

21　口视，×40；9100321/LL-87；上泥盆统香田组上部，*linguiformis* 带。

22　口视，×40；9100320/LL-87；上泥盆统香田组上部，*linguiformis* 带。

21—22　复制于 Ji 和 Ziegler，1993，图版 38，图 11—12。

图版 68

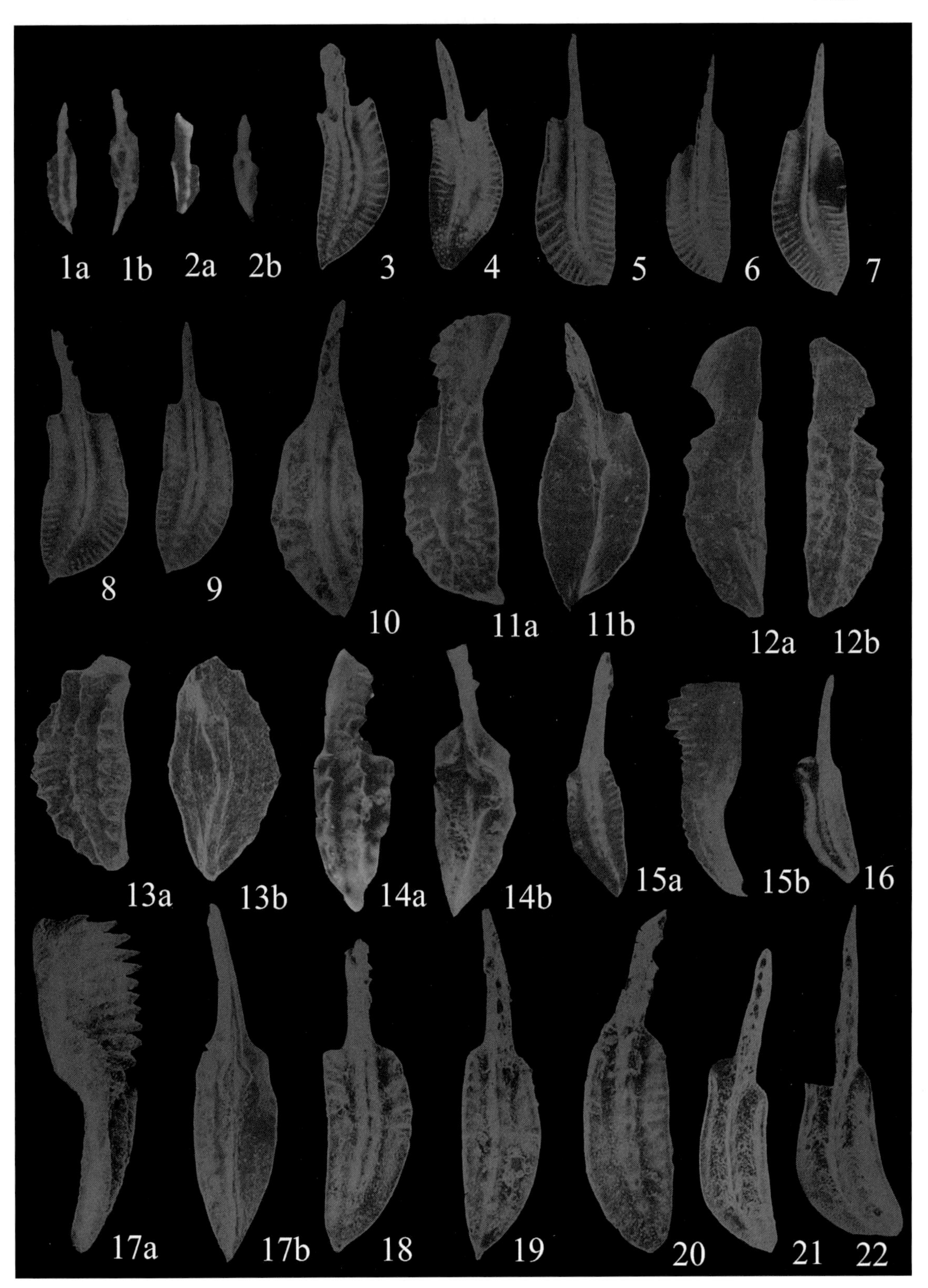
1a
1b
2a
2b
3
4
5
6
7
8
9
10
11a
11b
12a
12b
13a
13b
14a
14b
15a
15b
16
17a
17b
18
19
20
21
22

图版 69

1—3　新晚成多颚刺　*Polygnathus neoserotinus* Bai，1994

1a—b　副模标本之反口视与口视，×35；Ny10/5.6，93292；那艺剖面，中泥盆统，*costatus* 带。

2a—b　正模标本之反口视与口视，×35；Ny0/5.6，93293；那艺剖面，中泥盆统，*costatus* 带。

3a—b　副模标本之反口视与口视，×35；Ny10/5.6，93294；那艺剖面，中泥盆统，*costatus* 带。

1—3　复制于 Bai 等，1994，图版 18，图 7—9。

4—7　列森柯多颚刺　*Polygnathus ljaschenkoi* Kuzimin，1995

4　正模标本之口视，×40；Kuzimin，1995，图版 1，图 8 之图示。

5　口视，×79；5254/67；弗拉阶，Bottom of the Sargaevo Regional stage。

6—7　Volga-Ural Province，Terence1，sample 63，弗拉阶：6. VNIGNI，No. 40/2001，×68；7. VNIGNI，No. 40/2002，×80。

4—6　复制于 Ovnatanova 和 Kononova，2008，图版 18，图 4，6—8。

8—10　斜脊多颚刺　*Polygnathus obliquicostatus* Ziegler，1962

8a—c　正模标本之口视、反口视与侧视，×31；复制于 Ziegler，1975，*Polygnathus* - 图版 5，图 5a—c。

9a—c　同一标本之侧视、口视与反口视，×29；ADS904/70207；湖南界岭邵东段，复制于 Wang 和 Ziegler，1982，图版 1，图 4a—c。

10　口面侧视，×37；登记号：Lcn-852227；茅坝组顶部 174 层；
复制于熊剑飞等，1988（见侯鸿飞等，1988），图版 137，图 9。

11—15　似卫伯多颚刺　*Polygnathus parawebbi* Chatterton，1974

11a—c　同一标本之反口视、侧视与口视，×53；登记号：LCn-85158；龙门山，中泥盆统金宝石组 B99 层；
复制于熊剑飞等，1988（见侯鸿飞等，1988），图版 132，图 16。

12　口视，×79；标本号：SH-1；桂林沙河，中泥盆统唐家湾组底部，*hemiansatus* 带顶部；复制于沈建伟，1995，图版Ⅲ，图 14。

13　口视，×35；Lj14/5，93311；Liujing 剖面，*hemiansatus* 带。

14　口视，×35，Lj9/0，93312；Liujing 剖面，*ensinsis* 带。

15　口视，×35，Lj14/2.5，93313；Liujing 剖面，*hemiansatus* 带。

13—15　复制于 Bai 等，1994，图版 20，图 5—7。

16—19　优美多颚刺　*Polygnathus perbonus*（Philip，1966）

16a—b　同一标本之口视与反口视，×29；WL8-12/77602，武宣绿峰山二塘组，*perbonus* 带。

17　口视，×29；WL8-12/75193；武宣绿峰山，下泥盆统二塘组，*perbonus* 带。

18　口视，×29；WL8-12/75193；武宣绿峰山，下泥盆统二塘组，*perbonus* 带。

16—18　复制于王成源，1989，图版 29，图 10a—b，11—12。

19a—b　同一标本之口视与反口视，×70；Z-牙-40-1/3493；云南文山，下泥盆统 *inversus* 带。

20a—b　同一标本之口视与反口视，×70；Z-牙-8-1/3481；云南文山，下泥盆统 *perbonus/nothoperbonus* 带。

19—20　复制于金善燏等，2005，图版 13，图 7—10。

图版 69

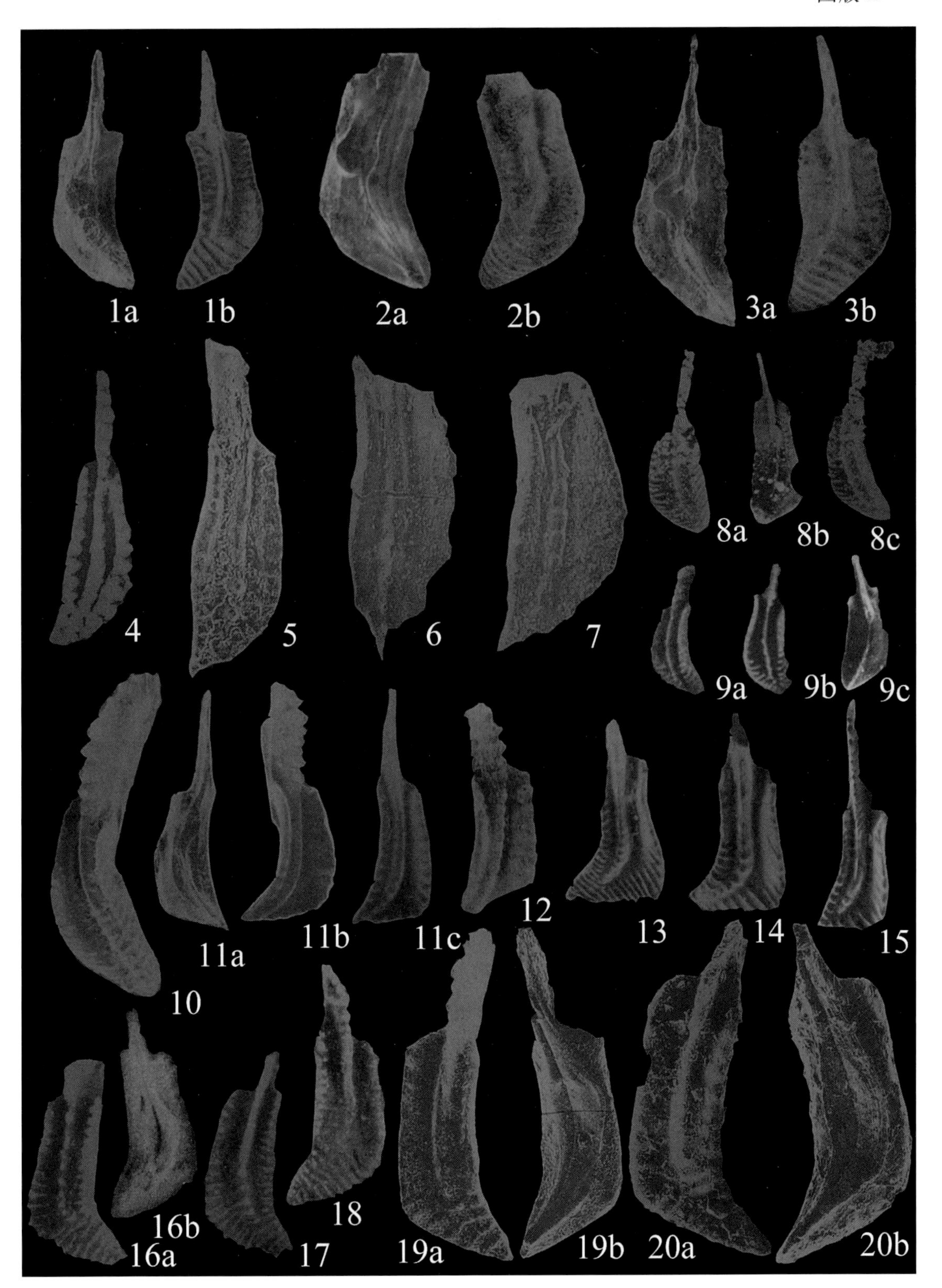
1a
1b
2a
2b
3a
3b
4
5
6
7
8a
8b
8c
9a
9b
9c
10
11a
11b
11c
12
13
14
15
16a
16b
17
18
19a
19b
20a
20b

图版 70

1—4　钦甲多颚刺　*Polygnathus qinjiaensis* Xiong，1980

1a—c　正模标本之口视、侧视与反口视，×35；登记号：105；广西德保钦甲，下—中泥盆统平恩组。

2a—c　副模标本之口视、侧视与反口视，×35；登记号：104；广西德保钦甲，下—中泥盆统平恩组。

3a—b　副模标本之口视与反口视，×35；登记号：106；广西德保钦甲，下—中泥盆统平恩组。

4a—b　副模标本之口视与反口视，×35；登记号：107；广西德保钦甲，下—中泥盆统平恩组。

1—4　复制于熊剑飞，1980（见鲜思远等，1980），图版 24，图 15—24。

5—8　假叶多颚刺　*Polygnathus pseudofoliatus* Wittekindt，1966

5　口视，×40，CD428/77616；德保都安四红山，中泥盆统分水岭组下部 *P. c. costatus* 带。

6a—b　同一标本之侧视与口视，×40；HL11-12/75231；横县六景，中泥盆统。

7　口视，×40；CD428/75232；德保都安四红山，中泥盆统分水岭组下部 *costatus* 带。

8a—b　同一标本之侧视与口视，×29；CT2-1/77617；那坡三叉河剖面，中泥盆统。

5—8　复制于王成源，1989，图版 32，图 11—14。

9—10　前平滑多颚刺　*Polygnathus praepolitus* Kononova，Alekseeva，Barskov and Reimers，1996

9　口视，×97；Specimen VNIGNI，No. 40/589，south Timan，弗拉阶。

10a—b　正模标本之口视与侧视，×44；复制于 Kononova 等，1996，图版 12，图 2a—b。

9—10　复制于 Ovnatanova 和 Kononova，2008，图版 21，图 8，9a—b。

11—13　假后多颚刺　*Polygnathus pseudoserotinus* Mawson，1987

11a—b　同一标本之反口视与口视，×38；④-CP-牙-53-3/00574，00885；云南文山，下泥盆统 *patula* 带。

12a—b　同一标本之反口视与口视，×38；⑥-CP-牙-33-2/00553，00868；云南文山，下泥盆统 *serotinus* 带。

13a—b　同一标本之反口视与口视，×38；④-CP-牙-51-2/00573，00884；云南文山，下泥盆统 *patula* 带。

11—13　复制于金善燏等，2005，图版 4，图 12—17。

图版 70

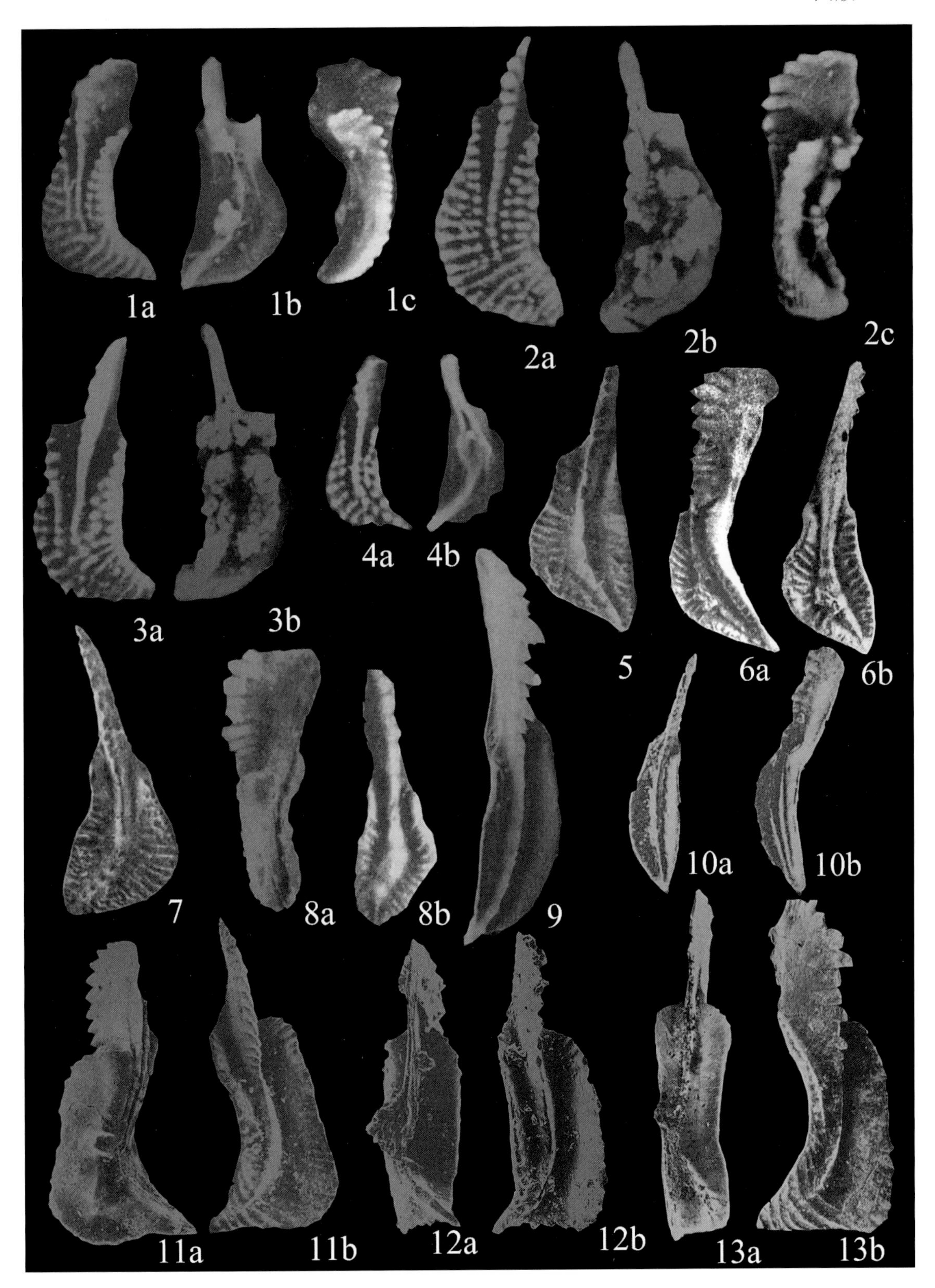
1a
1b
1c
2a
2b
2c
3a
3b
4a
4b
5
6a
6b
7
8a
8b
9
10a
10b
11a
11b
12a
12b
13a
13b

图版 71

1—4　强壮多颚刺　*Polygnathus robustus* Klapper and Lane，1985

1a—b　GSC 副模标本之口视与反口视，×26；HR9-6，76814。

2a—b　GSC 正模标本之口视与侧视，×26；HR10-7，76816。

3a—b　GSC 副模标本之反口视与口视，×26；HR9-6，76817。

4a—b　GSC 副模标本之口视与反口视，×26；HR10-7，76818。

1—4　复制于 Klapper 和 Lane，1985，图 21. 11—21. 12；21. 14—21. 19。

5—8　塞谬尔多颚刺　*Polygnathus samueli* Klapper and Lane，1985

5　GSC 副模标本之口视，×35；TR1-5，76761。

6a—b　GSC 副模标本之口视与反口视，×26；TR1-5，76762。

7a—b　GSC 正模标本之口视与反口视，×26；TR1-5，76763。

8　GSC 副模标本之口视，×26；TR1—5，76764。

5—8　复制于 Klapper 和 Lane，1985，图 17. 13—17. 18。

9　莱茵河多颚刺　*Polygnathus rhenanus* Klapper，Philip and Jackson，1970

9a—b　同一标本之反口视与口视，×70；④-CP-牙-64/00905，00596；云南文山，中泥盆统 *varcus* 带；复制于金善燏等，2005，图版 5，图 1，2。

10—12　壮脊多颚刺　*Polygnathus robusticostatus* Bischoff and Ziegler，1957

10　口视，×33；CD409/77633；德保都安四红山剖面，中泥盆统分水岭组 *kocklianus* 带；复制于王成源，1989，图版 35，图 4。

11a—b　同一标本之口视与反口视，×35；②-CP-牙-64/00595，00904；中泥盆统 *varcus* 带。

12a—b　同一标本之反口视与口视，×35；④-CP-牙-59b/00891，00580；中泥盆统 *varcus* 带。

11—12　复制于金善燏等，2005，图版 5，图 3—6。

13—15　波洛克多颚刺　*Polygnathus pollocki* Druce，1976

13a—c　同一标本之侧视、口视与反口视，×40；Specimen PIN，No. 5254/91，弗拉阶。

14a—c　同一标本之侧视、反口视与口视。14a，14b. ×40；14c. ×70；Specimen PIN，No. 5254/92，弗拉阶。

15　口视，×79；Specimen PIN，No. 5254/93，弗拉阶。

13—15　复制于 Ovnatanova 和 Kononova，2008，图版 20，2a—c，3a—c，4。

图版 71

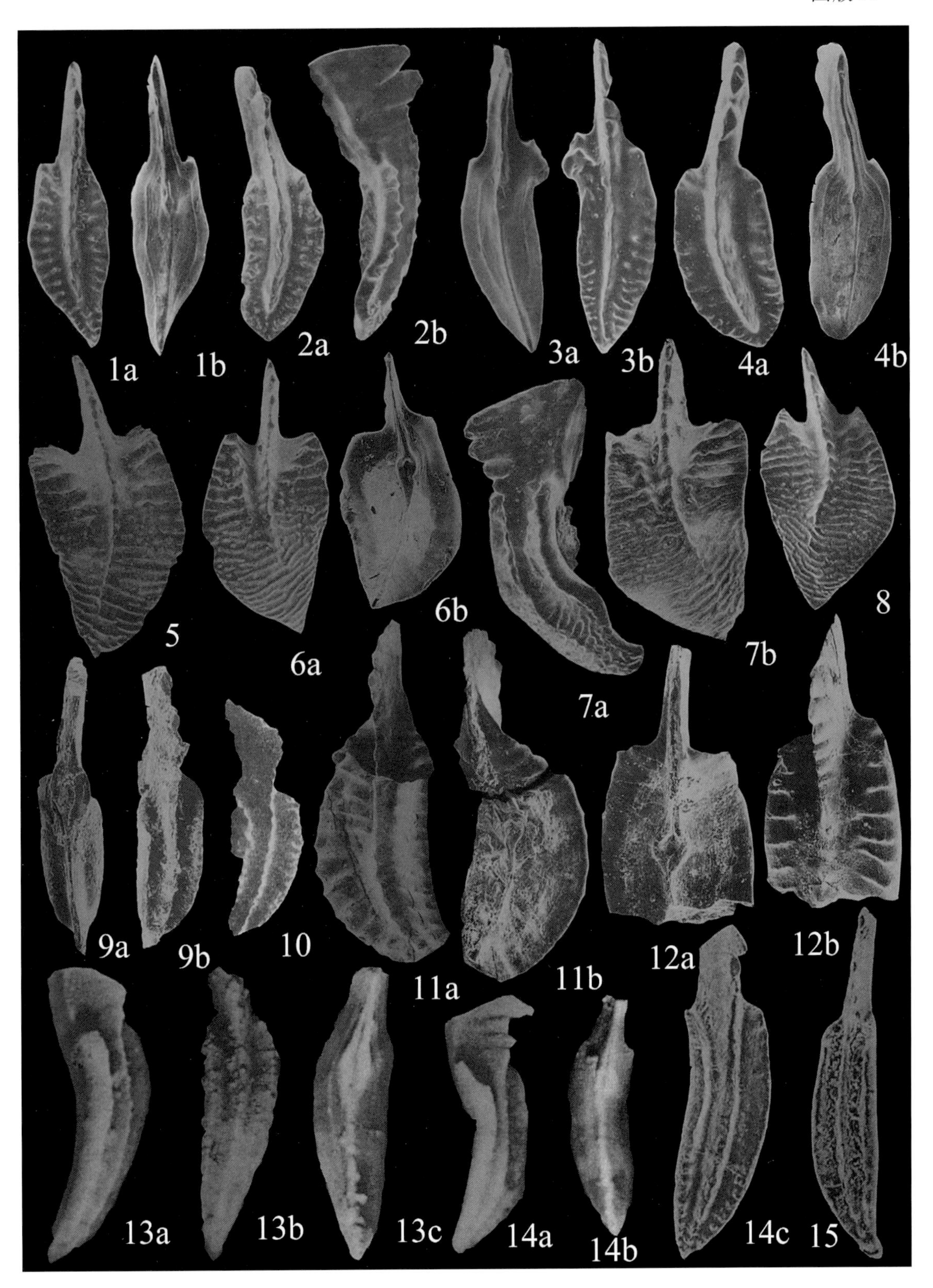
1a
1b
2a
2b
3a
3b
4a
4b
5
6a
6b
7a
7b
8
9a
9b
10
11a
11b
12a
12b
13a
13b
13c
14a
14b
14c
15

图版 72

1—4　平多颚刺　*Polygnathus planarius* Klapper and Lane，1985

1a—b　正模标本之口视与反口视，×26；GSC TRI-4，76802。

2　副模标本之口视，GSC TRI-4，76803。

3a—b　副模标本之侧视与口视，×26；76804，GSC TRI-4。

4　副模标本之口视，GSC TR2-8-4，×26；76805。

1—4　复制于 Klapper 和 Lane，1985，图 20.16—20.21。

5　半台多颚刺　*Polygnathus semiplatformis* Shen，1982

5a—c　正模标本之口视、反口视与侧视，×44；采集号：a—31；湖南临武香花岭，上泥盆统佘田桥组；复制于沈启明，1982，图版Ⅲ，图 7a—c。

6—8　晚成多颚刺 γ 形态型　*Polygnathus serotinus* γ morphotype Telford，1975

6a—b　同一标本之反口视与口视，×44；④-CP-牙-50-1/00567，00881；云南文山，下泥盆统 *patulus* 带。

7a—b　同一标本之反口视与口视，×64；①-CP-牙-48a/00917，00882；云南文山，下—中泥盆统 *patulus* 带。

8　口视，×59；③-CP-牙-51-1/00892；云南文山，下泥盆统，*patulus* 带。

6—8　复制于金善燏等，2005，图版 5，图 7—10；图版 6，图 1。

9—11　晚成多颚刺 δ 形态型　*Polygnathus serotinus* δ morphotype Telford，1975

9a—b　同一标本之反口视与口视，×35；CD460/75235；德保四红山，下—中泥盆统坡折落组，*serotinus* 带；复制于王成源，1989，图版 30，图 6a—b。

10a—b　同一标本之反口视与口视，×32；CD461/87066；德保四红山，下—中泥盆统坡折落组 *serotinus* 带。

11a—b　同一标本之反口视与口视，×32；CD453/87067；德保四红山，下—中泥盆统坡折落组 *serotinus* 带。

10—11　复制于 Ziegler 和 Wang，1985，图版 1，图 9，10。

12　三角多颚刺（亲近种）　*Polyganthus* aff. *trigonicus* Bischoff and Ziegler，1957

口视，×29；Sn75/77688；那坡三叉河剖面中泥盆统；复制于王成源，1989，图版 31，图 14。

13—14　三角多颚刺　*Polygnathus trigonicus* Bischoff and Ziegler，1957

13　口视，×62；CD409/75263；德保都安四红山，中泥盆统分水岭组 *australis* 带至 *kocklianus* 带。

14　口视，×29；CT3-11/75262；那坡三叉河中泥盆统。

13—14　复制于王成源，1989，图版 35，图 2，3。

图版 72

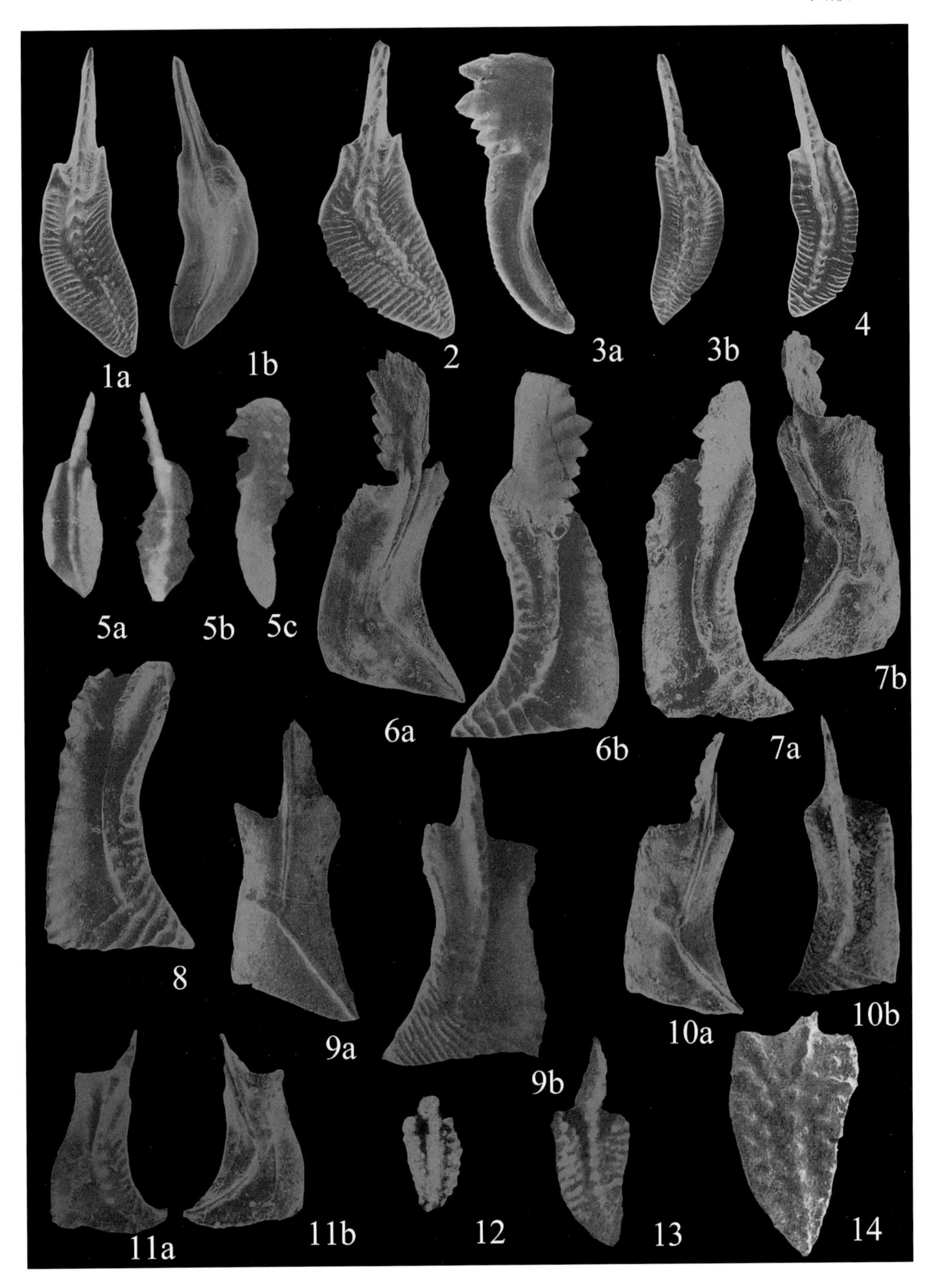

图版 73

1　施特雷尔多颚刺　*Polygnathus streeli* Dreesen，Dusar and Graessens，1976

1a—c　同一标本之口视、反口视与侧视，×29；ADS937/70208；湖南邵东界岭，上泥盆统孟公坳组，晚泥盆世法门期。

复制于 Wang 和 Ziegler，1982，图版 1，图 14a—c。

2—8　半脊多颚刺　*Polygnathus semicostatus* Branson and Mehl，1934

2a—c　同一标本之口视、反口视与侧视，×29；ADS921/70217；湖南邵东界岭，上泥盆统邵东组底部；法门期。

3　口视，×29；ADS921/70219；湖南邵东界岭，上泥盆统邵东组底部；法门期。

4　口视，×29；ADS921/70218；湖南邵东界岭，上泥盆统邵东组底部；法门期。

2—4　复制于 Wang 和 Ziegler，1982，图版 1，图 23a—c，30，31。

5　口视，×58；C85-7-17/33640；粤北乐昌大坪，上泥盆统帽子峰组上段。

6　反口视，×58；C85-7-17/33641；粤北乐昌大坪，上泥盆统帽子峰组上段。

7　口视，×58；C85-7-17/33641；粤北乐昌水罗田，上泥盆统帽子峰组上段。

8　口视，×58；H18-5-59-v48/33599；粤北乐昌大坪，上泥盆统天子岭组顶部。

5—8　复制于秦国荣等，1988，图版Ⅱ，图 6—9。

9—10　里特林格多颚刺（比较种）　*Polygnathus* cf. *reitlingerae* Ovnatanova and Kononova，2008

9　口视，×70；WBC-04/151642；大兴安岭乌努尔地区，上泥盆统弗拉阶。

10　口视，×88；WBC-04/151642；大兴安岭乌努尔地区，上泥盆统弗拉阶。

9—10　复制于郎嘉彬和王成源，2010，图版Ⅲ，图 7，8。

11—12　基塔普多颚刺　*Polygnathus kitabicus* Yolkin，Weddige，Isokh and Erina，1994

11a—b　正模标本之反口视与口视，×53；CSGM 976/C1；sample MZ-891-9/5；*kitabicus* 带。

12a—b　副模标本之反口视与口视，×53；CSGM 976/C2；sample MZ-891-20/1；*kitabicus* 带。

复制于 Yolkin 等，1994，图版 1，图 1—4。

13—14　肖卡罗夫多颚刺　*Polygnathus sokolovi* Yolkin，Weddige，Isokh and Erina，1994

13a　口视，晚期类型，×53；CSGM 976/C3；sample MZ-871-9/8；*kittabicus* 带。

13b　口视，早期类型，×53；CSGM 976/C4；sample MZ-897/4；*kittabicus* 带。

14a—b　正模标本，早期类型，口视与反口视，×53；CSGM97/C5，sample MZ-891-9/4；*kittabicus* 带。

复制于 Yolkin 等，1994，图版 1，图 5—8。

15　欣德多颚刺　*Polygnathus hindei* Mashkova and Apekina，1980

口视，×53；CSGM 976/C6，sample MZ-891-23/3；*kitabicus* 带。

复制于 Yolkin 等，1994，图版 1，图 9。

16　亚洲多颚刺　*Polygnathus pannonicus* Mashkova and Apekina，1980

口视与反口视，×53；CSGM 976/C9，sample MZ-89-36/4；*kitabicus* 带，此标本与 *Polygnathus lenzi* Klapper 的正模相似。

复制于 Yolkin 等，1994，图版 1，图 14，15。

图版 73

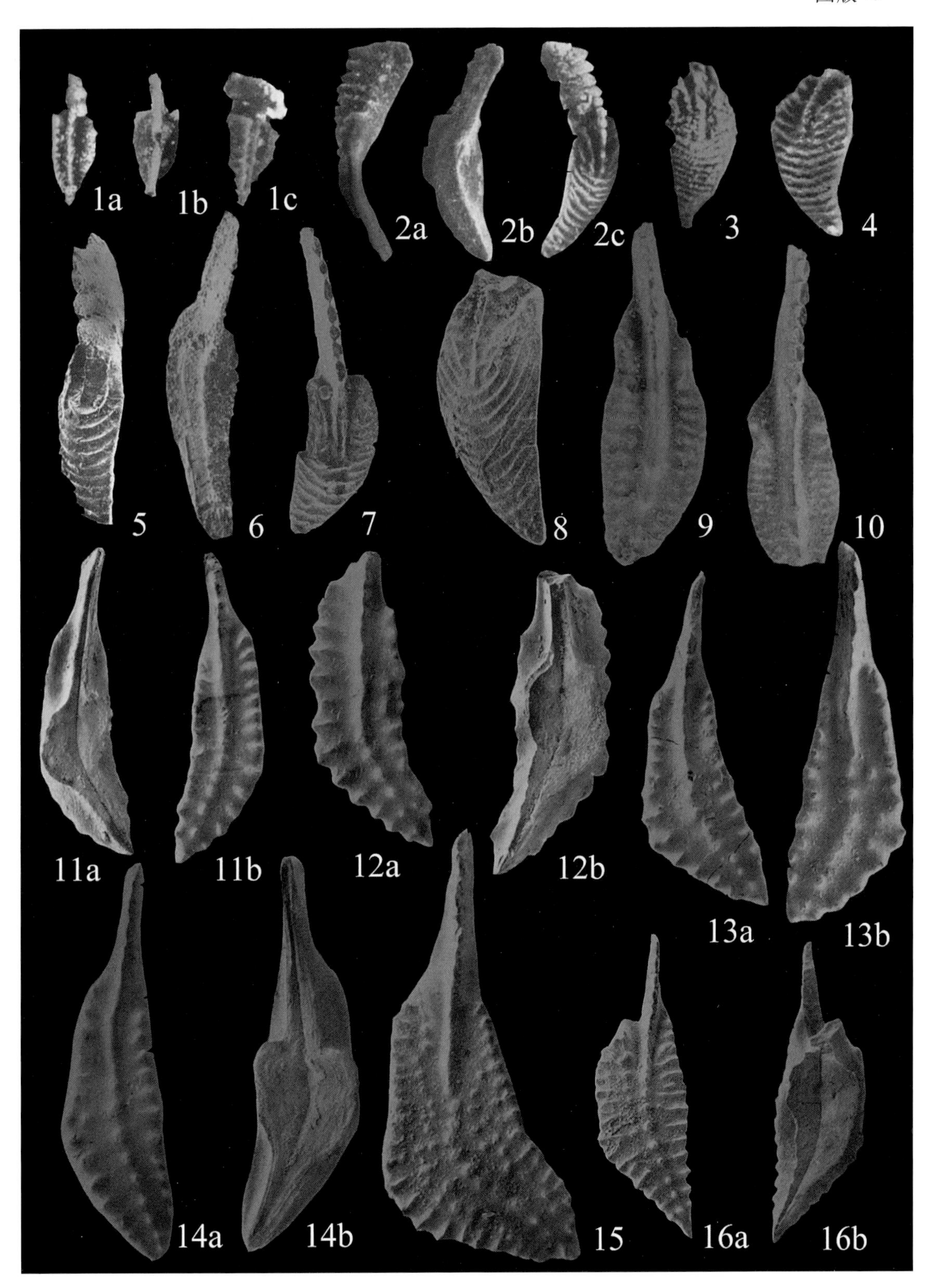
1a
1b
1c
2a
2b
2c
3
4
5
6
7
8
9
10
11a
11b
12a
12b
13a
13b
14a
14b
15
16a
16b

图版 74

1　欣德多颚刺　*Polygnathus hindei* Mashkova and Apekina，1980

1a—b　正模标本之反口视与口视，×40；标本 5/11760；早泥盆世；复制于 Mashkova 和 Apekina，1980，插图 2，аб。

2—5　皮氏多颚刺　*Polygnathus pireneae* Boersma，1974

2a—b　同一标本反口视与口视，×44；HL-2c/75225；横县六景，下泥盆统郁江组石洲段底部；王成源，1989，图版 29，图 15 标本的再扫描照相，齿台平，无近脊沟，齿脊线状。

3a—b　同一标本反口视与口视，×70；NIGP，AGP-LJ-80；横县六景，下泥盆统郁江组石洲段下部。

4a—b　同一标本反口视与口视，×75；NIGP，AGP-LJ-78；横县六景，下泥盆统郁江组石洲段最底部。

5a—b　同一标本口视与反口视，×53；NIGP，AGP-LJ-78；横县六景，下泥盆统郁江组石洲段最底部。

3—5　复制于 Lu 等（书稿），2015，图 5E—F，5K—L，6Q—R，7C—d。

6—9　亚洲多颚刺　*Polygnathus pannonicus* Mashkova and Apekina，1980

6a—b　同一标本口视与反口视，×31；N°976/C44；*kitabicus* 带。

7a—b　同一标本反口视与口视，×31；N°976/C45；*kitabicus* 带。

8a—b　同一标本口视与反口视，×31；N°976/C47；*kitabicus* 带。

6—8　复制于 Izokh 等，2011，图版Ⅲ，图 5a—b，6a—b，9a—b。

9a—b　正模标本之反口视与口视，×40；specimen 8/11760；下泥盆统；复制于 Mashkova 和 Apekina，1980，插图 2，вг。

10—11　肖卡罗夫多颚刺　*Polygnathus sokolovi* Yolkin，Weddige，Izokh and Erina，1994

10a—b.　同一标本反口视与口视，×70；NIGP，AGP-LJ-78；11. 口视，×70；NIGP，AGP-LJ-78。横县六景，下泥盆统郁江组石洲段最底部；复制于 Lu 等（书稿），2015，图 7M—N，K。

12　三列多颚刺　*Polygnathus trilinearis*（Cooper，1973）

12a—b　同一标本口视与反口视，×42；NIGP，AGP-LJ-75；横县六景，下泥盆统那高岭组高岭段下部；复制于 Lu 等（书稿），2015，图 7P—Q。

图版 74

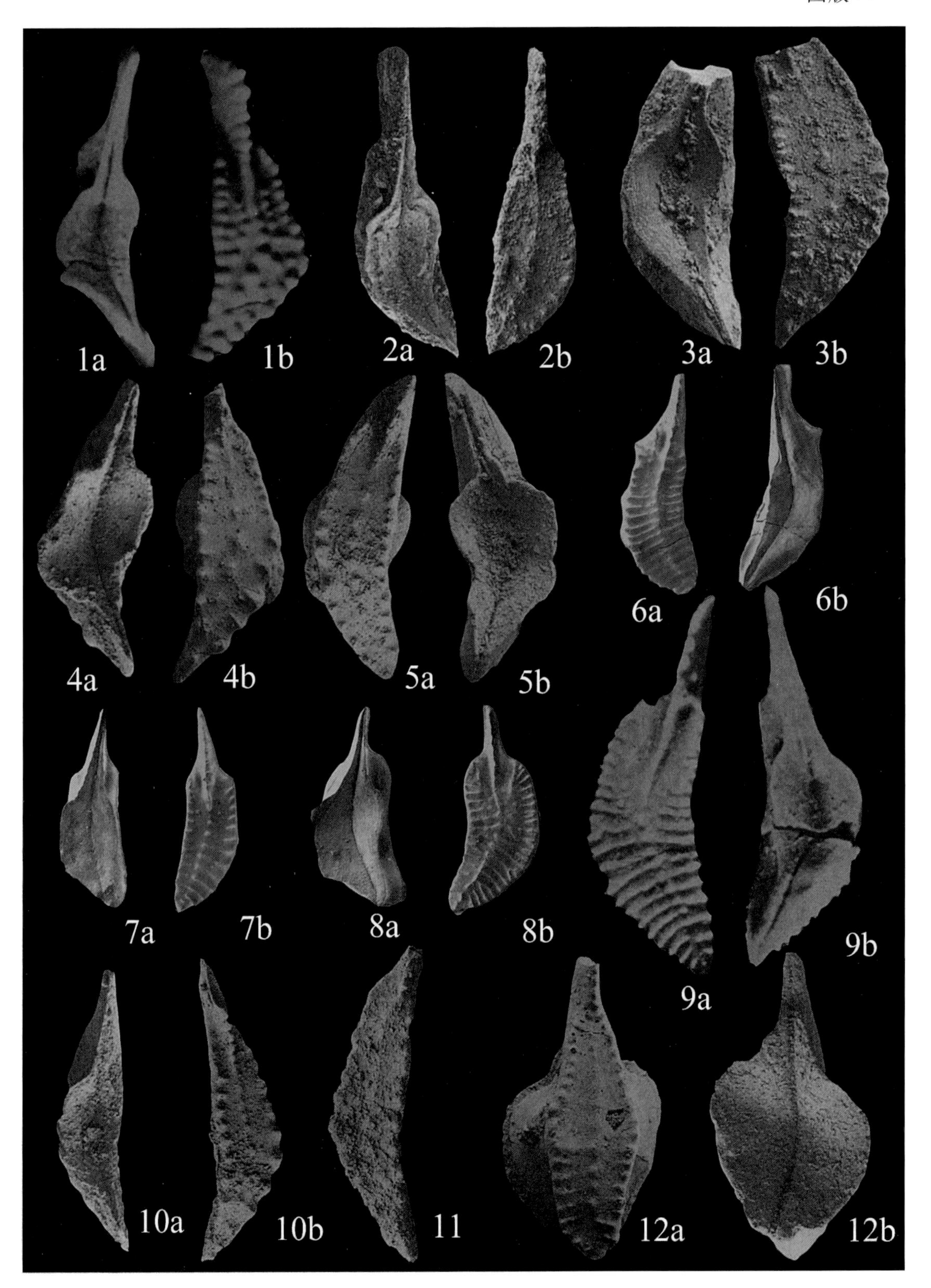
1a
1b
2a
2b
3a
3b
4a
4b
5a
5b
6a
6b
7a
7b
8a
8b
9a
9b
10a
10b
11
12a
12b

图版 75

1—2 帝曼多颚刺 *Polygnathus timanicus* Ovnatanova，1969

1a—b Balinski（1979，图版 23，图 1a）的标本，口视与反口视，×44。

2 德国的标本，×35；上泥盆统，中 *asymmetricus* 带。

1—2 复制于 Ziegler，1975，*Polygnathus*—图版 14，图 2—3。

3 帝曼多颚刺（比较种） *Polygnathus* cf. *timanicus* Ovnatanova，1969

3a—b 同一标本之口视与侧视，×33；CD374/77627；四红山，上泥盆统榴江组，*asymmtricus* 带；复制于王成源，1989，图版 34，图 7。

4—6 帝汶多颚刺 *Polygnathus timorensis* Klapper，Philip and Jackson，1970

4a—b. 同一标本之侧视与口视，×32；CD386/77621；5. 口视，×35；CD388/77619；6a—b. 同一标本之侧视与口视，×44；CD387/75236。德保都安，中泥盆统分水岭组上部，*varcus* 带；复制于王成源，1989，图版 33，图 7—9。

7—10 长齿片多颚刺 *Polygnathus varcus* Stauffer，1940

7a—b 同一标本之侧视与口视，×35；HL12-7/75251。

8 口视，×35；CD388/77619；德保都安，中泥盆统分水岭组上部，*varcus* 带。

9a—b 同一标本之侧视与口视，×35；HL13g/77620。

10a—b 同一标本之口视与侧视，×44；CD387/77236；德保都安，中泥盆统分水岭组上部，*varcus* 带。

7—10 复制于王成源，1989，图版 33，图 3—6。

11—12 福格斯多颚刺 *Polygnathus vogesi* Ziegler，1962

11a—b. 同一标本之反口视与口视，×35；ACE367/36596；12a—b. 同一标本之反口视与口视，×35；ACE370/36597。贵州长顺，上泥盆统代化组；复制于王成源和王志浩，1978，图版 7，图 13—16。

13 王氏多颚刺 *Polygnathus wangi*（Bardashev，Weddige and Ziegler，2002）

13a—b 正模标本之反口视与口视，×35；CD449/75234；四红山，下—中泥盆统坡折落组，*serotinus* 带；复制于王成源，1989，图版 30，图 5a—b。

14—18 韦伯多颚刺 *Polygnathus webbi* Stauffer，1938

14. 口视，×44；9100100/LL-109；15. 口视，×44；9100102/LL-109；16. 口视，×44；9100101/LL-109；17. 口视，×44；9100123/LL-108；18. 口视，×44；9100058/LL-115。上泥盆统老爷坟组中部，*punctata* 带；复制于 Ji 和 Ziegler，1993，图版 39，图 4—8。

图版 75

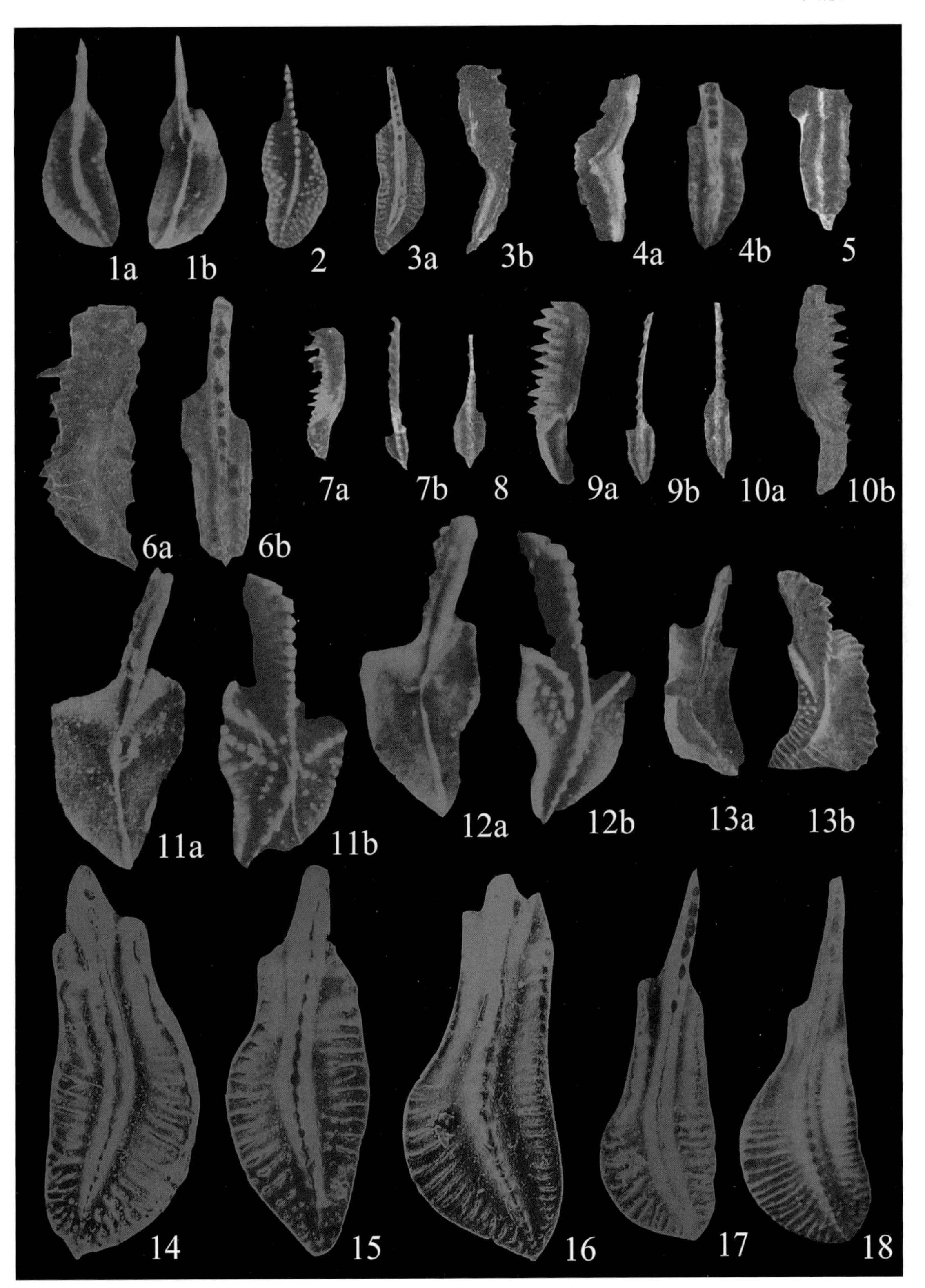
1a
1b
2
3a
3b
4a
4b
5
6a
6b
7a
7b
8
9a
9b
10a
10b
11a
11b
12a
12b
13a
13b
14
15
16
17
18

图版 76

1 香花岭多颚刺 *Polygnathus xianghualingensis* Shen，1982

1a—c 正模标本之侧视、反口视与口视，×44；采集号：a-101；临武香花岭，上泥盆统原岩关阶的近底部；复制于沈启明，1982，图版Ⅲ，图 10a—c。

2—4 光台多颚刺恩辛亚种 *Polygnathus xylus ensensis* Ziegler，Klapper and Johnson，1976

2a—b. 同一标本之反口视与侧视，×33；CD407/75257；3a—b. 同一标本之侧视与口视，×32；CD392/75258。四红山剖面，中泥盆分水岭组 *ensensis* 带；复制于王成源，1989，图版 30，图 8；图版 32，图 5。

4a—b 正模标本之口视与侧视，×35；复制于 Ziegler，1975，*Polygnathus* —图版 14，图 4a—b。

5 光台多颚刺恩辛亚种（比较亚种） *Polygnathus xylus* cf. *ensensis* Ziegler，Klapper and Johnson，1976

口视，×33；CD404/75229；四红山剖面，中泥盆分水岭组，*ensensis* 带；复制于王成源，1989，图版 32，图 9。

6—9 光台多颚刺光台亚种 *Polygnathus xylus xylus* Stauffer，1940

6. 口视，×32，HL-14a/77618；7a—b. 同一标本之口视与侧视，×33，×35；HL12-7/75254。广西横县六景，中泥盆民塘组，*varcus* 带；复制于王成源，1989，图版 33，图 1—2。

8a—b 同一标本之口视与反口视，×53；MC47-21083；象州马鞍山，中—上泥盆统巴漆组中部，上 *varcus* 带；复制于季强，1986（见侯鸿飞等，1986），图版 14，图 12—13。

9a—b 同一标本之反口视与口视，×53；②-CP-牙-63a-2/00898，00589；云南文山，中泥盆统，*varcus* 带；复制于金善燏等，2005，图版 6，图 12—13。

10—14 慈内波尔多颚刺 *Polygnathus znepolensis* Spassov，1965

10 口视，×37；野外号：C174-7；登记号：LCn-852228；上泥盆统茅坝组顶部 174 层。

11 口视，×37，野外号：C183-101；登记号：LCn-852229；上泥盆统长滩子组上部 183 层。

12a—b 同一标本之反口视与口视，×37；野外号：C177-23；登记号：LCn-852230；上泥盆统长滩子组下部 177 层。

13a—b 同一标本之反口视与口视，×37；野外号：C181-65；登记号：LCn-852231；上泥盆统长滩子组中部 181 层。

14 口视，×37；野外号：C174-7；登记号：LCn-852232；上泥盆统茅坝组顶部 174 层。

10—14 复制于熊剑飞等，1988（见侯鸿飞等，1988），图版 137，图 10—14。

15 正模标本（Spassov，1965，图版 3，图 1）之口视，×35；复制于 Ziegler，1975，*Polygnathus* —图版 5，图 7。

16—17 长滩子多颚刺 *Polygnathus changtanziensis* Ji，1988

16a—b. 同一标本口面局部放大与侧视，×79，×37；野外号：C181-63；登记号：LCn-852225；17. 口视，×37；野外号：C182-83；登记号：LCo-852226。上泥盆统长滩子组上部 181 层；复制于熊剑飞等，1988（见侯鸿飞等，1988），图版 137，图 7a—b，8。

图版 76

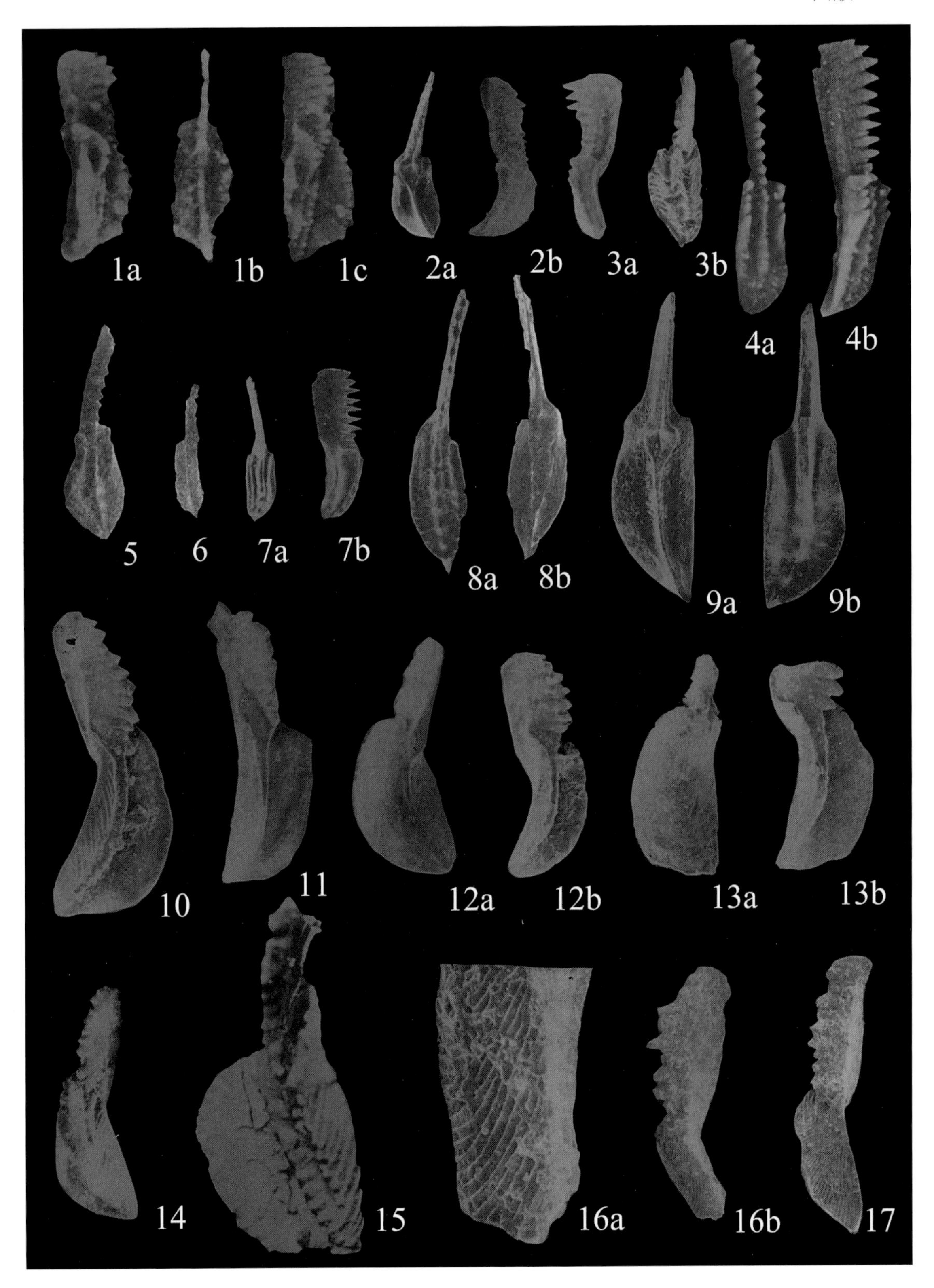
1a
1b
1c
2a
2b
3a
3b
4a
4b
5
6
7a
7b
8a
8b
9a
9b
10
11
12a
12b
13a
13b
14
15
16a
16b
17

图版 77

1—5　马斯科威多颚刺　*Polygnathus mashkovae* Bardashev，1986

1a—b.　正模标本之口视与反口视，×35；No. 1316/229；2a—b. 同一标本之口视与反口视，×35；No. 1316/427；3a—b. 同一标本之口视与反口视，×35；No. 1316/431；4a—b. 同一标本之口视与反口视，×35；No. 1316/426；5a—b. 同一标本之口视与反口视，×35；No. 1316/428。复制于 Bardashev，1986，图版 5，图 4，8—11。

6　阿别基诺多颚刺　*Polygnathus apekinae* Bardashev，1986

6a—b　正模标本之口视与反口视，×35；No. 1316/245；复制于 Bardashev，1986，图版 5，图 12。

7　吉尔伯特多颚刺　*Polygnathus gilberti* Bardashev，1986

7a—b　正模标本之口视与反口视，×35；No. 1316/429；复制于 Bardashev，1986，图版 5，图 17a，×35；17b，×31。

8—11　巨叶多颚刺　*Polygnathus extralobatus* Schäffer，1976

8.　反口视，×26；Mbg. 2680；9. 口方斜视，×26；Mbg. 2681；10. 侧视，×26；Mbg. 2685；11a—c. 正模标本之口视、侧视与反口视，×26；Mbg. 2686。复制于 Schäffer，1976，图版 1，图 16—17，23—26。

12—14　条纹多颚刺　*Polygnathus rhabdotus* Schäffer，1976

12a—c.　正模标本之口视、侧视与反口视，×26；Mbg. 2682；13. 口视，×26；Mbg. 2683；14. 口视，×26；Mbg. 2684。复制于 Schäffer，1976，图版 1，图 18—22。

15—21　半柄多颚刺　*Polygnathus hemiansatus* Bultynck，1987

15.　口视，×40；No. b1959；16. 口视，×40；No. b1960；17. 口视，×40；No. b1955；18a—b. 同一标本之口视与侧视，×43；No. b1956；19. 口视，×40；No. b1957；20. 口视，×40；No. b1958；21. 口视，×40；CD407。广西四红山剖面，中泥盆统分水岭组中部，*ensensis* 带；复制于 Bultynck，1987，图版 8，图 1—7。

图版 77

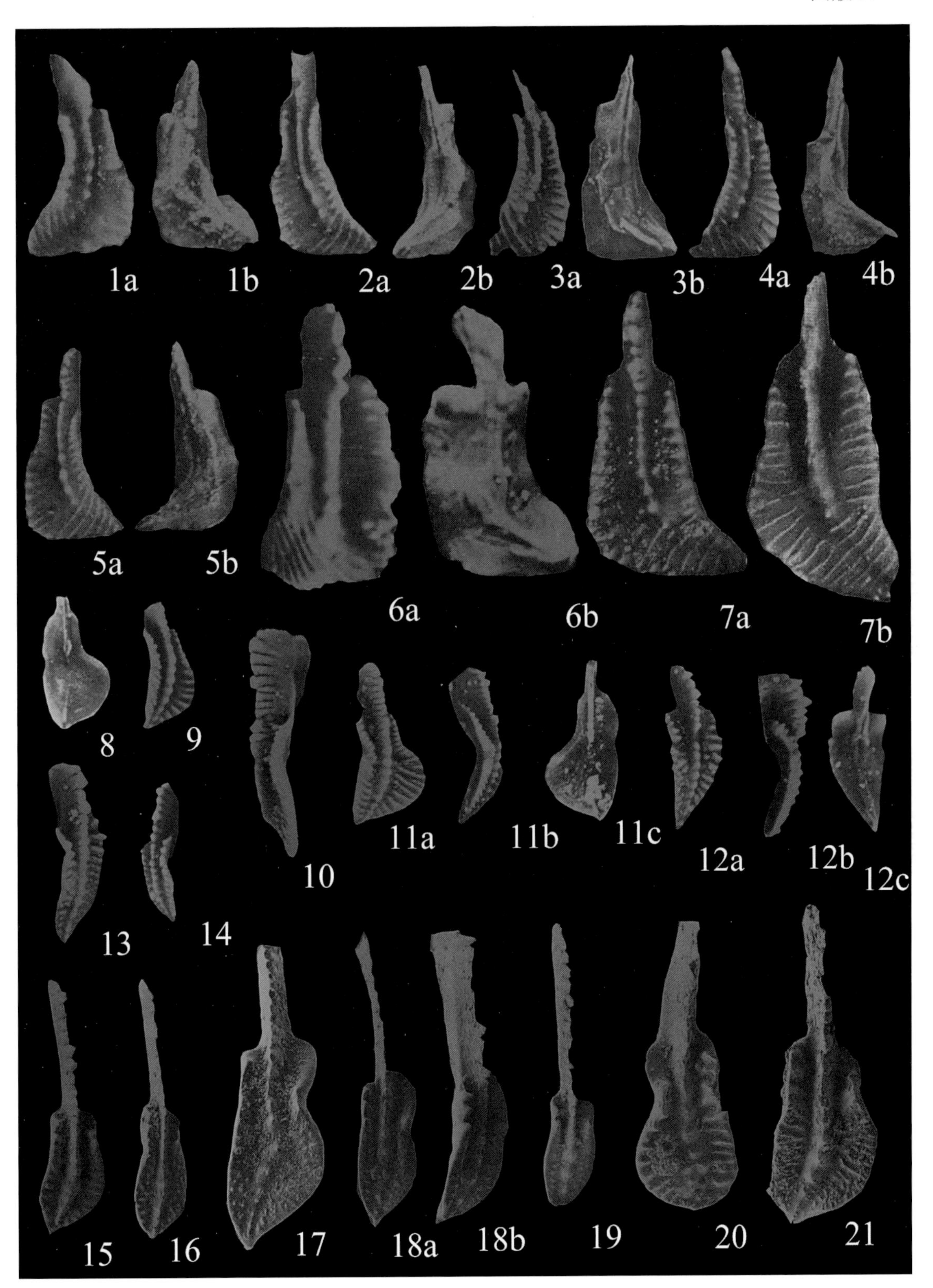
1a
1b
2a
2b
3a
3b
4a
4b
5a
5b
6a
6b
7a
7b
8
9
10
11a
11b
11c
12a
12b
12c
13
14
15
16
17
18a
18b
19
20
21

图版 78

1—7 不等高多颚刺 *Polygnathus imparilis* Klapper and Lane, 1985

1. 反口视，×35；副模，GSC 76795，TR3-20；2. 口视，×40；正模，GSC 76796，BR3-12；3. 口视，×26；副模，GSC 76797，TR3-12；4. 口视，×40；副模，GSC 76798，TR3-12；5. 口视，×35；副模，GSC 76799，TR3-17；6. 口视，×35；副模，GSC 76800，TR3-17；7. 口视，×35；副模，GSC 76801，TR3-6。复制于 Klapper 和 Lane，1985，图 20. 9—20. 15。

8—9 无饰多颚刺 *Polygnathus inornatus* E. R. Branson, 1934

8a—c 同一标本之侧视、反口视与口视，×23；ADS921/70217；复制于 Wang 和 Ziegler，1982，图版 1，图 21a—c。

9a—b 同一标本之口视与反口视，×35；HJDS 30-5/70587；湖南江华，上泥盆统孟公坳组；复制于季强，1987，图版Ⅲ，图 9—10。

10 无饰多颚刺（比较种） *Polygnathus* cf. *inornatus* E. R. Branson, 1934

10a—c 同一标本之口方斜视、反口视与口视，×45；JS110；海南白沙县金坡乡金坡老村，下石炭统底部南好组二段中上部；复制于张仁杰等，2010，图版Ⅰ，图 10—12。

11—13 年青多颚刺 *Polygnathus juvensis* Stauffer, 1940

11. 侧视，×44；标本号：YS-11；12. 侧视，×53；标本号：YS-11；13. 侧视，×53；标本号：WGY-1。桂林灵川县岩山圩乌龟山，中—上泥盆统 *hermani—cristatus* 带顶部至 *disparilis* 带；复制于沈建伟，1995，图版 2，图 20—22。

14—16 克勒普菲尔多颚刺 *Polygnathus kleupfeli* Wittekindt, 1966

14a—b 同一标本之口视与侧视，×35；Ny15/1. 7，93305；广西那艺剖面，中泥盆统 *hemiansatus* 带。

15a—b 同一标本之反口视与口视，×35；Ny15/1. 7，93306；广西那艺剖面，上泥盆统 *hemiansatus* 带。

16a—b 同一标本之口视与侧视，×35；Lj5/93307，93307；六景剖面，上泥盆统 *hemiansatus* 带。

14—16 复制于 Bai 等，1994，图版 19，图 11—13。

17—18 塔玛拉多颚刺 *Polygnathus tamara* Apekina, 1989

17a—b 正模标本之反口视与口视，×28；No. 1/27；18a—b. 副模标本之口视与反口视，×28；No. 1/27。复制于 Apekina，1989，图 1a，б，в，г。

图版 78

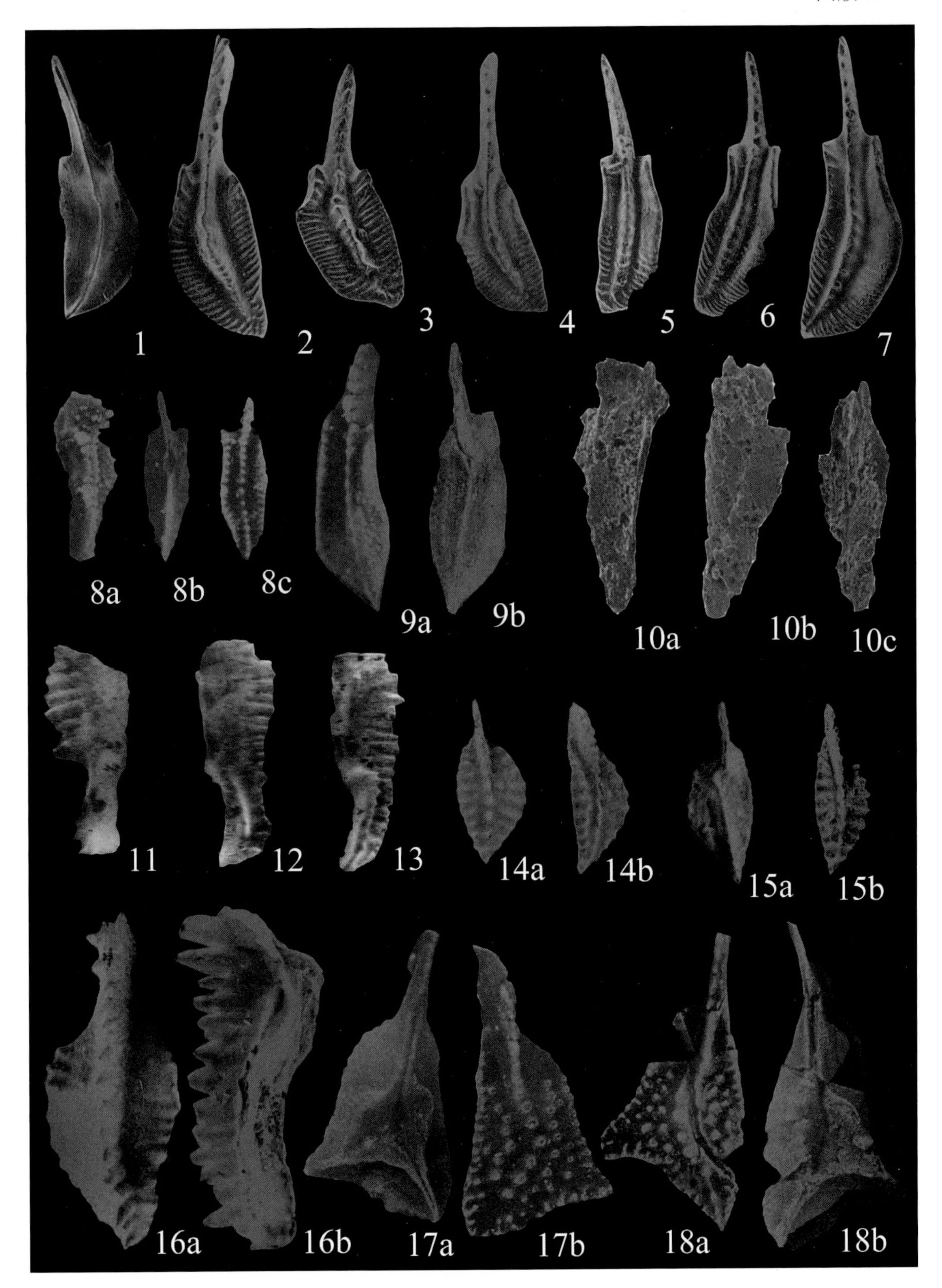
1
2
3
4
5
6
7
8a
8b
8c
9a
9b
10a
10b
10c
11
12
13
14a
14b
15a
15b
16a
16b
17a
17b
18a
18b

图版 79

1　舌形多颚刺韦迪哥亚种　*Polygnathus linguiformis weddigei* Clausen，Leuteritz and Ziegler，1979

1a—b　同一标本之口视与反口视，×53；②-CP-牙-61a-1/00585，00894；云南文山，中泥盆统，*varcus* 带；复制于金善燏等，2005，图版 3，图 15—16。

2　条纹多颚刺（比较种）　*Polygnathus* cf. *rhabdotus* Schäffer，1970

口视，×53；登记号：XC1070；甘肃迭部当多沟，上泥盆统陡石山组；复制于李晋僧，1987，图版 168，图 3。

3　多颚刺（未定种 A）　*Polygnathus* sp. A

3a—b　同一标本口视与侧视，×29；CD372/75214；广西四红山，上泥盆统榴江组 *triangularis* 带；复制于王成源，1989，图版 33，图 11a—b。

4　多颚刺（未定种 B）　*Polygnathus* sp. B

4a—b　同一标本口视与侧视，×62；HL-15g/77660；横县六景，上泥盆统融县组；复制于王成源，1989，图版 40，图 4。

5—6　多颚刺（未定种 C）　*Polygnathus* sp. C

5.　口视，×28；CD376/75223；6a—b. 同一标本口视与侧视，×28；CD376/75224。广西四红山，上泥盆统榴江 *asymmetricus* 带；复制于王成源，1989，图版 34，图 1—2。

7　多颚刺（未名新种 A）　*Polygnathus* sp. nov. A

7a—b　同一标本之反口视与口视，×66；黔濯 7-3-1/154948；重庆黔江濯水，上泥盆统写经寺组上部；复制于龚黎明等，2012，图版Ⅳ，图 11a—b。

8—9　小丛多瘤刺　*Polynodosus perplexus* Thomas，1949

8　口视，×29；登记号：XC1071；9. 口视，×53；登记号：SC 1072。甘肃迭部当多沟，上泥盆统陡石山组中、上部；复制于李晋僧，1987，图版 168，图 4—5。

10—12　温雅多瘤刺　*Polynodosus lepidus*（Ji，1987）

10.　副模之口视，×35；HJDS 18-11/07570；11a—b. 正模标本之口视与反口视，×35；HJDS 18-9/70569；12a—b. 副模标本之反口视与口视，×35；HJDS 18-10/70571。湖南江华，上泥盆统三百工村组；复制于季强，1987，图版Ⅱ，图 5—7，14—15。

13—17　似小丛多瘤刺　*Polynodosus experplexus*（Sandberg and Ziegler，1979）

13　正模标本之口视，×53；USNM 183596，SEP 77/995；上泥盆统，上（?）*styriacus* 带。

14　口视，×70；USNM 183957，SEP77/784；上泥盆统，上 *styriacus* 带。

15　口视，×70；USNM 183958，SEP77/781；上泥盆统，上 *styriacus* 带。

16　口视，×70；USNM 183959，SEP77/783；上泥盆统，上 *styriacus* 带。

17　口视，×70；MSEM 117，SEP77/873；上泥盆统，上 *styriacus* 带。

13—17　复制于 Sandberg 和 Ziegler，1979，图版 4，图 2—6。

图版 79

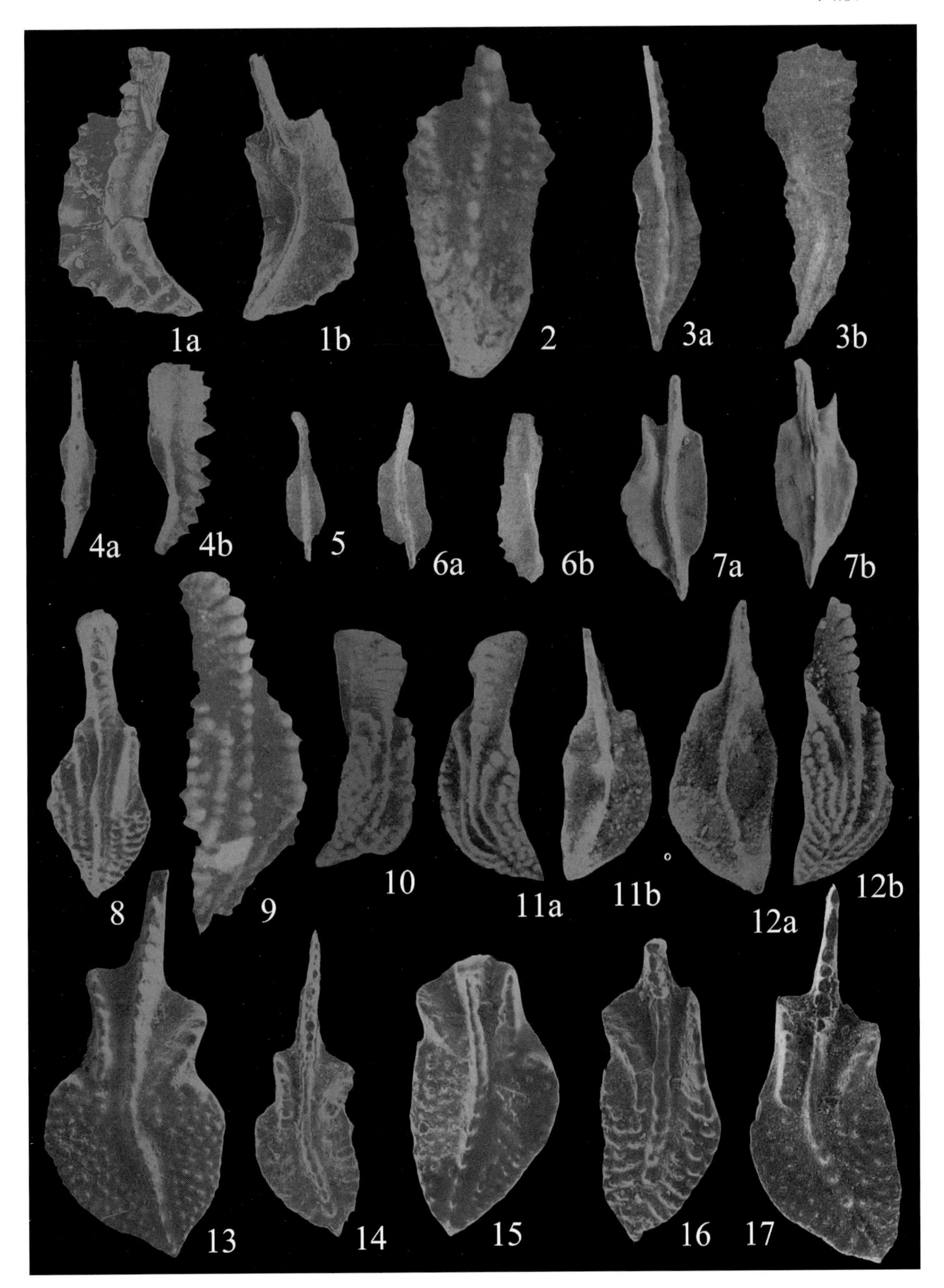

图版 80

1—2　大坪多瘤刺　*Polynodosus dapingensis*（Qin，Zhao and Ji，1988）

1　口视，×63；C85-3-116/33632；韶关大坪，上泥盆统天子岭组上段。

2　口视，×53；C85-1-14/33642；乐昌大坪，上泥盆统天子岭组上段。

1—2　复制于秦国荣等，1988，图版Ⅱ，图 17—18。

3—8　诶特雷梅多瘤刺　*Polynodosus ettremae*（Pickett，1972）

3a—b. 同一标本口视与侧视，×40；40/479；4. 口视，×40；40/480；5a—b. 同一标本口视与反口视，×35；35/483；6. 口视，×48；40/274；Lower Voronezh subhorizon，sample 1191；7. 口视，×48；272/177；Voronezh horizon，sample 4/51。复制于 Ovnatanova 和 Kononova，2001，图版 20，图 16—18，20—21；图版 25，图 28—29。

8a—b　同一标本之口视与侧视，×35；B4，93335；巴漆剖面，上泥盆统，下 *rhomboidea* 带；复制于 Bai 等，1994，图版 21，图 15。

9—12　芽多瘤刺　*Polynodosus germanus* Ulrich and Bassler，1926

9. 口视，×33；SL20/75264；武宣三里，上泥盆统三里组，*marginifera* 带；10. 口视，×29；Sn91/77663；那坡三叉河三里组；11a—b. 同一标本侧视与口视，×33；HL14-9/77661；横县六景，上泥盆统融县组；12. 口视，×33；HL13-20/77663；横县六景，上泥盆统融县组。复制于王成源，1989，图版 40，图 6，9—10。

13—16　瘤粒多瘤刺　*Polynodosus granulosus*（Branson and Mehl，1934）

13. 反口视，×40；ZC02133；寨沙，上泥盆统五指山组；14. 口视，×40；ZC02134；寨沙，上泥盆统五指山组；15. 口视，×40；Zc02140；寨沙，上泥盆统五指山组。复制于季强和刘南瑜，1986，图版 1，图 17—19。

16a—b　同一标本口视与侧视 ×35；SL23/75265；武宣，上泥盆统三里组；复制于王成源，1989，图版 39，图 14。

17—18　珠齿多瘤刺　*Polynodosus margaritatus*（Schäffer，1976）

17a—c　正模标本之口视、侧视与反口视，×40；Schäffer，1977，图版 1，图 1—3。

18　副模，口视，×40；Schäffer，1977，图版 1，图 5。

17—18　复制于 Ziegler，1981，*Polygnathus*—图版 12，图 6—7。

图版 80

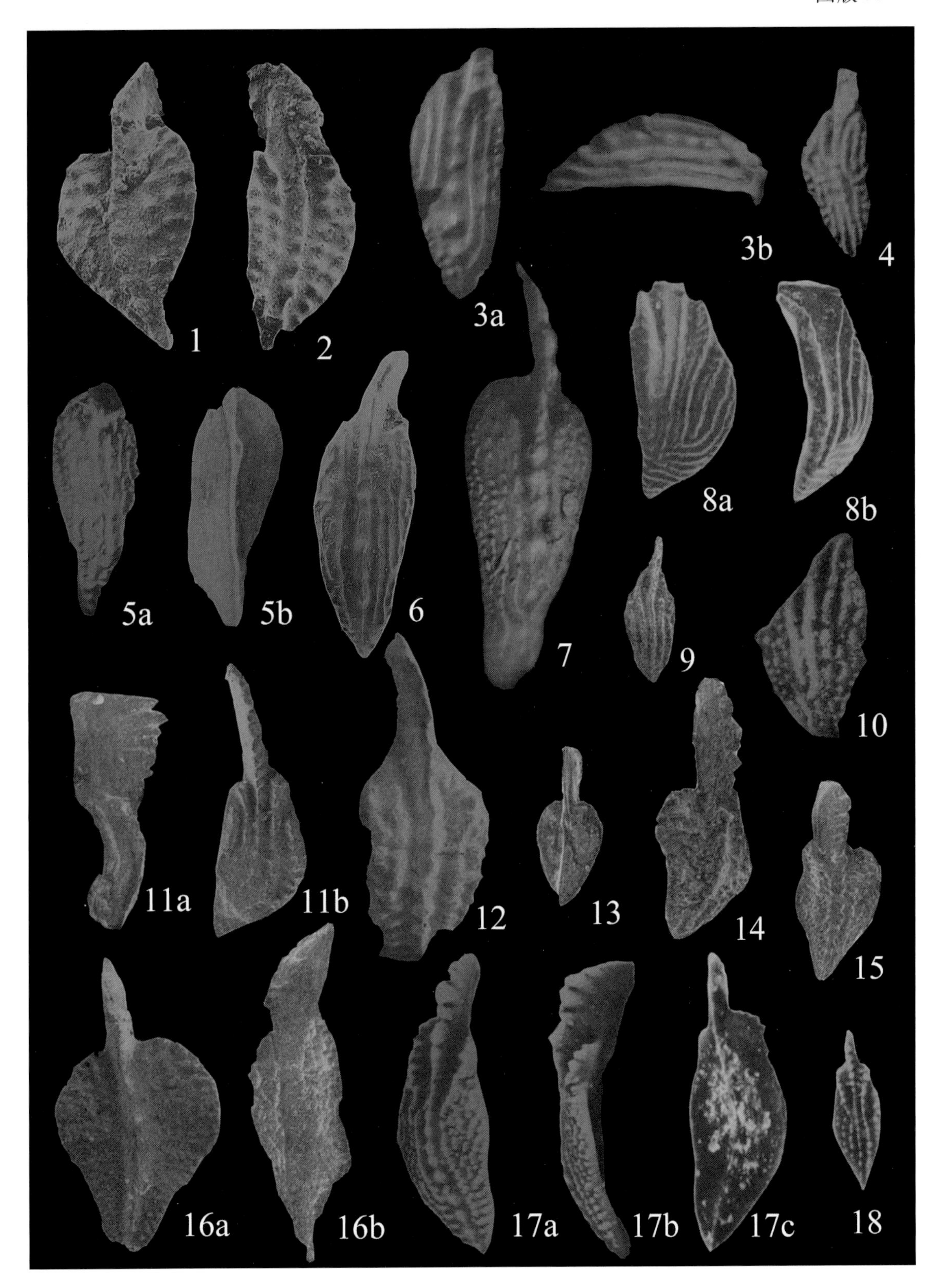
1
2
3a
3b
4
5a
5b
6
7
8a
8b
9
10
11a
11b
12
13
14
15
16a
16b
17a
17b
17c
18

图版 81

1—4　瘤粒多瘤刺（比较种）　*Polynodosus* cf. *granulosus* Branson and Mehl，1934

1. 口方侧视，×35；ZC02107；2. 口方侧视，×35；ZC02217；3. 口方侧视，×35；ZC02218；4. 口视，标本残破，×35；ZC02218。广西寨沙，上泥盆统五指山组；复制于季强和刘楠瑜，1986，图版 1，图 20—23。

5—6　哈斯多瘤刺　*Polynodosus hassi*（Helms，1961）

5. 正模标本之口视，×28；Helms，1961，图版4，图7；6. Helms（1961）的副模口视，图版4，图4。复制于 Ziegler，1973，*Polygnathus* —图版 3，图 8，11。

7—9　相似不规则多瘤刺　*Polynodosus homoirregularis* Ziegler，1971

7　正模标本之口视，×26；Thomas，1949，图版 2，图 27。复制于 Ziegler，1973，*Polygnathus*—图版 3，图 4。

8　口视，×53；C86-2-68/33500；粤北大赛坝，上泥盆统帽子峰组上部；复制于秦国荣等，1988，图版Ⅱ，图 2。

9　口视，×48；9101033/LL-32；上泥盆统五指山组上部，*expansa* 带；复制于 Ji 和 Ziegler，1993，图版 36，图 17。

10—14　艾尔曼多颚刺　*Polynodosus ilmenensis*（Zhuravlev，2003）

10a—c　同一标本口视、侧视与反口视，×66；黔水 5-2-1/154936；上泥盆统写经寺组。

11a—c　同一标本口视、侧视与反口视，×66；黔水 5-2-1/154937；产地层位同上。

12a—c　同一标本口视、侧视与反口视，×66；黔水 7-1-1/154939；产地层位同上。

13a—b　同一标本口视与反口视，×66；酉毛 53-2-2/154942；产地层位同上。

14　口视，×66；黔濯 6-2-1/154943；上泥盆统写经寺组；弗拉期晚期。

10—14　复制于龚黎明等，2012，图版Ⅲ，图 7a—c，8a—c；图版Ⅳ，图 2a—c，5a—b，7a。

15　近不规则多瘤刺　*Polynodosus subirregularis*（Sandberg and Ziegler，1979）

口视，×50；C86-1-9/33606；粤北乳源五峰，上泥盆统帽子峰组上段；复制于秦国荣等，1988，图版Ⅱ，图 1。

16　似瘤脊多瘤刺　*Polynodosus nodocostatoides*（Qin，Zhao and Ji，1988）

同一标本之口视与反口视，×37；C85-7-151/33607；粤北水罗田，上泥盆统“孟公坳组”下部；复制于秦国荣等，1988，图版Ⅱ，图 1。

17—19　安息香多瘤刺　*Polynodosus styriacus*（Ziegler，1957）

17a—b. 同一标本口视与反口视，×35；ACE365/36590；18a—b. 同一标本口视与反口视，×35；ACE365/36593；19a—b. 同一标本口视与反口视，×35；ACE365/36594。贵州上泥盆统代化组；复制于王成源和王志浩，1978，图版 7，图 1—6。

20　多瘤刺（未定种 B）　*Polynodosus* sp. B

口视，×40；登记号：JS120；海南昌江县石碌镇鸡实村，上泥盆统鸡实组；复制于张仁杰等，2010，图版Ⅰ，图 20。

图版 81

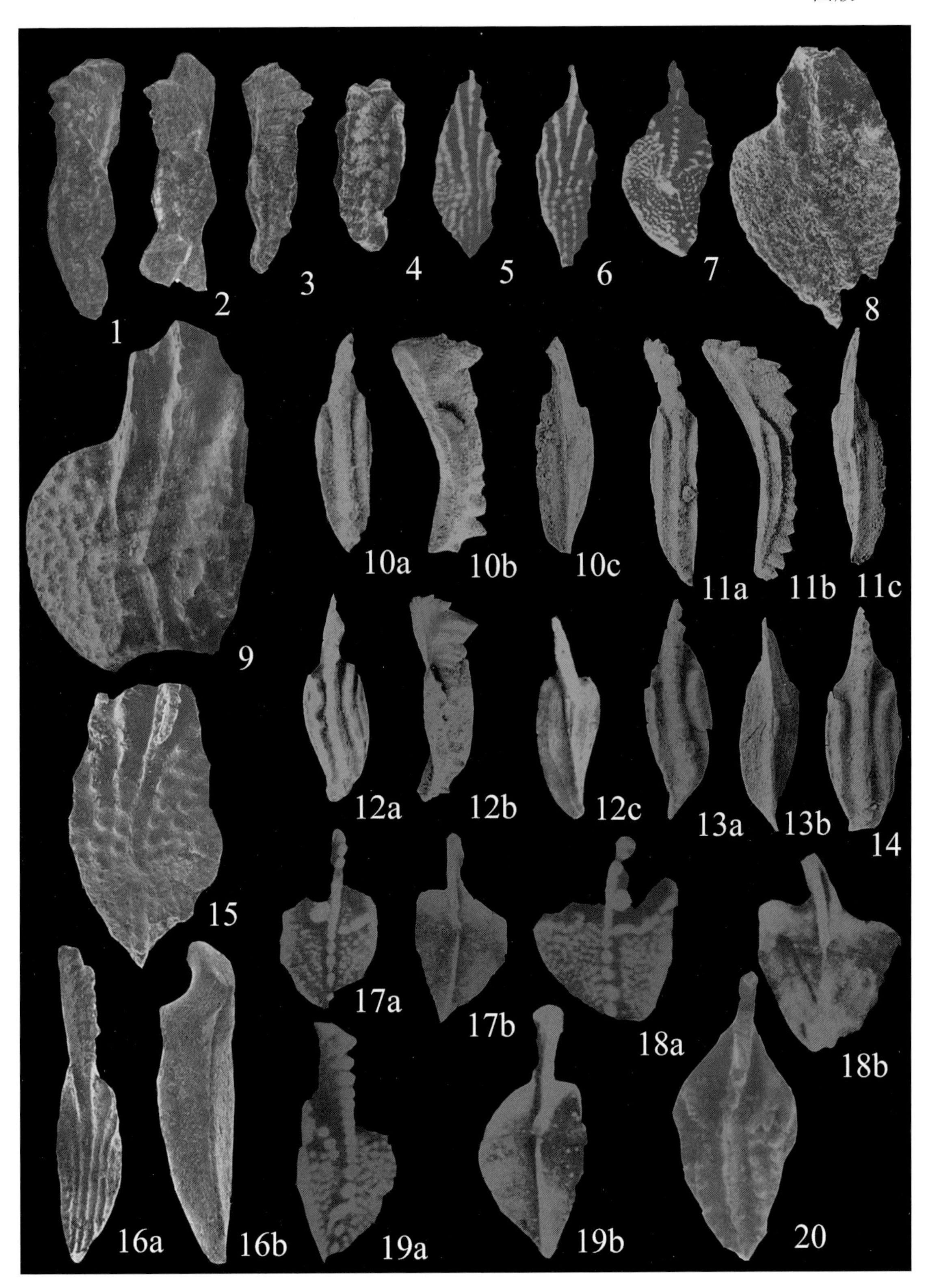
1
2
3
4
5
6
7
8
9
10a
10b
10c
11a
11b
11c
12a
12b
12c
13a
13b
14
15
16a
16b
17a
17b
18a
18b
19a
19b
20

图版 82

1—3　前哈斯多瘤刺　*Polynodosus praehassi* Schäffer，1976

1a—c.　正模标本之口视、侧视与反口视，×26；Mbg2675；2. 副模标本之口视，×26；Mbg. 2674；3. 副模标本之口视，×26；Mbg. 2679。复制于 Schäffer，1976，图版 1，图 7—11。

4—6　瘤脊多瘤刺　*Polynodosus nodocostatus*（Branson and Mehl，1934）

4　口视，×62；SL20/75264；三里剖面，上泥盆统三里组，*marginifera* 带；复制于 Wang 和 Ziegler，1983，图版 7，图 21。

5　口视，×35；K80/10，93360；南洞剖面，上泥盆统，下 *marginifera* 带；复制于 Bai 等，1994，图版 23，图 6。

6　口视，×106；C86-1-9/33605；粤北乳源五峰，上泥盆统天子岭组上部；复制于秦国荣等，1988，图版Ⅱ，图 3。

7—8　纵向多瘤刺　*Polynodosus ordinatus*（Bryant，1921）

7a—c.　同一标本之口视、侧视与反口视，×48；LCn-852322，B127y3；8a—c. 同一标本之侧视、口视与口方斜视，×42；LCn-852144，B127y44。中泥盆统观雾山组海角石段 B127 层；复制于熊剑飞等，1988，图版 130，图 1；图版 132，图 3。

9—12　膨大多颚刺　*Polygnathus torosus* Ovnatanova and Kononova，1996

9a—b.　同一标本口视与侧视，×40；40/115；露头 5，样品 65；10a—b. 正模标本之侧视与口视，×40；Ovnatanova 和 Kononova，1996，图版Ⅵ，图 9；11. 口视，×40；40/486；露头 5，样品 65；12. 口视，×40；40/477，样品 1i。复制于 Ovnatanova 和 Kononova，2001，图版 20，图 2—5，9—10。

13—15　单角多颚刺　*Polygnathus unicornis* Müller and Müller，1957

13a—b　同一标本之口视与反口视，×43，×40；标本 VNIGNI，No. 40/2025。

14a—b　同一标本之口视与反口视，×40；标本 PIN，No. 5254/104。

15a—b　同一标本之口视与口方斜视，×35；标本 PIN，No. 5254/105。

13—15　复制于 Ovnatanova 和 Kononova，2008，图版 23，图 3a—b，4a—b，5a—b。

图版 82

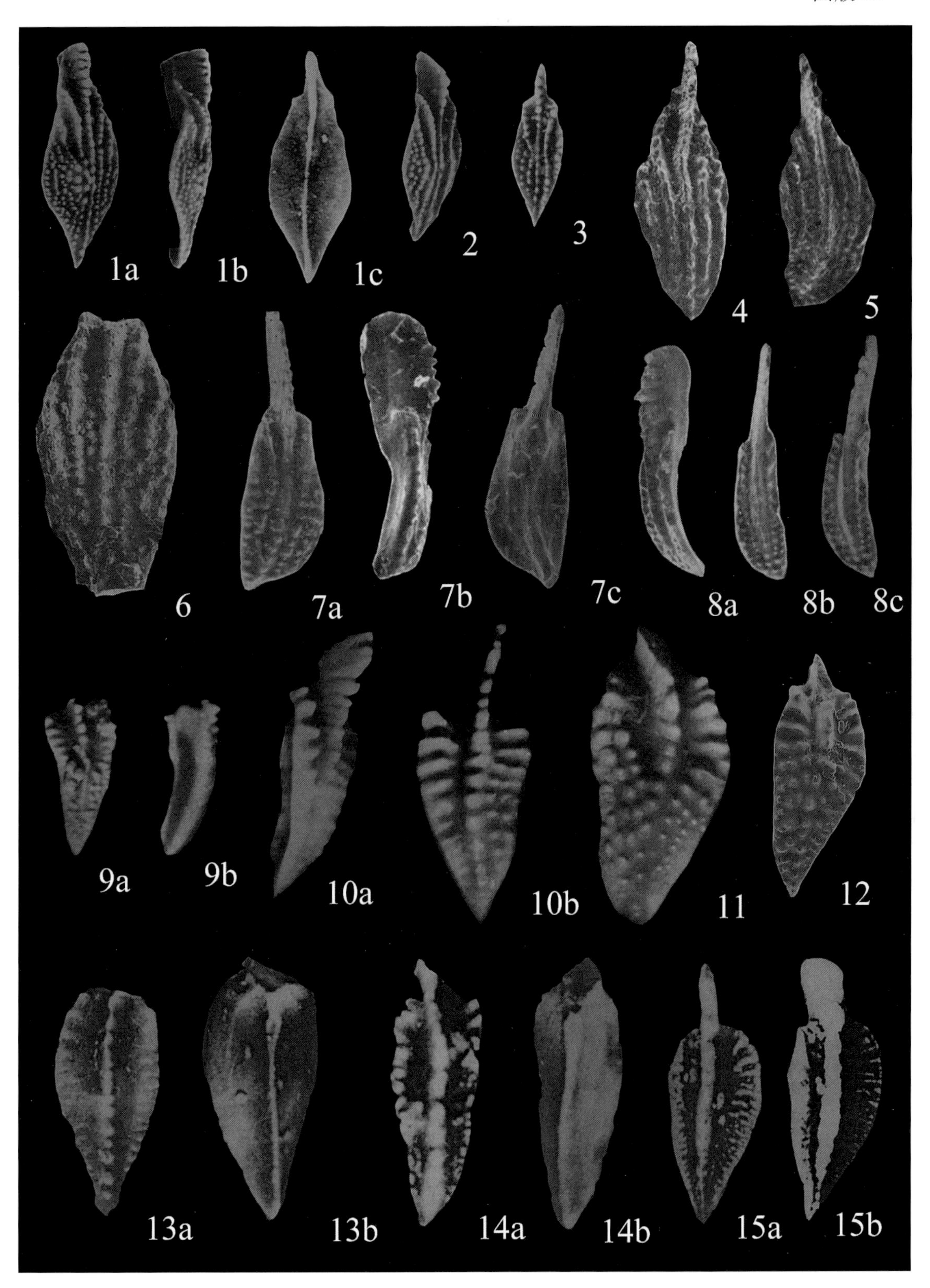
1a
1b
1c
2
3
4
5
6
7a
7b
7c
8a
8b
8c
9a
9b
10a
10b
11
12
13a
13b
14a
14b
15a
15b

图版 83

1—5　多瘤刺（未定种 A）　*Polynodosus* sp. A

1. 口视，×70；JSI15；2. 口视，×70；JSI16；3. 口视，×70；JSI17；4. 口视，×70；JSI18；5. 口视，×70；JSI19。海南昌江县石碌镇鸡实，上泥盆统昌江组；复制于张仁杰等，2010，图版Ⅰ，图 17—21。

6　多瘤刺（未定种 C）　*Polynodosus* sp. C

口视，×70；登记号：JS121；海南昌江县石碌镇鸡实，上泥盆统昌江组。复制于张仁杰等，2010，图版Ⅱ，图 1。

7—10　多瘤刺（未定种 D）　*Polynodosus* sp. D

7. 口视，×53；登记号：JS122；8. 口视，×75；登记号：JS123；9. 口视，×70；登记号：JS124；10. 口视，×70；登记号：JS125。海南昌江县石碌镇鸡实，上泥盆统昌江组；复制于张仁杰等，2010，图版Ⅱ，图 2—6。

11　同心多冠脊刺　*Polylophodonta concetrica* Ulrich and Bassler，1934

口视，×35；采集号：a-141；湖南东安井头圩，上泥盆统锡矿山组；复制于沈启明，1982，图版Ⅳ，图 3。

12　汇合多冠脊刺　*Polylophodonta confluens*（Ulrich and Bassler，1926）

口视，×35；采集号：东-69；湖南东安井头圩，上泥盆统锡矿山组；复制于沈启明，1982，图版Ⅳ，图 11。

13　舌形多冠脊刺　*Polylophodonta linguiformis* Branson and Mehl，1934

口视，×35；采集号：a-154；湖南东安井头圩，上泥盆统锡矿山组；复制于沈启明，1982，图版Ⅳ，图 9。

14　残圆多冠脊刺　*Polylophodonta pergyrata* Holmes，1928

口视，×35；采集号：东-87；湖南东安井头圩，上泥盆统锡矿山组；复制于沈启明，1982，图版Ⅳ，图 4。

15　似羽瘤多瘤刺　*Polynodosus pennatuloidea*（Holmes，1928）

同一标本之口视与反口视（副模），×40；UWA35885；复制于 Glenister 和 Klapper，1966，图版 94，图 12—13。

16—18　无饰罗慈刺　*Rhodalepis inornata* Druce，1969

16a—b　同一标本口视与反口视，×44；Bed 55/107198/NbII-3b-3；桂林南边村，上泥盆统顶部；复制于 Wang 和 Yin，1988，图版 21，图 1a—b。

17　口视，×44；采集号：a-94；临武香花岭，上泥盆统锡矿山组。

18a—b　同一标本之口视与反口视，×44；采集号：a-94；临武香花岭，上泥盆统锡矿山组。

17—18　复制于沈启明，1982，图版Ⅳ，图 12—13。

图版 83

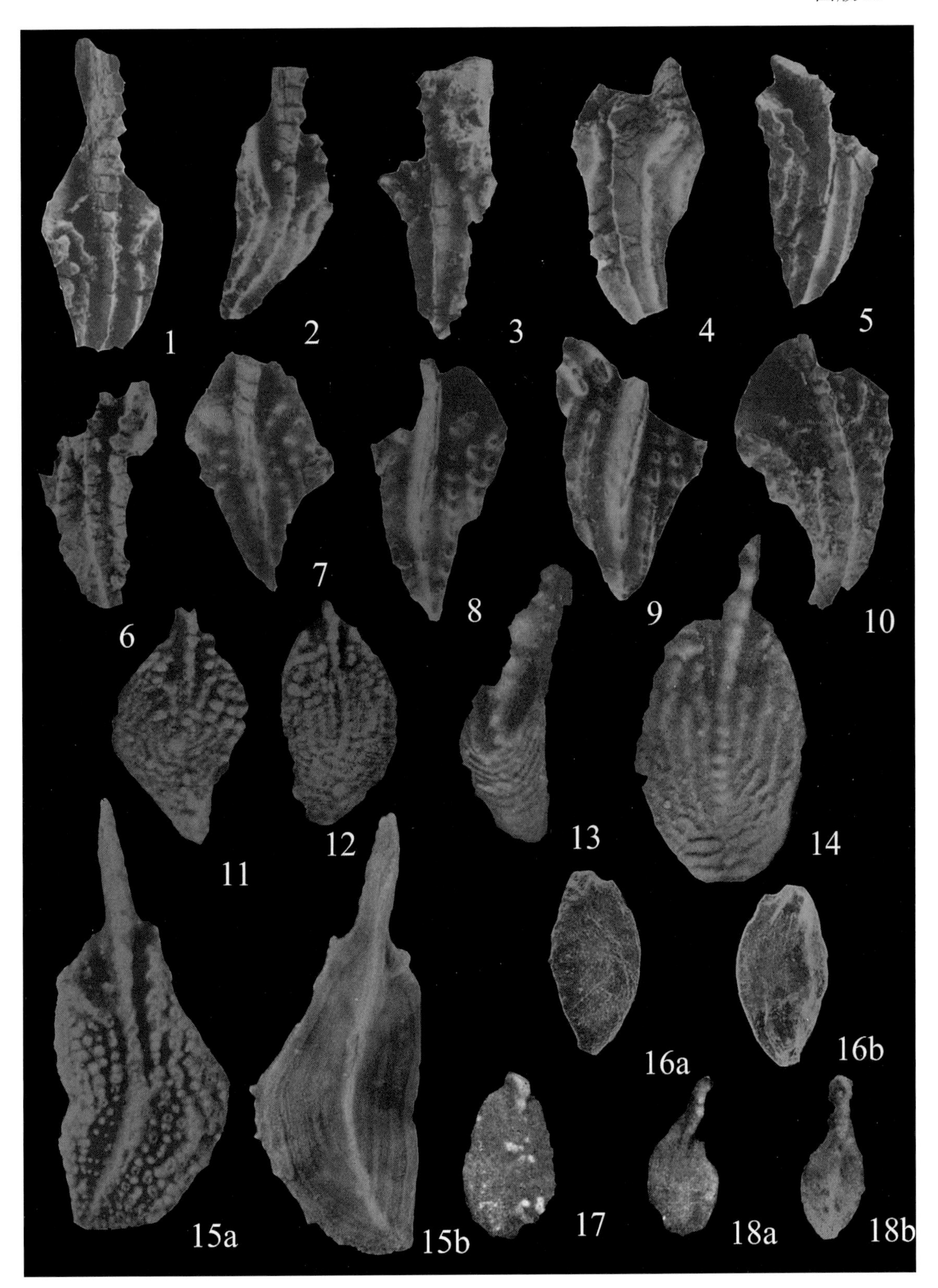

图版 84

1—2 多冠脊刺形罗兹刺 *Rhodalepis polylophodontiformis* Wang and Yin，1985

1a—b. 副模标本之口视与反口视，×53；ADZ29/84066；2a—b. 正模标本之口视与反口视，×53；ADZ29/84067。广西宜山峡口，融县组，晚泥盆世最晚期 *praesulcata* 带；复制于王成源和殷保安，1985，图版Ⅰ，图 10a—b，11a—b。

3—4 罗兹刺（未名新种 A） *Rhodalepis* sp. nov. A

3a—b 同一标本之口视与反口视，×44；采集号：a-94；湖南临武香花岭锡矿山组上部。

4 口视，×44；采集号：a-94；湖南临武香花岭锡矿山组上部。

3—4 复制于沈启明，1982，图版Ⅲ，图 12—13。

5—10 诺利斯骨颚刺 *Skeletognathus norrisi*（Uyeno，1967）

5a—c 正模标本之口视、反口视与侧视，×40；复制于 Ziegler，1975，*Polygnathus*—图版 5，图 3a—c。

6. 口视，×35；Bq63/8. 8，93435；巴漆剖面，*falsiovalis* 带 *binodosa* 亚带；7. 口视，×70；LD3-5，934356，81062；广西六景，吉维特阶。复制于 Bai 等，1994，图版 29，图 7—8。

8a—b. 同一标本之反口视与口视，×37；MC29-21102；9a—b. 同一标本之反口视与口视，×63；MC30-21103；10a—b. 同一标本之反口视与口视，×63；MC30-21104。中—上泥盆统巴漆组上部，最下 *asymmetricus* 带；复制于季强，1986（见侯鸿飞等，1986），图版 7，图 7—12。

11 奇异多瘤刺 *Polynodosus peregrinus*（Ji，1987）

11a—b 正模标本之反口视与口视，×35；HJDS18-1/70608；湖南江华上泥盆统三百工村组；复制于季强，1987，图版Ⅳ，图 21—22。

12—13 鲍加特多颚刺 *Polynodosus bouchaerti* Dresen and Dusar，1974

12a—b 同一标本之口视与反口视，×35；HJDS 18-4/70609；13. 口视，×35；HJDS 18-4/70609。湖南江华，上泥盆统三百工村组；复制于季强，1987，图版Ⅳ，图 23—25。

图版 84

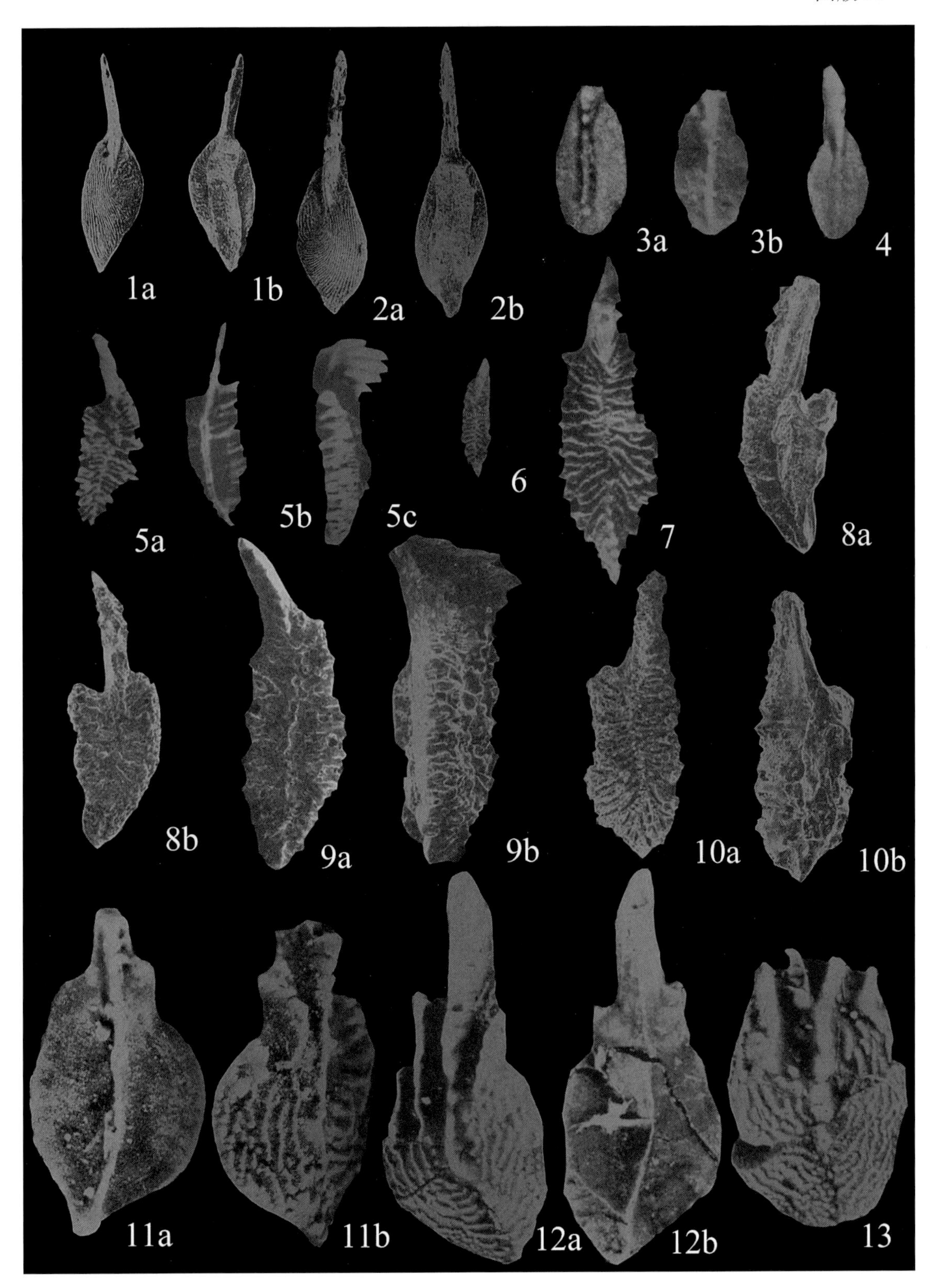

图版 85

1—3 过渡掌鳞刺 *Palmatolepis transitans* Müller，1956

1 口视，×53；L10-3a/119511；广西桂林龙门剖面，东岗岭组，*transitans* 带。

2 口视，×53；L10-3a/119445；广西桂林龙门剖面，东岗岭组，*transitans* 带。

3 口视，×53；CD375-3/119443；广西德保四红山剖面，“榴江组”，*transitans* 带。

1—3 复制于 Wang，1994，图版 7，图 12；图版 2，图 11，9。

4，13—15 斑点掌鳞刺 *Palmatolepis punctata*（Hinde，1879）

4 口视，×53；L12-1/119442；广西桂林龙门剖面，上泥盆统榴江组，晚 *hassi* 带；复制于 Wang，1994，图版 2，图 8。

13. 口视，×48；9100113/LL-109；14. 口视，×48；9100156/LL-107；15. 口视，×48；91001/LL-108。广西宜山拉力剖面，上泥盆统弗拉阶，老爷坟组中部，*punctata* 带；复制于 Ji 和 Ziegler，1993，图版 31，图 12，9，10。

5—8 平掌鳞刺 *Palmatolepis plana* Ziegler and Sandberg，1990

5 口视，×53；CD370-1/119455；广西德保四红山剖面，上泥盆统“榴江组”，早 *rhenana* 带。

6 口视，×35；L11-2a/119456；广西桂林龙门剖面，上泥盆统榴江组，早 *hassi* 带。

7 口视，×35；L11-2a/119457；广西桂林龙门剖面，上泥盆统榴江组，早 *hassi* 带。

8 口视，×44；L11-6/119458；广西桂林龙门剖面，上泥盆统榴江组，晚 *hassi* 带。

5—8 复制于 Wang，1994，图版 3，图 9—12。

9—12 简单掌鳞刺 *Palmatolepis simpla* Ziegler and Sandberg，1990

9 口视，×53；CD371/119498；广西德保四红山剖面，泥盆统“榴江组”，早 *rhenana* 带。

10 口视，×53；L13-3/119454；广西桂林龙门剖面，上泥盆统榴江组，晚 *hassi* 带。

11 口视，×53；L13-3/119452；广西桂林龙门剖面，上泥盆统榴江组，晚 *hassi* 带。

9—11 复制于 Wang，1994，图版 6，图 16；图版 3，图 8；图版 3，图 6。

12 口视，×79；正模；晚泥盆世，晚 *hassi* 带；复制于 Ziegler 和 Sandberg，1990，图版 4，图 11。

16 矛尖掌鳞刺 *Palmatolepis barba* Ziegler and Sandberg，1990

口视，×62；幼年期标本，弗拉期，早 *rhenana* 带；复制于 Ziegler 和 Sandberg，1990，图版 4，图 8。

图版 85

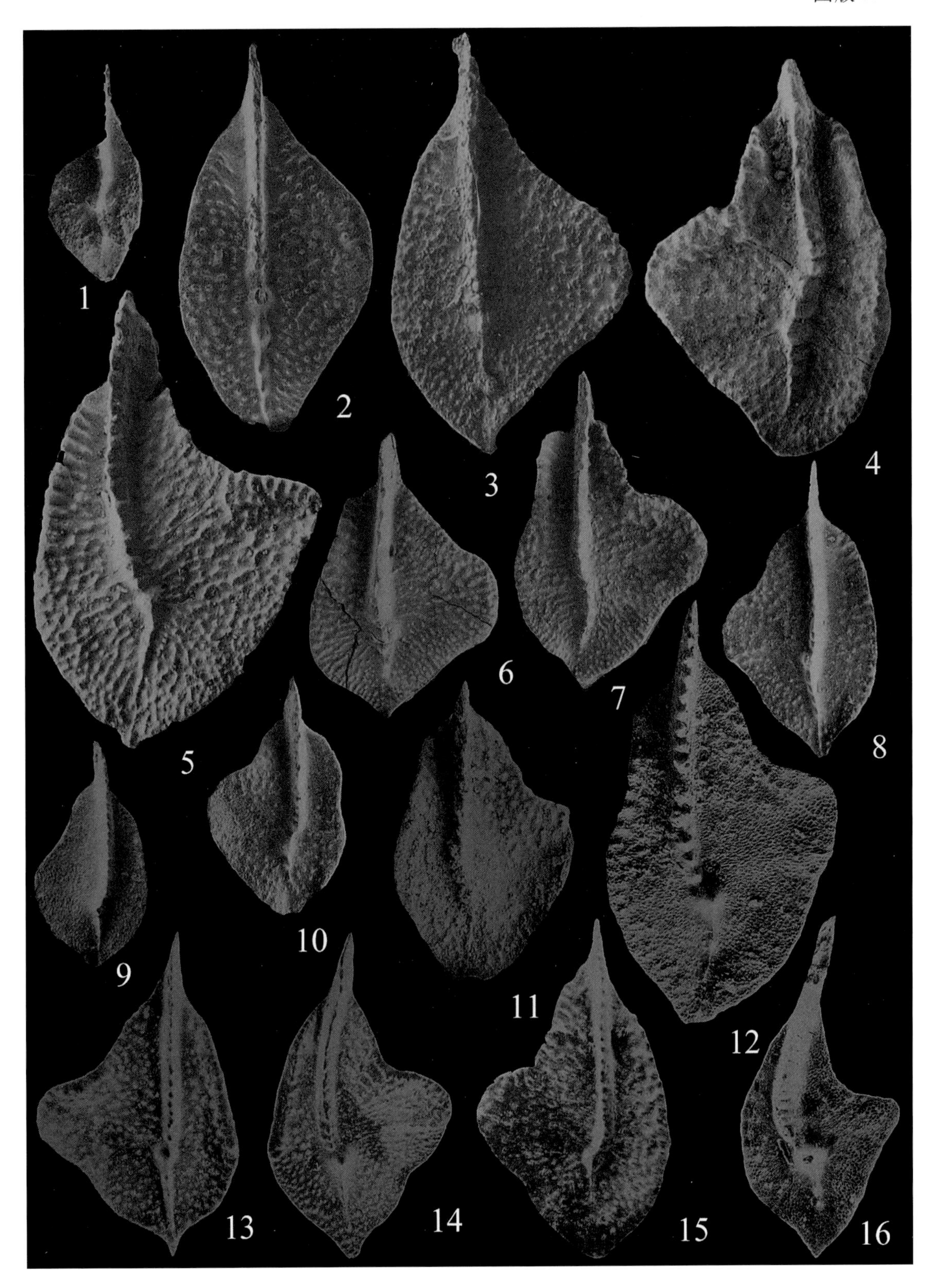

图版 86

1—2　矛尖掌鳞刺　*Palmatolepis barba* Ziegler and Sandberg, 1990

1. 口视，×51；弗拉期，早 *rhenena* 带；2. 正模，口视，×51；弗拉期，早 *rhenena* 带；复制于 Ziegler 和 Sandberg，1990，图版 4，图 3—4。

3—6　哈斯掌鳞刺　*Palmatolepis hassi* Müller and Müller, 1957

3. 口视，×35；L13-1/119436；广西桂林龙门剖面，上泥盆统榴江组，晚 *hassi* 带；4. 口视，×29；广西德保四红山剖面，上泥盆统"榴江组"，早 *rhenana* 带。复制于 Wang，1994，图版 2，图 5；图版 3，图 7。

5. 口视，×44；L19-c/130233；广西桂林龙门剖面，上泥盆统谷闭组，*linguiformis* 带；6. 口视，×44；L19—z5/130234；广西桂林龙门剖面，上泥盆统谷闭组，晚 *linguiformis* 带。复制于 Wang 和 Ziegler，2002，图版 5，图 15—16。

7—9　莱茵掌鳞刺莱茵亚种　*Palmatolepis rhenana rhenana* Bischoff, 1956

7. 口视，×53；D19-f/130177；广西桂林垌村剖面，上泥盆统谷闭组，晚 *rhenana* 带；8. 口视，×44；D19-f/130178；广西桂林垌村剖面，上泥盆统谷闭组，*linguiformis* 带。复制于 Wang 和 Ziegler，2002，图版 2，图 2，4。

9　口视，×35；广西德保四红山剖面，上泥盆统"榴江组"，晚 *rhenana* 带；复制于 Wang，1994，图版 3，图 1。

10—14　莱茵掌鳞刺鼻状亚种　*Palmatolepis rhenana nasuda* Müller, 1956

10. 口视，×29；CD370-1/119448；11. 口视，×29；L18-2/119449；12. 口视，×35；CD365/119450。广西德保四红山剖面，上泥盆统"榴江组"，晚 *rhenana* 带；复制于 Wang，1994，图版 3，图 2—4。

13. 口视，×29；CD361-7-1/130180；14. 口视，×29；L19-c/130181。广西桂林龙门剖面，上泥盆统谷闭组，*linguiformis* 带；制于 Wang 和 Ziegler，2002，图版 2，图 5—6。

15—16　莱茵掌鳞刺短亚种　*Palmatolepis rhenana brevis* Ziegler and Sandberg, 1990

15　口视，×35；CD370-1/119451；广西桂林龙门剖面，上泥盆统榴江组，早 *rhenana* 带；复制于 Wang，1994，图版 3，图 5。

16　正模，口视，×30；美国标本；早 *rhenana* 带；复制于 Ziegler 和 Sandberg，1990，图版 13，图 2。

17—21　埃德尔掌鳞刺　*Palmatolepis ederi* Ziegler and Sandberg, 1990

17. 口视，×52；CD365/130200；18. 口视，×29；CD365/130200。广西德保四红山剖面，上泥盆统谷闭组，晚 *rhenana* 带；复制于 Wang 和 Ziegler，2002，图版 3，图 16—17。

19. 口视，×33；CD364/119485；20. 口视，×35；CD365/119484；21. 口视，×35；CD368/119499。广西德保四红山剖面，上泥盆统"榴江组"，晚 *rhenana* 带；复制于 Wang，1994，图版 6，图 1—2，6。

22—26　半圆掌鳞刺　*Palmatolepis semichatovae* Ovnatanova, 1976

22. 口视，×35；L15-1/119468；23. 口视，×29；L16-1/119472；24. 口视，×29；L16-1/119471；25. 口视，×35；L15-1/119470；26. 口视，×35；L15-1/119469。广西桂林龙门，上泥盆统榴江组，早 *rhenana* 带；复制于 Wang，1994，图版 4，图 10—14。

图版86

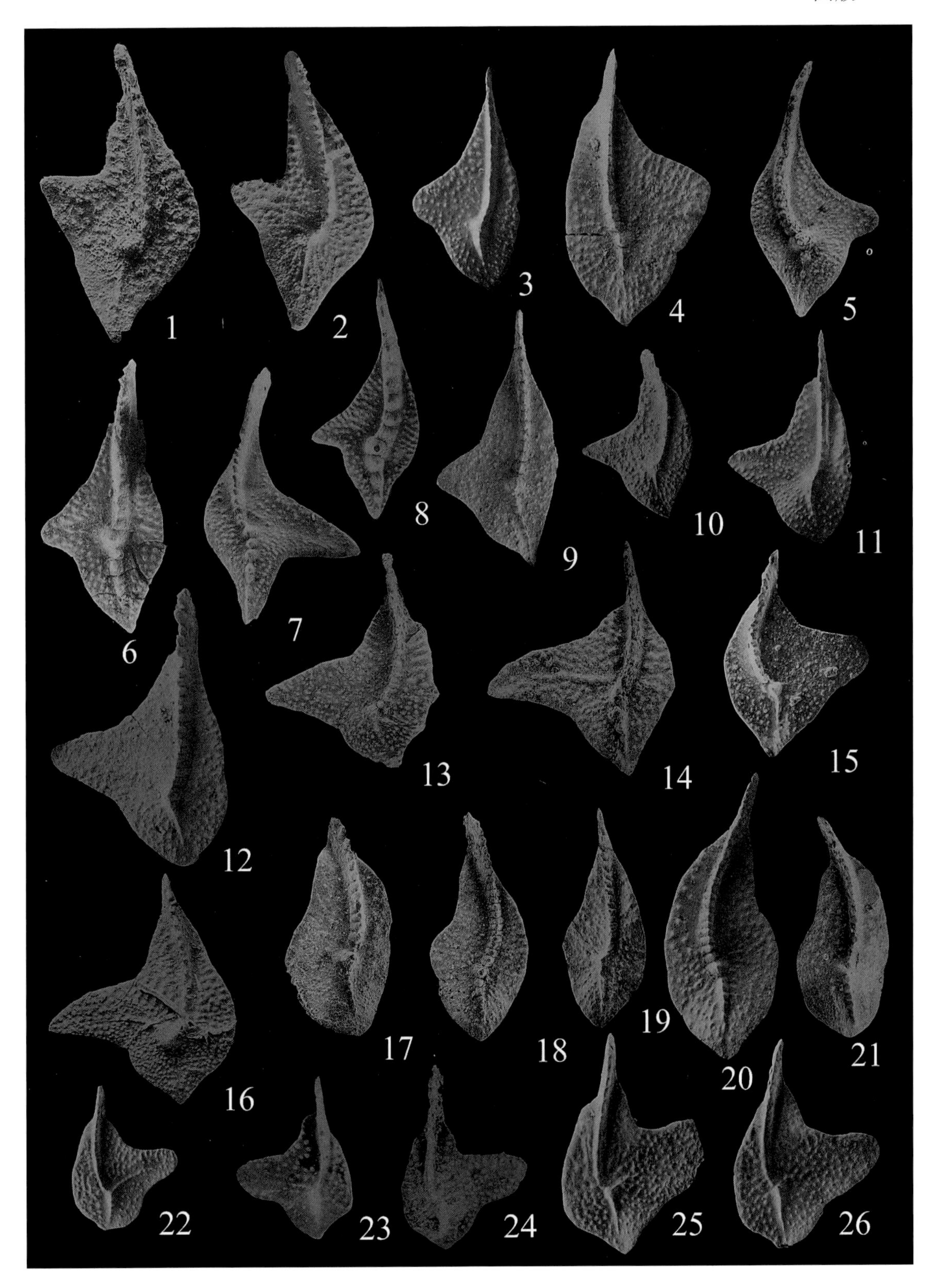

图版 87

1—3　圆形掌鳞刺　*Palmatolepis rotunda* Ziegler and Sandberg，1990

1.　口视，×35；Cd362/119467；复制于 Wang，1994，图版 4，图 7；2. 口视，×29；CD363/130219；3. 口视，×29；CD361-7-1/130220。广西德保四红山，上泥盆统谷闭组，*linguiformis* 带；复制于 Wang 和 Ziegler，2002，图版 5，图 1—2。

4—7　近直掌鳞刺　*Palmatolepis subrecta* Miller and Youngquist，1947

4　口视，×29；D19-f/130206；广西桂林垌村剖面，上泥盆统谷闭组，晚 *rhenana* 带。

5.　口视，×29；L19-z5/130207；6. 口视，×29；D19-f/130208。广西桂林垌村剖面，上泥盆统谷闭组，*linguiformis* 带。

4—6　复制于 Wang 和 Ziegler，2002，图版 4，图 5—7。

7　口视，×35；CD370-1/119496；广西德保四红山，上泥盆统“榴江组”，早 *rhenana* 带；复制于 Wang，1994，图版 6，图 15。

8—12　优瑞卡掌鳞刺　*Palmatolepis eureka* Ziegler and Sandberg，1990

8.　口视，×35；L18-3/119486；9. 口视，×35；CD364/119487；10. 口视，×35；L18-3/119486. 8-10。广西桂林龙门剖面，上泥盆统榴江组，晚 *rhenana* 带；复制于 Wang，1994，图版 6，图 3—5。

11.　口视，×47；D19-j/130195；桂林垌村剖面，上泥盆统谷闭组，*linguiformis* 带；12. 口视，×47；CD366/130196；谷闭组，晚 *rhenana*。复制于 Wang 和 Ziegler，2002，图版 3，图 11—12。

13—19　舌形掌鳞刺　*Palmatolepis linguiformis* Müller，1956

13　口视，×29；L19-2/119489；桂林龙门剖面，上泥盆统融县组，*linguiformis* 带；复制于 Wang，1994，图版 6，图 7。

14.　口视，×44；L19-k/130197；15. 口视，×44；L19-k/130198。桂林龙门剖面，上泥盆统谷闭组，*linguiformis* 带；复制于 Wang 和 Ziegler，2002，图版 3，图 13—14。

16.　口视，×40；9100925/LL-89；17. 口视，×35；9100332/LL-87；18. 口视，×40；9100304/LL-88；19. 口视，×40；9100331/LL-87。广西宜山拉力，上泥盆统香田组上部，*linguiformis* 带；复制于 Ji 和 Ziegler，1993，图版 25，图 9—12。

20—26　军田掌鳞刺　*Palmatolepis juntianensis* Han，1987

20.　口视，×29；L19-c/130221；21. 口视，×29；L19-4/130222。桂林龙门剖面，上泥盆统融县组，*linguiformis* 带；复制于 Wang 和 Ziegler，2002，图版 5，图 3—4。

22　口视，×35；L19-4/119492；桂林龙门剖面，上泥盆统融县组，*linguiformis* 带；复制于 Wang，1994，图版 6，图 10。

23　口视，×85；SMF38781；复制于 Ziegler and Sandberg，1990，图版 14，图 6。

24.　口视，×47；9100286/LL-90；25. 口视，×49；9100287/LL-90；26. 口视，×47；9100288/LL-90。

24—26　宜山拉力，上泥盆统香田组，*linguiformis* 带；复制于 Ji 和 Ziegler，1993，图版 26，图 5—7。

27—30　杰米掌鳞刺　*Palmatolepis jamiieae* Ziegler and Sandberg，1990

27.　口视，×29；L17-4/119493；28. 口视，×29；CD358/119497；29. 口视，×35；CD370-1/119494；30. 口视，×35；CD372/119495。广西德保四红山剖面，上泥盆统“榴江组”，早 *rhenana* 带；复制于 Wang，1994，图版 6，图 11—14。

31—34　前伸掌鳞刺　*Palmatolepis proversa* Ziegler，1958

31.　口视，×29；CD370-1/119437；32. 口视，×24；CD370-1/119440；33. 口视，×29；CD375-3/119441。广西德保四红山，谷闭组，晚 *rhenana* 带；复制于 Wang，1994，图版 2，图 2，6—7。

34　口视，×44；CD364/130249；广西德保四红山，谷闭组，晚 *rhenana* 带；复制于 Wang 和 Ziegler，2002，图版 6，图 15。

图版 87

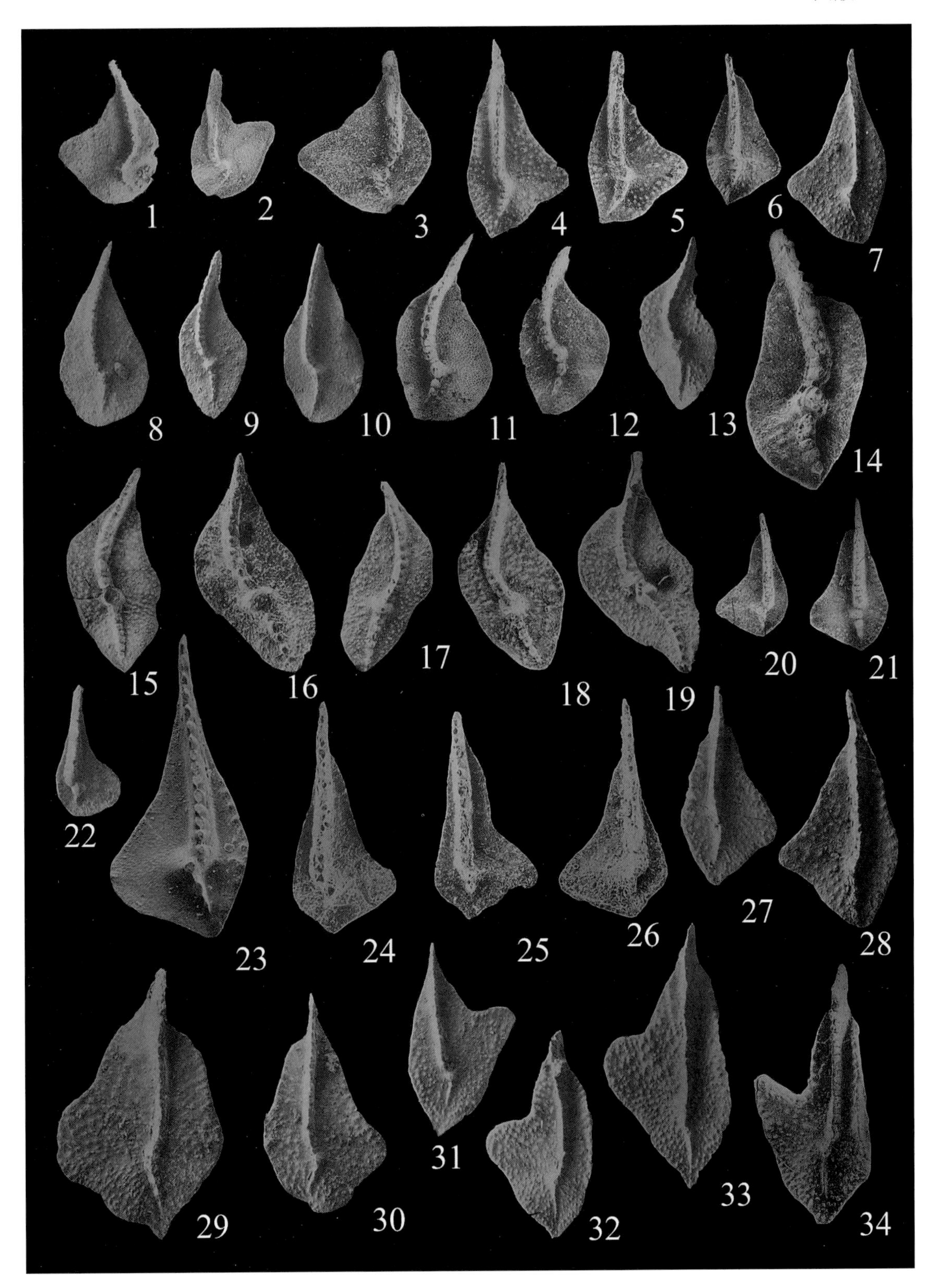
1
2
3
4
5
6
7
8
9
10
11
12
13
14
15
16
17
18
19
20
21
22
23
24
25
26
27
28
29
30
31
32
33
34

图版 88

1—5 叶掌鳞刺 *Palmatolepis foliacea* Youngquist，1945

1. 口视，×33；CD366/77529；2. 口视，×33；CD366/75165；3. 口视，×32；CD367/77533。广西德保四红山，上泥盆统“榴江组”，晚 *rhenana* 带；复制于王成源，1989，图版 21，图 11—12，15。

4. 口视，×53；CD371/119438；广西德保四红，上泥盆统山谷闭组，早 *rhenana* 带；5. 口视，×53；L16-5/119439；广西桂林龙门剖面，上泥盆统谷闭组，晚 *rhenana* 带。复制于 Wang，1994，图版 2，图 3—4。

6—11 巨掌鳞刺巨亚种 *Palmatolepis gigas gigas* Miller and Youngquist，1947

6 口视，×53；L19-2/119461；广西桂林龙门剖面，上泥盆统谷闭组，*linguiformis* 带。

7 口视，×53；CD361-11/119462；广西德保四红山，上泥盆统五指山组，*linguiformis* 带。

6—7 复制于 Wang，1994，图版 4，图 3—4。

8 口视，×44；L19-z3/130211；广西桂林龙门剖面，上泥盆统谷闭组，*linguiformis* 带。

9 口视，×44；D19-m/130212；广西桂林垌村剖面，上泥盆统谷闭组，*linguiformis* 带。

10 口视，×44；L19-n/130215；广西桂林龙门剖面，上泥盆统谷闭组，*linguiformis* 带。

11 口视，×44；D19-n/130216；广西桂林垌村剖面，上泥盆统谷闭组，*linguiformis* 带。

8—11 复制于 Wang 和 Ziegler，2002，图版 4，图 10—11，14—15。

12—15 巨掌鳞刺似巨亚种 *Palmatolepis gigas paragigas* Ziegler and Sandberg，1990

12 口视，×53；L16-3/119463；广西桂林龙门剖面，上泥盆统榴江组，早 *rhenana* 带。

13 口视，×53；L16-5/119464；广西桂林龙门剖面，榴江组，晚 *rhenana* 带。

12—13 复制于 Wang，1994，图版 4，图 5—6。

14. 口视，×35；L19-k/130217；15. 口视，×44；L19-c/130218。广西桂林龙门剖面，上泥盆统谷闭组，*linguiformis* 带；复制于 Wang 和 Ziegler，2002，图版 4，图 16—17。

16—17 巨掌鳞刺伸长亚种 *Palmatolepis gigas extensa* Ziegler and Sandberg，1990

16. 口视，×53；CD366/119465；17. 口视，×57；CD365/119466。广西德保四红山，上泥盆统“榴江组”，晚 *rhenana* 带；复制于 Wang，1994，图版 4，图 8—9。

图版 88

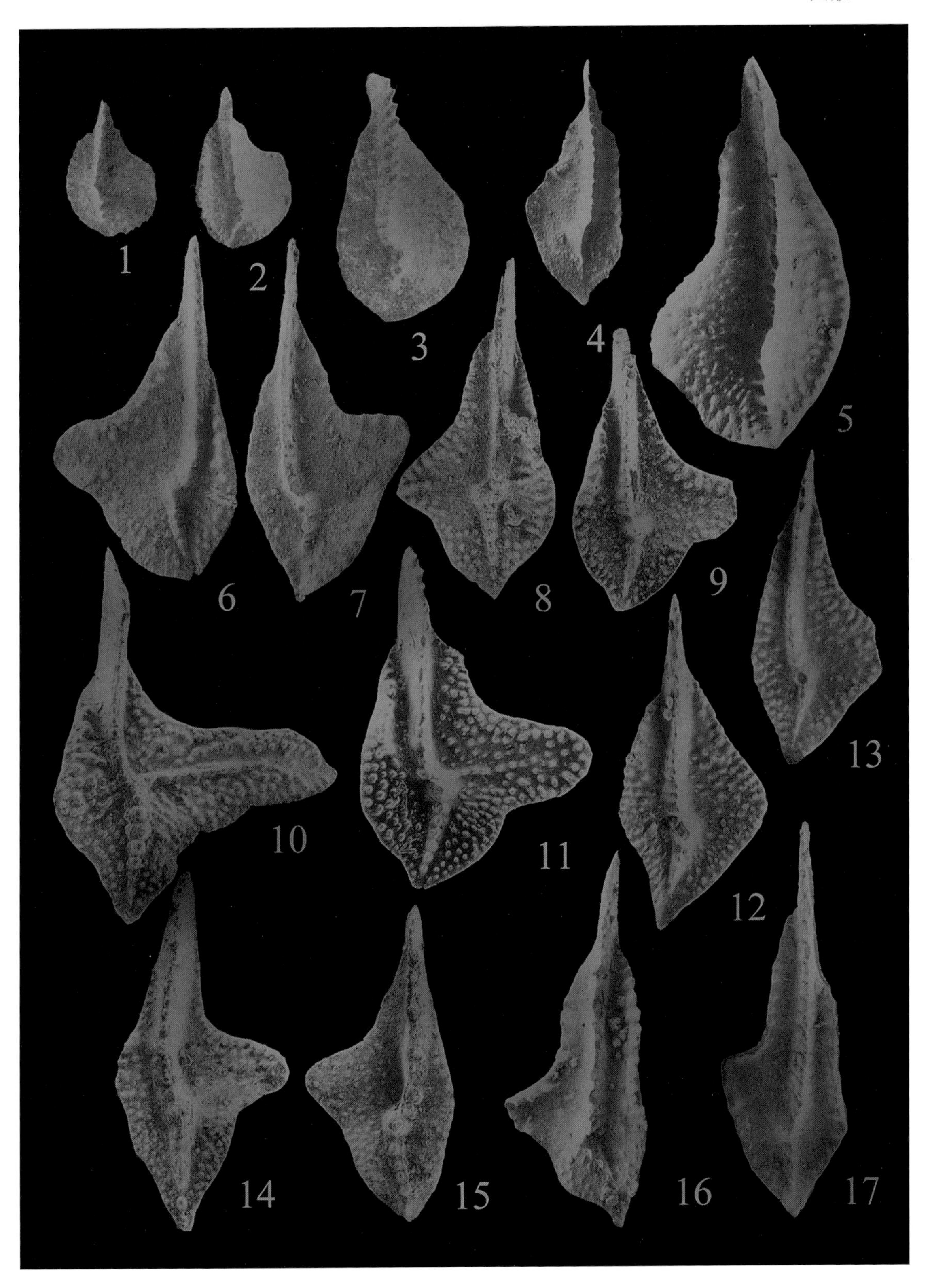

图版 89

1　三角掌鳞刺，形态型 1　*Palmatolepis triangularis* Sannemann，1955，Morphotype 1

口视，×53；L19-z8k4/132540；广西桂林龙门剖面，上泥盆统谷闭组，晚 *triangularis* 带；复制于 Wang 和 Ziegler，1982，图版 1，图 1。

2—6　三角掌鳞刺，形态型 2　*Palmatolepis triangularis* Sannemann，1955，Morphotype 2

2　口视，×53；D20-70/132541；广西桂林垌村，上泥盆统谷闭组，晚 *triangularis* 带。

3　口视，×53；D20-64/132542；广西桂林垌村，上泥盆统谷闭组，晚 *triangularis* 带。

4　口视，×53；L19-z8i/132543；广西桂林龙门，上泥盆统谷闭组，早 *triangularis* 带。

5　口视，×44；D20-54/132544；广西桂林垌村，上泥盆统谷闭组，早 *triangularis* 带。

6　口视，×53；D20-55/132545；广西桂林垌村，上泥盆统谷闭组，早 *triangularis* 带。

2—6　复制于 Wang 和 Zieler，1982，图版 1，图 1—6。

7—14　前三角掌鳞刺　*Palmatolepis praetriangularis* Ziegler and Sandberg，1988

7　口视，×53；D20-48c/132546；广西桂林垌村，上泥盆统谷闭组，*linguiformis* 带。

8　口视，×53；D20-48c/132547；广西桂林垌村，上泥盆统谷闭组，*linguiformis* 带。

9　口视，×53；L19-z8h2/132548；广西桂林龙门，上泥盆统谷闭组，*linguiformis* 带。

10　口视，×44；D20-55/132549；广西桂林垌村，上泥盆统谷闭组，早 *triangularis* 带。

11　口视，×53；L19-z8i/132550；广西桂林龙门，上泥盆统谷闭组，*linguiformis* 带。

12　口视，×44；D20-44/132551；广西桂林垌村谷，上泥盆统闭组，*linguiformis* 带。

13　口视，×44；L19-z8/132552；广西桂林龙门，上泥盆统谷闭组，*linguiformis* 带。

14　口视，×53；D20-52/132553；广西桂林垌村，上泥盆统谷闭组，晚 *linguiformis* 带。

7—14　复制于 Wang 和 Ziegler，1982，图版 1，图 7—14。

图版 89

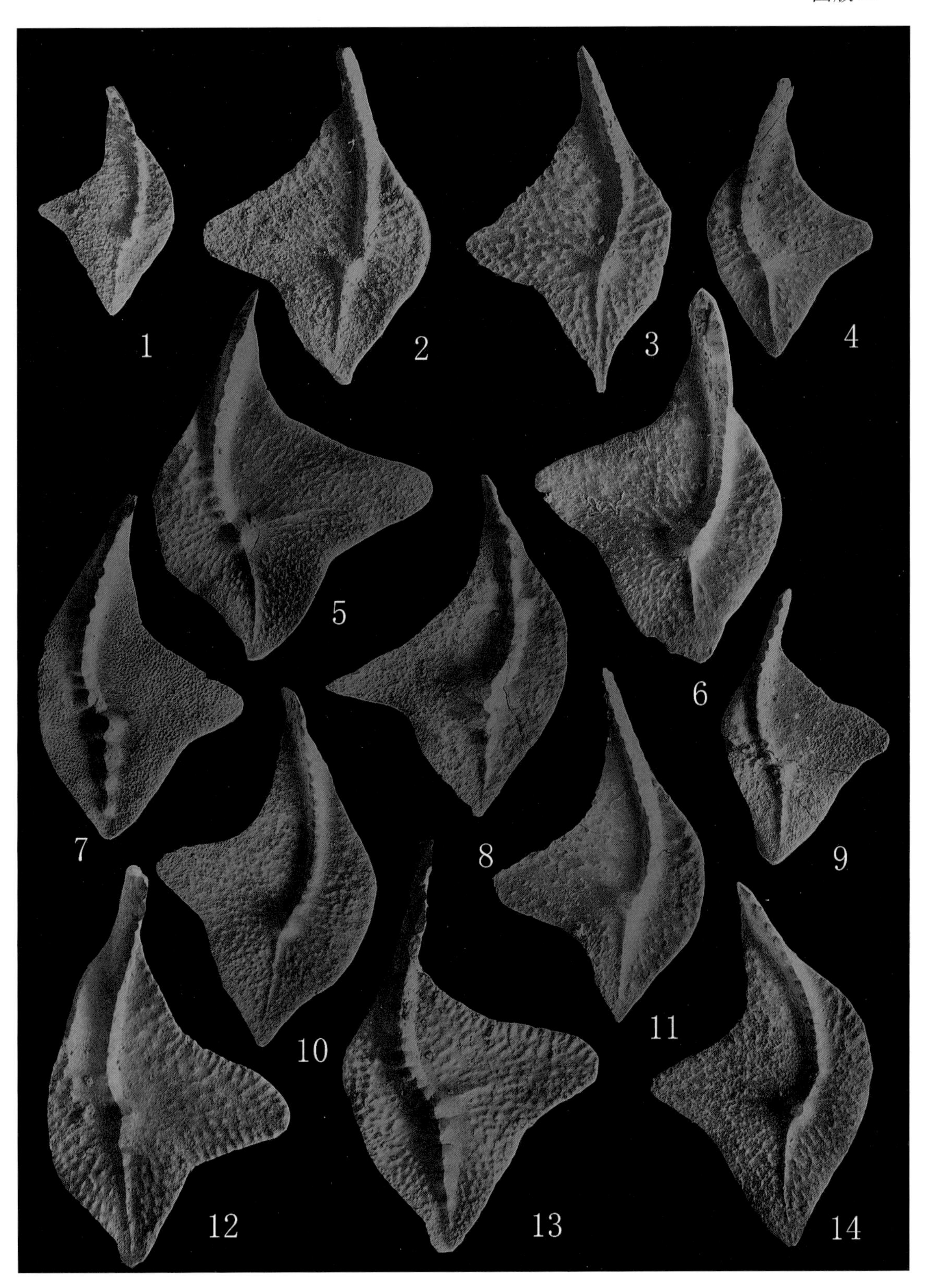

图版 90

1—4 娇柔掌鳞刺平板亚种 *Palmatolepis delicatula platys* Ziegler and Sandberg, 1990

1 口视, ×70; L19-z8q/130185; 广西桂林龙门剖面, 上泥盆统谷闭组上部, 中 *triangularis* 带。

2 口视, ×70; L19-z10/130186; 广西桂林龙门剖面, 上泥盆统谷闭组上部, 晚 *triangularis* 带。

3 口视, ×70; L19-z8q/130187; 广西桂林龙门剖面, 上泥盆统谷闭组上部, 中 *triangularis* 带。

4 口视, ×70; L19-z8n/130188; 广西桂林龙门剖面, 上泥盆统谷闭组上部, 中 *triangularis* 带。

1—4 复制于 Wang 和 Ziegler, 2002, 图版 3, 图 1—4。

5—9 娇柔掌鳞刺娇柔亚种 *Palmatolepis delicatula delicatula* Branson and Mehl, 1934

5 口视, ×70; L19-z8n/130190; 广西桂林龙门剖面, 上泥盆统谷闭组上部, 中 *triangularis* 带。

6 口视, ×70; L19-z8n/130191; 广西桂林龙门剖面, 上泥盆统谷闭组上部, 中 *triangularis* 带。

7 口视, ×70; L19-z8n/130192; 广西桂林龙门剖面, 上泥盆统谷闭组上部, 中 *triangularis* 带。

8 口视, ×70; L19-z8n/130193; 广西桂林龙门剖面, 上泥盆统谷闭组上部, 中 *triangularis* 带。

9 口视, ×70; L19-z8t/130194; 广西桂林龙门剖面, 上泥盆统谷闭组上部, 晚 *triangularis* 带。

5—9 复制于 Wang 和 Ziegler, 2002, 图版 3, 图 6—10。

10—14 克拉克掌鳞刺 *Palmatolepis clarki* Ziegler, 1962

10 口视, ×53; CD359/119483; 广西德保四红山剖面, 上泥盆统五指山组, 中 *triangularis* 带; 复制于 Wang, 1994, 图版 5, 图 11。

11 口视, ×70; 9100478/LL-81; 广西宜山拉力, 上泥盆统五指山组下部, 晚 *triangularis* 带。

12 口视, ×70; 9100475/LL-83; 广西宜山拉力, 上泥盆统五指山组下部, 中 *triangularis* 带。

13 口视, ×70; 9100474/LL-83; 广西宜山拉力, 上泥盆统五指山组下部, 中 *triangularis* 带。

14 口视, ×70; 9100477/LL-83; 广西宜山拉力, 上泥盆统五指山组下部, 中 *triangularis* 带。

11—14 复制于 Ji 和 Ziegler, 1993, 图版 12, 图 11—13, 15。

15—18 规则掌鳞刺（比较种）, 形态型 1 *Palmatolepis cf. Pal. regularis* Cooper, 1931, Morphotype 1

15 口视, ×44; L20-6/119490; 广西桂林龙门剖面, 上泥盆统融县组, 晚 *triangularis* 带; 复制于 Wang, 1994, 图版 6, 图 8。

16 口视, ×57; 9100600/LL-80; 广西宜山拉力, 上泥盆统五指山组下部, 晚 *triangularis* 带。

17 口视, ×57; 9100580/LL-81; 广西宜山拉力, 上泥盆统五指山组下部, 晚 *triangularis* 带。

18 口视, ×57; 9100645/LL-76; 广西宜山拉力, 上泥盆统五指山组下部, 中 *crepida* 带。

16—18 复制于 Ji 和 Ziegler, 1993, 图版 21, 图 6—8。

图版 90

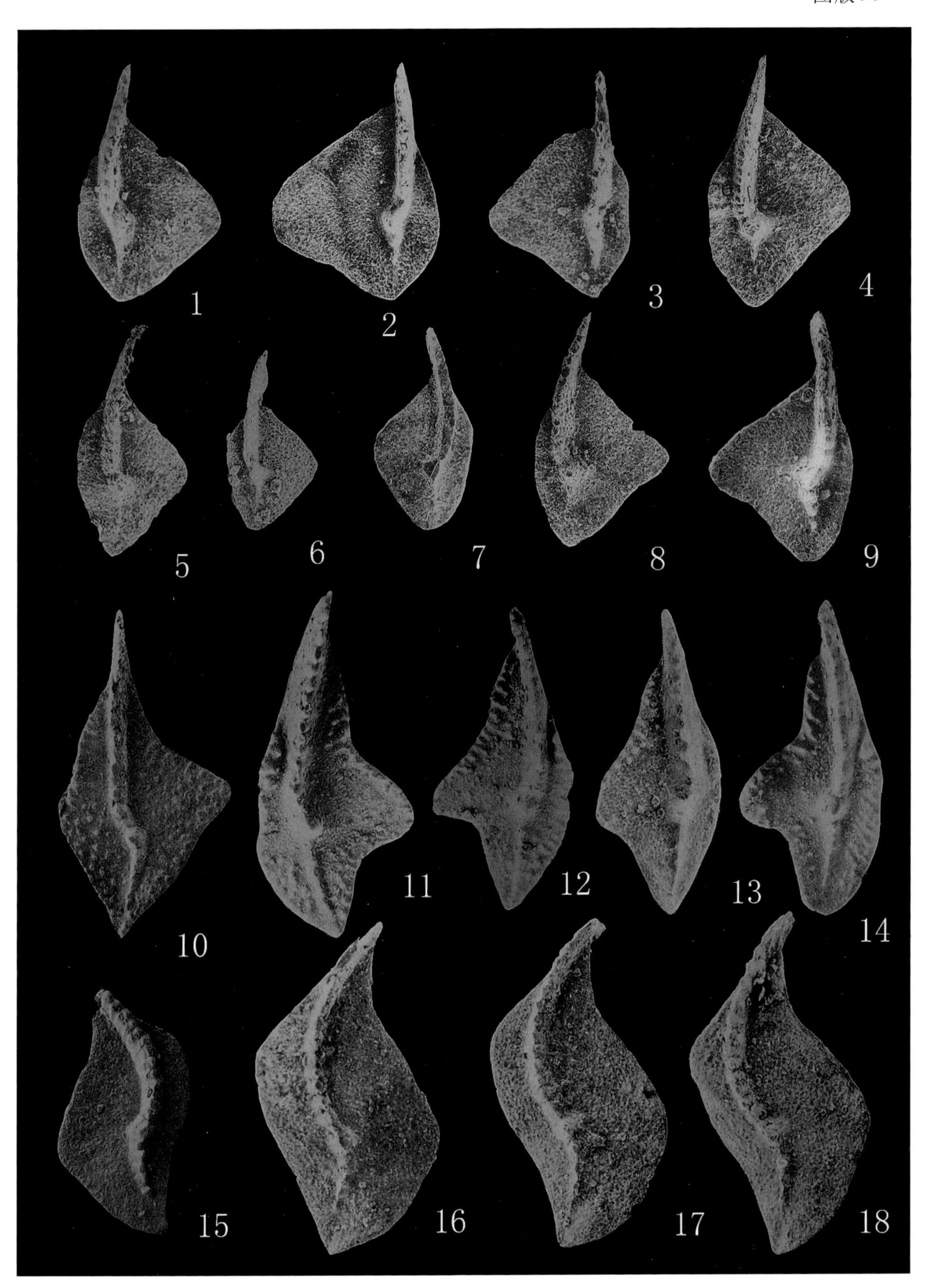

图版 91

1—7　小掌鳞刺小亚种，形态型 1　*Palmatolepis minuta minuta* Branson and Mehl，1934，Morphotype 1

1. 口视，×44；L20-1/130204；2. 口视，×44；L20-f3/130205。广西桂林龙门剖面，上泥盆统谷闭组上部，中 *crepida* 带；复制于 Wang 和 Ziegler，2002，图版 4，图 3—4。

3　口视，×66；9100804/LL-70；广西宜山拉力，上泥盆统五指山组中部，早 *rhomboidea*；复制于 Ji 和 Ziegler，1993，图版 7，图 13。

4. 口视，×62；9100638/LL-77；5. 口视，×62；9100635/LL-11；6. 口视，×57；9100608/LL-79；7. 口视，×62；9100533/LL-82。广西宜山拉力，上泥盆统五指山组下部，早 *crepida* 带；复制于 Ji 和 Ziegler，1993，图版 7，图 15—18。

8—11　小掌鳞刺小亚种，形态型 2　*Palmatolepis minuta minuta* Branson and Mehl，1934，Morphotype 2

8. 口视，×62；9100853/LL-67；9. 口视，×62；9100833/LL-68；10. 口视，×62；9100829/LL-69；11. 口视，×62；9100842/LL-68。广西宜山拉力，上泥盆统五指山组中部，晚 *rhomboidea* 带；复制于 Ji 和 Ziegler，1993，图版 7，图 9—12。

12—15　小掌鳞刺小亚种，形态型 3　*Palmatolepis minuta minuta* Branson and Mehl，1934，Morphotype 3

12　口视，×57；9100705/LL-75；广西宜山拉力，上泥盆统五指山组下部，中 *crepida* 带。

13　口视，×62；9100852/LL-67；广西宜山拉力，上泥盆统五指山组中部，晚 *rhomboidea* 带。

14　口视，×62；9100845/LL-68；广西宜山拉力，上泥盆统五指山组中部，晚 *rhomboidea* 带。

15　口视，×62；9100982/LL-41；广西宜山拉力，上泥盆统五指山组中部，最晚 *marginifera* 带。

12—15　复制于 Ji 和 Ziegler，1993，图版 7，图 1，5—7。

16—19　小掌鳞刺施莱茨亚种　*Palmatolepis minuta schleizia* Helms，1963

16　口视，×44；CD340b/119507；广西德保四红山剖面最顶部，上泥盆统五指山组，晚 *crepida* 带；复制于 Wang，1994，图版 7，图 8。

17　口视，×66；9100999/LL-39；广西宜山拉力，上泥盆统五指山组中部，*trachytera* 带。

18　口视，×66；9100979/LL-42；广西宜山拉力，上泥盆统五指山组中部，最晚 *marginifera* 带。

19　口视，×66；9100927/LL-48；广西宜山拉力，上泥盆统五指山组中部，最晚 *marginifera* 带。

17—19　复制于 Ji 和 Ziegler，1993，图版 9，图 1—3。

图版 91

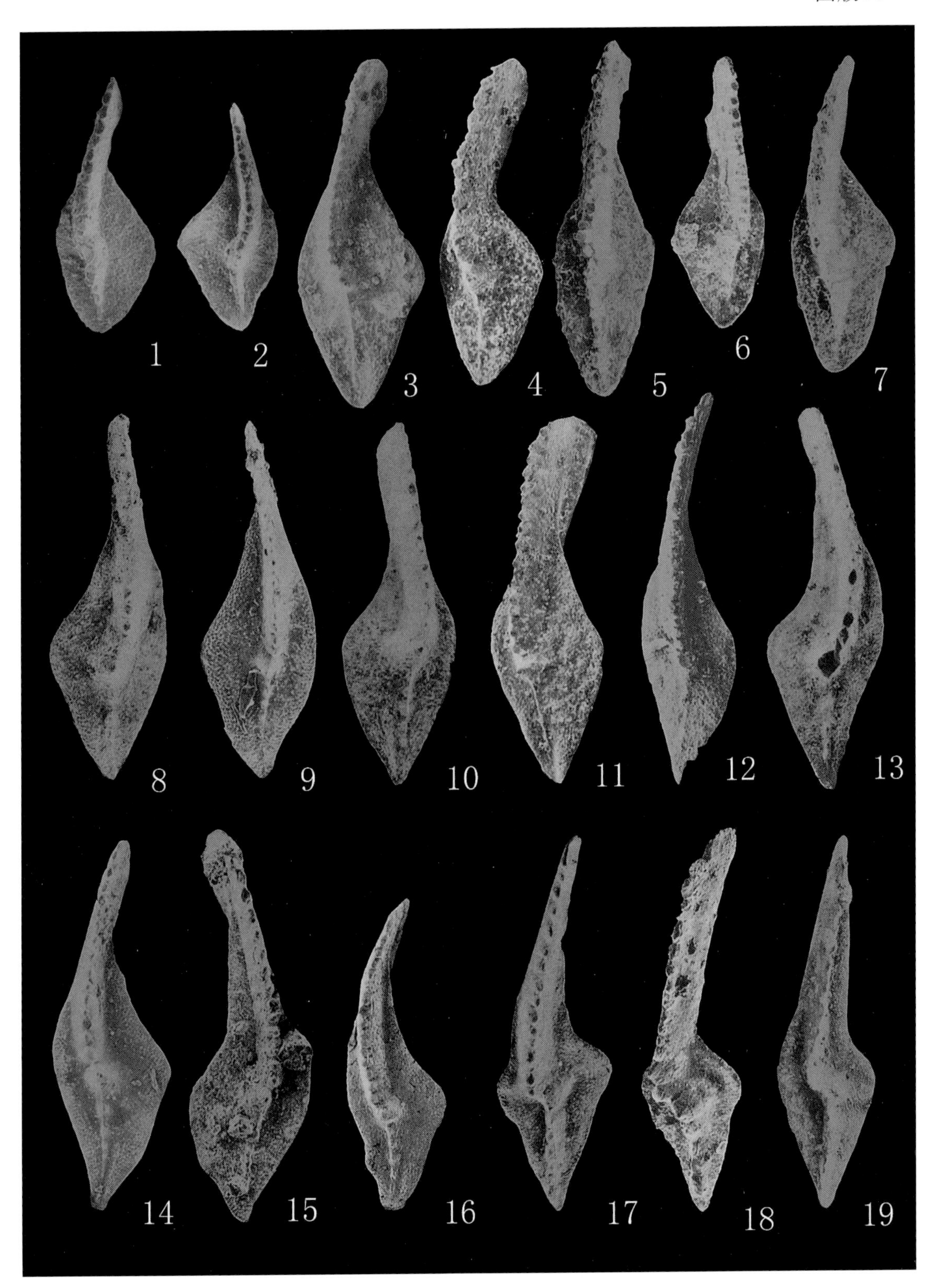

图版 92

1—3 小掌鳞刺叶片亚种，形态型 2 *Palmatolepis minuta loba* Helms, 1963, Morphotype 2

1 口视，×66；9100809/LL-70；广西宜山拉力，上泥盆统五指山组中部，早 *rhomboidea* 带。

2 口视，×66；9100808/LL-70；广西宜山拉力，上泥盆统五指山组中部，早 *rhomboidea* 带。

3 口视，×66；9100661/LL-76；广西宜山拉力，上泥盆统五指山组下部，中 *crepida* 带。

1—3 复制于 Ji 和 Ziegler，1993，图版 10，图 1—3。

4—9 小掌鳞刺叶片亚种，形态型 1 *Palmatolepis minuta loba* Helms, 1963, Morphotype 1

4 口视，×66；9100998/LL-39（晚期类型）；广西宜山拉力，上泥盆统五指山组上部，*trachytera* 带。

5 口视，×66；9100987/LL-40（晚期类型）；广西宜山拉力，上泥盆统五指山组上部，*trachytera* 带。

6 口视，×66；9100830/LL-69；广西宜山拉力，上泥盆统五指山组中部，早 *rhomboidea* 带。

7 口视，×66；9100723/LL-74；广西宜山拉力，上泥盆统五指山组下部，晚 *crepida* 带。

8 口视，×66；9100721/LL-74；广西宜山拉力，上泥盆统五指山组下部，晚 *crepida* 带。

9 口视，×66；9100664/LL-76；广西宜山拉力，上泥盆统五指山组下部，中 *crepida* 带。

4—9 复制于 Ji 和 Ziegler，1993，图版 10，图 5—9，12。

10—14 小掌鳞刺沃尔斯凯亚种，形态型 1 *Palmatolepis minuta wolskae* Szulczewski, 1971, Morphotype 1

10 口视，×53；L20-6/119504；广西桂林龙门，上泥盆统融县组，晚 *triangularis* 带。

11 口视，×66；9100727/LL-74；广西宜山拉力，上泥盆统五指山组下部，中 *crepida* 带。

12 口视，×66；9100813/LL-70；广西宜山拉力，上泥盆统五指山组中部，早 *rhomboidea* 带。

13 口视，×66；9100710/LL-75；广西宜山拉力，上泥盆统五指山组下部，中 *crepida* 带。

14 口视，×66；9100811/LL-70；广西宜山拉力，上泥盆统五指山组中部，早 *rhomboidea* 带。

11—14 复制于 Ji 和 Ziegler，1993，图版 11，图 5，7—9。

15—18 小掌鳞刺沃尔斯凯亚种，形态型 2 *Palmatolepis minuta wolskae* Szulczewski, 1971, Morphotype 2

15. 口视，×66；9100667/LL-76；16. 口视，×66；9100663/LL-76；17. 口视，×66；9100666/LL-76；18. 口视，×70；9100609/LL-76。广西宜山拉力，上泥盆统五指山组下部，中 *crepida* 带；复制于 Ji 和 Ziegler，1993，图版 11，图 3—4，6，11。

图版 92

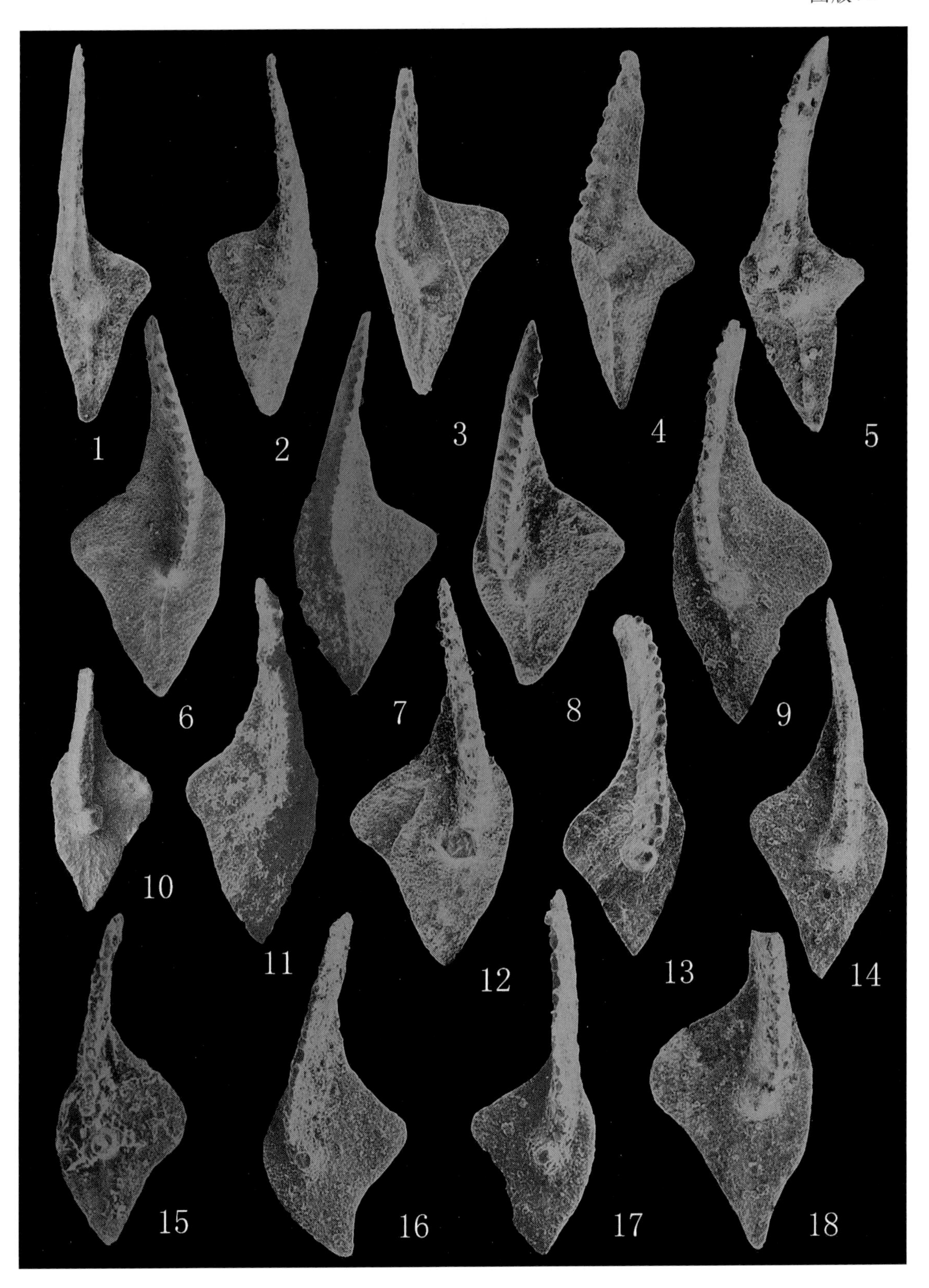

图版93

1—2　细掌鳞刺反曲亚种　*Palmatolepis gracilis sigmoidalis* Ziegler，1962

1. 口视，×66；9101031/LL-34；2. 口视，×66；9101032/LL-34。广西宜山拉力，上泥盆统五指山组上部，*expansa* 带；复制于 Ji 和 Ziegler，1993，图版6，图1，3。

3—6　细掌鳞刺细亚种　*Palmatolepis gracilis gracilis* Branson and Mehl，1934

3　口视，×66；9101036/LL-31；4. 口视，×66；9101038/LL-31；5. 口视，×66；9101018/LL-37；6. 口视，×66；9101051/LL-28。广西宜山拉力，上泥盆统五指山组上部，*expansa* 带；复制于 Ji 和 Ziegler，1993，图版6，图5—7，4。

7—10　细掌鳞刺角海神亚种　*Palmatolepis gracilis gonioclymeniae* Müller，1956

7. 口视，×66；9101058/LL-26；8. 口视，×75；9101047/LL-28；9. 口视，×75；9101050/LL-28；10. 口视，×75；9101049/LL-28。广西宜山拉力，上泥盆统五指山组上部，*expansa* 带；复制于 Ji 和 Ziegler，1993，图版6，图9—12。

11—13，16—18　细掌鳞刺膨大亚种　*Palmatolepis gracilis expansa* Sandberg and Ziegler，1979

11　口视，×66；9101067/LL-18；广西宜山拉力，上泥盆统五指山组最上部，中 *praesulcata* 带。

12　口视，×57；9101062/LL-24；广西宜山拉力，上泥盆统五指山组上部，*expansa* 带。

13　口视，×57；9101057/LL-26；广西宜山拉力，上泥盆统五指山组上部，*expansa* 带。

11—13　复制于 Ji 和 Ziegler，1993，图版6，图13，16—17。

16. 口视，×44；Bed47/107226a/NbII-47-1；17. 口视，×44；Bed48/107226/NbII-48-9；18a—b. 同一标本之口视与反口视，×50；Bed32/103663/NbⅢ-709-4。广西桂林南边村剖面，上泥盆统融县组上部；复制于 Wang 和 Yin，1988（见 Yu，1988），图版23，图10—12。

14　细掌鳞刺虚弱亚种　*Palmatolepis gracilis manca* Helms，1959

14a—b 正模标本之口视与反口视，×22；复制于 Ziegler，1977，*Palmatolepis*—图版7，图11—12。

15　小掌鳞刺近细亚种　*Palmatolepis minuta subgracilis* Bischoff，1956

侧视，×31；复制于 Ziegler，1977，*Palmatolepis*—图版9，图6。

图版 93

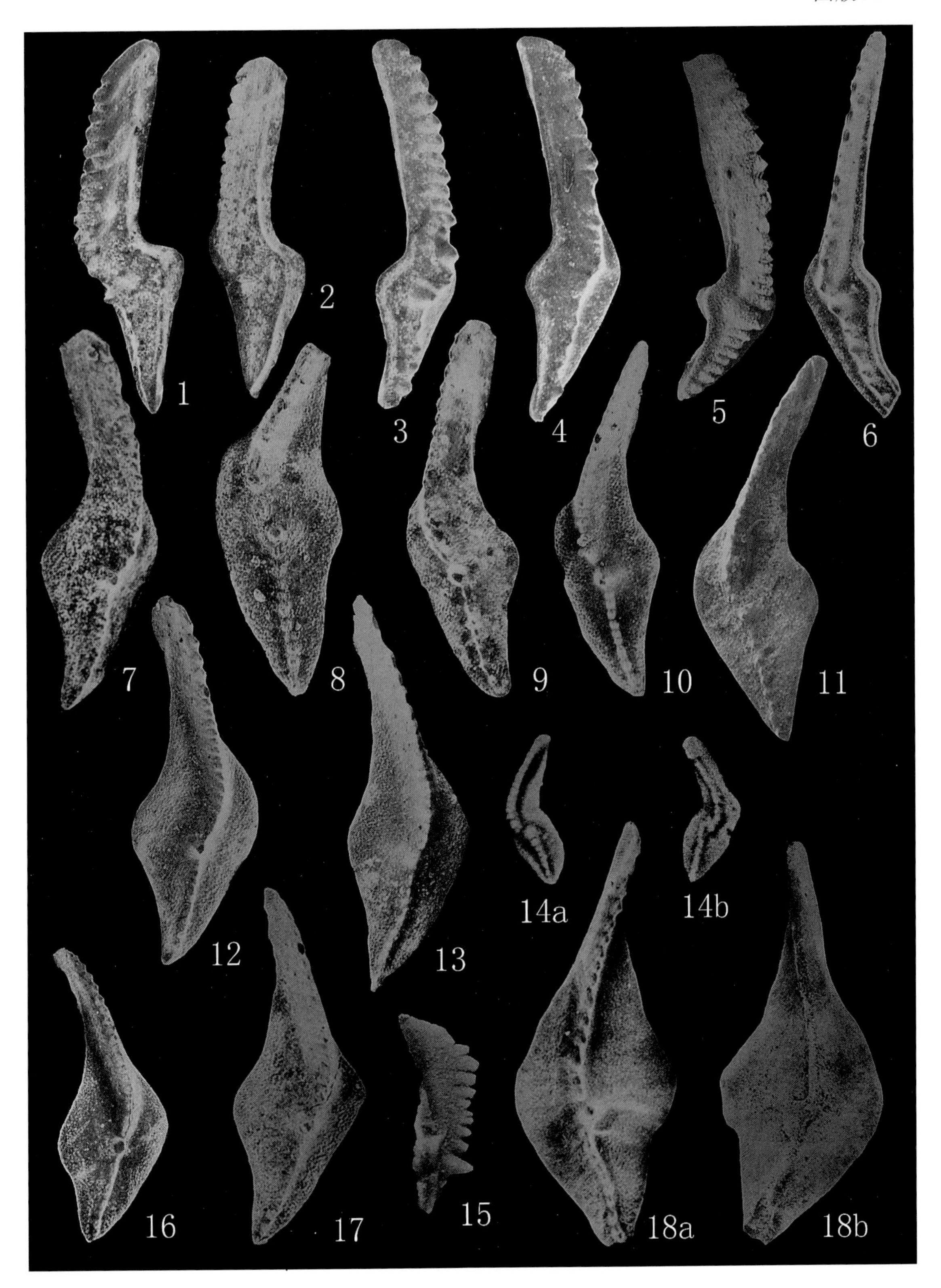

图版 94

1—5 威迪格掌鳞刺 *Palmatolepis weddigei* Ji and Ziegler，1993

1. 口视，×62；9100524/LL-82（副模）；2. 口视，×62；9100520/LL-82（副模）；3. 口视，×62；9100575/LL-81（副模）；4. 口视，×57；9100522/LL-82（正模）；5. 口视，×62；9100523/LL-82（副模）。广西宜山拉力，上泥盆统五指山组下部，晚 *triangularis* 带；复制于 Ji 和 Ziegler，1993，图版 12，图 1—5。

6—9 维尔纳掌鳞刺 *Palmatolepis werneri* Ji and Ziegler，1993

6. 口视，×57；9100614/LL-79（正模）；7. 口视，×62；9100624/LL-82（副模）；8. 口视，×57；9100615/LL-79（副模）；9. 口视，×57；9100647/LL-76（副模）。广西宜山拉力，上泥盆统五指山组下部，早 *crepida* 带；复制于 Ji 和 Ziegler，1993，图版 22，图 8—11。

10—14 桑德伯格掌鳞刺 *Palmatolepis sandbergi* Jin and Ziegler，1993

10. 口视，×57；9100540/LL-82（副模）；11. 口视，×57；9100566/LL-81（正模）；12. 口视，×57；9100568/LL-80（副模）；13. 口视，×57；9100517/LL-82；（副模）；14. 口视，×57；9100535/LL-82（副模）。广西宜山拉力，上泥盆统五指山组下部，晚 *triangularis* 带；复制于 Ji 和 Ziegler，1993，图版 23，图 8—12。

15—16 规则掌鳞刺（比较种），形态型 2 *Palmatolepis* cf. *Pal. regularis* Cooper，1931，Morphotype 2

15 口视，×57；9100605/LL-79；广西宜山拉力，上泥盆统五指山组下部，早 *crepida* 带。

16 口视，×57；9100604/LL-79；广西宜山拉力，上泥盆统五指山组下部，早 *crepida* 带。

15—16 复制于 Ji 和 Ziegler，1993，图版 20，图 1—2.

17 亚小叶掌鳞刺，形态型 2 *Palmatolepis subperlobata* Branson and Mehl，1934，Morphotype 2

口视，×57；9100701/LL-75；广西宜山拉力，上泥盆统五指山组下部，中 *crepida* 带；复制于 Ji 和 Ziegler，1993，图版 20，图 5。

图版 94

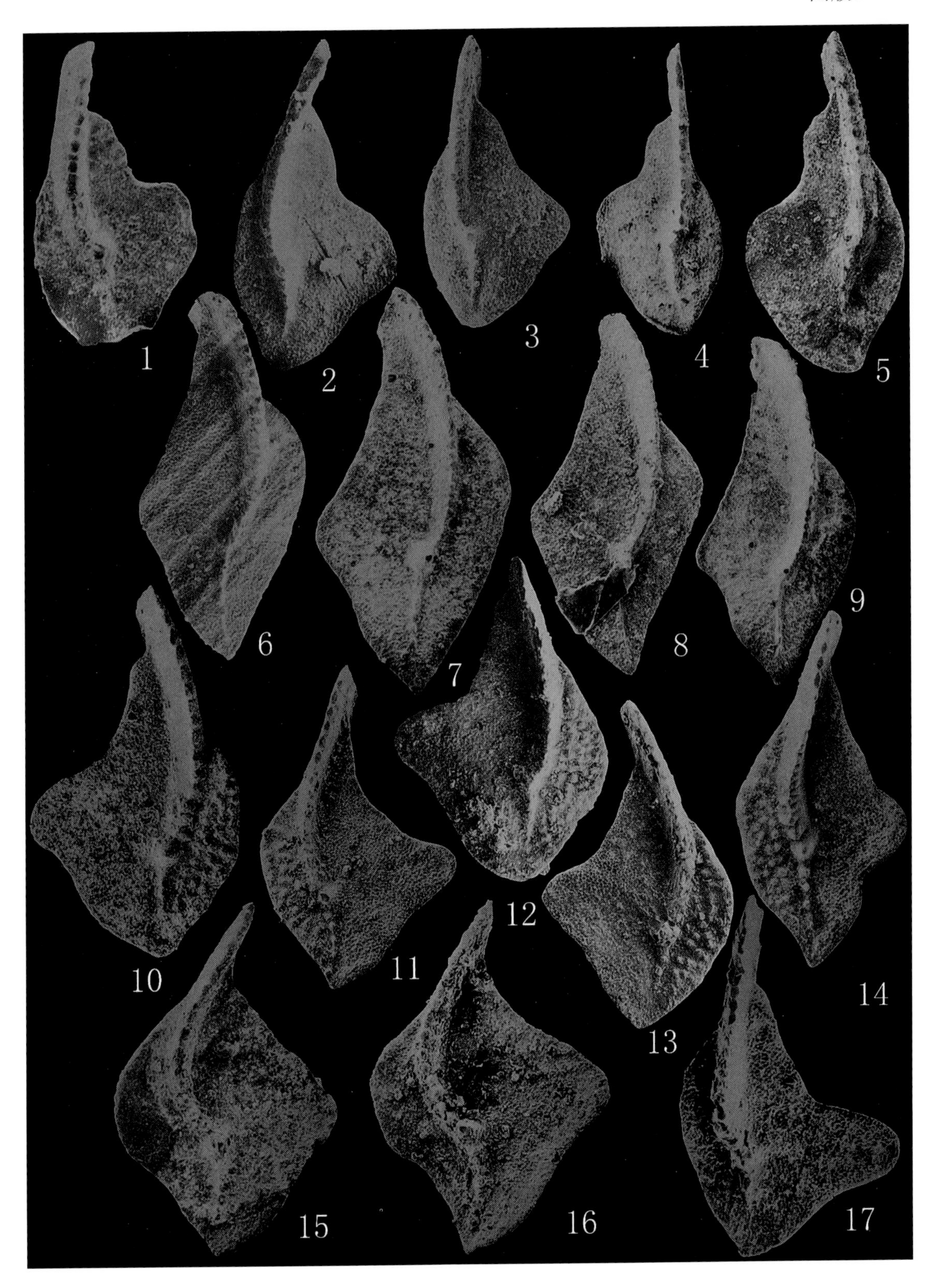

图版 95

1—2 小叶掌鳞刺粗大亚种 *Palmatolepis perlobata grossi* Ziegler, 1960

1a—c 正模标本之口视、侧视与反口视, ×35; 复制于 Ziegler, 1977, 353 页, *Palmatolepis*—图版 10, 图 1—3。

2 口视, ×48; 9100953/LL-44; 广西宜山拉力剖面, 上泥盆统五指山组中部, 最晚 *marginifera* 带; 复制于 Ji 和 Ziegler, 1993, 图版 13, 图 12。

3—5 小叶掌鳞刺赫姆斯亚种 *Palmatolepis perlobata helmsi* Ziegler, 1962

3 口视, ×48; 9100983/LL-40; 4. 口视, ×48; 9101003/LL-39; 5. 口视, ×40; 9100985/LL-40。广西宜山拉力剖面, 上泥盆统五指山组上部, *trachytera* 带; 复制于 Ji 和 Ziegler, 1993, 图版 19, 图 8, 7, 9。

6—9 小叶掌鳞刺辛德沃尔夫亚种 *Palmatolepis perlobata schindewolfi* Müller, 1956

6 口视, ×44; 9101020/LL-37; 广西宜山拉力剖面, 上泥盆统五指山组上部, 晚 *postera* 带。

7 口视, ×44; 9100997/LL-39; 广西宜山拉力剖面, 上泥盆统五指山组上部, *trachytera* 带。

8 口视, ×44; 9101004/LL-39; 广西宜山拉力剖面, 上泥盆统五指山组上部, *trachytera* 带。

9 口视, ×44; 9100994/LL-40; 广西宜山拉力剖面, 上泥盆统五指山组上部, *trachytera* 带。

6—9 复制于 Ji 和 Ziegler, 1993, 图版 18, 图 9, 11—13。

10—13 小叶掌鳞刺后亚种 *Palmatolepis perlobata postera* Ziegler, 1960

10a—b 正模标本之口视与反口视, ×31; 复制于 Ziegler, 1977, *Palmatolepis* —图版 9, 图 14—15。

11 口视, ×35; K85/8.0, 93230; 南洞剖面, 法门阶, 下 *postera* 带。

12 口视, ×35; sh14/0, 93231; 三里剖面, 法门阶, *postera* 带。

11—12 复制于 Bai 等, 1994, 图版 14, 图 6—7。

13 口视, ×35; ACE366/36566; 贵州长顺代化剖面, 上泥盆统代化组; 复制于王成源和王志浩, 1978, 图版 5, 图 24。

14—15 小叶掌鳞刺反曲亚种 *Palmatolepis perlobata sigmoidea* Ziegler, 1962

14a—b 同一标本之侧视与口视, ×35; Sl-20/75155; 广西武宣三里, 上泥盆统三里组, *marginifera* 带; 复制于王成源, 1989, 图版 22, 图 1—2。

15a—b 正模标本之口视与侧视, ×31; 复制于 Ziegler, 1977, 365 页, *Palmatolepis*—图版 11, 图 8—9.

16—17 小叶掌鳞刺小叶亚种 *Palmatolepis perlobata perlobata* Ulrich and Bassler, 1926

16 口视, ×35; ACE365/36569; 贵州长顺代化剖面, 上泥盆统代化组; 复制于王成源和王志浩, 图版 5, 图 28。

17 口视, ×26; lectotype; 复制于 Ziegler, 1977, *Palmatolepis*—图版 10, 图 5。

图版 95

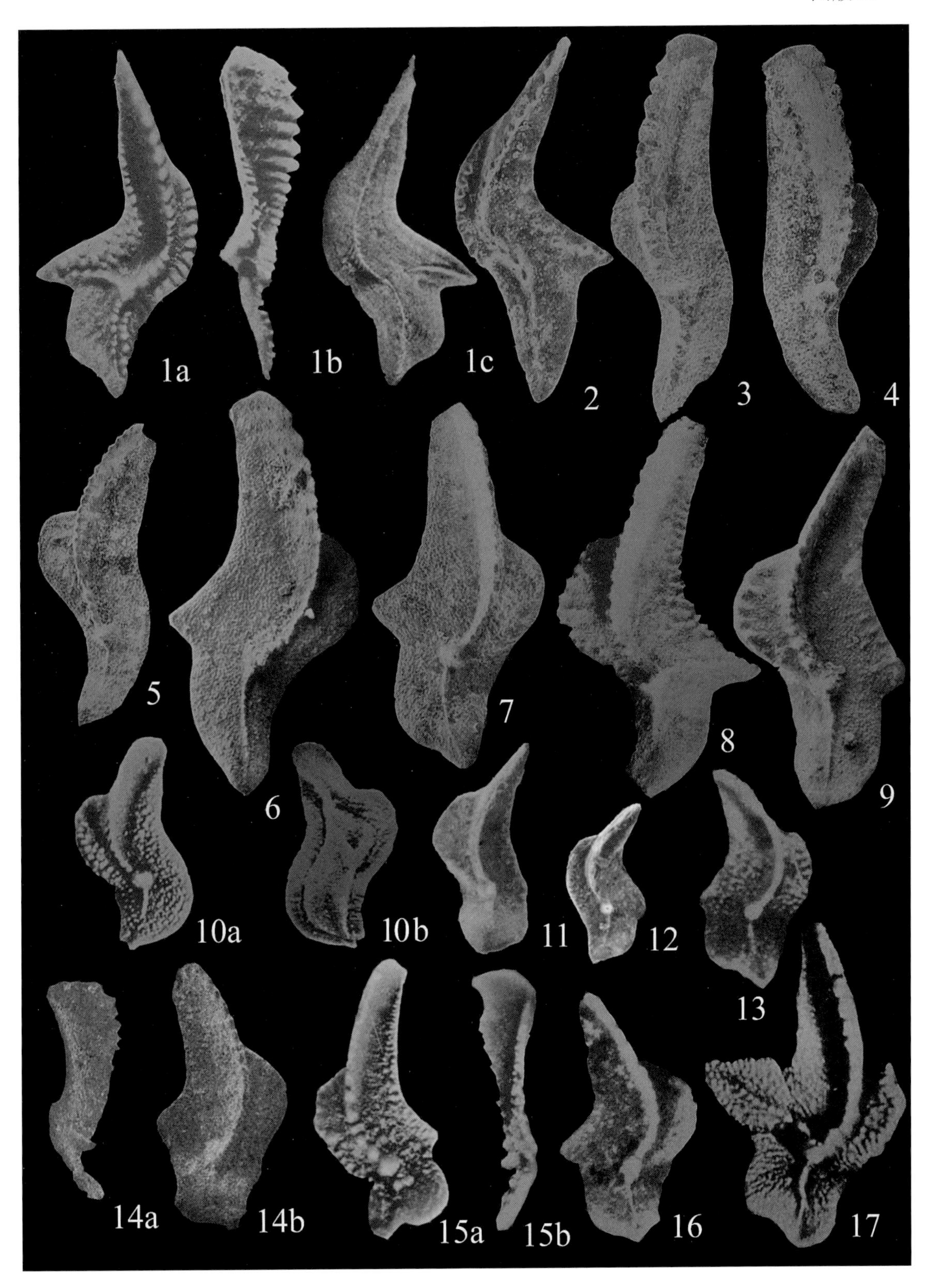

图版 96

1　普尔掌鳞刺　*Palmatolepis poolei* Sandberg and Ziegler，1973

口视，×32；Sl-4/75144；广西武宣三里，上泥盆统三里组，下 *rhomboidea* 带；复制于王成源，1989，图版 25，图 6。

2—3　原菱形掌鳞刺　*Palmatolepis protorhomboidea* Sandberg and Ziegler，1973

2　口视，×44；L19-z10/130202；广西桂林龙门剖面，上泥盆统谷闭组上部，晚 *triangularis* 带。

3　口视，×53；L19-z8n/130203；广西桂林龙门剖面，上泥盆统谷闭组上部，中 *triangularis* 带。

2—3　复制于 Wang，2002，图版 4，图 1—2。

4—6　方形瘤齿掌鳞刺似弯曲亚种　*Palmatolepis quadrantinodosa inflexoidea* Ziegler，1962

4. 口视，×44；9100885/LL-65；5. 口视，×44；9100884/LL-65；6. 口视，×44；9100869/LL-66。广西宜山拉力，上泥盆统五指山组中部，早 *marginifera* 带；复制于 Ji 和 Ziegler，1993，图版 15，图 1—3。

7—9　方形瘤齿掌鳞刺弯曲亚种　*Palmatolepis quadrantinodosa inflexa* Müller，1956

7. 口视，×48；9100855/LL-67；8. 口视，×48；9100861/LL-67；9. 口视，×44；9100868/LL-66。广西宜山拉力，上泥盆统五指山组中部，晚 *rhomboides* 带；复制于 Ji 和 Ziegler，1993，图版 15，图 4，6，12。

10—15　方形瘤齿叶掌鳞刺　*Palmatolepis quadrantinodosalobata* Sannemann，1955

10. 口视，×29；W6-6018-1/75143；11. 口视 ×39；W6-6019-1/77564。广西永福县和平乡八弄，上泥盆统三里组，*crepida* 带至 *rhomboidea* 带；复制于王成源，1989，图版 5，图 2—3。

12　口视，×35；L79/1.0，73186；广西南洞剖面，上泥盆统，上 *crepida* 带。

13　口视，×35；B4/0.2，巴漆（B）剖面，上泥盆统，下 *rhomboidea* 带。

12—13　复制于 Bai 等，1994，图版 12，图 3，8。

14　口视，×58；0627/LL-73；广西宜山拉力，上泥盆统五指山组下部，最晚 *crepida* 带。

15　口视，×58；9100537/LL-79；广西宜山拉力，上泥盆统五指山组下部，早 *crepida* 带。

14—15　复制于 Ji 和 Ziegler，1993，图版 23，图 4，7。

16　直脊掌鳞刺　*Palmatolepis rectcarina* Shen，1982

口视，×35；正模，a-14；湖南临武香花岭，佘田桥组；复制于沈启明，1982，图版 Ⅰ，图 6。

17—19　四红山掌鳞刺　*Palmatolepis sihongshanensis* Wang，1989

17　口视，×32；CD350/75156，副模；广西德保都安四红山，上泥盆统三里组，*crepida* 带。

18　口视，×35；CD351/75158，正模；广西德保都安四红山，上泥盆统三里组，*triangularis* 带。

19　口视，×32；CD353/75157，副模；广西德保都安四红山，上泥盆统三里组，*triangularis* 带。

17—19　复制于王成源，1989，图版 20，图 5—7。

20—22　宽缘掌鳞刺中华亚种　*Palmatolepis marginifera sinensis* Ji and Ziegler，1993

20. 口视，×70；副模，9100947/LL-44；21. 口视，×66；正模，9100955/LL-44；22. 口视，×70；副模，9100920/LL-44。广西宜山拉力剖面，上泥盆统五指山组中部，最晚 *marginifera* 带；复制于 Ji 和 Ziegler，1993，图版 13，图 1—3。

图版 96

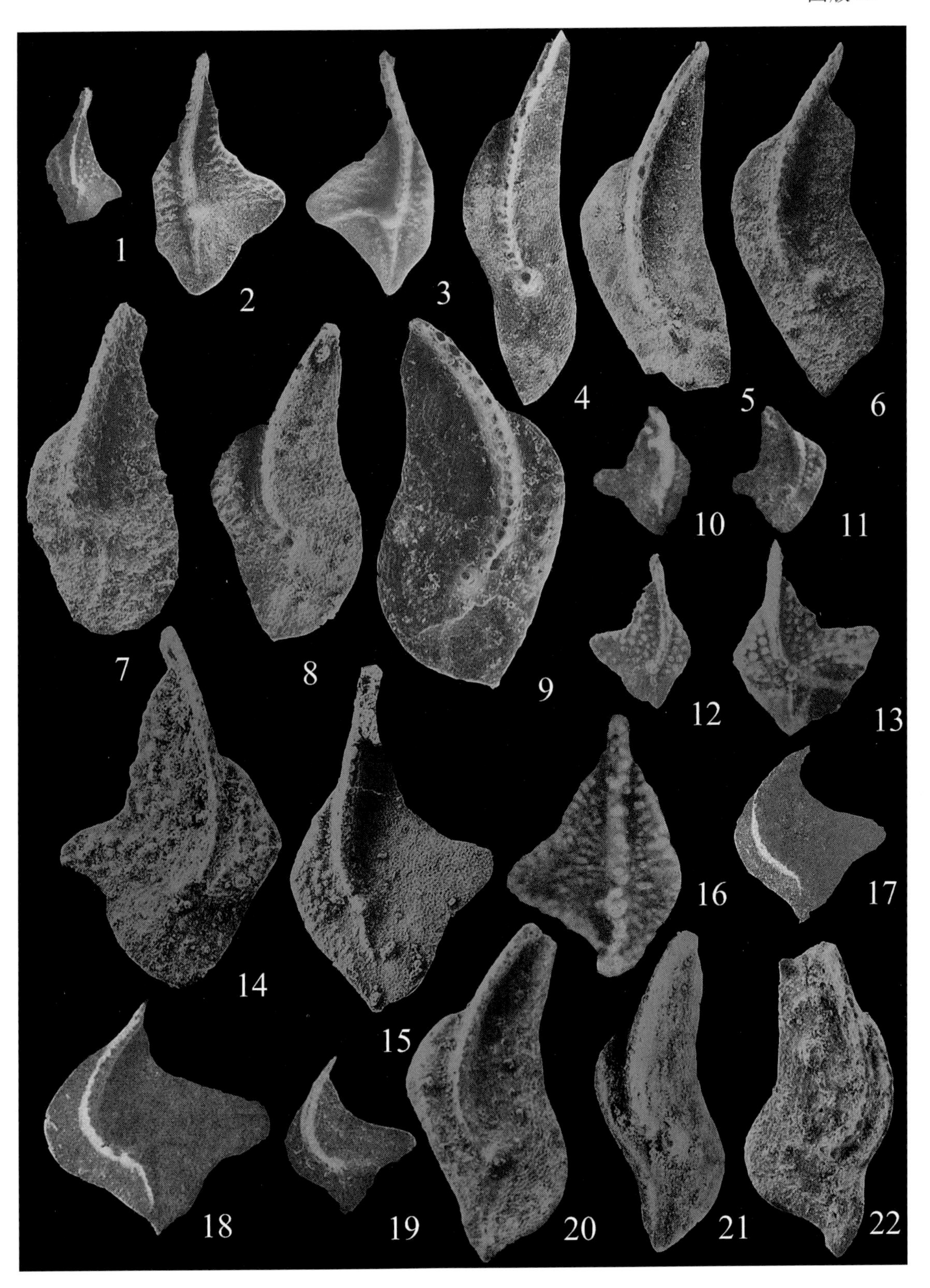

图版 97

1 宽缘掌鳞刺双脊亚种 *Palmatolepis marginifera duplicata* Sandberg and Ziegler, 1973

口视, ×35; K85/0.8, 93225; 广西南洞剖面, 上泥盆统, 上 *trachytera* 带; 复制于 Bai 等, 1994, 图版 14, 图 1。

2—5 宽缘掌鳞刺宽缘亚种 *Palmatolepis marginifera marginifera* Helms, 1959

2 口视, ×57; 9100910/LL-53; 广西宜山拉力, 上泥盆统五指山组中部, 最晚 *marginifera* 带。

3 口视, ×57; 9100908/LL-53; 广西宜山拉力, 上泥盆统五指山组中部, 最晚 *marginifera* 带。

4 口视, ×53; 9100940/LL-46; 广西宜山拉力, 上泥盆统五指山组中部, 最晚 *marginifera* 带。

5 口视, ×53; 9100888/LL-62; 广西宜山拉力, 上泥盆统五指山组中部, 早 *marginifera* 带。

2—5 复制于 Ji 和 Ziegler, 1993, 图版 13, 图 7, 9; 图版 14, 图 1, 6。

6 宽缘掌鳞刺犹它亚种 *Palmatolepis marginifera utahensis* Ziegler and Sandberg, 1984

口视, ×106; 9100954/LL-54; 幼年标本, 广西宜山拉力, 上泥盆统五指山组中部, 晚 *marginifera* 带; 复制于 Ji 和 Ziegler, 1993, 图版 13, 图 6。

7 宽缘掌鳞刺瘤齿亚种 *Palmatolepis marginifera nodosus* Xiong, 1983

口视, 放大倍数不清; 正模, 78-5-11A; 贵州长顺, 上泥盆统代化组; 复制于熊剑飞, 1983a, 图版 72, 图 10。

8 粗糙掌鳞刺后生亚种 *Palmatolepis rugosa postera* Ziegler, 1960

口视, ×35; ACE366/36566; 贵州长顺代化剖面, 上泥盆统代化组; 复制于王成源和王志浩, 1978, 图版 5, 图 24。

9—10 粗糙掌鳞刺粗糙亚种 *Palmatolepis rugosa rugosa* Branson and Mehl, 1934

9. 口视, ×35; ACE365/36568; 10a—b. 同一标本口视与反口视, ×35; ACE366/36577。贵州长顺代化剖面, 上泥盆统代化组; 复制于王成源和王志浩, 1978, 图版 5, 图 26, 29—30。

11—12 粗糙掌鳞刺大亚种（比较亚种） *Palmtolepis rugosa* cf. *ampla* Müller, 1956

11 口视, ×53; 9101028/LL-35; 广西宜山拉力, 上泥盆统五指山组上部, 晚 *postera* 带。

12 口视, ×48; 9100942/LL-45; 广西宜山拉力, 上泥盆统五指山组中部, 最晚 *marginifera* 带。

11—12 复制于 Ji 和 Ziegler, 1993, 图版 13, 图 11; 图版 18, 图 16。

13—15 粗糙掌鳞刺大亚种 *Palmatolepis rugosa ampla* Müller, 1956

13 口视, ×35; 正模; 复制于 Ziegler, 1977, *Palmatolepis*—图版 13, 图 6。

14. 口视, ×35; K86/9.4, 93273; 15. 口视, ×35; K86/9.4, 93238。广西南洞剖面, 上泥盆统, 中 *expansa* 带; 复制于 Bai 等, 1994, 图版 14, 图 13—14。

16—17 粗糙掌鳞刺粗面亚种 *Palmatolepis rugosa trachytera* Ziegler, 1960

16. 口视, ×57; 9100992/LL-40; 17. 口视, ×57; 9100991/LL-40。广西宜山拉力, 上泥盆统五指山组上部, *trachytera* 带; 复制于 Ji 和 Ziegler, 1993, 图版 13, 图 14—15。

图版 97

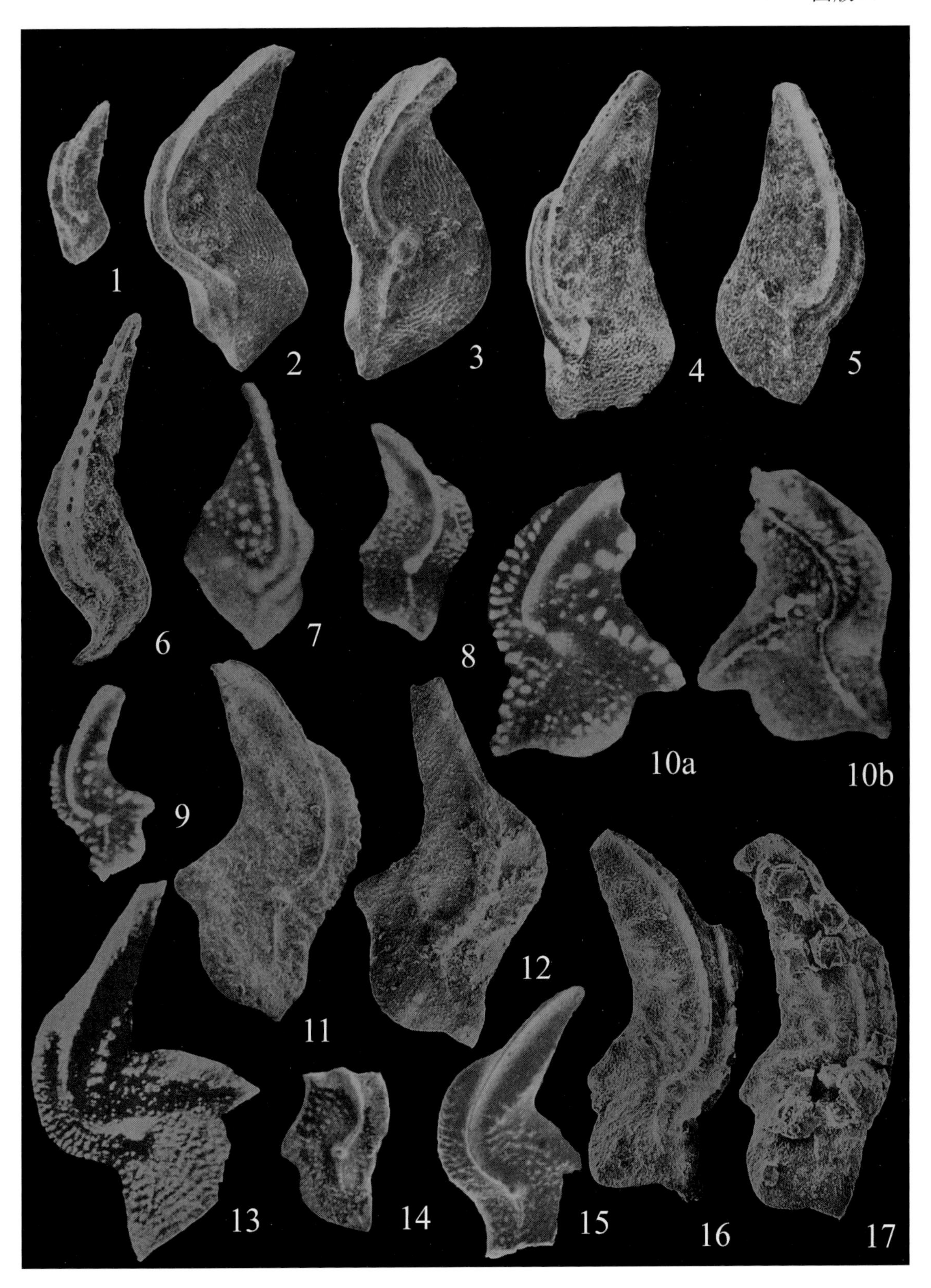

图版98

1—4 光滑掌鳞刺反曲亚种 *Palmatolepis glabra distorta* Branson and Mehl, 1934

1. 口视，×44；9100936/LL-47；2. 口视，×40；9100925/LL-49；3. 口视，×44；9100964/LL-44；4. 口视，×44；9100962/LL-44。广西宜山拉力，上泥盆统五指山组中部，最晚 *marginifera* 带；复制于 Ji 和 Ziegler，1993，图版16，图1—4。

5—7 光滑掌鳞刺瘦亚种 *Palmatolepis glabra lepta* Ziegler and Huddle, 1969

5 口视，×53；9101012/LL-38；广西宜山拉力，上泥盆统五指山组上部，早 *postera* 带。

6 口视，×48；9100993/LL-40；广西宜山拉力，上泥盆统五指山组上部，*trachytera* 带。

7 口视，×53；9101013/LL-38；广西宜山拉力，上泥盆统五指山组上部，早 *postera* 带。

5—7 复制于 Ji 和 Ziegler，1993，图版19，图11—13。

8—13 光滑掌鳞刺梳亚种 *Palmatolepis glabra pectinata* Ziegler, 1962

8. 口视，×44；9100975/LL-44；9. 口视，×44；9100932/LL-44；10. 口视，×44；9100906/LL-54；11. 口视，×44；9100976/LL-43；12. 口视，×44；9100923/LL-49。广西宜山拉力，上泥盆统五指山组中部，最晚 *marginifera* 带。

13 口视，×44；9100876/LL-66；广西宜山拉力，上泥盆统五指山组中部，晚 *rhomboidea* 带。

8—13 复制于 Ji 和 Ziegler，1993，图版16，图6—9；图版117，图1，3。

14—19 光滑掌鳞刺梳亚种，形态型1 *Palmatolepis glabra pectinata* Ziegler, 1962, Morphotype 1, Sandberg and Ziegler, 1973

14. 口视，×53；9100848/LL-67；15. 口视，×53；9100838/LL-69；16. 口视，×53；9100839/LL-68；17. 口视，×53；9100841/LL-68；18. 口视，×53；9100872/LL-66；19. 口视，×53；9100800/LL-71。广西宜山拉力，上泥盆统五指山组中部，早 *rhomboidea* 带；复制于 Ji 和 Ziegler，1993，图版17，图5—9，11。

图版 98

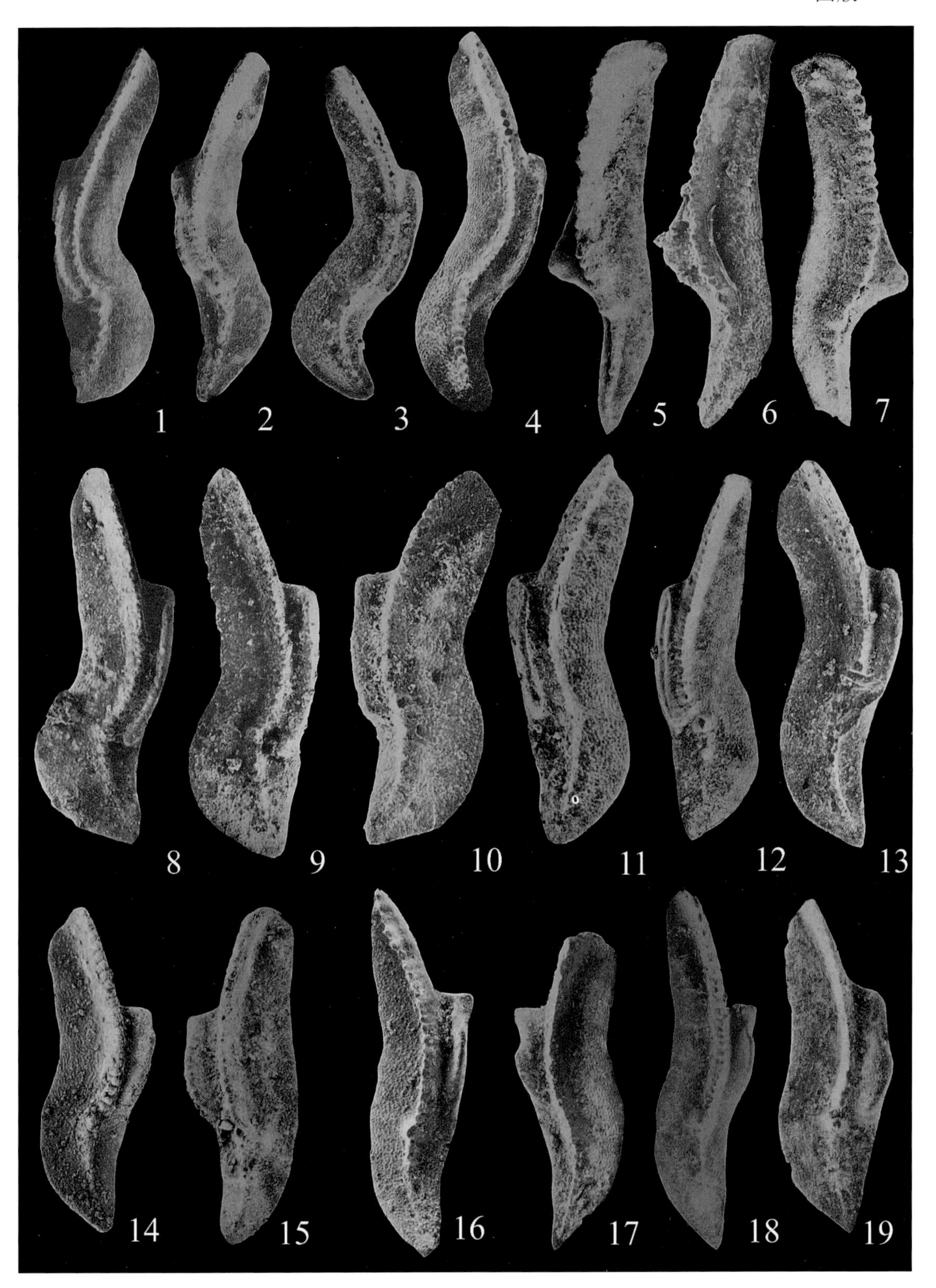

图版 99

1—6　光滑掌鳞刺原始亚种　*Palmatolepis glabra prima* Ziegler and Huddle，1969

1　正模，口视，×31；复制于 Ziegler，1977，*Palmatolepis*—图版 7，图 4。

2　口视，×32；SL-30/77556；广西武宣，三里组；复制于王成源，1989，图版 24，图 8。

3. 口视，×53；9100847/LL-67；4. 口视，×53；9100766/LL-72；5. 口视，×53；9100831/LL-69；6. 口视，×53；9100777/LL-72。广西宜山拉力，五指山组中部，晚 *rhomboidea* 带；复制于 Ji 和 Ziegler，1993，图版 16，图 14—17。

7—9　光滑掌鳞刺原始亚种，形态型 1　*Palmatolepis glabra prima* Ziegler and Huddle，Morphotype 1

7　口视，×31；复制于 Ziegler，1977，*Palmatolepis*—图版 7，图 6。

8. 口视，×53；9100774/LL-72；9. 口视，×53；9100776/LL-72。广西宜山拉力五指山组中部，早 *rhomboidea* 带；复制于 Ji 和 Ziegler，1993，图版 16，图 12—13。

10　光滑掌鳞刺原始亚种，形态型 2　*Palmatolepis glabra prima* Ziegler and Huddle，Morphotype 2

口视，×31；复制于 Ziegler，1977，*Palmatolepis*—图版 7，图 7。

11—12　光滑掌鳞刺尖亚种　*Palmatolepis glabra acuta* Helms，1963

11　口视，正模，×22；复制于 Ziegler，1977，*Palmatolepis*—图版 6，图 2。

12　口视，×53；9100816/LL-70；广西宜山拉力，五指山组中部，早 *rhomboidea* 带；复制于 Ji 和 Ziegler，1993，图版 16，图 11。

13—15　光滑掌鳞刺光滑亚种　*Palmatolepis glabra glabra* Ulrich and Bassler，1926

13　口视，×53；9100745/LL-73；广西宜山拉力五指山组下部，最晚 *crepida* 带。

14　口视，×53；9100747/LL-73；广西宜山拉力五指山组下部，最晚 *crepida* 带。

15　口视，×53；9100821/LL-69；广西宜山拉力五指山组中部，晚 *rhomboidea* 带。

13—15　复制于 Ji 和 Ziegler，1993，图版 17，图 13—15。

16—18　光滑掌鳞刺原始亚种 → 光滑掌鳞刺光滑亚种　*Palmatolepis glabra prima*→*Palmatolepis glabra glabra*

16. 口视，×53；9100875/LL-66；17. 口视，×53；9100826/LL-69；18. 口视，×53；9100839/LL-68。广西宜山拉力五指山组中部，晚 *rhomboidea* 带；复制于 Ji 和 Zigler，1993，图版 17，图 16—18。

19　光滑掌鳞刺大新亚种　*Palmatolepis glabra daxinensis* Xiong，1980

正模，口视，×35；登记号：150；广西大新揽圩，上泥盆统三里组；复制于熊剑飞，1980，图版 29，图 13。

图版 99

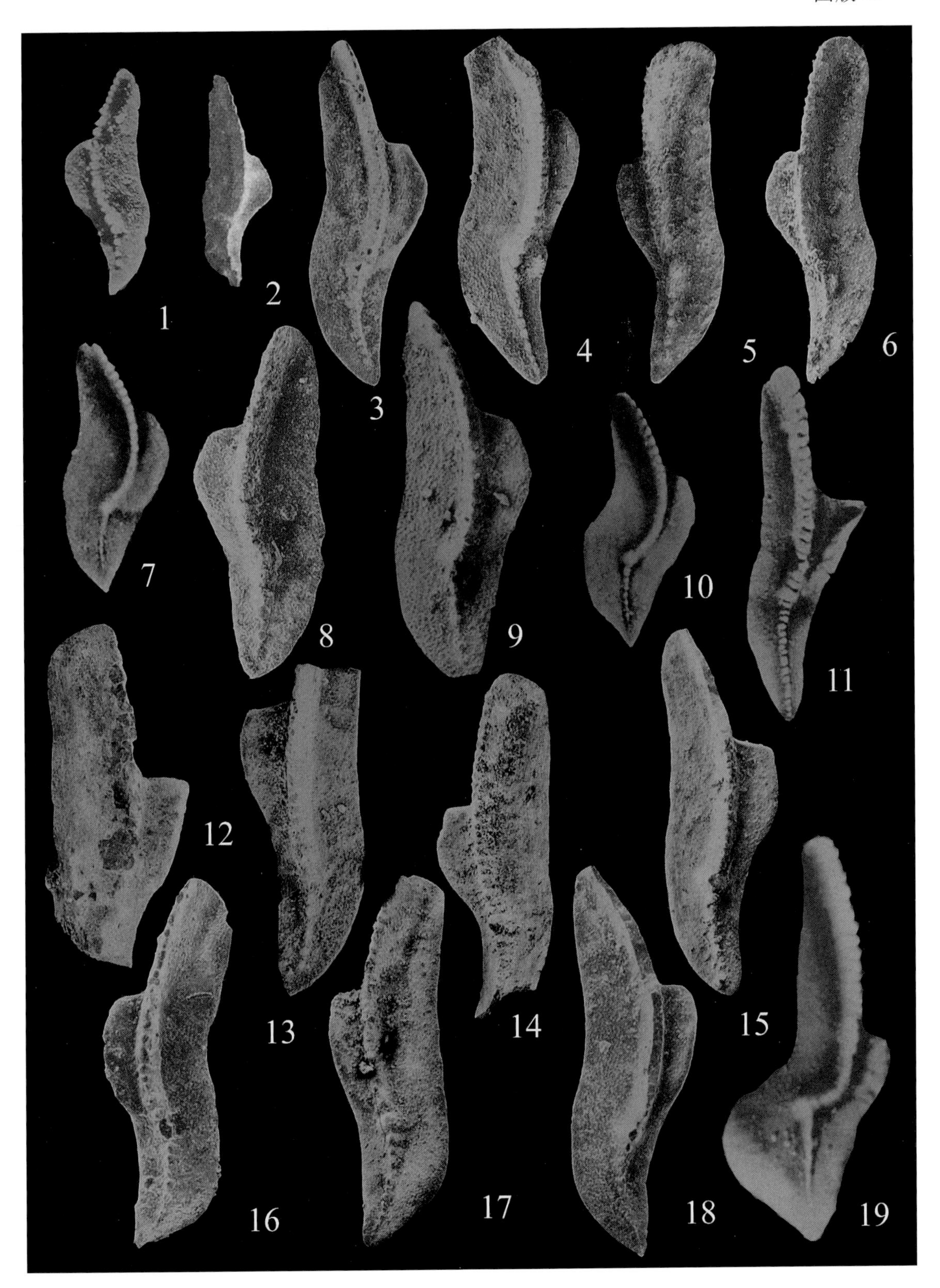

图版 100

1—5 韩氏掌鳞刺 *Palmatolepis hani* Bai，1994

1a—c 正模标本之反口视、口方侧视与口视，×35；K64/0.2，93129；广西武宣南洞剖面，上泥盆统，*linguiformis* 带。

2 口视，×35；K62/0.2，93130；广西武宣南洞剖面，上泥盆统，*linguiformis* 带。

3 口视，×35；K62/0.2，93131；广西武宣南洞剖面，上泥盆统，*linguiformis* 带。

4 口视，×35；Lx7/0.2，93132；广西罗秀剖面，弗拉期标本再沉积到法门期，*triangularis* 带。

5a—c 同一标本之口方侧视、口视与反口视，×35；广西武宣南洞剖面，*triangularis* 带。

1—5 复制于 Bai 等，1994，图版 9，图 6—10。

6—9 宁氏掌鳞刺 *Palmatolepis ningi* Bai，1994

6 口视，×35；K80/6，93194；广西武宣南洞剖面，晚 *rhomboidea* 带。

7 口视，×35；B2/0.1，93195；广西象州巴漆剖面，早 *rhomboidea* 带，浊流沉积。

8 反口视，×35；B2/0.1，93196；广西象州巴漆剖面，早 *rhomboidea* 带，浊流沉积。

9a—b 正模标本之口视与反口视，×35；B2/0.1，93197；广西象州巴漆剖面，早 *rhomboidea* 带，浊流沉积。

6—9 复制于 Bai 等，1994，图版 12，图 10—12，13a—b。

10—11 列辛科娃掌鳞刺 *Palmatolepis ljashenkovae* Ovnatanova，1976

10. 口视，×62；WBC-04/151619；11. 口视，×35；WBC-04/151609。内蒙古乌努尔，上泥盆统大民山组；复制于郎嘉彬和王成源，2010，图版 I，图 14，4。

12 蕾埃奥掌鳞刺 *Palmatolepis lyaiolensis* Khrustcheva and Kuzimin，1996

口视，×57；WBC-04/151611；内蒙古乌努尔，上泥盆统大民山组；复制于郎嘉彬和王成源，2010，图版 I，图 6。

13 吉列娃掌鳞刺 *Palmatolepis kireevae* Ovnatanova，1976

口视，×57；WBC-04/151614；内蒙古乌努尔，上泥盆统大民山组；复制于郎嘉彬和王成源，2010，图版 I，图 9。

14—17 华美掌鳞刺 *Palmatolepis elegantula* Wang and Ziegler，1983

14a—b 正模，同一标本之内侧视与口视，×35；HL 15g/75142；广西横县六景，上泥盆统融县组；复制于 Wang 和 Ziegler，1983，图版 3，图 10a—b。

15a—b. 两个不同标本的口视与侧视；15a. PIN，No. 5255/84，×79；15b. No. 8255/85，×88；16. 口视，×158；PIN，No. 5255/82；17. 口视，×189；PIN，No. 5255/83。

15—17 俄罗斯 Timan，晚泥盆世弗拉期，早 *rhenana* 带；复制于 Ovnatanova 和 Kononova，2008，图版 16，图 3，4，1，2。

18—21 拖鞋掌鳞刺 *Palmatolepis crepida* Sannemann，1955

18 口视，×57；9100619/LL-79；广西宜山拉力，上泥盆统五指山组下部，早 *crepida* 带。

19 口视，×57；9100719/LL-79；广西宜山拉力，上泥盆统五指山组下部，晚 *crepida* 带。

20 口视，×53；9100699/LL-75；广西宜山拉力，上泥盆统五指山组下部，中 *crepida* 带。

21 口视，×57；9100621/LL-77；广西宜山拉力，上泥盆统五指山组下部，早 *crepida* 带。

18—21 复制于 Ji 和 Ziegler，1993，图版 22，图 6，1，3，4。

图版 100

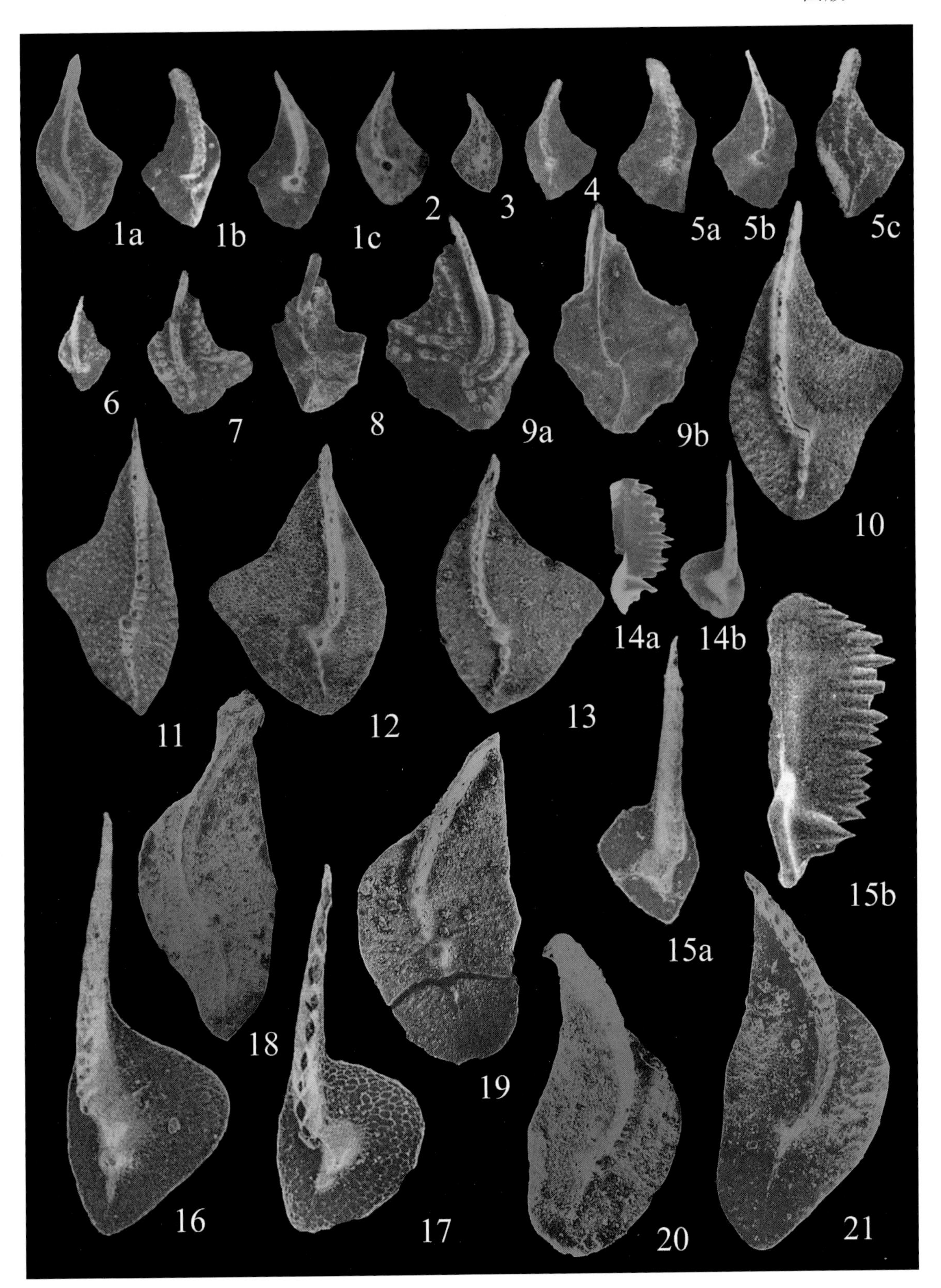
1a
1b
1c
2
3
4
5a
5b
5c
6
7
8
9a
9b
10
11
12
13
14a
14b
15a
15b
16
17
18
19
20
21

图版 101

1　冠脊掌鳞刺　*Palmatolepis coronata* Müller，1956

　口视，×29；广西武宣绿峰山军屯剖面，上泥盆统榴江组；复制于 Wang 和 Ziegler，1982，图版 3，图 29。

2　双冠掌鳞刺　*Palmatolepis bicrista* Shen，1982

　2a—c　正模标本之口视、反口视和侧视，×35；湖南临武香花岭，上泥盆统佘田桥组；复制于沈启明，1982，图版Ⅱ，图 2a—c。

3—4　圆掌鳞刺　*Palmatolepis circularis* Szulczewski，1971

　3　口视，×35；B4/0，93204；4. 口视，×35；B7/0，93205。广西象州巴漆剖面，早 *rhomboidea* 带，浊流沉积；复制于 Bai 等，1994，图版 12，图 20—21。

5—9　娇柔掌鳞刺娇柔后亚种　*Palmatolepis delicatula postdelicatula* Schülke，1995

　5　正模，口视，×53；法门阶，中 *crepida* 带，IMGP GÖ Nr. 1072-2853/89。

　6　口视，×53，法门阶，中 *crepida* 带，IMGP GÖ Nr. 1072-2852/10。

　7　口视，×53，法门阶，中 *crepida* 带，IMGP GÖ Nr. 1072-2853/82。

　5—7　复制于 Schülke，1995，图版 3，图 11，13，17。

　8.　口视，×75；9100505/LL-82；9. 口视，×75；9100504/LL-89。广西宜山拉力，上泥盆统五指山组下部，晚 *triangularis* 带；复制于 Ji 和 Ziegler，1993，图版 8，图 11—12。

10—13　角叶掌鳞刺　*Palmatolepis lobicornis* Schülke，1995

　10　正模，口视，×44；IMGP GÖ Nr. 1072-2851/71；早 *crepida* 带；

　11　主形态型，口视，×44；IMGP GÖ Nr. 1072-2851/60；早 *crepida* 带；

　10—11　复制于 Schülke，1995，图版 4，图 4，8。

　12.　口视，×57；9100709/LL-75；13. 口视，×57；9100668/LL-76。广西宜山拉力，上泥盆统五指山组下部；复制于 Ji 和 Ziegler，1993，图版 20，图 4，6。

14—19　克拉佩尔掌鳞刺　*Palmatolepis klapperi* Sandberg and Ziegler，1973

　14.　口视，×48；9100782/LL-71；15. 口视，×48；9100781/LL-71；16. 口视，×48；9100780/LL-71；17. 口视，×48；9100768/LL-72；18. 口视，×48；9100767/LL-72；19. 口视，×48；9100770/LL-72。广西宜山拉力，上泥盆统五指山组中部，早 *rhomboidea* 带；复制于 Ji 和 Ziegler，1993，图版 18，图 1—5，7。

图版 101

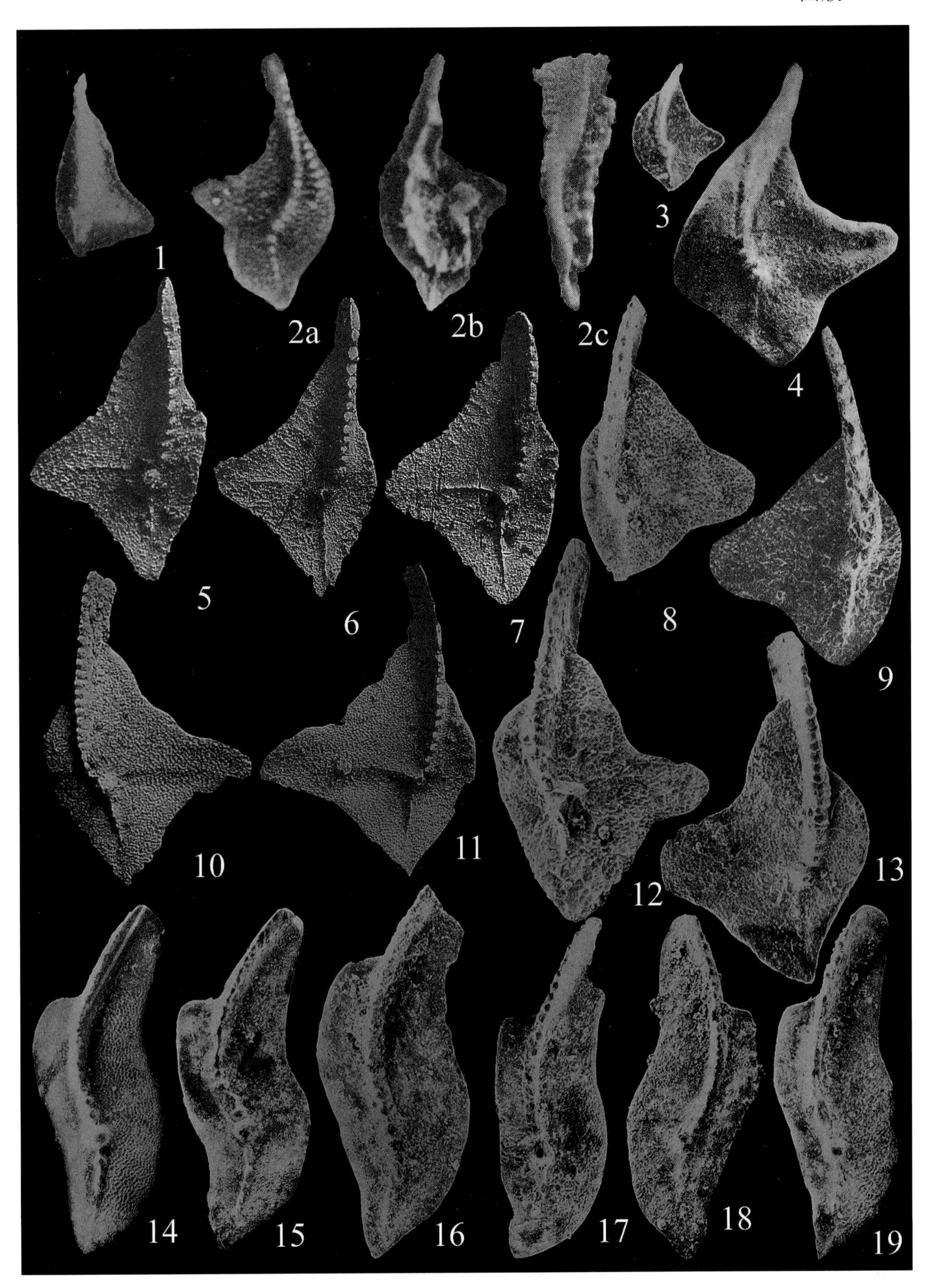

图版 102

1　亚镰状掌鳞刺　*Palmatolepis subdrepaniformis* Shen，1982

1a—b　正模标本之口视与反口视，×35；采集号：a-36；湖南临武香花岭，上泥盆统佘田桥组；复制于沈启明，1982，图版Ⅰ，图 11a—b。

2—6　斯托普尔掌鳞刺　*Palmatolepis stoppeli* Sandberg and Ziegler，1973

2.　口视，×53；9100864/LL-67；3. 口视，×53；9100859/LL-67；4. 口视，×53；9100856/LL-67；6. 口视，×53；9100857/LL-67。广西宜山拉力，上泥盆统五指山组中部，晚 *rhomboidea* 带。

5　口视，×53；9100881/LL-65；广西宜山拉力，上泥盆统五指山组中部，早 *rhomboidea* 带。

2—6　复制于 Ji 和 Ziegler，1993，图版 14，图 8—12。

7—12　细斑点掌鳞刺　*Palmatolepis tenuipunctata* Sannemann，1955

7　口视，×53；9100659/LL-76；广西宜山拉力，上泥盆统五指山组下部，中 *crepida* 带。

8　口视，×53；9100633/LL-77；广西宜山拉力，上泥盆统五指山组下部，早 *crepida* 带。

9　口视，×53；9100598/LL-80；广西宜山拉力，上泥盆统五指山组下部，晚 *crepida* 带。

7—9　复制于 Ji 和 Ziegler，1993，图版 19，图 1—3。

10.　口视，×70；CD350/77523；11. 口视，×69；CD350/77547；12. 口视，×69；CD350/77547。广西德保四红山剖面，上泥盆统三里组，*crepida* 带；复制于王成源，1989，图版 21，图 4；图版 23，图 7—8。

13　独角掌鳞刺　*Palmatolepis unicornis* Miller and Youngquist，1947

13a—b　同一标本之侧视与口视，×35；CD362/77549；广西德保四红山剖面，三里组底部；复制于王成源，1989，图版 23，图 12a—b。

14—17　端斑点掌鳞刺　*Palmatolepis termini* Sannemann，1955

14　口视，×44；L20-f3/130240；广西桂林龙门剖面，上泥盆统谷闭组，中 *crepida* 带；复制于 Wang 和 Ziegler，2002，图版 6，图 6。

15.　口视，×66；9100703/LL-75；16. 口视，×70；9100704/LL-75；17. 口视，×62；9100649/LL-76。广西宜山拉力，上泥盆统五指山组下部，中 *crepida* 带；复制于 Ji 和 Ziegler，1993，图版 12，图 6—8。

18　圆掌鳞刺　*Palmatolepis circularis* Szulczewski，1971

口视，×44；采集号：上-75；湖南邵东佘田桥，上泥盆统锡矿山组；复制于沈启明，1982，图版Ⅰ，图 12。

图版 102

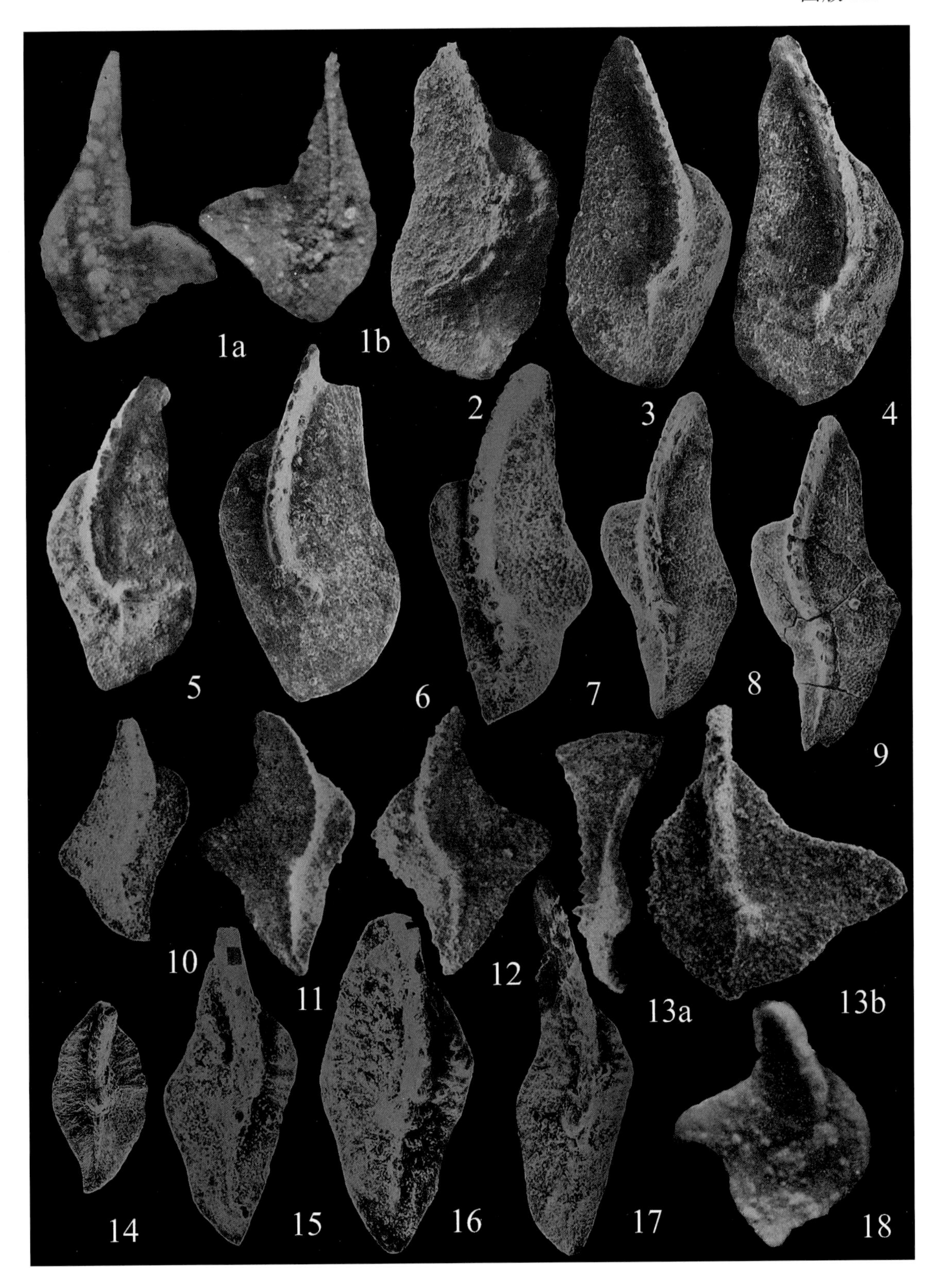

图版 103

1—2 近对称掌鳞刺 *Palmatolepis subsymmetrica* Wang and Wang，1978

1a—b. 副模标本之口视与反口视，×35；ACE365/36563；2a—b. 正模标本之口视与反口视，×35；ACE366/36564。贵州长顺代化剖面，上泥盆统代化组；复制于王成源和王志浩，1978，图版 5，图 18—21。

3—4 亚小叶掌鳞刺，形态型 1 *Palmatolepis subperlobata* Branson and Mehl，1934，Morphotype 1

3. 口视，×57；9100548/LL-82；4. 口视，×57；9100589/LL-81。广西宜山，上泥盆统五指山组下部，晚 *triangularis* 带；复制于 Ji 和 Ziegler，1993，图版 21，图 11—12。

5—9 菱形掌鳞刺 *Palmatolepis rhomboidea* Sannemann，1955

5. 口视，×84；9100824/LL-69；6. 口视，×84；9100823/LL-69；7. 口视，×84；9100772/LL-72；8. 口视，×84；9100825/LL-69。广西宜山，上泥盆统五指山组中部，晚 *rhomboidea* 带；复制于 Ji 和 Ziegler，1993，图版 21，图 1—4。

9 口视，×66，YT-6/92020，广西桂林白沙镇堰塘剖面，上泥盆统“融县组”；复制于 Ji 和 Ziegler，1992，图版 1，图 19。

10—16 似菱形掌鳞刺 *Palmatolepis pararhomboidea* Ji and Ziegler，1992

10. 口视，×53；YT-6/92013，副模；11. 口视，×53；YT-6/92014，副模；12. 口视，×53；YT-6/92015，副模；13. 口视，×57；YT-6/92016，正模；14. 口视，×66；YT-6/92017，副模；15. 口视，×66；YT-6/92018，副模；16. 口视，×62；YT-6/92019，副模。广西桂林白沙镇堰塘剖面，上泥盆统“融县组”；复制于 Ji 和 Ziegler，1992，图版 1，图 13—18，20。

图版 103

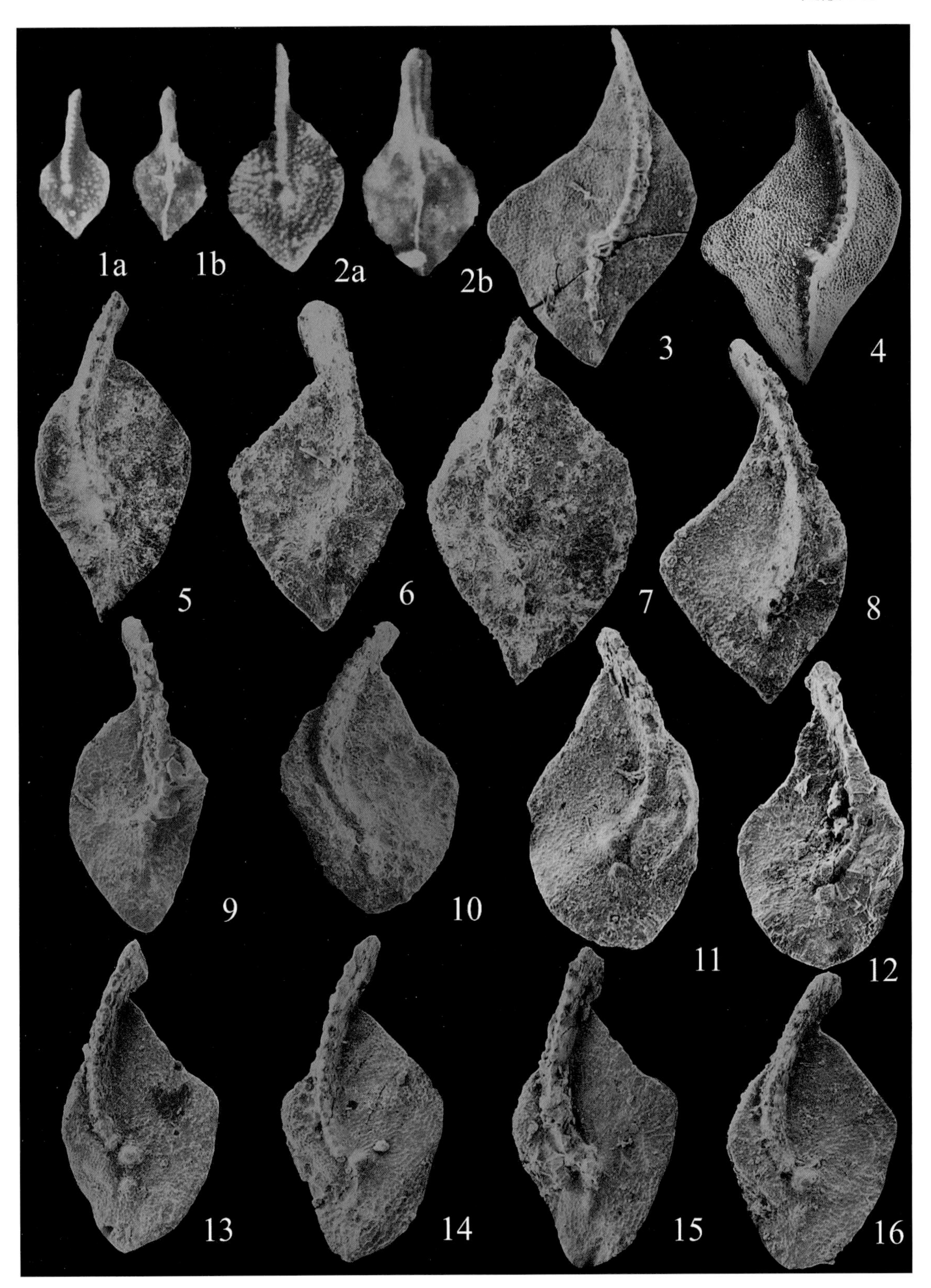

图版 104

1—2 亚小叶掌鳞刺（比较种） *Palmatolepis* cf. *subperlobata* Branson and Mehl, 1934

1. 口视，×32；CD350/77568；2. 口视，×32；CD350/75138。广西德保四红山剖面，上泥盆统三里组下部；复制于王成源，1989，图版 25，图 9—10。

3—4 近直掌鳞刺（亲近种） *Palmatolepis* aff. *subrecta* Miller and Youngquist, 1947

3. 口视，×32；CD358/77520；4. 口视，×32；CD361/77521。广西德保四红山剖面，上泥盆统三里组底部；复制于王成源，1989，图版 20，图 13—14。

5 斑点掌鳞刺（比较种） *Palmatolepis* cf. *punctata*（Hinde, 1879）

口视，×32；CD368/77518；广西德保四红山剖面，上泥盆统“榴江组”，晚 *rhenana* 带；复制于王成源，1989，图版 20，图 11。

6—7 掌鳞刺（未定种 A） *Palmatolepis* sp. A Wang, 1994

6a—b. 同一标本之侧视与口视，×53；CD368/119459；7a—b. 同一标本之侧视与口视，×53；CD368/119460。广西德保四红山剖面，上泥盆统“榴江组”，晚 *rhenana* 带；复制于 Wang, 1994，图版 4，图 1a—2b。

8—9 掌鳞刺（未名新种 A） *Palmatolepis* sp. nov. A Lang and Wang, 2010

8. 口视，×62；WBC-04/151606；9. 口视，×70；WBC-04/151607。内蒙古乌努尔，上泥盆统大民山组；复制于郎嘉彬和王成源，2010，图版Ⅰ，图 1—2。

10 掌鳞刺（未定种 C） *Palmatolepis* sp. C

口视，×53；WBC-04/151620；内蒙古乌努尔，上泥盆统大民山组；复制于郎嘉彬和王成源，2010，图版Ⅰ，图 15。

11 掌鳞刺（未名新种 B） *Palmatolepis* sp. nov. B Lang and Wang, 2010

口视，×53；WBC-04/151612；内蒙古乌努尔，上泥盆统大民山组；复制于郎嘉彬和王成源，2010，图版Ⅰ，图 7。

12—13 沃尔斯凯垭掌鳞刺 *Palmatolepis wolskajae* Ovnatanova, 1969

口视，×31；来自 Sandberg 和 Ziegler, 1973，图版 1，图 6—7；复制于 Ziegler, 1977, *Palmatolepis*—图版 14，图 12—13。

14—15 小叶掌鳞刺巨大亚种 *Palmatolepis perlobata maxima* Müller, 1956

14a—b. 正模标本之侧视与口视，×17；SMF XVI 239；15. 口视，×18；SMF XVI 240。复制于 Müller, 1956，图版 9，图 38a—b，39a。

16—17 杰米掌鳞刺→军田掌鳞刺 *Palmatolepis jamieae* Ziegler and Sandberg, 1990→ *Pal. juntianensis* Han, 1987

16. 口视，×66；WBC-4/151617；17. 口视，×70；WBC-4/151618。内蒙古大兴安岭，大民山组（弗拉阶）；复制于朗嘉彬和王成源，2010，图版Ⅰ，图 12—13。

18 方形瘤齿掌鳞刺方形瘤齿亚种 *Palmatolepis quadrantinodosa quadrantinodosa* Branson and Mehl, 1934

口视，×35；BCT-17，USNM 183 861；由 *P. stoppeli* 进化来的形态型；复制于 Sandberg 和 Ziegler, 1973，图版 3，图 28。

图版 104

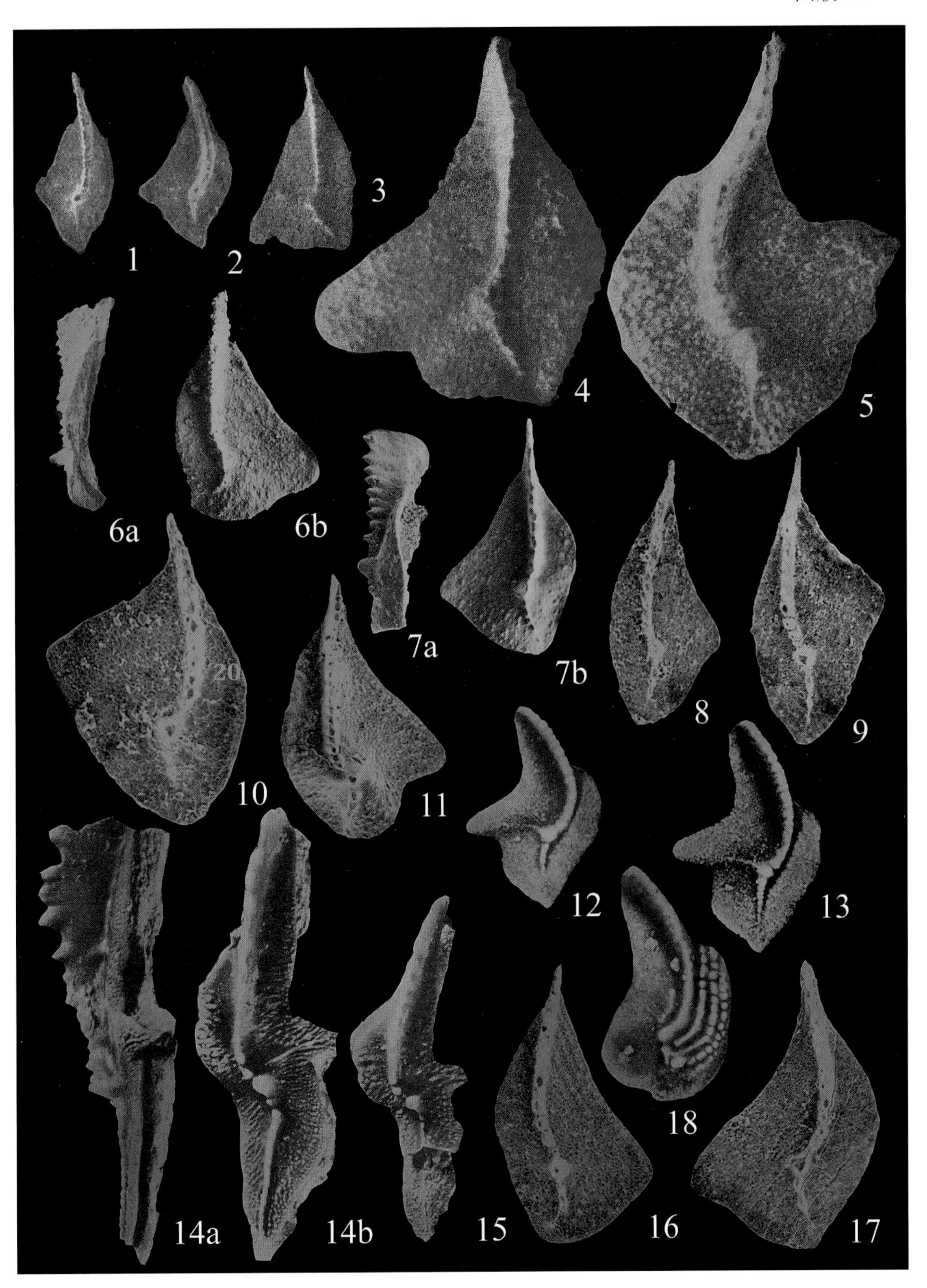

图版105

1—3　圆克拉佩尔刺　*Klapperina ovalis*（Ziegler and Klapper，1964）

1a—b. 同一标本之反口视与口视，×53，×57，CD375-5a/119564；2a—b. 同一标本之反口视与口视，×62，CD375-5a/119566；3a—b. 同一标本之反口视与口视，×44，×53，CD375-5a/119572。广西德保四红山剖面，上泥盆统榴江组，晚 *falsiovalis* 带；复制于 Wang，1994，图版1，图2，4，10。

4—6　不同克拉佩尔刺　*Klapperina disparalvea*（Orr and Klapper，1968）

4a—b　同一标本之反口视与口视，×32，CD375-6d/87086；广西德保四红山剖面，上泥盆统“榴江组”，最下 *asymmetricus* 带；复制于 Ziegler 和 Wang，1985，图版Ⅲ，图2a—b。

5a—b　同一标本之口视与反口视，×35；广西天等把荷福龙；复制于熊剑飞，1980，图版30，图28—29。

6a—b　同一标本之口视与反口视，×35；Jtl/-2.8，93388；*falsiovalis* 带；复制于 Bai 等，图版25，图8。

7　全异克拉佩尔刺　*Klapperina disparata*（Ziegler and Klapper，1982）

同一标本之反口视与口视，×32；CD375-6d/587119；广西德保四红山剖面，上泥盆统“榴江组”，最下 *asymmetricus* 带。

8—9　假椭圆中列刺　*Mesotaxis falsiovalis* Sandberg，Ziegler and Bultynck，1989

8a—b　同一标本之口视与反口视，×35；Jt2/1.8，93377；军田剖面，*falsiovalis* 带；复制于 Bai 等，1994，图版24，图9。

9a—b　同一标本之反口视与口视，×53；CD375-3/119567；广西德保四红山剖面，上泥盆统榴江组，*punctata* 带；复制于 Wang，1994，图版1，图5a—b。

10—13　不对称中列刺　*Mesotaxis asymmetricus*（Bischoff and Ziegler，1957）

10　口视，×35；L10-5/119568；广西桂林龙门剖面，中—上泥盆统东岗岭组，*transitans* 带。

11　反口视，×35；D12-3/119571；广西龙门垌村剖面，中—上泥盆统东岗岭组，*punctata* 带。

12　口视，×44；CD375-5a/119569；广西德保四红山剖面，上泥盆统榴江组，晚 *falsiovalis* 带。

13　反口视，×35；D12-3/119570；广西龙门垌村剖面，中—上泥盆统东岗岭组，*punctata* 带。

10—13　复制于 Wang，1994，图版1，图6，9，7—8。

图版 105

图版 106

1—4　不对称中列刺　*Mesotaxis asymmetricus*（Bischoff and Ziegler，1957）

1　口视，×48；910086/LL-113；广西宜山拉力，上泥盆统老爷坟组中部，*transitans* 带。

2　口视，×48；910068/LL-115；广西宜山拉力，上泥盆统老爷坟组中部，晚 *falsiovalis* 带。

3　口视，×48；910090/LL-113；广西宜山拉力，上泥盆统老爷坟组中部，晚 *falsiovalis* 带。

1—3　复制于 Ji 和 Ziegler，1993，图版 33，图 1—3。

4　口视，×32；CD375-5a；广西德保四红山，上泥盆统榴江组，下 *asymmetricus* 带；复制于 Ziegler 和 Wang，1985，图版Ⅲ，图 5。

5—7　异克拉佩尔刺　*Klapperina disparilis*（Ziegler and Klapper，1976）

5a—b. 同一标本之口视与反口视，×32；CD375-6c/87087；6a—b. 同一标本之口视与反口视，×32；CD375-6e/87085；7a—b. 同一标本之反口视与口视，×32；CD375-6e/87120。广西德保四红山，上泥盆统榴江组，最下 *asymmetricus* 带；复制于 Ziegler 和 Wang，1985，图版Ⅲ，图 3a—b，1a—b；图版Ⅱ，图 20a—b。

8—12　横脊形中列刺　*Mesotaxis costalliformis*（Ji，1986）

8　口视，×48；9100070/LL-115；广西宜山拉力，上泥盆统老爷坟组下部，晚 *falsiovalis* 带。

9　口视，×53；9100080/LL-114（幼年期标本）；广西宜山拉力，上泥盆统老爷坟组中部，*transitans* 带。

10. 口视，×53，9100054/LL-116（早期类型）；11. 口视，×48；9100055/LL-116；12. 口视，×53；9100088/LL-116（早期类型）。广西宜山拉力，上泥盆统老爷坟组下部，中 *falsiovalis* 带。

8—12　复制于 Ji 和 Ziegler，1993，图版 32，图 1，4，5，3，6。

图版 106

图版 107

1—2　多尖瘤施密特刺　*Schmidtognathus peracutus* (Bryant，1921)

1a—b　同一标本之口方侧视与口视，×32；CD375-6c/119536；广西德保四红山剖面，上泥盆统榴江组，*disparilis* 带；复制于 Wang，1994，图版 9，图 6a—b。

2　口视，×32；CD375-6a/87116；广西德保四红山剖面，上泥盆统榴江组，晚 *hermanni—cristatus* 带；复制于 Ziegler 和 Wang，1985，图版Ⅱ，图 15。

3—6　魏特肯施密特刺　*Schmidtognathus wittekindti* Ziegler，1966

3a—b. 同一标本之口视与口方侧视，×32；CD375-6a/119535；5a—b. 同一标本之口方侧视与反口视，×32；CD375-6b/87117；6. 口视，×32；CD375-6b/87118。广西德保四红山剖面，上泥盆统榴江组，晚 *hermanni—cristatus* 带。

4a—b　同一标本之口方侧视与口视，×32；CD375-6c/119540；广西德保四红山剖面，上泥盆统榴江组，*disparilis* 带。

3—4　复制于 Wang，1994，图版 9，图 5a—b，10a—b。

5—6　复制于 Ziegler 和 Wang，1985，图版Ⅱ，图 17a—b，18。

7—10　赫尔曼施密特刺　*Schmidtognathus hermanni* Ziegler，1966

7　口视，×44；CD375-6c/119539；广西德保四红山剖面，上泥盆统榴江组，*disparilis* 带。

8　口视，×44；CD375-6a/119541；广西德保四红山剖面，上泥盆统榴江组，晚 *hermanni-cristatus* 带。

7—8　复制于 Wang，1994，图版 9，图 9，11。

9a—b. 同一标本之口视与反口视，×32；CD375-6b/87114；10a—b. 同一标本之口视与反口视，×32；CD375-6b/87113。广西德保四红山剖面，上泥盆统榴江组，晚 *hermanni—cristatus* 带；复制于 Ziegler 和 Wang，1985，图版Ⅱ，图 14a—b，13a—b。

11a—c　皮奇耐尔施密特刺　*Schmidtognathus pietzneri* Ziegler，1966

11a—c　同一标本之侧视、拱起口视与水平口视，×35；HL13i/75292；广西横县六景，上泥盆统融县组下部，*hermanni—crestatus* 带；复制于王成源，1989，图版 41，图 8a—c。

图版 107

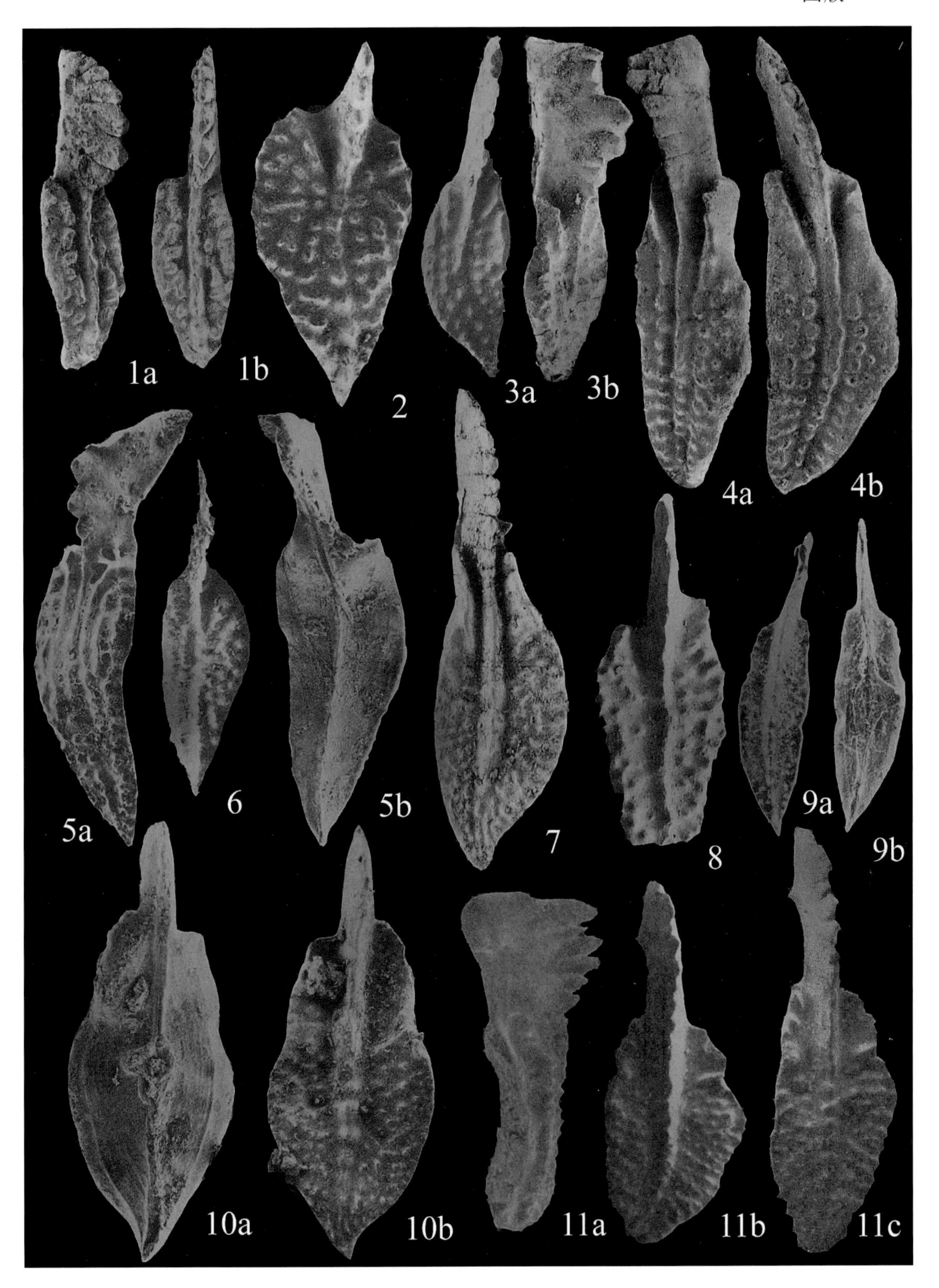

图版 108

1 施密特刺（未定种） *Schmidtognathus* sp.

1a—b 同一标本之反口视与口视，×88；CD375-5a/119532；广西德保四红山剖面，上泥盆统榴江组，晚 *falsiovalis* 带；复制于 Wang，1994，图版 9，图 2a—b。

2 皮奇耐尔施密特刺 *Schmidtognathus pietzneri* Ziegler，1966

2a—b 同一标本之口视与侧视，×33；HL14-2/77653；广西横县六景，上泥盆统融县组下部，*S. hermanni—P. cristatus* 带；复制于王成源，1989，图版 39，图 4。

3 施密特刺（未定种 A） *Schmidtognathus* sp. A

3a—c 独模标本之侧视、口视与反口视，×37；登记号：LCn-852108；野外号：B127y5；四川龙门山，中泥盆统观雾山组海角石段 B127 层；复制于熊剑飞等，1988，图版 128，图 3a—c。

4 赫尔曼施密特刺（比较种） *Schmidtognathus* cf. *hermanni* Ziegler，1966

4a—b 同一标本之口方侧视与口视，×106；WBC-04/151650；复制于郎嘉彬和王成源，2010，图版Ⅳ，图 6a—b。

5—6 先力施密特刺 *Schmidtognathus xianliensis* Xiong，1980

5a—c 正模标本之口视、反口视与侧视，×35；登记号：134；6a—b. 副模之反口视与口视，×35；登记号：133。广西大力揽圩先力，中泥盆统五相岭组；复制于熊剑飞，1980（见鲜思远等，1980），图版 28，图 20—24。

7 多尖瘤施密特刺 *Schmidtognathus peracutus*（Bryant，1921）

口视，×40；9100005/LL-126；广西宜山拉力剖面，中泥盆统东岗岭组上部，*hermanni—cristatus* 带（?）；复制于 Ji 和 Ziegler，图版 38，图 18。

8 基尔温克利赫德刺 *Clydagnathus gilwernensis* Rhodes，Austin and Druce，1969

口视，×95；C85-2-55/33637；广东曲江黄沙坪，上泥盆统孟公坳组中部；此标本显示向 *Clydagnathus cavusformis* 的过渡特征；复制于秦国荣等，1988，图版Ⅲ，图 1。

9—10，12 凹形克利赫德刺 *Clydagnathus cavusformis* Rhodes，Austin and Druce，1969

9 侧视，×63；C85-2-55/33636；广东曲江黄沙坪，上泥盆统孟公坳组中部。

10 口视，×58；C85-6-78/33621；广东牛田，上泥盆统孟公坳组中部。

9—10 复制于秦国荣等，1988，图版Ⅲ，图 2，4。

12a—b 同一标本之侧视与口视，×79；采集号：衡东 1；登记号：HC074；湖南衡东县东冲，上泥盆统邵东组；复制于董振常，1987，图版 3，图 21—22。

11，13 单角克利赫德刺 *Clydagnathus unicornis* Rhodes，Austin and Druce，1969

11 侧视，×90；C85-6-78/33622；广东牛田，上泥盆统孟公坳组中部；复制于秦国荣等，1988，图版Ⅲ，图 3。

13a—b 同一标本口视与侧视，×79；采集号：大-48-39；登记号：HC112；湖南新邵县陡岭坳，下石炭统石磴子组；复制于董振常，1987，图版 3，图 21—22。

图版 108

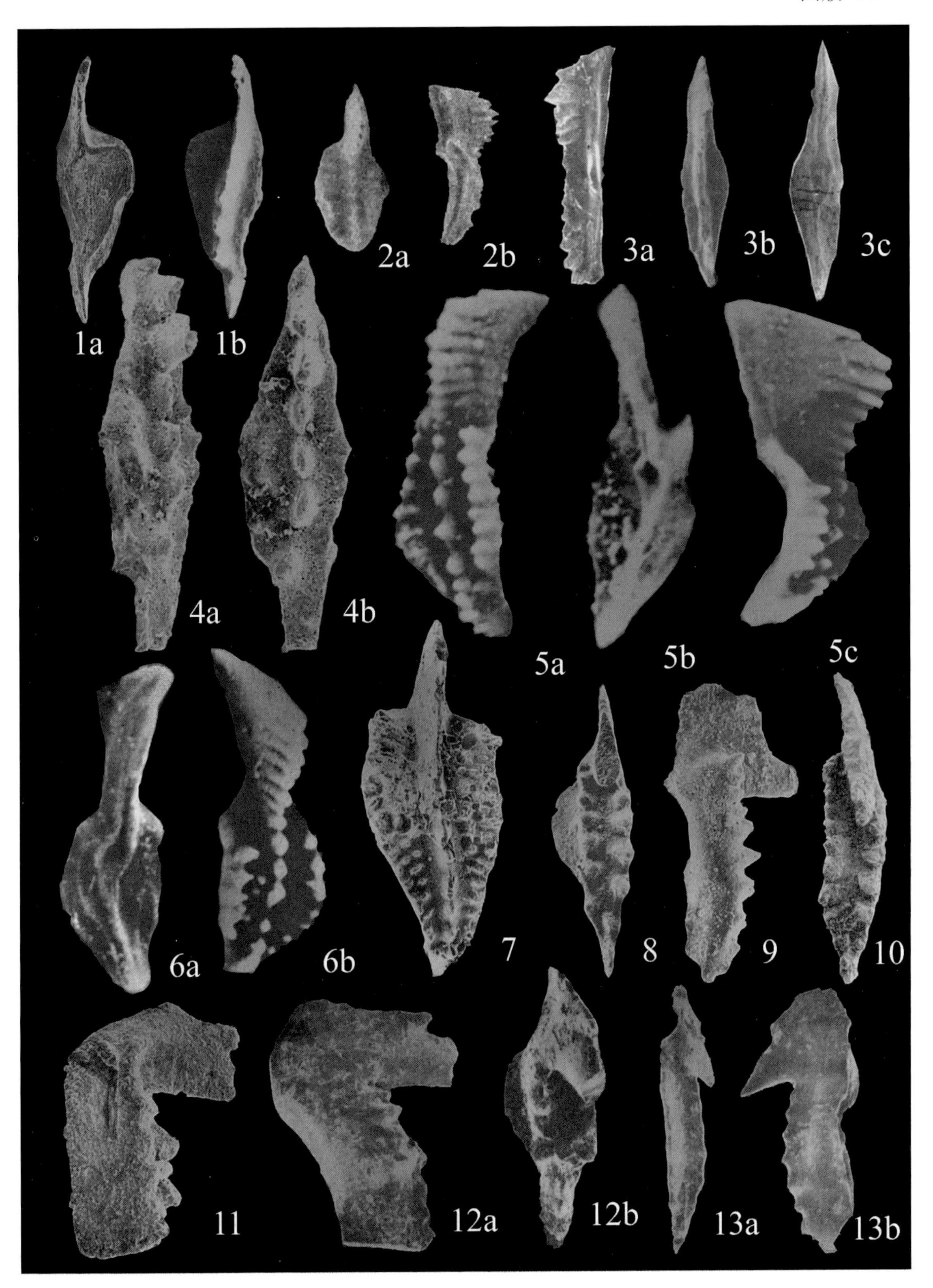

图版 109

1—8 迈斯奈尔原颚齿刺 *Protognathodus meischneri* Ziegler, 1969

1 口视, ×44; Bed22/107207/NbIV; 广西桂林南边村剖面 IV, 南边村组, *sulcata* 带。

2. 口视, ×44; Bed57/107208/NbII; 3. 口视, ×44; Bed57/107377/NbII-4b。广西桂林南边村剖面 II, 南边村组, *sulcata* 带。

1—3 复制于 Wang 和 Yin, 1988 (见 Yu, 1988), 图版 22, 图 2—3, 18。

4a—b. 同一标本之口视与侧视, ×48; DC84408; 7a—b. 同一标本之口视与侧视, ×48; DC84412; 8a—b. 同一标本之口视与侧视, ×54; DC84413。贵州睦化剖面 II, 格董关层上 *praesulcata* 带。

5a—b 同一标本之口视与侧视, ×48; DC84409; 贵州睦化剖面 II, 王佑组下部 *sulcata* 带。

6a—b 同一标本之口视与侧视, ×48; DC84411; 贵州睦化剖面 II, 王佑组底部 *sulcata* 带。

4—8 复制于季强等, 1985 (见侯鸿飞等, 1985), 图版 28, 图 1—4, 6—11。

9—11 科林森原颚齿刺 *Protognathodus collinsoni* Ziegler, 1969

9a—b. 同一标本之口视与侧视, ×44; Bed28/107210/NbIV-28; 广西桂林南边村剖面 IV, 南边村组, *sulcata* 带; 10. 口视, ×44; Bed 54/103653/NbII-3a; 广西桂林南边村剖面 II, 南边村组, *sulcata* 带。复制于 Wang 和 Yin, 1988 (见 Yu, 1988), 图版 22, 图 5a—b。

7, 11 同一标本之口视与侧视, ×48; DC84415; 贵州睦化剖面 II, 格董关层上 *praesulcata* 带; 复制于季强等, 1985 (见侯鸿飞等, 1985), 图版 28, 图 14—15。

12—18 科克尔原颚齿刺 *Protognathodus kockeli* (Bischoff, 1957)

12a—b 同一标本之口视与侧视, ×48; DC84418; 贵州睦化剖面 II; 格董关层上 *praesulcata* 带。

13a—b 同一标本之口视与侧视, ×48; DC84420; 贵州睦化剖面 II; 王佑组下部 *sulcata* 带。

12—13 复制于季强等, 1985 (见侯鸿飞等, 1985), 图版 28, 图 19—20, 23—24。

14. 口视, ×44; Bed54/103654/NbII-3a; 15. 口视, ×44; Bed54/103655/NbII-3a; 16. 口视, ×44; Bed56/107212/NbII-4a-3; 17. 口视, ×44; Bed54/107218/NbII-3a-2; 18. 口视, ×44; Bed56/107213/NbII-4a-3。广西桂林南边村剖面 II, 泥盆系—石炭系界线层南边村组, 上 *praesulcata* 带; 复制于 Wang 和 Yin, 1988 (见 Yu, 1988), 图版 22, 图 10, 11, 8, 13, 9。

19—21 屈恩原颚齿刺 *Protognathodus kuehni* Ziegler and Leuterits, 1970

19 口视, ×44; Bed56/107219/NbII-4a-4; 广西桂林南边村剖面 II, 南边村组, *sulcata* 带; 复制于 Wang 和 Yin, 1988 (见 Yu, 1988), 图版 22, 图 19。

20. 口视, ×37; DC84425; 贵州睦化剖面 II, 格董关层, *praesulcata* 带; 21. 口视, ×48; DC84426; 贵州睦化剖面 II, 格王佑组下部, *sulcata* 带。复制于季强等, 1985 (见侯鸿飞等, 1985), 图版 29, 图 3—4。

22 前斜克利赫德刺 *Clydagnathus antedeclinata* Shen, 1982

22a—c 独模标本之口视、反口视与侧视, ×44; 采集号: 东-94; 湖南东安井头圩, 锡矿山组; 复制于沈启明, 1982, 图版Ⅳ, 图 8a—c。

23—24 湖南克利赫德刺 *Clydagnathus hunanensis* Shen, 1982

23. 口方侧视, ×35; 采集号: 东-95; 24a—b. 同一标本之口视与反口视, ×35; 采集号: 东-95。湖南东安井头圩, 锡矿山组上部; 复制于沈启明, 1982, 图版Ⅳ, 图 7a, 1a—b。

图版 109

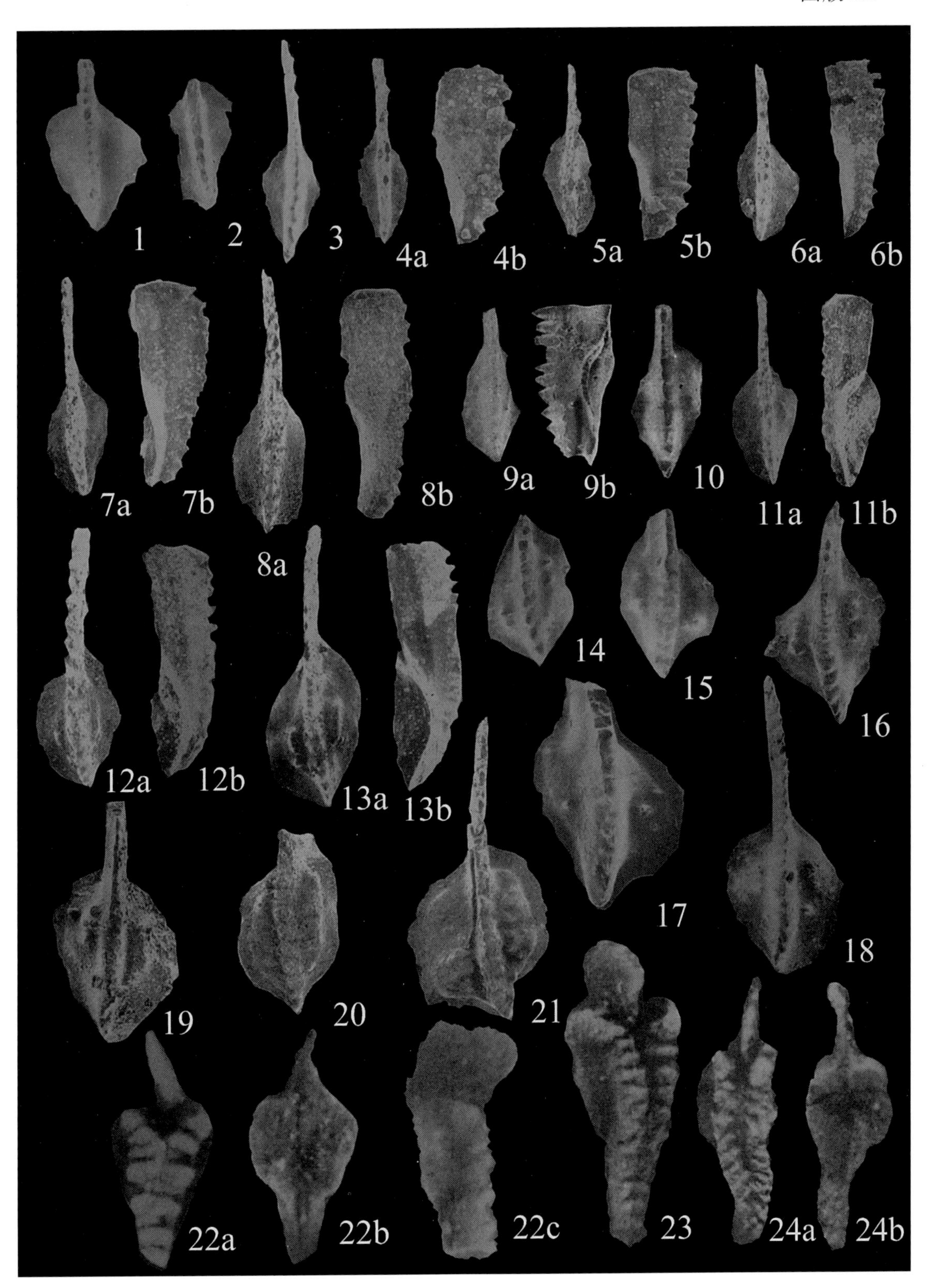
1
2
3
4a
4b
5a
5b
6a
6b
7a
7b
8a
8b
9a
9b
10
11a
11b
12a
12b
13a
13b
14
15
16
17
18
19
20
21
22a
22b
22c
23
24a
24b

图版 110

1—4 博尔交生颚刺 *Alternognathus beulensis* Ziegler and Sandberg，1984

1a—b 正模标本之反口视与口视，×37；locality 12，sample 1，Marburg 1836。

2a—b 副模标本之口视与反口视，×37；locality 12，sample 4，Marburg 1837。

3a—b 副模标本之反口视与口视，×37；locality 12，sample 12，Marburg 1838。

4a—b 副模标本之反口视与口视，×37；locality 12，sample 3，Marburg 1839。

1—4 复制于 Beinert 等，1971，图版 1，图 14a—b，15a—b，16a—b，17a—b。

5—9 规则交生颚刺 *Alternognathus regularis* Ziegler and Sandberg，1984

5a—c 副模标本之侧视，反口视与口视，×37；Loc. 3，Arrow-6，SUI 34446。

6a—c 副模标本之侧视，口视与反口视，×37；Loc. 3，Arrow-6，SUI 34446。

7a—c 正模标本之口视、反口视与侧视，×37；Loc. 12，sample 7，Marburg 1836。

8a—b 副模标本之侧视，×37；Loc. 12，sample 6，Marburg 1833。

9a—c 副模标本之口视，侧视与反口视，×37；Arrow-7，SUI 34445。

5—9 复制于 Beinert 等，1971，图版 1，图 7—9，4—5。

10—14 光滑管刺 *Siphonodella levis*（Ni，1984）

10a—b 正模标本之反口视与口视，×35；野外号：Ng-9；登记号：IV-80026；下石炭统长阳组。

11a—b 副模标本之反口视与口视，×35；野外号：Ng-9；登记号：IV-80027；下石炭统长阳组。

10—11 复制于倪世钊，1984，图版 44，图 26—27。

12a—b 同一标本之口视与反口视，×37；采集号：祁 21；登记号：HC023；祁阳县苏家坪，桂阳组上部。

13a—b 同一标本之口视与反口视，×63；采集号：大塘背 34；登记号：HC024；桂阳县大塘背，桂阳组上部。

14a—b 同一标本之口视与反口视，×58；采集号：大塘背 34；登记号：HC025；桂阳县大塘背，桂阳组上部。

12—14 复制于董振常，1987，图版 8，图 21—26。

图版 110

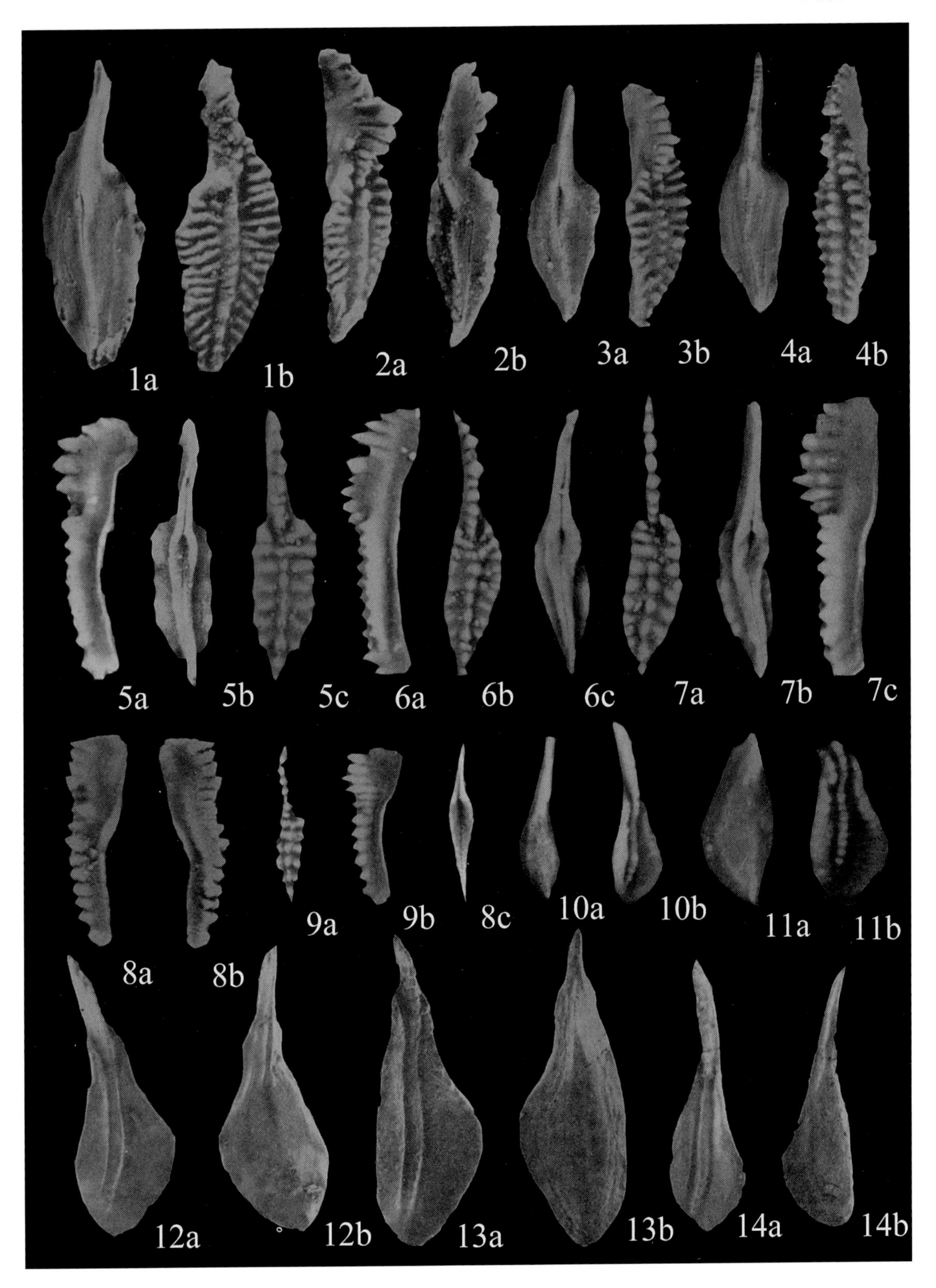
1a
1b
2a
2b
3a
3b
4a
4b
5a
5b
5c
6a
6b
6c
7a
7b
7c
8a
8b
9a
9b
8c
10a
10b
11a
11b
12a
12b
13a
13b
14a
14b

图版 111

1—5 先槽管刺，形态型 1 *Siphonodella praesulcata* Sandberg，1972，Morphotype 1

1a—b 同一标本口视与反口视，×44；Bed 54/103632/NbII-3a。

2a—b 同一标本反口视与口视，×44；Bed 54/103633/NbII-3。

3a—b 同一标本反口视与口视，×44；Bed 54/107132/NbII-3a-2。

4a—b 同一标本反口视与口视，×44；Bed 545/107138/NbII-3b-3。

5a—b 同一标本反口视与口视，×44；Bed 56/107139/NbII-4a-4。

1—5 桂林南边村剖面，泥盆系—石炭系界线层南边村组；复制于 Wang 和 Yin，1988（见 Yu，1988），图版 13，图 2—4；图版 14，图 2—3。

6—9 先槽管刺，形态型 2 *Siphonodella praesulcata* Sandberg，1972，Morphotype 2

6a—b. 同一标本反口视与口视，×44；Bed 54/1071396/NbIV-23；7a—b. 同一标本口视与反口视，×44；Bed 67/103636/NbII-7a；8a—b. 同一标本口视与反口视，×44；Bed 54/1071349/NbII-3a-2；9a—b. 同一标本口视与反口视，×44；Bed 55/1071350/NbII-3b-2。桂林南边村剖面，泥盆系—石炭系界线层南边村组；复制于 Wang 和 Yin，1988（见 Yu，1988），图版 13，图 10—11；图版 15，图 2—3。

10—12 先槽管刺，形态型 4 *Siphonodella praesulcata* Sandberg，1972，Morphotype 4

10a—b. 同一标本口视与反口视，×44；Bed 56/107158/NbII-4a-2；11a—b. 同一标本反口视与口视，×44；Bed 67/103637/NbII-7；12a—b. 同一标本口视与反口视，×44；Bed 57/103643/NbII-4b。桂林南边村剖面，泥盆系—石炭系界线层南边村组；复制于 Wang 和 Yin，1988（见 Yu，1988），图版 16，图 1，2，图版 17，图 1。

13—14 槽管刺 *Siphonodella sulcata*（Huddle，1934）

13a—b 同一标本反口视与口视，×44；Bed 66/103641/NbII-6b；14a—b. 同一标本反口视与口视，×44；Bed 66/103640/NbII-6。桂林南边村剖面，泥盆系—石炭系界线层南边村组。

15 雅水佩德罗刺 *Patrognathus yashuiensis* Xiong，1983

15a—c 独模标本之口视，侧视与反口视，×44（?）；76-029；贵州惠水雅水，下石炭统岩关组；复制于熊剑飞，1983，图版 74，图 3。

图版 111

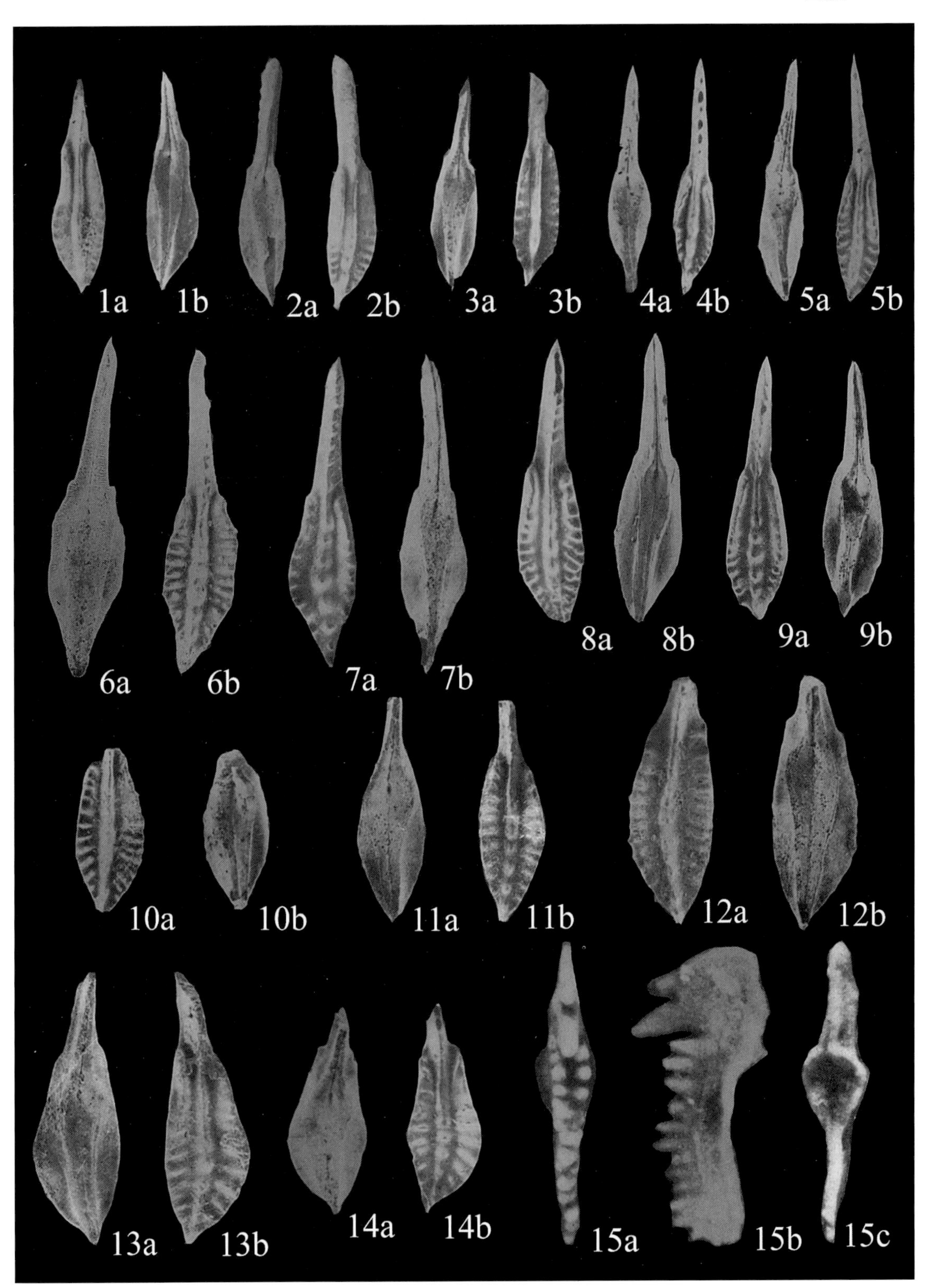
1a
1b
2a
2b
3a
3b
4a
4b
5a
5b
6a
6b
7a
7b
8a
8b
9a
9b
10a
10b
11a
11b
12a
12b
13a
13b
14a
14b
15a
15b
15c

图版 112

1　弯曲小尖刺　*Acodina curvata* Stauffer，1940

广西武宣三里，×29；SL19/77681；上泥盆统“三里组”，*marginifera* 带；复制于王成源，1989，图版 43，图 3。

2　矛形小尖刺　*Acodina lanceolata* Stauffer，1940

2a　×29；CD15-77683；广西那坡三叉河，下泥盆统益兰组，*dehiscens* 带上部（?）；复制于王成源，1989，图版 43，图 5。

2b　×29；WL23-5/77679；广西武宣绿峰山，下泥盆统二塘组，*perbonus* 带；复制于王成源，1989，图版 43，图 1。

3　小尖刺（未定种）　*Acodina* sp.

后视，×35；W26P1B81/67923；内蒙古喜桂图旗乌努尔，中泥盆统霍博山组。

4　属种未定　Gen. et sp. indet.

4a—b　×32；CD2-2/77681；×36；CD2-2 /77680；广西长塘，中泥盆统那叫组白云岩上部，可能相当于 *ensensis* 带或 *kockelianus* 带；复制于王成源，1989，图版 43，图 2。

5—6　双齿角刺　*Angulodus bidentatus* Sannemann，1955

5.　×32；ACE366/36455；贵州王佑上泥盆统代化组；复制于王成源和王志浩，1978，图版 1，图 5；6. ×32；CD350/77318；广西德保四红山，上泥盆统五指山组（“三里组”）；复制于王成源，1989，图版 2，图 9。

7　下落角刺　*Angulodus demissus* Huddle，1934

×32；CD432/77319；广西德保四红山剖面，中泥盆统分水岭组；复制于王成源，1989，图版 2，图 10。

8—12　全细角刺　*Angulodus pergracilis*（Ulrich and Bassler，1926）

8.　×32；CD460/77320；广西德保四红山，中泥盆统分水岭组；9. ×32；CD210/77321；广西那坡三叉河；10a—b. 口视与侧视，×32；CD404/77322；广西德保四红山，中泥盆统分水岭组；11. ×32；CD443/77323；广西德保四红山，下—中泥盆统坡折落组，*partitu* 带；12. ×32；CD429/77324；广西德保四红山，中泥盆统分水岭组。复制于王成源，1989，图版 2，图 11—15。

13—18　沃尔拉思角刺　*Angulodus walrathi*（Hibbard，1927）

13　×32；CD451/77326；广西德保都安四红山，下—中泥盆统坡折落组；14. ×32；Xm24-8/77327；广西象州马鞍山，东岗岭组；15. ×32；C445/77328；广西德保都安四红山，下—中泥盆统坡折落组；16. ×32；HL14-3/77329；广西横县六景，融县组；17. ×32；CD446/77330；广西德保都安四红山，下—中泥盆统坡折落组；18. ×32；CD448/77331；广西德保都安四红山，下—中泥盆统坡折落组。复制于王成源，1989，图版 3，图 2—9。

19—20　角刺（未定种 A）　*Angulodus* sp. A

同一标本之内侧视与口方斜视，×32；CD81/77334；广西那坡三叉河；复制于王成源，1989，图版 3，图 10a—b。

21—22　全细角刺（比较种）　*Angulodus* cf. *pergracilis*（Ulrich and Bassler，1926）

×32；CD453/77335，CD436/77336；广西都安四红山，下—中泥盆统坡折落组；复制于王成源，1989，图版 3，图 11—12。

图版 112

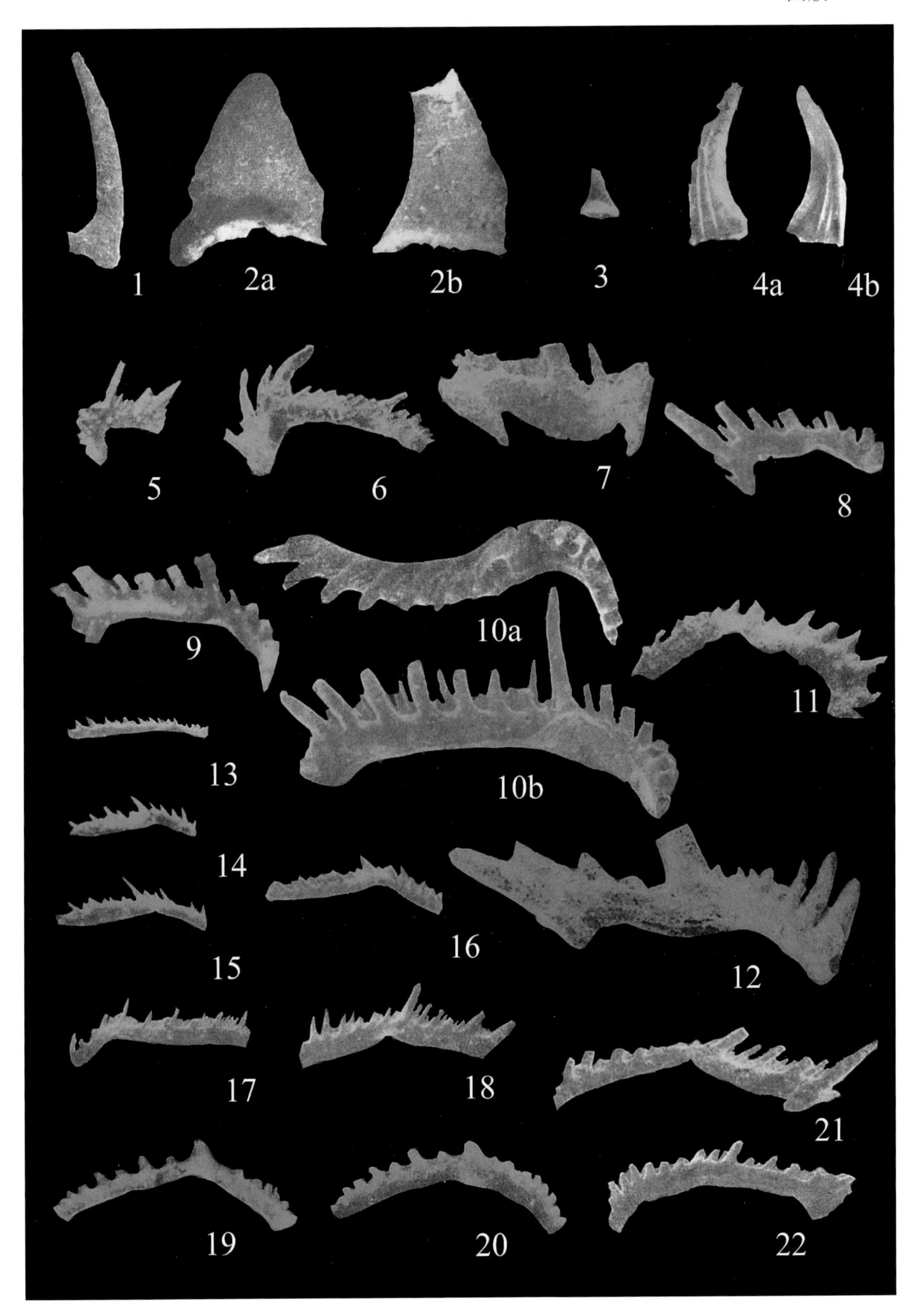

图版113

1　直翼鸟刺　*Avignathus orthoptera* Ziegler，1958

1a—b　同一标本的口视与侧视，×40；CD361/77315；广西德保都安四红山，上泥盆统三里组；复制于王成源，1989，图版2，图1a—b。

2　贝克曼鸟刺　*Avignathus beckmanni* Lys and Serre，1957

2a—c　同一标本的反口视、侧视和口视，×40；CD361/77316；广西德保都安四红山，上泥盆统三里组；复制于王成源，1989，图版2，图2a—c。

3　角刺（未定种B）　*Angulodus* sp. B

×32；HL-14c/77449；广西横县六景融县组；复制于王成源，1989，图版13，图8。

4　角刺（未定种C）　*Angulodus* sp. C

×29；CD162/77453；广西那坡三叉河，下—中泥盆统坡折落组，*serotinus* 带；复制于王成源，1989，图版13，图12。

5　重角刺　*Angulodus gravis* Huddle，1934

×32；CD407/77454；广西德保都安四红山，上泥盆统榴江组；复制于王成源，1989，图版13，图13。

6　曲角刺　*Angulodus curvatus* Wang and Wang，1978

6a—d　正模标本的内外侧视、口视和反口视，×44；PO30/31502；云南广南达莲塘村附近，下—中泥盆统坡折落组（艾菲尔期）；复制于王成源和王志浩，1978，图版40，图6—9。

7—9　整洁不赖恩特刺　*Bryantodus nitidus* Ulrich and Bassler，1926

7　×32；HL15-8/77368；广西横县六景，上泥盆统融县组。

8　×32；HL14-3/77369；广西横县六景，上泥盆统融县组。

9　×36；CD370/77370；广西德保都安四红山，上泥盆统榴江组。

7—9　复制于王成源，1989，图版5，图12—14。

10—12　大齿不赖恩特刺　*Bryantodus macrodentatus*（Bryant，1921）

10　×32；CD419/77354；广西德保都安四红山，中泥盆统分水岭组。

11　×32；CD370/77355；广西德保都安四红山，上泥盆统榴江组。

12a—b　×32；CD430/77356；广西德保都安四红山，中泥盆统分水岭组。

10—12　复制于王成源，1989，图版4，图13—15。

图版 113

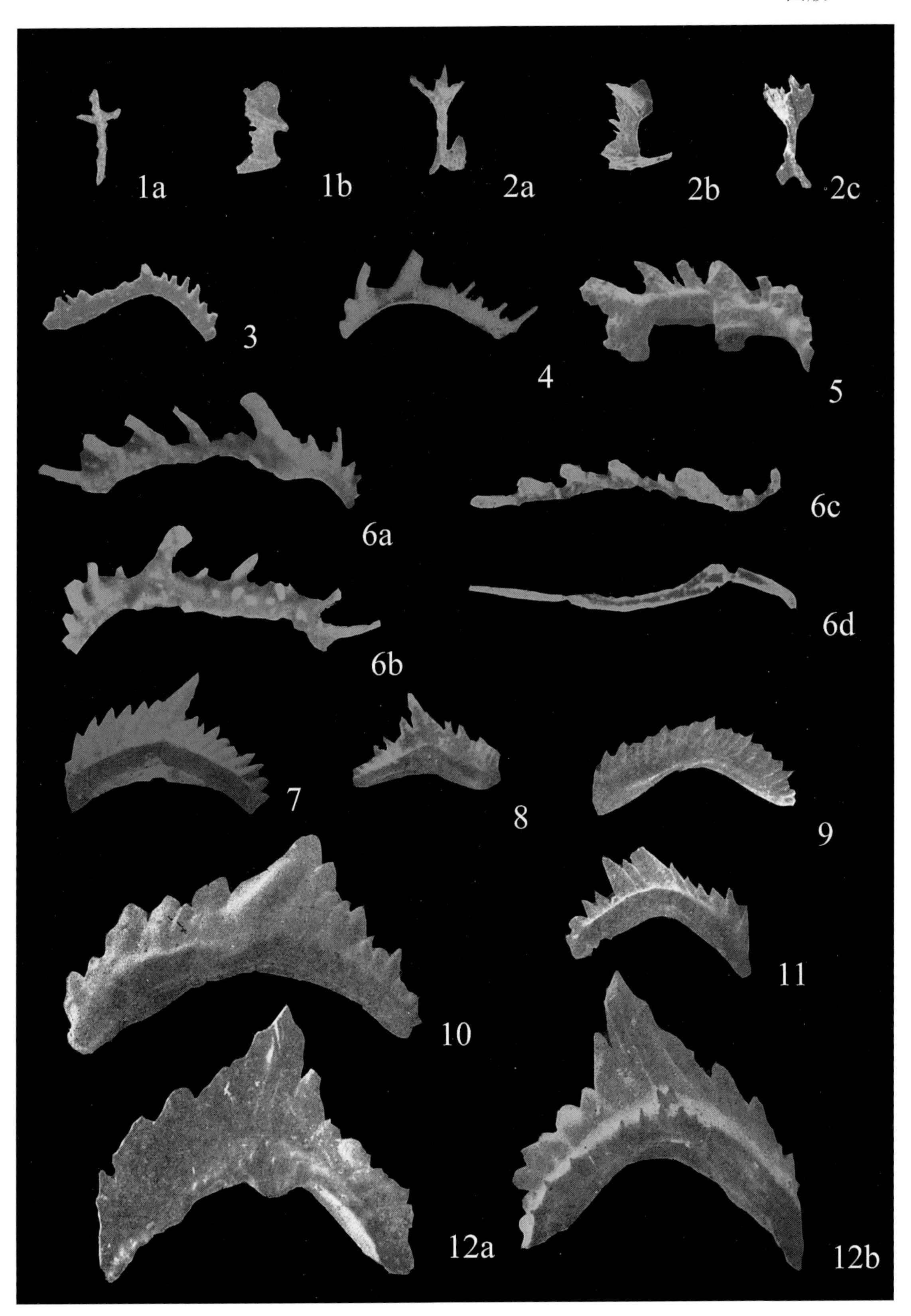

图版 114

1　小齿不赖恩特刺　*Bryantodus microdens* Huddle，1934

×26；HL15-8/77367；广西横县六景，上泥盆统融县组；复制于王成源，1989，图版 5，图 11。

2　凹凸不赖恩特刺　*Bryantodus concavus* Huddle，1934

2a—b　×26；CD378/77366；广西德保都安四红山，上泥盆统榴江组；复制于王成源，1989，图版 5，图 10a—b。

3—4　典型不赖恩特刺　*Bryantodus typicus* Bassler，1925

3　×32；HL15-7/77371；广西横县六景，上泥盆统融县组。

4　×35；CD370/77372；广西德保都安四红山，上泥盆统榴江组。

3—4　复制于王成源，1989，图版 5，图 15—16。

5—6　利陪特反颚刺　*Enantiognathus lipperti*（Bischoff，1956）

5.　×26；CD350/77358；6. ×26；CD352/77359。广西德保都安四红山，上泥盆统五指山组；复制于王成源，1989，图版 5，图 2—3。

7　角镰齿刺　*Falcodus angulus* Huddle，1934

×26；CD350/77364；广西德保都安四红山，上泥盆统五指山组；复制于王成源，1989，图版 5，图 8。

8　翻转反颚刺　*Enantiognathus inversus*（Sannemann，1955）

×28；CD350/77360；广西德保都安四红山，上泥盆统五指山组。

9—15　易变镰齿刺　*Falcodus variabilis* Sannemann，1955

9—11　×28；SL-20/77361，SL-13/77362，SL-19/77363；广西武宣三里剖面，上泥盆统三里组；复制于王成源，1989，图版 5，图 5—7。

12—13.　同一标本之两侧视，×35；ACE368/36480；14. 侧视；ACE369/36477；15. 侧视；ACE367/36481。贵州王佑，上泥盆统代化组；复制于王成源和王志浩，1978，图版 2，图 4—7。

16—19　三角贵州刺　*Guizhoudella triangularis* Wang and Wang，1978

16—18　×35；ACE366/36476；贵州王佑，上泥盆统代化组；16. 正模标本之前视；17. 正模标本之前方侧视；18. 正模标本之后视。

16—18　复制于王成源和王志浩，1978，图版 2，图 1—3。

19　前视，×35，80-620B；贵州长顺睦化，上泥盆统代化组；复制于熊剑飞，1983，图版 70，图 24。

20　近三角贵州刺　*Guizhoudella subtriangularis* Xiong，1983

20a—b　正模标本之前视与后视；80-620A；贵州惠水王佑，上泥盆统代化组；复制于熊剑飞，1983。

21　内曲欣德刺　*Hindeodella adunca* Bischoff and Ziegler，1957

21a—b　×44；PO31/31501；云南广南大莲塘村附近，下—中泥盆统坡折落组（艾菲尔期）；复制于王成源和王志浩，1978，图版 40，图 1—2。

22　广南欣德刺　*Hindeodella guangnanensis* Wang and Wang，1978

22a—b　×44；D17/31503；云南广南县城北 8km，下泥盆统达莲塘组；复制于王成源和王志浩，1978，图版 40，图 3，5。

图版 114

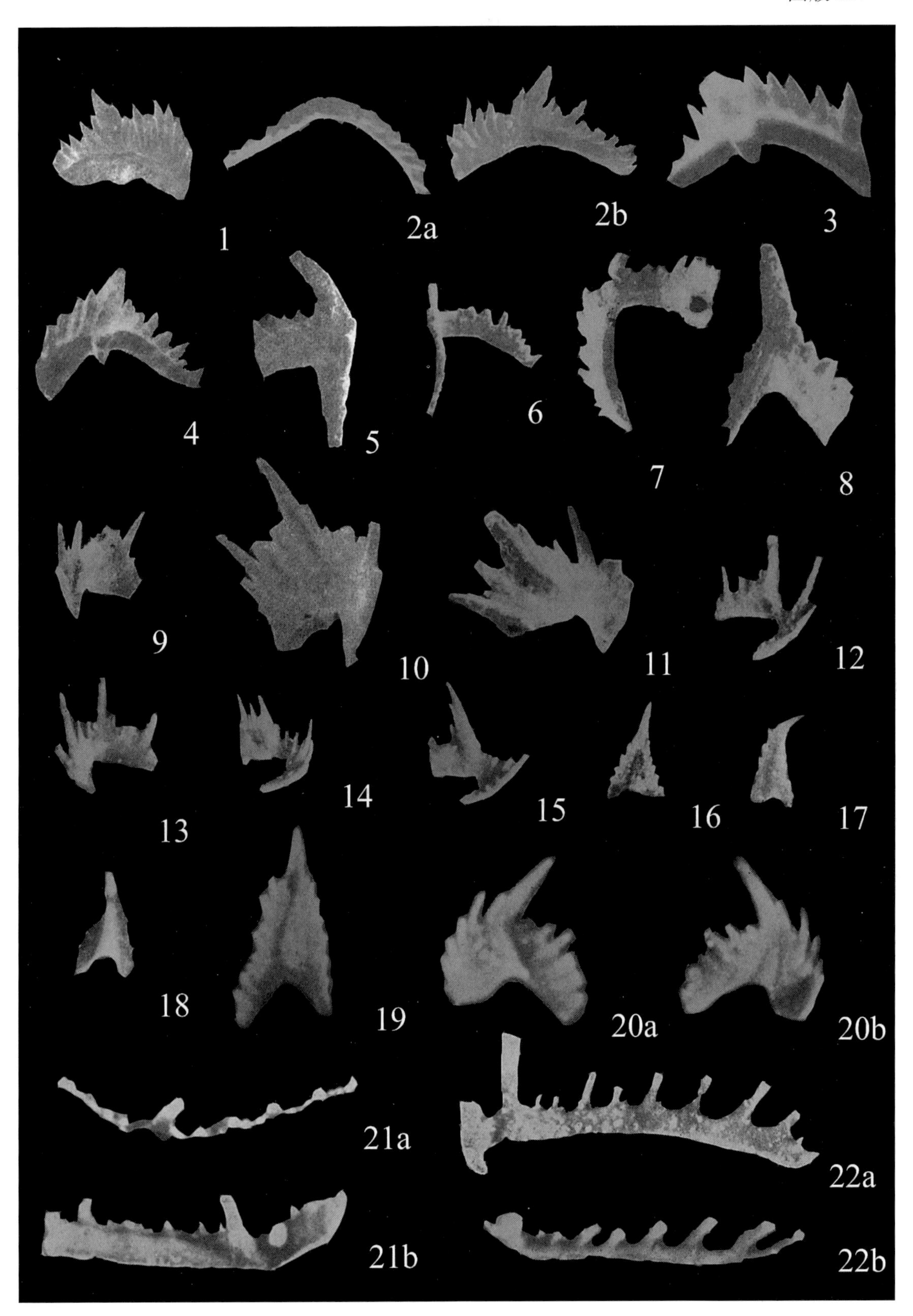
1
2a
2b
3
4
5
6
7
8
9
10
11
12
13
14
15
16
17
18
19
20a
20b
21a
22a
21b
22b

图版 115

1—2　娇柔刺颚刺　*Centrognathodus delicatus* Branson and Mehl，1934

1a—b.　口视与反口视，×35；ACE 367/36456；2a—b. 口视与侧视，×35；ACE 364/36457。贵州惠水王佑，上泥盆统代化组；复制于王成源，1989，图版1，图6—9。

3—4　短镰齿刺　*Falcodus brevis* Wang and Wang，1978

3a—b.　正模标本之内侧视与外侧视，×35；ACE 370/36461；4a—b. 副模标本之内侧视与口方斜视，×35；ACE 370/36464。贵州惠水王佑，上泥盆统代化组；复制于王成源和王志浩，1978，图版1，图16—19。

5—8　短欣德刺　*Hindeodella brevis* Branson and Mehl，1934

5a—b.　侧视与口视，×35；ACE 370/36488；6a—b. 口视与侧视，×35；ACE 367/36489。贵州惠水王佑，上泥盆统代化组；复制于王成源和王志浩，1978，图版2，图18—21。

7.　口视，×32；CD388/77380；8. 口视，×32；CD388/77381。广西德保都安四红山，中泥盆统分水岭组；复制于王成源，1989，图版7，图5—6。

9　刺颚刺（未定种）　*Centrognathodus* sp.

9a—b　同一标本侧视与口方斜视，×32，×70；CD350/77488；广西德保县都安四红山，上泥盆统五指山组；复制于王成源，1989，图版15，图16a—b。

10　不赖恩特刺（未定种 A）　*Bryantodus* sp. A

×29；W6-6018-10/77480；广西武宣绿峰山，下泥盆统二塘组；复制于王成源，1989，图版15，图7。

11　双侧小双刺　*Diplododella bilateralis* Bassler，1925

×32；CT2-1/77402；广西邕宁长塘，中泥盆统那叫组；复制于王成源，1989，图版8，图12。

12　小双刺（未定种 A）　*Diplododella* sp. A

×32；SL-21/77391；广西武宣三里，上泥盆统三里组；复制于王成源，1989，图版8，图1。

13　镰齿刺（未定种 B）　*Falcodus* sp. B Bischoff and Ziegler，1957

×29；CT5-5/77472；广西邕宁长塘，中泥盆统那叫组；复制于王成源，1989，图版14，图15。

14　长角刺　*Angulodus elongatus* Stauffer，1940

×29；CD169/77337；广西那坡三叉河；复制于王成源，1989，图版3，图13。

图版 115

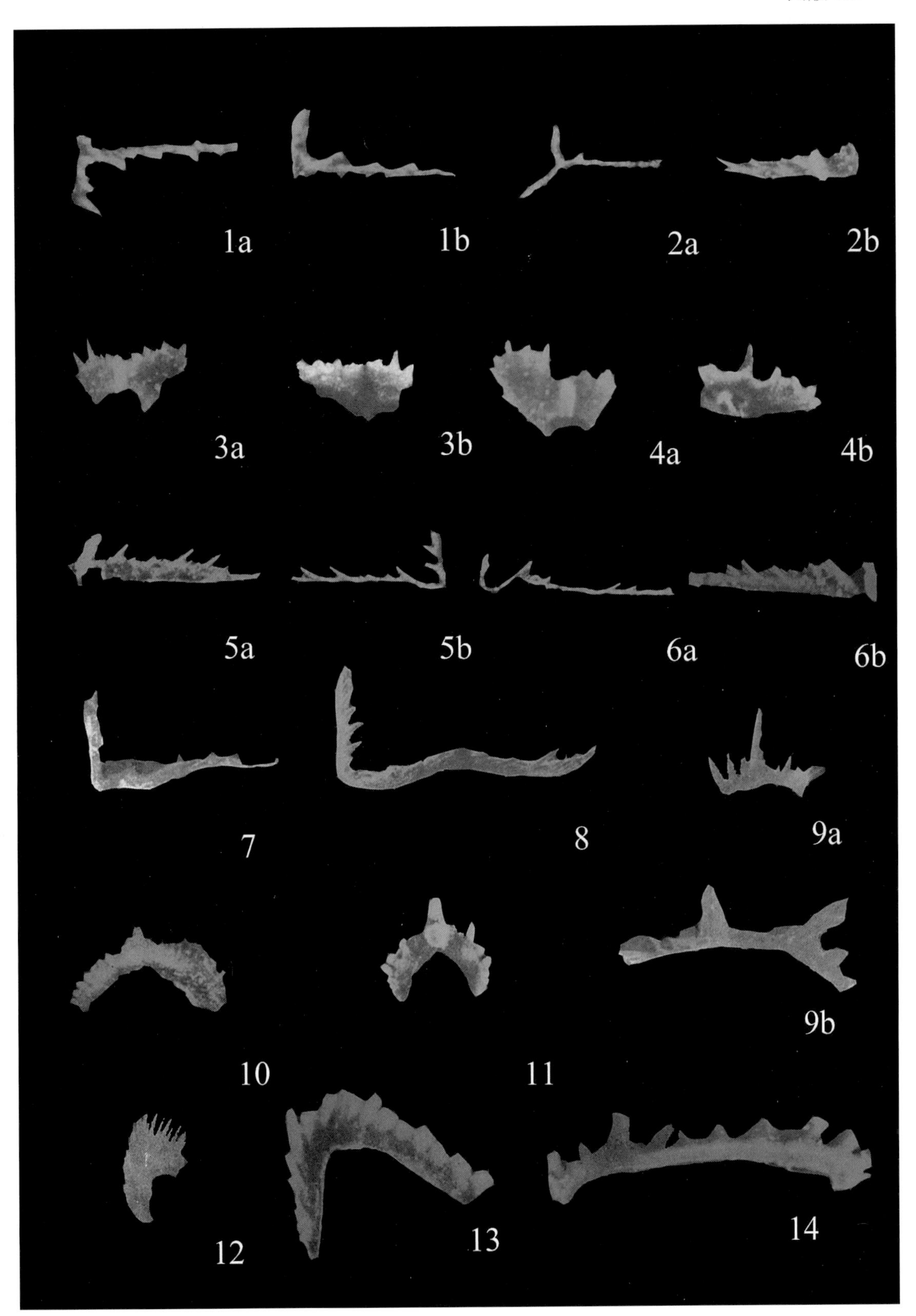

图版 116

1　小钩欣德刺　*Hindeodella uncata*（Hass，1959）

　1a—b　同一标本口视与内侧视，×32；C D354/77382；广西德保都安，上泥盆统三里组；复制于王成源，1989，图版7，图7。

2　欣德刺（未定种C）　*Hindeodella* sp. C

　2a—b　同一标本口视与内侧视，×32；CD425/77379；广西德保都安，中泥盆统分水岭组；复制于王成源，1989，图版7，图4。

3　长齿欣德刺　*Hindeodella longidens* Ulrich and Bassler，1926

　3a—b　同一标本内侧视与反口视，×32；CD458/77383；广西德保都安，下—中泥盆统坡折落组；复制于王成源，1989，图版7，图8。

4　欣德刺（未定种B）　*Hindeodella* sp. B

　4a—b　同一标本内侧视与口视，×32；CD425/77384；广西德保都安，中泥盆统分水岭组；复制于王成源，1989，图版7，图9。

5—7　纤细欣德刺　*Hindeodella subtilis* Ulrich and Bassler，1926

　5. 内侧视，×32；CD381/77428；广西德保都安，中泥盆统分水岭组；6. 内侧视，×32；HL-13g/77387；广西横县六景，上泥盆统融县组；7. 内侧视，×32；CD348/77386；广西德保都安四红山，上泥盆统榴江组。复制于王成源，1989，图版11，图10；图版7，图13，12。

8—9　破欣德刺　*Hindeodella fractus*（Huddle，1934）

　8. 内侧视，×32；CD409/77390；广西德保都安，中泥盆统分水岭组；9. 内侧视，×32；CD437/77389；广西德保都安，下—中泥盆统坡折落组。复制于王成源，1989，图版7，图15，14。

10　欣德刺（未定种A）　*Hindeodella* sp. A Druce，1975

　外侧视，×32；HL14-9/77388；广西横县六景，融县组底部；复制于王成源，1989，图版7，图13。

11—12　芽欣德刺　*Hindeodella germana* Holmes，1928

　11. 内侧视，×35；ACE369/36490；12. 内侧视，×35；ACE369/36490。贵州长顺代化，上泥盆统代化组；复制于1989，图版2，图23—24。

13—15　原始欣德刺　*Hindeodella priscilla* Stauffer，1938

　13　内侧视，×35；76—061；四川北川，下泥盆统甘溪组；复制于熊剑飞，1983，图版70，图9。

　14. 内侧视，×44；D10/31497；15. 内侧视，×44；D18/31496。云南广南达莲塘剖面，下泥盆统达莲塘组；复制于王成源和王志浩，1978，图版40，图12，11。

16　等齿欣德刺　*Hindeodella equidentata* Rhodes，1953

　16a—c　同一标本之反口视、内侧视与口视，×44；D18/31498；云南广南达莲塘剖面，下泥盆统达莲塘组；复制于王成源和王志浩，1978，图版39，图25—27。

图版 116

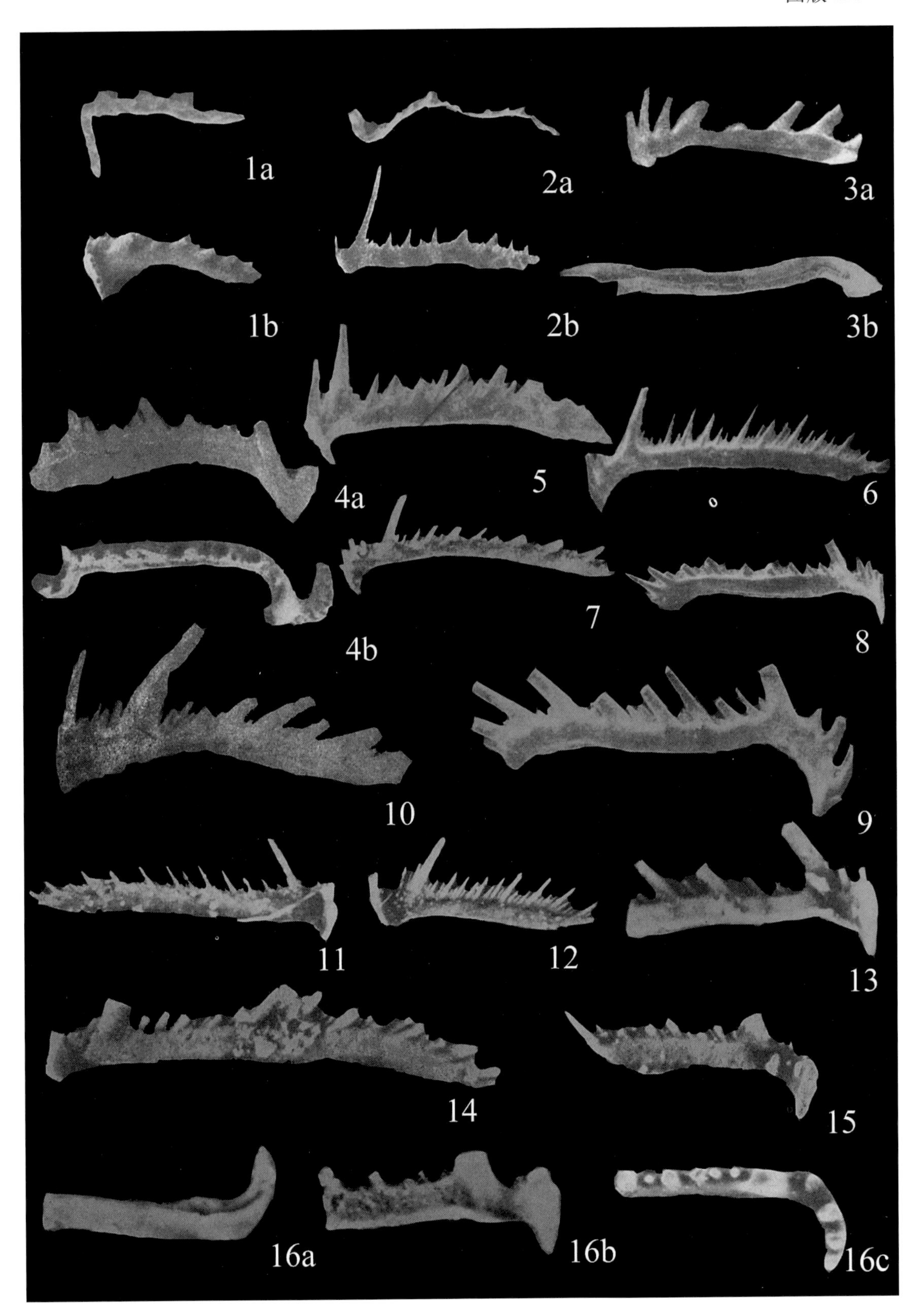

图版 117

1　破漩涡刺　*Dinodus fragosus*（E. R. Branson, 1934）

　　侧视，×37；采集号：CMII-40；登记号：DC845289；贵州睦化剖面Ⅱ，王佑组中部，上 *duplicata* 带；复制于季强等，1985，图版 35，图 22。

2—4　中等镰齿刺　*Falcodus intermedius* Ji，Xiong and Wu，1985

　　2. 正模标本之内侧视，×37；采集号：GMII-35；登记号；DC84530；贵州睦化剖面Ⅱ，王佑组下部，下 *duplicata* 带；3. 副模标本之外侧视，×37；采集号：GMII-40；登记号；DC84531；贵州睦化剖面II，王佑组组中部，上 *duplicata* 带。复制于季强等，1985，图版 35，图 23—24。

　　4　副模标本之侧视，×45；采集号：GMII-40；登记号：DC84488；睦化剖面Ⅱ，王佑组中部，上 *duplicata* 带；复制于季强等，1985，图版 32，图 23。

5—6　细弱漩涡刺　*Dinodus leptus* Cooper，1939

　　5. 侧视，×37；采集号：GMII-42；登记号：DC84563；6. 侧视，×70；采集号：GMII-40；登记号：DC84564。睦化剖面Ⅱ，王佑组中部，上 *duplicata* 带；复制于季强等，1985，图版 37，图 23—24。

7—8　威尔逊漩涡刺　*Dinodus wilsoni* Druce，1969

　　7. 侧视，×37；采集号：GMII-32；登记号：DC84565；8. 侧视，×37；采集号：GMII-30；登记号：DC84566。睦化剖面Ⅱ，王佑组下部，下 *duplicata* 带；复制于季强等，1985，图版 37，图 25—26。

9—10　薄片桔卡吉尔刺　*Jukagiria laminatus*（Ji，Xiong and Wu，1985）

　　9. 侧视，×37；采集号：GMII-32；登记号：DC84511；睦化剖面Ⅱ，王佑组下部，下 *duplicata* 带；10. 正模标本之侧视，×37；采集号：GMII-29；登记号：DC84512；睦化剖面Ⅱ，王佑组下部，下 *duplicata* 带；11. 侧视，×37；采集号：GMII-15；登记号：DC84513；睦化剖面Ⅱ，代化组上部，中 *praesulcata* 带。复制于季强等，1985，图版 34，图 18—20。

12　扬奎斯特漩涡刺　*Dinodus youngquisti* Klapper，1966

　　侧视，×45；采集号：GMII-45；登记号：DC84489；睦化剖面Ⅱ，王佑组中部，上 *duplicata* 带；复制于季强等，1985，图版 32，图 24。

13—14　泥盆桔卡吉尔刺　*Jukagiria devonicus*（Wang and Wang，1978）

　　13　正模标本之侧视，×35；ACE 361/36586；贵州长顺代化，上泥盆统代化组；复制于王成源和王志浩，1978，图版 6，图 27。

　　14　侧视，×37；采集号：GMII-15；登记号：DC84514；睦化剖面Ⅱ，上泥盆统代化组上部，中 *praesulcata* 带；复制于季强等，1985，图版 34，图 21。

15　半圆桔卡吉尔刺　*Jukagiria hemirotundus*（Xiong，1983）

　　15a—b　正模标本前视与后视，×35；78-5-6A；贵州长顺代化，上泥盆统代化组；复制于熊剑飞，1983，图版 70，图 12（注：原定名 *Changshundontus hemirotundus* Xiong，1983）。

图版 117

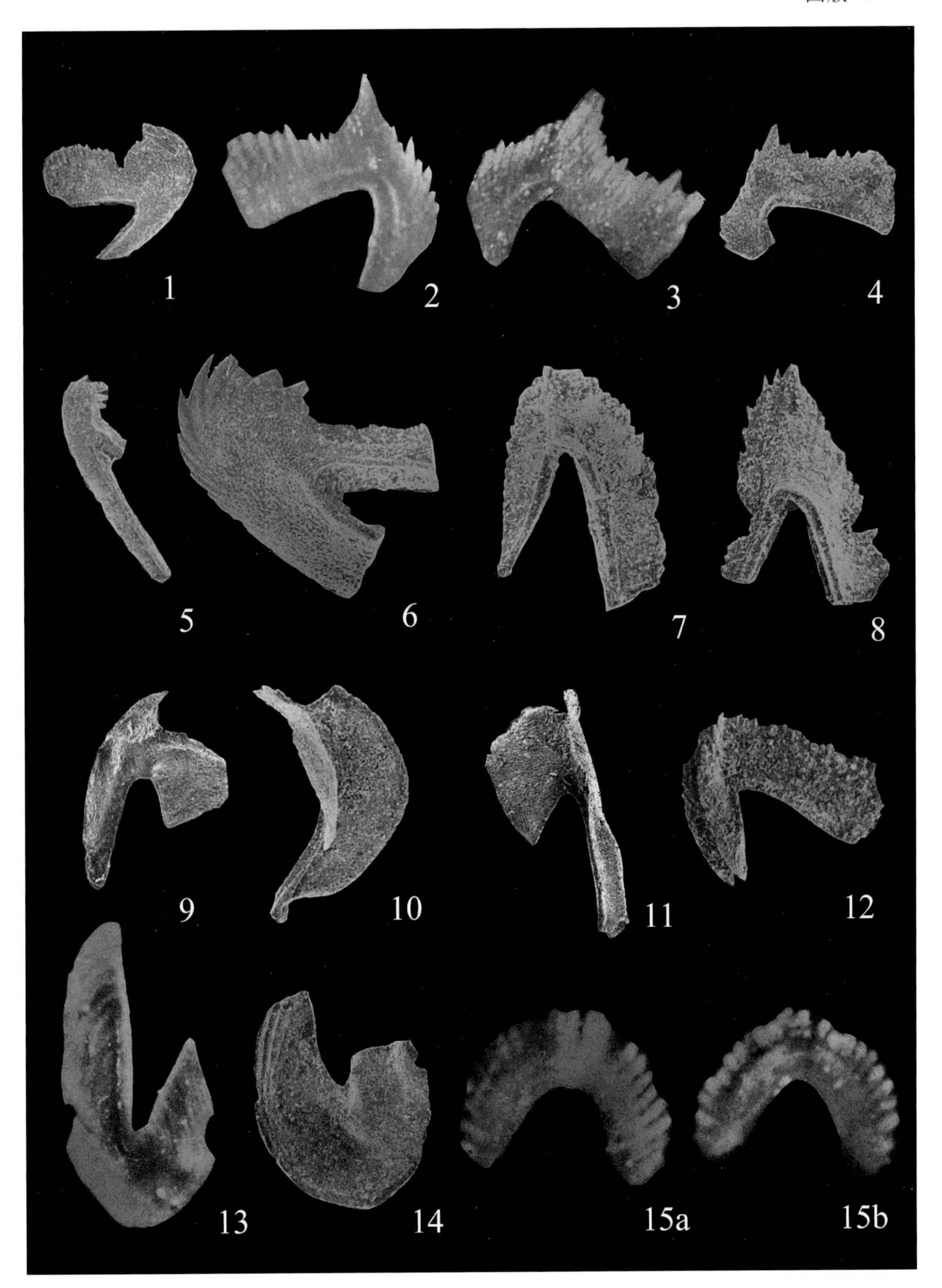

图版 118

1　幸运锄刺　*Ligonodina beata* Rhodes，Austin and Druce，1969

内侧视，×35；ACE 368/36486；贵州长顺代化，上泥盆统代化组；复制于王成源和王志浩，1978，图版 2，图图 17。

2—6　双齿锄刺　*Ligonodina bidentata* Wang and Wang，1978

2. 正模标本之内侧视，×35；ACE 368/36491；3. 内侧视，×35；ACE 361/36493；4. 内侧视，×35；ACE 365/36499。贵州长顺代化，上泥盆统代化组；复制于王成源和王志浩，1978，图版 2，图 22，28，35。

5　内侧视，×32；SL-17/77423；广西武宣二塘，上泥盆统三里组；复制于王成源，1989，图版 11，图 5。

6　内侧视，×35；80-664B；贵州惠水王佑，上泥盆统代化组；复制于熊剑飞，1983，图版 70，图 20。

7—9　代化锄刺　*Ligonodina daihuaensis* Wang and Wang，1978

7. 内侧视，×35；ACE 367/3647；8. 内侧视，×35；ACE 370/36483；9. 正模标本外内侧视，×35；ACE 367/36498。贵州长顺代化，上泥盆统代化组；复制于王成源和王志浩，1978，图版 2，图 13—14，32。

10　大齿锄刺　*Ligonodina magnidentata* Wang and Wang，1978

正模标本之外侧视，×35；ACE 359/36494；贵州惠水王佑水库剖面，下石炭统王佑组；复制于王成源和王志浩，1978，图版 2，图 29。

11—12　潘德尔锄刺　*Ligonodina panderi*（Hinde，1879）

11. 内侧视，×32；CD369/77420；12. 内侧视，×32；CD370/77421。德保都安四红山剖面，上泥盆统榴江组；复制于王成源，1989，图版 11，图 2—3。

13—14　单齿锄刺　*Ligonodina monodentata* Bischoff and Ziegler，1956

13. 内侧视，×32；SL-30/77424；14. 内侧视，×32；SL-30/77424。武宣二塘，上泥盆统三里组；复制于王成源，1989，图版 11，图 6—7。

15—16　细锄刺　*Ligonodina gracilis*（Huddle，1934）

15. 内侧视，×32；CD440/77426；16. 内侧视，×32；CD440/774367。德保都安四红山，下—中泥盆统坡折落组；复制于王成源，1989，图版 11，图 8—9。

17　锄刺（未定种 B）　*Ligonodina* sp. B

内侧视，×32；CD427/77429；德保都安四红山，中泥盆统分水岭组；复制于王成源，1989，图版 11，图 11。

18　梳齿锄刺　*Ligonodina pectinata* Bassler，1925

内侧视，×32；CD384/77430；德保都安，中泥盆统分水岭组；复制于王成源，1989，图版 11，图 12。

19　锄刺（未定种 A）　*Ligonodina* sp. A

内侧视，×32；CD424/77431；德保都安四红山剖面，中泥盆统分水岭组；复制于王成源，1989，图版 11，图 13。

图版 118

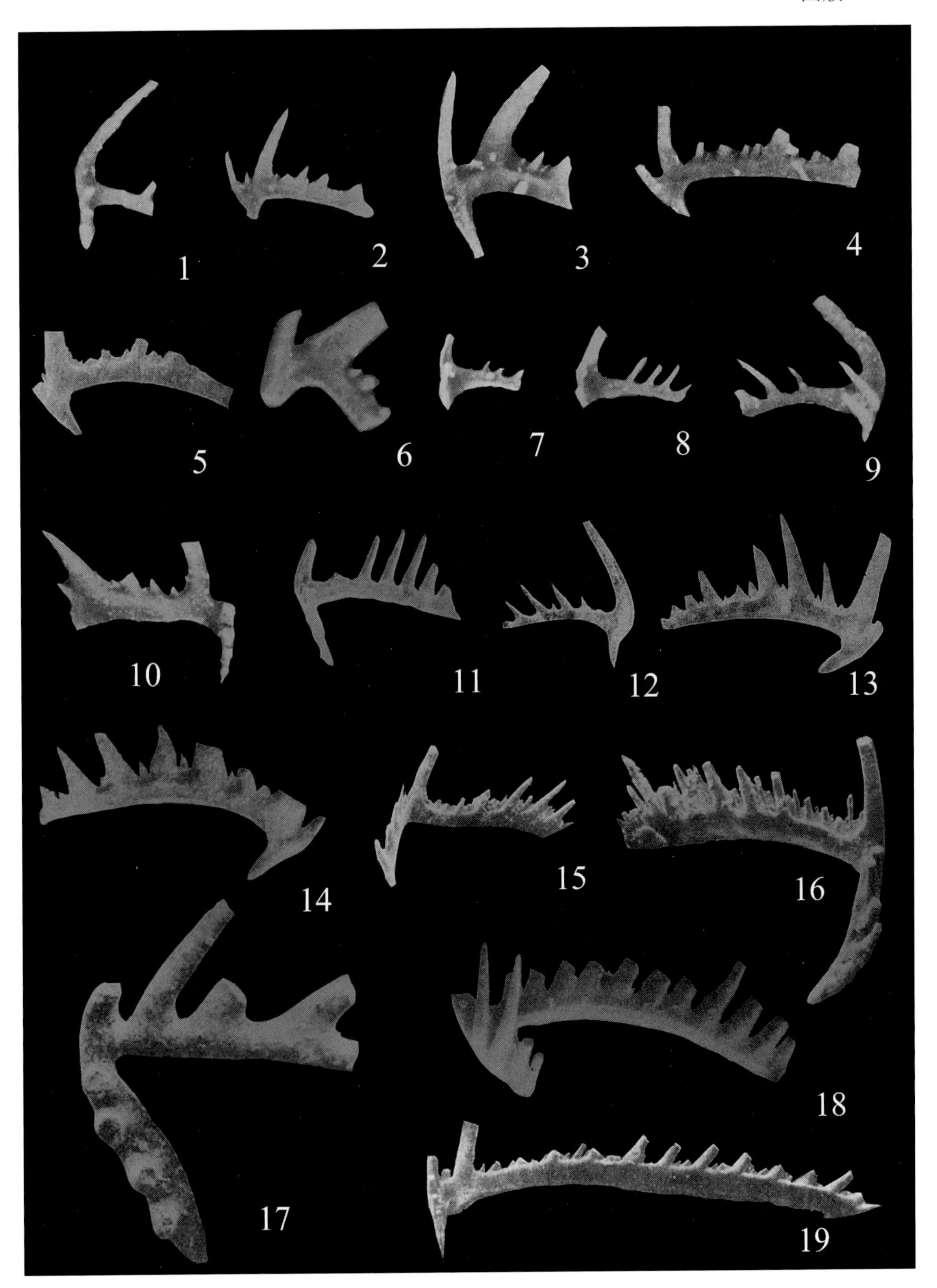

图版 119

1 巨齿锄刺 *Ligonodina magnidens* (Ulrich and Bassler, 1926)

内侧视，×29；ADS930/70263；湖南界岭，上泥盆统邵东段顶部；复制于 Wang 和 Ziegler，1982，图版 2，图 10。

2 莎罗比亚锄刺 *Ligonodina salopia* Rhodes，1953

2a—b 同一标本之内侧视与外侧视，×35；采集号：BD304；登记号：49607；广西武宣，下泥盆统二塘组；复制于王成源，1981，图版 I，图 28—29。

3 莎罗比亚锄刺（亲近种） *Ligonodina* aff. *salopia* Rhodes，1953

内侧视，×35；20/46725；广西象州，下泥盆统四排组；复制于王成源，1979，图版 I，图 9。

4 锄刺（未定种 C） *Ligonodina* sp. C

内侧视，×35；ADS902/70272；湖南界岭，上泥盆统锡矿山组；复制于 Wang 和 Ziegler，1982，图版 2，图 36。

5 短翼矛刺 *Lonchodina brevipennata* Branson and Mehl，1934

5a—b 同一标本之外侧视与内侧视，×29；ADS930/70229；湖南界岭，上泥盆统邵东段顶部；复制于 Wang 和 Ziegler，1982，图版 1，图 24a—b。

6—7 拱曲矛刺 *Lonchodina arcuata* Ulrich and Bassler，1926

6. 外侧视，×32；CD370/77452 德保都安四红山剖面，上泥盆统榴江组；7. 外侧视，×32；Hl-15-13/77455；横县六景，上泥盆统融县组。复制于王成源，1989，图版 13，图 11，14。

8—12 曲矛刺 *Lonchodina curvata* (Branson and Mehl，1934)

8a—b. 同一标本之内侧视与外侧视，×35；ACE364/36500；9. 外侧视，×35；ACE370/36594。贵州长顺，上泥盆统代化组；复制于王成源和王志浩，1978，图版 2，图 36—37，40。

10. 内侧视，×29；ADS930/70269；11a—b. 同一标本之内侧视与外侧视，×33；ADS930/70270；12. 内侧视，×29；ADS930/70271。湖南界岭，上泥盆统邵东组顶部；复制于 Wang 和 Ziegler，1982，图版 2，图 31，32a—b，33b。

13 矛刺（未定种 B） *Lonchodina* sp. B

内侧视，×32；CD299/77456；广西靖西三联，上泥盆统；复制于王成源，1989，图版 13，图 15。

14 矛刺（未定种 A） *Lonchodina* sp. A

外侧视，×29；XD15-8/77457；广西象州大乐，下泥盆统四排组；复制于王成源，1989，图版 13，图 16。

15 少齿矛刺 *Lonchodina paucidens* Ulrich and Bassler，1926

15a—b 同一标本种内侧视与外侧视，×35；ACE369/36487；贵州长顺代化剖面，上泥盆统代化组；复制于王成源和王志浩，1978，图版 2，图 11—12。

16 多齿矛刺（比较种） *Lonchodina* cf. *multidens* Hibbard，1927

16a—b 同一标本外侧视与内侧视，×35；ACE361/36503；贵州长顺，代化组；复制于王成源和王志浩，1978，图版 2，图 38—39。

图版 119

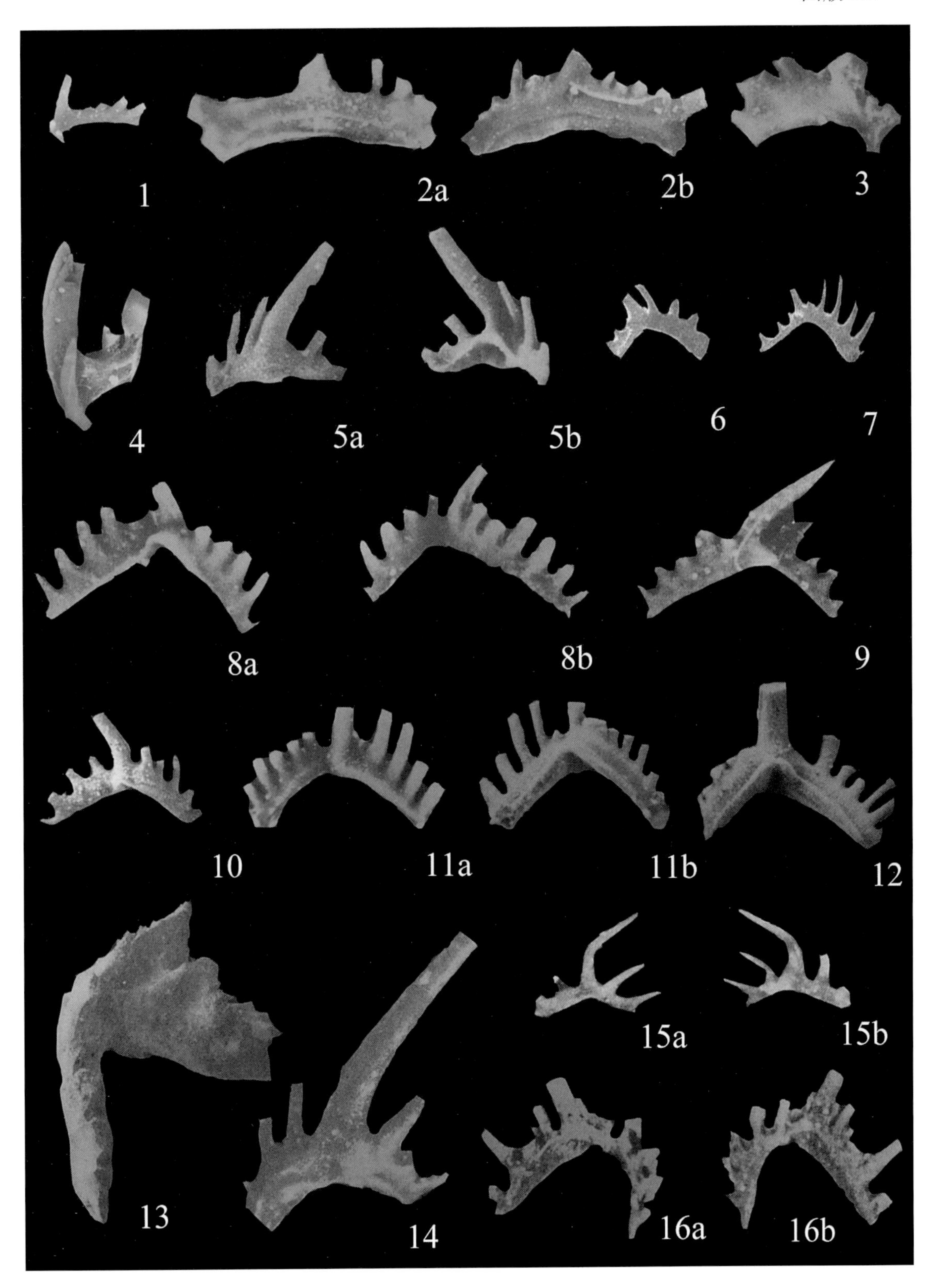

图版 120

1　分离矛刺　*Lonchodina discreta* Ulrich and Bassler, 1926

内侧视，×32；HL15-13/77422；广西横县六景，上泥盆统融县组；复制于王成源，1989，图版 11，图 4。

2—6　盔甲新锯齿刺　*Neopriobiodus armatus*（Hinde，1879）

2　内侧视，×32；CD460/77446；广西德保都安，下-中泥盆统坡折落组。

3.　内侧视，×32；CD425/77447；4. 内侧视，×29；Sn72/77448。广西那坡三叉河，中泥盆统分水岭组。

5　内侧视，×29；CT3-4/77451；广西邕宁长塘，中泥盆统那叫组。

2—5　复制于王成源，1989，图版 13，图 5，6，7，10。

6　内侧视，×29；ADS 930/70265；湖南界岭，上泥盆统邵东组顶部；复制于 Wang 和 Ziegler，1982，图版 2，图 34。

7—8　翼新锯齿刺　*Neoprioniodus alatus*（Hinde，1879）

7　侧视，×29；W6-6018-10/77464；广西永福和平公社，上泥盆统；复制于王成源，1989，图版 14，图 7。

8a—b　同一标本内侧视与外侧视，×29；ADS930/70253；湖南界岭，上泥盆统邵东段顶部；复制于 Wang 和 Ziegler，1982，图版 2，图 38a—b。

9—13　双曲新锯齿刺　*Neoprioniodus bicurvatus*（Branson and Mehl，1933）

9a—b　同一标本之外侧是与内侧视，×35；BD304/49606；广西中部，下泥盆统二塘组，*gronbergi* 带；复制于王成源，1981，图版 I，图 26—27。

10　内侧视，×35（?）；76-3-87；贵州普安，中泥盆统罐子窑组；复制于熊剑飞，1983，图版 70，图 11。

11.　外侧视，×44；ACE260/31508；横县六景，下泥盆统郁江组大联村段；12a—b. 同一标本之外侧视与内侧视，×44；P031//31512；云南广南达莲塘村，下—中泥盆统坡折落组；13. 外侧视，×44；PO31/31507；云南广南达莲塘村，下—中泥盆统坡折落组。复制于王成源和王志浩，1978，图版 39，图 9，15，18，24。

14　凹穴新锯齿刺　*Neoprioniodus excavatus*（Branson and Mehl，1933）

外侧视，×29；CD169/77471；广西那坡三叉河，下—中泥盆统坡折落组；复制于王成源，1989，图版 14，图 14。

15—16　惠水新锯齿刺　*Neoprioniodus huishuiensis* Wang and Wang，1978

15.　内侧视，×35；ACE366/36495；16. 外侧视，×35；ACE366/36495b。贵州长顺，上泥盆统代化组；复制于王成源和王志浩，1978，图版 2，图 30—31。

17—18　后转新锯齿刺　*Neoprioniodus postinversus* Helms，1934

17.　内侧视，×32；SL-24/77442；18. 外侧视，×32；SL-20/77443。武宣二塘，上泥盆统三里组；复制于王成源，1989，图版 13，图 1—2。

19　似双曲新锯齿刺　*Neoprioniodus parabicurvatus* Wang，1982

正模标本之口视与内侧视，×35；ACJ67/51488；云南丽江阿冷初，下泥盆统班满到地组；复制于王成源，1982，图版 I，图 23—24。

图版 120

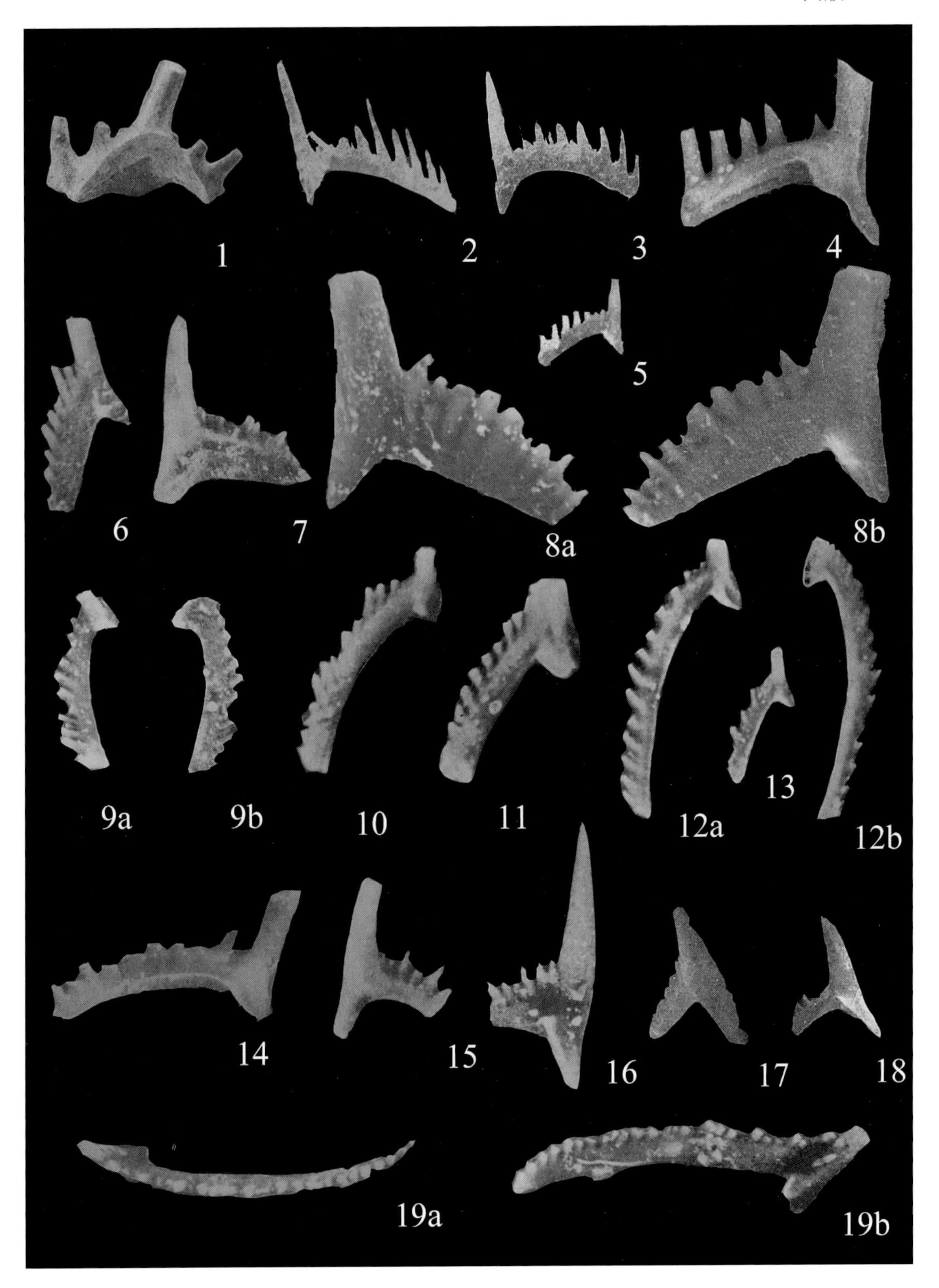

图版 121

1　后转新锯齿刺　*Neoprioniodus postinversus* Helms，1934

外侧视，×35；ACE365/36496；贵州长顺，上泥盆统代化组；复制于王成源和王志浩，1978，图版3，图45。

2—5　弯新锯齿刺　*Neoprioniodus prona*（Huddle，1934）

2. 外侧视，×35；ACE369/35484；3. 内侧视，×35；ACE367/35485；4. 外侧视，×3；ACE370/36502；5. 外侧视，×35；ACE361/36501。贵州长顺，上泥盆统代化组；复制于王成源和王志浩，1978，图版2，图15—16，33—34。

6　弯新锯齿刺（比较种）　*Neoprioniodus* cf. *prona*（Huddle，1934）

外侧视，×35；76-3-76；贵州普安，中泥盆统罐子窑组；复制于熊剑飞，1983，图版70，图7。

7—11　史密斯新锯齿刺　*Neoprioniodus smithi*（Stauffer，1938）

7. 外侧视，×35；ACE368/36468；8. 外侧视，×35；ACE368/36469。贵州长顺，上泥盆统代化组；复制于王成源和王志浩，1978，图版1，图26—27。

9　口方外侧视，×35；78-5-10B；10. 口方外侧视，×35；78-5-10C。贵州长顺，上泥盆统代化组；复制于熊剑飞，1983，图版71，图11—12。

11　外侧视，×32；SL-2/77445；广西武宣二塘，上泥盆统三里组；复制于王成源，1989，图版13，图4。

12—14　新锯齿刺（未定种A）　*Neoprioniodus* sp. A

12. 外侧视，×32；HL14-3/77462；广西横县六景，上泥盆统融县组；13. 内侧视，×32；CD350/77463；广西德保都安四红山剖面，上泥盆统三里组；14. 侧视，×32；Xm24-11/77465；广西象州马鞍山，上泥盆统底部。复制于王成源，1989，图版14，图5—6，8。

15　新锯齿刺（未定种B）　*Neoprioniodus* sp. B

侧视，×32；CT3-2/77473；邕宁长塘那叫组；复制于王成源，1989，图版14，图16.

16　新扇颚刺（未定种C）　*Neorhipidognathus* sp. C

内侧视，×32；CD350/77458；德保都安四红山剖面，上泥盆统三里组；复制于王成源，1989，图版14，图1。

17—18　新扇颚刺（未定种B）　*Neorhipidognathus* sp. B

17. 内侧视，×32；CD370/77459；18. 外侧视，×32；CD434/77460。德保都安四红山剖面，中泥盆统分水岭组；复制于王成源，1989，图版14，图2—3。

19　新扇颚刺（未定种A）　*Neorhipidognathus* sp. A

外侧视，×32；CD432/77461；德保都安四红山剖面，中泥盆统分水岭组；复制于王成源，1989，图版14，图4。

20　畸短伪颚刺　*Nothognathella abbreviata* Branson and Mehl，1934

20a—b　同一标本之内侧视与口视，×32；CD370/79123；德保都安，上泥盆统榴江组；复制于王成源，1989，图版12，图6a—b。

21　美伪颚刺　*Nothognathella condita* Branson and Mehl，1934

21a—b　同一标本之口视与内侧视，×35；HL15-13/79124；广西横县六景，上泥盆统融县组；复制于王成源，1989，图版12，图3a—b。

22　典型伪颚刺　*Nothognathella typicalis* Branson and Mehl，1934

22a—b　同一标本之侧视与口视，×36，×62；CD353/75125；广西德保都安四红山剖面，上泥盆统三里组；复制于王成源1989，图版12，图10a—b。

23　伪颚刺（未定种D）　*Nothognathella* sp. D

23a—b　同一标本之侧视与口视，×32；CD376/77441；广西德保都安四红山剖面，上泥盆统榴江组；复制于王成源，1989，图版12，图15a—b。

图版 121

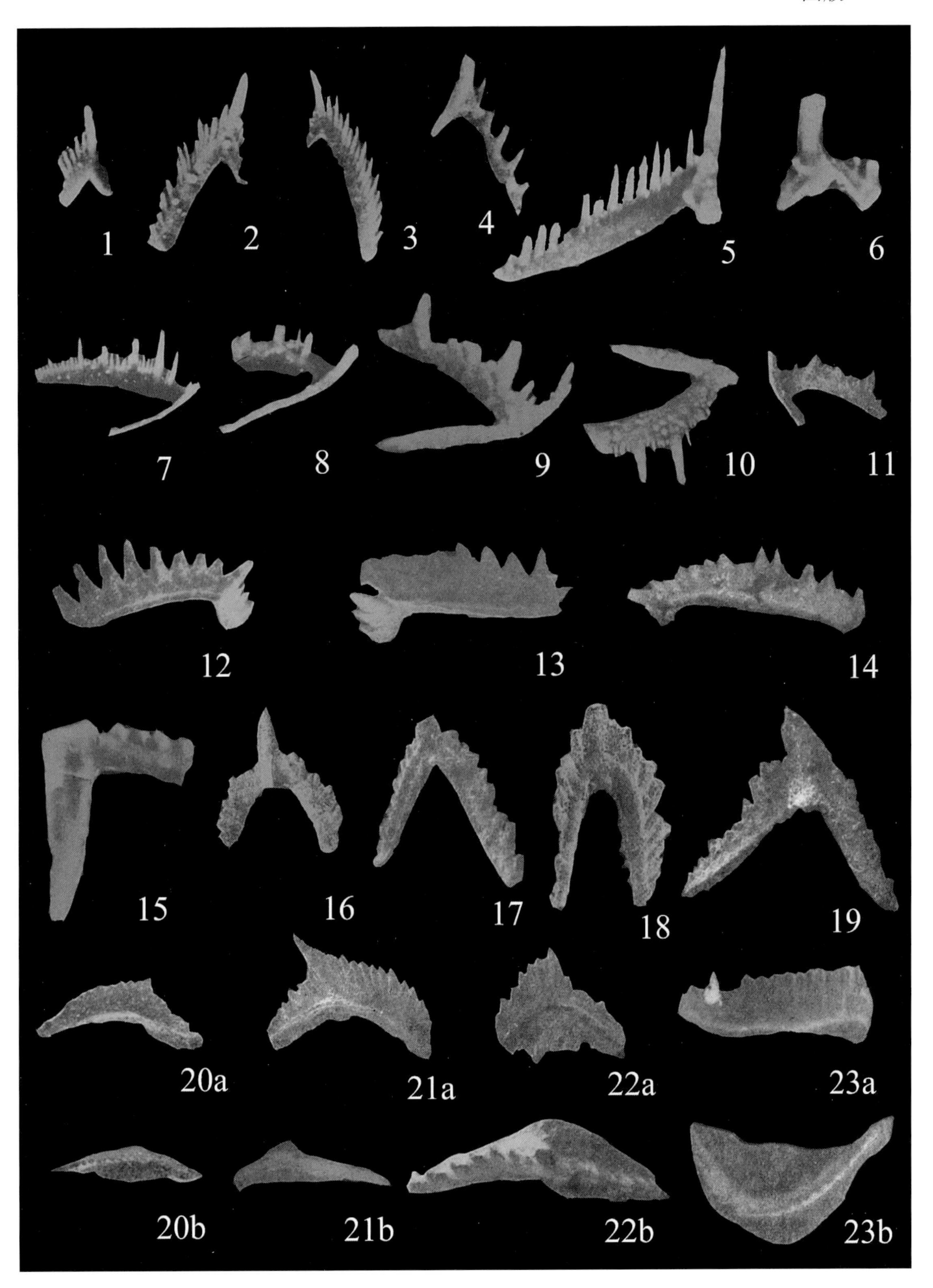
1
2
3
4
5
6
7
8
9
10
11
12
13
14
15
16
17
18
19
20a
21a
22a
23a
20b
21b
22b
23b

图版 122

1—2 异常伪颚刺 *Nothognathella abnormis* Branson and Mehl, 1934

1 内侧视，×35；ZSCO2110；广西寨沙，上泥盆统五指山组；复制于季强和陈宣忠，1985，图版Ⅰ，图 18。

2 内侧视，×62；HL15f/77487；广西横县六景，融县组；复制于王成源，1989，图版 15，图 15。

3 外叶伪颚刺 *Nothognathella extralobata* Ji and Chen, 1986

内侧视，×35；ZSCO2114；广西寨沙，上泥盆统五指山组；复制于季强和陈宣忠，1985，图版Ⅰ，图 19。

4 畸短伪颚刺 *Nothognathella abbreviata* Branson and Mehl, 1934

内侧视，×35；ZSCO2111；广西寨沙，上泥盆统五指山组；复制于季强和陈宣忠，1985，图版Ⅰ，图 20。

5—10 掌形伪颚刺 *Nothognathella palmatoformis* Druce, 1976

5. 侧视，×35；ZSCO2112；6. 口视，×35；ZSCO2113；7. 口视，×35；ZSCO2108；8. 口视，×35；ZSCO2109；9. 反口视，×35；ZSCO2215；10. 反口视，×35；ZSCO2105。广西寨沙，上泥盆统五指山组；复制于季强和陈宣忠，1986，图版Ⅰ，图 22-25，27-28。

11—14 锚颚刺形伪颚刺 *Nothognathella ancyrognathoides* Ji, 1986

11a—b. 同一标本之反口视与口视，×42；MC7-21023；12a—b. 同一标本之外侧视与内侧视，×42；MC7-21024；13a—b. 同一标本之内侧视与外侧视，×42；MC7-21025。广西象州马鞍山，上泥盆统桂林组下部，上 *asymmetricus* 带。

14 口视，×42；MC37-23720；广西象州马鞍山剖面，上泥盆统巴漆组上部，*disparilis* 带。

11—14 复制于季强，1986，图版 11，图 12—13，17，20，18—19；图版 17，图 20。

15—17 镰形伪颚刺 *Nothognathella falcatae* Helms, 1959

15. 口视，×35；ZSCO2122；16. 反口视，×35；ZSCO2123；17. 口视，×35；ZSCO2124。广西寨沙，上泥盆统五指山组；复制于季强和陈宣忠，1985，图版Ⅰ，图 29—31。

图版 122

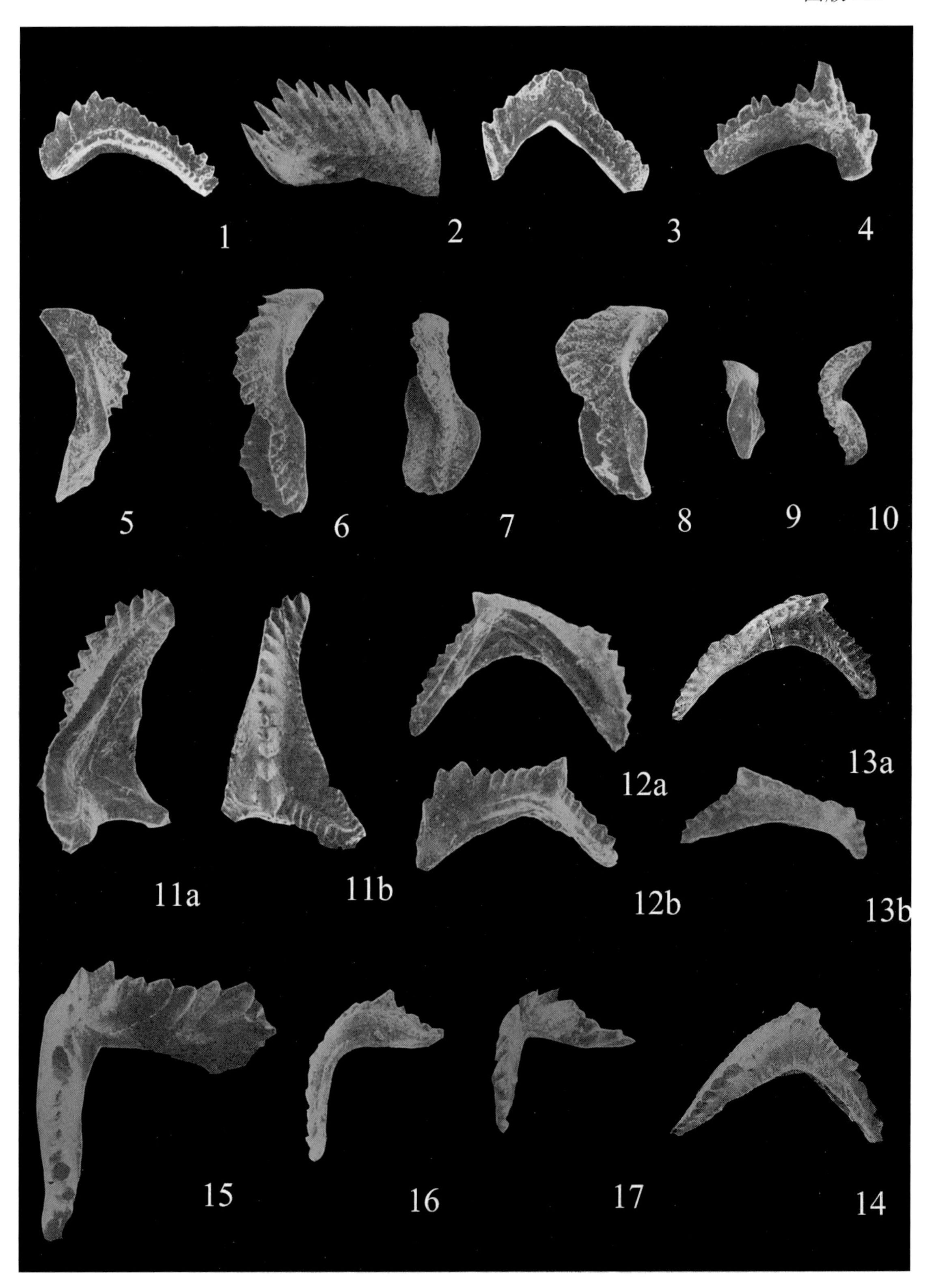

图版 123

1　短齿伪颚刺　*Nothognathella brevidonta* Youngquist，1947

1a—b. 同一标本之外侧视与内侧视，×42；MC7-21026；2a—b. 同一标本之内侧视与外侧视，×42；MC7-21027。上泥盆统桂林组下部，上 *asymmetricus* 带；复制于季强，1986，图版 13，图 19，24，22—23。

3　衣阿华伪颚刺　*Nothognathella iowaensis* Youngquist，1945

3a. 口面内侧斜视，×48；大 66，7968；3b. 口面内侧斜视，×97；大 66，7968。象州大乐，上泥盆统桂林组；复制于白顺良等，1982，图版Ⅴ，图 10。

4—7　克拉佩尔伪颚刺　*Nothognathella klapperi* Uyeno，1967

4a—b. 同一标本之内侧口视与外侧视，×32；CD370/75122；5a—b. 同一标本口视与外侧视，×32，×62；CD370/77439；德保都安，上泥盆统榴江组；复制于王成源，1989，图版 12，图 13—14。

6a—c　同一标本内侧视、反口视与口视，×79；登记号：LCn-852131；野外号：B127By59；龙门山，中泥盆统观雾山组海角石段；复制于熊剑飞，1988，图版 131，图 3a—c。

7　侧视，×50；WBC-04/151648；内蒙古大兴安岭地区乌努尔，上泥盆统下部（注：此标本也可能为 *Ancyrognathus* sp. 的 Pb 分子）；复制于郎嘉彬和王成源，2010，图版Ⅳ，图 4。

8—9　相反伪颚刺　*Nothognathella reversa* Branson and Mehl，1934

8a—c. 同一标本之侧视反口视与口视，×79；登记号：LCn-852133；野外号：B127By59；9a—c. 同一标本之侧视反口视与口视，×79；登记号：LCn-852132；野外号：B127By59。龙门山，中泥盆统观雾山组海角石段；复制于熊剑飞等，1988，图版 131，图 1a—c，2a—c。

10—11　后亚膨大伪颚刺　*Nothognathella postsublaevis* Helms and Wolska，1967

10　口视，×35；SL-20/75128；武宣二塘，上泥盆统三里组。

11　口视，×29；CD399/77432；德保都安，上泥盆统榴江组。

10—11　复制于王成源，1989，图版 12，图 1—2。

12—13　伪颚刺（未定种 C）　*Nothognathella* sp. C

12　口方斜视，×32；CD376/77436；德保都安，上泥盆统榴江组。

13　口视，×62；HL15-8/77437；横县六景，上泥盆统融县组。

12—13　复制于王成源。1989，图版 12，图 8，9a。

14　伪颚刺（未定种 A）　*Nothognathella* sp. A

口视，×32；CD376/77441；德保都安，榴江组；复制于王成源，1989，图版 12，图 16。

图版 123

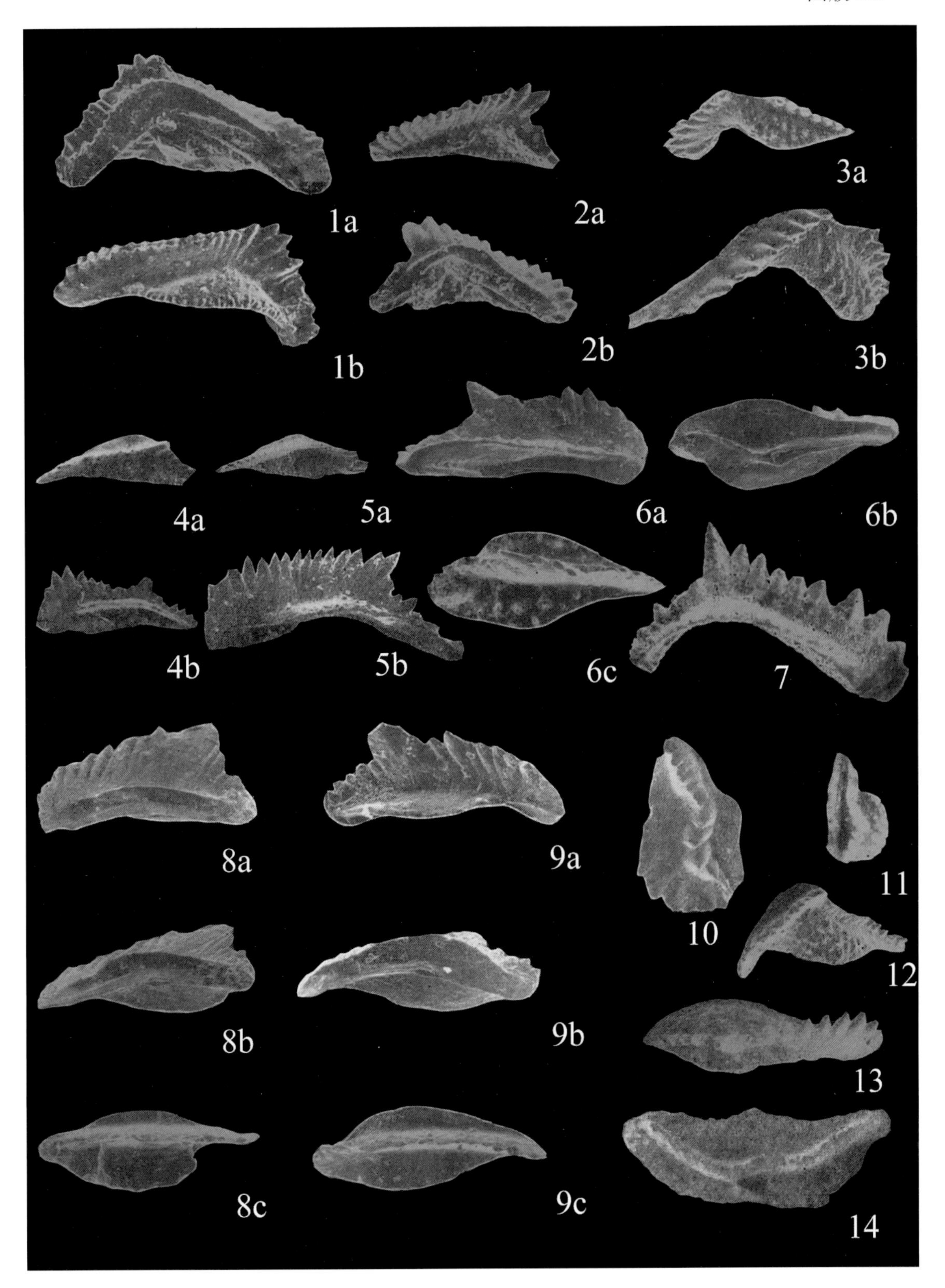

图版 124

1—2　伪颚刺（未定种 B）　*Nothognathella* sp. B

1. 口视，×35；CD376/77433；2a—b. 同一标本侧视与口视，×35；CD376/77434。德保都安四红山，上泥盆统榴江组底部；复制于王成源，1989，图版 12，图 4—5。

3　伪颚刺（未定种 E）　*Nothognathella* sp. E

3　口视，×32；CD376/77435；德保都安四红山，上泥盆统榴江组底部；复制于王成源，1989，图版 12，图 7。

4　齐格勒伪颚刺　*Nothognathella ziegleri* Helms，1959

4a—c　同一标本之口视、内侧视与外侧视，×35；ACE 365/36497；贵州长顺，上泥盆统代化组；复制于王成源和王志浩，1978，图版 2，图 25—27。

5　典型伪颚刺（比较种）　*Nothognathella* cf. *typicalis* Branson and Mehl，1934

内侧视，×35；76-5-5A；贵州长顺代化，上泥盆统代化组；复制于熊剑飞，1983，图版 70，图 13。

6—7　钩小掌刺　*Palmatodella unca* Sannemann，1955

6.　侧视，×32；SL-10/75133；7. 侧视，×32；SL-29/75501。武宣二塘，上泥盆统三里组。

8—14　娇柔小掌刺　*Palmatodella delicatula* Ulrich and Bassler，1926

8　侧视，×32；SL-20/77502；9. 侧视，×32；SL-1777503。武宣二塘，上泥盆统三里组。

10　侧视，×32；SL-3/775134；武宣二塘，上泥盆统三里组。

11　侧视，×32；S-114/77504；那坡三叉河，三里组。

8—11　复制于王成源，1989，图版 19，图 3—6。

12.　外侧视，×35；ACE 361/36518；13. 内侧视，×35；ACE 361/36519；14. 内侧视，×35；ACE 367/36520。贵州长顺，上泥盆统代化组；复制于王成源和王志浩，1978，图版 3，图 29—31。

15　贵州小掌刺　*Palmatodella guizhouensis* Wang and Wang，1978

正模标本之外侧视，×35；ACE 368/36517；贵州长顺，上泥盆统代化组；复制于王成源和王志浩，1978，图版 3，图 32。

16　分离小掌刺　*Palmatodella soluta* Ji and Chen，1986

正模标本侧视，×35；ZSCO 2157；广西寨沙，上泥盆统五指山组；复制于季强和陈宣忠，1985，图版 I，图 13。

17　箭小掌刺　*Palmatodella saggita* Ji and Chen，1986

正模标本之侧视，×35；ZSCO 2144；广西寨沙，上泥盆统五指山组；复制于季强和陈宣忠，1985，图版 I，图 12。

18—19　小掌刺（未定种 A）　*Palmatodella* sp. A

18.　侧视，×62；CD350/77505；19. 侧视，×62；CD350/75135。广西德保都安，上泥盆统三里组；复制于王成源，1989，图版 19，图 7—8。

20　小掌刺（未定种 B）　*Palmatodella* sp. B

侧视，×62；CD350/77506；广西德保都安，上泥盆统三里组；复制于王成源，1989，图版 19，图 9。

图版 124

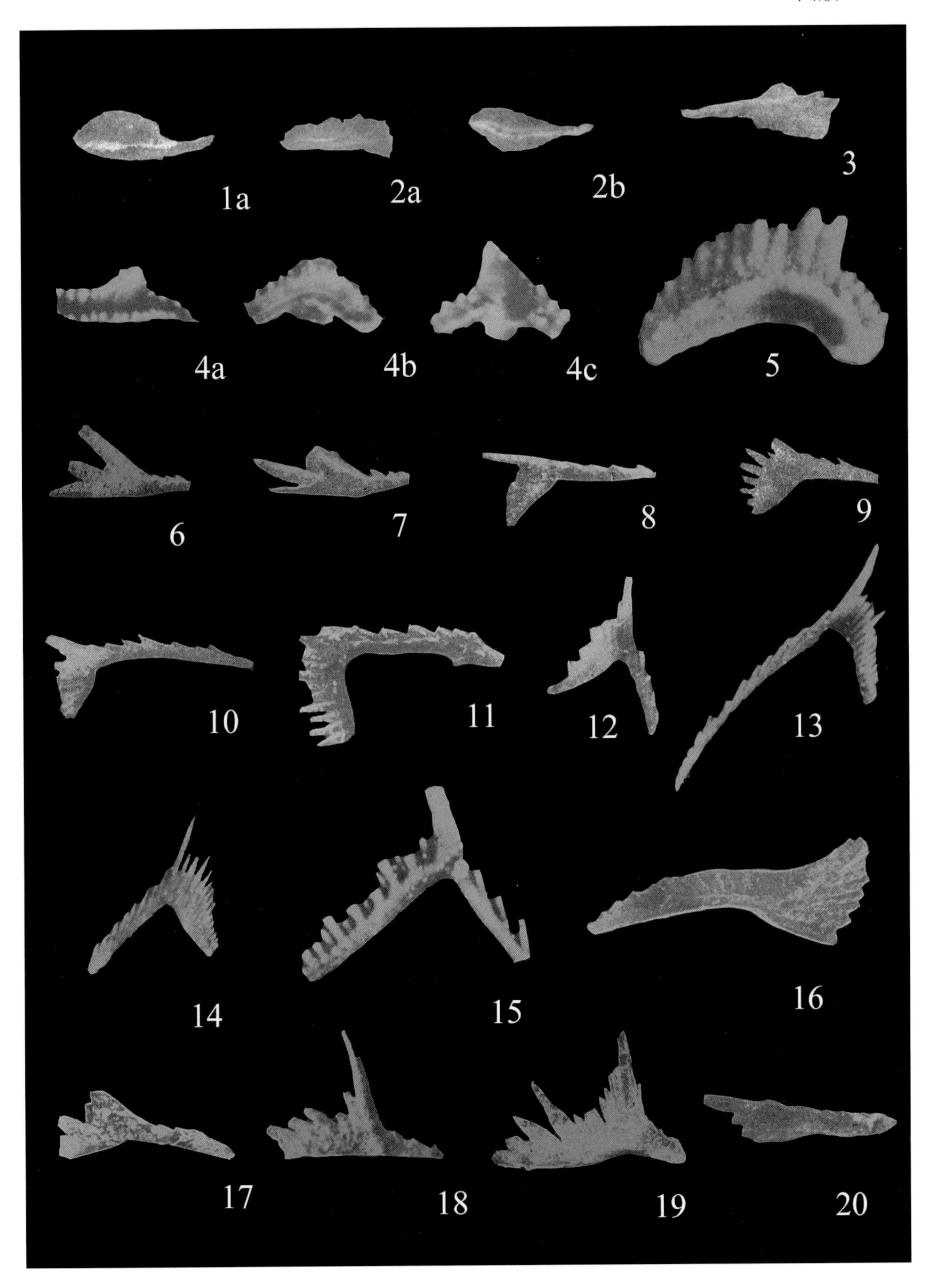

图版 125

1 齐格勒伪颚刺 *Nothognathella ziegleri* Helms，1959

正模标本之内侧视与反口方斜视，×35；Ct. 204，Belin；复制于 Helms，1959，图版Ⅳ，图 17a—b。

2—6 威里伪颚刺（新名） *Nothognathella willii* Wang，new name

2a—b 正模标本之内侧视与口视，×26；USNM 144375；Mary's Mountain，Nevada；复制于 Clark 和 Ethington，1967，图版 7，图 1—2。

3a—b. 同一标本口视与反口视，×42；MC20-21028；4a—b. 同一标本口视与反口视，×42；MC20-21029。广西象州马鞍山剖面，上泥盆统巴漆组顶部，中 *asymmetricus* 带。

5 口视，×42；MC36-23721；广西象州马鞍山剖面，巴漆组上部，*disparilis* 带。

6 口视，×42；MC11-23722；广西象州马鞍山剖面，上泥盆统桂林组底部，中 *asymmetricus* 带。

3—6 复制于季强，1986，图版 14，图 23—24，25—26；图版 17，图 12—13。

7—8 威里伪颚刺（比较种，新名） *Nothognathella* cf. *willi* Wang，new name

7. 口视，×42；MC44-23723；8. 口视，×42；MC44-234。广西象州马鞍山剖面，上泥盆统巴漆组中部，下 *hermanni—cristatus* 带；复制于季强，1986，图版 17，图 14—15。

9 交替织窄片刺 *Plectospathodus alternatus* Walliser，1964

外侧视，×32；CD442/77668；广西德保都安四红山，下—中泥盆统坡折落组；复制于王成源，1989，图版 40，图 15。

10—11 伸展织窄片刺伸展亚种 *Plectospathodus extensus extensus* Rhodes，1953

10. 外侧视，×29；CD192/77666；11. 内侧视，×29；CD192/776667。广西那坡三叉河，下—中泥盆统坡折落组；复制于王成源，1989，图版 40，图 13—14。

12—13 织窄片刺（未定种） *Plectospathodus* sp.

12 外侧视，×35；HL14-3/75182；13. 外侧视，×35；HL14-3/75181。广西横县六景中泥盆统东岗岭组最顶部；复制于王成源，1989，图版 40，图 16—17。

14 织窄片刺（未定种 A） *Plectospathodus* sp. A

内侧视，×32；HL-13b/77416；广西横县六景，上泥盆统融县组；复制于王成源，1989，图版 10，图 13。

15 织窄片刺（未定种 B） *Plectospathodus* sp. B

内侧视，×32；CD363/77418；广西德保都安四红山，上泥盆统榴江组；复制于王成源，1989，图版 10，图 15。

16 异齿织窄片刺 *Plectospathodus heterodentatus*（Stauffer，1938）

内侧视，×29；CT5-1/77417；广西邕宁长塘，中泥盆统那叫组；复制于王成源，1989，图版 10，图 14。

17—18 多齿小多颚刺 *Polygnathellus multidens*（Ulrich and Bassler，1926）

17a—b 同一标本之侧视与口视，×42；CD367/75126；广西德保都安四红山剖面，上泥盆统榴江组；复制于王成源，1989，图版 13，图 17。

18a—c 同一标本之侧视、口视与反口视，×32；登记号：LCn-852141；野外号：B127y3；四川龙门山，中泥盆统观雾山组海角石段；复制于熊剑飞，1988，图版 131，图 11a—c。

图版 125

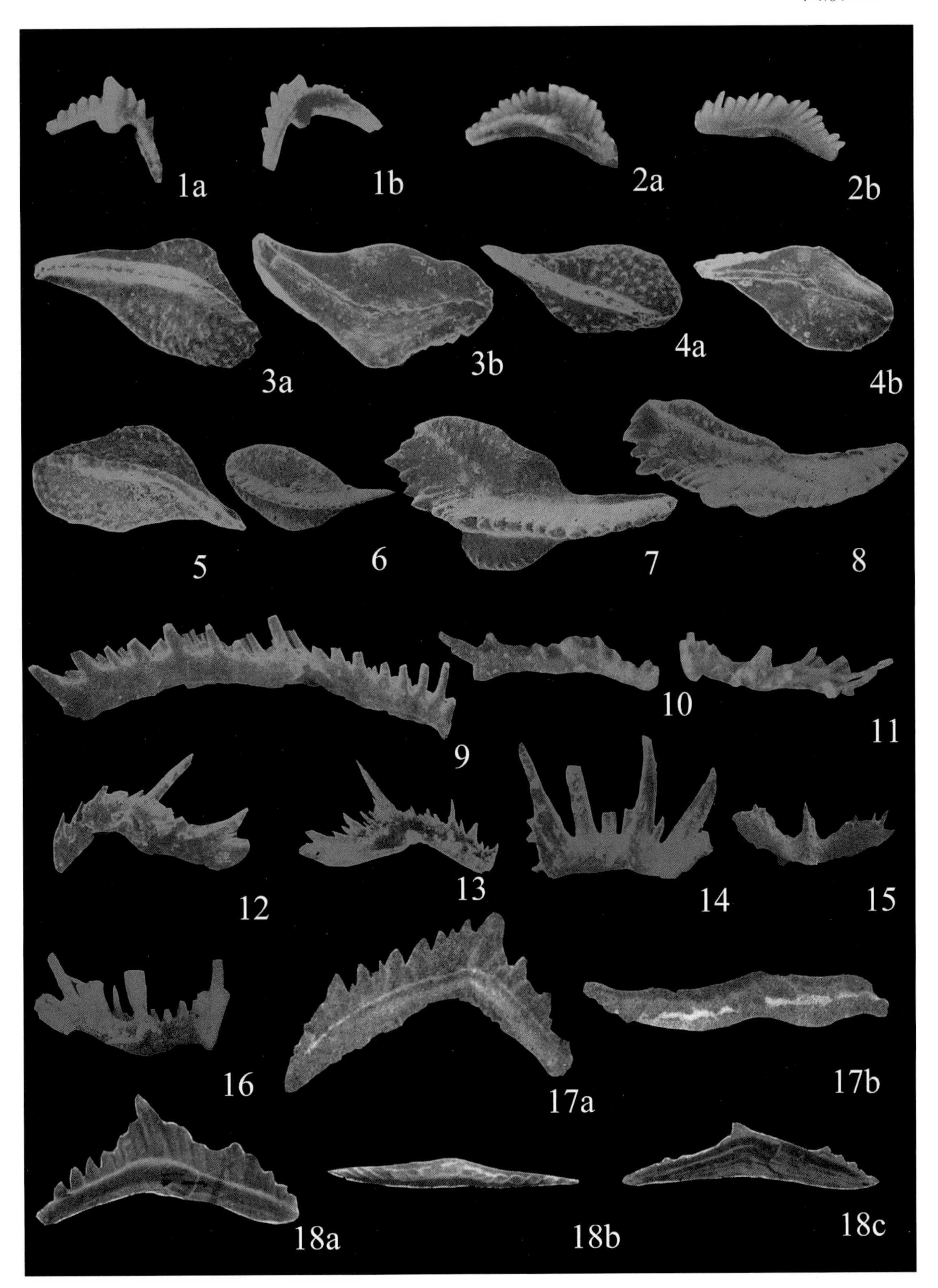
1a
1b
2a
2b
3a
3b
4a
4b
5
6
7
8
9
10
11
12
13
14
15
16
17a
17b
18a
18b
18c

图版 126

1—2 伸展织窄片刺强壮亚种 *Plectospathodus extensus lacertosus* Philip，1966

1. 外侧视，×29；CD76/77669；2. 内侧视，×29；CD92/77670。那坡三叉河，下泥盆统达莲塘组，*perbonus* 带；复制于王成源，1989，图版 41，图 1—2。

3 耳郎戴刺 *Roundya aurita* Sannemann，1955

后视，×35；80-654a；贵州惠水王佑，上泥盆统代化组；复制于熊剑飞，1983，图版 70，图 17。

4—5 短翼郎戴刺 *Roundya brevipennata* Sannemann，1955

3 侧视，×35；78-2-150A；贵州望谟桑朗，上泥盆统代化组；复制于熊剑飞，1983，图版 70，图 19。

4 后视，×62；SL-31/77392；武宣二塘，三里组；复制于王成源，1989，图版 8，图 2。

6—8 娇美郎戴刺 *Roundya delicata*（Mehl and Thomas，1947）

6. 侧视，×32；CD372/77398；7. 前侧视，×70；CD364/77400；8. 侧视，×32；CD374/77401。德保都安，上泥盆统榴江组；复制于王成源，1989，图版 8，图 9b，10—11。

9 宽翼郎戴刺 *Roundya latipennata* Ziegler，1959

侧视，×35；80-F-6；贵州长顺睦化，上泥盆统代化组；复制于熊剑飞，1983，图版 71，图 6。

10—12 偏转郎戴刺 *Roundya prava* Helms，1959

10 侧视，×35；SL-20/77393；武宣，上泥盆统三里组上部；复制于王成源，1989，图版 8，图 3。

11. 侧视，×35；ACE 367/36528；贵州长顺，上泥盆统代化组；12. 内侧视，×43；ACE359/36529；惠水王佑，下石炭统王佑组。复制于王成源和王志浩，1978，图版 3，图 43—44。

13 郎戴刺（未定种） *Roundya* sp.

13a—b 同一标本之侧视与前方口视，×35；ACE 366/36505；贵州长顺，上泥盆统代化组；复制于王成源和王志浩，1978，图版 3，图 1—2。

14—18 双翼碗刺 *Scutula bipennata* Sannemann，1955

14a—b. 同一标本口视与侧视，×40，×35；ACE 367/36506；15. 口视，×35；ACE 361/36507。贵州长顺，上泥盆统代化组；复制于王成源和王志浩，1978，图版 3，图 3—5。

16. 口视，×35；ZSCO 2149；17. 反口视，×35；ZSCO 2155。广西寨沙，上泥盆统五指山组；复制于季强和陈宣忠，1985，图版 I，图 5—6。

18 口视，×35；78-5-4B；贵州长顺代化，上泥盆统代化组；复制于熊剑飞，1983，图版 71，图 1。

19 图林根碗刺？弯亚种 *Scutula? thuringa scambosa* Wang and Wang，1978

19a—c 正模标本之内侧视、口视与外侧视，×35；ACE 365/36516；贵州长顺代化，上泥盆统代化组；复制于王成源和王志浩，1978，图版 3，图 20—22。

20—22 美丽碗刺 *Scutula venusta* Sannemann，1955

20 侧视，×35；78-5-5D；21. 侧视，×35；78-5-5E。贵州长顺代化，上泥盆统代化组；复制于熊剑飞，1983，图版 71，图 2—3。

22a—b 同一标本之外侧视与内侧视，×35；ACE 370/36521；贵州长顺代化，上泥盆统代化组；复制于王成源和王志浩，1978，图版 3，图 18—19。

23—25 短窄颚齿刺 *Spathognathodus breviatus* Wang and Wang，1978

23a—c. 正模标本之口视、反口视与侧视，×35；ACE 365/36530；24. 副模标本之侧视，×35；ACE 366/36531；25. 副模标本之侧视，×35；ACE 363/36532。贵州长顺代化，上泥盆统代化组；复制于王成源和王志浩，1978，图版 4，图 1—5。

图版 126

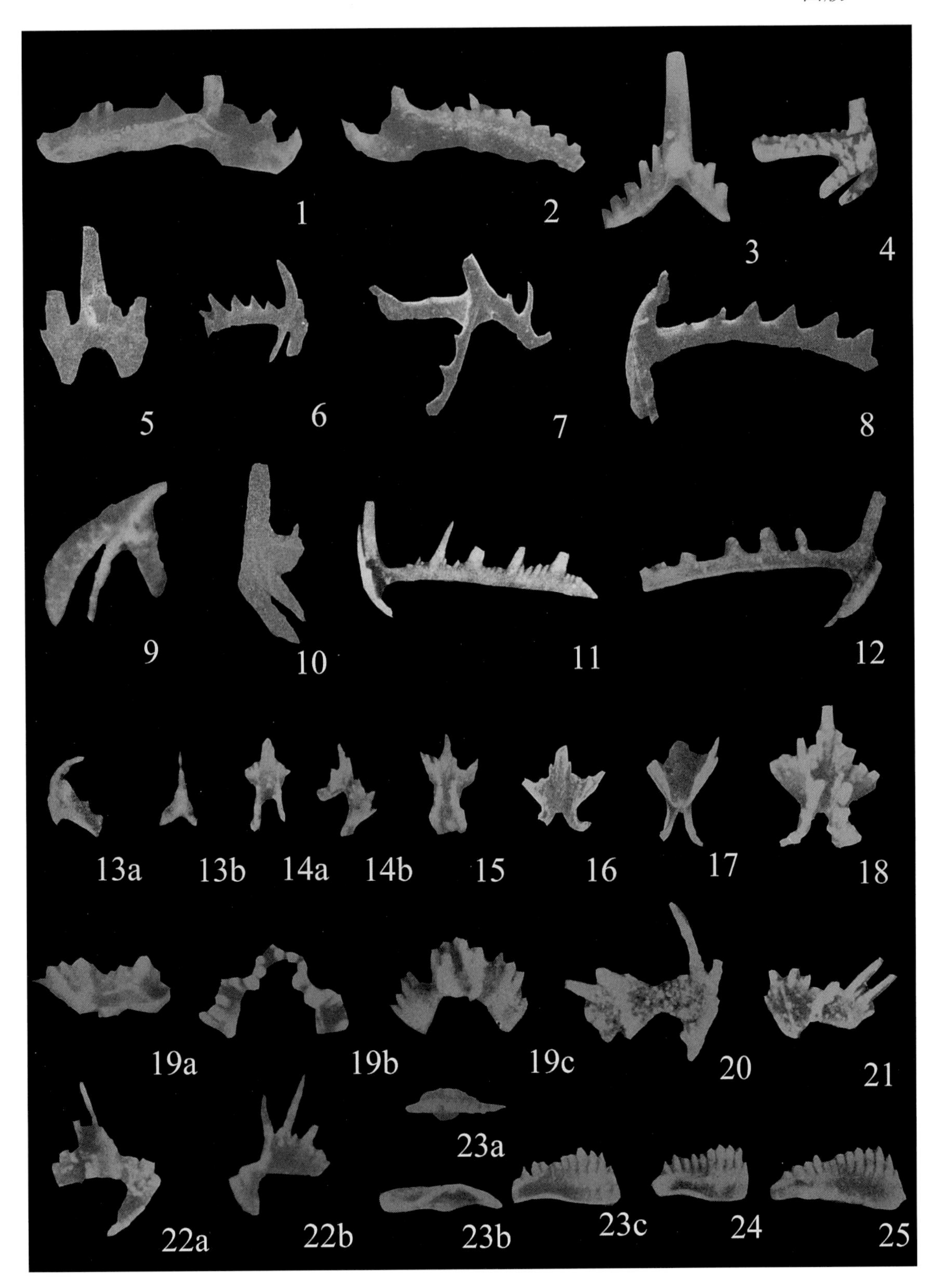
1
2
3
4
5
6
7
8
9
10
11
12
13a
13b
14a
14b
15
16
17
18
19a
19b
19c
20
21
22a
22b
23a
23b
23c
24
25

图版 127

1　无饰窄颚齿刺　*Spathognathodus inornatus*（Branson and Mehl，1934）

1a—c　同一标本之内侧视、外侧视与反口视，×29；ADS 930/70225；湖南界岭，上泥盆统邵东段顶部；复制于 Wang 和 Ziegler，1982，图版Ⅰ，图 9a—c。

2—5　平凸窄颚齿刺　*Spathognathodus planicovexus* Wang and Ziegler，1982

2a—b. 副模标本之外侧视与内侧视，×29；ADS 930/70230；3a—b. 副模标本之外侧视与内侧视，×29；ADS 930/70231；4a—b. 正模模标本之外侧视，内侧视，×29；ADS 930/70232；5a—c. 副模标本之外侧视、内侧视与反口视，×29；ADS 930/70233。湖南界岭，上泥盆统邵东段顶部；复制于 Wang 和 Zieler，1982，图版Ⅰ，图 26—29。

6　王佑窄颚齿刺　*Spathognathodus wangyouensis* Wang and Wang，1978

正模标本之口视、侧视与反口视，×35；ACE 359/36538；贵州惠水王佑，下石炭统王佑组；复制于王成源和王志浩，1978，图版 4，图 12—14。

7—10　枭窄颚齿刺　*Spathognathodus strigosus*（Branson and Mehl，1934）

7. 侧视，×35；ACE 366/36534；8. 侧视，×35；ACE 368/36535；9. 侧视，×35；ACE 366836536；10. 侧视，×35；ACE 367/36537。贵州长顺代化，上泥盆统代化组；复制于王成源和王志浩，1978，图版 4，图 8—11。

11—13　维尔纳窄颚齿刺　*Spathognathodus werneri* Ziegler，1962

11a—c. 同一标本之侧视、反口视与口视，×35；ACE 366/36539；12. 侧视，×35；ACE 365/36540；13a—b. 同一标本侧视与口视，×35；ACE 365/36541。贵州长顺代化，上泥盆统代化组；复制于王成源和王志浩，1978，图版 4，图 15—20。

14—15　养马坝窄颚齿刺　*Spathognathodus yangmabaensis* Xiong，1988

14a—b　副模侧视与口视，×53；登记号：LCn 852062；野外号：B84y2；龙门山，中泥盆统养马坝组赤竹笔段。

15a—b　正模标本侧视与口视，×42；登记号：LCn 852063；中泥盆统养马坝组石沟里段。

14—15　复制于熊剑飞等，1988，图版 123，图 5a—b，6a—b。

16　谢家湾窄颚齿刺　*Spathognathodus xiejiawanensis* Xiong，1983

16a—b　独模标本之侧视与反口视，×35；76-070；四川北川，下泥盆统谢家湾组；复制于熊剑飞，1983，图版 69，图 13。

图版 127

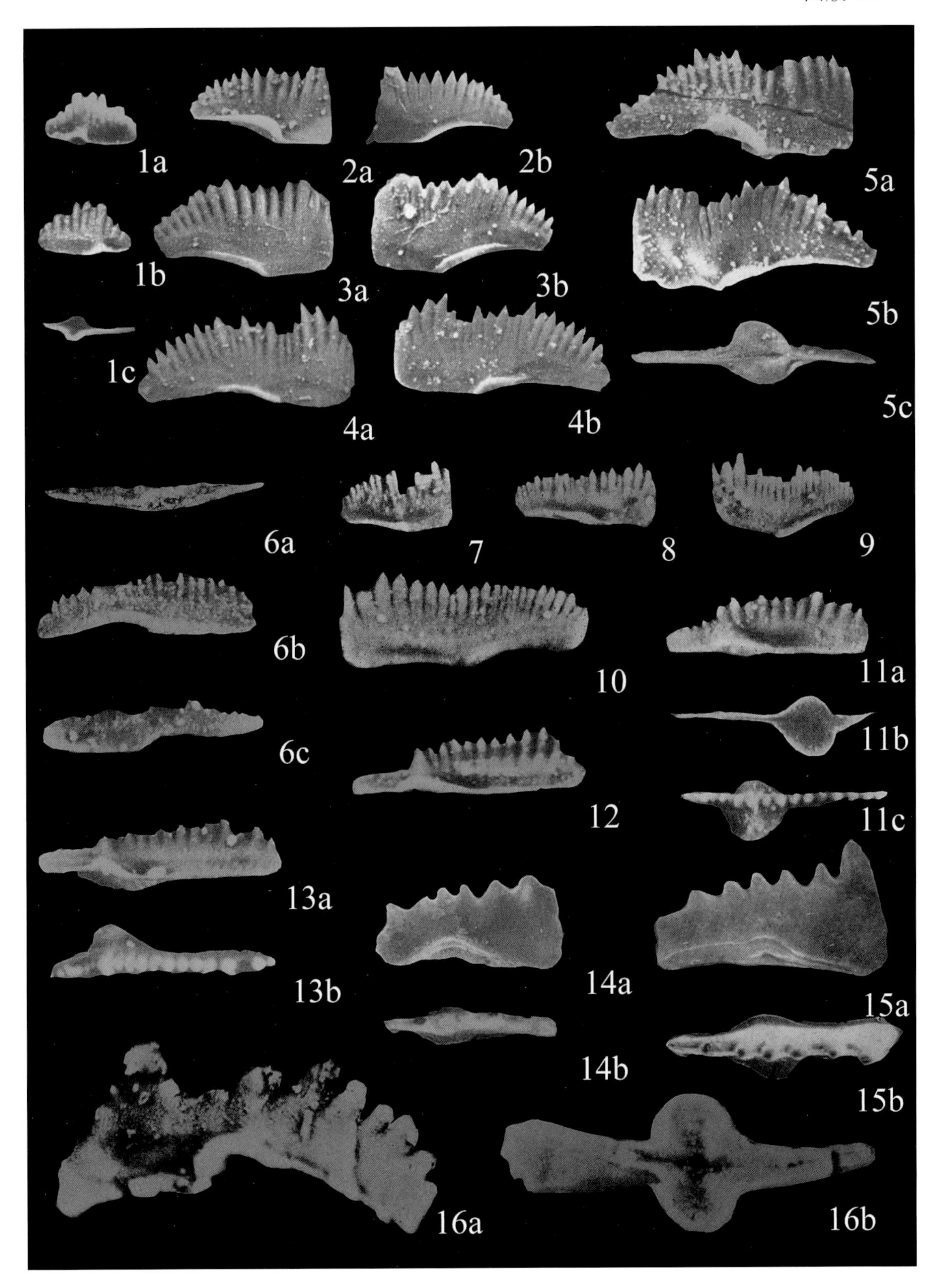
1a
2a
2b
5a
1b
3a
3b
5b
1c
4a
4b
5c
6a
7
8
9
6b
10
11a
11b
6c
12
11c
13a
14a
15a
13b
14b
15b
16a
16b

图版 128

1—2 窄颚齿刺（未定种 A） *Spathognathodus* sp. A Wang and Ziegler，1982

1. 侧视，×29；ADS 930/70242；2. 侧视，×29；ADS 930/70243。湖南界岭，上泥盆统邵东段顶部；复制于 Wang 和 Ziegler，1982，图版 2，图 19—20。

3—4 窄颚齿刺（未定种 B） *Spathognathodus* sp. B Wang and Ziegler，1982

3. 侧视，×29；ADS 930/70244；4. 侧视，×29；ADS 930170245。湖南界岭，上泥盆统邵东段顶部；复制于 Wang 和 Ziegler，1982，图版 2，图 17—18。

5—8 交替同锯片刺 *Synprioniodina alternata* Bassler，1925

5. 外侧视，×32；CD409/77466；德保都安分水岭组；6. 外侧视，×32；HL-13L/77469；横县六景，上泥盆统融县组；7. 外侧视，×32；CD435/77470；德保都安分水岭组底部。复制于王成源，1989，图版 14，图 9，12—13。

8 外侧视，×29；ADS 930/70264；湖南界岭，上泥盆统邵东段顶部；复制于 Wang 和 Ziegler，1982，图版 2，图 25。

9—10 同锯片刺（未定种） *Synprioniodina* sp.

9. 侧视，×32；CD370/77467；10. 侧视，×32；CD370/77468。德保都安，上泥盆统榴江组；复制于王成源，1989，图版 14，图 10—11。

11 弯同锯片刺 *Synprioniodus prona* Huddle，1934

内侧视，×29；ADS 930/70264；湖南界岭，上泥盆统邵东段顶部；复制于 Wang 和 Ziegler，1982，图版 2，图 24。

12 大齿同锯片刺 *Synprioniodina gigandenticulata* Zhao and Zuo，1983

12a—b 正模标本之前侧视与前侧视，×40；采集号：岩 m-4-9；湖南零陵县江西田，上泥盆统佘田桥阶下部；复制于赵锡文和左自壁，1983，图版 I，图 15—16。

13 光三分刺 *Trichonodella blanda*（Stauffer，1940）

后侧视，×29；CD166/77450；那坡三叉河，下—中泥盆统坡折落组；复制于王成源，1989，图版 13，图 9。

14—16 易变三分刺 *Trichonodella inconstans* Walliser，1957

14. 后视，×29；WL10-2/77684；15. 后视，×29；WL8-21/77686。武宣绿峰山，下泥盆统二塘组，*perbonus* 带；复制于王成源，1989，图版 43，图 9—10。

16 后视，×35；16/46733；广西象州大乐，下泥盆统四排组；复制于王成源，1979，图版 I，图 25。

17—19 外穴三分刺 *Trichonodella excavata*（Branson and Mehl，1933）

17a—b 同一标本之后测视与前侧视，×44；广西横县六景，下泥盆统那高岭组；复制于王成源和王志浩，1978，图版 39，图 16—17。

18a—b. 同一标本之后侧视与前侧视，×29；CD110/77676；19. 后视，×29；CD109/77677。广西那坡三叉河，下泥盆统达莲塘组；复制于 王成源，1989，图版 42，图 6a—b，7。

图版 128

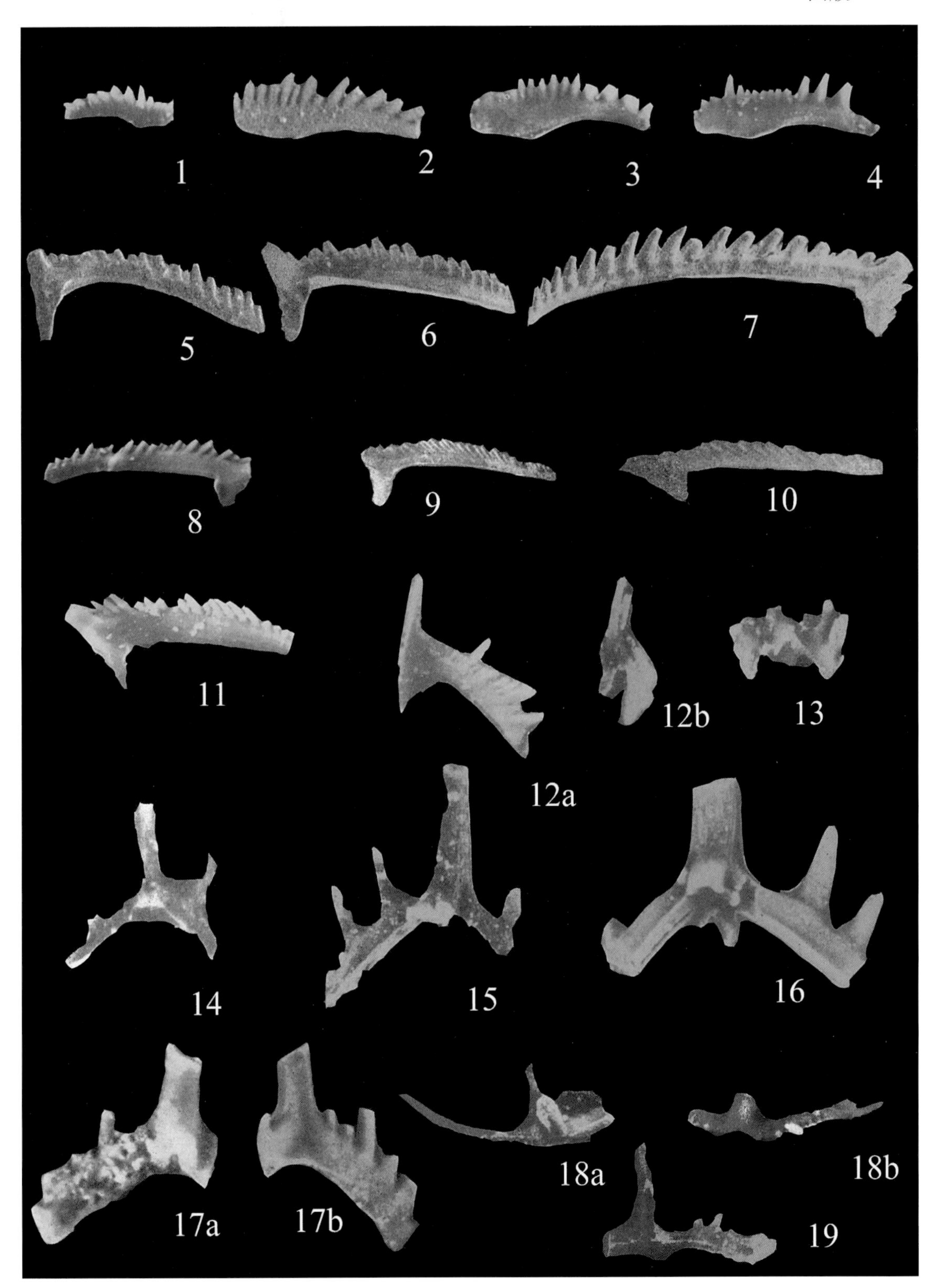

图版 129

1—2 对称三分刺 *Trichonodella symmetrica* (Branson and Mehl, 1933)

1 后视，×35；11/46720；广西象州，下泥盆统四排组；复制于王成源，1979，图版Ⅰ，图4。

2 后视，×32；CD486/77682；广西德保都安四红山，下泥盆统达莲塘组，*dehinscens* 带；复制于王成源，1989，图版43，图4。

3 三分刺状三分刺 *Trichonodella trichonodelloides* (Walliser, 1964)

3a—b 同一标本之前视与后视，×35；ACJ 3/51459；云南丽江阿冷初，上志留统；复制于王成源，1982，图版Ⅱ，图1—2。

4—5 扭转小三脚刺 *Tripodellus flexuosus* Sannmann, 1955

4a—c. 同一标本之后视、前视与侧视，×32；SL20/77674；5. 前侧视，×36；SL20/77675。武宣二塘，上泥盆统三里组；复制于王成源，1989，图版42，图4a—c，5a。

6 三分刺（未定种） *Trichonodella* sp.

6a—b 同一标本之内侧视与外侧视，×29；WL8-1/77687；武宣绿峰山，下泥盆统郁江组；复制于王成源，1989，图版43，图11a—b。

7—9 强壮小三脚刺 *Tripodellus robustus* Bischoff, 1957

7a—b. 同一标本之前侧视与口视，×35；ACE370/36513；8a—b. 同一标本前侧视与口视，×35；ACE 370/36515。贵州长顺，上泥盆统代化组；复制于王成源和王志浩，1978，图版3，图25—26，27—28。

9 口视，×35；ZSCO 2153；广西寨沙，上泥盆统五指山组；复制于季强和陈宣忠，1985，图版Ⅰ，图7。

10—11 下斜小三脚刺 *Tripodellus infraclinatus* Wang and Wang, 1978

10a—b. 正模标本之口视与侧视，×35；ACE 361/36527；11a—b. 副模标本之口视与侧视，×35；ACE 360/36526。贵州长顺，代化组；复制于王成源和王志浩，1978，图版3，图37—38，39—40。

12 小三脚刺（未定种） *Tripodellus* sp.

后视，×35；78-5-7B；贵州长顺代化，上泥盆统代化组；复制于熊剑飞，1983，图版71，图20。

13—14 属种未定 Gen. et sp. indet.

13. 侧视，×29；ADS 930/70226；14. 侧视，×29；ADS 930/70227。湖南界岭，上泥盆统邵东段顶部；复制于 Wang 和 Ziegler，1982，图版1，图11—12。

15 简单欣德刺（比较种） *Hindeodella* cf. *simplaria* (Hass, 1959)

侧视，×35；YS 109/46726；广西象州，四排组；复制于王成源，1979，图版Ⅰ，图10。

16 弯转镰齿刺 *Falcodus conflexus* Huddle, 1934

侧视，×32；HL14-3/77378；广西横县六景，上泥盆统融县组，*asymmetricus* 带；复制于王成源，1989，图版7，图3。

17 欣德刺（未定种） *Hindeodella* sp. Ji and Chen, 1985

内侧视，×35；ZSCO 2159；广西寨沙，上泥盆统五指山组；复制于季强和陈宣忠，1985，图版Ⅰ图9。

18 交互锄刺 *Ligonodina alternata* Zhao and Zuo, 1982

正模标本之外侧视，×35；采集号：村西面3-3；上泥盆统佘田桥组，*asymmetricus* 带；复制于赵锡文和左自壁，1983，图版Ⅰ，图28。

19 半交替奥泽克刺 *Ozarkodina semialternans* (Wirth, 1967)

19a—b 同一标本之口视与侧视，×40；HL-13e/77658；广西横县六景剖面，中泥盆统民塘组，*varcus* 带；复制于王成源，1989，图版40，图1a—b。

图版 129

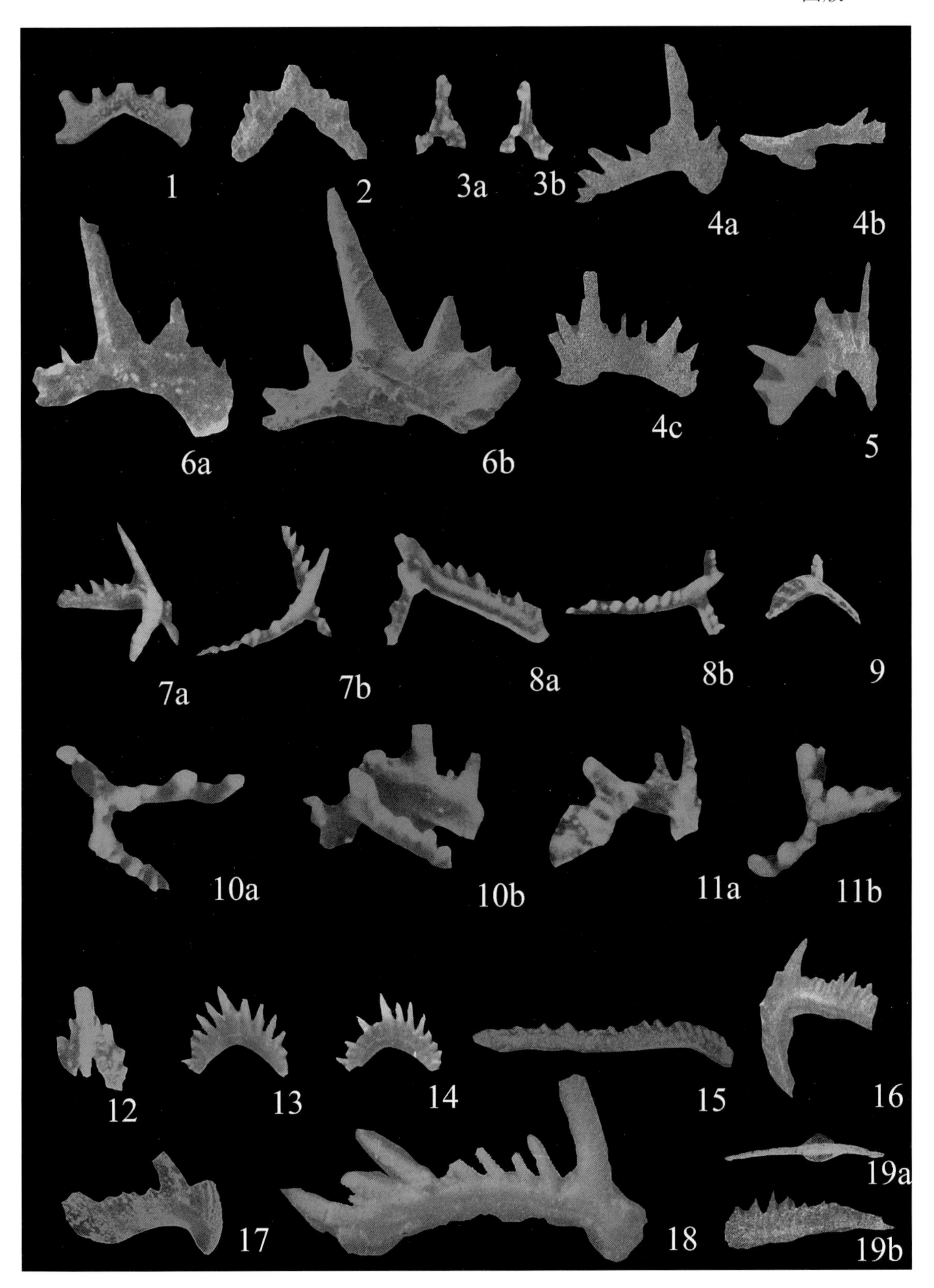
1
2
3a
3b
4a
4b
6a
6b
4c
5
7a
7b
8a
8b
9
10a
10b
11a
11b
12
13
14
15
16
19a
17
18
19b

图版 130

1—6　沃尔诺瓦赫前颚刺　*Antognathus volnovachensis* Lipnjagov，1978

1a—b.　正模标本之口视与反口视，×53；68/51；2a—b. 副模标本口视与反口视，×53；68/52；3a—b. 副模标本口视与反口视，×53；68/53；4a—b. 副模标本口视与反口视，×53；68/54；5a—b. 副模标本口视与反口视，×53；68/55；6a—b. 副模标本口视与反口视，×53；68/56。复制于 Lipnjagov，1978，图版 1，图 1—6。

7—10　磨为扎前颚刺　*Antognathus mowitzaensis*（Sandberg and Ziegler，1979）

7a—c　正模标本之侧视、口视与反口视，×141；USNM 257 552；SEP 27/1034，1038，1035；MW-1b；8a—b. 副模标本之口视与内侧视，×141；USNM 257 663；SEP 77/1051，1054；MWZ-1b；9a—b. 副模标本之口视与外侧视，×141；USNM 257 664；SEP 77/1055，1058；10. 副模标本之口视，×35. 2；USNM 257 665；SEP 77/1959；NWZ-1b。

7—10　Pinyon Peaklimestone，基底之上 74m；Mowita Mine，Star Range，Utah（Sandberg 和 Poole，1977，图 14）；可能为 *styriacus* 带或 *velifer* 带；复制于 Sandberg 和 Ziegler，1979，图版 5，图 14a—c，15a—b，16a—b，17。

11　平希巴德刺　*Hibbardella plana* Thomas，1949

11a—b　同一标本之后视与侧视，×35；ACE 370/36461；贵州长顺代化剖面，上泥盆统代化组。

12—14　卡尔文锚颚刺　*Ancyrognathus calvini*（Miller and Youngquist，1947）

12　原 *Ancyrognathus princes*（Miller and Youngquist，1947）的正模标本，这里归入 *A. calvini*，×40。

13　*Ancyrognathus calvini* 的正模标本，×40。

14　×32；Ziegler，1958，图版 10，图 19。

12—14　复制于 Ziegler，1981，*Ancyro*—图版 4，图 5，4，3。

15　乌登锚颚刺　*Ancyrognathus uddeni*（Miller and Yougquist，1947）

正模标本之口视，×40；复制于 Ziegler，1981，*Ancyro*—图版 4，图 6。

图版 130

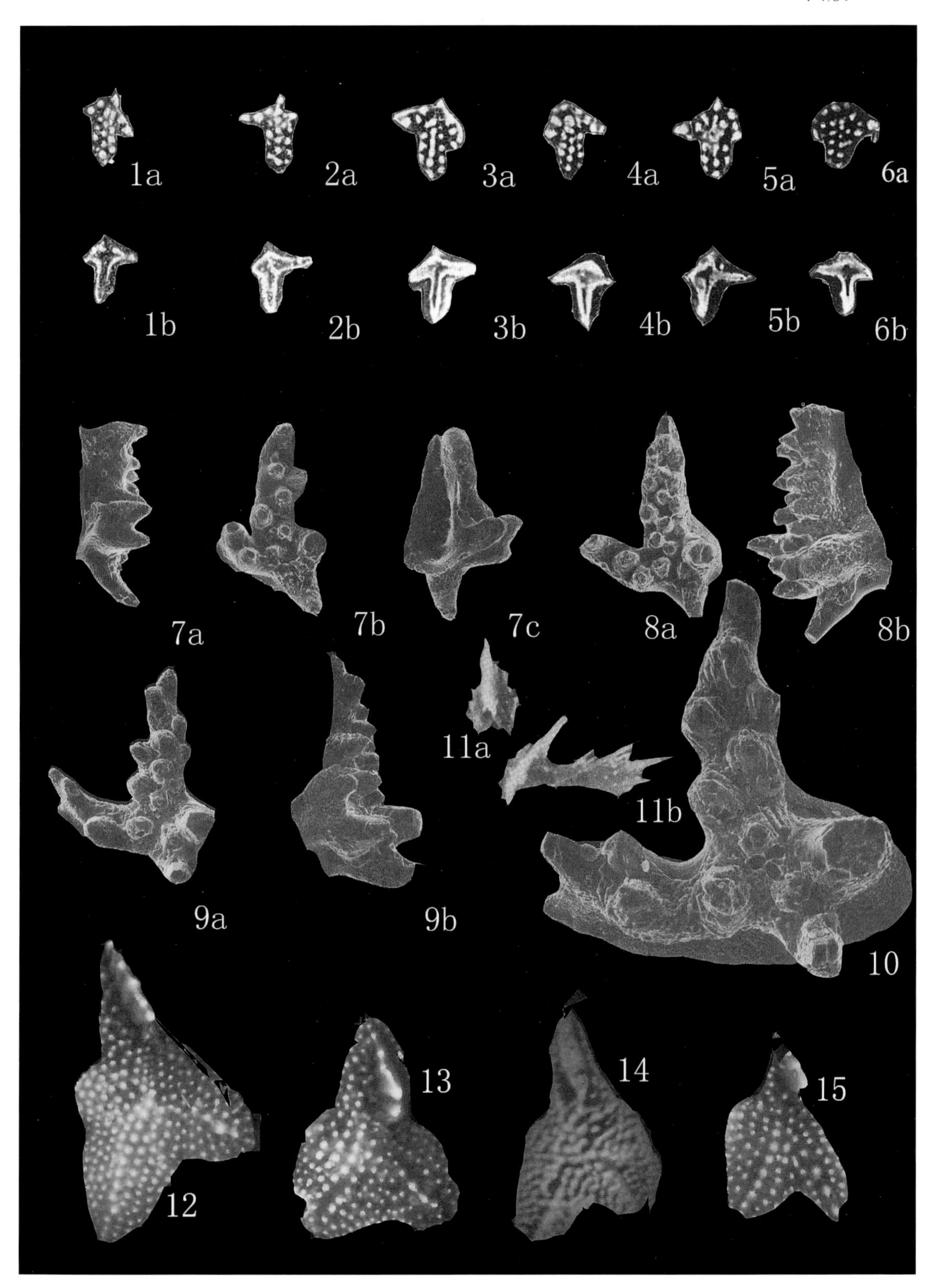
1a
2a
3a
4a
5a
6a
1b
2b
3b
4b
5b
6b
7a
7b
7c
8a
8b
9a
9b
11a
11b
10
12
13
14
15